湖南建工集团企业工法汇编

2016—2018

（上册）

湖南建工集团　组织编写
陈　浩　　　　主　编
张明亮　　　　副主编

中国建材工业出版社

图书在版编目（CIP）数据

湖南建工集团企业工法汇编：2016—2018：上、下册 / 陈浩主编．—北京：中国建材工业出版社，2021.3

ISBN 978-7-5160-3122-3

Ⅰ．①湖…　Ⅱ．①陈…　Ⅲ．①建筑工程－工程施工－建筑规范－汇编－湖南　Ⅳ．① TU711-65

中国版本图书馆 CIP 数据核字（2020）第 237626 号

湖南建工集团企业工法汇编 2016—2018

Hunan Jiangong Jituan Qiye Gongfa Huibian 2016—2018

湖南建工集团　组织编写

陈　浩　主　编

张明亮　副主编

出版发行：中国建材工业出版社

地　　址：北京市海淀区三里河路 1 号

邮　　编：100044

经　　销：全国各地新华书店

印　　刷：北京雁林吉兆印刷有限公司

开　　本：889mm × 1194mm　1/16

印　　张：91

字　　数：2650 千字

版　　次：2021 年 3 月第 1 版

印　　次：2021 年 3 月第 1 次

定　　价：500.00 元（上下册）

本社网址：**www. jccbs. com**，微信公众号：**zgjcgycbs**

编　委　会

前　　言

湖南建工集团自1952年成立以来，励精图治、风雨兼程，已走过68个年头。集团多年来大力弘扬“一流、超越、精作、奉献”的企业精神，完成了国内外许多大型复杂的工业与建筑设计、施工任务，积累了丰富的施工经验与技术底蕴。基于此，本工法汇编对2016—2018年湖南建工集团发布的222个企业施工工法进行了整理、修订，现归纳成册，为即将到来的建司70周年献礼。这些企业施工工法代表了集团近年来的技术研究与成果转化的先进水平，具有一定技术价值，可供集团内部技术工程人员参考、学习。

在当今的国际与国内形势下，创新已成为企业发展的最大源动力之一。企业唯有大力推进创新，方能保有核心竞争力与强大生命力，在新形势下实现更高层次的跨越。“惟楚有才，于斯为盛”，希望湖南建工广大技术人员不忘初心、不负韶华，坚持走创新驱动转型发展道路，为我国工程建设行业发展持续奋斗，为我国伟大复兴攻坚战的全面胜利做出贡献。

编者

2020年夏　长沙

前 言

目　　录

（上册）

第1篇　地面、墙面抹灰及防水堵漏

第2篇　电缆、电线、电气设备

第3篇 吊装管材、装配式、运输

第4篇 管道、钢材连接、安装

第5篇 桁架、网架、脚手架、支模

（下册）

第 6 篇 混凝土浇筑、养护、施工

第 7 篇　屋面、外墙、幕墙

第 8 篇 岩土工程、土方开挖

第1篇

PART 1

地面、墙面抹灰及防水堵漏

水泥砂浆机械抹灰施工工法

程长明　周正伟　陈湘田　陈维超　肖　鹏

湖南建工集团有限公司

摘　要：人工抹灰工艺需要大量劳动力，效率低，而且存在空鼓、开裂、脱皮等质量通病。机械抹灰通过管道输送砂浆，不占用垂直运输设备，水平最大可达 300m，垂直可达 120m；喷浆机可将砂浆直接喷射到施工作业面，喷涂砂浆的密度大，砂浆和墙体贴合严实，解决了空鼓、开裂与脱皮等问题，同时还可节约砂浆用量 5% ～ 6%，整体工作效率提高 2 ～ 3 倍。

关键词：水泥砂浆；机械抹灰；垂直运输；输送管道

1　前言

随着社会经济的飞速发展，劳动力出现匮乏的现象，要将大量劳动力解放出来，就必须用机械代替人工作业。原始的抹灰工艺需要大量的劳动力，劳动强度大，效率低下，水泥砂浆机械抹灰施工工艺大大提高了效率。传统的人工抹灰存在着空鼓、开裂、脱皮等质量通病，而机械抹灰使平整度大幅提升，同时也大大减少了后期的维护费用，很好地解决了质量通病。传统的抹灰工艺砂浆的垂直运输依靠塔吊或施工电梯，机械抹灰的垂直运输依靠输送管道，节约运输成本。

本工法已在宁乡印象东城、荷叶村保障住房二标段、湖南桑顿新能源工程等多个工程中应用，经济效益显著，推广前景十分广泛。

2　工法特点

（1）用喷浆机将砂浆直接喷射到施工作业面。喷涂砂浆的密度大，砂浆与墙体贴合严实。

（2）通过管道输送砂浆，减少了安全隐患。

（3）管道输送，不占用垂直运输设备，节约了运输成本。

（4）输送距离远，水平最大可达 300m，垂直可达 120m。

（5）解决了建筑行业空鼓、开裂与脱皮等通病，质量大幅提高。

（6）减少了砂浆损耗，节约了砂浆用量 5% ～ 6%。

（7）减少了工人操作时间和劳动强度，整体工作效率提高了 2 ～ 3 倍。

3　适用范围

本工法适用于内外墙抹灰、屋面找平、楼面、地下室地面找平工程。

4　工艺原理

抹灰施工中，采用长沙昇大机械技术有限公司生产的 SD 系列喷浆机，用液压泵将砂浆通过管道泵送至施工层，高压的砂浆经气压吹出，喷射至作业面（图 1）。以成品筋条控制喷射厚度，用红外线垂准仪放线，墙面用无头钉控制墙面平整度，平整度精度达 1/1000。取代传统的以砂浆灰饼或冲筋形式标定出抹灰施工基准。

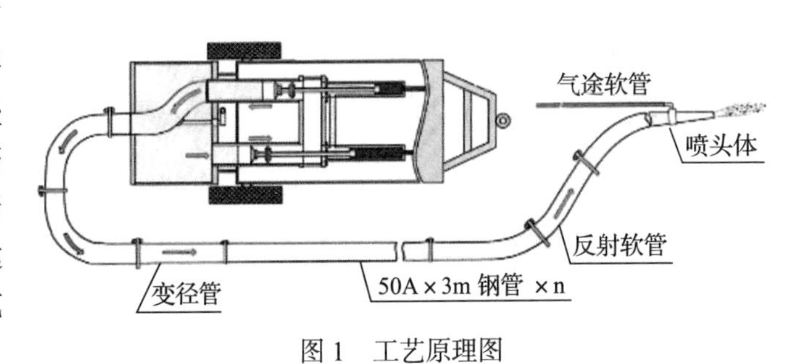

图 1　工艺原理图

5 施工工艺流程及操作要点

5.1 施工工艺流程

基层清理→挂网→拍浆拉毛→固定成品筋条制作与安装→墙面湿润→机械喷浆→赶尺打磨→养护。

5.2 操作要点

5.2.1 基层清理

（1）墙上的脚手眼、各种管道穿越过的墙洞和楼板洞、剔槽等应用 1∶3 水泥砂浆填嵌密实或堵砌好；有防水要求的脚手眼、穿墙螺栓孔及管道洞口，先凿成喇叭状泛水坡口，用专用的防水砂浆分层补平。

（2）门窗框与立墙交接处用 1∶3 水泥砂浆或水泥混合砂浆（加少量麻刀）分层嵌塞密实；有防水要求的塑钢门窗框边缘用专业防水嵌缝材料塞堵密实，并粘贴好保护膜。

（3）基层表面的灰尘、污垢、油渍、碱膜、沥青污渍、黏结砂浆等均应清除干净，并用水喷洒湿润；外露的钢筋头、铅丝头、模板皮、浮浆等要剔除干净。

（4）混凝土墙、混凝土梁头、砖墙或加气混凝土墙等基层表面的凸凹处，要剔平或用 1∶3 水泥砂浆分层补齐，模板铁线应剪除；

（5）板条墙或顶棚板条留缝间隙过窄处，应予以处理，一般要求达到 7 ～ 10mm（单层板条）。

（6）预制混凝土楼板顶棚，在抹灰前需用 1∶0.3∶3 水泥石灰砂浆将板缝勾实。

（7）电箱、电盒做好保护盖或塞泡沫块进行保护，水电管线包裹防止抹灰过程中被砂浆污染，如图 2 所示。

5.2.2 挂网

（1）不同墙体材料连接处，使用钢丝网连接，钢丝网需贴平整。挂网的作用是防止开裂（图 3）。

图 2 线盒做保护盖

图 3 挂网

（2）金属网应铺钉牢固、平整，不得有翘曲、松动现象。

（3）在木结构与砖石结构、木结构与钢筋混凝土结构相接处的基体表面抹灰，应先铺设金属网，并绷紧牢固。金属网与各基体的搭接宽度从缝边起每边不小于 100mm，并应铺钉牢固，不翘曲。

（4）砖墙上开槽的管线要挂镀锌钢丝网。管线比较密集而无法砌筑时，采用细石混凝土浇灌，再挂钢丝网。

5.2.3 拍浆拉毛

拍浆拉毛有两种方法：

（1）将聚乙烯醇、氯化钠、水按 18∶2∶80 的质量配合比进行熬制，在 80℃下加热 50min 配制 PVA 水溶液，再将 PVA 水溶液、水泥、水按 1∶1∶5 质量配合比进行搅拌，用拍子把搅拌好的浆拍到墙上，形成毛刺。

（2）将墙面喷湿，水泥砂浆调稀，再将砂浆喷涂一体机开大气气压控制约在 0.6MPa 左右，在墙面上薄薄的喷一层砂浆。

5.2.4　固定成品筋条制作与安装

（1）用红外线垂准仪放线，控制墙面的平整垂直度（图 6）。先调整红外仪的水平度，然后让红外仪的光通过墙面，控制厚度，确定无头钉的高度（超出墙面的量）。

（2）钉无头钉之前先用卷尺量好开间尺寸，无头钉的分布按照筋条内的内置夹具位置确定。筋条按照 1.5m 的间隔分布，靠墙角的距墙角距离 300mm。墙面用无头钉控制墙面平整度，使无头钉的顶端刚好在水平仪的红色光线部分。

（3）安装筋条。采用 10mm × 10mm × 1mm U 形铝合金筋条，长度 2m，筋条内衬 6mm 钢筋，加强筋条强度，钢筋用 AB 强力胶填充覆盖填充。U 形槽内安装 3 个木质夹具，用于筋条的固定；铝合金筋条由内置夹具固定在无头钉上。

图 4　拍浆拉毛

图 5　筋条固定

5.2.5　墙面湿润

提前湿润时间以 30 ～ 60min 为宜，对吸水性强的基层湿润提前的时间宜短些，对吸水性弱的基层，湿润提前的时间宜长些。夏天的轻质砖，最少提前湿水三次。淋水要求：墙面淋水从上往下，宜湿润而不泌水。剪力墙不需要淋水（图 7）。

图 6　红外线垂准仪放线

图 7　墙面湿润

5.2.6　机械喷浆

（1）机械喷涂前基层宜不干不湿，太干，吸水太快，来不及收光；甚至水泥烧坏。太湿，砂浆挂不住。

（2）砂浆的配合比是水泥:砂子的质量比例在 1∶4。

（3）按照筋条的厚度喷涂，以筋条高度当作参照。

（4）室内地面喷涂宜从门口一侧开始，另一侧退出。

（5）当墙体材料不同时，应先喷涂吸水性小的墙面，后喷涂吸水性大的墙面。

（6）喷涂采用由下往上呈 Z 形，保证喷涂均匀、密实。

（7）喷射的压力应适当，喷嘴的正常工作压力宜控制在 1.5 ~ 2MPa 之间；

（8）持喷枪姿势应当正确。喷嘴与基层的距离、角度和气量，应视墙体基层材料性能和喷涂部位确定。喷射距离与喷射角见表 1。

表 1　喷射距离与喷射角

工程部位	喷射距离（mm）	喷射角
吸水性强的墙面	100 ~ 350	85° ~ 90°（喷嘴上仰）
吸水性弱的墙面	150 ~ 450	60° ~ 70°（喷嘴上仰）
踢脚板以上较低部位墙面	100 ~ 300	60° ~ 70°（喷嘴上仰）
顶棚	150 ~ 300	60° ~ 70°
地面	200 ~ 300	85° ~ 90°

（9）喷涂从一个房间向另一个房间转移时，应关闭气管。

（10）每个分格的喷涂要一次连续完成。

（11）在喷涂过程中，宜设专人协助喷枪手移动管道，并定时检查输浆管道连接处是否松动。

（12）当喷涂结束或喷涂过程中需要停顿时，先停泵，后关闭气管。

（13）清洗输浆管时，先泄压，后进行清洗。

内墙、顶棚机械喷涂如图 8、图 9 所示。喷射参数示意如图 10 所示。

图 8　内墙机械喷涂

图 9　顶棚机械喷涂

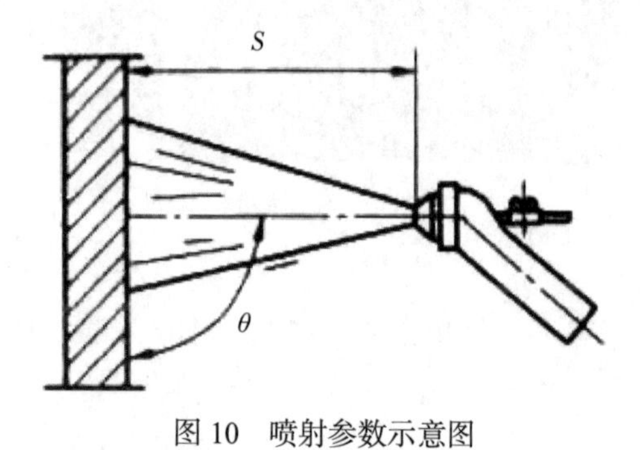

图 10　喷射参数示意图

图 11　赶尺

5.2.7　赶尺打磨（图 11）

（1）机械喷涂完毕后进行第一次赶尺，赶尺的长度宜为 2m。

（2）人工赶尺要用力均匀，赶尺应紧靠筋条上下移动，使筋条区域形成一个完整的平面。

（3）对门窗洞口、阴阳角处采用长赶尺收口施工不便时，应手工辅助抹平，机械喷涂和人工抹灰相结合。

（4）赶尺完毕后，把筋条取出，筋条取出后把筋条上的粘附物轻轻敲落。

（5）第二次赶尺，使所有被筋条隔开的平面连成一个大平面。

（6）待砂浆干到 70% 左右进行第三次赶尺，保证平整度，最后打磨，使墙面有光感。

5.2.8　养护

砂浆凝结后及时保湿养护，养护时间不少于 7d（图 12）。

图 12　内墙抹灰效果图

6　材料与设备

6.1　主要施工用料（表 2）

表 2　主要施工用料表

序号	名称	规格型号	备注
1	筋条	L2400	
2	无头钉	¢ 2.5	
3	钢丝网	12 × 12	
4	水泥	32.5	
5	砂子	6mm	
6	聚乙烯醇胶水	PVA1788	
7	外加剂		

6.2　施工设备与机具（表 3）

表 3　施工设备与机具表

序号	名称	规格型号	数量
1	砂浆输送喷涂一体机	SD-10	
2	机械过筛机		
3	斗车		
4	水平仪		
5	赶尺	L2000	
6	锤子	3.6kg	
7	卷尺	7.5m	
8	塑料抹子		
9	靠尺	2m	
10	塞尺		

7　质量控制

7.1　质量标准

本工法除严格遵循以下标准和规范外，还应执行项目所在地行政主管部门和相关行业的文件及要求：

《建筑工程施工质量验收统一标准》（GB 50300—2013）；

《建筑装饰装修工程质量验收规范》（GB 50210—2001）；

《机械喷涂抹灰施工规程》(JGJ/T 105—2011);

《预拌砂浆》(GB/T 25181—2010);

《建筑工程冬期施工规程》(JGJ/T 104—2011)。

7.2 质量控制

(1)水泥使用P·O32.5以上的普通硅酸盐水泥，砂子采用中砂，必须过筛级配，粒径不得大于0.5mm，平均粒径为0.35～0.5mm，操作过程中不得掺入大粒径砂子。尽量不用细砂，否则容易造成比表面积过大，产生堵管。

(2)泵的喷射压力必须经压力测试。

(3)机械喷涂采用由下往上呈Z形，以保证喷涂均匀、密实。

(4)每次开机喷涂前，先进行运转、疏通、清洗管路，再采用水、水泥、外加剂配合比为100 : 100 : 0.5(质量)的浆液润滑砂浆泵及管道，以保证畅通。

(5)专业喷浆技术工人控制喷浆位置，厚度一般最厚不超过20～30mm。

(6)每次喷涂接近结束时，将料斗清洗干净，在料斗内直接加清水，用水压出管道中残留砂浆。待出口出水后，加压将管道清洗干净，直至出口出清水。以防砂浆在管路中结块，影响下次使用。

(7)喷涂抹灰层质量的允许偏差，应符合表4的要求。

表4 喷涂抹灰层质量的允许偏差 mm

序号	项目	允许偏差		检验方法	备注
		普通抹灰	高级抹灰		
1	立面垂直度	4	3	用2m垂直检测尺检查	
2	表面平整度	4	3	用2m靠尺和塞尺检查	顶棚抹灰可不检查此项，但应平顺
3	阴阳角方正	4	3	用直角检测尺检查	普通抹灰可不检查此项
4	分格条直线度	4	3	拉通线用钢尺检查	

(8)冬期施工时，应对原材料、机械设备、输送管道和喷涂作业面采取保温防冻措施。砂浆搅拌时间比常温条件延长1min以上，出机温度不低于10℃，砂浆搅拌与泵送应同步进行，不得积存砂浆。室外喷涂抹灰，不宜在冬季施工。

8 安全措施

8.1 安全标准

本工法除严格遵循以下标准、规范和规程外，还应执行项目所在地行政主管部门和相关行业的文件及要求：

《建筑施工安全检查标准》(JGJ 59—2011);

《施工现场临时用电安全技术规范》(JGJ 46—2005);

《建筑施工高处作业安全技术规范》(JGJ 80—2016)。

8.2 安全管理措施

(1)项目部在施工队伍进场前应对全体人员进行劳动纪律、规章制度教育，并进行安全技术交底及安全教育。

(2)项目部实行检查制度，配备专(兼)职安全员，负责安全检查及安全统计工作。

(3)安全检查中发生安全隐患和违章作业、违章指挥必须立即制止，对施工中的重大安全隐患立即下达整改通知单并限期整改。对检查不合格的按有关规定进行停工限期整改和经济罚款，情节严重、整改不力者要对有关负责人追究责任。

(4)施工机具，在使用前必须进行严格检验。垂直输送管道安装应牢固可靠。

(5)喷涂作业时，严禁将喷枪对人。当喷枪管道堵塞时，应停机释放压力，避开人群进行拆卸排除，泄压前严禁敲打或晃动管道。

（6）从事高处作业的施工人员，应经过体检，其健康状况应符合高处作业的有关要求。

（7）在雷雨、暴风雨、风力大于六级等恶劣天气时，不得进行室外作业。

（8）机械设备转动外露部分应有安全防护装置。

（9）喷涂前作业人员应正确穿戴工作服、防滑鞋、安全帽等安全防护用品，高处作业时，必须系好安全带。

（10）在喷涂过程中，应有专人配合，协助喷枪手拖管，并应随时检查输浆管道连接处是否松动。

（11）清洗输浆管时，应先卸压，后清洗。

9　环保措施

严格遵循《建筑施工现场环境与卫生标准》（JGJ 146—2013），执行项目所在地行政主管部门和相关行业的文件及要求，并制定以下措施：

（1）建筑材料存放有序，标识整齐清楚，合理进行施工现场的平面布置，做到计划用料，使现场材料堆放减少到最低限度。

（2）水泥等扬尘材料应入库或覆盖严密；合理安排作业时间，采用低噪声的施工机械设备，减少噪声扰民。

（3）严禁施工车辆乱鸣笛，车辆经过居民区要稳定油门，保持挡位，慢速经过。

（4）施工排出的污水、废水，要经过污水处理站处理，达标排放。

（5）施工机械的废油料必须集中存放，并做好废油的利用工作，禁止随意乱倒污染环境。

（6）喷涂过程中的落地灰及时清理回收，坚持工完、料尽、场地清。

10　效益分析

（1）机械喷射上灰的效率是人工上灰效率的 6 ～ 8 倍，减少了工人操作时间和劳动强度，提高了工作效率。

（2）与传统的工艺相比，减少了砂浆的损耗，节约了砂浆用量。

（3）本施工工法运用管道输送，不占用施工电梯和塔吊垂直运输设备，大大减少了运输成本。

（4）人工上灰会因受力不均而导致的砂浆层内细微裂缝，从而影响砂浆的黏结强度，而导致墙面空鼓开裂，机械喷浆从根本上解决了这一问题，无后续的修补费用。

11　应用实例

11.1　宁乡印象东城

宁乡印象东城，抹灰面积 27000m^2，造价 32.4 万元，相比传统工艺，节约成本 4.05 万元。

11.2　荷叶村保障住房二标段

荷叶村保障住房二标段，抹灰面积 100000m^2，造价 118 万元，相比传统工艺，节约成本 14.85 万元。该工程得到了甲方和监理的一致好评，取得了良好的经济效益和社会效益。

11.3　湖南桑顿新能源工程

湖南桑顿新能源工程，抹灰面积 40000m^2，造价 77.5 万元。该工程使用新工法，施工效率大幅提高。通过合理的施工组织，节约材料及人工成本 7.6 万元。

LOCA 非沥青基预铺高分子反粘胶膜防水卷材施工工法

孙志勇　戴习东　刘　毅　段银平　肖　恋

湖南省第三工程有限公司

摘　要： 当前，随着建筑材料科技的发展，防水材料种类繁多，施工方法各异，本工法介绍了一种名为 LOCA 非沥青基预铺高分子反粘胶膜防水卷材，通过铺贴在垫层之上、结构底板之下，并反向黏结于结构板底面，与结构底板形成整体，从而达到防水效果的施工工艺。

关键词： 预铺；反粘；胶膜；防水卷材

1　前言

随着建筑防水新材料的发展，各种新型防水卷材层出不穷，防水机理及施工方法各不一样。LOCA 非沥青基高分子反粘胶膜防水卷材是一种以改性高密度聚乙烯为基材，与非沥青基高分子自粘胶层热复合而成，隔离层采用特殊性能的砂粒或耐老化聚乙烯硅油膜制成的新型高分子防水卷材。其预铺在垫层表面，待上层混凝土结构施工后，在混凝土的压力作用下，卷材表面的胶膜层与混凝土相互挤压、蠕变，反粘于混凝土结构底面，形成卷材防水层，达到防水施工效果。我公司在长沙市火车南站站前东广场、湘潭市地税局车库等多个项目地下室应用此防水施工工艺，均取得了很好的防水效果。现将该施工工艺总结并形成本施工工法。

2　工法特点

（1）防水卷材施工预铺的基层处理要求低。基层表面无须光洁、平滑、干燥或涂刷其他基层处理剂，表面平整即可进行预铺防水卷材施工，可加快工程进度。

（2）施工完成后不需做保护层，可直接在其上绑扎钢筋，浇灌混凝土，高分子片材防穿刺能力强，可耐受后浇筑混凝土的冲击，减少了工艺、降低了成本。

（3）施工过程环保，施工中不散发有毒有害气体，无须热熔，无须涂刷基层处理剂。

（4）防水卷材反粘于结构层，黏结密实，防水质量效果好，耐候性、耐穿刺、耐久性好。

3　适用范围

适用于建筑物、构筑物的地下室、屋面等部位的防水工程。

4　工艺原理

LOCA 非沥青基预铺高分子反粘胶膜防水卷材施工是将该卷材预铺在垫层上，通过卷材表面的高分子自粘胶膜层与现浇混凝土浆料在混凝土自身压力作用下，通过相互挤压、渗透、蠕变、反黏结于混凝土结构上，从而形成黏结包裹混凝土结构的卷材防水层，达到防水效果。

5　工艺流程及操作要点

5.1　工艺流程

施工准备→基层清理、卷材等材料进场→定位、弹线、试铺→预铺卷材→搭接处理→细部节点处理→自检修补及验收。

5.2 操作要点

5.2.1 施工准备

（1）做好人员、材料及设备等准备工作。

（2）技术人员熟悉好施工图纸，做好施工方案的编制及审核工作。

（3）垫层混凝土施工。按设计图纸做好垫层混凝土的施工。

5.2.2 基层清理

（1）将基层面上的垃圾、浮浆、钢筋头等杂物铲除并清理干净，基层应坚实、平整、无明水、灰尘和油污，钢筋头低于基面 20 ～ 30mm。

（2）基层蜂窝、孔洞、裂缝等缺陷用高强度等级水泥砂浆或防水砂浆修补平整。

（3）施工前应对基层检查和验收，符合要求后进行清理和清扫，必要时用吸尘器或高压吹尘机吹净。

（4）在转角、阴阳角、平立面交接处应抹成圆弧，圆弧半径不小于 50mm。

5.2.3 定位、弹线、试铺

（1）根据施工作业面的情况，先弹第一道定位线。

（2）第二条与第一条线之间的距离宽度为 1.9m，之后，每条基准线与前一条基准线之间距离按小于等于 1.8m 进行弹线定位。

（3）弹好基准线后，将卷材摊开并调整对齐基准线，以保证卷材铺设平直。

5.2.4 预铺自粘防水卷材

（1）铺设第一幅预铺卷材时，先将卷材按弹线定位空铺在基面上。高密度聚乙烯膜的平滑光面面向基层，卷材自粘胶层面向施工人员，仔细校正卷材位置，进行铺设。

（2）相邻第二幅卷材在长边方向与第一幅卷材的搭接宽度为 100mm。操作时先撕掉卷材搭接处的隔离膜，注意搭接处保持干净、干燥、无灰尘，搭接边在黏合时要排出搭接边里的气泡，并用压辊压实粘牢。

（3）短边搭接宽度为 100mm，用专用胶或胶带沿短向搭接缝粘贴并压实粘牢。相邻卷材的短边搭接缝应错开至少 600mm。

（4）侧墙铺设卷材

①将 LOCA 防水卷材按弹线位置对准在侧墙的基层上，卷材的平滑光面面向侧墙，自粘胶层面向施工人员。

②采用机械固定方法把 LOCA 卷材固定于侧墙支撑面上，固定位置应距卷材短边边缘 10 ～ 20mm 处，卷材长边每隔 500mm 左右进行机械固定。重复上述操作，直至整个项目的卷材铺设完成。

5.2.5 搭接处理

（1）长边搭接操作时撕掉卷材搭接处的隔离膜直接粘贴，短边搭接部位应用专用胶带黏结密封。搭接处应保持干净、干燥、无灰尘。搭接边在黏合后用压辊压实粘牢。

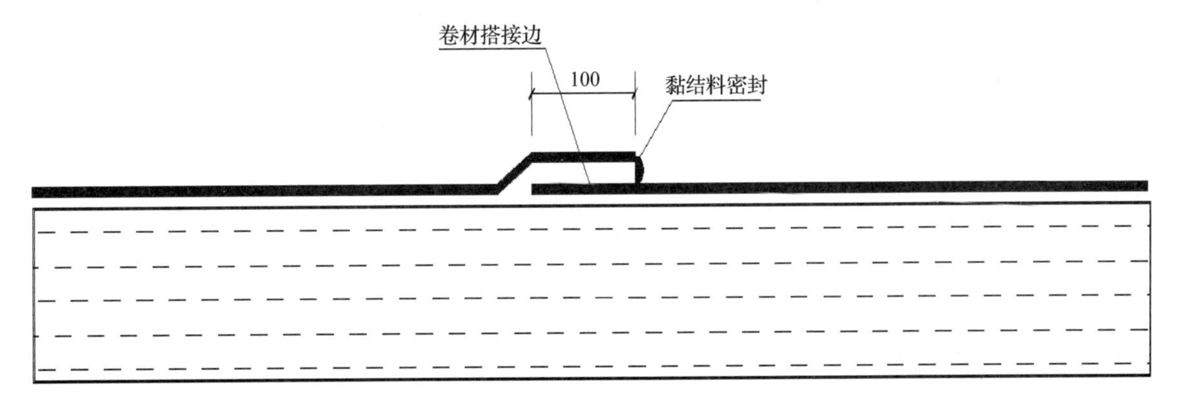

（2）立面搭接时，撕去长边预留自粘搭接边表面的隔离膜，进行长边搭接，同时确保所有钉固点

被相邻卷材的搭接边覆盖。搭接后应立即用压辊滚压，以确保密封粘牢；短边每隔 500mm 进行机械固定后，使用专用胶带黏结密封，确保所有钉固点被下幅卷材覆盖。

（3）卷材收头用收口压条及螺钉固定，然后在收口处打密封胶密封严实。

5.2.6 细部节点处理

基层处理后及时按相关规范或设计要求对需做附加防水层的部位进行处理。

（1）阳角

①将阳角部位浮浆、杂物铲除，清理干净。

②裁剪一块 500mm × 500mm 的方形卷材，对折后在方形卷材底部中间处划一刀到卷材中心点，使得卷材下沿叉开。

③使用专用胶带将卷材按裁口向上铺在阳角上。

④再裁剪一块方形卷材，四角剪成圆形，四角沿对角线位置至中心 2.5cm 处剪出 4 个裁口，使用专用胶带贴在开叉处的上面，将露出部位全部遮盖。

（2）阴角

①将阴角部位浮浆、杂物铲除，清理干净。

②裁剪一块 500mm × 500mm 的方形卷材，对折后在中心位置向一边方面裁开，将卷材折起来，使用专用胶带贴在三面阴角上，卷材在立面和平面的宽度大于 200mm。

③剪一块三角形卷材，边角剪成圆形。

使用专用胶带将剪好的三角形卷材贴在开叉处的上面，将露出部位全部遮盖。

（3）管根部位

清理管根部位四周卷材表面覆砂及管道壁，铁管进行除锈打磨，PVC 管表面用钢丝刷打磨粗糙。

根据管道外径剪一块方形卷材，尺寸比管根半径长 250mm，沿着卷材中心，划开呈十字状或米字状的缺口，将划开的卷材套入管道用专用胶带将卷材铺设。

根据管道外径裁剪一条长度大于管径 100mm，宽度不小于 250mm 的卷材，将其下端裁成锯齿状。将卷材套在管子的外面，然后用专用胶带将卷材紧密粘贴在管道外壁，上下层接缝黏结时应上下错开，平整严密，管道上端卷材用金属箍或用铁丝扎牢。

5.2.7 自检修补及验收

（1）自检修补

在防水卷材施工完成后，对所有部位进行全面自检，确保搭接缝及细部节点处理妥当。若存在交叉施工，在验收前，对交叉施工区域重点检查，若有人为或机械损坏防水层，则裁剪一块宽度不小于 250mm 的卷材进行修补，修补方法同细部节点处理。

（2）检查验收要点

卷材的搭接缝应黏结牢固，密封应严密，不得扭曲、皱折和翘边。

卷材防水层的收头应与基层黏结牢固，密封应严密。

卷材防水层的铺设方向应正确，卷材搭接宽度的允许偏差 -10mm。

6 材料与设备

6.1 材料（表 1）

表 1 材料表

序号	名称	规格、型号	性能及用途	备注
1	高分子反应型自粘防水卷材	按设计	防水防渗	
2	专用双面自粘胶带		黏结	
3	水泥钉		固定	

6.2 设备（表2）

表2　设备表

序号	名称	型号	主要功能	数量
1	小平铲		清理基层	3～4
2	扫帚		清理基层	2～4
3	墨盒		定位弹线	2个
4	记号笔		做记号	2只
5	压辊	¢70mm×200mm	压实卷材用	4个
6	剪刀	普通剪刀	剪裁卷材用	3把
7	钢卷尺	5m	度量尺寸	4个
8	尖刀	小型	修补挖切卷材	3把
9	棉纱		擦卷材表面赃物	0.5kg
10	拖把		拖水	2把

7 质量控制

7.1 主要标准及规范

《地下防水工程质量验收规范》(GB 50208—2011)。

《建筑工程施工质量验收统一标准》(GB 50300—2013)。

7.2 质量控制标准

（1）卷材防水层所用卷材及主要配套材料必须符合设计要求。出厂合格证、质量检验报告和现场抽样试验报告应符合要求。

（2）贮存与运输卷材时应避免日晒雨淋，注意通风。贮存温度不应高于45℃，平放贮存堆放高度不超过5层，立放单层堆放，禁止与酸、碱、油类及有机溶剂等接触。运输时防止倾斜或横压，必要时加盖苫布。

（3）卷材防水层及其转角处、变形缝、穿墙管道等细部做法均须符合设计要求。

（4）卷材防水层的基层应牢固，基面应洁净、平整，不得有空鼓、松动、起砂和脱皮现象，基层阴阳角处应做成圆弧形。

（5）卷材防水层的搭接缝应黏结牢固，密封严密，不得有皱折、翘边和鼓泡等缺陷。

（6）卷材搭接宽度的允许偏差为 ±10mm。

8 安全措施

8.1 应遵守的相关安全规范及标准：

《施工现场临时用电安全技术规范》(JGJ 46—2005)；

《建筑机械使用安全技术规程》(JGJ 33—2012)；

《建筑施工安全检查标准》(JGJ 59—2011)。

8.2 施工人员上岗前须将单位资质及操作人员上岗证提供给总包，由安全部门负责组织安全生产教育。该防水卷材具有超强的黏结力，施工不当，容易引起“超前”黏结，影响防水质量，操作工人必须是经过专门技术培训，考试合格，取得操作证的熟练工人。

8.3 施工现场禁止吸烟，配备好灭火器。进入现场人员必须戴安全帽，穿胶底鞋，戴防护手套，不得穿硬底鞋、高跟鞋、拖鞋或赤脚。

8.4 防水卷材应储存在干燥、远离火源的地方，施工现场严禁烟火。

8.5 注意成品保护。防水施工要与有关工序作业配合协调，防水专业队与有关施工操作人员共同保护防水层不遭破坏。

8.6 雨天、雪天、五级风以上均不得施工。

9 环保措施

9.1 应严格遵守国家、地方及行业标准、规范：

《建筑施工现场环境与卫生标准》(JGJ 146—2013)；

《建筑施工场界环境噪声排放标准》(GB 12523—2011)。

9.2 自粘防水卷材不含溶剂，无毒、无异味，原材料达到国家相关标准，不会对地下水造成污染，完全符合环保要求。

9.3 前期基层处理的垃圾必须在加固前清理干净，每次施工后的残料、塑料包装不得随地乱扔、乱倒，污染环境，严格做到工完场清。

10 效益分析

与传统 SBS 防水做法相比，其效益分析见表 3。

表 3 效益分析表

类型＼价格	材料费（元 /m²）	机械费（元 /m²）	人工费（元 /m²）	综合费用（元 /m²）
SBS 防水（保护层）	60	46	50	156
自粘卷材（不需保护层）	65	25	30	120

综上所述，在综合经济效益方面可节约成本 156–120=36 元 /m²。

11 应用实例

（1）长沙市火车南站站前东广场工程，位于长沙市雨花区花侯路，本工程地下室底板防水采用 LOCA 非沥青基预铺高分子自粘胶膜防水卷材，共计使用该防水卷材 18532m²，该防水工程于 2015 年 10 月开工，2015 年 11 月完工验收，自交付使用至今，使用效果良好，工程质量优良，获得业主、监理等的一致好评。

（2）湘潭市地税局地下车库项目，位于湘潭市雨湖区芙蓉路，本工程地下车库底板防水采用 LOCA 非沥青基预铺高分子自粘胶膜防水卷材，共计使用该防水卷材 2568m²，该防水工程于 2015 年 6 月开工，2015 年 7 月完工验收，自交付使用至今，使用效果良好，工程质量优良，获得业主、监理等的一致好评。

地面石材浇浆、切缝铺贴施工工法

唐满玉　彭轲衎　盛新湘

湖南省第四工程有限公司

摘　要：为了消除石材铺贴饰面存在毛边、崩角、空鼓、起拱、翘曲、断裂等质量缺陷，可在干拌摊铺好的结合层上浇水泥浆，等水泥浆浸透结合层后，直接将石材摆放到结合层上，然后用橡皮锤沿石材中央、四角敲击，直到结合层不再下沉，与相邻石材接槎平整；当石材铺贴好3～4d后，采用切割机沿石材每一条对缝进行切缝，以消除石材毛边、崩角（轻微的）、尺寸偏差等质量缺陷，保证对缝顺直度和接缝美观度。

关键词：地面石材；饰面铺贴；浇浆铺贴；切缝

1　前言

随着国民经济的高速发展，城市建设的商业街、商业广场、住宅小区、办公园区的室外地面饰面工程大量采用花岗石石材进行铺贴装饰。石材铺贴饰面存在以下两个问题：①施工过程中因天然石材加工存在毛边、崩角等不可避免的质量缺陷，使得铺贴的平整度、对缝和接缝的直线度、美观度难以控制和调整，因这个缺陷要么工艺水平达不到要求，要么经过选料材料的损耗率增加，造成成本过高，浪费资源；②铺贴面在使用过程中出现空鼓、起拱、翘曲、断裂等质量缺陷，修复又难以达到初建的质量水平（颜色难以一致），严重影响美观和使用功能。

采用本工法进行石材铺贴施工，上述两个问题可得到了根本性的改善，质量控制效果明显，材料损耗量降低，工效提高，不论是工艺水平、经济效益还是社会效益都非常好，值得推广和应用。

2　工法特点

（1）采用浇浆法铺贴，可确保石材与结合层黏结牢固，铺贴面与结合层融为一体，不易空鼓和起拱，整体抗压、抗折强度高，不易裂碎，返修率低，使用效果良好。

（2）施工机具简单、操作方便、快捷，效率高，石材厚度可控制在30mm内（含30mm），可降低工程造价，节约不可再生的自然资源。

（3）采用浇浆法施工，施工人员操作时不会污染石材的表面，少量的污染及时用海绵沾清水擦洗即可，不用酸洗，减少污染。

（4）切缝：可确保石材铺贴面的每一条对缝接缝顺直、宽窄一致，同时可消除因花岗岩这种天然石材在加工过程中的尺寸偏差、毛边、崩角（经微的）等质量缺陷，提高铺贴装饰面的观感质量，降低材料损耗和工程造价，节约社会成本。

3　适用范围

浇浆、切缝铺贴法可广泛应用于城市的商业街、商业广场、住宅区、办公园区等室外地面石材铺贴装饰装修项目，应用范围广。

4　工艺原理

（1）浇浆法铺贴工艺原理。指石材的铺贴可采取在干拌摊铺好的结合层上浇水泥浆，等水泥浆浸透结合层后，直接将石材摆放到结合层上，然后用铁锤或橡皮锤沿石材中央、四角敲击，直到结合层不再下沉、石材四角平整且与相邻石材接槎平整即可。

（2）切缝工艺原理：是指石材铺贴好后 3 ～ 4d，施工人员采用切割机沿石材每一条对缝进行切缝，以消除石材毛边、崩角（轻微的）、尺寸偏差等质量缺陷，保证对缝的顺直度和接缝的美观度。

5 施工工艺及操作要点

5.1 施工工艺流程

现场测量平面尺寸和坡度→室内电脑排版、放样→基层清扫→现场放样→四角定点、拉通线→干拌水泥砂浆、选料→摊铺结合层→摆砖、试铺→调制水泥浆→浇浆→摆砖、敲击→清洗污渍→养护→切缝→勾缝。依此类推，循环往复直到完工。

注意：铺贴时，先沿场地四边铺贴一块石材，再按已铺贴好的石材拉通线，纵、横对缝，再铺贴中间部分的石材，直到完工。

5.2 操作要点

（1）现场测量：作业前，先对要进行铺贴的场地进行平面尺寸、坡度的测量，做好记录，并打好 +50cm 的水平标高线。

（2）室内排版：根据实测的平面尺寸和标高，计算坡度，然后依据设计图纸的组拼图案在电脑中进行排版、放样，确定石材的下料尺寸（精确到毫米）及拼缝宽度，开出下料单，进行下料采购。

（3）基层清扫：将基层清扫干净，表面的灰浆要铲除掉、扫净。

（4）现场放样、试拼：根据电脑排版和设计图案现场进行弹线放样、试拼。

（5）四角定点、拉通线：在将要进行铺贴场地的四个角，依据标高和坡度，定好四个角点，摆好样砖，拉好四个角点的垂直通线、固定好，并做好标志，防止碰动。

（6）干拌水泥砂浆、选料：人工干拌水泥砂浆结合料，砂浆配比按 1∶3（水泥∶粗砂），两人用铲拌和均匀，同时进行石材的选料工作。选料要尽量保证颜色一致、棱角完好，粗砂宜选用未过筛的砂，以增加结合层的抗压强度。

（7）摊铺结合层：先沿一个夹角的两条边线为起始点摊铺干拌水泥砂浆结合层，结合层的厚度以四角定点的厚度为准，长度以一次铺贴 5 ～ 10 块砖为宜，并用木抹子抹平拍实，摊铺结合层的关键是控制好厚度和坡度。

（8）摆砖、试铺：结合层摊好后，按设计图的图案摆砖、试铺，看看石材的颜色、尺寸、拼图是否符合设计要求，并确定好对缝的宽度，以便大面积正式铺贴。

（9）调制水泥浆：在摆砖、试铺的同时进行水泥浆的调制。水泥采用 32.5 的硅酸盐水泥，水为自来水，比例为 1∶1（水泥∶水）。调浆的器具：塑料桶和铁棍及电子台秤，搅拌要均匀。

（10）浇浆：将调制好的水泥浆直接浇在摊铺好的结合层上，浇浆的量以完全浸透结合层而又不外溢为准。

（11）摆砖、敲击：待结合层上的浇浆没有浮沫、气泡时，即可将选好的石材用双手摆放到已浇好浆的结合层上，并对好缝，然后用 3 ～ 5 磅的橡皮锤沿每块石材的中央、四角敲击，直到结合层不再下沉、四角及接槎平整为止。

（12）清洗污渍：铺好的石材面可上人时（一般 24h 后），专人用海绵蘸清水对石材表面的污渍进行擦洗。

（13）养护：根据天气情况采用洒水、覆盖等进行养护，防止因缺水，结合层被烧坏，或大雨冲涮，确保结合层强度增长正常且与石材的黏结牢固。

（14）切缝：石材铺贴好后 5 ～ 7d，施工人员选用 3.8mm 厚的刀片，用切割机沿石材对缝进行切缝处理，切缝深度 3 ～ 5mm、宽度 4 ～ 5mm。切缝操作工人必须要有熟练操作的经验。为确保切缝顺直，可采用 6m 长、40° 角铁作为引导尺。

（15）勾缝：因工程而异，有些采用明缝，有些采用暗缝。一般商业街和商业广场宜做勾缝处理，勾缝前先采用 1∶1 的 107 胶水泥灰浆对切缝进行封闭，再采用 32.5 的普通硅酸盐水泥（或白水泥）掺胶进行调制勾缝，勾缝深度 3 ～ 5mm。

工程质量要求高的项目，石材铺贴前，可采取在石材的背面先刷 1∶1 的 107 胶水泥灰浆进行封闭，防止石材的泛碱。

6　质量要求

（1）石材的品种、规格、颜色、质量必须符合设计要求，花岗岩石材与水泥砂浆结合层结合必须牢固、无空鼓。

（2）表面洁净，图案清晰，色泽一致，表面无泛碱现象，接槎平顺，接缝平直，接缝宽窄一致，无裂缝、掉角、缺棱等现象。

（3）表面平整，放坡顺畅，不积水。

（4）井盖、树池等结合处严密、牢固，不积水，不倒泛水。

（5）与各种面层邻接处的镶边用料及尺寸符合设计要求，边角整齐，接槎顺畅美观。

（6）允许偏差项目见表 1。

表 1　花岗岩石材铺贴允许偏差

序号	项目名称	允许偏差（mm）	检验方法
1	表面平整度	1	用 2m 靠尺和楔形塞尺检查
2	缝格平直度	2	拉 5m 线，不足 5m 拉通线，尺量检查
3	接缝高低差	0.5	尺量和楔形塞尺检查
4	板块间宽度偏差	1	尺量检查

7　材料及机具

（1）石材：按设计要求的品种、规格及颜色，下料单进行采购，进场进行验收。

（2）水泥：32.5 的普通硅酸盐水泥。

（3）砂：粗砂（未过筛的粗砂，以提高结合层强度和密实度），含泥量不大于 3%。

（4）水：为自来水。

（5）机具：铁撬、3 ～ 5 磅的橡皮锤、铁抹子、塑料桶、铁棍、切割机、墨线电子台秤等。

8　劳动力组织

施工员管理人员 1 人，测量员 1 人，作业工人若干（根据工程量的大小而定），最少不少于 5 人为宜。

9　安全措施

（1）做好安全教育和安全交底。

（2）做好每天安全巡查工作，发现隐患及时排除。

（3）作业人员要了解周围和地下管线的埋深和位置，并在施工作业时加以保护。

（4）需在作业面下敷设的管线必须穿套管进行保护，并标明走向，留好检查口。

（5）使用切割机时，要安装移动开关箱，严格用电制度，确保安全。

10　环保措施

（1）水泥要架空防潮，并做好防雨覆盖。

（2）干拌水泥砂浆时，要注意扬尘，做好遮挡，水泥袋要及时归堆运出场外，不能随意丢弃。

（3）铺贴面的污渍及时用海绵蘸清水清洗，严禁事后大面积用草酸对石材表面进行酸洗，这样会对环境和土地产生污染。

（4）切缝时，作业人员要带好口罩，作业面做好遮挡防护，防止扬尘，并且及时清理表面的灰尘，做好成品保护。

11　效益分析

（1）直接经济效益：水泥用量减少（与批浆法比）、粗砂不需过筛，成本低，石材的损耗率低，降低成本，切缝需要增加人工和电费，石材的厚度可控制在 30mm 内，经综合测算，每一平方米造价最低可节约 20 元左右，按全国每年施工总量来算，直接经济效益非常显著。

（2）社会效益：空鼓、起拱的现象得到了有效控制，使用过程中的返修率降低，美观度和使用功能得到很好的保护，社会效益显著。

12　工程实例

工程实例：岳阳市天鹅湖二期、三期的商业街和小区的工程均采用本工法组织实施，经过多年的使用，效果非常好。

工程实例的照片如图 1 ～图 8 所示。

图 1　石材与结合层黏结在一起

图 2　工人调缝

图 3　铺结合层、浇浆

图 4　摆砖、铺贴

图5　工人用海棉蘸清水擦洗污渍

图6　切缝作业

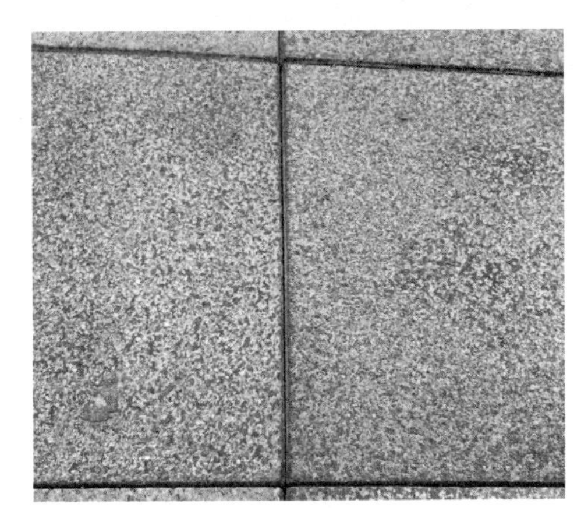

图7　切好的缝

图8　完成的成品

遇水膨胀止水胶条施工工法

何登前　李　勇　汤春香　周　超　肖满娥

湖南省第二工程有限公司

摘　要：地下工程存在防水薄弱处，如果未能妥善处理将影响建筑物的正常使用和耐久性。遇水膨胀止水胶条是一种遇水后吸水膨胀的自粘胶条，在浇筑混凝土前，只需要凿毛混凝土施工缝，用钢丝刷清除界面上的浮渣，用与原混凝土相同的配合比的防水砂浆找平，待其表面干燥后，用配套的胶粘剂或水泥钉将其固定在混凝土施工缝、后浇带或穿墙管洞上。该材料遇水膨胀，彻底堵塞渗水孔隙，截断压力水，从而达到防渗的作用。与现行传统的钢止水带相比，在施工中避免了金属焊接产生的有毒气体，保证了施工现场的环境不受污染，施工简便，适合在狭小空间使用，且能与其他施工工序同时交叉施工，缩短整个项目的施工工期，提高工效，质量可靠、成本低廉。

关键词：防水；遇水膨胀；止水胶条；弹性

1　前言

随着社会进步，工业与民用建筑的地下结构、隧道及人防等地下工程越来越多，由于温度、变形、施工工艺等因素，这些地下工程的底板、墙板和顶板等部位都存在水平或竖向施工缝、后浇带及穿墙管洞等，这些部位往往是防水薄弱处，处理不好容易出现渗漏，直接影响建筑的耐久性和使用功能。遇水膨胀止水胶条作为一种新型防水密封材料，具有质量轻、体积小、成本低、施工操作方便、施工质量可靠等优势，对于有防水要求的新旧混凝土结合处和结构复杂、施工工期紧的地下工程，具有技术上的可行性与显著的经济效益。我公司在郴州恒大华府工程、衡阳恒大绿洲二期工程、衡东碧桂园翡翠湾工程上，对混凝土的渗漏进行了技术攻关，及时处理了渗漏问题，得到了监理公司的一致好评。

2　工法特点

（1）操作简便、方便：在浇筑下一环混凝土前，只需要凿毛混凝土施工缝，用钢丝刷清除界面上的浮渣，用与混凝土同强度等级的防水砂浆找平，待其表面干燥后，用配套的胶粘剂或水泥钉固定止水条即可，且能与其他施工工序同时交叉施工，缩短施工工期，提高工效。

（2）止水效果好，质量可靠：遇水膨胀止水胶条具有橡胶的弹性止水和遇水后自身的体积膨胀止水的双重密封作用，具有较强的平衡自愈功能，浸水膨胀，“以水止水”，可自行封堵因沉降而出现的新的微小裂隙，能彻底堵塞渗水孔隙，截断压力水，抗渗效果好，止水效果远远大于传统钢板止水带和止水条，保证了工程的施工质量。

（3）成本低廉：遇水膨胀止水胶条比传统的钢板、橡胶止水带成本要低；工人操作简便，施工快捷，节省了劳动力。

（4）绿色环保：遇水膨胀止水胶条无毒无污染，可与饮水接触，有利于环境保护，对于已完工的工程，如缝隙渗透漏水，也可重新堵漏。节约了资源，做到了真正的绿色环保。

3　适用范围

遇水膨胀止水胶条适用于混凝土施工缝、后浇带、穿墙管洞的界面上，能遇水膨胀彻底阻塞缝隙渗水，替代了传统钢板止水带和橡胶止水带。广泛应用于人防、游泳池、污水处理工程、地下工程、地铁、隧道、涵洞等地下建筑工程和有防水要求的新旧混凝土结合处或已完工的缝隙渗透漏水混凝土工程，适用于混凝土工程裂缝修补止水及混凝土接缝防渗漏等。

4　工艺原理

遇水膨胀止水胶条是由高分子膨胀材料和橡胶混炼而成，是一种新型建筑止水防水材料，具有遇水后吸水膨胀功能的自粘胶条，同时具有较好的弹性、延伸性，可直接粘贴在混凝土施工缝表面，当水进入接缝时，最大膨胀率 200% ～ 500%，挤密新旧混凝土之间的缝隙，形成不透水的可塑性胶，堵塞施工缝及周围的毛细孔，从而达到止水防渗作用。

5　施工工艺及操作要点

5.1　工艺流程

施工准备→施工缝混凝土表面清理→安装遇水膨胀止水胶条→隐蔽工程验收→新混凝土浇筑。

5.2　主要操作要点

5.2.1　施工准备

（1）根据施工部位止水要求选择符合防水要求的材料，进场时要有检验报告和生产合格证并按验收批进行外观验收，同时随机抽取足够的试样送试验室进行复试检验，检验合格后方可使用。

（2）施工部位混凝土表面预留成定位浅槽或平槎，粘贴前做好施工缝混凝土表面的清理工作，保证粘贴部位平整、干燥、洁净。

（3）现场施工操作人员必须定位、定岗并经过安全交底和技术交底。

5.2.2　施工缝混凝土表面清理

（1）安装遇水膨胀止水胶条，应保证混凝土强度大于设计强度的 50% 以上才能进行遇水膨胀止水条结构部位清理。清理时用钢丝刷、油灰刀、毛刷，将施工缝已硬化的混凝土表面的水泥浮浆、杂物及灰尘清理干净，保持干燥。

（2）在凿毛的混凝土表面中心 50mm 范围内，用与原混凝土相同配合比的防水砂浆，以厚度为 10 ～ 20mm 找平。

5.2.3　安装遇水膨胀止水胶条

（1）防水砂浆找平后必须保证砂浆强度达到混凝土设计强度的 50% 以上后方可进行施工缝处止水胶条施工，施工程序见图 1。

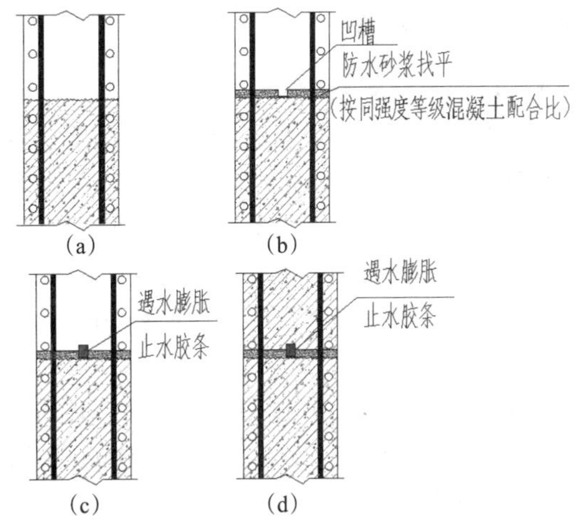

图 1　混凝土施工缝遇水膨胀止水胶条施工程序图

（2）水平施工缝安设遇水膨胀止水胶条：将包裹在止水胶条外面的隔离纸撕掉，把止水胶条直接安设在施工缝混凝土表面上，若需要接长则接头处搭接不小于 60mm，不得留有断点；每隔 800 ～ 1200mm 用长度不小于胶条厚度 2 倍长的高强钢钉固定，止水胶条应与混凝土钉牢，以免错位。

（3）竖向施工缝安设遇水膨胀止水胶条：对于立面施工缝，应先预留定位浅槽，将止水胶条镶嵌在预留槽中，若没有预留槽，也可用高强钢钉固定，并利用其自粘性，直接粘贴在施工缝界面上，通过隔离纸均匀压实，还须沿止水胶条每隔 500mm 加钉一个水泥钢钉，以协助固定；如需接长则要求与水平施工搭接要求一致。

（4）用辊子滚压止水胶条上表面，使止水胶条与混凝土表面黏结严密、牢固；剪力墙位置滚压止水胶条必须在水平钢筋绑扎前完成，以保证胶条粘贴牢固。

（5）遇水膨胀止水胶条需要接头时，可将止水胶条端头侧面部位用多用刀切成 45° 斜面，剥去搭接部位的隔离纸，利用止水胶条本身的可粘性进行粘贴，将止水胶条侧面搭接，以 60mm 为宜，用辊子滚压止水胶条上表面，使止水胶条的搭接面黏结严密、牢固即可；也可将要搭接的两根止水胶条端头 60mm 范围内的隔离纸剥去，利用止水胶条本身的可粘性，将止水胶条侧面上下搭接 60mm 长，用辊子滚压止水胶条上表面，使止水胶条的搭接面黏结严密、牢固。搭接部位两根止水胶条间不得有空隙，必要时两根止水胶条之间用胶粘剂粘贴密实，以免在浇筑混凝土时错位形成空隙影响止水效果。止水胶条严禁采用对接，接头做法见图 2。

（6）季节性施工：遇水膨胀止水胶条不宜在雨天、雪天和五级及以上大风天施工，作业环境温度不低于 -20℃。如遇寒冷天气，可采取辅助增温方法，在保证作业环境温度不低于 -20℃的前提下，进行止水胶条施工。

5.2.4　隐蔽工程验收

遇水膨胀止水胶条安设完毕，根据质量标准进行隐蔽工程验收，重点检查是否粘贴顺直、牢固，接头是否满足要求等；验收合格后才能进入下一步的钢筋绑扎施工。

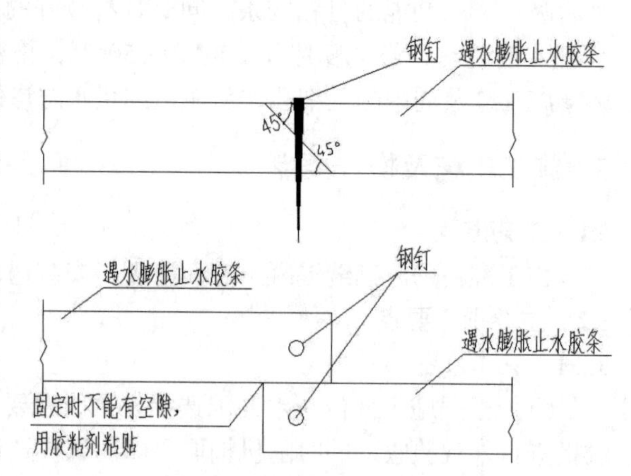

图 2　遇水膨胀止水胶条接头做法

5.2.5　混凝土浇筑

（1）混凝土浇筑：遇水膨胀止水胶条安设完毕，经隐蔽工程验收合格后，揭去止水条表面隔离纸，方可进行下一工序混凝土浇筑。

（2）混凝土浇筑施工中，应避免混凝土振动棒触及止水胶条。

（3）混凝土浇筑后，要控制好混凝土表面温度与室外最低温差、混凝土内部与混凝土表面的温差不大于 20°，保证混凝土的抗渗性要求，做好夏天覆盖洒水养护，冬天覆盖保温养护，硅酸盐水泥养护时间不少于 14d，其他水泥养护时间不少于 21d；后浇带混凝土养护时间不少于 28d。

6　材料与设备

6.1　材料及材料要求

（1）遇水膨胀止水胶条膨胀倍率高，能使混凝土施工缝具有较强的平衡自愈功能，是由聚氨酯、丙烯酸钠等高分子吸水性树脂等材料与合成橡胶制得的条状固体，并带有自粘的防水材料。止水胶条断面为矩形，其断面尺寸分别为 15mm × 20mm、20mm × 30mm、20mm × 50mm、10mm × 40mm 等多种规格，标准长度为 5000mm，生产厂家也可根据设计要求和用户的要求协商进行加工，如对设计有特殊要求的断面尺寸、形状、膨胀率、长度、防水等进行定制生产；并且长度方向除转角部位外均可任意搭接。

（2）遇水膨胀止水胶条进场时，必须以同一生产厂家的同一类型品种的产品进行外观验收，表面不得有开裂、缺胶等缺陷；每 1000mm 不得有深度大于 2mm，面积大于 16mm^2 的凹痕、气泡、杂质、明疤等缺陷。

6.2　辅助材料

钢钉。

6.3　机具设备

钢丝刷、油灰开刀、毛刷（2 寸）、剪刀或多用刀、辊子（¢ 40mm × 50mm）、铁锤（0.9kg）。

7　质量控制

7.1　质量标准（表 1）

表 1　质量标准

项目	序号	检查项目	质量标准	检查方法
主控项目	1	混凝土施工缝所用遇水膨胀止水胶条质量标准要求	符合现行国家标准《高分子防水材料　第 3 部分：遇水膨胀橡胶》(GB/T 18173.3）要求	检查产品出厂合格证、质量检验报告和现场抽样试验报告
	2	混凝土施工缝细部做法	符合现行国家标准《混凝土结构工程施工质量验收规范》(GB 50204）设计要求，严禁渗漏	观察检查隐蔽工程验收记录
一般项目	1	遇水膨胀止水胶条固定	止水胶条中心线应与混凝土中心线重合；止水胶条应固定牢靠、平直、不得有扭曲现象	观察检查和检查隐蔽工程验收记录
	2	接缝处混凝土	表面应密实、洁净、干燥；止水胶条应黏结严密，不得有开裂、浸泡和下塌现象	观察检查
	3	遇水膨胀止水胶条搭接长度的允许偏差（mm）	10	观察检查和尺量检查

7.2　质量要求

（1）进场的止水胶条自生产之日起一年内其性能指标应符合现行国家标准《高分子防水材料　第 3 部分：遇水膨胀橡胶》（GB/T 18173.3）的规定，逾期需经再次复试检验，待检测报告合格后方可继续使用；并须向供方索取产品合格证和有关质检单位出具的产品质量检测报告（抗水压力、吸水膨胀速率），施工现场送检复试，结果必须符合国家质量标准和设计要求。

（2）施工中铺设的止水胶条应无受潮，无挤压变形。

（3）止水胶条施工完毕后，及时进行下一工序的混凝土浇筑。确因客观原因导致混凝土浇筑时间间隔较长时，及时覆盖保护材料（塑料薄膜等）以防止污染、阳光长时间照射，避免雨淋、水泡。

（4）在安装粘贴过程中，应防止止水胶条受污染和受水的作用，以免影响使用效果，止水胶条粘贴以后应尽快浇筑混凝土。

（5）浇筑下一工序混凝土时，注意避免混凝土直接冲击止水胶条，导致止水胶条位移、脱落。

7.3　质量保证措施

（1）经凿毛处理的混凝土表面用水冲洗干净并不得有积水，混凝土浇筑前，对垂直施工缝应在旧混凝土面上刷一层水泥净浆，对水平施工缝应在旧混凝土面铺一层厚 1 ～ 20mm 的水胶比为 1 : 2 的水泥砂浆，或铺厚约 300mm 的混凝土，其粗骨料宜比新混凝土减少 10%。

（2）混凝土振捣由专人负责，混凝土浇筑时，接缝的第一层混凝土的厚度不超过 500mm，采用插入式振捣器时先振接缝深的部位，后振接缝浅的部位，振动器的头不宜插到接缝底部的旧混凝土或钢筋上，不得漏振和少振，保证接缝处防水质量。

（3）保证凿除接缝处表面的水泥浮浆和松软层在凿毛后露出的新混凝土面积不低于 75%。

（4）对于素混凝土结构，应在施工缝处埋设直径不小于 16mm 的连接钢筋，埋入深度和露出长度不应小于钢筋直径的 15d，间距不大于 200mm，以保证素混凝土部位防水质量要求。

7.4　应注意的质量问题

（1）施工缝处混凝土不得有砂浆再次找平现象，剔至坚实面，防止止水胶条固定不牢靠。

（2）止水胶条不慎短时间湿水时，需及时晾干，方可继续使用，以保证止水效果。

（3）整个混凝土施工缝处的止水胶条要连续不断；止水胶条搭接头必须满足搭接长度、固定牢靠；止水胶条水平方向不得在转角处甩搭接头，竖向甩头需留在较高部位。

7.5　做好质量记录资料的整理

（1）收集好止水胶条出厂合格证、质量检验报告、使用说明书；

（2）现场抽样复试报告；

（3）工序交接检查记录；

（4）检验批质量验收记录；

（5）隐蔽工程检查验收记录；

（6）有关质量记录表格详见现行国家标准《建筑工程资料管理规程》(JGJ/T 185）。

8　安全措施

8.1　安全操作要求

（1）进入施工现场的作业人员必须佩戴安全帽。

（2）施工时避免立体交叉作业，高处作业必须有可靠的脚手架并满铺脚手板，操作人员必须挂安全带。

（3）作业环境采用辅助增温施工时，严禁使用明火，加温设备必须有专业人员监护。

8.2　安全技术措施

（1）止水胶条不得与高温热源、明火、水、油及有机溶剂等接触。

（2）在保管和运输中注意通风、干燥，确保隔离纸完好，防止发生非粘贴时的粘连。

（3）该产品易变形，在运输及储存时，不得过高堆放、重压。

9　环保措施

施工中所产生的废弃止水胶条、包装隔离纸不得任意丢弃，在班后及时收集至现场指定的堆放处，并不得与其他固体废弃物、垃圾混放。

10　效益分析

（1）鉴于建筑行业竞争的日益激烈，降低成本，获得最大的经济效益已成为一个施工企业生存和发展的前提和必要条件，在工程项目中做到既开源又节流，既增收又节支，达到降低成本的目的是所有施工企业追求的目标。采用本工法施工降低了生产成本，比传统的施工缝防水材料，如钢板止水带可减少造价 60% 左右。

（2）施工时不需要配备电焊设备，工艺简单易于掌握，节省劳动力，缩短工期，可以有效地保证施工质量。

（3）具有良好的耐化学品性能，可与饮用水接触，安全、无毒，属于环保型产品，有利于环境保护；耐久性强，质量变化率低，在长期服役期间不会造成膨胀流失，在 20℃，使用寿命超过 100 年。

（4）止水效果好，具有橡胶的弹性止水和遇水后自身的体积膨胀止水的双重密封机理，最大能抗 1.5MPa 的水压力，止水效果远远大于传统钢板止水带和止水条，保证了工程的施工质量。

11　应用实例

（1）郴州恒大华府项目工程。在施工过程中，地下工程后浇带、施工缝、穿墙管洞采用遇水膨胀止水胶条材料，加快了施工进度，降低了施工成本，减少资金投入 12 万多元，保证了工程质量，该项目的恒大剧院被评为省芙蓉奖工程，产生了较大的经济效益和社会效益。

（2）衡阳恒大绿洲二期。该项目地下室为三层，地下室建筑面积达 68000m²，地下水丰富，后浇带、施工缝、穿墙管洞设置工程量大，在施工过程中，后浇带、施工缝采用了遇水膨胀止水胶条，加快了施工进度，降低了施工成本，减少了资金投入 15 万多元，同时地下室防水效果好，保证了工程质量，产生的经济效益和社会效益明显，施工全过程获得业主的好评。

（3）衡东碧桂园翡翠湾项目。本工程地下室建筑面积 18000m²，后浇带、施工缝、穿墙管洞施工采用了遇水膨胀止水胶条，加快了施工进度，节约施工成本 5 万多元，同时地下后浇带部位没有发现渗水现象，保证了工程质量，取得了相应的经济效益和社会效益，受到了业主的好评。

建筑外墙铝合金窗凹槽嵌樘防渗漏施工工法

汤　静　李桂新　张　永　周　剑　董万兵

湖南省第五工程有限公司

摘　要：解决建筑外墙窗框周边易分离开裂产生渗漏的问题，可采用建筑外墙铝合金窗凹槽嵌樘防渗漏施工工法，其原理是通过窗户洞口四周抹灰层预留两次凹槽、窗框嵌樘相结合以及采用多道防水的方式达到防渗漏的目的。该工法适应范围广，不改变窗户的结构形式和设计尺寸，施工工艺简单、质量可靠，适用于工业与民用建筑中需要防渗漏的各类型窗户。

关键词：建筑外墙；窗框安装；凹槽嵌樘；防渗漏施工

1　前言

随着我国城市化的高速发展，一栋栋高楼像雨后春笋一样矗立于城市中心，给城市增添了不少繁荣景象。众所周知，窗户是房屋必不可少的建筑构件，是房屋室内、室外进行气流交换的通道，是人们享受日照和紫外线沐浴的窗口，所以窗户对人们的生活非常重要。铝合金窗户被广泛用于工业与民用建筑中，但铝合金窗窗框周边渗水现象十分普遍，对建筑质量的影响很大。按照铝合金窗常规安装方法，安装工作是在窗洞口一次性粉刷完后，窗框固定件透过抹灰层固定在砌体预埋混凝土件上，抹灰层与窗框之间的间隙采用聚氨酯泡沫剂填充，再将硅酮耐候密封胶打在窗框与窗洞装饰面层表面。这种方法窗框周边易分离开裂产生渗漏，导致房屋内墙体潮湿发霉、家具腐烂等问题，有的甚至严重影响房屋使用。一旦出现渗漏，常规的处理办法是直接在外墙面上刷防水透明液。这方法使得高空作业不仅安全系数低、维修费用高、防治效果差，而且影响建筑美观。针对以上问题，采用“建筑外墙铝合金窗凹槽嵌樘防渗漏施工工法”，可以很好地解决上述问题，并通过实践证明是可行的。该工法原理是通过窗户洞口四周抹灰层预留两次凹槽、窗框嵌樘相结合以及采用多道防水的方式达到防渗漏的目的。

我公司在芙蓉生态新城三号安置小区一期一标段、中国太平洋人寿保险南方基地、芙蓉生态新城二号安置小区一期五标段等建设项目中应用，外墙铝合金窗周边没有发生任何渗漏，取得了良好的经济效益，得到了建设单位和政府主管部门的一致认可。

2　工法特点

该施工工法与常规安装方法比较具有以下特点：

（1）该工法适应范围广，不改变窗户的结构形式和设计尺寸，施工工艺简单易操作。

（2）预留第一次凹槽有利于窗框固定片准确地安装在主体结构预埋混凝土件上，提高了窗框稳定性。

（3）不需要等待窗洞内全部粉刷完，窗框安装可提前加工制作，外墙抹灰与窗框安装作业可以搭接施工，加快外墙装饰施工进度。

（4）通过预留两次凹槽的方式与多道防水相结合，使铝合金窗与主体结构之间形成弹性密封连接防止雨水渗漏，大大提高铝合金窗抗变形能力和耐久性。

（5）与高昂外墙渗漏维修费相比，增加成本费用十分少、可节约大量维修材料和人工费用、避免高空维修作业、降低安全风险系数、经济效益好、有利于提升企业品质。

3　适应范围

本工法适用于工业与民用建筑中受雨水影响需要防渗漏处理的各种类型的窗户，如：铝合金窗、塑钢、不锈钢窗等。

4　工艺原理

本工法是在安装铝合金窗窗框前，窗洞口内抹灰先预留第一次凹槽用于安装铝合金窗框（第一次凹槽宽度为窗框厚度两侧各加宽 30mm，凹槽深度为粉刷层的厚度，但窗顶室内抹灰层暂不粉刷）；通过第一次凹槽直接用固定片和射钉准确地将窗框安装在主体结构预埋混凝土件上，窗框四周与主体结构之间的缝隙采用聚氨酯泡沫剂填充饱满；再对固定片进行防腐后，第一次凹槽剩余部分采用防水砂浆填充，填充厚度应高于窗框底边 5mm，使窗框嵌入抹灰层以下形成嵌樘；防水砂浆填充时，应在窗框边预留第二个凹槽（第二个凹槽宽度为 5mm，凹槽深度为防水砂浆层的厚度），目的是将硅酮耐候密封胶嵌填在凹槽中，使窗框与主体结构形成弹性密封连接，再在窗洞内外 200mm 范围刷两遍防水涂料，进行第一次填充硅酮密封胶，外墙涂完后，再用第二次硅酮耐候密封胶填充封口收边，然后进行窗户性能检测和经质量验收合格后投入使用。

5　工艺流程和操作要点

5.1　施工工艺流程

窗洞口预留预埋施工→窗洞放线抹灰，预留第一次凹槽→窗框安装→窗框缝隙填充→第一次凹槽填充，预留第二次凹槽→窗框外侧刷防水涂料→密封胶嵌填凹槽→装饰面层，密封收边→试验和验收。

5.2　施工操作要点

5.2.1　窗洞口预留预埋施工

严格按建筑设计图纸进行主体结构施工，砌体结构施工时按照设计要求，预留窗洞口尺寸每个边各扩大 20mm，确保粉刷完窗户洞口的尺寸符合设计要求，并根据固定片间距的设计要求预埋混凝土构件及预埋窗框等电位接地线，窗台压顶按照规范设计要求进行现浇，并且深入墙内 400mm，内高外低，做成 10% 的排水坡度；主体结构完成后，经监理、设计、建设等单位验收合格后进入装饰装修工程（图 1）。

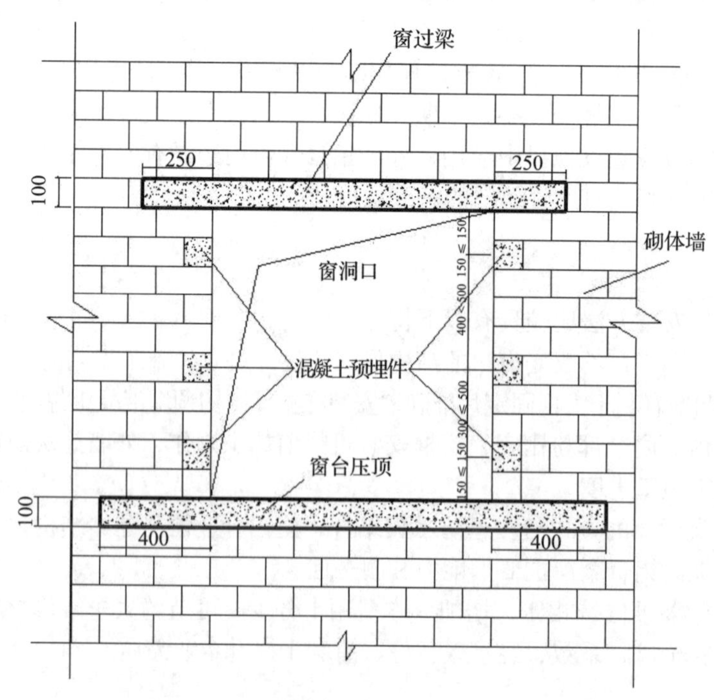

图 1　窗洞口预留预埋示意图（单位：mm）

5.2.2　窗框放线抹灰，预留第一次凹槽

内外墙抹灰施工前，首先在外立面测量放线，并在窗台内引水平方向 50mm 标高控制线，窗外

两侧按设计尺寸安装钢丝线，作为窗洞口定位垂直方向控制线，铝合金窗根据控制线进行测量窗户尺寸，形成下料单，再报厂家进行加工制作，分批次运至施工现场，经监理单位或建设单位验收合格后进行安装。按居中安装和铝合金窗窗框宽度的设计要求，内外墙抹灰同时进行，在窗洞内抹灰时预留第一次凹槽用于安装窗框，凹槽宽度等于 120mm（30mm+ 窗框宽 60mm+30mm=120m）、凹槽深度为 20mm（抹灰层厚度）。为了保证凹槽位置的准确性，抹灰时应严格按照控制线测量定位，抹灰时采用杉木条和水平尺控制凹槽的垂直度和平直度，确保第一次凹槽按要求预留到位（图 2）。

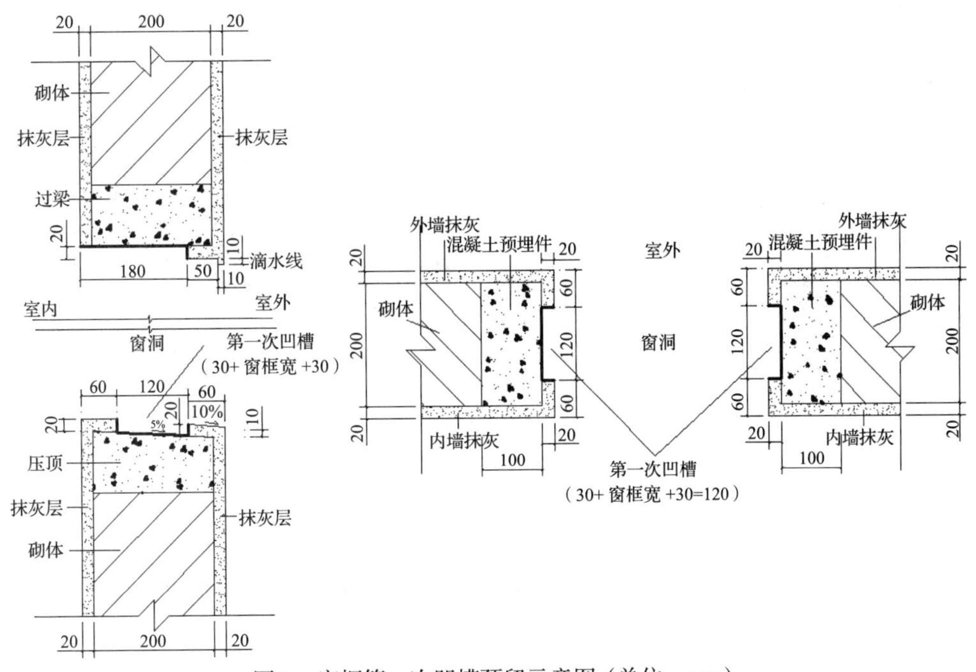

图 2　窗框第一次凹槽预留示意图（单位：mm）

5.2.3　窗框安装

窗框运到施工现场后，经检查验收合格后，按照窗洞口四周的控制线，将固定片或射钉固定于混凝土主体结构中，然后把窗框固定在凹槽内，用水平尺检查窗框的垂直度和水平度，保证窗框安装质量合格后，再将电位接地线连接到主体结构上，完成窗框安装（图 3）。

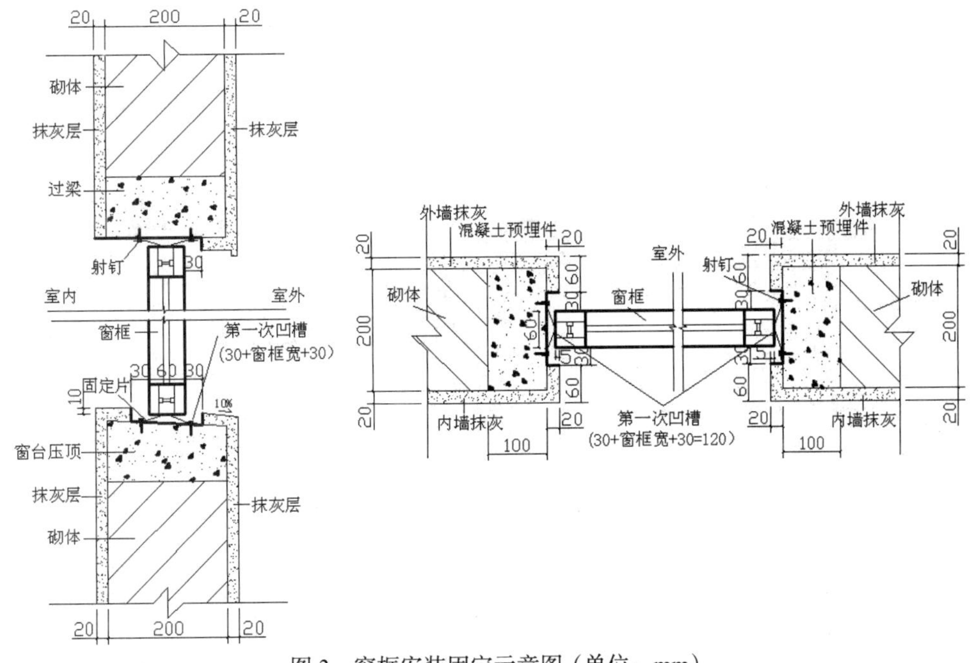

图 3　窗框安装固定示意图（单位：mm）

5.2.4　窗框缝隙填充

窗框安装完成后，窗框与主体结构之间的间隙用木条塞住采用聚氨酯泡沫剂进行多次填充，直到填充饱满为止，等聚氨酯泡沫剂干燥硬化后，再将窗框边外露的多余聚氨酯泡沫用刀片切割掉，即完成窗框缝隙填充（图 4）。

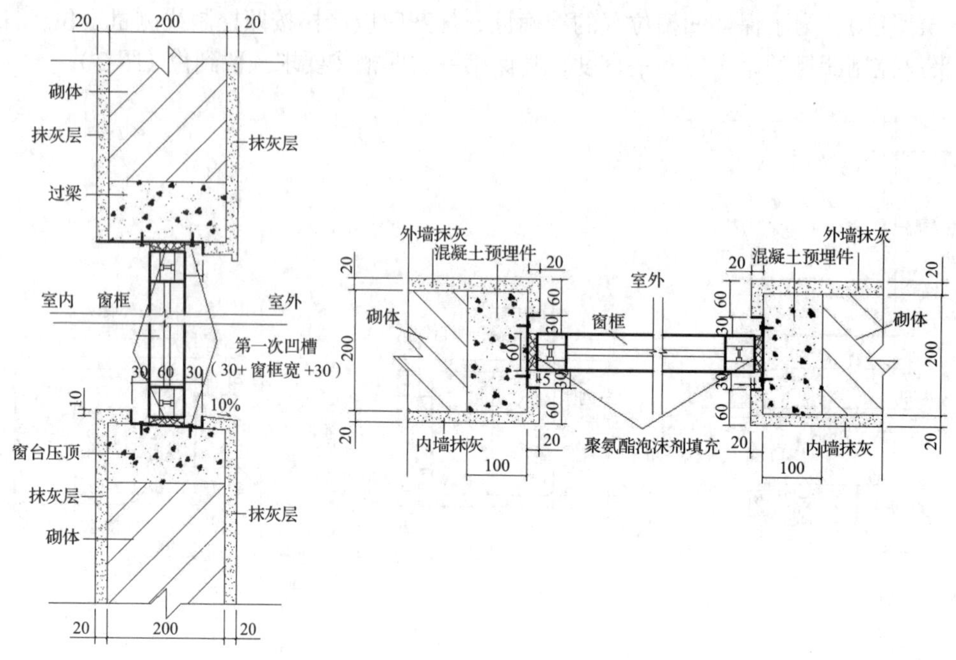

图 4　窗框与主体结构缝隙填充示意图（单位：mm）

5.2.5　第一个凹槽填充，预留第二个凹槽

窗框间隙填充后，先将固定片进行防腐处理；窗框两侧第一次凹槽，采用内掺防水剂的水泥砂浆填充，表面应平整、密实和无裂缝，窗框外侧填充时使窗框嵌入抹灰层表面以下 5mm，形成窗框嵌樘；且在窗框边四周预留第二次凹槽使通过泡沫胶带贴在窗框四周，防水砂浆硬化后，泡沫胶带拆除即形成第二次凹槽，目的在于填充硅酮耐候密封胶，第二个凹槽尺寸应规则、干净无污染，凹槽宽度为 5mm，凹槽深度为防水砂浆层厚度（图 5）。

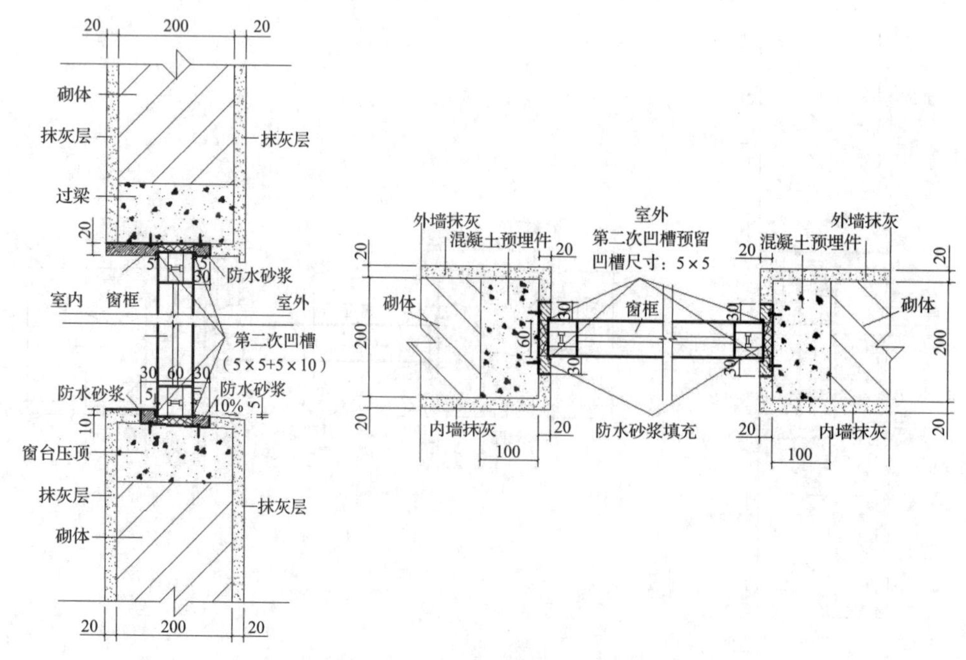

图 5　第一个凹槽填充，预留第二个凹槽示意图和放大图（单位：mm）

5.2.6　窗框外边涂抹防水涂料

窗框内外第二次凹槽内采用硅酮耐候密封胶填充后，在窗洞内侧及窗洞口外 200mm 范围内的抹灰层上，进行防水处理，首先用基层处理剂处理一遍，主要是为了堵塞抹灰层内的毛细孔隙，再采用水性渗透型防水涂料，从纵横两个方向涂刷两遍形成不透水膜，实现多道防水，防止雨水渗漏（图 6）。

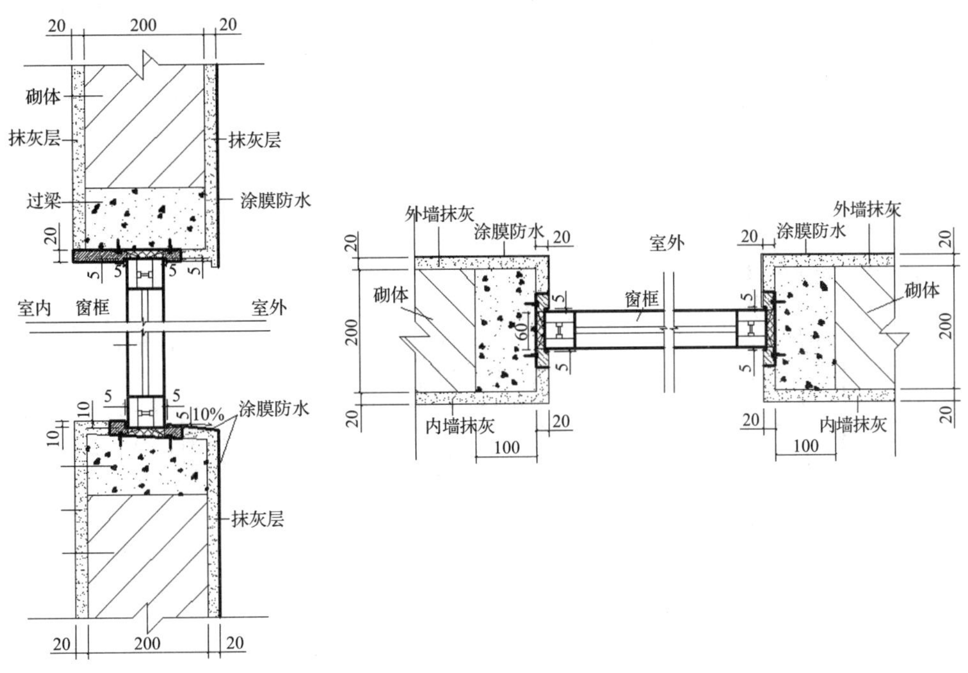

图 6　窗框外边涂膜防水（单位：mm）

5.2.7　硅酮耐候密封胶嵌填凹槽

窗外完成涂抹防水后，窗框的保护膜和第二次凹槽填充泡沫胶带清理彻底，再用硅酮耐候密封胶嵌填，使窗框与周边形成密封处理和弹性连接。然后对窗外侧进行淋水试验，有渗漏处须进行防渗处理，直到无渗漏为止，淋水试验合格后，方可进入后续工作（图 7）。

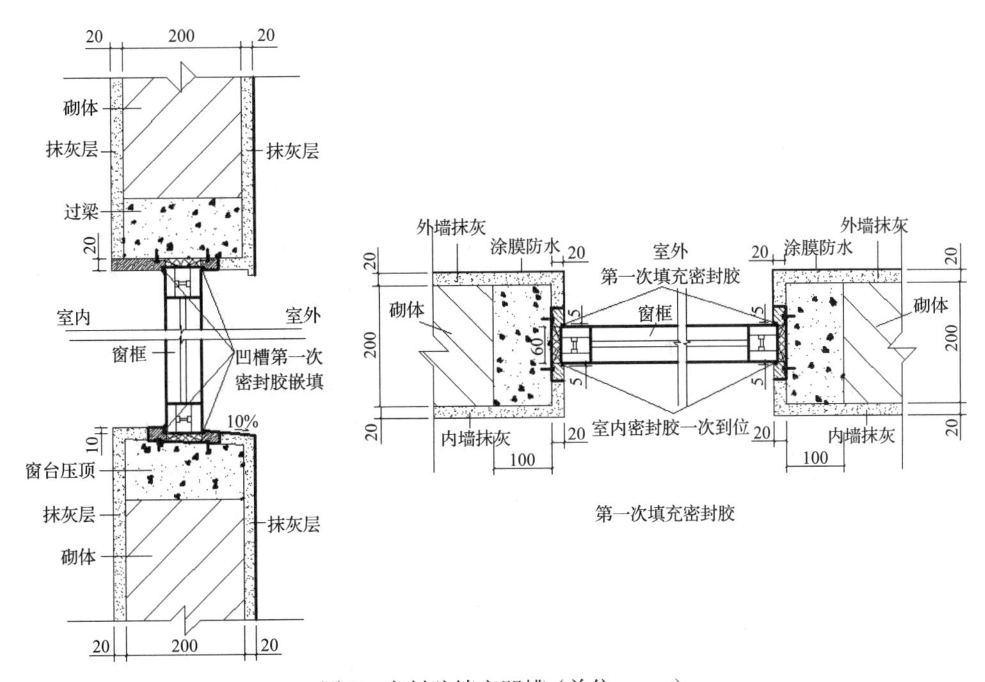

图 7　密封胶填充凹槽（单位：mm）

5.2.8　装饰面层、硅酮耐候密封胶收边

淋水试验合格，确定窗户无渗漏后，窗户洞内进入面层和外墙施工。外墙涂料施工时，应对窗框进行成品保护，完成后再对窗框边外侧角进行第二次硅酮耐候密封胶封口，封口呈圆弧边；外墙面砖施工时，窗顶应做成宽度和高度为 10mm×10mm 滴水线；窗框与外墙面砖粘贴时，应采用五厘板隔开，面砖粘贴完，应进行第二次硅酮耐候密封胶封口，封口呈圆弧边。最后对瓷砖进行勾缝、清洗，安装窗扇等。此时即完成铝合金窗凹槽嵌樘防漏水全部作业施工工序。涂料面层硅酮耐候密封胶收边如图 8 所示，外墙面砖硅酮耐候密封胶收边如图 9 所示。

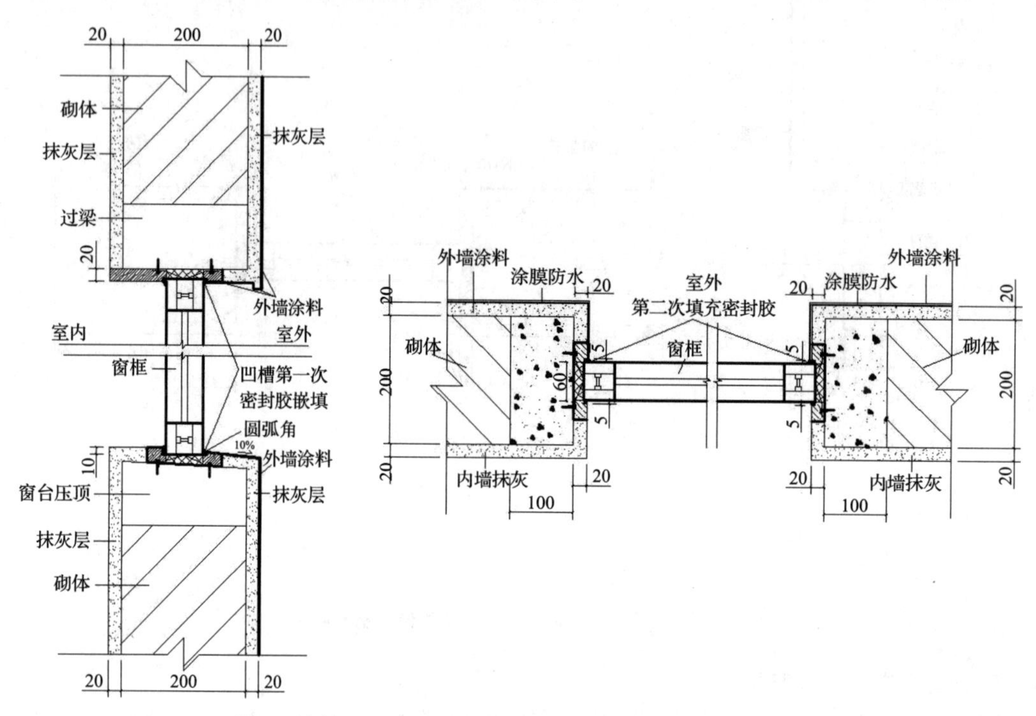

图 8　涂料面层硅酮耐候密封胶收边示意图（单位：mm）

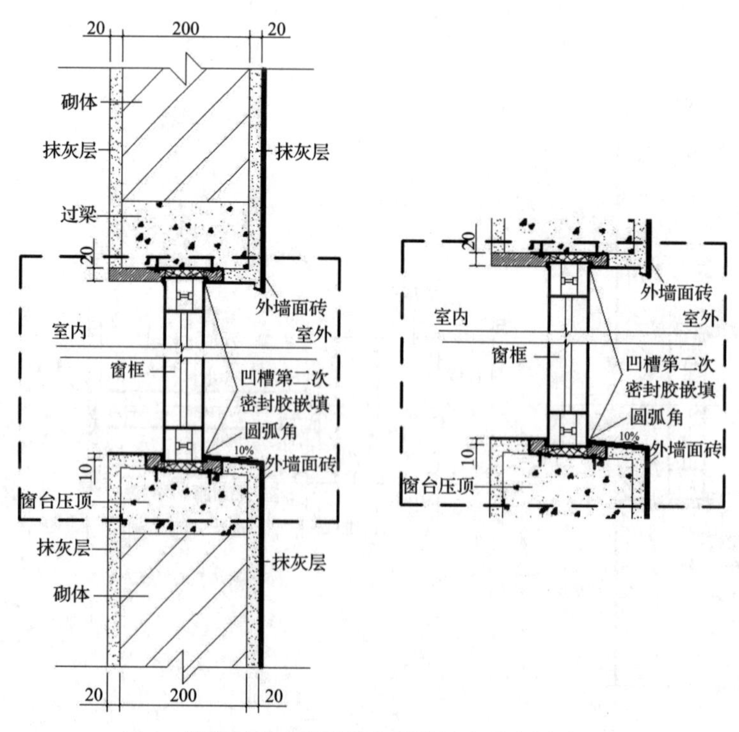

图 9　外墙面砖硅酮耐候密封胶收边示意图（mm）

5.2.9　试验和验收

窗户安装完后，应进行抗风压性、水密性和气密性检测，再进行质量验收，合格后方可投入使用。

6　材料与机具

（1）铝合金门窗的规格、型号应符合设计要求，五金配件配备齐全，并具有出厂合格证、材质检验报告书和加盖了厂家印章。进入现场须经监理或建设单位见证取样，并送检测机构检测，验收合格后方可投入使用。

（2）防腐材料、填缝材料、密封材料、防锈漆、水泥、砂、固定片等应符合设计要求和有关标准的规定。

（3）进场前应对铝合金门窗进行验收检查，不合格者不准进场。运到现场的铝合金门窗应分型号、规格堆放整齐，并存放于仓库内。搬运时轻拿轻放，严禁扔摔。

（4）窗框涂抹的防水材料选用耐候性能优良的水泥聚合物防水涂料。

（5）外墙铝合金窗制作安装的主要检测设备和安装机具，进场必须标定验收合格方可使用，严格进行管理、检校维护、保养并做好记录，发现问题后立即将仪器设备进行检修，主要设备机具见表 1。

表 1　主要设备机具清单

名称	型号	数量	用途	精度
激光水平仪	LS632	2	水平、垂直定位	± 0.5mm/5m
水准仪	S3E	1	标高测量	0.3mm
钢卷尺	50m	2	距离测量	3mm
钢卷尺	5m	5	距离测量	1mm
水平尺	DL700300	4	窗框安装	± 0.75mm
风速仪	FYF-1	1	窗框安装	
吊线坠	500g	2	测量定位	
射钉枪	CN70	2	窗框固定	

7　质量控制

7.1　执行标准及依据

《建筑工程施工质量验收统一标准》（GB 50300—2013）、《建筑装饰装修工程质量验收标准》（GB 50210—2014）、《建筑节能工程施工质量验收规范》（GB 50411—2014）、《铝合金门窗工程技术规范》(JGJ 214—2010)、《工程测量规范》(GB 50026—2016）以及设计图纸等。

7.2　质量控制管理措施

（1）认真核对图纸，各工种做好图纸会审工作，对设计图纸以及工艺要求做到全面理解设计意图；做好放线前的各项施工准备工作，严格按施工程序施工，做到先策划，后施工。

（2）成立质量检查小组，对放线定位工作进行定期或不定期检查工作。

（3）现场使用的激光水平仪要严格进行管理、检校维护、保养并做好记录，有问题应立即将仪器设备送检。

（4）各种材料必须按品种、规格、批量、进场日期、检验报告、使用部位及数量进行登记。

7.3　质量控制技术措施

（1）定位放线：由专业测量员、施工员与各班组有关人员一道进行，在施工场地不受影响的位置设置纵横向控制线及高程控制点，经校对无误后，长期保护，作为基准点使用。以基准点为基础，依据设计图纸，用激光水平仪、吊线坠、钢卷尺和水准仪进行测量定位，反复复核，使位置偏差控制在允许范围内。

（2）外围护结构应严格控制门窗预留洞口，外围护填充墙门窗洞口应留置砌筑混凝土实心砖，设计时应明确门窗与墙体之间采用嵌缝材料及密封要求。窗下口应做 100mm 厚的混凝土压顶，窗台应做 10% 排水坡度。

（3）外墙面找平层至少要求两遍成活，并且喷水雾养护不少于 3d，3d 之后再检查找平层抹灰质量，在粘贴外墙砖之前，先将基层空鼓、裂缝处理好，确保找平层的施工质量。

（4）预留第一次凹槽质量控制标准满足表 2 的要求。

表 2　预留第一次凹槽尺寸允许偏差

序号	项目	允许偏差（mm）	检验方法
1	凹槽宽度	10	用垂直检测尺检查
2	凹槽直线度	5	用 1m 水平尺和塞尺检查
3	凹槽轴线	5	5m 钢卷尺
4	凹槽表面平整度	3	用 1m 水平尺和塞尺检查

（5）外墙砖接缝宽度不应小于 5mm，不得采用密缝粘贴。缝深不宜大于 3mm，也可采用平缝。外墙砖勾缝应饱满、密实、无裂缝，选用具有抗渗性能和收缩率小的勾缝剂或用低碱水泥掺细砂来勾缝。

（6）外窗制作前必须对洞口尺寸逐一校核，保证门窗框与墙体间隙准确；组合外窗的拼樘料应采用套插或搭接连接，并应深入上下基层不应少于 5mm。拼接时应带胶拼接，外缝采用酮密封胶密封。

（7）外窗固定安装：窗下框应采用固定片法安装固定，使用射钉枪固定安装在混凝土构件上时，严禁直接固定在砖墙上，表面应刷防锈漆，确保固定片被装饰抹灰层覆盖保护。严禁用长脚膨胀螺栓穿透型材固定窗框。固定片宜为镀锌铁片，镀锌铁片厚度不小于 1.5mm；固定点间距：转角处 180mm，框边处不大于 300mm。窗侧面及顶面打孔后工艺孔冒安装前应用密封胶封严。

（8）窗框与墙体间隙采用单组分、湿气固化、具有弹性的聚氨酯泡沫填缝密封剂。其具有黏结、防水、耐热胀冷缩、隔热、隔声甚至阻燃等优良性能。在正常使用条件下，其服务寿命不低于 10 年，在 −10 ～ 80℃的温度范围内，固化泡沫体均应保持良好的弹性和黏结力。

（9）防水砂浆填充第一次凹槽时，必须清理凹槽内的杂物，并在窗框用 5mm 厚泡沫胶带隔开，泡沫胶带应高于窗框边 5mm，防水砂浆填充时才能保证高于窗框 5mm；形成第二次凹槽。预留第二次凹槽尺寸允许偏差见表 3。

表 3　预留第二次凹槽尺寸允许偏差

序号	项目	允许偏差（mm）	检验方法
1	第二次凹槽宽度	3	用垂直检测尺检查
2	第二次凹槽直线度	2	用 1m 水平尺和塞尺检查
3	第二次凹槽深度	2	5m 钢卷尺和塞尺检查
4	第二次凹槽表面平整度	2	用 1m 水平尺和塞尺检查

（10）凹槽内采用硅酮结构耐候密封胶应具有良好的粘性和弹性模量，适当的位移能力，耐久性和建筑物外观的保护功能。填充凹槽时，应清理凹槽的杂物、油脂，窗框保护膜必须彻底清除干净，这直接关系到铝合金窗是否出现漏水，必须严格控制工序。

（11）淋水试验：目前，国内对外墙窗淋水检验的有关参数没有规定，根据一些参考资料，淋水检验时水压不低于 0.3MPa；喷头与窗的距离不大于 150mm，连续淋水时间每扇窗不少于 30min。持续淋水检验时应在屋面最顶层安装淋水管网，使水自顶层顺墙往下流，淋水时间不少于 2h；淋水可采取东西山墙必检、其余外墙面采取抽检，抽样检验数量不少于外墙面面积的 10%。

（12）铝合金窗表面应洁净、平整、光滑、色泽一致、无锈蚀。大面应无划痕、碰伤。漆膜或保护层应完好，橡胶密封压条应安装完好，不得脱槽。有排水孔的金属门窗，排水孔应畅通，位置和数量应符合规范要求。

（13）铝合金窗安装质量验收应符合国家标准《建筑工程施工质量验收统一标准》(GB 50300—2013）和《建筑装饰装修工程质量验收标准》（GB 50210）及《建筑节能工程施工质量验收规范》（GB 50411）。铝合金窗安装质量允许偏差和检验方法见表 4。

表 4　铝合金窗安装质量允许偏差和检验方法

项次	项目		允许偏差（mm）	检验方法
1	窗槽口宽度、高度	≤ 1500mm	1.5	用钢尺检查
		>1500mm	2	
2	窗槽口对角线长度差	≤ 2000mm	3	用钢尺检查
		>2000mm	4	
3	窗框的正、侧面垂直度		2.5	用垂直检测尺检查
4	窗横框的水平度		2	用 1m 水平尺和塞尺检查
5	窗横框标高		5	用钢尺检查
6	窗竖向偏离中心		5	用钢尺检查
7	双层窗内外框间距		4	用钢尺检查
8	推拉门窗扇与框搭接量		1.5	用钢直尺检查

8　安全措施

8.1　执行标准

《建筑施工安全检查标准》(JGJ 59—2011)、《建筑机械使用安全技术规程》(JGJ 33—2012)、《施工现场临时用电安全技术规范》(JGJ 46—2005)、《建筑施工高处作业安全技术规范》(JGJ 80—2016）和有关地方标准。

8.2　安全措施

（1）各工种上岗前应进行安全技术交底，严格遵守安全操作规程，并持证上岗，佩戴好劳动保护用品。

（2）严格按照施工操作要点作业，按质量措施进行控制，防止各类事故的发生。

（3）六级以上大风、大雨、大雪等恶劣天气，禁止作业。

（4）高空作业过程中，应遵守操作规程，严防机械伤害。

（5）操作工人必须佩戴口罩，避免清理基层扬尘危害。

（6）在施工现场设置警戒线，并有专人看护，在主要通道及入口处要有醒目的警示标语。

（7）对用电设备，采用专箱专锁，设漏电保护，以防触电。

9　环保措施

（1）执行《建筑施工现场环境与卫生标准》(JGJ 146—2013）。

（2）实行环保目标责任制：把环保指标以责任书的形式层层分解到有关班组和个人，建立环保自我监控体系。

（3）在施工现场组织施工过程中，严格执行国家、地区、行业和企业有关环保的法律法规和规章制度。

（4）各种施工材料、机具要分类有序堆放整齐，余料注意定期回收，废料和包装袋及时清理，定点设垃圾箱，保持施工现场的清洁。

（5）采取有效措施控制人为噪声、粉尘的污染，并同当地环保部门加强联系。

10 效益分析

10.1 特别适用于建筑外墙铝合金窗防渗漏处理

该项技术具有施工绿色环保、安全、快速、经济、可靠的优点，可在同类工程中推广应用。

10.2 经济效益

（1）施工工序简便易操作，投入成本较低，可节约大量维修材料和维修人工费用，根据项目规模大小和外窗漏水的严重程度，所获取的经济效益不可估量。

（2）该施工工法不改变原有窗户设计的内部结构，通过窗户与主体之间的弹性连接，注重每一道施工工序严格控制，施工安全风险小，安全生产效益高。铝合金窗安装所需施工设备简单，不需大型机械设备，投入人力物力较少，可以工厂集中加工制作，质量误差较小，安装成本与传统做法相当。与外墙装饰，形成搭接流水施工，可加快外脚手架拆除进度。

10.3 社会效益

使用该工法的建设项目，铝合金窗没有出现渗漏现象，为顺利完成竣工验收，交付业主起到了重要作用，取得了良好的社会效益，受到监理单位、建设单位、业主等的一致好评，为企业树立了良好的品牌形象。

10.4 节能环保效益

该工法应用前由于提前做好了精心准备，综合了各种关键措施，以较小的投入，解决窗户渗漏疑难问题，避免了后期的返工和返工费用，节约了人力和材料成本。本工法在施工中噪声低，无废弃物排放，对环境基本不造成影响。

11 应用实例

（1）芙蓉生态新城三号安置小区一期一标建设项目，工程地点位于长沙市芙蓉区北临白竹坡路、南接纬十一路、西至京珠高速辅道、东望杉木路，总建筑面积为108528m²，框剪结构，总造价为18480.2万元，1号楼、4号楼、2号楼、5号楼（分别为地下室以上33层、33层、30层、30层），该工程铝合金窗面积为11316m²共3772樘，均采用本工法施工，没有发生渗漏现象，顺利通过各种检测试验和各项质量检查验收及竣工验收，取得了良好的经济效益，该项目因此被评为湖南省2016年度质量标准化示范工程，使我公司赢得了较好的社会信誉。

（2）芙蓉生态新城二号安置小区一期五标建设项目，工程位于长沙市芙蓉区马坡岭街道，双杨路以东，桐西路以南，京珠高速以西，浏京路以北，该工程由四栋高层住宅和一栋商铺组成，其中1号楼～4号楼均为地下室以上26层，B5号楼为地下室以上2层，总建筑面积55625m²，该工程铝合金窗面积为8136m²共2712樘，铝合金窗全部采用本工法，所有窗户周边没有发生渗漏现象，节省了不可估量的外墙窗户漏水的维修费用，取得了良好的经济效益，并顺利完成铝合金窗安装质量验收，赢得了建设单位、设计单位、监理单位和建设行政主管部门等一致认可。

（3）中国太平洋人寿保险南方建设基地项目工程地址位于长沙县星沙，为两栋框剪（框架）结构高层建筑物，其中：办公及培训中心建筑面积29602m²，地上18层，地下2层，建筑高度75.85m；档案馆建筑面积12910m²，地上16层，地下2层，建筑高度68.2m。总建筑面积约58015m²。该工程铝合金窗面积为4475m²共1241樘，铝合金窗全部采用本工法，所有外墙窗户周边没有发生渗漏现象，节省不可估量的外墙窗户漏水维修的费用，取得了良好经济效益，并顺利完成铝合金窗安装质量验收，为创建鲁班奖奠定坚实的基础，赢得了建设单位、设计单位和监理单位等一致认可，为施工企业在建筑市场环境中树立品牌贡献了应有的力量。

室内大分格无缝水磨石施工工法

肖文青　谢　郅　张先觉

湖南建工集团装饰工程有限公司

摘　要：为有效解决传统水磨石面层易开裂等问题，可采用室内大分格无缝水磨石面层施工工艺。首先，采用C25混凝土，并确保基层厚度需不低于50mm；然后，在基层混凝土中加入钢纤维与聚丙烯抗裂纤维混合，基层施工中采用ϕ3mm高强度钢筋网，钢筋网格间距200mm×200mm；最后，对基层分格，并保证基层与面层分格一样。本工法可使水磨石亮度达到70～90度（波美度？）以上，防尘防滑达到大理石品质，同时，还具有维护成本低、强度高、不开裂、稳定性好，耐火、耐污损、耐腐蚀、颜色花色可随意配制等优点。

关键词：无缝水磨石；基层；钢纤维；聚丙烯纤维；大分格

1　前言

室内大分格无缝水磨石是指单块水磨石面积在100m² 左右的高强度水磨石，属于无机水磨石，是传统水磨石的升级产品。

室内大分格无缝水磨石相比传统水磨石最大的特点就是规格超大，档次高；更加适合设计师随意拼接花色，颜色可自由配制；更加耐磨、耐腐蚀、抗裂，不怕重车碾压、不怕重物拖拉，具有奢华大气之感；尤其适合面积大、较开放的空间，成为酒店大堂、豪华会所、高档写字楼、别墅等高级场所的首选。本工法有效地解决了传统水磨石施工的弊端。

该工法的主要难点就是如何克服水磨石的开裂。通过对传统水磨石面层开裂的原因分析，发现传统水磨石开裂大部分原因是因为基层太薄，由基层开裂导致水磨石开裂。针对该问题，通过加强基层厚度、基层强度、面层强度以及基层分格工艺来保证水磨石面层不开裂。

2　工法特点

（1）档次高，无缝水磨石经过表面处理后，光亮度达到70～90波美度以上、防尘防滑达到大理石品质，其规格又是大理石无法达到的。

（2）多样性，现浇水磨石颜色花色可随意配制，PVC分隔条可塑性高。

（3）强度高，不开裂、不怕重车碾轧、不怕重物拖拉、不收缩变形。

（4）用途广泛，留缝小、藏污纳垢少、不起尘、洁净度高；满足制药、芯片制造等高洁净环境的要求。

（5）稳定性好，无机水磨石不燃、不发火、耐老化、耐污损、耐腐蚀、无异味、无任何污染。

（6）维护成本低，色泽艳丽光洁，无须打腊也可保持长期光洁。

3　适用范围

适用于各种洁净要求高的工业建筑及高档民用建筑的地面装饰。

4　工艺原理

改变了传统水磨石基层材料的厚度、材料、工艺。

增加基层厚度，无缝水磨石的基层厚度需满足不低于50mm。

基层混凝土加入钢纤维与聚丙烯抗裂纤维混合，混凝土强度等级C25。

基层施工中采用ϕ3mm高强度钢筋网，钢筋网格间距200mm×200mm。

基层分隔，通过预先对基层分格，保证基层不再出现开裂现象（基层与面层分格一样）。

水磨石面层材料施工前，基层表面需铺纤维网并滚刷固化剂后方能铺设面层材料；面层材料需加入聚丙烯抗裂纤维，确保面层有与基层相同的抗裂、抗拉性能。

5 施工工艺流程及操作要点

5.1 施工工艺流程

原结构层清理、抓毛、用水冲洗→弹控制线→镶分格条→放置钢筋网片→基层找平标高打点→浇纤维混凝土→镶分格条→铺纤维网及滚刷固化剂→铺水磨石拌合料→滚压、抹平→粗磨→细磨→磨光→清洗→打蜡

5.2 操作要点

（1）将原土建楼面混凝土基层上的杂物清理干净，将表面的浮浆、松散石粒凿除，清扫干净。用抓毛机对整个基层地面实施抓毛处理后，再次清理好现场并用清水冲洗干净。

（2）放线弹出水磨石面层的中线及设计标高。

（3）根据主控线直接镶 PVC 基层分格条，基层分隔条分格原则与水磨石面层分格一致。

（4）根据基层分格情况放置钢筋ϕ 3mm 高强度钢筋网，钢筋网格间距 200mm × 200mm，钢筋网的放置不能沉底，需水泥砂浆打点固定，钢筋网之间需搭接 100mm。

（5）根据水磨石标高线，用水泥砂浆打点找平层参照点，预留出水磨石面层材料 20mm。

（6）混凝土基层找平，找平前需先滚刷固化剂结合层。混凝土里面必须加入钢纤维与聚丙烯抗裂纤维，混凝土强度等级为 C25 或者更高。浇筑完混凝土，需要将混凝土振捣夯实。混凝土基层需满足 50mm 厚。

（7）抹好找平基层湿水养护 24h，待抗压强度达到 1.2MPa，开始进行下道工序。PVC 分隔条布置需注意与基层留置的变形缝保持一致，规格不宜超过 10m × 10m，（PVC 分隔条的断面形状宜为工字形，底部带锚固倒钩），分隔条镶贴时，应用靠尺比齐，用堵漏灵稠浆在嵌条两边予以粘牢，高度应比嵌条低 3mm。分隔条应水平一致，接头严密，并作为铺设面层的标准。分割条交叉部位 4 ～ 5cm 范围内不抹砂浆，以防该部位石粒难以铺设，造成无石粒或少石粒，影响美感。

（8）用清水冲洗地面后铺设纤维网，并滚刷固化剂结合层。

（9）配置好的水磨石成品材料现场搅拌，拌制时计量要准确，拌合料的稠度宜为 60mm，水磨石面层材料搅拌的同时需加入聚丙烯抗裂纤维，用斗车运到分格好的位置进行浇制（斗车过分隔条时必须做好成品保护）。

（10）水磨石面层拌合料的铺设厚度要高出分隔条 1 ～ 2mm，要铺设平整，用滚筒压密实。压密时要派专人观察，如发现石粒偏少、不均匀，可在水泥浆较多处补撒水磨石原料并再次滚压，使后撒材料全部融合在一起。浇筑次日开始湿水养护 5 ～ 7d 为宜。

（11）养护 7d 即可开始试磨，过早开磨，石粒易松动；过迟开磨，造成磨光困难。所以需进行试磨，以面层不掉石粒为准。

（12）粗磨用 60 ～ 90 号金刚石，边磨边加水（如磨石面层养护时间太长，可加细砂，加快机磨速度），随时收集水泥浆，泥浆必须过滤，垃圾分类处理。用靠尺检查平整度，直至表面磨平、磨匀，分格条和石粒全部露出，磨完后面层清理干净，认真检查表面质量，发现有坑洞、砂眼应擦灰浆找平，对边角（如柱边、墙边、墙角、管根）等磨石机打磨不到的部位应用人工进行补磨。

（13）细磨用 90 ～ 120 号金刚石，要求磨至表面光滑为止，然后用清水冲净。

（14）第三遍用 200 号细金刚石精磨，磨至表面石子显露均匀，无缺石粒现象，平整、光滑，无孔隙为准。

普通水磨石面层磨光遍数不应少于三遍，高级水磨石面层的厚度和磨光遍数及油石规格应根据设计确定。

（15）为了取得打蜡后的效果显著，在打蜡前，磨石面层要进行一次适量限度的酸洗，一般用草酸进行擦洗。使用时，先用水加草酸勾兑成约 10% 浓度的溶液，用扫帚蘸后洒在地面上，再用油石

轻轻磨一遍；磨出水泥及石粒本色，再用水冲洗，软布擦干。此道操作必须在各工种完工后才能进行，经酸洗后的面层不得再受污染。

（16）混凝土密封固化剂处理：将固化剂喷涂或滚涂于地面上，保持浸润 4h，期间，用人工或机器拖动材料以协助浸透，确保密封固化剂浸透深度。本工法一次硬化、更加耐用、不起尘、不老化、不断裂，基面的硬度能达 8（莫氏硬度），基面渗透 8mm，光亮程度可达到镜子亮度的 80%。

（17）打蜡上光：将蜡包在薄布内，在面层上薄薄涂一层，待干后用钉有帆布或麻布的木块代替油石，装在磨石机上研磨，用同样方法再打第二遍蜡，直到光亮润洁为止。

6　材料与设备

材料：钢丝网、C25 钢纤维混凝土、聚丙烯抗裂纤维、PVC 分隔条、纤维网、成品水磨石干拌石料、草酸、白蜡。

工具：抓毛机、切割机、搅拌机、磨石机、木抹子、毛刷子、铁簸箕、靠尺、手推车、平锹、胶皮水管、大小水桶、扫帚、钢丝刷、铁器等。

7　质量控制

（1）品种、规格、配合比及颜色应符合设计要求和施工规范的规定。

（2）面层与基层的结合必须牢固，无空鼓、裂纹等缺陷。

（3）表面平整光洁，无裂纹、砂眼和磨纹，石粒密实，显露均匀一致，相邻颜色不混色，分格条牢固、顺直、清晰，阴阳角收边方正。

（4）现浇水磨石允许偏差和检验方法应符合表 1 规定。

表 1　现浇水磨石允许偏差和检验方法

检验项目	允许偏差	检验方法
平整度	2mm	用 2m 靠尺和塞尺检查
分隔条直线度	1mm	拉 5m 线，不足 5m 拉通线，用钢塞尺检查
缝隙宽度	1mm	用钢直尺检查

8　安全措施

（1）认真贯彻“安全第一，预防为主”的方针，建立安全管理体系，执行安全生产责任制，明确各级人员的职责，抓好工程的安全生产。

（2）施工现场按符合防火、防风、防雷、防洪、防触电等安全规定及安全施工要求进行布置，并完善布置各种安全标识。

（3）编制安装专项施工方案、安全用电施工方案等，严格按规定审批执行。

（4）保证施工现场材料、工件、机具、设备放置有序、道路畅通，使施工现场符合文明工地的标准要求。

（5）施工现场的临时用电严格按照《施工现场临时用电安全技术规范》的有关规范规定执行。

（6）室内配电柜、配电箱前要有绝缘垫，并安装漏电保护装置。

（7）建立完善的施工安全保证体系，加强施工作业中的安全检查，确保作业标准化、规范化。

9　环保措施

（1）在工程施工过程中严格遵守国家和地方政府下发的有关环境保护的法律、法规和规章，白天施工噪声≤ 70dB（夜间 55dB），施工现场目测无扬尘。加强对施工燃油、工程材料、设备、废水、生产生活垃圾、弃渣的控制和治理。

（2）环保监测主要包括

对施工现场的噪声、粉尘、扬尘等项目进行监测，均需达到国家环保标准。

（3）环保措施

减少施工噪声措施有：物体搬运轻起轻落；减少施工作业的敲击噪声。

施工垃圾处理措施有：操作人员戴防尘面具，采用收尘和通风装置，尽量减少有害气体对人员和环境的影响。

磨出的泥浆及时回收过滤，建筑垃圾采用分类整理、统一运至垃圾场。

10　效益分析

产品利用工业化施工方法，采用工厂半成品加工及现场铺装的方式，减少大量劳动力的投入，简化了现场施工组织；大大提高了生产效率，加速了工程的施工进程，降低了工程管理成本，具有明显的社会效益和经济效益。因为稳定性好，日常能降低维护成本，真正体现“低成本维护”的经济适用性。

11　应用实例

（1）《室内地面无缝水磨石施工工法》的技术在长沙国际会展中心北登录厅室内精装修工程中使用，该项技术方便快捷，工厂化生产，绿色环保，施工过程中能保证工程质量，又节约大量人工、缩短了施工工期，为企业创造直接和间接效益约 20 万元。

12　工法应用图片（图 1 ～图 8）

图 1　原结构层清理、抓毛、用水冲洗

图 2　弹控制线，镶分格条

图 3　放置钢筋网片、基层找平标高打点、浇纤维混凝土

图 4　镶分格条、铺纤维网及滚刷固化剂

图 5　铺水磨石拌合料、滚压、抹平

图 6　粗磨、细磨、磨光

图 7　清洗、打蜡

图 8　最终效果

地下室垫层裂缝强渗漏水导流封堵施工工法

杨　柳　成飞宇　朱鹏飞　杨　凯　邹　哲

湖南建工集团有限公司

摘　要：一套有效的地下防水施工工法对于开发利用好地下空间具有至关重要的作用。本工法采用钢套管导流排水的方式，克服了传统堵漏施工中存在通病，即在地下水强渗漏处，凿除裂缝，放入制作好的导流管及滤水材料，用小型自吸泵抽水导流，并保持水位低于垫层底面，再浇筑垫层混凝土，并用快硬水泥或堵漏王封堵管口，可起到局部渗水裂缝原位降水堵漏的效果。本工法是对基坑中局部垫层强渗漏水的部位进行小范围的处理，针对性强，工艺简单，处理速度快，封堵效果好，可避免大范围降水引起的地基沉降，不会影响周边其他结构的施工；同时，将套管加大并安装封堵法兰后，也可扩展到对降水井的封堵。

关键词：垫层强渗漏水；地下防水；钢套管导流；原位降水堵漏

1　前言

随着城市快速发展和建设用地供求矛盾日益突显，开发利用好地下空间越来越被重视。大量的工业与民用建筑都有地下空间的设计，而如何做好地下空间的防水工作，一套有效的地下防水施工工法将为确保地下防水工程质量起到致关重要的作用。

在地下室施工阶段，大面积垫层施工后，因地基不均匀沉降、混凝土收缩或其他原因，局部将不可避免地产生裂缝，导致地下渗漏水的发生；地基为岩层的地区，开挖至基坑底部标高时，因岩层断裂缝的存在，也时常发生渗漏水的现象。裂缝渗漏水的产生必将影响到后续防水及其他分项工程的施工，因而必须采取相应措施进行封堵。

以前的地基或垫层裂缝封堵方法：对于地下水位较高的地区，先采用降水井整体降低地下水位，再施工垫层及防水层，降水井在地下室底板施工完成后至地下室回填土、后浇带未封闭前完成时，仍需继续抽水，对人力物力资源投入较大。停止降水后，先在降水井管口部位挂一小桶，防止混凝土进入孔内，用封堵灵、快硬水泥、堵漏王等和混凝土混合在一起，投入降水井管内，因停止降水后，降水井口较大，水位上升快，无封气、封水措施，经常造成封堵失效；对于地下水位较低，但基坑土层地表饱和水较丰富的地区，或其他不必要采用降水井降水的地区，将采用开沟导流的做法，这样做仅能排除地表明水，随着地下室结构分段施工的进行，地下水水压将逐步增大，对于最后施工的较低区域，难免造成垫层开裂并渗漏水，水压过大时，已不适用快硬水泥或堵漏王等进行直接封堵。本工法采用了钢套管导流排水的方式，克服了封堵的通病。

本工法具体做法：在地下水强渗漏处，凿除裂缝，放入制作好的导流管及滤水材料，用小型自吸泵抽水导流，并保持水位低于垫层底面，再浇筑垫层混凝土，并用快硬水泥或堵漏王封堵管口，此工法可起到局部渗水裂缝原位降水堵漏的效果。

2　工法特点

（1）本工法是对基坑中局部垫层强渗漏水的部位进行小范围的处理，采用抽水导流的方式，针对性强，工艺简单，处理速度快，封堵效果好，且不影响周边其他结构的施工。

（2）本工法所花费的材料、人工均较少，在满足渗水裂缝原位降水堵漏效果的同时，提升了经济效益。

（3）本工法降水范围小，可避免大范围降水引起的地基沉降，对周边建筑物或构造物不会造成沉降影响，同时抽排水量小可节约地下水资源，满足绿色施工要求。

（4）本工法即可用于垫层裂缝强渗漏水的处理；将套管加大并安装封堵法兰后，也可用于降水井的封堵。

3　适用范围

本工法最适宜于基坑垫层施工期间局部小范围强渗水，渗透系数 1.0 ～ 20.0m/d 的各类土质，含水丰富的潜水、承压水、裂隙水。

4　工艺原理

本工法是用疏导的方法将地下水有组织地经过排水系统排走，以削弱水对地下结构的压力，减小水对结构的渗透作用，从而辅助地下工程达到防水目的。对于重要的、防水要求较高且有抗浮要求的地下工程，在制订防水方案时，可结合本工法一并考虑。渗排水施工构造如图 1 所示。

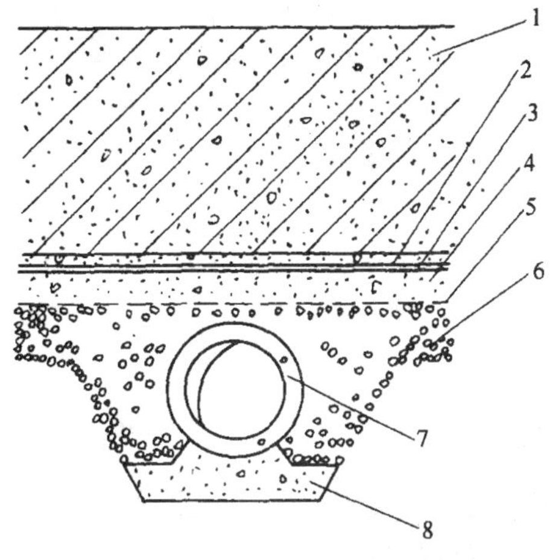

图 1　渗排水施工构造图

1—结构底板；2—细石混凝土；3—底板防水层；4—混凝土垫层；5—隔浆层；6—碎石粗砂过滤层；7—集水管；8—集水管座

用 Φ50mmPVC 管或 Φ48mm 钢管制作导流管，要在水平向集水管上开孔，并与竖向导流管焊接，保证管内水流畅通（图 2）。凿除强渗水的裂缝，用碎石及粗砂做地下水过滤层，将导流管及滤水材料放置至渗水处，然后使用自吸泵抽排水，使水面降至垫层以下，再浇筑垫层混凝土，待基础底板混凝土施工时，用快硬水泥或堵漏王封堵管口即可。

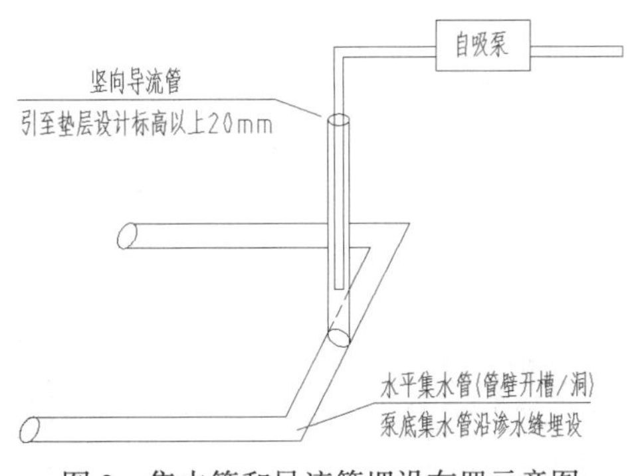

图 2　集水管和导流管埋设布置示意图

5　工艺流程及操作要点

5.1　工艺流程

施工准备→导流管制作→裂缝开槽→清洗清理基层→回填碎石过滤层→安装导流管→安装自吸泵抽排水→回填粗砂过滤层→浇筑垫层混凝土→养护→取出自吸泵导管→用快硬水泥或堵漏王封堵导流

管→基础防水层及底板混凝土施工→养护。

5.2 操作要点

5.2.1 施工准备

（1）由施工单位技术负责人组织，对相关的施工员、混凝土工、防水工、电焊工进行施工前培训和安全技术交底。

（2）检查强渗水缝位置并作标识，评估水压值大小。

（3）作业前准备所需的材料及工机具，确保所用材料合格，工机具运行正常。

（4）设置专人对裂缝渗漏处进行抽排水，并清理该区域垫层面或基岩面。

5.2.2 导流管制作

导流管用 ϕ48mm 钢管加工而成，分为水平集水管和竖向导流管两部分。水平集水管长度根据现场渗水裂缝长度、位置而定，沿管长度方向，按间距 150mm 隔行交错钻洞或开槽。竖向导流管长度为 420 ～ 500mm，需保证管底位于滤水层，管口超过垫层 20mm 以上，竖向垫层下部位置焊接止水钢板。水平集水管与竖向导流管通过焊接组装成型，焊角尺寸不小于 2mm，需确保牢固且封闭（图 3）。

图 3　集水管和导流管加工示意图

5.2.3 裂缝开槽与清理

由现场施工员确定渗漏水较大的裂缝位置，并画线标注示意，用电锤开凿渗水垫层或岩层，开槽宽度为 200mm 左右，深度为垫层底向下 400mm 左右（图 4）。开槽后需清理泥沙及碎石，确保渗漏处贯通（图 5）。

图 4　裂缝凿除

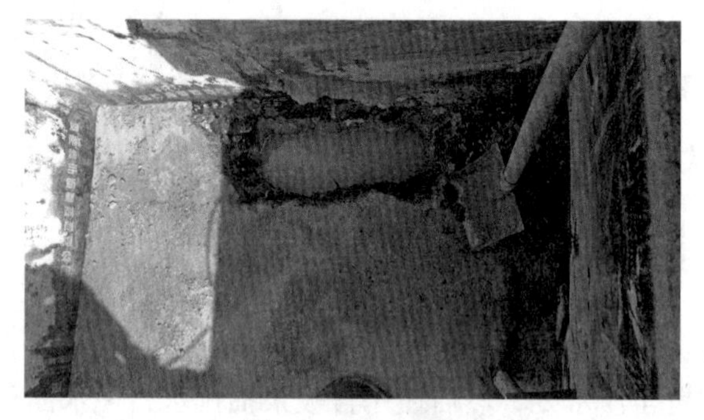

图 5　开槽后清理

5.2.4 滤水层回填与导流管安装

滤水层选用粒径为 10 ～ 30mm 碎石及粗砂，水平集水管在安装前需用纱布包裹，以避免其孔眼被堵塞。先铺 200mm 厚碎石及安装竖向导流管，需确保碎石完全包裹水平集水管，且竖向导流管垂直于垫层面，然后用自吸泵将上部明水抽排干净，再回填 50 ～ 100mm 厚粗砂覆盖于表面（图 6、图 7）。

图 6　回填碎石滤水层

图 7　回填粗砂滤水层

5.2.5　自吸泵安装与使用

选自 1ZDB-35 小型自吸泵即可，功率为 0.33kW，连通的管径为 30mm，以保证抽水软管能顺利伸入竖向导流管管底。自吸泵从碎石过滤层回填后即开始使用，至垫层混凝土浇筑完毕即可拆除。

5.2.6　垫层混凝土浇筑与养护

待自吸泵将水位降至滤水层以下并稳定后，即可浇筑垫层混凝土（图 8）。

图 8　垫层混凝土浇筑

5.2.7　导流管封堵

待垫层混凝土终凝后，用快硬水泥或堵漏王对竖向导流管进行灌浆填充封堵。

6　材料与机具

开槽及清理工机具：电锤、扫把、电缆线、塑料皮桶、铁抹子。

导流及排水工机具：Φ48mm 钢管、自吸泵、Φ30mm 塑料软管、纱布、三通（选用）、弯管（选用）。

导流管制作工具：砂轮切割机、台钻、电焊机。

滤水及封堵材料：碎石、粗砂、水泥砂浆、混凝土、堵漏王。

7　质量控制

7.1　质量控制标准

（1）焊条等焊接材料与母材的匹配应符合设计要求及国家现行行业标准《建筑钢结构焊接技术规程》(JGJ 81）的规定。焊条等在使用前，应按其产品说明书及焊接工艺文件的规定进行烘焙和存放。

（2）焊接工件外观检查，一般用肉眼或量具检查焊缝和母材的裂纹及缺陷，也可用放大镜检查。

（3）焊缝的焊波应均匀，不得有裂纹、未焊合、夹渣、焊瘤、咬边、烧穿、弧坑和针状等缺陷，焊接区无飞溅残留物。

（4）焊接材料的品种、规格、性能等应符合现行国家产品标准和设计要求。

（5）焊缝感观应达到：外形均匀，成型较好，焊道与焊道、焊道与基本金属间过渡较平滑，焊渣和飞溅物基本清除干净。

（6）按《建筑地面工程施工质量验收规范》(GB 50209—2010）的要求制作试块。试块组数，按每一楼层建筑地面工程不应少于一组。当每层建筑地面工程面积超过 1000m^2 时，每增加 1000m^2 各增做一组试块，不足 1000m^2 按 1000m^2 计算。

（7）铺设混凝土前先在基层上洒水湿润，刷一层素水泥浆（水灰比为 0.4 ～ 0.5），然后从一端开始铺设，由室内向外退着操作。

（8）用铁锹铺混凝土，厚度略高于找平堆，随即用平板振捣器振捣。厚度超过 20cm 时，应采用插入式振捣器，其移动距离不大于作用半径的 1.5 倍，做到不漏振，确保混凝土密实。

（9）混凝土振捣密实后，以墙上水平标高线及找平堆为准检查平整度，高的铲掉，凹处补平。用水平木刮杠刮平，表面再用木抹子搓平。有坡度要求的地面，应按设计要求的坡度做。

（10）已浇筑完的混凝土垫层，应在 12h 左右覆盖和浇水，一般养护不得少于 7d。

7.2　质量控制技术措施

（1）所用材料进场时应检查产品质量文件、型式检验报告、有效期，并按国家、行业及地方标准的规定进行抽样复检，由具有资质的检测单位进行检测并出具检验报告。

（2）编制施工方案，安排专业施工队伍进行施工，并做好技术交底。

（3）在放置导流套管前，用水平仪打好标高，钉好木桩，防止套管位置偏高，减小了底板混凝土的有效厚度。

（4）及时清理，水位较高时，增加水泵容量或增加水泵数量，导流管表面除锈刷漆防止套管表面生锈。

（5）止水片与钢管的焊接质量，应在接头清渣后逐个进行目测或量测，保证套管的水密封性。

（6）集水管的孔眼应用纱布包裹牢固，防止泥沙封堵孔眼。

（7）施工过程应严格按工艺流程规定，合理安排各工序，保证各工序的衔接和间隔时间，不应随意改变施工流程中的顺序。

（8）已完成导流封堵的部位应及时浇筑混凝土，并振捣密实，施工期间以及完工后 24h 内，基层及环境温度应不低于 5℃，并严禁雨天施工，夏季应做好垫层混凝土的养护工作，避免阳光暴晒。

8　安全控制

（1）所有参加施工的人员都必须接受“三级”安全教育后方可上岗作业。

（2）施工前，技术人员应会同安全部门人员对参加施工的操作人员进行详细的安全技术交底，并在安全技术交底上签字确认形成书面记录，使施工操作人员明确以下内容：施工任务；施工方法；安全注意事项。

（3）各岗位各工种施工操作人员应熟知并遵守本岗位《安全操作规程》，能够对本岗位危险源进行辨识，并按要求采取相应的响应措施。

（4）暑天施工时，应适当安排不同作业时间，尽量避开阳光暴晒时段。

（5）雨、雪和六级以上大风天气禁止进行地下防水工程施工。

（6）施工现场施工人员必须正确佩戴安全帽并系好帽带，穿好劳保鞋，工具及零件放在工具袋内。

（7）混凝土及堵漏王干混料加水搅拌应严格按规定的投料程序操作，操作人员应佩戴防护面罩，杜绝粉尘污染。

（8）施工前所有机械设备要进行检验、调试合格并报验后，方可开始使用；搅拌机等设备应符合《建筑机械使用安全技术规程》(JGJ 33—2012）等要求。

（9）电缆线路应采用“三相五线制”接线方式，电气设备和电气线路必须绝缘良好，场内架设的电力线路其悬挂高度和线间距除按安全规定要求进行外，将其布置在专用电杆上。

（10）每台电焊机须设专用断路开关，并有与焊机相匹配的过流保护装置。一次线与电源接点不宜用插销连接，其长度不得大于 5m，且须双层绝缘。

（11）现场施工使用的防护设施、安全标志和警示牌等，不得擅自拆除，确需拆除应经施工负责人同意。

（12）当日施工完毕后，搅拌机、搅拌器等施工机具应及时切断电源并清洗干净。

9　环境保护措施

（1）在施工过程中严格遵守国家和地方政府有关环境保护的法律、法规和规章，遵守企业制定的健康、安全和环境体系管理要求。

（2）成立对应的施工环境卫生管理机构，在工程施工中严格遵守国家和地方政府下发的有关环境保护的法律、法规和规章，加强对施工工程材料、设备、废水、生产生活垃圾、弃渣的控制和治理，遵守防火及废弃物的规章制度，做好交通环境疏导，充分满足便民要求，认真接受城市交通管理，随时接受相关单位的监督检查。

（3）对施工中可能影响的各种公共设施制订可靠的防止损坏和移位的实施措施，加强实施措施，加强实施中的监测、应对和验证。

（4）将施工场地和作业限制在工程建设允许的范围内，合理布置、规范围挡，做到标牌清楚、齐全，各种标识醒目，施工场地整洁文明。

（5）背风向搭设搅拌棚，要求设置顶棚，三侧封闭，一侧作为进出料通道，地面平整坚实。所有材料必须在搅拌棚内用机械搅拌，防止颗粒物飞散，影响现场文明施工。

（6）加强工程材料、废弃物的管理，及时清理凿除的碎渣、砂浆包装袋，未用完的各类拌合料等废弃材料运到指定地点堆放，并及时清运出场，保证施工场地的清洁和施工道路的畅通。

（7）当日施工完毕后，搅拌机、搅拌器、抹刀等施工机具应及时清洗干净。

（8）各干混料加水搅拌应严格按规定的投料程序操作，杜绝粉尘污染。

（9）禁止在施工现场焚烧废旧材料、有毒、有害和有恶臭气味的物质。

10　效益分析

10.1　经济效益

（1）本工法针对性强，处理速度快，封堵效果好，施工工序少，节省材料，人工费用低且易于施工，工期短，节省设备租赁、管理等费用。

（2）制作并安装导流管的单价见表 1。

表 1　制作并安装导流管的价格

序号	名称	规格	单价	备注
1	无缝钢管	DN48	13.5 元 /m	
2	碎石及粗砂	—	80 元 /m³	
3	综合人工	—	180 元 / 工日	焊接、回填砂石
4	堵漏王	5kg/ 袋	20 元 / 袋	

本工法每米渗水裂缝的封堵成本为：$13.5+80 \times 0.08+180 \times 0.25+20=84.9$ 元。相对于采用降水井进行大面积降排水，明显降低了成本投入。一次性投入，彻底堵住了裂缝强渗漏的路径，特别在混凝土没硬化之前，因导流降低水压，从根本上避免了孔隙水对新浇筑混凝土的影响。

（3）本工法所用材料在建筑工程中随处可见，易于就地取材，导流管也可利用工程余料加工，避免材料浪费。

10.2　社会效益

（1）本工法降水范围小，可避免大范围降水引起的地基沉降，对周边建筑物或构造物也不会造成沉降影响，同时抽排水量小也节约了地下水资源，满足绿色施工要求。

（2）本工法与同类地下室降水井封堵相比，场地易于布置、工程进度快、干扰因素少、有利于文明施工，能确保周围设施完好使用，不会造成因封堵失败而影响地下室的使用，形成了好的社会效益。

11　应用实例

11.1　龙山县智慧城市建设 PPP 项目档案馆工程

11.1.1　工程概况

该工程位于湖南省湘西州龙山县，地下一层，地上五层，建筑面积为 7615.4m²，其中地下室面积：2674.5m²，建筑总高度为 28.05m，框架结构，基础形式为人工挖孔灌注桩。

场区地下水类型主要为第四系孔隙水，主要赋存于卵石层中，地下水补给主要为大气降水、地表渗透水及上游地下水的侧向渗流，水量及水位主要受季节性控制。场地黏土属弱透水层，卵石层为强透水层，连通性较好，为地下水的贮存、径流提供了有利条件。

根据地勘报告，地下室底板所在标高位置主要为卵石层和强风化砂岩层。卵石层分布广泛，层厚 0.50 ～ 6.20m，平均厚度 5.29m，基坑土方施工中已挖除 1.5 ～ 3m，承载力特征值为 200kPa；强风化砂岩层厚 1.30 ～ 2.70m，平均厚度 1.80m，承载力特征值为 300kPa。

11.1.2　工法应用情况

由于基坑深度较浅（1.0 ～ 4.8m），地下水位较低，主要为表层土壤孔隙水与承压水，桩基施工期间，利用人工挖孔桩进行降水处理；因分段施工，最后施工段垫层施工中，消防水泵房集水井位置出现 1 处强渗水，常规堵漏王已不具备封堵能力，采用本工法开凿长 0.6m、宽 0.6m、深 0.4m 的槽口，清理后回填滤水层并安装导流管局部降水，待垫层施工后封堵导流管口，有效地解决了渗水状况，保证了基础底板的防水施工质量（图 9）。

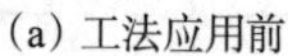
(a) 工法应用前

(b) 工法应用后

图 9　龙山县档案馆工程应用实例

11.1.3　工法应用效果评价

该工程发现垫层渗漏后，先采用传统的方式，用堵漏王直接封堵，但由于该位置为基础底板最低处，水压较大，垫层较薄（100mm），使用 1 箱堵漏王后仍不能起到止水的效果。改用本工法施工，仅用 1 包堵漏王即有效地解决渗水问题，在保证工程质量的同时，达到了降低工程建筑能耗的目的，施工全过程处于安全、稳定、快速、优质的可控状态。

11.2　龙山县智慧城市建设 PPP 项目市民之家工程

11.2.1　工程概况

该工程位于湖南省湘西州龙山县，地下一层，地上五层，建筑面积为 29567.75m²，其中地下室面积：8023.45m²，建筑总高度为 28.05m，框架结构，基础形式为人工挖孔灌注桩。

场区地下水类型主要为第四系孔隙水，主要赋存于卵石层中，地下水补给主要大气降水、地表渗透水及上游地下水的侧向渗流，水量及水位主要受季节性控制。场地黏土属弱透水层，卵石层为强透水层，连通性较好，为地下水的贮存、径流提供了有利条件。

11.2.2　工法应用情况

积水坑垫层位置出现 1 处强渗水，常规堵漏王已不具备封堵能力，采用本工法开凿长 0.6m、宽 0.2m、深 0.4m 的槽口，清理后回填滤水层并安装导流管局部降水，待垫层施工后封堵导流管口，有效地解决了渗水状况，保证了基础底板的防水施工质量（图 10）。

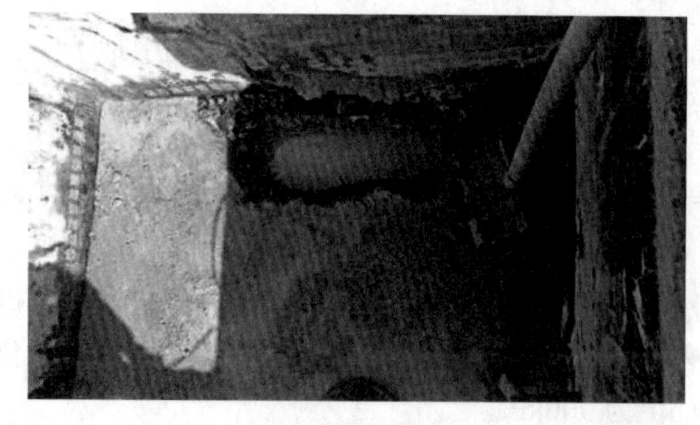
(a) 工法应用前

(b) 工法应用后

图 10　龙山县市民之家应用实例

11.2.3　工法应用效果评价

本工程发现垫层渗漏后，根据档案馆工程施工经验，使用本工法施工，仅用 2 名工人 2h 就将渗水处封堵完成，材料使用量小，针对性强，渗水封堵效果好，在保证工程质量的同时，达到了降低工程建筑能耗的目的，施工全过程处于安全、稳定、快速、优质的可控状态。

水泥基地面起砂处理修补施工工法

何登前　伍　光　吴剑波　梁　恒　周　意

湖南省第二工程有限公司

摘　要：水泥基地面在施工过程中经常出现起砂、起灰等质量缺陷，影响正常使用和后续层面材料铺装。针对这种问题，可先用磨光机对起砂地面均匀打磨并冲洗干净，然后直接在缺陷部位涂刷起砂处理剂，涂刷后有效渗透水泥基地面内部 3 ～ 10mm，并与原混凝土材料发生化学反应，生成大量不膨胀、不收缩、性质稳定的化学产物——水合硅酸钙，改变混凝土内部蓬松的结构，使整个地面成为一个密实坚固、致密的整体，从而大幅度提高水泥基地面的面层强度、硬度和耐磨性能，达到不起砂、不起灰的效果，满足使用功能要求。

关键词：水泥基地面；起砂；起灰；修补；起砂处理剂

1　前言

水泥砂浆、混凝土地面是地面工程施工工艺中最常用的做法，施工过程中因原材料、过程质量控制等因素经常出现起砂、起灰质量缺陷，严重影响使用功能，也给后续面层材料的铺装带来质量隐患。我公司在耒阳市龙腾时代广场、衡阳恒大绿洲二期项目地下室地面起砂修补处理时采用了起砂处理剂对缺陷部位进行处理，处理后的地面面层强度、硬度和耐磨性能得到大大提升，达到完全不起砂、不起灰的效果。通过对工程应用的总结，从而形成了此工法。

2　工法特点

（1）施工工序简单，施工操作简便快速，将材料直接喷洒和滚涂即可，具有“短、平、快”的优点，与传统水泥基地面起砂处理方法相比能有效缩短工期和施工成本。

（2）地面修补后的质量效果良好，能够达到不起砂、不起灰的效果，且与原混凝土颜色一致。

（3）与传统水泥基地面起砂处理方法相比无须切割、凿除作业，减少现场建筑垃圾的产生，且无毒、无味，符合绿色环保要求。

3　适用范围

水泥基地面起砂处理修补施工工法适用于水泥砂浆、混凝土地面起砂、起灰的修补和处理。

4　工艺原理

水泥基地面起砂修补处理施工工法是直接在缺陷部位直接涂刷地面起砂处理剂，涂刷后，处理剂有效渗透到水泥基地面内部 3 ～ 10mm，并与原混凝土材料发生化学反应，生成大量不膨胀、不收缩、性质稳定的化学产物——水合硅酸钙，改变混凝土内部蓬松的结构，使整个地面成为一个密实坚固的整体，从而大幅度提高水泥基地面的面层强度、硬度和耐磨性能，达到不起砂、不起灰的效果，满足使用功能要求。

5　施工工艺流程及操作要点

5.1　工艺流程

基层处理→施工甲组分→施工乙组分→清洗→养护。

5.2 操作要点

5.2.1 基层处理

进行水泥基地面起砂处理剂施工前，地面起砂严重的地面先用磨光机对要处理的地面进行均匀打磨，一般情况用钢丝刷、油灰刀、毛刷，将基层表面的水泥浮浆、油漆、涂料等杂物清理干净，同时用清水或者清洁剂冲洗干净，完全干燥后再进行涂刷施工。

5.2.2 施工甲组分

（1）根据地面起砂情况，按甲组分原液兑自来水稀释、搅拌均匀，其比例为甲组分原液：自来水 = 1∶3（体积比），使用低压喷雾器或滚筒均匀喷洒 2 ～ 3 遍。

（2）喷洒第一遍时，如果渗透很快，表面较干，那么需要喷洒第二遍，一般是第一遍喷洒半小时后，喷洒第二遍，如果渗透还很快，说明起砂十分严重，需要喷洒第三遍。喷洒要均匀，并保证每遍喷施要湿透，并用扫把来回扫动以促进渗透；30min 内对有渗干现象的地方随时补喷。

（3）最后一遍喷洒后 2h 内保持地面湿润和均匀，再用清水保持表面湿润 30min ～ 1h 后除去药剂，用清水清洗干净，待充分干燥后即可施工乙组分。

5.2.3 施工乙组分

（1）待地面甲组分施工完毕并验收合格，确保地面完全干燥后方可组织乙组分施工。

（2）乙组分施工不需兑水，直接用原液施喷，使用喷雾器或者用滚筒均匀喷洒 2 ～ 3 遍，其施喷步骤和方法同甲组分施工。

（3）乙组分喷洒完毕后 2h 内应保持地面湿润和均匀。同时用扫把来回扫动 2 ～ 3 次，以促进处理剂发生化学反应的进行，达到硬化地面的目的。

5.2.4 清洗

当乙组分施工完，地面硬化达到要求后，将残留在表面的乙组分材料或硬化反应的副产物用自来水清洗干净，避免造成地面干燥后发白。清洗时直接用水冲洗，并用扫把来回扫动清扫干净，清扫完成后，应将表面明水清扫干净。

5.2.5 养护

（1）乙组分处理剂施工完毕后，根据天气及通风情况不同一般 1 ～ 4h 后表面干燥可允许行人通行，若行使载重设备则需养护 2 ～ 3d 方可使用，养护时间越长，地面硬度越高。

（2）处理后的地面在养护期内，不能有明水浸泡，不能有重物挤压。

（3）室外地面处理后如遇雨雪天气，应将地面进行遮盖保护，防止明水冲刷浸泡。

6 材料与设备

6.1 材料

（1）M2 水泥地面起砂处理剂：双组分起砂处理剂，硬化效果及稳定性、耐候性均明显优于单组分产品；规格为 60kg/ 桶。

（2）水泥地面起砂处理剂储存方式：塑料桶密封，0℃以上条件下保存，避光、密闭贮存保质期 6 个月。

6.2 机具设备

钢丝刷、油灰刀、毛刷、地面磨光机、喷雾器、手动搅拌机、滚筒、扫把、吸尘器。

7 质量控制

（1）水泥地面起砂处理施工质量应满足《建筑地面工程施工质量验收规范》（GB 50209—2010）、《建筑工程施工质量验收统一标准》(GB 50300—2013）的相关施工规范要求。

（2）水泥基地面起砂处理前基层要求：对起砂地面的水泥浮浆、油漆、涂料等杂物要清理干净，严重起砂的地面用磨光机进行打磨并清扫干净，做到无浮灰并保持干燥。

（3）原材料做好进场检验和验收工作，收集好合格证和检验报告，同时检查进场材料与现场处理地面要求是否相匹配，把好原材料控制关。水泥地面起砂处理剂验收标准：甲组为青灰色水溶性液体材料，乙组为无色透明液体材料，固含量大于 40%。

（4）室外地面处理不应在下雨、下雪天气进行；施工温度应控制在 2 ～ 50℃范围。

（5）水泥基地面起砂处理后质量应达到表 1 的要求。

表 1　质量要求

序号	检查项目	质量标准
1	面层颜色	基本均匀无明显色差
2	地坪表面	与基层结合牢固，无空鼓、起沙现象
3	沙眼率	不高于 3 个 /m^2
4	地坪硬度	达到莫氏 7 以上
5	抗压强度	7d 后强度增加 40%

（6）储存期间甲、乙组分不得混合，甲、乙取料容器分开使用，每次配料不宜过多，胶液随配随用，2 ～ 3h 内用完。

（7）施工过程中质检员巡视施工现场对各项工序进行抽查，发现问题立即督促整改，每道工序经相关人员验收确认合格后才允许下道工序施工。

8　安全措施

8.1　安全标准

本工法除严格遵循以下标准、规范和规程外，还要执行项目所在地行政主管部门和相关行业的文件及要求，如《建筑施工安全检查标准》（JGJ 59—2011），《施工现场临时用电安全技术规范》（JGJ 46—2005），《建筑机械使用安全技术规程》（JGJ 33—2012）。

8.2　安全控制措施

（1）贯彻落实“安全第一，预防为主，综合治理”方针，认真执行国家有关安全生产的法律条例和安全技术操作规范和规程。

（2）进入施工现场的作业人员必须佩戴安全帽，佩戴好安全防护用品。

（3）安全管理人员和相关施工操作人员施工前必须进行安全技术教育和施工安全技术交底，施工过程中严格执行安全操作规程，确保安全管理到位。

（4）基层打磨设备用电严格按“TN-S 用电系统”和“三级配电、二级保护”配置要求进行临电配设。

（5）处理剂运输和施工过程中应注意密封和存放安全，如皮肤接触或溅入眼内，应立即用清水冲洗或就医。

（6）施工现场应有通风排气设备，有防粉尘的施工措施。

（7）严格遵守业主和当地有关安全管理部门的安全规定，并接受其监督管理。

9　环保措施

（1）基础清扫、打磨过程中应采取扬尘防治措施，减少对周边环境和作业人员的影响。

（2）现场作业完毕后剩余的处理剂应及时回收统一处理，不得随意倾倒，污染周边环境。

（3）施工过程中基层打磨、清洗等工序形成的废水均由现场临时排水沟集中收集，经沉淀处理后排放。

10　效益分析

10.1　经济效益

本工法施工工艺与传统修补处理工艺对比，其工序简单易行，施工速度快，工期短；工人劳动强度不大，施工效率高，施工综合费用低。

10.2　社会环保效益

水泥基地面起砂修补施工工法的施工工艺流程简单、方便，对原有基层破坏性小，工期短，施工质量可靠，修补施工后不再重复出现起砂、起灰等质量缺陷，使业主和用户满意，具有良好的社会效益。

11　应用实例

（1）耒阳市龙腾时代广场项目工程地下室建筑面积 10500m²，地下室地面起砂起灰面积达 3500m²；采用本工法进行修补处理，有效地解决了地下室地面起砂、起灰问题，降低了施工成本，工程质量可靠，维护了企业形象，产生了较大的经济效益和社会效益。

（2）衡阳恒大绿洲二期工程地下室共三层，地下室建筑面积约 46515m²，由于施工过程中地下室地面基层清理不到位，养护不及时，造成地下室地面约 3000m² 起砂、起灰，采用本工法进行修补处理，有效地解决了地下室地面起砂、起灰问题，降低了施工成本，工程质量可靠，维护了企业形象，产生了较好的经济效益和社会效益。

地下室底板高分子自粘胶膜防水卷材施工工法

周　焕　雷小超　段陈纯　潘俊威　易　浩

湖南省第六工程有限公司

摘　要：高分子自粘胶膜防水卷材因其具有良好的黏结性、高强度、热稳定性被广泛应用于地下室防水工程中。本工法结合地下室底板防水施工的特点，对高分子自粘胶膜防水卷材的施工工序进行了总结，可利用预铺反粘法将表面处理后不粘的胶粘层朝向施工人员，然后将液态混凝土直接浇筑在卷材上，待混凝土固化后，在卷材与混凝土之间形成连续牢固的黏结，适用于一般民用及工业建筑的地下室底板防水工程等。

关键词：地下室；自粘胶膜；防水；自愈能力

1　前言

在房屋建筑工程中，地下室防水质量直接关系到建筑物的使用功能和使用寿命。同时随着建筑技术的发展，对建筑物施工防水的质量、环保要求也越来越高，需要选用更加优良的防水材料，采用先进的施工工艺，对防水材料严加控制，以保证建筑物的防水要求和结构安全，确保地下室的功能。近年来，高分子自粘胶膜防水卷材广泛应用于地下室的防水工程中，因其良好的黏结性、高强度、热稳定性等得到了良好的防水效果，本工法主要对地下室底板防水特点、施工工序、经济效益等进行了详细的说明。

2　工法特点

（1）卷材施工时无须找平层，对基层要求低，不受天气及基层潮湿影响，雨季施工时有明显优势。同时卷材预铺后可直接绑扎钢筋，无须混凝土保护层，节约工期及成本。

（2）浇筑混凝土时的水泥浆与卷材黏结层特殊的高分子聚合物湿固化反应黏结，卷材与结构层混凝土形成永久的有机结合，中间无窜水隐患；即使卷材局部遭遇破坏，也会将水限定在很小范围内，完全提高了防水层的可靠性。

（3）防水卷材与基层空铺，不受基层沉降变形的影响。

（4）抗冲击和耐穿刺性能优异，能承受直接作用其上的施工荷载及钢筋骨架的冲击。

（5）较强的耐化学腐蚀性，对来自混凝土的碱水有很好的抵抗性，防霉，耐腐蚀。

（6）简单进行表面处理，不需要底油或热气烘干潮湿的基层，无挥发性物质，避免了消防隐患和环境污染，保证绿色环保。

（7）施工方便，合成胶合剂外露面有一层弹性涂膜保护层，能更耐脏；且合成黏合剂和外表面弹性涂膜自愈性强，对于轻微施工损伤有独特的自愈能力。

3　适用范围

本工法适用于一般民用及工业建筑的地下室底板防水工程等。

4　工艺原理

高分子自粘胶膜防水卷材是一种以特制的高分子膜为防水基材，膜的一个面上覆以高分子自粘胶膜，合成黏合剂层外露面上涂抗环境变化保护层和隔离层。利用预铺反粘法将表面处理后不粘的胶粘层朝向施工人员，然后将液态混凝土直接浇筑在卷材上，待混凝土固化后，在卷材与混凝土之间形成连续牢固的黏结。

5 工艺流程和操作要点

5.1 施工工艺流程

浇筑混凝土垫层→基层清理→定位弹性→空铺卷材→卷材局部固定→卷材搭接→细部节点处理→自检、修补及验收→测量放线→绑扎钢筋浇筑混凝土。

底板防水结构如图 1 所示。

5.2 操作要点

5.2.1 基层处理

在浇筑完混凝土垫层后，预铺防水卷材前，对基层开始进行清理工作。基层若有尖锐凸起物需处理平整，基层基本平整即可，杂物清理干净，若有明水扫除后即可施工（图 2）。

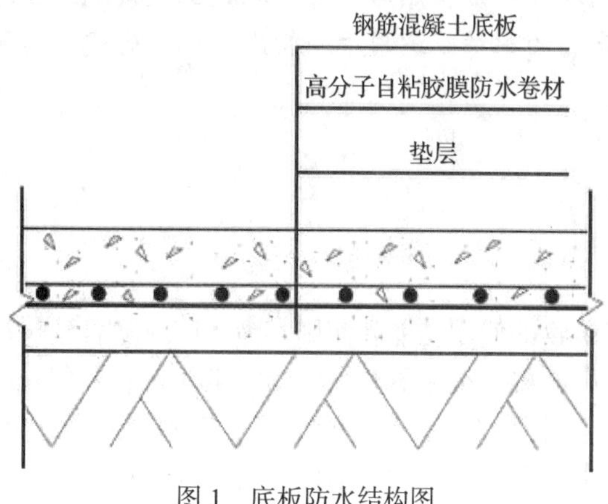

图 1 底板防水结构图

图 2 基层清理

5.2.2 定位弹性

铺设第一幅卷材时，在基层面上弹出首幅卷材铺贴控制线，防止卷材搭接出现较大误差。

5.2.3 空铺卷材

对准控制线将颗粒面朝上空铺于垫层上，第一幅卷材铺贴好后再进行第二幅卷材铺贴，铺设相邻卷材时，应注意与搭接边对齐，以免出现偏差难以纠正，影响搭接，同时铺贴卷材时不得用力拉伸（图 3）。

5.2.4 卷材局部固定

在承台坑或砖胎模等立面施工时，可通过胶带或机械固定法将卷材粘贴在基面上。

5.2.5 卷材搭接

长边搭接采用自粘边搭接，揭除卷材搭接边的隔离膜后直接搭接碾压密实，相邻的第 2 幅卷材在长边方向与第 1 幅卷材的搭接宽度为 70mm。搭接时先撕掉卷材搭接处的隔离膜，保证搭接区下面部位干净、干燥、无灰尘，当两块卷材已搭接在一起时，施工要连续进行，辊压搭接边要用力，确保搭接边的良好黏结（图 4）。

图 3 空铺卷材

图 4 卷材搭接

卷材短边进行搭接，搭接宽度为 80mm，采用卷材专用胶或胶带时沿短边搭接缝要压实粘牢；相邻两幅卷材短边搭接缝应错开至少 600mm，避免形成集中的凸起带。

5.2.6　细部节点处理

卷材阴阳角及节点无须附加层施工，但大面卷材铺贴完毕后应对节点等细部构造的完整性和密闭性进行检查处理，针对地下室底板上的桩头、锚杆、排水井及塔吊基座等细部节点，采用胶带粘贴固定，然后涂刷防水涂料或灌注遇水膨胀止水胶等密封材料处理，具体详见图 5 ～图 9 的防水节点做法。

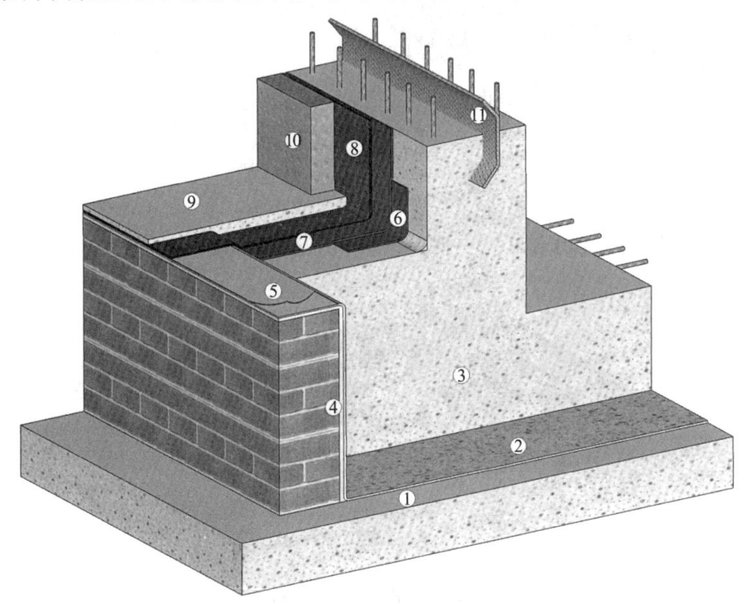

图 5　底板交圈部位防水

1—混凝土垫层；2—高分子自粘胶膜防水卷材；3—现浇钢筋混凝土底板结构；4—砖胎模水泥砂浆找平；5—卷材铲胶后贴双面胶带；6—聚合物水泥防水涂料附加层；7—湿铺专用聚合物水泥砂浆黏结层；8—自粘防水卷材；9—混凝土保护层；10—地下侧墙保护层；11—排水

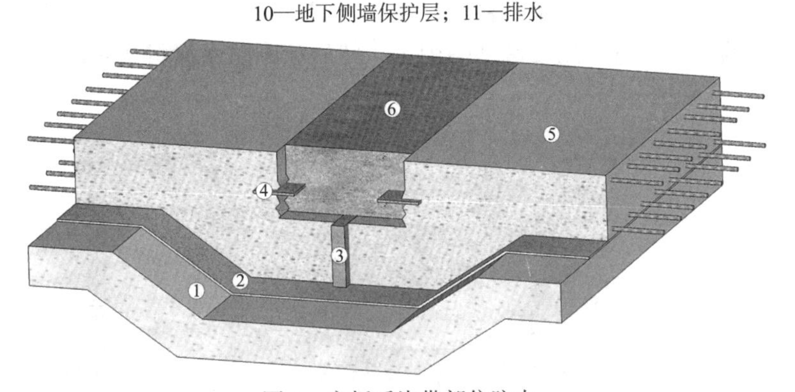

图 6　底板后浇带部位防水

1—混凝土垫层；2—高分子自粘胶膜防水卷材；3—挤塑聚苯板填缝；4—止水钢板；5—先浇钢筋混凝土底板结构；6—后浇带

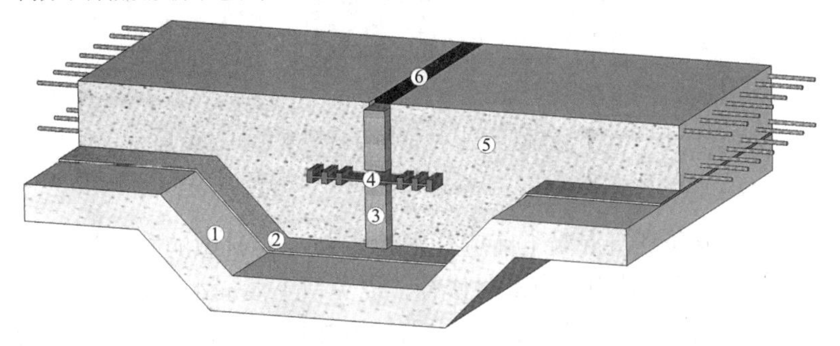

图 7　底板变形缝部位防水

1—混凝土垫层；2—高分子自粘胶膜防水卷材；3—挤塑聚苯板填缝；4—中埋式止水带；5—现浇钢筋混凝土底板结构；6—聚氨酯密封胶密封

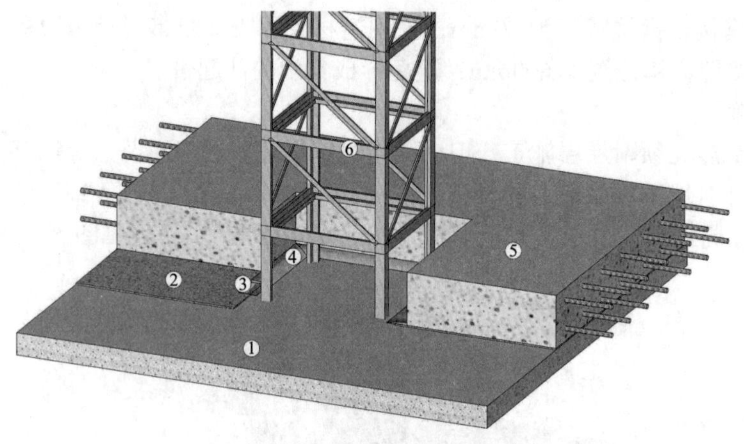

图 8　塔吊基础部位防水

1—混凝土垫层；2—高分子自粘胶膜防水卷材；3—膜隔离；4—混凝土临时保护；5—现浇钢筋混凝土底板结构；6—塔吊

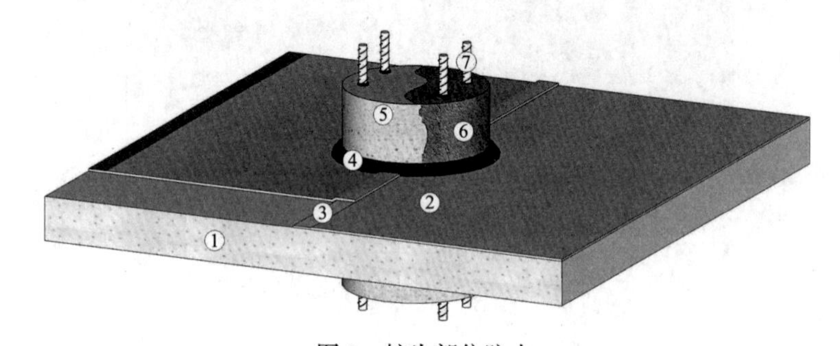

图 9　桩头部位防水

1—混凝土垫层；2—高分子自粘胶膜防水卷材；3—卷材搭接边；4—聚氨酯密封胶密封；
5—水泥基渗透结晶型涂料处理；6—桩头；7—锚杆

当抗浮锚杆或其他钢筋需穿透防水卷材时，在卷材铺设颗粒面上，凿出相应孔洞将钢筋套下，同时在卷材与钢筋相交的底部位置采用胶带粘贴固定，然后涂刷防水涂料或灌注遇水膨胀止水胶等密封材料（图 10）。

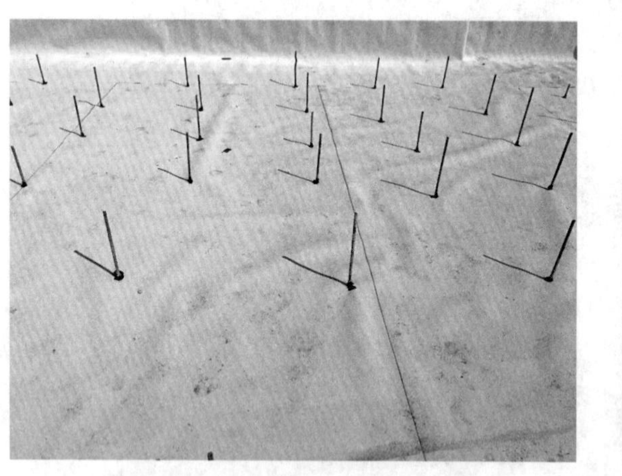

图 10　抗浮锚杆或其他钢筋穿透防水卷材的处理

5.2.7　自检、修补及验收

在绑扎钢筋网、支模板和浇筑混凝土前应仔细检查防水卷材做的防水层，并及时通知建设单位及监理单位进行隐蔽验收。发现破损，应及时修补，以免留下渗漏水隐患。修补破损点时，裁不小于 150mm × 150mm 的卷材，覆盖在破损区域上，用卷材专用胶或胶带进行修补并密封，与原防水层形成整体。在浇筑混凝土前，应采取措施确保已验收合格的卷材表面干净、无杂物，达到卷材与混凝土有效黏结的目的。

5.2.8　测量放线

完成防水卷材预铺后无须进行防水保护层施工，可直接在卷材上进行测量定位放线，将轴线和剪力墙线直接投射在卷材上（图 11）。

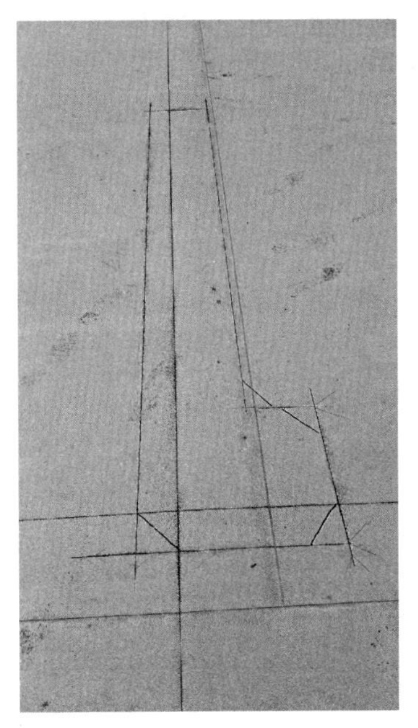
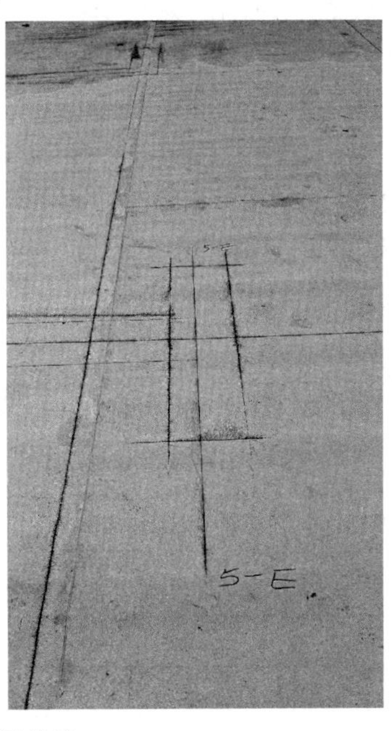

图 11　测量放线

5.2.9　绑扎钢筋浇筑混凝土

防水卷材铺好后，因其具有较强的抗穿刺性，可不用混凝土保护层，直接上人安装钢筋，实现卷材与混凝土结构满粘。预铺式高分子自粘胶膜防水卷材铺好以后 21d 内要浇筑混凝土，在浇筑混凝土过程中要小心振捣，防止人为破坏卷材防水层。

6　材料与设备

6.1　高分子自粘胶膜防水卷材基本构造

卷材由高分子片材、高分子自粘胶膜、颗粒防粘层组成，如有需要，表面需用隔离膜或隔离纸，其基本构造见图 12。

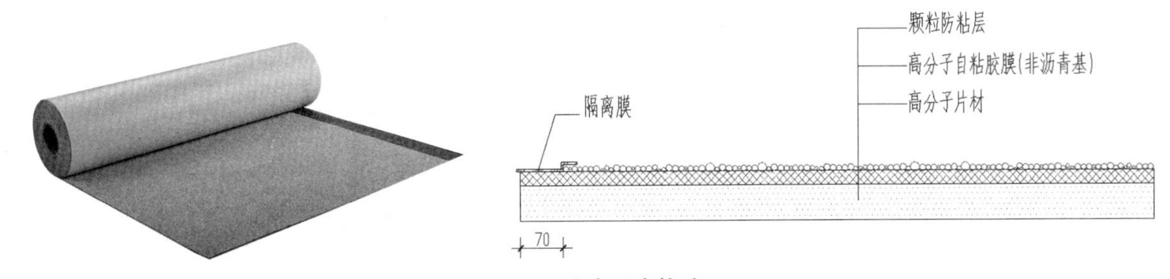

图 12　防水基本构造

6.2　高分子自粘胶膜防水卷材的质量要求

6.2.1　可上人施工

高分子自粘胶膜防水卷材预铺施工时无混凝土保护层，可直接上人施工，因此其表面需有一层防粘脚的材料或者措施。根据工地情况，以在常温下，工人站立在卷材上 5min 后，还可以挪动脚为宜。

6.2.2　卷材强度高

高分子自粘胶膜防水卷材施工时，工人需直接在其上绑扎钢筋，缺少了混凝土保护层，卷材被钢筋破坏的概率大幅度增加，因此，要求卷材具有良好的抗穿刺能力。《预铺 / 湿铺防水卷材》中规定高分子自粘胶膜防水卷材的抗拉强度大于 500N/50mm。

6.2.3　耐紫外线性能

紫外线对热熔胶粘剂的性能有严重影响。实际工程中，施工进度难以严格控制，防水卷材外露的时间可能长于 1 周，特别是分段施工时，段与段连接处的卷材可能外露超过 1 个月。因此，高分子自粘胶膜预铺防水卷材表面的抗紫外线保护设计是基本的、必不可少的。

6.2.4　热老化稳定性

合格的高分子自粘胶膜防水卷材应保证在合理高温下（70 ～ 80℃）保持性能稳定。

6.3　高分子自粘胶膜防水卷材物理性能

卷材图样颜色为白色，底层为高分子片材，中间为高分子自粘胶膜，上层为防粘层及搭接边，如图 13 所示。

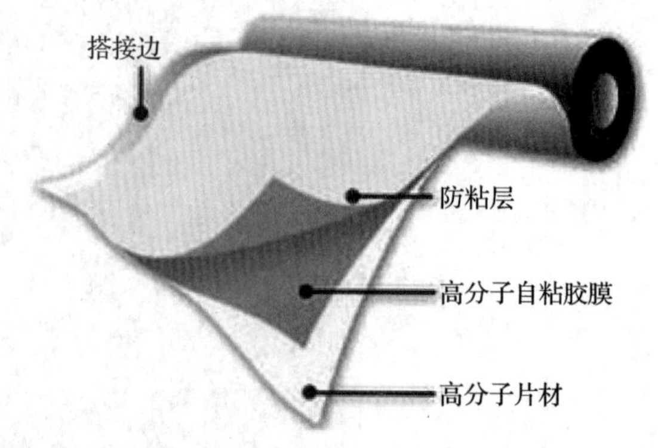

图 13　高分子自粘胶膜防水卷材图样

物理性能及规格如下：

（1）高分子自粘胶膜防水卷材物理性能见表 1。

表 1 （GB/T 23457—2009）预铺 P 类标准要求

序号	项目			指标（预铺 P 类）
1	拉伸性能	拉力（N/50mm）	≥	500
		膜断裂伸长率（%）	≥	400
2	铁杆撕裂强度（N）		≥	400
3	冲击性能			直径（10 ± 0.1）mm，无渗漏
4	静态荷载			20kg，无渗漏
5	耐热性			70℃，12h，无位移、流淌、滴落
6	低温弯折性			–25℃，无裂纹
7	防窜水性			0.6MPa，不窜水
8	与后浇混凝土剥离强度（N/mm）　≥	无处理		2.0
		水泥粉污染表面		1.5
		泥沙污染表面		1.5
		紫外线老化		1.5
		热老化		1.5
9	与后浇混凝土浸水剥离强度（N/mm）		≥	1.5
10	热老化（70℃，168h）	拉力保持率（%）	≥	90
		伸长率保持率（%）	≥	80
		低温弯折性		–23℃，无裂纹
11	热稳定性	外观		无起皱、滑动、流淌
		尺寸变化（%）	≤	2.0

（2）材料主要规格见表 2。

表 2　材料规格

厚度（mm）	高分子主材厚度（mm）	宽度（m）	长度（m）
1.2	0.7	1 或 2	20
1.5	1.0	1 或 2	20

6.4　主要施工机具（表 3）

表 3　主要施工机具

序号	名称	工具图	用途
1	直刀 / 勾刀		裁割卷材
2	铁锤		立面临时固定卷材
3	橡皮锤		搭接局部碾压
4	压辊		长 / 短边搭接碾压
5	剪刀		大面裁剪
6	卷尺		度量
7	热熔胶枪		密封加强
8	机械固定（射钉枪）		立面临时固定卷材
9	热风铲枪		铲除砂粒
10	打密封胶枪		节点密封（如桩头等）
11	墨盒		弹线
12	钢尺		度量
13	护膝		人员装备
14	腰带		人员装备

7　质量控制

（1）严格执行材料进场验收制度，必须符合设计及规范要求，使用的材料必须有合格证及试验报告，并见证取样送检。

（2）严格执行书面技术交底制度、技术复核制度和各工序验收记录，严格把关。现场管理人员强化施工质量的跟踪管理。

（3）在卷材上焊接钢筋时做好对卷材的保护措施，避免由于焊接损坏卷材。

（4）大面防水卷材施工时，卷材长边搭接不小于 70mm，短边搭接不小于 80mm，见图 14。

（5）相邻两排卷材的短边接头应相互错开 300mm 以上，以免多层接头重叠而使得卷材粘贴不平，见图 14。

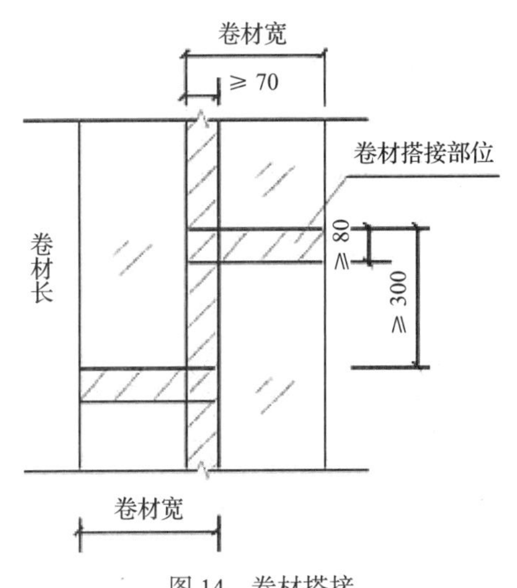

图 14　卷材搭接

（6）桩根周围要求机械固定卷材，该实铺部位卷材只需铺贴至桩根圆弧外围阴角部位，然后在柱根桩基部位涂刷两道渗透结晶防水涂料。

（7）高分子自粘胶膜防水卷材铺贴顺序为先节点，后大面；即所有节点铺贴好后方可铺贴大面卷材。

（8）卷材铺设完成后，要注意后续的保护，钢筋要本着轻放的原则，不能在防水层上拖动。

（9）高分子自粘胶膜防水卷材铺设质量需符合《预铺 / 湿铺防水卷材》（GB/T 23457—2009）相关要求，见表 4 的技术要求：

表 4　预铺高分子自粘防水卷材技术要求

<table>
<tr><th rowspan="2">序号</th><th colspan="2" rowspan="2">项目</th><th colspan="2">指标</th></tr>
<tr><th>P</th><th>PY</th></tr>
<tr><td>1</td><td colspan="2">可溶物含量 /（g/m²）　≥</td><td>—</td><td>2900</td></tr>
<tr><td rowspan="3">2</td><td rowspan="3">拉伸性能</td><td>拉力（N/50mm）　≥</td><td>500</td><td>800</td></tr>
<tr><td>膜断伸长率（%）　≥</td><td>400</td><td>—</td></tr>
<tr><td>最大拉力时伸长率（%）　≥</td><td>—</td><td>40</td></tr>
<tr><td>3</td><td colspan="2">钉杆撕裂强度（N）　≥</td><td>400</td><td>200</td></tr>
<tr><td>4</td><td colspan="2">冲击性能</td><td colspan="2">直径（10 ± 0.1）mm，无渗漏</td></tr>
<tr><td>5</td><td colspan="2">静态荷载</td><td colspan="2">20kg，无渗漏</td></tr>
<tr><td>6</td><td colspan="2">耐热性</td><td colspan="2">70℃，2h 无位移、流淌、滴落</td></tr>
<tr><td>7</td><td colspan="2">低温弯折性</td><td>-25℃，无裂纹</td><td>—</td></tr>
<tr><td>8</td><td colspan="2">低温柔性</td><td>—</td><td>-25℃，无裂纹</td></tr>
<tr><td>9</td><td colspan="2">渗油性（张数）　≤</td><td>—</td><td>2</td></tr>
<tr><td>10</td><td colspan="2">防水窜性</td><td colspan="2">0.6MPa 不窜水</td></tr>
<tr><td rowspan="5">11</td><td colspan="2" rowspan="5">与后浇混凝土剥离强度（N/mm）　≥</td><td>无处理</td><td>2.0</td></tr>
<tr><td>水泥粉污染表面</td><td>1.5</td></tr>
<tr><td>泥沙污染表面</td><td>1.5</td></tr>
<tr><td>紫外线老化</td><td>1.5</td></tr>
<tr><td>热老化</td><td>1.5</td></tr>
<tr><td>12</td><td colspan="3">与后浇混凝土浸水剥离强度（N/mm）　≥</td><td>1.5</td></tr>
<tr><td rowspan="2">13</td><td colspan="2" rowspan="2">热老化（70℃，168h）</td><td>拉力保持率（%）　≥</td><td>90</td></tr>
<tr><td>伸长率保持率（%）　≥</td><td>90</td></tr>
</table>

8　安全措施

（1）严格执行各项安全法规，按安全技术规程的各项规定组织施工，做到安全文明施工。

（2）应对操作人员进行安全教育，掌握和了解安全操作规定，做好安全技术交底工作，严禁违章作业。

（3）施工人员必须穿软底鞋，不把尖锐坚硬的物体放在卷材上，以免损坏卷材，严禁在防水层上拌制砂浆。

（4）卷材应妥善保存，特别避免与矿物油、动植物油等影响性能的化学物质接触，以免造成卷材损坏变质。

（5）施工用料及防水材料属于易燃物质，在存放材料的料库和施工现场必须严禁烟火，严格控制火源，并设专人看管发放。

（6）注意成品保护，防水施工要与有关工序作业配合协调，防水专业队与有关施工操作人员共同保护防水层不遭破坏。

（7）雨天、雪天、5 级风以上均不得施工。

9　环保措施

（1）所使用卷材的成分必须满足国家对有机物成分的挥发性、重金属的含量、所含成分物质的辐射性等指标的规定。

（2）施工现场的材料和使用工具等应堆放整齐，施工后所产生的废弃物应及时分类清运，保持工完场清，做到文明施工。

（3）施工用料应做到长材不短用，加强材料回收利用，节约材料。

（4）在施工过程中，最大程度地减少施工噪声和环境污染，当无法避免噪声时，应对施工现场采取隔声隔离措施。

（5）每次用完的施工机具，必须及时用有机溶剂清洗干净，以便于重复使用。

（6）施工用水不得随意排放，进行沉淀后方可排入排水系统。

（7）现场使用的黏结材料尽量使用环保产品。

10　效益分析

（1）由于高分子自粘胶膜防水卷材的优越性，提升了防水效果，延长了其使用寿命。

（2）高分子自粘胶膜防水卷材与传统防水材料做法的对比见表 5。

表 5　高分子自粘胶膜防水做法与传统防水做法的比较

原设计防水做法	变更后防水做法
1. 100mm 厚 C15 混凝土垫层及找平 2. 20mm 厚 1 : 2.5 水泥砂浆找平 3. 4mm 厚 SBS 改性沥青防水卷材（自粘聚酯胎）一道 4. 40mm 厚 C20 细石混凝土保护层 5. 钢筋混凝土自防水	1. 100mm 厚 C15 混凝土垫层及找平 2. 1.2mm 厚 MBP-P 高分子自粘胶膜防水卷材一道 3. 钢筋混凝土自防水

（3）根据原设计地下室底板防水做法及变更后的地下室底板防水做法，分别对此做出成本分析，如下：

原设计地下室底板防水做法组价按照《建设工程工程量清单计价规范》（GB 50500—2013）、2015 年《四川省建设工程工程量清单计价定额》进行编制，综合单价见表 6（混凝土单价按 350 元 /m³ 计取）。

表 6　分部分项工程量清单与计价表

工程名称：建筑与装饰工程　　　　标段：

序号	项目编码	项目名称	项目特征描述	计量单位	工程量	金额（元）		
						综合单价	合价	其中暂估价
86	010902001090	地下室底板卷材防水	1. 卷材品种、规格、厚度：4mm（聚酯胎）自粘型改性沥青防水卷材 2. 防水层数：1 层 3. 找平层 20mm 厚 1 : 2.5 水泥 4. 40mm 厚 C20 细石混凝土保护层	m²	1	80.98	80.98	

变更后采用的 1.2mm 厚 MBP-P 高分子自粘胶膜防水卷材成本价为 57.85 元 /m²。

综上所述，采用高分子自粘胶膜防水卷材成本低于原设计的 SBS 改性沥青防水卷材（自粘聚酯胎）；减少了施工工序，节约了成本费用。

（4）其他方面的对比见表 7。

表 7　其他方面的对比

序号	类别	传统防水卷材	高分子自粘胶膜防水卷材
1	施工环境	基层需另作找平，且需干燥	无须另做找平，基层无明水即可
2	季节影响	较大	全年均可施工，不受季节性影响
3	环境保护	施工时需溶剂及燃料	施工时无须溶剂及燃料，避免污染环境
4	施工进度	较慢	预铺后在卷材上直接绑扎钢筋，不要混凝土保护层，节约工期
5	绿色施工	不明显	无须找平层和保护层，节省原材料，效果明显
6	防水效果	一般	与结构混凝土结合成整体，防水效果好

11　应用实例

（1）嘉州阳光·花间集项目位于四川省雅安市雨城区大兴片区，北接和穆三路，紧邻雅安中学。本工程建筑面积约 118022.76m²，其中地下建筑面积 24112m²。项目建筑主要由住宅楼 1 ～ 7 栋；2 ～ 3 号商业及一层地下室车库组成。结构形式为框架剪力墙结构，地下室底板防水等级为二级，防水混凝土抗渗等级为 P6，项目开工于 2017 年 9 月。地下室底板防水采用 1.2mm 厚高分子自粘胶膜防水卷材，总计施工面积约 29600m²。采用预铺反粘法施工，从材料进场的验收检测、施工工艺、质量验收几个阶段评定该工法在工效、工期及质量保证方面都得到了建设、监理、质监等单位的肯定。

（2）翰城 1981（二期）项目位于雅安市雨城区姚桥新区汉碑村，西北为雅州大道。项目总规划用地面积约为 19904m²，建筑总面积约为 82380.48m²，地上建筑面积 60225.9m²，地下建筑面积 22154.58m²。本工程由 3 栋 17 层高层住宅楼、2 层商业楼和两层地下室组成，结构形式为框架剪力墙结构。项目开工于 2018 年 2 月。本项目地下室防水采用高分子自粘胶膜防水卷材预铺反粘法施工，总计施工面积约 17384m²。本施工工法在此项目中得到了充分应用，防水效果良好，工期大大提前，成本节约效果明显。

海绵城市渗透路面改造施工工法

黄礼辉　戴　雄　胡泽翔　陈　敏　郑延明

湖南省第六工程有限公司

摘　要：海绵城市建设中，对原有不透水硬路面和广场进行海绵化提升改造，可在不大面积破除原有不透水路面的基础上加铺透水沥青混凝土，并利用渗沟划分雨水收集区域，分区域对雨水截留；同时，渗沟内含有穿孔管，在雨量不大时，雨水直接通过渗沟渗透至地下，雨量较大时，雨水通过穿孔管把不能及时下渗的水导流至碎石渗透带，缩短渗流路线长度，改善路面水流环境，达到快速疏干路面雨水作用，落实渗、滞、蓄、净、用、排的海绵城市理念。

关键词：土木工程；透水沥青混凝土路面；渗沟；缩短径流；冻胀破坏

1　前言

海绵城市建设中存在许多需要进行海绵化提升改造的工程，针对原有旧路面和广场改造，为节约投资、缩短工期、贯彻落实低影响开发理念、满足海绵城市要求的前提下，对于原有的不透水硬质路面和广场加铺透水沥青混凝土，若直接加铺透水沥青混凝土会出现雨水遇到旧混凝土路面无法下渗情况，只能通过沥青空隙渗流到最外围的排水沟，间隙渗流路径过长，短时间难以排除干净的问题，尤其在冬天，温度较低，积累在间隙中的水容易结冰，造成透水沥青混凝土发生冻胀破坏。若在广场范围内加设盲沟，可以达到减少减短雨水径流路径，加速雨水排放的效果。另外盲沟与碎石渗透带相连，盲沟中的水排放到碎石渗透带（1m×1m 内部填充碎石）后可以下渗到土壤中，对于雨量过大时，多余的雨水通过碎石渗透带中的溢流管排放至雨水收集净化系统，符合海绵城市建设中渗、滞、蓄、净、用、排的理念。本施工方法在鹤壁市海绵城市建设教育局改造项目中得到了成功的应用，取得较好的效果，特编制此工法。

2　工法特点

（1）对原有不透水路面部分的改造，能够避免对不透水层全部开挖，节省机械开挖量，减少固体建筑垃圾量，有利于环境保护。

（2）渗透沟能够起到对雨水的初步过滤，减少后续雨水收集净化的压力，满足海绵元素要求。

（3）施工简单、方便，不需要特殊机械及材料。

（4）能够较好地解决不透水路面加铺透水路面后雨水外排较慢的问题，改善不透水路面的使用环境，增加不透水路面的使用寿命。

（5）渗透沟可根据工程实际情况布置，不受场地限制。

3　适用范围

本工法适用于各类型小区海绵化改造项目，尤其在对不透水广场的海绵化改造施工中具有突出效果。

4　工艺原理

在不大面积破除原有不透水路面的基础上加铺透水沥青混凝土，利用渗沟划分雨水收集区域，分区域对雨水截留，渗沟内含有穿孔管，在雨量不大时，雨水直接通过渗沟渗透至地下，雨量较大时，雨水通过穿孔管把不能及时下渗的水导流至碎石渗透带，缩短渗流路线长度，改善路面水流环境，达到快速疏干路面雨水作用，落实渗、滞、蓄、净、用、排的海绵城市理念。渗沟布置形式及详图如图 1 ～图 3 所示：

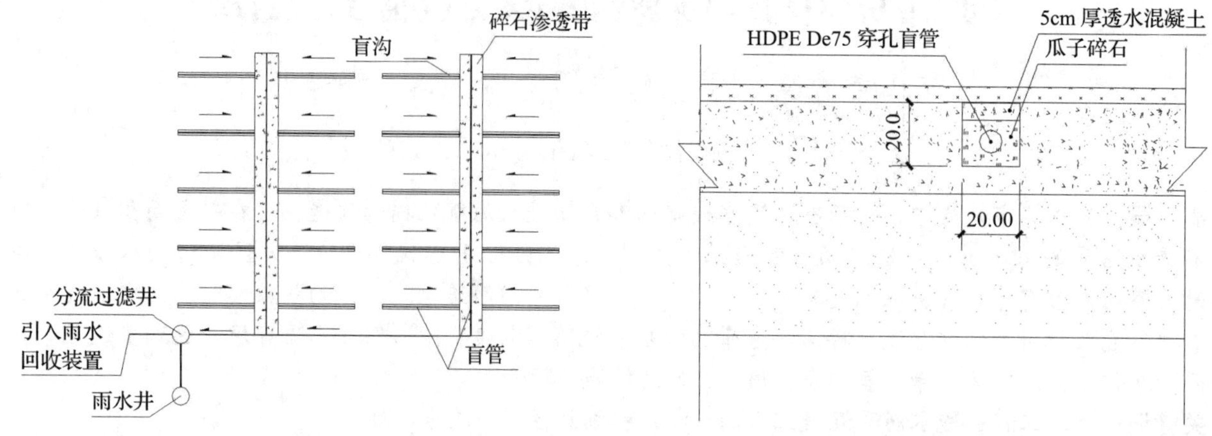

图 1　雨水排渗设施布置平面图

图 2　盲沟截面图（cm）

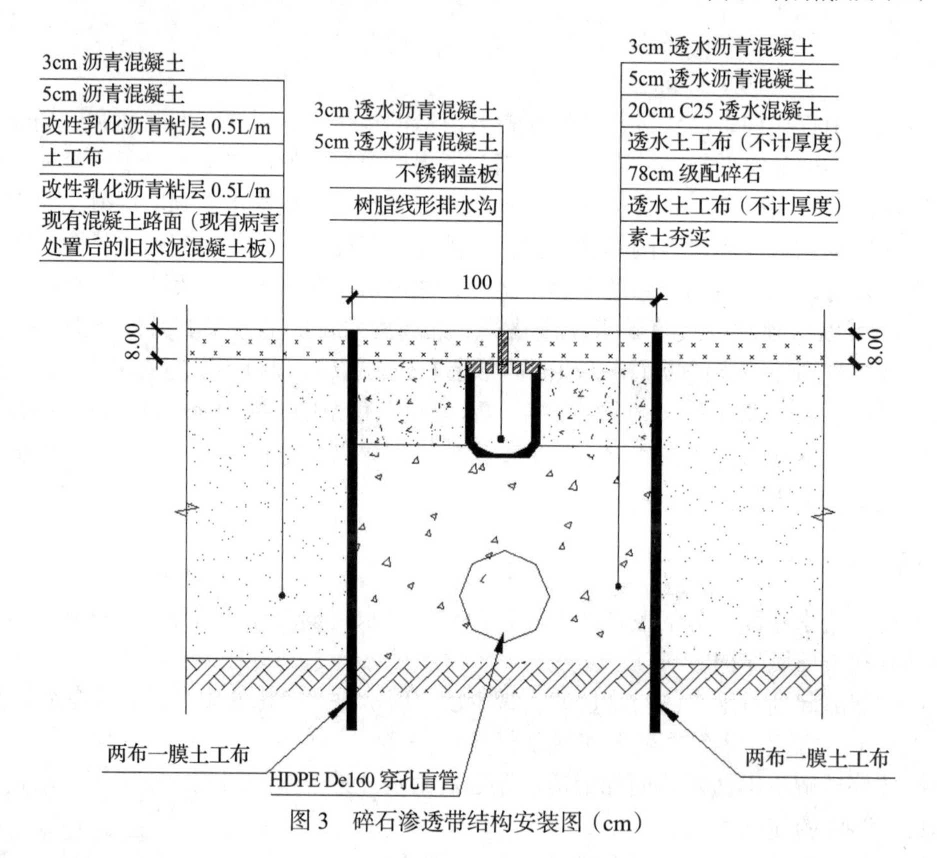

图 3　碎石渗透带结构安装图（cm）

5　工艺流程和操作要点

5.1　施工工艺流程（图 4）

5.2　操作要点

5.2.1　测量放线

根据提供的标准控制点，在四周不受施工影响及不易被破坏的位置设控制点和控制线，复核后再放出沟槽边线，用皮尺拉线，石灰撒出轮廓线。

5.2.2　开挖沟槽

根据施工放样，用切割机将需要破除的混凝土路面切割出来，再用凿岩机将沟槽上的混凝土破除，清理后用挖掘机开挖沟槽，距离底部 20cm 时，采用人工开挖，以防底层原状土被扰动（图 5）。

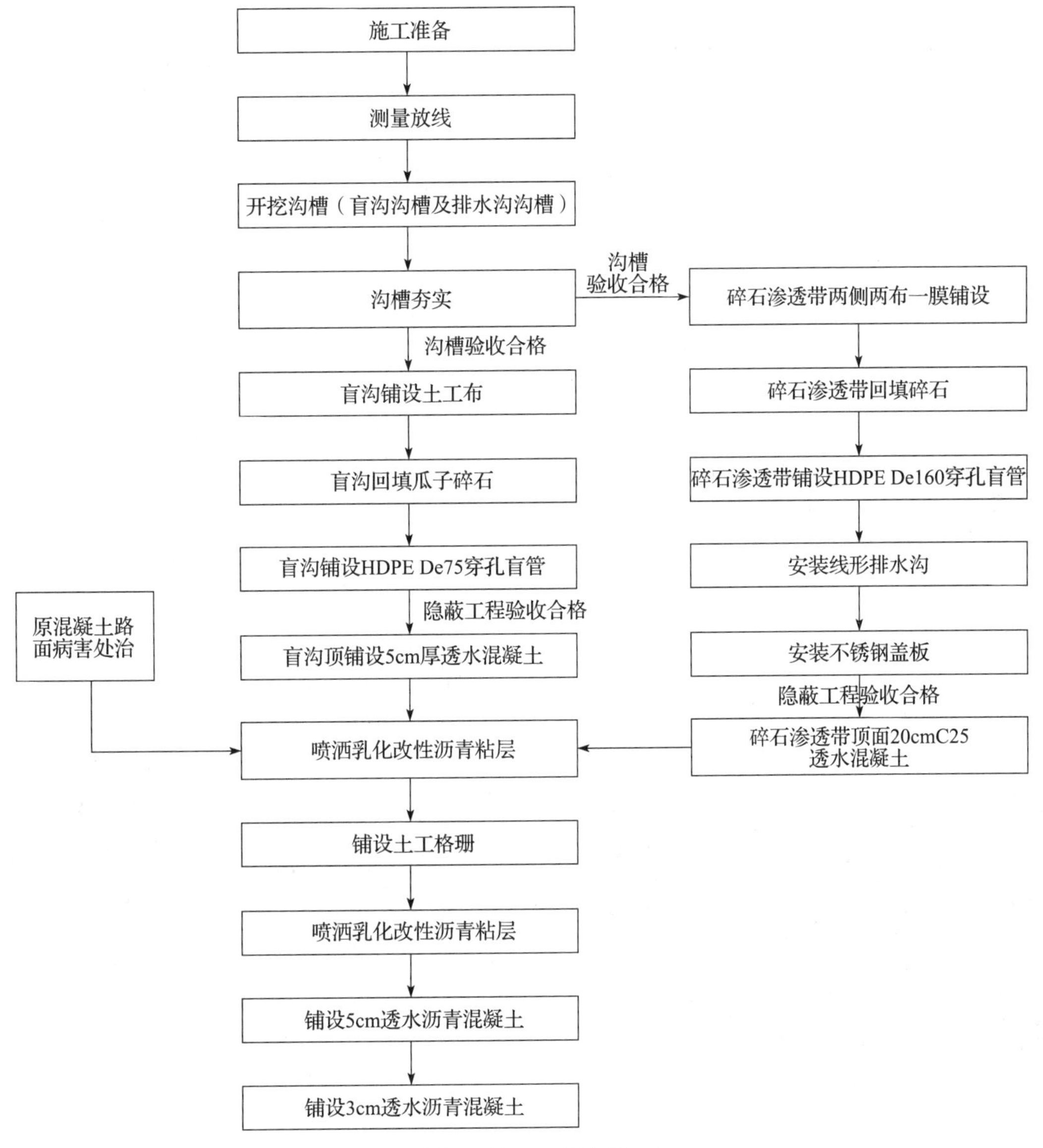

图 4 施工工艺流程

5.2.3 清理沟槽及夯实

采用人工将沟槽两侧及槽底松动的土清理干净，用振动平板夯夯实基底（图 6）。

图 5 原有混凝土路面破除

图 6 沟槽清理

5.2.4 盲沟铺设土工布

在沟槽清理完毕以后，监理及地勘单位联合验收沟槽后方能铺设土工布，铺设时先把土工布打开，土工布拉开后用 4 人拉直，按边桩用钢尺把两边尺寸先放对，然后按控制桩把中间土工布调直，调直完毕后再用石头将土工布四周压住，以免被风吹起。先检查碎石表面平整度、高度、有无带尖棱硬物，表面要求人工整平，把凹凸处用小碎石填平，然后用土工布将碎石包裹。土工布的搭接不小于 30cm。

5.2.5 回填碎石

碎石铺设过程中需注意不能将泥土带入碎石中，且碎石不能将土工布拉扯下来。碎石粒径需符合要求，最小粒径不能小于渗排管上排水孔直径（图 7）。

5.2.6 盲沟铺设 HDPE 盲管

当碎石回填沟槽深度三分之一时停止回填，整平碎石面层，按照排水方向，设置不小于 1% 的纵坡，然后铺设渗排管。渗排管铺设以后临时固定渗排管，继续回填碎石到旧混凝土路面以下 5cm。HDPE 盲管铺设时注意预埋与线形排水沟连接管。

5.2.7 盲沟顶面铺设透水混凝土

渗沟顶面铺设透水混凝土，顶面与原混凝土路面定平齐，透水混凝土作为雨水下渗通道（图 8）。

图 7 盲沟铺设碎石

图 8 盲沟顶透水混凝土浇筑

5.2.8 安装线形排水沟

线形排水沟采用预制成品沟，采购到现场后直接安装，节约施工时间。

线形排水沟安装前需将下层碎石整平夯实，按照不小于 1% 设置纵坡。

在安装和混凝土的浇筑过程中，沟体保持水平并保证相应的安装高度。两线形排水沟接缝处应用适合的密封胶进行密封处理。密封胶应具备与排水沟材质相同的抗化学腐蚀性，同时也能适应来自地板的运动和温度变化。在涂密封胶前，工作面应该经过认真处理（图 9）。

5.2.9 喷洒乳化改性沥青粘层

提前对工作面进行全面清扫，清除堆积余料，凿除黏结物，必要时用高压水冲洗。撒布前用铁皮等物件保护好线形排水沟防止沥青流入。喷洒粘层油要做到洒布均匀，起步、终止、纵向和横向搭接处采取铁皮遮挡，避免沥青喷洒量过多。相邻车道不重叠或尽量少重叠。局部喷洒过量时立即用干净拖把吸油并清除。对下承层进行全面检查，对于漏洒的地方利用人工进行补洒一层粘层油，洒布量为 0.2kg/m²。喷洒粘层油后，应立即封闭交通。为了充分破乳，必须提前 12h 以上洒布粘层油。为防止粘层沥青发生脱落、粘轮现象，成型后必须进行早期养护，在此期间封闭交通，禁止任何车辆行驶。

5.2.10　透水沥青混凝土铺装

大面积施工前进行试验段施工，确定合理的机械组合、机械行走速度、摊铺厚度、碾压遍数等。透水混凝土混合料运输中采取保温措施，运送到现场的混合料温度不得低于175℃（图10）。其他控制措施符合《透水水泥混凝土路面技术规程》(CJJ/T 135—2009）。

图9　安装线形排水沟图

图10　铺设透水沥青混凝土

6　材料与设备

6.1　材料：碎石、透水沥青混凝土、透水混凝土、土工布、土工膜。

6.2　主要设备：摊铺机、双钢轮压路机、沥青混凝土运输车、封层洒布车、挖掘机、自卸汽车、振动平板夯机、凿岩机。

7　质量控制

（1）渗沟应满足《公路路基施工技术规范》(JTG F10—2006）中关于渗沟的施工技术要求。

（2）透水沥青混凝土应按照《透水水泥混凝土路面技术规程》(CJJ/T 135—2009）及现行行业标准《城镇道路工程施工与质量验收规范》(CJJ 1—2008）要求施工。

（3）碎石采用连续级配材料，粒径不大于50mm，含泥量不超过5%，含砂量不超过4%，碎石铺设采用人工铺设方法，人工铺设的外观应整齐顺适，平面几何尺寸应满足规范和设计要求。

（4）施工中要确保各渗沟连接顺畅，渗管坡率大于1%。

（5）渗管管底至管顶0.5m范围内碎石回填时应采用人工分层对称回填，采用小型夯机夯实。管两侧分层压实时，采取临时限位措施防止管道偏位及上浮。

（6）回填时沟槽内不得有积水、有机物、冻土等。

8　安全措施

本工法执行国家、省、市、公司制定的施工现场及专业工种各种安全技术操作规程，包括国家“两规一标”即《建筑机械使用安全技术规程》（JGJ 33—2012）、《建筑施工安全检查标准》（JGJ 59—2011）和《职业健康安全管理体系规范》(GB/T 28001）等。

工人入场前必须经过严格的安全教育考试，考核合格方可上岗，操作前由施工技术人员进行安全技术交底。

机具设备应由专人严格按照操作规程操作。

合理布置现场施工用电，现场用电有电工专人负责，任何人不得随意接线等。现场所有的施工机械在使用之前，由操作人员进行试运行，保持其状态良好，并且对现场机械设备等，定期进行检查、保养维护。施工机械操作人员，应持证上岗。

现场建立消防制度，并设置消防器材。消防器材应布置合理，并保证完好，使用方便。同时对所有的施工人员进行消防教育，并配备兼职消防员。

9　环保措施

混凝土、沥青混凝土均采用工厂集中拌制，沥青混凝土运输途中必须覆盖，控制每车装运量，防止沿路掉渣，避免现场污染环境；施工现场根据大气污染扬尘治理要求采取湿法作业，满足 7 个 100% 要求，即施工工地 100% 围挡、物料堆放 100% 覆盖、出入车辆 100% 冲洗、施工现场地面 100% 硬化、征迁工地 100% 湿法作业、渣土车辆 100% 密闭运输、1 万平方米以上工地 100% 安装监控设备；现场开挖土方尽量在绿化工程中消纳，减少土方外运量。

10　效益分析

（1）通过本工法，显著地改善了透水沥青混凝土排水能力，缩短雨水再透水混凝土空隙中的停留时间，使得透水混凝土在气温低于 0℃时，不至于由于雨水结冰产生冻胀破坏，延长透水混凝土使用寿命。

（2）鹤壁市教育局改造项目透水铺装面积约 3300m²。

破除 25cm 厚混凝土路面为 17.81 元 /m²，重新铺设 15cm 碎石垫层为 36.75 元 /m²，浇筑 20cm 透水混凝土垫层为 94.21 元 /m²，渗透沟为 168m，280 元 /m。按照破除原有路面计算成本为：

破除混凝土路面：3300 × 17.81=58773（元）；

铺设碎石垫层：3300 × 36.75=121275（元）；

浇筑透水混凝土垫层：3300 × 94.21=310893（元）；

渗透沟：168 × 280=47040（元）；

减少破除、下垫层施工时间，可节约施工工期约 17d，总体节约 20d。每天施工现场发生的机械设备材料租赁费、管理费等费用约为 1 万元 /d，节约工期节约成本约 17 万元。

社会效益：本工法响应低影响开发理念，减少固体建造垃圾的数量，满足海绵城市建设要求，对城市的生态保护，环境保护，改善环境，水资源的利用，水污染的治理将起到非常重要的作用，所以产生的社会效益是不可估量的，并且是长远的社会效益。

11　应用实例

由湖南省第六工程有限公司承建的鹤壁市海绵城市建设教育局办公区海绵城市改造项目采用此工法施工。本项目位于河南省鹤壁市，总用地面积 15776.45m²，建筑密度：29%，绿化率：39.35%，设计红线区域划分为 5 个汇水区域，雨水计算采用鹤壁市强度公式，场地雨水重现期采用 2 年。透水沥青路面的透水层采用高黏度改性沥青结合料，技术要求满足图集 15MR205-P13- 表 1-1 ～表 1-7。本工程中单条盲沟设置长度为 7m，间距为 8m，盲沟和渗透带中的盲管均设置 1% 的纵坡。项目开工时间 2017 年 10 月 1 日，竣工时间 2018 年 7 月 31 日。经过一个雨季达到小雨不湿鞋，大雨不积水的效果；经历了一个冰冻期，未出现发生透水沥青混凝土冻胀破坏而脱落现象。此施工方法在鹤壁市海绵城市建设中广场、办公和住宅小区海绵城市改造中得到了推广和应用。

皮肤式防水施工工法

王俊杰　向宗幸　徐少文　张冀湘　戴习东

湖南省第三工程有限公司

摘　要：本工法介绍了地下室和屋面防水施工中所采用的一种新的防水施工工艺。主要理念在于通过消除窜水层来提高防水质量，在防水层出现破损或者其他瑕疵时，也不会影响防水的系统安全。机械化操作，效率高。与传统方法相比，该工艺采用专用设备，工效高、质量好，可使防水层的使用寿命达到 25 ～ 30 年，适用于有防水要求的地下室、屋面等工程中。

关键词：防水施工；窜水层；防水层；抛丸机；皮肤式自修复

1　前言

防水工程在房建项目中占有举足轻重的地位，尤其是地下室及屋面防水工程的质量直接影响到项目施工的各个环节和上部构造的后续工作开展。作为隐蔽验收的重要一环，若防水施工的各个环节衔接不到位，即使房建项目完工，仍然会出现不同程度渗漏。一旦出现问题，处理相当复杂和繁琐，且会带来众多的不良影响。

我司在佛山珑门广场二期项目及悦珑水岸花园二期项目中，采用一种名为“皮肤式防水施工工艺”。采用的新型防水涂料和防水卷材有良好的相容性和互补性，通过消除窜水层来提高防水质量。在防水层出现破损或者其他不可抗拒的瑕疵时候，也不会影响防水的系统安全，犹如人的皮肤一样，出现小伤口可自行愈合，极大地提高了项目防水工程的质量，取得了很好的效果和社会影响力。

2　工法特点

（1）节能环保。皮肤式防水施工所用的新型材料可使用冷粘法施工，无须热融火烤，现场无明火作业，自粘卷材搭接更方便，施工安全可靠，且有害气体不会排放，不会造成环境污染。

（2）黏结力好且具有自修复能力。采用“新型橡胶沥青防水涂料 + 新型 BAC-P 双面自粘防水卷材”的组合，能形成优势互补的防水体系，提高了防水层的稳定性，且有很好的黏结力。卷材间与空气长期接触后也不固化，具有自修复能力。涂料与基层之间、防水卷材与防水涂料之间均牢固黏结，形成“皮肤”式防水系统。

（3）机械化操作，效率高。与传统地下室及屋面基层人工打磨清扫处理相比，该工艺采用专用的抛丸机进行抛丸处理，能高效地将地下室及屋面基层表面的浮浆、灰尘等杂物快速清理干净，节省工期。施工基面的质量比人工打磨清理标准更高。

（4）施工的防水层质量好。使用抛丸机处理后，若发现结构缺陷可涂刷专用基层处理剂，能快速修补处理，确保防水涂料与结构层实现“皮肤式”的黏结。再加上采用“新型橡胶沥青防水涂料 + 新型 BAC-P 双面自粘防水卷材”的组合，使防水层的使用寿命达到 25 ～ 30 年。

3　适用范围

本工法适用于有防水要求的地下室、屋面等部位。工法技术成熟、工艺合理，已得到大面积推广，可靠性强。

4　工艺原理

皮肤式防水施工工艺是防水层直接施工于地下室及屋面结构基面，基面采用抛丸机进行抛丸处理，防水施工前已将基面的结构缺陷处理完毕，在最开始就消除了渗漏的隐患。基面抛丸处理，无须找平，可以省掉找平层。采用“新型橡胶沥青防水涂料＋新型 BAC-P 双面自粘防水卷材”的组合，能形成优势互补的防水体系，提高了防水层的稳定性，且有很好的黏结力。卷材间与空气长期接触后也不固化，具有自修复能力，提高了防水层的稳定性，涂料与基层之间、防水卷材与防水涂料之间均牢固黏结，形成“皮肤”式防水系统。此外自粘卷材搭接更方便，施工更可靠。施工原理如图 1、图 2 所示。

图 1　皮肤式防水施工屋面防水施工原理图

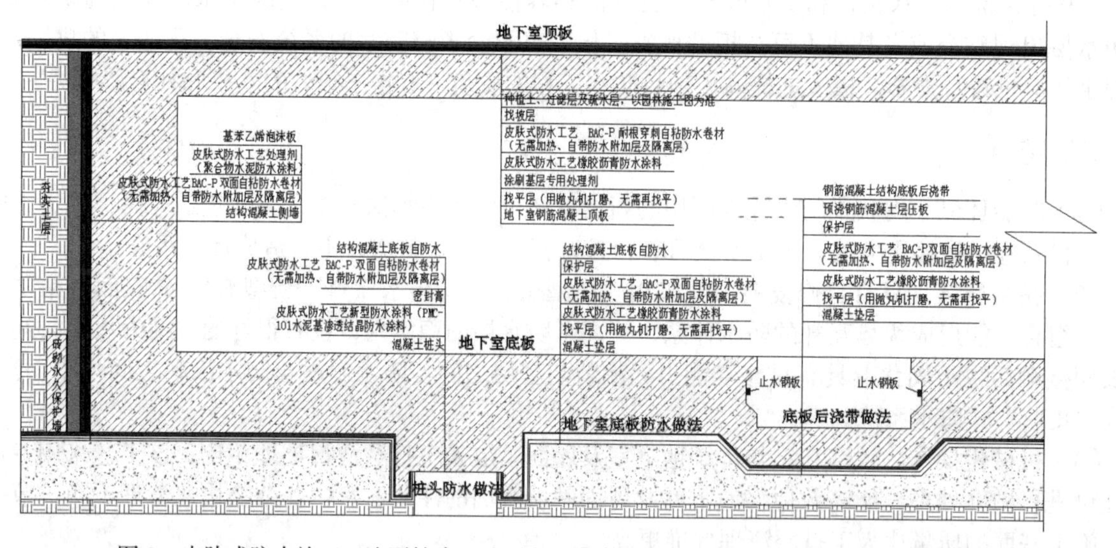

图 2　皮肤式防水施工工法下桩头、地下室后浇带、底板、侧墙、顶板防水施工原理图

5　工艺流程及操作要点

5.1　工艺流程

施工准备（加热涂料）→基层清理→抛丸处理→涂刷基层处理剂→节点加强处理→定位弹线→试铺自粘卷材→涂料施工→铺贴自粘卷材及搭接→收口密封→组织验收。

5.2　技术操作要点

5.2.1　施工准备（加热涂料）

（1）防水材料的归置，摆放，保管处置完好；

（2）防水材料出厂合格证明以及相关的其他材料完备，见证取样送检报告完整；

（3）专业防水队伍到位，一般为 6 ～ 8 人，可根据现场防水施工面积具体确定人数；

（4）施工图纸及技术交底准备完善，并同参建各方协调施工时间以及有相关交叉作业的处理措施交底；

（5）相关的安全文明施工交底；

（6）加热橡胶沥青防水涂料。把橡胶沥青涂料放入专用的加热设备进行加热，使膏状橡胶沥青涂料完全融化成流态状备用；

（7）检查基层的坚实度、强度，应符合设计要求；

（8）检查基层阴阳角是否按规范要求进行倒角或抹成圆弧形；

（9）基层表面严禁出现起砂、起皮、蜂窝、麻面等质量缺陷；

（10）防水施工前，需对混凝土结构进行全面排查，若存在结构裂缝，需采取措施对混凝土结构裂缝进行加强处理。

5.2.2　基层清理

（1）先用扫帚、铁铲等工具将基层表面的厚灰尘、杂物等基本清扫干净，对原混凝土结构上有缺陷的部位按原修补设计要求的水泥砂浆修补整平；

（2）清除基层表面的杂物、油污、砂子，清扫工作必须在施工中随时进行。基层若有明水，施工前需清理干净，如果基面比较潮湿，需用吹风机吹干。各种预埋件已预先安装固定完毕。

5.2.3　抛丸处理

（1）用抛丸机进行打磨处理，把处理过程中产生的垃圾清扫干净，使得基层平整坚实，在清理基层的同时加热橡胶沥青涂料；

（2）抛丸后基层表面应无明显浮浆，若有残留浮浆应在涂料施工前采用手持打磨机进行打磨处理；

（3）灰抖内的灰尘应集中倒放于远离施工区域的指定位置，并采取相应防尘措施。

5.2.4　涂刷基层处理剂

（1）在抛丸机处理过的基层上均匀地涂刷专用基层处理剂，涂刷时应不漏涂、不露底；

（2）基层处理剂配制时应用搅拌工具搅拌均匀；

（3）基层处理剂涂刷时应采用辊筒进行滚刷，使细微灰尘完全被包裹于处理剂内。

5.2.5　节点加强处理

（1）水落口、穿板管道、阴阳角等节点部位的加强处理。管件四周及管身部位应用钢丝刷先清理干净，管件防水层高度应超出建筑完成面 300mm 以上，防止泛水过低；在节点部位涂刷一遍皮肤式防水橡胶沥青涂料，再铺贴一块相应大小的网格布，最后再涂刮一遍皮肤式防水橡胶沥青涂料将其覆盖。网格布应选用质量合格产品，且其规格尺寸应符合要求。基层处理剂配制时应用搅拌工具搅拌均匀；基层处理剂涂刷时应采用滚筒进行滚刷，使细微灰尘完全被包裹于处理剂内；

（2）阴角部位附加层施工。在阴角部位平面及立面 250mm 范围内涂刮第一遍“涂必定”涂料，裁剪一块 500mm 宽的玻纤网格布粘贴于涂刮涂料后的阴角部位，粘贴时应顺着立面向平面粘贴，并用工具压实。阴角部位涂料应满涂，不得出现漏涂、不涂现象；网格布施工时应平整，不得出现空鼓，阴角处应用工具压实；

（3）节点部位（水落口、穿板管道、阴阳角等）采用皮肤式防水涂料进行加强处理：首先在节点部位涂刷一遍皮肤式防水橡胶沥青涂料，再铺贴一块相应大小的网格布，最后再涂刮一遍皮肤式防水橡胶沥青涂料将其覆盖。

5.2.6　定位弹线

（1）根据卷材铺贴的方向，以分格的方式进行弹线，确定施工的橡胶沥青涂料的范围。根据卷材铺贴方向，以分格的方式进行弹线，确定施工橡胶沥青涂料的范围，每个格子的宽度为 0.92m，长度为 5m，面积为 4.6m^2；

（2）卷材施工过程中不能出现错位、歪斜现象；控制涂料用量，但现场应配有检测涂料用量的工具或措施，以便每天核算材料用量是否达标。

5.2.7　试铺自粘卷材

（1）将卷材自然摊开，预铺好后用墨斗弹好控制线，防止卷材回卷走偏，再将卷材从两端往中间收卷；

（2）卷材试铺时释放卷材应力，避免施工过程中出现褶皱现象；

（3）试铺时应保证卷材搭接宽度不小于 8cm；

（4）卷材试铺时应保证卷材平整、顺直。

5.2.8　涂料施工

（1）把加热完毕的皮肤式防水橡胶沥青涂料，装入带有刻度的标准桶内，每桶装入涂料的重量为 11.5kg，然后将 11.5kg 的涂料倒在 4.6m^2 的格子内，确保涂料的用量为 2.5kg/m^2；

（2）涂料一边刮至弹线处，另一边刮至上一幅卷材边缘，涂刮厚度均匀，不得露底；

（3）在涂料涂刮过程中，边揭除隔离膜边向前铺贴皮肤式防水卷材，铺贴平整、顺直。

5.2.9　铺贴自粘卷材及搭接

（1）皮肤式防水工艺涂料施工完后将卷材搭接边的隔离膜揭除，进行自粘搭接，搭接宽度 80mm，然后用压辊碾压密实，搭接缝处使用“涂必定”橡胶沥青防水涂料进行内外密封处理，外密封时采用长嘴壶。卷材收口处，采用皮肤式防水橡胶沥青涂料进行密封处理；

（2）涂料施工时要保证用量达到 2.5kg/m^2；应涂刮至上幅卷材的搭接边上，对搭接边上的细小褶皱进行密封；长短边搭接处、T 形搭接处用“涂必定”涂料进行内外密封，如图 3 所示；

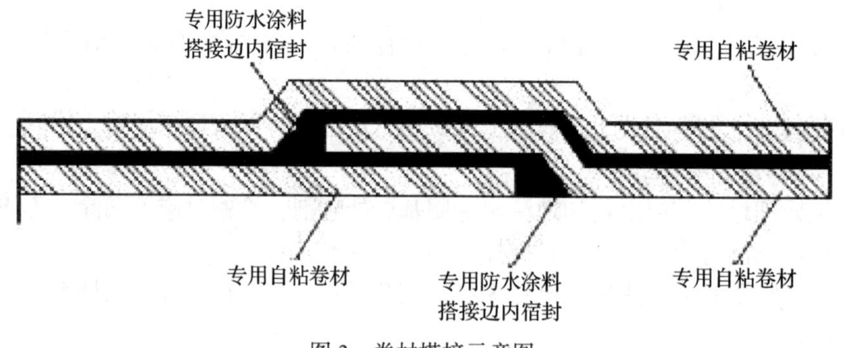

图 3　卷材搭接示意图

（3）搭接边隔离膜需全部揭除干净，不得有残留。对大面、搭接边需进行反复滚压处理，然后由专人检查是否黏结牢固。

5.2.10　收口密封

（1）压条固定位置应距离卷材上部 20mm，固定件间的间距不宜大于 250mm，固定件应用专用工具牢固地嵌入混凝土内；

（2）收口压条需使用专用压条，不得使用劣质压条；

（3）固定件间距不宜于 250mm，压条固定完成后再用皮肤式防水工艺涂料对卷材上口进行密封处理；

（4）地下室侧墙部位，水平方向每 6m 设置一个压条；

（5）成品保护。立面防水层需采用砖墙保护（用于地下室侧墙）。

5.2.11　组织验收

按相关规范要求，对已完成的防水层进行验收工作。

（1）进行 48h 闭水试验，检查防水层严禁有渗漏现象；

（2）检验方法：观察检查和检查隐蔽工程验收记录；

（3）整理完的基层应牢固、洁净、平整，不得有空鼓、松动、起砂和脱皮现象；基层阴阳角处应做成圆弧形；

（4）涂料防水层与基层应黏结牢固，不得有针眼、露底现象。节点部位玻纤网格布加强层应被涂料完全覆盖；

（5）涂料的用量应符合设计要求；

（6）卷材铺贴质量：铺设方法和搭接、收头符合设计、施工方案要求和防水构造图；

（7）卷材的铺贴方向正确，搭接宽度允许偏差为 ±10mm。

6　材料与设备

（1）主要材料技术指标

项目防水施工所采用的以沥青、橡胶为主体，加入助剂混合制成的新型橡胶沥青防水涂料，其在使用年限内保持黏性膏状体，具有蠕变性。该涂料能封闭基层裂缝和毛细孔，适应复杂的施工作业面。与空气接触后长期不固化，始终保持黏稠胶质的特性，自愈能力强、碰触即粘、难以剥离，在 −20℃仍具有良好的黏结性能。它能解决因基层开裂应力传递造成的防水层断裂、挠曲疲劳或处于高应力状态下的提前老化等问题；同时，蠕变性材料的黏滞性使其能够很好地封闭基层的毛细孔和裂缝，解决了防水层的窜水难题，使防水可靠性得到大幅度提高；还能解决现有防水卷材和防水涂料复合使用时的相容性问题。防水层破坏时，破坏点不会扩大，在压敏性作用和蠕变作用下，破损处会自我修复，犹如人的皮肤受伤后的自我修复功能，形成“皮肤式”防水。主要材料技术指标见表 1。

表 1　主要材料技术指标

序号	名称	技术性能	特征	适用范围
1	橡胶沥青防水涂料	1. 由橡胶、沥青和助剂混合制成； 2. 应用状态下始终保持黏性膏状体； 3. 通过现场加热成流态，刮涂于基层，形成黏结力强、具有蠕变和自愈功能的防水层； 4. 既是独立的防水层，也是卷材的黏结层	永不固化；持久黏结；持久密封；黏结性强；双重功能；自愈性强；适用范围广；施工方便	1. 常温和低温环境均可施工，黏结瞬间便达到黏结强度； 2. 广泛适用于地下室底板、节点部位及地下室侧墙
2	BAC 耐根穿刺自粘防水卷材	1. 以长纤聚酯纤维毡为增强胎基，以添加进口化学阻根剂的自粘改性沥青为涂盖材料，两面再覆以隔离材料而制成的自粘类改性沥青卷材； 2. 该卷材既具有与 BAC 自粘防水卷材相同的防水性能，同时又具有阻止植物根系穿透的功能	1. 能长期、有效地阻止植物根系穿透卷材，保持防水层的完整性，同时又不影响植物的正常生长； 2. 防水卷材与防水涂料之间牢固黏结，两道防水形成整体，优势互补，再加上防水涂料能与基层牢固黏结，从而形成皮肤式防水体系，出现任何局部破坏，水只会被限定在防水层的破损处； 3. 防水卷材以防水涂料作为黏结层，防水涂料加热后施工，在低温环境下也不影响其与基层和上部卷材的黏结	工业与民用建筑的种植屋面、地下室种植顶板等有耐根穿刺要求的部位
3	BAC-P 双面自粘防水卷材	1. 一种以聚酯胎/交叉层压膜、SBS 改性沥青、自粘橡胶沥青胶料、隔离膜组合而成的双面自粘防水卷材； 2. 抵抗外力能力强，具有耐水压能力，抗撕裂及抗疲劳能力强的特点	1. 抵御外力能力强，抗撕裂、抗疲劳等性能优异； 2. 防水卷材与防水涂料之间牢固黏结，两道防水形成整体，优势互补，再加上防水涂料能与基层牢固黏结，从而形成皮肤式防水系统，出现任何局部破坏，水只会被限定在防水层的破损处； 3. 防水卷材以防水涂料作为黏结层，防水涂料加热后施工，在低温环境下也不影响其与基层和上部卷材的黏结	适用于各类建筑的屋面工程和地下工程

续表

序号	名称	技术性能	特征	适用范围
4	SPU单组分聚氨酯防水涂料	1. 也称湿固化型聚氨酯防水涂料； 2. 它是以聚醚树酯和二异氰酸酯经聚合反应合成的，含有端异氰酯基（-NCO）聚氨酯预聚物，通过和空气中的湿气反应而固化交联成膜	1. 以水作固化剂形成超强弹性橡胶膜； 2. 具有高强度、高延伸率、高弹性、抗疲劳、耐老化等优异特点； 3. 新型环保产品，无毒、无二甲苯等有毒溶剂、无污染； 4. 加水固化，潮湿地面可成膜； 5. 耐候性能优良，能适应炎热和寒冷地区的气候变化； 6. 单组分，易操作，施工方便； 7. 水固化机理、高性能、化学性能稳定等	可用于地下室、屋面、卫生间、桥梁、涵洞、人防工程等场合的防水防潮及饮用水池、水箱等有环保要求高的防水工程
5	聚合物水泥防水涂料	1. 以优质高分子乳液和水泥为主要原料，加入多种无机材料和助剂配置而成的双组分高分子水性防水涂料； 2. 该涂料具有优异的耐候性、特强的粘接力、高强度、无毒无味。产品满足环保要求	1. 能在干燥或潮湿的基面上施工，黏结力好； 2. 不污染环境，对人体无害，可用于饮用水池的防水工程； 3. 可与其他多种防水涂料或卷材复合使用，适用于不同防水等级的防水工程； 4. 与同类产品相比，耐水性能良好，防水效果持久	适用于新旧建筑物的屋面、外墙、饮用水池、游泳池、冷却水池、厨卫间、浴室及阳台的防水工程
6	PMC-101水泥基渗透结晶防水涂料	1. 是一种含有特殊活性化合物的水泥基粉状防水材料，其活性化合物可渗透到混凝土基体内，与水分持续发生化学反应，形成不溶于水的惰性结晶体，阻塞和封闭混凝土的孔隙和微裂缝，形成渗透防水层； 2. 本身层面密实的防水层，便形成两层致密、高强、经久可靠的防水层	1. 具有超强的渗透能力，在混凝土内部渗透结晶，不易被破坏； 2. 具有独特超强的自我修复能力，可修复较小的裂缝，能长期抗渗及耐受强水压，属无机材料，不存在老化问题，与混凝土同寿命； 3. 防止冻融循环、抑制碱-骨料反应，防止化学腐蚀对混凝土结构的破坏，对钢筋起保护作用，对混凝土无膨胀破坏作用； 4. 无毒、无害环保产品，耐温、耐湿、耐氧化、耐碳化、耐紫外线、耐辐射； 5. 施工简单、速度快，节省工期，施工后不需要做保护层，降低综合造价	产品广泛适用于工业与民用建筑的地下工程，地铁、隧道、水池及水利等工程混凝土结构的防水与保护

（2）主要机具设备

主要机具设备见表2。

表2　主要机具设备表

序号	名称	用途
1	加热器	加热新型橡胶沥青防水涂料
2	喷涂设备	喷涂新型橡胶沥青防水涂料
3	刮板	涂刮新型橡胶沥青防水涂料
4	抛丸机 / 打磨机	基层抛丸或打磨
5	分切设备	主要用于外洗项目
6	弹线墨斗	弹线定位
7	大压辊	80kg
8	小压辊	50kg
9	脱桶器	用于桶装涂料的脱桶
10	安全帽	防御、减轻高空坠物对工人造成伤害
11	皮肤式防水施工专用马甲	皮肤式防水施工专用服装
12	劳保手套	避免涂料高温烫伤
13	喷涂专用工作服	用于操作喷涂设备

7　质量控制

7.1　质量标准及技术标准

本工法必须遵照执行下列标准、规范：

《中华人民共和国建筑法》以及其他有关的法律、法规；

《工程建设标准强制性条文》；

《建筑工程施工质量统一验收标准》(GB 50300—2013)；

《屋面工程技术规范》(GB 50345—2012)；

《屋面工程质量验收规范》(GB 50207—2012)；

《种植屋面工程技术规程》(JGJ 155—2013)；

《地下工程防水技术规范》(GB 50108—2008)；

《地下防水工程质量验收规范》(GB 50208—2011)；

《保利华南构造统一做法》[POLYNH- 技 -003—2014（修）]。

7.2　防水施工质量控制措施

为了保证皮肤式防水施工质量，应从以下方面进行严格控制：

（1）自粘防水卷材铺贴时，在卷材收口处应采用压条固定，并用“涂必定”涂料密封；

（2）防水层施工完毕后应尽快组织验收，及时隐蔽，不宜长时间暴晒。

（3）节点防水做法：检查地下室顶板节点防水做法是否符合（深化）设计图纸做法要求，包括：水落口、变形缝、后浇带、出结构管等，检查防水施工质量是否能达到系统的要求；

（4）卷材甩头保护措施：卷材预留甩头宽度和做法是否符合（深化）设计图的要求，是否具有可靠地临时保护措施；

（5）钢筋绑扎时的配合措施：细石混凝土保护层钢筋绑扎时，是否安排专人进行跟进、排查，防水层一旦出现破损，是否及时进行修补，成品保护措施是否落实；

（6）全面排查、处理：钢筋绑扎完毕后是否安排专人进行全面拉网式排查，若发现防水层有破损是否及时进行修补。

8　安全措施

8.1　安全标准

《施工现场临时用电安全技术规范》(JGJ 46—2005)；

《建筑机械使用安全技术规程》(JGJ 33—2012)；

《建筑施工安全检查标准》(JGJ 59—2011)。

8.2　皮肤式防水施工工法实际运用时应符合下列要求：

（1）建立安全生产管理体系。“皮肤式”防水工程的项目经理为本工程项目安全生产、文明施工第一责任人，技术负责人和安全员统一抓各项安全生产、文明施工管理措施的落实工作；

（2）明确规章制度。严格执行国家及项目的安全生产规章制度，积极向防水施工工人宣传安全生产的有关方针、政策、措施，强化工人在防水施工作业时的安全意识；

（3）上岗前教育。对全体施工人员进行安全生产教育，考核合格后方可上岗，严格执行动火审批报验制度；

（4）正确使用安全防护用具：进入施工现场必须戴安全帽；防水施工区域必须摆放相应的警示牌和拉警戒线；

（5）施工人员严禁酒后或疲劳作业；

（6）施工时材料应妥善放置，远离火源；

（7）防雨措施。安排专人了解当天的气象信息，及时做出大风、大雨预报，采取相应安全措施，防止发生事故。禁止在台风、暴雨等恶劣的气候条件下进行室外防水作业施工；

（8）遵守甲方相关管理制度，加强现场用水、排污的管理，做到施工场地整洁，搞好现场清洁卫生；

（9）进入施工现场的各种机械设备、半成品、原材料等，均需按指定位置，堆放整齐，不得随意乱放，保证现场安全文明施工形象；

（10）对施工人员进行文明教育，做到谁做谁清，工完料清，场地干净。在施工现场产生的各类废弃物，应由相关人员统一回收处理；

（11）做好劳动保护，合理安排作息时间，配制施工预备力量；

（12）控制现场噪声，减少对周围环境的干扰，夜间操作按业主方要求进行。

9 环保措施

（1）严格执行国家施工现场文明施工有关规定：

《建筑施工现场环境与卫生标准》(JGJ 146—2013)；

《建筑施工场界环境噪声排放标准》(GB 12523—2011)。

（2）减少扰民噪声和降低环境污染。施工现场环境保护每日自检，每天由施工员、安全员带领各施工班组进行一次全面自检，凡违反施工现场环境保护规定的要及时指出并整改，由施工员在当天的施工日记上做好自检记录。

（3）现场防噪声污染的各项措施。施工现场提倡文明施工，建立健全控制人为噪声的管理制度，尽量减少人为的大声喧哗，增强全体施工人员防噪声扰民的自觉意识。尽量选用低噪声或备有消声降噪设备的施工机械。对发出强噪声的旧机械设备应及时更换设备零部件。

（4）防大气污染措施。清理施工垃圾时，使用封闭的专用垃圾车进行运输，严禁随意凌空抛撒造成扬尘，施工垃圾及生活垃圾及时清运。清运时，适量洒水减少扬尘。卷材和涂料等材料应尽量安排库内存放。设专人进行现场内的卫生清扫工作，工作时采取洒水降尘。严禁使用敞口锅熬制沥青，凡进行沥青防水作业的要使用密闭和带有烟尘处理装置的加热设备。

10 效益分析

10.1 社会效益

以我司佛山市珑门广场项目为例，由于项目占地面积大，楼栋多，防水面积大，需求的相关防水材料量大。因该区域为近海地域，雨水量大，空气湿度大，因此，对整个项目的防水施工过程管控要求特别高。该项目的地下室及屋面防水施工采用“皮肤式”防水施工工艺，通过消除窜水层来提高防水质量，在防水层出现破损或者其他不可抗拒的瑕疵时，不会影响防水的系统安全性，极大地提高了项目防水工程的质量，取得了极大的效果和社会影响力。

10.2 经济效益

普通防水施工与皮肤式防水施工综合单价、施工工期对比见表 3 ～表 6。

表 3 普通防水施工工程综合单价分析表

序号	项目名称	单位	数量	单价（元）	合价
1	普通防水涂料	m^2	1.00	4.00	4.00
2	基层处理剂	m^2	1.00	10.00	10.00
3	普通防水卷材	m^2	1.00	30.00	30.00
4	机械费及人工费	m^2	1.00	5.50	5.50
5	试验费	m^2	1.00	1.00	1.00
6	直接费合计	（1+2+3+4+5）			50.50
7	劳动保险费	6 × 3.20%			1.62

续表

序号	项目名称	单位	数量	单价（元）	合价
8	企业管理费	（6+7）×5.00%			2.60
9	利润	（6+7+8）×10.00%			5.47
10	税金	（6+7+8+9）×3.40%			2.05
11	全费用综合单价	（5+6+7+8+9+10）			62.24

表 4　皮肤式防水施工工程综合单价分析表

序号	项目名称	单位	数量	单价（元）	合价
1	主材料费用（考虑皮肤式施工防水新型卷材及涂料等综合价格）	m^2	1	60	60
2	其他材料费用	m^2	1	0.8	0.8
3	机械费及人工费	m^2	1.00	8	8.00
4	试验费	m^2	1.00	1.00	1.00
5	直接费合计	（1+2+3+4）			69.80
6	劳动保险费	6×3.20%			2.23
7	企业管理费	（6+7）×5.00%			3.60
8	利润	（6+7+8）×10.00%			7.56
9	税金	（6+7+8+9）×3.40%			2.83
10	全费用综合单价	（5+6+7+8+9+10）			86.02

表 5　普通防水施工工期表（地下室顶板）

工程名称：佛山市珑门广场地下室顶板防水施工

序号	分项工程	持续天数	施工进度情况（60d）														
			4	8	12	16	20	24	28	32	36	40	44	48	52	56	60
1	施工准备	3															
2	基层清理	5															
3	人工处理	4															
4	涂刷基层处理剂	3															
5	节点加强处理	4															
6	定位弹线	4															
7	试铺卷材	2															
8	涂料施工	8															
9	热融加热卷材及搭接	8															
10	收口	6															
11	验收	2															

表 6　皮肤式防水施工工期表（地下室顶板）

工程名称：佛山市珑门广场地下室顶板防水施工

序号	分项工程	持续天数	施工进度情况（60d）														
			4	8	12	16	20	24	28	32	36	40	44	48	52	56	60
1	施工准备	4															
2	基层清理	4															
3	抛丸处理	4															
4	涂刷基层处理剂	3															
5	节点加强处理	4															
6	定位弹线	4															
7	试铺自粘卷材	2															
8	涂料施工	8															
9	铺贴自粘卷材及搭接	8															
10	收口密封	6															
11	组织验收	2															

综上所述，在地下室顶板防水施工中，分别采用皮肤式防水施工作业综合单价为 86.02 元 /m²，标准施工周期为 45d，使用年限为 25 ～ 30 年；采用普通防水施工作业综合单价为 62.24 元 /m²，标准施工周期为 60d，使用年限为 15 年。单次使用该工法成本较高，但工期节约 15d，全寿命周期内采用此工法成本较节省。

11　应用实例

（1）珑门广场二期项目由湖南省第三工程有限公司施工总承包，该工程的地下室防水工程于 2017 年 7 月动工，2017 年 8 月完工。屋面及室内防水于 2018 年 8 月开始施工，2018 年 9 月竣工。项目防水施工应用了“皮肤式防水施工工法”。该工法施工工艺先进、技术可靠，施工过程中环境污染少、施工进度快，防水施工作业完工后经检测，均符合设计和规范要求，保证了施工质量、安全和进度，节约了施工成本。在施工及验收过程中得到了甲方、监理、设计、检测、质监等单位的一致好评。

（2）悦珑水岸花园项目由湖南省第三工程有限公司施工总承包，该工程的地下室防水工程于 2016 年 10 月动工，2016 年 12 月完工。屋面及室内防水于 2017 年 11 月开始施工，2018 年 2 月完工。项目防水施工应用了“皮肤式防水施工工法”。该工法施工工艺先进、技术可靠，施工过程中环境污染少、施工进度快，防水施工作业完工后经检测，均符合设计和规范要求，保证了施工质量、安全和进度，节约了施工成本。在施工及验收过程中得到了甲方、监理、设计、检测、质监等单位的一致好评。

地下室排水板疏水施工工法

张　锋　林光明　李勤学　彭　冲　舒婷玉

湖南省第四工程有限公司

摘　要：为更好地解决建筑工程中地下室渗水问题，可采用不锈钢伸缩缝盖板和HDPE排水板形成一个密闭的通道，将水引流至集水井。在地下室渗水严重的区域，可满布排水板；对于地下室沉降缝、施工缝处，同样有良好的适用性。本工法施工操作简单、造价低。

关键词：地下室渗水；以疏代堵；密闭通道

1　前言

地下室渗水是建筑工程的质量通病，具有普遍性、广泛性、难治理等特点，特别是在沉降缝处。如果在施工过程中，橡胶止水带固定不牢，混凝土浇筑振捣不密实，或者在沉降过程中橡胶止水带撕裂等原因都能导致沉降缝处的渗水。该处的渗水往往比较难处理，且渗水量较大，即使暂时处理好，在后期的沉降过程中也容易复发。我公司在多年的施工经验中，总结出一种以疏代堵的方式进行渗水处理，并在对大量的同类问题处理中不断改善，取得了良好的效果，在后期的跟踪评价时，渗水问题基本得到根治。本工法用不锈钢伸缩缝盖板和HDPE排水板形成一个密闭的通道，将水引流至集水井，施工操作简单，造价低，在地下室渗水严重的区域，满布排水板，同样有良好的适用性。

2　工法特点

（1）以疏代堵，对渗漏较严重的沉降缝底板处，采用HDPE排水板疏水，在侧壁和顶板采用不锈钢伸缩缝盖板疏水，盖板和底板排水板连成整体，将渗水引流至集水坑。

（2）侧壁和顶板盖板周边用铁钉固定，防水胶封边；底板用排水板铺设疏水通道，土工布覆盖，并用水泥砂浆覆盖找平，沉降缝处用防水油膏嵌缝。排水板上的凹凸可以与水泥砂浆结合成一个整体，避免在疏水通道上出现裂缝。

（3）建筑物在后续沉降过程中，基本不会再发生渗水现象。

（4）在地下室渗水严重的整片大范围区域，满布排水板，引流至相近集水井。

3　适用范围

地下室沉降缝、施工缝等处处理不好的地方，渗水呈流水状态的部位；地下室底板渗水严重的大范围区域。

4　工艺原理

充分利用地面装修的厚度，在地面装修层内部人为地设置密闭的排水通道对渗水进行引流；利用排水板上的凹凸不平与上覆砂浆层紧密结合，防止出现裂缝；在沉降缝处用排水板齐缝铺贴，防水油膏嵌缝，避免后期沉降对疏水通道的破坏。在地下室底板面、装修层底部，满布排水板，覆盖渗水严重的大范围区域，将水引流至临近集水井。

5　工艺流程及操作要点

5.1　工艺流程

施工准备→齐缝铺设沉降缝处排水板→铺设排水通道将水引流至集水井→铺设 $\phi 8@150mm \times 150mm$

钢筋网片，水泥砂浆覆面，防水油膏嵌缝→地下室顶板和墙壁安装伸缩缝盖板并与排水通道连接→底板面装修层施工。

5.2　施工操作要点

5.2.1　施工准备

准备相应的材料，300mm × 300mmHDPE 聚乙烯排水板，厚度 20mm，要求其抗压强度≥ 300MPa，抗拉强度≥ 6MPa，延伸率≥ 25%，纵向通水量 11cm²/s，普通不锈钢伸缩缝盖板，土工布，制作 ϕ8@150mm × 150mm 钢筋网片。规划引流路线至集水井。将沉降缝内及周边的杂质清除，规划线路地面清理干净。

5.2.2　齐缝铺设沉降缝处排水板

为避免后续沉降对排水板的影响，将排水板裁成 150mm × 300mm 的两块，分别齐缝铺设在沉降缝的两侧，并用聚苯乙烯泡沫板和油膏嵌缝。如图 1 所示，排水板上可覆盖土工布，沿排水板两侧用 1 : 2.5 水泥砂浆压边固定（图 1）。

5.2.3　铺设排水通道将水引流至集水井

在规划引流通道时，应尽量使排水线路最短，先规划一条主排水道，在沉降缝合适的位置进行连接（排水板之间通过用凸起的圆锥台相互连接）。如地下室底板其他部位有渗水较严重的区域，也可将渗水部位铺设排水板，形成支排水通道，和主排水通道连接。排水通道的铺设如图 2 所示。

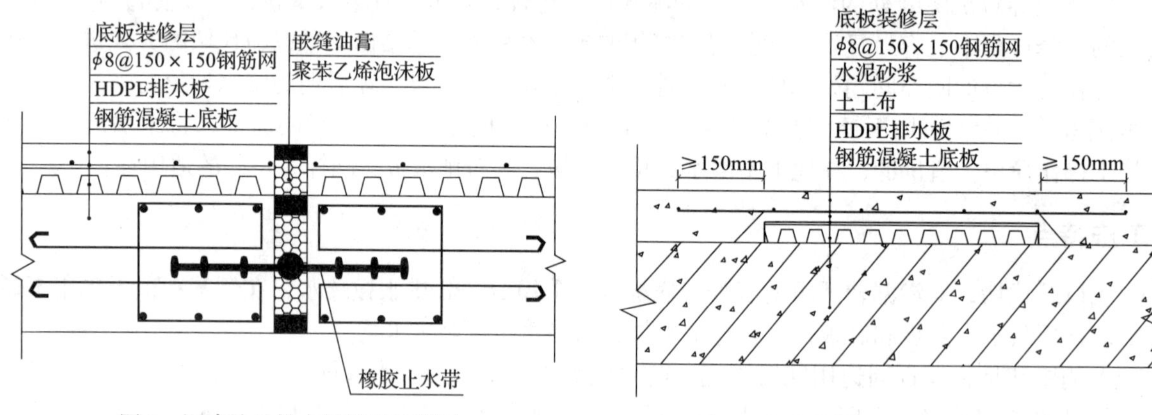

图 1　沉降缝处排水板铺设示意图　　图 2　地下室底板排水通道铺设示意图

5.2.4　铺设钢筋网片，水泥砂浆压边固定

钢筋网片每边应超出排水板不小于 150mm，以防止地面装修层在排水通道处因截面突变产生裂缝，钢筋网片上用水泥砂浆临时固定。排水通道沿边用 1 : 2.5 水泥砂浆压边，可以不用压光，表面尽可能粗糙，以利于和装修层的结合（图 3）。

5.2.5　地下室顶板和墙壁安装伸缩缝盖板并与排水通道连接

地下室顶板和墙壁处沉降缝安装不锈钢盖板，用铁钉固定，并沿边用防水胶密封。顶板盖板深入墙壁盖板 20mm，墙壁盖板深入地面排水板 20mm，以便将地面渗水和墙面渗水排至排水板通道内。

5.2.6　底板装修层施工

底板装修层施工时应注意，在沉降缝排水板上用聚苯乙烯泡沫板隔开，装修层施工完成后用密封膏嵌缝。

5.2.7　成片区域部位的防水处理

地下室底板混凝土浇筑时振捣不密实，或者在施工缝、后浇带等处的处理不到位，造成渗水严重，在这些区域，采用传统的堵漏方法，如用堵漏王、化学注浆等进行堵漏，在后期的使用过程中容易复发。针对渗水严重，特别是呈流水状态的大片区域部位，采用排水板覆盖，并引流至主排水通道，排入集水坑，效果好，不易复发，造价也相对较低。排水板的铺设工艺和其他部位相同，操作简单（图 4）。

图 3　底板渗水严重部位引流

图 4　坪塘项目地下室区域性渗水排水板铺设

6　材料与设备

6.1　主要材料

（1）聚乙烯排水板，抗压强度≥ 300MPa，抗拉强度≥ 6MPa，延伸率≥ 25%，纵向通水量 $11cm^2/s$，厚度 20mm，型号 300mm × 300mm。

（2）不锈钢盖板，宽度 300mm，厚度 2mm。

（3）1∶2.5 水泥砂浆，水泥采用 42.5 普通硅酸盐水泥，中砂含泥量≤ 3%。

（4）钢筋网片，ϕ8@150mm × 150mm，交叉点交错绑扎，宽度≥ 600mm，长度根据排水通道设置。

（5）聚苯乙烯泡沫板，防水油膏。

6.2　主要施工机具与设备（表 1）

表 1　主要施工机具与设备

序号	机具名称	规格型号	单位	数量
1	砂浆搅拌机	7.5kW，300L	台	1
2	钢筋切断机	3kW，380V	台	1
3	电锤	1.5kW，220V	台	1
4	推斗车	$0.15m^3$	辆	2

7　质量控制

（1）HDPE 排水板应有足够的通水量，一般应根据渗水量的大小来选择，一般可选择 $11cm^2/s$。延伸率和力学性能要符合要求。

（2）在铺板之前，应先将沉降缝里和排水通道范围内的杂质、垃圾清理干净，凸出的小块要凿除，确保干净平整，以免堵塞排水通道或降低排水截面。

（3）沉降缝处的排水板分成两块齐缝铺设，避免后期沉降对排水板的破坏。

（4）在施工期间应时刻确保集水井里水位低于底板标高，以防带水作业影响施工效果。

（5）顶板不锈钢盖板在墙壁处应折向墙壁至少 20mm，压在墙壁盖板下；墙壁不锈钢盖板在底板处应折向底板至少 20mm，压在排水板下。确保交接处的折向都是顺水流方向。

（6）排水通道上应铺设钢筋网片后再进行底板细石混凝土找平或水泥砂浆找平，钢筋网片宜采用 ϕ8@150mm × 150mm，且每边超出通道外侧边缘至少 150mm，防止底板装修层截面突然变薄导致应力集中，出现裂缝。

（7）排水板覆盖之前，避免上人踩踏，不得堆放工具、材料等，以免破坏排水板导致排水不畅。

（8）固定排水板的沿边水泥砂浆不需要压光，尽量使表面粗糙，以增加结合性。

8 安全措施

（1）严格执行国家有关安全生产的标准、规程：

《建筑施工安全检查标准》(JGJ 59—2011)。

《施工现场临时用电安全技术规范》(JGJ 46—2005)。

《建筑机械使用安全技术规程》(JGJ 33—2012)。

（2）在施工之前，应对全体施工人员进行安全交底，特别对潮湿黑暗环境中使用施工机具进行强调说明。

（3）使用砂浆搅拌机时应符合相应的操作规程，本工法主要在地下室作业，应注意要有足够的照明，线缆不能拖地，保持插线板和插头的干燥。

（4）施工线路上特别是用推车推运砂浆等材料的线路上要保持干燥，不能打滑，在经过门槛时应搭设符合要求的斜道，并采取防滑措施，在经过排水沟时应搭设符合要求的固定盖板。

（5）钢筋切断机最好在室外使用，钢筋网片加工完成后搬运至施工现场，以防地下室的湿潮和光线较暗导致的不安全因素增加。

（6）在使用电锤时应注意线缆不能拖地，应顺着墙壁钉固定卡扣等，沿墙走线。

（7）在安装顶板和墙壁不锈钢伸缩缝时应搭设移动操作平台，并有相应的防护措施。

9 环保措施

（1）执行《建筑施工现场环境与卫生标准》(JGJ 146—2013)。

（2）在进行安全交底时，应进行环境保护教育，避免施工时产生人为的噪声和垃圾。

（3）切割的废弃排水板、泡沫板应收集起来集中处理，不得随意丢弃。

（4）每天施工完毕后，要做到工完场清，水泥浆液、凿除的混凝土碎块等垃圾要堆积起来，集中清理。

10 效益分析

（1）本工法的经济效益体现在两方面：一是施工时，方法相对简单，材料均为普通材料，造价低廉；二是体现在使用时，相较于传统的堵漏方法，复发率低，后期的维护费用几乎没有。

（2）本工法 1 个大工 1 个小工，每天可以完成铺设约 160m，材料费为排水板、水泥砂浆、钢筋网片的费用合计，机械使用费为圆盘搅拌机、钢筋切断机、电锤台班折旧。

（3）区域性的渗水部位，相较传统的堵漏王或者化学注浆，本工法人材机三要素造价可以降低 40% 左右。

11 应用实例

（1）河南郑州高新数码港项目，2014 年完工，在主楼和裙楼之间设置沉降缝，长度约 200m，橡胶止水带止水，渗水严重。采用本工法进行处理后，在其上进行 40mm 细石混凝土找平后铺设地板砖，至今无再渗水现象。

（2）紫鑫名苑一期工程项目，A、B、C 三栋独立高层，共用地下室，每栋楼的主体和地下室之间均设置了沉降缝，橡胶止水带止水；底板混凝土浇筑时由于振捣不密实，养护不到位，出现多处大面积渗水现象，用化学注浆堵漏后，又出现渗水现象。采用本工法处理后，至今再无渗水现象。

（3）龙凤华塘保障性安居工程项目，独立高层共用地下室，沉降缝采用橡胶止水带止水，出现渗水现象，直接采用本工法进行处理，目前未发现渗水现象。

钢纤维混凝土地坪激光整平施工工法

王　斌　吴顺利　王兴华　刘令良　姚　强　潘　栋

湖南省第四工程有限公司长沙分公司

摘　要： 钢纤维混凝土解决了传统混凝土地面或水磨石地面易开裂，耐磨性及强度较差，施工进度慢等问题。激光整平机可利用精密激光技术、闭环控制技术和高度精密液压系统，在电脑的自动控制下实现地坪标高精确控制，不受模板控制，不会产生累积误差，与传统方法相比可大大减少地坪的施工缝，使钢纤维混凝土地面的后期维护费用大为减少。

关键词： 钢纤维混凝土；地坪标高；激光整平机

1　前言

钢纤维可以增强混凝土抗裂性、抗疲劳性、抗冲击性，改进抵抗温度大幅度变动的性能，使硬而脆的普通混凝土变成坚而韧的混凝土，大大延长了地坪使用寿命，施工时又能简化准备工作和节约劳动力，具有经济性。它解决了传统混凝土地面或水磨石地面易开裂，耐磨性及强度较差，施工进度慢、工期长的问题。激光整平机伴以人工辅助的半机械化施工作业能使地面施工达到较高水平，尤其是进度快，平整度指标远远高于传统工艺控制水平。同时由于其昼夜可以施工，并对交验的基层面要求不高，因而大大提高了劳动效率及施工进度。

钢纤维混凝土激光整平施工在我司长沙鼓风机厂有限责任公司新建项目建安工程地坪施工中得到了很好的应用，平整度及抗裂性良好，缩短工期，降低成本，并达到了节能减排、绿色环保的要求。施工过程中形成了该工法，并取得了显著的社会效益和经济效益。

2　工法特点

（1）钢纤维混凝土用跳仓法施工。地面混凝土采用跳仓、补仓法浇筑。先浇筑跳仓混凝土，待跳仓混凝土强度达到设计强度的 80% 以上时，再浇筑补仓混凝土。避免了后浇带留置，加快了施工进度，减小了地面开裂风险。

（2）采用激光整平机摊铺混凝土，使地面平整度达到进口设备对地面平整度的高要求。激光整平机摊铺钢纤维混凝土，利用精密激光技术、闭环控制技术和高度精密的液压系统，在电脑的自动控制下实现地坪平整度的精确控制。这是它有别于其他地坪施工工艺的最突出的特点。该工法机械摊铺进度快，昼夜可以施工，大大加快了施工进度。

（3）地坪分缝，包括分仓处的贯通缝和切割的引导缝。在分仓混凝土浇筑第 2 天，开始切割分缝，克服温度变化产生裂缝。垂直于浇筑方向用切割机切缝，切缝时间严格掌握，过早切缝会使石子松动损坏分格缝；过晚切缝困难，且缝两端易产生不规则开裂。

（4）细部构造节点处理，为防止地面与柱交接处产生阴角混凝土裂缝，设计在各柱四个角处增设了菱形伸缩缝（后切缝）：在施工时对角部位的混凝土进行二次振捣，及时覆盖、淋水；在柱根部设置 20mm 宽的伸缩缝，施工时柱根用 20mm 厚挤塑板分隔，浇筑完成后将挤塑板凿除 20mm 深，并用环氧树脂胶嵌缝。坑壁、沟壁与地面相交、接触处均设缝，按纵缝处理，缝宽 20mm。

3　适用范围

本工法适用于各种厂房、仓库、商场、地下车库等的地坪工程。

4 工艺原理

激光整平机的找平原理是利用精密激光技术、闭环控制技术和高度精密的液压系统，在电脑的自动控制下实现地坪标高的精确控制。激光整平机对纵向、横向坡度可以自动控制，由激光系统、电脑系统、液压系统、机械系统完成。地坪施工可以大面积铺筑并能保证地面标高的一致性，标高不受模板控制，不会产生累积误差，与传统方法相比较，可大大减少地坪的施工缝，使地面的后期维护费用和模板的使用量也大为减少，钢纤维可以有效地传送与分配应力，使裂纹化解为微细散置的细微裂缝，钢纤维混凝土中乱向分布的短纤维可阻碍混凝土内部微裂缝的扩展和阻滞宏观裂缝的发生和发展。在受荷（拉、弯）初期，水泥基料与纤维共同承受外力，当混凝土开裂后，横跨裂缝的纤维成为外力的主要承受者。钢纤维混凝土与普通混凝土相比具有一系列优越的物理和力学性能。

5 施工工艺流程及操作要点

5.1 工艺流程

分仓、测量放线→地坪钢模安装→混凝土搅拌、钢纤维添加→混凝土浇筑、激光整平机摊铺→人工刮浮物→撒布金刚砂骨料→双盘磨光机收面→分缝放线、切缝→打磨、涂装固化剂。

5.2 技术操作要点

5.2.1 分仓、测量放线

跳仓法施工要求：钢纤维混凝土地面分仓（真缝，图 2）按照 6m 宽为一仓，隔仓施工（隔一浇一），跳仓间隔施工的时间不宜小于 7d，跳仓接缝处按变形缝的要求处理。横向伸缩缝（假缝、后切缝，图 3）按照 6m 分缝，缝宽 2 ～ 3mm，缝内用环氧树脂胶填嵌。

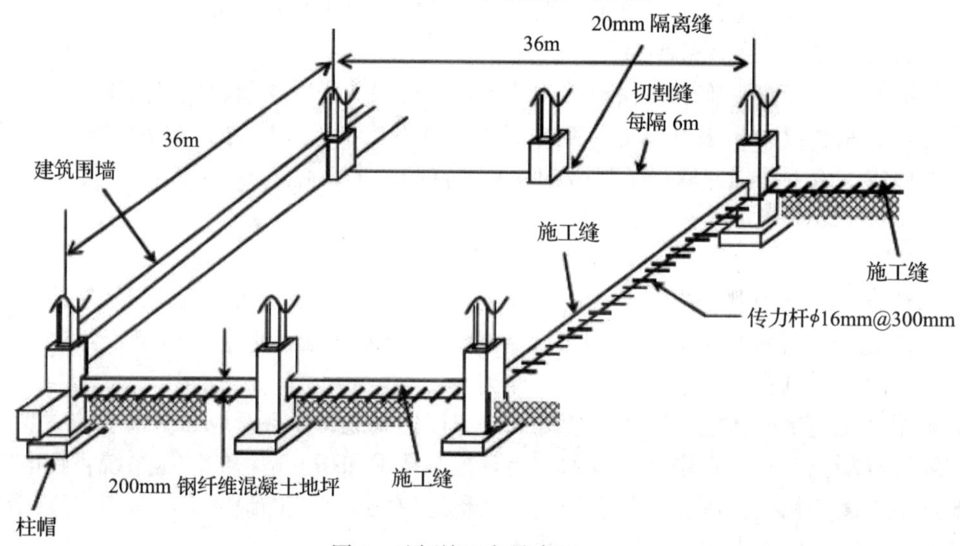

图 1 地坪施工留缝布置

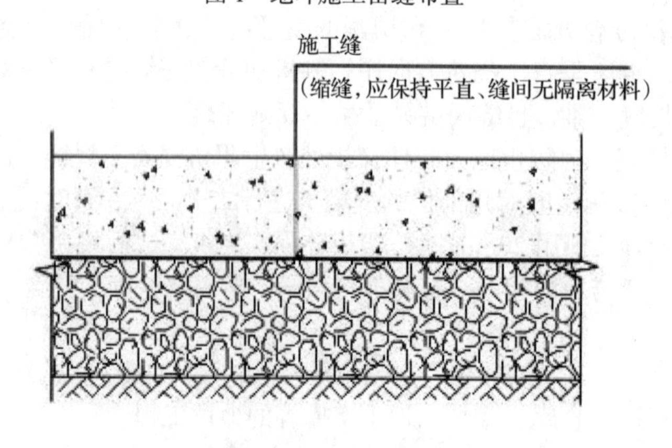

图 2 分仓缝（真缝）

细部构造节点处理。为防止地面与柱交接处产生阴角裂缝，在各柱四个角处增设菱形伸缩缝（后切缝）。在施工时对角部位的混凝土进行二次振捣，及时覆盖、淋水或喷洒养护剂进行养护；在柱根部设置 20mm 宽的伸缩缝，施工时柱根用 10mm 厚挤塑板分隔，浇筑完成后将挤塑板凿除 20mm 深，并用环氧树脂胶嵌缝。坑壁、沟壁与地面相交、接触处均设缝，按纵缝处理，缝宽 20mm（图 4）。

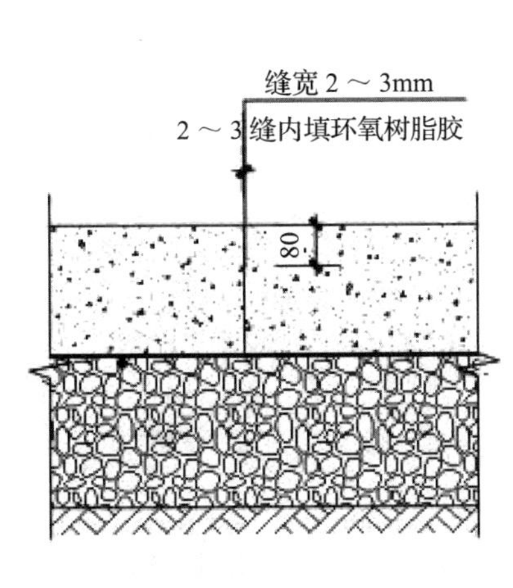

图 3　切缝（假缝）

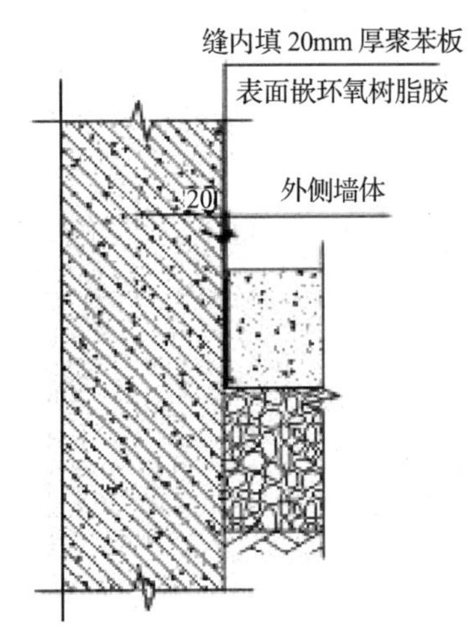

图 4　墙边（伸缩缝）处理

5.2.2　模板安装

整平机对模板要求较高，不仅要承载力大，而且要稳固，顶面平整度及顺适度必须符合设计要求。

（1）立模平面位置要准确；模板顶面平整度用水准仪结合塔尺每 2m 一测，其误差不大于 1mm，模板连接处紧密平顺，不得有离缝、错位等缺陷，接头不平处要用砂轮精细打磨。

（2）模板要支立稳固，用钢筋每 1m 加固一次，空隙处用砂浆堵塞抹平。

（3）为便于脱模，防止漏浆，模板内侧涂刷新脱模剂，并在接头部位用油毛毡或胶带纸压缝处理。

5.2.3　混凝土搅拌、钢纤维添加

钢纤维混凝土搅拌一般采用搅拌机，搅拌时间为 5min。搅拌方法有二，一是将钢纤维及粗骨料投入搅拌机搅拌 30s，使钢纤维分散在石子中，再将砂及水泥投入搅拌机干搅拌 30s，注水再搅拌 3min 左右。这种方法易于操作，搅拌出来的混凝土中钢纤维分布较均匀；另一种搅拌方法，即在第一次投钢纤维及粗骨料时，加入一半量的砂，另一半砂在第二次投料时再和水泥一起投入搅拌机。这样，既达到降低搅拌噪声，减少筒体磨损的目的，又保证了搅拌出来的混凝土中钢纤维分布均匀。

5.2.4　混凝土浇筑、激光整平机摊铺

施工前一天地面湿水养护，混凝土浇筑按流水分段分仓由内向外铺设，浇筑时应连续，间隔不得超过 3h，边角处容易忽略部位，安排专人振捣，并用木抹子及时抹压密实。每层混凝土厚度一般保持在 20 ～ 30cm 之间，采用精密激光整平机找平、整平、振捣压实，一次性完成（图 5）。在钢纤维较密部位会产生部分钢纤维悬浮在混凝土表面的现象，但随振捣会下沉。钢纤维混凝土浇筑时，随拌随用连续浇捣，不到分格缝不得留施工缝，浇捣时应振捣密实。

5.2.5　人工二次整平、刮浮物机械整平后，边角及局部人工抹平，刮除表面浮物

5.2.6　撒布金刚砂骨料

（1）撒料

耐磨材料撒布的时机随气候、温度、混凝土配合比等因素而变化。撒布过早会使耐磨材料沉入混凝土中而失去效果。撒布太晚混凝土已凝固，会失去黏结力，使耐磨材料无法与其结合而造成剥离。判别耐磨材料撒布时间的方法是脚踩其上，约下沉 5mm 时，即可开始第一次撒布施工。

（2）墙、柱、门和模板等边线处水分消失较快，宜优先撒布施工，以防因失水而降低效果。

（3）拌合物应均匀落下，不能用力抛而致分离，撒布后即以木抹子抹平。耐磨材料吸收一定的水分后，再用磨光机碾磨分散并与基层混凝土浆结合在一起。

5.2.7　撒布耐磨材料及抹平、压光

（1）第二次撒布时，先用靠尺或平直刮杆衡量水平度，并调整第一次撒布不平处，第二次撒布方向应与第一次垂直。

（2）撒布后立即抹平，磨光，并重复磨光机作业至少两次。磨光机作业时应纵横向交错进行，均匀有序，防止材料聚集。边角处用木抹子处理。

（3）面层材料硬化至指压稍有下陷时，磨光机的转速及角度应视硬化情况调整，磨光机进行时应纵横交错 3 次以上（图 6）。

图 5　激光整平机摊铺

图 6　磨光机操作

5.2.8　分缝放线、切缝

分缝：包括分仓处的贯通缝和后切割的引导缝。为克服温度变化产生裂缝，需在已浇筑好的混凝土地面上垂直于混凝土浇筑方向用切割机切缝，切缝时间应从严掌握，过早切缝会使石子松动损坏缝的质量；过晚切缝困难，且缝两端易产生不规则开裂。根据经验，在分仓混凝土浇筑第 2d 时开始切割分缝为好。在拟切缝的水泥混凝土上弹出墨线，安好导轨导向架，将切缝机定位，开动切缝机，放水润滑，转动刀架手柄，缓慢进刀，使锯片首先达到设计缝深，然后旋紧螺丝，锁住丝杆并开动行走，从而形成深 80mm、宽 2 ～ 3mm 的缝，缝内嵌填柔性材料（图 7）。

5.2.9　打磨，涂装固化剂

（1）先把地面清理干净，不平处需打磨平整，保证地面没有浮尘，可用吸尘器水刮清理干净。

（2）水泥地面用 100 ～ 300 目环氧树脂磨粗磨：耐磨地面用 100 ～ 300 目环氧树脂磨打磨 3 遍。每遍研磨过后都需清扫堆积的灰尘（机器有自吸尘功能）。

（3）喷洒混凝土密封固化剂：均匀喷洒于打磨处理后并清理干净的地面（用量：0.2kg/m^2，约 2 ～ 4h 后，当表面变粘稠时用清水清洗整体基面，将明水全部清除，自然干燥 12h 以上（目的：为了混凝土密封固化剂更充分地渗入地面，进行更充分地反应，产生更多的硬质性物质）。

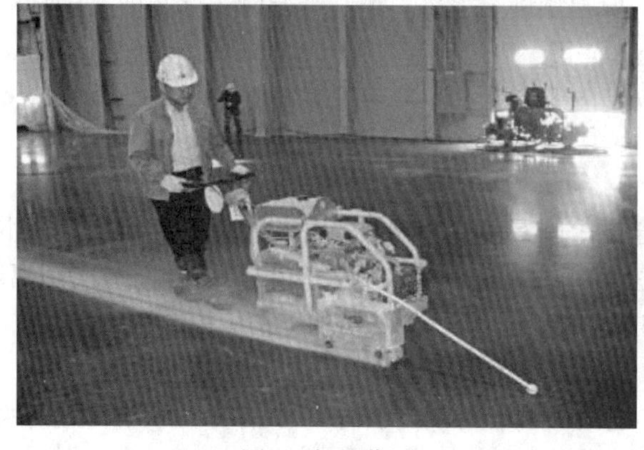

图 7　切缝作业

图 8　打磨机抛光操作

（4）湿润地面：完成上道程序 12h 后，湿润清洗地面（目的：利用水的渗透能力将材料带入更深层，清洗堆积表面的材料）。

（5）用专业打磨机配 500 ～ 1000 目环氧树脂磨进行全面打磨 2 ～ 3 遍（可以用清水进行湿润处理后打磨或直接带水水磨），对整体基面进行全面抛光（直至地面手感光滑并带有少量光泽为止），如图 8 所示。

（6）固化剂施工完成后至少养护 5d，施工及养护过程严禁上人及机械。

6　材料与设备

6.1　材料

主料：钢纤维；辅料：C30 混凝土、金刚砂耐磨骨料、混凝土固化剂等。

钢纤维性能指标见表 1：

表 1　钢纤维主要性能指标

序号	检验项目	实际指标
1	长度	60mm
2	直径	0.75mm
3	长径比	80
4	最小抗拉强度	1150MPa
5	韧度值	>50

6.2　主要施工设备与机具（表 2）

表 2　主要施工设备与机具

序号	机具设备名称	规格 / 型号	用途
1	激光扫平摊铺机	SOMERO/SE-22	用于激光整平
2	混凝土切缝机	成福 HQS60D 型	分缝切割
3	双盘磨光机	HH-S36	磨光收面
4	打磨机	ASL/ASL650-T8	地面打磨
5	振动棒	50cm	边角部位振捣
6	刮水器	吸尘式	清洁地面泥浆

7　质量控制

（1）地下防水工程执行《建筑地面工程施工质量验收规范》(GB 50209—2010）规定的各项施工要求，面层平整度≤ 2mm/2m。

（2）确保地基承载力满足设计要求。

（3）控制砂、骨料、水泥等原材料品质及混凝坍落度在 140 ～ 160m 之间。

（4）面层表面压光密实，无麻面、裂纹、压痕、起砂的质量缺陷。

（5）对少量露在外面的钢纤维进行处理，否则将影响地坪美观和使用。通常是将面上 1cm 以内水平的钢纤维剔除，竖向的钢纤维将其端部弯入混凝土中。

（6）切缝结束之后，铺薄膜保养，防止水分蒸发，形成高强度高质量的地坪。

8　安全措施

（1）工程施工时，必须建立安全生产责任制，对作业人员进行安全施工教育，作业人员必须严格遵守施工现场的各项安全规章制度，严格按操作规程施工。做到文明施工，施工人员进入现场必须戴安全帽、穿安全鞋，作业人员要配备相应的安全防护用品。

（2）在操作之前必须检查操作环境是否符合安全要求，道路是否畅通，安全设施和防护用品是否齐全，经检查符合要求后才可施工。

（3）固化剂材料应有专人负责保管，严禁使用不合格材料及施工机具。

（4）使用电气设备时，应首先检查电源开关，机具设备使用前应先试运转，确定无误后，确保运转正常，方可进行作业。

（5）作业人员现场施工完毕，应做到完工，料净、场清。

9　环保措施

（1）施工人员进行岗前培训，遵守有关规定。

（2）建筑垃圾应分区，定点堆放，对能回收的要采取回收措施。

（3）做好现场管理，材料堆放整齐。

（4）在施工机械处备有废油桶等，将机械作业中或维修时产生的废油集中到收集处。

（5）所有包装袋及时回收利用，不能回填和燃烧处理。

10　效益分析

钢纤维混凝土地坪增加了地坪抗裂性、抗疲劳性、抗冲击性，延长了地坪使用寿命，相对配筋混凝土具有经济性，激光精密整平机进行地面一次成型技术，解决了传统施工易发生空鼓开裂、平整度、观感质量差且施工速度慢的弊端，其应用前景十分广泛。

（1）缩短工期，降低成本

工程管理的主要内容之一就是工期，工期长短决定整个项目盈利情况与过程管理水平。钢纤维施工时不需要传统的钢筋绑扎，能大量简化准备工作和节约劳动力；激光整平机作业工效大大提高，每天能完成地坪铺筑找平工作量约为 4000m²。用传统方法，地坪找平每天完成工作量约为 800m²，本工法缩短了工期，减少了项目刚性支出，从而降低了成本。

（2）提高质量，节能减排

振动频率达 3000 次 /min，比传统施工方法平整度质量至少提高 3 ～ 5 倍。可以大面积铺筑并能保证地面标高的一致性，标高不受模板控制，不会产生累积误差，与传统方法相比较，可大大减少地坪的施工缝，使地面的后期维护费用和模板的使用量大为减少，可节能减排。

11　工程应用实例

（1）应用实例一

长沙鼓风机厂有限责任公司新建项目建安工程的总建筑面积为 80258m²，主厂房为钢结构。钢纤维混凝土地面面积为 19873m²，我单位采用本工法，地面平整度效果好，无开裂、空鼓，工期缩短，成本降低，节能环保，在地面施工方面满足了进口设备安装的精度要求，取得了较大突破，赢得了业主、监理、质监等单位和部门的高度评价和认可。

（2）应用实例二

湖南镭目科技有限公司年产 100 万支钢水在线测量传感器建设工程项目总建筑面积 16402.04m²，建筑高度 20.65m，占地面积 4811.20m²，主体为框架结构，厂房部分外立面为轻钢结构。

钢纤维混凝土地面面积为 31906m²，我单位采用本工法，地面无开裂、空鼓，平整度达到 2mm/2m 以内，工期大大缩短，成本降低，节能环保，在地面施工方面满足了进口设备的精度要求，赢得了各参建单位和主管部门的认可。

（3）应用实例三

长沙 e 中心（原中小企业创业基地）二期工程，总建筑面积为 49901.4m²，檐口高度 23.7m，厂房的结构形式为框架结构，其中的两层生活辅助间为钢筋混凝土框架结构，钢纤维混凝土地面面积 5198.5m²。我单位采用本工法，地面施工效果好，平整度满足设备安装要求，未出现裂缝、起皮、麻面等质量问题，节约工期，降低施工投入，节能环保。地面施工满足业主各项要求，赢得了参建单位和使用单位的认可。

室内石膏砂浆薄抹灰施工工法

李　杰　朱　峰　廖湘红　蒋艳华　莫雨生

湖南省第四工程有限公司

摘　要：为解决传统水泥混合砂浆难以满足薄抹灰施工要求的问题，以无水石膏粉为基料，掺细砂配制并加水拌和，形成石膏砂浆，其黏结强度高，能与各种基层黏结牢固；硬化过程中微膨胀，硬化后体积稳定，不发生收缩变形，抹灰层不易产生裂缝、空鼓和脱落等通病；具有隔声、隔热效果好、造价低、绿色环保等优点。

关键词：室内；石膏砂浆；薄粉刷；绿色环保

1　前言

由于近年来施工技术水平不断提高，混凝土剪力墙、砖砌体施工质量越来越好，墙体平整，表面光滑，但又不能达到免抹灰条件，需要进行薄抹灰。采用传统的水泥混合砂浆薄抹灰黏结力差，容易起壳开裂；搓毛、挂钢丝网，施工比较麻烦。经过多年的施工实践研究，采用石膏砂浆薄抹灰，能有效解决传统水泥混合砂浆薄抹灰起壳、开裂的施工难题。本工法工艺创新，技术先进，达到国内领先水平。

2　工法特点

（1）以无水石膏粉为基料，掺细砂配制而成的石膏砂浆，黏结强度高，能与各种基层黏结牢固。

（2）硬化过程中微膨胀，硬化后体积稳定，不发生收缩变形，抹灰层不易产生裂缝、空鼓和脱落等通病。

（3）粉刷层薄，质量轻，易上墙，落地灰少，节省材料。硬化和强度发展较快，节约工期。

（4）隔声、隔热效果好，造价低，绿色环保，节能效果好。

3　适用范围

本施工工法用于室内墙面、顶棚等抹灰，不宜使用在湿度较大的墙面及顶棚（如地下室、卫生间、厨房和外墙）。同时，也不宜用做粘贴墙面的瓷砖等。

4　工艺原理

室内石膏砂浆薄抹灰是以无水石膏粉为基料，掺细砂配制而成的。加水拌和后，无水石膏水化成二水石膏晶体，交错排列成网络结构，随着水化的深入，晶体逐渐长大，使网络结构得到密实，硬化体具有较高的强度。

5　工艺流程及操作要点

5.1　工艺流程

施工准备→基层处理→找规矩→拌料→底层抹灰→净浆面层抹灰→收边收口→成品保护。

5.2　操作要点

5.2.1　施工准备

（1）施工机具就位，施工工具准备。

（2）材料进场。

（3）通水通电。

（4）楼层清理干净。

5.2.2　基层处理

（1）基层清理：抹灰基层应清除混凝土墙面浮灰、杂质、脱膜剂及混凝土砌块墙体上的舌头灰等。见图 1。

（2）墙体上的电线管和接线盒布置到位并固定好，见图 2。

图 1　基层清理

图 2　电线管和接线盒布置到位并固定

（3）基层接缝、线槽、孔洞及凹陷不平的部位，可用水泥砂浆填平补齐，见图 3。

5.2.3　冲筋、做灰饼

（1）对墙面垂直平整度用 2m 的靠尺及拉线逐一检查，做好预控抹灰层厚度，为贴灰饼厚度作准备。

（2）根据对墙面垂直平整度检查结果，贴灰饼并冲筋，见图 4。

图 3　基层水泥砂浆填补

图 4　做灰饼、冲筋

5.2.4　拌料

（1）为了确保现场环保，石膏砂浆采用预拌砂浆，即在搅拌站集中拌制，做到随拌随用。

（2）底层石膏砂浆拌制：开动搅拌机后，先加入用水量的 80%，在连续搅拌过程中，按砂：无水石膏粉 =1∶1 的比例依次加入砂、无水石膏粉等，最后再补充加水，使石膏砂浆搅拌均匀达到所要求的稠度。

（3）面层石膏净浆拌制：根据配合比石膏：水 =1∶0.4，将水先注入搅拌器内，再将石膏慢慢倒入，边倒边拌，直到形成均匀的浆体。

5.2.5　底层石膏砂浆抹灰

（1）底层石膏砂浆抹灰界面要求：界面必须清除干净，现浇混凝土结构与砌体结合处需铺网格布，以防抹灰层开裂。砌块墙体基层必须浇水湿润；现浇混凝土墙面可不浇水湿润。

（2）在已处理好的基层上，先抹一层底层石膏砂浆，厚度不应超过 4mm。

（3）墙体阳角做水泥砂浆护角 2m 高。阳角抹灰时，要用靠尺、吊垂线，以保证墙角垂直度，见图 5。

（4）门、窗洞的阳角，在粉刷时要用夹具固定，保证靠尺不松动，确保粉刷质量，见图 6。

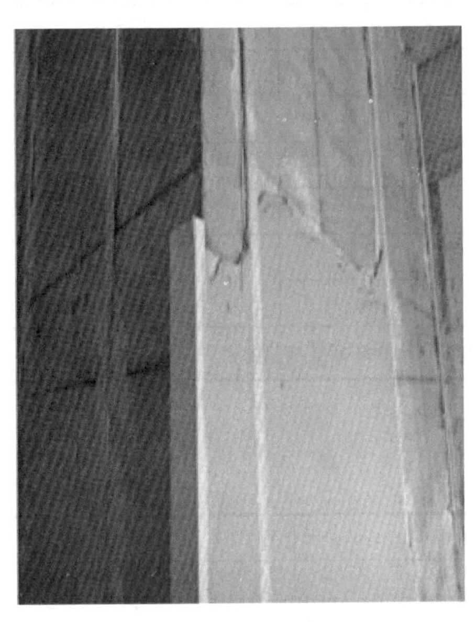

图 5　墙体阳角靠尺

图 6　门、窗阳角位置需要夹具固定

（5）墙体阴角分两次成型，见图 7。

（6）室内踢脚线要用 1∶3 水泥砂浆做成 100mm 高。

5.2.6　净浆面层抹灰

待底层石膏砂浆抹灰层凝固后，进行石膏净浆面层抹灰，搓平，压光，厚度控制在 2mm 以内。

5.2.7　收边收口

室内门窗、墙体阴阳角处要收边收口，做到线条顺直，阴阳角分明，见图 8。

图 7　阴角分两次成型

图 8　收边收口

5.2.8　成品保护

（1）抹灰层不得磕碰；不能受锤击和刮划。

（2）在石膏抹灰层未凝结硬化前不允许用水冲刷。

（3）新抹墙面不允许用热源直接烘烤。成品见下图。

6 材料与设备

（1）材料和设备进场应按规定进行验收，并做好台账。

（2）JGSM 石膏技术指标（表 1）：

表 1 石膏技术指标一览表

检验项目	标准要求	结论
细度（%）	0.2mm 方孔筛余≤ 40	合格
	0.25mm 方孔筛余≤ 0	
凝结时间	初凝≥ 1h	合格
	终凝≤ 8h	
强度（MPa）	抗折强度≥ 3.0	合格
	抗压强度≥ 5.0	
检验结论	该产品依据 GB/T 9776—2008 标准检验合格	

（3）机具设备（表 2）：

表 2 机具设备一览表

序号	机具设备名称	规格型号	备注
1	铝合金刮尺	2m	
2	抹灰板	15cm × 20cm	
3	铲子	—	
4	木板条	2m	
5	线锤（托线板）	—	

7 质量控制

（1）抹灰施工质量应按照现行国家标准《建筑工程施工质量验收统一标准》（GB 50300—2013）和《建筑装饰装修工程质量验收标准》（GB 50210）的规定进行验收。

（2）石膏等材料必须有出厂质量证明书，产品鉴定书，生产许可证及使用说明书等。

（3）该材料在运输、储存过程中严防雨淋或受潮，存放期不宜超过 3 个月。

（4）进货后进行必要的试配试压，初步掌握各种配合比的情况，确保原设计部位抹灰应有的强度。

（5）允许偏差（表 3）

表 3 允许偏差一览表

序号	项目	允许偏差（mm）	检验方法
1	表面平整	2	用 2m 直尺和楔形塞尺检查
2	阴阳角垂直	2	用 2m 托线板和尺检查
3	立面垂直	3	用 2m 托线板和尺检查
4	阴阳角方正	2	用 200mm 方尺检查

（6）在粉刷石膏抹灰层未凝结硬化前，应尽可能地遮住门窗口，避免通风使石膏失去足够水化用水。但当粉刷石膏凝结硬化以后，就应保持通风良好，使其尽快干燥，达到使用强度。

（7）掌握每批石膏砂浆的初凝时间（约 3h），正确控制抹灰料浆的拌合量，以免石膏凝结不能使用而造成浪费。注意已凝结或将要凝结的料浆绝不可再使用，因此在抹灰过程中随时把落地灰收回使用，以免浪费。

（8）施工的环境温度不低于 5℃，且必须料浆不结冰和润湿后的墙面不结冰。

（9）袋装粉刷石膏在运输和储存过程中，应防止受潮，如发现有少量结块现象，可过筛将块状物除去；如结块大且量多，应停止使用。

（10）盛装料浆的容器及使用工具，在每次使用后都应洗刷干净，以免在下次盛装料浆时有大块的砂石和硬化的石膏粒混入，影响操作及效果。

（11）若是高层建筑，抹灰工序在主体结构未完即可穿插施工。

8 安全措施

（1）本工法实施过程中应严格执行现行国家、行业、地方标准。执行的标准如下：

《建筑施工安全检查标准》(JGJ 59)。

《建设工程施工现场消防安全技术规范》(GB 50720)。

《施工现场临时用电安全技术规范》(JGJ 46)。

《建筑机械使用安全技术规程》(JGJ 33)。

《建筑施工高处作业安全技术规范》(JGJ 80)。

（2）对施工操作人员必须进行安全教育和安全技术交底。

（3）作业中，必须爱护安全防护设施，正确使用个人防护用品。戴好安全帽，禁止穿高跟、易滑、硬底或带钉的鞋；在没有防护设施的高空、临边处施工，必须系好安全带。安全带应当高挂低用，并应挂在牢靠的位置。

（4）抹灰作业使用的木凳、梯凳或金属支架应放置平稳。在光滑的地面上操作，梯子下脚要有防滑措施。

（5）使用人字梯应四脚落地，摆放平稳，梯脚应设防滑橡皮垫和保险拉结；人字梯上搭脚手板时，脚手板两端搭接长度不得小于 20cm。脚手板上不得同时两人操作；人字梯顶部绞轴处不准站人，不准铺搭脚手板；应经常检查人字梯的完好情况，发现有开裂、腐朽、榫头松动、缺档等，必须停止使用。

（6）临时搭设的操作架必须平稳牢固。铺搭结实的两块脚手板，单块板宽不小于 25cm。脚手板跨度不得大于 2m，脚手板上堆放材料不得过于集中，在同一跨度内站立不应超过两人。

（7）使用的各类电动工具，必须是绝缘性能良好，电源线不得有破皮漏电现象。发生故障应切断电源，由专业人员检修。

（8）人工搬运物料时，要集中精力，以防压砸。禁止奔跑作业，室内推小车禁止陡拐弯。

（9）不得攀爬砌好的墙面或在上面挂脚吊线。

（10）个人使用的工具应放在工具袋内，较大的工具必须放置稳妥，以防掉下伤人。

（11）操作中严禁嬉笑打闹，不准互相上下抛掷物品，不准随便往下乱扔、垃圾。

（12）禁止酒后上班作业；遇有强风、下雨、霜冻等恶劣天气，不得进行屋面施工作业。

9 环保措施

（1）遵守国家相关的环保法律法规和地方的规章制度及业主对环保的要求。

（2）加强环保学习，提高环保意识。成立环保组织机构，制订环保目标和落实环保目标的措施和制度。

（3）对工程材料、设备、废水、生产生活垃圾等的控制制订相应的流程，并严格按流程执行，环保不符合要求，不得进行施工。

（4）合理处理固体废弃物。建筑垃圾和生活垃圾分类入池，石膏胶浆废料及包装材料及时收集，能二次利用的进行再利用，不能二次使用的与能出售的废料分类入池存放，分别处理。

（5）生产及生活废水排放。洗刷粉刷器具及料桶的污水排入指定的沉淀池存放，经沉淀后再处理。

10 效益分析

10.1 基层人工、工期对比（以 683.5m² 为基数，见表 4）

（1）石膏砂浆粉刷基层处理流程：基层除尘、舌头灰、脱模剂→凹陷填平→接线盒、线管固定→打点、充筋。

（2）水泥砂浆粉刷基层处理流程：基层除尘、舌头灰、脱模剂→凹陷填平→接线盒、线管固定→基层洒水润湿→打点、充筋→挂网→拉毛→打点、充筋。

表 4 基层人工、工期对比表

	建筑面积 / 层	施工人数	工期（d）
水泥混合砂浆	683.5m²	2	4
石膏砂浆	683.5m²	2	3

10.2 粉刷层人工、工期对比（以 683.5m² 为基数，见表 5）

石膏粉刷层流程：底层石膏砂浆粉刷→抹石膏面层→收边收口

水泥砂浆面层流程：打底层（除砌体墙外）→抹面层→收边收口。

表 5 石膏粉刷层人工、工期对比表

	建筑面积 / 层	施工人数	工期（d）
水泥混合砂浆	683.5m²	10	6
石膏砂浆	683.5m²	10	5

10.3 综合成本对比（每 1m² 单价）

（1）综合成本对比表（每 1m² 单价）

表 6 综合成本对比表

	材料（元 /m²）	人工（元 /m²）	综合成本（元 /m²）
水泥混合砂浆	8.00	20.0	28.0
石膏砂浆	7.00	16.0	23.0

注：测算水泥混合砂浆厚度 20mm、石膏砂浆厚度考虑 6mm，所以石膏砂浆与水泥混合砂浆相比，材料、人工单价低，综合单价低。

综上所述，石膏粉刷与水泥砂浆粉刷相比，节约成本 5.0 元 /m²。

（2）石膏砂浆黏结力强，水泥砂浆易开裂、空鼓，需维修费用。使用石膏砂浆解决了空鼓、裂缝、脱落等质量问题。

（3）该材料硬化速度快、施工周期短，节约工程成本。

（4）石膏砂浆抹灰层致密光洁，碱度低，粉刷层薄，且可为表面装修提供了优良的基层，涂料用量可减少 1/3。与传统的抹灰材料相比，节约成本，缩短工期、经济效益和社会效益显著。

11 应用实例

（1）攸县发展中心工程位于湖南省攸县迎宾大道北，攸河路以东，主体结构为钢筋混凝土框架 - 剪力墙结构，地上 15 层，地下室 1 层，建筑面积 89388.76m²，建筑高度为 57.90m²。2013 年 9 月开工，2015 年 9 月竣工。该工程内墙石膏粉刷面积约 90000m²，与传统的水泥混合砂浆相比，节省成本：90000m² ×（28–23）元 /m²=90000m² × 5 元 /m²=450000 元 =45 万元。该工程利用本工法，确保了工程进度，节约了成本。

（2）温州中心区电信大楼工程位于浙江温州市中心区。整个工程为一整体地下室，地下室 2 层，地上 9 层。工程总建筑面积 45502.6m²，其中地下建筑面积 19210m²。本工程建筑结构为框剪结构。2015 年 1 月开工，2016 年 9 月竣工。内墙石膏粉刷面积约 60000m²，与传统的水泥混合砂浆相比，节省成本：60000m² ×（28–23）元 /m²=60000m² × 5 元 /m²=300000 元 =30 万元。该工程利用本工法，确保了工程进度，节约了成本。

基于BIM技术的地砖、墙砖下料施工工法

黄翠寒　杨永鹏　谭柏连　许刚峰　谭文勇

湖南艺光装饰装潢有限责任公司

摘　要：为保证地砖和墙砖的精准下料，首先，可根据施工工艺及设计图纸对地漏口、墙面开关、插座等绘制详细布置图，通过Revit软件进行三维建模，精确计算定位；然后，将所有墙砖、地砖模拟现实施工工序建立三维模型，使墙面砖、地面砖排板一目了然，并将每块墙面砖、地面砖进行编码，标注规格型号、使用区域；最后，根据定位进行施工。这样满足排板美观要求的同时又能保证准确下料，减少瓷砖耗损和避免重复返工。

关键词：BIM；瓷砖下料；装饰装修；三维建模

1　前言

建筑装修属于高耗能、高污染、高危险的行业，在装饰装修施工过程中消耗的资源、产生的建筑垃圾，对环境的污染均影响巨大。随着国家治理环境力度的加大，装饰装修工程在施工过程中实现绿色施工也是大势所趋。随着人民日益增长的生活水平，国民的审美水平也在日益提高。而作为建筑行业中的装饰装修工程，尤其是高端、豪华的公共空间装饰装修工程，日益增长。墙面砖和地面砖是装饰装修工程中的重要组成部分，墙面砖、地面砖材料的耗损、排布的美观是评判装修工程水平高低的一个重要参数。精准的地砖和墙砖的下料贯穿整个装饰装修工程的全过程，下料的精准度直接影响装饰的质量和成本。在装饰装修工程中，采用BIM技术进行地面砖和墙面砖的下料，在保证了墙面砖、地面砖排板的美观性、降低材料损耗的同时又确保了工程的一次成优。

（1）目前公共空间装饰装修中的墙面砖和地面砖的用量均是先按照设计图纸估计需要，再根据估算量进行墙面砖和地面砖的下料，最后再进行墙面砖和地面砖的铺贴。传统的方式材料浪费严重，对于加工过程中产生的剩余材料不能很好地再次利用，造成大量的材料浪费。针对在施工中经常遇到的以上问题，我司摸索出基于BIM技术的地砖、墙砖下料施工工法，该工法先根据实测实量的尺寸，运用BIM技术进行前期的地面砖、墙面砖的排板设计，将二维的图纸“搬”至三维空间进行布置，提前预览墙面砖、地面砖的布局。使完工后的墙面和地面布局美观，墙地砖的耗损降到最低。

（2）此工法经过我公司多个项目使用，提高了排板美观、减少瓷砖耗损的效果，并取得了良好的经济、社会、节能、环保效益；该工法的工程获得了湖南省文明工地、湖南省优质工程、湖南省建筑工程芙蓉奖、全国建筑工程鲁班奖等荣誉。

2　工法特点

实测实量、软件操作简单、可视化表现直观。通过与计算机的配合，对墙面砖和地面砖进行精确排板、下料，便于墙面砖、地面砖快速、准确地施工。即避免了瓷砖在施工中的耗损，又可以提前对墙面砖、地面砖进行定位，使墙面砖、地面砖的布局美观合理。避免造成拆改返工、缩短工期、提高效率。

3　适应范围

本工法适用于墙面、地面需要贴砖的公共空间装饰工程。

4　工艺原理

根据施工工艺及设计图纸的要求，结合Revit软件进行建模，对地面中的地漏口、墙面的开关、

插座等进行提前布置，绘制详细的布置图。通过 Revit 软件进行三维建模，精确计算定位。将所有墙砖、地砖模拟现实施工工序建立三维模型，使墙面砖、地面砖排板一目了然，然后将每块墙面砖、地面砖进行编码，标注规格型号、使用区域，最后再根据定位进行施工。这样在满足排板美观要求的同时又能保证墙面砖、地面砖的准确下料，既减少瓷砖的耗损也避免重复返工。

5　工艺流程和操作要点

5.1　施工准备

（1）结合现场实际情况校核设计图纸中墙面砖和地面砖的具体位置及尺寸；

（2）组织各专业相关人员进行综合布置；

（3）仪器配表（表 1）。

表 1　仪器工具一览表

名称	型号	数量	用途	精度
红外线测距仪	H-D610	2	现场测距	± 2mm
纤维皮卷尺	30m	2	距离测量	3mm
钢卷尺	5m	5	距离测量	1mm
钢卷尺	7.5mm	2	距离测量	1mm

5.2　工艺流程

现场实测实量→绘制实测实量建筑图→建立墙面砖、地面砖三维排板图→对三维地面砖、墙面砖进行分类、编码、标注规格及使用区域→导出地面砖、墙面砖工程量清单表→将导出的地面砖、墙面砖工程量清单表下单给瓷砖加工厂→加工完的瓷砖依据工程量清单表分类码放→运输工人依据工程量清单表分批将瓷砖运到指定区域→泥工依据工程量清单表及地面砖、墙面砖的三维排板图开始施工。

5.2.1　现场实测实量

为了保证瓷砖下料的准确性，减少加工瓷砖的误差，根据现场实际情况，对原有建筑图纸和结构图纸进行现场实测实量，尽量把误差降到最低。

5.2.2　绘制实测实量建筑图

由于土建施工质量检测的标准和装饰施工质量检测的标准并不统一，为了将误差值降到最低。首先拿原有建筑图纸核准结构是否有更改（虚线区域为变更区域），然后根据现场实测实量绘制的建筑图纸（图 1、图 2）。

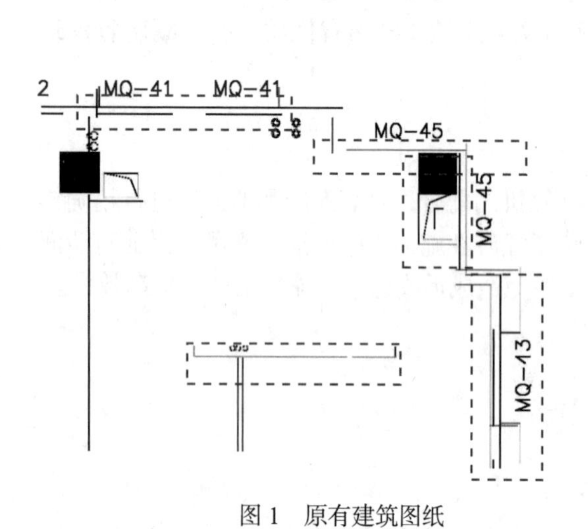

图 1　原有建筑图纸

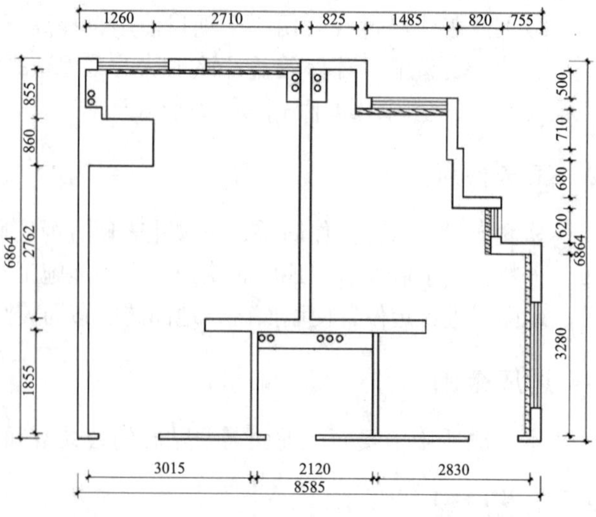

图 2　绘制的实测实量建筑图

5.2.3　建立地面砖、墙面砖三维排板图

根据现场实测实量绘制的建筑图纸链接到 Revit 里面，利用绘制的实测实量建筑图完成地面的排板和墙面砖的排板（图 3）。

5.2.4　对三维地面砖、墙面砖进行分类、编码、标注规格及使用区域

根据搭建的三维地面砖、墙面砖模型输入分类、编码、标注规格及使用区域的基本信息，做到地砖和墙砖的位置准确定位，减少瓷砖在加工过程和运输搬运过程中的遗漏及错位（图 4）。

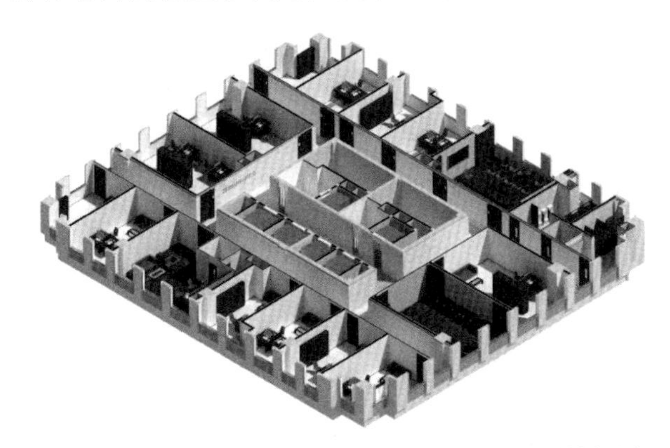

图 3　依据 Revit 软件搭建地面砖、墙面砖三维排板图

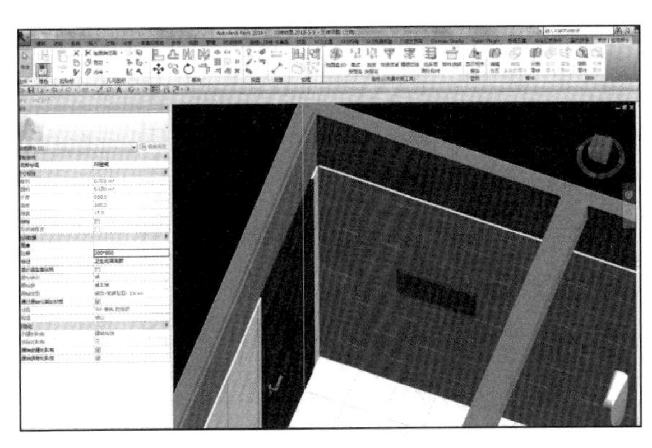

图 4　地面砖、墙面砖分类、编码、标注规格及使用区域

5.2.5　导出地面砖、墙面砖工程量清单表

利用 Revit 软件导出工程量清单，出 CAD 版电子图及三维图，对工人进行可视化交底，防止因铺砖展开面大、交底不到位造成的排砖错误，提高施工效率，有效节约用工成本（图 5、图 6）。

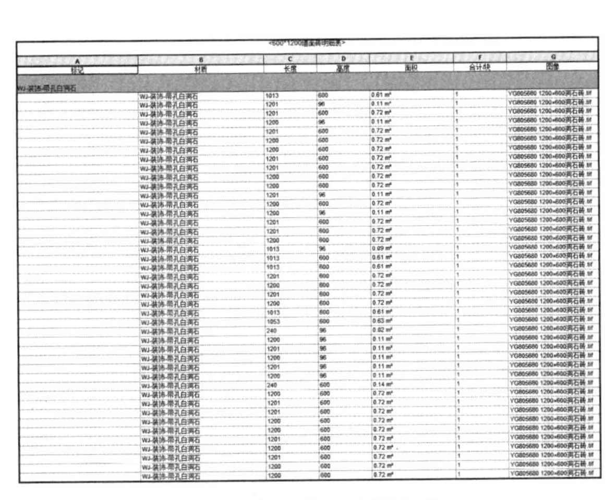

图 5　墙面砖工程量清单

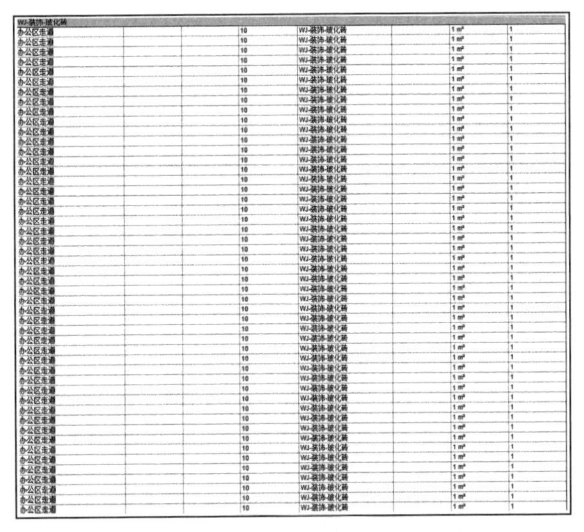

图 6　地面砖工程量清单

5.2.6　将导出的地面砖、墙面砖的工程量清单表下单给瓷砖加工厂

将导出的地面砖的工程量清单、墙面砖的工程量清单，配合方位图纸整理给瓷砖加工厂师傅进行地砖和墙面砖的下料（图 7、图 8）。

5.2.7　加工完的瓷砖依据地面砖、墙面砖的工程量清单表分类码放

加工砖工人依据瓷砖下料单完成的加工砖，根据瓷砖编码图分类、分区域码放，分楼层、分区域、分批次运输到指定区域。

5.2.8　运输工人依据地面砖、墙面砖的工程量清单表分批将瓷砖运到指定区域

运输工人根据加工砖工人码放的加工砖以及瓷砖工程量清单表，分楼层、分区域分批次运输到指定区域，方便泥工开始瓷砖的铺贴施工。

6F 800*800地砖下料表				
施工部位	规格	数量（片）	方量（m²）	备注
01-办公室	800*800	27	17.28	
	700*800	4	2.24	
	250*800	8	1.6	
	150*800	1	0.12	
	350*800	3	0.84	
	250*600	1	0.15	
	250*250	1	0.063	
	800*800	1	0.55	切砖200*450
02-办公室	800*800	32	20.48	
	410*800	16	5.25	
	220*410	2	0.18	
	220*800	4	0.70	
03-办公室	800*800	38	24.32	
	220*800	4	0.70	
	430*800	1	0.344	
	800*800	1	0.51	切右上角砖（竖向）370*（横向）350
04-办公室	800*800	39	24.96	
	220*800	6	1.056	
	170*800	1	0.136	
	220*350	1	0.08	
	170*350	1	0.05	
09-办公室	800*800	60	38.4	
	540*800	10	4.32	
	340*800	10	2.72	
	100*800	8	0.64	
11-办公室	800*800	28	17.92	
	715*800	4	2.288	
	220*800	8	1.408	
	150*715	1	0.11	
	350*800	3	0.84	
	250*600	1	0.15	
	250*250	1	0.063	
12-办公室	800*800	40	25.6	
	50*800	8	0.32	
	220*800	5	0.88	
13-办公室	800*800	39	24.96	
	220*800	4	0.704	
	450*800	1	0.36	
	220*450	1	0.10	
14-办公室	800*800	32	20.48	
	480*800	7	2.69	
	130*800	1	0.10	
	220*800	7	1.23	
	130*350	1	0.05	
16-办公室	800*800	32	20.48	
	420*800	16	5.376	
	220*800	5	0.88	
	220*420	2	0.18	
	800*800	32	20.48	

图 7　给加工厂师傅的地面砖下料单

08F—干挂瓷片加工砖下单表			
	规格	数量（片）	备注
1	600*1125	4	该片砖为阳角砖，不拉槽
2	600*1109	1	
3	600*700	3	1块600*1200的瓷砖加工成1块600*700的瓷砖和1块600*490的瓷砖
4	600*490	3	
5	600*1200	72	
6	600*684	36	1块600*1200的瓷砖加工成1块600*684的瓷砖和1块600*484的瓷砖
7	600*484	4	
8	600*683	8	1块600*1200的瓷砖加工成1块600*683的瓷砖和1块600*482的瓷砖
9	600*482	4	
10	600*1122	1	
11	600*420	7	1块600*1200的瓷砖加工成1块600*420的瓷砖和1块600*720的瓷砖
12	600*702	3	
13	600*1182	4	该片砖为阳角砖，不拉槽
14	600*1010	4	该片砖为阳角砖，不拉槽
15	600*680	4	
16	600*1012	12	该片砖为阳角砖，不拉槽
17	600*1013	4	该片砖为阳角砖，不拉槽
18	600*971	4	1块600*1200的瓷砖加工成1块600*971的瓷砖和1块600*95的瓷砖
19	600*95	4	
20	600*570	4	
21	600*1163	4	
22	600*1080	4	该片砖为阳角砖，不拉槽
23	600*628	4	1块600*1200的瓷砖加工成1块600*628的瓷砖和1块600*95的瓷砖
24	600*95	4	
合计		202	

图 8　给加工厂师傅的墙面砖下料单

5.2.9　泥工依据工程量清单表及地面砖、墙面砖的三维排板图开始施工

泥工核准瓷砖，确认无误，并且没有损坏之后，依据瓷砖编码图、确定好起铺点，开始瓷砖铺贴施工的相关步骤。

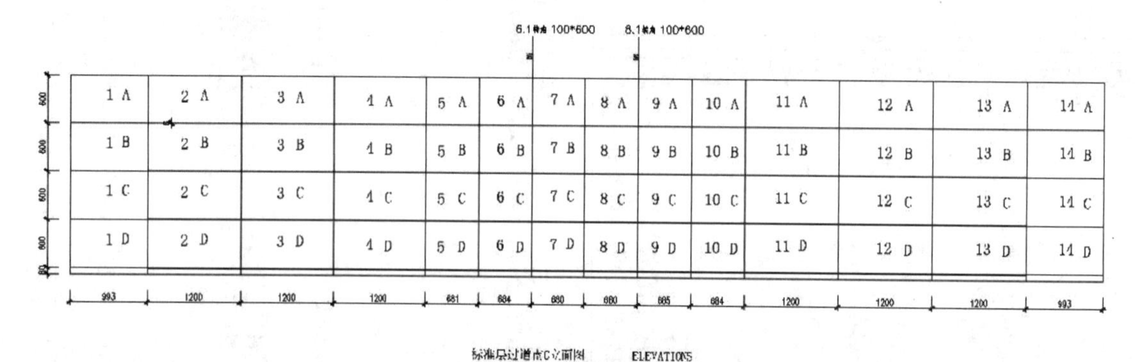

图 9　瓷砖编码图

利用 BIM 技术的数字化与模拟性，通过建筑信息模型对整个项目的地砖铺贴进行模拟，在整个项目的地面、墙面区域进行地砖、墙砖分析、计算、剩余材料的匹配。在加工厂直接根据 BIM 计算出的地砖、墙砖下料点进行地砖、墙砖的下料。利用 BIM 导出的位置图，直接将加工好的地砖、墙砖运转至施工区域，按照导出的施工图进行编号施工，减少二次搬运。将地砖材料的浪费降至最低，达到节省材料、高效施工的目的。

6　材料与设备

6.1　测量仪器设备

（1）红外线测距仪：SW-100 型，用于现场测距。

（2）水平仪：LS632 型 9 线 1 点激光水平仪，用于水平、垂直定位。

（3）钢卷尺：5m 卷尺用于短距离的测量，50m 卷尺用于长距离测量。

6.2　下料使用的电脑硬件配置、软件配置（表1、表2）

表1　电脑硬件配置

名称	规格	数量
主板	技嘉 X99-32i	1
CPU/ 风扇	I7-5820K	1
内存	骇客 2133 32G	1
硬盘	WD 黑盘 2T+ 闪迪 256G 固态	1
显示卡 / 芯片	Nvidia Qvadro K4200	1
显示器	三星 S27e390HL	1
电源	航嘉 X7 1000W 额定电源	1

表2　软件配置

类型	名称	数量
建模类	Revit 2016、Auto CAD	1
数据编辑	Excel	1

现场使用的红外线测距仪、激光水平仪等设备要严格进行管理、检校维护、保养并作好记录，发现问题后立即将仪器设备送检。

现场使用的材料应符合设计和规范要求，进行现场见证取样，并送检测机构检测。

7　质量控制

7.1　执行标准及依据

《建筑装饰装修工程质量验收规范》（GB 50210—2001）、《工程测量规范》（GB 50026—2007）以及设计图纸等。

7.2　质量控制管理措施

（1）认真核对图纸、各工种做好图纸会审工作，对设计图纸以及工艺要求做到全面理解；做好瓷砖下料前的各项施工准备工作，严格按施工程序施工。做到先策划，后施工。计算机绘图人员必须准确的绘制瓷砖的位置及尺寸。

（2）严格遵守国家施工规范和技术操作规程以及工程质量验评标准。

（3）成立单位工程项目经理部和操作班组长组成的检查小组，对瓷砖下料工作进行定期或不定期的检查工作。

（4）测量作业过程中，要严格执行自检（自身）、互检（各工种）、交接检（施工人员）的流程。

（5）现场使用的红外线测距仪、激光水平仪要严格进行管理、检校维护、保养并作好记录，发现问题后立即将仪器设备送检。

（6）实测实量以质检员和技术负责人验收复核后方可进入下道工序并及时办理实测实量记录和验收复核记录。

（7）施工管理人员及特殊工种施工人员必须持证上岗，严禁无证操作。

（8）对上级主管部门和监理人员所提出的质量问题或隐患，必须虚心接受、认真整改，对比较复杂或双方有争议的问题，应相互探讨，做到实事求是，取长补短。

（9）搞好工程技术资料的管理，从工程开工起就应按国家工程质量评定标准和省、市的有关工程技术资料的各种规定收集整理。

（10）各种材料必须按品种、规格、批量、进场日期、检验报告、使用部位及数量进行登记。

7.3　质量控制技术措施

7.3.1　实测实量

实测实量由专业测量员、施工员与各工种施工员一道进行，在施工场地设置 2 个基准点，经校对无误后，以基准点为基础，分别测量其他各个点位，使用红外线测距仪和激光水平仪进行地面定位，反复复核，使位置偏差控制在允许范围内。

建立测量复核制度，每次控制点、控制线实测后，需经技术负责人组织进行复核。每次测量均需完整的、详细的记录，作为主要的施工技术资料进行归档保管。

7.3.2　绘制三维地面砖、墙面砖模型

（1）依据现场实测实量的尺寸，在 Revit 里面搭建地面砖模型和墙面砖模型。

（2）模型搭建根据规范要求进行墙面与地面对缝。

（3）模型搭建完成后导出瓷砖下料表单。

8　安全措施

8.1　执行标准

《建筑施工安全检查标准》(JGJ 59—2011)、《建筑机械使用安全技术规程》(JGJ 33—2012）和有关地方标准。

8.2　安全措施

（1）各工种上岗前应进行安全技术交底，严格遵守安全操作规程，并持证上岗。

（2）严格按照施工操作要点作业，按质量措施进行控制，防止各类事故的发生。

（3）六级以上大风，大雨、大雪等恶劣天气，禁止作业。

（4）瓷砖切割过程中，应遵守操作规程，严防机械伤害。

（5）操作工人必须佩戴防化眼镜，避免异物喷溅造成人身伤害。

（6）在瓷砖切割区域四周设置警戒线，并有专人看护，在主要通道及入口处要有醒目的警示标语。

9　环保措施

（1）执行《建筑施工现场环境与卫生标准》(JGJ 146—2013)。

（2）实行环保目标责任制：把环保指标以责任书的形式层层分解到有关班组和个人，建立环保自我监控体系。

（3）组织施工过程中，严格执行国家、地区、行业和企业有关环保的法律法规和规章制度。

（4）加工厂各种施工材料、机具要分类有序堆放整齐，余料注意定期回收，废料及时清理，定点设垃圾箱，保持施工现场的清洁。

（5）采取有效措施控制人为噪声、粉尘的污染，并同当地环保部门加强联系。

10　效益分析

10.1　适用于所有需要贴砖的地面、墙面处理

通过该方法施工，比同类工程工期有明显缩短，材料边角余料的再利用得到很好的解决。节约大量人、财、物的投入。该方法为同类工程施工提供了简便易于操作的参考依据，具有良好的推广价值。

10.2　经济效益

BIM 技术的地砖、墙砖下料施工工法与简单的瓷砖估算下料相比，工作量小、工期短、可节约大量材料费和人工返工修补费用。

与普通估算法进行瓷砖下料比较，精确了瓷砖的进货量，减少了因为多进瓷砖导致的材料浪费。

该技术由于通过 Revit 进行预排板，不需进行大量的施工作业，施工危险性小，提高了安全生产

效益。测量等操作施工设备简单，不需大型机械设备，投入人力少，所以施工费用可大大降低。

案例一：株洲市新桂广场·新桂国际项目精装修工程过道墙面砖、地面砖在施工前的经济对比：

（1）采用传统瓷砖下料的处理：

①标准层墙面瓷砖共计花费 6.9258 万元；②标准层墙面瓷砖铺贴人工费用 7600 元；③瓷砖胶费用 2.2 万元；④因前期未排板，造成墙面重新返工费用 1.2 万元；共计费用为 11.09 万元，整个过道墙面瓷砖工期为 8d。

①标准层地面瓷砖共计花费 4.086 万元；②标准层地面瓷砖铺贴人工费用 7000 元；③水泥砂浆费用 1 万元；④因前期未排板，造成地面返工的费用 1 万元；共计费用为 6.68 万元，整个地面瓷砖工期为 5d。

（2）采用基于 BIM 技术全局地砖、墙砖下料施工工法处理：

①标准层墙面砖共计花费 5.34 万元；②人工铺贴费用 4500 元；③瓷砖胶费用 1.3 万元；共计费用为 7.09 万元，整个过道墙面砖工期为 6d。

①标准层地面瓷砖共计花费 2.05 万元；②标准层地面瓷砖铺贴人工费用 4100 元；③水泥砂浆费用 8000 元；共计费用为 3.26 万元，整个地面瓷砖工期为 3d。

（3）经济对比结果：

采用 BIM 技术的地砖、墙砖下料施工工法处理：

单层墙面砖节约费用 11.09 万元 –7.09 万元 =4（万元）；

单层墙砖铺贴缩短工期 8d–6d=2（d）；

单层地面砖节约费用 6.68 万元 –3.26 万元 =3.42（万元）；

单层地面砖铺贴缩短工期 6d–3d=3（d）。

案例二：仁达大楼工程总建筑面积为 63946.91m²，地上 32 层，地下 2 层，建筑物檐高 99.30m，地下 2 层为车库，1 ～ 5 层为商业裙楼，6 层为结构转换层，7 ～ 32 层为单位职工住宅。

（1）短期效益

本工程精装修占建筑面积的约 3/4，合同造价 3815 万元。工程装饰部分于 2010 年 8 月 25 日开工，2011 年 6 月 10 日全面通过竣工验收。工期 288d。通过在该项目使用 BIM 技术的地砖、墙砖下料施工工法，保证了在项目施工时前期先策划，后实施。比同类工程工期缩短近 30d，且无一返工。按节约工期和返工整改人工费用进行计算节约投入约 50 万元。

（2）长期经济效益

装饰工程按期高质的完成，为仁达大楼创建鲁班奖争取了时间、提供了支持。在整个施工过程中，墙面砖、地面砖部分无一返工，全部一次到位，一次成优。在保证地面和墙面美观的同时，在成本上进行了控制，最大程度地避免了后期的整改、维修。取得了长远经济效益，更为同类工程施工，提供简便易于操作的参考依据，具有良好的推广价值。

案例三：南岳生物制药装饰工程位于衡阳市白沙洲工业园区金叶路与工业大道交会处。本项目由血液制品车间、行政办公楼、辅助用房三部分组成，总建筑面积为 52000m²，九个单位工程。其中血液制品车间、行政办公楼通过连廊连为一体，均为框架结构。

血液车间 3 层，局部 2 层，建筑总高度为 21m，层高 5.5m+8.0m+7.5m，无地下室。行政办公楼层数 4 层，局部 1、2 层，总建筑高度为 18.9m，地下为车库。

该项目墙面、地面的经济对比如下：

（1）采用传统瓷砖下料的处理：

①墙面瓷砖共计花费 8 万元；②瓷砖铺贴人工费用 8000 元；③瓷砖胶费用 3 万元；④因前期未排板，造成墙面重新返工费用 2 万元；共计费用为 13.8 万元，整个过道墙面瓷砖工期为 15d。

①地面瓷砖共计花费 12 万元；②地面瓷砖铺贴人工费用 1.2 万元；③水泥砂浆费用 3 万元；④因前期未排板，造成地面返工的费用 3.5 万元；共计费用为 19.7 万元，整个地面瓷砖工期为 20d。

（2）采用 BIM 技术的地砖、墙砖下料施工工法处理：

①墙面瓷砖共计花费 6 万元；②瓷砖铺贴人工费用 7000 元；③瓷砖胶费用 2 万元；共计费用为 8.7 万元，整个过道墙面瓷砖工期为 13d。

①地面瓷砖共计花费 10 万元；②地面瓷砖铺贴人工费用 1 万元；③水泥砂浆费用 2 万元；共计费用为 13 万元，整个地面瓷砖工期为 17d。

（3）经济对比结果：

采用 BIM 技术的全局地砖、墙砖下料施工工法处理：

单层墙砖节约费用 13.8 万元 -8.7 万元 =5.1（万元）；

单层墙砖缩短工期 15d-13d=2（d）；

单层地砖节约费用 19 万元 -13 万元 =6（万元）；

单层地砖缩短工期 20d-17d=3（d）。

11 应用实例

实例一：仁达大楼位于株洲市芦淞区沿江中路 68 号，工程总建筑面积为 63946.91m²，地上 32 层，地下 2 层，建筑物高 99.30m，地下 2 层为车库，1 ～ 5 层为商业裙楼，6 层为结构转换层，7 ～ 32 层为单位职工住宅。

本工法运用于该工程的 1 ～ 5 层的酒店大堂、会议室、包厢、自助餐厅、豪华酒店客房、套房；7 ～ 32 层 208 套高档住宅装饰装修中，为业主创造效益 60 余万元。仁达大楼获得全国建筑工程鲁班奖，验证了工法的科学性、合理性和工程一次成优的可操作性。

实例二：株洲市新桂广场 · 新桂国际项目精装修工程位于株洲市荷塘区新塘路与玫瑰路交汇处。项目由一栋 24 层高层住宅、一栋 26 层办公楼主楼、4 层办公楼裙房组成，总建筑面积为 55664.41m²。

本工法运用于该工程 1 ～ 26 层的墙面和地面瓷砖装修；为业主减少了材料费用，缩短施工工期，创造了良好的效益。

实例三：南岳生物制药项目位于衡阳市白沙洲工业园区金叶路与工业大道交会处，由血液制品车间、行政办公楼、辅助用房三部分组成，总建筑面积为 52000m²，九个单位工程。其中血液制品车间、行政办公楼通过连廊连为一体，均为框架结构。

本工法运用于该工程的一层大厅、行政办公楼、血液制品车间内卫生间。为业主减少了材料费用，缩短施工工期，单层节约费用约 11.1 万元，单层缩短工期为 5d。为建设单位创造了良好的效益。

第 2 篇

PART 2

电缆、电线、电气设备

冰蓄冷中央空调机房钢结构蓄冰槽施工工法

何昌富　肖辉乐　田西良　匡　达　陈　浦

湖南省第四工程有限公司

摘　要：蓄冰槽安装质量是蓄冰循环正常运行的重要保证，也是决定冰蓄冷中央空调节能性的关键因素。对蓄冰槽采用双层保冷基础，底板利用错开铺设、分区跳焊的作业方法，侧墙板通过整体平焊、吊装固定于底板上，蓄冰槽内部经过防腐处理后安装盘管、附件，并进行盛水试验，保温过程利用硬质聚氨酯现场发泡，采用分层错缝喷涂法，最后进行外包彩钢板施工。本工法施工难度低、质量可靠，可减少冷量损失。

关键词：蓄冰槽；冷量损失；双层保冷基础；冰蓄冷中央空调

1　前言

近年来，随着国家“节能减排”政策的逐步推进，冰蓄冷中央空调系统得到了稳定的发展。蓄冰槽作为制冷机组夜间制冰和白天融冰主要储冰装置，其安装质量是蓄冰循环正常运行的重要保证，也是决定冰蓄冷中央空调的节能性的关键因素。

如何保证钢结构主体与外保温层的质量，达到防渗抗漏、减少冷损失的要求成为行业中一项技术难题。基于钢结构蓄冰槽技术的研究和实践，我们总结出了冰蓄冷中央空调机房蓄冰槽施工工法。

应用本工法而成立的 QC 小组成果有《提高钢结构框架式蓄冰槽一次性安装合格率》，荣获 2016 年全国工程建设优秀 QC 小组活动成果二等奖；根据本工法编写的实用新型专利《一种冰蓄冷用组合基础》（申请号：201621038702.X）已于 2016 年 9 月 6 日接收到国家知识产权局下发的《专利受理通知书》，目前处于进入新型初审状态。

2　工法特点

针对冰蓄冷中央空调机房钢结构蓄冰槽施工的研究，本工法具有以下特点：

（1）基础保冷可靠：施工采用双层保冷，相较于单层基础采用聚氨酯发泡填充的保温，增大了蓄冰槽基础与周围环境间的传热热阻，减少了冷量损失，避免了钢板焊接时高温对保温层的破坏。

（2）底板施工采用了错开铺设、分区跳焊的作业方法，避免了底板焊缝处应力集中，减少了钢板受热产生的严重变形，增强了底板的稳定性和水平度。

（3）侧墙板高效安装：侧墙板采用整体平焊、吊装固定的施工方式，避免了因作业空间狭窄而采取立焊方式拼接侧墙板，降低了施工的难度。

（4）保温层采用了分层错缝喷涂法，保证了喷涂层厚度和表面平整度达到规范要求。

3　适用范围

本工法可广泛适用于公共建筑的钢结构框架式蓄冰槽施工。

4　工艺原理

蓄冰槽采用双层保冷基础，底板利用错开铺设、分区跳焊的作业方法，侧墙板通过整体平焊、吊装固定于底板上，蓄冰槽内部经过防腐处理后安装盘管、附件，并进行盛水试验，保温过程利用硬质聚氨酯现场发泡，采用分层错缝喷涂法，最后进行外包彩钢板施工。

5 施工工艺流程及操作要点

5.1 工艺流程

基础施工→底板施工→侧墙板施工→防腐处理→盘管吊装就位→预留侧墙板施工→顶板封装→附件安装→盛水试验→保温施工→外包彩钢板施工。

5.2 操作要点

5.2.1 基础施工

基础施工采用双层保冷施工方法，双层保冷施工方法包括首保冷层施工和次保冷层施工，如图 1 所示。首保冷层施工流程分为：基础防潮层施工→垫木施工→槽钢施工→钢板施工。在首保冷层钢板施工完成后进行次保冷层施工，其施工流程包括：双层硬聚氨酯板铺设→钢丝网混凝土施工。

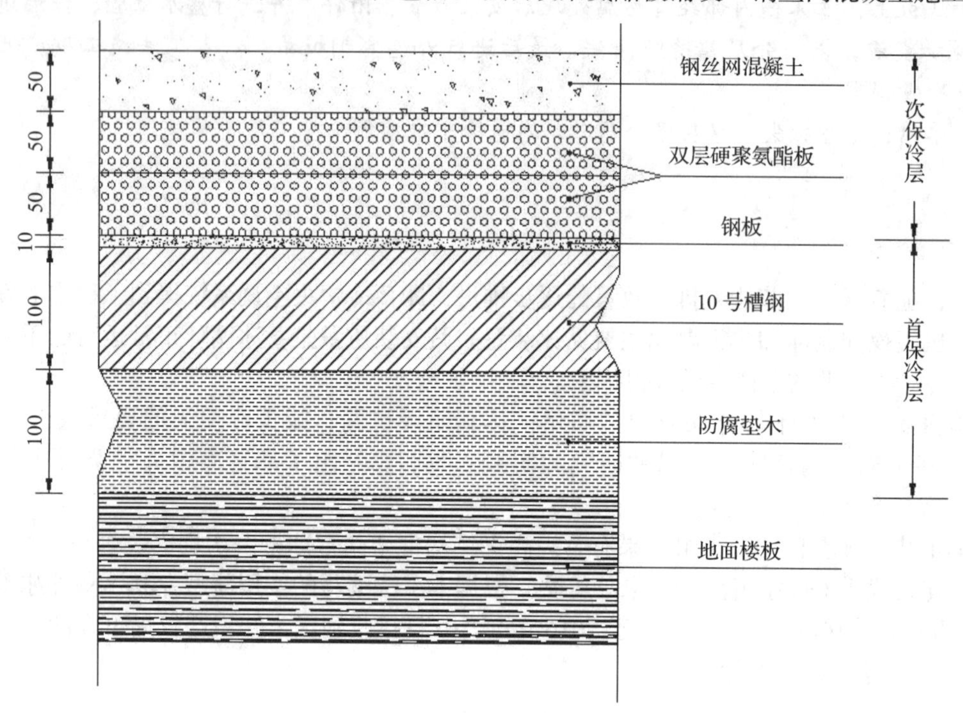

图 1 双层保冷基础结构剖面图

（1）基础防潮层施工。冰槽基础施工完毕并验收合格后铺满一层油毡，不得有鼓包及接缝未黏合现象。

（2）垫木施工。施工前必须对基础进行校平，如基础不平整，需在垫木上加垫料找平，垫木在施工前需进行防腐处理。

（3）槽钢施工。先用防腐漆刷槽钢的两边，再沿垫木方向将 10 号槽钢纵向平行铺设，再根据图纸要求横向连接各槽钢，完成槽钢焊接后进行焊缝打磨并做防腐处理。

（4）钢板施工。①对底面钢板进行双面防腐处理；②铺设过程中钢板与钢板之间必须预留足够的间隙；③钢板整体铺设尺寸较基础尺寸小 30mm，以便保温、保护壳施工完毕后钢板与基础齐平；④采用间距为 500mm 的点焊进行底板拼接，注意调整点焊的宽度为 30 ～ 50mm，并将底板与基础槽钢进行满焊固定；⑤待底板全部固定到位后，对钢板剩余接缝采用满焊；⑥施焊完毕后清理焊渣，并对焊缝进行检漏，再用防锈漆进行处理（图 2）。

（5）双层硬聚氨酯板铺设。硬聚氨酯板厚 50mm，上下两层要错开铺设（图 3）。

（6）钢丝网混凝土施工。①为防止混凝土层开裂，在硬聚氨酯板上铺设钢丝网，网孔大小为 35mm × 35mm，相邻两段搭接宽度不小于 100mm ；②钢丝网完毕后铺设 50mm 厚细石混凝土层，采用的石子粒径不大于 15mm，强度等级达到设计要求（图 4）。

5.2.2 底板施工

为减少钢板受热产生塑性变形，底板焊接采用分区跳焊法施工。施工流程如下：底板铺设→底板焊接。

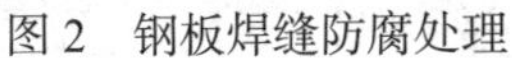

图2　钢板焊缝防腐处理

图3　双层硬聚氨酯板铺设

（1）底板铺设。①对底面钢板进行单面防腐处理，另一面待冰槽底板施工完毕后统一处理；②钢板防腐处理面朝下平铺在钢丝网混凝土层上，铺设过程中毗邻钢板错开铺设，避免出现十字缝（图5）。

图4　钢丝网混凝土养护

图5　底板错缝铺设

（2）底板分区跳焊。①将待焊底板划分为八个区段，每个区段底板利用点焊拼接，点焊宽度30～50mm，间距500mm；②区段剩余接缝采用跳焊法，完成后将各区段底板逐一焊接；③清理焊渣并进行焊缝检漏，再用防锈漆处理焊缝。

5.2.3　侧墙板施工

施工流程如下：侧墙板焊接→横向加强筋焊接→侧墙板整体吊装→预留冰盘管搬运就位通道。

（1）侧墙板焊接。①根据图纸设计间距，利用角钢将槽钢定位在底板上，槽钢尺寸与设计要求一致，长度为冰槽高度；②再将钢板点焊固定在槽钢上，为减少焊缝，尽量采用整张钢板；③钢板全部点焊完毕后，再对冰槽内部钢板焊缝进行全部施焊，如条件允许钢板接缝可双面焊接。

（2）横向加强筋焊接。①根据施工图纸设计间距，先对立槽钢进行定位，标记好焊接位置；②槽钢两端应插入至工字钢立柱肋内如图6所示，三道焊缝采用双面焊接。

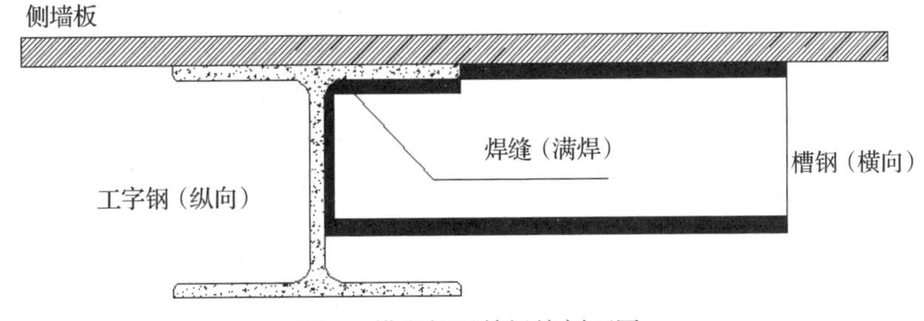

图6　横向加强筋插接剖面图

（3）侧墙板整体吊装。①根据施工图纸设计选取定位点；②利用建筑结构选择合适吊点，用手拉葫芦将做好的侧墙板吊装至定位点，侧墙板的垂直度和水平度应符合设计要求；③逐一将侧墙板焊接在底板上，槽钢与底板之间为受力关键点，必须保证焊接质量；④为保证侧墙板与聚氨酯发泡良好结合，侧墙板不需刷漆，但内部焊缝处仍需进行防腐处理（图 7）。

（4）预留冰盘管搬运就位通道。预留一面侧墙板用于冰盘管吊装就位，盘管就位后再进行侧墙板施工。

5.2.4　防腐处理

防腐过程中应注意：（1）施工前必须对冰槽钢板进行打磨，除去表层的氧化膜；（2）先刷环氧富锌漆一层，待干燥后再刷一层环氧煤沥青漆；（3）材料刷涂时要严格按照说明书配比油漆与固化剂（图 8）。

图 7　侧墙板吊装就位

图 8　盘管吊装就位

5.2.5　盘管吊装就位

冰槽三面侧墙焊接完毕后，可进行盘管安装。（1）盘管应严格按照安装使用说明书中的吊装要求进行；（2）盘管的定位必须确保其与邻近的墙壁有足够的间隙，以便人员进出进行检查和维护（图 8）。

5.2.6　预留侧墙板施工

预留侧墙板的施工过程与侧墙板施工过程相同，待盘管就位后，可进行预留侧墙板安装。

5.2.7　顶板封装

顶板由工厂根据现场提供数据采用硬聚氨酯板和双层彩钢板加工制作，顶板采用尼龙锚栓固定在蓄冰槽顶部的拉筋上，顶板与侧墙板之间间隙使用喷涂法填充。

5.2.8　保温施工

蓄冰槽保温施工采用硬质聚氨酯现场发泡，具体操作工艺为：（1）利用压缩空气吹扫干净基层表面的灰尘，使基层表面无水、无杂物，以保证泡沫与基层间的黏结性；（2）控制好物料从搅拌到发泡的时间，物料约在搅拌 4min 后凝固，宜在泡沫体凝固前进行后物料的灌注，保持分仓内物料搅拌、灌注的连续性；（3）采用分层错缝喷涂法：①在前一次喷涂施工时，接缝部位至少应留三层台阶型的工作面；②第一层厚度约 10mm，后续分层喷涂，每层厚度≤ 20mm，总厚度应在设计范围内；③工作面相邻断面的横向间距宜大于 300mm，后一次喷涂时，也逐层呈搭接状喷涂施工；④每层喷涂应与前一层的喷涂方向相垂直（图 9、图 10）。

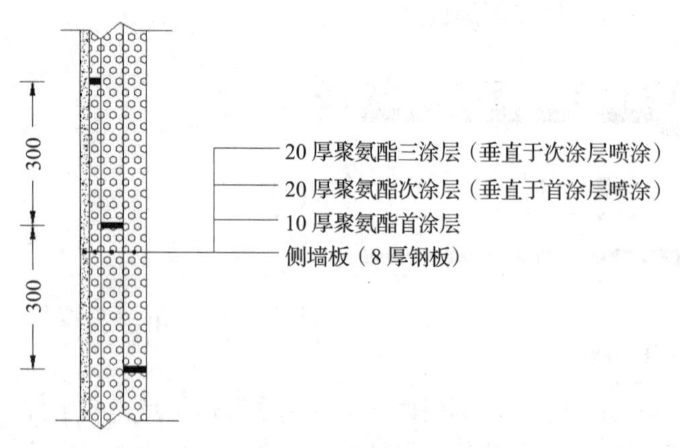

图 9　聚氨酯分层错缝喷涂法剖面图

图 10　聚氨酯喷涂效果图

5.2.9　外包彩钢板施工

外包彩钢板是侧墙板和顶板部分在保温施工完毕后进行的施工工作，工艺要求如下：（1）工厂根据现场的实测数据下料、剪裁，并将平面彩钢板加工成波浪瓦，以增强彩钢板的强度；（2）采用自攻螺丝对加工成型的彩钢板进行现场安装，要求自攻螺丝自带橡胶垫片；（3）彩钢板安装完毕后，每条棱角必须采用 500mm × 500mm 的直角彩钢板包边，并利用玻璃胶密封缝隙；（4）彩钢板底部与底面采用砂浆进行覆盖，形成斜坡（图 11）。

图 11　外包彩钢板施工效果图

6　材料与设备

6.1　主要施工用料（表 1）

表 1　主要材料用表

序号	材料名称	规格型号	备注
1	槽钢	10 号	
2	钢板	8/10	侧壁：8mm 钢板 底板：10mm 钢板
3	硬聚氨酯板	50mm	

6.2　主要机具设备（表 2）

表 2　主要设备用表

序号	机械名称	规格型号	数量
1	电动顶升设备	DSJ1300-30	10 套
2	卷板机	2500 × 30	2 台
3	电焊机	ZX7-400S	8 台
4	切割机	LGK-100B	2 台
5	电动空压机	V-0.6/7	2 台
6	手拉葫芦	10t	2 台
		5t	4 台
7	搬运小坦克		4 个
8	千斤顶	2t	2 个
		5t	2 个
9	钢丝绳	16mm	若干
10	角磨机	ϕ 125mm	100 片
		ϕ 100mm	50 片
11	经纬仪	J2	2 台

7　质量控制

7.1　质量标准

满足工程所涉及的国家、地方相关规范、规程、技术法规、标准、图集等要求（包括但不限于）。

《通风与空调工程施工质量验收规范》（GB 50243—2013）。

《蓄冷空调工程技术规程》(JGJ 158—2008)。

《制冷设备、空气分离设备安装工程施工及验收规范》(GB 50274—2010)。

《钢结构工程施工质量验收规范》(GB 50205—2001)。

《钢结构焊接规范》(GB 50661—2011)。

《硬泡聚氨酯保温防水工程技术规范》(GB 50404—2017)。

7.2 质量控制

(1)施工准备阶段，实施技术、物资、组织、人员等多方面的质量控制。坚持图纸会审，做好现场交底和施工人员技术培训工作，控制材料配件达到规范要求，施工环境符合作业标准。

(2)施工过程中，及时认真做好“三检一评”工作，加大过程中技术复核力度，推行全面质量管理，开展群众性 QC 小组活动，解决施工难题。

(3)施工中按照质量控制点的要求，对钢结构、防腐处理、保温施工质量进行严格控制。

8 安全措施

8.1 安全标准

满足工程所涉及的国家、地方规范、规程、技术法规、标准、图集等要求(包括但不限于)。

《建筑施工安全检查标准》(JGJ 59—2011)。

《建设工程施工现场消防安全技术规范》(GB 50720—2011)。

《起重机械安全规程》(GB 6067—2010)。

《施工现场机械设备检查技术规范》(JGJ 160—2016)。

《施工现场临时用电安全技术规范》(JGJ 46—2005)。

8.2 保证措施

(1)施工人员必须经过技术和安全培训，工人应掌握本工种操作技能，熟悉本工种安全技术操作规程。

(2)特种作业工人必须持证上岗，按操作规程施工，操作证必须按期复审。

(3)所有作业人员应接受安全教育，在作业前，必须接受安全技术交底工作。

(4)防水保温过程中，气温宜为 15 ～ 35℃，相对湿度小于 80%，喷涂时必须采取机械强制排风。

(5)在保管及操作场地规定区域内应阴凉、干燥、通风、远离火源，并注意防火、防毒、防爆、防高温等事项。

9 环保措施

9.1 环保标准

满足工程所涉及的国家、地方规范、规程、技术法规、标准、图集等要求(包括但不限于)。

《建筑工程绿色施工规范》(GB/T 50905—2014)。

《建筑工程绿色施工评价标准》(GB/T 50640—2010)。

《建筑隔声评价标准》(GB/T 50121—2005)。

9.2 环保措施

(1)作业现场的休息室、工具房和设备器材，应按施工总平面图布置要求，摆放整齐有序，各种标志、标识正确醒目。

(2)施工作业现场道路平整通畅，用电线路布置符合要求，水源设置合理，排水措施得当。

(3)吊装作业、吹扫及试车等场地设置标识牌，并划分警戒区。

(4)各种油料应在容器内存放，严禁就地倾倒。

(5)防腐保温用油漆、岩棉等材料应妥善保管，对现场地面造成污染时应及时清理。

(6)作业区噪声超过 85dB 时，除施工人员采取防护措施外，其余人员应撤离现场。

(7)作业现场应经常打扫，垃圾集中堆放并及时清理、运送至指定地点。

10　效益分析

10.1　经济效益

本工法在传统蓄冰槽施工上，分别对蓄冰槽基础、底板、侧墙板以及喷涂保温施工进行了创新，提高了蓄冰槽主体结构与外保温层的作业效率和施工质量，获得了良好的防渗抗漏、减少冷损失的效果。

此外，相较于传统工法，本工法完成了工程合格率100%、焊接一次合格率95%以上以及单机试车一次成功的质量目标，合理地减少了工期，节约了材料，避免了因返修质量问题而造成的人工、材料、机具等成本的投入，创造了可观的经济效益。

10.2　社会效益

蓄冰槽的安装质量是蓄冰循环正常运行的重要保证，也是决定冰蓄冷中央空调的节能性的关键因素，本工法使蓄冰槽质量和效率得到大幅度的提高，工期得到了保证。

同时，本工法适用性强，为混合型基础、狭窄空间钢结构施工和保温喷涂等施工提供了大量的现场经验，可在蓄冰槽施工领域内推广应用。

11　应用实例

（1）赣南医学院第一附属医院黄金分院医疗综合大楼

赣南医学院第一附属医院黄金分院医疗综合大楼项目位于江西省赣州市章江新区金岭西路与金潭大道交会处。建筑门诊楼、手术室采用框剪框架结构，住院楼A（医技楼）、住院楼B（后勤楼）采用框架结构，地下车库采用框剪结构，共设地下室2层，地上25层，建筑面积23万m^2，建筑总造价4.6亿元。

本工程蓄冰槽设置在地下室负一层制冷机房，共12台，每台蓄冰量为910RTH，每台高3.1m，占地面积为6.8m×3.0m（图12）。施工中应用了冰蓄冷中央空调机房钢结构蓄冰槽施工工法，蓄冰槽工程顺利完成施工。

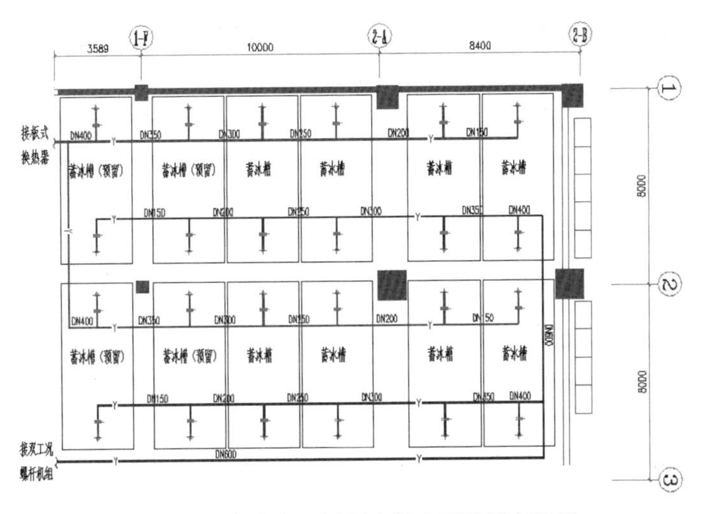

图12　地下室负一层制冷机房蓄冰槽布置图

（2）华容县人民医院迁建工程

华容县人民医院迁建工程（住院楼）位于华容县田家湖生态园，由湘潭市规划建筑设计院设计，总建筑面积44482m^2，工程总造价6828.95万元，开工日期为2013年5月，竣工日期为2014年9月15日。

本工程共设地下一层，地上12层，总长147.12m，宽35.72m，为全现浇钢筋混凝土框架结构，地下一层为车库、超市、空调机房、厨房、餐厅、库房、生活垃圾、医疗垃圾房、太平间、消防水池、水泵房、污水处理池及设备用房等。本工程应用了冰蓄冷中央空调机房钢结构蓄冰槽施工工法并顺利完成施工。

铜芯柔性铝护套矿物绝缘防火电缆（BTLY）热缩电缆头制作施工工法

张云龙　傅致勇　韦时鹏　周　新　梁巨攀

湖南省工业设备安装有限公司

摘　要：通过对新型防火电缆铜芯柔性铝护套矿物绝缘防火电缆（BTLY）的研究，总结出简便的、可靠的电缆头制作工法，相对于厂荐和行业内的做法，更加省时，节材，并且及时弥补新型矿物电缆头施工工艺的空白，为以后类似新型矿物电缆的电缆头制作工艺提供参考依据。

关键词：柔性；铝护套；矿物绝缘；防火电缆（BTLY）电缆头；热缩

1　前言

随着社会的高速发展及现代工艺更新，供配电系统中，在满足电缆的绝缘性能的前提下，提高电缆的防火性能，是当前社会的主要发展趋势。电缆施工的方便性，供电的可靠性、经济性、节能性等成为业主追求的目标，铜芯柔性铝护套矿物绝缘防火电缆（BTLY）由此应运而生。

我司针对此种新型矿物绝缘电缆的结构特点，总结出铜芯柔性铝护套矿物绝缘防火电缆（BTLY）电缆头制作施工工法。

2　工法特点

（1）本工法通过热缩法制作电缆头，利用热缩枪，可将矿物绝缘层从空气中吸附的水汽除去，达到电缆本身的绝缘特性。

（2）本工法较传统的矿物绝缘电缆头制作简便，避免了施工现场动用明火，防止了火灾发生。

（3）本工法施工简单，不用多次高温烘烤，既保证矿物电缆良好的绝缘特性，又能防止空气中潮气入侵。

3　适用范围

适用于户内铜芯柔性铝护套矿物绝缘防火电缆（BTLY）的电缆头制作施工。

4　工艺原理

铜芯柔性铝护套矿物绝缘防火电缆（BTLY）热缩电缆头较传统的矿物电缆不同，在于其矿物绝缘层吸潮慢，不用高温烘烤，直接利用热缩管的收缩性能，使得热缩管紧贴矿物电缆低烟无卤护套层以及矿物质绝缘层包裹的铜导体，达到电缆头的制作效果和绝缘性能。热缩管高达三倍收缩的性能以及电缆的高抗热胀冷缩性能，使其具有良好的防潮、防水、绝缘性能。施工过程中，剥离矿物电缆的低烟无卤护套层、金属护套层要注意环切深度，避免切伤电缆线芯，在去除填充物、固定电缆线芯之前，要特别注意金属护套层切口的处理，避免在热缩管热缩时，因切口有毛刺和尖锐点将热缩管刺穿，影响电缆头的绝缘，甚至无绝缘。金属护套层需要可靠连接铜编织带，作为电缆的保护接地线，遗漏或者松动，都将对安全造成影响。铜接线鼻压接需要将电缆切口打磨平整，保证接触面积。

5　施工工艺流程及操作要点

5.1　工艺流程

剥离低烟无卤护套层、金属护套层→去除填充物、固定电缆线芯→金属护套接地线连接→热缩固定带矿物绝缘层的铜导体→热缩电缆护套层剥离口→铜接线鼻压接→热缩电缆终端头→电缆绝缘测试。

5.2　操作要点

5.2.1　剥离低烟无卤护套层、金属护套层

将电缆捋直，将其表面的灰尘擦拭干净，利用金属管割刀先将无卤低烟护套层环切，利用电工刀切除50mm无卤护套层，金属护套层预留30mm环切，注意环切深度以不伤矿物绝缘层为宜。切断以后，将低烟无卤护套层、金属护套一起抽出（图1）。

5.2.2　去除填充物、固定电缆线芯

切除多余填充物，将金属护套切口用尖嘴钳进行处理，防止电缆线芯未固定时，因操作不当划伤矿物绝缘层。用剪下的填充物，将线芯电缆缠绕固定，并用防水电工胶带缠绕以防止松散。均匀缠绕2层为宜（图2）。

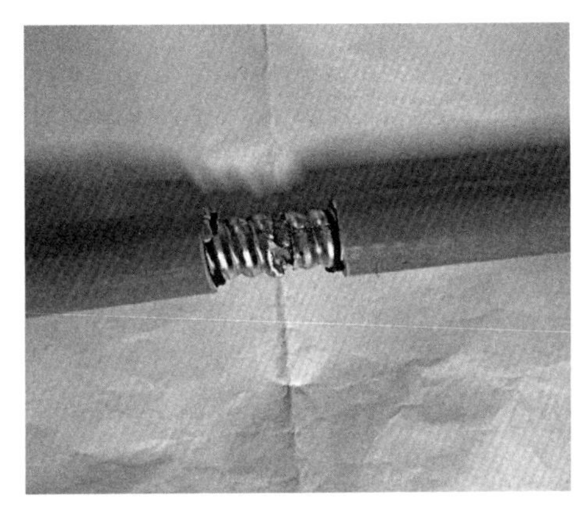

图1　剥离低烟无卤护套层、金属护套层

图2　去除填充物、固定电缆线芯

5.2.3　金属护套接地线连接

将16m² 镀锌铜编织带缠绕2圈到金属护套上后，再用2.5mm² 铜线缠绕5圈到金属护套上（金属护套为螺旋管，铜线缠紧到螺旋槽内），紧固后引出镀锌铜编织带。再用防水电工胶带缠绕金属护套接地线处，以保护后续施工的热缩管。

5.2.4　热缩固定带矿物绝缘层的铜导体

将不同颜色的热缩管套入带矿物绝缘层的铜导体外，逐一从电缆分线端到铜接线鼻端热缩。加热时沿着电缆线芯轴向加热，使热缩管均匀受热，包紧线芯（图3）。

5.2.5　热缩电缆护套层剥离口

将自带填充胶的电缆五指套或者热缩套（视多芯电缆或单芯电缆而定）套入电缆分线头，用电热风枪沿轴向旋转加热，使得热缩管均匀收缩，包紧接头，加热收缩时不应产生褶皱和裂纹。

图3　热缩铜线芯

图4　热缩外护套层

5.2.6　铜接线鼻压接

进柜线芯固定好后，测量出线芯距接线端的长度，注意需考虑铜接线鼻的长度，并进行裁剪。按照铜接线鼻套管孔深度裁剪热缩管，打磨线芯截面并清理碎铜末，套上铜接线鼻，利用分体式液压钳对铜接线鼻进行环压 2 ～ 3 次。压接完成以后，用锉刀清理铜接线鼻上的金属毛刺（图 5、图 6）。

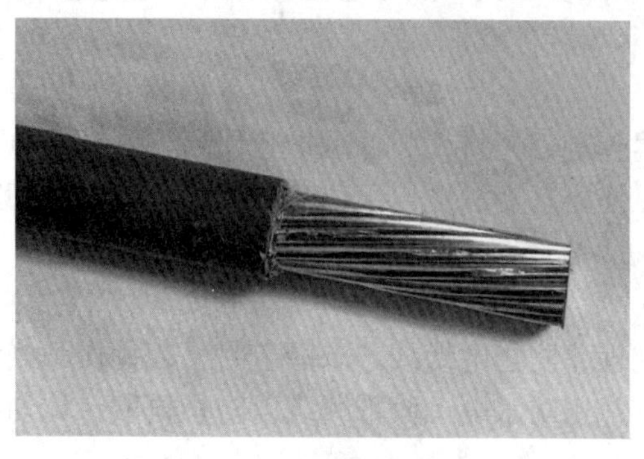

图 5　铜接线鼻制作 1

图 6　铜接线鼻制作 2

5.2.7　热缩电缆终端头

将测量好长度的热缩管套入铜接线端子，热缩套管一端到铜接线鼻变扁处，另一端覆盖过线芯上热缩管切口 8cm。

5.2.8　电缆绝缘测试

电缆头制作完成后，利用 1000V 兆欧表进行电缆绝缘遥测，保证各线芯相对电阻值在 50MΩ 以上。

6　材料与设备

（1）主要材料：铜芯柔性铝护套矿物绝缘防火电缆（BTLY）、热缩套（热缩指套）、16mm² 镀锌铜编织带、铜接线鼻。

（2）主要设备详见表 1：

表 1　机具设备表

序号	机具设备名称	数量	单位	用途
1	分体式液压钳	1	把	压接电缆铜接线鼻
2	1000V 兆欧表	1	台	用于电缆绝缘遥测
3	电热风枪	1	台	使热缩套受热后收缩
4	电工刀	1	把	将电缆外低烟无卤层切口、切除填充物
5	直推式金属管割刀	1	把	将电缆金属护套层切断
6	尖嘴钳	1	把	修整金属护套层切口的毛刺与翻边
7	锉刀	1	把	锉除铜接线鼻压接的毛刺、棱角
8	卷尺	1	把	—
9	防水胶带	1	卷	—
10	塑料扎带	1	包	—

7　质量控制

（1）本工法执行的主要标准是《建筑电气工程施工质量验收规范》（GB 50303—2015）及《建筑工程施工质量评价标准》（GB/T 50375—2016）。

（2）项目部应建立完善的质量保证制度，严格执行 ISO 9001：2015 质量管理体系的规定。

（3）电缆头制作安装时，应注意金属护套层切口的处理，以防刮破绝缘层，导致线芯对地绝缘达不到要求。

（4）电缆头制作对环境要求不高，但是电缆头不能在水里浸泡，且安装步骤需要紧凑。在热缩固定带矿物绝缘层的铜导体之前，对着电缆切口处吹热风 30s，以除去空气中侵入矿物绝缘层的水分。

（5）电缆线芯在屏柜内弯曲和固定时，注意线芯热缩管不能被折破及刮伤。

8　安全措施

（1）项目部需建立完善的现场施工安全保证体系，加强施工作业中的安全检查，确保施工工艺达到国家标准。

（2）临时用电必须符合《施工现场临时用电安全技术规范》（JGJ 46—2005），施工现场照明设施齐全。

（3）制作安装电缆头时，电缆接线端屏柜禁止带电运行。

（4）回路送电之前，必须再次进行电缆绝缘遥测，防止远端有人偷窃电缆或其他操作而触电。

9　环保措施

（1）裁剪的线芯短料以及剥离的绝缘层等垃圾，应及时清理，分类回收，做到工完料清，工完场清。

（2）正确使用分体式液压钳，降低其油料的渗漏，保护环境。

10　效益分析

（1）经济效益：本工法能高效地完成电缆头的制作安装，提高施工企业效益。较传统的矿物绝缘电缆头制作，本工法施工更加简便，避免了施工现场动用明火，防止火灾发生。同时也能够确保电缆头的防水、防潮和绝缘等性能，保证电缆长时间可靠运行。

（2）社会效益：本工法是根据铜芯柔性铝护套矿物绝缘防火电缆（BTLY）的特性，通过多种实验，总结出来的新型工艺，实用效果较好，推广前景广阔，社会效益显著。

（3）环保效益：本工法较传统的矿物绝缘电缆头电缆制作简便，避免了施工现场动用明火，减少二氧化碳排放。

（4）节能效益：本工法较传统的矿物绝缘电缆头电缆制作简便，利用电力作为施工用清洁能源，避免了施工现场动用明火，节约了燃料。

11　应用实例

本工法应用于万博汇名邸三期机电安装工程、佛山市保利东瑞花园机电安装工程、中国人寿数据中心机电安装工程，经过时间的检验，电缆头具有良好的防水防潮性能，且有利于电缆的长期带电运行，效果显著，取得良好的经济效益与社会效益。

电梯无线传输器安装施工工法

曾仙道　曾君文　刘　毅　朱振兴　刘林鑫

湖南省第三工程有限公司

摘　要：本工法针对楼宇电梯内无线通信设备及数字化音视频设备安装施工，解决了电梯内安装应用第三方设备传输采用有线故障高、维护成本高等问题，保证信号传输的不中断并可提供网络覆盖等功能。

关键词：电梯；无线传输器；数字化视频设备；信号传输

1　前言

当今时代随着高层建筑的日益增多和建筑设计的档次的提高，使得人们对电梯的要求也越来越高。目前已不仅限于要求电梯搭乘快速、舒适，制造坚固，装潢考究，人们对电梯的安全可靠性正提出越来越高的要求，为此电梯正朝着控制智能化的方向发展。传统的电梯内安装音视频系统是采用电梯专用视频线来传输电梯内的音视频信号，可随着时间的推移，在使用的次数越来越多的情况下，用户普遍反映，电梯视频传输线，一般超过半年时间，线路开始脱皮有的甚至折断不能使用，而更换这套线路是非常复杂的工作，费时费力。现在我们将电梯信号传输方式采用无线传输，特将该施工工艺及方法总结并形成本施工工法。

2　工法特点

（1）架设灵活，便于安装，避免了因电梯井里的强电磁场及各种通信信号放大器干扰，也避免了电梯上下运动所造成的线缆破损导致的音视频信号模糊或中断。

（2）传输带宽高，符合传输高清数据的要求。

（3）综合成本低，安装施工效率高，稳定，持久耐用，无后顾之忧。

（4）管理方便，易于维护，节省维修费用。

3　适用范围

本工法适用于电梯无线音视频等数字信号传输的安装工程。

4　工艺原理

无线数字信号远程传输系统是由信号采集端（发送端）、传输部分、后端控制三大部分构成。将系统前端设备（包括摄像机、拾音器、云台等）和无线传输器发射天线、发射器等设备安装在前端（电梯轿厢顶端）。无线转输器、接收天线、接收器安装在电梯井顶部。发射器、接收器安装完成后并相互对准；通过大楼内综合布线网络传送至后端控制中心，控制中心可以通过该综合传输链路及系统设备对前端信号进行采集及处理。

5　工艺流程及操作要点

5.1　施工工艺流程

施工准备→设备检查及单体调试→无线传输器的安装→前端信号采集设备的安装→后端控制设备及附属件的安装→设备联调测试验收。

5.2　操作要点

5.2.1　施工准备

（1）做好前期现场的勘察。

（2）根据现场勘察综合分析，对现场的情况做一个详细的方案规划：

①根据项目及电梯设备本身安装的实际情况，确定现场设备的布置，确保设备安装及使用能够达到最佳效果，同时确定好项目的信号接入控制室。

②设备的选型。无线传输器根据现场传输的距离确定，数字摄像机均可选用数字飞碟型摄像机或数字全景型摄像机。

5.2.2　设备检查及单体调试

（1）设备器材在开箱检验时，应做好外观检查，按照装箱单核对设备器材的品种、规格和数量。各配件齐全、位置正确，铭牌、标志清楚，合格证、出厂测试记录和各种附属配线齐全。

（2）设备单体配置调试。

①选择好无线的传输方式，如点对点或点对多点。

②设备模式选择，通常选择802.11a/802.11b/802.11g的标准模式。

③做好设备IP的配置，需将设备配置在同一IP段内，如192.168.10.*（2-255）。

④设置设备传输图像的标准及设备名称标题。

5.2.3　无线传输器的安装

（1）安装或选定好固定支架。

（2）松开无线传输器后的U形卡口或者其他类型的卡口，将无线传输器固定在选定好的位置上，前端无线传输器发射端在电梯轿厢顶部选择固定位置安装，后端无线传输器接收端安装固定于电梯井顶部。

（3）通常从美观、安全、安装、维护、走线等方面综合考虑，将在无线传输器就近安装一配线箱（根据安装环境选择尺寸大小），用于安装供电模块，然后根据长度，在无线传输器与供电模块之间布一根五类线（UTP5），两边至少都留下1m的余量。

（4）根据要求，给五类线（UTP5）两头压制水晶头，一般都是直通线缆，而且两边都按568A的标准压制。直通线的压线方式按照以下方式：橙白｜橙　绿白｜蓝　蓝白｜绿　棕白｜棕。

（5）将压制好的网线两头分别插入无线传输器和供电模块，注意无线传输器的接口处一般都会有紧固接头，一定要拧紧。供电模块上一般会有两个RJ45接口，一个是连接无线传输器的，另外一个是连接终端的，注意按照说明书区分。

（6）再根据现场实际要求压制一根直通线或者交叉线，将供电模块POE与终端（在前端接入摄像机信号、后端接入存储控制主机设备）连接起来。

（7）接着进行无线传输器的设置，一是方式选择：如点对点（point to point）或者点对多点（point to multipoint）的选择等，此应用选择点对点；二是模式选择：一般都是802.11a/802.11b/802.11g的选择；三是IP设置：一般需要将两端无线传输器的IP设置在同一网段之内；四是对端选择：一般需要将对端的ID添加到本端列表内。

（8）最后进行信号调试，因为无线传输器信号的好坏直接关系到链路的带宽和稳定性，所以安装完成之后必须进行无线传输器信号的进一步调试（可以通过调节两边天线方向，俯仰角等方式达到调节信号强度的目的）。一般无线传输器信号强度有以下几种显示方式：

信号灯显示，信号越强，信号灯亮得越多。

蜂鸣器显示，信号越强，蜂鸣器鸣声越急促。

软件查看。

按照具体的安装环境及说明，将无线传输器的信号调试至一个最好状态。

5.2.4　前端信号采集设备的安装

（1）对于大楼电梯，现在主要采用的有高清摄像机、拾音器等，须按照严格要求进行安装调试工作，安装位置在电梯轿厢顶部左上方。

（2）根据环境和安全性、美观性等出发，选用专用型或微小型摄像机及抗干扰型拾音器。

（3）做好信号接口的处理，前端采集设备信号输出端口、电源输入端口等均比较重要，安装时应尽量做好防氧化处理，以免日后出现不稳定、图像丢失等现象，同时做好接地处理。

5.2.5　附属件的安装

（1）电梯井及电梯轿厢等部位环境均特殊，所用的各种线缆在连接线路时注意接头的地方要做好细部处理，节点处不要有暴露的金属丝，以防短路，引发本身系统故障，导致电梯故障。

（2）在施工中必须增加接地保护，有效地防止漏电。

5.2.6　设备联调测试验收

（1）分体设备安装完成后，首先进行无线传输器的测试，再接入高清数字摄像机信号，进行设备间联调，通过在项目的控制中心对图像信号进行测试，保证图像传送的稳定性。

（2）联调测试通过后，达到使用效果，可按需求再进行远程视频信息对接调试，能够使图像信号稳定地进行远程传送，同时做好安装调试记录，即完成安装验收。

6　材料与设备

6.1　材料

材料主要有无线传输器、超五类网线、数字视频设备等。

6.2　设备

设备主要采用网络测试仪、压线钳、RJ45 打线工具、计算机（PC）、扳手、钳子等。

7　质量控制

7.1　主要标准

可扩充式验证协议 IEEE 802.1x 与 EAP（Extensible Authentication Protocol）。

7.2　质量控制标准

（1）安装位置应牢固、稳定。

（2）线路接头应制作正确、接续稳固。

（3）做好防雷击。

8　安全措施

8.1　应遵守的相关安全规范及标准

《施工现场临时用电安全技术规范》(JGJ 46—2005)。

《建筑机械使用安全技术规程》(JGJ 33—2012)。

《建筑施工安全检查标准》(JGJ 59—2011)。

《建筑施工高处作业安全技术规范》(JGJ 80—2016)。

8.2　对安装人员的素质要求

具有从事 CCTV 系统安装的资格证书。

具有从事高处作业的资格证书。

具有低压布线和低压电子线路接线的基础知识和操作技能。

了解并熟悉产品的使用说明。

8.3　对工具设备及现场机械设备熟悉的要求

使用合适的工具设备及适合安装地点和设备安装方式的安全机械设备。

工具设备具有良好的安全性能。

对电梯设备的安全性能熟悉。

9 环保措施

（1）应严格遵守国家、地方及行业标准、规范：

《建筑施工现场环境与卫生标准》(JGJ 146—2013)。

《建筑施工场界环境噪声排放标准》(GB 12523—2011)。

（2）施工现场组织文明施工，树立环保意识。

（3）确保施工现场无噪声、无尘土、工完场清。

（4）施工余料分类堆放整齐，并按当地环境部门要求及时进行妥善处理。

10 效益分析

与传统电梯内敷设线路做法相比，其效益分析见表1。

表1 有线与无线方案效益分析对比

名称	有线方案	无线方案
施工难度	跟随电梯随行电缆敷设线路，施工难度大	在电梯轿厢顶部及电梯井顶部固定设备即可，施工简易
施工周期	施工周期长，现场难度大的情况需要延长工期	施工周期短。设备和传输器固定完，调试好天线角度即可。非常简洁、方便
设备复用	一次性投入一次性使用，一旦出现线路故障需要重新布线	一次性投入多次复用
扩展性	有线方式扩展性较弱，增加或变更节点时需要重敷或增敷布线	可扩展性强，可随意变更点位或增加点位，网络结构不改变
安全性	施工中人员需至轿厢底部，作业危险源多，安全性低	进行接收、发射端设备安装即可，施工作业部位相对较安全
维护费用	线缆与随行电缆敷设，易破坏，维护费用高	维护费用非常低廉
网络速率	有线提供100Mbps网络带宽	提供300Mbps最大网络速率，最大双向容量百兆以上

本工法工序简化、操作方便、施工周期短、维护费用非常低廉，其综合经济效益和社会效益显著，特别是能对电梯内提供网络服务，发生电梯故障等紧急情况时，可通过手机联系，为应急救援提供很好的通信环境，可在相同应用条件下广泛的推广和应用。

11 应用实例

（1）湖南地泰御和苑智能化项目，位于长沙市万家丽路，本工程共计电梯12台，电梯采用无线传输器应用于音视频的传输，该工程于2014年11月完工验收，自交付使用至今，使用效果良好，工程质量优良，获得业主、监理等的一致好评。

（2）湖南地质大厦智能化项目，8台电梯采用无线传输器应用于音视频的传输，该工程于2016年11月完工验收，自交付使用至今，使用效果良好，工程质量优良，获得业主、监理等的一致好评。

地铁车站智能疏散指示系统安装施工工法

刘望云

湖南天禹设备安装有限公司

摘　要：疏散指示系统在消防安全系统中有着重要作用，智能疏散系统与消防报警设备联动，获悉现场火警信息，动态调整逃生方向，使逃生人员安全、准确、迅速地选择安全通道逃生；同时，对底层设备 24h 不间断的故障巡检，无须投入大量人力、物力。该系统实现了将以往独立型标志灯“就近引导逃生”转化为“动态安全避烟逃生”，将人工日常维护转化为系统智能维护，适用于轻轨车站、高铁车站、大型公共场所、高层建筑等的消防安全工程。

关键词：智能疏散；指示系统；动态调整；故障巡检

1　前言

地铁作为大运量的城市轨道交通工具，近年来，随着我国地铁项目的建设，其运营的安全性已引起大众的普遍关注。其中消防安全系统在安全运营中发挥着重要作用，而智能疏散指示系统更是保障人员安全疏散不可或缺的组成部分。

智能疏散系统将以往独立型标志灯“就近引导逃生”的理念转化为“动态安全避烟逃生”的理念，将人工日常维护的理念转化为系统智能维护的理念。系统与消防报警设备联动，获悉现场火警信息，动态调整逃生方向，使逃生人员安全、准确、迅速地选择安全通道逃生，这种方式下引导人员逃生，使得整个疏散系统逃生通道的选择有章可循，避免逃生人员进入烟雾弥漫的区域。此外，系统解决了以往独立型应急标志灯日常维护检修的难题，提高了区域的安全系数，具备对底层设备 24h 不间断的故障巡检功能，以及声光主报故障点及定位故障点的功能，减少了人工维护所需的大量人力、物力，并保证了整个系统时刻运行在最佳状态，避免火灾发生时的逃生盲区。

智能疏散系统采用集中监控方式，通过信息技术、计算机技术和自动控制技术，对疏散标志灯实时监视和控制，达到安全疏散智能化和对疏散箭头指示标志灯、疏散出口指示灯等集中维护的目的。

2　本工法特点

本工法注重施工顺序的合理化安排，注重场地的合理化分配，注重施工规范的严格执行和施工流程的控制，注重协调沟通的重要性，注重抢工的科学性。通过对施工工序的合理化安排、施工场地的规范化管理达到缩短工期，提高施工质量的目的。解决了在狭小空间、狭小场地下，材料的运输问题和多专业、多家施工单位同时作业的施工协调配合问题。

3　适用范围

本工法适用于城市地铁智能疏散指示系统安装工程，尤其是闹市区的地下车站智能疏散指示系统安装。同时可适用于轻轨车站、高铁车站、大型公共场所、高层建筑等工程的智能疏散指示及应急照明系统安装和调试施工。

4　车站智能疏散指示系统设计原则

智能疏散指示系统控制主机设在车控室，由车控室双切箱供电。通信中继设备设在车站两端的照明配电室内，由控制主机馈出一路通信总线把所有的通信中继设备串接起来；通信中继设备由就近一级负荷电源切换箱供电。每个通信中继设备到疏散指示或安全出口标志灯的供电距离不超过 150m，每个通信中继设备最多不超过 8 个指示灯。系统在正常情况下，与火灾报警系统保持连接，时刻准备接收火灾报警联动信号，在收到火灾报警信号后，系统会自动进入智能应急指示模式，或可以由值班人员控制进入人工干预模式，控制地铁内所有疏散指示或安全出口标志灯的工作状态。

5　车站智能疏散指示系统的构成

智能疏散系统由智能疏散主机、中继通信电源、疏散指示标志灯具组成。

5.1　智能疏散主机

主机由交互式操作软件支持，实时解析底层设备的工作状态，接受来自消防报警系统的火警联动信号。在日常维护过程中声光报警显示各种设备故障信息，具备日志的查询、记录功能；在火灾发生时，根据火灾联动信号选择相应的应急预案，启动各类应急疏散指示灯。

5.2　中继通信电源

中继通信电源作为系统内为灯具供电的设备，同时具备信号分支通信，接受主机的巡检控制、供电回路的电气隔离、回路智能控制、回路信号汇集、加快主机对底层灯具的巡检速度，降低信号干扰，改善通信质量等功能。

5.3　疏散指示标志灯具

疏散指示标志灯具由主机控制，具有独立地址，采用高亮点阵 LED 显示技术，可以显示各种文字和图形，具备绿色 LED 显示和两级亮度控制，在正常情况下，低亮度显示；在报警情况下采用高亮度显示，利用文字、图形及采用切屏显示、滚屏显示和闪烁显示灯，能够醒目地显示火灾报警信息及疏散提示信息，具有明显的报警和指示作用

6　工艺流程图

深化设计及施工准备→施工、作业人员培训→安全 / 技术交底→配合装修配管、配盒→线管、线盒接地→导线、电缆敷设→中继设备安装→装修面预留灯具孔洞→疏散指示灯具底盒安装→疏散指示灯具安装→智能疏散指示主机安装→智能疏散指示系统调试→消防系统调试→整体联调联试→检测、验收、交付。

7　施工要点

7.1　电气配管

暗配管埋入混凝土内的管子离表面的净距离不应小于 15mm。进入落地式箱（柜）的电线管应排列整齐，管口高于基础，并不小于 50mm。明配管弯曲半径不应小于管外径的 6 倍。埋设于地下混凝土内、楼板内应不小于管外径的 10 倍。在电线管满足下列条件时，中间应加装接线盒和分线盒：①管长超过 45m，无弯曲时；②管长超过 30m，有一个弯曲时；③管长超过 20m，有两个弯曲时；④管长超过 12m，有三个弯曲时。水平和垂直敷设的明配管允许偏差 3mm/2m，全长偏差不大于管子外径的 1/2。注意明管敷设前喷刷防火漆。

7.2　管路跨接

本系统中吊顶内或明敷设的管路，需用铜导线连接成一连续导体，并与接地干线相连。管路的跨接采用 $2.5mm^2$ 以上铜导线，将导线两端剥皮，分别缠绕在两根相接的管子端头处（离管口约 100mm），缠绕应不少于 7 圈，用专用接地卡子将导线紧固于管子上（图 1）。

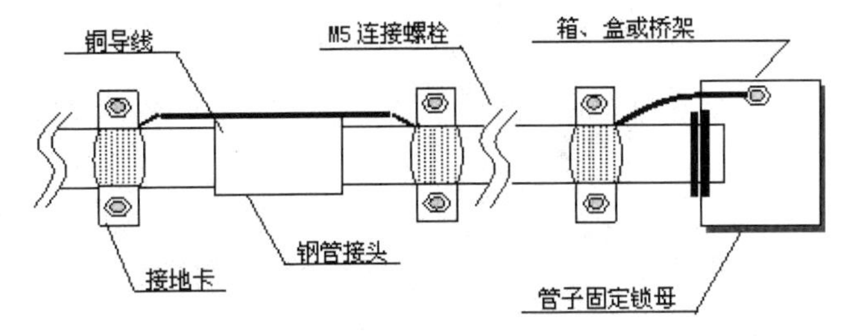

图 1　管路接地示意图

7.3　电气配线

（1）智能疏散指示灯具电源线：WDZBN-BYJ-2*2.5
（2）智能疏散指示灯具信号线：WDZBN-RVSP-2*1.5
以上两项同管敷设（SC25）。

注：智能疏散系统的回路负载智能疏散指示灯具不得超过 8 个。

（3）智能疏散指示灯具信号总线：WDZBN-RVSP-3*1.5；单管敷设（SC20）。

注：智能疏散系统的信号总线不得超过 300m。

（4）中继设备、智能疏散主机：WDZBN-BYJ-3*2.5。

（5）智能疏散指示主机联网信号总线：RS485 单管敷设（SC20）。

（6）智能疏散指示灯具接线见图 2。

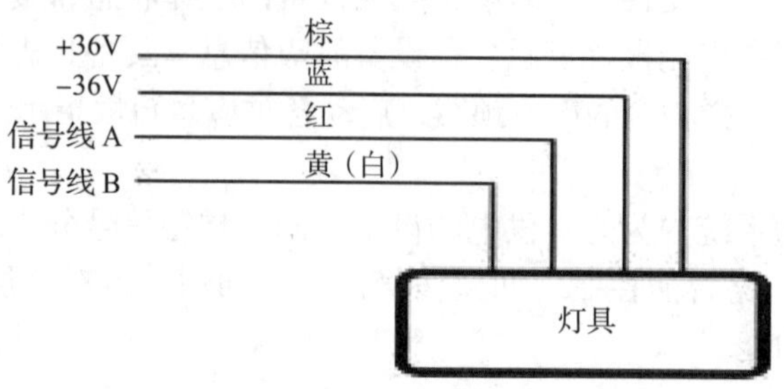

图 2　灯具接线示意图

7.4　导线、电缆接头处理

（1）中继设备、主机的电源线连接（单股铜芯线连接）：清除线芯表面氧化层，将两线芯作 X 形交叉，并互绞绕 2 ～ 3 圈，再扳直线头。将扳直的两线头向两边各紧密绕 6 ～ 10 圈，切除余下线头并钳平线头末端（图 3）。

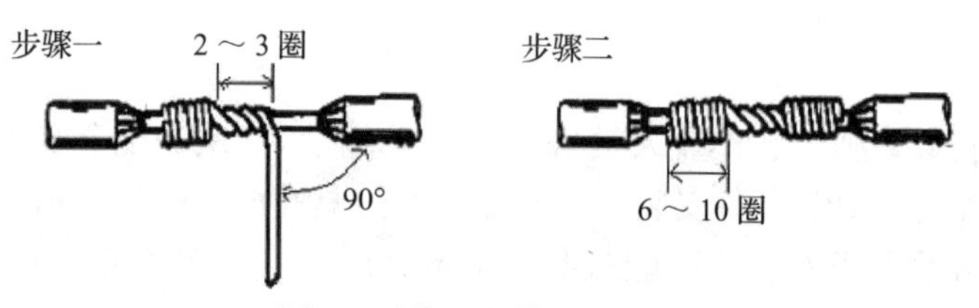

图 3　导线、电缆接头示意

（2）信号总连接：对接两线端分别去皮约 7cm 处分线叉开呈喇叭口状，两线各辫交叉对接（一般分成三份），分别在两边将各辫缠绕扎实，各缠绕线尾应与接力缠绕线顺合，将多余线尾剪断以使缠绕线表面顺滑、紧固（图 4）。

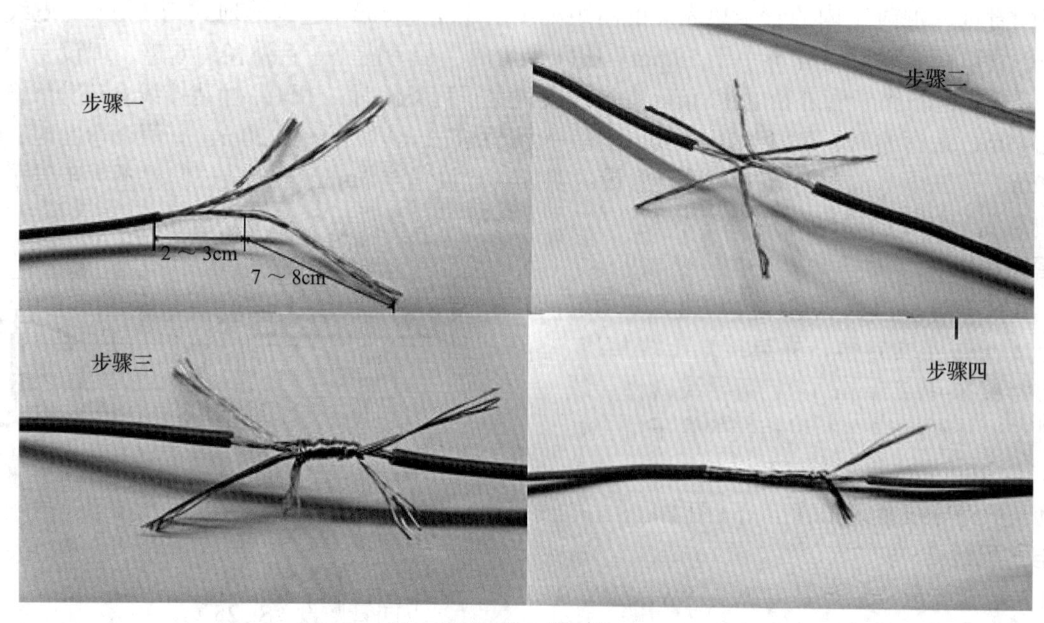

图 4　多股铜芯线连接方法

（3）疏散指示灯电源线连接：同中继设备、主机电源线的连接。

（4）疏散指示灯信号线连接：信号线采用低烟无卤屏蔽双绞线为软线，在连接时注意毛刺，避免其像针一样刺穿绝缘电工胶布，造成信号线短路或者接地。在连接过程中，为使灯具信号线连接紧固按如下步骤进行操作：

步骤一：将信号干线前段、后端及灯具信号线去皮6～8cm，把信号干线前端与灯具信号线拧成一股，并将其紧密绕在信号干线后端上。

步骤二：缠绕完成后，将信号干线后端弯曲，并剪掉多余的线头（图5）。

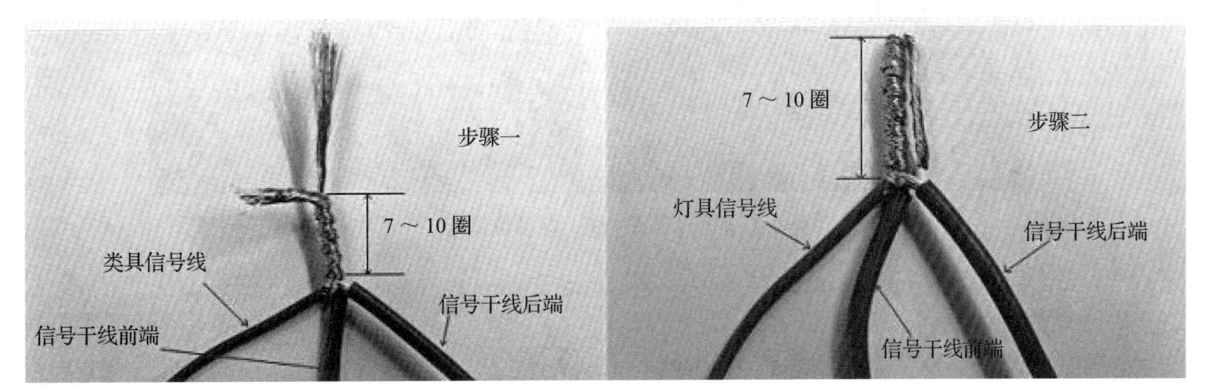

图5　多股铜芯线与灯具信号线连接方法

（5）接头连接完成后的处理：导线连接好以后还应进行锡焊处理，焊点要成型牢固可靠、圆滑光亮，成半球（图6），焊接好后再用电工绝缘胶带将接头部分完全覆盖3层，做好绝缘处理，地埋灯必须使用防水胶带。注意在布线时，切忌在中间接线头，尽量将接线头引到设备连接处，如果有分支接线中间必须用接线盒，线头的处理采用锡焊、包绝缘电工胶和防水胶，接头要接牢固，防水胶要缠紧并套管，不得铜丝外露。

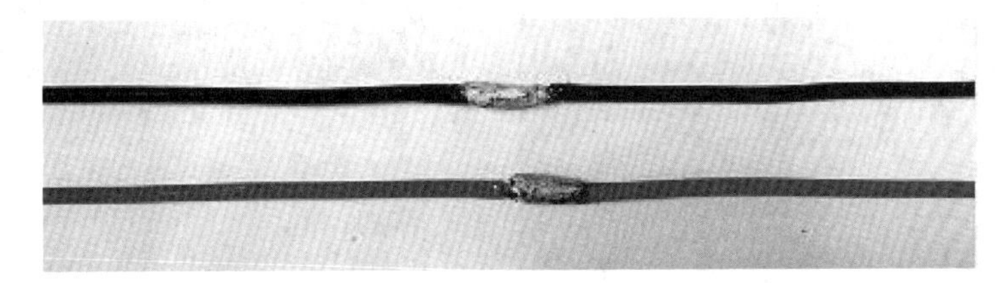

图6　接头连接方法

7.5　线路检查

（1）灯具连接线的检查：某个回路或某一层的灯具连接后，再目视检查灯具的通信线和灯具的电源线是否接错、交叉。在灯具电源线、通信线都未借入中继电源控制器的情况下，满足以下条件，则表示灯具连接线无故障。

检查灯具连接线方法如下：

①用万用表检查灯具电源线总线两端电阻是否大于400kΩ。

②用万用表信号线总线两端电源不大于7kΩ（灯具越多，电阻越少）。

③用万用表分别检测中继设备电源线和信号线的电阻（电源线正极对信号线正极，电源线正极对信号线负极，电源线负极对信号线正极，电源线负极对信号线负极），电阻值应大于400kΩ。

（2）检查对地电阻

①用万用表一个表头接电源总线正/负极，另一个表头接地，绝缘电阻大于50Ω。

②用万用表一个表头接信号总线正/负极，另一个表头接地，绝缘电阻大于50Ω。

7.6　灯具安装

（1）灯具安装前与装修单位协商布置装修面灯具点位图。

墙装修面和柱装修面安装高度为：离装修成型地面 500mm（图 7）。

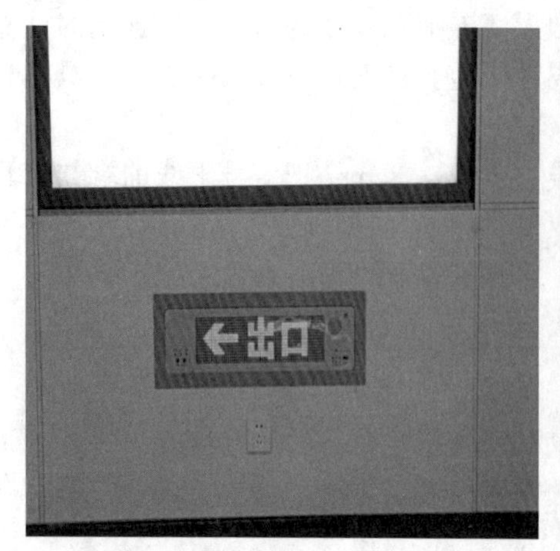

图 7　墙、柱上灯具位置

（2）安全出口门框上 300mm 吊挂或壁装（图 8）。

7.7　中继电源设备安装

中继电源设备安装在强电井或照明配电室（长沙地铁 2 号线安装于各地铁站的站厅层和站台层两端配电室）。

长沙地铁 2 号线站厅层和站台层灯具回路原设计为各灯具回路采用线管敷设进入中继电源设备，我方优化设计为 100 × 50 的防火镀锌桥架既实用又美观（图 9）。

图 8　安全门框上灯具安装位置

图 9　中继电源设备安装

通电检查（电源线接入中继电源设备，电源开关打开）：

（1）通电检查电路：用万用表检测中继电源设备 24V 电源输出端的电压是否为 24V，或者在最后一个灯具处，测量电源总线电压是否为 20V 以上。若中继设备电源输出端电压低于 24V，电源总线电压低于 20V 以上，则表示该回路中出现了漏电现象，则表示线路连接有故障或者灯具是否超多。

（2）系统通电后，对疏散系统各设备进行下列功能检查：

疏散控制主机、中继电源设备：

①疏散控制器、中继电源设备的自检、巡检功能。

②疏散控制器、中继电源设备的消音、复位功能。

③疏散控制器、中继电源设备的故障报警功能。

④疏散控制器、中继电源设备的火灾报警优先功能。

⑤疏散控制器电源、中继电源设备自动切换和备用电源自动充电功能。

疏散指示灯：

①疏散指示灯的自检功能。

②疏散指示灯的消声、复位、频闪功能。

③疏散指示灯的故障报警功能。

④疏散指示灯的火灾报警优先功能（紧急状态，疏散标识方向正确更新）。

灯具通电检查无故障后，对各中继电源设备的灯具回路进行地址编码。

7.8　智能疏散指示系统主机安装

长沙地铁 2 号线每个地铁站均设置一台壁挂式疏散控制主机，安装于地铁站站厅层车控室消防控制主机附近，用 485 屏蔽线与消防控制机联网，实现与消防系统联动控制。

8　系统调试及联动调试

8.1　智能疏散指示系统单体系统调试

消防应急照明和疏散指示系统调试，应在系统施工后进行。调试前应编制调试方案，并按调试程序执行。

（1）设备的规格、型号、数量、备品、备件按设计技术要求检验。

（2）系统施工质量按规范要求检查，对于错线、开路、短路、绝缘制订相应的处理措施。

（3）分次逐一连接开通单条疏散回路，测试每个回路的通电、通信情况，检测各回路的电压、信号是否正常、稳定。

（4）应急照明控制器、应急照明配电箱分别进行单机通电检查。

（5）检查所有应急消防标志灯安装位置和标志信息上的箭头指示方向是否与实体疏散方向相符。

（6）导向光流的标志灯转入应急工作状态，其光流导向与设计的疏散方向相同，使有语音指示的标志灯转入应急工作状态，其语音应与设计相符。

（7）逐个切断各区域应急配电箱或应急照明集中电源的分配电箱，该配电箱或分配电箱供电的消防应急灯具应在 5s 内转入应急工作状态。

（8）对于设计有联运控制功能的消防应急照明和疏散指示系统，输入联运控制信号，系统内消防应急灯具应在 5s 内转入与联运控制信号相对应的工作状态，并应发出联动反馈信号。

（9）检查在主电工作和应急工作状态下，观察应急照明集中电源的主电电压、电池电压、输出电压、电流、主电显示、充电显示灯具是否与生产企业的技术说明相符，断开主电电源；应急照明集中电源和该电源供电所有消防应急灯具均应转入应急工作状态，应急工作时间应不小于系统自身标称的应急工作时间。

（10）应急照明控制器应能控制任何消防应急灯具从主电工作状态转入应急状态，并有相应的转入应急状态的时间。检查应急照明控制器是否有防止非专业人员操作的功能。

（11）断开任一消防应急灯具与应急照明控制器间连接，应急照明控制器应发出声光故障信号，并显示故障部位，故障存在期间，操作应急照明控制器应能控制与此故障无关的消防应急灯具转入应急工作状态。

（12）断开控制器的主电源、控制口在备电工作时，各种控制功能应不受影响，且能工作 2h 以上。

（13）关闭控制器的主程序，系统内消防应急灯具应能按设计联动逻辑转入应急工作状态。

8.2　消防等智能集成系统整体联调

智能疏散系统调试完成合格后，消防等智能集成系统整体联调前，根据消防防火分区划分疏散分区，制订疏散方案。

（1）在消防等智能集成系统联调中检测疏散系统设备控制主机、中继电源设备及末端疏散灯具接收报警信号反馈，接收及系统启动时间是否符合规范和技术要求。

（2）检测控制主机、中继电源设备是否启动应急备用状态并报警。

（3）检测末端疏散指示灯具在紧急区域的紧急状态下疏散标识方向是否符合制定的疏散方案中的应急疏散方向及逃生线路，并发出语音报警提示。

（4）检测疏散设备在紧急状态撤消后是否恢复正常状态。

9　工法应用实例

本工法的关键为：疏散方案的编制和系统的联调，现以工法实例长沙市地铁 2 号线车站区疏散方案予以说明。

9.1　地铁车站智能疏散指示系统概况

以长沙市地铁 2 号线袁家岭广场站为例，在车站站厅及站台两端各设置配电室 1 间，承担本层智能疏散供用需求。袁家岭标准站设有中继通信电源 17 个，分别放于 4 间配电室内，完成相应区域功能，智能疏散系统主机放置于车站控制室。

9.2　疏散分区划分

袁家岭广场站共划分为 6 个防火分区，站厅层 3 个防火分区，其中 A 端设备区为第一防火分区，站厅公共区为第二防火分区，B 端设备区为第三防火分区；站台层 3 个防火分区，其中 A 端设备区为第四和第五防火分区，站台层公共区与站厅层公共区合为第二防火分区，B 端设备区为第六防火分区；站厅层公共区分 4 个主通道口，站台层公共区分 2 个安全通道。疏散分区的划分：综合袁家岭站公共区防火分区情况，根据智能疏散原则，结合袁家岭站公共区平面图纸（图 10），在站厅层公共区与站台层公共区合为第二防火分区的情况下，共设有 23 个疏散分区，站厅层公共区（不含通道口）以支柱为分区线，柱与柱之间 8m 的距离为一个疏散分区，设有 11 个疏散分区，通道口以转弯处为分区线，每个通道口各设有 2 个疏散分区，共设有 8 个疏散分区，站台层公共区以安全通道中间柱为分区线，再以中电为分区线，设有 4 个疏散分区（图 11、图 12）。

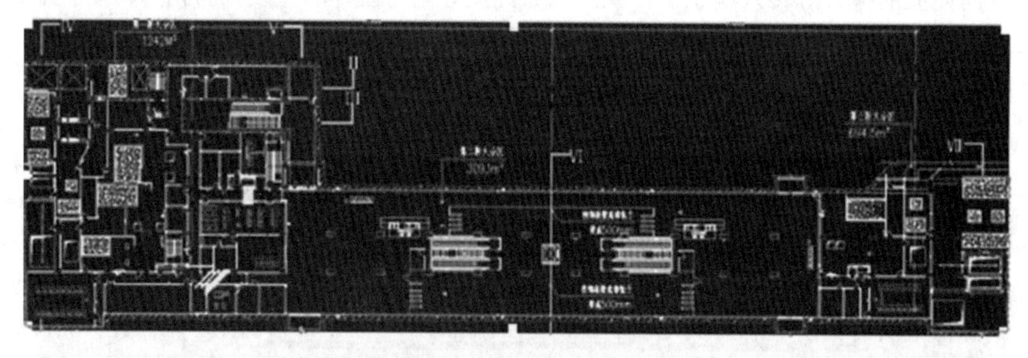

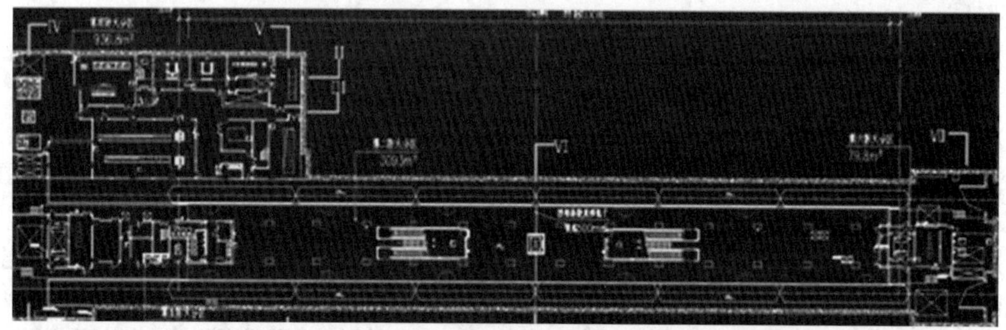

图 10　袁家岭广场站平面图

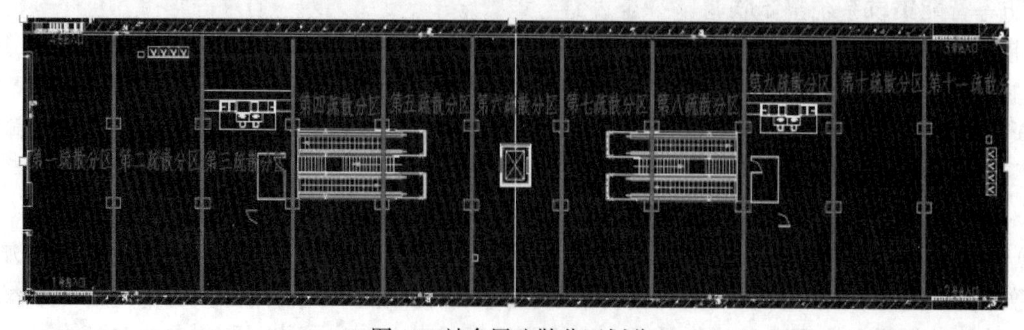

图 11　站台层疏散分区划分

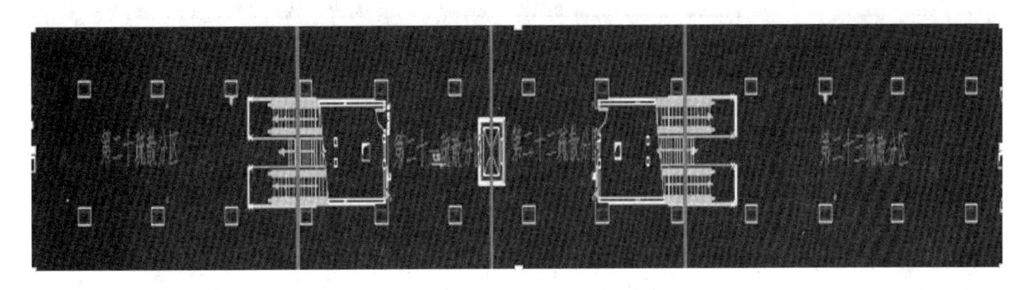

图 12　站厅层疏散分区划分

9.3　疏散方案编制

车站紧急疏散是指在紧急状况下将站内的人员（包括乘客和工作人员）疏散到安全区域。对于火灾强度较小的大型、人员密集型公共建筑，人员疏散设计的指导思想是火灾发生时允许人们先向防火设施（如防火分隔、探测灭火、烟气控制及疏散走道等）齐备、疏散指示清晰的非火灾防火分区疏散，再通过借用疏散出口到达室外最终安全地点。

站台层公共区发生紧急状况时，将站台人员通过扶梯和楼梯向上站厅层疏散、然后通过出入口向地面疏散；站厅层公共区发生紧急状况时，将站厅人员直接通过出入口向地面疏散；车站设备区发生紧急情况时，将人员通过紧急疏散通道向地面疏散或就近向相邻防火分区（公共区）疏散。

在车站出入口、站厅、站台、疏散通道、通道拐弯处、交叉口、楼梯口、防火分区末端出口处均设智能疏散指示标志灯。智能疏散指示标志灯沿疏散路线埋设，疏散箭头就近指向安全出口或安全的地方。所有智能疏散指示标志灯通过总线方式将信息汇总至系统总机。

非火灾情况时，智能疏散主机时刻监视每一只智能疏散指示标志灯的工作状态，当智能疏散指示标志灯本身或连接线路出现故障时报出故障灯的编号和地址，以便于及时进行维修；火灾时，智能疏散主机接收到来自 FAS（火灾自动报警系统）的报警位置信号后，从智能逃生路线数据库中查找出最佳疏散路线，采用高亮度显示，利用文字、图形及采用切屏显示、滚屏显示和闪烁显示灯能够醒目的显示火灾报警信息及疏散提示信息，同时通过语音提示，使逃生者能够快速的疏散到达安全出口。

随着火势的蔓延，发生新的火情时，例如当某一安全出口在火灾蔓延的过程中由安全变为不安全或有防火卷帘门将疏散通道阻断时，智能疏散主机将根据火灾的变化情况，自动形成新的最佳疏散路线，控制智能疏散指示标志灯按新情况下的疏散路线指示安全出口方向，从而形成新的安全疏散路线。

如图 13～图 22 所示，以袁家岭广场站公共区为例，示意车站公共区非火灾情况下的疏散方向和发生火灾时智能疏散所指的疏散向逃生路线。

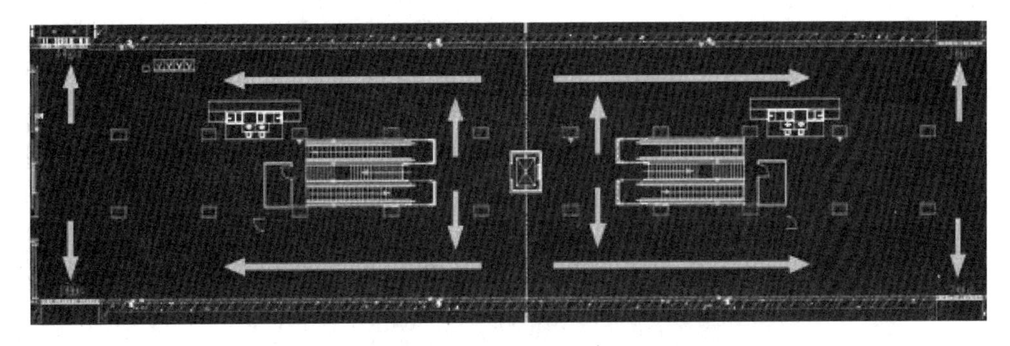

图 13　非火灾情况下站厅层公共区疏散示意图

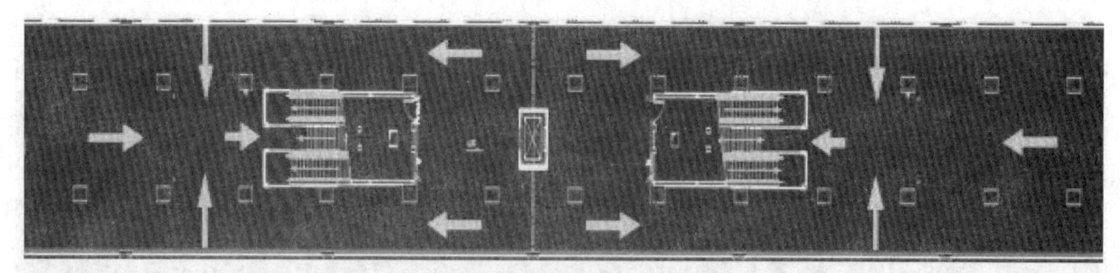

图 14 非火灾情况下站台层公共区疏散示意图

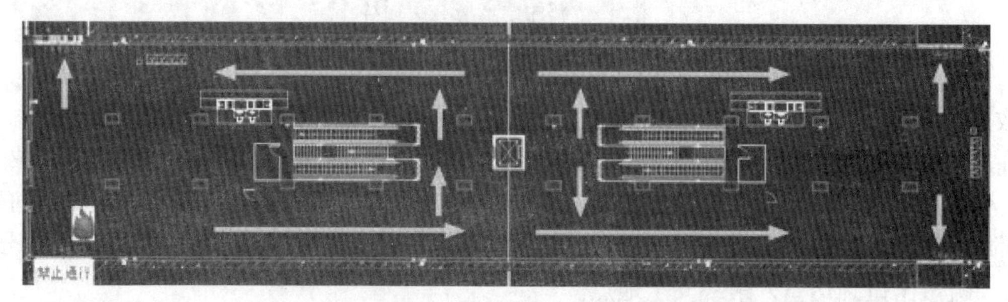

图 15 火灾情况下站厅层公共区疏散示意图Ⅰ

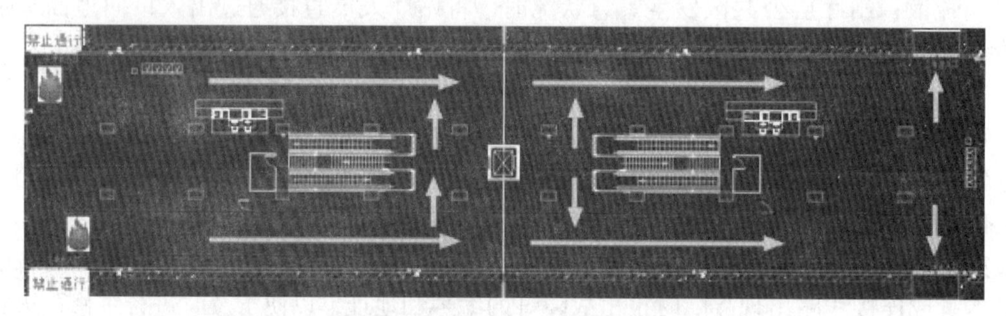

图 16 火灾情况下站厅层公共区疏散示意图Ⅱ

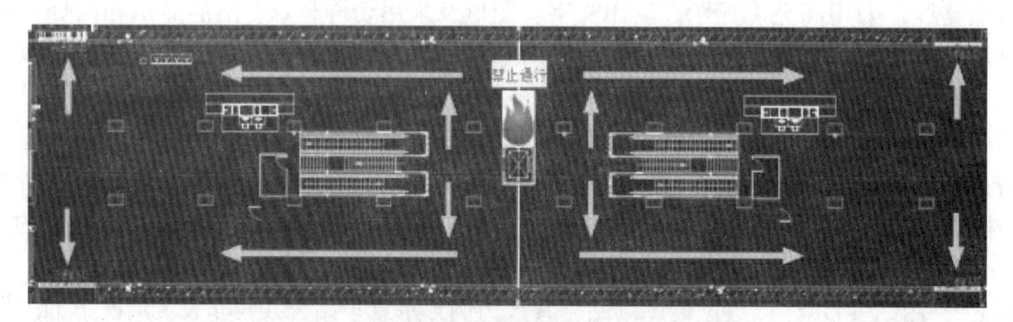

图 17 火灾情况下站厅层公共区疏散示意图Ⅲ

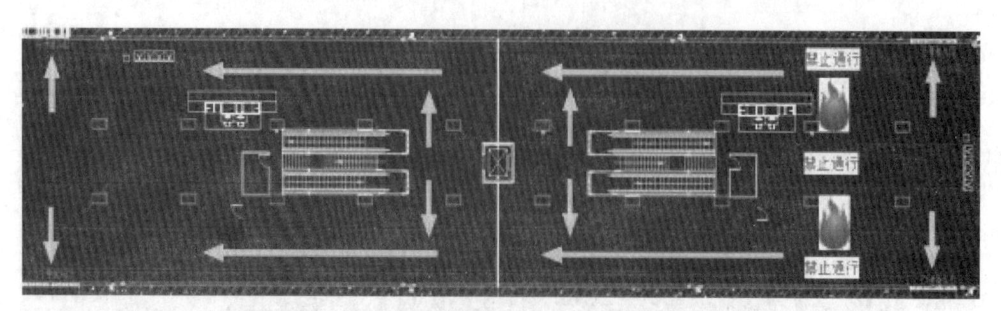

图 18 火灾情况下站厅层公共区疏散示意图Ⅳ

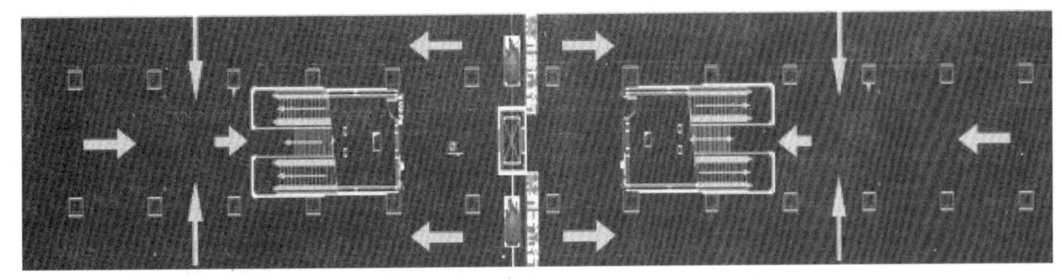

图19　火灾情况下站台层公共区疏散示意图Ⅰ

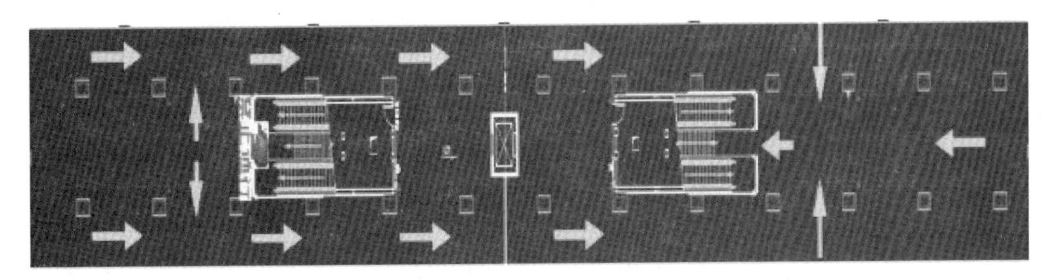

图20　火灾情况下站台层公共区疏散示意图Ⅱ

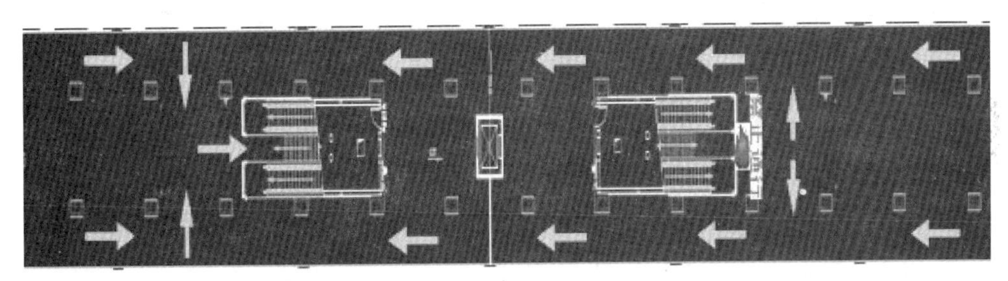

图21　火灾情况下站台层公共区疏散示意图Ⅲ

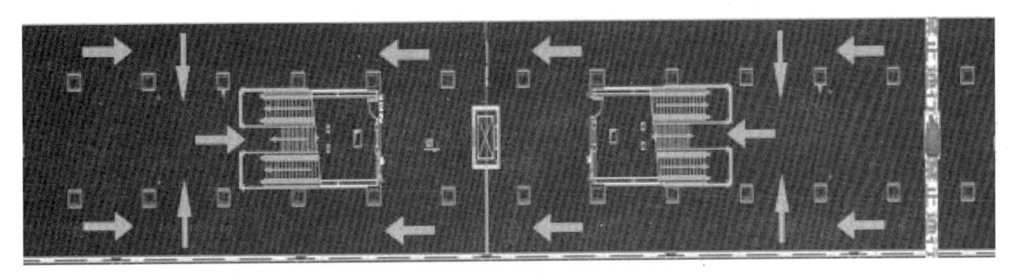

图22　火灾情况下站台层公共区疏散示意图Ⅳ

9.4　疏散预案执行

地铁车站智能疏散系统与FAS（火灾自动报警系统）有专业接口。接口位置在FAS专业FACP盘通信网关上，火灾时FAS通过通信电缆向智能疏散主机提供火灾模式指令、FAS下达火灾情况时开始执行。根据火灾区域探测器、手动按钮的编号及地址等信息，智能疏散主机判断着火点，再根据着火点位置启动最佳疏散预案。

9.5　火灾时智能疏散系统现场命令

FAS主机在收到现场火警信号时主机发出报警，同时发送信号给智能疏散主机，智能疏散控制器根据火灾报警系统发出的火灾报警信息，在2s内可控制在安全通道等处指示灯显示火灾发生的部位信息，并根据设定的预定方案对火灾发生部分进行分析，控制不同部位的指示灯显示相应正确的疏散指示信息，指引现场人员正确疏散，并做出如下动作：

智能疏散指示灯转入应急状态，按照系统指示的疏散预案执行命令。

智能疏散指示灯显示详细的着火位置。

智能疏散指示灯启动频闪功能，对危险区域的灯具方向进行调整，通向危险区域的出口应急灯具显示禁止通行，原指向危险区域的应急灯具调整为指向安全区域。

本站相隔站层的所有应急灯具进行中文语音提示“发生火灾，请按指示方向从安全出口疏散”。

参考资料

[1]《地铁设计规范》GB 50157—2013.
[2]《建筑设计防火规范》GB 50016—2006.
[3]《消防应急照明和疏散指示系统》GB 17945—2010.
[4]《城市轨道交通照明》GB/T 16275—2008.
[5]《智能型火灾报警信息显示及疏散指示系统设计、施工及验收规范》DB 43/487—2009.
[6] 湖南汇博智能疏散指示产品技术资料.

电梯设备的弱电系统随行线缆绑扎法施工工法

姚敬飞 陈奇平 文 武 刘齐清 熊进财

湖南天禹设备安装有限公司

摘 要：为了提高电梯井内随行弱电线缆使用寿命、节约线材，可从中间楼层或中间楼层上一层开墙洞将线缆敷设至电梯井内，其长度不少于电梯桥厢从进线楼层降至最低点电梯自带随行电缆的长度；然后，将线缆末端引至电梯轿厢内设备处（摄像机、扬声器、门禁等）并固定；最后，沿电梯随行电缆每隔 20 ～ 30cm 用扎带将线缆与电梯随行电缆绑扎牢固，直至线缆进电梯井处。

关键词：电梯井；弱电系统；随行线缆；绑扎

1 前言

监控摄像机头、背景音乐扬声器、电梯门禁等功能性设备现已成为电梯内智能化系统的标配，由于电梯厂家配置的电梯随行扁平电缆已不能满足需求，在很多的新建项目、改建项目中，需要单独为这些设备敷设线缆，而线缆必须绑扎在电梯随行电缆上同步运行，如网线、视频线、光纤、音频线等，线缆因电梯长时间上下运动且受力不一致，以及电梯随行电缆及弱电线缆本身热胀冷缩等影响，线缆很容易短时间内断裂，既造成运维成本增加，更有可能给电梯的正常运行带来安全隐患。本施工方法能有效提高电梯井内随行弱电线缆的使用寿命，节约线材，还能保证不影响电梯的正常运行，特总结形成工法。

2 工法特点

（1）成本低，与采用专用电梯随行扁平电缆（TVVBP）比，材料成本只是其 20%；与采用从电梯机房端敷设至电梯轿厢比，要节约 50%。

（2）可靠性高，能有效提高线缆的使用寿命，并不影响电梯的正常运行。

（3）施工简单，能有效减少施工布线周期，节约工时。

（4）绑扎牢靠，与电梯随行电缆形成整体，安装完成后整体观感好。

3 适用范围

可应用于各类客梯、货梯轿厢内监控、背景音乐、电梯门禁的综合布线。

4 工艺原理

在中间楼层或中间楼层的上一层开墙洞，将线缆敷设至电梯井内，拉进井内的线缆长度大于等于电梯桥厢从进线楼层降至最低点电梯自带随行电缆的长度。将线缆末端引至电梯轿厢内设备处（摄像机、扬声器、门禁等）并固定，然后沿电梯随行电缆每隔 20 ～ 30cm 用扎带将线缆与电梯随行电缆绑扎牢固，直至线缆进电梯井处。

5 施工工艺流程及操作要点

5.1 工艺流程

施工准备→确定进线楼层及进线长度→开墙洞→预进线→轿厢端固定→沿随行电缆绑扎→进线处固定→余线拉出电梯井。

5.2 操作要点

5.2.1 施工准备

（1）了解电梯井内导轨、导轨撑架、对重等的布置情况。

（2）材料准备：弱电线缆（视频线、广播线、网线、光纤等）、自锁式尼龙扎带等。

（3）施工机具准备：冲击钻、美工刀 / 剪刀、尖嘴钳、对讲机、安全带等。

（4）施工场地准备：电梯需停止正常运行，将开关打至手动控制档；电梯井内所有照明灯具开启，保证光线充足；将电梯轿厢缓慢降至最低层。

5.2.2 确定进线楼层及进线长度

（1）确定进线楼层：可以选择从中间层或中间层的上一层作为进入电梯井的楼层。

（2）确定进线长度：拉进电梯井内的弱电线缆预拉长度（L）大于等于电梯桥厢从进线楼层降至最低点电梯自带随行电缆的长度（L_1），$L \geqslant L_1$。

5.2.3 开墙洞

弱电线缆从电梯井外要穿进电梯井内，需要在合适的位置开电梯井墙洞，墙洞大小根据所要敷设的弱电线缆而定，开洞时注意避开电梯导轨撑架等电梯设施，避免冲击钻引进太深损坏井内的电梯设施，同时要保证线缆过洞顺畅。

5.2.4 预进线

将弱电线缆按原确定的预进线缆长度通过墙洞从电梯井外拉进电梯井内。

5.2.5 轿厢端固定

将线缆末端沿电梯轿厢处电梯随行电缆敷设至电梯轿厢内相关设备处（摄像头、扬声器、电梯门禁控制器），并进行固定和绑扎。

5.2.6 沿随行电缆绑扎

弱电线缆末端固定后，从末端开始，将弱电线缆间距 20 ～ 30cm 用自锁式尼龙扎带绑扎在电梯随行电缆上。绑扎时，需将整条弱电线缆绑扎在电梯随行电缆的同一侧，避免与其绞缠；两个相临扎带间弱电线缆需作 3cm 冗余。

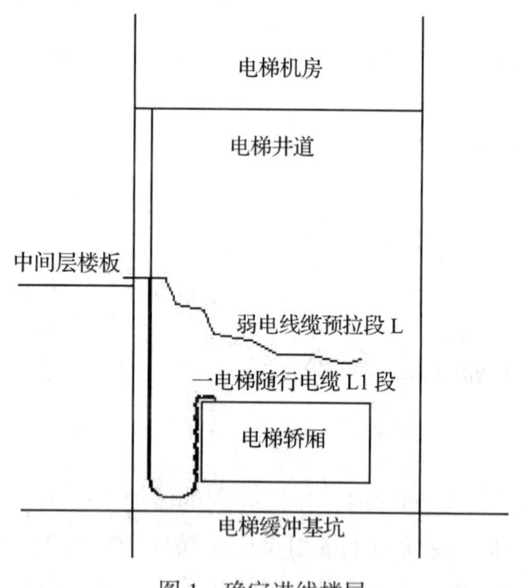

图 1　确定进线楼层

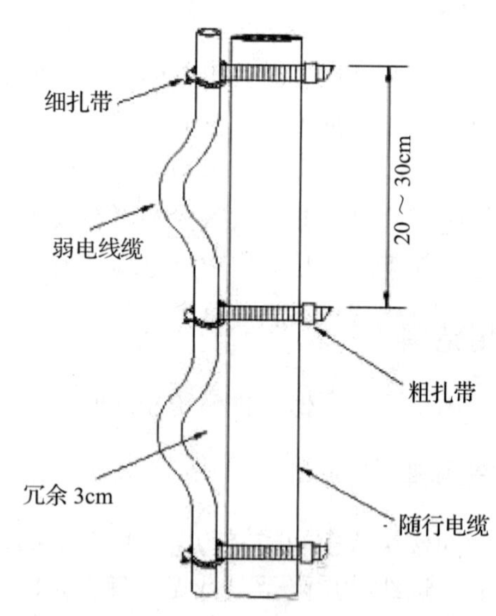

图 2　随行电缆绑扎示意

5.2.7 进线处固定

弱电线缆沿电梯随行电缆依次绑扎，直至电梯井墙洞进线处。在进线处，先用 40×4 镀锌扁钢弯成“Ω”，然后在扁钢两端用ϕ 8 膨胀螺栓固定在电梯井内壁，作为线缆的固定端子。最后将弱电线缆用扎带锁在扁钢固定端子上，避免线缆松懈后被轿厢挂断。

5.2.8 余线拉出电梯井

弱电线缆在电梯井内固定后，多余线缆通过墙洞退回至电梯井外。

6　材料与设备

6.1　材料要求

（1）弱电线缆符合相关规范要求。

（2）扎带采用自锁式尼龙扎带。

6.2　主要施工机具

冲击钻、手枪钻、美工刀/剪刀、对讲机、安全带等。

7　质量控制

（1）质量控制标准

《综合布线系统工程验收规范》(GB 50312—2007)。

《建筑电气工程施工质量验收规范》(GB 50303—2015)。

（2）材料材质应符合相关要求规定。

（3）弱电线缆敷设完毕后，需通过相关的通断及电气测试。

8　安全措施

（1）使用的电动设备、电动工具需有可靠接地措施，电源箱需配漏电保护器。

（2）电梯井内需光线充足，空气流通，并配备必要的消防设备。

（3）作业时，电梯需开至手动控制档，作业时至少两人一组，一人负责在电梯轿厢下绑扎，一人在电梯轿厢顶进行手动控制，手动控制轿厢升降时听从井底操作人员指挥，平稳缓慢升降。

（4）厢顶和厢底操作人员安全带需系扣牢固可靠。

9　环保措施

（1）电梯施工完毕，应及时清理轿厢、轿顶及基坑内的线头、扎带头等废料、垃圾。

（2）电梯施工完毕，应及时恢复电梯正常运行状态。

10　效益分析

（1）与采用专用电梯随行扁平电缆（TVVBP）比，本工法材料成本不及其20%。

（2）与采用从电梯机房端敷设至电梯轿厢比，本工法要节约成本50%。

（3）节约工时40%以上。

11　工程实例

11.1　淮北众城大厦智能化工程

淮北众城大厦为商住两用型建筑，建筑面积46600m^2，1～4楼群楼，5～24楼双子塔楼，地下一层为停车场。建筑内设有8台电梯。电梯内设有的弱电系统包括闭路监控系统、背景音乐系统、联网型电梯门禁系统及电梯五方对讲系统。本工程于2012年12月5日开工，2014年3月18日竣工。电梯内各弱电子系统开通运行至今，随行线缆未发生过故障，电梯安全可靠运行。

11.2　宁乡市民之家弱电工程

宁乡市民之家坐落在宁乡县行政中心旁，总建筑面积5.6万m^2，项目于2015年12月5日开工，2016年8月28日竣工。本工程共设置电梯8台，电梯轿厢内设置闭路监控系统、背景音乐系统及电梯五方对讲系统。弱电各系统开通至今，随行线缆零故障，电梯安全可靠运行。

11.3　宿州明日世纪花园智能化工程

宿州明日世纪花园小区位于宿州市埇桥区，项目于2010年4月8日开工，2012年12月26日完工。小区内共设置电梯154部，电梯内设有电梯五方对讲、闭路监控、背景音乐等弱电子系统。弱电系统开通运行至今，电梯内弱电随行线缆零故障。

110kV 油浸变压器注油施工工法

伍红亮　刘　泽　袁昌容

湖南省工业设备安装有限公司

摘　要：35kV、66kV、110kV 油浸变压器注油施工过去多采用真空泵抽真空工艺，本工法介绍了一种仅使用真空滤油机不使用真空泵的注油施工方法。即采用真空滤油机从变压器本体底部注油口注油，打开变压器油枕排气孔，当变压器本体和油枕的油加满时，变压器内空气都会通过变压器油枕顶部排气阀排出。由于本工法不需要变压器抽真空环节，施工简单便捷，能够节省费用和工期，减少变压器油枕变形风险，提高变压器安装质量。

关键词：油浸变压器；注油施工；真空滤油机；油枕

1　前言

110kV 油浸变压器注油施工过去多采用真空泵抽真空工艺，经过实践，对变压器注油施工工艺进行改进，仅使用真空滤油机，不使用真空泵。相比传统的注油施工可以有效地减少真空泵抽真空工艺环节，节约成本，加快施工进度，经工程实践总结本工法。

2　工法特点

（1）减少真空泵抽真空施工环节，缩短工期，降低费用。

（2）施工简单、操作方便、快捷，而且十分经济。

（3）减少变压器油枕变形风险，提高变压器安装质量。

（4）施工过程文明安全。

3　适用范围

适用于 35kV、66kV、110kV 油浸变压器注油施工。

4　工艺原理

采用真空滤油机从变压器本体底部注油口注油，打开变压器油枕排气孔，当变压器本体和油枕的油加满时，变压器内空气就会通过变压器油枕顶部排气阀排出。

5　工艺流程及操作要点

5.1　工艺流程

变压器注油工艺流程：

施工准备→变压器附件和油检查→变压器附件清洁→变压器复装→临时油管路联结→真空滤油机注油→附件放气。

变压器注油示意图见图 1。

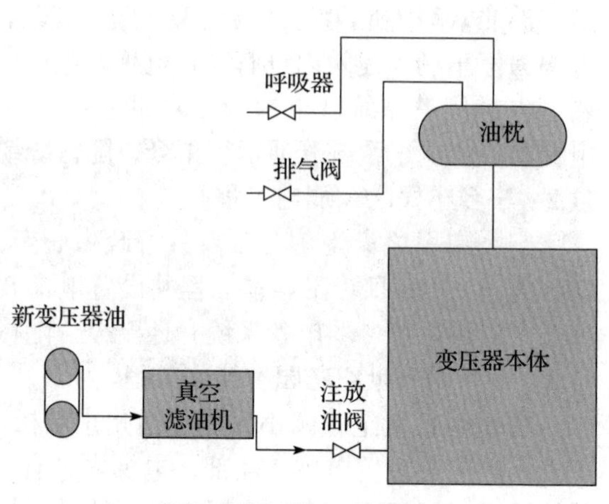

图 1　变压器注油示意图

5.2　操作要点

5.2.1　施工准备

（1）施工期间天气晴朗无风沙，环境相对湿度不得高于 80%。

（2）熟悉设计院图纸和厂家产品说明书，查看现场施工环境。

（3）编制变压器注油施工方案并报审，对作业人员进行技术交底和安全交底。

（4）准备好相应的工器具、设备和材料。

5.2.2 变压器附件和油检查

（1）按照变压器厂家说明书检查变压器主体、冷却装置、套管、吸湿器、压力释放阀、分接开关是否符合厂家要求。

（2）首先检验变压器油是否符合规范要求，不合格则用真空滤油机进行处理，直至合格后才能注入变压器。

（3）如油量较少，建议直接作废油处理。

5.2.3 变压器附件清洁

（1）将所有管路及附件（包括所有规格的套管）外表面的油污、尘土等杂物清理干净。

（2）检查变压器油管路（如冷却器、散热器、油枕联结的管路等）、各种升高座表面是否清洁，用干净的白布擦至没有明显的油污及杂物为止。

（3）检查管路及附件，用塑料布临时密封备用。

5.2.4 变压器复装

（1）对套管升高座的密封件装配进行确认。

（2）法兰按对接标志进行装配。

（3）升高座的水平度、垂直度的确认。

（4）进行油枕、连管、套管等附件的装配并进行确认。

（5）各密封部位联结处的间隙小于0.5mm。

（6）进行附件装配时，应尽可能做到边拆封板边装附件，防止装配孔长时间开启，以降低变压器吸湿量并防止尘埃进入变压器内部。

5.2.5 临时油管路联结

（1）真空滤油机油管一般用带钢丝尼龙管，变压器底部注油口（带阀门）临时增加带不锈钢管法兰，法兰和注油口阀门匹配，不锈钢管插入尼龙管用卡箍固定。

（2）真空滤油机进口端油管大小要考虑油桶（装合格变压器油）出油口的大小，油管一般是直接插入油桶不做其他处理。

（3）油枕排气阀临时增加带不锈钢管法兰，法兰和注油口阀门匹配，不锈钢管插入尼龙管用猴箍固定，尼龙管出口端放入敞开油桶。

5.2.6 真空滤油机注油

（1）连接管路后，打开呼吸器和排气阀，从变压器底部向变压器注油。

（2）当排气阀稳定出油时，关闭排气阀，同时停止注油，关闭注油口。

5.2.7 附件放气

（1）注完油后，打开变压器附件（套管、升高座、冷却装置、气体继电器等）气塞进行排气，稳定出油就关闭气塞。

（2）注油结束后静放24h后才能放油，油面高度应参照厂家提供的油面-油温曲线图。

5.3 劳动力组织

实施单台油浸变压器注油施工正常情况需要5d，所需劳动力种类和数量见表1。

表1 劳动力表

序号	工种	数量	时间（d）	备注
1	管理人员	3	5	
2	试验人员	2	2	
3	电工	7	5	

续表

序号	工种	数量	时间（d）	备注
4	起重工	1	3	
5	油漆工	1	1	
6	氩弧焊工	1	1	
7	普工	8	5	
合计		23		

6 材料与设备

变压器注油施工主要工器具、材料和设备见表2。

表2　主要工器具、材料和设备表

序号	名称	单位	数量	型号规格及说明	备注
1	真空滤油机	台	1	6000L/h，真空度 <133Pa	
2	滤纸		若干		
3	储油罐	套	1	体积约为变压器油量的1.2倍，带人孔门、呼吸器、进出口油阀	不常用
4	油质试验设备	套	1	油耐压、含水量、介质损耗因数等试验	一般外委
5	取样工具	套	3	500mL 磨口具塞玻璃瓶，100mL 全玻璃注射器	
6	起吊设备	套	1	室外25t汽车吊（包含吊具）	复装
7	起重葫芦	台	1	1t	复装
8	起重葫芦	台	1	3t	复装
9	现场照明设备	套	1		
10	干湿计	个	1	测空气湿度，RH0 ~ 100%	
11	红外测温仪	个	1	F-572	
12	兆欧表	台	1	2500V、5000MΩ，	复装
13	兆欧表	台	1	500V、500MΩ	复装
14	空油桶	个	适量		
15	尼龙绳	m	80	ϕ8mm	复装
16	布吊带	条	2	2t	复装
17	布吊带	条	2	5t	复装
18	注放油用不锈钢法兰带管路		适量	接头法兰按总装图给出的阀门尺寸配做	
19	带钢丝尼龙管		适量		
20	猴箍		适量		
21	引导索	m	20	ϕ8mm 配 M12 螺栓	复装
22	木梯子	把	1	3m	
23	木梯子	把	1	5m	
24	防水塑料布		适量		
25	灭火器		适量		
26	紧固螺栓、螺钉用普通工具	套	2		
27	力矩扳手	套	2	M8 ~ M16	

续表

序号	名称	单位	数量	型号规格及说明	备注
28	脚手架	套	1		复装
29	耐油橡胶板		适量		
30	硅胶	kg	5	粗孔粗粒	
31	优质白色棉布		适量		
32	撬棍	根	4		复装

7　质量控制

7.1　执行技术标准

《电气装置安装工程　电力变压器、油浸电抗器、互感器施工及验收规范》(GB 50148—2010)。

《电气装置安装工程　电气设备交接试验标准》(GB 50150—2016)。

7.2　变压器绝缘油质量标准

7.2.1　绝缘油取样

(1)每批到达现场的绝缘油均应有试验记录，并按规定进行简化分析，必要时进行全分析。

(2)大罐油每罐取样。

(3)小桶油按表 3 规定取样。

表 3　绝缘油取样数量

每批油的桶数	取样桶数	每批油的桶数	取样桶数
1	1	51 ～ 100	7
2 ～ 5	2	101 ～ 200	10
6 ～ 20	3	201 ～ 400	15
21 ～ 50	4	401 及以上	20

7.2.2　绝缘油的试验项目及标准，应符合表 4 的规定。

表 4　绝缘油的试验项目及标准

序号	项目	标准	说明
1	外状	透明，无杂质或悬浮物	外观目视
2	水溶性酸(pH 值)	>5.4	按现行国家标准《运行中变压器油水溶性酸测定法》(GB/T 7598)中的有关要求进行试验
3	酸值(以 KOH 计)mg/g	≤ 0.03	按现行国家标准《石油产品酸值测定法》(GB/T 264)中的有关要求进行试验
4	闪点(闭口，℃)	≥ 135	按现行国家标准《闪点的测定　宾斯基 - 马丁闭口杯法》(GB/T 261)中的有关要求进行试验
5	水含量(mg/L)	330kV ～ 750kV：≤ 10 220kV：≤ 15 110kV 及以下电压等级：≤ 20	按现行国家标准《运行中变压器油和汽轮机油水分含量测定法(库仑法)》(GB/T 7600)或《运行中变压器油、汽轮机油水分测定法(气相色谱法)》(GB/T 7601)中的有关要求试验
6	界面张力(25℃)(mN/m)	≥ 40	按现行国家标准《石油产品油对水界面张力测定法(圆环法)》(GB/T 6541)中的有关要求进行试验
7	介质损耗因数 tan δ(%)	90℃时， 注入电气设备前≤ 0.5 注入电气设备后≤ 0.7	按现行国家标准《液体绝缘材料工频相对介电常数、介质损耗因数和体积电阻率的测量》(GB 5654)中的有关要求进行试验

续表

序号	项目	标准	说明
8	击穿电压（kV）	750kV：≥ 70 500kV：≥ 60 330kV：≥ 50 66 ～ 220kV：≥ 40 35kV 及以下电压等级：≥ 35	1. 按现行国家标准《绝缘油　击穿电压测定法》（GB/T 507）中的有关要求进行试验； 2. 该指标为平板电极测定值，其他电极可参考现行国家标准《运行中变压器油质量》(GB/T 7595）
9	体积电阻率（90℃）（Ω · m）	≥ 6×10^{10}	按现行国家标准《液体绝缘材料相对电容率、介质损耗因数和直流电阻率的测量》（GB/T 5654）或《电力用油体积电阻率测定法》(DL/T421）中的有关要求进行试验
10	油中含气量（%，体积分数）	330 ～ 750kV：≤ 1.0	按现行行业标准《绝缘油中含气量测定方法真空压差法》（DL/T 423）或《绝缘中含气量的气相色谱测定法》(DL/T 703）中的有关要求进行试验（只对 330kV 及以上电压等级进行）
11	油泥与沉淀物（%，质量分数）	≤ 0.02	按现行国家标准《石油和石油产品及添加剂机械杂质测定法》(GB/T 511）中的有关要求进行试验
12	油中溶解气体组分含量色谱分析	见本标准的有关章节	按现行国家标准《绝缘油中溶解气体组分量的气相色谱测定法》(GB/T 17623）或《变压器油中溶解气体分析和判断导则》(GB/T 7252）及《变压器油中溶解气体分析和判断导则》(DL/T 722）中的有关要求进行试验

7.2.3　新油验收及充油电气设备的绝缘油试验分类，应符合表 5 的规定。

表 5　电气设备绝缘油试验分类

试验类别	适用范围
击穿电压	1. 6kV 以上电气设备内的绝缘油或新注入上述设备前、后的绝缘油； 2. 对下列情况之一者，可不进行击穿电压试验： 1）35kV 以下互感器，其主绝缘试验已合格的； 2）按本标准有关规定不需取油的
简化分析	准备注入变压器、电抗器、互感器、套管的新油，应按表 4 中的第 2 ～第 9 项规定进行
全分析	对油的性能有怀疑时，应按表 4 中的全部项目进行

7.3　变压器绝缘油质量控制措施

（1）绝缘油必须按现行国家标准《电气装置安装工程电气设备交接试验标准》（GB 50150—2016）的规定试验合格后，方可注入变压器。

（2）不同牌号的绝缘油或同牌号的新油与运行过的油混合使用前，必须做混油试验。

（3）新安装的变压器不宜使用混合油。

（4）变压器注油工作不宜在雨天或雾天进行。

（5）变压器注油时，应从本体下部油阀进油，油枕顶部排气阀和呼吸器打开。

（6）注完油后，对变压器附件（套管、升高座、冷却装置、气体继电器等）立即排气。

（7）变压器本体及各侧绕组、滤油机及油管道应可靠接地。

8　安全措施

贯彻“安全第一、预防为主”的方针，根据国家有关安全与消防的法规，明确现场施工安全与消防工作责任，确保现场施工安全并做好消防工作。

（1）变压器施工区域应设置围栏，挂警示牌。

（2）变压器施工区域严禁烟火，现场配备碳酸钠干粉灭火器。

（3）滤油前必须检查各设备及部件可靠接地。

（4）施工前要做好详细技术交底、安全交底。施工人员要熟悉设备操作，熟悉施工程序。

（5）油管路连接时，要绑扎牢固，不许出现漏油、跑油现象。

（6）变压器油过滤期间，值班人员要巡视检查设备状态，油系统状态，做好记录。

（7）来油接收时，计算来油总数量，分配好冲洗油、安装油，尽量避免浪费油，确保变压器注油时一次到位。

（8）变压器油过滤过程中，储油罐入口门要用塑料布密封好。加装的吸湿器检查底部要按刻度线装足油。

（9）滤油机出口油温最低50℃，最高不宜超过70℃。

（10）注意观察滤油机真空泵油质情况，及时更换真空泵油。

（11）注意观察滤油机积油窗油位，及时停机放油。

（12）注意观察滤油机滤网出口压力表，及时更换滤网。

（13）油管不使用时应立即用塑料布密封严密，防止潮气、杂质进入管内。

（14）滤好储油罐油后，及时用塑料布将油罐各出口密封严密。

（15）滤油机加热器投运前，必须确认滤油机油位正常。滤油机停机前，先关闭加热器，防止加热器空烧，损坏设备。

（16）变压器高压试验和投运前应对变压器附件（套管、升高座、冷却装置、气体继电器等）进行排气，观察油枕油位是否符合要求。

9　环保措施

（1）在工程施工过程中严格遵守国家、地方政府和公司下发的有关环境保护的法律、法规和规章制度，加强对施工稀料、工程材料、设备、废水、生产生活垃圾的控制和治理，遵守有关防火和废弃物处理的规章制度，并随时接受有关部门的监督、检查。

（2）现场废油或者溢出油用油盘或油桶盛装，不能任意流淌，需集中摆放。

（3）现场废油等废料及时清理，并存放进指定垃圾站，做到工完场清，严禁随处丢弃。

（4）严禁焚烧、填埋有机废料。

10　效益分析

10.1　经济效益

变压器注油施工如采用抽真空环节需耗费劳动力6人，时间3d，1台变压器专用真空泵。根据我司劳动力综合单价280元/d计算，所需人工费用为5040元，变压器专用真空泵单价为32000元，采用本工法变压器注油施工（无抽真空环节）将节约37040元，工期减少3d。

10.2　社会效益

本工法在降低成本，缩短工期、节省材料、提高质量，安全文明施工，保证环保卫生等方面，具有独特的优势，同时也带来良好的社会效益。

11　应用实例

本工法成功地用于来宾市垃圾焚烧发电厂扩建工程（2台35kV油浸变压器，型号为S11-16000/38.5）、通化市生活垃圾焚烧发电工程（1台66kV油浸变压器，型号为SF11-16000/69）、东莞市市区环保热电厂增加垃圾处理生产线及建设环保教育展示中心工程（2台110kV油浸变压器，型号为SF11-25000/110）等工程。工程质量满足规范和合同要求，建设单位很满意。

高层建筑垂直电缆敷设施工工法

廖潜灿　傅致勇　李发青　胡　磊　胡紫霞

湖南省工业设备安装有限公司

摘　要： 通过对高层建筑垂直电缆敷设的研究，总结出简便的、可靠的敷设工法，介绍了高层建筑电缆敷设的设计原理，对钢丝绳索电缆敷设的前期准备工作要点进行了总结，为以后类似高层建筑电缆的垂直敷设工艺提供参考依据。

关键词： 电缆；垂直敷设；钢丝绳索；吊装

1　前言

金融城绿地中心项目水电工程（以下简称本工程）位于黄埔大道南侧，规划路春融路东侧，总建筑面积约 154242m²，地上 40 层，地下 4 层，其中地下 1 层为商业及设备用房，地下 2 层为商业、车库及设备用房，地下 3 层至地下 4 层为车库及设备用房，首层至 4 层为商业、餐饮及办公，5 ～ 40 层为办公（其中 11 层、21 层、31 层为避难层），建筑高度 180m。

本项目 10kV 高压配电室、10/0.4kV 变电所位于地下 1 层及 31 层避难所，层高分别为 5m 及 4.8m，发电机房位于地下 1 层，层高 5m。低压电缆由 B1 层变电所经水平桥架至主楼强电 A 井、B 井；应急电源由 B1 层应急发电机引出，至 B1 层主变电所（图 1）。

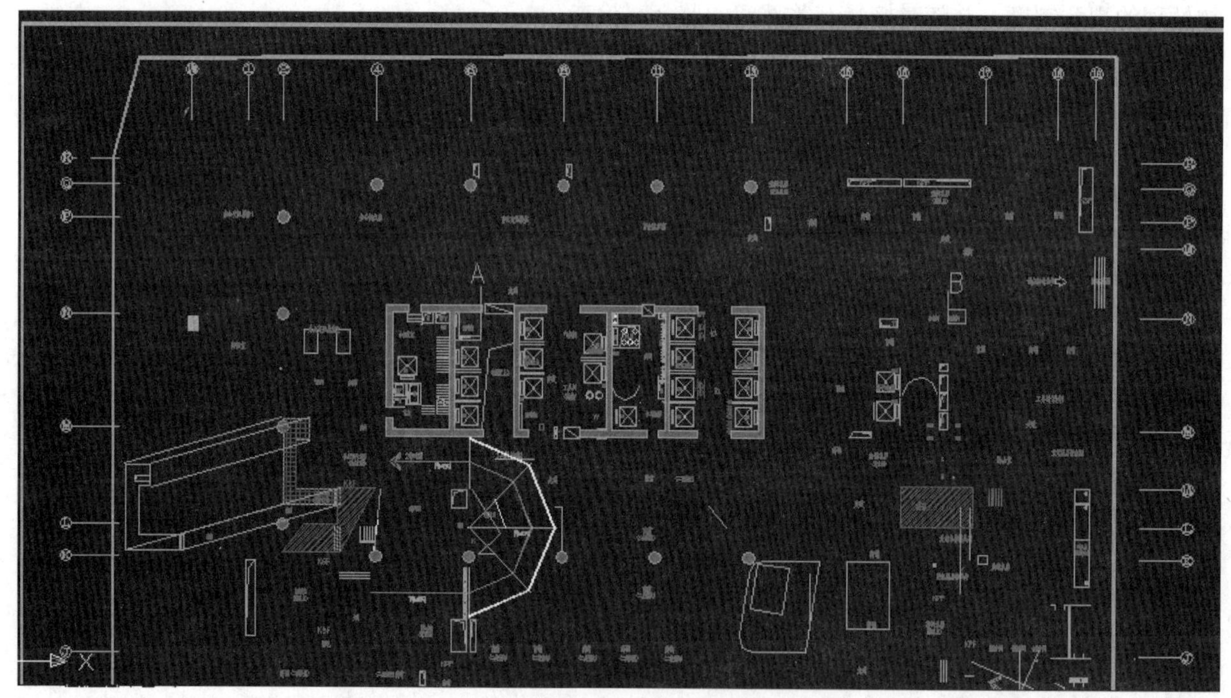

图 1　平面图

A 井为 32 根电缆，B 井为 18 根电缆，共计 50 根，综合考虑本项目采用钢丝绳牵引法垂直敷设。

2　工法特点

利用设备把电缆从低处牵引至高处，省去向上提拉的众多人力。

在电缆垂直敷设段上部楼层设置卷扬机，利用钢丝绳套、卡具等把电缆分段固定到钢丝绳上，卷扬机通过提升钢丝绳提升电缆，电缆垂直吊装过程中主要是钢丝绳受力，在电缆敷设到位后，依次拆除吊具、卡具。

敷设工艺简单实用，安全快捷。

3　适用范围

适用于高层建筑垂直电缆敷设。

4　工艺原理

在电缆敷设上部楼层设置卷扬机提供牵引力，把电缆分段抱卡在钢丝绳上，解决了牵引力、电缆自重大于电缆抗拉能力而引起电缆变形或破坏。

5　工艺流程与操作要点

5.1　工艺流程

吊装方法确认和设备选择→电缆长度确认→竖井吊装口及安全围栏措施检查→临时照明安装、卷扬机就位固定、检查电缆外观及桥架安装情况→通信联络试验、主滑轮就位、电缆盘及放线架完成架设并试运转→卷扬机空载试验、电缆绝缘测试→电缆放置井道口→电缆始端牵引头和主钢丝绳连接→启动卷扬机→将牵引绳和电缆牵引头连接→拆除电缆牵引头和主钢丝绳之间的连接→根据水平电缆的长度，依次将在井道内的电缆部拉出→固定好电缆→电缆绝缘测试及外观检查。

5.2　操作要点

5.2.1　规划设计电缆盘进场线路

现场考察，进行实地测量，按图纸编制电缆表，掌握电缆规格、长度、始末端位置，在主管井附近找好位置，架设好电盘（图2）。

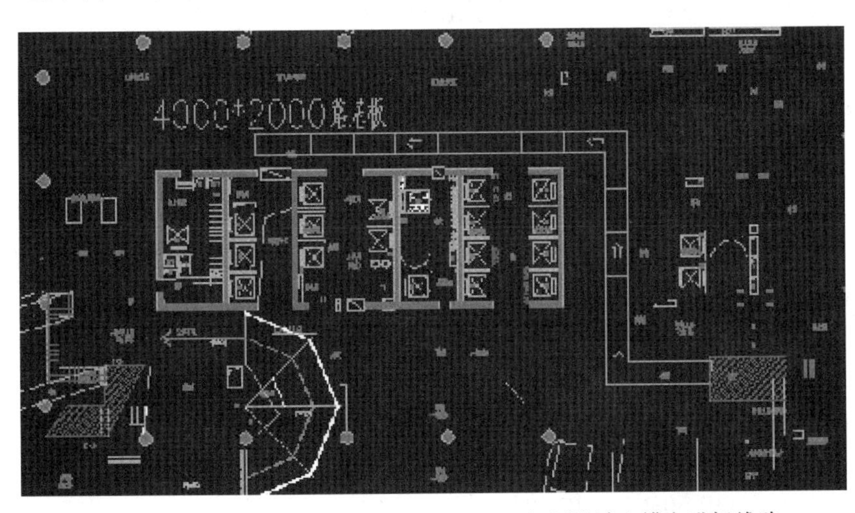

图2　规划设计电缆盘进场线路

5.2.2　卷扬机的选用

本工法是对垂直段电缆敷设而言，水平段的敷设准备按常规进行，按垂直段的总高度以及最大截面电缆的重力而计算卷扬机的承重力，以确定设备的型号，最终确定选取设备规格为底座尺寸560mm×540mm，提升速度6m/min，钢丝绳长度300m，选用6mm×19mm（ϕ12.5mm）。

5.2.3　卷扬机及吊点安装

选好型后，将设备运输至顶层，安装前应验证是否出厂时做破断力试验，产品应有合格证和产品质量证明书，一切准备就绪后将主吊点通过膨胀螺栓固定在结构梁上，钢丝绳穿过滑轮（图3）。

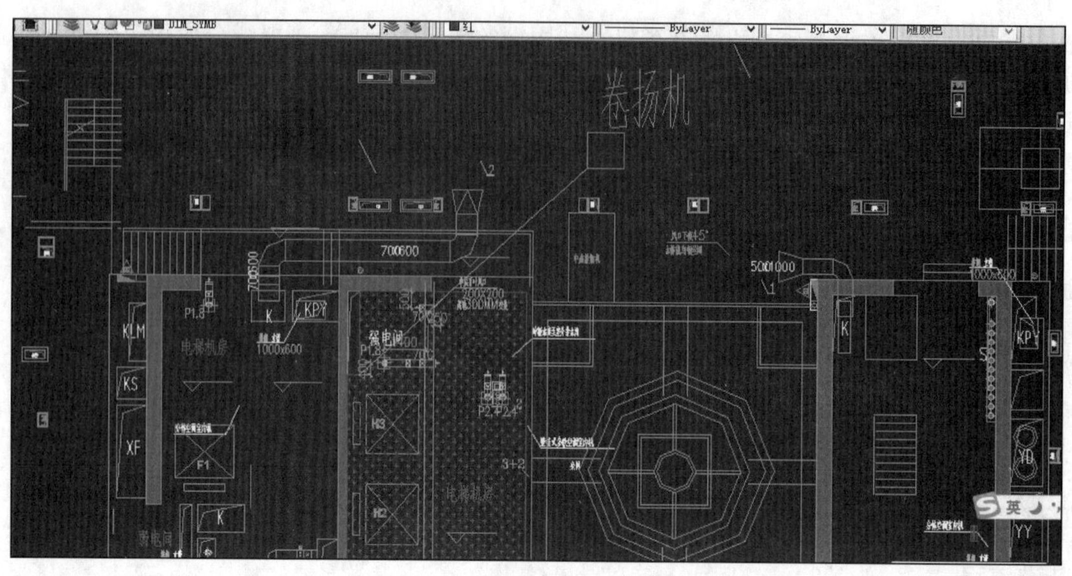

图 3　卷扬机吊点安装

5.2.4　电缆吊具的安装

选用与电缆外径相适用，荷重力符合要求的电缆牵引索套网，在电缆吊装牵引前，将电缆牵引索套网套入电缆的头端，索套网到位后将网紧。

5.2.5　电缆牵引

各项准备工作全部到位后，启动卷扬机，在牵引的过程中，全程安排工人监护，保持通信畅通。在 B1 层楼板处放置转弯滚轮，各个吊点固定牢固后，还应进行电缆试吊，将电缆吊起 1 ～ 2 层，待受力均匀后，停止起吊，对电缆各卡具进行检查，无异常情况后，方可正式起吊。

5.2.6　电缆的固定

电缆到位后在电缆的引出层和每隔两层用 $2.5mm^2$ 扎丝绑扎在桥架上。

5.2.7　电缆水平敷设过程 - 水平段机械牵引

电缆水平敷设时，固定好设备，电缆牵引时候应宜单层敷设，排列整齐，不得有交叉，拐弯处应以最大截面电缆允许弯曲半径。

6　材料与设备

实施本工法必须的主要材料、机具设备有：电缆支承架、对讲扩音设备、电缆挂牌、扎带、电缆夹具、卷扬机、定滑轮、转弯滑轮等。

7　质量控制

施工过程必须严格执行的国家及有关部门、地区颁发的标准、规范，包含但不限于如下内容：

《电气装置安装工程电缆线路施工及验收规范》(GB 50168—2016)。

《建筑电气工程施工质量验收规范》(GB 50303—2015)。

《施工现场临时用电安全技术规范》(JGJ 46—2005)。

建设部颁布的《建筑工程施工现场管理规定》，以及地方政府及业主方有关建筑工程质量管理、环境保护等地方性法规及规定。

8　安全措施

劳动组织：设定专人指挥，助手 1 名，下层 4 人，负责电缆盘上、落架操作和高位电缆施放和制动操作、缆头牵引 2 人，垂直段每 3 层设 1 人。

卷扬机布置在屋顶层，A 井从高区到低区有序吊装低压电缆。

竖井内及关键楼层架设临时照明和有线对讲机，临时照明架设采用36V安全电压。

联络通信采用有线对讲机结合无线对讲机。每隔3层安排电缆看护人员1名，均配备无线对讲机一台。在卷扬机设置处及B2层电缆盘架设置处各配备两台无线对讲机，在所有楼层都设置有线对讲机插口。

从发电机房吊装口将电缆盘吊入B1层，在B1层按规划路线铺路基板，将电缆盘运送到强电井口。

电工、起重工等特殊工种必须持证上岗，服从统一指挥。

施工作业人员必须戴安全帽，系好帽带；高处作业必须佩带安全带，并遵循高挂低用的原则，上下层物品、工具传递严禁抛传。

电缆牵引时，操作人员注意与其保持一定的距离，选择合理的施工位置。

电缆井口多余的要封闭，井内照明要充足。

9　环保措施

9.1　噪声排放

作业时间控制在白天，午休及22点以后不得施工，选用噪声小的施工机械，选用先进的通信设备，改哨声号子联系为无线电联系。

9.2　现场无扬尘

施工现场目测无扬尘。

9.3　光污染

施工现场目测光污染。

9.4　合理处理固体废弃物

建筑垃圾分类收集，定点排放，尽量回收利用，有毒有害物质固定废弃物单独存放，杜绝道路遗撒现象。

9.5　最大程度地节能降耗

室外、室内施工照明，作业结束及时关闭照明灯。室外照明灯具做到人走灯灭，避免长明灯现象，提高现场施工机械的利用率，减少施工机械空运转时间，节约能源。

10　效益分析

经济效益：高层建筑电缆垂直敷设工法中所需装置制作简单，成本不高，敷设时投入人力不多，解决了高层电缆垂直敷设的技术、质量、安全的难题，确保了电缆产品质量完好和施工安全。此工法相比传统施工工艺大大节约了人工成本的投入，极大地提高了施工效率，施工进度得到了保证，产生较大的经济效益

环保效益：此工法具有绿色施工特性，有节能环保的意义。

节能效益：用机器牵引代替人工，大大降低了人工消耗，节约了工期。

社会效益：本工法是根据现场实际情况自主制定的施工工艺，实用效果较好，可以推广。

11　应用实例

本工法应用于广州琶洲1401项目、广州市白云绿地中心项目、金融城绿地中心塔楼水电分包工程，大大节约了施工时间，未发生一起安全事故，且一次性验收达到合格标准，取得良好的经济效益与社会效益。

可挠金属电气导管施工工法

胡 杨 黄泽志 傅致勇 唐建荣 孙仕军

湖南省工业设备安装有限公司

摘 要：通过对电气导管敷设的研究，总结出可挠金属电气导管的施工工法，相对于常规和行业内的一般做法，可挠金属电气导管在敷设时具有以下优势：（1）可弯曲度好；（2）耐腐蚀性强；（3）使用快捷方便；（4）内层绝缘；（5）搬运方便；（6）抗压、拉伸性能强。该工法为工期紧，高密度，严要求的施工条件下电气导管敷设提供参考依据。

关键词：可挠；热镀锌钢带；高效；内层绝缘

1 前言

可弯曲金属导管是我国建筑材料行业新一代电线电缆外保护材料，已编入设计、施工与验收规范。大量应用于建筑电气工程的强、弱电系统，明、暗敷场所，逐步成为一种较理想的电线电缆外保护材料。可弯曲金属导管应用范围广泛，其适用于室内、外潮湿场所（明、暗敷均可）；人员密集的公共设施以及有低毒阻燃性防火要求的场所；暗敷于墙体、混凝土地面、楼板垫层或现浇钢筋混凝土楼板内；直埋地下与素土接触时；电气设备安装；低压电气配管工程。

可挠金属电气导管在电气预埋中的合理应用，可以杜绝电气预埋中的质量通病，且能更高效、便捷的完成交叉、返弯较多的电气导管预埋施工。

2 工法特点

（1）可弯曲度好：优质钢带绕制而成，用手即可弯曲定型。

（2）耐腐蚀性强：材质为热镀锌钢带，内壁喷附树脂层，双重防腐。

（3）使用方便：裁剪、敷设快捷高效，可任意连接，管口及管材内壁平整光滑，无毛刺。

（4）内层绝缘：采用热固性粉末涂料，与钢带结合牢固且内壁绝缘。

（5）搬运方便：圆盘状包装，质量为同米数传统管材的1/3，搬运方便。

（6）机械性能：双扣螺旋结构，异形截面，抗压、抗拉伸性能强。

3 适用范围

适用于建筑物室内外电气工程的强电、弱电、消防等系统的明敷和暗敷场所的电气配管及作为导线、电缆末端与电气设备、槽盒、托盘、梯架、器具等连接的电气配管。

4 工艺原理

弯曲金属导管内层为热固性粉末涂料，粉末通过静电喷涂，均匀吸附在钢带上，经200℃高温加热液化再固化，形成质密又稳定的涂层，涂层自身具有绝缘、防腐、阻燃、耐磨损等特性，厚度为0.03mm。可弯曲金属导管是我国建筑材料行业新一代电线电缆外保护材料，已被编入设计、施工与验收规范，大量应用于建筑电气工程的强电、弱电、消防系统，明敷和暗敷场所，逐步成为一种较理想的电线电缆外保护材料。

5　施工工艺流程及操作要点

5.1　工艺流程

根据图纸选择对应规格导管→根据需要长度用钢锯切断导管→用航空剪垂直于导管剪开2～3扣→用平口钳沿管材螺纹方向匀力拧下切面带毛刺部分。

5.2　操作要点

5.2.1　根据实际尺寸选管、切管及连接方式（图1）

管子加工前应对管材进行外观检查，无扁管、断管现象；内壁绝缘树脂层完整光滑，无剥落现象。常用钢锯进行切管，将需要切断的管材长度量准确，用钢锯在管螺纹处切断，切断后应用刀背敲毛刺，使其断面光滑，内侧用刀柄旋转搅动一圈即可。

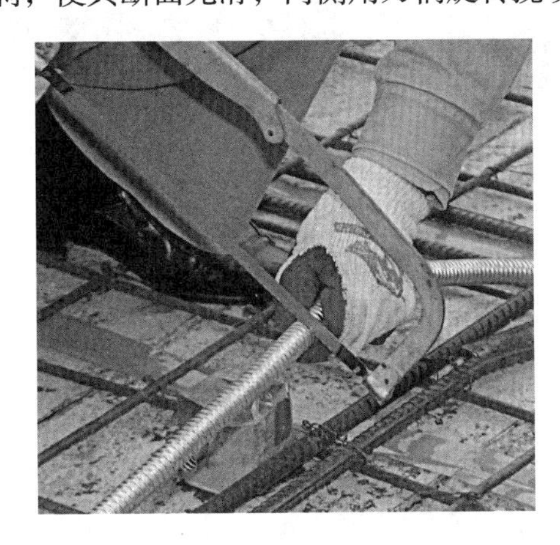
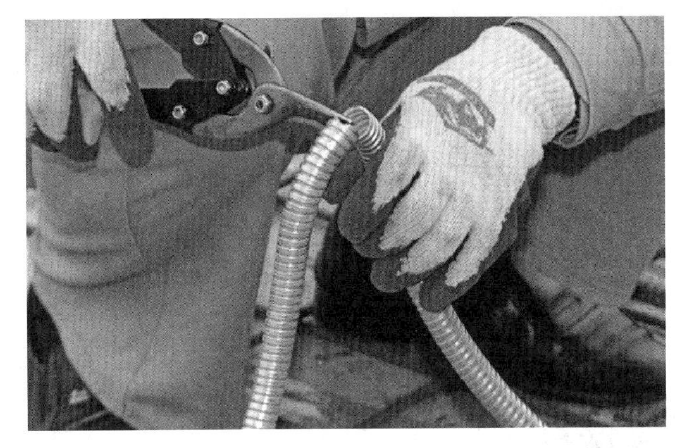

图1　管材的切割

5.2.2　可挠金属电气导管锁母与接线盒连接（图2）

根据管道规格选择相对应的锁母，检查锁母螺纹无受损，将锁母与线盒手动拧紧3～5扣螺纹即可，可挠线管锁母自带的橡胶圈可以确保连接密封。

5.2.3　可挠金属电气导管与锁母连接（图3）

根据实际需求选择相对应的锁母及线管，检查已下料金属导管毛刺是否全部剔除，检查无误后把已下料可挠金属导管与锁母螺纹对接，手动拧紧3～5扣螺纹即可。

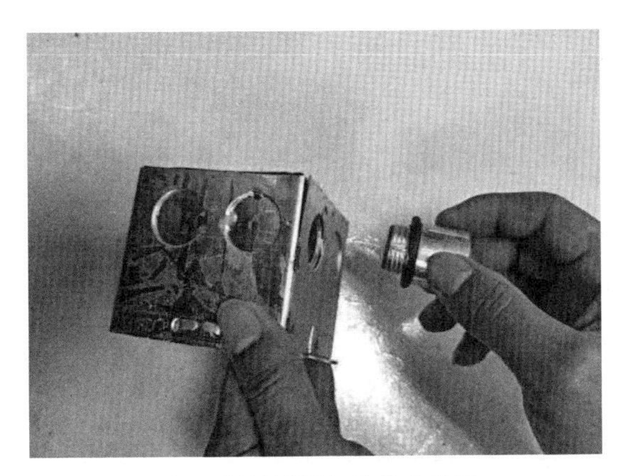

图2　导管锁母与接线盒连接

图3　导管与锁母连接

5.2.4　可挠金属电气导管与JDG管连接（图4）

可挠金属导管配有专用转换接头，可与其他任意材质导管进行连接，只需采用自带紧固螺母的内插式接头，承插连接后锁紧即可。

5.2.5　可挠金属电气导管对接（图5）

选取实际所需的可挠金属电气导管进行对接时，采用专用内螺纹直接头，确保可挠金属电气导管无毛刺，手动拧紧 3 ～ 5 扣螺纹即可。

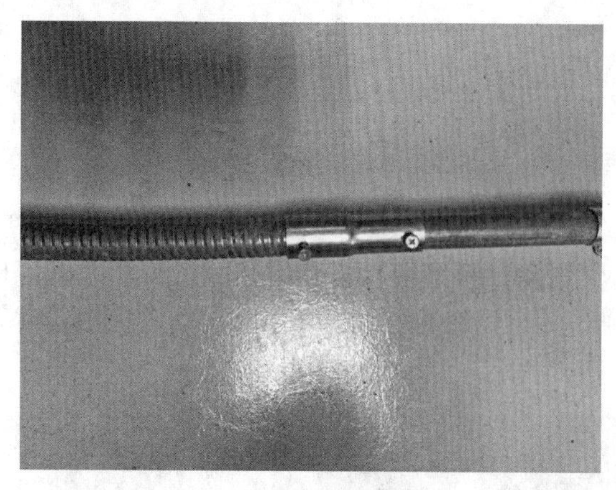

图 4　导管与 JDG 管连接

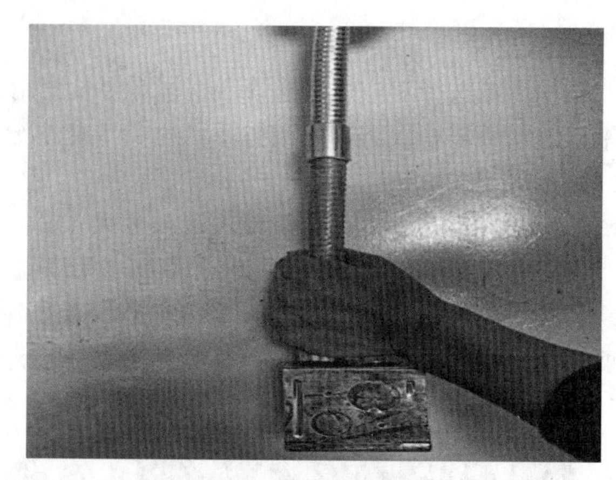

图 5　导管对接

5.2.6　可挠金属电气导管手动弯管（图 6）

根据现场实际要求，徒手将可挠金属导管进行水平、垂直弯曲，满足电气配管弯曲半径的要求（弯曲外径不低于 6 倍）。可挠金属电气导管现场敷设如图 7 所示。

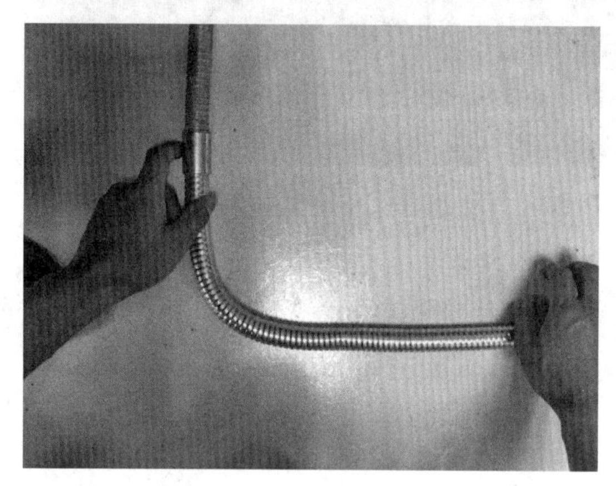

图 6　手动弯管

图 7　可挠金属电气导管现场敷设

6　材料与设备

（1）主要材料：可挠金属电气导管、锁母、接头。

（2）主要设备详见表 1。

表 1　机具设备表

序号	机具设备名称	数量	单位	用途
1	活动扳手	1	把	紧固连接端
2	钢锯	1	把	导管切管
3	航空剪	1	把	导管剪管
4	平口钳	1	把	导管修管
5	钢卷尺	1	卷	—
6	水平尺	1	把	—

7　质量控制

（1）可挠金属电气导管应具备对应的合格证、材质检测报告。

（2）对可挠金属电气导管进行外观检查，确保无扁管、断管现象，内壁绝缘树脂完整光滑，无剥落现象。

（3）钢锯和航空剪对导管切割后用平口钳沿管材螺纹方向匀力拧下切面带毛刺部分。

（4）徒手施以适当力气即可将可挠金属电气导管弯曲到需要的程度。

（5）可挠金属电气导管连接时，用适当力气顺时针旋转拧紧即可。

8　安全措施

（1）项目部需建立完善的现场施工安全保证体系，加强施工作业中的安全检查，确保施工工艺达到国家标准。

（2）导管敷设需满足《建筑电气工程施工质量验收规范》(GB 50303—2015）。

9　环保措施

裁剪的导管短料、包装等垃圾，应及时清理，分类回收，做到工完料清，工完场清。

10　效益分析

经济效益：本工法能高效地完成电气导管敷设的安装，扩大施工企业效益。较传统的JDG管、KBG管敷设，本工法施工更加简便，避免了因弯曲导致导管扁管等现象。

社会效益：本工法是根据现场电气导管密集情况下，通过多种试验总结出来的新型工艺，实用效果较好，推广前景广阔，社会效益显著。

环保效益：因可挠金属电气导管为圆盘状包装，能更好地避免导管浪费，减少短料废料的产生。

11　应用实例

本工法应用于合肥市黄麓师范学校机电工程、合肥庐阳DT产业园建筑产业化项目机电安装工程、山东省莱芜市莱城区人民医院建设项目水电安装工程等，经过时间的检验，可挠金属电气导管具有良好的防水防潮性能，且具有绝缘、防腐、阻燃、耐磨等特性，效果显著，取得良好的经济效益与社会效益。

大剧院全自动升降舞台施工工法

侯　亮　周远军　原　景　符易冬　谭　海

湖南省第三工程有限公司

摘　要： 随着国家经济的不断发展，人民群众逐渐关注文化艺术，全自动升降舞台对于文娱节目提供了多种表演形式，丰富了观众的视觉体验，本工法介绍了全自动舞台施工工艺，从设备安装、系统调试等方面展示了工法的过程控制；具有安装简单精确、操作便捷、安全性能高等特点，经济效益和社会效益显著。

关键词： 大剧院；全自动；升降舞台；施工工法

1　前言

当前，随着国家经济的不断发展，人民群众对于文化艺术等精神层面的学习与体验越来越重视，对于文体场馆及影剧院的文娱展示水平有进一步的要求。为丰富观众的视觉体验，本工程采用全自动升降舞台施工工艺，较传统半自动化机械舞台工艺，其在设备的运行过程中通过对中央计算机及 PLC 控制系统的参数设定，电脑操作系统使之进行精密传动，具有效率快，安全性能高等特点。我司技术人员在金溪县大剧院项目施工中运用该项技术，充分保证了工程的质量、进度安全并获得了良好的经济效益、社会效益和环保效益。现将该施工工艺总结并形成本施工工法。

2　工法特点

（1）舞台机械安装采用多台卷扬机及液压吊装设备相互配合施工，通过相关仪器标高、轴线控制将舞台设备精确定位，实现了安装过程简便化、安装结果精确化。

（2）此工法利用中央计算机及 PLC 控制系统，科学有效地完成舞台设备整体调试。

（3）此工法操作便捷，安全性能高。

（4）采用此工法，具有良好的经济效益和社会效益，应用推广价值显著。

3　适用范围

适用于需进行全自动舞台设备安装的场所等。

4　工艺原理

通过高精度驱动吊装设备与精密仪器相结合，精确控制设备安装精度；通过高精度导向轨与各设备及仪器配合安装，提高人工效率；通过 PLC 整体调试通过系统软件实现无人工操作，调试快捷，有效减少机械与人工配合调试周期，提高能效。

5　工艺流程及操作要点

5.1　工艺流程

施工准备（测量放线）→中间电机驱动机构安装→升降导轨安装→升降台钢构架安装→电气设备安装→单机调试→重载试车→ PLC 控制系统及变频器控制机械调试→整体验收。

5.2　操作要点

5.2.1　施工准备

（1）做好材料进场、机具设备、劳动力及资金等准备工作。

（2）测量放线：用经纬仪、50m 钢卷尺、弹簧秤、钢尺等测量工具，找出径向（平行于台口线）中心线，用弹簧秤拉 50m 钢卷尺校对两中心轴线的垂直度；以两中心轴线为基准，将升降台中心线轴线、传动机构位置线等标记在混凝土基础或预埋件上，复核各尺寸的正确性及垂直度（图 1）。

（3）用水平仪、线坠、钢卷尺找出基坑底面的标高作为基坑高度方向安装的定位基准，并用水准仪复核基坑两头的标高一致性，做出明显标记。

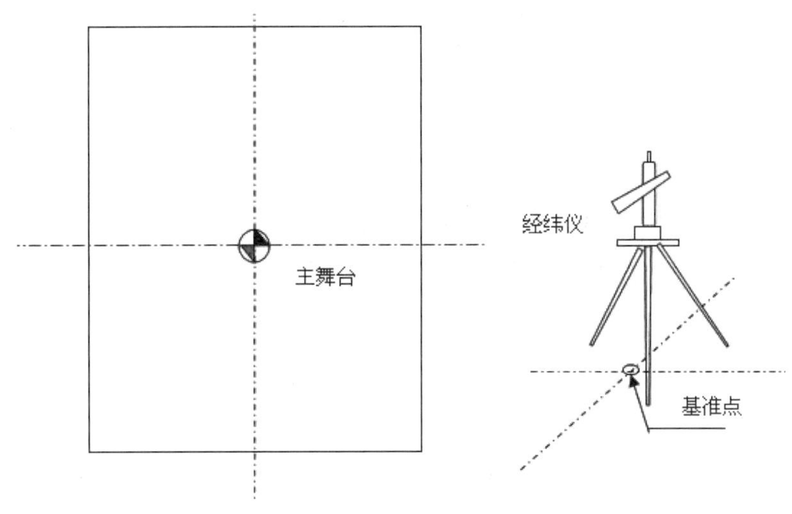

图 1　测量放线示意图

5.2.2　中间电机驱动机构安装

（1）按已划的位置线和各相关中心线，安装驱动机构钢架，用水平仪、水平尺校水平，整个底座钢架上平面控制水平度误差≤ 2mm，底座的高度标高按图纸要求执行。

（2）用水平仪、直尺等将电机驱动机构的安装底盘校水平，并核准高度及相互位置尺寸。

（3）用电葫芦及其他吊装设备将电机驱动机构吊至所在位置，拧入螺栓，将电机驱动机构初步定位，同时校核电机驱动机构的各部分安装高度。

（4）测量电机驱动机构两端输出轴的高度、水平度及与所定基准线的平行度。要求电机驱动机构两输出轴与安装中心基准线的高度误差控制在 2mm 之内，与安装基准线的平行度控制在 3mm 之内。

（5）检测合格后，将驱动机构的底脚螺栓拧紧，固定驱动机构。

（6）复核驱动机构的输出轴的位置度、水平度。

5.2.3　安装升降导向轨

（1）按照施工图找出导向轨道的安装位置，测出预埋件的垂直方向的误差。

（2）选择合适的垫铁进行预埋，使每一基础与垂直面方向呈一直线。

（3）将轨道吊到安装位置，用线坠做好两个方向的垂直，垂直度不大于 2mm，将轨道安装过渡板与预埋及垫铁焊接，注意焊接过程中的变形控制。

5.2.4　安装升降台钢构架

（1）按已划的位置线和各相关中心线，安装分配机构钢架，用水平仪、水平尺校水平，整个底座钢架上平面控制水平度误差≤ 2mm，底座的高度标高按图纸要求执行。

（2）用水平仪、直尺等将分配机构、啮合机构的安装底盘校水平，并核准高度及相互位置尺寸。

（3）将分片的台面钢架吊入基坑，并连接、拼装，要求台面钢架位置正确，台面的平面度控制在 12mm 以内，各焊接处焊接牢固，无明显焊接缺陷。

（4）穿钢丝绳：将钢丝绳穿入卷筒上的槽孔内，按设计要求进行钢丝绳终端固定；钢丝绳在卷筒上绕两圈，然后穿过拐角滑轮、吊点滑轮。注意认真查清每个钢丝绳的走向，以免穿错方向。每根钢丝绳应编上编号，注明与要连接的吊杆杆体的名称编号。

（5）连接：钢丝绳通过花篮螺栓与升降台连接，连接处应按技术图纸的要求打卡子，吊点全部连接好后，用花篮螺栓将杆体调平，使得每一吊点上的钢丝绳松紧都一样，钢丝绳的端头应用铝套封牢。注意钢丝绳在穿绳过程中应小心，不要把钢丝绳划伤。钢丝绳如与其他固定结构干扰时，应适当移动、让开，保证不出现摩擦。

（6）限位：在提升机组侧面，设置有限位机构，限位机构直接与减速器输出轴相连，调整限位机构内的行程开关。

（7）检查：安装完成后，应进行全面检查，检查所有螺栓是否拧紧，转动部件是否转动灵活，安全限位机构是否动作可靠，检查钢丝绳是否有损坏。

舞台平面示意图如图 2 所示，舞台立面图如图 3 所示。

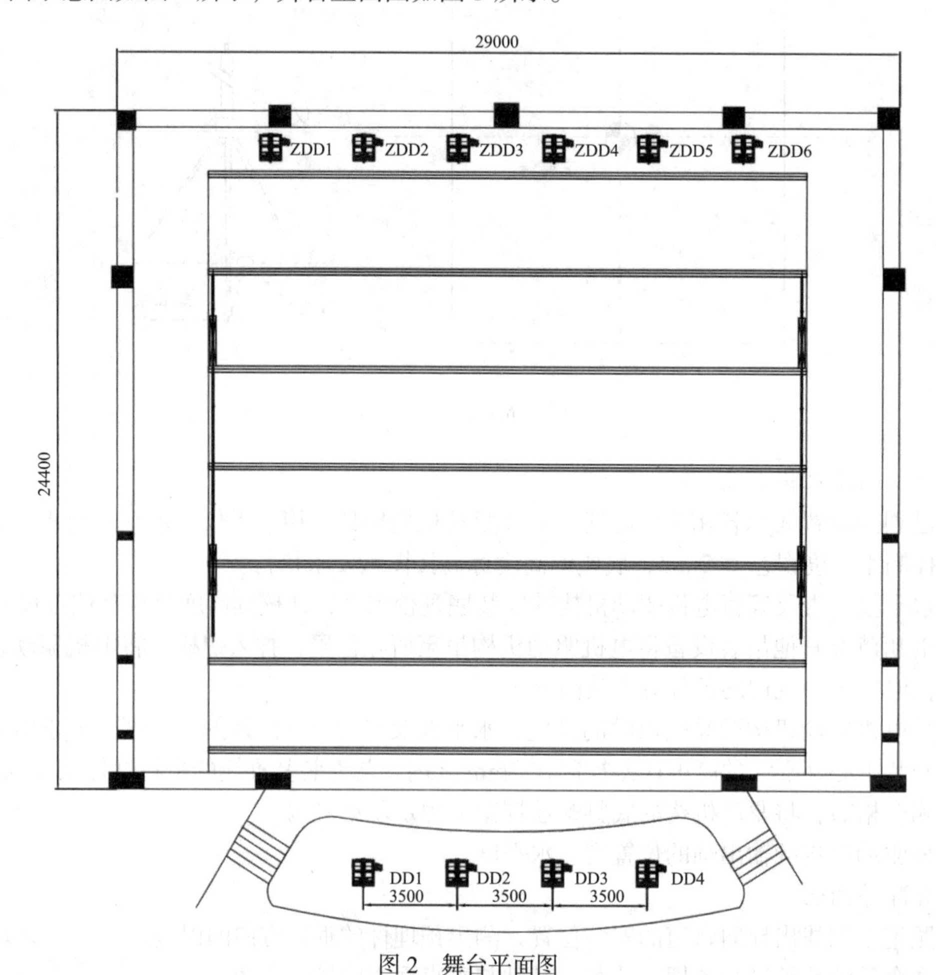

图 2　舞台平面图

5.2.5　电气设备安装

（1）电气配管根据设计图，加工好各种盒、箱、管弯。本工程中钢管煨弯均可采用冷煨法。

（2）桥架敷设，先敷设直线段，在地下装上一端的连接板和连接螺栓，放置于吊架上，与另一段对齐，看好平直后再紧固螺栓。依次沿支 / 吊架逐段连接直至终端，连接螺栓应向外。

（3）配电箱（柜）安装屏、柜、箱本体及内部设备与各构件间连接牢固，开关柜和控制柜单独或成列安装时，其相邻两柜或箱顶部水平度偏差不大于 2mm，全部柜或箱顶部水平度偏差不大于 5mm，相邻两柜或箱边不平度不大于 1mm，全部柜或箱面不平度不大于 5mm，柜或箱边接缝不大于 2mm；

（4）所有敷设的电缆应按平行、垂直方向整齐排列，电缆敷设时，应先编好电缆表，安排好先后顺序以避免交叉，线缆和设备连接严格控制金属软管的长度，按照规范要求小于 1.0m；在管子端，选用专用的软管接头；在连接设备点，做好软管的固定工作；在并列安装的场所，严格控制软管长度及接线方向，做到统一、协调，横看成线。

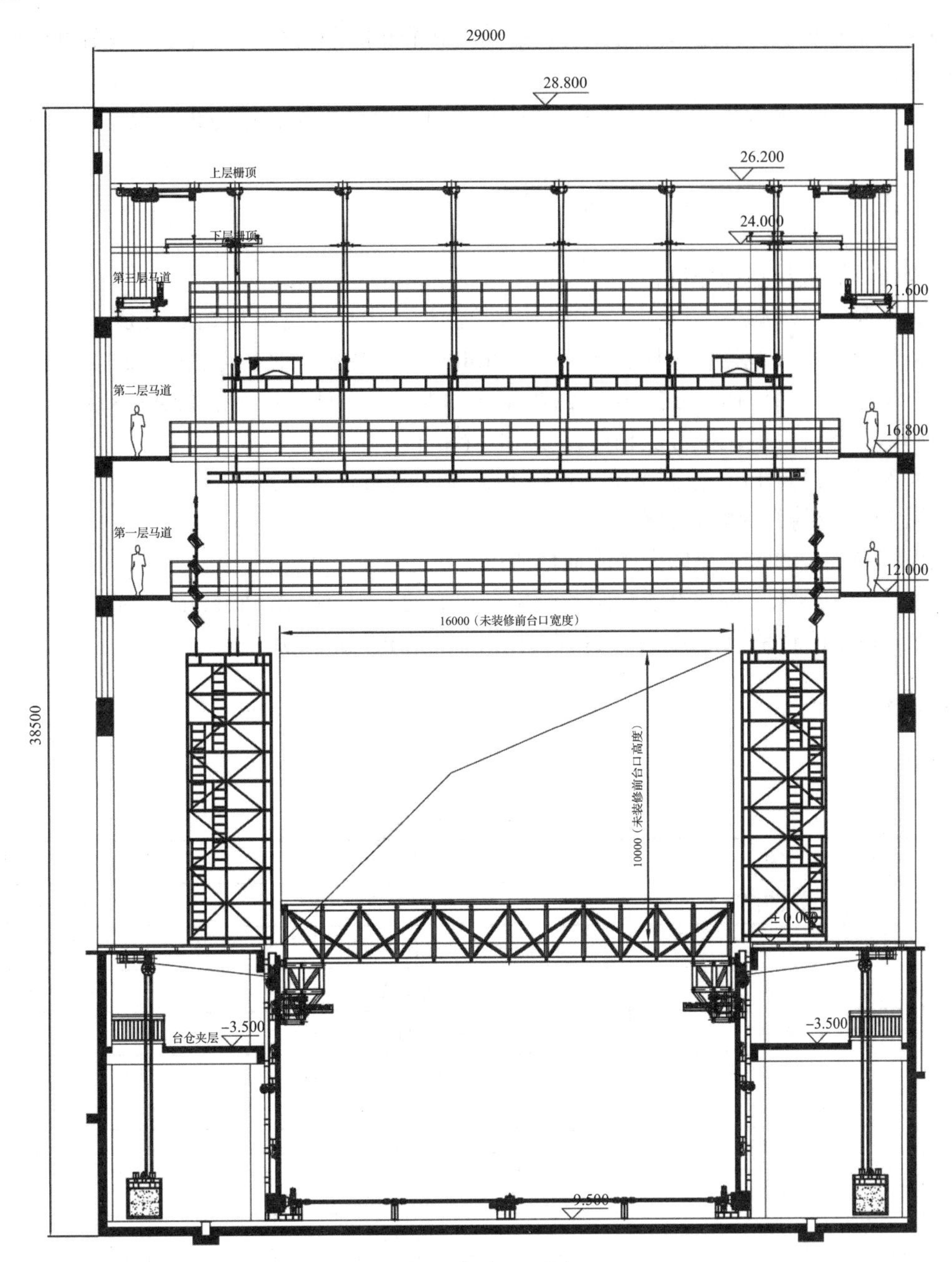

图3　舞台立面图

5.2.6　单体调试

（1）调试前准备工作

按每项设备的单体设备图、工艺安装图、电路走向图、电气设备控制系统图进行检查，并根据图纸比对现场机械及电气安装是否满足相应规范要求。

（2）单机设备调试

①每台设备空载负荷运行5次，确认无误时即算完成，并检查机械传动部件是否有异常。

②空负荷运行完成后，即可对有限位及主令控制器的设备，上下限位的位置，超限位进行调整。

③在没有增量编码器的情况下驱动设备，记录下所有给变频器的驱动参数和设置。

④在使用增量编码器的情况下驱动设备，记录下所有给变频器的驱动参数和设置。

⑤优化变频器控制软件内的控制参数。

（3）重载试车

①按75%、100%额定载荷进行试车，重复空载试车运行程序。

②为确保设备在负载下的起升能力，对在运动时和静止时载荷相同的设备，载荷测试按照1.25倍的额定载荷操作。

③对测试缺陷必须采取措施予以消除，并按要求再次测试直至合格为止。只有在全部测试项目都达要求为止。

（4）用PLC控制系统和变频器控制机器调试

①安装中央计算机。

②安装操作计算机包括操作设备。

③安装和检测“启动顺序”，这一方式由开关控制柜、中央计算机和PLC完成。

④安装备份控制系统包括操作控制计算机、Profibus-主机和在轴上的Profibus各组成部件。

⑤安装PLC控制系统网络。这一网络由操作计算机、中央计算机包括Profibus主机。

⑥开始调试。各机械的调试方法相似，参照以下执行。

⑦调试和参数化设置PLC控制系统，包括PLC和Profibus各节点。

⑧调试用PLC控制的变频器的操作面板。

⑨调试控制系统，通过工业以太网的通信协议等。

⑩调试备用操作系统，也就是说控制系统所有功能的实现都经由Profibus系统。

⑪调试Profibus控制系统，包括中央控制计算机和Profibus节点。

6 材料与设备

6.1 主要材料（表1）

表1 材料表

序号	名称	规格、型号	性能及用途
1	镀锌钢管	根据图纸要求	拼装钢结构舞台
2	钢丝绳	按图纸要求	传动舞台设备
3	防火幕布	按图纸要求	隔离
4	角钢	25mm×25mm×3mm等	连接
5	镀锌螺栓、螺帽	M16×（35mm、40mm、45mm、70mm、110mm、240mm等）	连接
6	地脚螺栓	六角螺栓GB/T 31.1—88等	连接
7	防锈漆	—	防锈
8	电缆	按图纸要求	通电
9	桥架	按图纸要求	布置管线
10	塑料软管	ϕ20、ϕ25、ϕ32、ϕ40、ϕ50等	穿管

6.2 主要设备（表2）

表2 设备表

序号	名称	型号	主要功能	数量
1	汽车吊（25t）	—	吊装	2台
2	电动卷扬机（5t、慢速）	—	吊装	5台
3	交流电焊机（500A）	—	焊接	4台
4	千斤顶（QL5）	—	安装	8台
5	手拉葫芦（5t/3m）	—	吊装	4台
6	电动吊杆	—	吊装	51个

续表

序号	名称	型号	主要功能	数量
7	主舞台单点吊机	—	吊装	6 个
8	侧 LED 屏升降机构	—	显示	1 套
9	主升降台	—	载人	5 台
10	升降乐池	—	载人	2 台
11	台上电气控制系统	—	控制	1 套
12	台下电气控制系统	—	控制	1 套
13	大幕机	—	放映	1 套
14	二幕机	—	放映	2 套
15	切割机	—	切割	3 台

7　质量控制

7.1　主要标准及规范

《中国人民共和国建筑法》;

《设计图纸》;

《低压成套开关设备验收规程》(CECS 49：93);

《低压开关设备和控制设备组件》(IEC 60439);

《现场设备、工业管道焊接工程施工及验收规范》(GB 50236—2011);

《电气装置安装工程　电缆线路施工及验收标准》(GB 50168—2016);

《电气装置安装工程　接地装置施工及验收规范》(GB 50169—2016);

《电气装置安装工程　旋转电机施工及验收标准》(GB 50170—2006);

《电气装置安装工程　盘、柜及二次回路接线施工及验收规范》(GB 50171—2012);

《机械设备安装工程施工及验收通用规范》(GB 50231—2009);

《起重设备安装工程施工及验收规范》(GB 50278—2010);

《建筑工程施工质量验收统一标准》(GB 50300—2013)。

7.2　质量控制标准

（1）观察、核对所设基准线与预埋件，周边建筑设施构件的相互位置关系，控制精度在允许范围内。

（2）测量电机驱动机构两端输出轴的高度、水平度及与所定基准线的平行度，按照图纸要求。

（3）轨道安装过渡板与预埋及垫铁焊接，注意焊接过程中的变形控制在允许范围内。

（4）钢构架位置线和各相关中心线的定位精度控制，安装分配机构钢架上平面控制，水平度误差 ≤ 2mm，底座的高度标高按图纸要求执行。

（5）预埋管的弯曲半径、弯扁率及管路的敷设路径要严格控制，管路和箱（盒）的连接、管子和管子的连接均根据规范要求进行施工，严禁管子套接或对接。

（6）电缆桥架的支架固定选用金属膨胀螺栓，一般为 M8 或 M10，支架选用厂家定型产品配套，组装桥架要平直，水平误差不大于 5mm，中心偏差不大于 5mm。

（7）重载按 75%、100% 额定载荷进行试车，载荷测试按照 1.25 倍的额定载荷操作。

（8）Profibus 操作系统按照说明书要求进行多次调试操作，确保操作人员可正确熟练操作。

（9）质量控制方法以工序质量为目的，动态地控制工序的因素，按质量责任制办事，各司其职，各负其责。以预防为主开展一月一次合格工程活动，加强工序“三检制”(即自检、互检、专职检验)。抓点连线带片，对关键工序设立质量管理点，实行重点控制，严守工程质量第一的原则，提高质量意识，在保证质量的前提下优化工期。

（10）质量检查主要控制点以电动驱动机构安装精度、升降导轨安装位置、舞台钢结构安装平整度、钢丝绳连接、底部缓冲装置精度、电气控制柜元器件及线路为主控点。

8 安全措施

（1）应遵守的相关安全规范及标准：

《中国人民共和国安全生产法》；

《施工现场临时用电安全技术规范》（JGJ 46—2005）；

《建筑机械使用安全技术规程》（JGJ 33—2012）；

《建筑施工安全检查标准》（JGJ 59—2011）；

《建筑施工高处作业安全技术规范》（JGJ 80—2016）。

（2）加强安全生产的宣传教育和学习国家、省市有关安全生产的规定、条例和安全生产操作规程，并要求职工在施工中严格遵守有关文件的规定。

（3）工程实施时，严格按照经审批后的施工组织设计和安全生产措施的要求进行施工，操作工人必须严守岗位履行职责，遵守安全生产操作规程，特种作业人员应经培训，持证上岗，各级安全员要深入施工现场，督促操作工人和指挥人员遵守操作规程，制止违章操作、无证操作、违章指挥和违章施工。

（4）机械吊装、焊接等特种作业人员需配备相应特种作业证件；高空作业需佩戴安全防护用品；舞台安装需设置安装区域警戒线，并设置专人巡查，防止无关人员进入舞台施工区域；舞台机械设备及相关材料进场需严格进行相关验收制度，对吊装钢丝绳等传动设备进行安装后的复查工作。

9 环保措施

（1）应严格遵守国家、地方及行业标准、规范：

《建筑施工现场环境与卫生标准》（JGJ 146—2013）；

《建筑施工场界环境噪声排放标准》（GB 12523—2011）；

《地下水监测工程技术规范》（GB/T 51040—2014）。

（2）教育作业人员自觉爱护现场环境，组织文明施工。

（3）确保设备的清洁美观，各种材料进入现场按指定位置堆放整齐，不影响现场正常施工，不堵塞施工通道和安全通道，材料规格标识清楚，材料堆放场要有专人看管。

（4）敷设各种管路、线路要安全、合理、规范、有序，做到整齐美观。

（5）施工现场管理要规范、干净整洁，做到无积水、无淤泥、无杂物；各种设备运转正常，做到“工完、料净、场地清”；对施工垃圾、生活垃圾要集中堆放，并及时清理出场，防止出现乱弃渣、乱搭建现象。

（6）施工面所用钻具、工具等，在用完后及时收回，集中放置，不得随意丢放。

（7）施工用电的动力线和照明线分开架设，不随意爬地或绑扎成捆。

（8）加强施工现场管理，设二次警戒，严禁非施工人员进入施工现场；施工人员带证上岗，严禁脱岗、串岗、睡岗和空岗。

（9）按照建筑节能工程施工质量验收规范，对舞台机械材料材质和技术参数严格把关；对原材料、成品和半成品应先检验后收料，不合格材料及设备不准进场；材料要具备出厂合格证或法定检验单位出具的合格证明；对需要进行节能送检的材料，严格按照规范要求送检；各种不同类型、不同型号的材料分类堆放整齐，并注意防锈蚀和污染。

（10）舞台机械设备采用能效较高的设备，减少机械运转能效的散失；电气系统采用变频调速器使其在负载下降时自动调节转速，以与负载的变化相适应，提高电机在轻载时的效率，达到节能效果；配电线路采用电导率较小的材料，降低配电线路上的能力损耗；将供配电系统及照明系统纳入

PLC 智能控制系统，减少不必要的能源损耗达到绿色施工节能减排的效果。

10 效益分析

采用此工法，可保证工程质量，有效降低工程成本，保证工程质量与安全，具有良好的经济效益和社会效益。与常规设备安装及调试施工相比，其经济效益对比分析见表 3：

表 3 效益分析表

类型 \ 价格	综合费用（元 /m²）
常规设备安装及调试	1908（驱动安装 283 元 /m²，导向轨安装 142 元 /m²，舞台钢结构安装 423 元 /m²，钢丝绳连接 70 元 /m²，传动设备安装 283 元 /m²，机械电气和控制系统安装 424 元 /m²，调试 283 元 /m²）
高精度安装及 PLC 制动系统控制	1625（高精度驱动安装 212 元 /m²，高精度导向轨安装 113 元 /m²，高精度舞台钢结构安装 382 元 /m²，钢丝绳连接 70 元 /m²，高精度传动设备安装 254 元 /m²，机械电气和控制系统安装 382 元 /m²，PLC 调试 212 元 /m²）

综上所述，采用高精度安装及 PLC 调试与常规安装及调试相比较在综合经济效益方面可节约成本 283 元 /m²。

11 应用实例

（1）金溪县大剧院项目，因舞台使用功能要求，采用高精度舞台机械设备安装及 PLC 制动系统控制，该施工作业于 2018 年 8 月开工，2018 年 11 月完工，取得了良好的效果；现场施工文明符合相关要求，没有发生一起生产安全事故和设备安装事故，其安全效益和文明效益良好，受到监理及建设单位的一致好评。

（2）黄岩文体中心等项目，本工程的舞台安装采用了全自动升降舞台施工方法。该施工作业于 2015 年 4 月开工，2017 年 9 月完工。工程质量较好，获得业主、监理等一致好评。

一种升降式灯具安装施工工法

蒋梓明　刘　涵　王亚轶　毛璐超　王　珍

湖南建工集团装饰工程有限公司

摘　要：为解决超高建筑、异形建筑、特色建筑的顶面灯具维修不便、施工成本高等问题，在升降架基础上加装了灯具整体式固定钢支架和电线伸缩装置，工人在地面手摇控制器带动钢丝绳与组合滑轮卷动，通过钢丝绳拉扯固定灯具的钢架，实现多盏灯具同时升降。本工法具有施工效率高、节省工期、成本低、安装质量高等优点。

关键词：顶面灯具；升降架；固定钢支架；电线伸缩装置；同时升降

1　前言

随着建设的现代化技术水平越来越高，出现了超高建筑、异形建筑、特色建筑，为了提升建筑的使用功能及维护的方便，出现了很多新型材料及施工工艺。电器照明是建筑使用最基本的功能，也是我们生活当中最关注的功能，所以照明质量的好坏直接影响着我们的日常生活，但是即使再好的灯具也有出问题的时候，这就需要我们在灯具坏的时候能进行及时地维修。如果在常规普通的建筑空间进行日常的维修是没有问题的，但一些超高建筑、异形建筑、特色建筑的顶面灯具出现损坏，如果要维修会因高度够不着、不易搭设梯子、维护施工危险、维护施工成本高等方面的因素而不能及时维修，从而影响维护效率和照明功能。

长沙市地铁 4 号线站厅与站台的电扶梯处及设备洞口设计有照明灯具，为了解决以后地铁运营维护方便，湖南建工集团装饰工程有限公司组织技术人员开展了技术创新，首创了“一种升降式灯具安装施工工法”，并形成公司企业施工技术标准，供类似施工借鉴使用。本工法的灯具升降安装工艺可以解决灯具升降维护问题，其类似于升降晾衣架安装原理，但改进工艺上有两点技术创新，一是在升降架基础上加装了灯具整体式固定钢支架，用于安装灯具同时控制多盏灯升降；二是在升降架基础上加装了灯具的电线伸缩装置，使灯具升降的同时电线也能很好地伸缩。灯具升降操作时，人在地面手摇控制器带动钢丝绳与组合滑轮卷动，通过钢丝绳拉扯固定灯具的钢架实现多盏灯具同时升降。经过本项目施工实践，证明本工法非常具有实用性，可以有效解决建筑中吊顶超高、异形、设备洞口等部位灯具后期维护困难的难题。

2　工法特点

（1）提高施工效率：现场组装，施工安装效率高。

（2）节约施工工期：施工完成后不用担心灯具的安装或者调试问题而影响施工操作架的拆架，最大程度压缩灯具安装施工时间，节省施工工期。

（3）保证施工质量：施工方法原理简单、操作简便，施工质量容易控制。

（4）节省施工成本：便于施工调试与维修，同时也方便后期灯具的维护，节省施工成本及运营维护成本，是一种各方受益的施工方法。

（5）安全文明施工：施工安装期间无噪声、无灰尘、做到文明施工。

（6）施工方法的先进性：一般对于灯具要做升降要求的设计比较少，类似施工方法也不常见，所以本施工安装工艺对灯具升降施工是具有较强的指导意义，有利于施工工艺的推广和应用，提高企业的竞争力。

3　适用范围

适用于解决各类超高建筑、异形建筑、设备洞口等吊顶部位的灯具安装维护问题。

4　工艺原理

本工法的安装原理类似于升降晾衣架安装，但改进工艺上有两点技术创新，一是在升降架基础上加装了灯具整体式固定钢支架，在安装灯具的同时控制多盏灯升降；二是在升降架基础上加装了灯具的电线伸缩装置，使灯具升降的同时电线也能很好地伸缩。灯具升降操作时，人在地面手摇控制器带动钢丝绳与组合滑轮卷动，通过钢丝绳拉扯固定灯具的钢架以实现多盏灯具同时升降（图3）。

升降式灯具设计如图1所示，升降式灯具安装原理如图2所示。

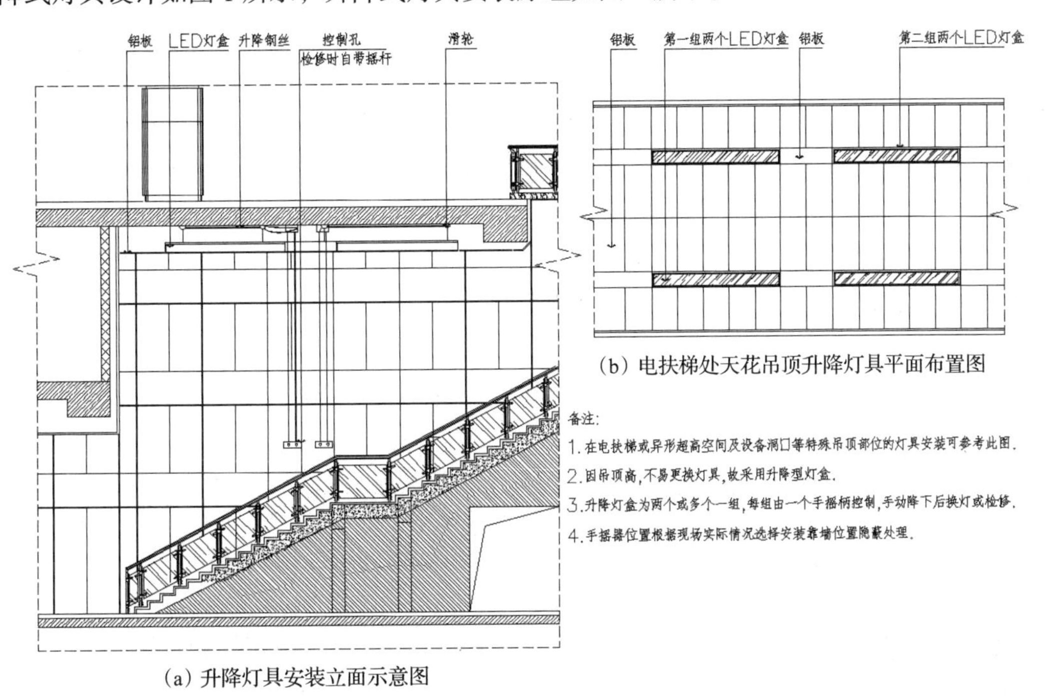

（a）升降灯具安装立面示意图

（b）电扶梯处天花吊顶升降灯具平面布置图

图1　升降式灯具设计示意图

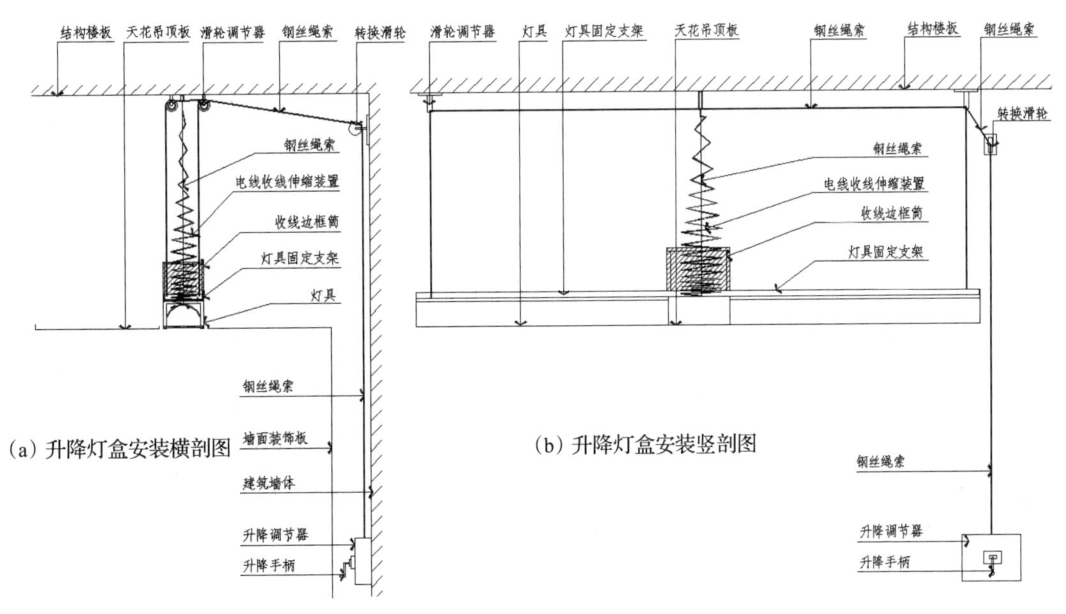

（a）升降灯盒安装横剖图

（b）升降灯盒安装竖剖图

图2　升降式灯具安装原理施工图

5　施工工艺流程及操作要点

施工工艺流程：测量放线→升降灯具滑轮的定位→灯具固定骨架的安装→水平滑轮组的安装→竖直可调节式角度滑轮的安装→手摇控制器的安装→穿钢丝绳→灯具的吊装→电线可伸缩装置的安装→安装灯具收边线→调试升降灯具→交工验收。

（1）现场测量放线

根据图纸对现场尺寸进行测量复核，利用水准仪器进行标高测量放线。

（2）升降灯具滑轮的定位

根据设计图纸及现场尺寸进行灯具的定位布置，然后根据灯具的布置图纸确定现场灯具安装的位置，利用水准仪器、钢卷尺放线确定灯具的安装高度，检查无误后在楼板上弹上灯具安装的中心控制线，并在相应的灯具吊点位置上做好滑轮安装点记号。

（3）灯具固定骨架的安装

根据升降式灯具的数量与尺寸，焊接相应尺寸的钢骨架，钢骨架要焊接平整顺直，且易于灯具的安装固定。钢架制作尽量要求刚度好、重量轻，尽量减少灯具骨架的自重。钢架焊接均应牢靠、焊缝饱满，且焊接施工完成之后要进行焊缝防锈处理。

（4）水平滑轮组的安装

根据灯具吊点位置滑轮安装点的记号安装组合升降式滑轮组，滑轮的固定要采用不少于 2 个膨胀螺丝固定，确保每个滑轮能单独受力，且拉拔力不小于升降式灯具的重量。滑轮选择可调节角度式滑轮，保证钢丝绳能在滑轮中心轴的转动，尽量避免钢丝绳拉扯与滑轮有角度摩擦，使升降式灯具操作轻便灵活。

（5）竖直可调节式角度滑轮的安装

根据地面手摇控制器的安装位置，在其顶部竖直高度位置安装一个可调节式角度的滑轮，用于竖直方向的钢丝绳拉扯力传达在水平滑轮组上，从而带动钢丝绳的拉扯灯具升降。

（6）手摇控制器的安装

手摇控制器的安装要选择合适的控制位置，便于后期维护控制。安装时要注意手摇调节器的定位与墙面上部的可调节式角度滑轮保持上下位置在一条直线上，避免拉扯钢丝绳时产生与滑轮的摩擦。

（7）穿钢丝绳

把钢丝绳一端先后依次穿过手摇控制器的卷轴→竖直可调节式角度滑轮→水平滑轮组合→升降式灯具固定钢架。钢丝绳要采用 304 号不锈钢材质，直径大小根据灯具的重量选择，且所有单个钢丝绳要保证整条长度无接头，钢丝绳外观质量要顺滑平直，无折断、扭曲痕迹。

（8）灯具的吊装

把要控制升降的灯具固定在已经焊接好的灯具钢架上，然后再把钢架钩挂在升降式钢丝绳上，为了确保钢架升降的平稳度，每个钢架要有四根钢丝绳进行钩挂，且同步升降。钩挂点的选择要距离灯具挂架端边保持一段距离，避免因跨度太大灯具骨架中间有自重下垂现象。

（9）电线可伸缩装置的安装

先在每组升降灯具钢架的中间位置多安装一根升降钢丝绳，与灯具升降系统连接同步；然后把电线绑扎在穿孔的链条上，保持同长度；最后再把灯具伸缩到吊顶安装高度，将钢丝绳间断性地穿过绑扎在电线的链条孔上，使带孔链条折叠式穿在升降的钢丝绳上，注意折叠间隔穿孔的间距，完成之后灯具升降同时即可带动电线自动伸缩。在灯具的固定钢架上，将电线伸缩装置部位加装一个收线边框筒，使电线折叠伸缩在收线套筒内。

（10）安装灯具收边线

在灯具边框的四周安装 L 形铝边角线，用于遮挡灯具与铝板之间的缝隙。

（11）调试升降灯具

灯具及各升降装置完成之后进行灯具的升降调试，调试过程当中要注意钢丝绳的拉扯是否顺畅，如有跑出滑轮或者产生摩擦声音则要调整滑轮的角度，不能解决时则要重新定位滑轮位置。

（12）交工验收

灯具安装及调试完成之后确认使用效果良好，再进行单项验收。

6　材料与设备

6.1　主要材料

手摇控制器、水平组合式滑轮、竖直可调节角度式滑轮、钢丝绳、镀锌角钢、镀锌钢板、电焊条、防锈漆、膨胀螺丝等。

6.2　施工机具

交流电焊机、切割机、手电钻、扳手等（表 1）。

表 1　施工机具

序号	名称	单位	数量	型号
1	交流电焊机	台	1	BX3-300-1
2	切割机	台	1	MHE20
3	手电钻	台	1	
4	扳手	把	2	

6.3　测量仪器

水准仪、钢卷尺。

表 2　测量仪器

序号	名称	单位	数量	型号
1	水准仪	台	1	S3
2	钢卷尺	把	2	10M

7　质量控制

7.1　工程质量控制标准

（1）焊缝焊接质量执行《钢结构工程施工质量验收标准》(GB 50205—2001）中钢结构焊接工程的规定。

（2）所有焊接部位均需要做好防锈处理。

（3）所有螺栓紧固部位应拧紧牢靠。

7.2　质量保证措施

（1）确保按照 ISO 9001：2000 标准要求，建立现场质量管理体系，并有效运行。

（2）技术人员和施工人员提前认真学习图纸和相关技术文件，明确质量标准和技术要求，运用 BIM 技术模型模拟指导施工，同时利用 BIM 技术对班组作好三维透视应用技术交底。

（3）对采用的测量仪器和检测工具，按规定要求进行鉴定校核。

（4）安排质检员进行跟班检查，同时要求班组加强自检和工序交接检。

8　安全措施

（1）认真贯彻“安全第一，预防为主”的方针，建立安全管理体系，执行安全生产责任制，明确各级人员的职责，抓好工程的安全生产。

（2）施工现场按符合防火、防洪、防触电等安全规定及安全施工要求进行布置，并完善布置各种安全标识。

（3）编制安装专项施工方案，安全用电施工方案等，严格按规定审批执行。

（4）施工现场的临时用电严格按照《施工现场临时用电安全技术规范》（JGJ 46—2005）的有关规范规定执行。

（5）建立完善的施工安全保证体系，确保作业标准化、规范化。

9　环保措施

（1）在工程施工过程中严格遵守国家和地方政府下发的有关环境保护的法律法规，白天施工噪声≤ 70dB（夜间 55dB），施工现场目测无扬尘。

（2）施工现场对噪声、粉尘、扬尘等进行监测，均需达到国家环保标准。

（3）施工人员在作业面上做到文明施工，做到工完、料尽、场地清。

10　效益分析

（1）材料基本工厂成品加工，现场组装，安装效率高，节省施工成本；

（2）施工完成后不用担心灯具的安装或调试需要拆架的问题，节省施工工期。

（3）施工操作简便，施工质量容易控制。

（4）本施工安装期间无噪声、无灰尘、不扰民，做到文明施工。

（5）便于施工调试与维修，同时也方便后期运营阶段灯具的维护，节省施工维修及运营维护成本，是一种各方受益的工艺方法。

（6）灯具要做升降要求的设计比较少，类似施工方法也不常见，所以本施工安装工艺对灯具升降施工是具有较强的指导意义，有利于施工工艺的推广和应用，可提高企业的竞争力。

11　应用实例

本施工工法于 2018 年应用在长沙市轨道交通地铁 4 号线公共区室内装饰项目上，通过施工安装实践证明此工法非常具有实用性。施工完成之后进行灯具升降测试，调试使用简便又灵活，能很好地解决后期灯具维护问题，节省维护成本及提高维护效率，是一个控制灯具升降的好工法。施工最终完成质量达到了设计单位及建设单位的预期效果，并得到了业主及同行的高度赞许。

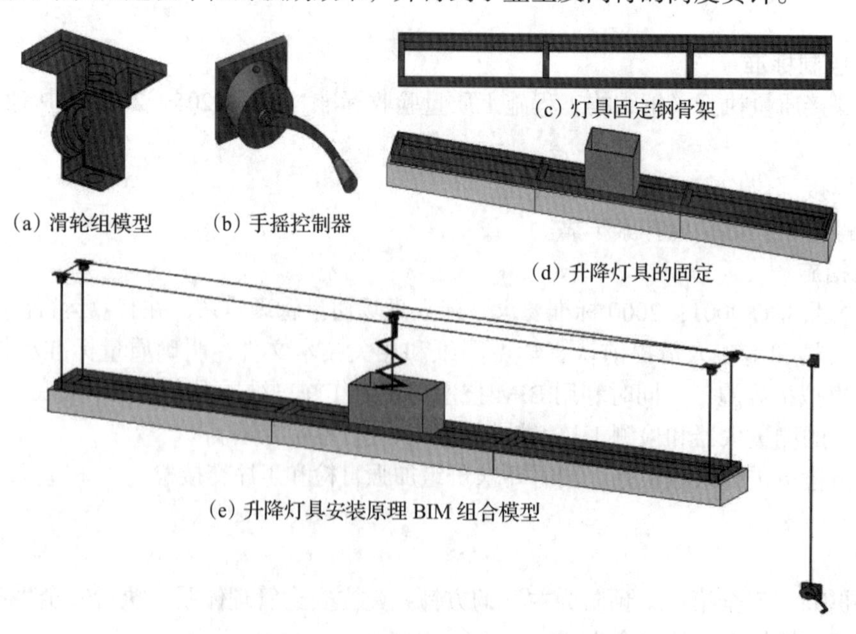

图 3　升降式灯具安装原理 BIM 模型三维图

工程现场施工如图4所示。

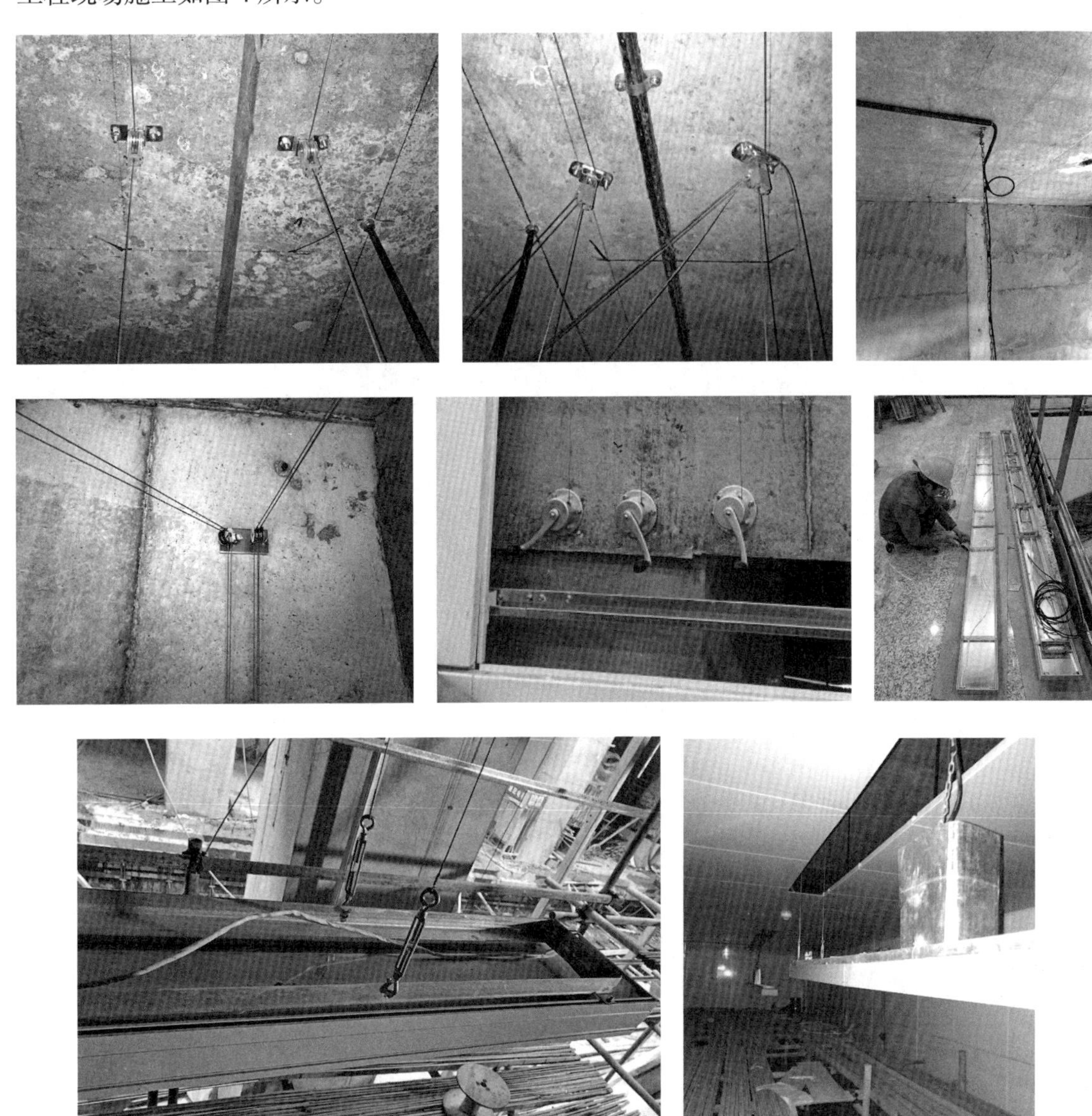

图4　工程现场施工图

第3篇

PART 3

吊装管材、装配式、运输

地下连续墙超长钢筋笼吊点递级转换吊装就位施工工法

陈立新　唐金云　段龙成　岳建军　周　波

湖南省第四工程有限公司

摘　要： 本工法选用两台合适的大型起吊设备（履带吊）进行配合起吊施工，通过对钢筋笼整体起吊进行几何受力分析，综合考虑钢筋笼几何构造、重心位置等因素从而选定合理吊点位置，在吊装过程中通过设置多排吊点及吊点的逐级转换以达到控制起吊物形变和平稳吊装的目的；适用于各种工程的地下连续墙钢筋笼吊装施工，特别适用于高、大、重的地下连续墙钢筋笼的吊装施工。

关键词： 地下连续墙；钢筋笼；平稳吊装；吊点位置；逐级转换

1　前言

我公司在深圳壹方商业中心项目所有地下连续墙超长钢筋笼吊装及长沙市轨道交通 3 号线东塘站工程中对总共 98 幅地下连续墙钢筋笼吊装采取了具有针对性的施工技术，解决了高、大、重钢筋笼吊装施工的关键技术，总结出一套成熟的施工方法，形成了完善的施工工法，为日后地下连续墙钢筋笼施工提供经验和借鉴。

2　工法特点

（1）本工法选用两台合适的大型起吊设备采用双机递送的方法配合起吊施工，合理利用了起重设备的特性，减少了大型起重设备的资源浪费，同时减少了对施工场地的使用。

（2）本工法中钢筋笼长度方向设置多排吊点，在开始起吊阶段，通过双机递送配合实现起吊翻身（钢筋笼从水平到竖直），解决了起吊翻身过程中的钢筋笼变形问题。

（3）吊装过程中采用多次吊点递级转换的方法，逐步卸除吊点处的索具、卸扣，并将钢筋笼下沉入槽，通过控制钢筋笼的下降速率、增加钢筋笼的局部加强肋、定位垫块的定位及红外线垂直仪监测，解决了钢筋笼下沉过程中可能出现的变形及钢筋保护层厚度不够的问题。

（4）本工法能更稳定地对钢筋笼进行起吊，避免了因钢筋笼变形而造成的停吊、返工加固等造成的资源浪费问题，达到了节能环保的效果，质量得到更有效的保证，经济效益明显。

（5）本工法施工难度不大，操作简单、易学，可以提高施工速度、缩短工期。

3　适用范围

本工法适用于各种工程的地下连续墙钢筋笼吊装施工，特别适用于高、大、重的地下连续墙钢筋笼的吊装施工。

4　工艺原理

本工法通过选用两台合适的大型起吊设备（履带吊）进行配合起吊施工，以科学的计算方式对钢筋笼整体进行几何受力分析，对钢筋笼的几何构造、重心位置等因素进行考虑从而选定正确的吊点位置，在吊装过程中通过设置多排吊点及吊点的逐级转换以达到控制起吊物形变和平稳吊装的目的。

5　施工工艺流程及操作要点

5.1　施工工艺流程

施工工艺流程：钢筋笼加工→吊机选用及进场→绑扎构件、套牢绳索→双机平抬钢筋笼，进行试吊→副吊缓慢向前移动，主吊缓慢提升钢筋笼至垂直→副吊卸钩，主吊行走移位→降落构件、吊点转换、解开绳索、完成吊装

5.2　操作要点

5.2.1　钢筋笼加工

（1）钢筋笼必须严格按设计图纸进行焊接，保证其焊接焊缝长度及质量。

（2）钢筋笼桁架用筋及局部加劲肋加强。为了防止钢筋笼在起吊过程中产生不可复原的变形，各种形状钢筋笼均设置纵、横向桁架，纵、横向桁架筋规格型号均按设计要求，并增加加强肋，施工中桁架筋严格按照设计和规范要求进行焊接以保证钢筋笼自身刚度。

（3）吊点位置。吊点位置确定是吊装过程中的一个关键步骤，因此钢筋笼吊点布置必须根据弯矩平衡原理，正负弯矩相等是所受弯矩变形影响最小的原理进行验算，钢筋笼纵向吊点位置一般设置在图 1 中 B、C、D、E、F 点（可根据钢筋笼长度情况确定吊点排数）。

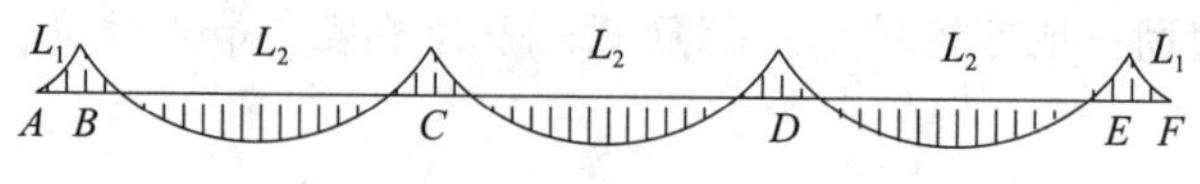

图 1　钢筋笼纵向受力弯矩示意图

（4）钢筋笼横向吊点位置确定方法同纵向吊点位置确定方法。根据弯矩平衡原理，正负弯矩相等是所受弯矩变形影响最小的原理进行验算。横向吊点位置图如图 2 所示。

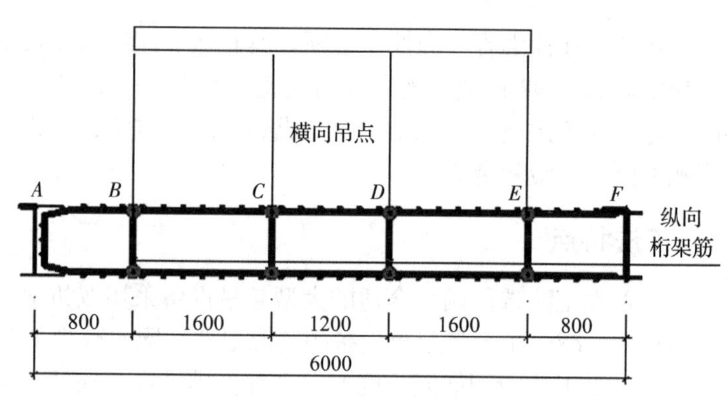

图 2　钢筋笼横向吊点位置图

（5）转角幅钢筋笼横向吊点与一般平笼布置有区别，转角幅钢筋笼横向吊点布置必须呈 45° 穿过重心点。通过计算（$P_1 \cdot X_1 + P_2 \cdot X_2 = 0$；$X_1 + X_2 = L$）找到重心线（图 3），以中心线为中心向两侧对称布置两排吊点（图 4）。

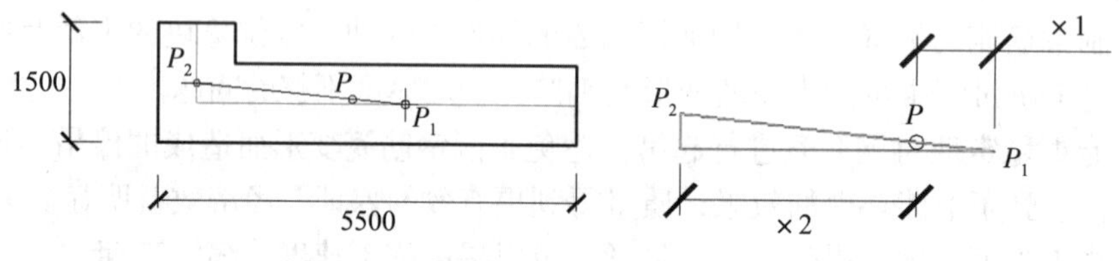

图 3　L 形钢筋笼重心线及中心线示意图

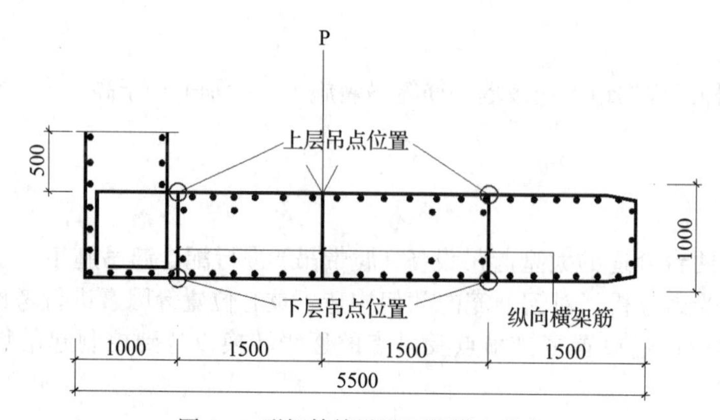

图 4　L 形钢筋笼设置两排横向吊点

5.2.2　吊机选用及进场

（1）吊机选用参考表 1。

表 1　吊机选用参考表

钢筋笼重量范围	主吊机起吊能力	副吊机起吊能力
$0 \leqslant T < 20t$	100t	50t
$20t \leqslant T < 30t$	150t	50t
$30t \leqslant T < 40t$	200t	80t
$40t \leqslant T < 50t$	200t	100t

（2）吊机进场安装，经检测、联合验收后方可启用，选好停靠点待命。

5.2.3　绑扎构件，套牢绳索

选取好扁担上的吊环的位置，吊环要平均布置在扁担上，根据已经算好的钢筋笼的吊点布置好扁担上的吊环位置，保证吊笼过程能左右前后平衡受力使吊笼过程平稳，然后在吊环及钢筋笼上依次扣好钢丝绳（图 5、图 6）。

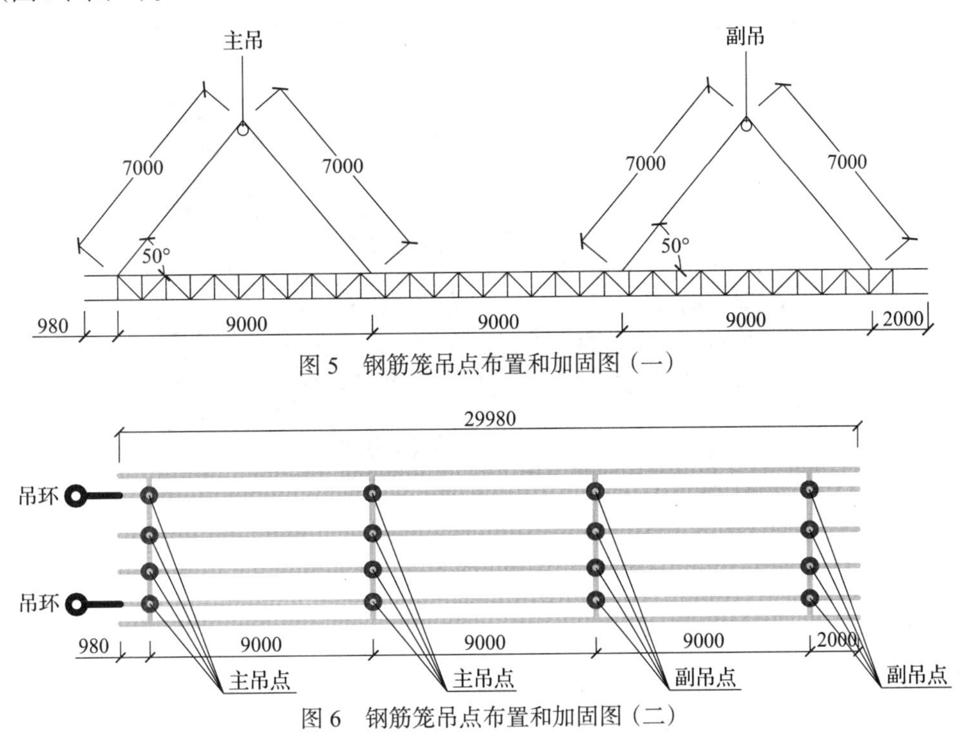

图 5　钢筋笼吊点布置和加固图（一）

图 6　钢筋笼吊点布置和加固图（二）

5.2.4　双机平抬钢筋笼，进行试吊

信号工指挥主副两吊机转移到起吊位置，启动主吊及副吊同时匀速缓慢的将钢筋笼平抬吊起离地面 20 ～ 50cm 后停止提升静置 10min，检查吊点、焊接点、加固点、桁架、钢筋笼整体刚度有无变形等，确认无误后方可再作业。

5.2.5　副吊缓慢向前移动，主吊缓慢提升钢筋笼至垂直

主吊匀速缓慢的起升钢筋笼，同时副吊缓慢向前运行，并稍微慢慢增加吊臂幅角，直至主吊把钢筋笼起吊垂直，如图 7、图 8 所示。

5.2.6　副吊卸钩，主吊行走移位

空中顺直后，主吊机全部吊载应静置不少于 5min，钢筋笼无任何变化再卸掉副吊的吊具（图 9）。随后缓慢回旋主吊，并在笼底部左右两侧扣上绳索，用以控制钢筋笼，保证钢筋笼不左右前后晃动。直到把钢筋笼吊到槽段正上方并平行于导墙方向。然后用绳索稳住钢筋笼，根据钢筋笼上的中心线和槽段上的分段标志，确定对准槽段后，在信号工的指挥下缓慢将钢筋笼放入槽段内，不得强行入槽。

图 7　钢筋笼起吊翻身过程图（一）

图 8　钢筋笼起吊翻身过程图（二）

图 9　副吊吊具卸除图

5.2.7　降落构件、吊点转换、解开绳索、完成吊装

（1）降落构件

副吊吊具卸除后，主吊完全吊起钢筋笼，主吊旋转大臂，使钢筋笼转移至下放导墙处。对准分幅线，开始下放。专人卸除副吊卡扣和钢丝绳，两排副钩卸除时分别用横担卡住钢筋笼，卡扣和钢丝绳卸除后吊起钢筋笼，抽出横担继续下放钢筋笼直至副吊两排卡扣和钢丝绳全部卸下，如图 10、图 11 所示。

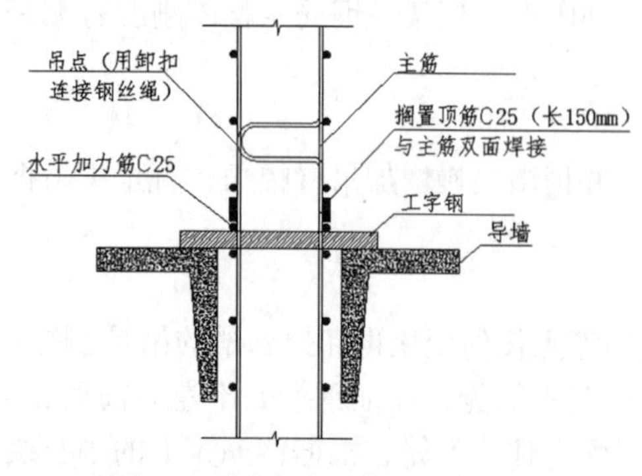

图 10　吊点卸扣及钢丝绳卸除图

图 11　吊点卸扣及钢丝绳卸除现场

（2）吊点转换

① 钢筋笼根据起吊需要分别设置 *A*、*B*、*C*、*D*、*E* 共 5 排吊点，如图 12 所示。

② 双机抬吊时，吊点分别挂在 *A*、*C*、*D*、*E* 四排吊点上，抬吊前预先安装好转换吊索 *BC*，转换吊索与钢筋笼一起起吊。

③ 当钢筋笼由主吊下放至吊点 *E* 时，用横担卡住钢筋笼 U 形吊环，主吊放下钢筋笼，使钢筋笼的重量承担在横担上。取下副钩吊索。然后主吊钩慢慢提升直至重新吊起整个钢筋笼，抽出横担进行第二次下放。钢筋笼下放至吊点 *D* 时，用横担卡住钢筋笼 U 形吊环，主吊放下钢筋笼，使钢筋笼的重量承担在横担上。取下副钩 *D* 点吊索。然后主吊钩慢慢提升直至重新吊起整个钢筋笼，进行第三次下放。

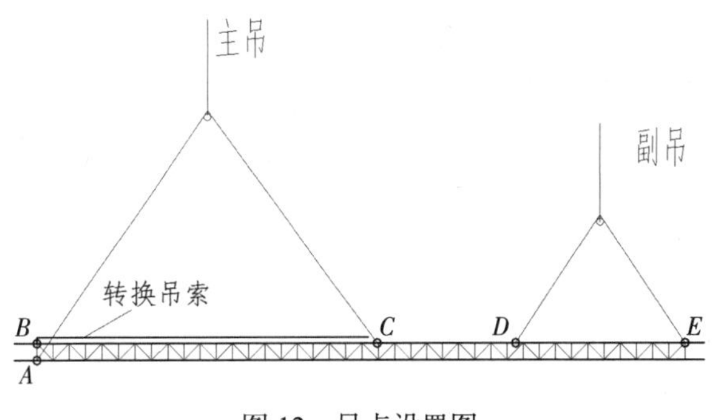

图 12　吊点设置图

④ 当钢筋笼由主吊下放至吊点 *C* 时，用横担卡住钢筋笼 U 形吊环，主吊放下钢筋笼，使钢筋笼的重量承担在横担上。主吊慢慢进行放钩，直至滑轮完全卸载。将吊索 *AC* 与转换吊索 *BC* 连接（图 14），完成第一次吊点转换。主吊钩慢慢提升直至重新吊起整个钢筋笼，进行第四次下放。

⑤ 当钢筋笼下放至吊点 *B* 时，进行第二次吊点转换，用横担卡住钢筋笼 U 形吊环处，主吊放下钢筋笼，使钢筋笼的重量承担在横担上。将 *A*、*B* 吊点吊绳、卸扣转移至钢筋笼上部的吊环上（图 15），然后重复步骤③，直至钢筋笼下方到位，然后用横担调整钢筋笼标高。

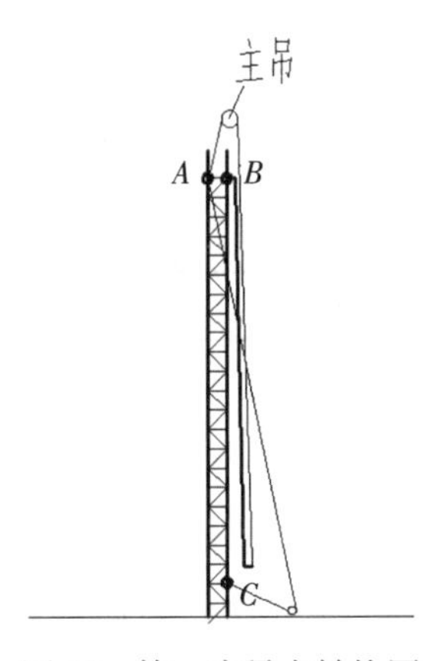

图 13　第一次吊点转换图

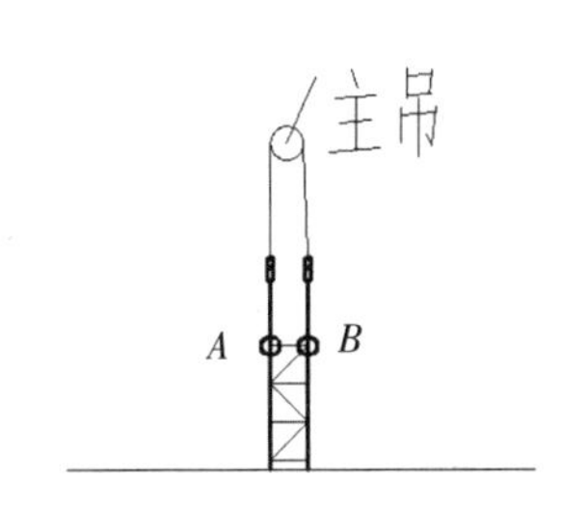

图 14　第二次吊点转换图

（3）解开绳索、完成吊装

最后卸除钢丝绳的卸扣，钢筋笼的整个吊放过程完毕。

6　材料与设备

6.1　材料

钢筋（HPB300ϕ32）、钢丝绳、型钢等。

6.2　设备

机具设备见表 2。

表 2　机具设备表

序号	名称	规格型号	单位	数量	备注
1	激光垂准仪	XL.48-DZJ200	台	1	
2	经纬仪	J6 以上	台	1	

续表

序号	名称	规格型号	单位	数量	备注
3	水准仪	DS3	台	1	
4	钢卷尺		把	5	
5	木工加工设备		套	2	
6	钢筋切割机	GW40	台	1	
7	钢筋弯曲机	GW40	台	1	
8	电焊机	BX-300	台	2	
9	吊车	QUY200	台	1	主吊
		QUY80	台	1	副吊
10	钢丝绳	ϕ28mm－6×37+1	根	4	主吊扁担下
		ϕ28mm－6×37+1	根	4	副吊扁担下
		ϕ39mm－6×37+1	根	2	主吊扁担上
		ϕ32.5mm－6×37+1	根	2	副吊扁担上
		ϕ28mm－6×37+1	根	4	连接绳
11	吊钩	180t 吊车吊钩	个	1	180t 级
		80t 吊车吊钩	个	1	80t 级
12	卸扣	6.5t 级	个	20	钢筋笼上用
		25t 级	个	2	80t 吊车用
		35t 级	个	2	180t 吊车用
13	滑轮	25t 级	个	4	180t 吊车用
		17t 级	个	4	80t 吊车用
14	铁扁担	4800×500×50	个	2	Q345B

7　质量控制

7.1　钢筋笼起吊过程质量控制

钢筋笼、加强肋及吊环等必须严格按照设计图纸要求进行焊接，保证其焊接焊缝长度、焊接质量满足设计、规范要求。吊攀、吊点加强处必须满焊。

导墙墙顶面平整度为 ±5mm，在钢筋笼吊放前要复核导墙上 4 个支点的标高，精确计算吊筋长度，确保误差在允许范围内。

对于异形钢筋笼的起吊，当钢筋笼吊离平台后应停止起吊，注意观察是否有异常现象发生，若有则可立即予以电焊加固等加强措施。

7.2　钢筋笼下槽及位置标高控制

钢筋笼吊放入槽时，不允许强行冲击入槽，同时注意钢筋笼基坑面与迎土面，严禁放反。搁置点槽钢必须根据实测导墙标高焊接，钢筋笼在槽口按设计要求位置对正就位后缓慢下方入槽，严禁用空挡冲放，遇障碍物不能下方时重新吊起，待查明原因并采取相应措施处理后再吊入。

钢筋笼下方到位后，用特制的钢扁担搁置在导墙上，并通过控制钢筋笼笼顶标高来确保钢筋预埋件的位置准确。地下连续墙顶标高误差为 ±3cm，在钢筋笼吊放前要复核导墙上的 4 个支点的标高，并在钢筋笼顶部吊环上用红漆标画出，精确计算吊筋长度，确保误差在允许范围内。

7.3　钢筋笼保护层厚度控制

钢筋笼端部与接头管或混凝土接头面间应留 15 ～ 20cm 的空隙。竖向钢筋保护层厚度根据设计要求厚度，在垫块与墙面之间留 2 ～ 3cm 的间隙。为保证钢筋保护层厚度，在钢筋笼外侧焊定位垫块。按竖向间距 2cm 设置两列钢垫块焊于钢筋笼上，横向间距标准幅为 2.5m，垫块采用 5mm 厚钢板制作。

8　安全措施

8.1　钢丝绳的安全使用及报废（表 3）

表 3　钢丝绳安全系数

用途	安全系数
缆风绳	3.5
支承动臂用	4
卷扬机用	5
吊挂和捆绑用	6
千斤绳	8 ～ 10
缆索承重绳	3.75

为保证钢丝绳使用安全，必须在选用、操作维护方面做到以下几点：

（1）选用钢丝绳要合理，不准超负荷使用。

（2）经常保持钢丝绳清洁，定期涂抹无水防锈油或油脂。钢丝绳使用完毕，应用钢丝刷将上面的铁锈、脏垢刷去，不用的钢丝绳应进行维护保养，按规格分类存放在干净的地方。在露天存放的钢丝绳应在下面垫高，上面加盖防雨布罩。

（3）钢丝绳在卷扬筒上缠绕时，要逐圈紧密地排列整齐，不应错叠或离缝。

（4）钢丝绳出现下列情况时，必须报废和更新：钢丝绳断丝现象严重，断丝数在一个节距中超过 10%；断丝局部聚集；当钢丝绳磨损或锈蚀严重，直径减小达到其直径 40% 时，应立即报废；钢丝绳失去正常状态，产生死弯、结构严重变形、绳芯挤出等情况时，必须立即报废。

8.2　滑轮的控制

吊杆滑轮及地面导向滑轮的选用，应与钢丝绳的直径相适应，其直径比值不应小于 15，各组滑轮必须用钢丝绳牢靠固定，滑轮出现翼缘破损等缺陷时应及时更换。

8.3　试吊

按 1.2 倍额定荷载，吊离地面 200 ～ 500mm，起升钢丝绳逐渐绷紧，确认各部位滑车及钢丝绳受力良好，轻轻晃动吊物，检查吊杆、滑轮等工作情况，确认符合设计、规范要求。

8.4　吊装控制

（1）穿绳：确定吊物重心，选好挂绳位置。穿绳应用铁钩，不得将手臂伸到吊物下面。吊运棱角坚硬或易滑的吊物，必须加衬垫，用套索。

（2）挂绳：应按顺序挂绳，吊绳不得相互挤压，交叉、扭压、绞拧。钢筋笼易用绳索方法，使用卡环锁紧吊绳。

（3）试吊：吊绳套挂牢固，起重机缓慢起重，将吊绳绷紧稍停，起钩不得过高，试吊中，指挥信号工、挂钩工、司机必须协调配合，如发现吊物重心偏挂或其他物件相连等情况时，必须立即停止起吊，采取措施并确认安全后方可起吊。

（4）摘绳：落绳、停稳、支稳后方可放松吊绳。对易滚、易滑、易散的吊物，摘绳要用安全钩。

（5）抽绳：吊钩应与吊物重心保持垂直，缓慢起绳，不得斜拉、强拉、不得旋转吊臂抽绳。如遇吊绳被压，应立即停止抽绳，可采取提头试吊方法抽绳。

9　环保措施

（1）加强施工管理，合理安排时间，严格按照施工噪声管理的有关规定，夜间不进行吊装作业。

（2）尽量采用低噪声施工起重设备和噪声低的施工方法。

（3）作业时在高噪声设备周围设置屏蔽。

10　效益分析

本工法使用双机递送、吊点递级转换的方法进行钢筋笼的吊装，合理利用了起重设备的特性，减少了大型起重设备的资源浪费，同时减少了场地的使用。除此之外使用该技术进行钢筋笼的吊装能更稳定地对钢筋笼进行起吊，避免了因钢筋笼变形而造成的停吊、返工加固等造成的资源浪费问题，达到了节能环保的效果，质量得到更有效的保证，经济效益明显。

11　应用实例

（1）长沙市轨道交通 3 号线一期工程东塘站位于韶山北路与劳动西路交叉路口以西，是轨道交通 3 号线与规划 7 号线的换乘站。该工程共有地下连续墙 98 幅，其中宽为 6m 的“一”字形墙共有 82 幅，站东端分别有 2 幅 7m 和 5m 宽“一”字形墙，另有 12 幅“L”形地连墙。地连墙高度为 28.9 ～ 36.6m。“一”字形钢筋笼中最长亦为最重者长度为 36.6m，钢筋笼宽 6m，质量为 35.36t（含两侧“H”型钢重）；“L”形钢筋笼最宽为 6.0m（4.5m+1.5m），长度为 34.4m 质量约为 26.5t（钢筋笼净重）。该工程地下连续墙钢筋笼吊装采用本工法，解决了钢筋笼起吊翻身过程中可能出现的变形问题，能更稳定地对钢筋笼进行起吊，避免了因钢筋笼变形而造成的停吊、返工加固等资源浪费问题，质量和进度得到更有效的保证，取得了良好的经济效益和社会效益。

（2）深圳壹方商业中心项目占地面积 99390m^2，建筑面积 328000m^2，其中商业 185000m^2，办公写字楼 137000m^2。该项目总建面为 80 万 m^2 的集超大型购物中心、高达 220 多 m 超甲级高档写字楼、五星级酒店、豪华特色商业街区及超高层顶级住宅于一体的深圳标杆性城市综合体项目。由于该项目为超高层综合建筑及周边环境复杂，场地狭小，在其地下工程施工中，我公司针对超长钢筋的吊装技术我公司采用本工法，解决了钢筋笼起吊翻身过程中可能出现的变形问题，更稳定地对钢筋笼进行起吊，避免了因钢筋笼变形而造成的停吊、返工加固等资源浪费问题，质量和进度得到了更有效的保证，取得了良好的经济效益和社会效益。

顶棚吊顶吊杆固定施工工法

龚　凯　龙　兴　张晚生　颜昌明　周　良

湖南省第五工程有限公司

摘　要： 固定龙骨吊杆是吊顶工程中最重要的工作，采用电锤钻眼而后用膨胀螺栓固定的传统方法存在工序多、扬尘大、耗费人力等缺点。可以采用顶棚吊顶器这种工具，激发钢钉尾部的硝化棉，使其产生瞬间挤压力，将钢钉固定在楼板上，从而固定龙骨吊杆。本工法在标高 8m 以内施工操作无须登高作业，且适合无电源施工，可在恶劣环境下特别是狭小空间内施工。

关键词： 龙骨吊杆；吊顶工程；顶棚吊顶器；硝化棉

1　前言

吊顶工程在工程建设以及家庭装修中是一项极为常见的分项工程，而在吊顶工程施工中首当其冲的任务就是固定龙骨吊杆。

固定龙骨吊杆有相当多的方法，无论采用什么方法，只要能将龙骨吊杆固定，并能满足后续施工及使用的荷载即可。

在诸多方法中，以采用电锤钻眼，而后采用膨胀螺栓进行固定较为常见。但此方法存在工序步骤较多，产生扬尘，耗费人力等不足之处。采用顶棚吊顶器进行龙骨吊杆固定，噪声小，无扬尘，节省人工，顶面标高 8m 以内施工操作无须登高作业，且适合无电源施工，可以在恶劣的环境下特别是狭小空间里施工。因此，此施工工法比传统施工工法更加安全方便。

2　工法特点

2.1　节省人工

采用顶棚吊顶器进行吊杆固定施工将使施工效率提升，人工大为减少，且辅助人员减少，不需要专人监护，节省人工体力。

使用顶棚吊顶器与传统电锤安装相比，省去了电锤的捆绑搭线、脚手架的搭建、上下的攀爬、前后的抬移，电源的拖拽等烦琐劳作。而施工顶棚吊顶器进行龙骨吊杆固定施工简单到只需单人操作，从装弹到完成，仅需 20 ～ 30s，节约了人力，原来 3 人的工作量现在 1 人就可以轻松完成。

2.2　环保节能、操作简单

顶棚吊顶施工中采用顶棚吊顶器进行龙骨吊杆固定时，施工过程中产生的噪声小，且无任何粉尘的产生。操作相当简单，一个人即可进行吊杆固定施工，且施工效率高。

采用顶棚吊顶器进行吊杆固定施工，无须任何外接能源，适合无电源施工。

由于顶棚吊顶器体积小，它可以在狭小的空间中进行施工，因此，受施工场地影响较小。

顶棚吊顶器配合使用的钢钉不会对施工基层、结构层产生贯通性破坏，也不会在振动中轻易脱落，且钢钉 30 年不会产生锈蚀，保证了吊顶施工耐久性。

2.3　吊杆承受荷载高

使用顶棚吊顶器进行龙骨吊杆固定，固定后吊杆可承受的荷载达到 550kg 以上，能轻松满足吊顶施工荷载以及后续使用荷载。

3　适用范围

适合各类吊顶（矿棉板吊顶，铝板吊顶）安装，强弱电导管敷设，强弱电桥架固定，喷淋管固定，空调管道，通风管道，给排水管道固定。

4 工作原理

顶棚吊顶器的工作原理是激发钢钉尾部的硝化棉，使其产生瞬间挤压力，将钢钉固定在楼板上，从而固定龙骨吊杆。

5 工作流程及操作要点

5.1 工作流程

吊顶器组装→将带弹药的射钉与吊杆连接→将带弹药的射钉及吊杆装填至吊顶器→将吊顶器垂直于顶棚顶住→将吊顶器用力往上推激发射钉。

5.2 操作要点

5.2.1 施工准备

（1）技术准备

① 配套射钉的选择

施工人员在实际操作中，应根据基体的材料和强度的不同选择合适的配套射钉进行施工操作（表 1）。

表 1 射钉选用参数

射钉规格	适用基体强度	适用的钢板厚度	配件承重能力
紫色	C30 及以下	3mm	550kg
绿色	C40 及以下	6mm	550kg
蓝色	C50 及以下	8mm	550kg
黑色	C60 及以下	10mm	550kg

注：颜色为射钉尾部弹药的颜色。

② 顶棚吊顶器的组装

顶棚吊顶器在施工前，必须按要求进行组装，方可进行吊顶吊杆固定施工。

5.2.2 吊顶吊杆固定施工

（1）吊杆制作：本工程吊杆现场加工制作，吊杆长≤ 1.4m，采用 $\phi6$ 钢筋加工，1.4< 吊杆≤ 2.5m 采用 $\phi8$ 钢筋加工。吊杆一端套丝扣 80mm 长，另一端焊在 40mm × 40mm × 440mm 的角铁上，角铁钻 $\phi8$mm 孔。加工完毕随即除锈刷防锈漆，按型号分别摆放晾干并按使用部位编号。

（2）弹顶棚标高水平线：根据各楼层 500mm 水平标高线，用尺竖向量至顶棚设计标高，沿墙、柱四周用细线红土子弹顶棚标高水平线，其水平允许误差 ±3mm。

（3）弹、划龙骨分档线：按主龙骨间距≤ 1.2m 在顶棚上弹出主龙骨位置线，在已弹好的顶棚标高水平线上根据图示罩面板的尺寸划出主、次龙骨档线。拉线找出风口等具体位置以便确定吊点位置。

（4）安装主龙骨吊杆：弹好顶棚标高水平线及龙骨位置线后根据吊杆型号，按主龙骨位置及吊挂间距，将有角铁吊杆端部与顶棚预埋铁件焊牢，焊接要求均匀饱满焊缝长度≥ 40mm。当铁件预埋位置不能满足吊点尺寸时，采用 M6 胀管螺栓与顶板固定。有预应力筋楼板利用探测仪器，先进行探测后再打孔，避免碰伤钢筋。遇到风道、设备管线等吊点间距不能满足≤ 1.2m 时，增加 40mm × 40mm × 4mm 角钢横梁处理。吊杆距主龙骨端部不得超过 300mm，否则应增设吊杆。安装龙骨前所有焊点均要除药皮刷两遍防锈漆。

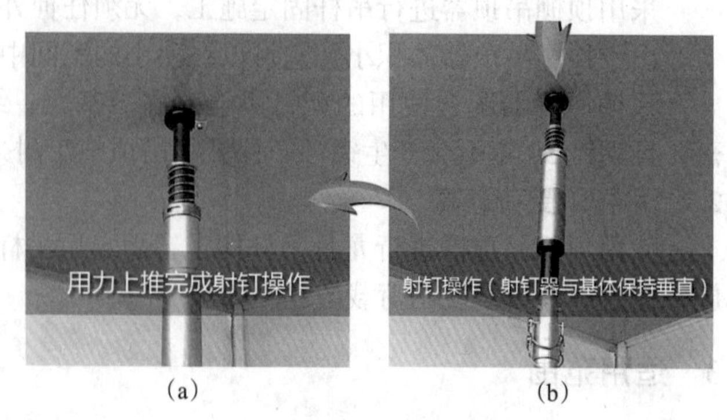

图 1 顶棚吊顶器的应用

6　材料与设备

6.1　材料

吊杆、射钉等。

6.2　设备机具

顶棚吊顶器、钳子、螺丝刀、方尺、钢尺、钢水平尺等。

6.3　消防、应急救援用品

消防灭火器材、医疗救援急救箱、担架、移动电话、手持对讲机等。

7　质量控制

7.1　执行标准

《建筑装饰装修工程质量验收标准》GB 50210—2018、《建筑工程施工质量验收统一标准》（GB 50300—2013）、《公共建筑吊顶工程技术规程》（JGJ 345—2014）、《建筑用集成吊顶》（JG/T 413—2013、《天花吊顶用铝及铝合金板、带材》（YS/T 690—2009）、《建筑室内吊顶工程技术规程》（CECS 255:2009）。

7.2　质量控制措施

7.2.1　吊顶吊杆固定施工质量控制要点

（1）原材料控制

材料的优劣是工程质量的关键，要求对材料本身原因及搬运过程中的碰撞所致的翘曲变形龙骨进行校正或切割，满足要求后方可使用。

（2）施工过程控制

吊顶的牢固与吊杆的安装有直接联系，要求选用配套射钉且打入的深度满足要求，尺寸大小合适，吊杆连接丝扣连接紧密（丝扣全部拧满）、无虚连接、漏接部位。

（3）具体误差

起拱高度误差：1.5mm 龙骨四边水平：±5mm。

吊杆间距：±100mm（吊桥及设备遮挡处除外）。

（4）焊接等特殊工种操作人员必须具备资格证书，施工作业前手续齐全。

（5）射钉弹的贮存和保管

① 存放射钉器、顶棚吊钩的库房应通风干燥，存放点距地面不少于 250mm，库房内不得存放其他易燃易爆品和酸性物品。

② 库房外应配备消防器材。

③ 搬运中应轻拿轻放，不得投掷、拖拉、碰撞、避免冲击和摩擦。

7.2.2　吊顶施工质量通病防治

（1）各吊杆点的标高不一致

防治措施：施工时应严格检查各吊点的紧挂程度，并拉线检查标高与平整度是否符合设计和施工规范要求。

（2）新的顶棚吊顶器第一发容易打不响

防治措施：新的紧固器内有油，请擦拭干净再使用。

（3）使用时间长了，哑弹打不响

防治措施：① 击针磨损使之变短或断裂无法触击到射钉弹；② 长期使用击发簧疲劳需要更换新的击发簧；③ 射钉弹沾染油污。

（4）如遇哑弹如何处理?

防治措施：紧固器击发口朝上，轻拉紧固器回位，抓住回位外套管，轻压钉套管，拿出哑弹。

（5）击针、击针套管、钉套管卡住

防治措施：用刷子刷净内孔。

7.2.3　成品保护

（1）轻钢骨架及罩面板安装应注意保护顶棚内各种管线，轻钢骨架的吊杆，龙骨不准固定在通风管道及其他设备件上。

（2）吊顶材料在入场存放、使用过程中应严格管理，保证不变形、不受潮、不生锈。

（3）施工过程中应做好顶棚、门窗、地面、墙面等保护措施，防止污损。

（4）已装龙骨吊杆不得悬挂重物，其他工种吊挂件，不得吊于龙骨吊杆上。

（5）已安装完的吊顶吊杆不得碰撞，避免吊杆弯曲。

8　安全措施

8.1　执行标准

《建筑施工安全检查标准》（JGJ 59—2011）、《建筑机械使用安全技术规程》（JGJ 33—2012）、《施工现场临时用电安全技术规范》（JGJ 46—2012）和有关地方标准。

8.2　安全措施

（1）施工人员进场，必须经过入场教育并考试合格后方可上岗。特殊工种必须持有上岗操作证，严禁无证上岗。

（2）进入现场必须戴安全帽。严禁穿拖鞋、高跟鞋或光脚进入施工现场。现场禁止吸烟。

（3）安装顶棚用的操作平台搭设必须牢固。

（4）施工过程中，工具要随手放入工具袋内，上下传递材料或工具时不得抛掷，工具、电气的操作严格按操作规程，严防伤人。

（5）现场搭设脚手架应当牢固，施工临时防护符合规范要求。

（6）严格防火措施，确保施工安全，禁止违章作业。施工作业用火必须经消防保卫部门审批，领取用火证，方可作业；任何人不准擅自动用明火；使用明火时，要远离易燃物，并备有消防器材。用火证只在指定地点和限定时间内有效。

（7）施工所需的材料、机械必须按审批方案中的施工平面布置图进行排放。现场堆料要分种类、规格堆放整齐，不准占用公共循环道及妨碍交通。

（8）合理调配好劳动力，防止操作人员疲劳作业，严禁酒后操作，以防发生事故。

（9）夜间作业，作业面应有足够的照明。

（10）电气应设三级控制两级保护（总闸箱、分配箱、开关箱、在分配箱、开关箱配匹配的触电保护器），闸箱标准化，线路规范化，有电工巡视及摇侧记录。

9　环保措施

9.1　执行标准

《中华人民共和国环境保护法》《中华人民共和国大气污染防治法》《中华人民共和国水污染防治法》《中华人民共和国水污染防治法实施细则》《中华人民共和国固体废物污染环境防治法》《中华人民共和国环境噪声污染防治法》《中华人民共和国清洁生产促进法》《建设项目环境保护管理条例》《建设工程施工现场环境与卫生标准》（JGJ 146—2013）。

9.2　环保措施

（1）噪声控制

① 场内采用低噪声机械，一般情况晚上 10 点以后及午休时尽量不施工。

② 材料装卸采用人工传递，特别是钢管、模板严禁抛掷或汽车一次性翻斗下料。

③ 教育操作人员，减少人为噪声污染，严禁汽车高音鸣笛。

（2）污水控制

① 施工废水，经沉淀处理有组织排放和回收循环利用。

② 生活废水经化粪池处理排放到业主污水处理站。

③ 大力宣传教育节约用水，减少污染，不乱倒、乱排。

（3）施工固体废弃物

① 施工废料如模板、木方、钢筋等应分类集中处理，可回收的回收处理，不可回收的由专门的垃圾处理部门处理。

② 施工区道路与施工区连接处的主干道采用 C20 混凝土浇筑，厚度为 15cm；防止水土流失。

10　效益分析

采用顶棚吊顶器进行龙骨固定施工，使施工效率提升，人工大为减少，且辅助人员减少，不需要专人监护，节省人工体力。

以中国人民银行新建区域性发行库工程吊顶工程为例通过采用两个不同方案进行经济效益对比：

方案一：中国人民银行新建区域性发行库工程采用顶棚吊顶器进行龙骨吊杆固定施工，人工约 4 个工日，约 1000 元，吊杆固定材料费约 7000 元。

按以上方案共需 8000 万元。

方案二：若采用电锤钻眼，膨胀螺栓固定法进行施工，需要人工 16 个工日，约 4000 元，吊杆固定材料费约 2500 元，电锤、电线、电箱、钻头等综合损耗费 3500 元。

按以上方案共需 10000 元。

以上两个方案比较，方案一采用护壁下沉施工方法施工比方案二节约成本 2000 万元，并且质量优良，工期提前较多，取得了较大的经济效益和社会效益。

11　应用实例

中国人民银行怀化市中心支行新建区域性发行库工程采用 600mm × 600mm × 8mm 铝扣板进行吊顶施工，吊顶面积约为 3500m²。该工程现已基本施工完毕，正在进行竣工验收准备阶段。

造型吊顶逆作法施工工法

苏登高 谭柏连 杨永鹏 袁艺彩 鲁 滔

湖南省第五工程有限公司

摘 要 室内轻钢龙骨石膏板吊顶是室内装修的一个重要组成部分，随着室内设计的精益求精、不断发展，室内吊顶造型日益多样化，平整及稳定性是一个吊顶工程的重要参数，造型吊顶更是如此，为达到造型吊顶的质量要求，往往需投入更大的成本。造型吊顶逆作法就是充分考虑造型吊顶的施工难度及成本投入，在保证施工质量一次成型的基础上，提高人工效率、降低施工难度，为施工企业带来良好的经济效益及社会效益。

关键词 轻钢龙骨；石膏板；吊顶

1 前言

随着建筑业的高速发展，室内装饰装修业同样面临着巨大的挑战。机遇与挑战并存，作为一个装饰人，我们更需在新时代背景下，不断提高自身职业素养以及新的施工、管理方式，为企业带来经济效益的同时创造良好的社会效益。室内轻钢龙骨石膏板吊顶是室内装修的一个重要组成部分，随着室内设计的精益求精、不断发展，室内吊顶造型日益多样化，以满足不同的结构及审美需要。平整及稳定性是一个吊顶工程的重要参数，造型吊顶更是如此，为达到造型吊顶的质量要求，往往需投入更大的成本。造型吊顶逆作法就是充分考虑造型吊顶的施工难度及成本投入，在保证施工质量一次成型的基础上，提高人工效率、降低施工难度，为施工企业带来良好的经济效益及社会效益。

目前轻钢龙骨石膏板造型吊顶的施工工艺为先根据施工规范直接安装轻钢龙骨骨架（主龙骨间距 900 ～ 1000mm，次龙骨间距 300 ～ 600mm），再安装石膏板覆面，最后再进行灯具、消防、电气的开孔安装。该施工工艺中的轻钢龙骨骨架安装需根据图纸设计要求的造型固定，由于造型吊顶的安装高度普遍过高、操作难度大，因此造型吊顶的龙骨、罩面板的安装成本及工期一直对整体工程造成巨大影响，并且由于灯具、消防、电气的开孔属于后期工序，极易造成顶面造型的破坏，影响整体效果。我司针对轻钢龙骨石膏板造型吊顶存在的问题，摸索出“造型吊顶逆作法”的施工工法。该工法将造型吊顶分为二级施工，地面组装一级，顶面固定一级，大大减少了施工难度及成本。该工法已在我司多个工地上应用，有效地提高了施工效率及质量，缩短了人工周期，带来了良好的社会效益及经济效益。

2 工法特点

（1）将顶部施工放至地面进行施工，大大降低了施工难度，提高施工效率。

（2）将顶部施工放至地面进行施工，大大提高了施工数据的准确性和提高了吊顶整体的稳定性。

（3）高空作业改为地面作业，保障了施工安全，减少了施工风险。

（4）因吊顶部分在地面进行直接施工，提高了成功率，减少了材料成本投入，带来更高的经济效益。

3 适用范围

有造型要求的跌级吊顶。

4 工艺原理

根据轻钢龙骨石膏板顶面施工要求，在保证顶面工程质量的前提下，满足造型需求。考虑到跌级异形龙骨吊顶及面板的安装难度，利用逆作法施工，将需要安装的跌级吊顶的顶面在地面进行先施工，然后再进行吊顶安装。“一级”为地面预装，首先通过现场测量在计算机中确定好结构定点，先行对基层及面层板进行预装，预装完成面基层板及造型符合顶面安装尺寸；“二级”为顶面安装固定，将预装好的面基层板与顶面吊杆固定，保证连接的稳固性，跌级吊顶罩面板需与相连吊顶工程顶面一致，验收合格即可完成。该工法将高空吊顶施工作业改为普通地面作业，有效地降低了施工难度，提高了施工效率、施工安全及吊顶尺寸的准确性；大大减少了材料浪费，节约了材料、缩短了工期，带来更高的经济效益和社会效益。

5　造型吊顶逆作法施工工法及操作要点

工艺流程：施工准备→定点放线→电脑制图→地面预装→顶面吊杆固定→整体安装→罩面板调平→验收

5.1　施工准备

（1）结合计算机校核设计图纸中各个布置点的具体位置及尺寸；

（2）组织各专业相关人员进行综合布置；

（3）仪器配表（表1）

表1　仪器清单表

名称	型号	数量	用途	精度
红外线测距仪	SW-100	2	现场测距	±2mm
9线1点激光水平仪	LS632	2	水平、垂直定位	±0.5mm/5m
钢卷尺	50m	2	距离测量	3mm
钢卷尺	5m	5	距离测量	1mm
施工弹线器	I型	2	弹线、定位	—

5.2　定点放线

5.2.1　抄平、放线

定点工作充分考虑施工图纸与现场实际尺寸及后续工作的联系，为保证其数据的准确性，根据现场提供的标高控制点，按施工图纸各区域的标高，首先在墙面、柱面上弹出标高控制线，一般按±0.000以上1.40m左右为宜，抄平最好采用水平仪等仪器，在水平仪抄出大多数点后，其余位置可采用水管抄标高。要求水平线、标高一致、准确。

5.2.2　定点放线

根据已放好的水平线，按照图纸设计，将需施工造型跌级吊顶投影至地面，投影工具最好采用水平仪等仪器。根据顶面投影，进行地面定点划线，确定造型跌级吊顶的施工面积；考虑到后期空调、消防等安装工作的进行，还需对顶面内安装位置、尺寸进行复量，以免影响后期工序的进行，保证顶面工程的施工及质量（图1）。

5.3　电脑制图

（1）根据已有的定点尺寸，进行电脑制图，依据施工图纸、安装图纸、电气图纸、设计师要求、材料样品等，对原有图纸进行深化综合设计。经各工种共同协商，共同审核，再利用AutoCAD绘制详细的吊顶综合布置图。吊顶综合布置图中包括灯具、消防、电气、通风口、烟感、喷洒头等（图2）所有顶部部分。确定准确的尺寸与位置。经监理与业主认可后进行下一步施工。

（2）结合校核无误的吊顶综合布置图进行分区放线。为方便施工测量，提高布线效率，施工控制主线按走道、大厅、房间等大块区域进行分区域放线。在需要放线的房间地面上利用激光水平仪和弹线器弹出主要控制尺寸线。

图 1　地面定点放线

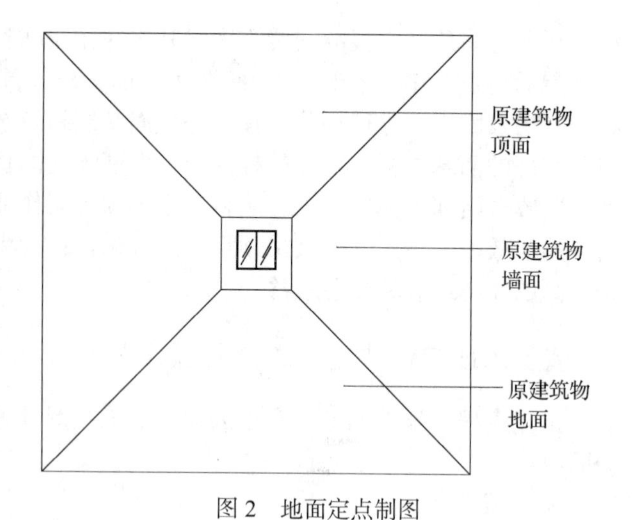

图 2　地面定点制图

（3）进行顶部位置标识

在激光水平仪投射定位后，利用弹线器将吊顶中灯具的位置进行标识（图 3）。

（4）根据定点制图，以施工图纸为依据，绘制地面预装图纸，组织各工种对该图纸进行协商，保证其可实施性。预装图纸需符合国家规范标准，保证施工质量及安全，经监理、业主认可后进行下一步工作（图 4）。

图 3　顶面定点放线

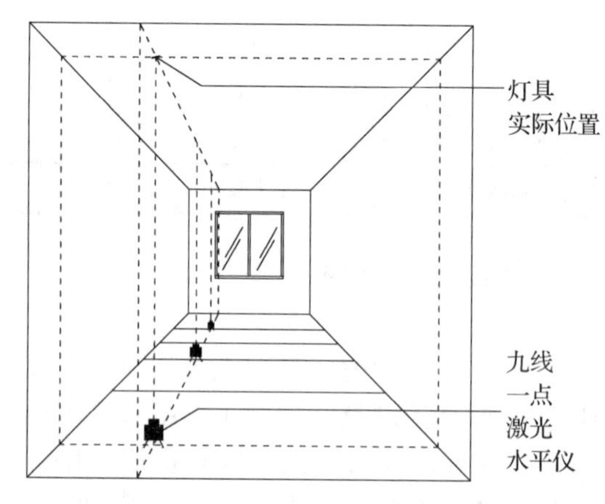

图 4　顶面定点制图

5.4　地面预装

地面预装（“一级”）包括地面龙骨拼装、面基层板固定及灯具开孔等，可根据不同的施工要求调整，在保证其施工质量的前提下可根据不同的施工范围及难度，进行分区域、分块操作，预装尺寸需保证与投影图纸尺寸一致。

5.4.1　*龙骨拼装*

吊顶主龙骨宜于选用 U50 型，保证基层骨架的刚度。主龙骨安装应拉线进行龙骨粗平工作，房间面积较大时（面积大于 $20m^2$），主龙骨安装应起拱（短向长的 1/200），调整好水平后应立即拧紧主挂件的螺栓，并按照龙骨排板图在龙骨下端弹出次龙骨位置线。注意事项：主龙骨端头距墙柱周边预留 5 ～ 10mm 空隙，最边的主龙骨距墙柱等周边距离不超过 300mm。按照龙骨布置排板图安装次龙骨，次龙骨安装完毕后安装横撑龙骨，次龙骨安装时要求相邻次龙骨接头错开，接头位置不能在一条直线上，防止石膏板安装后吊顶下塌。横撑龙骨安装要求位于纸面石膏板的长边接缝处，横撑龙骨下料尺寸一定要准确，确保横撑龙骨与次龙骨连接紧密、牢固。一般南方地区或潮湿地区次龙骨间距宜采用 300mm，其他地区次龙骨间距不大于 600mm。造型跌级吊顶龙骨根据造型要求设定，在保证满足规范要求的前提下，保证其施工质量。

5.4.2　面基层板固定

固定纸面石膏板可用自攻螺栓枪将其与龙骨固定，钉头应嵌入板面 0.5 ～ 1.00mm，但以不损坏纸面为宜，自攻螺栓用 M3.5 × 25，自攻螺栓与板面应垂直，弯曲、变形的螺钉应剔除，并在相隔 50mm 的部位另安螺钉。自攻螺栓钉距 150 ～ 170mm，自攻螺栓与纸面石膏板板边的距离：面纸包封的板边以 10 ～ 15mm 为宜，切割的板边以 15 ～ 20mm 为宜，对已固定的纸面石膏板的自攻螺栓进行防锈措施，以免造成脱落，影响整体稳固性。纸面石膏板安装接缝应错开，接缝位置必须落在次龙骨或横撑龙骨上，安装时应从板的中间向板的四边固定，不得多点同时作业，安装应在板面无应力状态下进行。纸面石膏板安装板面之间应留缝 3 ～ 5mm，要求缝隙宽窄一致（可采用三层板或五层板间隔）。板面切割应划穿纸面及石膏，石膏板边成粉碎状禁止使用。纸面石膏板与墙柱等周边留有 5mm 间隙。结构要求加增基层板的，在纸面石膏板安装前固定。在不影响整体质量的前提下，灯槽可另外安装。

5.4.3　灯具开孔

可根据已绘制的标识图，进行开孔，开孔需保证其与图纸的一致性，避免对已预装好顶面安装件造成破坏，以免影响造型跌级吊顶的美观性及稳固性。

5.5　顶面吊杆固定

吊筋布置以电脑制图所绘制的尺寸为准，需与地面预装件相配合。吊筋间距控制在 1200mm 以内，吊筋下端套丝（100mm ≥ 150mm 为宜），吊筋焊接一般采用双面间焊，搭接长度≥ $8d$。吊筋与楼板底连接可采用预埋铁件、后埋铁件形式，一般现场采用角码（40 × 40 × 4 角钢，L=30mm），角码采用 M8 × 80 镀锌钢膨胀与楼板连接，吊筋与角码采用双面满焊连接。所有铁件及焊点均应进行防锈处理（刷防锈漆三遍）。

5.6　整体安装

整体安装（“二级”）将地面已预装好的顶面结构及罩面板进行上顶固定。造型跌级吊顶固定安装需充分考虑其与其他施工面的整体性，以免造成质量问题。固定好的吊筋与预装件采用连接件安装，部分结构复杂的可预先做好焊接，如已固定安装，不可在顶内进行焊接，以免引发火灾。安装固定后根据相关规范要求进行检查，测定稳固性及平整性。满足测量标准后，进行下一步工作。

5.7　罩面板调平

顶面安装固定后，进行造型跌级吊顶与不同分块、其他施工面的调平工作。调平需满足吊顶工程的施工质量要求，调平完成后自检，自检合格后经监理业主验收合格，即完成轻钢龙骨石膏板造型跌级吊顶施工工作。

6　材料及机具设备

6.1　施工用材

ϕ12 吊杆、U50 主龙骨、次龙骨、角钢、吊件、挂件、接插件、纸面石膏板、自攻螺栓、专用补缝膏、专用补缝带等。

6.2　施工机具

焊条、电锯、无齿锯、射钉枪、手枪钻、自攻钻、气钉枪、电锤、手锯、手刨子、钳子、螺丝刀、板子、方尺、钢尺、钢水平尺等。

7　质量控制

7.1　工法执行的有关标准和规范

（1）《建筑施工高处作业安全技术规范》（JGJ 80—2016）。

（2）《建筑施工扣件式钢管脚手架安全技术规范》（JGJ 130—2011）。

（3）《建筑工程施工质量评价标准》（GB/T 50375—2016）。

（4）《建筑装饰装修工程质量验收标准》（GB 50210—2001）。

7.2 工法的补充质量要求

7.2.1 质量控制管理要求

（1）认真核对图纸、各工种做好图纸会审工作，对设计图纸以及工艺要求做到全面理解；做好放线前的各项施工准备工作，严格按施工程序施工。各专业单位、各工种相互配合，做到先策划，后施工。计算机绘图人员必须准确的绘制各吊顶元素的位置及尺寸。

（2）严格遵守国家施工规范和技术操作规程以及工程质量验评标准。

（3）成立单位工程项目经理部和操作班组长组成的检查小组，对放线定位工作进行定期或不定期检查工作。

（4）坚持测量放线作业过程中，要严格执行自检（自身）、互检（各工种）、交接检（施工人员）的流程。

（5）现场使用的红外线测距仪、激光水平仪要严格进行管理、检校维护、保养并作好记录，发现问题后立即将仪器设备送检。

（6）定位放线以质检员和技术负责人验收复核后方可进入下道工序施工并及时办理定位放线记录和定位放线复核记录。

（7）做好隐蔽工程的验收工作，在自评、自检、自验的基础上，提前 24h 将“隐蔽工程验收通知单”送达现场监理工程师，验收合格后方可进入下道工序。

（8）施工管理人员及特殊工种施工人员必须持证上岗，严禁无证操作。

（9）对上级主管部门和监理人员所提出的质量问题或隐患，必须虚心接受认真整改，对比较复杂或双方有争议的时候，应相互探讨，做到实事求是，取长补短。

（10）搞好工程技术资料的管理，从工程开工起就应按国家工程质量评定标准和省、市的有关工程技术资料的各种规定收集整理。

（11）各种材料必须按品种、规格、批量、进场日期、检验报告、使用部位及数量进行登记。

7.2.2 质量控制技术要求

（1）定点放线，需充分考虑其他后续施工对空间的要求，安排专门的技术人员保证定点的准确性，对顶面内安装位置、尺寸进行复量，以免影响后期工序的进行，保证顶面工程的施工及质量。

（2）地面拼装，需严格按照定点确认的尺寸图施工，拼装完成后需经现场施工负责人确认后方可进入下道工序。

（3）顶面固定，需与地面预装件相配应。吊筋间距控制在 1200mm 以内，吊筋下端套丝（100mm $\geqslant$ 150mm 为宜），吊筋焊接一般采用双面间焊，搭接长度$\geqslant 8d$。吊筋与楼板底连接可采用预埋铁件、后埋铁件形式，一般现场采用角码（$40 \times 40 \times 4$ 角钢，$L = 30$mm），角码采用 M8 × 80 镀锌钢膨胀与楼板连接，吊筋与角码采用双面满焊连接。所有铁件及焊点均应进行防锈处理（刷防锈漆三遍）。

（4）检查与验收，需对各隐蔽资料、材料进场记录、复检资料、施工记录进行复查，保证资料的完整性。顶面造型吊顶需保证其面层的完整性，根据质量要求规范，符合要求。

8 安全措施

（1）各施工作业班组作业前必须进行安全交底，有记录，有签字，不得违章指挥，不得违章作业。

（2）作业人员进入施工现场，必须带有劳动保护用品，作业时正确使用劳动保护用品。

（3）垂直运输龙门架只作为材料运输工具，不得搭乘施工人员，施工人员不得在运料口探头张望。

（4）施工现场严禁吸烟，严禁酒后作业、严禁嬉戏追逐打闹。

（5）进入施工现场要走安全通道，不得跨越禁行区。

（6）定期对施工用操作架进行检查，发现问题及时通报，及时消灭安全隐患。严禁探头板，当操作架移动时上部材料固定牢固，防止散落伤人。

（7）各种小型用电设备必须经过安全部门检查方可投入使用，并具备漏电保护设备，绝缘良好，如有损坏及时更换维修，严禁乱拉乱接，电动工具不用时要切断电源。所有维修工作必须由专业人员进行。

（8）严禁无证上岗，严禁非特种作业人员操作特殊作业。

9　环保措施

（1）执行《建设工程施工现场环境与卫生标准》（JGJ 146—2013）。严格控制施工现场的粉尘、噪声、振动，消除污水污染。

（2）在施工现场禁止焚烧塑料、皮革、各种包装材料，防止产生有毒、有害烟尘及恶臭气味。

（3）实行环保目标责任制：把环保指标以责任书的形式层层分解到有关班组和个人，建立环保自我监控体系。

（4）在施工现场组织施工过程中，严格执行国家、地区、行业和企业有关环保的法律法规和规章制度。

（5）在施工现场，主要的污染源包括扬尘、污水和其他建筑垃圾。从保护周边环境的角度来说，应尽量减少这些污染的产生。

（6）在管理上严格控制人为噪声，进入现场不得高声喊叫，无故敲击、吹哨，声源上选用低噪声电动工具，电动空压机、电锯等。

10　效益分析

10.1　经济效益

（1）用该工法处理的轻钢龙骨石膏板吊顶，与目前国内常用的石膏板吊顶施工方法比较，保证了在项目施工时前期先策划，后实施。减少返工，加强轻钢龙骨骨架的整体稳定性，可节约大量的材料和人工费用。

（2）该工法将顶部施工放至地面进行施工，大大降低了施工难度，提高施工效率及施工数据的准确性和吊顶整体的稳定性。

（3）高空作业改为地面作业，保障了施工安全，减少了施工风险，提高了成功率，减少了材料成本投入，带来更高的经济效益，可适用于其他造型跌级吊顶工程中。

10.2　社会效益

通过对该技术的运用，取得了很好的经济效益、安全效益，受到业主的一致好评，同时也为企业树立了良好的形象。

10.3　节能环保效益

该项工法由于地面预装，顶面固定，降低施工难度及施工周期，也降低了人工成本和时间成本，减少后期的返工时间和费用，节约大量的材料。在施工过程中噪声低，无废弃物，对环境基本不造成影响。

11　应用实例

实例一：株洲市国投集团神农城总部大楼装修工程位于株洲市天元区神农城内。项目为1栋16层框架结构办公楼，地下1层，其中1～4层为公共部分，5～16层为办公楼层，总建筑面积约17600m^2。为业主减少了材料浪费及缩短施工工期，创造了良好的效益。

实例二：天易集团办公楼工程位于株洲市天元区神农城，本项目为1栋13层框架结构写字楼，该项目装修工程包含一层大厅、办公室、楼（电）梯间和5～13层，总建筑面积约13540m^2，合同估算价约2710万元。

实例三：栗雨城·香山美境21号栋酒店装修装饰工程位于株洲市天元区香山美境小区内，工程总建筑面积10839m^2，1～6层。本工程为一个1～6层的中高档酒店装饰，对施工工艺，质量，工期有较高的要求。一层大厅及客房内采用造型吊顶逆作法，相比传统造型吊顶施工工法，成本共计节约6.3万元，工期缩短了18d。

为业主节省了材料及缩短施工工期，为建设单位创造了良好的效益。

BIM 技术辅助流动式起重机吊装施工工法

柏展飞　黄　奔

湖南省工业设备安装有限公司

摘　要：流动式起重机吊装是建筑行业最普遍的吊装方式，在大型吊装或吊装条件苛刻的情况下，运用 BIM 技术进行吊装模拟，能很好地解决吊装过程中的各种难题。利用 Revit 软件通过对现场场地、建筑结构、设备和吊车建模，模拟实际吊装环境，再通过修改履带吊各项参数及被吊物体的移动模拟吊装过程，从而对吊车选型、吊装方案进行最优选择。较传统施工方法，本工法更快速、更直观、更准确，极大地提高了工效。

关键词：BIM；Revit；建模；流动式起重机；吊装

1　前言

近年来，BIM 技术在国内逐步推广，在建筑工程、机电安装等领域取得了大量的应用成果。我公司紧跟时代步伐，积极推广 BIM 技术，将 BIM 技术和实际施工相结合，在实际应用中取得了许多成果。流动式起重机吊装是建筑行业最普遍的吊装方式，在大型吊装或吊装条件苛刻的情况下，运用 BIM 技术进行吊装模拟，能很好地解决吊装过程中的各种难题。

以广州市第四资源热力电厂机电安装工程为例，我公司充分利用 BIM 技术对锅炉钢结构、大型设备吊装过程进行了施工策划和施工模拟，并取得显著效果。本文以锅炉汽包吊装为例进行示范（图 1）。

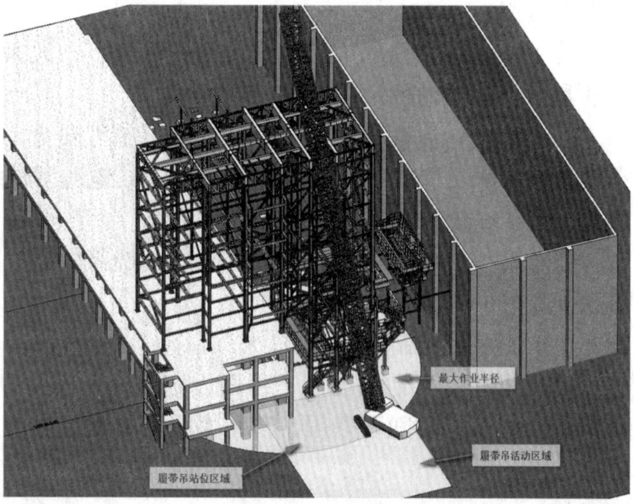

图 1　吊装模拟示意图

2　工法特点

（1）利用 BIM 技术可视化、模拟性的特点，解决了过去在吊装过程中经常遇到吊装场地复杂、吊件形状不规则、吊车移动范围及回转半径受限等情况，通过现场测量计算、CAD 图纸绘制等手段很难取得快速、直观结果的问题。

（2）较传统施工方法，更快速、更直观、更准确，极大地提高了工效。

3　适用范围

本工法适用于流动式起重机（履带式起重机和汽车式起重机）吊装施工，也可用于其他类似多台起重机抬吊、桅杆系统等吊装施工。使用软件为 Autodesk Revit 2016 和 Autodesk Navisworks Manage 2016。

4　工艺原理

本工法利用 Revit 软件通过对现场场地、建筑结构、设备和吊车建模，模拟实际吊装环境，再通过修改履带吊各项参数及被吊物体的移动模拟吊装过程，对吊车选型、吊装方案进行最优选择。

5　工艺流程与操作要点

5.1　工艺流程

收集数据→建立模型→模型整合→吊装模拟→确定吊装方案→制作演示动画。

5.2　操作要点

5.2.1　收集数据

BIM 吊装模拟的准确性基于实际模型的准确性，实际模型的准确性基于模型数据的准确性。要做好 BIM 吊装模拟，收集准确可靠的数据是基础。

（1）施工图纸：结构、建筑、机电等相关专业图纸，确保图纸与实物一致。

（2）履带吊尺寸参数：履带吊主臂尺寸、主臂长度、副臂尺寸、副臂长度等数据。

（3）场地数据：现场场地数据实地测量，确定吊装区域坐标及对应的标高。

5.2.2　构建模型

（1）根据施工图纸建立模型，模型精细程度根据实际需求确定，为了运行的流畅性，只保留设备材料主要外形部分，对模拟无影响的细节可以省略，例如钢结构的加强板与连接板、设备的内件等（图 2、图 3）。

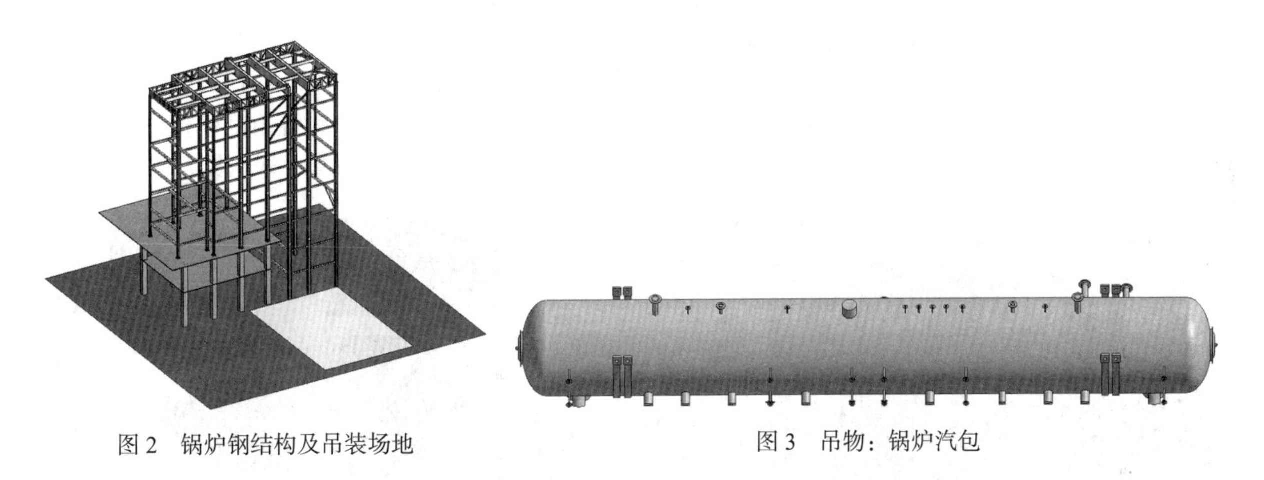

图 2　锅炉钢结构及吊装场地　　图 3　吊物：锅炉汽包

（2）根据经验初步选定 250t 履带式起重机，按吊车尺寸参数建立等比例的模型，通过嵌套族的方式建立臂杆尺寸长度可变、吊臂角度与履带吊旋转角度可调的履带吊族模型（图 4）。

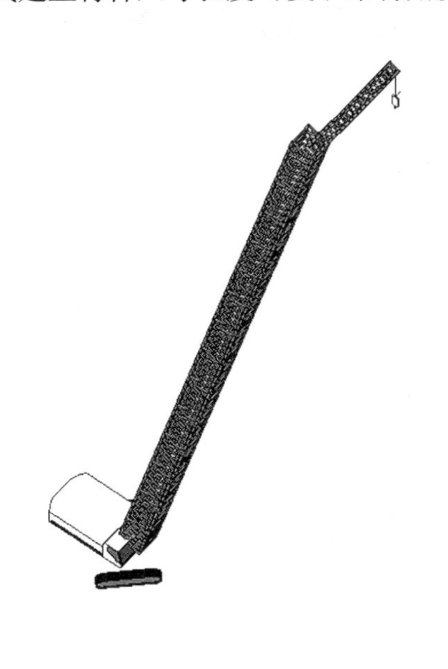

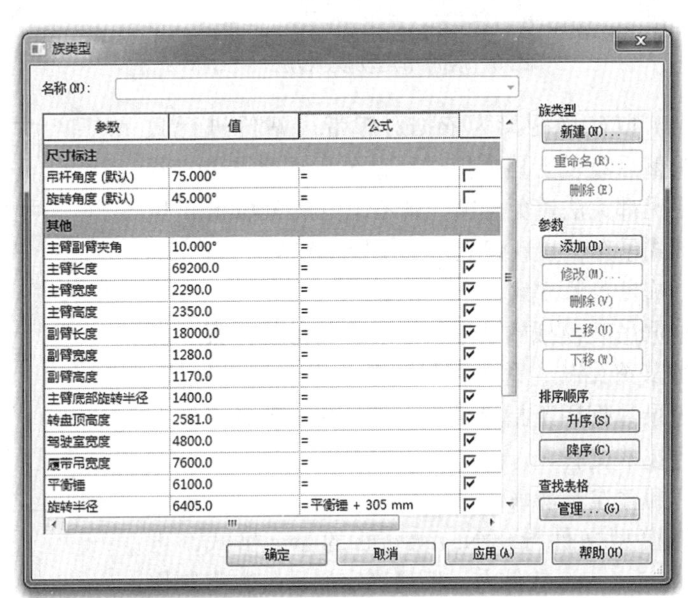

图 4　履带吊族模型

（3）根据现场实测数据建立场地模型，同时根据现场条件划定履带吊活动区域（图 5）。

5.2.3　模型整合

将建筑结构机电模型、场地模型、履带吊模型通过链接 Revit 文件、载入族等方式整合到一个文件中，以便于进行吊装模拟（图 1）。

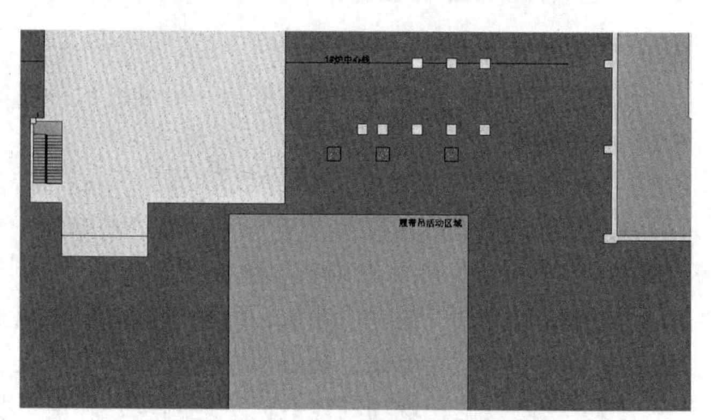

图 5　场地示意图

5.2.4　吊装模拟

吊装的模拟即通过移动吊车、调整吊车臂杆角度、被吊物件位置，观察整个吊装过程中的碰撞情况。

根据吊装情况，首先确定最远吊装位置，重点对此位置进行模拟：

（1）确定吊车站位区域：根据汽包最远吊装位置，以吊车臂长、吊装重量查吊车性能表，确定好最大作业半径。吊车活动区域和作业半径重合部分即为吊车站位区域（图 6）。

（2）找出吊车站位点：通过水平移动履带吊族参数来模拟履带吊的前后左右移动，通过族参数的吊杆角度来模拟吊臂的仰角，通过旋转角度来模拟回转过程。利用三维视图、剖面等功能观察吊车与钢结构、吊车与汽包碰撞的情况。找出多个吊车最佳站位，并记录数据（图 7）。

（3）检查吊装过程的碰撞：根据已选取吊车站位，调整臂杆角度，调整旋转角度模拟吊车臂杆运动过程，观测吊装过程中臂杆与钢结构梁柱的碰撞情况，记录碰撞位置和碰撞距离（图 7）。

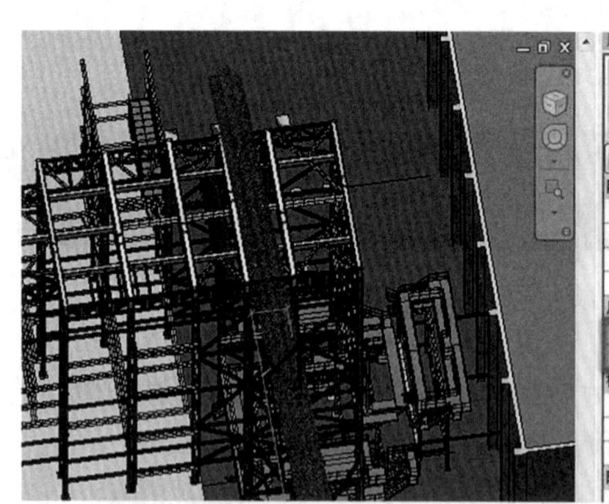
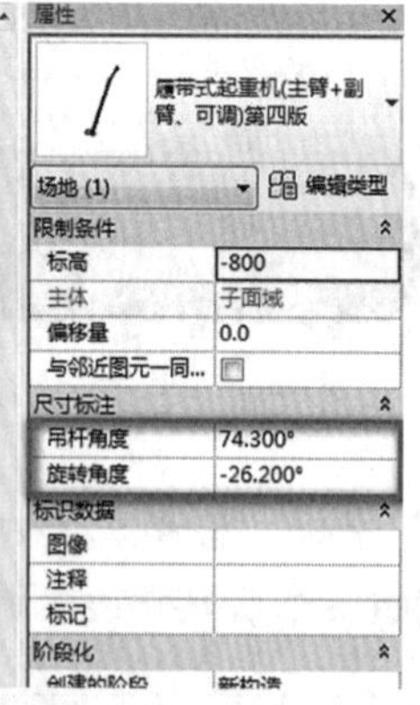

图 6　履带吊运动模拟方法

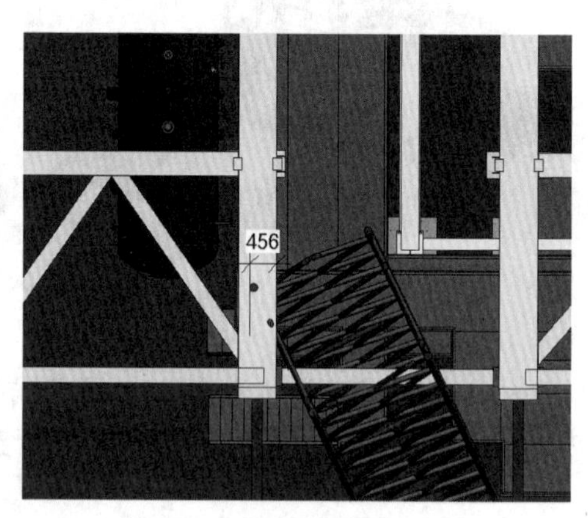

图 7　碰撞及其距离

（4）以碰撞距离为依据对履带吊站位进行微调，调整后重复上述模拟过程直至无碰撞发生。若各种工况都无法避免碰撞，则考虑更换 300t 起重量的履带式吊车，重新建立吊车模型（图 8）。

5.2.5　确定吊装方案

根据吊装模拟的结果确定最终的吊装方案：履带吊的最终站位、移动回转过程、吊装运动轨迹，整理记录数据用于指导吊装工作，并对现场工作人员进行技术交底。

5.2.6　制作演示动画

将模型文件导出 Navisworks 的 nwc 格式，再导入 Navisworks 软件内，根据确定的吊装方案制作出吊装过程的动画（图 9）。

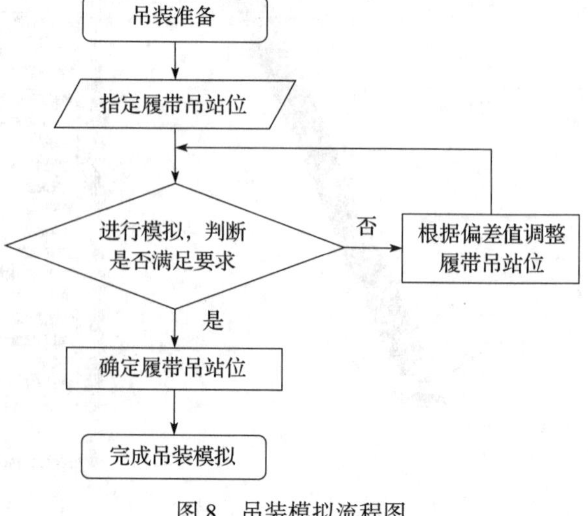

图 8　吊装模拟流程图

动画链接文件：锅炉汽包吊装动画。

注：吊装动画演示不是必须要求制作，如有演示和宣传用途，可以根据需要进行制作。Navisworks动画制作可参考相关资料，本文不再叙述。

5.2.7　吊装技术交底

根据BIM 3D模型，在模型中标注相关的技术参数，结合施工模拟动画，编制技术交底记录，将3D模型和施工模拟动画在显示器上展示；技术人员通过讲解各项技术参数和施工步骤对施工人员进行技术交底；3D模型交底优点是：直观、快捷、高效；使施工人员更容易了解施工步骤和各项施工要求，确保施工质量（图10）。

图9　吊装动画

图10　3D模型技术交底

5.2.8　模拟效果验证（图11、图12）

图11　模拟吊装

图12　现场吊装

图11为汽包吊装模拟的位置，臂杆和大板梁预留的缝隙为6.4cm，图12为实际吊装过程的照片，在最远吊装位置下，臂杆和大板梁实际距离为3cm左右。模拟结果与实际吊装误差约为3cm，满足吊装施工要求。由此可知，BIM技术对吊装的模拟可以很好地辅助现场施工。

6　材料与设备

本工法中所采用关键技术所需材料和设备见表1。

表 1　材料与设备一览表

序号	材料名称	规格	单位	数量	备注
1	履带吊	QUY250	辆	1	
2	汽车吊	25t	辆	1	
3	平板车	50t	辆	1	运输设备
4	钢板	2000mm × 10000mm × 20mm	块	4	吊车通行垫路
5	钢丝绳	ϕ28.5 – 6 × 37	根	2	每根 12.5m 长
6	卡环	35t	个	2	
7	枕木		根	30	
8	对讲机		台	4	
9	笔记本电脑		台	2	用于建模及模拟
10	显示器	49 吋	台	1	用于模拟演示

7　质量控制

7.1　施工过程必须严格执行国家及有关部门、地区颁发的标准、规范，包含但不限于如下内容：

（1）广州广重企业集团有限公司的锅炉设备有关图纸；

（2）中国轻工业设计院广州市第四资源热力电厂有关图纸；

（3）《电力建设施工技术规范　第 2 部分：锅炉机组》(DL 5190.2—2012)；

（4）《电力建设施工质量验收规程 第 2 部分：锅炉机组》(DL/T 5210.2—2018)；

（5）《锅炉监督检验规则》(TSG G7001—2015)；

（6）《大型设备吊装工程施工工艺标准》(SHT515—2003)；

（7）《电力建设安全工作规程　第 1 部分：火力发电》(DL5009.1—2014)；

（8）建设部颁布的《建筑工程施工现场管理规定》，以及地方政府及业主方有关建筑工程质量管理、环境保护等地方性法规及规定。

7.2　关键部位或工序质量控制：

（1）建模所用图纸必须保证与实际符合，应采用最新版图纸并根据变更情况及时修改；

（2）现场场地测量位置、标高必须准确，以保证模拟时履带吊站位与现场实际相符合；

（3）履带吊必须经质量监督部门检验合格，吊车各项工况良好；

（4）吊装机具经检验合格，钢丝绳无断股，拧节，多根绳长度一致，卡扣满足吊装要求，无裂纹无磨损；

（5）吊装人员岗位分工明确，指挥通信正常；

（6）设备防护措施和安全措施到位。

8　安全措施

（1）建立完善的应急预案制度，对整个吊装过程全程跟踪，发现任何隐患，及时组织技术力量解决可能发生的任何安全事故或技术事故。

（2）必须为施工人员购买人身意外保险，且须佩戴好“三宝”用品，安全负责人应每天对吊装现场进行检查，发现任何安全隐患，及时通知所有作业人员并安排整改。

（3）焊工、电工、吊车司机、起重工等特殊工种必须持证上岗，听从统一指挥，设置吊装作业安全警戒区，派专人监护，禁止无关人员入内。

（4）本方案锅炉汽包为大型设备，安装在锅炉顶部，在吊装时要考虑上下路线，尽量避开与钢构发生接触、碰撞等不利情况。在大风大雨等不利天气情况下，应停止吊装施工，以免发生危险。

（5）吊装作业前应对参与作业的人员进行吊装工艺和安全专项技术交底，并对机具和设备进行检查，严格执行登高作业许可制度。高空作业人员必须把安全带挂在“生命线”上，且周边必须设安全网，现场监护人员，发现安全隐患和不安全行为，必须立即制止和改正。

（6）按《建设工程施工现场消防安全技术规范》（GB 50720—2011）要求，做好现场安全防火，配备相应消防灭火器材；固定支架焊接时，应有防火应急措施，防止火灾事故发生。

（7）现场布置的安全网必须符合规范要求，发现有漏洞，应更换。吊装过程中，下方严禁有人工作和经过，防止事故发生。

（8）严格执行《施工现场临时用电安全技术规范》（JGJ 46—2005）要求，临时用电必须由专业电工操作，且不得有裸线，防止触电坠落或引起火灾。

9　环保措施

（1）噪声排放：合理安排、控制作业时间。吊装焊接工作尽量安排在白天，减少夜间噪声。

（2）现场扬尘：施工区域通道安排专人每天进行清扫、洒水，经常保持湿润状态，防止场尘。

（3）光污染：焊接作业尽量安排在白天进行，如果必须在室外进行夜间焊接，需在焊接地点加设挡板遮挡强光。

（4）杜绝施工现场火灾：焊接及切割点旁，需配备干粉灭火器。每次下班后检查动火作业区，消除火灾隐患。用电线路应按规范进行敷设，灯具需设防护罩。

（5）合理处理固体废弃物：金属废弃物、包装材料及时收集，能二次利用的进行再利用，不能二次进行分类存放，分别处理。

（6）最大程度地节能降耗：吊车使用做到最大程度的节约。吊装前做好充分准备工作，减少吊车不必要空载时间，节约吊车油耗。作业结束或天亮后及时关闭锅炉内外照明灯，人走灯灭。

10　效益分析

（1）经济效益：本工程利用BIM技术进行吊装模拟，在吊车选型上，若按传统方法，将选择300t以上履带吊，经过BIM技术精确模拟，250t履带吊可以满足吊装要求，并且吊装一次到位，提高了履带吊的使用效率，节省了成本。根据项目12个月总工期综合考虑，可节约60万元，吊装时间累计节约30d左右。由于此创新工艺的使用，时间与费用得到了极大地控制，能产生极大的经济效益，且此创新工艺所带来的技术革新也是具有影响力的。

（2）节能效益：提高了履带吊的使用效率从而减少履带吊的空载时间，减少了能源的消耗。

（3）社会效益：本工法是根据现场实际情况自主创新的新型工艺，实用效果较好，推广前景广阔，社会效益显著。

11　应用实例

由我司承接的广州市第四资源热力电厂机电安装工程，开工时间为2016年4月25日，施工合同价6198万元。在项目开工初期，建立项目BIM工作站，由三名专职BIM工程师组成，利用BIM技术，结合施工图纸自主创新“BIM技术模拟流动式起重机吊装”技术，吊装作业一次到位，提高了吊装作业效率，为工程顺利有序的进行提供了有力保障，并在锅炉钢架吊装、锅炉本体吊装、汽轮机等各类构件设备吊装中进行广泛应用。尤其在空间狭窄的2号和3号锅炉安装中发挥重大作用。

装配整体式框架结构施工工法

马东炬　陈维超　戴　浪　陈湘田　付必雄

湖南建工集团有限公司

摘　要：装配式建筑在新建建筑中占比越来越高，需要提出与之相匹配的施工方法。本工法主要针对装配整体式框架结构、内外墙板、叠合梁、楼梯、叠合楼板等PC构件通过工厂预制，然后，框架柱以及框架柱与PC构件梁板墙的节点部位采用后浇混凝土的方式形成有效连接；PC构件内外墙板底端采用聚合物水泥砂浆坐浆的方式与叠合楼板、叠合梁进行连接；内外墙板顶端与PC构件叠合梁采用事先预埋的定位螺栓钢筋及套筒进行精准就位后，采用一字形连接件进行固定，并在定位孔处浇筑混凝土增加叠合梁与墙体的连接可靠性；各预制构件节点之间的缝隙采用硅酮耐候密封胶进行填缝处理，防止室外雨水从薄弱节点渗入室内。

关键词：装配式；框架结构；现场装配；后浇混凝土

1　前言

随着我国建筑技术的发展，装配式建筑逐渐兴起。相对于现浇混凝土结构的施工，装配式建筑不会产生过多的噪声以及粉尘污染；木模板消耗量少、现场建筑材料使用量较合理；施工速度较快，建设周期短，混凝土外观及内在质量易于控制等多个方面优势更为明显。中共中央国务院在《关于进一步加强城市规划建设管理工作的若干意见》中提出建设国家级装配式建筑生产基地。加大政策支持力度，力争用10年左右时间，使装配式建筑占新建建筑的比例达到30%。这意味着未来5年我国住宅产业化将进入快速发展期，愈来愈多的住宅采用工业化的方式建成。

目前，我国装配式建筑中装配整体式框架结构应用较广泛。本工法已在长沙市大同小学，长沙市双新小学等多个工程得到了应用，效果显著，推广前景十分广阔。

2　工法特点

（1）内外墙，叠合梁板等PC构件在工厂机械流水线中统一生产制造，从而确保了构件的高质量生产。荷载柱以及与之相关的PC构件连接节点的合理化处理后再采用现浇从而很好地保证了结构的整体质量效益。

（2）梁板墙等PC构件的使用，可缩短不同工种交叉施工的工期，又可减少因不同工种未协调施工造成的返修，同时使得现场大量减少对模板、钢管的使用，半装配式建筑每平方米用工工时相对传统纯现浇建筑显著降低，可大大节约对劳动力的需求，极大地缩减了建设成本。

（3）半装配式整体框架结构因其预制部分设计标准化、制造工厂化、现场装配化的特点，能够保证在生产和施工阶段尽量减少对土地、水和材料等资源的消耗，尽量实现资源的循环利用，达到节能环保的目的，从而真正意义上成为全寿命周期节能环保住宅体系，促使“四节一环保”目标的达成。

3　适用范围

本工法适用于混凝土装配整体式框架结构建筑安装施工。

4　工艺原理

装配整体式框架结构施工工法是部分混凝土结构，包括内外墙板、叠合梁、楼梯、叠合楼板等PC构件采用工厂化预制、现场装配的方式，并通过节点部位的后浇混凝土或叠合方式形成可靠连接的传力机制，满足承载力和变形要求的一种施工方法。其中，框架柱以及框架柱与 PC 构件梁板墙的节点部位采用后浇混凝土的方式形成有效连接；PC 构件内外墙板底端采用聚合物水泥砂浆坐浆的方式与叠合楼板、叠合梁进行连接；内外墙板顶端与 PC 构件叠合梁采用事先预埋的定位螺栓钢筋及套筒进行精准就位后，采用一字形连接件进行固定，并在定位孔处浇筑混凝土增加叠合梁与墙体的连接可靠性；各预制构件节点之间的缝隙采用硅酮耐候密封胶进行填缝处理，防止室外雨水从薄弱节点渗入室内。

5　施工工艺流程及操作要点

5.1　工艺流程

装配整体式框架结构施工工艺流程如图 1 所示。

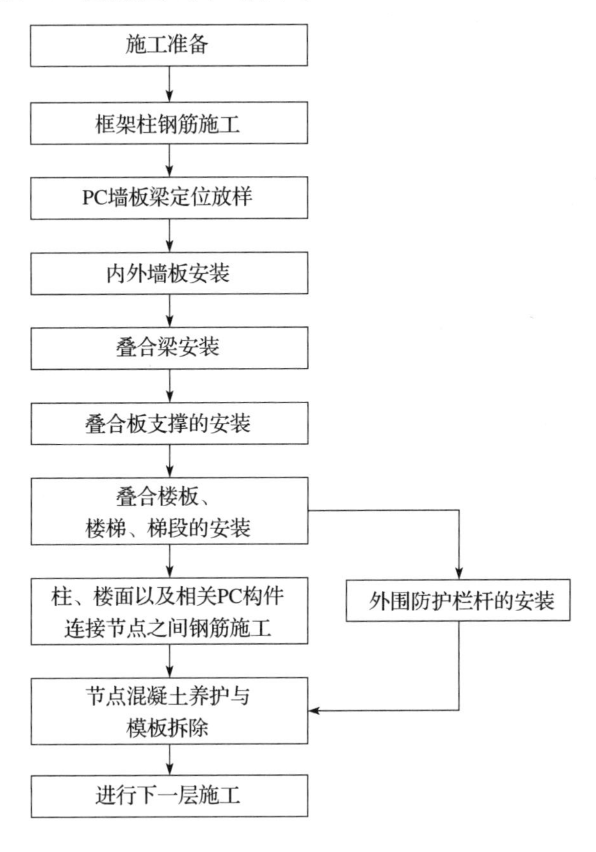

图 1　施工工艺流程图

5.2　操作要点

5.2.1　施工准备

（1）施工配合准备：组织现场施工人员熟悉、审查图纸，学习各施工方案、安全方案、各工种配合协调方案；专门组织吊装工进行安全教育、技术交底、学习培训。

（2）施工现场准备：PC 构件安装前应检查施工现场的运输道路是否通畅，具体车辆的环形运输；吊装设备是否已备齐；是否具备运输 PC 构件车辆停放区域，此区域内是否已硬化并满足车辆承载力要求；移位的钢筋是否已经进行了校核；垫块是否具备抗压强度。

5.2.2　框架柱钢筋施工

（1）工艺流程：（复核轴线）→套柱箍筋→竖向受力筋连接→画箍筋间距线→绑箍筋。

（2）施工要点：套柱箍筋。按图纸要求间距，计算好每根柱箍筋数量，先将箍筋套在下层伸出的搭接筋上，然后立柱子钢筋，进行直螺纹连接。采用直螺纹连接柱钢筋。画箍筋间距线：在立好的柱子竖向钢筋上，按图纸要求做好皮数杆，用粉笔划箍筋间距线，保证箍筋间距。柱箍筋绑扎。按已划好的箍筋位置线，将已套好的箍筋往上移动，由上往下绑扎，采用缠扣绑扎。

5.2.3　PC 墙板梁定位放样

（1）抄平放线准备：在房屋的首层根据坐标设置四条标准轴线（纵横轴方向各两条）控制桩，用经纬仪或全站仪定出建筑物的四条控制轴线，将轴线的交叉点作为控制点。每层楼面控制点不少于 3 个，楼层上的控制轴线应由底层原始点直接向上引测；每层的标高控制点不少于 3 个，外墙板放置内边线、内墙板放置双边线；检查所有的 PC 板安装位置是否已经抄平完毕并具备安装要求。

（2）弹线定位：依据控制轴线及控制水平线依次放出建筑物的纵横轴线，依据轴线放出墙、柱、门洞口及结构各节点的细部位置线和安装楼板的标高线、楼梯的标高线、异形构件的位置线及编号。

（3）标高测设：外墙板、内墙板标高通过硬塑垫块进行抄平，标高控制必须精准。根据标高控制点弹出叠合梁底标高控制线，根据柱尺寸弹出梁端定位边线（图 2）。根据设计图纸检查叠合梁底标高与窗洞口上标高是否一致，如有偏差必须检查产生偏差的原因。标准层标高控制除引测水准点标高外还需结合窗洞口标高进行确定。定位件及编号标示如图 3 所示。

图 2　垫块位置及控制线

图 3　定位件及编号标示

（4）放样吊装准备：墙板、楼板地面编号标示依据设计的建筑蓝图和设计的工艺图纸确定 PC 构件的吊板顺序，将吊板顺序在外墙板、内墙板、叠合梁、叠合板、楼梯等工艺图纸上分别用红笔标示。按工艺设计图纸，PC 构件编号用醒目的标示颜色标识在地面墙面上，并反复核对确保定位正确，吊装时按工艺图纸设计要求一一按图就位。当房屋长度较长时，墙板安装宜由房屋中间开始，先安装中部两间，构成中间标准间；然后再分别向房屋两端安装；当房屋长度较短时，可由房屋一端的第二开间开始安装，并使其闭合后形成一个稳定结构，作为其他开间安装时的依靠。

5.2.4　内外墙板安装

（1）挂钩起吊：构件 2 个吊点时，用 2 根钢丝绳取距离相近的固定吊耳。构件 4 个吊点时，用 2 根钢丝绳穿过吊耳形成两端均匀受力。

（2）落位及校正：

① 外墙板落位前首先进行基层清理，冲洗干净无杂物后采用硬塑垫块进行找平，当外墙板安装完毕后，从外墙外侧塞入略大于缝隙宽度的泡沫棒，泡沫棒凹进外墙外侧缝隙 10 ~ 20mm 为宜（图 4），外侧缝隙采用硅酮耐候密封胶注满，内侧水平缝隙采用聚合物水泥砂浆塞填密实。根据设计图纸按 PC 构件的编号进行就位，就位时可将板边定位线上临时固定两根钢筋，便于就位。

② 外墙板校正后阴角相接时采用 L 形连接件进行临时固定，外墙板平面及阳角相接时采用一字形连接件，用直径 16mm，长度 30mm 螺栓固定连接件。为确保墙板外表面平整度，应采用发泡剂进行板缝封堵。连接件安装完后打发泡剂，多余发泡剂及时清理干净。用

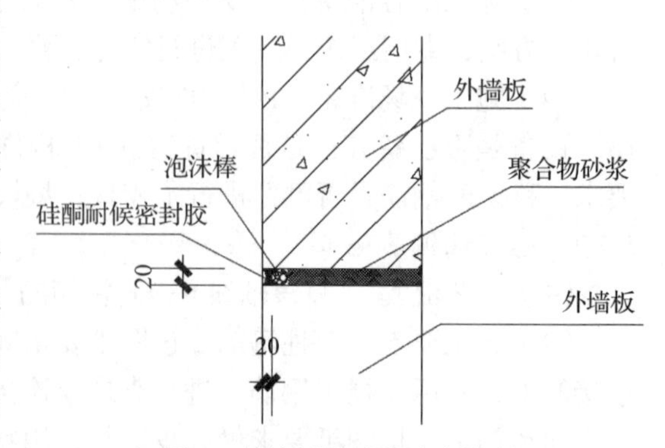

图 4　外墙板间缝隙防水处理

发泡剂将竖向缝全部填实以免浇筑混凝土时漏浆（图 5）。

图 5　墙板连接件及竖缝封堵

③ 外墙板就位后可用两根撬棍同时撬动墙板进行微调就位，并用两根斜支撑调节板件垂直度。从而检查板与板拼缝是否符合要求，板缝上下是否一致，板与板之间接缝平整度校正等（图 6）。

图 6　墙板斜支撑以及拼缝校正

④ 用铝合金靠尺对墙面垂直度进行检查，通过斜撑进行微调。

⑤ 内墙板装配完成后，内墙缝隙采用 1∶2 水泥砂浆，其中膨胀剂掺量代换水泥量为水泥用量的 10% ～ 12%。先将缝隙内的渣屑清理干净，将砂浆灌入缝隙内塞密实，砂浆初凝后适当浇水湿润。内墙板其他安装施工工艺基本与外墙板安装相同。

外、内墙节点连接大样如图 7、图 8 所示。

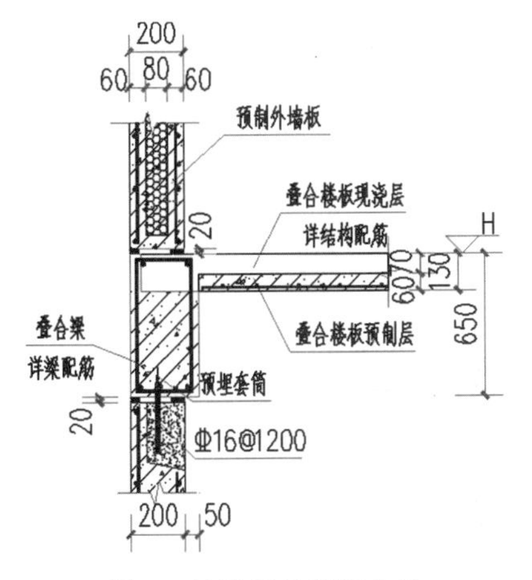

图 7　外墙节点连接大样

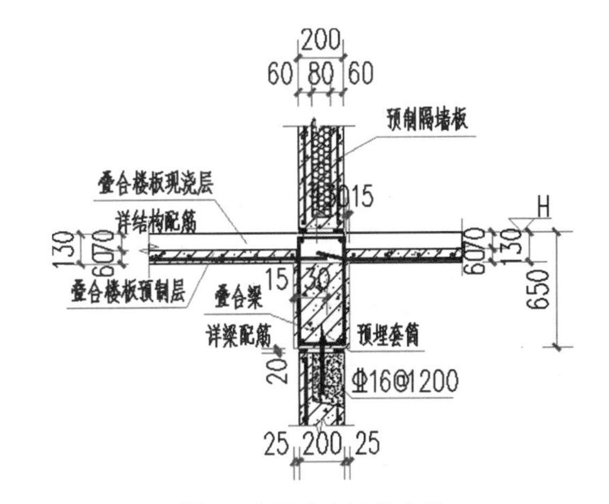

图 8　内墙节点连接大样

5.2.5　叠合梁安装

（1）挂钩卸车：用卸扣穿过叠合梁吊环进行固定将叠合梁卸至地面上（地面需平整，并用两根木方垫平；卸车时可同时吊两根）。

（2）挂钩起吊：用卸扣穿过叠合梁吊环进行固定。起吊前按构件编号吊装叠合梁（注意起吊时两侧吊点对称均衡起吊）。

（3）落位：以梁端定位线及梁底标高线就行落位在墙体上。用一字形连接件固定梁墙板，将螺栓钢筋拧入预制梁的预埋套筒内。

叠合梁与预制墙体连接节点大样如图 10 所示。

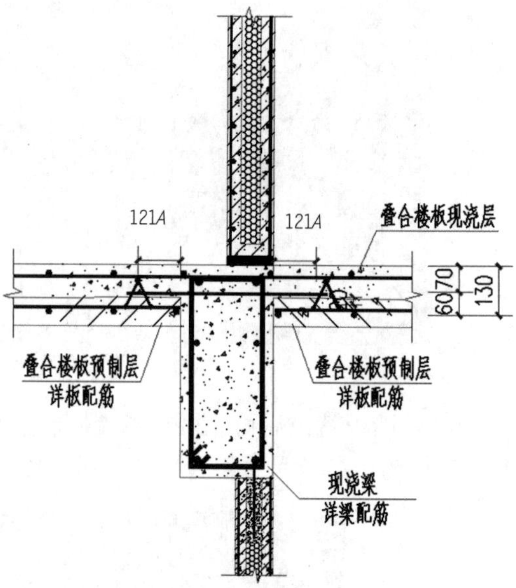

图 10　叠合梁与预制墙体连接节点大样

5.2.6　叠合板支撑的安装

（1）支撑搭设：用可调节支撑或碗扣式脚手架或钢管搭设支撑系统。

（2）木方铺设：钢管上必须设置顶托，顶托上放置 60mm × 80mm 及以上尺寸的木方。木方铺设方向与叠合板拼缝相垂直。木方铺设完成后必须拉通线校核木方上表面标高，通过调节顶托螺杆使木方上表面与叠合板底标高一致；木方的表面标高稍微高出叠合板底标高 1 ～ 2mm。

5.2.7　叠合楼板、楼梯梯段的安装

（1）叠合楼板安装：挂钩→起吊→落位→校正。

① 挂钩：叠合板长≤ 4m 时，采用 4 点挂钩；＞ 4m 时，采用 8 点挂钩。吊钩或卸扣对称（左右、前后）固定于桁架纵向与斜向焊接点下部。挂钩时应确保各吊点均匀受力。

② 起吊：根据图纸、构件编号进行吊装。

③ 落位及校正：根据构件编号及构件标识方向进行落位（同时参照构件制作详图及构件上预留孔洞）。楼板与梁节点大样如图 11 所示，楼板与楼板间连接节点如图 12 所示。

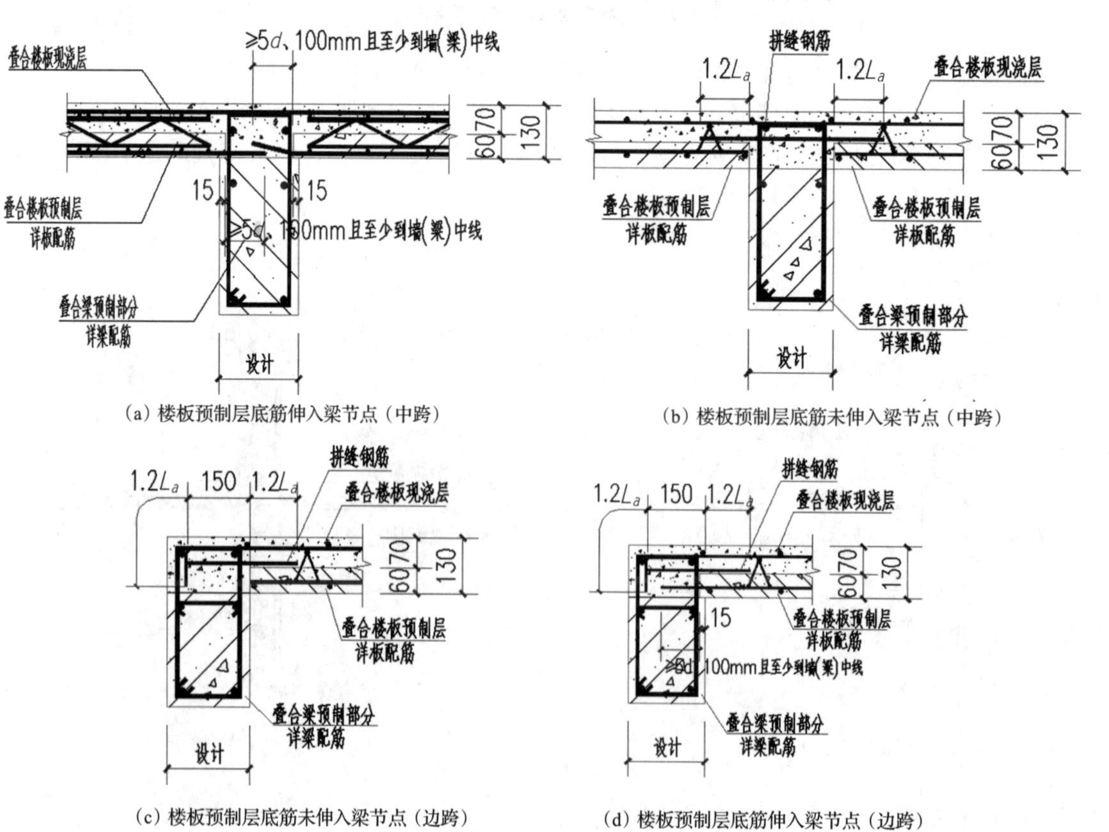

(a) 楼板预制层底筋伸入梁节点（中跨）

(b) 楼板预制层底筋未伸入梁节点（中跨）

(c) 楼板预制层底筋未伸入梁节点（边跨）

(d) 楼板预制层底筋伸入梁节点（边跨）

图 11　楼板与梁节点大样

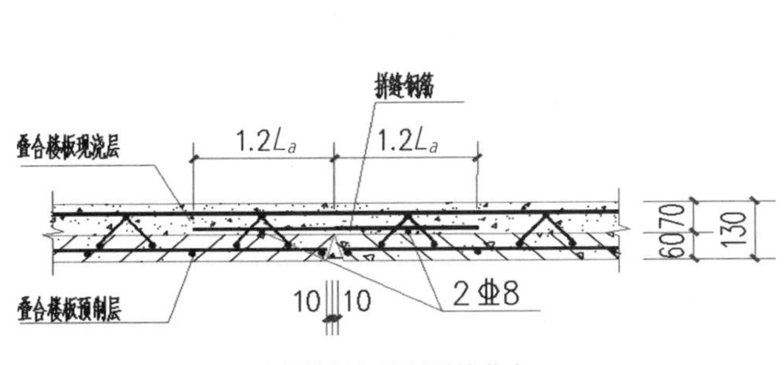

(a) 楼板与楼板拼接节点

(b) 效果图

图 12　楼板与楼板间连接节点示意图

(2) 楼梯安装：挂钩→卸车→翻边→挂钩→起吊→落位→校正。

① 挂钩：2 根钢丝绳 4 点起吊。

② 卸车：将楼梯梯段卸至地面上（地面需平整，并用 2 根木方垫平）。

③ 翻边：吊具固定于楼梯梯段侧面，用 2 吊钉进行翻边。

④ 挂钩：3 根钢丝绳 4 点起吊，楼梯梯段底部用 2 根钢丝绳分别固定 4 个吊钉。楼梯梯段上部由 1 根钢丝绳穿过吊耳固定在 2 个吊钉上。

⑤ 起吊：根据图纸、构件编号进行吊装。

⑥ 落位：根据构件编号及构件标识方向进行落位（图 13）。楼梯落位前休息平台板必须安装调节完成，因平台板需承担部分梯段荷载因此下部支撑必须牢固并形成整体。楼梯吊装落位后应将休息平台底部钢筋与相邻叠合板及墙板焊接牢固防止平台板倾覆。

图 13　楼梯落位

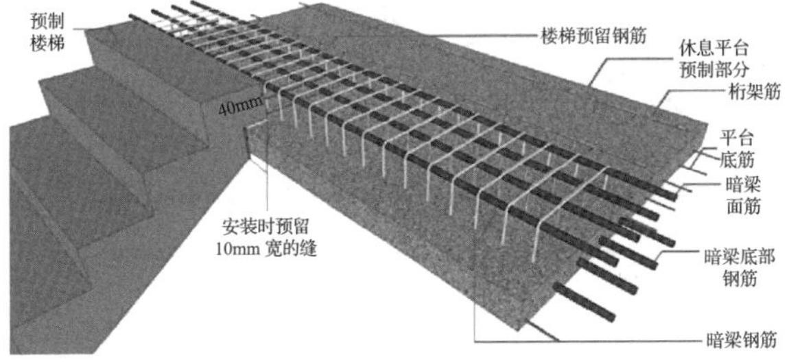

图 14　楼梯与休息平台连接节点

⑦ 校正：楼梯梯段上、下部搭接休息平台长度为 90mm。楼梯梯段两侧各留 20mm 的安装间隙。

⑧ 楼梯与平台节点与其结构面层的钢筋绑扎，模板支设以及混凝土浇筑（图 14）。

5.2.8　外围防护栏杆的安装

(1) 将成品的夹具夹在外墙板上，拧紧固定螺丝。

(2) 用扣件连接上下两道横杆，上杆离地高度为 1.3 ～ 1.5m，下杆离地高度为 0.5 ～ 0.6m。防护栏杆必须连续无缺口并加挂密布安全网。

5.2.9　柱、楼面以及相关 PC 构件连接节点之间钢筋施工

(1) 柱及节点钢筋绑扎

① 按质量验收规范及标准图集进行各 PC 构件节点之间以及柱的钢筋绑扎验收。

② 梁、墙板与柱的节点钢筋绑扎是装配式施工的重要节点，叠合梁与柱节点箍筋必须按设计要求进行设置。

③ 为防止预制墙体与现浇筑产生应力裂缝，预制墙体与现浇框架柱的连接采用螺栓钢筋代替传统的墙体拉结钢筋，绑扎柱钢筋时，将螺栓钢筋拧入预制墙体螺栓孔内（图 15）。

图 15 柱钢筋绑扎以及螺栓孔

④ 楼板钢筋绑扎：将楼板拼缝处加强钢筋按设计图纸绑扎就位。叠合板面层钢筋按设计图纸和规范要求进行绑扎，需注意叠合板支座附加钢筋；钢筋绑扎时先绑扎平行于桁架方向的钢筋，后绑扎垂直于桁架方向的钢筋。

⑤ 构件相交节点处钢筋的安装处理：装配整体式框架结构的钢筋主要在叠合梁与叠合楼板内，叠合梁内钢筋直径较大，且需弯锚至框架柱内。因此，构件生产厂家在深化设计时将此作为重点考虑。用专业软件建好模型，确定钢筋的弯钩朝向，并编排构件吊装顺序，构件进场后根据图纸进行验收，构件吊装时严格按顺序吊装。叠合梁与框架柱连接节点如图 16、图 17 所示。

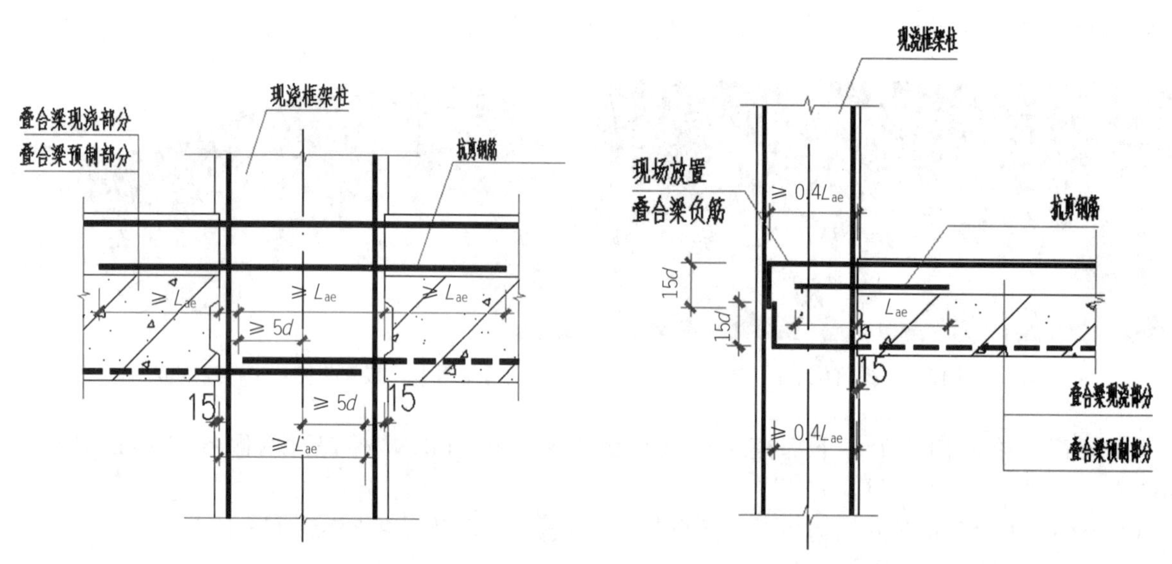

图 16 叠合梁与框架柱连接节点（中跨）

图 17 叠合梁与框架柱连接节点（边跨）

（2）管线预埋：根据设计图纸对现浇部分管线进行预埋，并将开关、插座底盒固定在钢筋上。

（3）柱、楼面以及相关 PC 构件连接节点之间模板支设。

5.2.10 节点混凝土养护与模板拆除

（1）节点混凝土养护：浇筑混凝土前先浇水湿润连接部位，严格按设计要求对预制件与新浇混凝土界面进行处理。叠合楼板就位后，经隐蔽验收合格可开始柱、叠合楼板面层以及相关 PC 构件连接节点的现浇钢筋混凝土的现浇施工。振捣混凝土时应严格控制操作流程，防止因漏振出现蜂窝、麻面，防止因强振而跑模、露筋。混凝土浇筑完 12h 内需进行浇水养护（室外气温不低于 5℃），养护时间不少于 7d，遇高温天气还需覆盖养护。

（2）模板拆除：模板拆除应分区堆放好并做好清理及涂刷脱模剂，模板的拆除应符合《混凝土结构工程施工规范》(GB 50666—2011）中模板拆除的规定。

5.2.11　进行下一层施工

一层按上面施工流程走完，同样按本方案流程，经放线、编号标示，进入下一层墙板、楼板等构件安装，如此循环，直至整体装配式主体工程全部完工。

6　材料与设备

6.1　主要材料（表 1）

表 1　主要材料清单

序号	名称	规格型号	备注
1	吊具	专用	
2	一字连接件	3× 构件	
3	L 形连接件	2× 构件	
4	M16×80 螺栓	2× 构件	
5	斜支撑	$2\times n$	n = 内墙板数量
6	膨胀螺栓	$6\times n$	n = 内墙板数量
7	外防护夹具	$\phi48$	
8	钢管	$\phi48$，$L=6M$	
9	木方	若干	
10	钢梁	若干	

6.2　主要设备（表 2）

表 2　设备清单

序号	名称	型号	单位	备注
1	塔吊	选型	台	
2	碗扣式脚手架		台	
3	铅垂仪		台	
4	经纬仪		台	
5	水准仪		台	
6	钢梁		根	
7	钢丝绳	$\phi16$、$\phi22$	m	
8	卸扣		mm	
9	吊具		个	
10	铁锤		把	
11	扳手		把	
12	对讲机		台	
13	电焊机		台	
14	缆风绳		m	

7　质量控制

7.1　规范标准

（1）《混凝土结构工程施工规范》(GB 50666—2011）；

（2）《建筑施工手册》第四版；

（3）《混凝土叠合楼盖装配整体式建筑技术规程》(DBJ 43/T 301—2013）;

（4）《装配式混凝土结构技术规程》(JGJ 1—2014）。

7.2 构件安装质量的控制要点

（1）PC 构件进场质量必须符合设计和规范要求。各种构件在运输过程中必须有可靠的保护措施。墙板构件的安装，要配置装配用的专用测量检验仪器，如铝合金靠尺、角度测量仪等；墙板安装的临时固定设备有操作平台、工具式斜撑、墙板连接件、电锤、膨胀螺丝、转角固定器等。安装墙板的临时调节杆、限位器应在与之相连接的现浇混凝土达到终凝后的可拆除条件时方可拆除。墙板上预制构件的永久固定件必须做好防腐保护，并做好隐蔽验收。

（2）坐浆的质量控制。墙板构件在安装前底部缝隙采用坐浆法施工，施工前需将底部楼板浮浆和渣屑清理干净，用水冲洗湿润后，底部砂浆采用 1 : 2 水泥砂浆内掺膨胀剂，其中膨胀剂掺量代换水泥量为水泥用量的 10% ～ 12%。砂浆的厚度与墙板底部的硬塑垫片厚度略高 5mm。砂浆初凝前吊装完成，墙板吊装时直接坐在砂浆之上，挤出部分砂浆，可保证砂浆的密实度。如吊装时有砂浆被破坏，及时塞满，砂浆内的膨胀剂产生补偿收缩，可保证砂浆与墙板构件之间不产生裂缝。

（3）模板的底部用 L 形加固件进行连接，其作用是对外墙板进行底部拉结，对模板进行定位加固。连接部位处理要点：墙板侧面上口暗梁部位伸出预留锚固钢筋，锚入柱支座内，用一字形连接件固定梁墙板，将螺栓钢筋拧入预制梁的预埋套筒内。然后整体现浇通长钢筋混凝土框架梁，把整个楼层墙板牢固的连接在一起。混凝土的养护，在常温下混凝土浇灌 12h 内应即按规定浇水养护或采用其他养护方式进行养护处理。安装墙板的临时调节杆、限位器应在与之相连接的现浇混凝土达到终凝后并达到拆除条件时方可拆除。PC 构件节点之间的缝隙处采用硅酮耐候密封胶堵缝，防止室外雨水从薄弱节点渗入室内。

（4）构件安装质量允许偏差及检验应符合表 3 的规定。

表 3 构件安装质量允许偏差及检验方法

<table>
<tr><th colspan="2">项目</th><th>允许偏差（mm）</th><th>检验方法</th></tr>
<tr><td rowspan="4">长度</td><td>楼板</td><td>+5</td><td rowspan="4">钢尺检查</td></tr>
<tr><td>墙板</td><td>+5</td></tr>
<tr><td>梁</td><td>+5</td></tr>
<tr><td>楼梯</td><td>+5</td></tr>
<tr><td rowspan="3">宽度</td><td>板、墙板</td><td>+6</td><td rowspan="7">钢尺量一端及中部，取其中较大值</td></tr>
<tr><td>梁</td><td>+5</td></tr>
<tr><td>楼梯</td><td>+6</td></tr>
<tr><td rowspan="4">高（厚）度</td><td>板</td><td>+2，−3</td></tr>
<tr><td>墙板</td><td>0，−5</td></tr>
<tr><td>梁</td><td>+3</td></tr>
<tr><td>楼梯</td><td>+3</td></tr>
<tr><td rowspan="2">侧向弯曲</td><td>板</td><td>L/1000 且≤ 15</td><td rowspan="2">拉线、钢尺量最大侧向弯曲处</td></tr>
<tr><td>墙板</td><td>L/1000 且≤ 15</td></tr>
<tr><td rowspan="3">对角线差</td><td>板</td><td>4</td><td rowspan="3">钢尺量两个对角线</td></tr>
<tr><td>墙板</td><td>5</td></tr>
<tr><td>梁</td><td>4</td></tr>
<tr><td>表面平整度</td><td>板、墙板</td><td>3</td><td>2m 靠尺和塞尺检查</td></tr>
</table>

（5）构件外观质量的允许范围见表 4。

表 4　构件外观质量的允许范围

名称	现象	质量要求
露筋	构件内钢筋未被混凝土包裹而外露	禁止露筋
蜂窝	混凝土表面缺少水泥砂浆而形成石子外露	禁止蜂窝
孔洞	混凝土中孔穴深度和长度均超过保护层厚度	允许极少量孔洞
夹渣	混凝土中夹有杂物且深度超过保护层厚度	禁止夹渣
疏松	混凝土中局部不密实	允许极少量疏松
裂缝	缝隙从混凝土表面延伸至混凝土内部	允许极少量不影响结构性能或使用功能的细微裂缝
连接部位缺陷	构件连接处混凝土缺陷及连接钢筋、连接件松动	禁止
外形缺陷	内表面缺棱掉角、棱角不直、翘曲不平、抹面凹凸不平等；外表面面砖黏结不牢、位置偏差、面砖嵌缝没有达到横平竖直；转角面砖棱角不直、面砖表面翘曲不平等	内表面缺陷基本不允许，要求达到预制构件允许偏差；外表面仅允许极少量缺陷，但禁止面砖黏结不牢；位置偏差、面砖翘曲不平不得超过允许值
外表缺陷	构件内表面麻面、掉皮、起砂、沾污等，外表面面砖污染、铝窗框保护纸破坏	外表面不允许任何外表缺陷，内表面允许少量沾污等不影响结构使用功能和结构尺寸的缺陷

（6）构件安装表面允许偏差与检验方法见表 5。

表 5　构件安装表面允许偏差与检验方法

项次	项目	允许偏差（mm）	检验方法
1	立面垂直度	3	2m 水准尺检查
2	表面平整度	2	2m 靠尺和塞尺检查
3	阳角方正	2	用直角检测尺检查
4	上口平直	2	拉 5m 线，不足 5m 拉通线，用钢直尺检查
5	接缝高低差	2	用钢直尺和塞尺检查

8　安全措施

8.1　采用的标准

（1）《建筑施工碗扣式钢管脚手架安全技术规范》(JGJ 166—2008)；

（2）《建筑施工安全检查标准》(JGJ 59—2011)；

（3）《建筑施工起重吊装工程安全技术规范》(JGJ 276—2012)；

（4）《施工现场临时用电安全技术规范》(JGJ 46—2005)。

8.2　安全措施

（1）严格执行国家、行业和企业的安全生产法规和规章制度。认真落实各级各类人员的安全生产责任制。特别应对从事 PC 构件吊装的作业人员及相关从业人员进行有针对性的培训与交底，明确预制构件进场、卸车、存放、吊装、就位等环节可能存在的作业风险及如何避免危险出现的措施。

（2）吊装指挥系统是构件吊装的核心，也是影响吊装安全的关键因素。应严格按照吊装顺序实施吊装，成立吊装领导小组，使得吊装过程有条不紊地顺利进行，避免由于指挥失误造成的安全隐患。所有构件的起吊，严禁超载。禁止斜吊。起重机的吊钩和吊环严禁补焊。当吊钩吊环表面有裂纹、严重磨损或危险断面有永久变形时应予更换。在吊车作业半径范围内严禁非操作人员入内，防止意外。起重机操作时必须坚持“十不吊”原则。

（3）吊装作业开始后，应定期、不定期的对 PC 构件吊装作业所有的工器具、吊具、锁具进行检查，一经发现有可能存在的使用风险，应立即停止使用。适当增加保护用软索，吊具绑扎要牢固，并且锁定设施，防止起吊后墙板脱落造成坠落伤人事故。构件吊装前为检测塔吊运行性能先进行试吊。在车上起吊时需注意吊钩与构件垂直，避免倾斜起吊与其他构件碰撞。起吊高度应高于货架 2m 后再摆臂，摆臂时注意构件下不得站人。

（4）PC 构件就位前操作人员不宜靠近（特殊情况操作人员站立于构件两侧），构件距地面 20 ～ 30cm 时操作人员再扶板就位。当本层墙板水平缝、圈梁和现浇筑混凝土强度达到设计要求前，一般情况下不得吊装上一层楼板构件。当采取可靠的临时稳定措施或本支现浇混凝土达到强度后，方可吊装上一支楼板构件。楼板临时支撑间距不宜大于 1.2m，距离墙、柱、梁边净距不宜大于 0.3m，竖向连接支撑层数不应少于 2 层。

（5）定期检查电箱、摇动器、电线和使用情况，发现漏电、破损等问题，必须立即停用送修。所有用电必须采用三级安全保护，严禁一闸多机。

（6）在墙柱混凝土浇筑前应搭设移动施工操作平台，平台上方设置安全防护措施。

9　环保措施

（1）明确环境管理目标，建立环境管理体系，严防各类污染源的排放。现场使用木模板，减少现场木工加工噪声，做好尘埃控制工作。

（2）现场构件分类堆放，分别编号，做好标记。施工现场应加强对废水、污水的管理，现场应设置污水池和排水沟。

（3）废弃钢材、木材及其他垃圾分类堆放，定期处理。

（4）现场主干道路和加工场地进行硬化，设专人负责每日洒水和清扫，保持道路清洁湿润。运构件车辆出场前由专人对每辆车进行清洗，每次运完结束时对场地进行清扫。

（5）选用环保型振捣器及振捣棒，振捣棒使用后及时清理干净。对混凝土振捣人员进行交底，确保其操作时不振钢筋和模板，做到快插慢拔，减少振捣器的空转时间。

10　效益分析

10.1　社会效益

随着产业化规模、产业化工人水平的提高，部分运输成本的降低，产业化住宅在建造阶段的成本能得到有效地降低，表现出其在建造成本上的优势；在运营阶段，这部分成本既与预制化率等产业化因素有关，又受节能意识以及社会寿命等非产业化因素影响，现阶段我国产业化住宅要比非产业化住宅的运营成本低，并且随着我国住宅产业化水平以及节能意识的不断提高，产业化住宅运营成本能体现出更大的效益。而半装配式住宅施工技术的应用将多种技术完美融合，可以有效地推进住宅产业化带来的效益。

10.2　质量效益

内外墙、叠合梁板等 PC 构件在工厂机械流水线中统一生产制造，受季节影响小，通过合理的作业流程和产品质量控制标准，从而确保了构件的高质量生产。荷载柱以及与之相关的 PC 构件连接节点的合理化处理后，再采用现浇，很好的保证了结构的质量效益。

10.3　工期及成本效益

采用墙板梁等 PC 构件在工厂进行预制、现场进行机械吊装的施工方法，减少了 30% 现浇作业，75% 外墙抹面作业，其相比于传统的施工方法缩短了工期。本工法采用预制外墙板减少了外墙模板用量，相对于传统现浇结构大钢模用量减少 24%，采用叠合板减少了水平模板及架料用量，现对于传统结构木材减少 30%，架料用量减少 10%，节约材料显著。随着劳动力成本的日益攀升，由手工劳动转变为自动化、机械化和智能化的工厂生产，可大大节约对劳动力的需求，降低成本。

10.4　环保效益

装配式住宅体系因其设计标准化、制造工厂化、现场装配化的特点，能够保证在生产和施工阶段尽量少地对土地、水和材料等资源的消耗，实现资源的循环利用，达到节能环保的目的，从而真正意义上成为全寿命节能环保住宅体系，促使“四节一环保”目标的实现。节水节能效果显著。PC 构件的使用缩短了现浇强噪声作业时间，减少了施工废弃物的产生，从而具有较好的环保效益。

11　工程应用实例

11.1　长沙市芙蓉区双新小学改扩建项目

本工程位于长沙市芙蓉区北部，南临纬二路，东接支路二十八，北面为居住区、西面为支路二十七，建筑面积为 19693.47m²，拟建一栋五层连体式教学综合楼、一栋三层体育食堂综合楼及一层地下车库以及道路、广场、运动场地、水、电等配套设施。其中教学楼采用混凝土装配整体式框架结构，建筑面积为 11225.19m²。建筑结构使用年限为 50 年。通过本工法施工使得外墙、叠合梁、叠合楼板等一类 PC 构件与柱一类现浇构件很好地形成了一个整体，从而确保了结构的整体安全性。本项目实际工期 378d，相比于传统纯现浇施工进度缩短了将近 100d，同时减少了施工废弃物的产生及对环境的影响，项目总造价 6568 万元，相比于传统纯现浇施工节约 500 多万元，取得了良好的社会效益和经济效益。

11.2　长沙市芙蓉区大同小学建设工程施工项目

项目位于八一路与韶山北路交会处，总建筑面积 12027.54m²，拟新建教学楼及办公楼建筑、风雨走廊（含地下车库）地下室防水等级二级，其中教学楼及办公楼建筑采用混凝土装配整体式框架结构；屋面防水等级为二级；建筑耐火等级为一级；建筑抗震设防烈度为小于 6 度；建筑使用年限为 50 年。本项目总造价 4735 万元，工期 270d，通过采用本工法实现了装配式建筑安装，节约成本 300 多万元，缩短工期 80 多天，环保效益显著，并取得了良好的经济效益和社会效益，赢得了业主、监理、质检等单位和部门的高度评价和认可，具有较好的推广价值。

“一柱一桩”格构柱可视化精准导向定位调垂施工工法

周建发　陈维超　胡昊璋　杨舜太　高纲要

湖南建工集团有限公司

摘　要：现有钢立柱调垂方法在湿作业环境下应用较广泛，在干作业环境下不利于直观控制钢立柱定位及垂直度调整。本工法提出了一个由带导向功能的卯、榫结构装置、视频系统、调节顶托等组成的格构柱可视化精准导向定位调垂系统。钢格构柱可视化下端精准定位、顶端顶托调节，施工难度低、调垂效果好，可实现格构柱高精度的垂直度（≤ 1/1500 且不大于 20mm），安全可靠、操作性强，经济效益明显，适用于干作业条件下“一柱一桩”的钢格构柱（宽翼缘 H 型钢、格构柱等）的定位调垂施工。

关键词：格构柱；导向定位；顶托调节；调垂施工；可视化

1　前言

逆作法施工时的临时竖向支承系统一般采用钢立柱插入底板以下立柱桩的形式，钢立柱通常为角钢格立柱、钢管混凝土柱或 H 型钢柱，在逆作法施工过程中承受上部结构和施工荷载等垂直荷载，而在施工结束后，中间支承柱又外包混凝土后作为正式地下室结构柱的一部分，承受上部结构荷载，所以钢立柱的定位和垂直度是施工的质量控制重点。长沙旺旺医院二期采用全逆作法施工，其中一柱一桩深度达 42m，钢立柱长达 30m，并采用干作业模式施工。目前，钢立柱的调垂方法主要有气囊法、机械调垂法和导向套筒法三大类，在湿作业环境下应用较广泛，对于干作业环境条件下，其技术复杂，不利于直观控制钢立柱的定位及垂直度的调整。为此，湖南省建筑工程集团总公司针对工程特点，开展技术创新，提出了“专用导向定位器、视频辅助对中、顶端顶托调垂”的施工技术体系，做到直观、有效、高精度的控制钢立柱的垂直度，减少柱的偏心，确保了其承载力的设计要求，其中研发的“一种钢格构柱导向定位装置”已申报国家实用新型专利。该技术先进、安全可靠、操作性强，社会效益和经济效益明显，具有推广价值。我公司在总结上述“一柱一桩”施工经验和工程应用基础上，编制形成该工法。

2　工法特点

（1）发明了一种“一柱一桩”格构柱导向定位装置。该装置采用卯、榫结构体系，其结构简单、易加工、成本低等特性，对于格构柱具有良好的导向、旋转定位功能。

（2）采用可视化视频对深井中的钢格构柱进行辅助定位对中，其工艺具有创新性，有利于钢格构柱的快速对中就位，节约了施工工期，确保了施工的安全性；并在钢格构柱底部设置榫、卯结构装置，实现了钢格构柱方位对中的快速调整。

（3）钢格构柱可视化下端精准定位、顶端顶托调垂法，施工难度低、调垂效果好，可实现格构柱高精度的垂直度（≤ 1/1500 且不大于 20mm），大大提高了钢立柱承载力，且经济实用。

3　适用范围

本工法适用于干作业条件下“一柱一桩”的钢格构柱（宽翼缘 H 型钢、格构柱等）的定位调垂施工。

4　工艺原理

格构柱可视化精准导向定位调垂系统，主要由带导向功能的卯、榫结构装置、视频系统、调节顶托等组成。在格构柱底部设置榫结构，并在井底处设置一个“漏斗”形的导向定位卯结构，格构柱在吊装就位过程中，采取在井底设置摄像头，并通过视频线连接至吊装控制室，实现了可视化将格构柱底部的榫结构插入“漏斗”形的卯结构咬合，视频辅助快速对中就位；格构柱底端对中定位后（即格构柱底端相当于铰接），在格构柱顶端对称布置10个调节顶托，若格构柱的平面位置X正方向偏转，Y方向左右对称布置的顶托一松一紧以形成扭矩及推力，结合吊车向上的提升力使格构柱在卯结构中绕榫结构平面旋转以调整其平面位置，当格构柱的方位偏差达到规定的偏差范围后，停止调节顶托；若格构柱的上端向X正方向偏差，X方向的调节顶托一松一紧，使格构柱绕榫结构竖立面旋转，当格构柱达到规定的垂直度范围后，停止调节顶托。同理Y方向的偏转及偏差同X方向的偏转及偏差的调整。

5　施工工艺流程及操作要点

5.1　施工工艺流程

“一柱一桩”格构柱可视化定位机械调垂施工工艺流程：

施工准备→导向定位装置设计与制作→导向定位装置安装→视频系统安装→格构柱吊装底端卯与榫咬合→顶端调节顶托对中与调垂。

5.2　操作要点

5.2.1　施工准备

（1）格构柱施工前认真阅读设计图纸、地质勘探报告，编制专项施工方案，并由项目技术负责人对所有相关作业人员进行安全技术交底。

（2）对进场的格构柱进行验收，格构柱的制作、焊接必须符合《钢结构工程施工质量验收规范》（GB 50205—2001），同时必须满足设计要求。

（3）干作模式：

① 利用了基坑外框四周封闭式已入岩的地下连续墙，隔断了基坑外的地下水（特别是承压水）。工序安排上采用地下连续墙先施工，为“一柱一桩”实现干作模式创造了首要条件。

② 基坑内疏干降水：第一步场内做好有组织排水及硬化处理，减少大气降水及施工用水的下渗补给；第二步按每500～700m^{2}设置一个非原位降水井提前整体疏干降水；第三步成孔、井内作业过程中进一步抽水疏干。

③ 大入岩桩基采用了“人工挖孔桩与旋挖钻机组合干作业成孔”的新型施工工艺，从而解决了孔壁的稳定性，为基桩下人工作业提供了必要条件，加快了桩基施工进度和节约成本。

④ 干作业孔内人工作业前，应设置可靠的防坠系统及深井通风系统，并现场配备必要的应急救援措施。

⑤ 桩基成孔垂直度纠偏：当旋挖钻机挖至底板面标高时，下人检查垂直度偏差情况，当偏差超过50mm时，采用人工井底重新引孔纠偏，用风镐凿除孔壁偏差部分，高度为1.8m超出钻斗高度300mm后，再用风镐向下引新纠偏孔深为500mm，然后旋挖钻机根据新孔就位、调整桅杆角度往下继续开挖，钻至设计标高。

5.2.2　导向定位装置设计与制作

（1）为便于格构柱在吊装时旋转对中以及就位后的平面调整，在格构柱底端设置由加劲板和钢棒组成的榫结构，整体呈倒锥形，如图1所示。榫结构制作时，在格构柱底部设置一带孔的封板，封板采用材质为Q235、板厚不小于16mm的钢板，开孔尺寸为边长不小于100mm的梯形孔，以确保后续混凝土浇筑时封板处的质量，避免因封板位置处不能排气所造成该处混凝土空洞的质量问题。

（2）榫结构的封板四周应与格构柱底端满焊，焊接质量必须符合《建筑钢结构焊接规程》的规定；钢棒宜采用直径不小于80mm、材质为Q235的圆钢棒，钢棒位置设置在格构柱的平面中心位置处，深入封板上端的长度不小于100mm，伸出加劲板底端的长度200mm，并与封板采用角焊缝连接。

（3）榫结构的加劲板对称布置在钢棒的四周，并与钢棒以及封板采用角焊缝连接，加劲板采用材质为Q235，板厚为10mm的钢板。

（4）与榫结构吻合的卯结构，根据钢棒尺寸，设计成一个“漏斗”状导向定位器的卯结构装置，卯结构整体呈漏斗形，中间设置一圆钢管，圆钢管的内径比钢棒的直径大10mm，如图2所示。

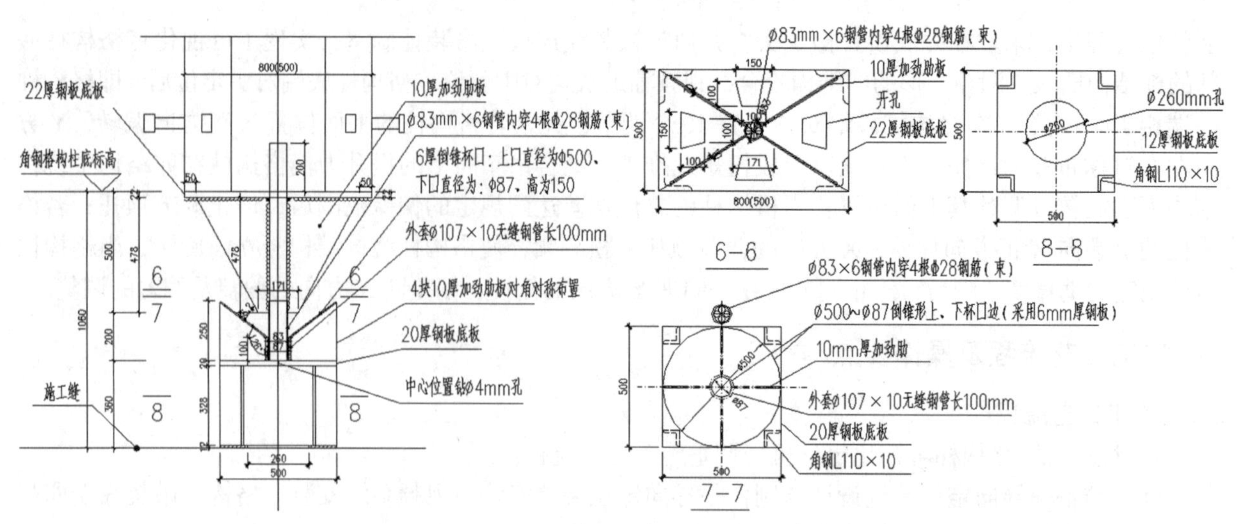

图 1　格构柱导向定位装置

5.2.3　导向定位装置安装

（1）导向定位装置底面安装的标高以格构柱顶端设计标高不变为控制原则，即导向定位装置设计的底标高（h）= 格构柱顶端设计标高（H）– 格构柱实际加工长度（L_1）– 导向定位装置的实际高度（L_2）。

（2）桩基混凝土浇至定位装置处的混凝土用量，需根据导向定位装置的设计底标高以及混凝土质量保证措施来确定桩基混凝土的浇筑量，待桩基混凝土浇筑完后 1 ～ 2h 初凝前，采用专用钢制倒锥形吊桶将其部分流态浮浆吊出，当混凝土终凝后强度达 1.2MPa 以上，及时测标高，对井底进行定位器底部精凿，标高控制为定位器底标高 –20 ～ 30mm。

（3）导向定位装置的定位对中采用吊坠从井口引测至桩身顶混凝土面是最直观的方法，吊坠根据深度需要选择从 6 ～ 15kg，吊坠采用 7 号高强鱼线，井口采用角钢制作固定架钻 ϕ1.5mm 穿线孔与井口轴线对齐。

（4）导向定位装置对中调平时，采用 8mm × 2mm 块均布 8 点用钢楔块［（5 ～ 40）mm × 40mm × 120mm］将定位装置进行垫、塞、移动，使定位装置快捷地对中、调平标高，临时定位后将钢楔块与定位器接触点焊固定。

（5）为确保定位装置与桩顶的承压传递，定位装置与桩顶接触面的空隙采用堵漏王快干水泥砂浆塞满，堵漏王快干水泥砂浆现场抽样做试件 24h 的抗压强度值达 32MPa，满足强度要求，并用Φ28 的 8 根底筋、8 根斜撑将定位装置与桩基钢筋笼钢筋构成三角形连接并焊牢，如图 2 所示。

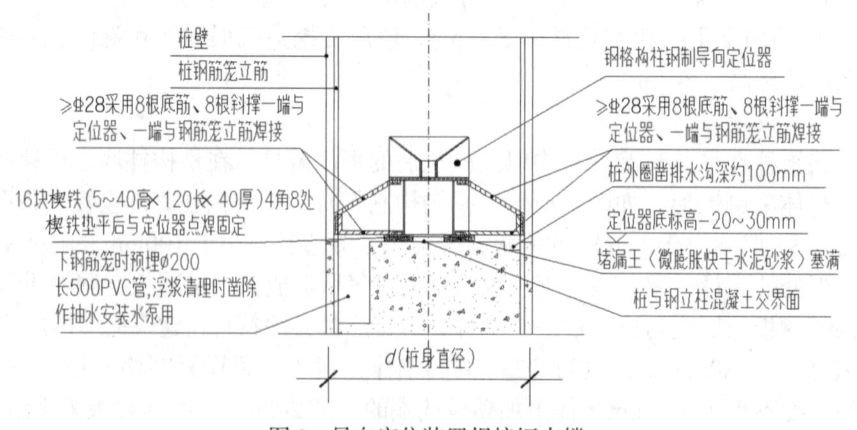

图 2　导向定位装置焊接短支撑

5.2.4　视频系统安装

（1）视频系统包括摄像头、视频线、视频交换箱、大功率无线网桥基站发射器及接收器以及笔记本电脑，如图 3 ～图 5 所示。

（2）距定位装置高约1m的位置处，在桩基钢筋笼上安装朝向定位装置的高清摄像头，摄像头采用视频线接入地面转换器再接入手提电脑安放在履带吊车司机室内，以便钢立柱吊装可视化、快捷地滑入定位器中，吊装完成后及时回收摄像头。

图3　视频摄像头

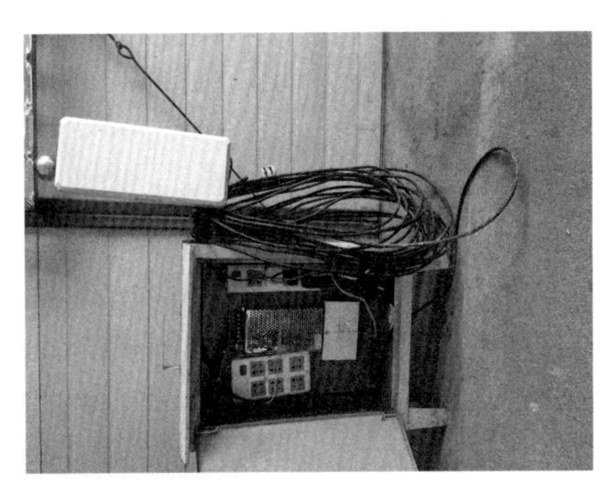

图4　视频交换箱及无线网桥基站发射器

图5　视频交换箱及无线网桥基站接受器

5.2.5　格构柱吊装就位对中

（1）钢格构柱制作偏差应控制在2mm内。安装格构柱应采用定位操作平台，操作平台制作内径及垂直度偏差要求控制在2mm。用吊机将操作平台吊装就位，由两台垂直方向经纬仪确定平台导向架中心位置及方向，如有偏差对导向架进行纠正。

（2）格构柱用吊机吊直后，用经纬仪及底部控制缆校正钢格构柱的垂直度，然后慢慢吊入钢格构柱定位导向孔内。

（3）格构柱与导向定位装置的卯结构对中就位时，通过视频实时监控格构柱对中就位的情况，从视频中格构柱的影像，调整格构柱吊入的方位，实现格构柱底部的快速对中就位。

5.2.6　调节顶托安装与格构柱机械调垂

（1）格构柱底端就位对中后，其垂直度以及平面方位已基本接近控制要求，在格构柱顶端布置纠偏与固定作用的调节顶托，调节顶托由$\phi48 \times 3.5$钢管、全丝螺杆、螺帽（M28）、50mm × 50mm × 6mm钢垫板组成。在格构柱长边方向，上下对称布置3根调节顶托，在短边方向左右对称布置2根调节顶托，共10根顶托。钢管一端支撑在钢格构柱上，带顶托的一端支撑在护壁混凝土上，如图6所示。

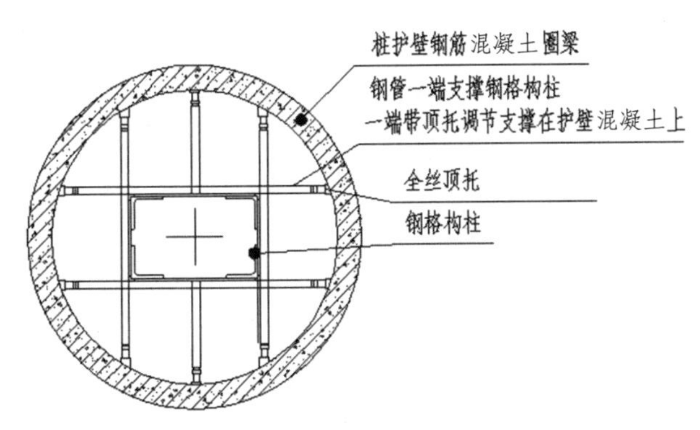

图6　调节顶托布置

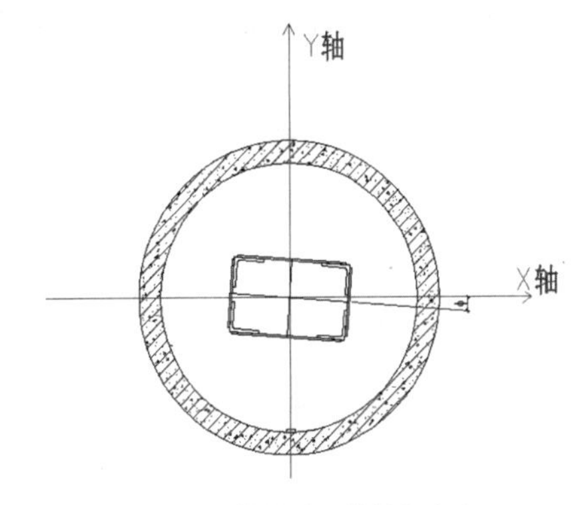

图7　格构柱平面偏转角度ϕ

（2）若格构柱的平面位置 X 正方向偏转一定角度，如图 7，Y 方向左右对称布置的顶托一松一紧以形成扭矩和推力，使格构柱在卯结构中绕榫结构平面旋转以调整其平面位置，当格构柱的方位偏差达到规定的偏差范围后，停止调节顶托。

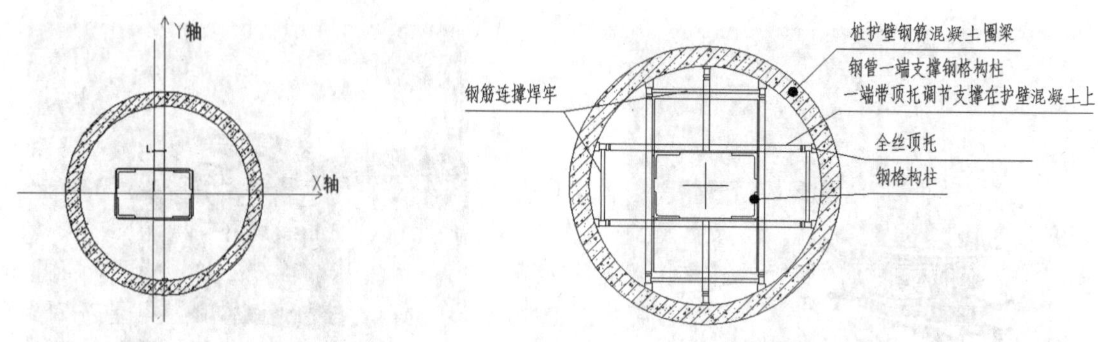

图 8　格构柱 X 正方向偏差 L　　　图 9　格构柱调垂后采用钢筋连接限位

（3）若格构柱的上端向 X 正方向偏差 L，如图 8 所示，X 方向的调节顶托一松一紧，使格构柱绕榫结构竖立面旋转，当格构柱达到规定的垂直度范围后，停止调节顶托。同理 Y 方向的偏转及偏差同 X 方向的偏转及偏差的调整。

（4）由于格构柱底端采用导向定位装置已对中就位，上端其平面方位位置以及垂直度调整到位后检查无误后，调节顶托采用钢筋焊接加固限位，以确保钢格构柱的位置不发生变动，如图 9 所示。

6　材料与设备

6.1　主要测量、试验、检测仪器、设备（表 1）

表 1　检测仪器和设备

序号	试验和检测仪器设备名称	型号规格	数量	国别产地	制造年份	已使用台时数	用途	备注
1	激光全站仪	拓普康 GTS-602	1 台	日本	2012	全新	测量	
2	水准仪	S3	2 台	苏州	2013	全新	测量	
3	钢卷尺	50m	2 个	长沙	2013	全新	测量	
4	钢卷尺	5m	20 个	长沙	2013	全新	测量	
5	铅垂仪		1 台	长沙	2013	全新	垂直测量	
6	手提电脑	联想	1 台	北京	2013	全新	视频辅助对中	
7	YIHOO 易合高清晰网络摄像机	MODEL：YIH-C-NSO130CR2WL/W；SYSTEM：PAL；POWER：DC12V；60 个。						
8	吊坠	6kg	5 个				测量	
9	7 号鱼线	圈	20				测量	

6.2　“一柱一桩”定位阶段材料与设备（表 2）

表 2　定位材料与设备

序号	工程量与材料名称	规格型号	工程量与数量	备注
1	钢格构柱转换装置及定位器	22、20、12、10 厚（mm）钢板、角钢 L100mm × 100mm × 10mm、ϕ83mm × 6mm、ϕ107mm × 10mm 钢管等	102 套	
2	钢楔块	（5 ～ 40）120mm × 40mm 厚	1640 块	
3	堵漏王	速凝型水不漏 SG-2	4t	
4	短钢筋头	ϕ28 长 40 ～ 1000mm	8t	
5	视频头	YIH-C-NSO130CR2WL/W	40 个	
6	钢管及顶托	ϕ48mm × 2.7mm 短钢管及 M28L=400mm 全丝顶托	1050 套	

7　质量控制

（1）定位器标高控制措施：根据钢立柱设计顶标高及钢立柱、定位器的实际加工长度，确定定位器的底标高，再根据定位器的底标高控制混凝土浮浆高度，当凿除浮浆至致密混凝土时标高低于定位器的标高时按以下原则处理：当标高差在100mm内，采用钢楔块加高、堵漏王快干水泥砂浆加高加宽处理；当标高差在100～500mm时，采取定位器的改高度处理；当标高差大于500mm时，采用混凝土提高一个等级二次浇筑。

（2）钢立柱加工、安装标高控制与复核措施：本工程加工与安装统一以钢立柱顶标高为控制依据，所有环板、环筋、铨钉、牛腿、缀板位置均以钢立柱顶标高为依据往下翻，施工时首先检查定位器安装标高，再复核钢立柱顶标高。

（3）中心定位：定位器安装前后、柱顶部就位均需采用吊坠反复检查。

（4）钢立柱安装质量验收标准：按《地下建筑工程逆作法技术规程》（JGJ 165—2010）及《钢结构工程施工质量验收规范》(GB 50205—2001）标准验收，其中定位轴线允许偏差为5mm；柱顶标高允许偏差为+5～8mm；柱底标高允许偏差为0～100mm；可实现垂直度允许偏差：≤1/1500且不大于20mm。

8　安全措施

（1）在整个施工过程中，认真贯彻执行安全施工的各项规章制度和安全操作规程。

（2）加强安全生产领导，现场项目部施工领导小组成员中应有专人分管安全工作，现场设置专门安全员。

（3）施工人员必须佩戴安全防护用品，必须有安全警示标志。

（4）由于“一柱一桩”格构柱采取干作业模式，需下井进行定位装置安装及视频系统安装，可在井口设计双绳限吊500kg带行程开关（LX3-11H）专用电动提升机（7～14m/min、提升重量为500～1000kg、功率1000W、提升高度1～100m、钢丝绳为ϕ4～6mm航空钢丝绳）机架与轻便可靠的登山防坠器（进口防坠器B ε BL-MONITOR配ϕ12mm安全绳）构成双系统防坠措施。

（5）深井通风系统：采用双套专用的1200m³/h多翼式低噪声离心风机带ϕ80软风管将新风送至工作面，此系统经试验可满足深井定位器焊接固定送新风的要求。应急救援措施：现场配备一台1.5kW小型汽油发电机供送风系统应急，4台50m扬程的人力摇架，供断电时人员上下。

（6）采用钢板全护筒或钢筋专项防护笼外挂安全网，钢板全护筒及钢筋专项防护笼的加工直径比桩径小150～200mm，下部采用2m高型钢带钢爬梯的支撑腿。

（7）备用5台手动绞架（钢丝绳长40m）以防停电急用。

9　环保措施

（1）执行《建设工程施工现场环境与卫生标准》（JGJ 146—2013），按国家相关规范规定编制项目绿色施工措施。

（2）实行环保目标责任制，把环保指标以责任书的形式层层分解到有关班组和个人，列入承包合同和岗位责任制，建立环保自我监控体系。

（3）各种施工材料要分类有序堆放整齐，余料注意定期回收，废料及时清理，定点设垃圾箱，保持施工现场的清洁。

（4）采取有效措施控制现场人为噪声、粉尘的污染，如给动力空压机设置隔声罩、现场洒水湿润等，将噪声、粉尘污染控制在最低程度，并同当地环保部门加强联系。

10　效益分析

10.1　社会效益

本工法是立足与工程的实际需要，综合考虑质量、工期、成本和技术等多种因素，选取了技术成熟、可靠性高的施工设备和工艺进行组合；并通过实地的模拟试验，发现问题、总结经验，成功地解决了“一柱一桩”在中风化泥质粉砂岩区入岩深度30m以上干作业，且成功实现了在岩层地区能承受主体结构 20 层、地下结构 -6 层的上下同步作业的全逆作法竖向支撑系统，此套工法在岩土地区逆作法有普遍的推广应用价值。

工法的核心有如下几个原则：

（1）满足全逆作法竖向支撑系统的承载力要求：整个施工是围绕确保“一柱一桩”高精度定位、固定和垂直度控制等所组织的涉及设备选型、工艺试验、工艺创新、施工流程安排等全过程。此工法对于“一柱一桩”在实现各道工序质量控制直观化和精准定位、垂直度及提高承载能力方面是湿作条件无法比拟的。

（2）自主创新：在国内类似案例缺少情况下，根据工程需要进行自主创新，围绕干作业条件下的“一柱一桩”施工主要作了如下创新：钢格构柱上下定位系统如何将矩形转换圆形钢棒且具备旋转减阻功能的卯、榫结构导向设计、如何上下端精确定位及调节固定方式的探索、如何实现视频辅助吊装一系列创新来解决钢立柱的精准定位难题，提高全逆作过程的承载力等等。

10.2　经济效益：

10.2.1　*直接经济效益*

旺旺医院二期医疗大楼“一柱一桩”钢格构柱主要工程量：

（1）F 型：500mm × 800mm 角钢格构柱，桩为 ZH1616，数量为 65 根；

（2）G 型：500mm × 500mm 角钢格构柱，桩为 ZH1414，数量为 37 根。

共计 102 根钢格构柱及桩，主要设备配置（含另 162 根钢管柱及柱一体化施工）：两台 360 型旋挖钻机、一台 180t · m 履带吊、一台 130t · m 履带吊（高峰期 2 个月）、一台 50t · m 履带吊，人工挖孔桩平均按 30 组同时作业，于 2014 年 11 月 20 日开始非原位疏干降水井、非原位试验桩人工成孔、第一批人工挖孔桩（54 根），于 2014 年 12 月 4 日～ 6 日开始非原位试验桩采用旋挖钻机成孔，于 2015 年 1 月～ 2 月由三一重工在非原位桩试验液压扩底，于 2015 年 1 月 19 日浇筑非原位试验桩定位器以下桩身混凝土，于 2015 年 2 月 12 日非原位试验桩定位器、钢管吊装、顶部固定并浇筑 C60 混凝土，于 2015 年 3 月 17 日非原位试验桩混凝土抽芯检测，开始大面积作业，于 2015 年 11 月 25 日完成“一柱一桩”全部施工，因场地限制需分四个批次先后流水作业，从大面积作业开始计算“一柱一桩”，其进度约为 35 根 / 月；与干作业模式的全护套旋挖成孔、全人工挖孔桩或湿作法的施工方案相比，施工工期缩短约 1/4，直接经济效益节约 5%。

10.2.2　*间接经济效益*

岩土地区全逆作“一柱一桩”采用干作业模式的优点及间接经济效益：钢立柱顶部直接加工至设计顶标高，而不需接长至地面上 2 ～ 3m 进行定位固定，比湿作业节约了一层半高的钢格构柱安装、拆除工程量（约 180t 钢材，约 100 万元）；负一层土石方采用明挖法比暗挖节约约 120 万元；便于实现结构更合理的以负一层为逆作面的全逆作法。

11　应用实例

湖南旺旺医院二期医疗大楼建设工程项目是一座集医疗、住院、停车一体的综合性大楼，总建筑面积为 165941m²，其中地上建筑面积为 112879m²，地下建筑面积为 53062m²，层数：地上 20 层、地下 5 层，局部 6 层。总高为 82.3m。地下室层高及深度：-1 层、-2 层为 5.1m、-3 ～ -5 层为 6m、⑨ 轴以东底层水池高为 2.5m，地下室底板面标高为 -28.7m、-30.7m。本工程 ±0.000 标高为 33.750m。依据本工程的周边环境及特点采用了全逆作法设计施工方案：地下连续墙（两墙合一）+“一柱一桩”+ 地下结构梁板代支撑 + 地上地下同时施工。“一柱一桩”采用钢管柱与钢格构柱两类，其中钢格构柱型为：核心筒剪力墙托换梁下采用 500mm × 800mm 临时钢格构柱共计 65 根；逆作阶段受力加强部位采用 500mm × 500mm 临时钢格构柱共计 37 根。“一柱一桩”入岩深度是国内罕见及全逆作法要求高的承载力，施工前考察了上海、南京、广州、苏州等地区的逆作法，经现场选择了一根非原位作“一柱一桩”全过程试验，最终采用了“一柱一桩格构柱可视化精准导向定位调垂施工工法”即“一柱一桩下端采用干作业下人安装特制定位器、视频辅助吊装对中，上端采用钢管顶托调节、固定”一套组合定位工艺，于 2015 年 11 月 25 日“一柱一桩”全部完成，“一柱一桩”施工阶段通过对周边建筑物、管网的第三方专业监测及使用情况反馈，均无异常，证明“一柱一桩”所使用的施工工艺对复杂的周边环境影响很小，并取得完满成功。

建筑施工垃圾垂直运输施工工法

周远军　戴习东　马正春　李瑞胜　邹子石

湖南省第三工程有限公司

摘　要：建筑施工垃圾垂直运输是将楼层的建筑垃圾通过封闭、降尘、节能式圆形（方形）管道运输至一楼。封闭、降尘、节能式圆形（方形）管道是在楼层垃圾入料口及立管连接位置设置橡胶带进行消音消能；在一楼出料口位置安置感应式喷雾装置启动喷雾降尘，减少垃圾下落后产生的灰尘；采用该方形管道进行垃圾运输不需要施工电梯、塔吊等垂直设备的配合，从而节约了能源的消耗，是环保的施工工艺。

关键词：建筑垃圾；垂直运输；方形管道；降尘；环保

1　前言

随着建筑行业绿色施工的倡导，在施工过程中结合“四节一环保”，加强绿色施工措施，降低资源的消耗，从而达到保护环境的目的。该建筑施工垃圾垂直运输工艺，突显了绿色施工理念，与传统建筑垃圾运输工艺相比，节约能源，减少人工投入，达到降尘的环保效果。该施工技术获得全国质量管理优秀成果三等奖及一项实用新型专利，并且应用该施工工法的长沙市岳麓区大学城项目成为省级质量、安全、绿色施工观摩工地。我公司通过在耒阳振兴国际、长沙市岳麓区大学城片安置小区等多个项目主体工程应用此垃圾运输施工工艺，均取得了良好的绿色施工效果。现将该施工工艺进行总结并形成本施工工法。

2　工法特点

（1）制作简单、进料口与立管连接位置设置橡胶带在垃圾运输过程中具有良好的消能效果。

（2）立管之间采用螺栓连接，易安装，对现场施工环境条件要求低。既可以靠着建筑物外侧安装至一层，又可以在管道井进行安装，通过楼面井字固定架，使用膨胀螺栓进行连接固定。

（3）垃圾运输时，施工人员只需在本楼层进行操作，节约人工，节约成本。可以重复使用，易保养维修。

（4）垃圾未运输时，保证每层入料口盖板盖好；出料口位置砌筑垃圾收集池或采用钢制漏斗池；封闭的管道在垃圾下落可防止向外弹出，避免伤害他人。易操作，同时也保证安全。

（5）绿色环保、节能，垃圾在封闭管道运输抑制灰尘，出料口雾化降尘，并集中堆放，避免污染环境。不需要垂直运输设备的配合，节约能源消耗。

3　适用范围

适用于房屋建筑主体施工、装饰装修施工工程。

4　工艺原理

将楼层建筑垃圾在管道内通过自由落体落到一楼的垃圾收集池。在自由落体过程中，立管连接处的橡胶带进行了消音消能处理；在一楼垃圾收集池位置安置感应式喷雾装置，对落体产生的灰尘通过雾化进行降尘，从而达到环保施工效果。

5 工艺流程及操作要点

5.1 工艺流程

施工准备→制作圆（方）形管道→消能带安装固定→立管连接→井字固定架楼板固定→入料口连接及盖板安装→出料口连接（钢垃圾收集漏斗安装）及雾化降尘装置安装→自检验收→出料口（垃圾转运）。

5.2 操作要点

5.2.1 施工准备

（1）做好人员、材料及设备等准备工作。

（2）制作人员熟悉好制作图纸，编制好制作计划、安装计划工作，做好相应技术交底工作。

（3）材料进场严格按图纸要求，进行验收收货。

5.2.2 制作圆（方）形管道

（1）按照加工图纸要求，管道钢板采用 2.5mm 厚钢板，严格控制下料尺寸。

（2）管道按 1.5m 或 3m 为一个标准节进行制作，钢板焊接，焊缝必须饱满、无气孔，并满足质量要求。

（3）立管连接板上的螺栓孔采用机械扩孔，螺栓孔径允许偏差 0 ～ 2mm，制作时控制好孔径尺寸。

5.2.3 消能带安装固定（图 1）

（1）消能带材料采用 5mm 厚钢丝橡胶带。消能带中间断开，宽度 80 ～ 100mm。

（2）立管对接位置、出入料口与立管连接位置，均设置一道钢丝橡胶消能带。在消能带上，也对照立管连接板螺栓的位置扩孔。安装时，将消能带夹在上下立管连接板中间，通过螺栓拧紧固定。

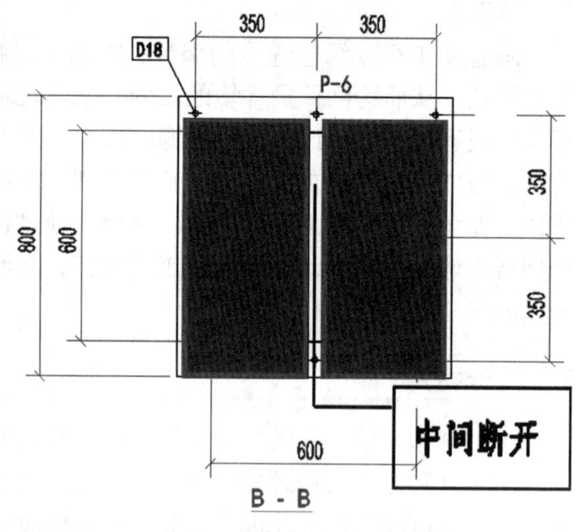

图 1 消能带安装示意图

5.2.4 立管连接

（1）立管通过工具式板车（胶轮）运至安装地点。

（2）立管安装（分为管道井安装和紧靠建筑物外侧安装）：

① 管道井安装：在安装位置上面两层或三层的楼面洞口位置，用一根 1.5m 长的钢管平放于楼面洞口处，将滑轮钩挂于钢管上，立管吊运及就位均通过滑轮操作进行，即保证安装过程中的安全，也节约了人力。

② 建筑物外侧安装：利用外架作为支撑，采用滑轮钩挂于钢管上，立管吊运及就位均通过滑轮操作进行，即保证安装过程中的安全，也节约了人力。

（3）每两个标准节立管对接后，用螺栓拧紧，重复此安装方法，对运输管道上方的管道安装。

（4）防止使用过程中，连接处位置在长期冲击下，缝隙变大。所以连接板螺栓则采用双螺母，起到双保险固定的作用。

5.2.5 井字固定架楼板固定（图 3）

（1）井字固定架采用 75 槽钢，在槽钢两端焊接 30mm × 30mm × 5mm 固定连接板。

（2）在井字固定架一端或两端使用膨胀螺栓固定在楼板上，螺栓进入混凝土楼板 50mm，并固定牢固。

（3）井字架作用：一方面防止立管长期使用产生的偏移，另一方面在每层分担立管自身的重量。

5.2.6 入料口连接及盖板安装（图 4）

（1）入料口与立管连接同立管之间的连接相同，用螺栓拧紧固定。

（2）在入料口位置，使用合页连接盖板与入料管。

（3）安装盖板时，控制好安装尺寸，保证盖板翻起灵活并且封盖严实。

（4）入料口同时兼备为检修口。

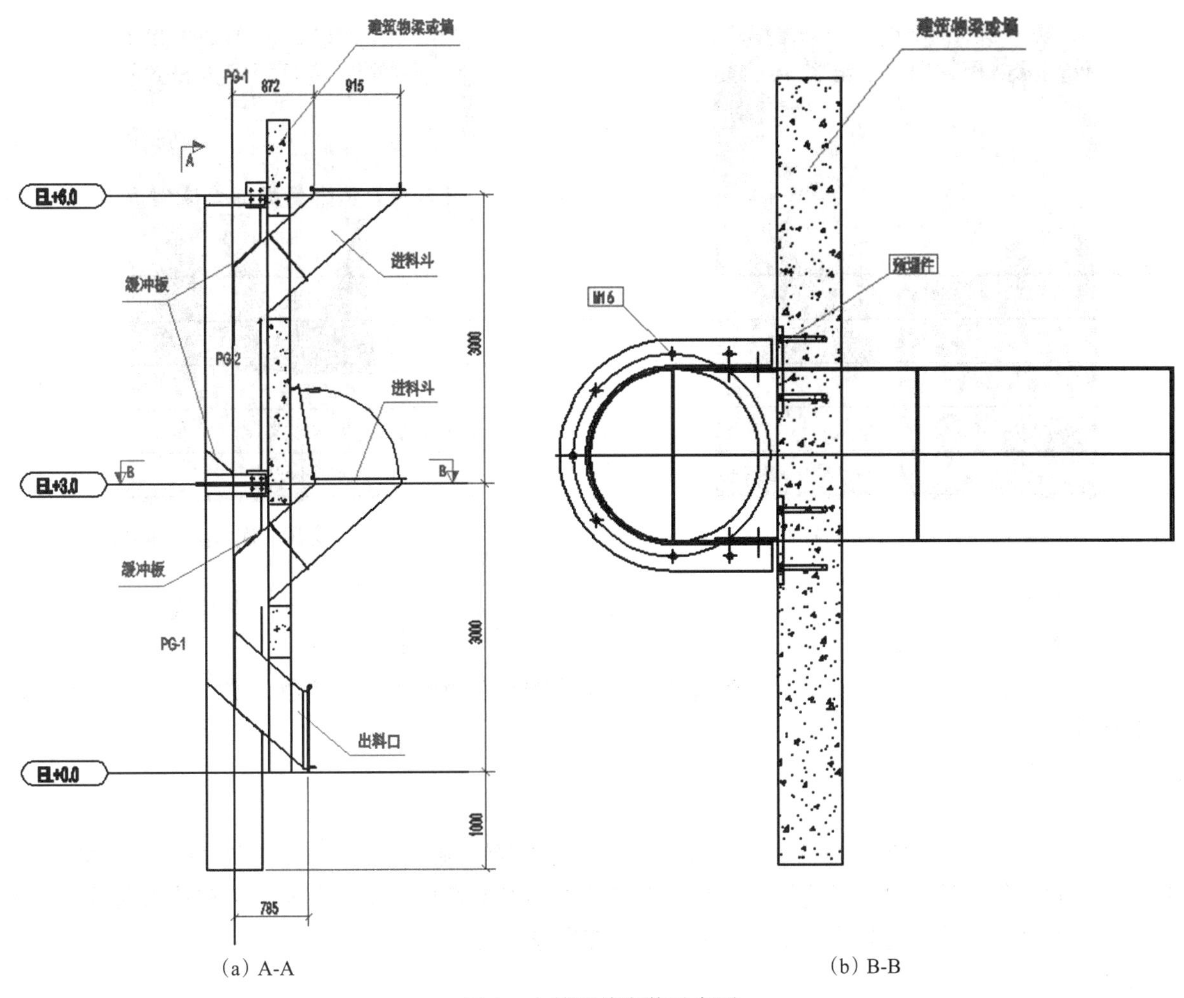

（a）A-A　　（b）B-B

图 2　立管连接安装示意图

图 3　井字固定架安装示意图

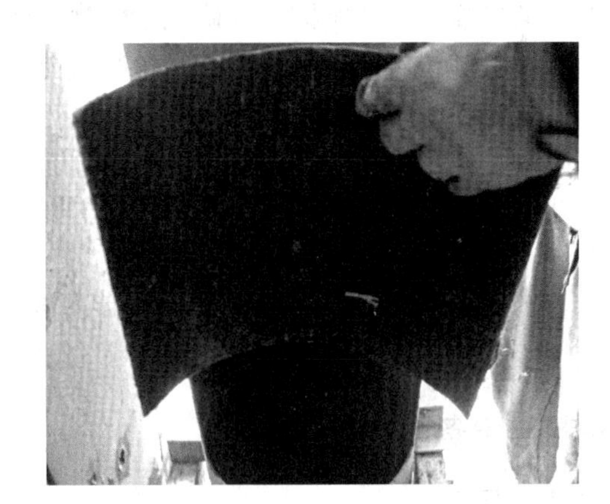

图 4　盖板开启示意图

5.2.7　出料口连接（钢制垃圾收集漏斗安装）及雾化降尘装置安装（图 5、图 6）

（1）出料口与立管连接同立管之间的连接相同，用螺栓拧紧固定。

（2）出料口安装时，注意倾角不易过大，与地面的夹角小于 30°，并且离地高度不易过高，高度不大于 200mm。

（3）在出料口设置垃圾收集池。如设置在建筑物内，则砌筑垃圾收集池，在垃圾下落时可防止向外弹出，避免伤害他人；如在建筑外侧可以安装一个钢制垃圾收集漏斗。

图 5　钢制垃圾收集漏斗

图 6　钢制垃圾收集漏斗底座固定示意图

（4）在垃圾收集池或垃圾收集漏斗上面周围布置一圈感应式喷雾降尘装置。对垃圾下落后产生的灰尘进行喷雾降尘，减少对环境的污染。

（5）出料口根据安装位置可分为：管道井安装则采用垃圾收集池；建筑物外侧安装则采用钢制垃圾收集漏斗。

5.2.8　自检验收并检查效果

（1）自检

在运输管道安装完成后，对所有连接部位进行全面自检，确认每一个安装环节到位，连接牢固。在使用前，对立管连接、井字固定架固定作为重点检查，若有螺栓松动，则及时对螺栓再次拧紧，如出现无法拧紧时，可采用电焊焊接变成永久固定的方法进行处理。

（2）检查验收要点

管道的连接应牢固，垂直度达到要求。连接处密封应严密。

井字架与楼面连接牢固，并确认立管外管壁的水平板紧靠在井字架上。

垃圾收集池位置的感应式喷雾降尘装置能达到雾化降尘的效果。

5.2.9　钢制漏斗垃圾收集池

根据现场实际情况，如采用垃圾运输管道在建筑物外侧安装使用的，则采用钢制漏斗垃圾收集池。钢制漏斗垃圾收集池与地面的连接固定，在收集池的底座浇筑 400mm × 400mm × 200mm 混凝土墩。

5.2.10　出料口垃圾收集转运

钢制垃圾收集漏斗出料口底板是采用葫芦控制，垃圾池的垃圾需要转运时，通过放松葫芦导链，出料口底板门打开，通过垃圾转运车装载。如装载完成后，则拉紧导链，关闭出料口底板门。

6　材料与设备

6.1　材料（表 1）

表 1　材料表

序号	名称	规格、型号	性能及用途	备注
1	钢板	2.5mm	管道制作材料	
2	钢丝橡胶带	5mm	消能、消音	
3	槽钢	75mm	固定支架	
4	角钢	30mm × 30mm × 5mm	螺栓固定板	
5	螺栓		连接固定	

6.2　设备（表2）

表2　设备表

序号	名称	型号	主要功能	数量
1	电焊机		焊接	2～3台
2	葫芦（滑轮）		吊运	2～4台
3	扳手		拧螺栓	6把
4	钢卷尺	5m	度量尺寸	2只
5	记号笔		做记号	4支
6	剪刀		剪裁	3把

7　质量控制

7.1　主要标准及规范

《钢结构焊接规范》(GB 50661—2011)。

《建筑工程施工质量验收统一标准》(GB 50300—2013)。

7.2　质量控制标准

(1)垃圾运输管道及主要配套材料必须符合图纸要求。出厂合格证、质量检验报告和现场抽样试验报告应符合要求。

(2)制作时控制好管道的几何尺寸。钢板下料偏差≤±2mm，画好尺寸，下料后先自查，复查。在螺栓孔扩孔时，保证螺栓孔的直径，以免影响安装。

(3)焊接时，符合焊接要求，不得有气孔。焊渣清理干净，再涂刷防锈漆。

(4)安装时，控制管道垂直度，垂直度允许偏差1/1000～3/1000。

(5)立管连接处，保证橡胶带密封严实；盖板翻起灵活。

(6)所有螺栓连接位置，必须拧紧，连接牢固，均采用双螺母。

8　安全措施

(1)应遵守的相关安全规范及标准：

《施工现场临时用电安全技术规范》(JGJ 46—2005)。

《建筑机械使用安全技术规程》(JGJ 33—2012)。

《建筑施工安全检查标准》(JGJ 59—2011)。

(2)施工人员上岗前，由安全部门负责组织安全生产教育。特种作业人员必须持证上岗；非特种作业人员，经过考试合格后，方能上岗作业。

(3)施工现场禁止吸烟，配备好灭火器。进入现场人员必须戴安全帽，穿胶底鞋，戴防护手套，不得穿硬底鞋、高跟鞋、拖鞋或赤脚。

(4)电焊作业时(明火作业)，施工现场配置相应的灭火器，做好相应的防止发生火灾的措施。

(5)注意成品保护。使用过程中，施工员、安全员不定时地对垃圾运输管道进行检查，检查螺栓是否松动，井字架是否牢固。

9　环保措施

(1)应严格遵守国家、地方及行业标准、规范：

《建筑施工现场环境与卫生标准》(JGJ 146—2013)。

《建筑施工场界环境噪声排放标准》(GB 12523—2011)。

《建筑工程绿色施工规范》(GB/T 50905—2014)。

（2）涂刷油漆时，垃圾管道及配件下方铺垫塑料薄膜，防止油漆污染土地。

（3）垃圾落下时，通过喷雾降尘装置能达到抑制扬尘效果。

（3）垃圾池垃圾每天进行清理转运。

10 效益分析

（1）社会效益、环保效益

消能降尘管道运输研制和投入使用，极大地提高了高层建筑垃圾运输的效率，确保了施工过程中人员的安全。

该运输管道在在建工程中使用，可减少项目部对人力物力的投资，为项目部节约成本，可以在其他工程推广应用。

垃圾运输管道维修成本低，可重复利用，节约材料。不需要垂直运输设备配合，从而节约设备的能源消耗。在整个垃圾清运过程中，施工人数的投入也相应地减少，节约人工。

（2）经济效益

与传统建筑垃圾运输方式相比，其效益分析见表 3。

表 3 效益分析表

	传统方式运输费用	消能降尘管道运输
人工费	传统方式，一层建筑垃圾运输，共计用 6.6 工日，人工 200 元 / 工日 总计花费：6.6 × 200 元 / 工日 =1320 元	消能降尘管道运输，一层建筑垃圾运输，共计使用 1.9 工日，人工 200 元每工日 总计花费：1.9 × 200 元 / 工日 =380 元
节约能源	传统方式，一层建筑垃圾运输耗能为 405kW/h，按每 1kW/h 为 1.2 元 总计花费：405kW/h × 1.2 元 /kW = 486 元	消能降尘管道运输，一层建筑垃圾运输耗能为 0kW/h，按每 1kW/h 为 1.2 元 总计花费：0kW/h × 1.2 元 =0 元
合计	1806 元	380 元

综上所述，在综合经济效益方面可节约成本 1806 – 380=1426 元 / 层，具有明显的经济效益。

11 应用实例

（1）耒阳振兴国际商业广场工程处于耒阳市中心地带，临近耒阳师范学校，两栋子楼（子楼为 28 层）。主体、装饰施工过程中采用该施工工法，相比传统垃圾运输方式，既保证了安全，也控制了扬尘，使用效果良好，获得业主、监理等的一致好评。

（2）长沙市岳麓区大学城片安置小区工程，位于长沙市岳麓区西二环旁，紧邻中南大学新校区，本工程建筑面积共 28 万 m^2，主体施工楼层建筑垃圾的运输均采用该施工工法，节能环保，也体现工程绿色施工的主要措施之一，该工程于 2017 年 7 月被省、市质安站定为绿色施工观摩工地，获得业主、监理等的一致好评。

整节全预制综合管廊安装施工工法

曹　强　莫端泉　戴习东　孙志勇　王　山

湖南恒运建筑科技发展有限公司

摘　要：随着中国社会经济的不断发展和城市现代化建设的持续深入，在住宅产业化、海绵城市、地下综合管廊等城市建设新政策、新理念、新技术、新产品的推动下，建筑行业转型升级、创新发展的步伐不断加快。整节全预制综合管廊安装施工是指在明挖施工条件下，将工厂预制的单仓、双仓和多仓整节段管廊运至现场进行吊装，构件拼缝主防水采用单圈胶条止水、相邻箱体间采用预应力张拉连接锁紧的一种快速绿色施工技术。

关键词：整节全预制；预应力张拉连接；单圈胶条止水；地下综合管廊

1　前言

（1）地下综合管廊是建于城市地下用于容纳二类及以上城市工程管线的构筑物及附属设施，是保障城市运行的重要基础设施和“生命线”，是目前城市地下空间开发的重要形式之一。推进城市地下综合管廊建设，有利于解决“拉链路”“空中蜘蛛网”等问题，有利于拉动社会资本投入、打造经济发展新动力。

（2）整节全预制综合管廊安装施工明显提高综合管廊施工质量，大大改善施工环境，显著加快施工进度，施工综合成本有所下降。我公司技术人员根据安装施工特点，不断改进、总结，在湘潭市岳塘经开区路网项目和湘潭市护潭西路路网项目的综合管廊施工中均采用了该工艺，获得了良好的社会效益和环保效益。现将该施工工艺进行总结并形成本施工工法。

2　工法特点

（1）保证质量：整节全预制综合管廊安装施工工法是一种快速绿色施工技术，工序简单、安装快捷，张拉质量可控；管节之间经过预应力张拉后，在小变形范围内不会影响管廊的工作性能，可抗基槽局部沉降、抵消部分应力和减少构件应力裂缝、分解冻融、减少地震损害等不利因素，确保管廊运维质量和安全。而传统式的全现浇管廊和叠合式预制管廊安装施工，因天气、温度、环境、工人素质、生产工艺等不可控因素，导致管廊整体结构或局部现浇混凝土存在很大不稳定因素，质量不可控。

（2）缩短工期：构件生产实现了全过程的绿色环保和自动化生产，一改传统全现浇和叠合式局部现浇模式，大大缩短了生产工期；整节管廊吊装工艺简单、吊装工作量小，不受外部条件影响，所需工期仅为其他安装方式的1/10-1/20，前面安装管廊，后面即可外包防水和回填土，可流水作业，无须等待混凝土养护时间，能快速恢复交通，大大缩短了项目安装施工工期。

（3）提高工效：与全现浇和叠合式工艺相比，整节全预制管廊安装施工工艺没有现浇混凝土，现场文明施工程度高；现场设备和操作人员投入较少，机械化施工程度高，施工快、噪声低、减少扰民、绿色环保，提高工效。

（4）降低成本：生产废弃物少，砂、石和水能回收循环再利用，降低生产成本和后期废弃物处理成本；对比全现浇管廊和叠合式预制管廊，基槽土方挖、填量成本和运输费用降低；在少量有水的条件下也能施工，无须基槽降水处理，减少降水成本；基槽边坡暴露时间短、支护相对简单、降低支护成本；现场吊装相对简单、工序交叉作业较少，极大减少安全防护投入成本；现场施工快、周期短，降低项目成本和其他安全文明成本。

3　适用范围

适用于新建、扩建的地下城市综合管廊工程，基槽开挖深度不超过 10m 且采用明挖法施工的整节全预制综合管廊安装施工。

4　工艺原理

采用工厂模具化生产整节段的全预制混凝土管廊，附壁式高频振动器 + 振动棒辅助振捣、高性能蒸汽养护，实现全过程的绿色环保和自动化生产；管节接口采用企口型，可抗管节平移，增加整体性和拼缝密封性；管节之间采用相邻箱体式连接（每两节一张拉），构件间有纵向约束锁紧装置（钢绞线预应力张拉）；管节拼缝主防水采用单圈腻子胶条止水，通过预应力张拉控制管廊拼缝缝宽 5 ～ 8mm，从而达到管廊工作面压缩胶圈密封止水；管节采用现场整节吊装、拼装工序简洁。

5　工艺流程及操作要点

5.1　工艺流程（图 1）

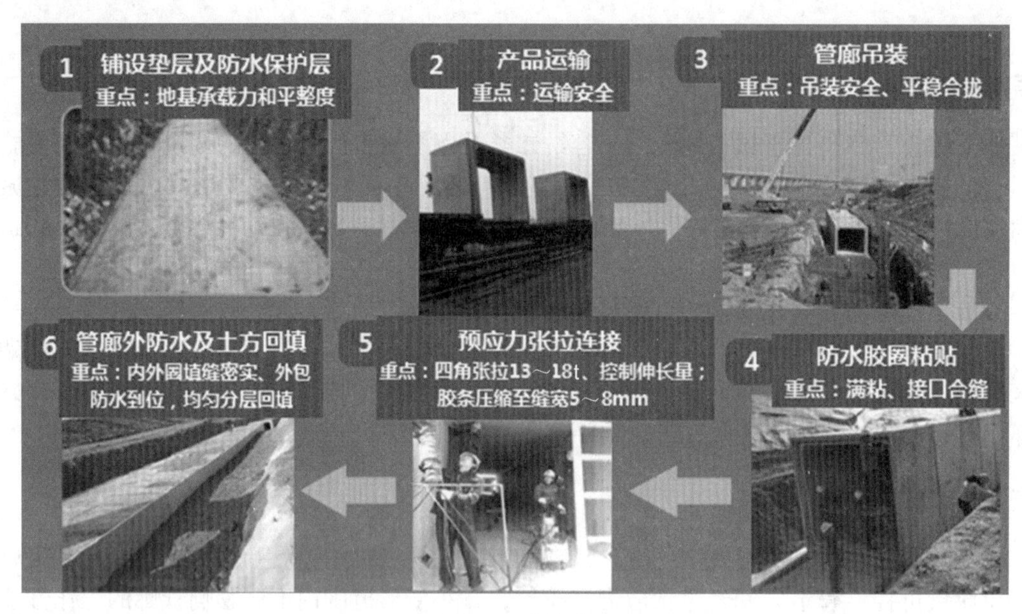

图 1　工艺流程

5.2　操作要点

5.2.1　构件生产

（1）钢筋笼成型

① 采用数控机械进行钢筋调直、下料、弯曲；

② 采用气体焊机焊接成钢筋网片；

③ 将网片移至钢筋笼模台，再焊接拼装成钢筋笼；

④ 验收挂合格牌，运至堆场。

（2）钢模拼装

① 钢模清理、涂脱模剂等常规保养；

② 采用桁车将钢筋笼吊入钢模内，放置混凝土垫块；

③ 钢模合模、锁扣、放置预埋件；

④ 撑开内模、安装底模、紧固锁扣、紧固顶部拉杆；

⑤ 挂合格牌进入下一工序。

（3）构件成型

① 砂石进料，搅拌混凝土；

② 下料至飞行料斗，运至指定生产车间，再翻倒入布料机；

③ 布料机移动至钢模上方，进行混凝土浇筑；

④ 采用附壁式高频振动器 + 振动棒插入式振捣，顶面收光、平整。

（4）构件养护

① 蒸汽养护，升温 2h，加温至 60 ～ 75℃；

② 恒温 2h，60 ～ 75℃，不能超过 80℃；

③ 降温 2h，拆除蒸汽罩。

（5）产品检验

① 松紧固螺杆、卸预埋螺栓；

② 拆底模、缩内模、开正门和侧门；

③ 构件脱模，桁车吊运至待检区；

④ 外观检验，湿水养护，混凝土强度回弹、盖合格章，运至堆场合格区。

5.2.2　管廊安装施工

（1）基槽施工

① 按照施工图纸对基槽开挖进行测量放线；

② 挖土机开挖沟槽、设置排水沟、边开挖边支护，基槽预留 150mm 厚土方，采用人工修整；

③ 基坑验槽并测试地基承载力，承载力达不到设计要求时需做基础加固补强处理；

④ 浇筑混凝土垫层，垫层 10m 长度内平整度偏差不大于 5mm，同一段连续安装预制构件的垫层坡度要一致、严禁出现倒顺坡度，垫层变坡须调整到现浇段处理；

⑤ 按设计要求铺设底部的防水卷材，控制卷材搭接宽度，做好外露卷材成品保护；

⑥ 卷材混凝土保护层施工，控制表面平整度不大于 5mm 偏差。

（2）管廊运输

① 出厂顺序：严格按照管廊排布图和现场安装顺序进行装车，减少施工现场的二次转运成本，提高安装进度；

② 运输路线：实地考察运输、备用路线，注意沿线的禁运、限行、限高，提前做好路线规划，保证运输畅通，避免因运输导致不必要的工期延误；

③ 运输车辆：每个安装队配备 4 台半挂车（每台车运 2 节）或 8 台后八轮车（每台运 1 节），保障运输能力。

（3）管廊吊装

① 根据设计图纸、路基的特点编制详细且有针对性的技术交底书，根据设计图合理地安排好管廊的排布顺序并画出装配示意图；

② 在混凝土保护层上划线标示吊装起始点和两侧边线位置；

③ 从基槽较低向较高的地方顺序敷设，管廊承口朝向敷设方向；

④ 用汽车吊进行吊运，采用 4 点吊法或 6 点吊法，将弓形卸扣锁扣到管廊吊环上，并从运输车上起吊管廊，旋转汽车吊，将构件轻放在基槽混凝土保护层上，避免剧烈碰撞；

⑤ 一个吊车班组 4 个人，2 个司机、1 个指挥、1 个卸车挂钩，产品尽量对正、靠拢，方便张拉。

（4）防水胶圈粘贴（图 2）

① 管廊拼缝主防水采用腻子胶条防水，首先清理管廊承口、插口连接面，并在承口凹槽涂满胶水，将胶条满圈粘贴在凹槽内，并检查胶条粘贴牢固性和完整性；

② 胶圈接口采用 50mm 长的坡面对接，再用专用胶条贴片包裹加强，防止因接口自然收缩或安装移位产生缝隙而引起管节拼缝渗漏；

③ 管廊内、外侧拼缝采用防水材料灌缝。

（5）预应力张拉连接（图 3 ～图 5）

① 检查使用的张拉器材及钢绞线是否无误，清理张拉槽，并检查有无异物；

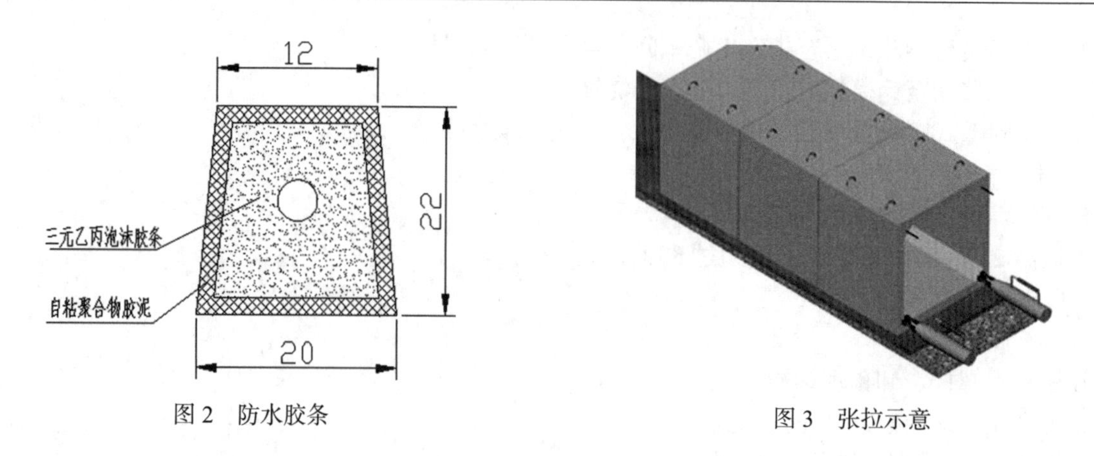

图 2　防水胶条　　　　图 3　张拉示意

② 本工法采用相邻箱体式（每 2 节一张拉）连接方式，采用无黏结防腐钢绞线进行张拉，预应力孔洞不用灌浆处理；

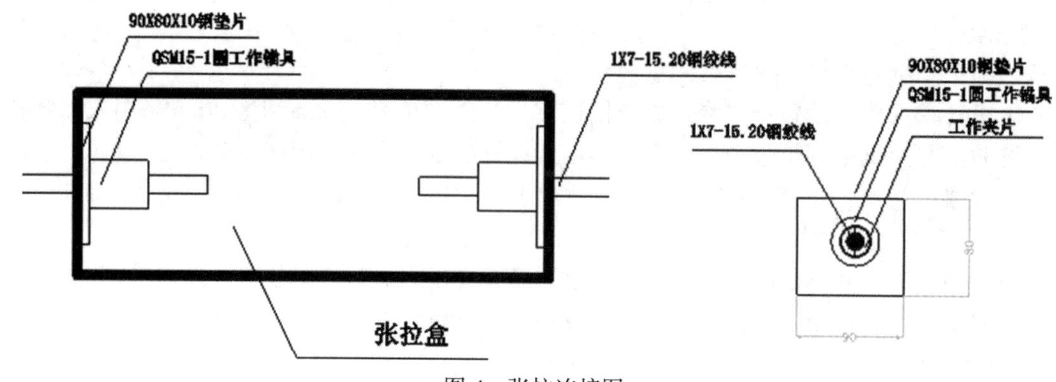

图 4　张拉连接图

③ 将钢绞线头部两端塑料皮剥出合适的长度，穿入管廊四角的张拉孔，同时穿好八套锚具、垫片、夹片，用锤子将起始管廊的四套夹片钉入锚具并锁紧端头锚具，在钢绞线的另一端（敷设的前进方向），将千斤顶套在第二根管廊伸出的两根钢绞线上；

④ 本工法的预应力张拉采用张拉力单控法，分 3 次张拉控制，每台油泵配 2 个千斤顶，先同时张拉下部 2 个角、再同时张拉上部 2 个角，注意管廊移动合拢是否均匀（初始应力采用 20%（约 370MPa、50kN、5t），千斤顶约 10MPa；最小控制应力 50%（约 930MPa、130kN、13t），千斤顶约 27MPa；最大控制应力 70%（约 1300MPa、180kN、18t），千斤顶约 40MPa；

⑤ 严格控制管廊张拉后的拼缝宽度 5 ～ 8mm，确保压缩胶圈止水；

⑥ 张拉到位后，将另一端的夹片锚具打紧，检查两端锚具是否夹紧、预应力张拉值、缝宽无误后，回油、拆千斤顶，再切断剩余的钢绞线；

⑦ 继续下设管廊、插入钢绞线，并在张拉盒内安装钢板垫片、锚具、夹片，重复上述③ ～⑦ 步骤，直到施工完成；

⑧ 张拉过程中严格控制管廊偏位现象和拼缝缝宽，采用木垫片调节偏位、铁垫片调节缝宽。

（6）转弯及异形结构管廊施工

① 管廊局部的转弯及异形结构等非标准节采用现浇混凝土施工；

② 现浇与预制构件不需要预应力张拉连接。采用专用连接件连接，连接件止水带采用 3mm 厚、300mm 宽镀锌钢板带，

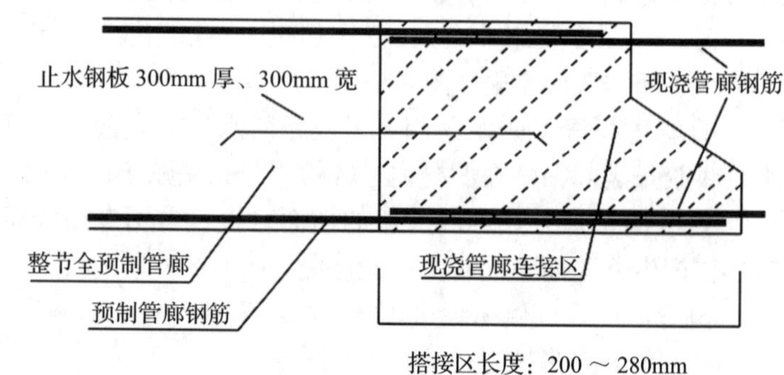

图 5　管廊连接处理

连接件钢筋与现浇构件钢筋采用单面焊接连接。

（7）管廊外防水及土方回填

①管廊外侧再按设计要求外包卷材防水；

②管廊基坑土方回填应采用黏土或砾砂分层对称回填，不得采用粒径大于200mm以上的石块及含有腐植质的土。不得单侧回填，以免对管廊本体施加偏心荷载而产生移位、开裂；

③严禁用铲土机从高处往下回填，每层回填厚度不大于250mm，同时要分层夯实，压实系数要满足设计要求；

④管廊顶部第一层回填土碾压时，应采用小于15t非振动空载碾压机。

（8）成品保护

①厂区管廊成品经验收合格后，转运至合格成品堆放区。

②严格按照运输方案进行成品保护，杜绝一切安全事故，对可能导致破损的部位，应采取临时防护措施。管廊局部破损的，应按照修补方案及时进行修补，并做好修补记录，经验收合格后方可进行下道工序的施工。

③施工现场临时堆放构件时，需采用单层堆放、场地平整、基础牢固，且不影响其他工序施工。

④严禁在已安装好的管廊上方做施工便道，安装完工后应及时组织质量验收，合格后交付后续施工。

6　材料与设备

（1）所需材料见表1。

表1　材料表

序号	名称	规格、型号	性能及用途	备注
1	综合管廊	按设计	地下管线走廊	
2	无黏结钢绞线	UPS15.2-1860	预应力张拉	
3	腻子胶圈	20mm × 22mm × 12mm	拼缝止水	
4	锚具	QSM15-1	锁紧	
5	钢垫片	80mm × 90mm × 10mm	垫片	
6	防水油膏	按设计	辅助防水	

（2）所需设备见表2。

表2　设备表

序号	名称	型号	主要功能	数量
1	轨道布料系统	L型	运输布料	2套
2	全自动搅拌系统	120m³	搅拌混凝土	1套
3	燃气锅炉	4m³	蒸氧设备	1套
4	运输桁车吊	20t	吊运	4台
5	管廊钢模	按设计	管廊成型	50套
6	全自动砂石分离器		清洗砂石分离回收	2套
7	汽车吊	130t，75t	吊运管廊	各2台
8	平板车	9m	运输构件	8台
9	张拉机	ZB4-500型	预应力张拉	6台
10	千斤顶		顶压锚具	8台
11	对讲机		安装对讲	4台
12	钢卷尺	5m	度量尺寸	2把
13	切割机	手持式	切割钢绞线	4台
14	拖把		拖水	2把

7 质量控制

7.1 主要标准及规范

《城市综合管廊工程技术规范》(GB 50838—2015)；
《建筑工程施工质量验收统一标准》(GB 50300—2013)；
《混凝土结构工程施工质量验收规范》(GB 50204—2015)；
《地下防水工程质量验收规范》(GB 50208—2011)；
《建筑地基基础工程施工质量验收标准》(GB 50202—2002)；
《给水排水管道工程施工及验收规范》(GB 50268—2008)；
《电气装置安装工程电缆线路施工及验收标准》(GB 50168—2006)。

7.2 质量控制

(1) 质量实行三级管理：以公司总工、生产副总、生产技术科组成一级管理体系，以厂区车间主任和专职质量员组成二级管理体系，以项目现场负责人、施工员、吊装班组长、班组技术骨干组成三级管理体系。

(2) 从两个方面来抓：一方面保证管廊构件的出厂质量。预制构件脱模观感质量合格率达到 90% 以上，优良率达到 80% 以上；预制构件出厂合格率达到 100%，优良率达到 80% 以上。另一方面从吊装班组抓起，保证吊装安全和现场施工质量，做到不合格部位不移交下道工序施工，项目产品安装工程质量合格率达到 100%。

(3) 严把生产自检关：原材料验收及复检关，钢筋笼自检关，合模自检关，试块留置检验关，成品质量自检关和出厂合格证发放关。构件合格章的内容包括构件编号、生产日期、操作班组等，建立管廊构件生产质量追溯系统。

(4) 严把技术交底关：认真审阅设计图纸，熟悉施工工艺，对防水胶条粘贴、吊装合拢、预应力张拉、预制构件与现浇管廊接口的细部处理等均要有针对性的技术交底，编制切实合理的施工专项方案。

(5) 严把施工验收关：按照国家规范、规程进行施工质量控制，并进行过程检验、验收。

8 安全措施

(1) 应遵守的相关安全规范及标准：
《施工现场临时用电安全技术规范》(JGJ 46—2005)；
《建筑机械使用安全技术规程》(JGJ 33—2012)；
《建筑施工安全检查标准》(JGJ 59—2011)。

(2) 运输安全：在运输过程中，车辆底板上需垫木板或胶垫，管廊之间夹木方或胶垫，并采用钢丝绳拉紧，防止运输过程中构件碰撞或整体倾覆。

(3) 吊装安全：严格执行操作规程，加强设备及施工机械日常维护保养；加强作业人员安全教育，做好自身安全保护和现场安全防护；吊装作业应派专人指挥和制订有针对性的安全技术措施，并划定作业范围区，设置警戒线，吊运区域下方严禁站人。

(4) 预应力张拉安全：标定、校正千斤顶和压力表，做好油泵保养；油泵加压过程中，在张拉机和锚具的前后直线区域内严禁站人；控制最大张拉应力，谨防钢绞线拉断伤人。

9 环保措施

(1) 应严格遵守国家、地方及行业标准、规范：
《建筑施工现场环境与卫生标准》(JGJ 146—2013)；
《建筑施工场界环境噪声排放标准》(GB 12523—2011)。

(2) 自行研发全自动砂石分离系统，对厂区建筑砂、石做到分离回收再利用，冲洗用水循环使用，该系统正申报国家实用新型专利。

（3）工地出入口设置自动冲洗洗车设备，不带泥上路。购置雾炮设备，防止扬尘。

（4）减少施工现场现浇混凝土量，预埋件等均在厂内完成，现场机械、设备、人员投入少，废渣废水排放、扰民等减少。

10　效益分析

（1）社会效益、环保效益

本工法将管廊主体结构成型由项目现场转入工厂车间，质量有了显著提高；构件生产废弃物少，砂、石和水能回收循环再利用，节能环保；预应力张拉连接工艺简单，设备、人员投入大幅度降低，极大改善了现场施工环境，项目文明施工程度显著提升，现场安全文明措施费用大幅度下降；吊装工序简洁、施工进度快，极大地缩短施工工期；施工产生的振动、噪声、粉尘等公害也得到了很大程度的降低；自交付使用至今，工程质量无渗漏现象，使用效果好，获得业主、监理等的一致好评，具有良好的社会效益及环保效益。

（2）经济效益

整节全预制综合管廊安装施工基槽土方挖、填量成本和运输费用降低；基槽边坡暴露时间短、支护相对简单、降低支护成本；现场吊装工序交叉作业较少，减少了安全防护投入成本；现场施工快、周期短，降低项目成本和其他安全文明成本。与传统现浇和叠合式管廊施工相比，综合成本降低幅度在10%～20%，提高工效达50%以上，其效益分析见表3：

表3　效益分析表

类型＼价格	材料＋机械费（万元/km）	人工费（万元/km）	土方开挖费基坑支护费（万元/km）	安全文明费其他费（万元/km）	综合费用（万元/km）
整节全预制管廊	880	50	260	80	1270
现浇混凝土管廊	680	160	380	210	1430

11　应用实例

（1）湘潭市岳塘经开区路网管廊安装工程，位于岳塘经开区荷塘城铁站东面、北二环北面，由湖南恒运建筑科技发展有限公司承建，本工程地下城市综合管廊采用断面净空尺寸3.0m×2.8m的单仓整节全预制综合管廊，共计整节全预制综合管廊施工安装里程约4km，该管廊安装工程于2016年8月开工，2017年6月完工验收，与传统现浇混凝土管廊做法相比，具有明显的经济效益、社会效益和环保效益。

（2）湘潭市护潭西路路网管廊安装工程，位于雨湖区护潭西路，由湖南恒运建筑科技发展有限公司承建，本工程地下城市综合管廊采用断面净空尺寸3.0mm×2.8mm的单仓整节全预制综合管廊，共计整节全预制综合管廊施工安装里程约1.4km，该管廊安装工程于2016年9月开工，2017年5月完工验收，与传统现浇混凝土管廊做法相比，具有明显的经济效益、社会效益和环保效益。

钢筋混凝土筒仓屋顶钢梁随滑模提升安装施工工法

李良玉　周红春　李厚阳　王　容　陈光明

湖南省第四工程有限公司

摘　要：水泥厂的一些筒仓结构在安装钢梁时会遇到构件重、安装高度高等难题，传统方法存在费用高、危险系数大等缺点。可利用滑模系统提升架作为转运平台，滑模液压提升系统作为顶升动力，将筒仓屋顶钢梁临时固定在钢梁位置两侧的滑模提升架上，随滑模施工同步顶升到筒仓顶设计标高后，进行钢梁“二次”安装就位。

关键词：筒仓结构；钢梁安装；滑模系统；转运平台

1　前言

在水泥厂建设工程中，水泥储存库、生料均化库、熟料库等混凝土筒仓结构，屋顶钢梁设计采用重型实腹式焊接 H 型钢梁，钢梁安装高度在 40 ～ 60m 以上，构件重、安装高度高是施工难点，筒仓结构施工垂直运输采用的 QTZ63 型塔式起重机无法满足筒仓屋顶钢梁吊装作业。筒仓屋顶钢梁常规的安装方法是待筒仓壁主体施工完成后，采用大吨位吊车一次将钢梁吊装就位的施工方法，吊装费用高；尤其是在筒仓周边环境场地狭小的情况下，存在大型吊装设备就位困难，安装作业危险，难以满足甚至无法满足实际施工要求的问题。在同类工程施工中，我公司利用滑模系统的提升能力，筒仓屋顶钢梁采用与筒仓壁滑模整体提升施工技术，将钢梁提升到筒仓顶后，进行“二次”就位安装方法，很好地解决了上述存在的问题，而且保证了施工安全和钢梁安装施工质量，安装费用低，经济效益好。

2　工法特点

（1）利用滑模系统随筒仓壁施工将钢梁提升到筒仓顶后，进行二次安装就位，施工方法安全可靠。

（2）首次吊装高度低，可使用较小吨位吊装机械设备代替大吨位吊车，减少安装费用。

（3）解决了筒仓屋顶钢梁重、安装高度高和筒仓周围环境场地狭窄、大型吊装设备就位困难、安装作业危险等施工技术难题。

（4）钢梁临时焊接固定在滑模系统提升架上，可加强柔性滑模操作平台整体性。

3　适用范围

采用滑模施工的高筒仓，顶部为实腹钢结构平顶的屋面钢梁安装。可推广到筒仓屋顶桁架结构顶盖的钢桁架安装，也可推广到采用爬模施工筒仓屋顶钢梁安装。

4　工艺原理

利用滑模系统提升架作为转运平台，滑模液压提升系统作为顶升动力，将筒仓屋顶钢梁临时固定在钢梁位置两侧的滑模提升架上，随滑模施工同步顶升到筒仓顶设计标高后，进行钢梁“二次”安装就位。

5　施工工艺流程及操作要点

5.1　施工工艺流程（图1）

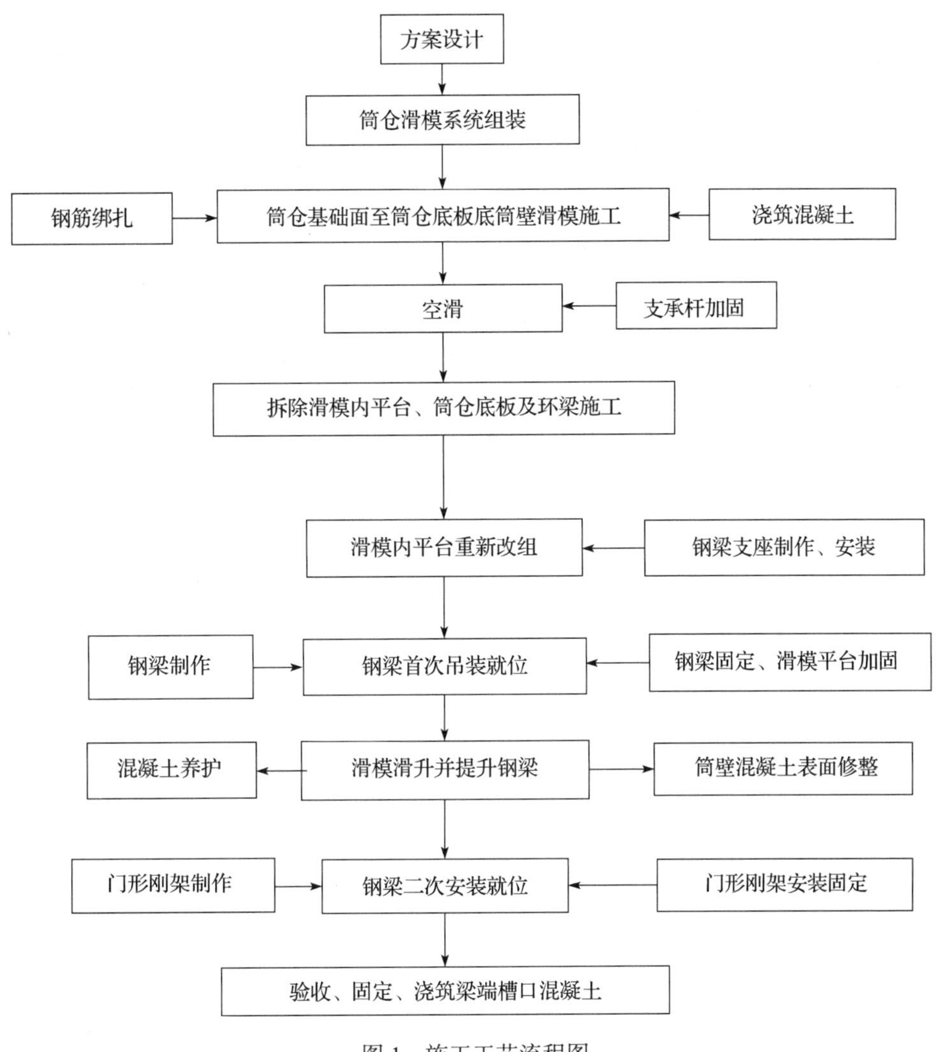

图1　施工工艺流程图

5.2　操作要点

5.2.1　方案设计

（1）方案设计主要内容

确定钢梁首次吊装高度；滑模提升系统设计，根据滑模系统及筒仓屋顶钢梁荷载，确定千斤顶数量、布置位置；确定钢梁在滑模系统上的临时固定方式并调整支撑钢梁的千斤顶位置；确定钢梁就位时需拆除的内模、内侧围檩的范围、钢梁提升过程中滑模系统的稳定措施；确定钢梁二次安装就位时钢梁吊放门形刚架设计。

（2）确定钢梁首次吊装高度

吊装高度太低会影响筒仓壁滑模施工，高度过高无法实现小吨位吊车代替大吨位吊车的目的。根据筒仓结构的特点，筒仓壁从基础面开始滑模施工到筒仓底板、环梁部位时，需做空滑处理，拆除滑模内平台，进行筒仓底板及环梁施工，待筒仓底板、环梁施工完成后，滑模内平台重新改组，再继续进行筒仓壁滑模施工，因此，钢梁首次吊装高度位置选择在筒仓底板、环梁以上的部位比较合理（吊装高度一般在10m以下），可以实现用小吨位吊车将钢梁吊装在滑模操作平台上固定。

（3）滑模提升系统设计

为满足滑模托带钢梁的要求，需经过荷载计算确定滑模提升系统的布置方案。

滑模系统提升架采用槽钢“Π”形门架，滑模液压提升系统选用 HY-56 型液压控制台；油路由控制台、一级油管、分油器、二级油管、支分油器、三级油管、针形阀及千斤顶组成；GYD-60 型大吨位液压滚珠式千斤顶和钢管支承杆，保证稳定性和安全性。

（4）确定钢梁在滑模系统上临时固定方式、调整支撑钢梁的千斤顶位置（图 2）

钢梁支座以钢梁安装位置两侧提升架为支点安装，焊接固定在提升架横梁上；钢梁焊接固定在钢梁支座上，钢梁首次就位后梁端部两侧焊接斜撑固定，钢梁面焊接 3 道水平钢支撑杆，确保钢梁在滑升过程中的稳定性。利用系统设置的滑模平台中心径向辐射拉杆，抵抗筒仓顶钢梁支座所产生的水平推力。通过荷载计算确定千斤顶数量后，千斤顶在钢梁两侧需均匀布置，同时需要满足整个筒仓环向均匀布置，为保证滑升系统的各传力构件受力基本均衡，钢梁两端提升架增设千斤顶和支承杆。

（5）钢梁支座设计（图 3）

钢梁支座采用工字钢制作井字形支座，支座横梁下焊接八字撑加固（斜撑与横梁之间夹角以 60° ～ 70° 为宜），工字钢规格型号通过计算确定。将筒仓屋顶钢梁支座焊接固定在安放钢梁位置两侧滑模提升架横梁面上，以保证滑升过程中的施工安全。

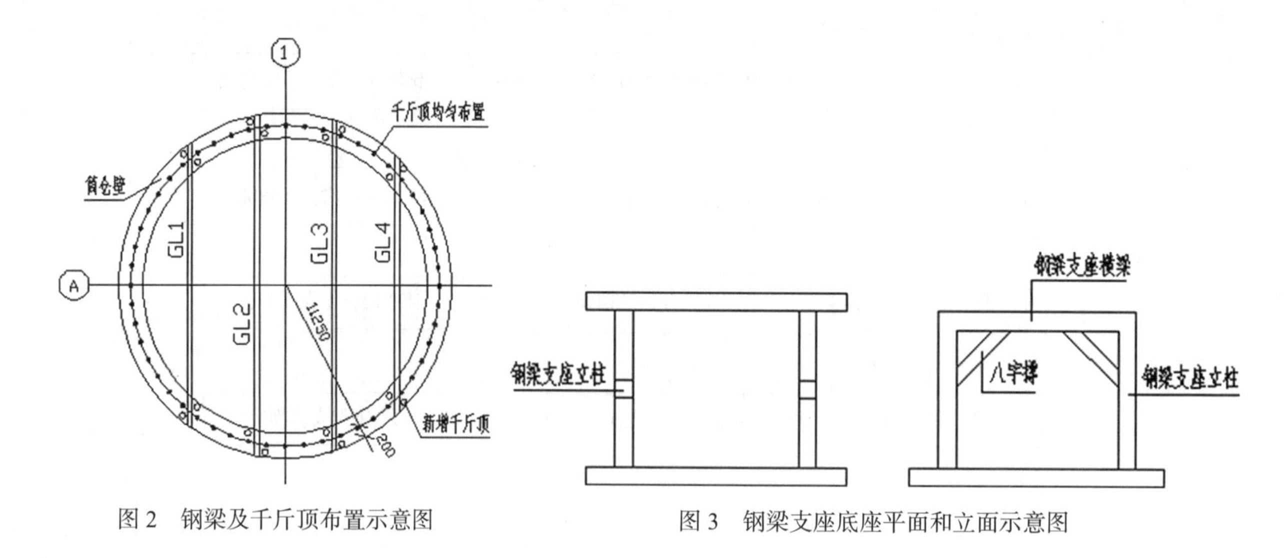

图 2 钢梁及千斤顶布置示意图

图 3 钢梁支座底座平面和立面示意图

（6）滑模系统的稳定措施

钢梁安装前对钢梁安装位置两侧的提升架立柱间加设垂直剪刀撑（图 4），保证支撑钢梁的 2 个提升架形成刚性整体，防止 2 个提升架由于行程不同而造成滑升过程中钢梁倾斜，在提升架横梁面外侧焊接一圈闭合式槽钢回圈，提高滑模系统的整体稳定性，同时在钢梁面上做 3 道水平杆连接；在钢梁安装前将钢梁安装位置两侧的提升架支承杆与筒仓壁钢筋焊接固定，保证支承杆稳定性。托带钢梁后，支承杆负荷有所增大，钢梁安放位置两侧的钢管支承杆的接头部位焊接 20 ～ 40cm 长的钢衬管，以提高接头部位的钢管刚度，确保钢梁安装质量和滑升过程中的稳定性。

（7）钢梁二次就位吊放门形刚架设计

在筒仓顶钢梁槽口两侧筒仓壁顶面分别预埋一块钢埋件，两块预埋件之间的中心距离为门形刚架宽度，门形刚架采用工字钢制作，工字钢型号规格通过荷载计算确定，门形刚架立柱、横梁焊接成型，刚架内设工字钢八字撑加固（斜撑与横梁之间夹角以 60° ～ 70° 为宜），门形刚架高度由被安放钢梁的高度和手拉葫芦吊放所需净空确定，门形刚架宽度根据施工实际情况确定，门形刚架柱脚焊板采用钢板与预埋钢板焊接，所有焊缝满焊，焊缝高度和焊缝质量应满足规范要求（图 5）。

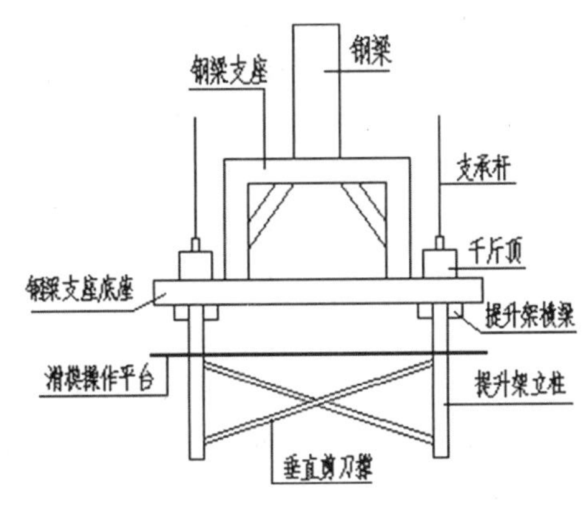

图4　提升架立柱间加设垂直剪刀撑示意图

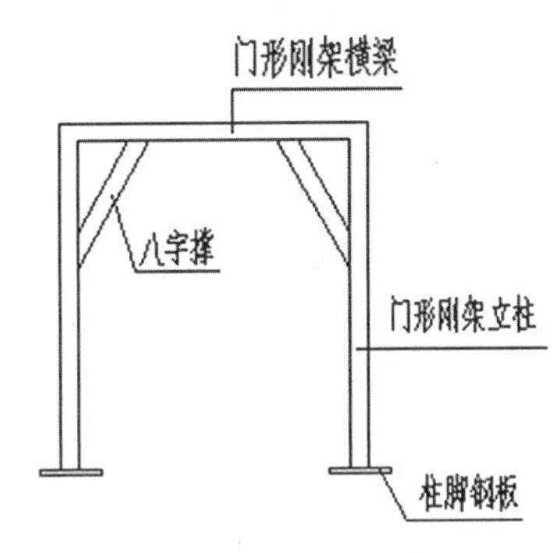

图5　门形刚架示意图

5.2.2　筒仓滑模系统组装

（1）滑模平台组装顺序

基础面放线→竖立提升架→安装内外围圈→绑扎竖筋和提升架横梁下水平环筋→安装滑模环形平台→安装中心拉杆→液压提升系统→水、电系统安装→调试、全面检查→试滑升→正式滑升→内外吊脚手架及安全网（滑升2m后）安装→继续滑升。

（2）滑模组装前，做好各组装部件编号、操作平台水平标记，弹出组装线，做好钢筋保护层标准垫块及有关的预埋铁件、钢梁位置标记等工作，提升架根据结构平面布置图布置，数量根据计算确定，提升架应对准中心，横梁表面在同一水平面，使千斤顶同时起升，千斤顶爬升用限位卡控制，钢梁搁置在提升架横梁上的钢梁支座上，在钢梁端部两侧提升架增设千斤顶和支承杆（图6）。

图6　钢梁端部提升架增设千斤顶

（3）滑模系统提升架采用槽钢“Π”形门架，提升架横梁和立柱通过螺栓连接和焊接组对而成，提升架应具有足够的刚度，设计时应按实际的受力荷载验算（图7、图8）。滑模液压提升系统选用HY-56型液压控制台，油路由控制台、一级油管、分油器、二级油管、支分油器、三级油管、针形阀到千斤顶组成；GYD-60型大吨位滚珠式千斤顶和ϕ48mm钢管支承杆，保证稳定性和安全性。

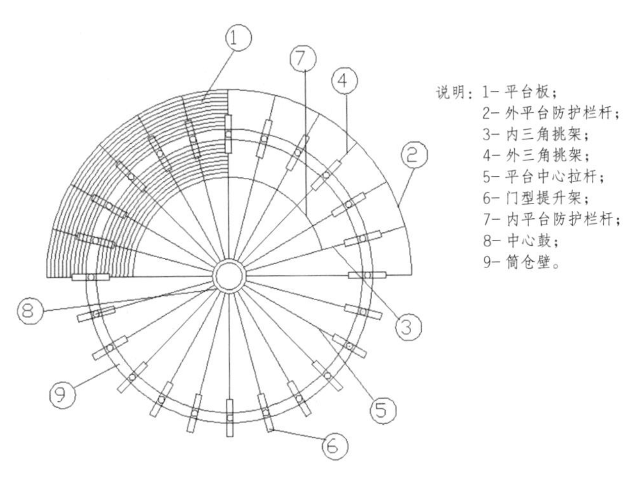

图7　滑模操作平台示意图

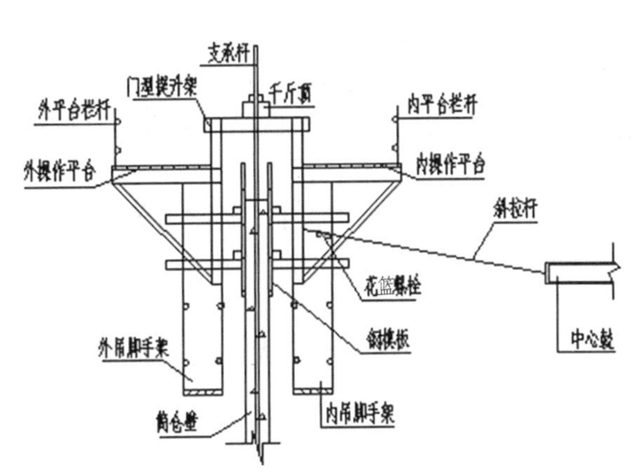

图8　滑模装置示意图

（4）模板采用组合钢模板，钢模规格型号根据筒仓直径大小情况确定，模板间用 U 形卡连接。围圈在内外侧模板的背后设置闭合式槽钢围圈，上、下围圈间距一般为 450 ～ 750mm，上围圈距模板上口的距离不大于 250mm，围圈截面尺寸根据荷载计算确定，围圈与模板用拉钩连接，围圈与提升架用槽钢连接。

（5）操作平台采用槽钢组对成内外三角挑架形成挑架式操作平台，并与各提升架连接形成整体，为防止内三角挑架向内倾斜，在平台中心设置中心环，中心环采用槽钢制成 ϕ1000mm 圆环，中心环与提升架内侧立柱间设置拉杆进行拉紧，在滑升过程中，还可以通过各个拉杆上的松紧螺栓调整模板的椭圆变形。内吊脚手架吊挂在提升架和内操作平台的三角架上，外吊脚手架吊挂在提升架和外操作平台三角架上。吊脚手架铺板宽度为 500 ～ 800mm，钢吊杆直径不小于 ϕ16mm，吊杆螺栓采用双螺帽，吊脚手架的双侧必须设置安全防护栏杆及挡脚板，并满挂安全网。

（6）水、电系统的安装

动力及照明用电、通信与信号的设置应符合国家现行有关标准的规定；电源线的选用规格根据滑模平台上全部电气设备总功率计算确定，其长度大于从地面起滑开始至筒仓顶部滑模终止所需的高度再增加 10m；平台上的总配电箱、分区配电箱均设置漏电保护器，配电箱中的插座规格、数量应满足施工设备的需要；平台上的照明应能满足夜间施工所需的照度要求，吊脚手架上及便携式的照明灯具，其电压不应高于 36V；通信联络设施应保证声光信号准确、统一、清楚，不扰民；向操作平台上供水的水泵和管路，其扬程和供水量应能满足滑模施工高度、施工用水及施工消防的需要。

5.2.3　筒仓基础面至筒仓底板底筒壁滑模施工

（1）钢筋按照施工图纸和规范要求加工绑扎，钢筋绑扎速度要满足滑模提升速度要求。

（2）混凝土施工以混凝土出模强度作为浇筑混凝土和滑升速度的依据，必须分层均匀交替交圈进行浇筑，每一浇筑层保持在同一水平面上并振捣密实。混凝土出模后及时修整，表面抹平收光，并做好混凝土养护。

（3）滑升

① 初滑时，将混凝土分层交圈浇筑至 500 ～ 700mm 高度，待第一层混凝土强度达到 0.2 ～ 0.4MPa 时，进行 1-2 个千斤顶行程的提升，并对滑模装置和混凝土凝结状态进行全面检查，当混凝土出模后不坍落又不被模板带起时，即可进行初滑升，初滑升阶段一次提升 200 ～ 300mm，确定正常后即进行正常滑升。

② 正常滑升过程中，相邻两次提升的时间间隔不宜超过 0.5h。每滑升 200 ～ 400mm，对各千斤顶进行一次调平，每浇筑一层混凝土提升一个模板浇筑层，依次连续浇筑连续提升，直至滑升到筒仓底板底标高位置。

5.2.4　空滑

当滑升到筒仓底板底标高时，需要进行空滑，方能进行筒仓底板及环梁施工。空滑高度根据筒仓底板厚度及环梁高度来确定，为了避免施工中出现支承杆弯曲现象，对支承杆进行加固，每 60 ～ 70cm 设一道圆弧钢筋整体连接支承杆，并且环向每隔 2m 用短钢管斜撑加固，支承杆接头处用钢筋双面焊接加固，同时严格控制平台上材料数量，均匀堆放，使滑模平台受力均衡。

5.2.5　拆除滑模内平台、筒仓底板及环梁施工

在筒仓底板及环梁施工前，拆除滑模内平台，按照施工方案要求搭设支模架、铺设模板、绑扎钢筋、浇筑混凝土。钢筋现场集中加工制作，塔吊运输至施工部位绑扎安装，混凝土采用混凝土输送泵输送。

库底板承受筒仓内堆料荷载很大，对库底板施工质量要求高，底板混凝土厚度超过 1m，属大体积混凝土，模板体系承重大，施工前应编制详细施工方案，严格控制好筒仓底板和环梁部位施工质量。

5.2.6　滑模内平台重新改组

（1）滑模内平台重新改组

筒仓底板及环梁施工完毕后，滑模内平台重新组装，按照施工方案要求组装好滑模内平台，改组

时内外模板清理干净刷隔离剂，以保证收光混凝土质量。

（2）钢梁支座制作、安装

钢梁支座按照设计加工制作，焊缝满焊，制作完成后进行质量检查验收，符合《钢结构工程施工质量验收规范》(GB 50205—2001）有关规定。滑模内平台重新组装后将钢梁支座焊接固定在安放钢梁位置两侧滑模提升架横梁面上，以保证滑升过程中的施工安全，并在钢梁支座上标记出钢梁安装位置（图9）。

图9　钢梁支座安装

5.2.7　筒仓屋顶钢梁制作、验收

（1）钢梁加工制作工艺流程

下料图单→放样→下料→组立、成型→焊接、验收→除锈→油漆。

（2）操作要点

① 下料图单：对选用的材料型号、规格检查确认及材料质量检查，应符合设计及国家现行规范标准规定。

② 放样：放样画线时应清楚标明装配标记、加强板位置方向、倾斜标记及中心线、基准线和检验线，必要时制作样板；画线前，材料的弯曲和变形应娇正。

③ 下料：下料前将钢板上的铁锈、油污清理干净，保证切割质量，钢板下料根据配料单规定的规格尺寸下料，并适当考虑构件加工时的焊接收缩余量。

④ 组立、成型：钢材在组立前娇正其变形，并达到符合控制偏差范围内，接触面无毛刺、污物和杂物，保证构件紧密结合，构件必须进行检查和确定是否符合图纸尺寸，构件加工精度符合质量标准；点焊时所采用焊材与焊件匹配，焊缝厚度为设计厚度2/3且不大于8mm，焊缝长度不小于25mm，位置在焊道缝内。

⑤ 焊接：使用手工电弧焊时，电焊机使用状态良好、功能齐全，选用的电焊条需用烘干箱进行烘干，焊接完成后进行钢梁焊接质量验收，符合《钢结构工程施工质量验收规范》(GB 50205—2001）有关规定。

⑥ 除锈：采用专用手提除锈机具除锈后用毛刷将钢材表面锈腐清扫干净，除锈合格后的钢材表面如在涂底漆前已返锈需重新除锈。

⑦ 油漆：钢梁除锈经检查合格后，涂刷第一遍防锈底漆，第一遍底漆干燥后再进行中间层漆和面漆涂刷，保证涂层厚度达到设计要求，油漆涂刷均匀，不流坠。

5.2.8　钢梁首次吊装就位

（1）钢梁首次吊装

钢梁首次吊装前，在钢梁支座横梁上标识出钢梁安装位置线及相应控制线，吊装原则上先远后近，对称吊装的方法进行；由于吊装高度相对较低，高度一般在10m以内，根据钢梁重量、作业场地环境和吊车工作幅度等综合分析，确定吊车选型和吊装方法。施工中常采用以下方法：

① 单台汽车吊吊装。

② 单台汽车吊和塔吊协同作业。

③ 双机同步起吊作业，即首先用一台吊车将筒仓屋顶钢梁吊放在滑模操作平台上，然后再用两台吊车同时起吊将钢梁放置到位。

通过重复上述方法完成全部钢梁的吊装工作；钢梁吊装严禁超载吊装和斜吊。

（2）钢梁固定、滑模平台加固

为保证钢梁滑升施工中的作业安全，钢梁吊装完毕后，将钢梁下翼缘板与钢梁支座焊牢，由于滑模提升时间较长，考虑风荷载等不利因素影响滑升平台稳定性，在钢梁顶面焊接3道槽钢水平连接杆，在钢梁端部两侧焊接钢斜撑固定，确保在滑升过程中的钢梁的稳定性（图10）。在钢梁两侧提升架立柱间焊接槽钢垂直剪刀撑、滑模系统所有提升架横梁面外侧焊接一圈闭合式槽钢回圈，加强滑模系统的整体性和稳定性（图11）。

图 10　钢梁首次安装就位并固定

图 11　滑模平台焊接槽钢回圈加固

5.2.9　滑模滑升并提升钢梁

筒仓顶钢梁首次吊装就位后继续滑模施工，混凝土分层交圈浇筑至 500 ～ 700mm 高度，振捣密实，当混凝土强度达到初凝至终凝之间即底层混凝土强度达到 0.2 ～ 0.4MPa 时，进行 1-2 个千斤顶行程提升，对滑模装置和混凝土凝结状态进行全面检查，当混凝土出模后不坍落又不被模板带起时即可进行初滑升，初滑升阶段一次可提升 200 ～ 300mm，加强对支承杆、提升架、钢梁支撑及钢梁在滑升过程中状况的监控。加强提升架同步性的检测，确定正常后即进入正常滑升阶段，在正常滑升过程中，每滑升 200 ～ 400mm 对各千斤顶进行一次调平，各千斤顶的相对标高高差不得大于 40mm，相邻两个提升架上千斤顶升差不得大于 20mm，滑升阶段每浇筑一层混凝土，提升一个模板浇筑层，依次连续浇筑连续提升，采用间歇提升制，提升速度大于 100mm/h。正常气温下，每次提升模板的时间应控制在 1h 左右，当因某种原因混凝土浇筑一圈时间较长时，应隔 20 ～ 30min 开动液压控制台，提升 1-2 个行程，滑升过程中要随时注意钢梁支座、滑模提升架、支承杆等是否有变化，并注意钢梁的整体稳定性，直至完成滑升阶段。当滑到钢梁底设计标高位置时，利用木插板预留好钢梁端部槽口，最后一层混凝土应一次浇筑完毕，混凝土必须保证在一个水平面上，并根据钢梁二次安装吊放门形刚架宽度在筒仓顶钢梁槽口两侧筒仓壁顶面上对称预埋好钢梁二次就位时吊放门形刚架焊接预埋件。滑升过程中，混凝土出模后及时进行检查修整并及时做好混凝土养护。

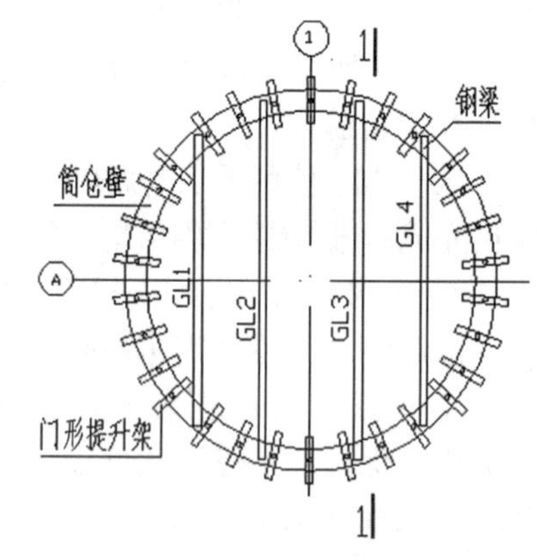

图 12　滑模平台钢梁平面布置示意图

滑模平台钢梁平面如图 12 所示；滑模平台托带钢梁平面图如图 13 所示。

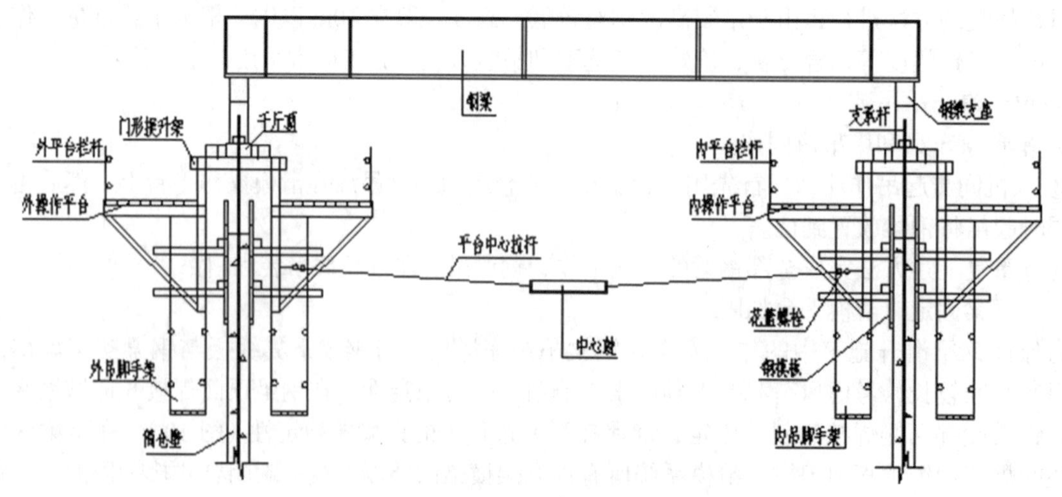

图 13　滑模平台托带钢梁示意图（1-1 剖面图）

5.2.10　钢梁二次安装就位

筒仓库壁滑升到筒仓顶设计标高，混凝土施工完毕后，混凝土达到设计强度要求时，即可进行钢梁二次安装就位作业。

（1）门形刚架制作

门形刚架制作按照方案设计要求加工制作，焊缝满焊，焊缝质量满足设计和钢结构工程施工质量验收规范有关规定要求。

（2）门形刚架安装固定

拆除滑模平台中心径向辐射拉杆和钢梁槽口处内模板，利用塔吊将钢梁二次安装的门形刚架吊装就位，在钢梁槽口两侧筒仓壁顶预埋件上焊接固定，门形刚架焊接固定前应吊正，位置准确，同时在门形刚架横梁两端侧面焊接 4 根钢斜撑，确保吊放钢梁门形刚架稳定性和钢梁二次安装就位施工安全。

（3）钢梁二次安装就位

① 钢梁二次安装步骤：起吊（与钢梁支座分离）→拆除钢梁支座、钢梁处内平台、内围圈等→拉动手拉葫芦使钢梁下放到位→焊接固定、验收。

② 根据施工计算结果，选择相应起重量的手拉葫芦，用手拉葫芦钩住钢梁端部吊耳，拆除钢梁两端支座和钢梁槽口处内平台、内围圈等，将钢梁脱离钢梁支座。

③ 安装钢梁时起吊要平稳，两端作业人员听从指挥，行动一致，钢梁两端同时起吊，同时降落，保证两端起吊门形刚架受力均衡。

④ 用手拉葫芦将钢梁缓慢下降至槽口钢梁底设计标高，钢梁下落到位后检查钢梁各部位及安装尺寸偏差无误后，按设计要求进行焊接固定（图 14）。

5.2.11　验收、固定、浇筑梁端槽口混凝土

筒仓屋顶钢梁安装经检验合格后，办理隐蔽验收手续，安装好梁端预留缺口模板，用比设计高一个强度等级的浇筑梁端槽口混凝土并做好混凝土养护。

图 14　手拉葫芦下放钢梁

6　材料与设备

（1）施工材料（表 1）

表 1　施工材料表

序号	名称	材料规格	技术要求
1	钢梁支座	工字钢	满足钢梁滑升承载力要求
2	门形钢吊放刚架	工字钢	满足钢梁吊放施工承载力要求
3	“Π”形提升架	槽钢	滑模系统
4	钢管支承杆	ϕ48mm	滑模系统

（2）施工设备机具（表 2）

表 2　施工设备机具表

序号	名称	规格型号	数量	备注
1	液压控制台	HY-56	1	滑模系统
2	千斤顶	GYD-60	80	滑模系统
3	汽车吊	30 ~ 80t	1	首次吊装设备（根据吊装方案选择吊车吨位和数量）
4	塔吊	QTZ63	1	滑模施工

续表

序号	名称	规格型号	数量	备注
5	吊装配套工具	套	2	首次、二次吊装
6	手拉葫芦	5 ～ 10t	20	二次吊放（根据钢梁重量选用）
7	交流电焊机	BX1-500	6	滑模、吊装
8	水准仪	DS3	1	滑模、吊装
9	经纬仪	DJ6	1	滑模、吊装

7　质量控制

（1）质量控制标准

满足工程所涉及的主要国家、地方相关部门正式批准颁发的行业规范、规程、技术法规、标准等要求。

《钢结构工程施工质量验收规范》(GB 50205—2001)；

《建筑钢结构防腐蚀技术规程》(JGJ/T 251—2011)；

《钢结构焊接规范》(GB 50661—2011)；

《滑动模板工程技术规范》(GB 50113—2005)；

《混凝土结构工程施工质量验收规范》(GB 50204—2015)。

（2）质量控制措施

① 施工准备阶段，实施技术、物资、组织、人员等方面的质量控制，做好现场交底和施工人员技术培训工作。

② 因钢梁受风面积较大（组拼 H 形钢梁），容易造成滑模平台系统的扭转偏移，滑模每提升 1m 在支承杆上操平一次，每提升间隔 15 ～ 20cm，由设在支承杆上的水平限位卡对所有千斤顶自动调平一次，使千斤顶的行程保持一致。

③ 滑升过程中应检查和记录标高、结构垂直度，每个台班测量不少于 2 次。

④ 操作平台上放置的钢筋、机具等，应分开放置尽量使平台受力均匀，防止滑模平台因受力不均衡产生倾斜影响滑模施工质量。

⑤ 施工中按照质量控制点要求，对关键工序施工质量进行严格控制。

8　安全措施

（1）安全标准

满足工程所涉及的主要国家、地方相关部门正式批准颁发的行业规范、规程、技术法规、标准等要求。

《建筑施工安全检查标准》(JGJ 59—2011)；

《起重机械安全规程》(GB 6067—2010)；

《施工现场机械设备检查技术规范》(JGJ 160—2016)；

《液压滑动模板施工安全技术规程》(JG J65—2013)；

《施工现场临时用电安全技术规范》(JGJ 46—2005)。

（2）安全措施

① 吊装、提升、吊放作业应编制施工方案，进行技术交底，承重构件和防护设施应按规定进行设计验算，确保安全。

② 构件存放点和吊车场地必须平整夯实。

③ 根据工作需要配备和正确使用施工用电、高处作业、吊装作业防护用具，针对不同作业环境，设置安全防护措施。

④ 施工管理人员和操作人员应遵守安全技术规程，严禁违章指挥和违章作业。

⑤ 高空作业架设安全平网和操作篮，正确使用安全“三宝”，吊装作业安排专人监护。

⑥ 钢梁首次吊装后，滑模提升50cm应进行全面检查，正常提升过程中，应进行班前班后检查和交接班检查，发现问题及时报告处理。

⑦ 钢梁首次吊装就位后，钢梁设置水平支撑、梁端增设斜撑提高其稳定性；对钢梁安放位置两侧提升架立柱间设置垂直剪刀撑、滑模平台所有提升架横梁外侧焊接一圈闭合式槽钢回圈，提高滑模平台整体性和稳定性。

⑧ 操作平台上的各种材料设备以及其他施工荷载必须按照施工方案设计规定的位置和数量堆放，严防滑模平台倾斜。

⑨ 钢梁二次安装就位时，门形刚架与预埋件焊接牢固，增设斜撑提高门形刚架稳定性，确保钢梁二次安装施工安全。

9　环保措施

（1）环保标准

满足工程所涉及的主要国家、地方相关部门正式批准颁布的行业规范、规程、技术法规、标准等要求。

《建筑工程绿色施工规范》(GB/T 50905—2014)。

《建筑工程绿色施工评价标准》(GB/T 50640—2010)。

《建筑隔声评价标准》(GB/T 50121—2005)。

（2）环保措施

① 成立专门的施工环境卫生管理小组，落实环保责任制度，在施工过程中严格遵守国家及地方有关环境保护的法律、法规和规定。

② 固体废弃物分类管理，提高回收利用率。

③ 现场实行封闭管理，施工现场道路硬化畅通，排水措施到位，现场整洁干净、临建搭设整齐。

④ 防尘措施：施工现场大门处设置洗车槽及沉淀池，配备洗车设施，所有出场车辆将泥土清洗干净；水泥等易扬尘材料密封存放，严格控制粉尘卫生标准，操作时正确佩戴劳动防护用品加以防护。

⑤ 防噪措施：进入施工场地车辆限制鸣笛、装卸材料轻拿轻放，减少噪声扰民，优先选用先进的环保机械，采取设立隔声棚、隔声罩等消音措施降低施工噪声，采取个人防护避免职业性疾病。

10　效益分析

（1）经济效益

钢筋混凝土筒仓高度高达50m以上，筒仓屋顶钢梁重达10t，采用大吨位吊车常规吊装需要300～350t以上吊车，吊装费用每个台班约4万元左右，进场费3～4万元左右；采用随滑模提升安装施工方法安装筒仓屋顶钢梁，每榀钢梁安装费用仅2000元左右。本工法与采用大吨位吊车常规安装方法相比，节约了钢梁安装费用，降低了施工成本，经济效益显著。

（2）社会效益

本工法应用得到了业主、监理单位充分肯定和一致好评，保证了工程质量和施工安全，缩短了钢梁安装工期，推广应用价值大；解决了钢筋混凝土筒仓屋顶钢梁重量大、安装高度高的施工难点；尤其是解决了在钢筋混凝土筒仓工程周围环境场地狭小的情况下、大吨位吊车就位困难、钢梁安装作业危险，难以满足甚至无法满足实际施工要求的难题。本工法是钢筋混凝土筒仓屋顶钢梁安装的一种理想施工方法。

11　应用实例

（1）洛阳中联水泥有限公司水泥储存库筒仓工程

该工程位于河南洛阳市汝阳县境内，共有六个单体水泥储存库组成，基础设计为满堂钢筋混凝土底板基础；主体为钢筋混凝土筒仓结构；每个筒仓内径 ϕ22.5m、筒仓顶高度 45m、筒仓壁厚 400mm、筒仓底板底标高 +6.2m、厚度 1.0m；筒仓屋顶四榀 H 形钢梁，其中二榀钢梁高 1.6m，每榀钢梁重达 6.78t；另二榀钢梁高 1.7m，每榀钢梁重达 7.89t。工程于 2014 年 9 月 5 日开工，2015 年 10 月 28 日竣工。筒仓屋顶钢梁采用随滑模提升安装施工技术，确保了施工安全和工程质量，加快了施工进度，取得了显著的经济效益，受到了社会各界的关注和好评。

（2）湖南海螺水泥储存库筒仓工程

① 工程概况

该工程位于娄底市新化县，共设计了四个单体筒仓水泥储存库，筒仓基础为人工挖孔桩 + 环梁基础承台；工程主体结构为钢筋混凝土筒仓结构；每个水泥库筒仓内径 ϕ22.5m、筒仓顶高度 50m、筒仓壁厚 400mm、筒仓底板底标高 +5.8m、厚度 1.2m；筒仓屋顶三榀 H 型钢梁，梁高分别为 1.65m、1.85m、1.75m；钢梁重量分别为 7.38t、10.2t、8.52t。

② 施工情况

工程于 2015 年 9 月 8 日开工，竣工日期 2016 年 8 月 20 日，筒仓屋顶钢梁采用了随滑模提升安装施工技术，安全、快速高效并保质保量的施工完成。

③ 应用效果

水泥储存库筒仓工程钢筋混凝土筒仓结构直径大，高度高，筒仓屋顶钢梁重量大，周边环境场地狭窄，采用常规施工方法，大型吊装设备就位困难，安装作业危险等施工难点。筒仓屋顶钢梁安装采用随滑模提升系统安装施工技术，通过一系列的具体保证措施，保证了钢梁顺利安装。工程实践证明，采用此项施工技术方法加快了施工进度，确保了工程质量和施工安全，安装费用低，降低了施工成本，经济效益显著，受到业主、监理单位一致好评。

基于 BIM 技术的施工场地布置施工工法

万颖昌　龙新乐　杨永鹏　陆　殊　文　玮

湖南省第五工程有限公司

摘　要：为解决传统施工平面布置图受制于二维平面、数据交流困难而存在的诸多问题，可运用 BIM 技术，根据项目实际情况合理布置生活、办公、生产区设施，构建项目三维现场综合布置，输出高清图片及漫游动画，形成型象直观的布置效果，达到多维度融合，使管理更高效、布置更合理。

关键词：施工平面布置；BIM；三维现场布置；多维度融合

1　前言

单位工程施工平面布置图是对拟建单位工程施工现场所作的平面规划和空间布置图。它是进行施工现场布置的依据，是实现施工现场有计划有组织进行文明施工的先决条件，是单位工程施工组织设计的重要组成部分。科学合理的施工现场布置，会使施工现场秩序井然，施工顺利进行，保证进度，提高效率和经济效果。否则，会导致施工现场的混乱，造成不良后果。然而传统的施工平面布置图受制于二维平面及数据交流困难，存在着诸多不足：① 需要通过图例进行翻译；② 需要通过文字进行补充说明；③ 向上难以汇报；④ 向下难以交底；⑤ 投标无亮点；⑥ 方案难合理，结算无依据等。为了改善上述情况，我司自 2015 年开始，运用 BIM 技术，结合实际项目生产需要及企业项目管理标准化文件，进行施工现场综合布置，将传统的二维施工现场平面布置图转换为三维可视化现场综合布置模型，进而更加便捷的进行优化调整，用以指导现场实际施工。过程中我们颁布了一系列制度及措施，在全司范围内推广应用，取得了巨大的经济效益和社会反响。通过多个工程实践，总结其施工经验形成基本工法。

2　工法特点

（1）传统施工平面布置是基于二维平面，存在诸多不足，而结合 BIM 技术的施工现场综合布置方法，涉及三维几何、四维进度、五维成本，达到多维度融合，使管理更高效、布置更合理。

（2）标准化构件的使用，由于符合相关模数及标准，能最大程度实现重复利用，节约资源，而提供的多规格构件又方便了因地制宜，为项目提供多重选择。

3　适用范围

适用于所有建筑工程项目各施工阶段、施工现场布置。

4　工艺原理

（1）根据项目实际情况，基于企业 BIM 基础数据库的建立，利用企业标准化构件库，合理布置生活、办公、生产区设施，构建项目三维现场综合布置，输出高清图片及漫游动画，形成型象直观的布置效果。

（2）项目管理标准化：综合工程质量、安全文明、绿色施工、企业文化 4 个方面内容，建立企业统一标准、高参数化的标准化构件库，为实现快速现场布置奠定了坚实的基础。

5　工艺流程及操作要点

5.1　工艺流程

设计依据→布置内容→基本原则→施工步骤→布置方法→实施制度。

5.2 操作要点

5.2.1 设计依据

首先，需要认真研究施工方案和进度计划，对施工现场以及周围的环境作深入的调查研究，充分分析设计施工平面图的原始资料，使所绘制的平面图与施工现场的实际情况相符合，使施工平面图设计确实能起到指导施工现场空间布置的作用。

所依据的资料包括：（1）拟建工程当地的原始资料；（2）有关的设计资料、图纸等；（3）单位工程施工组织设计的施工方案、进度计划、资源需求量计划等。

5.2.2 布置内容（图 1）

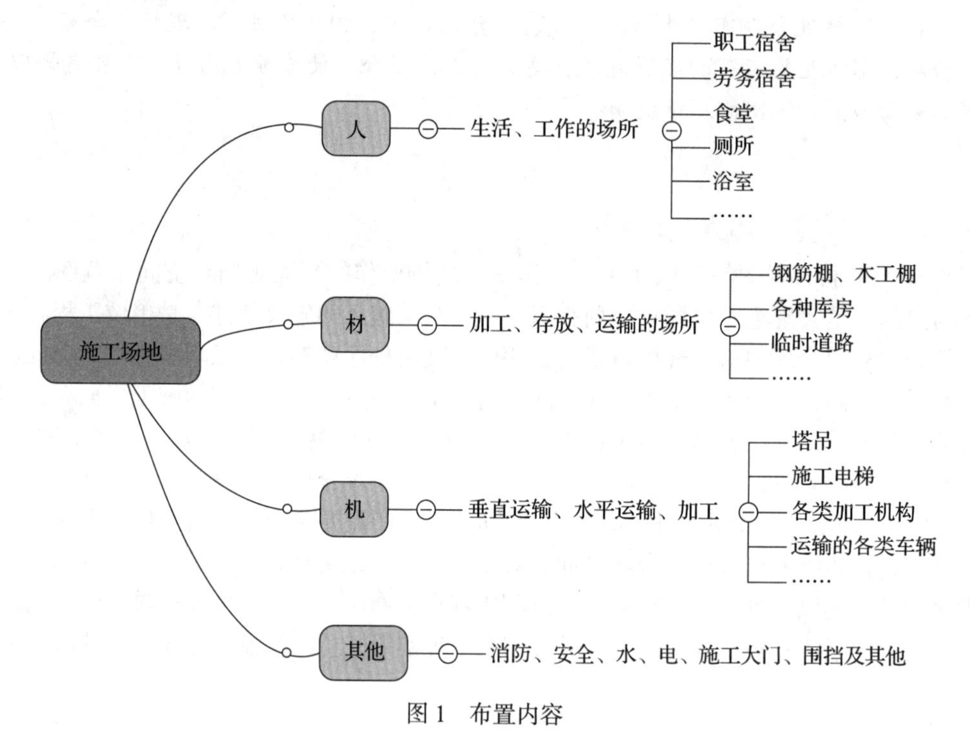

图 1　布置内容

5.2.3 施工现场布置基本原则

（1）在保证施工顺利进行的前提下，现场布置尽量要紧凑，节约用地，便于管理，不占或少占农田，并减少公用管线，降低成本；

（2）合理地组织现场运输，在保证现场运输道路畅通的前提下，最大程度减少场内运输量，特别是二次搬运；

（3）控制临时设施的规模，降低临时设施的费用；

（4）临时设施的布置，应便于施工管理及工人的生产和生活；

（5）遵循建设法律法规对施工现场管理提出的要求。

5.2.4 施工现场布置步骤

了解分析施工现场基本情况→确定施工范围，布置施工围挡→划分各个区域→布置临时道路→布置塔吊→各个区域具体布置→布置安全消防设施→布置临水临电→计算技术经济指标→调整优化。

5.2.5 施工现场布置方法

根据项目实际情况，基于企业 BIM 基础数据库的建立，利用企业标准化构件库，合理布置生活、办公、生产区设施，构建项目三维现场综合布置，输出高清图片及漫游动画，形成型象直观的平面布置效果。从而达到安全文明标准化施工，避免施工现场布置混乱“做一步看一步的”的局面。

（1）依据施工现场总平面布置原则、内容、步骤和企业标准化模型库，对施工场地进行基础、主体、装饰阶段的场地模型布置。

（2）检查项目场地及周边环境情况，确定建筑位置→施工电梯位置→施工塔吊位置→木工加工场地→钢筋加工场地→办公区、生活区→临时道路→临时设施→临时水电。

① 拟建的建筑物或构筑物，以及周围的重要设施。

② 施工用的机械设备固定位置。

③ 做好“三通一平”（路通、电通、水通、平整场地）。修通场区主要运输干道，接通用电线路，布置生产生活供水管网和现场排水系统。按总平面确定的标高组织土方工程的挖填、找平工作等。

④ 施工用生产性、生活性设施（加工棚、操作棚、仓库、材料堆场、行政管理用房、职工生活用房等）。

（3）通过模型进行周边环境、场地漫游，综合分析可能产生的安全冲突问题。通过不同视角查看现场布置的整体情况，对现场布置方案中难以量化的潜在空间冲突进行量化分析，精确表达施工空间冲突指标，进一步完善施工现场综合布置方案。

5.2.6　布置方法解读

（1）基础元素：项目管理标准化图集、企业标准化构件库及其使用说明（图2）。

（2）项目管理标准化图集：涉及工程质量、安全文明、绿色施工、企业文化4各方面内容，用以指导项目实施，规范施工场地布置。

（3）企业CI标准构件库及其使用说明（图3）。

图2　项目管理标准化图集封面

企业CI标准构件库

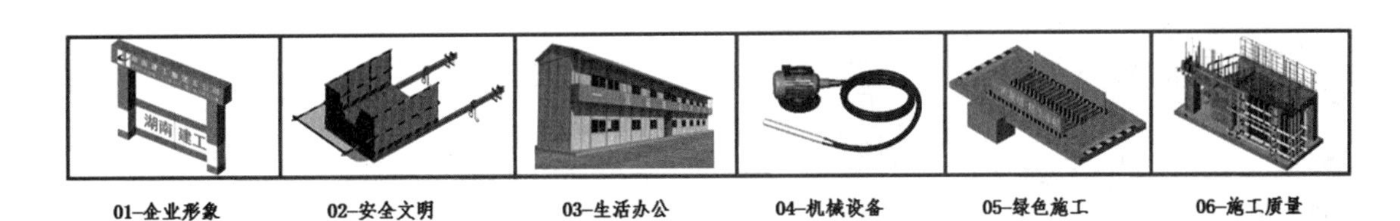

Family
Map
Material
二维码类别属性
钢筋字体
共享参数
明细表
施工信息项目参数
项目样板

01-企业形象
02-安全文明
03-生活办公
04-机械设备
05-绿色施工
06-施工质量

我们创建了“企业CI标准构件库”和编写了《参数化模型创建及使用说明》文档。
构件库主要包括模型、模型纹理贴图、材质收藏夹、共享参数、明细表、项目样板。
参数化模型分六个类别近200个模型，分别是企业形象、安全文明、生活办公、机械设备、绿色施工、施工质量。

图3　企业CI标准化构件库

（4）小时候我们都堆过“乐高（LEGO）”积木，堆积木需要两个条件：构思图和积木块。此处的“构思图”就相当于我们的施工现场布置整体策划方案，而“积木块”就相当于是我们企业标准构件库中的标准化构件。

（5）此处我们引入“时空概念”，空间即空间布局；时间即随着项目进度的推移，现场布置也在发生相应的动态变化，在整个项目施工周期中，我们经历了由基础阶段——主体阶段——装饰装修阶段。

（6）具体操作步骤

① 以CAD施工平面布置图或施工现场布置整体策划方案为基础（图4）；

②将标准化构件置于其对应的空间位置（图 5）；

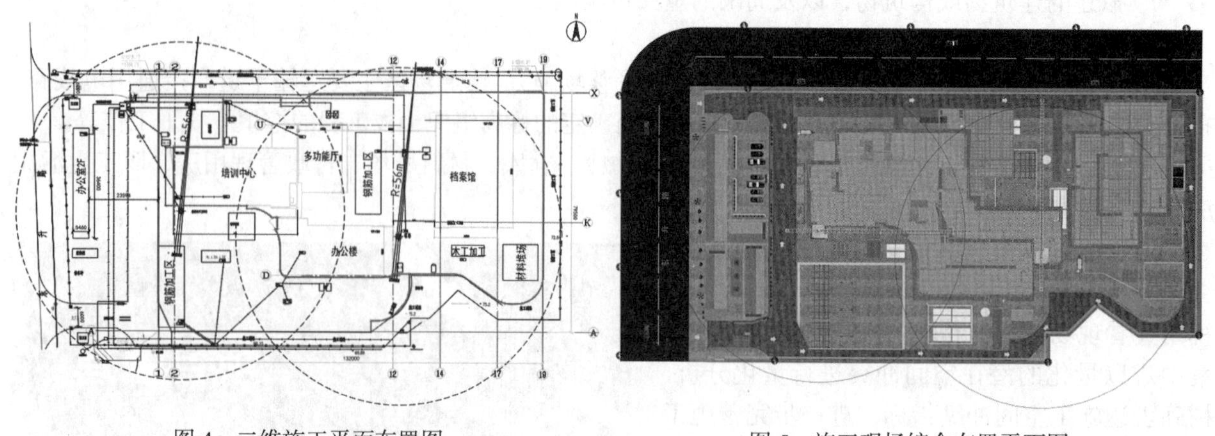

图 4　二维施工平面布置图　　　　图 5　施工现场综合布置平面图

③输出 CAD、PDF、图片、漫游视频、工程量统计等多种格式的相关文件（图 6）；

5.2.7　施工现场综合布置及标准化的落地

为全面推行公司质量安全文明标准化，提升施工现场质量安全文明管理水平和企业形象，特制定《湖南省第五工程有限公司项目施工现场综合布置管理规定》。

施工现场综合布置审核及实施流程如图 7 所示。

图 6　三维施工现场综合布置图

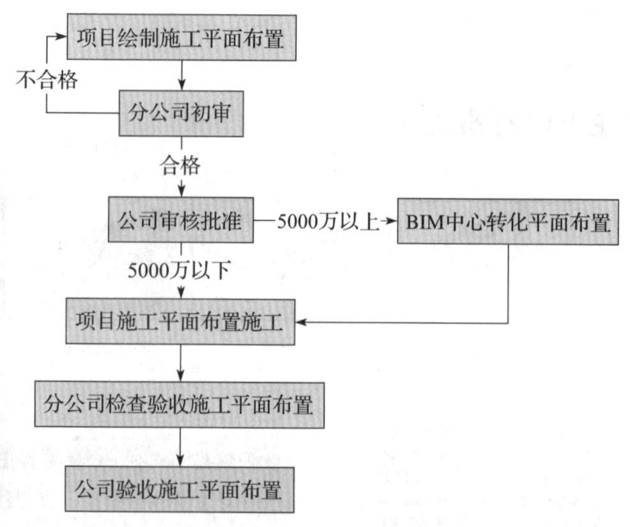

图 7　施工现场综合布置审核及实施流程

6　材料与设备

6.1　材料

企业标准化构件模型库：基于 BIM 的可视化三维软件，构建的一系列统一标准、高参数化的标准构件模型库。

企业标准化构件加工厂：标准化加工棚、标准化操作棚、标准化仓库、标准化材料堆场、行政管理用标准化板房、职工生活用标准化板房、标准化脚手架、标准化装配式防护栏杆等。

6.2　软硬件设备

软件：CAD、Revit、Lumion、Fuzor、Navisworks 等。

硬件：高性能、高配置电脑。

7　质量控制

（1）执行标准：根据《建筑工程施工质量验收统一标准》(GB 50300—2013)、《施工企业安全生产评价标准》(JGJ/T 77—2010)《项目管理标准化图集》的要求。

（2）根据建设单位对施工场地总体布置的要求，结合现场的实际情况，施工平面布置应严格控制在建筑红线之内。

（3）合理利用结构保存完整且符合现有施工现场规划的原有建筑物或构筑物。

（4）在平面布置中，应充分考虑好施工机械设备、办公、道路、现场出入口、临时堆放场地的优化合理布置。

（5）施工现场平面布置应结合创建文明施工工地进行综合考虑，并为其打好基础，严格执行上级有关文明施工的各类文件规定，做到现场四周围挡稳固美观，施工道路硬化平坦，物资材料堆放整齐有序，标牌醒目禁令明显，办公设施整洁干净，管理规范、安全达标。

（6）施工现场设置便于大型运输车辆通行的现场道路，并保证其畅通和路基的可靠性。

8　安全措施

（1）执行标准:《建筑机械使用安全技术规程》(JGJ 33—2012)、《施工现场临时用电安全技术规范》(JGJ 46—2005)、《施工企业安全生产评价标准》(JGJ/T 77—2010)、《建设工程施工现场环境与卫生标准》(JGJ 146—2013)、《建设工程施工现场消防安全技术规范》(GB 50720—2011)、《建筑施工安全检查标准》(JGJ 59—2011)、《建筑工程绿色施工规范》(GB/T 50905—2014)、《建筑工程绿色施工评价标准》(GB/T 50640—2010)和有关地方标准。

（2）上岗前教育：对全体施工人员进行安全生产教育，考核合格后方可上岗，施工前进行安全技术交底。

（3）严格按照施工操作要点作业，按质量措施进行控制，防止各类事故的发生。

（4）各项施工设施布置都要满足方便施工、安全防火、环境保护和劳动保护的要求。

（5）除垂直运输工具以外，建筑物四周3m范围内不得布置任何设施。

（6）考虑施工场地状况及场地主要出入口交通状况。

（7）对用电设备，采用专箱专锁，设漏电保护，以防触电。

（8）实施严格的安全及施工标准，争创省级安全文明工地。

9　环保措施

（1）执行标准:《中华人民共和国环境保护法》《中华人民共和国大气污染防治法》《中华人民共和国水污染防治法》《中华人民共和国环境噪声污染防治法》《建设项目环境保护管理条例》《建设工程施工现场环境与卫生标准》(JGJ 146—2013),《建设工程防尘污染防治规范》。

（2）工程施工时需建立有效的排水系统，并进行日常维修，防止对周边路面造成污染，做到工地临时排水措施畅通有效，达到“晴雨畅通无阻”的效果。

（3）搞好环境卫生管理，包括施工区、生活区环境卫生和食堂卫生。

（4）各种施工材料要分类有序堆放整齐，余料注意定期回收，废料及时清理，定点设垃圾箱，保持施工现场的清洁。

（5）采取有效措施控制人为噪声、粉尘的污染，并同当地环保部门加强联系。

（6）设置足够的垃圾池和垃圾桶，定期搞好环境卫生、清理垃圾，施药除“四害”。

（7）场地整齐：进入施工现场的各种机械设备、半成品、原材料等，均须按指定位置，堆放整齐，不得随意乱放，以保证道路畅通。

（8）工完料清：对施工人员进行文明教育，做到谁做谁清，工完料清，场地干净。

（9）控制现场噪声：减少对周围环境的干扰。夜间操作按总包要求进行。

10 效益分析

本工法较传统工法具有如下优势：

① 便捷统量：为材料采购及后续结算提供参考依据；

② 输出格式多样：可输出图片、CAD、PDF 等，为后续施工交底，图集、视频制作提供素材；

③ 建筑漫游：导入 Lumion、Navisworks、Fuzor 等软件中进行建筑漫游，或使用 720 云观看全景照片，视觉表现更加直观；

④ 方案模拟：大型设备施工模拟、紧急情况人员疏散模拟等；

⑤ 投标亮点：增加投标中标概率；

⑥ 展现企业实力：彰显企业软实力，赢得业主及参建各方的认可；

⑦ 评优创建：能为创优及观摩提供场地策划，打造集绿色施工、安全文明、企业文化于一体的智慧工地等。

施工前对现场机械等施工资源进行合理的布置尤为重要。利用 BIM 模型的可视性进行三维立体施工规划，可以更轻松、准确的进行施工布置策划，解决二维施工现场布置中难以避免的问题。如生活区、钢结构加工区、材料仓库、现场材料堆放场地、现场道路等的布置，可以直观的反映施工现场情况，减少施工用地、保证现场运输道路畅通、方便施工人员的管理，有效避免二次搬运及事故的发生。

11 应用实例

11.1 东帆国际大厦项目

东帆国际大厦项目为集商业、酒店、办公于一体的城市商业综合体；总用地面积 5822.88m^2；建筑总高度 99.35m；框架剪力墙结构；总建筑面积 55837.10m^2，其中地上建筑面积 47252.18m^2；1 层～ 5 层为商业、6 层为设备转换层，7 层～ 16 层为酒店，17 层～ 29 层为办公；负一层、负二层为地下车库和设备用房。

该项目周边环境复杂，场地狭小、基坑深度大、周边建筑物距离近、容易造成现场平面布置不断变化等问题，项目现场合理布置存在困难，且该项目处于市中心，绿色施工和安全文明施工要求高。基于企业标准化构件库，分阶段合理布置生活、办公、生产区设施，利用 BIM 技术最大限度地进行施工现场综合布置及优化调整，使现场布置适用性及合规性达到最优，并经公司有关部门进行三维审核合格后，方予施工现场组织实施。

11.2 上海浦东发展银行长沙分行办公大楼项目

上海浦东发展银行长沙分行办公大楼项目，原计划施工场地布置施工时长为 30d，通过 BIM 技术三维空间场布合理安排、明确施工顺序，提前 7d 完成。

本工程施工可用面积紧张，施工设施安放紧凑，通过 BIM 技术直观的三维空间审核校对功能，使现场布置在合理、合规的前提下尽可能紧凑，节约用地。通过后期施工过程中验证，满足了施工生产所需所有临建设施，同时又完善了场布规划过程中遗漏的安全文明施工设置（安全警示牌 13 个、消防沙池 2 个、文明宣传栏 1 个、质量通病防治宣传展板 1 个）。

合理地布置施工现场的材料堆场、运输道路、加工区以及施工设备机具的位置，尽可能缩短运距，并能有效地减少或避免二次搬运的费用产生。通过距离计算及位置校核，减少 2 个材料堆场，重新规划 2 个材料堆场，后期施工过程中发现满足材料堆放需求，且能很好地满足材料进场运输要求，同时也提高了施工人员材料运输上楼的效率，无二次转运发生。

通过 BIM 技术进行数据分析，合理优化施工场布临时设施数量，在满足施工生产需求的前提下，去除不合理的布置设施，节约费用。优化后去除办公区双层板房 3 间，物料提升机 1 台，经后期施工过程中验证，办公区布置合理，材料垂直运输量满足施工需求。同时，通过 BIM 技术的材料明细表提取功能，实现精准算料。既避免了材料浪费，又避免了因材料供应不足而导致的二次采购延误工期问题。

通过BIM技术对施工场布绿色施工方案进行可行性研究，在确定场地、设施满足绿色施工需求的前提下，本项目增设了如下绿色施工措施：施工塔吊喷淋设施、自动冲洗洗车台、移动式吸烟棚、垃圾箱、密闭式防水台储存仓库、降噪加工棚。

改变了公司相关主管领导传统方案审批的方式，通过三维审核，宏观把控各项目施工场地布置的最终方案。施工场地布置方案审批时，能及时指出该项目场地布置违反合规性、不适性的问题所在。施工场地布置方案实施中，可具象地参照BIM模型进行现场勘察，发现与模型不符的施工部位及时进行整改。施工场地布置方案施工完成后，参照BIM模型进行最终验收，避免了传统二维方式下缺项、漏项、现场与平面图纸概念模糊的问题。

11.3　中国太平洋保险南方基地建设项目

中国太平洋人寿保险公司南方基地建设工程位于长沙县星沙，北靠松雅湖管理局，南临长沙县公安局，西侧为东升路，东临长沙县司法局和长沙县人民法院，本工程为2栋框剪（框架）结构高层建筑物，分别为培训中心、档案馆总建筑面积约58015m^2。其中：办公及培训中心建筑面积29602m^2，框剪结构，地上18层、地下2层，建筑高度75.85m。档案馆建筑面积12910m^2，框剪结构，地上16层，地下2层，建筑高度68.2m。

本工程根据项目前期策划，结合实际情况对现场进行了合理的规划。

项目部采用2.5m高围墙进行全方位的封闭，围墙外围统一按公司标准设置五牌一图，公司简介及企业文化宣传。为方便施工及材料运输，现场设置两个出入口，均设常闭型大门并实施严格的人员进出制度，确保施工现场的环境与秩序。办公区生活区均硬化处理并采用文化墙与施工现场进行隔离，确保生产施工能安全有序地进行，生活办公区前沿设置排水明沟、升旗台、停车位、花坛绿化，体现了公司良好的企业形象。

施工区域内采用全场环形混凝土硬化施工道路，场内设置一条主要安全通道供工人进出施工现场。施工现场临时设施：钢筋加工棚、木工加工棚、安全防护栏杆等均采用公司统一标准定型加工成可周转使用的设施。

根据总平面布置共设置两台塔吊、三台施工电梯及一台物料提升机，能很好地满足平面覆盖、吊装及材料垂直运输的要求。依据“四节一环保”的理念，在保证质量和安全的前提下努力实现绿色施工效果的最大化。本工程采用塔吊高空喷淋系统，利用排水沟和沉降池进行雨水、废水的回收，通过塔吊大臂的有效旋转路径进行施工现场内的降尘和主体结构的混凝土养护。总体来说，施工现场布置实现“六化”，即围栏标准化、场地硬底化、厨房浴室卫生化、宿舍办公室规范化、外脚手架安全美观化，场容场貌整洁化。

钢结构斜柱顶多通钢节点定位安装施工工法

吴习文　周明德　吴文林　易　谦　赵东方

湖南省第一工程有限公司

摘　要： 为提升斜柱顶多通桁架梁定位、焊接安装精度和质量，可通过 Revit、BIM 软件建模下料，工厂化生产加工，现场拼装、吊装；根据 CAD 测出坐标点以控制柱子的斜度和垂直度；在柱顶做好多通桁架梁的接头安装记号，采用汽车吊吊装斜柱背面主桁架，并用 CO_2 气体保护焊进行焊接，然后按顺序吊装其他桁架梁，并分别定位、加固焊接。本工法工艺简单、施工便捷、效率高，焊接质量可达到优良。

关键词： 钢结构；斜柱顶；多通桁架梁；定位；焊接；安装

1　前言

近年来，大型公共建筑（如高铁车站、航站楼、体育场馆、展览馆等）中钢结构应用越来越广泛。随着大型公共建筑的外观与造型日趋复杂，其钢柱与钢梁及其他结构的构型亦灵活多变，安装连接的难度、精度等要求进一步提高。相较于球节点、管桁架节点等连接方式，由于焊接节点受现场施工、环境等因素影响较大，如何处理好斜柱顶多通桁架梁定位、焊接安装精度，确保节点安装质量是值得不断研究探索的问题。

本司对凤凰古城旅游保护设施建设设计、采购、施工（EPC）总承包等，开展了斜柱顶多通桁架梁钢结构安装应用研究，形成了本工法。

2　工法特点

（1）本工法利用 Revit、CAD 等软件虚拟技术，节约了施工时间，有效提高了安装精度及施工进度，同时具有节约能源，环保等优点。

（2）本工法模拟现场实际条件，对斜柱顶与多通桁架梁的定位、吊装、焊接进行了模拟预安装，焊接工艺简单、施工便捷、效率高，焊接质量达到优良。

（3）本工法通用性强，对同类工程具有较大的参考指导意义。

3　适用范围

本工法适用于一般工业和民用建筑钢结构安装工程；大跨度空间钢结构工程、高层建筑钢结构工程、轻型钢结构建筑工程。

4　工艺原理

通过 Revit、BIM 软件建模下料，工厂化生产加工，运至现场后再拼装、吊装。根据 CAD 电子图中测出来的坐标点，控制柱子的斜度和垂直度，并在柱顶做好多通桁架梁的接头安装记号，采用汽车吊吊装斜柱背面主桁架，采用 CO_2 气体保护焊进行焊接，然后按顺序吊装其他桁架梁，并分别定位、加固焊接，对焊缝进行检测。

5　工艺流程与操作要点

5.1　工艺流程

施工准备→斜柱安装→柱顶多通桁架梁安装→焊缝检测。

5.2 施工工艺及操作要点

5.2.1 施工准备

（1）施工前，组织技术人员进行图纸分析，理解设计意图及施工难点重点，有针对性地对一线工人进行技术交底。

（2）采用 Revit、BIM 软件建模，对多通钢节点进行模拟化安装，确定加工模数、起吊点位，交由工厂分段生产加工，确保构件质量。

（3）采用 CAD 技术，在原设计图的基础上进行深化设计，根据设计柱顶偏移尺寸，在深化图中计算出每根单柱中心的控制坐标点，为斜柱及桁架梁的安装定位做好准备。

（4）认真做好坐标参数内业计算，使用高精度全站仪放样，确保放样精度。

5.2.2 斜柱安装

斜柱安装工艺流程：斜柱吊装校正→斜柱焊接→焊后清理及检查。

（1）斜柱吊装校正

① 根据已经安装的 –6.43m ～ ±0.00m 混凝土外包嵌固钢柱、定位的十字轴网及预先在箱柱对接处确定的定位点，采用汽车吊进行垂直吊装对接，接头处每面采用活动双夹板螺栓临时固定；柱顶采用 $\phi 16$ 尼龙缆风绳加 0.8t 吊葫芦四向定位，防止倾覆；缆风绳斜向距离应大于柱高的 1.5 倍，如图 1 所示。

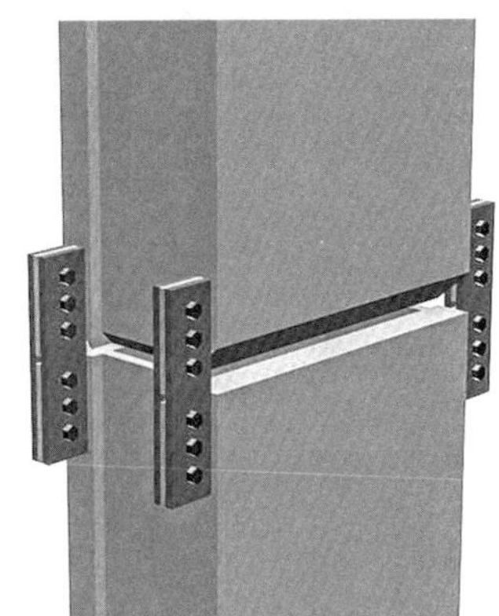

图 1　钢柱对接节点示意图

② 斜柱角度的精度控制：采用尼龙缆风绳上的吊葫芦，利用柱顶中心棱镜配合架设在距斜箱柱安装点 50 ～ 60m 外的全站仪，根据已测出的坐标数据控制校正斜柱的安装倾斜精度后，固定四向缆风绳，拧紧夹板螺丝，采用 CO_2 气体保护焊对斜箱柱弯起面进行焊接。

（2）斜柱焊接

① 焊接变形控制：箱型柱采用屈服强度 345MPa 以下淬硬性不强的钢材，所以可不预热或适当降低预热、层间温度，优先采用热输入较小的 CO_2 气体保护焊接工艺。

② 焊接应力控制：在施工过程中，了解焊接工艺，采用合理的焊接方法和控制措施，以减少和消除焊后残余应力和残余变形，采用合理的焊接顺序。降低焊件刚度，创造自由收缩条件；减少焊缝尺寸，教育职工转变焊缝越大越安全的传统观念。每层焊完后立即用圆头锤均匀敲击焊接金属，使其产生塑性延伸变形，并抵消焊缝冷却后承受的局部拉应力。

③ 面层焊：水平固定口不采用多道面焊缝，垂直与斜固定口需采用多层多道焊，严格执行多道焊接的原则，焊缝严禁超宽（应控制在坡口以外 2 ～ 2.5mm），余高保持 0.5 ～ 3.0mm。

（3）焊后清理及检查

① 焊后应认真除去飞溅与焊渣，并认真采用量规等器具对外观几何尺寸进行检查，不得有低凹、焊瘤、咬边、气孔、未融合、裂纹等缺陷存在。

② 经自检满足外观质量标准的接头应錾上焊工编号钢印，并采用氧炔焰调整接头上、下部温差。处理完毕立即采用不少于两层石棉布紧裹并用扎丝捆紧。

③ 经确认达到设计标准的接头方可允许拆去防护措施。

5.2.3 柱顶多通桁架梁安装

柱顶多通桁架梁安装工艺流程：进场验收→多通斜桁架梁吊装校正→斜柱与多通斜桁架梁焊接→焊后清理及检查。

（1）进场验收

① 检查构件编号、规格、尺寸是否与加工图一致。

② 检查原材料质量证明、桁架梁出厂合格证、焊缝检测报告是否齐全。

③ 检查实体油漆外观，查看油漆质量保证书、焊丝焊条质量保证书。

（2）多通斜桁架梁吊装校正

① 工厂分段加工好的桁架梁运至施工现场后，平放在胎架上用水准仪控制桁架梁的平整和垂直度，然后按焊接方案进行焊接，待焊缝由第三方检测机构检测合格后进行吊装。

② 确保钢桁架梁起吊重量及吊装安全，选用 220t 汽车吊，为防止吊装变形在钢桁架梁上设置 4 个起吊点；除最上吊点采用钢丝绳直接起吊外，其他三个吊点均附带有一个 3 ～ 5t 吊葫芦，手动进行钢桁架梁的水平角度调整。

③ 为吊装安全，风力大于四级和下雨天严禁进行吊装，吊装多通桁架梁依据模拟安装结果，按编号顺序进行分榀吊装，参见图 2。

④ 当 1 号桁架梁吊装就位后，用经纬仪控制桁架梁的垂直度，千斤顶配合缆风绳进行调校后实施点焊定位，待该单榀桁架梁全部调校完毕后，采用 CO_2 气体保护焊进行焊接；然后吊装 2 号桁架梁，定位、焊接；依图 2 顺序进行施工，吊装、定位、焊接全部完成后才能松开尼龙缆风绳。吊装完成模拟图见图 3。

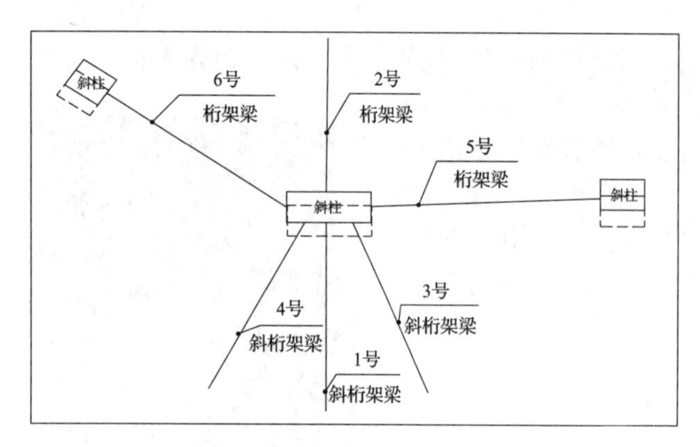

图 2　多通桁架梁吊装顺序图

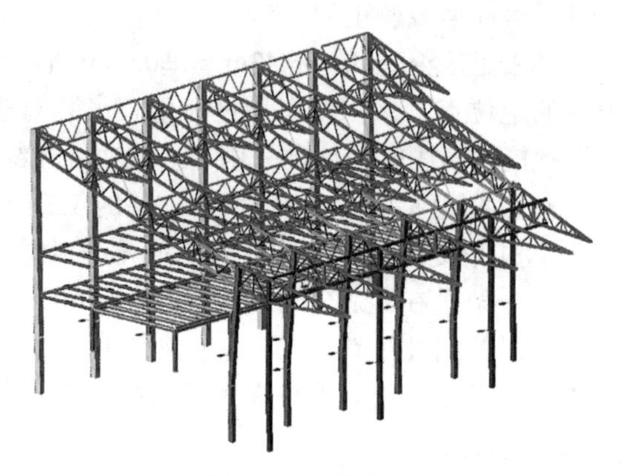

图 3　吊装模拟图

（3）斜柱与多通斜桁架梁焊接

① 焊接接头拼装

为了与现场实际焊接附合规范要求，采用模拟图交工厂加工焊接坡口，如图 4 所示。

② 根据吊装前在柱顶中心及桁架梁头的焊接 L 形定位点，在高空一次性对接定位完成后，二人采用 CO_2 气体保护焊高空双面焊接，吊装一榀焊接一榀，焊接完成后松下吊钩，再进行下一榀桁架梁的吊装，如图 5 所示。

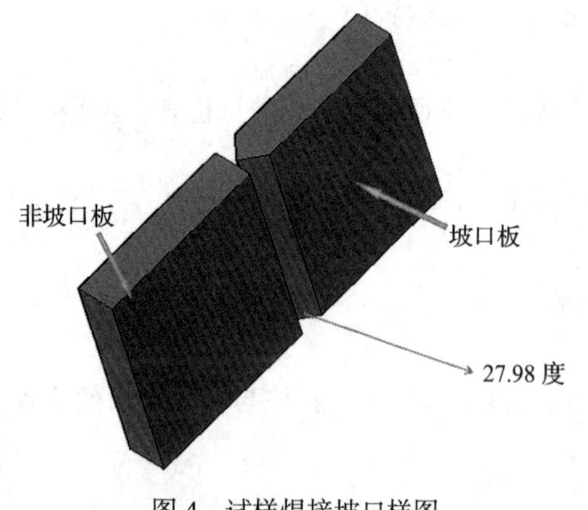

图 4　试样焊接坡口样图

图 5　多通钢结点定位焊接完成图

（4）焊后清理及检查

① 焊后应认真除去飞溅与焊渣，并认真采用量规等器具对外观几何尺寸进行检查，不得有低凹、焊瘤、咬边、气孔、未融合、裂纹等缺陷存在。

② 经自检满足外观质量标准的接头应錾上焊工编号钢印，并采用氧炔焰调整接头上、下部温差；处理完毕根据室外气温情况，采用不少于两层石棉布紧裹并用扎丝捆紧。

③ 经确认达到一级焊缝标准后方可允许拆去防护措施。

5.2.4　焊缝检测

（1）焊接完成24h后对焊缝外观进行目测检查，有未焊满或成型不好的焊缝必须进行补焊，并打磨光滑（焊缝余高不予以处理）。

（2）对每条焊缝进行唯一性标识（注明施焊工的编号、焊接日期），并对焊缝进行100%的超声波探伤，达到I级焊缝要求方能合格，否则执行不合格品处理程序，进行返工。

6　材料与设备

（1）实际操作中焊接工人必须取得人力资源和社会保障部、国家安监总局联合颁发的CO_2气体保护焊执业资格证。

（2）本工法中主要选用设备包含的焊接设备及检测设备，具体见表1、表2。

表1　焊接设备

序号	设备名称	设备图示	主要用途
1	二氧化碳多功能焊机		各种类型的焊接（板材、管材等）
2	直流焊机		构件安装、校正时临时措施焊接；其他辅助焊接
3	二氧化碳流量计、氧气减压器及乙炔减压器		二氧化碳流量计直观地反映CO_2流量，减压器保持输出气体的压力和流量稳定不变的调节装置
4	碳弧气刨枪		碳弧气刨枪用于焊缝修补，使用专用的空心碳棒，正极反接使用
5	空压机		配合碳弧气刨枪使用，为碳弧气刨枪提供高压空气

续表

序号	设备名称	设备图示	主要用途
6	焊条保温筒		便携式焊条保温筒用于现场施焊时焊条保温，能够持续保温 4h
7	角向磨光机		用于检验合格的焊缝打磨、抛光及临时连接耳板割除后的打磨、抛光

表 2　检测设备

序号	设备名称	设备图示	主要用途
1	测温仪		厚板焊接时检测预热温度、层间温度、后热温度、保温温度等
2	焊缝量规		用于焊接完成后进行焊高、焊脚、弧坑等自检工具。
3	焊缝检测成套设备		用于工序验收时进行抽检项目检查的成套工具
4	便携式超声波探伤仪		内部缺陷无损探伤

7　质量控制

7.1　质量标准

《钢结构设计标准》(GB 50017—2017)；

《钢结构工程施工规范》(GB 50755—2017)；

《钢结构焊接规范》(GB 50661—2011)；

《钢结构工程施工质量验收规范》(GB 50205—2001)；

《焊缝无损检测　超声检测　技术、检测等级和评定》(GB/T 1134—20135)。

《工程测量规范》(GB 5002—20076)；

7.2　斜柱、桁架梁进场验收

（1）钢材：质量证明书的内容需符合设计及相关规范的要求。原材料进场后应按规范要求对原材进行检测，检测项目包括：化学成分分析检验和力学性能检测。

（2）焊材：质量证明文件、品种、规格、型号符合设计及规范要求。焊条、焊丝应存储在干燥、通风良好的地方，并设专人保管。

（3）构件检查：检查构件编号、规格、尺寸是否与加工图一致。

7.3　测量安装控制措施

（1）所有的测量器具和测量仪器，必须经国家技术监督局授权的计量检定单位进行检定、校准，并在有效使用期限以内使用，在施工中所使用的仪器必须保证精度的要求。

（2）测量作业人员持证上岗，测量技术人员具备中级职称以上的资质证书，所有的测量人员具备相关施工测量经验。

（3）轴线误差控制措施：在起吊重物时，钢结构本体会产生水平晃动，此时应尽量停止放线，为防止阳光对钢结构照射产生偏差，放线工作要安排在早晨与傍晚进行，钢尺要统一，使用时要进行温度、拉力校正。

（4）标高误差控制措施：标高调整采用垫片或地脚螺栓。由于土建和制作的累积误差都集中在吊装工作上，为控制结构标高，在钢结构加工时，定位支座高度可做负偏差，标高可用插片进行调整。

7.4　焊接控制措施

（1）为减少焊缝中扩散氢含量，防止冷裂和热影响区延迟裂纹的产生，在坡口的尖部均采用超低氢型焊条打底，然后用低氢型焊条或气体保护焊丝做填充。

（2）每条焊缝在施焊时要连续一次完成，大于 4h 的焊接量焊缝，其焊缝必须完成 2/3 以上才能停止施焊，在二次施焊时，应先预热再施焊，间歇后的焊缝开始工作后中途不得停止。

（3）气候条件：雨天原则上停止焊接，风速 2m/s 以上不准焊接，一般情况下，为充分利用时间，减少气候的影响，采用防雨和挡风措施；气温在 0℃以下时，焊缝应采取保温措施。

8　安全措施

8.1　起吊安全措施

（1）构件起吊作业时，机械操作人员必须按设备性能、起重大小与多少，进行试吊，确定吊点中心，保证平衡起吊就位，严禁超重吊装，对不明重量物体应查清重量并向有关指挥人员汇报批准，吊装前应在箱柱上做好操作台，柱身上焊好钢爬梯，方可按预定方案吊装作业（图 6）。

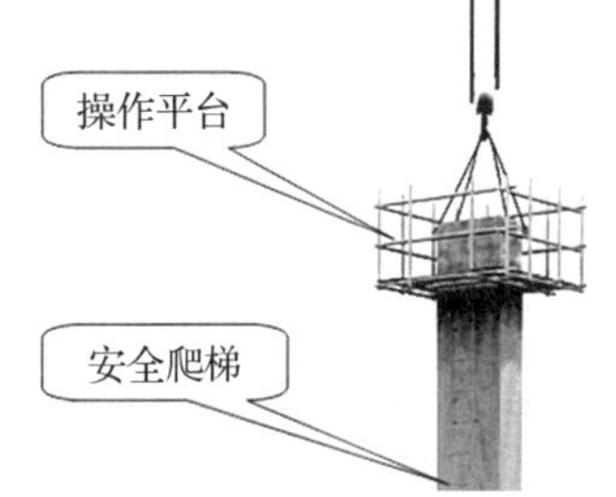

图 6　钢箱柱吊装及安全设施图

（2）起吊时，吊臂下及吊臂的回转范围内无关人员严禁停留或通过。上下交叉作业时，中间必须设置防护隔离措施。

（3）多吊点吊装时，必须防止吊件受力不均匀遭受破坏。应根据吊装工艺及吊装措施进行吊装。

（4）起吊时，吊件上禁止放置或悬挂零星物件。吊装期间遇有大风、大雪、大雨禁止进行吊装工作。严禁将重物长时间悬吊空中，当作业中休息或离开应将吊物落到地面。防止高处坠物及物体打击等安全事故的发生。

8.2　安全生命线搭设

钢梁上方靠外侧，拉 ϕ8mm 钢丝绳，作为吊装人员临时行走通道，梁面行走时安全带扣于钢丝绳上。

8.3　钢柱接头安全防护

（1）在高空进行钢柱接头焊接操作时，必须在柱对接处设置钢柱安装操作架。

（2）钢柱对接口落在牛腿节点上时，钢柱操作平台应搁置在牛腿上，平台四周与牛腿接触部位必须可靠焊接牢固，确保人员操作安全。

（3）钢柱对接口未落在牛腿节点而在柱身上时，钢柱操作平台内圈必须与钢柱焊接牢固，并在四周下方焊接可靠挡板，操作平台外侧四角必须与柱身之间焊接四根以上角钢或工字钢斜撑，必须可靠牢固确保人员操作安全。

9　环保措施

（1）严格执行《建设工程施工现场环境与卫生标准》（JGJ 146—2013）及相关施工管理规定。认真履行《文明施工责任协议书》。

（2）施工现场必须建立环境保护、环境卫生管理和检查制度，并应做好检查记录。

（3）对施工现场作业人员的教育培训、考核应包括环境保护、环境卫生等有关法律、法规的内容。

（4）焊接过程中注意对电弧光进行遮挡，避免光污染。

（5）焊接过程中产生的废焊丝及时清扫归堆，按环保要求处理。

（6）安全防护设施应完善，建筑垃圾和生活垃圾不得随意堆放、乱放、做到工完料清，垃圾应倾倒至业主及有关管理部门指定的地点。

10　效益分析

（1）本工法在整个过程中因施工工序的连续性，工艺的成熟可靠性，能有效的缩短工期、降低成本、最大程度地减少对周围环境的影响，做到了质量有保障、环境无影响、职业健康安全有保证，为此后类似工程项目提供了可靠的依据及技术指导，通过应用本工法取得良好的社会效益和环境效益。

（2）本工法钢结构的安装工序和质量控制等方面具有较强的指导意义，有利于施工工艺的推广和应用，提高企业的竞争力。

（3）因对斜柱顶多通桁架梁安装过程中可能发生问题的提前预见，并作了相关防范准备，本工法能节约人工和机械台班等费用约 8000 ～ 30000 余元。

11　工程实例

11.1　凤凰古城旅游保护设施建设设计、采购、施工（EPC）总承包项目

凤凰古城旅游保护设施建设设计、采购、施工（EPC）总承包项目中，旅游服务中心采用大跨度钢框架结构，多层商业及地下室采用柱板 - 剪力墙结构。斜柱顶截面为□形 500mm × 500mm，斜柱顶需平行安装 6 榀多角度截面为□形 250mm × 250mm 的主桁架梁，施工难度大。通过该工法的应用，每条焊接缝全部通过多方检测，极大地提高了生产效率，受到了监理、建设单位和建设行政主管部门的一致好评。

11.2　龙山县体育中心项目

龙山县体育中心项目设计、采购、施工一体化总承包（EPC）项目主要包括体育场、体育馆、全民健身等体育设施用房及配套商业。在体育场钢结构桁架施工中应用了本工法，有效提高了安装精度及施工进度，确保了工程工期与质量，获得监理、建设单位一致认可。

火电厂吸收塔锥形塔顶构件非机械高空旋转施工工法

戴响春　郝寸寸　朱智勇　沈　睿　李　佰

湖南省工业设备安装有限公司

摘　要：本工法所采用的“吸收塔锥形塔顶构件非机械高空旋转技术”，在条件制约下，打破了传统的利用大型吊车进行旋转施工的方法，特制弧形滑轨、弧形滑块，利用塔体结构，将弧形滑轨焊接在塔体上，将弧形滑块安装于吸收塔锥形塔顶构件上，通用滑块在滑轨上滑动达到吸收塔锥形塔顶构件在高空中旋转的目的。该工法达到了全国火力电厂脱硫改造工程同类项目施工技术的先进水平，有效地解决了火力发电厂发电机组停机时间短、场地狭窄、空中障碍物多、无法使用大型吊装机械施工，脱硫塔等锥形塔顶构件需在高空中整体旋转的难题，属于国内首创，具有重要的推广价值。

关键词：锥形塔顶构件；高空整体旋转；大型吊车；滑轨

1　前言

火力发电厂在超低排放脱硫改造工程中，需在原一级塔基础上新建二级塔进行扩容，由于厂区原有建筑物、构筑物限制，两个塔的烟道不能直接对接；一级吸收塔塔顶为半锥形顶，半锥形顶与烟气出口烟道连接为一体，不能在一级塔顶重新开孔与二级塔入口烟道对接。

拆除、分段重新制作安装一级吸收塔塔顶及烟气出口烟道，不仅投资大，工期也无法满足电厂要求；将一级锥形塔顶和烟气出口烟道整体（以下简称锥形塔顶构件）在塔顶旋转90°左右成为最佳选择。

由于脱硫区域建、构筑物限制，部分项目无法使用大型汽车吊（一般为500t以上）旋转锥形塔顶构件，采用“吸收塔锥形塔顶构件非机械高空旋转技术”可以很好地解决这一难题，所谓“非机械高空旋转技术”就是将锥形塔顶构件置于特制的弧形滑块上，利用手拉葫芦拉动弧形滑块在特制的旋转轨道上滑动进行旋转的施工方法。

2　工法特点

（1）解决了由于脱硫区域建、构筑物限制，不能使用大型起重吊装机械（一般为500t以上）进行施工的难题。

（2）不需要拆除锥形塔顶构件，节约投资，大大缩短工期。

（3）自主研发的旋转轨道、弧形滑块等在停炉前制作，能缩短工期。

（4）锥形塔顶构件与塔体的切割线选择在锥形塔顶构件与塔体连接处下1.0m左右处，不会破坏原有的结构。

（5）原有塔外加固圈、塔内除雾器支撑梁对上下两节起加固作用，整体稳定性好，安全可靠。

（6）施工难度低，操作方便，设备要求简单，易于推广。

3　适用范围

适用于不能使用大型起重吊装机械进行施工的火力发电厂超低排放脱硫改造工程中锥形塔顶构件整体旋转，也适用于不能使用或没有大型起重吊装机械进行施工的类似塔顶的整体旋转。

4　工艺原理

在脱硫塔锥形塔顶构件与塔体之间适当位置将锥形塔顶构件与塔体进行切割，将构件与塔体割断分成上下两节，将特制的弧形滑块安装在构件上，将特制的弧形旋转轨道安装在塔体上，在手拉葫芦的牵引下，利用弧形滑块在弧形旋转轨道上缓慢滑动达到旋转的目的。

5　施工工艺流程及操作要点

5.1　施工工艺流程

施工技术准备→切割线定位、划线→清除吸收塔内壁防腐层→安装弧形旋转轨道→安装顶升、旋转牛腿→切割吸收塔壁板→安装顶升千斤顶→整体顶升锥型塔顶构件→安装弧形滑块→安装旋转手拉葫芦→整体旋转锥形塔顶构件→锥形塔顶构件再顶升和落位→锥型塔顶构件与塔体壁板对接→拆除旋转装置。

5.2　操作要点

5.2.1　施工技术准备

（1）技术准备：依据“吸收塔锥形塔顶构件非机械高空旋转技术”，策划、编制施工技术交底、安全技术交底文件，应用 BIM 技术建模（图 1、图 2、图 3、图 4），针对施工工艺流程，制作实施动画；应用 BIM 技术进行三维可视化交底与指导施工。

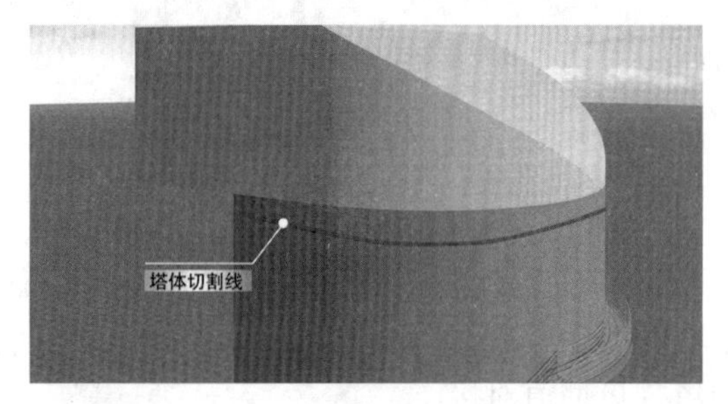

图 1

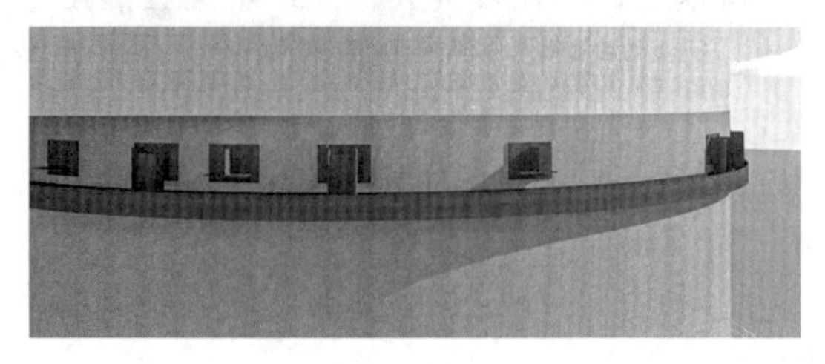

图 2

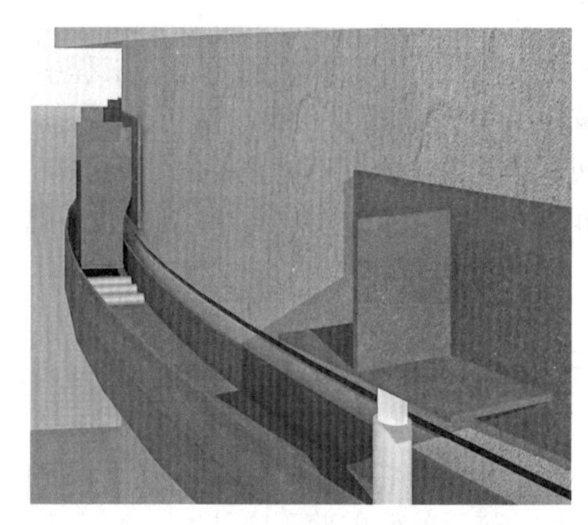

图 3

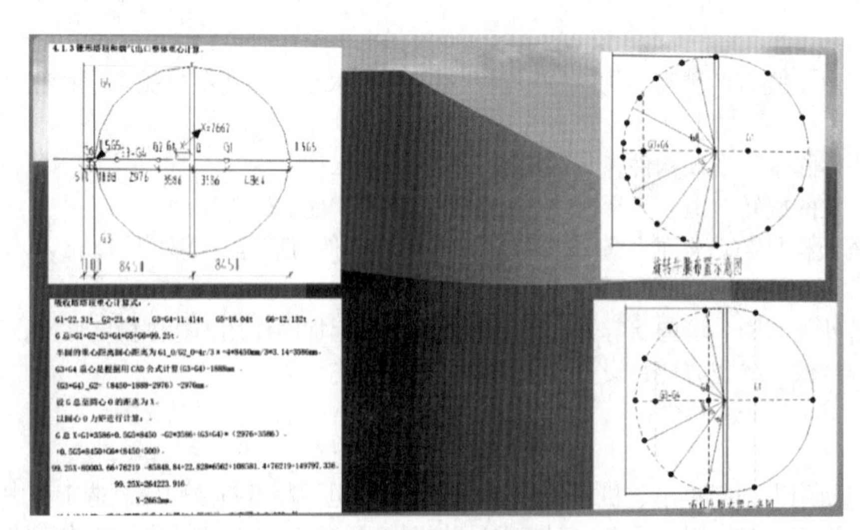

图 4

（2）其他准备：按照设计，提前制作特制的弧形滑块、特制的弧形旋转轨道，提前做好人力、设备、材料等准备。

5.2.2　切割线定位、划线

（1）依据原竣工图，可以确定锥形塔顶构件的结构及几何尺寸，进而可以确定锥形塔顶构件与塔体切割线位置；一般情况下，锥形塔顶构件与塔体之间的切割线选择在其接口位置往下 1m 左右处。

在确定切割线位置后，需要计算锥形塔顶构件的质量和构件的重心位置。

质量的计算根据原竣工图来计算，需要注意的是保温龙骨、保温材料、防腐层的重量不得遗漏。

锥形塔顶构件的烟道侧、锥顶侧几何形状不同，钢板的厚度、加固型钢的种类规格等不同，锥形塔顶构件重量分布很不均匀（图 5），锥形塔顶构件重心偏移塔体中心大，需根据锥形塔顶构件几何尺寸、旋转（顶升）质量及分布，计算锥型塔顶构件重心位置，图 6。

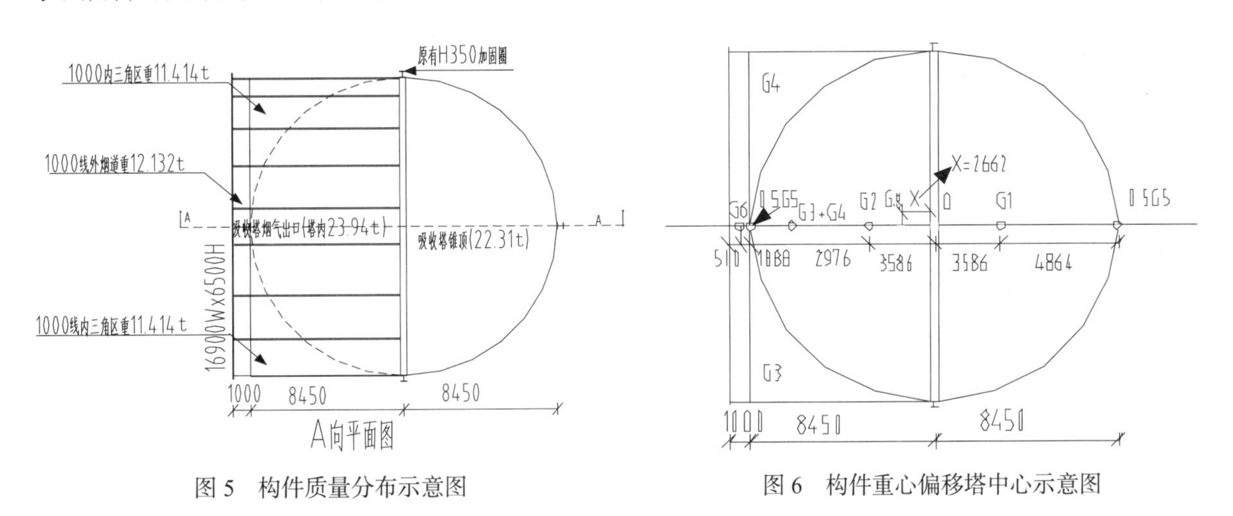

图 5　构件质量分布示意图　　图 6　构件重心偏移塔中心示意图

（2）在锥形塔顶构件与塔体接口位置外壁上选 1 个点，垂直往下丈量 1m 左右作为基准点，用水准仪沿吸收塔外壁精确确定切割线。

（3）注意事项：

① 切割线位置需要根据锥形塔顶构件上原有加固圈大小、塔内除雾器支撑梁位置、初步确定的牛腿大小等经过计算确定，尽量靠近构件。

② 水准仪必须经过校验，以保证切割线精度。

5.2.3　清除吸收塔内壁防腐层

吸收塔塔体切割前，塔内壁切割线上下 300mm 防腐层需清除干净，既便于切割又保证切割质量，在施工完成后重新进行防腐。

5.2.4　安装弧形旋转轨道

① 弧形旋转轨道安装在塔体切割线下方塔体外壁板上，靠近切割线。

② 弧形旋转轨道安装线需要根据弧形滑块尺寸、锥形塔顶构件顶升距离、顶升千斤顶规格尺寸来确定，其安装线一般在切割线下 30 ～ 50mm。

③ 弧形轨道的型式、规格、材质等需要根据塔体直径、椭圆度、弧形滑块受力大小、弧形滑块大小、顶升千斤顶的最大几何尺寸等计算确定，一般采用焊接弧形 H 型钢，轨道底部按轨道弧形均布安装 N 块 $\delta=16$ ～ 18mm 支撑板且延伸至与壁板焊接，材质为 Q345B。

计算时，需要考虑安全系数，安全系数一般选 0.75。

（4）按照切割线定位、划线方法，用水准仪画定弧形旋转轨道安装线。

（5）弧形旋转轨道安装线确定好后，安装弧形旋转轨道，轨道与壁板之间的焊接应满足弧形轨道设计要求，如图 7 所示。

（6）注意事项：

① 计算确定弧形轨道的规格时必须考虑原有塔体的椭圆度。

② 弧形旋转轨道的制作需按照“吸收塔锥形塔顶构件非机械高空旋转技术”确定的规格、技术要求制作。

5.2.5　安装顶升、旋转牛腿

（1）顶升、旋转牛腿安装在塔体切割线上方塔体外壁板上。

图 7　弧形旋转轨道安装示意图

（2）根据锥形塔顶构件重心位置及构件重量，确定顶升千斤顶的型式、规格、数量等；由于构件质量分布很不均匀，构件重心偏移塔体中心大，因此，为了保证每个顶升千斤顶受力均匀，千斤顶的位置需要经过计算确定。千斤顶的数量不能过小，过小的话，千斤顶的规格大，造成弧形旋转导轨规格大，一般选 12～16 个。千斤顶的数量、位置确定了，顶升牛腿的数量、位置就确定了。

同样道理，旋转牛腿的数量、位置也必须经过受力计算确定。需要注意的是，牛腿的布置是不均匀的，如图 8、图 9 所示。

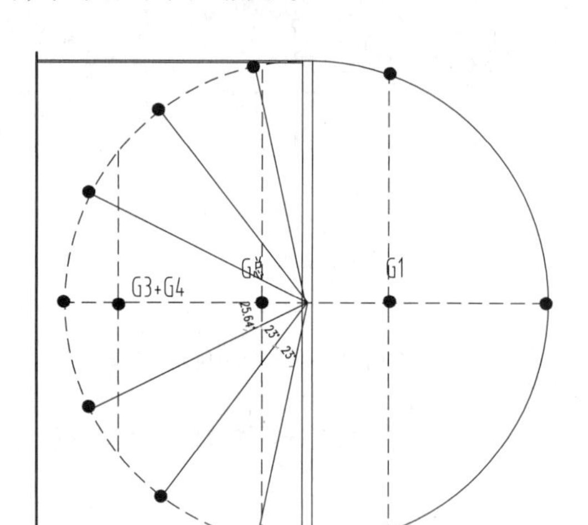

图 8　顶升牛腿布置示意图

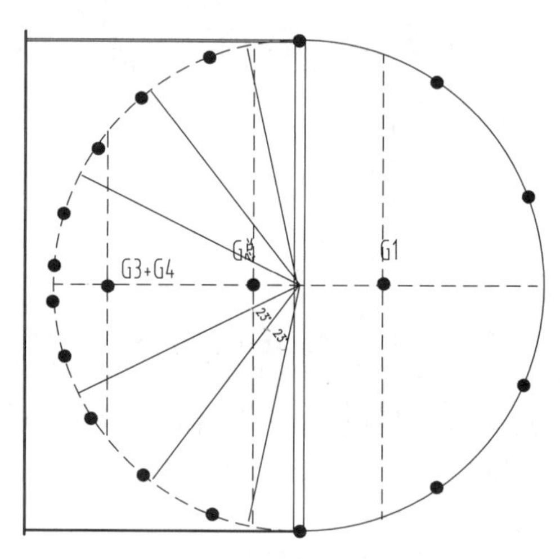

图 9　旋转牛腿布置示意图

（3）按照确定的顶升、旋转牛腿布置图安装牛腿，立焊焊缝必须采用全熔透焊满焊，如图 10、图 11 所示。

图 10　顶升牛腿示意图

图 11　旋转牛腿示意图

（4）注意事项：顶升、旋转牛腿的标高都要保持一致。

5.2.6　切割吸收塔壁板

安排 4 个或 8 个焊工在塔体对称位置沿画好的切割线同时切割壁板。切割时，沿切割线对称保留 200 ～ 300mm 长的 8 个点暂不切割，待顶升牛腿、顶升千斤顶安装好后再切割。

切割可用气割或等离子切割机。

5.2.7　安装顶升千斤顶

根据确定的顶升牛腿位置安装好顶升千斤顶，安装千斤顶的同时使每个千斤顶均匀适当受力，每个千斤顶受力后，检查千斤顶的状态，保证每个千斤顶状态正常，如图 12 所示。

图 12　顶升千斤顶安装示意图

5.2.8　整体顶升锥形塔顶构件

（1）割断壁板上保留的切割点并检查千斤顶的受力情况，在保证每个千斤顶的受力基本一致的情况下开始顶升。顶升时，千斤顶要同时顶升且每次、每个千斤顶的顶升行程基本相同，顶升高度 30 ～ 50mm，不影响旋转即可。

（2）正式顶升时，先应试顶，试顶高程约 10mm，顶升到 10mm 左右时，静置 5min，确定无异常情况后正式顶升。

5.2.9　安装弧形滑块

（1）将弧形滑块安装在旋转牛腿底部，每个弧形滑块底面到弧形旋转导轨面距离要相同，以保证各滑块受力基本一致。

（2）弧形滑块安装好后，同时均匀松开顶升千斤顶，让弧形滑块落在弧形旋转导轨上，对各弧形滑块状态进行检查，在弧形滑块状态良好，检查无误后移开顶升千斤顶。

（3）注意事项：为减少弧形滑块与弧线旋转导轨之间的摩擦力，可在导轨上涂层润滑油。

5.2.10　安装旋转手拉葫芦

（1）用长链手拉葫芦作为锥形塔顶构件旋转的牵引力，沿塔体外壁做切线旋转。

（2）计算弧形滑块与弧形旋转导轨之间的最大摩擦力，葫芦的大小控制在 2 ～ 3t 之间，根据摩擦力计算手拉葫芦的大小，一般用 8 ～ 12 个葫芦。

（3）手拉葫芦挂点、挂钩挂点要根据弧形滑块布置来确定，手拉葫芦沿塔体对称布置。

（4）在导轨内翼板靠近切割线位置焊接吊耳，用于挂手拉葫芦，在旋转牛腿底板上割孔，用于挂手拉葫芦的挂钩。吊耳的位置根据手拉葫芦链条长度确定。旋转手拉葫芦安装如图 13 所示。

图 13　旋转手动葫芦安装示意图

5.2.11　整体旋转锥形塔顶构件

（1）旋转前，应在吸收塔筒体 90°（烟气出口烟道中心）和旋转角度位置做好标记线。

（2）旋转时，同时均匀缓慢拉动手拉葫芦，使锥形塔顶构件缓慢旋转，根据手拉葫芦导链长度和构件旋转行程，可进行多次旋转，直到旋转到位。

（3）当 90° 线与旋转角度位置线对正重合时，即旋转到位，如有轻微偏差，可用手拉葫芦进行调整。

（4）注意事项：整体旋转时应由起重工统一指挥，用力需均匀。

5.2.12　锥形塔顶构件再顶升和落位

（1）在顶升牛腿位置重新安装顶升千斤顶，将锥形塔顶构件顶升 20 ～ 30mm，拆除弧形滑块。

（2）同时均匀松开顶升千斤顶，使锥形塔顶构件落位与塔体对接。

5.2.13 锥形塔顶构件与塔体壁板对接

以旋转位置线为起点，从吸收塔对角线处进行上下壁板对接，对接方法按吸收塔制作方案进行。

5.2.14 拆除旋转装置

对接完成，经检查合格后拆除牛腿、旋转轨道、千斤顶等设施。

6 材料与设备

材料与设备表见表 1。

表 1 材料与设备表

序号	名称	型号、规格	单位	数量	备注
1	特制弧形旋转导轨	根据计算确定	m	若干	
2	特制弧形滑块	根据计算确定	个	若干	
3	水准仪		台	1	
4	汽车吊	吊装导轨一般 100t	台	1	
5	汽车吊	制作、转运导轨一般 16t	台	1	
6	平板汽车	转运导轨一般 15t	台	1	
7	等离子切割机	LG60-E	台	4 ~ 8	
8	逆变电焊机		台	4 ~ 8	
9	长链手拉葫芦	2t、3t	台	10 ~ 14	备用 2 个
10	长链手拉葫芦	5t	台	2	
11	短型千斤顶	根据计算确定一般选用 20t	台	12 ~ 14	备用 2 个
12	钢板	δ = 12mm、16mm Q345B	m²	若干	
13	脚手架管	$\phi 48 \times 3.5$	m	若干	
14	扣件		副	若干	
15	钢架板	根据现场定	块	若干	

7 质量控制

（1）质量控制标准

① 特制弧形旋转导轨、弧形滑块、牛腿等的焊接执行《钢结构焊接规范》(GB 50661—2011)。

② 锥形塔顶构件与塔体的组对焊接执行《火电厂烟气脱硫工程施工质量验收及评定规程》(DL/T 5417—2009)。

（2）质量控制措施

① 做好技术交底、安全技术交底。

② 焊工必须持证上岗。

③ 焊接过程、焊接完后由技术负责人组织检查。

④ 锥形塔顶构件与塔体的组对焊缝需无损检测合格。

8 安全措施

（1）做好培训和安全交底、安全技术交底。

（2）弧形旋转导轨、弧形滑块、牛腿等必须经过力学计算后确定其型式结构，确定钢板的钢号、厚度，确定焊接方式、焊接要求等。

（3）千斤顶、手拉葫芦等必须经过荷载计算后方能选型，选型符合《工程建设安装工程起重施工规范》(HG 20201—2000) 的相关要求。

（4）搭设好旋转操作平台。

可利用原吸收塔操作平台作为旋转操作平台，不能利用的地方需搭设脚手架操作平台，脚手架可从下层平台开始搭设。

（5）停炉后对锥形塔顶构件进行检查核对。

① 停炉后，细致检查锥形塔顶构件，通过与竣工图进行对比，核实锥形塔顶、烟气出口烟道、塔内部件等是否与竣工图一致，确保锥形塔顶构件重量准确。

② 检查吸收塔壁板腐蚀情况，只要防腐层不被破坏，壁板基本不会腐蚀。

（6）做好安全监测工作

① 施工过程中，必须有专职安全员全程监护。

② 切割作业时，塔内需安排安全监护人员执守，防止火灾。

③ 顶升时，必须安排施工人员对弧形旋转导轨、千斤顶、牛腿焊缝进行检查，发现千斤顶损坏或焊缝裂缝，立即停止作业，并进行加固处理。

（7）起重作业必须由起重工进行指挥，起重机臂下严禁站人。

（8）特种作业人员（吊车司机、起重工、焊工）必须持证上岗。

（9）进入施工现场必须带好安全帽，高处作业必须系好双钩安全带。

（10）不允许在雨天、夜间和5级以上大风天气的情况下进行施工。

9　环保措施

（1）按《环境管理体系要求及使用指南》(GB/T 24001—2016）执行。

（2）及时清理施工现场废料、边角余料，有利用价值的二次利用，无利用价值的定期处理。

（3）及时清理现场垃圾，做好文明施工。

（4）焊接时，焊接操作人员必须按规定使用防护手套、防护面罩。

10　效益分析

（1）工期能满足火力发电厂发电机组停机时间短的要求。

在无法使用大型汽车吊（一般为500t以上）的情况下，采用本工法旋转锥形塔顶构件，仅仅4～5d就能旋转到位，比采用大形汽车吊旋转锥形塔顶构件多3～4d时间，完全能满足电厂对整个脱硫改造工程45d工期的要求。与拆除、重新制作安装计算的19d工期比较，工期可缩短14d。

（2）经济效益显著

以大唐贵州发耳发电有限公司2号、4号、3号机组脱硫脱销超低排放改造工程为例，对比分析各施工方案成本：

① 采用本工法施工：

材料工机具费30070.00元，机械费17200.00元，人工费64800.00元，安全措施费11200.00元，合计123270.00元，锥形塔顶构件总重（含保温层）99.24t，平均成本为1242.00元/t。

② 采用大型吊车（假定）：

材料（吊耳等）费2180.00元，机械费（600t/650t主吊车、70t辅吊）114000.00元，人工费（前期准备、旋转就位等）8660.00元，安全措施费19660.00元，合计144500.00元，锥形塔顶构件总重（含保温层）99.24t，平均成本为1456.00元/t。

③ 采用拆除、分段重新制作安装成本：

拆除81.2t（出口烟道58.9t、锥形塔顶22.3t），拆除保温层500m²，烟道和塔顶拆除费用750.00元/t，保温层拆除25.00元/m²，废钢材处理1250.00元/t，拆除处理废钢后，费用结余346.00元/t。

烟道制作安装费6450.00元/t，锥形塔顶制作安装费6650.00元/t，保温135.00元/m²，平均制作安装成本为7340.00元/t。

拆除、重新制作安装成本为7340.00元/t−346.00元/t=6994.00元/t。

综合上述，本工法与采用大型汽车吊（500t 以上）的成本接近，但有效地解决了无法使用大型汽车吊的难题；比拆除重新制作安装节约 5752.00 元 /t，效益巨大。

（3）社会效益明显

本工法有效地解决了火力发电厂发电机组停机时间短、场地狭窄、空中障碍物多，无法使用大型吊装机械、脱硫塔锥形塔顶构件重量大、重心偏心大，需要在高空中整体旋转的难题，保证了电厂的大修工期，按计划并网发电，保证电网安全。

该工法是根据现场实际情况自主创新的新型工艺，达到了全国火力电厂脱硫改造工程同类项目施工技术的先进水平，具有广泛的推广价值。

（4）节能与环保效益好

采用本工法施工，不需要拆除锥形塔顶构件，没有了拆除带来的灰尘特别是保温材料灰尘、烟气对周围环境的污染；没有了废料运输、处理过程中灰尘、烟气对周围环境污染。减少拆除时需消耗的氧气、乙炔、电等能耗，减少钢材的回收与二次冶炼的能耗，最大程度地节约材料，减少能耗，获得良好的节能与环保效益。

11　应用实例

从 2016 年 12 月至今，本工法先后应用于大唐贵州发耳发电有限公司 2 号、4 号机组脱硫脱销超低排放改造工程、大唐贵州发耳发电有限公司 1 号、3 号机组脱硫脱销超低排放改造工程等，工期 4 ～ 5d，通过工程实际运用和运用过程中改进，其技术已经成熟，安全可靠，成本可控、经济效益和社会效益显著。

BIM技术辅助木结构榫卯施工工法

潘　超　张益清　徐　臻　刘　勇　刘海强

湖南省第三工程有限公司

摘　要： 针对传统工艺不断丢失的现状，我司对木构件结构榫卯施工工艺进行了创新、研究及推广，本工法介绍了利用BIM技术辅助木构件结构榫卯施工的工艺，该工法既能将传统的木构件结构榫卯连接施工工艺传承，又能提高生产效率，缩短施工工期，减少资源浪费。同时，工程质量、安全及文明施工方面与传统木构件施工方法相比有明显提升。

关键词： 木结构；木构件；榫卯；连接

1　前言

随着时代的快速发展，我们丢失了很多宝贵的传统工艺，对传统工艺最好的保护，并不是把它规划到非物质文化遗产，而是将它传承下去，并融入我们的生活。因此针对现状，对木构件结构榫卯施工工法的创新、研究及推广，将对传统工艺的保护和传承有着实际意义。我司在湘潭窑湾历史文化街区施工中，采用了一种区别于传统木结构施工方法的木构件结构榫卯连接施工方法，既能将传统的木构件结构榫卯连接施工工法传承，又能提高生产效率，缩短施工工期，减少资源浪费。同时，工程质量、安全及文明施工方面与传统木构件施工方法相比有明显提升。我公司技术人员在施工中不断实践、改进、总结该项施工工艺，现将该施工工艺总结并形成本工法。

2　工法特点

（1）采用此工法使传统木制作手工艺在现代化施工过程中得到了传承，有效地保护了非物质文化遗产。

（2）采用此工法，使木构件的材料下料误差减少，通过工厂进行木材的粗加工及防腐、防虫、防火处理，能有效地减少现场的加工废料及环境污染。

（3）采用此工法操作简便、能有效地提高木构件施工工效，有利于工期控制和成本控制。

3　适用范围

适用于有仿古要求的木结构建筑、景观木结构连廊施工。

4　工艺原理

木构件结构的立柱、横梁、顺檩等构件的原材料均采用BIM技术排板下料，再通过工厂进行防火、防虫、防腐处理及初步裁切、打磨加工。材料进场后按排板编号进行分类、验收并剔除或更换不合格的材料。

现场技术人员对工匠师傅进行技术交底及BIM可视化交底，工匠师傅严格按照交底内容对分类后的原材料进行二次深加工（抛光、打磨、开槽），凿出榫头、卯眼，木构件榫卯连接，拼装、吊运、安装。

5　工艺流程及操作要点

5.1　工艺流程（图 1）

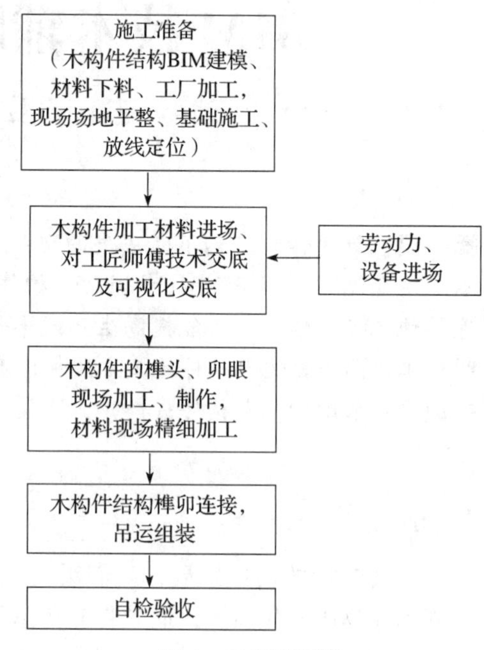

图 1　工艺流程图

5.2　操作要点

5.2.1　施工准备

采购木材等原材料、BIM 建模、下料、场地平整、基础施工、放线定位。

木材材质、规格、数量必须与施工图要求一致。板、木方材料不允许有腐朽、虫蛀现象，在连接的受剪面上不允许有裂纹，木节不可过于集中，且不允许有活木节。原木或方木含水率不应大于 25%，木材结构含水率不应大于 18%。防腐、防虫、防火处理按设计要求施工。木材在使用前，已在厂家通过了防火、防虫、防腐处理，同时经过高压烤箱烘干运至现场，这样不仅可以防止弯曲、变形和裂缝，还能提高强度，便于防腐处理与油漆加工等，以延长木制工程的使用年限。

5.2.2　劳动力、设备、材料进场，现场技术交底

机具设备、劳动力进场，资金准备。各种木构件按施工图要求采用 BIM 建模技术排板下料加工，根据不同加工精度留足加工余量。加工后的木构件及时核对规格及数量，分别堆放整齐。对易变形的硬杂木，堆放时适当采取防变形措施。

项目部技术人员利用 BIM 技术对施工班组（即工匠师傅）进行技术交底及可视化交底，让工匠师傅对木构件的榫头、卯眼的形态、尺寸、规格有更直接的了解，便于后续工作的开展。

5.2.3　木构件的榫头、卯眼现场加工、制作，材料精细加工

工匠师傅根据交底内容及可视化图片，对木构件材料进行现场二次深加工，对木材表面进行抛光、打磨，凿出榫头、卯眼。榫、卯加工尺寸技术要求见表 1：

表 1　榫卯尺寸加工技术要求控制表

序号	项目	技术要求（mm）	检验方法
1	榫头厚度	卯眼宽度 +1 ～ 2	尺量
2	榫头宽度	硬材：卯眼长 +0.5 软材：卯眼长 +1	尺量
3	榫头长度	卯眼深度 –2 ～ 3>0.5* 卯眼零件厚度	尺量
4	直角榫头的厚度	0.4 ～ 0.5* 方材厚度	尺量
5	双榫的厚度	0.4 ～ 0.5* 方材厚度	尺量

注：* 榫头端头常做倒角处理以方便插入卯眼，若部件的横截面超过 40mm × 40mm 时宜采用双榫。榫结合采用基孔制，榫头厚度应调整到与方型套钻相符的尺寸。

5.2.4　木构件组装

对各构件进行榫卯连接、组装，然后吊运、安装。结构构件质量必须符合设计要求，堆放或运输中无损坏或变形。木结构的支座、支撑、连接等构件必须符合设计要求和施工规范的规定，连接采用直榫和斜榫，榫肩的倾斜度不得大于 10°，必须牢固，无松动。屋架、梁、柱的支座部位应按设计要求或施工规范作防腐处理。架和梁、柱安装的允许偏差和检验方法见表 2：

表 2　架和梁、柱安装允许偏差表

序号	项目	允许偏差（mm）	检验方法
1	结构中心线距离	±20	钢尺量
2	垂直度	*H*/ 200 不大于 15	吊线量（*H* 为构件高）

续表

序号	项目	允许偏差（mm）	检验方法
3	受压或压弯件纵向弯曲	$L/300$	拉线或吊线尺量（L 为构件长）
4	支座轴线对支撑面中心位移	10	尺量
5	支座标高	±5	水准测量
6	木平台平整度	±2	2m 靠尺和塞尺量

5.2.5　自检验收。

6　材料与设备

6.1　所需材料见表3。

表3　材料表

序号	名称	规格、型号	性能及用途	备注
1	麻石柱墩	$\phi 300$	立柱基础	
2	原木	—	主体结构	

6.2　所需设备见表4。

表4　仪器设备工具一览表

序号	名称	型号	主要功能	数量
1	电脑	组装	建模排板	2
2	多功能伐木锯	龙韵	切割工具	3
3	手持切割机	博世	切割工具	5
4	木工锯线锯	博世	切割工具	3
5	电冲击钻	博世	打磨工具	3
6	木材抛光打磨机	威克士	打磨工具	3
7	激光铅垂仪		测绘工具	1
8	墨斗		测量放线	3
9	全站仪	博飞	测量放线	1
10	100m 钢卷尺	长城	测量放线	1
11	7.5m 钢卷尺	长城	测量放线	6
12	汽车吊	三一	安装	1
13	传统切割工具	锯、斧、凿、铲等		若干
14	传统打磨工具	刨、钻、锉等		若干
15	传统测绘工具	尺、规、划线器等		若干

7　质量控制

7.1　主要标准及规范

《木结构工程施工质量验收规范》(GB 50206—2012)。

《木结构工程施工规范》(GB/T 50772—2012)。

《木结构建筑》(14J924)。

《装配式木结构建筑技术标准》(GB/T 51233—2016)。

7.2 质量控制标准

根据建筑物耐火等级的要求，对木结构及其构件材料进行防火处理，提高木构件耐火极限。

对木结构及其构件材料进行防腐、防虫加工处理，提高木结构的耐久性。由于防腐防虫药剂均是化学品配制而成，该部分处理应在专业厂房加工，以减少对施工现场环境的破坏及污染。

木结构及其构件材料进场后对材料的规格、尺寸、表面平整度进行抽样，检查是否与 BIM 排板下料尺寸一致，同时对该批次进场材料进行取样送检（防火、防虫、防腐），确保厂家出厂的材料合格，方能进场施工。

施工作业前对现场技术人员及施工人员进行 BIM 可视化技术交底，施工过程中严格按照施工方案及 BIM 可视化技术交底内容进行施工。在施工过程中，木构件的榫卯、公母槽的咬合度、含水率等均要严格进行质量控制，施工完成后严格按照相关要求进行验收和质量控制。

最后对施工成品认真做好成品保护，确保工程施工质量。

8 安全措施

（1）应遵守的相关安全规范及标准

《施工现场临时用电安全技术规范》(JGJ 46—2005)。

《建筑机械使用安全技术规程》(JGJ 33—2012)。

《建筑施工安全检查标准》(JGJ 59—2011)。

（2）加强安全生产的宣传教育和学习国家、省市有关安全生产的《规定》、《条例》和《安全生产操作规程》，并要求职工在施工中严格遵守有关文件的规定。

（3）工程实施时，严格按照经审批后的施工组织设计和安全生产措施的要求进行施工，操作工人必须严守岗位履行职责，遵守安全生产操作规程，特种作业人员应经培训，持证上岗，各级安全员要深入施工现场，督促操作工人和指挥人员遵守操作规程，制止违章操作、无证操作、违章指挥和违章施工。

（4）因现场需要木工机具对木材进行二次深加工，同时在外脚手架进行安装施工和油漆施工，防止作业人员机械伤害、高处坠落和火灾是本工法重大危险源。应严格执行安全操作规程，加强电气设备、施工机械检查及消防灭火器械巡查，加强安全教育与安全检查，做好安全防护，确保现场的安全生产。

9 环保措施

（1）应严格遵守国家、地方及行业标准、规范

《建设工程施工现场环境与卫生标准》(JGJ 146—2013)。

《建筑施工场界环境噪声排放标准》(GB 12523—2011)。

《地下水监测工程技术规范》(GB/T 51040—2014)。

（2）教育作业人员自觉爱护现场环境，组织文明施工。

（3）确保设备的清洁美观，各种材料进入现场按指定位置堆放整齐，不影响现场正常施工，不堵塞施工通道和安全通道，材料规格标识清楚，材料堆放场要有专人看管。

（4）施工现场管理要规范、干净整洁，做到无积水、无淤泥、无杂物；各种设备运转正常，做到“工完、料净、场地清”；对施工、生活垃圾入箱集中堆放，并及时清理出场，防止出现乱弃渣、乱搭建现象。

（5）施工面所用钻具、工具等，在用完后及时收回，集中放置，不得随意丢放。

（6）施工用电的动力线和照明线分开架设，不随意爬地或绑扎成捆。

（7）加强施工现场管理，设二次警戒，严禁非施工人员进入施工现场；施工人员佩证上岗，严禁脱岗、串岗、睡岗和空岗。

（8）加强地下水资源的保护，不得排放有污染的未经处理的水进入土层。现场严禁打井取地

下水。

（9）木材切割时应采用防护罩，成规模加工木质构件时必须设有专用加工棚，防止扬尘和噪声污染。油漆施工时应采用专用工具并佩戴相应的防护设施，剩余油漆集中处理。教育作业人员自觉爱护现场环境，文明施工。施工场地划分环卫包干区，指定专人负责，做到工完料清。

10　效益分析

采用此工法，可保证工程质量，有效降低工程成本，保证工程质量与安全，具有良好的经济效益、社会效益和环保效益，采用人工榫卯结构发扬了传统工艺，保护了非物质文化遗产有较好的社会效益。

与传统木构件结构榫卯施工相比，采用 BIM 技术辅助木构件结构榫卯施工，在材料方面利用软件下料，减少人工计算误差，选用厂家对原材料进行加工，减少材料损耗、现场环境污染，在材料成本控制上相对于传统木构件结构榫卯连接施工工艺节约材料费用约 1000 元 /m³。

随着科技的发展，传统的木工工具均实现了机械化，现代化木工加工工具替代了部分传统木工加工工具，所以较传统木构件结构榫卯连接施工工艺，采用 BIM 技术辅助木构件结构榫卯施工工艺在机械费用上相对增加 300 元 /m³。

因机械化程度的提高，采用 BIM 技术辅助木构件结构榫卯施工，人工费用相对降低，同时，由于老的木匠师傅越来越少，工价越来越高，我们利用 BIM 技术对工人师傅进行可视化技术交底，让普通的木工师傅也能完成复杂的木构架结构施工，其人工费用可节约 600 元 /m³，具体经济效益对比分析见表 5：

表 5　效益分析表

价格	材料费（元 /m³）	机械费（元 /m³）	人工费（元 /m³）	综合费用（元 /m³）
传统木构件结构榫卯连接施工	12000	—	1800	13800
BIM 技术辅助木构件结构榫卯施工	11000	300	1200	12500

综上所述，在综合经济效益方面可节约成本 13800 – 12500 = 1300（元 /m³）。

11　应用实例

（1）湘潭市窑湾历史文化街区一期建筑工程采用了木结构建筑施工工法，使用面积约 800m²，该工程于 2016 年 3 月开工，2017 年 11 月竣工，施工效果得到业主、监理、游客的一致好评，施工效果良好，获得了良好的经济效益、社会效益和环保效益。

（2）湘潭市窑湾历史文化街区二期建筑工程采用了木结构建筑施工工法，使用面积约 300m²，该工程于 2016 年 10 月开工，2017 年 7 月竣工，施工效果得到业主、监理、游客的一致好评，施工效果良好，获得了良好的经济效益、社会效益和环保效益。

应用 BIM 技术安装机电抗震吊架施工工法

李鑫华　卢怀曙　彭　锦

湖南四建安装建筑有限公司

摘　要：为解决抗震支吊架安装中设备管线复杂、图纸信息不充分、安装难度大、浪费空间等问题，可采用 BIM 技术优化机电各专业管线排布、确定抗震支架位置，细化设计抗震支架型式和细部节点要求，制订出合理的安装施工方案并对施工班组进行技术培训和交底，以满足对机电设备管线抗震性能的可靠性要求。本工法适用于有抗震设计要求建（构）筑物内给排水、暖通空调、电气等机电专业的管道、风管、桥架的抗震支吊架的安装施工。

关键词：BIM 技术；抗震支吊架；机电设备

1　前言

抗震支吊架是以地震力为主要荷载的抗震支撑设施，对机电设备及综合管线可进行有效保护，其由锚固体、加固吊杆、抗震连接构件及抗震斜撑（侧向、纵向均为斜撑）组成。然而，由于抗震支吊架的安装基于建筑的机电系统，因其设备管线复杂、设计图纸信息不充分，以及其对建筑物的主体结构依赖性强，安装难度大，安装空间浪费。如何更好地解决这个问题，是为本篇工法的初衷。

2　工法特点

（1）运用 BIM 技术对设计图纸进行深化设计。抗震支吊架多见于综合管线系统，施工阶段利用 BIM 技术根据现场实际环境对设计图纸再次进行碰撞检测，优化管线的空间排布，避免现场管线“打架”，减少设计与施工之间的协调更改，节约管理成本的同时加快施工速度。同时，BIM 技术在抗震支吊架模拟安装上能做到可视化管理，通过施工模拟演练，材料把控也能更为精准。

（2）抗震支吊架采用定型的镀锌金属型钢，根据设计需求的抗震支吊架要求，现场组装，安装过程无须焊接和钻孔，可方便地进行拆、改调整，拆卸下的配件和槽钢都可重复使用，对材料造成浪费极小。

（3）抗震支架具有良好的兼容性，各专业可共用一架吊架；可充分利用空间，使各专业的管线得以良好的协调。

（4）抗震支架安装速度快，比传统支架安装做法节省工时 2 ～ 3 倍。在符合管理规范的前提下，各专业和工种可交叉作业，大大提高工效，缩短安装工期。

（5）抗震支架标准组件种类多样，可供多种选择，因而保证了不同管线条件下的简便性、适用性和灵活性。

（6）抗震支架在安装施工过程中无电焊、防腐作业，作业安全系数提高，且不会对环境和办公造成影响。

3　使用范围

该工法适用于有抗震设计要求建（构）筑物内给排水、暖通空调、电气等机电专业的管道、风管、桥架的抗震支吊架的安装施工。

4　工艺原理

抗震支吊架施工，首先要结合设计图纸、规范与现场实际情况，采用 BIM 技术优化机电各专业管线排布、确定抗震支架位置，细化设计抗震支架型式和细部节点要求，制订出合理的安装施工方案并对施工班组进行技术培训和交底。安装施工时按施工方案中抗震支吊架的间距和形式进行下料、组装、定位安装，以满足对机电设备管线抗震性能的可靠性要求。

5　施工工艺流程及操作要点

5.1　工艺流程

BIM深化设计→测量→下料→锚栓及支架底座安装→安装竖向槽钢→安装横担→高度调节→斜撑安装→完工检查。

5.2　操作要点

（1）技术人员首先对综合管线复杂的抗震支吊架安装区域进行图纸会审，利用BIM技术根据设计的二维图纸中的管线位置进行模拟，判断是否有空间位置安装能承受相应地震力荷载的支吊架，如不能，将标注有出入处和需要更改空间位置的管线进行整理并与设计沟通，然后对该区域管线进行管线综合排布并进行模拟设计、绘制管线图，最后对综合后的管线进行碰撞检测。

（2）切割槽钢和螺杆时采用无齿锯或砂轮锯（如用砂轮锯需要在切割完后将切割形成的毛刺打磨干净），切割槽钢时按照槽钢上的辅助定位线切割（背部刻度线间距10cm）即可保证上下两根槽钢的条形孔可以对上，切割时应保证槽钢断面的垂直度，开口面朝下切割，最好使用金属锯条，注意切割温度不能太高，否则会引起切割截面变形。

（3）切割结束应及时清除吸附在型钢表面及内侧的铁屑，并将切割端的毛刺打磨平滑。镀锌槽钢的切口处需补喷富锌漆，环氧喷涂槽钢的切口处需补喷同样颜色的环氧喷涂涂料。

（4）锚栓安装时，钻孔过程中，定位钻头限位盖碰到混凝土表面时即可提起钻头，以免破坏混凝土，当锚栓内部红环露出时安装即到位，此时锚栓套筒应稍稍低于混凝土上表面，切记不可敲击方式安装锚栓。

（5）安装竖向槽钢时，按照图纸所示的锁扣数量及槽钢的开口方向用按钮式锁扣将竖向槽钢固定在底座上。

（6）不要一次性将所有横担全部下料，在放线后进行锚栓和立杆的安装（立杆安装前比划好横担位置），然后量取底座间距，再针对于长度不同的横担进行切割下料，这样可以避免因锚栓孔定位的差别导致的横担安装不上或者有缝隙，从而影响支架横担的受力。

（7）将双拼槽钢作为横担使用时，背拼键的安装间距为200mm一个，连接部位两端必须要有背拼键连接，在有垂直荷载处最好安装一个背拼键，横担上使用背拼键后，槽钢两端上下均需要安装槽钢连接件。横担安装完毕后，根据管道位置，找正标高中心及水平中心，调节横担高度。

（8）将中间两根槽钢背拼作为吊杆使用时，应注意背拼键的位置与槽钢连接件的位置错开，以便锁扣的安装。

（9）侧、纵向斜撑安装的最佳垂直角度为45°，且不得小于30°，角度区间分为：30°～45°、45°～60°和60°～90°，可根据现场实际情况适当调整。

（10）若现场管道标高出现调整，由现场工作人员裁槽钢至所需长度，在不影响其他管道的情况下进行安装，若情况复杂需协同设计单位、供应单位工程师协商解决。

（11）施工完毕后应将支架擦拭干净，所有暴露的槽钢端部均需装上封盖。

6　材料与设备

6.1　材料

本工法采用的主要材料见表1。

表1　主要材料表

材料名称	要求
C形槽钢	卷边带连续齿牙，两侧带加强筋，两侧及背部有刻度

续表

材料名称	要求
螺杆	M10（12）
斜撑	材料：S235 JR；材料宽度：40mm；材料厚度：3 或 4mm
标准管束	材料：D11；表面处理：镀锌；内衬垫材料：惰性橡胶；衬垫材料硬度：50°±5°Shore A；降噪指数：19dB（A）。
导轨底座	材料：S235 JR；电镀锌 Fe/Zn 13μm
连接件	供应商提供的配套零部件
锚栓	选型经设计计算确定

6.2 施工机具

本工法材料的主要设备见表 2。

表 2　主要施工机具表

设备名称	规格型号和要求
砂轮锯	XM 100mm
台钻	Z4120
角磨机	GWS750-100
水准仪	EPJ-300/400
开口扳手	17 号

7 质量控制

7.1 质量标准

本工法除严格遵循《抗震支吊架安装及验收规程》（CECS420:2015）外，还应执行项目所在地行政主管部门和相关行业的文件及要求。

7.2 质量控制措施

7.2.1　材料质量控制

严格把控挑和选择抗震支吊架供应商，抗震支架整套系统出厂前应该都经过严格的各类测试，并具有国际权威部门出具的检验报告书，包括抗冲击测试、动负载测试、防火测试、VDS 认证等。其中对于斜撑、吊杆的性能要求最为严格，工程上用以与结构体锚固的锚栓不仅需要验算其拉拔性能，抗切能力也必不可少，目前国际上最权威的抗震检测机构是美国 FM 认证机构，我们优先选用经 FM 认证过的产品。

7.2.2　BIM 技术助力质量提升

利用 BIM 技术对斜撑空间进行预测，对锚栓位置进行检测，对综合管线进行三维建模，对各专业管线再次碰撞检查，检查各管线是否与建筑结构碰撞，各专业间是否碰撞，进行再次协调整合，如此往复多次，对于抗震支吊架施工质量的提升有极大的帮助。以南县人民医院异址新建项目机电安装工程为例，选择管线设备集中的地下一层走廊样板区进行分析，该区域管线较多，包含了冷却水、消防喷淋、给水、送排风、变配电及应急电源、照明、弱电控制等多个系统的管线，管线复杂且还需要保证抗震斜撑的安装空间，从而需要更准确的管线综合排布，BIM 效果图更能体现管线的布排及支吊架各个构件所需要的位置空间，最具代表性的支吊架模拟就是同时双侧向及双纵向的门形抗震支吊架的模拟，可视化的施工演练，对安装时的操作指导效果极佳，大大提升了支吊架安装施工质量。

7.2.3　锚栓及槽钢施工质量控制

锚栓是整个抗震支吊架系统用以与结构进行生根的关键构件，对其施工质量必须进行严格控制，锚栓的位置即为施工质量控制的重点，因为锚栓的位置直接决定了抗震支吊架的作用范围。利用BIM技术将每一个锚栓的力学作用范围表现出来，在三维图中为光圈，当作用范围不重合则表示锚栓力的有效性能达到结构的承载，反之，则对支吊架安装位置或者斜撑角度进行优化调整，抗震支吊架的族库建设过程中，可以把对应大小锚栓部分设计成为一个相应大小的光圈，从而在支吊架模型放置完成后，利用BIM的碰撞检测功能，检测出相应的锚栓碰撞位置，再做出相应的位置调整。锚栓安装完毕后，螺杆外露部分应不少于2～5个丝扣。槽钢施工质量控制关键在管道通水，电缆桥架放上电缆后，观察横担有无挠度变形，如有，与设计单位及供应单位工程师协调出具解决方案。

8　安全措施

8.1　安全标准

本工法除严格遵循以下标准、规范和规程外，还应执行项目所在地行政主管部门和相关行业的文件及要求。

《施工现场临时用电安全技术规范》(JGJ 46—2005)。

《建筑施工安全检查标准》(JGJ 59—2011)。

《建筑机械使用安全技术规程》(JGJ 33—2012)。

8.2　安全管理措施

(1)槽钢运输到场后，尽量存放于室内。搬运过程中，严禁槽钢刮擦地面，以防表面涂层磨损。存放于室内地面上时，要在地面上铺设一层防水防潮布，布上垫置两排干燥木方，型钢均需放在木方上；不同型号的槽钢要分开叠放，以免影响施工时取用；未经拆开的整捆型钢每一层之间也要用干燥木条衬垫如图1所示。

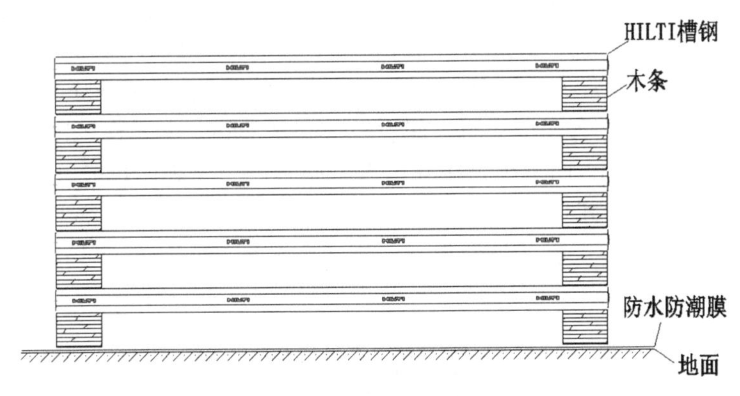

图1　槽钢存放示意图

(2)如受场地制约不得不在室外摆放时，存放方式同室内一致，但是表面一定要覆盖一层防水层，如防水油布等，防止槽钢因天气原因腐蚀。

(3)槽钢的堆叠高度要严格控制，最高不宜超过1.0m(3捆)，并要有防倾覆措施和警示标牌，防止槽钢滑落伤人；严禁在堆放的槽钢上踩踏。

(4)抗震支吊架安装前，按照施工图纸和施工要求编写施工方案，并报监理单位审批。

(5)施工前各施工人员均接受上岗前培训，认真学习安装作业指导书、熟悉掌握施工图纸及现场施工布置等情况以及熟悉掌握管道支架安装技术规范、操作规程、质量验收标准等有关规程。

(6)施工机具使用前全部进行安全检查，施工机具使用严格按照安全规范操作。

(7)施工前检查防护是否到位，确保现场施工人员戴好安全帽、劳保手套，系好安全绳等，严禁班前饮酒。

9　环保措施

(1)严格遵循《建设工程施工现场环境与卫生标准》(JGJ 146—2013)，执行工程项目所在地行政主管部门和相关行业的文件和要求。

（2）切割槽钢时，前方应设置接火斗或挡板，防止火星飞溅。

（3）下料前先测量，测量力求精准，避免出现材料浪费。

10 效益分析

10.1 工期经济效益

传统支架做法为采用槽钢或角钢进行焊接制作成吊架、固定支架、导向支架等，需经过除锈、尺量下料、打孔、切口打磨、焊接、焊渣清理、焊缝处理、喷漆防腐、晾干等工序后方可投入使用。抗震支架采用成品镀锌槽钢、螺杆，在安装加工区定尺下料可直接进行拼装组合，待施工现场支架定位完成后，可直接进行支架安装施工，同传统施工做法相比，工期节约 2 ～ 3 倍。

10.2 节能环保效益

抗震支架在安装施工过程中无电焊、防腐作业，不会对环境和办公造成影响，而且整个工程没有耗材，所有材料均能重复使用，真正实现了“零损耗”的环保目标，响应了国家节能减排绿色施工的号召。

10.3 安全文明效益

抗震支架无须焊接、喷漆防腐，无火源及易燃品，对施工人员及周围空间影响较小。抗震支架外形美观，能够较好地改善现场文明施工形象。

11 应用实例

11.1 北京科技大学顺德研究生院工程抗震支架安装

北京科技大学顺德研究生院项目位于顺德新城创智成片区内，总占地面积为 22064.88m²，项目由办公 1 号楼（十层）、办公 2 号楼（十五层）、3 号楼（十四层）组成，于 2017 年 6 月开工，抗震支吊架已全部安装完毕。地上建筑面积为 69970.61m²，地下建筑面积 14954.68m²。建筑高度（天面标高）分别为 46m、49.5m、47m，为高层建筑，属于二类高层公建。本工程包含给排水及消防管道、通风及排烟管道，包含单管侧（纵）向抗震支撑支吊架、单管侧向 + 纵向抗震支撑支吊架、多管共架侧（纵）向抗震支吊架、多管共架侧向 + 纵向抗震支吊架、电缆桥架抗震侧（纵）向抗震支吊架、矩形风管侧（纵）向抗震支吊架等多种抗震支吊架形式。本工程共安装抗震支架共计 3325 架，人工对比见表 3：

表 3 传统支架与抗震支架安装人工用量对照表

工艺	效率	工时	单价	支架总量	总价	人工
传统支架	1 架 /h	10 小时	19 元 / 时	3325 架	63175 元	332.5 工时
抗震支架	3 架 /h	10 小时	19 元 / 时	3325 架	2105.8 元	110.8 工时

效益分析：抗震支架安装所需的人工量比传统支架安装所需人工量节省（332.5 － 110.8）÷ 332.5 × 100% ＝ 66.7%，大大降低抗震支架安装的用工量。

11.2 佛山市集成金融中心工程抗震支架安装

佛山市集成金融中心消防工程简介：佛山市集成金融中心总占地面积 27171.93m²，总建筑面积 160157.5m²，地上建筑面积 103451.2m²，地下建筑面积 55021.65m²，于 2018 年 5 月开工，目前抗震支吊架安装仍在施工中。本工程包含给排水及消防管道、通风及排烟管道，包含单管侧（纵）向抗震支撑支吊架、单管侧向 + 纵向抗震支撑支吊架、多管共架侧（纵）向抗震支吊架、多管共架侧向 + 纵向抗震支吊架、电缆桥架抗震侧（纵）向抗震支吊架。本工程安装抗震支架预计将有 4300 套，利用本工法进行抗震支吊架安装，不仅解决了本项目管架形式多样需要兼容问题，而且施工进度加快，施工现场安全文明程度大大提升，为我司树立了良好形象，也为使用方提供了美观、安全、可靠的支架系统。

图2　顺德区北京科技大学顺德研究生院项目抗震支架图

图3　佛山市集成金融中心抗震支架图

装配式建筑预制混凝土构件吊装安装施工工法

秦声赫　杨富贤　马　俊　雷凌明　周俊明

湖南省第四工程有限公司

摘　要：为进一步提高装配式PC构件吊装过程中的安全性与完整性，降低安装难度、缩短安装时间，可按照标准化进行设计，根据结构、建筑的特点将柱、梁、内外墙、叠合板、楼梯、阳台等构件进行拆分，并排布好生产及吊装顺序，在工厂内完成标准化生产，现场采用汽车吊车进行构件安装。吊装前，安装可调式独立支撑、稳定三脚架配合铝梁共同使用，较传统施工工艺减少了架管和木方的投入，并大幅降低了安全事故发生率。

关键词：装配式建筑；PC构件；吊装；标准化

1　前言

建筑业作为国民经济的支柱产业，占GDP的20%以上，建筑能耗占国家全部能耗的32%，是最大单项能耗行业。要扭转建筑业高能耗、高污染、低产出的状况，必须通过技术创新，走新型建筑工业化的发展道路。产业化工程突出特点就是装配式施工，而如何提高装配式PC构件吊装过程中的安全性与完整性，降低PC构件吊装、安装的难度，提高PC构件安装的质量，缩短安装时间等，成为影响产业化工程发展的主要因素。

我公司在道县东门初中（原东门小学）等学校建设项目中采用装配式混凝土结构，装配率35%，预制PC构件采用工厂内加工生产，减少了现浇结构的施工，保证建筑质量，减轻劳动强度，减少环境污染，降低施工成本、节约自然资源，创造了良好的经济效益和社会效益。为此编制本工法以推广应用。

2　工法特点

（1）标准化设计：采用统一模数进行标准化设计，根据结构、建筑的特点采用BIM技术进行构件拆分（包括楼梯、主次梁、内外墙、楼板等），并在工厂内按照标准流程自动化生产。

（2）机械化施工：预制PC构件的现场拼装主要为机械安装，专业化工人作业，施工方便快速，提高了拼装效率，比传统施工进度可加快30%左右。

（3）专业化配件：预制叠合梁、板支撑采用可调式专用支撑替代传统的脚手架支撑，可调式独立支撑、稳定三脚架配合铝梁共同使用，大大降低了脚手架和木方的需求量，达到环保节能绿色施工的效果。

（4）提高施工质量，改善墙体开裂、渗漏等质量通病，提高住宅整体抗震性安全等级、防火性和耐久性。

（5）传统施工作业人工成本占比高，装配式施工可大幅削减人员数量、降低人工成本，同时也大幅减少了安全事故发生率。

（6）减少新建建筑项目扬尘、噪声等，绿色、节能、环保。

3　适用范围

本工法适用于装配式混凝土建筑中的柱、梁、板、内外墙及楼梯的吊装与安装施工。

4　工艺原理

装配式建筑现场采用吊车吊装和安装预制梁柱、预制墙板、预制叠合楼板、预制楼梯及预制阳台等混凝土预制 PC 构件，主要工艺原理为：按照标准化进行设计，根据结构、建筑的特点将柱、梁、内外墙、叠合板、楼梯、阳台等构件进行拆分，并排布好生产及吊装顺序，在工厂内完成标准化生产，现场采用汽车吊车进行构件安装。

吊装前，安装可调式独立支撑、稳定三脚架配合铝梁共同使用，较传统施工工艺减少了架管和木方的投入。

5　工艺流程及操作要点

5.1　施工流程

测量放线→门架防护体系搭设→柱钢筋安装→叠合墙板吊装→叠合梁吊装→叠合楼板、阳台板吊装→节点、叠合梁板混凝土浇筑→预制楼梯吊装→完工。

5.2　施工要点

5.2.1　测量放线

楼板混凝土初凝完成，进行楼板面测量。放线前用仪器引入基准控制点，依据建筑放线图放出主控制轴线（图 1），依据图纸标注尺寸分出 PC 预制板、柱定位线。在定位线内画出垫块位置，用水准仪抄平，达到安装要求。

每层楼面控制点不少于 3 个，楼层上的控制轴线应由底层原始点直接向上引测；每层的标高控制点不少于 3 个（图 2）；根据控制轴线依次放出墙板的纵、横轴线、墙板两侧边线、墙柱边线、节点线、门洞口位置线以及模板控制线；轴线放线偏差不得超过 2mm，放线遇有连续偏差时，应考虑从建筑物中间一条轴线向两侧调整（图 3）；所有的 PC 板安装位置是否已经找平完毕并具备安装要求；每栋建筑物设 1 ～ 2 个标准水准点，根据水准点将标高引至首层墙或柱上，用钢尺将标高引入各楼层；用水准仪测出楼层各安装 PC 构件位置各标高，将测量实际标高与引入楼层设计标高对比，根据设计预留缝隙高度选择合适的垫块作为 PC 构件安装标高。每块墙板下设 2 点为宜，且将其位置和尺寸在楼面上标明。主要测量工具见表 1

表 1　主要测量工具

序号	工具	数量	备注
1	铅垂仪	1 台	
2	经纬仪	1 台	
3	水准仪	1 台	
4	50m 钢卷尺	1 把	
5	5m 钢卷尺	1 把	
6	红蓝铅笔	2 支	
7	墨斗	2 个	
8	3m 塔尺	1 根	

图 1　墙板控制线

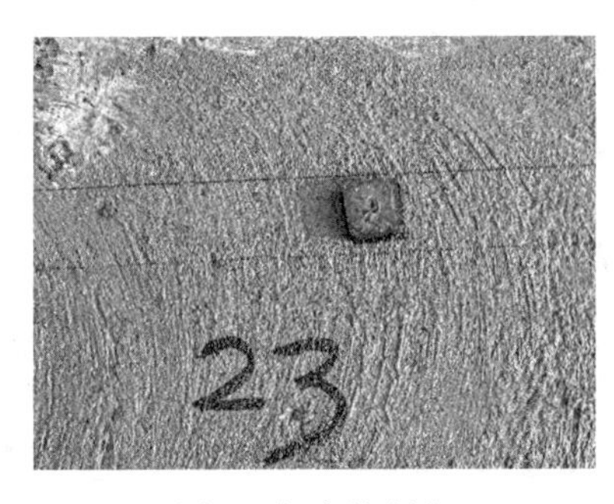

图 2　标高控制点

图 3　放线孔

5.2.2　门架防护体系搭设

本工程模板采用 18mm 厚光面木模板。板底支撑采用 50mm × 70mm 木方，平行板长跨方向设置，间距不大于 250mm。木方下托梁采用 ϕ48mm × 3 双钢管，平行于板短跨方向设置，作为木方的支撑。托梁沿间距 1000mm。250mm 和 300mm 厚模板底支撑木方间距不大于 150mm，木方支撑钢管间距不大于 900mm × 900mm。100mm 厚板板底支撑木方间距不大于 300mm，木方下钢管支撑不大于 1200mm，立杆间距不大于 1200mm × 1200mm。

5.2.3　柱钢筋安装

按常规施工工艺制作安装。

5.2.4　叠合墙板吊装（图 4 ～图 9）

图 4　墙板吊运

图 5　墙板落位

图 6　柱子箍筋绑扎到梁底位置

图 7　垂直度校核

图 8　斜撑临时固定

图 9　合理的吊装顺序

墙板采用硬塑垫块进行找平，并在 PC 构件安装之前进行聚合物砂浆坐浆处理，坐浆密实均匀，一旦墙板就位，聚合物砂浆就把墙板和基层之间的缝隙有效密实。

吊装时应注意墙板上预留管线以及预留洞口是否有无偏差，如发现有偏差而吊装完后又不好处理的应先处理后再安装就位。

墙板落位时注意编号位置以及正反面（箭头方向为正面）。根据楼面上所标示的垫块厚度与位置选择合适的垫块将墙板垫平，就位后将墙板底部缝隙用砂浆填塞满。

墙板就位时应注意墙板上管线预留孔洞与楼面现浇部分预留管线的对接位置是否准确，如有偏差，墙板先不要落位，应通知水电安装人员及时处理。墙板安装完后水电安装人员应及时将管线对接好以免管道堵塞。

墙板处两端有柱或暗柱时注意：如墙板于柱或暗柱钢筋先施工时，应将柱或暗柱箍筋先套入柱主筋内否则将会增加钢筋施工难度。如柱钢筋于梁先施工时，柱箍筋应只绑扎到梁底位置，否则墙板无法就位。墙板暗梁底部纵向钢筋必须放置在柱或剪力墙纵向钢筋内侧。

模板安装完后，应全面检查墙板的垂直度以及位移偏差，以免安装模板时将墙板移动。

5.2.5　叠合梁吊装

本工程的梁设计均为叠合梁，大部分安装于墙板顶部，只有极少数几根需要搭设支撑架，并且在吊装施工前已将各单体每层所有梁编号编制吊装顺序，施工时严格按吊装图施工（图 10、图 11）。

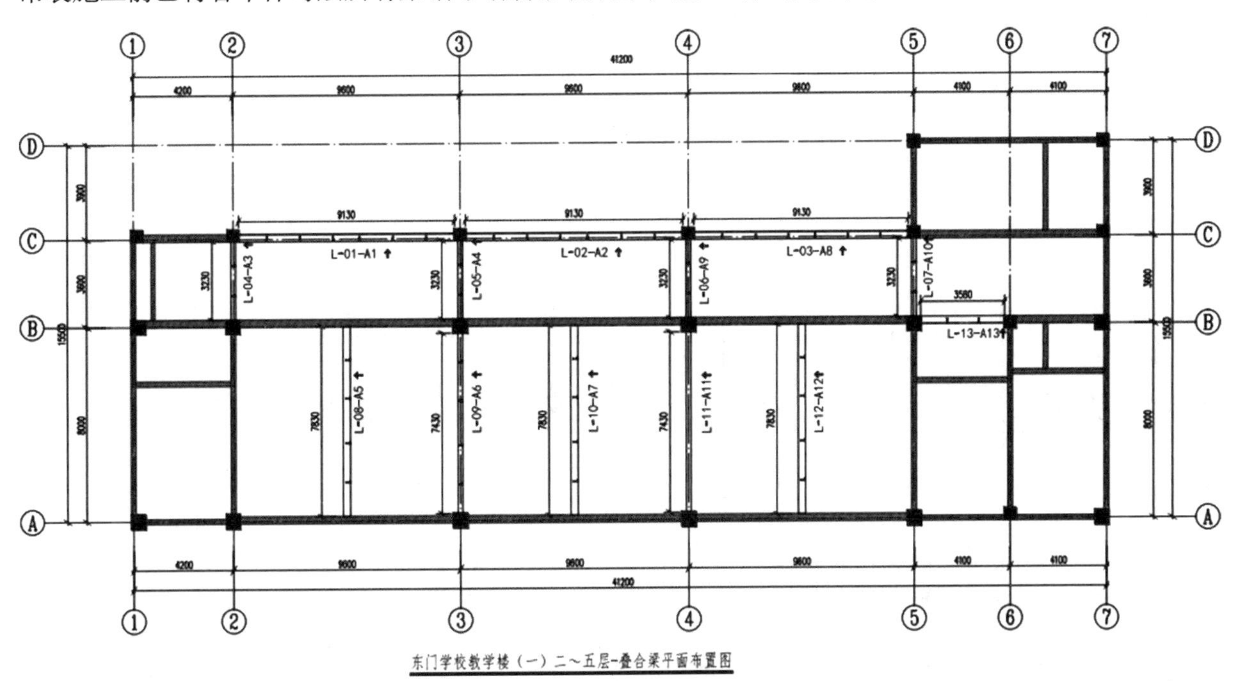

图 10　叠合梁平面布置图

（1）安装步骤

测量、放线：将梁的底标高控制线和端面控制线弹在相应的墙、柱上。

支撑架搭设：根据支撑架专项方案搭设梁支撑架。

构件进场检查：复合构件尺寸及质量，查看所进场构件编号并做好记录。

吊具安装：根据构件形式选择合适的吊具。

起吊、调平：缓慢上升将梁吊离地面，检查是否水平，不水平则需调整。

吊运、安装：安全、快速上升将叠合梁根据端线缓慢下降放置在墙板顶部或支撑架上。

连接件安装：根据控制线精确调整后，安装连接件将梁和墙板固定牢固。

取钩：待支撑、连接件紧固受力后松取吊钩。

（2）叠合梁安装操作细节

放线时梁底标高宜从外挂板底部按设计图纸往上量取，放叠合梁端线时注意梁应锚入柱、剪力墙内 15mm（叠合梁生产时每边加长 15mm），控制好支撑架的高度。

构件调平时如用钢丝绳或加卸扣都不能使其平衡的，将要考虑用手拉葫芦使其平衡。长度大于 4m 的叠合梁应采用钢梁扁担。

叠合梁处两端有柱或暗柱时应注意，如果柱钢筋于梁吊装先施工时，柱箍筋应只绑扎到梁底位置，否则梁无法就位。

叠合梁就位时如有管线的应注意正反面。叠合梁底部纵向钢筋必须放置在柱纵向钢筋内侧，且应与外挂板有一定距离，否则将会影响柱纵筋施工。

根据“慢起、快升、缓降”原则，将叠合梁缓慢落在墙顶或支撑架上，然后用连接件固定牢固。每根梁连接件不得少于 2 个。

安装完毕后，应有专人校核叠合梁的标高、垂直度等。

图 11　叠合梁安装

5.2.6　叠合楼板、阳台板吊装

依据设计工艺图纸及 PC 构件的详图编制的每栋每层各构件吊装顺序，严格按顺序指导工人吊装施工（图 12 ～图 14）。

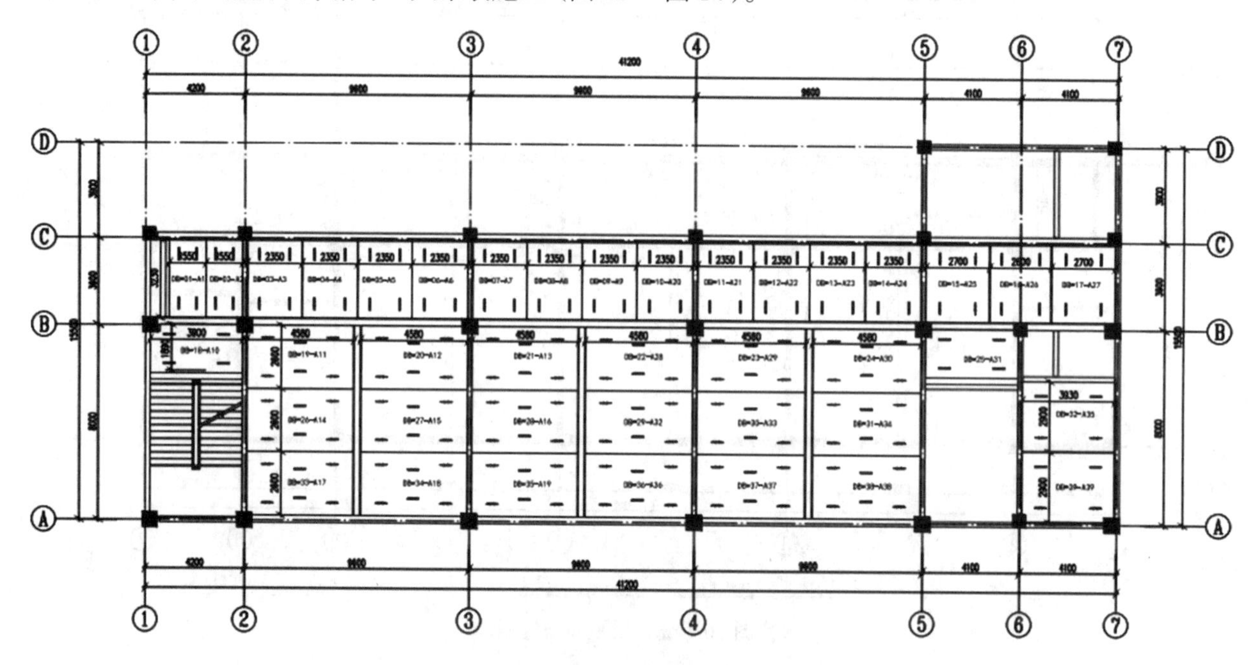

东门学校教学楼—二层叠合楼板平面图

图 12　叠合板平面布置图

（1）安装步骤

测量、放线：根据图纸测量出叠合板位置并将边线弹到相应墙板上。

支撑架搭设：根据板底标高、支撑架专项方案搭设叠合板支撑架。

构件进场检查：复合构件尺寸及质量，查看所进场构件编号并做好记录。

吊具安装：根据楼板尺寸选择合适的吊具和挂钩方法。

安装、就位：按顺序根据墙板上所放出的楼板侧边线及支撑标高，缓慢下降落在支撑架上。

调整：根据控制线以及标高精确调整。

取钩：落位待顶支撑受力后可以取下吊钩进行下块板吊装。

安全防架护搭设：每块楼板吊装完后应立即搭设临时安全防护栏杆。

图 13　叠合楼板按标识方向安装就位

图 14 叠合楼板吊装

（2）叠合板安装操作细节

叠合板支撑架搭设必须严格按专项方案施工。

木方铺设完成后应对板底标高进行精确定位，通过调节顶托使全部木方处于同一水平面上。

根据事先编好的吊装顺序安装就位，就位时一定要注意按箭头方向落位，同时观察楼板预留孔洞与水电图纸的相对位置（以防止构件厂将箭头编错）。叠合板安装时短边深入梁 / 剪力墙上 15mm，叠合板长边与梁或板与板拼缝见设计图纸。

叠合楼板吊具宜采用钢梁，板长≤ 4m 的采用 4 点挂钩，>4m 的采用 8 点挂钩，吊钩或卸扣对称（左右、前后）固定于桁架钢筋的纵筋与腹筋的焊接位置，起吊时应确保各吊点均匀受力（图 15、图 16）。

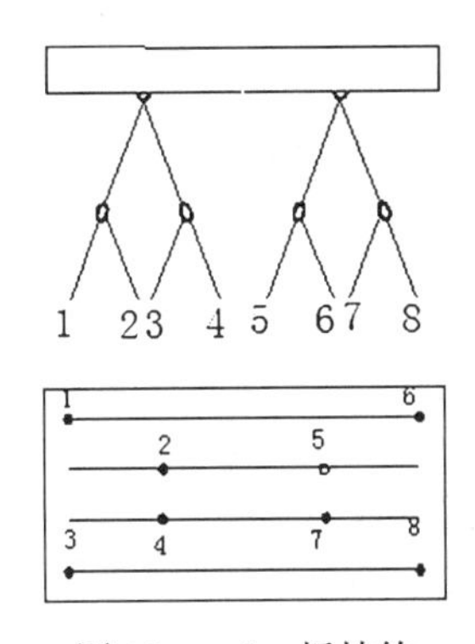

图 15　> 4m 板挂钩

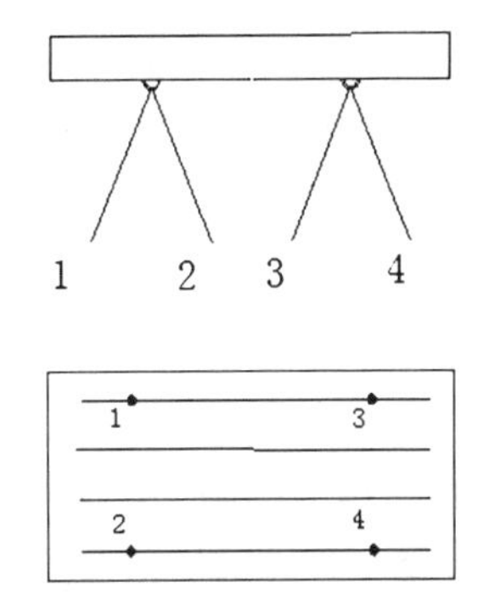

图 16　≤ 4m 板挂钩

阳台板安装时根据图纸尺寸确定挑出长度，安装时阳台外边缘应与上一层（已施工完）阳台外边缘在同一直线上。安装完毕后宜将阳台钢筋与叠合梁箍筋焊接在一起。

叠合楼板吊装完后必须全数检查支撑架的受力情况，以及板与板拼缝处的高差（此处高差应在 3mm 以内）。

邻边的叠合板吊装完成一块时应立即将此处邻边防护安装好。安装外围叠合楼板时，操作人员必须系好安全带。

5.2.7　节点、叠合梁板混凝土浇筑

按常规施工工艺。

5.2.8　楼梯吊装

楼梯构件吊装基本和叠合板吊装流程一致（图 17、图 18），但有需额外注意的地方：

楼梯梯段吊装时用 3 根同长钢丝绳 4 点起吊，楼梯梯段底部用 2 根钢丝绳分别固定两个吊钉。楼梯梯段上部由 1 根钢丝绳穿过吊钩两端固定在两个吊钉上（下部钢丝绳加吊具长度应是上部的两倍）。

因平台板需支撑梯段荷载，梯段就位前休息平台叠合板必须调节安装完成。检查梯段支撑面叠合板的标高是否准确，梯段支撑面下部支撑是否搭设完毕且牢固。梯段支撑用钢管加顶托在梯段底部（梯段底部一般会有 4 个脱模吊钉，可将钢管支撑于此）加支撑固定。

楼梯安装时梯段两端以及两侧都预留有安装空隙，安装时注意调节安装空隙的尺寸。

楼梯安装处的楼面混凝土浇筑时，梯段安装位置应不浇筑混凝土。待楼梯吊装完后与下层楼面混凝土一起浇筑。

图 17　梯段起吊

图 18　楼梯梯段安装

6　材料与设备

（1）PC 构件由远大住工提供，远大住工按照设计单位所设计的工艺设计图在工厂内加工完成。

（2）PC 预制构件运达至现场，由 PC 构件现场接收负责人安排，统一调动停放在现场总平面布置图规划的吊装起吊区内，并经专业监理工程师对所有 PC 构件进行全面验收，验收合格后方可起吊安装；内隔墙板采用立运，车上设有专用槽钢靠架，外墙板饰面层朝外，且需有可靠的稳定加固措施；运输墙板时，车启动应慢，转弯错车时要减速，防止倾覆。

（3）本工程由于新建学校较多且学校位置分散，采用固定式塔吊进行预制构件吊装必然造成施工成本增加，故我方采用 80t 汽车吊进行吊装，降低设备租赁成本。

（4）依据现场每层的施工工作面、现场场地、PC 构件的数量、设计图纸、工期要求，现场布置 55t、80t 汽车吊各一台即能够满足施工要求，现场平面布置图规划的起吊区离汽车吊最远距离 14m；最重楼梯斜板约重 4.8t，其余多数隔墙、叠合板及叠合梁重量在 4.6 ～ 1.34t 内，80t 汽车吊在 14m 处最大吊重荷载为 5.4t，满足起吊要求。

7　质量控制

7.1　主要执行的规范、标准

《起重机械安全规程》（GB 6067—2010）；

《建筑机械使用安全技术规程》（JGJ 33—2012）；

《施工现场机械设备检查技术规范》（JGJ 160—2016）；

《混凝土结构工程施工规范》（GB 50666—2011）；

《建筑施工扣件式钢管脚手架安全技术规范》（JGJ 130—2011）；

《混凝土叠合楼盖装配整体式建筑技术规程》（DBJ 43/T 301—2013）；

《建筑施工起重吊装安全技术规程》（JGJ 276—2012）；

《建筑施工安全检查标准》(JGJ 59—2011)；

《施工现场临时用电安全技术规范》(JGJ 46—2005)。

7.2　主要质量控制点

每个工作面预制构件安装完成后，吊装小组进行自检，自检合格后形成文字记录上报项目部，由项目部经理组织安排人员对作业区的吊装工作复测，当复测结果符合表 2 ～表 5 要求后按规定上报监理公司。

表 2　预制构件外形尺寸允许偏差及检验方法

项目	允许偏差（mm）		检验方法
长度	外墙、内墙板	±5	钢尺检查
	叠合梁	+10，−5	
	叠合楼板	+10，−5	
	楼梯板	±5	
宽度	±5		钢尺检查
厚度	±5		钢尺量一端及中部，取其中较大值
对角线差	叠合楼板、内墙、外墙板	10	钢尺量两个对角线
预埋件	中心线位置	10	钢尺检查
	钢筋位置	5	
	钢筋外露长度	+10，−5	
预留孔	中心线位置	5	钢尺检查
预留洞	中心线位置	15	钢尺检查
主筋保护层厚度	叠合梁	±5	钢尺或保护层厚度测定仪量测检查
	内墙、外墙板、叠合楼板	±3	
表面平整度	内墙、外墙板	5	2m 靠尺和塞尺检查
侧向弯曲	叠合楼板、叠合梁	L/750 且≤ 20	拉线、钢尺量最大侧向弯曲处
	内墙、外墙板	L/1000 且≤ 20	

表 3　预制构件构件外观质量及检验方法

名称	现象	严重缺陷	一般缺陷
露筋	构件内钢筋未被混凝土包裹而外露	纵向受力钢筋有露筋	其他钢筋有少量露筋
蜂窝	混凝土表面缺少水泥浆而形成石子外露	构件主要受力部位有蜂窝	其他部位有少量蜂窝
孔洞	混凝土中孔穴深度和长度均超过保护层厚度	构件主要受力部位有孔洞	其他部位有少量孔洞
夹渣	混凝土中夹有杂物且深度超过保护层厚度	构件主要受力部位有夹渣	其他部位有少量夹渣
疏松	混凝土中局部不密实	构件主要受力部位有疏松	其他部位有少量疏松
裂缝	缝隙从混凝土表面延伸至混凝土内部	构件主要受力部位有影响结构性能或使用功能的裂缝	其他部位有少量不影响结构性能或使用功能的裂缝
连接部位缺陷	构件连接处混凝土缺陷及连接钢筋、连接铁件松动	连接部位有影响结构传力性能的缺陷	连接部位有基本不影响结构传力性能的缺陷
外形缺陷	缺棱掉角、棱角不直、翘曲不平、飞出凸肋等	清水混凝土构件内有影响使用功能或装饰效果的外形缺陷	其他混凝土构件有不影响使用功能的外形缺陷
外表缺陷	构件表面麻面、掉皮、起砂、沾污等	具有重要装饰效果的清水混凝土构件有外表缺陷	其他混凝土构件有不影响使用功能的外表缺陷

表 4　整体式混凝土结构的构件安装尺寸允许偏差

检查项目	允许偏差（mm）	
柱、墙等竖向结构构件	标高	±10
	中心线位置	5
	垂直度	5
梁、楼板等水平构件	中心线位置	5
	标高	±10
外墙板面	板缝宽度	±5
	通长缝直线度	5
	接缝高低差	5

表 5　预制构件预埋件质量要求和允许偏差及检验方法

项次	项目		允许偏差（mm）	检验方法
1	预埋件	中心线位置	10	钢尺检查
2	预留孔	中心线位置	5	钢尺检查
	预留洞	中心线位置	15	钢尺检查
3	预留钢筋	钢筋位置	5	钢尺检查
		钢筋外露长度	+10，-5	钢尺检查

现浇结构及预制构件的外观质量不应有严重缺陷。对已出现的严重质量缺陷，由施工单位提出技术处理方案，并经监理（建设）单位认可后进行处理。对经处理的部位，应全数重新检查验收。

现浇结构及预制构件的外观质量不宜有一般缺陷。对已经出现的一般缺陷，应由施工单位按技术处理方案进行处理，并全数重新检查验收。

7.3　质量控制措施

7.3.1　技术准备

施工前应具备必要的施工条件，做好施工准备工作，逐项检查落实。

坚持图纸会审和技术交底制度，精心编制施工方案，做到详细，具有针对性。关键过程、特殊过程的技术交底资料应经技术部负责人或项目总工程师审核。

在工程施工过程中及时做好收集、汇总、整理工程档案的工作。

7.3.2　技术要求

严格按图纸施工，按合理程序施工。认真执行现行规范、规程、标准。具体落实施工组织设计、施工方案、技术措施和技术交底的要求和规定。禁止违章指挥和违章操作。

严格执行质量“三检制”、测量放线复验制、关键和特殊过程跟踪检验制、隐蔽工程联合检验制、分项分部工程质量评定制、基础工程、主体工程、中间交工及竣工核验制。对不合格品进行控制，对出现的不合格品按“三不放过”的原则实施纠正，在收到质检人员发出的《不合格项（品）整改通知单》后，应按照《不合格项（品）纠正预防措施》的要求，制订纠正或预防措施，实施整改，并重新验证纠正后的质量。

8　安全文明措施

（1）严格遵守《建筑施工安全检查标准》(JGJ 59—2011)、《施工现场临时用电安全技术规范》(JGJ 46—2005)。

（2）安全员必须熟悉安全生产规定规程，做好安全生产检查把关工作。

（3）施工人员进入场地，必须戴好安全帽。

（4）对所有作业人员加强安全、防护意识教育，正确使用个人劳动保护用品。

（5）作业前，对所有作业人员进行安全文明施工技术交底和质量要求交底。

9　环保措施

严格遵守《建设工程施工现场环境与卫生标准》(JGJ 146—201）和《建设工程扬尘污染防治规范》（DGJ 08-121-2006）的规定，现场材料堆放应统一规划、整齐、有序，各项工序务必做到工完料净场地清，认真保护测量标志和文明施工标志。

10　效益分析

10.1　社会效益

（1）工期效益

PC 构件对水电预埋、精装预埋、生产预埋、施工预埋等问题进行了考虑，并做好了相应的设计和安排，这使得建筑施工的针对性得到了提升，降低了材料消耗的同时，缩短了工期。

（2）节能效益

传统的施工则采取了多次吊装的方式。而装配式 PC 构件施工采用大型构件整体吊装，吊装次数少，能够减少燃油、电能消耗，节能优势明显。

（3）减排效益

传统的建筑施工过程中，主要的建筑垃圾有保温材料、砂浆、混凝土等，远远多于 PC 构件装配式建筑施工，对环境的污染大。而 PC 构件装配式施工能够大幅度地减少垃圾的产出，具有极其明显的环境效益。

10.2　经济效益

以整体装配式结构施工预制构件的装饰为例，由于达到了清水混凝土效果，避免了因现浇产生的表面平整度偏差大的质量通病，减少了抹灰找平层工序，可以直接施工装饰面层，以道县东门初中建设项目为例，减少抹灰找平层面积 23000m^2，找平抹灰工价按 25 元 /m^2 计算，可节约成本 57.5 万元。

11　应用实例

11.1　道县东门初中（原东门小学）等学校建设项目

该项目位于湖南省永州市道县，开工时间 2018 年 4 月，装配率为 35%。总建筑面积约为 30500m^2，预制混凝土 PC 构件分为预制柱、预制梁、预制内外墙板、预制叠合板、预制楼梯、预制阳台。本工程采用本施工工法，有效节约了工期、施工成本，取得了良好的社会效益和经济效益。

11.2　永州市道县潇水学校建设工程项目

本工法应用于道县潇水学校建设工程项目，该工程开工于 2018 年 6 月，其装配率 35%、预制混凝土 PC 构件分为预制梁、预制墙板、预制叠合楼板、预制楼梯，总建筑面积约为 10000m^2。本工程采用本施工工法，减少扬尘、噪声、垃圾产出等，绿色、节能、环保，取得了良好的社会效益。

大跨度型钢混凝土梁柱钢结构施工工法

谢奇云　尹宏斌　龙　滔　刘宇峰

湖南天禹设备安装有限公司

摘　要：通过对钢结构钢梁、钢柱在工厂进行制作加工，并进行预拼装；用加长载重汽车将钢结构钢梁、钢柱运到施工现场拼装；钢结构分两次进行吊装，第一次吊装钢柱、第二次吊装钢梁，最终建立了型钢混凝土结构。型钢混凝土结构集合了普通钢筋混凝土结构和钢结构的优点，具有选材方便、结构安全可靠、施工工艺成熟的优点，具有广泛的应用空间。

关键词：大跨度；型钢混凝土；梁柱；钢梁；预拼装

1　前言

目前，随着型钢混凝土结构的空前发展，许多公共建筑大跨度结构的梁柱采用型钢混凝土结构。型钢混凝土结构集合了普通钢筋混凝土结构和钢结构的优点，具有选材方便、结构安全可靠、施工工艺成熟的优点，得到了广泛的应用。

湖南化工职业技术学院新建校区 2 号食堂工程等多个项目采用型钢混凝土钢结构的施工，取得了很好的成效。该工法具备的施工机具简单、取材方便、受力合理、安全可靠，质量好、节能环保，具有明显的经济效益和社会效益。

2　工法特点

（1）钢结构分段在工厂加工，确保了加工质量和安全，便于运输。

（2）钢结构现场拼装，施工方便。

（3）钢结构吊装机具方便，施工经验比较成熟，保证了钢结构安装的质量和安全。

3　适用范围

本工法适用于公共建筑、民用建筑等大跨度型钢 - 混凝土梁、柱的钢结构安装施工。

4　工艺原理

钢梁、钢柱在钢结构专业加工厂进行制作加工，并进行预拼装；用加长载重汽车将钢结构钢梁、钢柱运到施工现场，在现场进行拼装；钢结构分两次进行吊装，第一次吊装钢柱、第二次吊装钢梁。

5　工艺流程及操作要点

5.1　工艺流程

施工准备→钢结构制作加工→钢结构运输、拼装→钢结构吊装。

5.2　操作要点

5.2.1　施工准备

（1）技术准备

① 深化图纸设计，进行图纸会审。

② 编制和审批施工组织设计，进行技术交底。

③ 编制人员、材料、机具设备进场计划。

④ 复测钢柱中线和标高。

（2）现场准备

① 组织人员进场。

② 组织材料、机具设备进场。

5.2.2　钢结构加工制作

（1）详图设计

在构件的详图设计时，除考虑加工工艺、加工偏差、焊接工艺、焊接变形及运输方式等常见因素外，还要着重分析研究现场施工方案对结构所有构件尺寸及连接角度的影响。本工程利用计算机 BIM 技术模拟吊装方案，对模型进行计算，结果表明结构构件在吊装时安全，同时得到整个结构沿 28.8m 跨向下的挠度值接近设计给出的 25mm，证明结构预起拱的必要性。因此构件的详图设计时，考虑了钢结构中部起拱 25mm。

所有构件零部件均采用计算软件按 1 ∶ 1 大样进行设计和组装及预拼装，并绘出设计详图。

（2）钢结构加工

本工程钢柱、钢梁制作在场外钢构件专业加工厂进行加工制作，所有原材料需有合格证，并经抽样检测合格后方可进行加工。

钢柱、钢梁分段：每根钢柱分成一段制作，共 10 根钢柱。每根钢梁分成三段制作，共 10 根钢梁。

① 钢柱、钢梁加工

a. 钢板放样、下料切割：按照细化设计详图及制造工艺的要求，用计算软件进行 1 ∶ 1 放大样，然后用数控机床进行机械切割钢板。

b. 坡口加工：采用自动火焰切割机进行坡口加工，坡口加工后，坡口面的割渣、毛刺等应清除干净，并应除锈露出良好金属光泽。

c. 钢板调直：对变形的钢板根据实际情况采用机械冷矫正或用加热矫正。

d. 钻孔：根据设计详图放出孔中心位置，然后用数控钻床进行钻孔。

e. H 型钢梁组装：组装前先检查组装构件的编号、材质、尺寸、数量和加工精度等是否符合图纸和工艺要求，确认后才能进行装配；组装用的平台和胎架应符合构件装配的精度要求，并具有足够的强度和刚度，经验收后才能使用；构件组装要按照工艺流程进行，H 型钢四条纵焊缝处 30mm 范围以内的铁锈、油污等应清理干净；构件组装完毕后应进行自检和互检，准确无误后再提交专检人员验收。

f. H 型钢梁焊接：采用自动电弧焊机进行焊接。

② 连接钢板等加工

a. 钢板放样、下料切割：按照细化设计详图及制造工艺的要求，用计算软件进行 1 ∶ 1 放大样，然后用数控机床进行机械切割钢板。

b. 钢板调直：对变形的钢板根据实际情况采用机械冷矫正或加热矫正。

c. 钻孔：根据设计详图放出孔中心位置，然后用数控钻床进行钻孔。

（3）工厂预拼装

为了验证图纸中构件尺寸和角度的正确性、验证和调整结构起拱的结果，对构件的加工质量的进行检验，在工厂对钢梁进行平面预拼装。钢梁预拼装用夹板螺栓连接，不焊接。钢梁预拼装检验钢梁的加工尺寸、拼装后钢梁平面立面尺寸、平直度、垂直度、起拱结果等，如有偏差及时调整。

5.2.3　钢结构运输

（1）运输机械：采用维柴 336，13.5m 低挂车（载货重量 32t），分 5 次运输。装卸采用 50t 汽车吊。

（2）构件运输线路：从工厂（长沙市）运至工地（株洲云龙区 2 号食堂工地），单程运距 60km。

（3）成品保护：工厂制作、运输、装卸等均需制订详细的成品保护措施，防止构件变形及表面油漆破坏等。

5.2.4　钢结构现场拼装

（1）拼装方案

本工程钢结构拼装，只对 5 榀钢梁进行拼装，钢柱不需拼装。5 榀钢梁在现场地面进行拼装，拼装地面需用混凝土硬化，并设置好拼装工作平台。

（2）拼装次序

5 榀钢梁依据轴线位置 3 ～ 7 轴和钢梁实测梁长进行编号，按 3 ～ 7 轴分榀进行拼装。每榀拼装先用夹板螺栓连接，然后再焊接上下弦。

（3）高强螺栓连接

钢梁腹板用夹板穿高强螺栓连接。高强螺栓在终拧后应达到如下要求：螺栓直径为 M20mm 时的轴拉力为 145kN。

现场高强螺栓施工采用“半转角”法：使用专人和专用手动扭力扳手进行初拧，初拧扭矩约为 200 ～ 400kN，以 1 个人力量为准，使螺栓达到一定的轴拉力（10 ～ 30kN），连接摩擦面能够紧密接触，使用电动扳手进行终拧。高强螺栓施拧应按一定的次序进行，从中间向四周方向进行，保证节点中的螺栓紧固程度基本相同（图 1）。

（4）焊接

钢梁上下弦用电弧焊焊接。

上下弦焊接方案：两端焊口间隙 <4mm 时，须磨去母材，使间隙达到 6mm，剖口角度为 60°；间隙 >4mm 且 <10mm 时，按正常焊接工艺施焊；间隙 >10mm 必须进行堆焊，使间隙达到 6mm，然后按正常焊接工艺施焊。

5.2.5 钢结构吊装

钢结构分两次吊装，第一次吊装钢柱、第二次吊装钢梁。钢柱吊装完，进行型钢柱外包混凝土施工到柱中间，以确保钢柱的稳定和安全，然后再吊装钢梁。采用 400t 汽车式起重吊车吊装钢柱、第二次吊装钢梁。吊装前先试吊，合格后再正式吊装。

（1）吊装前准备工作

① 柱脚螺栓预埋：第三层（10.75m）楼面梁钢筋绑扎好后，进行钢柱柱脚螺栓预埋，采用定位钢架结合土建中线标高进行柱脚螺栓预埋，确保柱脚螺栓平面位置及中线标高的准确。

② 材料、设备、人员进场：组织吊装结构辅材进场，组织吊装主设备、辅助机具及吊装施工人员进场。

③ 技术交底：组织对施工人员进行技术质量、安全交底。

（2）钢柱吊装

① 标高控制：根据总包方提供的第三层标高基准点，使用水准仪按国家二等水准测量精度要求，从第三层标高基准点将标高控制点引测至各个钢柱的钢筋上，用红油漆标记，并在每个钢柱柱脚螺栓上用红油漆标记钢柱底座钢板面安装标高。

② 钢柱吊装顺序：先吊外排 H 轴 3 ～ 7 轴钢柱，后吊 E 轴 7 ～ 3 轴钢柱。

③ 钢柱吊装方法：每个钢柱重约为 2.4t，钢丝绳采用双丝两点捆绑起吊。柱采用旋转法吊装，确定柱的吊点、柱脚、钢柱位置在吊机的作业半径线上，吊机起吊时仅需吊臂旋转即可插柱。钢柱底座吊入柱脚螺栓上控制标高并垫设钢板，同时用两台经纬仪从柱相邻 2 个方向校正钢柱垂直度，然后固定好钢柱。

④ 钢柱水平支撑安装：H 轴 3 ～ 7 轴钢柱安装好后，安装 H 轴钢柱 $\phi120$ 钢管水平支撑；E 轴 7 ～ 3 轴钢柱安装好后，安装 E 轴钢柱 $\phi120$ 钢管水平支撑。

⑤ 柱脚螺栓灌混凝土：钢柱安装完经检查验收合格后，用 C40 细石混凝土将柱脚螺栓空隙灌满振捣密实（图 2）。

（3）钢梁吊装

① 安装工艺流程：用 400t 汽车吊将钢梁吊至安装位置→校正钢梁位置→钢梁与柱接口用螺栓连接→钢梁接口焊接→验收。

② 安装顺序：从 3 轴向 7 轴方向逐榀安装钢梁。

③ 安装平台搭设：钢梁安装前，每根梁与柱接口处用钢管搭设操作平台，平台周边设防护栏杆和安全网。

图1　2号食堂钢柱预埋螺栓图

图2　2号食堂钢柱吊装后实例图

④ 吊装方法：钢梁吊装采用四点八绳起吊，吊点位置按梁长平均分配。用400t汽车式起重吊车将整榀钢梁吊至安装位置后，再用连接钢板和螺栓将钢梁与钢柱连接，高强螺栓初拧和终拧完经检查验收合格后，进行上下弦接口焊接。第一榀吊装完后，吊装第二榀梁，依此类推。

⑤ 钢梁水平支撑安装：3轴、4轴钢梁安装好后，安装3轴、4轴之间ϕ120钢管水平支撑，依此类推。

⑥ 钢梁螺栓连接及焊接：分别参见5.2.4中相关内容（图3、图4）。

图3　2号食堂钢梁实例图

图4　2号食堂钢梁吊装实例图

6　材料与设备

6.1　材料

柱内H型钢为950mm×300mm×16mm×25mm，梁内H型钢为1300mm×400mm×25mm×30mm，均为焊接H型钢，连接钢板厚为20mm、25mm。

所有钢板选用国标《热轧钢板》Q345—B，执行标准为GB/T 709—2006；焊材选用E50XX系列碳钢焊条，符合《碳钢焊条》(GB/T 5117—1995）的规定。

6.2 设备

本工法所使用的设备主要包括：钢结构加工设备、钢结构运输设备、钢结构检验设备、钢结构吊装设备（表1）。

表1 主要设备一览表

序号	名称	型号与规格	单位	数量	备注
1	钢结构加工设备		套	1	
2	钢结构检验设备		套	1	
3	400t 汽车式起重吊车	KATONK-400	台	1	根据现场需要，合理增减吊车
4	50t 汽车式起重吊车	KATONK-50	台	2	
5	32t 汽车加 13.5m 挂车	维柴 336	台	5	
6	交流焊机	BX1-500-2	台	2	附件配套
7	晶闸控制直流弧焊机	YD-630SS3	台	2	附件配套
8	单面眼镜扳手	M27—M30	把	各 1	
9	扭力扳手	AC280—760	把	2	高强螺栓初拧
10	扭力扳手	AC750—2000	把	2	高强螺栓初拧
11	摩擦型电动扳手	M20—M24	把	2	高强螺栓终拧
12	螺旋千斤顶	5t	台	2	
13	电子经纬仪	DJD2A	台	2	钢柱校正
14	水准仪	自动安平	台	1	钢柱标高控制

7 质量控制

7.1 制作与安装质量控制

（1）执行标准:《钢结构工程施工质量验收规范》(GB 50205—2001),《型钢混凝土组合结构技术规程》(JGJ 138—2001）。

（2）技术管理措施

① 施工前进行图纸会审，编制和审核审批钢结构施工方案，主要分部分项工程施工前做好技术质量交底。

② 组织材料进场，对材料进行验收，并见证取样检验（试验）；组织机械设备进场，对机械设备进行检查、验收、保养维护。

③ 钢结构加工完后，对加工件进行检查验收，合格后方可拼装和吊装；钢结构吊装完后，对钢结构进行检查验收，检查钢柱垂直度和连接节点，检查钢梁平直度和连接节点，合格后方可进行下道工序施工。

7.2 质量控制措施

（1）钢结构加工前，进行深化设计，采用计算软件 1∶1 放样，确保加工质量。

（2）钢结构吊装前，对钢结构成品质量进行检查验收：

① 检查构件、配套件的出厂合格证、材质证明和材料的复试报告，焊缝外观质量与无损检测报告，焊接工艺评定、施工试验报告以及该批交验的施工技术资料。

② 检查进场构件的外观质量、构件的挠曲变形，牛腿的方向节点板表面损坏与变形、焊缝外观质量、有摩擦面抗滑移系数要求的表面喷砂质量。

③ 检查构件的几何尺寸、特别是两端铣平时，构件长度（应将焊接收缩值和压缩变形值计入构件的长度内）以及平直度、垂直度。安装焊缝坡口尺寸精度和方向，构件连接处的截面几何尺寸，螺栓

孔径大小及位置数量，焊钉数量及位置等。

（3）钢柱吊装前，应复测钢柱安装位置的中线和标高。

（4）钢柱吊装过程中采用2台经纬仪和1台水准仪对钢柱进行轴线和标高控制。

（5）钢梁吊装过程中采用1台经纬仪和1台水准仪对钢梁进行轴线和标高控制。

7.3　成品保护措施

工程生产过程中，制作、运输等均需制订详细的成品、半成品保护措施，防止变形及表面油漆破坏等。

（1）成品在放置时，在构件下安置一定数量的垫木，禁止构件直接与地面接触，并采取一定的防止滑动和滚动措施，如放置止滑块等；构件与构件需要重叠放置的时候，在构件间放置垫木或橡胶垫以防止构件间碰撞。

（2）在成品的吊装作业中，捆绑点均需加软垫，以避免损伤成品表面和破坏油漆。

（3）在整个运输过程中为避免涂层损坏，在构件绑扎或固定处用软性材料衬垫保护。

8　安全措施

8.1　执行标准

执行《建筑施工安全检查标准》（JGJ 59—2011）、《建筑机械使用安全技术规程》（JGJ 33—2012）、《施工现场临时用电安全技术规范》（JGJ 46—2005）和省、市有关文件规定。

8.2　安全管理措施

（1）建立健全安全管理各项制度

① 技术交底制度：钢结构施工前，项目部组织对班组及操作人员进行安全技术交底。

② 安全教育制度：项目部组织对班组及操作人员进行三级安全教育。

③ 特种作业上岗制度：架子工、电焊工、电工、塔吊司机、塔吊指挥等特种作业人员持证上岗。

④ 安全奖罚制度：按施工组织设计和项目安全奖罚制度进行奖罚。

⑤ 安全检查验收制度：吊装前，对外架及安全防护设施进行检查验收。

（2）严格执行国家和行业有关安全施工操作规程，严禁违章指挥、违章操作。进入施工现场必须戴好安全帽，高空作业系好安全带。

8.3　安全技术措施

（1）钢结构施工安全措施

① 起重吊装人员必须持证上岗，挂钩操作人员在操作开始之前要检查吊环、吊钩、钢丝绳等工具，起吊前应试吊，并统一指挥。

② 高空作业人员必须戴安全帽，系好安全带，并对安全进行检查，操作时与柱或梁系牢，确保万无一失。

③ 电焊工、汽焊工、安装工，必须挂牢废料桶，并用绳索拴牢，以备收集焊条头、铁水渣和切割废料。

④ 操作人员必须配备专用工具帆布袋，以免工具零件坠落伤人。

⑤ 安装螺栓应有工具箱存放，并用绳索拴牢，不能散放在钢梁上。

（2）钢柱、钢梁吊装施工过程中，项目部安全员全程跟班检查，进行指导。

（3）用塔吊吊运钢结构辅材时，必须由起重工指挥，严格遵守相关安全操作规程。

（4）所有机电设备专人挂牌管理，设备应接地良好，手持电动工具必须有漏电保护装置。

9　环保措施

（1）场外运输按要求办理相关手续，采用规定车辆进行运输。

（2）钢结构加工和吊装完后，应及时清除建筑垃圾等。

（3）生产、生活垃圾不随意丢弃。

10　效益分析

（1）型钢混凝土梁柱与普通钢筋混凝土梁柱比较：

① 降低梁高、降低造价：采用型钢混凝土梁可有效降低梁高，可节约钢材、降低造价。

② 增加梁柱的刚度：型钢混凝土梁柱由于型钢与混凝土共同工作，大大增强了梁柱的刚度。

③ 构件承载力高，抗震性能好，抗疲劳强度高。

（2）型钢混凝土梁柱与普通全钢结构比较，可节约钢材 50% 左右，造价相应降低。

（3）社会效益显著：型钢混凝土梁柱中采用钢结构骨架，降低混凝土量，可节约水泥、河沙、卵石，降低资源消耗，社会效益显著。

11　应用实例

湖南化工职业技术学院新校区 2 号食堂，位于湖南省株洲市云龙示范区，建筑面积为 14483m^2，框架结构，层数为四层，建筑高度为 25.56m。

2 号食堂礼堂部分标高 10.75m，3 ～ 7 轴交 E ～ H 轴柱为型钢混凝土柱，梁为型钢混凝土梁，柱断面为 800mm × 1200mm，柱距 8.4m，柱内型钢为 950mm × 300mm × 16mm × 25mm，共 10 根柱。型钢梁断面为 700mm × 1600mm，梁顶标高为 21.9m，梁轴线跨度为 28.8m，梁内 H 型钢为 1300mm × 400mm × 25mm × 30mm，共 5 根梁。

2 号食堂大跨度钢结构工程施工：经过钢结构详图设计，充分理解了设计意图，确定了钢结构实际加工、运输、拼装具体方案；采用计算机 1 ∶ 1 放大样，保证了钢结构加工精度，工厂预拼装避免了构件加工错误，确保现场拼装的顺利进行；现场拼装的关键是选择合理的拼装方案；采用钢柱和钢梁分两次吊装，使整个吊装过程安全、平稳（图 1 ～图 4）。

型钢梁柱制作和吊装完成后一次验收合格。

落地组合式空气处理机组散件二次组装的施工工法

文　武　谭　亮　刘　佳　周　安

湖南天禹设备安装有限公司

摘　要：将在生产厂家单体检测合格的落地组合式空气处理机组按设备型号编号分段拆成散件并分别包装标识后运至项目施工现场；在设备基础平面上按照从底至顶、从内至外的散件二次组装顺序组装成整体设备，并进行性能检测，可以解决整体设备无法安装就位，影响运输及主体施工进度的难题。

关键词：落地组合式空气处理机组；分段拆散；二次组装

1　前言

目前，装配式建筑得到了空前发展，许多大中型商场、公共建筑及钢结构厂房的中央空调系统末端设备设置了落地组合式空气处理机组，而中央空调系统基本上是在主体结构完工后才进入现场进行施工安装的，此末端设备体积大，若按整体运至安装部位进行就位安装，则运输成本增大、吊装不方便，有的项目还需对主体围护结构进行拆除或预留，影响了项目的整体施工进度等，并且单体设备因水平运输及垂直运输保护措施没执行到位，容易产生变形、碰损表面及破坏动力平衡等。

针对此问题，我公司经过多个创优项目的操作及调研分析，采用生产厂家单体检测完成后，按设备编号分段拆为散件，运至项目施工现场，在安装部位处进行散件二次组装及检测的方法；该工法应用在株洲市新桂广场。新桂国际办公楼中央空调工程、醴陵陶瓷会展中心中央空调工程、长沙浦发银行办公楼中央空调工程等多个项目，取得了很好的成效。该工法具备的施工机具简单、取材方便、受力合理、安全可靠、安装质量好、简洁美观、费用低，且不影响主体的施工进度，具有明显的经济效益和社会效益。

2　工法特点

（1）不需要专门的施工机具设备，安全可靠，运输等费用低。

（2）施工经验比较成熟，保证了设备的安全及外观质量。

（3）不影响项目主体结构的整体施工进度。

3　适用范围

本工法适用于中央空调系统设有落地组合式空调机组末端设备的安装施工。

4　工艺原理

将在生产厂家单体检测合格的落地组合式空气处理机组按设备型号编号分段拆成散件并分别包装标识后运至项目施工现场；在设备基础平面上按照从底至顶、从内至外的顺序，将散件二次组装成整体设备，并进行性能检测，解决整体设备大而无法安装就位，影响运输及主体施工进度的难题。

5　工艺流程及操作要点

5.1　工艺流程图

施工准备→落地组合式空气处理机组散件标识、包装、运输及拆卸→设备基础混凝土浇筑及交接验收→落地组合式空气处理机组底座及底板定位、固定→落地组合式空气处理机组表冷段、风机段定位及固定→落地组合式空气处理机组侧板、框架定位、固定及密封→落地组合式空气处理机组顶板、风机软接及风阀固定→落地组合式空气处理机内部、初、中、高效组合段配件组装→落地组合式空气处理机组性能检测（风机平衡、漏风量、电器元器件绝缘性能）→落地组合式空气处理机组整体调试验收。

5.2　操作要点

5.2.1　施工准备

施工前应具备下列设计施工文件：

（1）落地组合式空气处理机组机房布置图；

（2）中央空调工程水系统管道平面布置图；

（3）施工方案，制作及安装工艺要求、测量与检测方法措施、仪器工具等；

（4）落地组合式空气处理机组设备图，如图 1 所示。

5.2.2　设备基础混凝土浇筑及交接验收

根据落地组合式空气处理机组的外形尺寸及安装位置确定基础的尺寸，基础的长度和宽度分别比机组底座的长度和宽度大 100mm；基础的高度为高出楼地面完成面 150mm，混凝土强度等级采用 C30，并设置分布钢筋。基础表面进行抹光，平整度允许偏差为 5mm，对角线允许偏差为 5mm，如图 2 所示。

图 1　落地组合式空气处理机组设备图

采用墨线及红外线全站仪按照落地式组合空气处理机组底座的规格尺寸，在设备基础表面进行落地组合式空气处理机组底座测量放线。

现场组装要求场地清洁，基本无尘，具有相应的组装空间和起吊设备；提供临时用电，确保现场能够全天提供动力配电和照明用电。

落地组合式空气处理机组在组装前，进行基础交接验收并作记录。

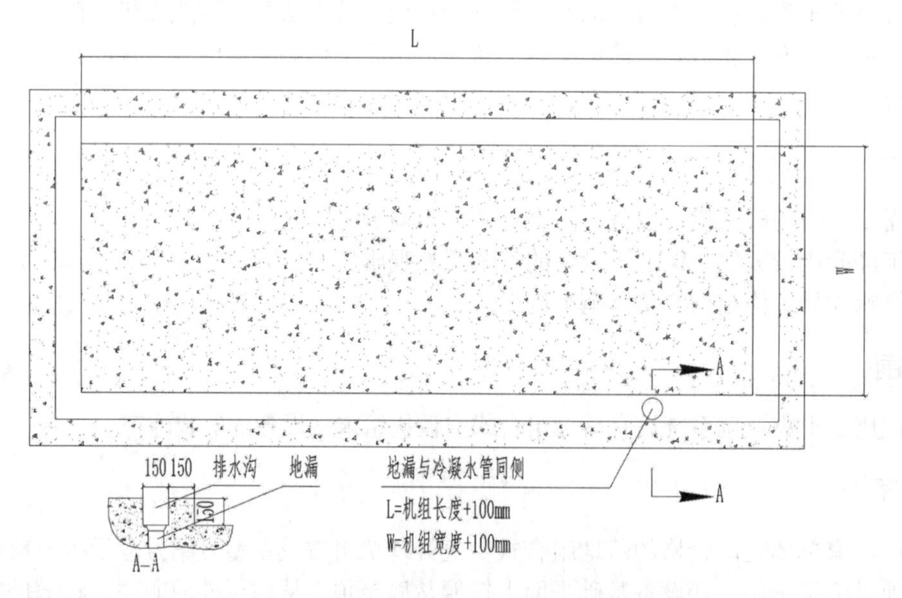

图 2　落地组合式空气处理机组基础图

5.2.3　落地组合式空气处理机组底座及底板定位、固定

根据落地组合式空气处理机组的规格编号，将设备底座沿墨线铺设在基础表面上。设备底座与混凝土基础表面设置 8 ～ 16 块 SD 型橡胶减振垫，厚度为 10mm；采用水平尺检测底座纵向及横向的水平度，允许偏差不大于 2mm。设备底座铺设时，需检查水系统接口位置及冷凝水管、电气线路接口

位置。落地组合式空气处理机组各段功能布置，如图3所示。

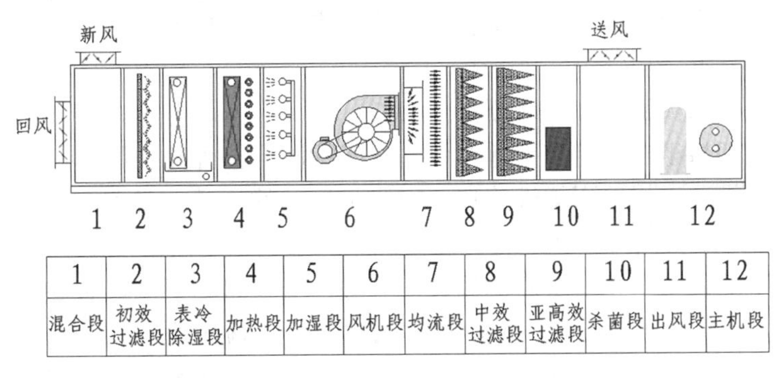

1	2	3	4	5	6	7	8	9	10	11	12
混合段	初效过滤段	表冷除湿段	加热段	加湿段	风机段	均流段	中效过滤段	亚高效过滤段	杀菌段	出风段	主机段

图3　落地组合式空气处理机组功能段布置图

落地组合式空气处理机组底座铺设完成后，将设备底板采用专用螺栓固定在设备底座上，组装底板护边构件，并采用硅酮结构密封胶将各拼装缝均匀密封；保持底板表面清洁干净，无划痕及刮伤等。

5.2.4　落地组合式空气处理机组表冷段、风机段等功能段定位及固定

根据落地组合式空气处理机组装配图，确定各功能段的安装位置，并采用色笔在底板表面标识，对各功能段散件分别按组装顺序拆除包装进行二次组装。风机段可采用自制小型龙门链条葫芦吊装就位，调整电机位置与皮带的松紧度，并检查同轴度等；表冷段则需要保证冷凝水盘组装的完整质量，不得有破损及松动等组装质量缺陷；及时清理干净杂物，表冷段就位后，注入少量水以检查冷凝水排放是否畅通。组装时，为保护表冷段散热翅片，可采用硬纸板贴于表冷段两侧面，以保护散热翅片，定位后拆除硬纸板。对表冷段的接口设置临时专用接头，注水以检测表冷器的铜管是否有裂纹、渗漏等缺陷，若产生漏水，则需进行修复合格后才能进行定位组装，如图4所示。

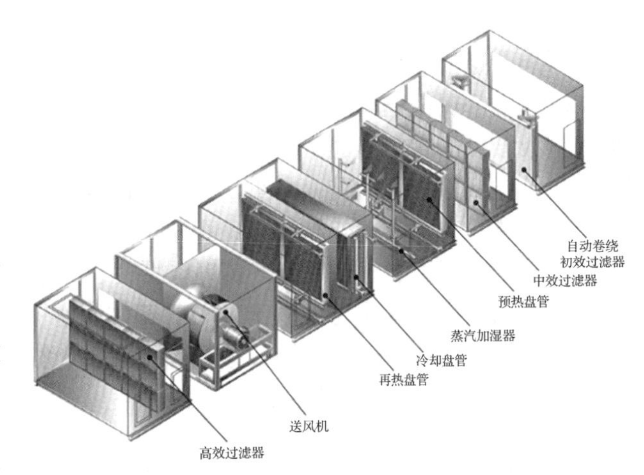

图4　落地组合式空气处理机组功能段组装图

5.2.5　落地组合式空气处理机组侧板、框架定位、固定及密封

落地组合式空气处理机组功能段的主要部件组装就位后，进行侧板的组装及机组框架的组装。采用硅酮结构密封胶对接缝进行密封，并采用水平尺检测框架的水平度及垂直度；侧板及框架采用专用连接螺栓进行连接固定，保证侧板及框架无变形及划痕等外观质量缺陷。

5.2.6　落地组合式空气处理机组顶板、风机软接、风阀固定及密封

当落地组合式空气处理机组内部主功能部件、框架、侧板组装完成后，并对各接缝均密封合格且美观后，进行机组顶板的二次组装固定。组装时，保持顶板平整，与框架连接严密，无翘曲变形等缺陷。风机出口为防火帆布软接；连接时，要求严密，无豁口，无扭曲，保持20mm左右的伸缩长度。新风及回风入口为电动风阀，与机组外板采用连接螺栓固定牢固，采用密封胶条进行密封。

5.2.7　落地组合式空气处理机组内部初、中、高效组合段配件安装

进行组合段过滤器配件组装前，应清扫干净机组内部的杂物，检查各接缝的密封是否合格。检查合格后，再依次进行高效过滤器、中效过滤器及初效过滤器的组装，按先内后外的顺序进行。所有过滤器安装完成后，关好机组的检修门。

5.2.8　落地组合式空气处理机组性能检测（风机平衡、漏风量、噪声、电器元器件绝缘性能）

落地组合式空气处理机组各部件二次组装完成后，连接临时电源，分别进行风机的动平衡及正反转检测，要求运转平稳，无碰壳、无异常噪声及振动等现象；采用风速仪检测机组进出风口的风速、

风量等，采用肥皂水检测各接缝处是否有漏风的缺陷；采用噪声计在离机组 1m 处的地方检测机组正常运转的噪声等级是否符合设备的技术要求；采用万用表及摇表检测电机的接线及接地电阻、绝缘等级是否符合设备的技术要求。

5.2.9　落地组合式空气处理机组整体调试验收

落地组合式空气处理机组二次组装及单体设备性能检测合格等完成后，进行风系统及水系统部件的连接；机组与外管系统连接均采用柔性连接，以避免振动的传递。对落地组合式空气处理机组的控制，在对电网要求不是很高的场合，可以选择直接启动柜或星三角启动柜，当电机功率≥ 11kW 时，选用星三角启动；对于电网要求相对很高的场合，可选择变频启动柜或软启动柜，还可以在一般控制柜的基础上，增加如本地、远程控制、BA 控制、风机和防火阀连锁、风机和送风阀、风机和其他设备联锁等各种控制功能。通电后，落地组合式空气处理机组运转正常，无异常声响，无刮壳及振动传递，无漏风，水系统无渗漏，冷凝水排放畅通等，则机组整体调试合格并做记录归档。

6　材料与设备

6.1　材料

落地组合式空气处理机组箱体内部所有金属都通过聚氨酯发泡和特别设计的橡胶密封条与外面的金属隔绝，铝型材与面板通过高压聚氨酯发泡形成一个整体。铝型材带凹凸槽，凹凸槽衔接时形成榫头，再加上螺栓螺母的紧固，形成严密的迷宫式密封，使机组漏风率非常低。机组内采用铝合金外框架和暗藏的金属内框架。箱板采用双面板结构，中间为阻燃型聚氨酯保温材料，在工厂发泡成型，与镀锌钢板结合非常牢固、平整、无间隙、具有良好的耐腐、耐高温、耐盐水性能；箱板采用直接拼装结构。箱体底面板可承受人员重量，每块面板四周均有铝合金边框，两块面板相交的边即有两根梁或柱，即箱体具有双重框架结构，完全避免了运行过程中产生变形。落地组合式空气处理机组过滤器单位面积质量、阻力、机械性能、抗静电特性、吸湿性、耐燃性及过滤效率均符合 GB/T 14295—93；过滤段的进风断面风速均匀度大于 80%。箱体底座镀锌槽钢或钢板选用国标热轧型钢，执行标准为 GB/T 706—1988；焊材选用 E43XX 系列碳钢焊条，符合《碳钢焊条》（GB/T 5117—1995）的规定。防冷桥减振垫选用 20mm 厚 SD 橡胶板块。

6.2　设备

机组箱体各面板采用专用手电钻及扭矩扳手进行组装紧固；各功能段定位调整采用门形架链条葫芦配合吊装进行；其他在工程项目施工组织设计中选用的机械设备，可满足本工法要求。

7　质量控制

7.1　制作与安装质量控制

执行标准：《通风与空调工程施工质量验收规范》(GB 50243—2016)。

7.2　质量控制措施

（1）落地组合式空气处理机组各功能段的组装，应符合设计规定的顺序和要求，表面平整，连接严密，牢固，整体应平直。

（2）机组与供回水管的连接应正确，机组下部冷凝水排放管的水封高度应符合设计要求。

（3）机组应清扫干净，箱体内应无杂物、垃圾和积尘。

（4）喷水段的本体及其检查门不得漏水，喷水管和喷嘴的排列、规格应符合设计的规定。

（5）表面式换热器的散热面应保持清洁、完好。当用于冷却空气时，在下部应设有排水装置，冷凝水的引流管或槽应畅通，冷凝水不外溢。

（6）确保机组箱体各面板接缝严密，不渗漏。

（7）空气过滤器的安装，四周与框架应均匀压紧，无可见缝隙，并应便于拆卸和更换滤料。

7.3　成品保护措施

落地组合式空气处理机组二次组装完成后，保持安装场地整洁，不得随意敲打变形；不得利用机组支撑其他物等。

8　安全措施

（1）执行标准：《建筑施工安全检查标准》（JGJ 59—2011）、《建筑机械使用安全技术规程》（JGJ 33—2012）、《施工现场临时用电安全技术规范》(JGJ 46—2005）和省、市、企业有关文件规定。

（2）按工程项目施工组织设计中的安全措施执行，另外强调以下措施：

① 散件卸车转运时，各构件应按编号统一进行。

② 进行机组各功能段吊装定位调整时，应统一指挥，确保不倾斜，钢丝绳理顺，组装人员相互协调配合。

③ 在机组进行二次组装时，对组装区域进行临时封闭并挂警示牌。

④ 在机组进行二次组装时，搭接好临时施工用电，配备灭火器，清除干净易燃物。

9　环保措施

（1）场外运输按要求办理相关手续，采用规定车辆进行运输。

（2）机组二次组装时，应及时清除干净建筑垃圾、及时清除干净易燃物等。

（3）生产、生活垃圾不随意丢弃。

10　效益分析

（1）费用低，施工机具来源广，不需要专门的机具设备。

（2）施工经验成熟，设置简洁美观，根据各项目的实际情况可以灵活实施。

（3）安全可靠，能形成工程创优的亮点。

（4）操作简单，施工工期短。

（5）不需要拆除部分主体结构。

11　应用实例

长沙浦发银行办公楼共计 24 层，裙楼第 5 层屋顶层设置了 6 台落地组合式空气处理机组系统进行裙楼的空调送风。各机组采用散件吊运至现场安装部位进行二次组装。二次组装完成后，进行性能参数检测及调试运行，效果好并缩短了近 15d 的工期。株洲市新桂广场。新桂国际办公楼设备转换层采用 7 台落地组合式空气处理机组系统进行裙楼的空调送风，采用散件吊运至设备转换层进行二次组装，不需拆除主体围护结构，不影响主体结构的施工工期，得到了业主的好评。醴陵陶瓷会展中心主体上部为钢结构展厅，共计 5 个展厅，各展厅采用 2 个独立空调机房进行空调送风，各独立机房分别设有 5 ～ 7 台 18000 ～ 20000m^3/h 风量的落地组合式空气处理机组，通道门的宽度为 1200mm，通过采用散件运至各安装部位进行二次组装，没有对主体围护结构进行拆除，缩短了施工工期，满足了国际瓷博会如期召开的需要，得到了业主的称赞，如图 5、图 6 及图 7 所示。

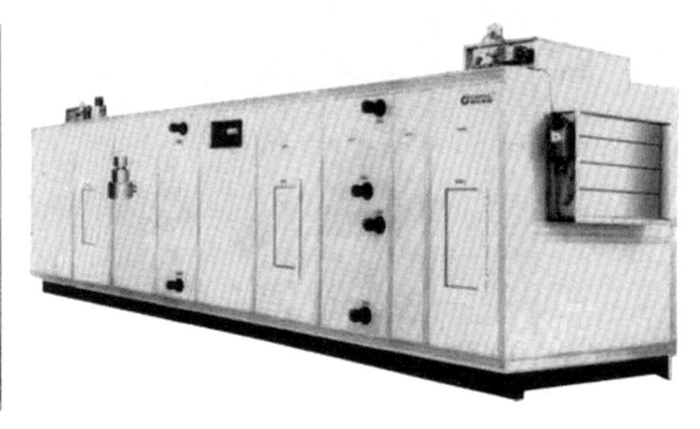

图 5　长沙浦发银行办公楼落地组合式空气处理机组图

图 6　株洲市新桂广场 · 新桂国际办公楼落地组合式空气处理机组实例图

图 7　醴陵陶瓷会展中心中央空调落地组合式空气处理机组实例图

第4篇

PART 4

管道、钢材连接、安装

混合水管 BM 连锁砌块墙定位安装工法

陈维熙　冯传林　罗宏建　唐　军　何　平

湖南六建机电安装有限责任公司

摘　要： 混合水管在 BM 连锁砌块安装中，其质量控制和成品保护难度非常大。可以通过在扁铁上钻间距 150mm 的两个 ϕ16mm 孔，控制冷热混合水管的对中间距；同时，利用两侧角铁紧贴 BM 连锁砌块进行安装，控制内丝配件出墙距离；然后，利用 M20 水泥填筑固定装置与 BM 连锁砌块间空隙，严格控制混合水管水平度和垂直度。从而减少了交叉作业对安装过程的影响，可避免返工修正，加快了施工进度、降低了施工成本、提高了成品保护。

关键词： 房屋建筑工程；混合水管；定位安装；BM 连锁砌块

1　前言

在现有房屋建筑安装工程中，卫生间和厨房的冷热混合水管在 BM 连锁砌块中使用比较普遍。冷热混合水管的定位安装间距控制对后期装修过程中厨房卫生间墙面瓷砖和混合龙头的安装起到决定性的作用。由于 BM 连锁砌块独特的物理特性，冷热混合水管在 BM 连锁砌块安装中需要在砌块施工前进行安装，但冷热混合水管的固定、管中对中间距的控制、内丝配件出墙距离的控制和固定需要在砌体施工完成后才能进行。因为整套工序全部在交叉施工作业中完成，导致冷热混合水管的质量控制和成品保护难度非常大，解决冷热混合水管的固定、管中对中间距、内丝配件出墙距离的质量控制，已成为亟待解决的课题。

我公司经过多个工程冷热混合水管 BM 连锁砌块墙定位安装的研究和实际应用，研发出一种专门针对冷热混合水管 BM 连锁砌块墙定位安装的固定装置，在南京中航樾府二期安装工程试验使用，总结出混合水管 BM 连锁砌块墙定位安装工法。

2　工法特点

（1）利用固定装置对冷热混合水管固定、管中对中间距、内丝配件出墙距离等质量点进行控制，确保冷热混合水管安装的水平度、垂直度及尺寸的精确度，极大地提高了施工质量。

（2）利用固定装置在 BM 连锁砌块施工完成后进行混合水管固定安装，操作方便，减少了交叉作业对施工进度的影响，避免返工修正，加快了施工进度、降低了施工成本、提高了成品保护。

（3）利用固定装置安装混合水管准确、方便、快捷，可重复利用，对环境无污染，确保绿色施工。

3　适用范围

适用于房屋建筑工程厨房、卫生间冷热混合管道安装施工。

4　工艺原理

（1）在扁铁上钻间距 150mm 的两个 ϕ16mm 孔，与 1/2 堵丝大小相同。严格控制冷热混合水管管中对中间距。

（2）利用两侧 30mm × 30mm × 3mm 角铁紧贴 BM 连锁砌块进行安装，严格控制内丝配件出墙距离为 30mm。

（3）固定装置安装混合水管完后，利用 M20 水泥填筑固定装置与 BM 连锁砌块间空隙，以固定混合水管及固定装置，严格控制混合水管水平度和垂直度。

5 施工工艺流程及操作要点

5.1 工艺流程

固定装置制作→固定装置安装→混合水管固定→固定装置拆除。

5.2 操作要点

5.2.1 固定装置制作

（1）根据图纸要求，冷热混合水管中心的间距为 150mm，内丝配件外平面出墙距离为 30mm，内丝配件大小为 De20*1/2。

（2）用切割机截取一根长 300mm、规格 30mm × 30mm × 3mm 的角钢，一块长 300mm、宽 200mm、厚 3mm 的钢板，两根长 100mm、规格 30mm × 30mm × 3mm 的角铁。

（3）用记号笔和钢尺在长 300mm 的角钢上按图确定开孔圆心点（图 1）。

（4）用记号笔和钢尺在 300mm × 200mm 的钢板上按图确定开孔圆心点。

（5）在长 300mm 角钢的两个圆心点上钻两个 ϕ16mm 孔，在 300mm × 200mm 钢板的两个圆心点上钻两个 ϕ26mm 孔，以保证固定装置的拆除退出，并按图纸将角钢和钢板进行焊接，完成固定装置的制作（图 2、图 3）。

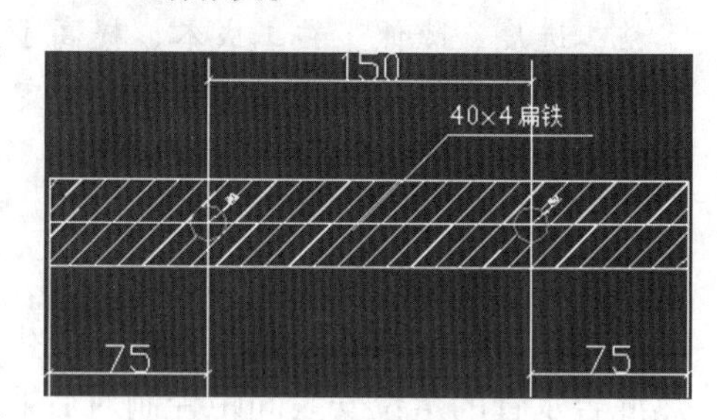

图 1 扁铁圆心定位图

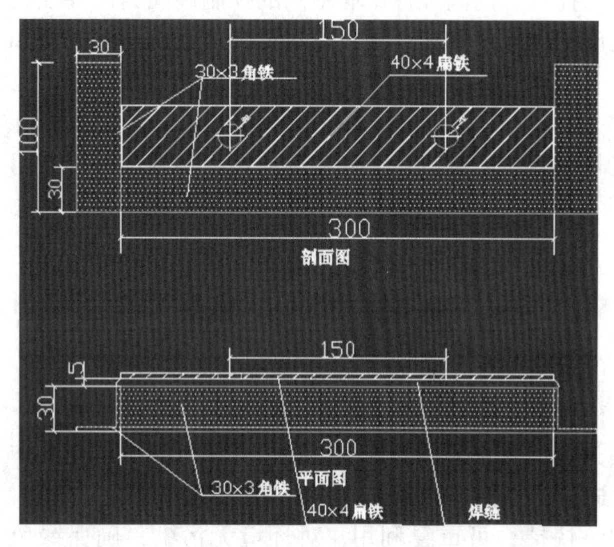

图 2 开孔位置及焊接图

图 3 固定装置制作完成图

5.2.2 固定装置安装

（1）利用红外水平仪在 BM 连锁砌块上确定水管及固定装置的安装标高。

（2）将两个堵丝拧入内丝配件里进行固定安装，注意固定装置与水平方向必须与标高线平行。安装完成后检查冷热混合水管管中对中的间距和内丝配件出墙距离，确认无误后完成固定装置的安装（图 4、图 5）。

5.2.3 混合水管固定

用 M20 水泥对管道及固定装置进行固定，固定过程中将两根冷热水管往墙体内壁挤压，使固定装置两边角铁能与 BM 连锁砌块紧密贴合。保证内丝配件出墙距离为 30mm，完成冷热混合水管的固定（图 6）。

图 4　固定装置安装图正面

图 5　固定装置安装图侧面

5.2.4 固定装置拆除

（1）水泥填筑达到一定强度时将丝堵取下进行固定装置的拆除，拆除固定装置后将丝堵重新拧入内丝配件内，做好成品保护（图 7）。

图 6　混凝土浇筑固定后图片

图 7　固定装置拆除

6　材料与设备

（1）主要材料：30mm × 30mm × 3mm 角铁、40mm × 4mm 扁铁、钢尺、卷尺、焊条、活动扳手、混凝土、丝堵、记号笔。

（2）主要设备详见表 1。

表 1　机具设备表

序号	机具设备名称	数量	用途
1	电焊机（直流）	1	固定装置焊接
2	电动开孔器	1	扁铁开孔
3	切割机	1	切割扁铁和角铁

7　质量控制

（1）执行的规范、标准《建筑给水排水及采暖工程施工质量验收规范》（GB 50242）。

（2）施工项目部应建立质量保证体系，严格执行 ISO 9001 规定。

（3）冷热混合水管管中对中间距及内丝配件出墙距离严格执行甲方及设计院的文件。

8　安全措施

（1）本工法执行国家、省、市、公司制定的施工现场及专业工种各种安全技术操作规程；包括国家“两规一标”即 JGJ 33《建筑机械使用安全技术规程》、JGJ 59《建筑施工安全检查标准》和 GB/T 28001《职业健康安全管理体系标准》等。

（2）焊机、切割机等机具设备应由专人严格按照操作规程操作。

9　环保措施

（1）按 GB/T 24001—2004《环境管理体系标准》执行。

（2）固体废弃物应分类回收处理。

10　效益分析

以南京中航樾府二期安装工程 20 号、21 号、22 号栋为例，三栋住宅精装修施工，共计 174 户，共计有 435 处冷热混合水管，每处冷热混合水管在安装操作时可节约一个工日，安装完成后贴砖时可节约一个工日的返工时间。按每个工日 200 元计算，则可节约费用 435 处 ×2 个工日 ×200 元 / 工日 = 174000 元，同时减少部分冷热水管的材料浪费。

采用本工法定位安装冷热混合水管，利用固定装置对每处冷热混合水管固定、管中对中间距、内丝配件出墙距离等质量点进行控制，确保冷热混合水管安装的水平度、垂直度及尺寸的精确度，极大地提高施工质量。同时，定位安装方便快捷，并可以重复使用，减少了人工和材料浪费，加快了施工进度，提高了工作效率；本工法的施工过程没有废弃物，对工地和周边没有任何污染，实现绿色施工，具有显著的经济和社会效益。

11　应用实例

（1）南京中航樾府二期安装工程 20 号、21 号、22 号栋，位于江苏省南京市江宁区，2013 年 4 月开工，2015 年 5 月竣工，采用本工法固定混合水管在 BM 连锁砌块墙上的位置，定位精准，工程质量优良，并减少了人工成本，加快了施工进度，减少返工返修，得到了甲方的好评。

（2）石门县人民医院门急诊综合大楼安装工程，位于湖南省石门县，2012 年 12 月开工，2013 年 12 月竣工，采用本工法固定混合水管在 BM 连锁砌块墙上的位置，定位精准，工程质量优良，并减少了人工成本，加快了施工进度，减少返工返修，得到了甲方的好评。

（3）中海国际社区三期三标段 – 水电安装工程，位于湖南省长沙市，2013 年 5 月开工，2014 年 9 月竣工，采用本工法固定混合水管在 BM 连锁砌块墙上的位置，定位精准，工程质量优良，并减少了人工成本，加快了施工进度，减少返工返修，得到了甲方的好评。

钛钢复合板烟道施工工法

田跃恒　杜国林　刘卫东　何　江　张丰兆

湖南省第三工程有限公司

摘　要：目前，国内火电厂大批新建或改造的烟囱 / 烟道采用钛钢复合板作为钢内筒结构，该种结构可有效防止烟囱 / 烟道内壁的腐蚀。本工法介绍了钛钢复合板烟道施工工艺，保证了烟道的施工质量，既能满足烟道的结构强度，又能确保烟道内壁钛复层的连续、可靠，达到防腐蚀效果。

关键词：钛钢复合板；钛复层；铲边；焊接

1　前言

当前，燃煤电厂发电锅炉燃烧产生的烟气经过脱硫脱硝装置达到标准要求值后再通过烟道向外排放，但由于烟道内壁凝结液中酸浓度不断变化，腐蚀环境呈现为动态，造成烟道内壁的腐蚀。目前，国内火电厂大批新建或改造的烟囱 / 烟道采用钛钢复合板作为钢内筒结构，该种结构可有效防止烟道内壁的腐蚀。本工法介绍了钛钢复合板烟道施工工艺，保证了烟道的施工质量，达到防腐蚀效果。我公司在醴陵旗滨玻璃浮法二、三线室外钢烟道制作安装项目及醴陵旗滨玻璃浮法一线室外钢烟道及引风机后烟道制作安装项目的施工中均采用了该工艺，取得了很好的施工和使用效果。我司依托该两个项目，经过认真总结，参与了电力行业标准 DL/T 1590—2016《燃煤电厂烟囱用钛 / 钢复合板》（2016 年 7 月 1 日起实施）的编制工作，现将该施工工艺总结并形成本施工工法。

2　工法特点

钛钢复合板烟道的施工与传统烟道相比，具有以下特点：

（1）钛钢复合板为金属复合材料，其切割和焊接应分层作业，施工质量要求较高。

（2）板材在下料时须对边角进行铲边处理，铲除部分钛复层。

（3）烟道本体强度依靠基层钢板支撑，烟道内壁钛复层应连续、可靠，确保施工质量。

（4）施工完毕应对焊缝进行无损检测。

（5）采用该工法施工的烟道，结构强度高，内壁钛复层连续可靠，防腐蚀效果好，经久耐用。

3　适用范围

本工法适用于采用钛钢复合板制作的所有烟道。

4　工艺原理

钛钢复合板烟道的施工通过下料、铲边、组对焊接、检验检测、吊装、保温及外护等工序制作而成，烟道内壁为钛复层，其焊接必须待基层焊接完成并经检验合格后进行，复层金属在焊接前应进行铲边处理，切除端部被氧化部分，接缝处可设置钛填条或难熔的金属衬片。通过对复合板加工工艺和焊接质量的控制，确保烟道内壁钛复层的连续、稳定、可靠并达到结构强度，有效防止烟道内壁的腐蚀。

5　工艺流程及操作要点

5.1　工艺流程

工艺流程详图 1 所示。

5.2 操作要点（图 1）

5.2.1 施工准备

（1）技术准备

① 熟悉、了解并审查图纸设计以及会审纪要、工程洽商、变更等内容。掌握烟道规格尺寸及数量，合理规划板材数量及规格。

② 通过图纸审查，如有问题及时与设计人员联系并得到确认。

③ 根据图纸设计、规范、标准图集以及工程实际情况等内容计划工程材料、机具、劳动力的需求计划。

④ 施工前编制好焊接工艺文件及作业文件，经批准后执行。

⑤ 施工前组织施工人员进行安全、技术、质量、环境交底工作。

（2）材料准备

① 根据设计要求将所选用的材料提前进场，并做好检验、复试工作，同时应符合有关验收标准及施工图纸要求。

② 材料的品种、规格、等级必须符合设计要求，并应规格一致，有出厂合格证及相关质量证明文件。

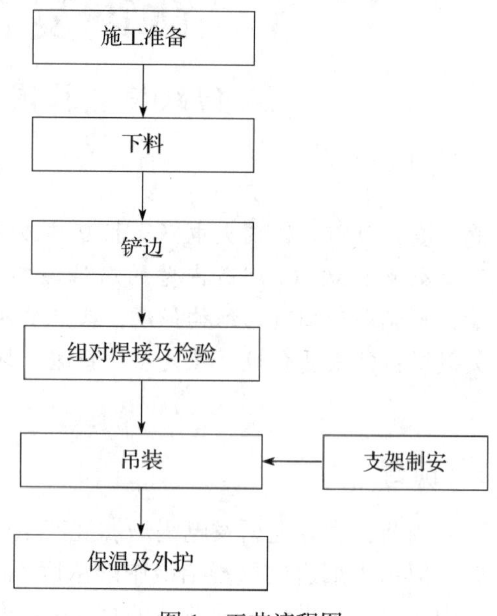

图 1 工艺流程图

5.2.2 下料

根据设计参数加工制作符合要求的板材，尺寸大小本着方便施工、减少切割的原则选择合适的参数。现场切割时，宜采用剪板机进行一次切割，也可采用分层切割法，先用角磨机将钛复层切割开，去除切割部位的钛板，再用气割工具切割基层钢板。如采用气割法直接切割时，必须预先在切割处钛板表面涂刷防氧化的保护液，再进行切割。如需对板材进行煨弯或煨弧，应采用滚板机进行冷加工。

5.2.3 铲边

进场板材钛复层四周宜进行铲边处理，如未铲边或现场切割后应立即对钛复层进行铲边处理，铲边宽度控制在 15 ～ 20mm。基层钢板四周应开坡口，宜采用机械加工方法。

5.2.4 组对焊接及检验

焊接应严格按批准后的工艺文件进行操作，焊工应持证上岗，施焊项目满足现场焊接要求。焊接时必须先焊接基层钢板，基层采用手工电弧焊的方法，焊接完成后应将基层钢板内层焊缝处磨平，基层焊缝质量检验合格后方可进行钛复层的焊接，钛复层一般应采用钨极氩弧焊，接缝处可设置钛填条或难熔的金属衬片。钛复层焊接完成后应对焊缝表面进行 100% 无损检测，常采用 PT 渗透检测方法，检测方法及合格标准按 JB/T 4730 的规定执行。

5.2.5 吊装

筒节吊装应编制专项方案，按程序批准后严格执行。吊装就位后筒节连接处的焊接及质量检验按上述流程进行。

5.2.6 保温及外护

焊接完成后质量检验合格，按设计要求进行保温及外护施工。

6 材料与设备

（1）所需材料见表 1。

表 1 材料表

序号	名称	规格、型号	性能及用途	备注
1	钛钢复合板	按设计	烟道本体	
2	钛贴条	总宽度 45 ～ 55mm，厚度不小于钛复层厚度	钛复层焊接母材	材质与钛复层材质一致

续表

序号	名称	规格、型号	性能及用途	备注
3	钛填条或金属衬片	宽度 20 ～ 30mm，厚度与钛复层厚度相同	钛复层焊接处填充	宽度略小于焊缝宽度
4	焊条	按工艺文件	基层钢板焊接	
5	钛焊丝	按工艺文件	钛复层焊接	
6	角钢或槽钢	按设计	烟道支架制安	
7	保温及外护材料	按设计	烟道保温及外护	

（2）所需设备见表 2。

表 2　设备表

序号	名称	型号	功率（kW）	主要功能	数量
1	剪板机			下料	1 台
2	滚板机			煨弯	1 台
3	角磨机			切割钛复层	2 台
4	手持砂轮机			打坡口	4 台
5	切割机			型材加工	2 台
6	电焊机			基层钢板及支架焊接	4 台
7	氩弧焊机			板材焊接	4 台

7　质量控制

7.1　主要标准及规范

《烟囱工程施工及验收规范》(GB 50078—2008)；

《现场设备、工业管道焊接工程施工规范》(GB 50236—2011)；

《工业设备及管道绝热工程施工规范》(GB 50126—2008)；

《工业设备及管道防腐蚀工程施工质量验收规范》(GB 50727—2011)；

《承压设备无损检测》(JB/T 4730—2005)；

《建筑工程施工质量验收统一标准》(GB 50300—2013)。

7.2　质量控制标准

（1）板材、焊材等严格执行进场验收，质量证明文件应齐全，必要时应进行抽检，自检合格并报监理单位同意后方可使用。

（2）施焊人员必须持证上岗，确保证件在有效期内且所持项目能满足工程实际的需要。

（3）施工工艺文件必须经过审批后严格执行。

（4）板材下料切割及煨弯等操作应按工艺文件严格执行。

（5）焊接环境应保持清洁，无灰尘烟雾，相对湿度≤ 80%，焊缝周围 100mm 范围内温度不低于 15℃，大风、雨雪等天气应避免施焊，焊丝、坡口表面及其内侧 20mm 范围内应进行表面清洁。

（6）不得强行组对焊接，焊缝不应有裂纹、气孔、夹渣等缺陷，同一筒节两纵焊缝间距不小于 1000mm，相邻筒节两纵焊缝间距应大于 300mm。

8　安全措施

（1）应遵守的相关安全规范及标准：

《施工现场临时用电安全技术规范》(JGJ 46—2005)；

《建筑机械使用安全技术规程》(JGJ 33—2012)；

《建筑施工安全检查标准》(JGJ 59—2011)。

（2）进入施工现场的作业人员，必须首先参加安全教育培训，考试合格方可上岗作业，未经培训或考试不合格者，不得上岗作业。

（3）进入施工现场的人员必须戴好安全帽，并系好帽带；按照作业要求正确穿戴个人防护用品（如戴口罩、护目镜、穿工作服等）。

（4）施工前必须检查所有的机械设备的性能是否可靠，性能良好，同时设有限位保险装置。

（5）机械设备用电必须符合“三相五线制”及三级保护的规定。

（6）作业区的周围必须进行封闭围护，同时设置防护栏杆及张挂安全网、安全警示标志。

（7）在筒节内施焊时应加强通风，并保证足够的照明，筒内照明须采用安全电压。进行切割、焊接等作业时，周围应按规定配备足够数量的消防灭火器材。

9　环保措施

（1）应严格遵守国家、地方及行业标准、规范：

《建筑施工现场环境与卫生标准》(JGJ 146—2013)；

《建筑施工场界噪声限值》(GB 12523—2011)。

（2）施工现场组织文明施工，树立环保意识。

（3）确保施工现场噪声控制在允许范围内，有降尘及防止光污染措施，工完场清。

（4）施工余料分类堆放整齐，并按当地环境部门要求及时进行妥善处理。

（5）现场采用的材料均为无毒环保材料，在使用过程中不会影响环境及作业人员。

10　效益分析

钛钢复合板烟道与传统烟道相比较，传统烟道价格适中，但防腐蚀性能一般，使用寿命短且维护费用较高；钛钢复合板烟道初始投入较高，但其防腐蚀性能大大提高，使用寿命可以达到甚至超过火力发电厂的设计寿命，且具有施工速度快、使用效果好、日常维护费用低（几乎不用维护）的优点。从整个使用寿命和运行及维护费用来看，钛钢复合板烟道的总体费用比传统烟道低，且效果好，经济和社会效益显著。

通过对钛钢复合板加工工艺和焊接质量的控制，不但保证了施工质量和施工进度，同时通过合理安排，有效控制了材料损耗和返工浪费，满足了建筑节能及环保的相关要求，对于采用钛钢复合板制作烟道的施工具有很强的现实指导意义。

11　应用实例

（1）醴陵旗滨玻璃浮法二、三线室外钢烟道制作安装项目，位于醴陵市东富镇龙源冲，本工程采用钛钢复合板制作安装的烟道，共计使用钛钢复合板 300 余吨，该工程于 2014 年 3 月开工，2014 年 8 月竣工验收，自交付使用至今，使用效果良好，工程质量优良，获得业主、监理等多单位的一致好评。

（2）醴陵旗滨玻璃浮法一线室外钢烟道及引风机后烟道制作安装项目，位于醴陵市东富镇龙源冲，本工程采用钛钢复合板制作安装的烟道，共计使用钛钢复合板 80 余吨，该工程于 2014 年 8 月开工，2014 年 12 月竣工验收，自交付使用至今，使用效果良好，工程质量优良，获得业主、监理等多单位的一致好评。

建筑排水 PVC 管防水止漏节直接预埋法施工工法

秦声赫　马　俊　汤　秀　杨富贤　赵智勇

湖南省第四工程有限公司

摘　要：PVC 排水管道穿越混凝土楼板时，由于其与混凝土膨胀系数不同，后期易产生裂缝，造成管壁周围渗漏。为解决此类问题，可将防水止漏节的弧形碗边浇筑在混凝土中，当 PVC 有收缩时，碗边抱紧防水止漏节碗口内混凝土，解决了 PVC 管与混凝土两种材料膨胀系数不一而产生的裂缝，且碗边高于过滤带孔，有效防止渗漏。

关键词：PVC 排水管；膨胀系数；渗漏；防水止漏节

1　前言

在房屋建筑施工中，PVC 排水管道应用普遍，但 PVC 管道在穿过厨房、阳台、厕所等混凝土楼板时，由于气候温差、管道内有冷、有热、高落差、大流量的排水对管壁产生振动，使 PVC 管与混凝土两个膨胀系数不一样的材料之间产生更加明显的裂缝，使管壁周围出现渗漏，这是多年来一直困扰着人们的建筑通病，给施工单位和广大住户带来极大的麻烦。应用本施工工法，能有效解决这一建筑通病，既能防止渗漏，又能排出楼板余水。

我公司分别在湘潭市党风廉政建设教育基地（生态建设示范基地）、长沙市东方芙蓉小区 1 ～ 3 号栋及地下室工程、娄底市吉泰邦臣小区 A、D 座的施工中总结了防水止漏节直接预埋的施工工法。该工法节约了工时，降低了施工成本，创造了良好的经济和社会效益，为此编制工法以推广应用。

2　工法特点

（1）一次性安装、堵孔、省工省料，施工便捷，性能稳定可靠，可配合多种 PVC 管材和各种管径使用。

（2）模板安装时，直接预埋防水止漏节，混凝土浇筑一次成型。

（3）避免了堵孔的二次浇筑及浇筑产生的施工缝

3　适用范围

适用于建筑排水工程中 PVC 管道穿混凝土楼板。

4　工艺原理（图 1）

（1）防水止漏节的弧形碗边浇筑在混凝土中，当 PVC 有收缩时，碗边抱紧防水止漏节碗口内混凝土，解决了 PVC 管与混凝土两种材料膨胀系数不一而产生的裂缝，且碗边高于过滤带孔，有效防止渗漏。

（2）楼板排水通过防水止漏节的渗漏槽及过滤带流入到下承插管内，完成排水。

（3）湿润的过滤带可堵气防臭。

（4）配合使用防水止漏节定位座，使安装的管道更好地垂直于模板。

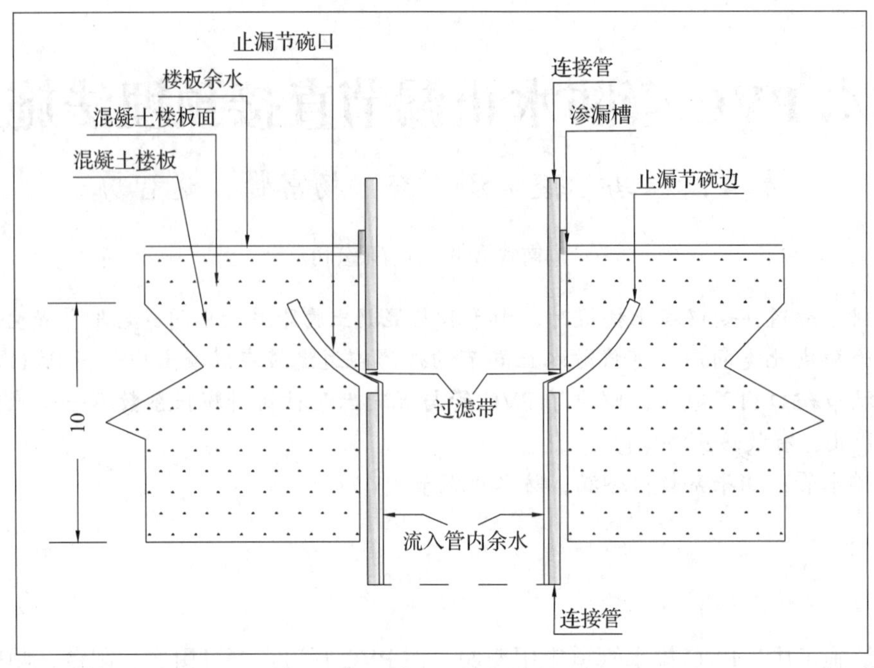

图 1　防水止漏节详图

5　施工工艺流程及操作要点

5.1　施工工艺流程

定位→安装定位座→密封→安装防水止漏节→封口→清理→拆模→连接管道。

5.2　操作要点

5.2.1　定位

按设计要求，根据周边梁、柱定位线，使用经纬仪、垂经仪等仪器准确定位排水管道安装位置，并用水平尺测量底座模板，调整水平精度（图 2、图 3）。

图 2　底座定位

5.2.2　安装定位座

在安装位置的模板，定位座内圈涂胶，用钢钉钉牢。定位座随模板拆除，混凝土结构不会留有钢钉（图 4）。

图 3　底座固定

图 4　定位座上胶

5.2.3　密封

阳台、厨房、平板卫生间安装防水止漏节应关闭渗漏槽防止透气（管道周边做防水密封，防止透气）。

5.2.4　安装防水止漏节

将防水止漏节下承插管周边涂胶，插入定位座后旋转半周，使其与定位座严密胶合，避免防水止漏节因浇筑混凝土时受振捣挤压而倾斜或位移（图 5 ～图 7）。

图 5　防水止漏节涂胶

图 6　防水止漏节黏结

5.2.5　密封

混凝土浇筑前，防水止漏节上口或插入上口的短管上用胶带封口，防止混凝土进入防水止漏节内（图 8）。

图 7　防水止漏节安装

图 8　伤口胶带密封

5.2.6　清理

混凝土浇筑前，检查清理防水止漏节碗口圈内的杂物，避免影响防水止漏节功能（图 9）。

5.2.7　拆模

模板拆除时，应按照规范要求，混凝土达到所需强度时拆除，拆除时应避免损坏预埋管道。

5.2.8　连接管道

安装管道时，清理防水止漏节，在承插处上胶连接管道及配件，进入常规安装程序进行安装（图 10、图 11）。

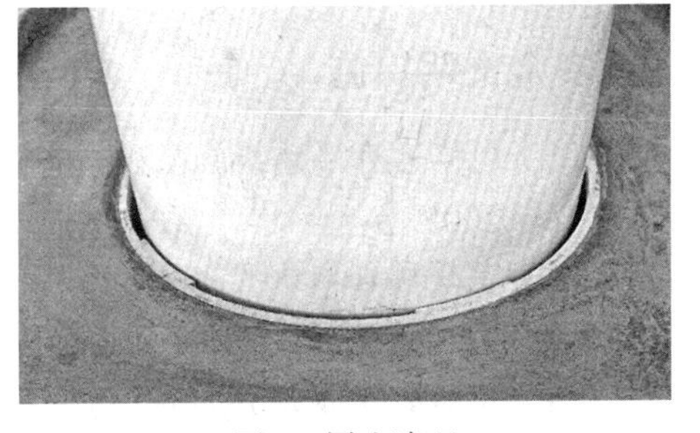

图 9　周边清理

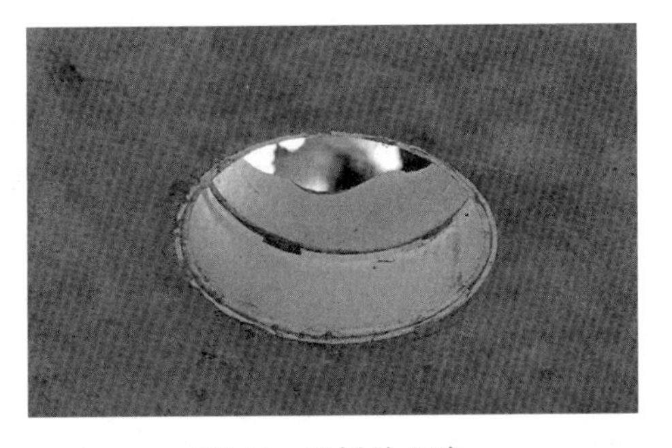

图 10　承插处上胶

图 11　管道安装

6　材料与设备

6.1　材料

PVC 排水管件、管卡、防水止漏节、PVC 胶粘剂、釉灰、铁钉、宽胶带及填塞用废报纸等。

6.2　施工工具

经纬仪、垂经仪、水平尺、弓锯、铁锤、钢卷尺、圆规、胶刷等。

7　质量控制

7.1　主要执行的规范、标准

《住宅室内防水工程技术规程》(JGJ 298—2013)；

《建筑给水排及采暖工程施工质量验收规范》(GB 50242—2002)；

《给排水管道工程施工及验收规范》(GB 50268—2008)；

《排水 PVC 管》(GJJ/T 29—98)；

《塑料给水管》(GB/T 50349—2005)。

7.2　主要质量控制点（表 1）

表 1　质量控制点

序号	项目	允许偏差	备注
1	水平	2mm	
2	垂直度	2mm	

7.3　质量控制措施

（1）所有防水止漏节安装人员，必须熟悉图纸，严格按图纸施工。

（2）防水止漏节采购，必须提供产品出厂合格证和原材料检验报告，入库严格执行物资储存、保管、发放程序。

（4）每组防水止漏节须经三级验收合格后方可安装。

（6）检验尺实行定尺且必须经计量校核，不得变换。

（7）对防水止漏节质量实行强化管理，严格执行岗位责任。

8　安全文明措施

（1）严格遵守《建筑施工现场安全检查标准》(JGJ 59—2011)、《施工现场临时用电安全技术规范》(JGJ 46—2005)。

（2）安全员必须熟悉安全生产规定规程，做好安全生产检查把关工作。

（3）施工人员进入场地，必须戴好安全帽。

（4）对所有作业人员加强安全、防护意识教育，正确使用个人劳动保护用品。

（5）作业前，对所有作业人员进行一次安全文明施工技术交底和质量要求交底。

9　环保措施

严格遵守《建筑施工现场环境与卫生标准》（JGJ 146—2004）和《建设工程扬尘污染防治规范》（DGJ 08—121—2006）的规定，现场材料堆放应统一规划、整齐、有序，各项工序务必做到工完料净场地清，认真保护测量标志和文明施工标志，材料包装及垃圾应及时清理回收。

10　效益分析

10.1　社会效益

本工法经过实践证明，免去了在混凝土楼板上预留孔洞，因而不需要二次浇筑就能达到防水止漏的效果。此方法操作简便，易于掌握，质量易于控制，极大地提高了工作效率且性能稳定可靠。

10.2　经济效益

常规的PVC排水管道是采用在管壁上钻孔的方法排卫生间池子里的积水，耗时耗工。采用本工法，可明显缩短工时，降低施工成本，以纪委项目为例，穿楼板管道共计1080个，共节约工时5400h，节约成本19440元。

11　应用实例

11.1　湘潭市党风廉政建设教育基地（生态建设示范基地）

该工程位于湖南省湘潭市昭山示范区，框架砖混结构，1～4层，建筑高度19m，建筑面积180000m²。于2015年12月开工，计划2017年初竣工，为满足施工质量和进度要求，本工程中均采用了防水止漏节直接预埋法施工方法，有效节约了工期（图12）。

图12　安装效果（一）

图13　安装效果（二）

11.2　东方芙蓉小区1～3号栋及地下室工程

该工程位于长沙市远大路与马王堆路交会处东南角，框剪结构，建筑面积73800m²，1号楼26层，2号楼31层，3号楼27层，地下2层，高度99.8m。2011年11月开工，于2012年6月竣工。本工程防水工程均采用防水止漏节直接预埋法施工工艺，满足防水工程的各项指标，得到了良好的社会效益和经济效益（图13）。

11.3　吉泰邦臣小区A、D座工程

该工程位于娄底市石马公园对面，建筑面积50000m³，设二层地下车库，A座地上13层，建筑高度47m，框架结构；D座地上32层，建筑总高度98.6m，框剪结构。2009年11月开工，于2011年6月竣工。本工程地下室、各层楼板防水等均采用防水止漏节，有效节约了工期，取得良好效益。

水平定向钻小口径多管组合敷设施工工法

林光明　朱　佩　李小春　付松柏　张　勇

完成单位：湖南省第四工程有限公司

摘　要： 各类小管径管道埋设若采用传统的开槽施工方法，会存在破坏道路、影响交通、环境污染等问题。采用定向钻进拖、拉管施工工艺来敷设管道或修复旧管道，可很好地替代传统工法，同时，综合管线的多管组合敷设施工方案，更是对拖拉管施工的应用升级。本工法除在砂砾土、淤泥质土层及中砂土层中使用有一定技术难度外，在其他地层均可应用，操作简单，并且不受覆土深度的影响。

关键词： 小管径管道；管道埋设；向钻进拖；拉管施工

1　前言

随着城市建设的发展，尤其是旧城改造的加快，各类小管径的管道埋设工程不断增多，但传统的开槽施工因破坏道路、影响交通、环境污染等，越来越不适应施工需要。这就促使建设和施工单位研究、使用新的替代工法，而用定向钻进拖、拉管施工工艺来敷设管道或修复旧管道，是很好的替代工法。而综合管线的多管组合敷设施工方案，更是对拖拉管施工的应用升级。

我公司在安徽 S103 线合铜路电力排管施工项目中，对该技术充分应用，通过实践总结，其施工工艺已基本成熟。

2　工法特点

（1）定向钻进拖拉管施工是解决施工难题、加快施工进度的好方案，该拖管方法施工速度快、施工精度较高。

（2）水平定向钻小口径多管组合敷设施工施工工法与传统的开挖敷设管道相比具有明显的环保、技术和经济优势，主要有如下特点：

① 不破坏既有道路，不影响交通；

② 施工噪声小，排泥浆少，对环境影响小，文明、安全施工程度高；

③ 可实现曲线埋设、可穿越障碍物等，施工精度高，技术先进；

④ 速度快；

⑤ 综合施工成本低。

3　适用范围

采用水平定向钻机进行拖、拉管施工，主要用于口径较小的下水管道、煤气、电缆、通信的管道敷设施工。该施工，适合的土质范围比较广，操作简单，并且不受覆土深度影响的情况下，在砂砾土、淤泥质土层及中砂土层中使用有一定技术难度。

本工法中所指小口径拖管是指管径小于 800mm 的单管道和管径 300mm 以内的多管道组合同时敷设的施工技术。

4　工艺原理

（1）采用水平定向钻机进行拖管施工，其工艺原理是：通过水平定向钻机进行钻孔、扩孔、灌注泥浆减阻、扩孔至设计管径后进行拉管、管道焊接组拼、拉管至设计长度即完成了拖管任务。

详见图 1、图 2、图 3。

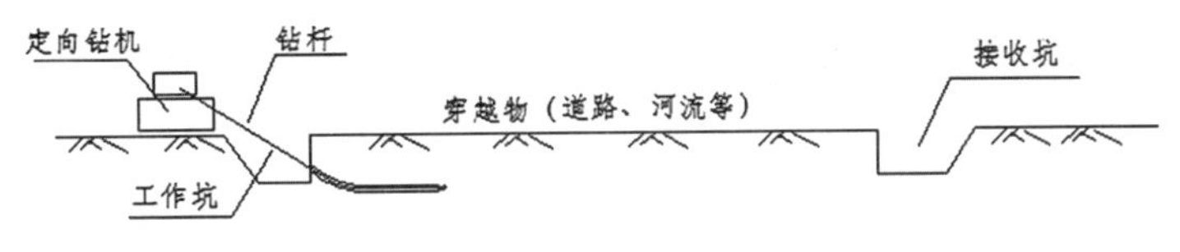

先导孔钻进示意图

图1　典型水平定向钻机施工第一阶段：工作坑、接收坑施工、钻机安装、钻孔

图2　典型水平定向钻机施工第二阶段：钻孔钻头更换为扩孔钻头

图3　典型水平定向钻机施工第三阶段：扩孔、热熔焊接、拖拉管组合、拖管

（2）水平定向钻机由钻机系统、动力系统、控向系统、泥浆系统、钻具及附助机具组成，它们的结构及功能介绍如下：

① 钻机系统：是穿越设备钻进作业及回拖作业的主体，它由钻机主机、转盘等组成，钻机主机放置在钻机架上，用以完成钻进作业和回拖作业。转盘装在钻机主机前端，连接钻杆，并通过改变转盘转向和输出转速及扭矩大小，达到不同作业状态的要求。

② 动力系统：由液压动力源和发电机组成动力源是为钻机系统提供高压液压油作为钻机的动力，发电机为配套的电气设备及施工现场照明提供电力。

③ 控向系统：控向系统是通过计算机监测和控制钻头在地下的具体位置和其他参数，引导钻头正确钻进的方向性工具，由于有该系统的控制，钻头才能按设计曲线钻进，现经常采用的有手提无线式和有线式两种形式的控向系统。

④ 泥浆系统：泥浆系统由泥浆混合搅拌罐和泥浆泵及泥浆管路组成，为钻机系统提供适合钻进工况的泥浆。

⑤ 钻具及辅助机具：是钻机钻进中钻孔和扩孔时所使用的各种机具。钻具主要有适合各种地质的钻

杆，钻头、泥浆马达、扩孔器，切割刀等机具。辅助机具包括卡环、旋转活接头和各种管径的拖拉头。

5　工艺流程和操作要点

5.1　工程工艺流程（图 4）

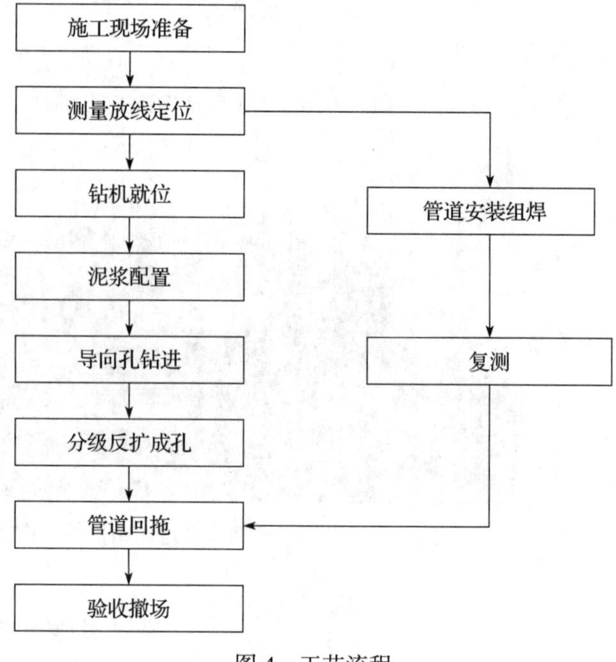

图 4　工艺流程

5.2　操作要点

5.2.1　场地准备

根据现场测量放线及管线复测结果确定的最终施工图对出入点进行按有关文明施工要求围护，清理平整场地，对钻机场地进行硬化。

5.2.2　测量定位放线

根据施工图要求的管道轴线放出钻机安装位置线、管道两端的具体轴线位置及标高；在路面上放出轴线及标高，设计详细的导向数据。

（1）按施工图要求的入土点、出土点确定钻机安装位置、入土点、出土点的位置及标高；在入土点、出土点间轴线上每隔 10m 放出桩位及标高。

（2）放线入土点、出土点位置左右偏差不超过 20mm，沿管线轴方向误差不超过 40mm，并做出明显标记。从出土点到回拖管线路必须保持直线。

（3）测量放线过程中做好各项记录，包括控制桩测量（复测）记录，转角处理方式记录、放线加桩记录。

5.2.3　管线复测

对施工区域进行地下障碍物及管线复测，以确保下步顺利施工。主要采用现场管线调查，对地下金属和非金属管道进行复测，把管线种类、埋深、管材标示在现场和图纸上。根据现场管线资料调整管道轨迹，确定定向钻穿越的剖面图，确保提前避开地下障碍物及管线。

5.2.4　钻机就位和调试

（1）钻机及配套设备就位

按施工布置图及规范要求将钻机及附属配套设备固定在预定位置。钻机方向必须跟管道轴线方向一致，钻机入土角调整到合适位置。

（2）泥浆配置

泥浆是定向穿越中的关键因素，定向钻穿越施工要求泥浆的性能高，泥浆的性能主要有动、静切力、失水率以及润滑的性能。根据施工检验，我们采取以下措施：

① 按照事先确定好的泥浆配比用一级硼润土加上泥浆添加剂，配出合乎要求的泥浆。

② 使用的泥浆添加剂有：失水剂、提粘剂和防塌剂等。

③ 为了确保泥浆的性能，使膨润土有足够的水化时间，在用量不改变的情况下，采取两套泥浆贮存罐，延长循环周期的措施。

根据地质土层的不同，泥浆的配比也随之变化，并选用不同的添加剂，以达到预期的效果。泥浆的配置：5% ～ 8% 预水化膨胀土 + 碱搅拌后水化而成（充分水化能明显提高泥浆的性能），碱的用量根据水质情况具体确定。

在各个阶段的配置方法如下（加量按质量比计算），这些泥浆配置方案是针对粉质黏土提出的；如果地质情况有变化，其配置方案也随之变化。

① 导向孔阶段要求尽可能将孔内的泥沙携带出孔外，同时维持孔壁的稳定，减少推进阻力；其基本配方是：泥浆 +0.2% ～ 0.4% 增粘剂 +0.3% 降滤失剂。

② 扩孔阶段要求泥浆具有很好的护壁效果，防止地层塌方，提高泥浆携带能力；其基本配方为：

泥浆 +0.3% ～ 0.4% 提粘剂 +0.4% 降滤失剂。

③ 扩孔回拖阶段要求泥浆具有很好的护壁、携砂能力；同时还有很好的润滑能力，减少摩擦阻力和扭矩；其基本配方如下：泥浆 +0.3% ～ 0.5% 提粘剂 +0.4% 降滤失剂 +2% ～ 3% 的润滑剂。

④ 为了有效地减少钻杆与地层之间的摩擦阻力，泥浆的泥饼的质量很重要，泥饼薄而坚韧能够稳定孔壁，减小摩擦阻力。我们在泥浆中加入高性能的降滤失剂，控制水分，形成高质量的泥饼。

泥浆的黏度符合表 1 要求：

表 1　泥浆黏度值表

孔径（mm）	黏度值（s）						
	粘土	亚粘土	粉砂	细砂	中砂	粗砂	软岩石
钻孔导向	30 ～ 40	35 ～ 40	40 ～ 45	40 ～ 45	45 ～ 50	50 ～ 55	45 ～ 50
273	30 ～ 40	35 ～ 40	40 ～ 45	40 ～ 45	45 ～ 50	50 ～ 55	45 ～ 50
273 ～ 426	30 ～ 40	35 ～ 40	40 ～ 45	40 ～ 45	45 ～ 50	55 ～ 60	50 ～ 55
426 ～ 529	40 ～ 45	40 ～ 45	45 ～ 50	45 ～ 50	50 ～ 55	55 ～ 60	50 ～ 55
大于 529	45 ～ 50	45 ～ 50	50 ～ 55	55 ～ 65	55 ～ 65	65 ～ 70	55 ～ 65

回流泥浆处理：部分回流泥浆循环利用，另一部分沉淀后用泥浆车至指定地点排放。

（3）钻机导向调试

钻机安装后，应进行试运转，检测各部门运行情况。

5.2.5　钻孔导向

（1）钻进时入土角为 –14°　。

（2）导向孔根据设计曲线钻进，曲线半径由公式计算。

（3）施工过程中，谨慎处理控向数据，并适当控制钻进速度，保证导向孔光滑。

（4）由于每根钻杆方向改变量较小，为保证左右方向，在出入之间每隔一根钻杆设一明显标记。每钻进一根钻杆，方向至少探测两次。对探测点要做好标记。认真记录钻进过程中的扭矩、推力、泥浆流量、泥浆压力、方向改变量。

（5）导向孔完成后，根据钻机轨迹和数据记录，确定此导向孔是否可用。轴线左右偏离控制在 1% 钻进长度内，深度偏差控制在 0.5% 钻进长度内。出土点偏差控制在 0.5m 内。

5.2.6　分级反扩成孔

钻孔工艺根据土质情况采用分级反拉旋转扩孔成孔，分别采用 *D*300、*D*400、*D*500、*D*600、*D*800 等钻头分级反扩成孔。

钻孔导向完成后，钻头在出土点，拆下导向钻头和探棒，然后装上扩孔器，试泥浆，确定扩孔器没有堵塞的水眼后开始扩孔。上钻头和钻杆必须确保连接到位牢固才可回扩，以防止回扩过程中发生脱扣事故。

回扩过程中必须根据不同的地层地质情况以及现场出浆状况确定回扩速度和泥浆压力，确保成孔质量。

为防止扩孔器在扩孔过程中刀头磨掉和扩孔器桶体磨穿孔而造成扩孔器失效，扩孔器为钻机配套产品，采用高硬度耐磨合金作为扩孔器的切削刀头，扩孔器桶体表面堆焊上耐磨合金，提高整个扩孔器的强度和耐磨性。确保扩孔器能够完成扩孔作业。

5.2.7　管道回拖

完成扩孔后，确认在成孔过程完成后，孔内干净，没有不可逾越的障碍后，立即进行管道回拖。回拖具体步骤如下：

（1）管道组装、焊接、清管完成后，在管端焊接上一个回拖封头，回拖耳鼻，多管组拼成整体，封头焊缝都必须进行检查，确认无焊缝缺陷后才能用于管道回拖；根据钻孔在出入点对接坑之间的曲线长度，在管道另一端割除多余管子并焊上封头。

（2）组织好回拖支撑轮架，将焊接好的管道放置在回拖支撑轮架和砂包堆上，在回拖过程中减少回拖阻力，保护好管道外层，轮架每 20m 左右放置一个。

（3）把钻杆、扩孔器、回拖万向节、回拖管道依次连接成一体，仔细检查每一个连接螺栓，确保每一个环节连接牢固。

（4）慢慢转动钻杆，并给泥浆，确定万向节工作良好，扩孔器泥浆孔没有堵塞后开始回拖管道。

（5）在回拖过程中，专门安排人员巡线，防止管道在回拖过程中从轮架上掉下来，如果管道从轮架上滑落，则立即将钻机停止，将管线吊上轮架，在回拖过程中，现场准备一台挖机。

（6）为保护焊接口在拉管时不被破坏，在焊接口的拉管前进方向一侧加半个热收缩带，且焊接口应在拉管前一天完成以保证拉管是焊接口强度。拉管前对外层进行全面检查，发现有损坏立即进行补伤处理，拉管时进行跟踪检查，发现漏点立即停止回拖进行补伤处理。

（7）在回拖过程中，指挥通信要保持通畅。

记录回拖中的扭矩、拖力、泥浆流量、回拖速度等值，出现异常立即报告；设专人观察沿线是否有漏浆现象，如有异常及时报告。

5.2.8　管道连接

管道回拖结束后经检验合格后，在与相邻管连接位置按设计及规范要求进行连接。

6　材料与设备

6.1　管材

根据设计要求及工程所在地的情况，选择符合施工用管材生产厂家，及时订购管材，并要求厂家提供生产合格证及试验报告。管材根据设计要求选用钢管或者塑料管道（通常采用 HDPE 聚乙烯高密度塑料管，简称 PE 管），但不适合于钢筋混凝土管；钢管多为焊接接口，塑料管道为热熔焊接口，在管道拖进时，必须灌注泥浆（多为钠土泥浆和添加剂混合液）以保护孔壁和减少拖管摩擦力。

6.2　主要设备（表 2）

（1）水平定向钻机：该机为一组合机体，包括本机（操控台）、动力站、泥浆输送泵、液压输送管、泥浆输送管、钻头（带信号发射棒）、信号接受器及钻杆。

（2）泥浆搅拌设备：包括泥浆搅拌池、搅拌泵。

（3）泥浆处理池。

（4）测量装置：水平钻顶管机用的测量装置是由装在钻头内的信号发射棒发射信号，在地面上使用带数据显示的信号接收器来了解钻头钻进角度、深度、方向等信息，及时调整钻进状态。信号发射垂直高度达到 8 ～ 35m，该系统精度高且仪器操作简单。

表 2　设备一览表

序号	名称	规格型号	数量	单位	备注
1	水平定向钻机	XZ320	1	台	
2	无线控向仪	SW	1	套	
3	挖机	H55	1	台	
4	吊车	16t	2	台	
5	平板车	5t	1	台	
6	电焊机		3	台	
7	发电机		2	台	
8	污水泵		3	台	
9	对讲机		3	部	
10	水准仪		1	套	
11	经纬仪		1	套	

7　质量控制

7.1　遵守下列质量标准及技术规范

《工程设计及施工说明》;

《给水排水管道工程施工及验收规范》(GB 50268—2008);

《城镇燃气设计规范》(GB 50028—2006);

《城镇燃气输配工程施工及验收规范》(CJJ33—2005);

《建筑电气工程施工质量验收规范》(GB 50303—2015)。

7.2　施工质量控制检验流程图

拖管工程施工质量控制检验流程如图 5 所示。

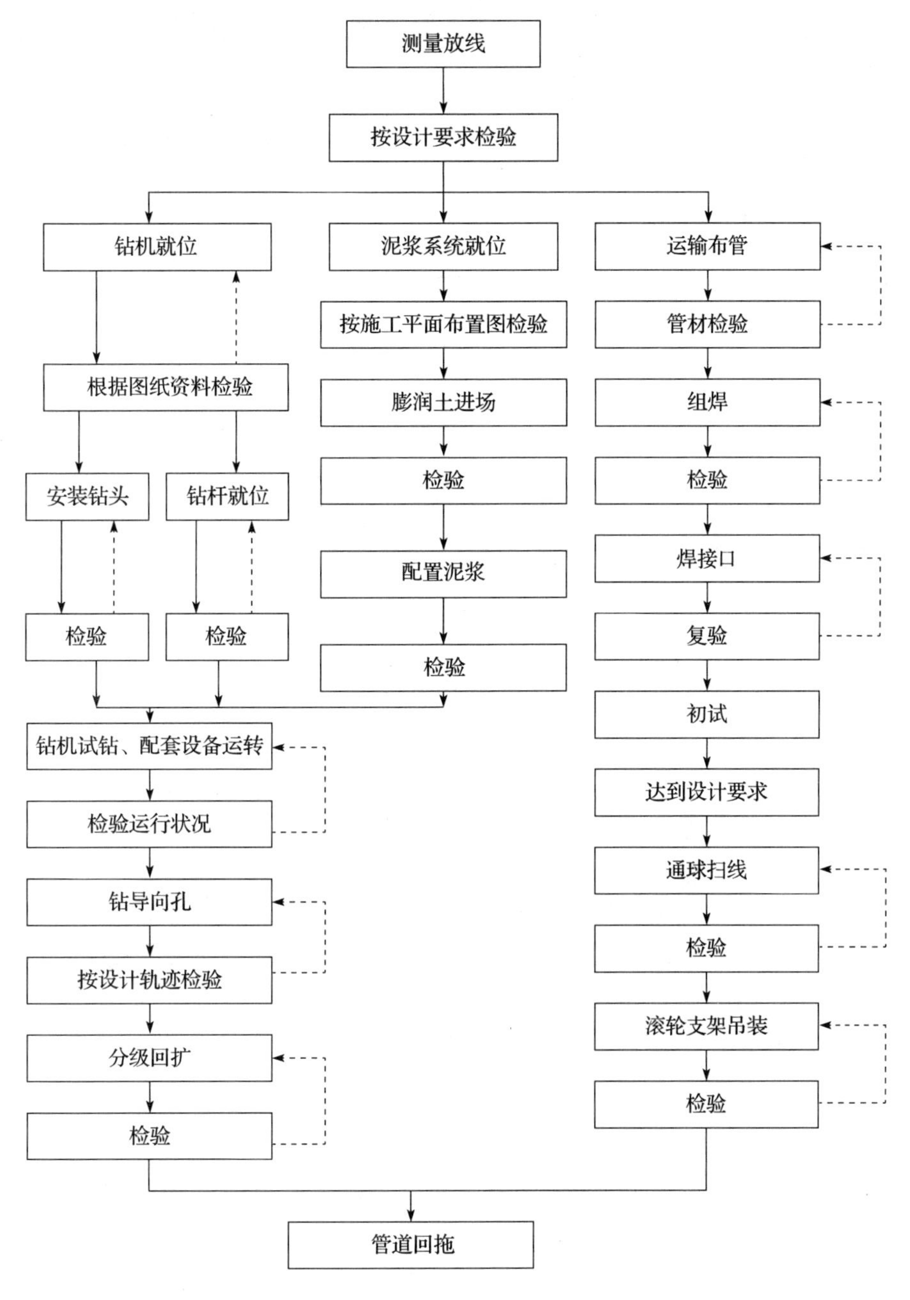

图 5　拖管工程施工质量控制检验流程

7.3　质量要求

(1)必须严格按照设计图放线定位。开工前做好施工人员培训和施工技术、标准、质量要求及控制点详细交底，做到参与施工人员都能熟知技术质量要求。

（2）钻机及配套设备就位准确可靠，钻导向孔不得急于求快，要认真复核，参数要求准确，偏差要符合规定，司钻、控向等操作人员要按照制定的方案钻进。

（3）为保护焊接口在拉管时不被破坏，在补口的拉管前进方向一侧增加半个热收缩带，且焊接口应在拉管前一天完成以保证拉管时焊接口强度。

（4）施工过程若出现质量问题，均应立即报告建设单位代表及监理，采用的补救措施，在征得建设单位、监理、设计人员同意后才能实施。

（5）定向钻施工具有高风险，不可预见因素很多，施工中难免会出现这样那样的问题甚至事故，一旦发生事故项目部立即汇集有关人员进行情况分析，及时调整方案，采取补救措施。

表 3　质量事故分析表

事故	原因	相应的应急措施
导向偏差太大	导向过程中遇到障碍物	分析确定障碍物位置，修改导向轨迹管道回拖
	信号干扰	分析原因，管道回拖
管线损坏	管线资料有误、钻孔偏差	a. 立即停止施工，通知有关部门抢修； b. 保护现场，协助有关部门抢修； c. 分析原因，制订补救措施
卡钻	扩孔器遇障碍	a. 用挖机，顶拉式千斤顶把钻杆回拉； b. 减慢回扩速度，必要时换小口径扩孔器回扩
脱扣或钻杆断裂	上钻杆没有到位，钻杆质量缺陷，扭矩、拉力过大	a. 用挖机、顶拉式千斤顶把钻杆回拉； b. 采用导向钻头在原孔钻进至出土点，然后重新回扩
拉管阻力过大	孔内塌方，成孔不好	a. 用挖机、顶拉式千斤顶辅助拉管； b. 用挖机、顶拉式千斤顶把已入孔管线拉回，重新扩孔
路面隆起	孔内泥浆压力过高	挖孔泄压

8　安全措施

（1）工地设专职安全员，进场人员均要进行安全教育；

（2）进场后调试好机械，备足备件，对施工设备全面维护和保养，降低现场设备故障率。

（3）按照作业指导书要求穿戴好个人防护用品，进入施工现场必须戴安全帽；在有毒、腐蚀性、窒息性气体的作业现场，保证现场通风，施工人员戴上防护镜或防毒面罩。

（4）非电工人员严禁乱动现场内的电器开关和电气设备，未经许可不得乱动非本职工作范围内的一切机械设施。

（5）施工用电规范化，电源线路严格采用三相五线制设置，采用绝缘良好的橡皮护套软导线，所有的临时电源都要设置有效的漏电保护开关，且经常对现场的电气线路和设备进行安全检查。

（6）启动钻机、千斤顶，前应对其进行直观检查。

（7）各种油料、易燃物品要妥善存放，并做好防火标志。

9　环保措施

（1）切实做好现场管理，材料堆放有序。

（2）施工过程中，严格控制噪声、泥浆等对周围环境的污染，该项工作由专人负责，统一管理。防止建筑垃圾、污水、油污对周围环境的污染。

（3）预防泄漏和控制措施。燃料和润滑剂只能储存在指定的工作准备区和适当的服务车上。临时储罐应采取排放阀上锁等有效措施以防止泄漏事故的发生。应在工作准备区进行更换机油等日常设备维护，并用适当的方式处理废油（例如，收集在贴有标签的密封容器里并送到指定地点处理），不可在河流中冲洗设备。

（4）采取必要的措施保护作业带的表层土资源免受损害。

（5）如发现文物、人类遗迹或化石，立即停止施工，并通知有关部门。

（6）泥浆池要采取防渗漏措施，避免化学物质渗入地层，为保护水源和环境，严禁泥浆随意排放，泥浆应经沉淀池二次沉淀后方可排入市政管网。

（7）在认真做好文明施工的同时，要做好对道路、人行便道的卫生清洁工作，各种车辆运送材料及土方、垃圾时不许超载，落地物及时清扫。

（8）施工现场要做到工完料清、工完场清，始终保持整洁、卫生、文明。

10　效益分析

本工法是在不开挖地表的条件下，使用定向钻进技术手段进行敷设、检查、修复和更换管线的施工方法，与传统开挖施工方法比较，在经济效益和社会效益上具有很大的优势：

（1）本工法与开挖施工法相比较，施工周期短、综合施工成本低。本工程如果以开挖施工法施工，成本为 640 万元，而以本工法施工成本为 520 万元。在相同的条件下，本工法管线敷设、更换、修复的成本均低于开挖法施工，特别是当管径越大（直径 800mm 以内）、埋深越大时其经济效益愈加明显。

以常用 $4\times2\phi200$ 管道安装，埋深 3m 计算对比见表 4。

表 4　不同工法成本对比

项目	明挖施工（元 /m）	拖拉管（元 /m）
土方挖运	5.7 × 25	—
垫层施工	0.1 × 300	—
管道敷设	8 × 20	—
混凝土回填	0.3 × 300	—
土方回填	5 × 15	—
道路破除	50	—
道路恢复	150	—
拖、拉管费用		400
小计	697.5	400

（2）本工法施工不阻断交通、不破坏道路和植被，避免开挖施工所带来的对居民生活和交通的干扰，以及对环境、周边建筑物基础的破坏或影响。

（3）在传统施工方法难以进行施工或不允许进行开挖施工的情况下（如穿越河流、湖泊、交通干线、重要建筑物、特殊障碍物），采用本工法，将管线设计在工程量最小、最经济合理的地点穿过。

11　应用实例

（1）S103 合铜路（肥西至庐城段 K26 + 000 ～ K62 + 100）供电线路改造工程排管部分。本工程主要内容包括 10kV 电缆工作井、手孔井、排管、电缆工作井接地及电缆支架安装等。主排电缆工作井位于合铜路东侧，距道路中心线 15.5m，电缆工作井位于道路西侧，距道路中心线 15.5m。在两端及中间设过路排管，过路排管采用 2×4、$2\times4+6\phi200$PE 管。

（2）湘潭市东站南路道路工程建设项目，该工程位于湘潭市环西路至楚天路，原设计埋管部分为明挖施工。施工中考虑到此路段原有管道时设较为复杂，明挖施工对原有交通及周边居民生活有较大影响，且施工周期长，因此道路管线埋设采用 PE 管定向钻进施工方法。

（3）张家界市大庸西路提质改造工程。因本工程的施工工期紧张，且地理位置特殊，如果开槽埋管将导致正在使用的道路断交，现场条件不允许。经施工、设计、业主及监理单位共同协商确定，决定将开槽埋管改为 PE 管定向钻进施工方法。

HDPE 塑钢缠绕管施工工法

颜晓华　张晚生　龙新乐　罗要可　周启明

湖南省第五工程有限公司

摘　要：结合某污水处理厂管道工程实例，本工法介绍了 HDPE 塑钢缠绕管在市政工程中的应用，克服了承插混凝土管施工速度慢且防水效果差和玻纹管质量轻但施工质量差的的局限性，HDPE 塑钢缠绕管综合了两者的优点。可以为类似污水处理工程及市政工程设计和施工提供借鉴和参考。

关键词：HDPE 塑钢缠绕管；管道施工；排水工程

1　前言

由于城市高速发展，现在城市管网尤为重要，对管道的施工要求也越来越高，过去经常采用的承插混凝土管施工，除自身重量大及安装难度大外，还有防水效果差，造价高等缺点，为了解决管道工程中施工难度大且防水效果差的问题，经过查阅资料，现场技术考证，采用了一种 HDPE 塑钢缠绕管施工方法，既能快速、安全地解决了施工难度大且防水效果差的难题，又能节约后期的维护费用，且能防止因管道漏水使地面塌陷造成不安全行为。本公司根据多年来管道的施工经验，结合九江出口加工区污水处理厂和江西锦绣大道改造工程等工程实例，而形成此工法。

2　工法特点

（1）HDPE 塑钢缠绕管由钢塑复合的异形带材经螺旋缠绕焊接（搭接面上挤出焊接）制成，其内壁光滑平整，规格为 DN200 - DN2600mm。该种管材具有耐腐蚀、质量轻、安装简便、通流量大、寿命长（50 年）等优点，可替代高能耗材质（水泥、铸铁、陶瓷等）制作的管材，属环保型绿色产品。

（2）由于钢塑两种材料的弹性模量比大于 200，重量比大于 7.85，因此与纯塑管相比，钢带加强极易使管材特别是大直径管材具有足够安全可靠地环刚度及相对较高的刚度 / 重量比。由于塑料具有蠕变特性，而钢材在排污排水管材的使用条件下不存在蠕变问题，因此以钢材作为强度主体的该种管材比同类型其他塑料管材具有更稳定的持久强度。

（3）由于塑钢缠绕管具有较高的刚度、重量比，因此其质量轻于任何其他环刚度与之相同的纯塑料管材或钢性管材，安装时不需要大型吊装设备；管材长，接头少；橡胶套加不锈钢活套及电热熔两种连接方式采用人工及专业机具操作简便快捷，因此安装施工总成本低。

（4）由于管材环刚度高，轴向柔性好，从而使管道系统刚柔相济。可适应土壤不均匀沉降，局部载荷过大等现场施工情况。

3　适用范围

HDPE 塑钢缠绕管是我国具有自主知识产权、世界领先水平、绿色环保、节能降耗的高科技复合管道产品。该产品主要作为埋地排水管道，它集成钢带的刚性和聚乙烯的耐腐蚀性、摩擦阻力低、抗磨损等优点。目前，该产品广泛运用到市政工程、污水处理厂及其它重点工程建设中去。

4　工艺原理

HDPE 塑钢缠绕管由高密度聚乙稀 HDPE 和加强钢带 STEEL 经螺旋缠绕焊接（搭接面上挤出焊接）制成，具有足够的刚度，聚乙烯管体具有优良的水力特性，极强的内外防腐能力及适度的轴向柔韧性，集钢、塑两种材料的优点于一身，使得该管材具有卓越的综合性能，如图 1、图 2 所示。

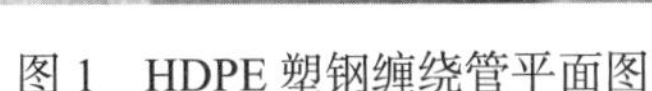

图1　HDPE塑钢缠绕管平面图

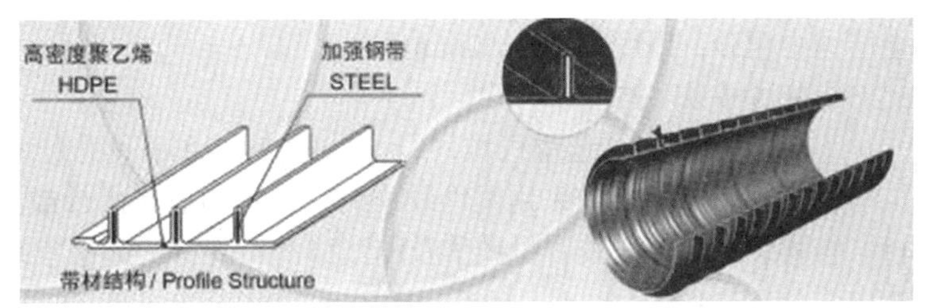

图2　HDPE塑钢缠绕管剖面图

5　工艺流程和操作要点

5.1　施工工艺流程

施工准备→定位放线→土方开挖→基础垫层→管道吊装→管道连接→土方回填→试验。

5.2　技术操作要点

5.2.1　施工准备

管道施工前，认真识图，按照图纸的要求检查管道的规格与功能是否符合要求，对管道的材料进行抽样送检，确保管材达到设计标准。

5.2.2　定位放线

按照设计图纸提供的座标、深度及管道尺寸，根据地勘报告及现场实际情况，确定管道开挖面的宽度。沟槽形式应根据施工现场环境、槽深、地下水位、土质情况、施工设备及季节影响等因素确定。根据确定好的开挖面宽度，放出管道开挖边线。管道定位线如图3所示。

5.2.3　土方开挖

管道定位线放出后，采用反铲挖机对其进行开挖，在垫层完成前人工清理至设计标高。当发生超挖或扰动基面时，可换填天然级配砂石料或最大粒径小于40mm的碎石，并整平夯实。具体详见4土方开挖形成图。

图3　测量放线图

图4　土方开挖形成图

5.2.4　基础垫层

待基础验槽合格后，填 100mm 厚细砂作为垫层即可。当地基土质较差时，可采用铺垫厚度不小于 200mm 的砂砾基础层再，也可分两层铺设，下层用粒径为 5 ～ 32mm 的碎石，厚度 100 ～ 150mm，上层铺中粗砂，厚度不小于 50mm。

5.2.5　管道吊装

下管可用人工或起重机械进行。一般小口径可采用人工下管，大口径宜采用起重机械下管，人工与机械起吊下管时应采用柔性软质的、较宽的尼龙吊带或绳，不得用钢丝绳或铁链直接接触吊装管材。管材装卸时，严禁管材抛落及相互撞击，管材的起吊宜采用两个吊点起吊，严禁穿心吊。

5.2.6　管道连接

（1）下管安装作业中，必须保证沟槽排水畅通，应防止管材漂浮，管线安装完毕尚未填土时，一旦遭水浸泡，应进行管中心线、管顶高程复测和外观检查，如发生位移、漂浮等现象，应作返工处理。

（2）连接前先检查管材表面、肋片顶面是否平整破损、有无凸凹或钢带裸露。检查塑料密封块是否焊接牢固，与管体和肋片之间有无缝隙，如有问题应及时修补。

（3）清除管内杂物，清洁管端连接部位。

（4）将管道放置在地基上，对齐管道，管道连接处的地基上要挖有适合连接操作的操作坑。

（5）将橡胶套套入管材端部，套入长度为橡胶套的一半，然后将另一半翻折回来套在同一管端。

（6）将两根管材管端对正（轴线平直），并留出不小于 10mm 的伸缩间隙，然后将橡胶套翻回套在另一侧管端。

（7）将发泡橡胶板缠绕在橡胶套外面，发泡橡胶板应自然均匀贴合在橡胶套外，对口自然且处于管顶中部，用胶带粘和固定。

（8）将不锈钢活套圈套在橡胶板外。对不锈钢活套（供应状态为平板）的弯曲成型过程中，应保持连续圆顺的变形，不得出现死弯或折皱。不锈钢套弯曲围套到位后，穿上并逐渐拧紧螺栓，在拧紧时应边紧边用橡皮锤敲击不锈钢套外表面，保证钢套与橡胶套均匀贴合，敲击力应适度，不得使板面上出现塑性凹陷。不锈钢活套圈套详见图 5。

（9）具体连接见图 6，橡胶套分两层，内层薄橡胶套，外层发泡橡胶板，在橡胶板外侧用不锈钢套紧固，详见管与管连接形成图 7。

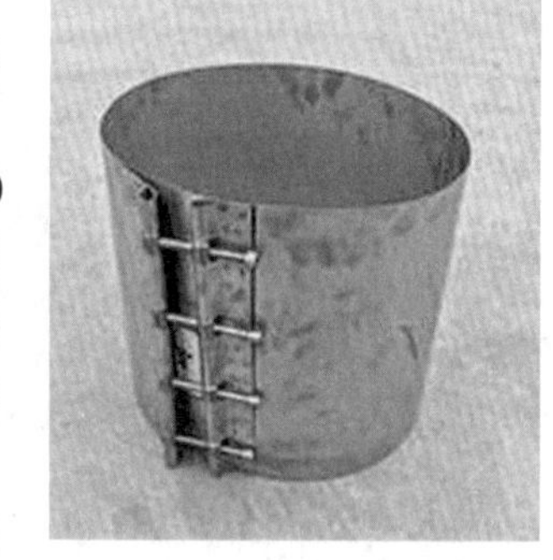

图 5　不锈钢活套圈套

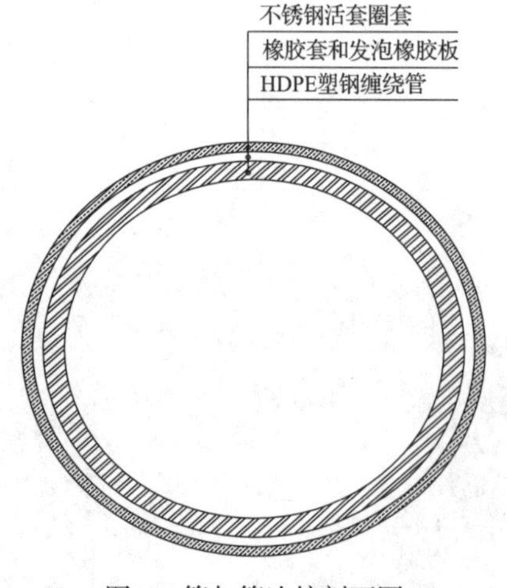

图 6　管与管连接剖面图

图 7　管与管连接形成图

5.2.7　土方回填

（1）沟槽覆土应在管道隐蔽工程验收合格后进行。覆土前必须将槽底杂物如砖块等清理干净。

（2）在密闭性试验前，除接头部位可外露外，管道两侧管顶以上（不宜小于 0.5m）须回填，密闭性试验合格后，应及时回填其余部分。

（3）回填过程中，槽内应无积水，不得带水回填。如果雨季施工排水困难时，应采取随下管连接随回填的措施，为防止漂管，应先回填到管顶（至少0.5m），并夯实。

（4）沟槽回填，应先从管道、检查井等构筑物两侧同时对称回填，确保管道与构筑物不产生偏移。

（5）从管底基础至管顶以上0.5m范围内，必须采用人工回填，严禁用机械推土回填。

（6）管顶0.5m以上采用机械回填时应从管轴线两侧同时均匀进行，并夯实、碾压。

（7）当沟槽采用钢板桩支护时，在回填达到规定高度后，方可拔除钢板桩。拔除后，应及时回填桩孔，并应采取措施填实。当采用砂灌填时，可冲水密实；也可采用边拔桩边注浆的措施。

（8）沟槽回填时应严格控制管道的竖向变形。当管径较大、管项覆土较高时，可在管内设置临时支撑或采用预变形等措施。

5.2.8　试验

闭水试验时，水头应满足下列要求：

（1）当试验段上游设计水头不超过管顶内壁时，试验水头应以试验段上游管顶内壁加2m计。

（2）当试验段上游设计水头超过管顶内壁时，试验水头应以试验段上游设计水头加2m计。

（3）当计算出的试验水头超过上游检查井井口时，试验水头应以上游检查井井口高度为准。

（4）试验中，试验管段注满水后的浸泡时间不应少于24h。

（5）当试验水头达到规定水头时开始计时，观测管道的渗水量，直到观测结束。观测过程中应不断地向试验管段内补水，保持试验水头恒定。渗水量的观测时间不得小于30min。

（6）管道的渗水量应按下式计算：

$$Q_s \leqslant 0.0046d_i$$

式中　Q_s——每1km管道长度24h的渗水量（m^3）；

d_i——管道内径（mm）。

（7）在试验过程中应做记录。

6　材料与设备

本工法所需机具见表1：

表1　机具设备表

序号	设备名称	型号规格	单位	数量	用途
1	全站仪	NTS-352RL	台	1	放线定位
2	水准仪	DS2	台	2	高程控制
3	反铲挖机	320D	台	2	挖土
4	汽车吊	QY16	台	1	管道吊装
5	HDPE钢塑缠绕管连接件		米		连接管道
6	绑带				吊装使用

7　质量控制

7.1　本工法主要执行以下规范中的相应条款：

《工程测量规范》（GB 50026—2007）；

《建筑工程施工质量验收统一标准》（GB 50300—2001）；

《建筑机械使用安全技术规程》（JGJ 33—2012）。

7.2　一般项目

（1）管道工程验收，可按分项、分部、单位工程顺序验收。分项工程可划分为：沟槽、管道基础、管道安装、密封性能、回填和工程竣工验收等各分项工程允许偏差详见表2～表5。

表 2　沟槽允许偏差表

<table>
<tr><th rowspan="2">序号</th><th rowspan="2">项目</th><th rowspan="2">允许偏差</th><th colspan="2">检验频率</th><th rowspan="2">检验方法</th></tr>
<tr><th>范围</th><th>点数</th></tr>
<tr><td>1</td><td>槽底高程</td><td>+10，−20（mm）</td><td rowspan="3">两井之间</td><td>6</td><td>用水准仪测量</td></tr>
<tr><td>2</td><td>槽底中线每侧宽度</td><td>不小于规定</td><td>6</td><td>挂中心线用尺量，每侧计 3 点</td></tr>
<tr><td>3</td><td>槽沟边坡</td><td>不陡于规定</td><td>6</td><td>用挂尺检验，每侧计 3 点</td></tr>
</table>

表 3　管道基础允许偏差表

<table>
<tr><th rowspan="2">序号</th><th rowspan="2">项目</th><th rowspan="2">允许偏差</th><th colspan="2">检验频率</th><th rowspan="2">检验方法</th></tr>
<tr><th>范围</th><th>点数</th></tr>
<tr><td>1</td><td>中线与每侧宽度</td><td>0, +10（mm）</td><td rowspan="3">10m</td><td>2</td><td>挂中心线用尺量，每侧计 1 点</td></tr>
<tr><td>2</td><td>厚度</td><td>0, +10（mm）</td><td>2</td><td>用尺量，每侧计 1 点</td></tr>
<tr><td>3</td><td>高程</td><td>0, +15（mm）</td><td>2</td><td>用水准仪测量</td></tr>
</table>

表 4　管道铺设允许偏差

<table>
<tr><th rowspan="2">序号</th><th rowspan="2">项目</th><th rowspan="2">允许偏差（mm）</th><th colspan="2">检验频率</th><th rowspan="2">检验方法</th></tr>
<tr><th>范围</th><th>点数</th></tr>
<tr><td>1</td><td>中线位移</td><td>15</td><td rowspan="2">两井之间（取 1/3 ～ 1/2 井处）</td><td>2</td><td>挂中心线用尺量，每侧计 1 点</td></tr>
<tr><td>2</td><td>管内底高程</td><td>+10，−30</td><td>2</td><td>用水准仪测量，每侧计 1 点</td></tr>
<tr><td>3</td><td>管套处两管节端面的间隙量</td><td>小于（5 ～ 15）</td><td>每个接口</td><td>2</td><td>用塞尺测量</td></tr>
</table>

表 5　沟槽覆土密实度表

<table>
<tr><th rowspan="2">序号</th><th rowspan="2">项目</th><th rowspan="2">允许偏差（mm）</th><th colspan="2">检验频率</th><th rowspan="2">检验方法</th></tr>
<tr><th>范围</th><th>点数</th></tr>
<tr><td>1</td><td>主管区</td><td>0.95</td><td rowspan="3">两井之间</td><td rowspan="3">每层一组三点</td><td rowspan="3">用环刀法检验</td></tr>
<tr><td rowspan="2">2</td><td>次管区管道宽度内的区域</td><td>0.85±0.025</td></tr>
<tr><td>次管区内其他区域</td><td>0.90</td></tr>
</table>

8　安全措施

（1）本工法采取的起重吊装方法，起重吊装安全技术措施主要执行《建筑机械使用安全技术规程》（JGJ 33—2012）。

（2）把安全工作贯彻到整个施工现场，坚持周一的安全活动及每日施工前的安全交底，并做好记录。

（3）进入施工现场必须戴好安全帽，穿好绝缘鞋。严禁酒后进入现场。

（4）编制管道工程吊装施工安全专项方案，并严格按方案执行。施工前，做好安全技术交底和安全教育，施工前对进场职工进行一次全面的安全教育，强调安全第一，预防为主。

（5）基坑周围应设置明显的安全标志，做好日常安全检查并设立安全台账。

（6）特殊工种须经有关部门专业培训后方可上岗作业。

（7）定期对基坑边坡进行检查，对检查的情况做好台账。

9　环保措施

（1）本工法采取的环境保护措施主要执行以下国家标准中的相应条款：

《建筑施工现场环境与卫生标准》(JGJ 146—2004)。

（2）施工人员进入施工现场应先进行环保培训，提高全员环保意识。

（3）识别各种机械设备的性能，合理选用高效、节能、低噪声的机械设备。

（4）尽量做到优化施工组织设计，改进施工工艺，降低噪声、强光、有毒气体对环境的影响。

（5）在施工过程中，最大程度地减少施工中产生的噪声和环境污染。

10　效益分析

HDPE 塑钢缠绕管施工工法，有效保证了管道施工的质量，减少了因管道施工问题产生的返工、返修费用。虽然 HDPE 塑钢缠绕管材料费比水泥承插管材料费高，但是在综合费用中即可得出结论，两种管材工程总造价基本持平。另外，除综合单价一项指标外，HDPE 塑钢缠绕管比水泥承插管显出更多经济效益和社会效益。

（1）大大缩短工期和缩小施工难度：由于 HDPE 塑钢缠绕管质量远轻于水泥管材，非常容易搬运，所以大大缩小了施工难度；并且 HDPE 塑钢缠绕管最短为 6m 一根，而水泥管为 2.5m 一根，大大缩短工期。

（2）HDPE 塑钢缠绕管对沟底要求不高：由于水泥管材为钢性管，为保证承插效果，沟底必须处理平整，最好打基础层，并且要求施工人员有绝对的责任心。HDPE 塑钢缠绕管为柔性管，对沟底要求不高。

（3）HDPE 塑钢缠绕管对地面下沉或地壳变动不断裂：HDPE 塑钢缠绕管的伸长率为钢管的 20 多倍，是 PVC 的六倍半，其断裂伸长率却非常高，延伸性很强。这就意味着当地面下沉或发性地震时，HDPE 双平壁钢塑复合管能够抗变形而不断裂。这一点远优于钢管，也优于有明显脆性的 PVC 管。这一性能已被国内外证明（日本阪神大地震未造成管断裂；HDPE 管在云南保山地震中未破坏）。

（4）HDPE 塑钢缠绕管的渗透率远低于水泥管材，低于 2%，对地下水不会造成二次污染；水泥管材无弹性，虽然配有胶圈，但密封效果差，特别是施工人员由于水泥管材重，不好施工，索性不管承插的效果，导致胶圈失去作用，从而使管材渗透率提高。

（5）HDPE 塑钢缠绕管使用寿命长，50 年以上。PE 管的安全使期为 50 年以上，这一点不仅已为国际标准和新国际所证明，而且已被先进国家证明。水泥管理论上使用寿命 20 年，但是其为硅酸盐类，长期受到酸碱的腐蚀，寿命大大降低。全国各地均有水泥管材由于污水渗漏导致地面下沉，接口断裂，几年内就不得不更换的实例。

（6）HDPE 塑钢缠绕管内表面光滑，不带正负电核，不结垢。水泥管材易结垢，结垢后，使管径缩小，影响通流量。

（7）HDPE 塑钢缠绕管质量轻，便于运输与安装，无损耗；水泥管材质量重，不便于运输与安装，并且在运输与安装时易损耗。

（8）当管道通过流量、坡降及埋深相同时，HDPE 可以比水泥管小一两个型号；HDPE 内表面粗糙系数为 0.009，水泥管材内表面粗糙系数为 0.014，按照世界公认的谢才定律，进行同流量计算，HDPE 管材可以比水泥管材小两个型号，而实际应用中，建议小一个型号即可。如设计为 600mm 口径的水泥管材可以用 500mm 口径的 HDPE 塑钢缠绕管替换。

由此可见此工法能创造较好的经济效益。此工法不仅节约了成本，也提高了管道的施工质量，进而提高了整个工程质量。另外，HDPE 塑钢缠绕管属于环保型绿色产品，满足节能环保的要求，有广阔的市场应用前景，社会效益十分显著。

11　应用实例

11.1　九江出口加工区污水处理厂

九江出口加工区污水处理厂工程位于江西省九江市出口加工区，本工程总建设面积约 18140m^2。其中：污水采用 CAST 处理工艺，污水处理厂处理设施，主要包括粗细格栅、提升泵、滗水器、高低压配电系统等相关设备，新铺设污水管网约 10km。该项目在污水处理方面使用了 HDPE 塑钢缠绕管施工工法，提高了工作效率和工程质量，并较传统施工方法提前 2 个月完成了工程，如图 8 所示。

图 8　九江出口加工区污水处理厂

11.2　江西绵绣大道改造工程

江西绵绣大道改造工程位于江西省九江市，本工程总长 2km，路宽 24m，中间设置 6m 绿化带。其中：在路边绿化带处新增一条 1.2km 的管道。该项目管道采用了 HDPE 塑钢缠绕管施工工法，管道工程提前了 1 个月，如图 9 所示。

图 9　江西绵绣大道改造工程

工厂定制“L”形预制板成批速包立管施工工法

张　星　谭柏连　袁艺彩　谭文勇　杨永鹏

湖南省第五工程有限公司

摘　要：为解决装饰装修中卫生间传统包管方式施工成本高、时间长、难度大等问题，可根据现场尺寸在工厂批量定制“L”形预制水泥板，施工前先将立管与包管之间包裹隔声棉，消除立管冲水噪声；再将预制件向两面墙体进行固定，最后用水泥砂浆抹平并固定在墙体上。此工法安装操作简单，节约人工和时间，减少材料浪费，还可合理利用空间使包管的缝隙减少到最低。

关键词：“L”形预制水泥板；包立管；隔声棉；装饰装修

1　前言

目前公共空间装饰装修中卫生间包管方式主要有四种，红砖包管、瓷砖包管、铝扣板包管和大芯板木龙骨包管。传统的包管方式施工成本高，施工时间长、施工难点大等特点。如采用砌砖法包立管，存在占用空间较多的问题（图1）；采用木龙骨加水泥压力板的方法，存在遇潮易吸水、发霉、变形等情况，瓷砖也容易炸缝。

现在我司研发的工厂预制加工、现场直接拼接安装是此工法的最直接体现（图2）。该工法操作简单，不会对材料、空间和时间造成浪费，是一种绿色、安全、高效、简洁的施工工法。本工法打破了传统的包管工艺中施工成本高，施工时间长、施工难点大等特点。

图1　传统的红砖包管施工工艺造成材料、人工、空间浪费较大

图2　工厂定制“L”形预制板

成批速包立管施工工法施工快捷、安全，不会对材料、空间和时间造成浪费，并且预先留好检修口，对日后维修更方便。

2　工法特点

此工法打破常规的卫生间立管包饰施工方法，是一种新型的、快捷方便的施工工艺。

此工法根据现场施工尺寸，工厂批量定制后再现场批量安装施工，大大节约人工、时间、空间，缩短施工工期，减少材料浪费，从而节约了成本和使用空间。使包出来的立管既美观又实用。

本工法施工过程中在立管与定制包管之间加入隔声棉，降低立管产生的噪声，符合绿色施工、绿色建筑要求。

3　适用范围

适用于建筑工程中所有有需要包立管的地方，更适合大量相同尺寸的立管包裹。

4　工艺原理

本工法是根据现场尺寸，采取工厂批量定制“L”形预制水泥板、一次安装成型的制作方法，可以大大节约人工和时间，缩短施工工期，减少材料浪费，合理地利用空间，使包管的占有面积减少到最低，从而节约了空间及成本。施工前先将立管与包管之间包裹隔声棉，消除立管冲水带来的噪声，再将预埋件向两面墙体进行固定，之后再用水泥砂浆抹平。此工法安装操作简单，比起传统的砖砌工艺大大减少时间、空间、成本，是符合绿色施工要求的施工工法。

公司在仁达大楼装饰装修工程、栗雨城 · 香山美境 21 号栋酒店装修装饰工程的立管施工中，形成并逐渐完善了一套工厂定制“L”形预制板成批速包立管施工工法，取得了良好的经济效益及装饰效果。

5　施工工艺流程及操作要点

5.1　工艺流程

施工准备→制作模型→填充隔声棉→定位放线→安装“L”形预制板，填缝收尾。

5.2　技术操作要点

（1）施工准备

① 组织各专业相关人员进行综合布置；

② 对工程和施工用材按有关规范、规程进行检查验收。

③ 对使用的测距仪、水平仪等设备进行检查复验。

④ 选定合适的施工机具及配套设施。

⑤ 进行各工种的技术培训及安全教育。

⑥ 现场施工和管理人员充分了解、熟悉设计图纸、施工方法和操作要点，有事故预防措施和事故处理方案。

⑦ 结合实际现场量好通用尺寸

（2）模型制作

专业施工人员去施工现场量好常用尺寸制作好常用规格尺寸的模型。在预制场地进行批量生产。预制场地必须在平整压实的场地上进行。考虑到现在都是电梯上楼，制作高度为 1250mm × 2，（图 3 ～图 5）。

在制作预制板过程中质量控制要点：

专业施工人员预制前必须进行配合比试验，以便保证混凝土板的防渗、抗冻、强度等要求；同时根据混凝土板尺寸制作振捣平台和钢模板；然后进行混凝土板制作。

① 专业施工人员对预制板进行集中合理养护。

② 下一批制板时，应先清洗钢模和隔模。

图 3

图 4

图 5

（3）填充隔声棉

随着人们生活水平的逐渐提高，住户们对装修及环境提出了较高的要求。但是卫生间、厨房及阳台的下水管道由楼上冲水带来的哗啦声影响到楼下住户们的正常工作、学习、休息。我公司特别考虑到这点，在包立管之前做隔声处理。首先将下水管道用隔声棉包裹好，见图6，再用胶带固定住隔声棉，见图7，隔声处理完毕后的整体效果见图8。

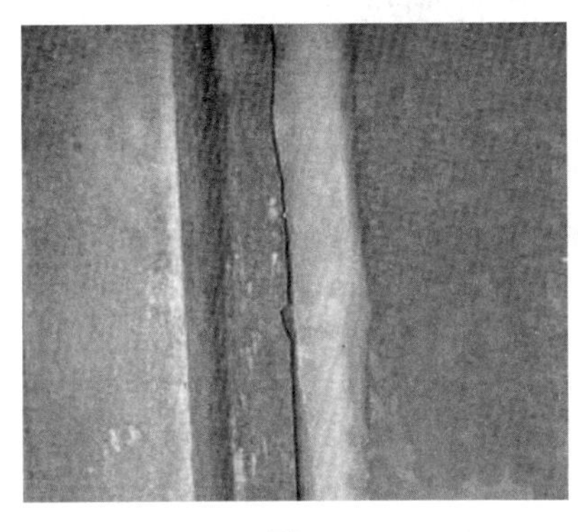

图6

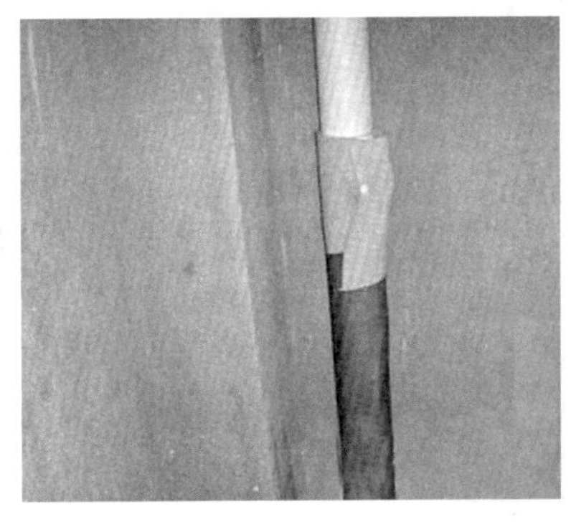

图7

图8

（4）定位放线

专业施工人员利用激光水平仪和弹线器弹出主要控制尺寸线（图9、图10）。

图9

图10

专业施工人员利用激光自动安平标线仪将地面确定好的定位点引测到房顶和墙面上，使房顶上有准确的十字控制线。

各工种共同协商，共同验收，根据图纸再次核对地面的定位点是否符合设计要求。位置定位在放线过程中进行精确调整，确保安装物品位置的美观及精度。

（5）安装“L”形预制板

专业人员把在预制场地批量加工的预制板统一运输到施工现场。在施工现场直接进行批量速包安装。安装快捷，大大节约劳动力、材料。专业施工人员在安装预制板之前先确定检修口的位置，专业施工人员在预制板上用专用工具在预制板上开洞，预留好检修口的位置。根据预先弹好的定位线安装预制板。与墙接触的位置用水泥瓷砖胶粘贴牢固，并打上膨胀螺栓固定在两边墙上，并用水泥填平。首先安装底下的预制板，见图11。

然后安装上面的预制板，见图12。中间接缝的位置用纱布粘贴以防开裂。整个安装后进行填缝收尾处理。

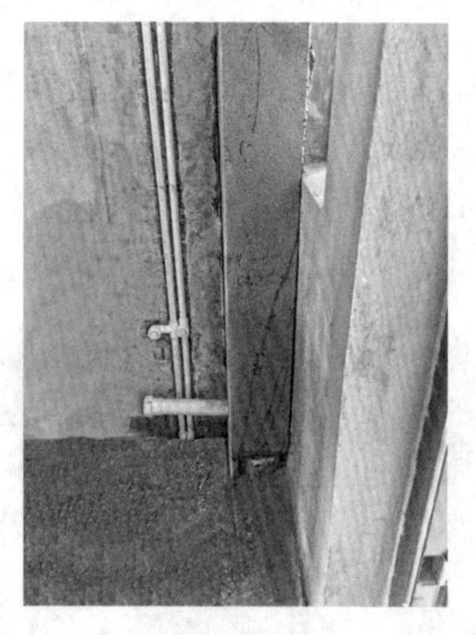
图 11

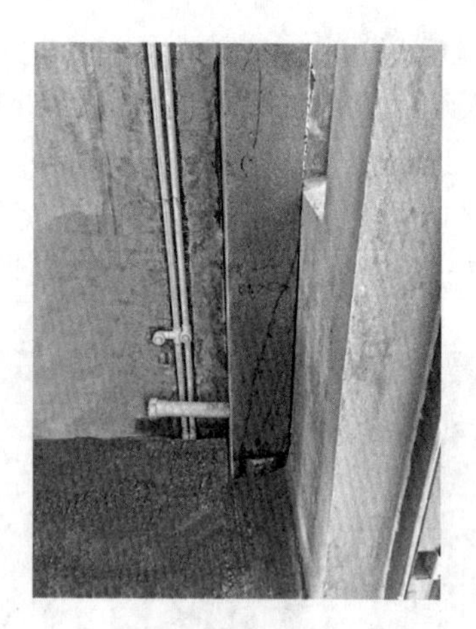
图 12

6　质量控制

（1）认真核对图纸，对设计图纸以及工艺要求做到全面理解；做好放线前的各项施工准备工作，严格按施工程序施工。各工种相互配合，做到先策划，后施工。

（2）严格遵守国家施工规范和技术操作规程以及工程质量验评标准。

（3）测量放线作业过程中，要严格执行自检（自身）、互检（各工种）、交接检（施工人员）的流程。

（4）现场使用的红外线测距仪、激光水平仪要严格进行管理、检校维护、保养并做好记录，发现问题后立即将仪器设备送检。

（5）定位放线以质检员和技术负责人验收复核后方可进入下道工序施工并及时办理定位放线记录和定位放线复核记录。

（6）做好隐蔽工程的验收工作，在自评、自检、自验的基础上，提前 24h 将“隐蔽工程验收通知单”送达现场监理工程师，验收合格后方可进入下道工序的施工。

7　安全措施

（1）本工法实施过程中严格执行《建筑机械使用安全技术规程》（JGJ 33—2012）、《施工现场临时用电安全技术规范》（JGJ 46—2005）、《建设工程施工现场消防安全技术规范》（GB 50720—2011、《建筑施工高处作业安全技术规范》(JGJ 80—91）、《建筑施工扣件式钢管脚手架安全技术规范》(JGJ 130—2011）、《建筑施工安全检查评分标准》（JGJ 59—2011）和省、市、企业制定的施工现场及专业工种安全技术操作规程。

（2）施工负责人每日工作前，必须对全体工作人员进行有针对性的安全技术交底教育，教育负责人认真作好教育记录，全体操作人员签字确认。

8　环保措施

（1）本工法采取的环境保护措施主要遵照《建筑施工现场环境与卫生标准》(JGJ 146—2013）。

（2）施工人员进入施工现场应先进行环保培训，提高全员环保意识。

（3）现场放线收集基本数据作业时，所有接触机油、润滑油、油漆的工人必须戴好防油手套，尽量减少其同皮肤接触，如皮肤接触后，要用肥皂与水彻底洗净，被油浸渍或油漆污染的工作服等要经常换洗。作业完成后所产生的废弃物应及时分类清运，保持工完场清，做到文明施工。

（4）在施工过程中，最大程度地减少施工中产生的噪声和环境污染。

9 效益分析

（1）经济效益

该工法与目前国内常用的包管施工方法比较，施工快捷方便、安装快速、稳定，可节约大量的材料和人工费用。

在该工法的实施过程中，无一返工，全部一次到位，一次成优。在保证包管美观的同时，又最大程度地保证了稳定性，避免了后期的整改、维修，取得的长远经济效益，更为同类工程施工，提供简便易于操作的参考依据，具有良好的推广价值。

（2）社会效益

通过对该技术的运用，取得了很好的社会和安全效益，受到业主的一致好评，同时也为企业树立了良好的形象。

（3）节能环保效益

该项工法由于工厂定制，大大降低了人工成本和时间成本，减少了后期的返工时间和费用，节约大量的材料。在过程中施工噪声低，无废弃物，对环境基本不造成影响。

10 应用情况

（1）实例一：仁达大楼位于株洲市芦淞区沿江中路68号，工程总建筑面积为63946.91m²，地上32层，地下2层，建筑物檐高99.30m，地下二层为车库，一层至五层为商业裙楼，六层为结构转换层，七层至三十二层为单位职工住宅。

本工法运用于该工程的一层至五层的酒店大堂、包厢、豪华酒店客房、套房里的卫生间立管速包；七层至三十二层208套高档住宅卫生间、阳台、厨房的包立管工程中，为业主节省20余万元。仁达大楼获得全国建筑工程鲁班奖，验证了工法的科学性和合理性。

短期效益：

通过在该项目使用“L”形预制板工厂定制成批速包立管工法，保证了在项目施工时前期先策划，后实施。比同类工程工期缩短近10d，预制板安装厚度较薄，按照最佳尺寸安装合理地利用空间，不对空间造成浪费。按节约工期和返工整改人工费用进行计算节约投入约20余万元。

长期经济效益：

装饰工程按期高质的完成，为仁达大楼创建鲁班奖争取了时间、提供了支持。在整个施工过程中，“L”形预制板工厂定制成批速包立管工法施工快捷，合理地利用空间，无一返工，取得了长远经济效益。工程施工快捷、安全、经济、可靠，具有良好的推广价值。

社会效益：通过对该技术的运用，取得了很好的经济、安全效益，受到业主的一致好评，同时也为企业树立了良好的形象。

节能环保效益：该项工法由于提前策划，能大大地降低人工成本和时间成本，减少后期的返工时间和费用，节约大量的材料。在过程中施工噪声低，无废弃物，对环境基本不造成影响。

（2）实例二：栗雨城·香山美境21号栋酒店装修装饰工程位于株洲市天元区香山美境小区内，工程总建筑面积10839m²，1～6层。本工程为一个1～6层的中高档酒店装饰装修工程，建设单位对施工工艺、质量、工期提出了较高的要求。

本工法运用于该工程的1～6层的酒店内部卫生间的立管速包施工。为业主减少了材料浪费、缩短施工工期及节约了空间，创造了良好的经济效益。

经济效益对比如下：

采用传统红砖包管处理：

① 红砖、水泥、河砂材料费用2.0万元；② 人工费用1.5万元；③ 因材料浪费0.5万元；共计费用为4万元，整个工期为5d。

采用“L”形预制板工厂定制成批速包立管工法处理：

① 水泥、河砂、瓷砖胶材料费用 1.0 万元；② 人工费用 0.3 万元；③ 因材料浪费 0.1 万元；共计费用为 1.6 万元，整个工期为 2d。

经济对比结果：

采用“L”形预制板工厂定制成批速包立管工法处理：

单层节约费用 4 万元 –1.4 万元 =2.6（万元）。

单层缩短工期 5 天 –2 天 =3（天）。

该工程为高品质装修，自然对于隔声、环保方面尤为重视。在包立管过程塞入隔声棉有效地阻隔了冲水带来的噪声，且大大降低成本，缩短工期，取得了良好的经济效益及装饰效果。

（3）应用三：株洲市国投集团神农城总部大楼装修工程位于株洲市天元区神农城，本项目为 1 栋 16 层框架结构办公楼，本工程包含首层大堂和 5 ～ 16 层，总建筑面积约 17600m^2。所有包管施工工艺均采用工厂定制“L”形预制板成批速包立管工法。该技术施工快捷、观感美观、实用。根据在施工过程中计算，在该工程中采用该技术节约费用 3 万元，缩短工期 3d。

特厚钢板 CO_2 气体保护斜立焊施工工法

徐　刚　易　谦　朱方清　石艳美　赵东方

湖南省第一工程有限公司

摘　要： 为了进一步提升采用厚钢板将钢柱与钢梁或其他结构连接的效果，通过对现场实际焊接情况（材料、焊接位置、坡口形式等）的模拟及现场焊接试验，利用了 CO_2 气体保护焊施工便捷、效率高、节材等特点，制定出了适合于特厚钢板（大于或等于 60mm）的现场斜立焊施工工艺参数，本工法焊接工艺简单，施工便捷，效率高，焊接质量稳定。

关键词： 厚钢板；焊接；CO_2 气体保护；现场斜立焊

1　前言

从 2003 年起，我国新体系将钢材品种中大于或等于 60mm 的钢板定义为特厚钢板，此种类型的板材在现代钢结构建筑，特别是大型公共建筑（如高铁车站、航站楼、体育场馆）中应用越来越广泛。用厚钢板将钢柱与钢梁或其他结构相连的情况越来越多，这种连接节点相比于采用其他结构形式（如球节点、管桁架节点等）的节点有许多优点，如节省了空间，减少了制造安装难度，节省了材料资源等。本工法利用了 CO_2 气体保护焊施工便捷、效率高、节材等特点，通过对长沙梅溪湖国际新城城市岛双螺旋体景观构筑物中所有钢柱与三角坡道的焊接连接进行了试验及总结，从而编制了本施工工法。

2　工法特点

（1）本工法对 60mm 的特厚钢板模拟现场实际条件进行了现场焊接工艺评定，焊接工艺简单，施工便捷，效率高，焊接质量稳定。

（2）本工法通用性强，对同类材质的特厚板的斜立焊有很大的参考指导意义。

3　适用范围

本工法适用于建筑钢结构工程领域特厚钢板（大于等于 60mm）现场斜立焊施工工艺。

4　工艺原理

通过对现场实际焊接情况（材料、焊接位置、坡口形式等）的模拟及现场焊接试验，制定出适合于特厚钢板（大于或等于 60mm）的现场斜立焊施工工艺参数，编制厚钢板斜立焊作业指导书指导现场施工。

5　施工工艺流程及操作要点

5.1　工艺流程

试验样板制作→焊接工艺评定→现场焊接实施→焊接外观及无损检测→焊缝返工（此项视检测情况而定）。

5.2　施工工艺及操作要点

5.2.1　试验样板制作

按照钢结构焊接规范 GB50661 对试验样板的材质、规格、坡口型式及焊接位置进行确定。由于工程实际情况是：Q345-B，60mm 厚板斜立焊，所以选定试板材质为 Q345-B，厚度为 60mm，长宽都为 500mm 的试件作为模拟工艺试样，图 1 为试板加工样式，及图 2 为试板加工尺寸。坡口的加工必须是自动切割或机械加工方式进行，如采半用自动切割方式进行，其坡口表面氧化物必须清除干净（见金属光泽为止）。坡口的形状尺寸必须符合相关国家标准规范要求（气焊、手工电弧焊及气体保护焊焊缝坡口的基本形式与尺寸）。

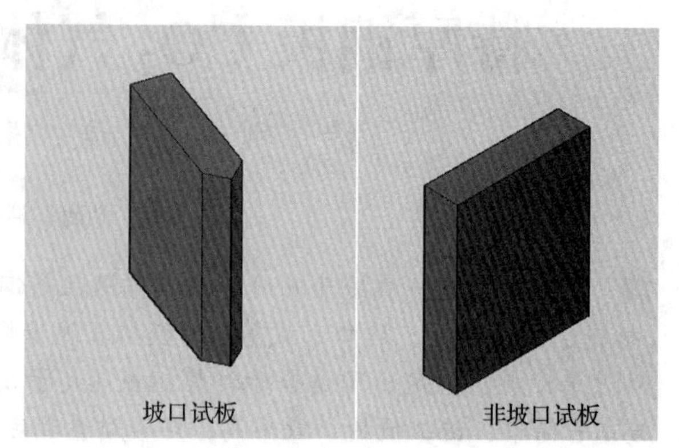

图 1　试板加工样式

5.2.2　焊接工艺评定

（1）焊接材料

焊丝选用 ER50-6ϕ1.2 实芯焊丝，保护气体选用标准焊接用保护 CO_2。

（2）焊接接头拼装

为了等到与现场实际焊接条件下的工艺参数，试样焊接位置必须与工程实际一致，焊缝相对于地面倾斜 62.02°，如图 3 所示。

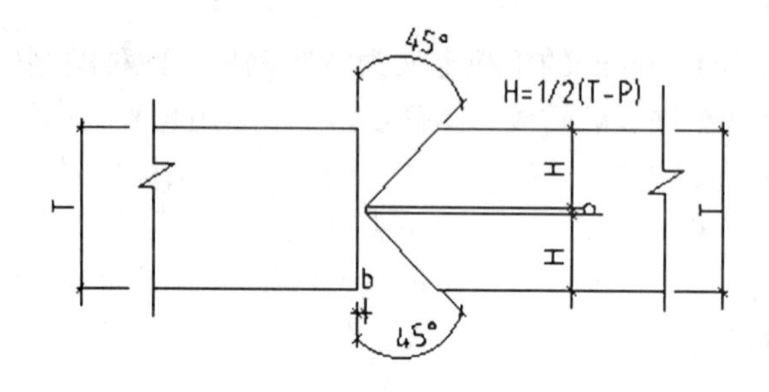

T	≥30mm
b	0~3mm
P	0~3mm

图 2　试板加工尺寸

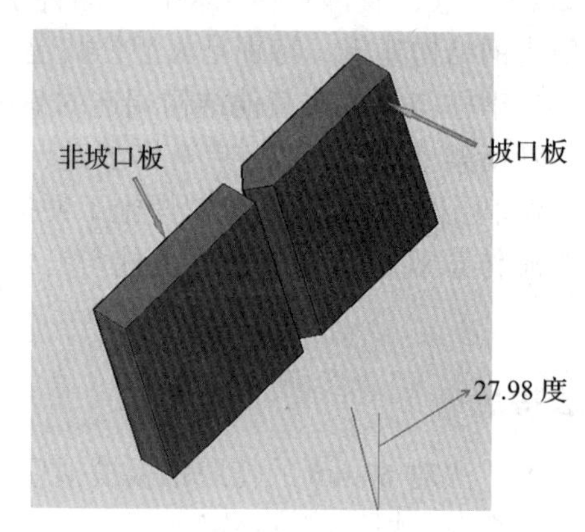

图 3　试样焊接位置

（3）焊接规范

① 打底焊（一道），如图 4 所示。

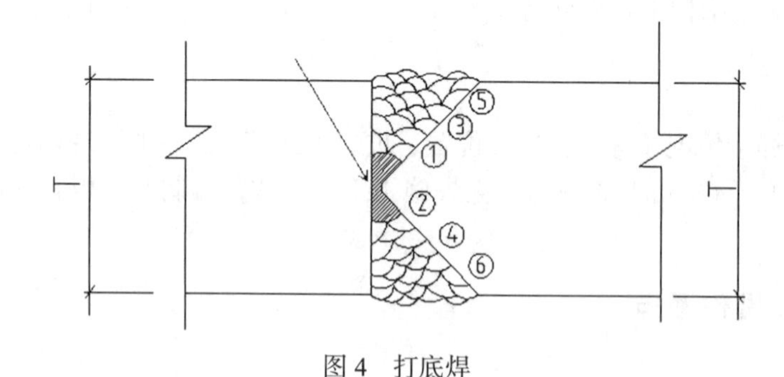

图 4　打底焊

打底焊可快速焊接后在反面清根，清根一定要彻底，否则会有气孔及夹渣等焊接缺陷。可参照表 1 所示的焊接工艺参数进行焊接施工。

表 1　打底焊接工艺参数

焊接电流（A）	焊接电压（A）	焊接速度（cm/min）	气体流量（L/min）
175	26	13	18

② 中间焊（多道交叉施焊），如图 5 所示。

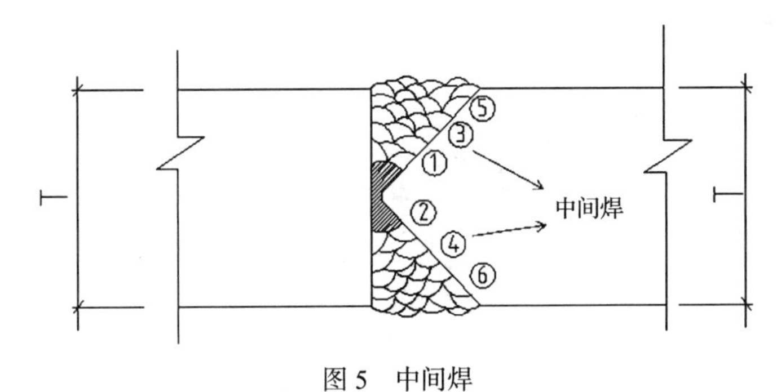

图 5　中间焊

上图中的 1，2，3，4 都属于中间焊的范畴，根据不同的板厚，焊缝的道数会有所不同，60mm 特厚板的中间焊接道数通常为双面 4 道（每道焊缝约 8mm 厚），中间焊是保证焊缝质量的关键，打底焊完成后必须立即进行中间焊，当焊完单面一道焊缝后，进行反面的中间焊，这样交替进行直到中间焊完成（与钢板表面接触时证明中间焊完成），其焊接参数参照表 2。

表 2　中间焊接工艺参数

焊接电流（A）	焊接电压（A）	焊接速度（cm/min）	气体流量（L/min）
195	28	10	20

③ 盖面焊（一般为两道）

盖面焊是整个焊缝外观质量的保障，因此可选焊接手法稳定，焊缝美观的焊工进行盖面焊施工，其焊接参数参照表 3。

表 3　盖面焊接工艺参数

焊接电流（A）	焊接电压（A）	焊接速度（cm/min）	气体流量（L/min）
190	28	12	24

（4）焊接条件

① 试件焊接条件模拟与现场实际相同，采取了相同的的防风措施。

② 焊前将焊接区域的锈蚀等清除干净，坡口打磨到钢铁本色（不能带有任何氧化残留物），焊缝未自然冷却到常温期间不能采取急冷办法（必须做好防雨措施）。

（5）焊接检测

焊接完成 24h 后对特厚板 CO_2 斜立焊试样焊缝进行检测：分为破坏性检测与超声波探伤。

① 在业主、监理的共同见证下根据超声波检测标准 GB/T 11345 对该焊缝进行了无损超声波探伤，探伤结果为无裂纹、无夹渣、无未熔合等重大焊接缺陷，达到设计 I 级焊缝要求。

② 超声波探伤后对该评定焊缝按图进行半自动切割成 4 条（50mm × 500mm），在监理的见证下送往实验室，对样本进行拉伸、冷弯及冲击试验，检测结果数据见表 4。

表 4　检测结果数据

抗拉强度（N/mm^2）	弯心直径（mm）	弯曲角度（度）	冲击能量（J）	断口位置
617	30	180	129	母材

通过试验，对特厚板 CO_2 斜立焊所采取的焊接规范、焊接条件控制及焊接材料的选择是合理的，是完全满足设计要求的。

5.2.3　现场焊接实施

在实际焊接之前，将焊工操作平台搭设好并检查其安全牢固性，并做好防风措施（可用帆布遮挡住迎风面）。按照焊接工艺评定的焊接参数调节好设备性能，同时准备好焊接材料（ER50-6ϕ1.2 实心焊丝及 CO_2）。在天气晴朗或阴天进行现场施焊，雨雪天气严禁进行焊接施工。具体参照图 6 ～图 8。

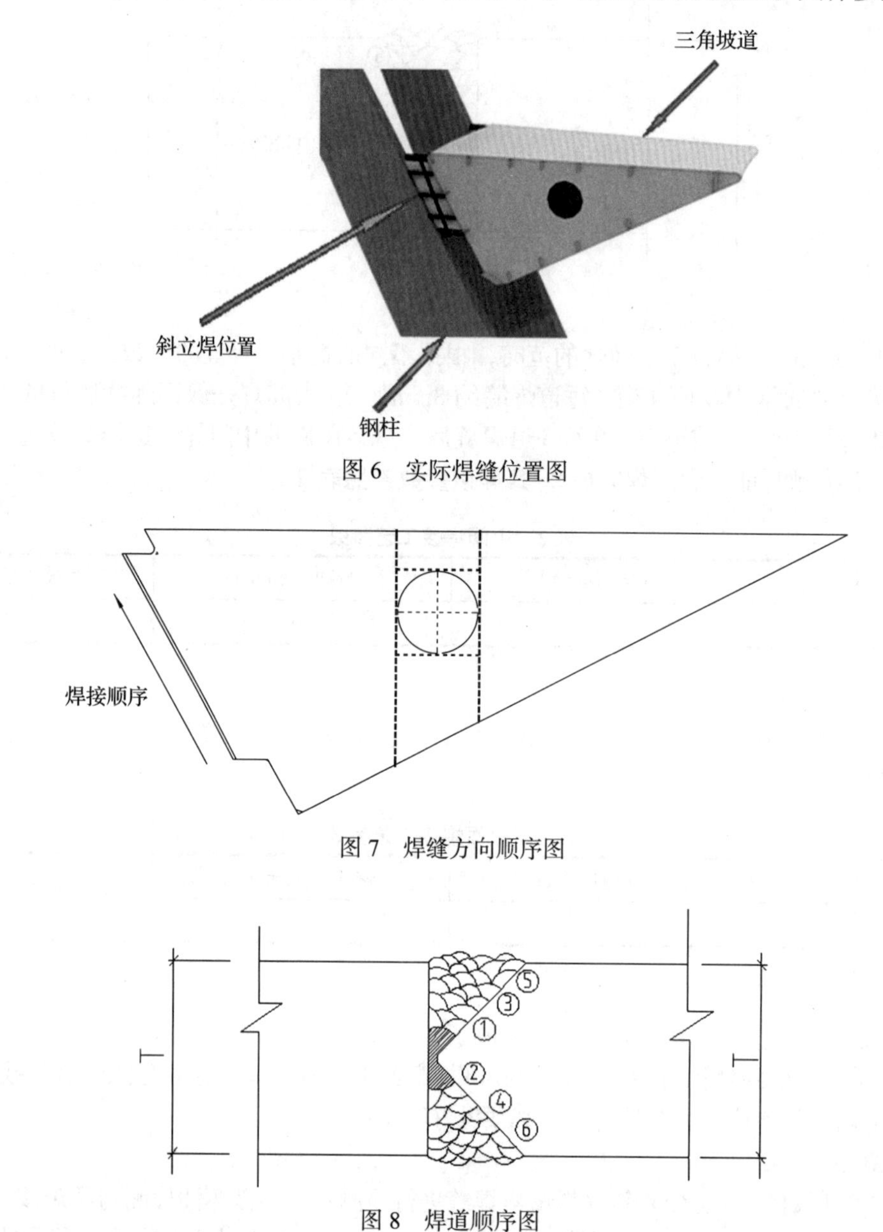

图 6　实际焊缝位置图

图 7　焊缝方向顺序图

图 8　焊道顺序图

5.2.4　焊缝检测

（1）焊接完成 24h 后对焊缝外观进行目测检查，有未焊满或成型不好的焊缝必须进行补焊，并打磨光滑（焊缝余高不予以处理）。

（2）对每条焊缝进行唯一性标识（注明施焊工的编号、焊接日期），并对焊缝进行 100% 的超声波探伤，达到 I 级焊缝要求方能合格，否则执行不合格品处理程序。

6　材料与设备

（1）实际操作中焊接工人必须取得人力资源和社会保障部、国家安监总局联合颁发的 CO_2 气体保护焊执业资格证。

（2）本工法中主要选用设备包含的焊接设备及检测设备，具体见表 5、表 6。

表5　焊接设备

序号	设备名称	设备图示	主要用途
1	二氧化碳多功能焊机	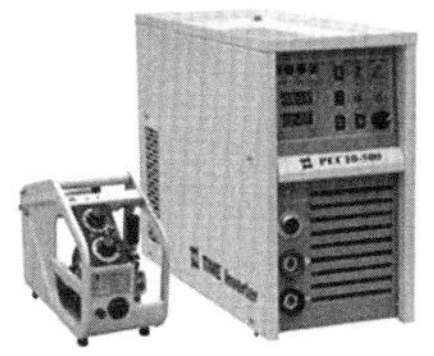	各种类型的焊接（板材、管材等）
2	直流焊机		构件安装、校正时临时措施焊接；其他辅助焊接
3	二氧化碳流量计、氧气减压器及乙炔减压器		二氧化碳流量计直观的反应 CO_2 流量，减压器保持输出气体的压力和流量稳定不变的调节装置
4	碳弧气刨枪		碳弧气刨枪用于焊缝修补，使用专用的空心碳棒，正极反接使用
5	空压机		配合碳弧气刨枪使用，为碳弧气刨枪提供高压空气
6	焊条保温筒		便携式焊条保温筒用于现场施焊时焊条保温，能够持续保温4h
7	角向磨光机		用于检验合格的焊缝打磨、抛光及临时连接耳板割除后的打磨、抛光

表6　检测设备

序号	设备名称	设备图示	主要用途
1	测温仪		厚板焊接时检测预热温度、层间温度、后热温度、保温温度等

续表

序号	设备名称	设备图示	主要用途
2	焊缝量规		焊接完成后进行焊高、焊脚、弧坑等自检工具
3	焊缝检测成套设备		工序验收时进行抽检项目检查的成套工具
4	便携式超声波探伤仪		内部缺陷无损探伤

7 质量控制

7.1 质量标准

《钢结构工程施工质量验收规范》(GB 50250);

《钢结构焊接规范》(GB 50661);

《钢结构设计规范》(GB 50017);

《气焊、手工电弧焊及气体保护焊焊缝坡口的基本形式与尺寸》(GB 985);

《建筑钢结构焊接技术规程》(JGJ 81);

《钢焊缝手工超声波探伤方法和探伤结果分级》(GB 11345);

《气体保护焊用钢丝》(GB/T 14958);

《气体保护电弧焊用碳钢、低合金钢焊丝》(GB/T 8110);

《建设工程施工现场环境与卫生标准》(JGJ 146)。

7.2 焊接工艺评定用试板质量控制

焊接工艺评定用试板质量必须严格按图进行下料及坡口加工，试验样板也必须按图要求进行切割。

7.3 特厚板（CO_2）斜立焊质量控制

（1）焊工必须经特种作业考试评定认可，取得相关资格证后才能实施特厚板（CO_2）斜立焊的施工。

（2）焊前检查安装精度如错边、坡口尺寸等是否达到规范要求，超差必须进行更正重新安装。

（3）焊接区域表面不得有油污、锈蚀等，如有必须清理干净。

（4）焊前检查防风措施是否得当，必须在迎风面设置好防风屏障。

（5）实施多层多道焊，每焊完一焊道后应及时清理焊渣及表面飞溅，发现影响焊接质量的缺陷时，应清除后方可再焊，在连续焊接过程中应控制焊接区母材温度，使层间温度的上下限符合工艺条件要求，遇有中断焊接作业的特殊情况，应采取后热及保温措施，再次焊接时，应重新预热且应高于初始预热温度。

（6）防止层状撕裂的工艺措施：

① 采用焊接手法均匀，具备多年焊接厚板工艺的焊接技工进行施焊，厚板实行正反面交替焊接，并尽量保持连续施焊，同时减少碳弧气刨的使用（碳弧气刨刨削后，焊缝表面将会附着一层高碳晶粒，这是产生裂纹的致命原因），并在使用后用角面磨光机磨去刨削部位表面附着的高碳晶粒，以免层状撕裂的产生。

② 尽量控制焊缝表面的余高，减少应力集中，所有焊缝余高应控制在 0.5 ～ 3mm 以内。

③ 后热及保温是防止应力集中，层状撕裂的关键所在，在焊接完毕后确认外观检查合格后，立即进行消氢后热和保温处理，有效地消除焊接应力及扩散氢的及时溢出，从根本上解决由于焊接应力集中及扩散氢含量过高而发生层状撕裂的难题。根据工艺评定确保预热温度施焊，焊接时严禁在焊缝以外的母材上打火引弧。

（7）减少焊接变形的工艺措施：本工法中我们主要是采取了两边坡口同时施焊的方式进行焊接变形的控制，通过实践，效果非常理想，在打底焊后进行的后续焊接中，两个焊接工同时按照制定的焊接工艺及焊接顺序完成了特厚板（CO_2）斜立焊施工，焊接变形很小。

8　安全措施

（1）焊工用操作平台必须牢固安装在钢柱上，且安装的螺栓必须拧紧，平台栏杆必须按相关规范要求进行制作并牢靠固定在操作平台上。

（2）焊工劳动防护用品必须穿戴整齐，安全带必须牢系在可靠位置。

（3）焊接操作区域 5m 范围内不得有易燃物（如有必须覆盖防火物），并配备灭火装置（派专人看管）。

9　环保措施

（1）施工过程中严格遵循《建设工程施工现场环境与卫生标准》（JGJ 146），执行项目所在地行政主管部门和相关行业的文件及要求。

（2）加强环保宣传工作，提高全员环保意识。

（3）焊接过程中注意对电弧光进行遮挡，避免光污染。

（4）焊接过程中产生的废焊丝及时清扫归堆，按环保要求处理。

10　效益分析

（1）生产效率高：CO_2 气体保护焊每焊完一道焊缝后不存在清理焊渣，是连续固定送丝，节约的焊接操作的准备时间从而提高了生产效率。

（2）焊接质量宜撑控：CO_2 气体保护焊所采用的焊丝都是经过镀铜等防锈处理，不容易受到潮湿环境的影响，而且送丝速度稳定，焊接过度均匀，质量不易受人为因素影响。

（3）节约成本：CO_2 气体保护焊所采用焊丝每盘通常是 25kg，属连续送丝，中间不间断，焊丝的利用率约在 97% 以上，而手工电弧焊所用每根焊条利用率最高只有 80%，加之焊接准备期较长，人力成本也会大大增加，本工法的综合成本比手工电弧焊减少 30%。

（4）环保：手工电弧焊产生大量的焊渣与未焊完的焊条头，很容易形成建筑垃圾造成环境污染，如要避免环境污染就必须花费大量的人力物力去清理。而气体保护焊不会产生焊渣，余下一小点焊丝还可以回收利用，变废为宝，既节约了材料资源又保护了环境。

11　应用实例

11.1　长沙梅溪湖国际新城城市岛螺旋体钢结构工程

长沙梅溪湖国际新城城市岛螺旋体钢结构工程由 32 根箱形斜立柱连接螺旋形三角坡道而成，螺旋体斜立柱共 32 根，立柱与水平面的夹角为 62.02°，相邻立柱在平面上的投影夹角 11.25°。旋转环道平面投影内侧边界最小半径为 10559mm，最大半径为 36854mm。斜立柱为箱形变截面，材质为

Q345B，宽度均为 300m，沿高度方向变截面。最大截面为箱 2600mm × 300mm × 28mm × 35mm，最小截面为箱 800mm × 300mm × 28mm × 35mm。斜立柱与坡道间靠 60mm 的钢板（长度大于 2m）连接而成，通过该工法的应用，每条焊接缝全数通过多方检测，极大地提高了生产效率，受到了监理、建设单位和建设行政主管部门的一致好评，集团公司决定在其他类似钢结构在建项目中推广。

11.2　遵义市新蒲新区人民医院

遵义市新蒲新区人民医院位于贵州省遵义市，建筑面积 130000m² 左右。工程造价 36632 万元，2014 年 11 月开工，2016 年 4 月竣工，主体框架结构，部分钢结构。采用本工法进行注浆固化处理。工期节约 40d。本工法在劲性钢柱抗剪牛腿的制造中得到了应用，使劲性钢柱与钢筋混凝土梁的连接节点简化，安装方便，质量控制简单。受到了业主、监理及政府质量监督部门的一致好评。

P91钢管道焊接及热处理施工工法

肖　电　田成勇　肖学斌　熊　君

湖南省工业设备安装有限公司

摘　要：通过对P91钢的研究，总结出具有创新性的“P91钢管道焊接及热处理施工工法”，通过应用两种“P91钢管道焊接及热处理”关键技术，成功地解决了P91钢管道焊接后出现的问题，为以后P91钢制管道安装工程提供了良好的参考方案。

关键词：P91钢；焊接及热处理工艺；冲击韧性；硬度

1　前言

我公司承建神华宁煤项目公用工程全厂外管（二标段）工程，其中高温高压蒸汽管使用了高强度马氏体耐热钢——P91钢。在对这种钢进行焊接工艺评定时，出现了硬度过高、冲击值过低的问题（依据ASME标准），这个问题也同时发生在几个施工单位。对此，我公司专业技术人员针对这种钢的化学成分、组织转变过程和可焊性进行了分析，并详细讨论了在焊接及热处理过程中各工艺参数的制定和执行情况，制定出了合适的焊接和热处理工艺，顺利完成了P91管道的氩电联焊、全氩焊和埋弧自动焊焊接工艺评定。之后又对开工前的焊工模拟考试试件也进行了射线、硬度、拉伸、弯曲、冲击、金相、光谱检测检验，均合格。在其后的P91管道施工过程中，焊接接头经各项检测和检验，合格率达到了98%以上，从而形成了P91管道焊接及热处理工法。

2　工法特点

（1）采用焊前预热、焊后后热及热处理、小线能量焊接、控制层间温度和焊后热处理温度、时间等工艺措施，确保焊接接头的质量——尤其是硬度和冲击值达到合格标准。

（2）利用自有专利技术，采用氩弧焊打底，手工焊条电弧焊或埋弧自动焊填充盖面，确保P91焊接质量，工程得以顺利进行，保证了工期。

（3）采用埋弧自动焊接工作站，提高了焊接质量和效率，经济效益显著。

3　适用范围

本工法适用于P91材质管道的手工钨极氩弧焊、手工焊条电弧焊和埋弧自动焊焊接与热处理。P91材质容器的焊接和热处理可参考本工法。

4　工艺原理

P91钢焊接时出现的主要问题有：焊接裂纹敏感性较大、热影响区易产生淬硬组织、塑性下降和出现软化层，易导致焊后焊接接头硬度过高（要求不大于250HB）、冲击值达不到要求（要求不小于41J）。根据P91钢的化学成分与机械性能、碳当量值、连续冷却组织转变曲线图分析，焊接线能量输入过大、焊后热处理温度和时间达不到要求是造成这些问题的主要原因。因此，本工法主要从这两方面着手进行控制，通过从焊接与热处理过程的每一道环节来解决P91钢焊接时出现的问题。

本工法在形成前，曾参考了国内不少相关文献，但按照文献实施的效果不佳，难以在质量和合格率上达到要求。因此，在充分分析了P91钢的化学成分与机械性能、碳当量值、连续冷却组织转变曲线图后，重新进行了各项工艺参数的设置及操作要求，焊前预热150～180℃后采用管内充氩保护的方法进行氩弧焊打底焊，填充焊的第一层采用氩弧焊；其余各层道采用手工焊条电弧焊或埋弧自动焊，焊接时尽量采用小电流、大焊速，控制线能量；施焊过程中，层间温度范围控制在 200 ～ 250℃范围内；焊后不能立即进行焊后热处理时，做后热处理，后热温度 250 ～ 316℃，恒温 2h；焊后热处理温度为 760±10℃，升降温速度在 400℃以上不大于 120℃ /h，恒温时间按管壁厚度 2.4min/mm 确定，且壁厚在 20mm 之内的不少于 2h，20mm 以上的不少于 4h，冷却至 400℃后自然冷却。

5　工艺流程及操作要点

5.1　工艺流程（图 1）

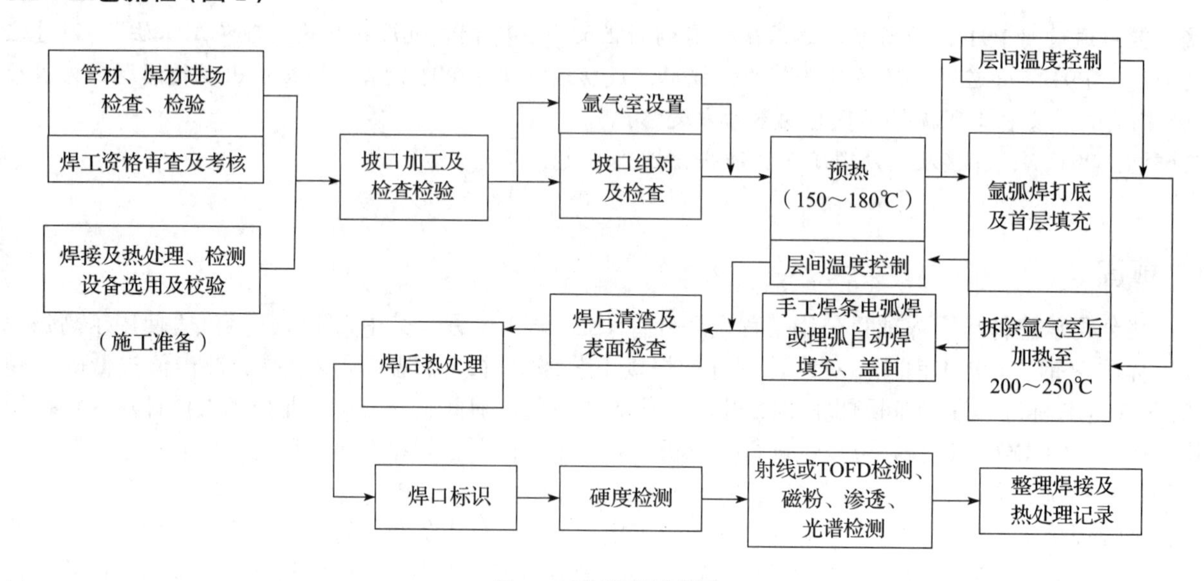

图 1　工艺流程示意图

焊接过程中，需同步进行焊接及热处理工艺参数的检测与记录。焊后检测不合格的，在查找到原因后按照上述工艺过程及时进行返修和检测。

5.2　操作要点

5.2.1　人员要求

焊工应具有Ⅲ类钢焊接的相关合格项目，且操作熟练，水平较高，上岗前进行练习和模拟考试，合格者方可上岗。热处理工应有热处理操作证，能熟练操作热处理设备，并具有处理作业中出现的问题的能力。

检测人员需具有相应的无损检测项目资质，能准确判别各类焊接缺陷及位置，指导焊工进行缺陷修复。

专业技术员根据焊接工艺评定及相关规范编制好焊接及热处理方案，并进行技术交底。在实施过程中全程监督指导，及时处理各种问题，并做好工艺记录。

5.2.2　环境要求

为防止环境因素对焊接作业的影响，需作好防风、防潮、防雨雪、防低温措施。高处作业时要搭设操作平台，便于焊接和热处理作业。

5.2.3　坡口加工与组对

（1）坡口加工尽量采用机械方法。坡口修整时，可使用坡口机或角向砂轮机等工具。

（2）坡口形状和尺寸严格按设计图纸或规范要求执行，尤其是埋弧自动焊。管壁厚度在 3mm 以内可不开坡口，3 ～ 26mm 采用 V 形坡口，钝边为 0 ～ 2mm，组对间隙为 1 ～ 3mm，坡口角度为 60±5°；20mm 以上采用双 V 形坡口，钝边为 0 ～ 2mm，组对间隙为 1 ～ 3mm，坡口角度下 V 形为 70±5°，上 V 形为 25±5°。

（3）坡口加工完后，首先检查坡口尺寸是否符合要求，之后采用磁粉或渗透探伤检查坡口面是否存在缺陷，达不到要求的必须整改合格。

（4）组对前应将坡口及其内外壁两侧20mm范围内的油、漆、垢和氧化皮等杂物清理干净，直至露出金属光泽。

（5）管道坡口端面应平齐，以保证组对间隙均匀。组对后管道内壁错边量不得超过2mm。

（6）因P91钢在不预热条件下，焊接裂纹率可达到100%，所以不得在管道上焊接任何临时支撑物，不得强力对口，以减少附加应力，更不允许采用热膨胀法对口。坡口钝边厚度不宜超过2mm，以防止因铁水流动性差而造成根部未熔合。

（7）组对完成后及时进行定位焊。

5.2.4　定位焊

为防止在焊接时接头产生角变形，接头组对完成后及时进行定位焊。对管径较大（≥200mm）、管壁较厚的（≥20mm）接头，定位焊采用在坡口内焊接定位块的方法，定位块选用优质低碳钢或P91钢，定位块应均匀布置于坡口内，且靠近坡口外侧，尽量不影响打底层的焊接。定位焊用的焊材和焊接工艺均应与正式焊接时相同，定位焊和施焊过程中不得在管子表面引燃电弧，如图2所示。

图2　定位块布置

第一层（打底层）焊接完成并经检查合格后方可用砂轮机去除定位块，并将焊点用砂轮机打磨，不得留有焊疤。

5.2.5　打底焊

氩弧焊打底之前，在管道接头处的里面设置一封闭的氩气室，并用热熔胶纸封闭坡口处，只在顶部留一小口以便空气排出。之后向氩气室充入氩气，并不时检查确认接头处是否形成了有效的氩气保护（以打火机或点燃的火柴置于小口处，如自动熄灭则可），如图3所示。

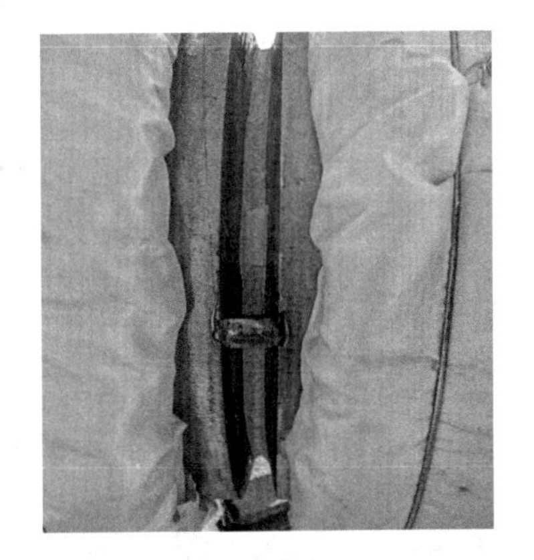

图3　氩气室设置

氩弧焊打底时，焊工应仔细观察焊缝的熔透程度及氩气保护情况。氩弧焊打底过程中，应随时用热熔纸胶带将坡口间隙封好，防止空气进入。氩气纯度不低于99.95%，氩气流量为8～10L/min，背面保护氩气流量为10～20L/min。

氩弧焊打底焊焊层厚度应控制在2～3mm。

氩弧焊打底完毕，仔细检查焊缝表面及接头处有无裂纹、夹钨等缺陷产生，如有缺陷，必须确认彻底清除之后，方可继续施焊。

采用埋弧自动焊时，因埋弧自动焊电流较大，操作不慎易导致成型不良或击穿坡口，故第一、二层宜采用钨极氩弧焊，且焊缝总厚度不小于5mm。

5.2.6　填充、盖面焊

填充焊的第一层仍采用钨极氩弧焊，施焊时仍然对焊缝背面充氩保护。填充焊第二层及以后各层采用焊条电弧焊或埋弧自动焊。

采用焊条电弧焊熔敷时应形成中间低，两边高的圆弧过渡形状。控制适当的焊接电流，保证既不粘焊条，又尽量减小电流，控制为低的线能量（表 1）。同时掌握好引弧、熄弧操作要领（P91 钢对弧坑裂纹非常敏感，不正确的引弧、熄弧动作会导致弧坑裂纹并引发焊缝冷裂纹）。

表 1　焊接工艺参数

焊接层数	焊接方法	填充金属		电流		电压（V）	焊接速度（mm/min）
		牌号	直径（mm）	极性	大小（A）		
第一、二层	手工氩弧焊	TG-S9Cb	2.5	直流正接	90-100	10～15	55～70
填充、盖面	手工焊条电弧焊	CM-9CB	3.2	直流反接	90-120	20～24	100～160
第三～五层	埋弧自动焊	Thermanit MTS3	2.5	直流反接	280～320	25～32	380～450
第五层以上		Thermanit MTS3	2.5	直流反接	320～400	32～38	450～600

每一道焊完后，应彻底清理干净焊缝药皮、夹渣，并对焊缝做适当的修整。同时仔细检查焊缝表面及接头处有无缺陷，确认不存在缺陷之后，方可继续施焊。盖面后的焊缝高度不低于母材表面，且与母材过渡平滑。

同一层有几道焊缝时，按照从一侧到另一侧的顺序焊接。

焊接过程中除更换焊条、去除缺陷、修磨焊缝，以及层间温度过低或过高需加热或冷却以外，中途不得停止。

直径较大的管子，应采用双人对称焊接方法。

埋弧自动焊的焊接工艺参数控制不好时，一则容易产生热裂纹。二则药皮不易脱落，因此，在焊接时要严格按照焊接工艺参数进行。

焊接中除非要去除缺陷和修整焊缝，否则不得停止。

由于埋弧自动焊不能直接即时看到焊缝成型情况，所以在焊接前，先进行模拟操作，观察在不同工艺参数和不同焊缝层次时的焊缝成型情况，从而确定最佳焊接工艺参数，以确保焊缝成型美观、饱满，盖面层焊缝高度不低于母材表面，且与母材过渡平滑，如图 4 所示。

图 4　埋弧自动焊及焊缝成型

5.2.7　层间热输入（焊接线能量）控制

焊接线能量输入除通过采用小电流、大焊速的工艺控制外，在满足电焊机参数设置的情况下，还通过焊道的宽度和厚度进行控制。焊条电弧焊接每层焊道厚度不超过焊条直径，焊条摆动幅度最宽不得超过焊条直径的 3 倍，单根焊条焊接的焊缝长度宜不小于 150mm，如图 5 所示。埋弧自动焊焊道厚度不宜超过 3mm。

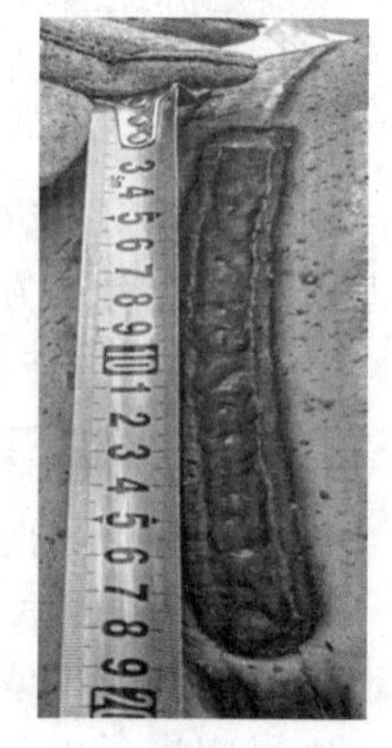

图 5　焊缝长度测量

5.2.8　层间清理

每层或每道焊缝焊接完毕后，应用砂轮机将焊渣、飞溅等杂物清理干净，中间接头处和坡口边缘尤其注意。

5.2.9　盖面层

控制盖面层高度，余高以不超过 3mm 为宜，且与母材过渡平滑。

5.2.10　应急处理

一旦供电意外中断，立即进行后热处理：由气焊工用大烤把对焊口及其热影响区进行加热，大管需要 2 名气焊工，在焊口两侧至少各 3 倍壁厚范围内对称均匀加热，加热温度达到 250 ～ 316℃（便携式红外线温度检测仪检测）后持续约 10 ～ 20min，用保温棉包裹好，保温宽度不小于 10 倍管壁厚，保温棉应裹紧并固定牢靠。进行后热处理后不得对管子作其他施工。

重新焊接时，应对焊缝表面进行打磨修整，然后做外观检查，确认无裂纹后，按原工艺规定进行预热、焊接。

5.2.11　热处理

（1）焊前预热

管道组对好之后，布置好热处理加热元件、热电偶，并做好保温，之后进行预热，预热温度达到 150 ～ 180℃后开始打底焊接。氩弧焊完成后预热至 200 ～ 250℃，方可进行焊条电弧焊或埋弧自动焊。

（2）焊接层间温度

施焊过程中，层间温度范围控制在 200 ～ 250℃范围内，不超过 300℃（氩弧焊打底完毕后开始升温）。埋弧焊时因焊接电流较大，热输入量高，焊接时层间温度一般不会低于预热温度，但需控制温度过高。

（3）后热处理

① 焊接工作中途如被迫中断或焊接工作完成之后不能立即进行焊后热处理时，应做后热处理。中断焊接一段时间后重新焊接时，必须重新预热。

② 后热规范：250 ～ 316℃（考虑现场情况，实际取高位值），恒温 2h。

（4）焊后热处理

焊接完成，并经外观检查合格后将加热元件、热电偶重新布置，并重新绑扎保温棉，再对接头进行热处理。因该过程需持续一段时间，且温度较高时不易操作，故需降低接头温度，此时为防止因温度过低产生应力腐蚀裂纹，需保证接头温度不低于 100℃。

焊后热处理温度为 760±10℃，现场操作时宜取正值。恒温时间根据规范要求按管壁厚度 2.4min/mm 计算确定，且壁厚在 20mm 之内的不少于 2h，20mm 以上的不少于 4h。

（5）升降温速度的规定

焊后热处理的升、降温速度≤ 120℃ /h，降温至 400℃后不控制，直至冷却到室温。

（6）其他参数要求

① 准备工作：操作前需认真检查焊接和热处理等设备、热电偶等，确认设备正常、连接正确可靠后方可开机。

② 加热宽度：从焊缝中心算起，每侧不小于管子壁厚的 3 倍，且不小于 150mm。当环境温度小于零下 5℃时，应适当加大加热宽度。

③ 保温宽度：从焊缝中心算起，每侧不小于管子壁厚的 5 倍，且不小于 300mm，以减小温度梯度，现场操作时实际保温宽度宜不小于每侧 500mm。

④ 温差控制：热处理的加热方法采用电阻加热，应力求内外壁和焊缝两侧温度均匀，恒温时在加热范围内任意两测点间的温差应低于 30℃。

⑤ 测温点布置：进行热处理时，测温点对称布置在焊缝中心两侧。水平管道的测点应上下对称布置。测温点数量（至少）应满足：管径 DN ＜ 300mm，1 个；管径 300 ≤ DN ＜ 500mm，2 个；500 ≤ DN ＜ 750mm，3 个；管径 DN ≥ 750mm，4 个，如图 6 所示（图中管道直径为 DN600）。

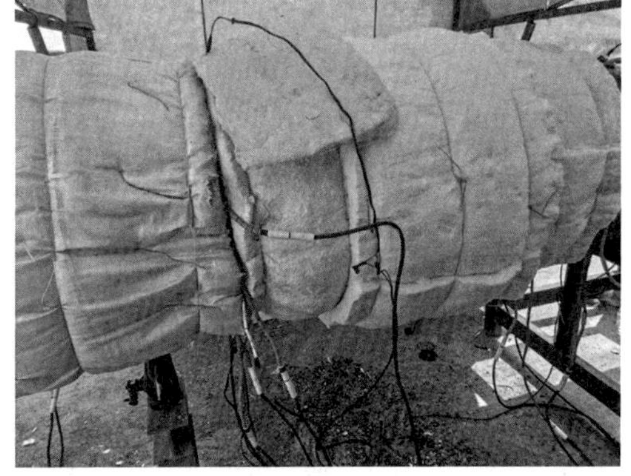

图 6　热电偶布置图

热电偶与加热元件间应接触良好，固定可靠，宜采用焊接式热电偶。热电偶的测温点处与加热元件间需用隔热棉 / 块隔离。

⑥ 测温要求：除观察热处理加热设备显示外，预热及层间温度检测还可采用手持式红外线测温仪。热处理的测温必须准确可靠，应采用自动温度记录。所用仪表、热电偶及其附件，应根据计量的要求进行标定和校验。

⑦ 记录方式：手工记录（工艺参数）和自动记录（热处理曲线）。

（7）热处理控制要点

严格按技术措施规定的热处理参数进行焊前预热、层间控温、焊后冷却保温、去氢处理、焊后热处理等各项工作。

热处理人员与焊工做好交接工作，互相配合、协调一致。

（8）热处理曲线（预热、层间控温、恒温、焊后热处理）

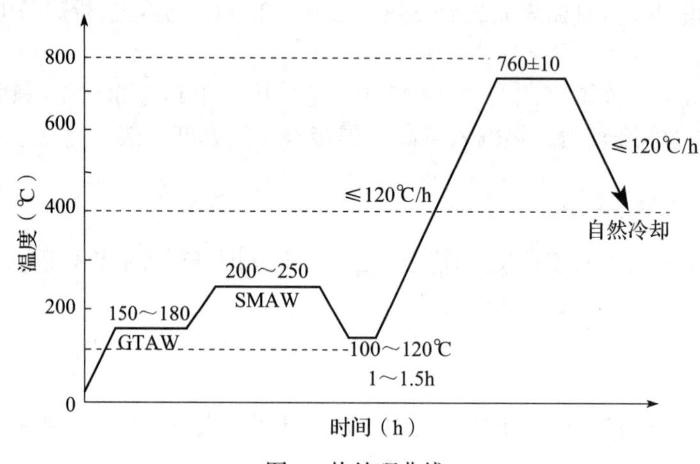

图 7　热处理曲线

5.2.12　其他

电焊条必须放置在保温筒内，随用随取，保温筒接上电源进行加热，以保证焊条干燥。每次领用数量以 2h 焊接完成为准，用完后用焊条头换领焊条。

施焊中，应特别注意接头和收弧的质量，收弧时应将熔池填满，多层多道焊的接头应错开。

为减少变形和焊接缺陷，直径较大的钢管应两人对称施焊，且尽量保持一致的焊接速度。但需避免同时在同一处收弧。

作业过程中，尤其是热处理时，外露管端应封堵，防止管内产生穿堂风。

焊接及热处理过程中安排专人进行监控和记录相关数据。

6　材料与设备

6.1　焊接材料

（1）选用与焊接工艺评定相同型号的氩弧焊丝（ER90S-G）、埋弧焊丝（CrMo91）和焊条（E9016-G），且具有质量证明书。氩弧焊丝选用 ϕ2.5mm 及以下的，焊条选用 ϕ3.2mm 及以下的，埋弧焊丝选用 ϕ3.2mm 及以下的，焊剂为 8 × 48 目。

（2）焊丝、焊条、焊剂、氩气和钨极等焊接材料的质量，应符合相关标准的要求。

（3）焊丝使用前应除去表面油、垢等脏物。焊条、焊剂按要求保管存放，在使用前进行烘焙。焊条烘焙参数为：温度 350 ～ 400℃，时间 2h。焊条使用时应放在可加热的便携式保温筒内，随用随取。严格按照焊材管理制度进行焊材的保管、烘烤、发放与回收。

（4）氩气使用前应检查瓶体上有无出厂合格证明，其纯度应符合工艺要求。

（5）氩弧焊用的钨极选用铈钨极，直径为 ϕ2.5mm。钨极在使用前将其端头磨成适于焊接的尖锥形。

（6）选用硅酸盐保温材料，并根据管径大小和保温长度准备好足够的数量，相应的绑扎材料也应准备好。

6.2 机具要求

焊机的电流稳定性好，宜带高频引弧功能，电流、电压表经校验且指示准确，电焊机选用如 ZX7-400STG，埋弧自动焊机选用如 PAWWS-24Aa（管道自动焊接工作站）。氩弧焊枪应与焊机匹配，宜采用气冷式。氩气减压流量计指示准确、调节灵活，其产品质量和特性应符合国家标准。

焊条烘干箱可根据工程量大小选用如 YHX-60、YHX-150 型。焊剂烘干箱宜采用旋转式的，以保证焊剂受热均匀、不结块，如 XZYH-60。烘干箱上的仪表应经校验合格。

坡口加工宜选用能适合现场、可安装在管子上的外卡式坡口机（如 NP250），能加工出“V”形、双“V”形或“U”形坡口，加工精度较高。

热处理设备（如 ZWK-180KW 型）性能稳定，各种显示仪表经校验合格、指示准确，打点机工作正常。热电偶宜采用焊接式的，用前需经校验，误差在允许范围内。热电偶和便携式红外线测温仪测量范围应达到 1000℃。加热元件选用履带式或绳式，且性能符合工艺要求。

硬度及无损检测设备性能良好，并经校验，指示准确，硬度检测仪可选用 HDY100 型。对壁厚和直径较大的 P91 管道，宜准备 γ- 射线探伤仪。如因现场情况特殊，无法使用射线探伤仪时，可采用 TOFD 探伤仪（如 PXUT-910）。

其他检测焊接工艺参数用的仪表有钳形电流表、焊接检验尺、直尺等。

7 质量控制

7.1 本工法必须遵照执行的标准、规范如下（采用较高要求者）：

《工业金属管道工程施工规范》（GB 50235—2010）；

《现场设备、工业管道焊接工程施工规范》（GB 50236—2011）；

《现场设备、工业管道焊接工程施工质量验收规范》（GB 50683—2011）；

《工业金属管道工程施工质量验收规范》（GB 50184—2011）；

《承压设备无损检测》（JB/T 4730—2005）；

《特种设备焊接操作人员考核细则》（TSG Z6002—2010）；

《工艺管道》（ASME B31.3—2010）；

ASME II A 篇《铁基材料·高温用无缝铁素体合金钢公称管》（SA-335/SA-335M）2004。

7.2 质量要求

（1）严格执行焊接及热处理工艺要求，各种工艺参数控制在工艺要求范围内，确保每道工序质量（要求和措施详见操作要点）。

（2）在焊接及热处理完成后，依据上面引用标准、规范进行焊后的外观、硬度和内部质量检查。质量合格标准和检查方法如下：

① 表面质量：不允许有裂纹、表面气孔、夹渣、弧坑、未熔合、未焊透、电弧擦伤等表面缺陷，咬边深度不超过 0.5mm，连续长度≤ 100mm，且两侧咬边总长≤ 10% 焊缝长度，余高或根部凸出不大于 3mm，焊缝成型良好，与母材过渡平滑，焊渣和飞溅清理干净。检查方法：肉眼、渗透探伤。

② 热处理完毕后，对焊缝及热影响区进行硬度检测，其合格标准为≤ 250HB。检查方法：使用硬度检测仪检测。

③ 设计和规范有规定或业主要求时进行切口，分别对焊缝、热影响区和母材作冲击韧性试验，每个部位作三组，冲击功不小于 41J。这与《承压设备焊接工艺评定》（NB/T 47014—2011）中关于抗拉强度相当的钢材冲击平均值要求≥ 34J 有差别。

④ 硬度检测合格后作 100% 无损检测，其焊缝质量不低于《承压设备无损检测》（JB/T 4730.1—2005）规定的 II 级标准。检查方法：x- 射线或 γ- 射线探伤、TOFD+ 磁粉 + 超声波探伤。角焊缝需作渗透检测。

无损检测不合格焊口必须返修，同一焊口返修次数不能超过 2 次，返修后必须重新作热处理和各项检测。

⑤ 光谱检测：热处理完成后即可对焊缝进行光谱检测，检测出的焊缝主要合金含量必须在 P91 钢规定的含量范围内。使用手持式光谱检测仪检测。

⑥ 金相检验：设计和规范有规定或业主要求时，分别对焊缝、热影响区和母材部位进行金相检验，正常的金相组织应为回火马氏体，在热影响区也有可能出现回火马氏体的另一种形态——回火索氏体（即高温回火马氏体），如图 8 所示。

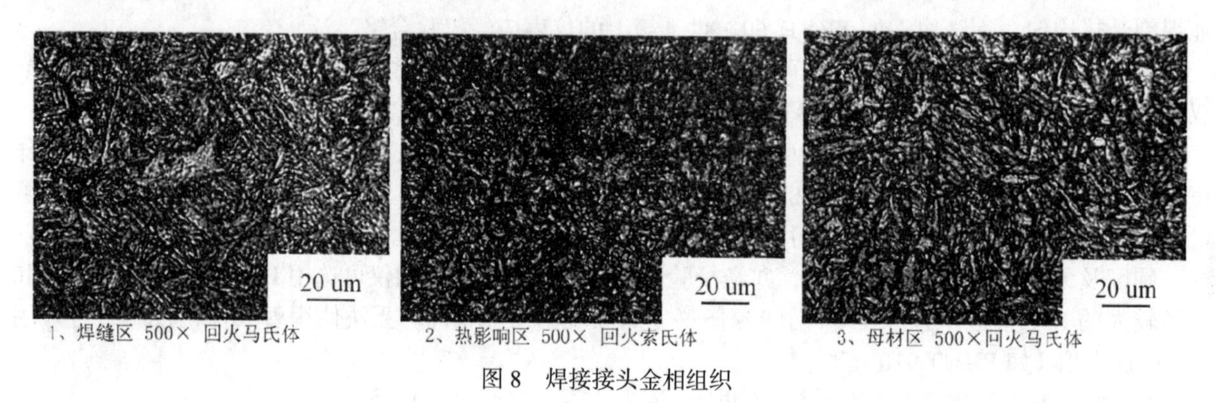

图 8　焊接接头金相组织

8　安全措施

（1）本工法实施过程中对安全的要求，主要防止触电、机械伤害、高温烫伤及焊接作业常有的安全问题。

（2）作业前，作业人员必须接受安全交底，作业时穿戴好劳保防护用品，在进行打磨、焊接、火焰切割作业时戴好焊接面罩、防护眼镜，防止弧光、火光打伤眼睛。在粉尘、烟雾污染大的场所作业，操作人员应配戴防护目镜和口罩。

（3）执行安全用电制度，施工前，应检查电源插座、电源线是否漏电，焊机是否接触良好，以防触电。电源、配电箱、开关等必须实行安全用电规范化；各种施工绳索具严禁与电线、焊把线交叉接触。

（4）施工现场周围设置必要的灭火器，并加强重点防火部位的安全防火措施。施焊作业区域下部及周围应将易燃物彻底清除，防止火花飞溅引起火灾。

（5）电焊回路线应接在施工的焊件上，焊线绝缘完好，不得穿过与施工无关的管架或其他设备上。

（6）高处作业时必须系好安全带，放置好必要的工具，以防坠落伤人，严禁从高空向下扔工具和其他物品。有安全作业票要求的区域或者工序，施工前必须办理好作业票方能开工。

（7）随时了解气候情况，做好环境监测记录，在恶劣天气（如烈日、下雨、大风、下雪、冰冻、沙尘暴）作业，必须采取有效的防护措施。

（8）对露天放置的焊机及现场用电设备等应有可靠接地，并搭设挡雨棚，防止受潮、漏电和损坏用电设备。

9　环保措施

本工法在实施过程中，没有特别对环保和文明施工有影响的因素，与常规的管道加工和焊接作业对环保和文明施工的要求相同：

（1）使用高效节能用电设备；施工用电机具要勤于检查维护，不工作时要断电停止运转。

（2）预制区采用栏杆围护，设置高 1.8m 的彩板围挡进行分隔，地面尽可能做混凝土硬化处理。区内材料、设备的安放有序合理。围护栏杆上挂安全宣传标牌，危险部位悬挂醒目标识。

（3）现场材料按总平面布局堆放整齐，设有名称、品种、规格等标牌。

（4）施工现场设排水设施，且排水通畅，不积水。道路尽可能采用碎石或水泥硬化。

（5）在高处进行焊接作业时，在工作面靠近焊接接头底部放置收集铁盘，承接作业时产生的熔渣、飞溅等。

（6）结合现场实际，按规定配备足够数量、合格的消防器材。消防设施摆放要规范，周边不得有障碍物。

（7）坡口加工机、自动焊机等施工机具需要加油或检修时，须采取措施防止油漏入土壤，含油污物应回收处理。

（8）建筑垃圾应按可回收、不可回收及有毒有害三类标识，定点分类围蔽堆放，及时清运，并防止运输遗撒。可用的短料、边角料统一回收，分类存放，以便再利用。

（9）施工人员在工作结束或暂时离开时做好现场清理工作，带走所有工器具、电缆和施工废弃物，焊条头应如数交回焊条库，做到工完料尽场地清。

10　效益分析

本工法主要解决P91钢在焊后焊接接头硬度、冲击值难以合格的问题，如果这个问题得不到解决，工程就无法进行下去，效益就无从谈起。因此，应用本工法产生的经济效益和社会效益是很明显的。当采用埋弧自动焊时，其效率比手工焊高4～6倍，效益更好，且焊缝成型也好，质量更易得到保证，但只局限于预制。在环保和节能方面，只要切实执行相关工艺和环保要求，也一样能达到国家标准。

11　应用实例

本工法现主要应用于神华宁煤400万吨/年煤炭间接液化项目公用工程全厂外管（二标段）工程，该工程位于宁夏回族自治区银川市宁东镇煤化工基地，自2014年6月20日开工，2016年9月竣工。本工程P91管道共2638m，焊口总数1483个，管径从DN15到DN600，厚度从5mm到46mm，其中DN600×46的管道占绝大部分。该工程完工后，经统计，焊接接头在焊接及热处理后的硬度检测合格率达到了98%以上，射线、TOFD和渗透探伤检测合格率达到99%。

薄壁不锈钢管双卡压连接施工工法

周　新　傅致勇　韦时鹏　张云龙　梁巨攀

湖南省工业设备安装有限公司

摘　要：通过对薄壁不锈钢管双卡压连接方法的研究，总结出一套具有创新性的“薄壁不锈钢管双卡压连接”施工工法，通过应用“薄壁不锈钢管双卡压连接”关键技术，成功地解决了不锈钢管连接不牢固，施工成本高等一系列问题，为以后不锈钢管连接提供了良好的案例。

关键词：双卡压；薄壁不锈钢钢管；连接

1　前言

随着科学技术的不断创新，薄壁不锈钢管逐渐发展成了高档次新型建筑材料，耐腐蚀性、供水水质好、强度高、寿命长、水阻力小、综合费用低、可循环使用等特点，应用前景广阔。薄壁不锈钢管双卡压连接相比常见的卡压式和环压式连接，双卡压配件折弯、强振动、旋转和松动都不会漏水，大大提高了工作效率。

2　工法特点

2.1　施工时间大幅缩短

管道插入管件后，用专用工具进行双卡压，瞬间即可完成连接作业。不需要螺纹连接时复杂的套丝作业，也不需要焊接时前处理、后处理作业，管道施工综合成本大幅度减少。

2.2　不需熟练技术工

螺纹连接或焊接连接时都需要熟练的技术工人，而双卡压式连接是使用专用双卡压工具，只要注意施工要领，一般技术工人也可以操作而且能够保证施工质量。

2.3　不需要动火作业

管道施工现场不使用火源，施工安全性大大提高。

2.4　施工清洁

不需要螺纹连接用的切削液或其他附件，也不需要焊接连接时的各种焊剂，因此不必考虑这些添加物所带来的各种影响。

3　适用范围

本工艺适用于写字楼、宾馆、公寓、住宅等工程的室内冷热水、饮用水管道系统。

4　工艺原理

双卡压连接主要是用专用的压接工具在管件端部双卡压，此专用压接工具钳座的封压头部及底座接触管件位置，两边各有一个六边形的条状突出，管件端部O形密封圈凸起R形口刚好卡在压接工具两六边形条状突出中间，卡压时密封圈两边同时收缩，管材和管件牢固连接，保证了连接强度和密封性。同时，管件内的O形密封圈因两边受力而再次密封，起到双重密封作用。

5　工艺流程与操作要点

5.1　工艺流程

施工准备→支吊架安装→确定双卡压连接管插入长度→管子切断及切断面的处理→画线→插入管

子→双卡压连接→双卡压检查→与异种管及阀门连接→管道试压→系统调试。

5.2 操作要点

5.2.1 施工准备

（1）施工图纸和其他技术文件齐全，并经会审或审查；

（2）施工方案或施工组织设计已进行技术交底；

（3）材料、施工人员、施工机具等能保证正常施工；

（4）施工现场的用水、用电和材料贮放场地条件能满足需要；

（5）提供的管材和管件符合国家现场现行有关产品标准，其实物与资料一致，并附有产品说明书和质量合格证书。

5.2.2 确定双卡压连接管的插入长度

根据施工要求考虑接头本体插入长度，决定管子的切割长度，管子的插入长度如表1所示：

表1　管子的插入长度（mm）

公称直径	插入长度	公称直径	插入长度
DN15	21	DN50	52
DN20	24	DN65	53
DN25	24	DN80	60
DN32	39	DN100	75
DN40	47		

5.2.3 管子切断及切断面的处理

（1）切断前应确保管子没有损伤和变形，使用管子切断器垂直与管的轴心线切断。如切口倾斜，会导致插入量不正确。切断后清除管端的毛刺和切屑，粘附在管子内外的垃圾和异物用棉丝或纱布等擦干净。

（2）管子的切割宜使用产生毛刺和切屑较少的旋转式管道切割器，切割时不要用过大的力，防止管子失圆。

5.2.4 画线

确保管子插入尺寸，用画线器在管上画上标记。对切断的管端进行处理后，必须对管子插入长度进行标记，否则易引起插入不到位，导致降低接头连接性能，引起泄漏，如图1所示。

5.2.5 插入管子

（1）将管子垂直插入接头本体，确保标记到接头端面在2mm以内。

（2）插入前确认密封圈是否确实安装在正确的U型形置上。

（3）应缓慢地直线插入接头本体，如管子倾斜勉强插入的话，易导致密封圈的损伤。

（4）如插入过紧，可在管子上沾点水，不得使用油脂润滑，以免油脂使密封圈变性失效（图2）。

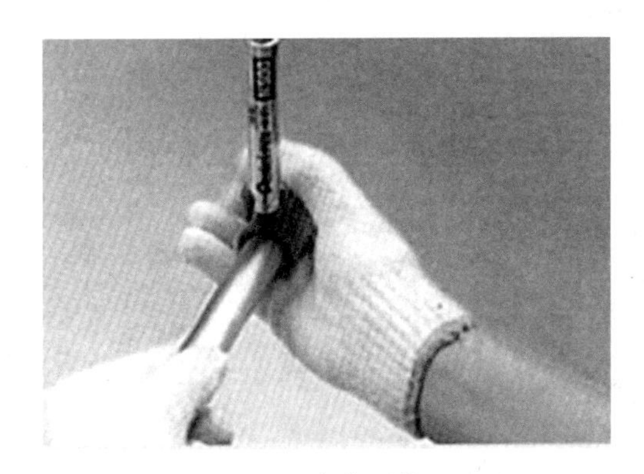

图1　定位画线

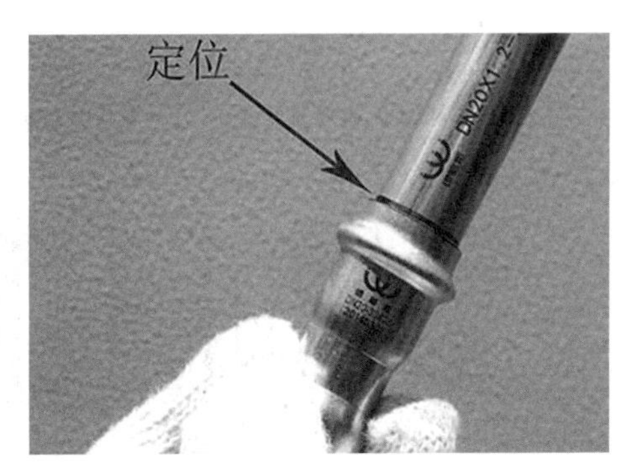

图2　插入管子

5.2.6　双卡压连接

（1）确认双卡压钳口凹槽安置在接头本体圆弧凸出部位，双卡压到位。

（2）双卡压时按住双卡压工具，直到解除压力，双卡压不足是导致接头漏水降低性能的原因。双卡压处若有松弛现象，可在原双卡压处重新双卡压一次。各种管径双卡压压力见表 2、图 3。

表 2　双卡压适用压力（MPa）

公称直径	双卡压压力
DN15 ～ 25	40
DN32 ～ 50	50
DN65 ～ 100	60

注意：对 DN65 ～ 100 的管子，用环模双卡压时，加压到 2.0MPa，必须卸载压力，调整环模，然后再次加压到位。

（3）带螺纹的管件应先锁紧螺纹后再双卡压，以免造成双卡压好的接头因拧螺纹而松脱。

（4）配管弯曲时，请在直管部位修正，不可在管件部位矫正，否则可能引起双卡压处松弛造成渗漏。

5.2.7　双卡压检查

用专用量规检查双卡压后尺寸是否到位，防止不良施工。如发生量规不能放入双卡压处的情况，应再次双卡压或切断后重新安装。

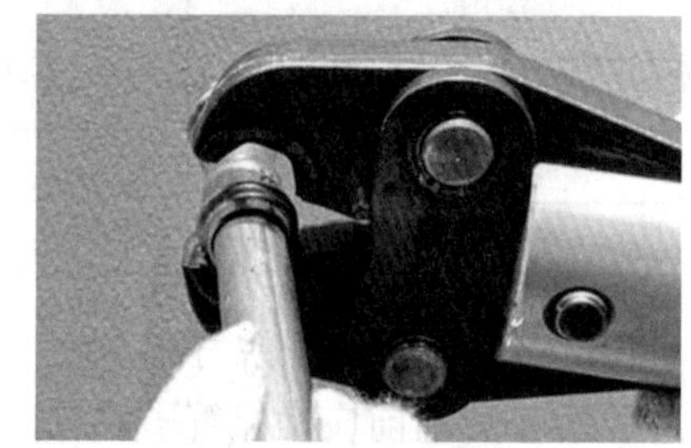

图 3　双卡压连接

5.2.8　与异种管及阀门连接

（1）薄壁不锈钢管与异种金属管连接

① 与铜管的连接方法：一般采用螺纹直接连接，应避免采用铜管用内螺纹与薄壁不锈钢管外螺纹的连接方式（图 4）。

② 与硬质塑料管的连接方法如图 5 所示。

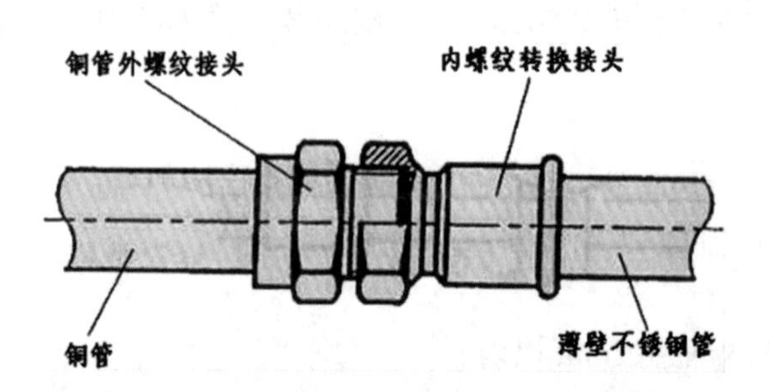

图 4　薄壁不锈钢管与铜管直接连接示意

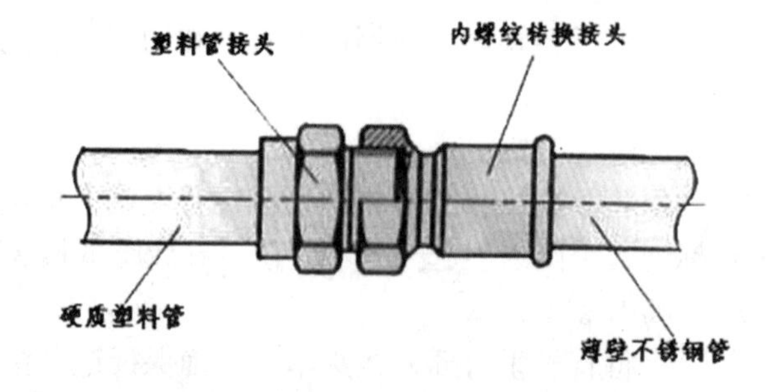

图 5　薄壁不锈钢管与硬质塑料管连接示意

（2）与阀门的连接

薄壁不锈钢管与阀门的连接一般采用螺纹连接（图 6）。

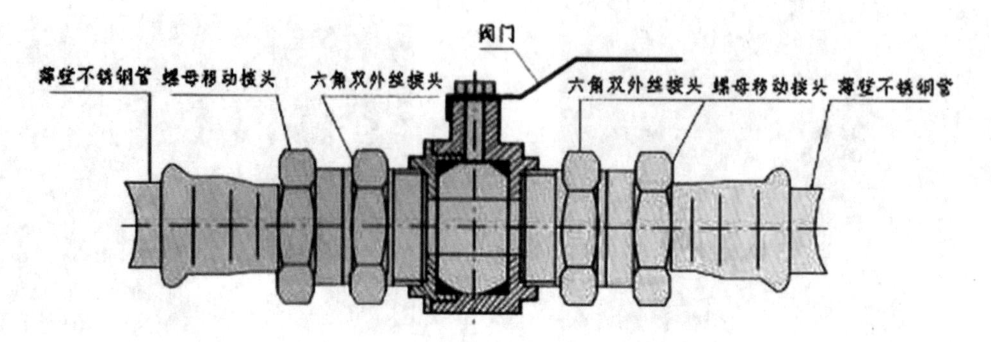

图 6　薄壁不锈钢管与阀门连接示意

5.2.9　管道试压

（1）施工后，为能及时找出是否有施工不良之处，请先将配管适当分区进行耐压试验。耐压试验时，一般均以水为介质，当充水排水不方便，或有冻结之顾虑时，可以气体代替。气体加压后体积变化要比水大很多，万一破裂会发生危险，故试验时压力要调低。水压试验时，为防止危险，管内空气要完全排除再加压。生活饮用水管道在试压合格后，应按规定进行消毒并冲洗管道。试压标准如表 3 所示。

表 3　耐压试验标准

项目	参数	判定标准
水压试验	最高工作压力的 1.5 倍 最高试验压力：2.4MPa 最低试验压力：0.8MPa	放置 60min 后压力值下降小于 0.05MPa 为合格
气压试验	最高试验压力为 0.6MPa 最低试验压力为 0.25MPa	放置 60min 后压力值下降小于 0.035MPa 为合格

（2）局部水压试验用末端装置

耐压试验尽可能采用局部完工、局部试压的方法，以便能及时发现漏水之处。局部水压试验的管端可利用已安装的阀门或末端装置堵塞后进行水压试验（图 7）。

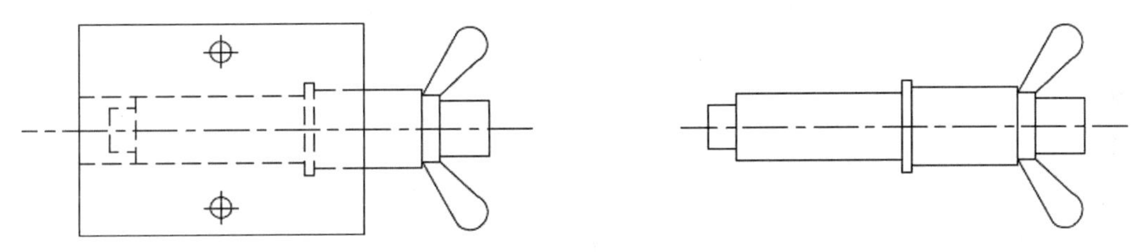

图 7　局部水压试验用末端装置

（3）局部水压试验用管端堵塞，管端堵塞处最好用柔性材料进行遮挡，以防试压过程中塞堵掉落飞出发生危险（图 8）。

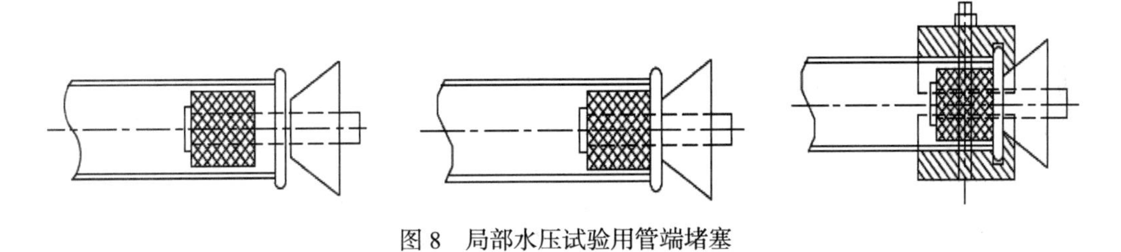

图 8　局部水压试验用管端堵塞

6　材料与设备（表 4）

表 4　材料与设备一览表

序号	名称	单位	数量
1	按设计规格	m	不等
2	手动液压分离式双卡压器	台	2
3	手动切管器	台	1
4	电动切管机	台	1
5	冲击电钻	台	1
6	液压弯管机	台	1
7	电动试压泵	台	1
8	人字梯	把	1

续表

序号	名称	单位	数量
9	除毛刺器	台	1
10	六角量规	批	1
11	画线器	批	1

7 质量控制

7.1 切管质量控制要点

（1）切管时，管子切断器垂直于管的轴心线切断。如切口倾斜，会导致插入量不正确。

（2）一定不要用切过非不锈钢材料的切管机切管，否则可能会沾上锈蚀。

（3）不能用管材割刀割管材，用管材割刀割管会使管口收缩，造成管材和管件无法配合。

7.2 双卡压连接的质量控制要点

（1）管道插入管件前，应将管道、管件的连接口擦拭干净。

（2）管道插入管件深度要到位。

（3）安装钳口时，要保证钳口与管道垂直。

（4）双卡压连接时，上、下钳口必须完全封合，压力表读数必须达到规定值。

8 安全措施

（1）对参加施工的人员进行入场安全教育，认真组织学习安全技术操作规程和有关制度。

（2）进入施工现场必须佩戴安全帽。

（3）使用手持电动工具均应及时设置漏电保护器，防止触电。

（4）施工现场严禁上下抛扔工具、物件等。

9 环保措施

（1）施工现场应保持清洁，文明操作。管材、管件在装卸、搬运时应小心轻放，且避免油污，不得抛、摔、滚、拖。

（2）现场产生的垃圾不得随意处置，必须严格按照有关规定妥善收集、存放和清运。

10 效益分析

经济效益：本工法避免了现场焊接、套丝等作业，只须采用专用双卡压工具，瞬间即可完成连接作业，跟焊接相比，管道安装工期可平均节约 30% 的时间，且使用该工法，可保证管道连接施工工序质量一次到位，一次安装成功率高。薄壁不锈钢管双卡压式连接比电弧焊接在人工、辅材和机械上的费用节约约 15%。运用本工法，可减少维护成本，综合成本低。

环保效益：本工法施工过程无须动用电气焊，不会产生空气污染和噪声污染，且施工现场无废弃物，不会污染管道系统和环境。

节能效益：相比传统不锈钢管焊接连接方法，本工法由于不需采用电焊连接，节约电能。

社会效益：本工法是根据现场实际情况自主创新的新型工艺，实用效果较好，推广前景广阔，社会效益显著。

11 应用实例

本工法应用于万博汇名邸三期机电安装工程、佛山市保利东瑞花园机电安装工程、中国人寿数据中心机电安装工程等，大大节约了施工时间，未发生一起安全事故，且一次性验收达到合格标准，取得良好的经济与社会效益。

高速行车安装施工工法

李　敏　彭朝阳　黄志敏　唐林海

湖南省工业设备安装有限公司

摘　要：本工法主要解决此种全自动化高速行车的施工工艺问题，能够圆满解决高速行车在运行过程中的振动、偏移，定位不准等问题，同时也能解决因焊接导致钢轨变形而重复调校的问题，提高施工质量及工作效率，为以后同类型大型、高速行车的安装提供了良好的参考方案。

关键词：高速行车；钢轨安装；铝热焊；调校

1　前言

随着工业自动化的发展，冶金、化工等企业的生产能力也越来越高，为满足企业生产需要，全自动化高速行车应运而生。全自动化高速行车也被称为无人操作或智慧行车，全自动无人操作技术代表着行车的使用、发展行业的最高技术水平，全自动化高速行车具有联动的可靠、安全的监控、数据的互通、精确的定位、效率的高效等特点。全自动化高速行车是企业生产线集成化的一部分，提高了企业生产线的综合自动化水平，满足了企业生产需要。

全自动化高速行车因为本身自重大且为无人操作高速行驶，为减少行车对钢轨的冲击载荷，需铺设无缝钢轨，钢轨间接头采用铝热焊接，以保证钢轨的平顺性。

本工法根据青海盐湖金属镁一体化项目80万吨/年电石装置3号电石冷却车间两台高速行车现场安装经验总结而成。

2　工法特点

（1）为保证钢轨的平顺性，钢轨的水平度、平行两钢轨间的高低差及跨度是控制高速行车轨道安装精度的关键点。

（2）全自动化高速行车总重50.8t，跨度23.5m，行走速度达200m/min，为达到设计要求，减少高速行车对钢轨的冲击载荷，需要铺设无缝钢轨，钢轨间接头采用铝热焊接。与采用特种焊条焊接方法相比，钢轨铝热焊接方法设备简单、作业时间短、焊接占用空间少、接头平顺性高，减少了钢轨水平度、平行两钢轨间的高低差及跨度的调效时间。

（3）在厂房车间内，采用分件吊装、组对、安装行车本体，不受场地、空间狭小限制。

3　适用范围

适用于同类型大型、高速行车的安装。

4　工艺原理

（1）高速行车钢轨安装：在轨道基础上放线，安装钢轨，调整钢轨的水平度，在两钢轨间的接头调整完毕，轨道对接固定后进行铝热焊接，待轨道接头冷却、打磨后精调钢轨的水平度、平行两钢轨间的高低差及跨度。钢轨铝热焊接是将铝粉、氧化铁和其他合金添加物配制成的铝热焊剂放在特制的反应坩埚中，用高温火柴点燃，引发铝热反应。在反应过程中，放出大量的热熔合金添加物，与反应生成的铁，形成为钢液。由于钢液密度大，沉于坩埚底部，反应生成的熔渣较轻而浮在上部。在很短时间内，高温的铝热钢水熔化坩埚底部的自熔塞，浇注到与钢轨外形尺寸一致的砂型封闭空腔中，同时铝热钢水本身又作为填充金属，与熔化的钢轨共同结晶、冷却，将两段钢轨焊接成整体。

（2）高速行车本体安装：依据行车本体的结构原理图，分件吊装、组对、安装。依次安装大车行走、主梁、小车、操作室、集控箱等。在行车主要部件吊装、组对、安装完成后，检查、拧紧各部位连接螺栓，并符合技术文件要求。

5　工艺流程与操作要点

5.1　工艺流程

钢轨基础测量、定位放线→钢轨安装→钢轨接头铝热焊接→钢轨精调→高速行车本体安装。

5.2　操作要点

5.2.1　钢轨基础测量、定位放线

（1）测量、检查钢轨基础面的平整度是否满足设计要求，对不符合要求的部位须进行调整，并将最后的测量情况填入记录表。

（2）利用经纬仪，对钢轨安装位置进行定位、放线。

5.2.2　钢轨安装

（1）根据钢轨的定位轴线，将钢轨吊装至安装位置并调整完毕。

（2）按照设计对钢轨压板安装位置的要求，进行定位、焊接钢轨压板基础块。

（3）通过加、减薄钢板数量调整钢轨的水平度，对钢轨与基础存在间隙的部位，用薄钢板塞实，同时调整两钢轨接头间隙大小至设计要求，然后安装、紧固钢轨压板上的压舌（图 1）。

图 1　钢轨安装

5.2.3　钢轨接头铝热焊接

（1）钢轨准备

① 检查钢轨端部情况：主要检查待焊钢轨端部尺寸，确认端头部位钢轨无损伤、裂缝、扭曲和压塌变形，如有变形须完全锯掉。

② 进行钢轨端面清理：使用钢丝刷或者角磨机将待焊钢轨的端面及钢轨长度方向 200mm 范围内清理干净，打磨出金属光泽。

（2）对轨

① 从稍远处观看接头处的平顺性。

② 检查、调节接头间隙大小是否达到设计要求，间隙大小要求为 27 ～ 30mm。首先将对轨尺靠在两段轨道的上表面，调节使两段轨道上表面平齐。然后将 1m 对轨尺靠于两段轨道接头处的侧面，通过调节，使两段钢轨都紧贴于对轨尺上。

③ 调节起拱量：起拱量为焊接接头的反变形量，用以确保焊后接头的平顺性。操作方法：将 1m 对轨尺置于轨顶，中线与焊缝对正，每一端加高量为 1.5 ～ 2mm。

④ 核实接头间隙大小，并记录在焊轨记录上（图 2）。

（3）装、卡砂型

① 焊接砂型准备：打开砂型包装箱取出砂型，核对砂型型号是否与钢轨匹配；仔细检查砂型是否有缺损，是否受潮、有裂纹；清理砂型的浮砂，确保通气口、浇口及冒口通畅。

② 应将砂型在待焊钢轨上试合，若有不合，可轻轻地在待焊钢轨上研磨直至砂型与钢轨密合，磨合后检查砂型是否完好并清理表面浮砂。

③ 安装砂型及砂型卡具：将底板平顺地放置与底板托的凹槽内，将它们装卡于钢轨焊缝的底部，应保证底板两侧伸出长度应一致，底板中心与轨缝中心对中。将砂型先对准一片，另一片砂型与前一片对齐，最后检查砂型对准轨缝中心。卡上砂型卡，检查确保砂型无开裂、掉砂，并紧贴在钢轨上。

④ 封泥：用手均匀地将封箱泥封于砂型卡具的缝隙处，封堵应严密。

⑤ 安装渣斗：在接渣斗内放适量干砂或砂型碎渣，将其放在砂型出渣口处，并用封箱砂将接渣斗与砂型间的接缝封堵严实。

⑥ 将分流塞置于砂型的冒口处（图 3）。

图 2　钢轨端部清理及对轨

图 3　装、卡砂型

（4）坩埚准备

检查一次性坩埚是否有破损，浇注部位是否正常，对坩埚壁的浮砂进行清理。

（5）焊剂准备

① 检查焊剂包装是否有破损，如有破损严禁使用。

② 检查焊剂生产日期是否在保质期，如过期严禁使用。

③ 打开焊剂包装，将焊剂倒入坩埚中，准备好高温火柴。

④ 盖好坩埚盖，防止碰翻焊剂或有异物落入到坩埚中（图 4）。

（6）预热

① 通过调节预热器支架的高度调节环，将预热器加热嘴底部与轨顶面间的距离调节到要求值，同时保证预热器加热嘴对准轨缝中心。

② 点燃并调节火焰：先打开氧气和丙烷（或液化气）气瓶的瓶阀，再打开两个减压表上的低压阀，将低压力调节至指定值，先少许打开丙烷气流量阀，用明火点燃，陆续增加丙烷气和氧气的流量，使预热火焰呈蓝色，焰心长度为指定值 20 ～ 25mm。

③ 将预热器放在调节好的预热器支架上，注意观察使预热器加热嘴出口与轨缝平行，同时不要使预热器加热嘴与砂型接触，防止加热不均匀或加热嘴烧损。

④ 加热时注意观察从砂型两边冒口反上来的火焰是否通畅，是否一样高。预热过程中还应该注意观察预热情况，随时保证预热器的正确位置。

⑤ 预热时应不时用测温仪测量待焊钢轨端部温度，以保证待焊钢轨达到 800 ～ 900℃，肉眼观察钢轨焊缝的整个端面是否预热均匀，预热时间为 5 ～ 6min。

⑥ 预热完成后，提起预热器，迅速关掉丙烷（或液化气），灭火后关掉氧气，防止预热器加热嘴变黑变脏（图 5）。

图 4　焊剂准备

图 5　钢轨接头焊缝预热

（7）点火及浇注

① 预热进行至最后时，移开预热器，放入分流塞，并立即将装有焊剂的坩埚放置到砂型的合适位置上（图 6）。

② 点燃高温火柴，并插入焊剂中，再将坩埚盖盖上（图 7）。

③ 焊剂反应结束后，钢水会自动注入型腔内，焊剂反应形成的焊渣会流入接渣斗中。浇注结束后将坩埚移开，渣斗应待焊渣固化后移开（图 8、图 9）。

图 6　安装坩埚

图 7　点火

图 8　焊剂反应

图 9　焊剂反应完成

（8）开箱

开箱时需考虑环境温度，时间过早，钢水未完全凝固，会影响焊接接头质量；开箱时间过晚，影响推瘤工作的正常进行。因施工时环境温度在 5 ～ 10℃，浇注结束 5min 后，将砂型侧模及底板托拆除（图 10）。

（9）推瘤

浇注结束 6min 后，要将焊后轨头多余部分用推瘤机进行推瘤（图 11）。

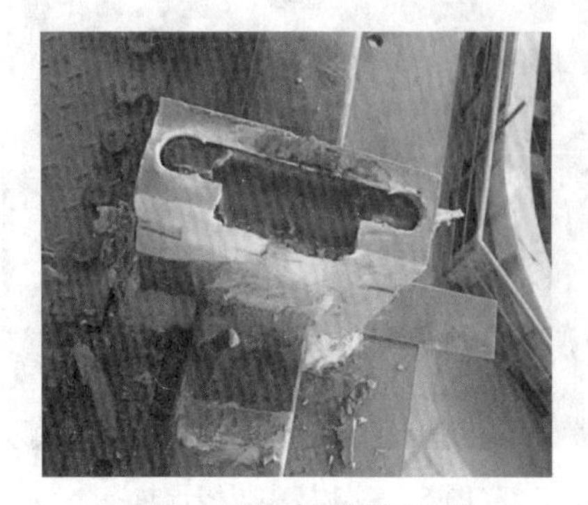

图 10　焊接完成等待开箱

图 11　钢轨接头推瘤、粗打磨

（10）保温

在气温低于 15℃的环境下作业时，焊后应将焊头用耐火毯状物、保温岩棉或其他保温覆盖物覆盖 10min。

（11）打磨

① 在焊后接头冷却到 300℃以下进行打磨，打磨轨道工作面及轨道两侧面。打磨轨道工作面过程中不时用 1m 对轨尺和塞尺检查轨道工作面平直度，轨道工作面平直度须达到 0 ～ 1mm。打磨时应防止局部打磨过热，以免钢轨淬火（图 12、图 13）。

② 打磨完成后，焊缝两侧 100mm 范围内不得有明显的压痕、碰痕、划痕等缺陷（图 14、图 15）。

图 12　钢轨打磨（仿形打磨机）

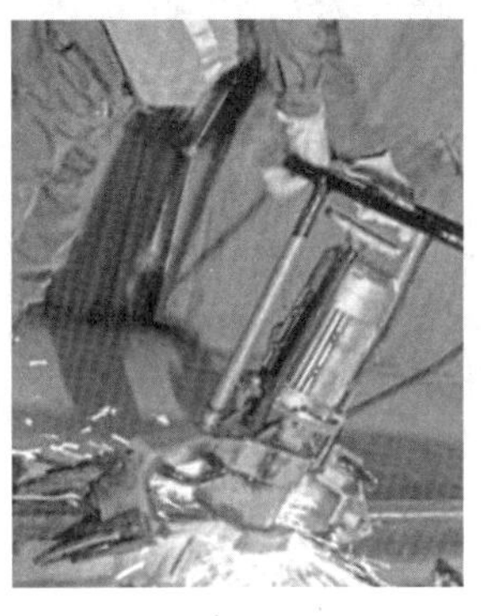

图 13　钢轨打磨（棒砂轮）

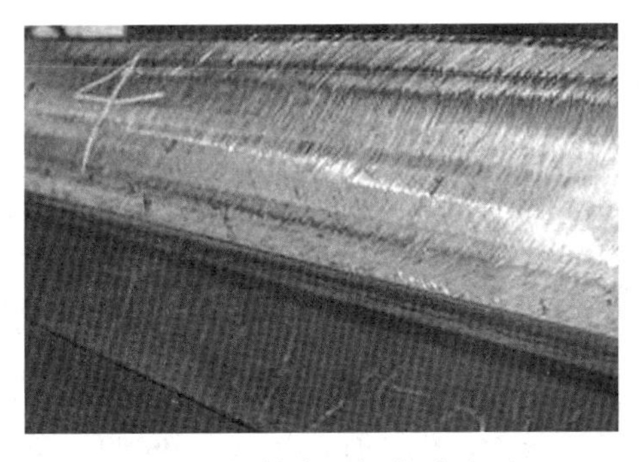

图 14　钢轨表面打磨后（一）

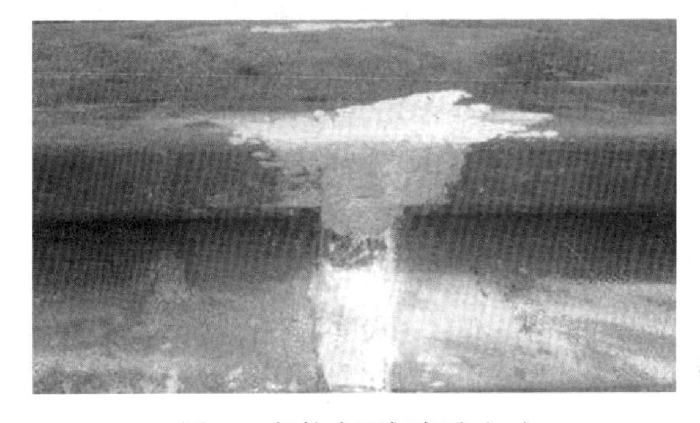

图 15　钢轨表面打磨后（二）

（12）钢轨焊接的变形控制

① 钢轨接头的压塌部分须保证完全锯掉，否则焊后接头轨顶面会出现马鞍形，影响焊后接头的平顺性。

② 在钢轨接头焊接前需要调整出钢轨接头的起拱量，钢轨接头每一端须加高 1.5 ～ 2mm。钢轨接头的起拱量为焊接接头的反变形量，以使焊接不产生凹陷，并有一定凸出量供打磨，以确保焊后接头的平顺性。

③ 从对轨开始，直到焊后轨温降至 300℃以下的过程中，禁止在钢轨焊缝两端各 50m 范围内松动压板螺栓、起拔钢轨，以免焊缝出现错口、变形等缺陷。

④ 预热过程中应定时测量待焊钢轨端部温度，确保钢轨焊缝的整个端面预热均匀且轨温达到 800 ～ 900℃，以免焊后接头出现未焊透、熔融现象。

⑤ 开箱、推瘤的时间禁止过早，以免焊缝在高温时受外力作用出现裂缝，同时当环境温度在 15℃以下时，焊后须及时将焊头用耐火毯状物、保温岩棉或其他保温覆盖物覆盖，进行保温，以免焊缝降温速度过快引起裂缝。

5.2.4　钢轨精调

（1）钢轨接头铝热焊接及打磨工作完成后，拧紧钢轨接头两侧压板螺栓，检测钢轨的水平度，对不合格位置进行精确调整，直至完全合格。

（2）检测两平行钢轨同截面相对高差及跨度，对不合格位置进行精确调整，直至完全合格。在调整两平行钢轨同截面相对高差及跨度时，可能会影响钢轨的水平度，因此在调整两平行钢轨同截面相对高差及跨度时，须同时监测钢轨的水平度（图 16、图 17）。

（3）在钢轨精调过程中，须及时做好检测记录。

图 16　钢轨水平度检测

图 17　钢轨跨度检测

5.2.5　高速行车本体安装

（1）按照设备清单、图纸及设备技术文件核对行车本体及附件备件的规格型号是否符合设计图纸要求，是否齐全，有无丢失及损坏，并做好记录。

（2）该行车总重 50.8t，其中行车主梁两片，每片重约 9.2t，大车行走两台，每台重约 1.5t，小车总重约 13.7t，操作室、集控箱、电缆、专用吊具、其它零星构件重约 15.7t。

（3）采用分件吊装、组对、安装：首先分别吊装两台大车行走至两边钢轨上，并分别用手拉葫芦临时固定，同时调整至同一端面，再分别吊装、连接两行车主梁，然后吊装小车，最后吊装操作室、集控箱等。在行车主要部件吊装完成后，检查、拧紧各部位连接螺栓，并符合技术文件要求（图 18）。

（4）依据设备图纸，安装起升机构钢丝绳、专用吊具、其它零星构件并符合技术文件要求。

图 18　高速行车本体安装

6　材料与设备（表 1）

表 1　材料与设备一览表

序号	材料与设备名称	型号规格	单位	数量	备注
1	起重机	QY50	台	1	材料设备吊装
2	起重机	QY25B	台	1	材料设备吊装
3	平板车	MD150	台	1	材料设备运输
4	手拉葫芦	5 ～ 3t	台	各 5	
5	钢丝绳	ϕ26m × 3m	副	4	
6	钢丝绳	ϕ21.5m × 3m	副	4	
7	吊带	3 ～ 2t	副	各 4	
8	水准仪	KL-60	台	1	

续表

序号	材料与设备名称	型号规格	单位	数量	备注
9	测距仪	CJ-05	台	1	
10	经纬仪	DT-02	台	1	
11	电焊机	BX3-500	台	4	
13	弹簧拉力称	0 ～ 3000kN	个	1	
14	盘尺	0 ～ 30m	个	1	
15	卷尺	0 ～ 5m	个	2	
16	钢直尺	1m	个	1	
17	铝热焊剂	铁Ⅲ QU—120 DE 型	套	23	铝热焊接用材料
18	焊接砂型	铁Ⅲ QU—120 DE 型	副	2	铝热焊接用材料
19	封箱砂		箱	6	铝热焊接用材料
20	高温火柴		盒	2	铝热焊接用材料
21	一次性坩埚		个	23	铝热焊接用材料
22	加热器		套	1	铝热焊接用设备
23	加热器嘴头		个	1	铝热焊接用设备
24	加热器搁架		个	1	铝热焊接用设备
25	坩埚盖		个	2	铝热焊接用设备
26	坩埚托架		个	2	铝热焊接用设备
27	焊接砂箱框		套	2	铝热焊接用设备
28	弓形卡		个	2	铝热焊接用设备
29	接渣斗		个	1	铝热焊接用设备
30	钢丝刷		把	2	铝热焊接用设备
31	砂轮切割机		台	1	铝热焊接用设备
32	角砂轮机		台	2	铝热焊接用设备
33	棒砂轮机		台	2	铝热焊接用设备
34	对轨平尺	L=1000mm	把	2	铝热焊接用设备
35	塞尺	200B20	把	2	铝热焊接用设备
36	钢轨推瘤机	四冲程液压	台	1	铝热焊接用设备
37	钢轨仿形打磨机		台	1	铝热焊接用设备
38	测温仪	0 ～ 1500℃	台	2	铝热焊接用设备
39	秒表		台	1	铝热焊接用设备

7　质量控制

7.1　施工过程必须严格执行的国家及有关部门、地区颁发的标准、规范包含但不限于如下内容：

《起重设备安装工程施工及验收规范》(GB 50278—2010)；

《钢轨焊接　第一部分：通用技术条件》(TB/T 1632.1—2005)；

《钢轨焊接　第三部分：铝热焊接》(TB/T 1632.3—2005)；

《现场设备、工业管道焊接工程施工及验收规范》(GB 50236—2011)；

《建筑钢结构焊接技术规程》(JGJ 81—2011)；

《钢熔化焊对接接头射线照相和质量分级》(GB 3323—2008)；

《钢结构工程施工规范》(GB 50755—2012)；

《钢结构施工及验收规范》(GB 50205—2001);

《工业安装工程质量检验评定统一标准》(GB 50252—2015);

《机械设备安装工程施工及验收通用规范》(GB 50231—2009);

《建筑安装工程施工安全检查标准》(JGJ 59—2011);

《建筑安装工程施工现场供电安全规范》(JGJ 46—2005);及建设部颁布的《建筑工程施工现场管理规定》,以及地方政府及业主方有关建筑工程质量管理、环境保护等地方性法规及规定。

7.2 关键部位或工序质量控制

(1)钢轨安装过程中,应防止设备、工具的棱和角碰撞、打击钢轨工作面,以免损伤钢轨工作面,同时还应防止油及油漆污染钢轨工作面。

(2)钢轨安装的尺寸允许偏差(表 2)

表 2　钢轨安装尺寸允许偏差

项目名称	允许偏差(mm)
跨度	±4
水平度	每 2000 ≤ 1 且全长:最高点 – 最低点 ≤ 10
两平行钢轨同截面相对高差	≤ 5

(3)焊接钢轨压板基础块时,须及时检查焊缝是否完整、饱满,不得存在缺焊、漏焊现象。焊接过程中禁止在钢轨工作面引弧,以免损伤钢轨工作面。

(4)钢轨对轨必须保证接头的作业面一侧水平对正,再调整起拱量;钢轨内侧纵向要求平直,以 1m 对轨尺同时测量两轨平直度,通过调节,使两段钢轨都紧贴于直尺上。

(5)钢轨铝热焊接技术参数

表 3　钢轨铝热焊接的技术参数

<table>
<tr><th colspan="2">名称</th><th>参数</th></tr>
<tr><td colspan="2">轨缝大小</td><td>27 ～ 30mm</td></tr>
<tr><td colspan="2">起拱量</td><td>1.5 ～ 2mm</td></tr>
<tr><td rowspan="4">预热</td><td>丙烷(液化气)压力</td><td>0.07 ～ 0.10MPa</td></tr>
<tr><td>氧气压力</td><td>0.23 ～ 0.30MPa</td></tr>
<tr><td>预热器高度</td><td>50mm</td></tr>
<tr><td>预热时间</td><td>5 ～ 6min(预热应将待焊钢轨加热到 800 ～ 900℃,肉眼观察待焊钢轨整个端面通红)</td></tr>
<tr><td colspan="2">开箱时间</td><td>焊后 5min(环境温度 5 ～ 10℃)</td></tr>
<tr><td colspan="2">推瘤时间</td><td>焊后 6min(环境温度 5 ～ 10℃)</td></tr>
</table>

(6)焊接后钢轨接头部位不应有气孔、夹杂、咬边、未焊透等;经打磨后的焊接接头部位及其附近钢轨表面不应出现裂纹、划伤、碰伤等。

(7)行车各部件间的连接螺栓及拧紧程度,必须符合技术文件要求。碰撞、焊接损伤的行车表面油漆须及时修补,并符合技术文件要求。

8 安全措施

(1)建立完善的应急预案,对整个高速行车安装过程全程跟踪,发现任何隐患,及时组织技术力量解决可能发生的任何安全事故或质量事故。

(2)焊工、吊车司机、起重工、电工等特殊工种必须持证上岗,行车吊装前设置警界区域,吊装过程听从统一指挥。

(3)施工作业人员必须戴安全帽,系好帽带;钢轨安装过程及行车组对安装过程属高处临边作业,但因行车安装无法搭设临边围栏，作业前须在钢轨内侧搭设临时护栏并牢固可靠，且通过检查、验收合格，作业过程中作业人员必须佩带安全带，并遵循高挂低用的原则，将安全带系在临时护栏上。

（4）钢轨安装过程及行车组对安装严禁交叉作业，作业面下方配备专门安全人员，负责看守。特别注意在焊接过程中不允许有人在下方逗留或通过，以防焊接时，钢水外溢，造成伤害。

（5）因铝热焊接材料遇水失效，焊剂的保存和使用应在干燥、通风的环境下。下雨时进行铝热焊接操作，应采取防护措施，防止砂型、坩埚、焊剂及待焊部位被雨淋湿。

（6）焊接作业前，应检查、清理干净作业区域及作业面下部区域的可燃、易燃、易爆物，设置足够的灭火器，并安排专人看守。铝热焊接使用的氧、乙炔瓶须距离作业点10m以上，且氧、乙炔瓶的间距须保持8m以上。

9　环保措施

（1）噪声排放

合理安排、控制作业时间。打磨钢轨噪声较大，作业尽量安排在白天，同时给作业人员配备耳塞，以减少对作业人员的伤害。

（2）光污染

铝热焊接过程中，作业人员需配戴墨镜，以免焊剂反应过程中的强光灼伤眼睛。焊接作业尽量安排在白天进行，如果必须在室外进行夜间焊接，需在焊接地点加设挡板，以遮挡强光。

（3）杜绝施工现场火灾

铝热焊、电弧焊、气焊及气割作业点和作业点下方区域的易燃、易爆物在作业前清理干净，且配备足够的干粉灭火器。临时用电线路、电焊线和氧、乙炔管按规范进行敷设，灯具设防护罩。

（4）合理处理固体废弃物

施工垃圾和生活垃圾分类入池。施工过程中的废料、金属废弃物，包装材料及时收集，能二次利用的进行再利用，不能二次利用的进行分类入池存放，分别处理。

（5）现场无扬尘

场区硬化道路安排专人每天进行洒水、清扫，经常保持湿润状态，防止尘土飞扬。施工垃圾清运时，先洒水，后清扫，垃圾集中成堆后，装袋后再运输。

10　效益分析

（1）经济效益：钢轨焊接采用铝热焊接，相比特种焊条焊接方法，铝热焊接中单个焊接接头的单价稍高（主要体现在一次性的坩埚材料费用），但铝热焊接的接头质量可靠的多，通过检验，铝热焊接的接头质量匀能达到设计要求的各种性能指标，同时铝热焊接方法操作简单、施工时间短，两相比较而言，钢轨铝热焊接大大的缩短了施工时间，降低了施工成本。行车本体总重达50.8t，采用分件吊装组对，极大的节省了吊装费用。由于此工法的使用，时间与费用得到了极大地控制，产生良好的经济效益。

（2）环保效益：采用钢轨铝热焊接方法，焊接时间短，减少了光污染，有毒、有害气体排放。

（3）节能效益：相比特种焊条焊接方法，钢轨铝热焊接施工时间短，节省了大量人力。

（4）社会效益：本工法是根据设备安装技术要求和现场实际情况，自主施工而形成的，实用效果较好，推广前景广阔，社会效益显著。

11　应用实例

本工法2014年首次应用于青海盐湖金属镁一体化项目80万吨/年电石装置3号电石冷却车间两台高速行车的安装，获得成功。

2015年应用于青海盐湖金属镁一体化项目80万吨/年电石装置4号电石冷却车间两台高速行车的安装，亦获得成功，取得显著效益。

热力管道沿桥底跨江敷设施工工法

刘　刚　田成勇　王清泉　曹景清　杨　军

湖南省工业设备安装有限公司

摘　要：通过对热力管道沿桥敷设方法的研究，总结出一套具有创新性的“热力管道沿桥底跨江敷设施工工法”，通过应用两种“可移动式桥底施工平台”关键技术，成功地解决了传统满堂脚手架施工难度大，工程量大、施工危险性高、成本高、影响河道通航等一系列问题，为以后热力管道过桥跨江敷设工程提供了良好的参考方案。

关键词：热力管网工程；沿桥底跨江；施工平台；植筋

1　前言

为响应国家减少碳排放、节能环保的政策，关闭小锅炉集中供热已成为各地政府治理环境的必然选择。热网作为集中供热的传输渠道，近年在各地，特别是工业集中区域，得到大规模推广。

目前，公司已承接的热网项目已超过10个，涵盖了河流、山川、农田等特殊难点地段，特别是大跨度的跨江敷设，按原有满堂脚手架平台、桥梁检修车或船吊平台施工的工艺方法，施工措施措施工程量极大，工程危险性大、成本高、施工周期长，不稳定的施工环境还会对要求较高的蒸汽管道施工质量造成极大影响，施工期间还会影响河道的通航。

针对这些问题，本工法根据中山地区嘉明电厂西线热网沿横门大桥、中山火力发电厂热网沿S364线十水大桥两项工程的施工经验，总结了两种跨江沿桥底吊架平台与管道安装的施工经验，以期对后续热网施工起到一定的指导作用。

2　工法特点

（1）利用公司自主创新的“自制可移动式桥下施工平台”技术进行沿桥底跨江蒸汽管道安装。解决了传统“满堂脚手架施工平台”“船吊施工平台”及“大吨位桥梁检修车”施工成本高、周期长、危险性高、阻碍河道通航或大桥通行的弊端。

（2）本工法介绍的两种“桥下可移动施工平台”具有结构简单、造价便宜、操作简便、可移植性强等特点。特别对大跨度，对工期和质量要求高的市政设施沿桥底（非箱梁）跨江敷设工程，有良好的安全与经济效果。

3　适用范围

本工法适用于市政设施热力管网沿桥底（非箱梁）跨江敷设工程。

4　工艺原理

第一种可移动式桥下施工平台：根据力学原理，通过对管道本身的强度、刚度、挠度的计算，在管道前端设置合适的工作钢平台，利用管道吊架上的滚动支架（滚筒）向前推进管道，同时吊架通廊平台在推进过程中同步施工，实现“管道安装与推进→吊架安装→管道安装与推进→……→管道安装”的推进安装方案（图1）。在管道推进完成时，桥下施工平台也

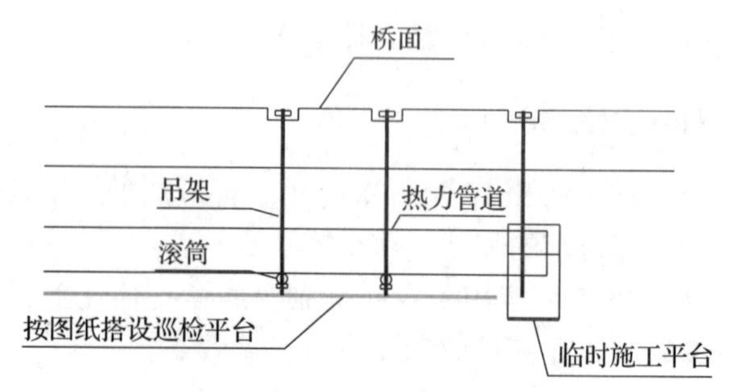

图1　悬挑平台推进示意图

随之完成，使后续检测、试验及防腐保温能在平台上顺利开展，不延误工期。

第二种可移动式桥下施工平台：采用桥梁检修车的作业原理，并加以改进，通过材料和连接加强，使自制平台负重满足施工要求。在桥上部分安装车轮和方向调整装置，使整个平台能在牵引车的牵引下移动。使用两个或多个自制平台，能实现多工序流水作业，加快施工进度，特别适合长距离跨江沿桥底敷设的管道和平台施工。本方法的布管方式灵活，也可选择推进方式布管。

5　工艺流程与操作要点

5.1　工艺流程

5.1.1　第一种桥下施工平台施工流程

测量放线→场地准备→管道与管头悬挑平台预制→桥下脚手架或吊架输料平台制作→管道及管头悬挑平台吊装至输料平台安装→管道与吊架平台推进安装→管道检测及试验→管道防腐保温→管头悬挑平台拆除→脚手架或吊架输料平台拆除→场地清理。

5.1.2　第二种桥下施工平台施工流程

测量放线→自制可移动式桥底操作平台安装→桥下植筋或对穿桥面吊架螺栓安装→吊架安装→桥下平台与管道输料平台安装→管道布管安装（或推进安装）→管道检测及试验→管道防腐保温→吊架输料平台拆除→场地清理。

5.2　第一种桥下施工平台操作要点

5.2.1　施工技术准备

（1）技术准备：策划、编制施工技术文件，计算、设计、绘制悬挑平台及脚手架输料平台图纸，根据设计的平台及脚手架编制作业也指导书和施工方案，并进行技术交底、安全交底。

（2）其他准备：按照策划做好人力、设备、材料、资金等准备。

5.2.2　测量放线

（1）与业主沟通，获取桥梁的竣工图，结合热网支吊架图，进行测量放线。放线时应注意桥梁具有一定弧度，宜采用全站仪、经纬仪进行平面定位，不应使用钢盘尺、皮尺等长度测量工具定位，采用符合热网设计文件及施工规范规定精度的水准仪对吊架点进行高程测量；测量过程中应采用水泥测量钉对测量成果予以标示，喷漆标示会在桥梁通行过程中被抹掉。测量完按成后，测量人员应整理好测量数据资料，保存备查。

（2）质量检验人员与技术负责人应及时检查测量放线情况，并将其查验情况填入记录表。

5.2.3　桥面对穿螺栓施工

沿横门大桥热网吊架采用对穿桥面的高强螺栓固定在桥底，对穿桥面螺栓在桥面采用水钻钻孔施工。本工序施工流程如下：

（1）与政府、业主协调，确定并获取桥面施工区域施工许可后，采用符合当时市政要求的围挡对施工区域进行封闭围挡，并在施工区域影响到的路段做好交通疏导与安全警示措施。

（2）对吊架位置测量成果进行复查、对需钻孔的位置进行标记。

（3）委托专业桥梁钢筋探测公司对标记的钻孔位置的桥梁预应力钢束进行测探，对有预应力钢束的钻孔进行二次标识，将情况上报业主、监理、设计院等相关单位，待方案调整后在进行测探，直至钻孔位置与预应力钢的距离满足桥梁安全要求。

（4）采用水磨在最终设计的钻孔位置进行钻孔施工，施工过程发现与预应力钢束交叉等异常情况时应停止继续施工，并及时上报业主、监理、设计院。

（5）按设计要求安装对穿螺栓与固定螺栓的垫板。

（6）对穿螺栓施工完成后应清理现场，并开展桥面恢复施工，完工后报业主、监理级相关单位进行验收，验收合格后方可清理现场拆除围挡级相关安全措施，恢复通车。

（7）在安装吊架前，必须完成对应对穿螺栓的安装。

5.2.4　管头悬挑施工平台、运输型钢用小车的制作安装

为保证施工安全，管头悬挑平台应采用焊接方式固定在管头，其制作如图 2～图 5 所示。

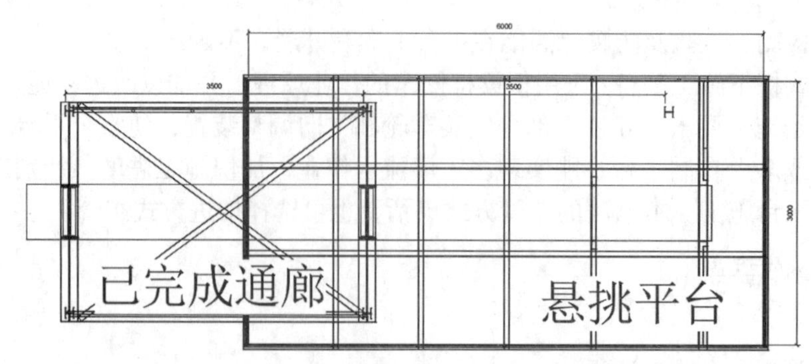

图 2　管头悬挑平台平面示意图

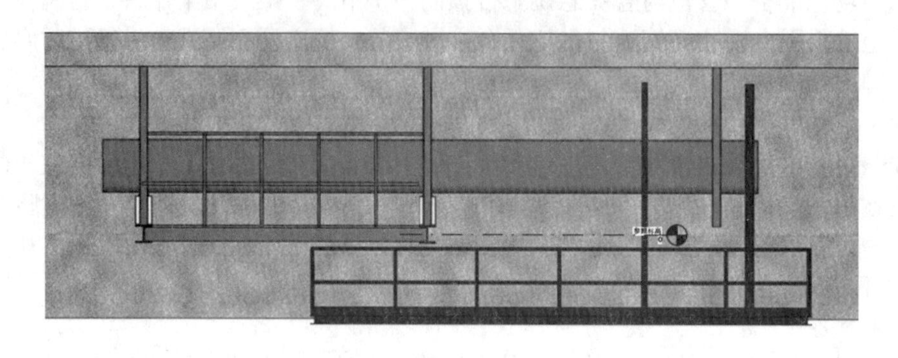

图 3　悬挑平台立面图

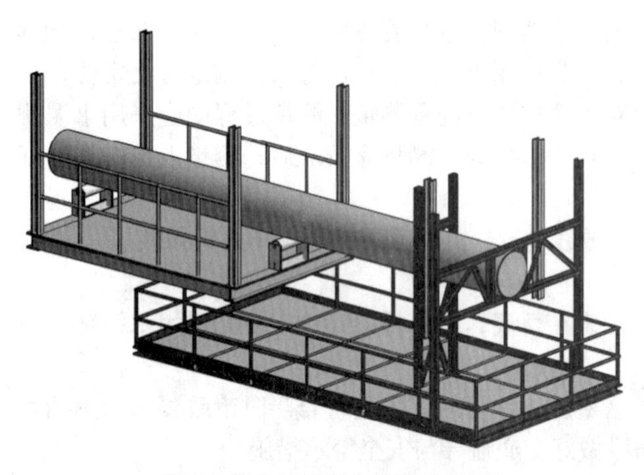

图 4　管头悬挑平台效果示意图

图 5　悬挑平台现场图

由于管道吊架的主材为 H125 型钢，其自重较大，人力无法运输，可在完成前端吊架通廊平台后，在管道旁空余通廊上设置运输用的小车，实现吊架平台运输（也可采用吊索通道或轨道车进行输料，详见后续章节），板车示意图如图 6 所示。

5.2.5　*脚手架输料平台搭设*

为将桥下管道提升至桥下施工平台安装，可采用汽车吊或脚手架输料平台实现。因热网跨江施工周期较长，输送的材料比较零星，在脚手架输料平台上搭设卷扬机提升钢管、吊架材料更为经济灵活，图 7、图 8 为脚手架输料平台的示意图，具体搭设方法可根据桥面局桥底的高度和可利用的区域进行设计。

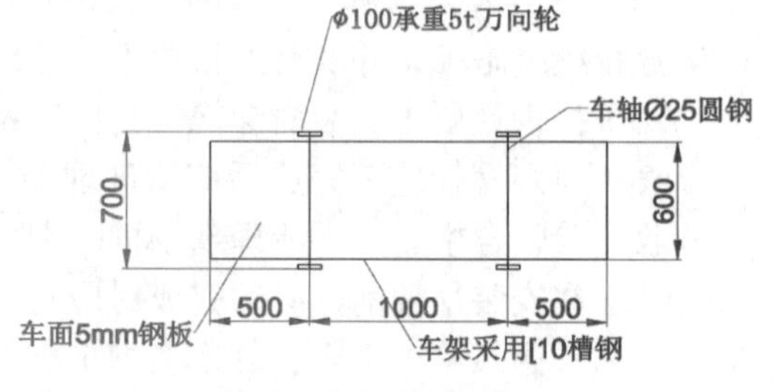

图 6　输料小车参考图

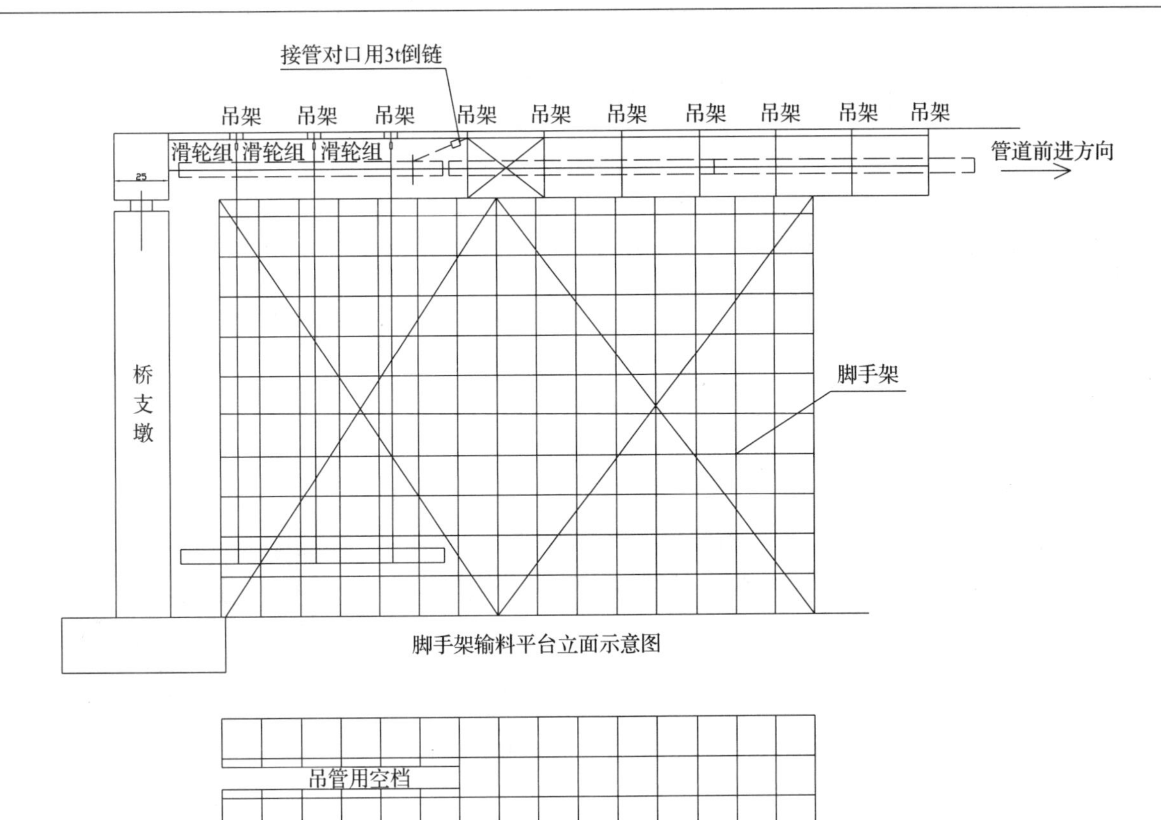

脚手架输料平台立面示意图

脚手架输料平台平面示意图

图 7　脚手架输料平台示意图

图 8　脚手架输料平台俯视图

图 9　钢管提升现场图

5.2.6　管道平台的推进布置

（1）采用输料平台将钢管提升到位后，按图 7 在就近吊架上安装倒链，将提升到位的钢管和已完成安装的管道进行对口焊接，焊接完成可按图 9 所示采用倒链拉管，实现管道的移动（因跨横门大桥吊架平台上设计了滚筒支座，故可较易推进钢管）。当管头移动至吊架位置时，应停止继续移动，并通过爬梯爬到管头悬挑平台上，准备开展吊架和桥下平台的安装。当钢管移动至输料平台空挡可提升下一根钢管时，应提升下一根钢管，以实现连续施工（图 10）。

（2）为保证钢管能按指定支线推进，每隔 3 到 4 个吊架，安装一组钢管纠偏装置，装置示意图见图 11，且管道尾部用扁钢抱死做刹车使用防止滑动。

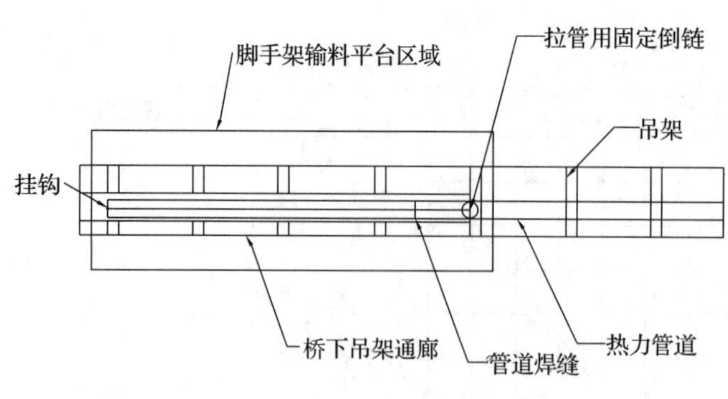

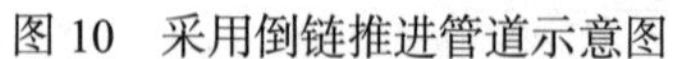
图 10　采用倒链推进管道示意图

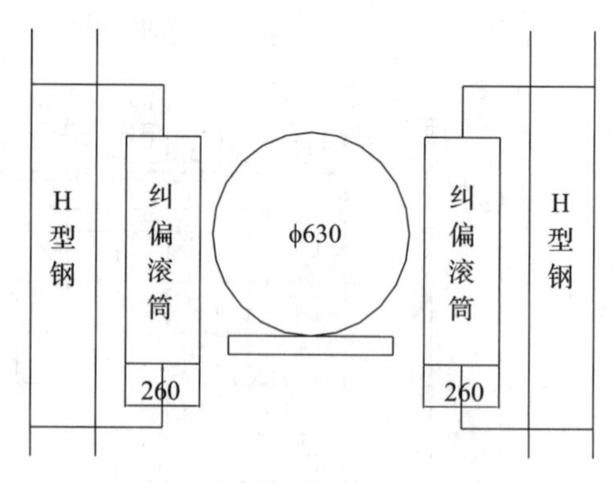

图 11　管道推进纠偏装置

5.2.7　吊架及桥下通廊平台安装

吊架的安装在管头悬挑平台上实施，吊架完成后即开展相邻吊架间的通廊平台安装。吊架材料在提升到位后，可采用滑轮组、卷扬机、小车进行输送（图 12）。

图 12　管头悬挑施工平台上安装吊架

5.3　第二种平台方式施工要点

5.3.1　具体施工思路介绍

（1）采用自制桥下施工平台为吊架施工平台，完成植筋、吊架和连接件安装施工，按设计要求在吊架搭设桥下通廊平台。

（2）在吊架上铺设滚筒支座（间隔 5m）。

（3）利用自制桥下施工平台在桥中搭设输料平台，使用滚筒将管道一根根推进布置到位。

（4）将布置好的钢管对接预制，吊起预制钢管后，安装管托。

（5）将预制管对接完成管道安装。

（6）在通廊上进行管道检测及保温施工。

（7）管道试验、清洗、试运行结束后，依次拆除通廊临时木板。

5.3.2　测量放线

（1）采用全站仪确认各吊架中心（管道中心轴）的平面位置，首位连线后进行纠偏。

（2）采用高精度水准仪测量对应吊架位置桥面的相对标高，结合图纸，可作为吊装下料的参考数据。

（3）植筋位置采用纵横轴线交汇法确认，即在桥面可由吊架两端中心点（由全站仪放点得出）连线确认吊架横向（垂直于管线方向）位置，并用棉线延长至桥底，用红色油漆笔对横向轴线进行标记。当施工平台移动至标记处，则可到桥面下通过桥底箱涵或桥边到吊架与植筋螺栓的连接板中心距离，放样出连接板中心纵向轴线，用红色油漆笔对纵向轴线进行标记。通过横向轴线和纵向轴线可确定连接铁板的安装位置和方向，示意见图 13。

（4）制作植筋与吊架连接板的模板，确定植筋位置。模板宜采用质量轻，不易破碎与变形（塑形好）的薄钢板或平彩钢板制作，制作示意见图 14。

（5）施工前，对好模板中心与之前交汇轴得出的中心，模板上的横向（或纵向）轴线对准标记的横向轴线，即可获取植筋的位置，使用深色（红色或黑色）手喷漆，喷涂模板，即可标记出植筋的位置。

5.3.3　自制可移动桥下施工平台的制作安装

（1）吊架的安装采用自制桥梁悬挑平台安装，平台具体参考数据见图 15 ～图 27，平台安装 20t 载重车汽车车轮后，可使用载重车牵引移动。

（2）该平台应按汽车前后路轮毂方式设置可转向装置（可在二手市场采购成品前轮可转轮毂级转向装置）。

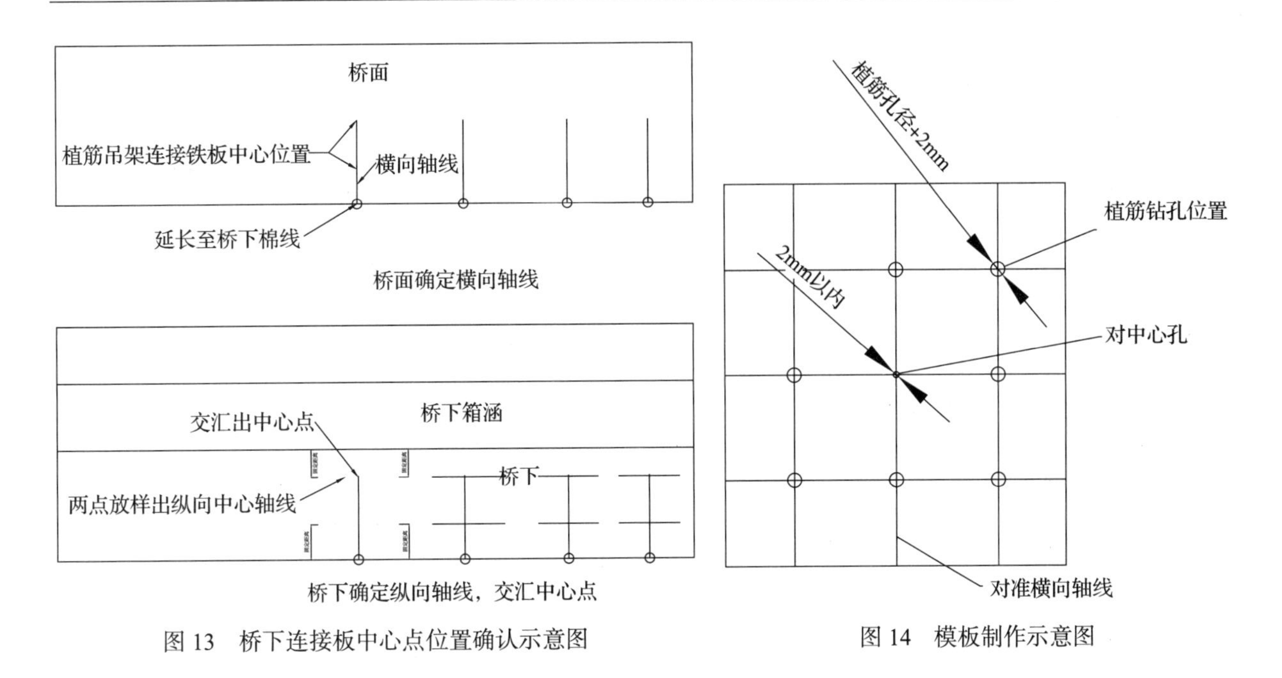

图 13　桥下连接板中心点位置确认示意图

图 14　模板制作示意图

（3）轮毂按焊接方式固定在桥上稳固装置上，应注意加强焊接，必要时增加连接加强板保证行驶安全。

（4）因桥面是弧形，应制作契形型钢块做刹车用。

（5）移动平台在载重车的牵引下移动时，应控制移动速度，不能超过 1m/s 的速度。

（6）平台移动完成，需固定时，在四端用千斤顶（可用千斤顶助力器加快速率）均匀顶起，至车轮离开地面，再用枕木或铁盒垫起立柱。

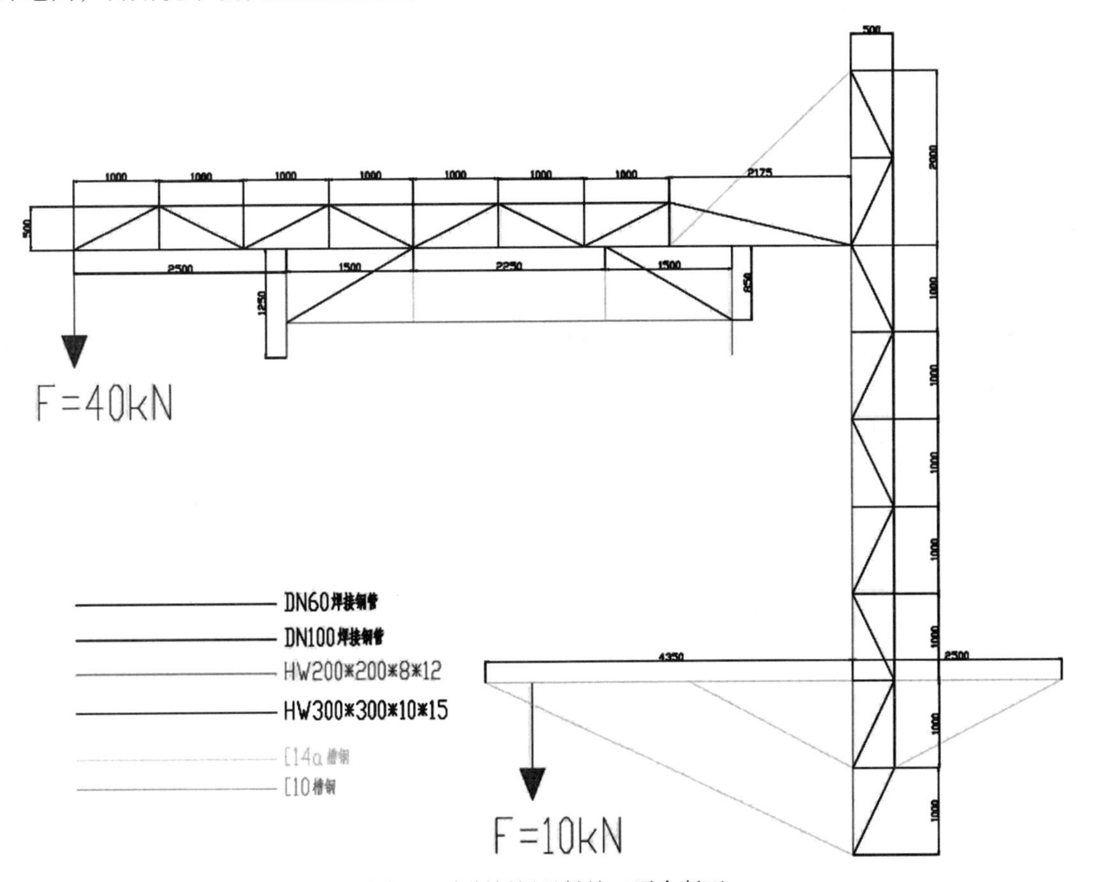

图 15　自制桥梁悬挑施工平台断面

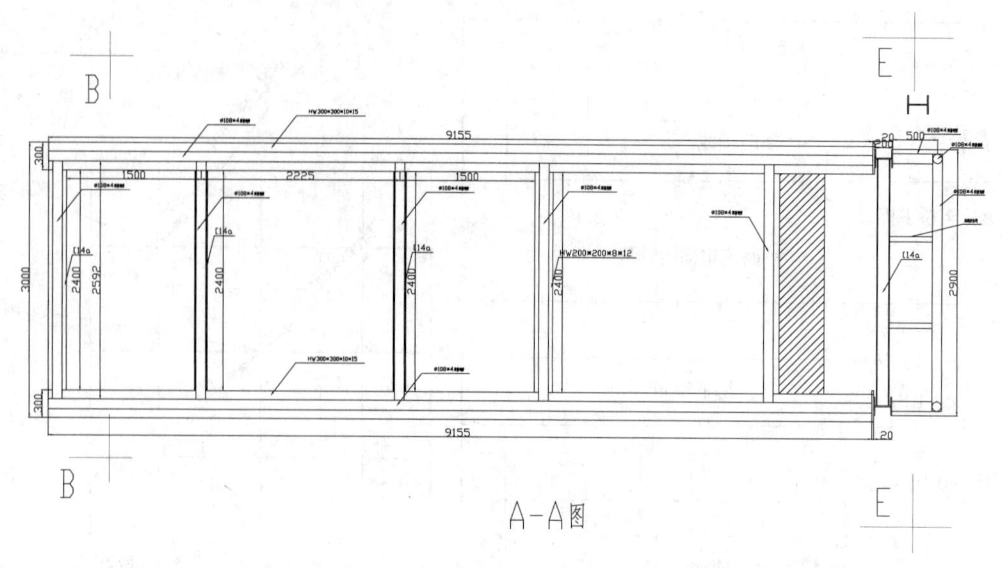

图 16　桥上平台侧视图

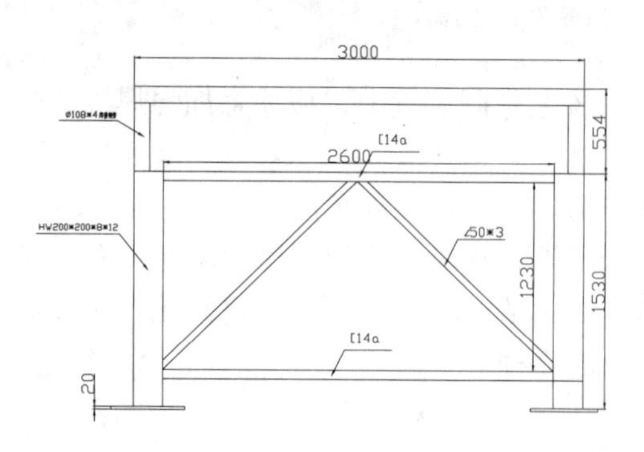

图 17　桥上平台俯视图

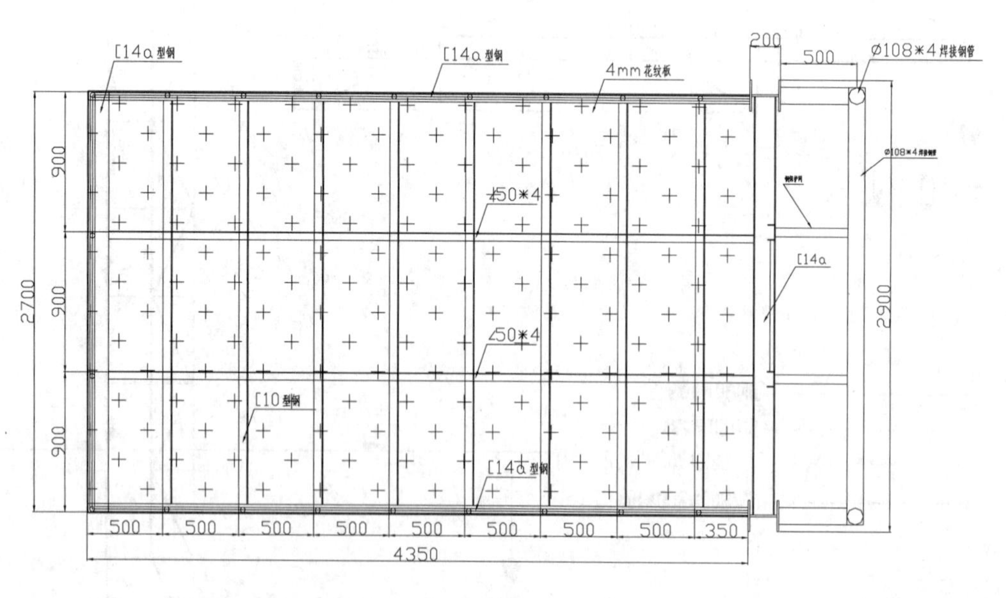

图 18　桥下施工平台详图

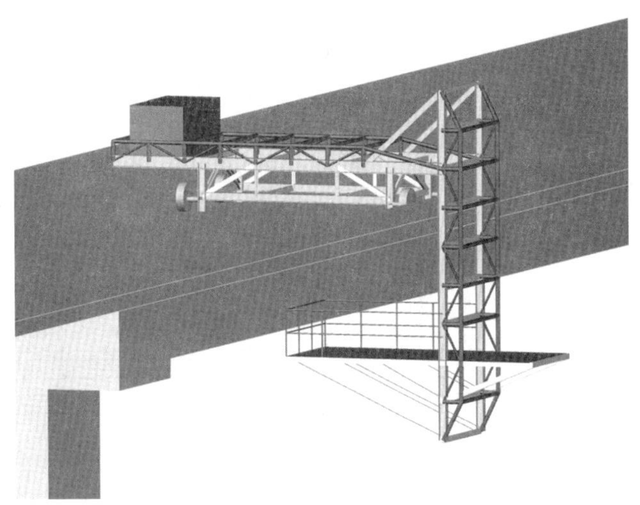

图19　自制可移动式施工平台效果图

图20　自制移动式桥下施工平台桥上稳固与移动部分

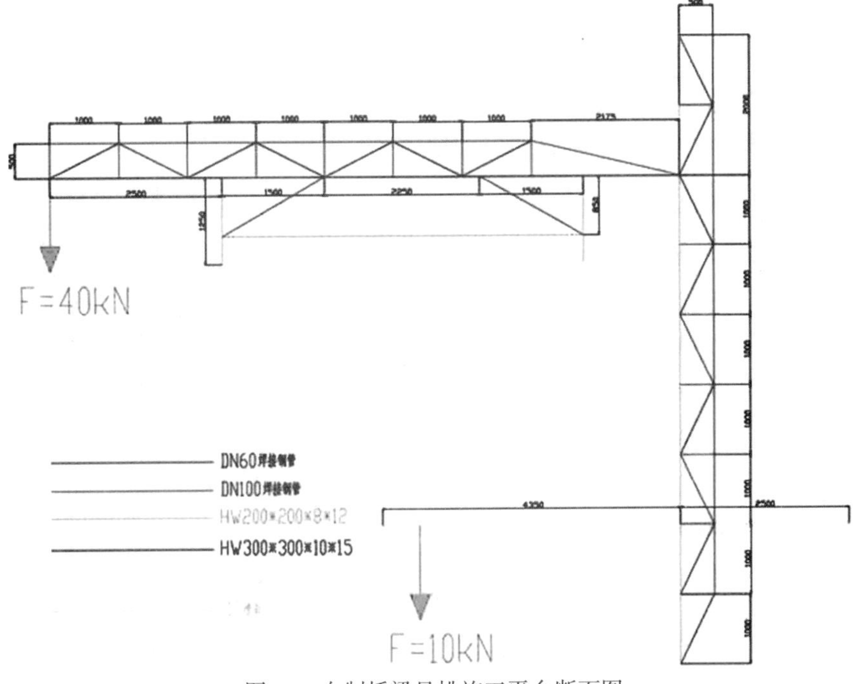

图21　自制桥梁悬挑施工平台断面图

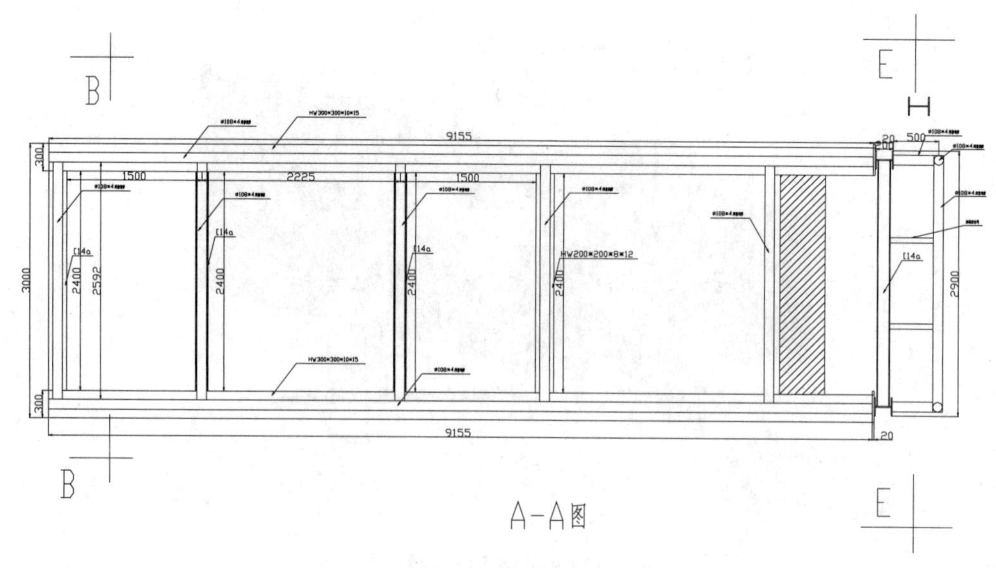

图 22　桥上平台俯视图

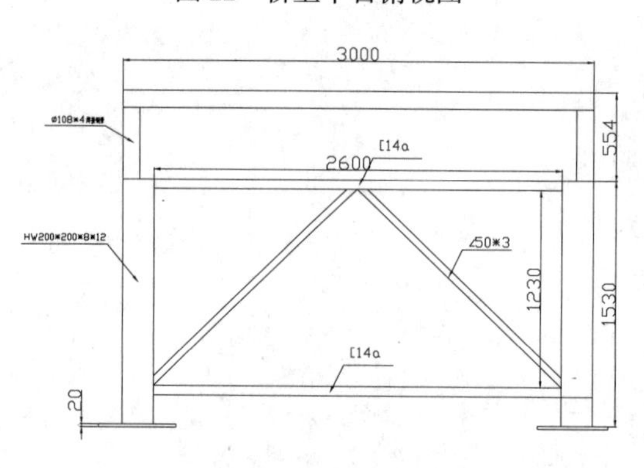

图 23　桥上平侧视图

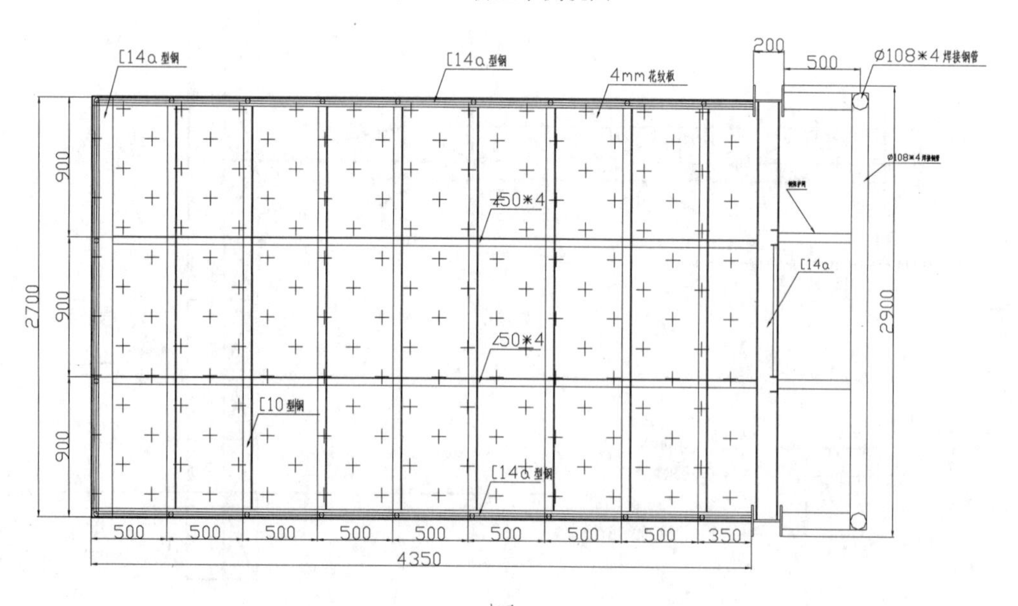

图 24　桥下施工平台详图

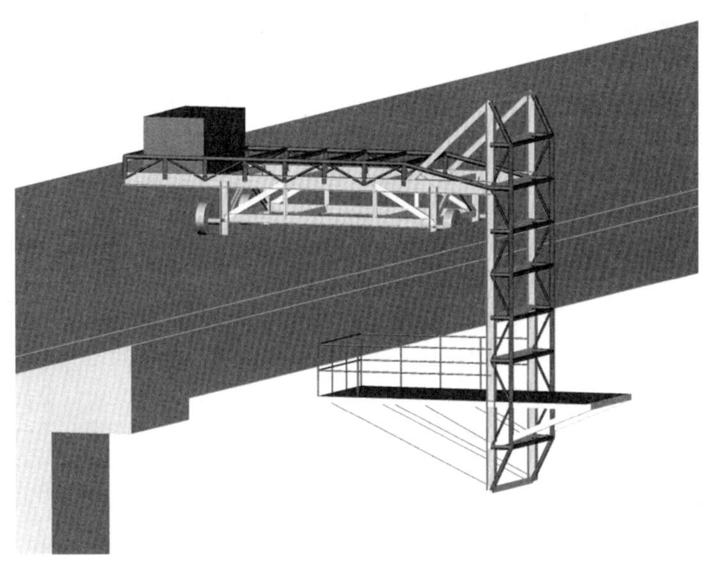

图 25　自制可移动式施工平台效果图

图 26　自制移动式桥下施工平台桥上稳固与移动部分

图 27　自制移动式桥下施工平台桥下部分

5.3.4　吊架植筋螺栓施工

（1）吊架的预埋件及植筋螺栓按设计图纸选用材料。

（2）根据设计要求，植筋钢应处于桥面钢筋的空隙位置，因此植筋前应采用金属探测器，结合十水大桥竣工图探出桥面钢筋的分布位置。

（3）植筋工艺有以下关键点：

① 植入深度应满足设计要求。

② 植筋数应满足设计要求。

③ 植筋用黏合剂、螺栓满足设计要求。

④ 植筋孔处理干净粉尘。

⑤ 现场配置的植筋胶粘剂时，应在无尘土飞扬的专用操作间内操作，按产品使用说明书规定的配比和工艺要求严格执行，且安排专人负责。配胶时应根据工作环境温度确定胶粘剂的每次配置量，每次配量不宜过多，以免时间过长，胶粘剂变质后影响施工和胶粘质量。在搅拌过程和使用过程中应防止灰尘、油、水等杂质混入，并应按规定的可操作时间完成植筋施工。

⑥ 注胶作业可用胶粘剂灌注器或其他方法向孔内填塞。灌注方式应不妨碍孔中的空气排出。灌注

量应按产品使用说明书确定，一般取注入孔内约 2/3，并以植入钢筋后有少许胶液溢出孔口为度。

⑦ 注入植筋胶后，应立即插入蘸满胶粘剂的钢筋，并按顺时针方向边转边插，强力向内推进，并适当转动锚筋以利排除胶内空气，直到达到规定的深度。从注入胶粘剂到植好钢筋所化费的时间，应少于产品使用说明书规定的可操作时间。否则应拔掉钢筋，并立即清除失效的胶粘剂；重新按原工序返工处理。

⑧ 所植入的钢筋必须校正方向，使植入的钢筋与孔壁之间的间隙均匀。胶粘剂固化前，不得触动所植钢筋。

5.3.5　管道吊架及通廊施工

（1）吊架按设计要求制作，所用材料满足设计要求，所有焊缝全部满焊，焊缝高度不低于 8mm。

（2）吊架安装完毕后，按递推方式铺设中间 C10 槽钢和脚手板，按南头→东尾方向依次搭设桥下施工通廊，示意图如图 28、图 29 所示。

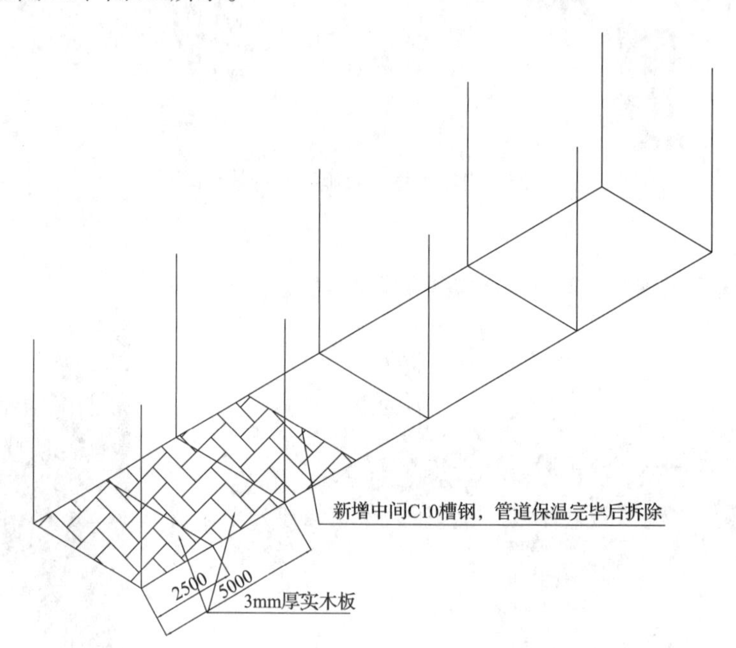

图 28　实木踏板→槽钢中间支撑→实木踏板推荐搭设施工通廊示意图

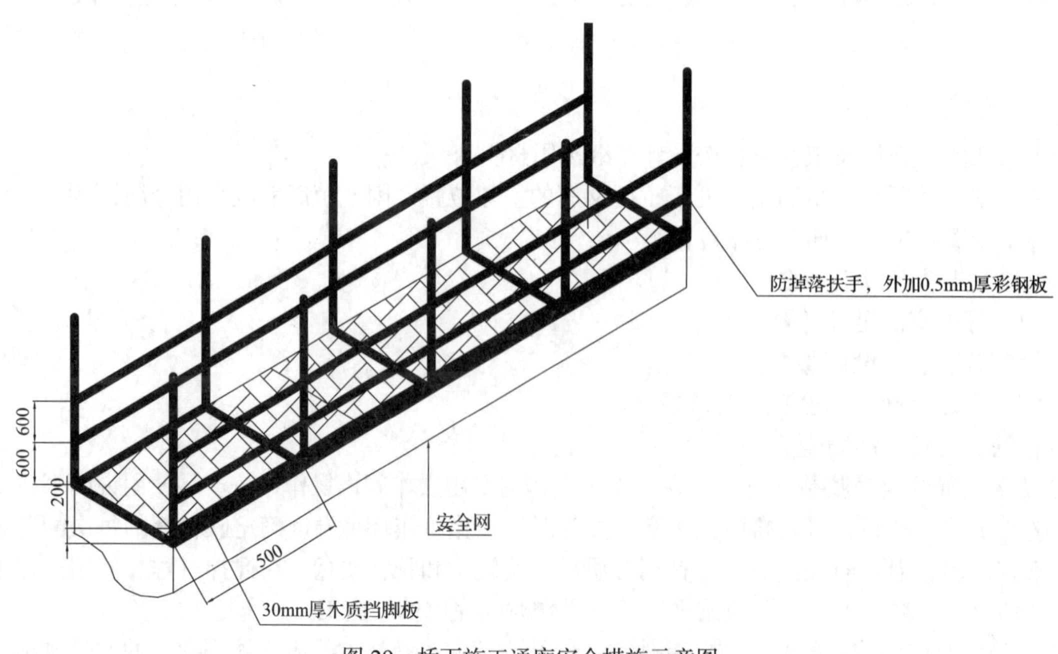

图 29　桥下施工通廊安全措施示意图

5.3.6　输料平台的搭设及布管施工

使用吊索、吊架搭设输料平台（为保证工期，可分多点设置），从桥面将钢管调入到输料平台后，再用通过在施工通廊上安装滚轮将钢管推送到各段；将3～5段钢管预制后，采用手拉葫芦将其移动到安装位置后，再用手拉葫芦吊起管道安装管托后完成对接；具体工序示意图如图30～图35所示。

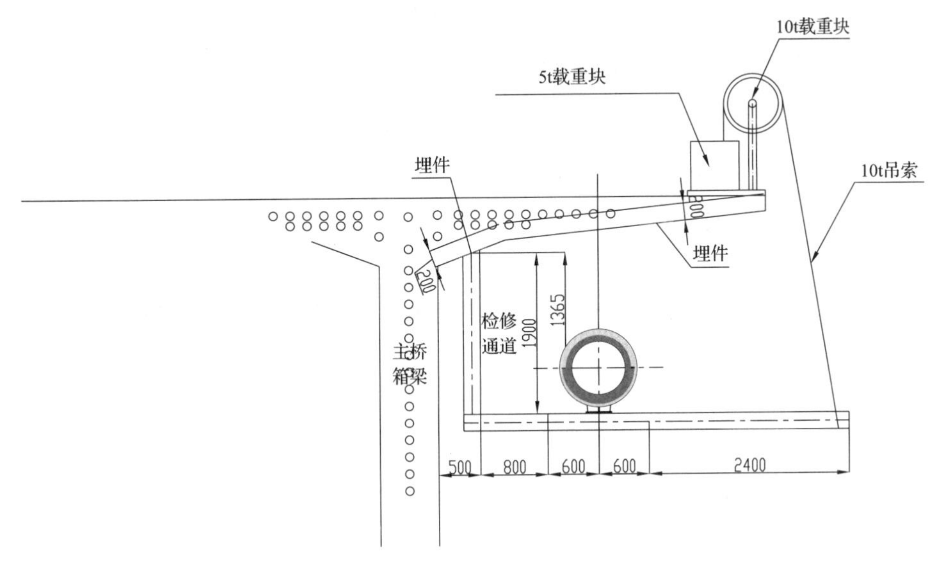

图30　第1步，搭设输料平台

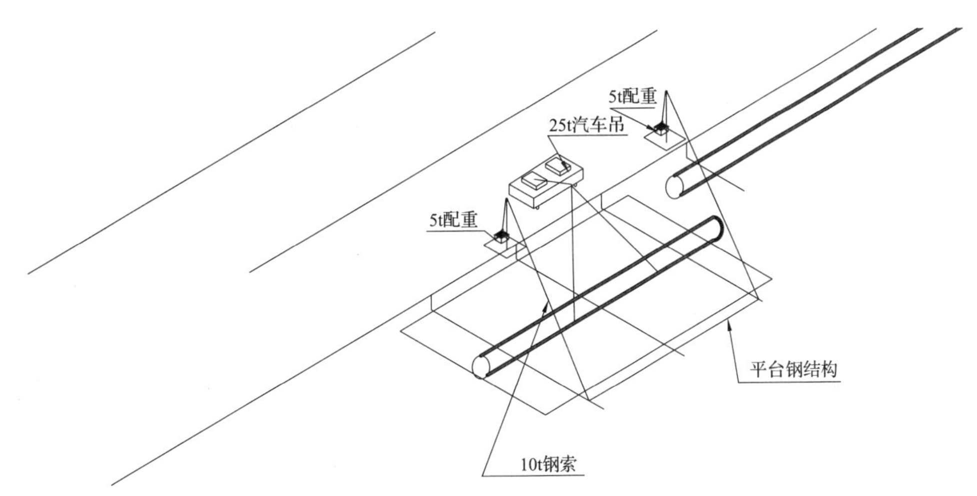

图31　第2步，将钢管吊到施工通廊上

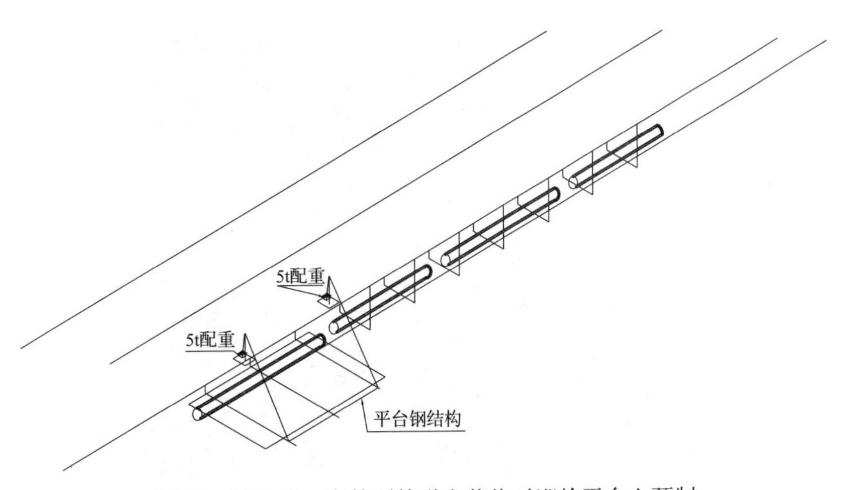

图32　第3步，布管到管道安装临时巡检平台上预制

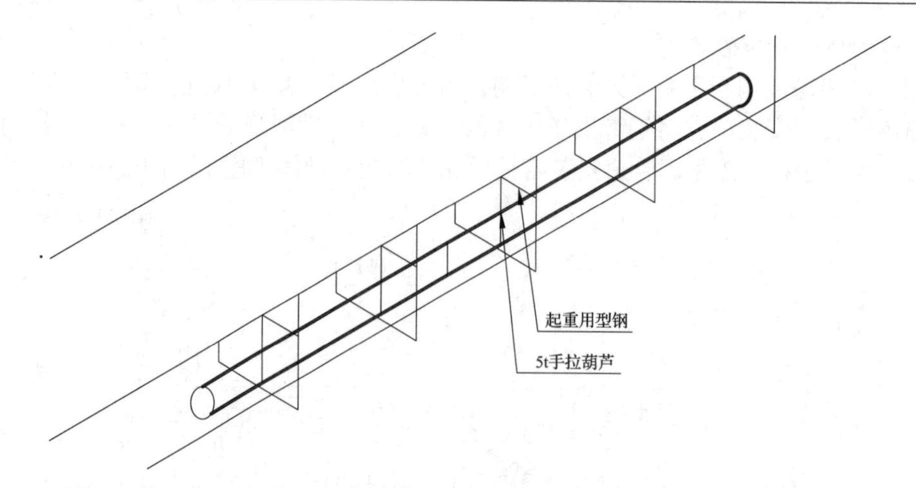

图 33　第 4 步，利用吊架将已预制钢管吊起移动到安装位置，安装管托后对接

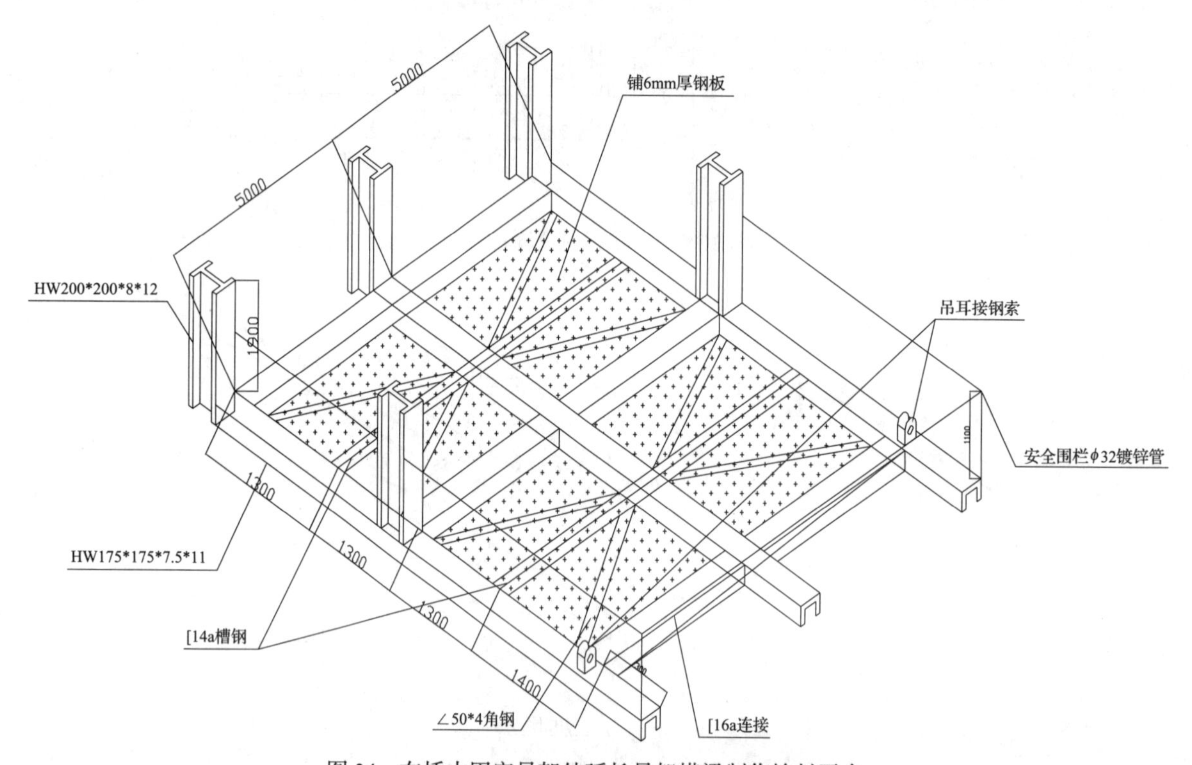

图 34　在桥中固定吊架处延长吊架横梁制作输料平台

图 35　在桥中固定吊架处延长吊架横梁制作输料平台

6　材料与设备

6.1　推进式施工主要材料与设备表（表 1）

表 1　推进式施工材料与设备表

序号	设备材料名称	型号规格	单位	数量	备注
1	自制操作平台		台	1	
2	安全网	1.8 × 6	m^2	按需	平网、立网
3	防护栏杆		m	600	
4	水磨钻		台	4	
5	警示牌		块	10	
6	警示灯		个	60	
7	卷扬机	3t	台	3	配钢丝绳、5t 滑轮组 6 组
8	脚手架			按需	
9	临时配电箱		台	4	按要求配备合格的漏电开关。
10	索道		台	2	
11	逆变焊机	ZX-400A	台	6	
12	水平尺		台	4	
13	水准仪	DSZ3	台	2	
14	全站仪	NTS-312B	台	2	
15	经纬仪		台	1	
16	手拉葫芦	3t/5t	台	各 6	
17	滑轮组	4T	台	10	
18	钢盘尺	50m	把	2	
19	电缆			按需	
20	自制防护栏杆			按需	
21	脚手架		m^2	约 20000	按需
22	汽车吊	25t	台	1	
23	挖机		台	1	
24	压路机		台	1	
25	汽车	8t	台	1	
26	临时配电箱		台	1	
27	自制移动小车		台	2	
28	气割工具		套	4	
29	组装对口工装		台	2	
30	装载车		台	2	装石粉用

6.2　自制平台方式施工主要材料与设备表（表 2）

表 2　自制平台式施工材料与设备表

序号	设备材料名称	型号规格	单位	数量	备注
1	自制操作平台		套	2	
2	输料平台		座	1	
3	安全网	1.8 × 6	m^2	1500	平网、立网

续表

序号	设备材料名称	型号规格	单位	数量	备注
4	防护栏杆	通廊	m	720	
5	警示牌		m	40	
6	警示灯		个	60	
7	临时配电箱		台	6	按要求配备合格的漏电开关。
8	临时用电电缆	YC3×25+2×16	m	1400	
9	钢丝绳	6×19	m	500	
10	卷扬机	3t	台	2	
11	随车吊	25t	台	1	
12	汽车吊	25t	台	1	
13	逆变直流焊机	500A 380V	台	10	
14	钻孔电锤	配 ϕ25 钻花	台	3	
15	液压千斤顶	10t	台	2	
16	30L 空压机	最大压力 8MPa	台	1	
17	牵引平板车	8m	台	1	

7　质量控制

7.1　施工过程执行的标准与规范

包含但不限于如下内容：

《建筑工程施工质量验收统一标准》(GB 50300—2011)；

《城镇供热管网工程施工及验收规范》(CJJ 28—2014)；

《城镇供热直埋蒸汽管道技术规程》(CJJ 104—2005)；

《混凝土结构后锚固技术规程》(JGJ 145—2013)；

《钢结构设计规范》(GB 50017—2003)；

《钢结构工程施工规范》(GB 50755—2012)；

《建筑施工扣件式钢管脚手架安全技术规范》(JGJ 130—2001)；及建设部颁布的《建筑工程施工现场管理规定》，以及地方政府及业主方有关建筑工程质量管理、环境保护等地方性法规及规定。

7.2　关键部位或工序质量控制措施

本工程质量关键点为吊架植筋、钢结构安装、管道安装三部分。

（1）吊架植筋（对穿螺栓），植筋孔需项目部、监理专业工程师按规范要求验收合格后方可进行涂胶植筋，且植筋质量应按规范《混凝土结构后锚固技术规程》(JGJ 145—2013)规定的总数量的 5% 比例进行拉拔试验抽检，检验合格后方可进入下道工序。

（2）植筋材料需具有齐全的合格证明文件，到场后进行外观检测，合格后报监理单位审核批准使用。

（3）钢结构安装按设计要求使用合适的材料、焊接工艺，安装完毕后需进行外观检测，不合格的部位须返工至合格。

（4）管道安装采用 100% 比例的 JB/T 47013—2015 规定的 RT-II 及 UT-II 检测，合格后方可开展试验。

（5）管道保温工程应在试验合格后进行，严格采用设计要求的纳米材料。

（6）施工过程安排专业技术人员现场指导监护，确保生产质量。

（7）所有施工材料、机械、工具到场后均应安排专业技术人员检查验收，验收合格后方可投入使用。

（8）参与施工特种作业人员需持证上岗，焊工、起重工、铆工等技术工种须有相关工作经验，经项目技术部考核通过后方可上岗施工。

（9）投入使用的全站仪、水准仪、直尺、水平尺等测量器具均应在校验合格期内。

（10）施工前，根据现场情况和本施工方案对所有生产任人进行技术交底，确保施工方法正确。

（11）管道安装线路严格按设计图纸布置，管道焊接严格按设计图纸进行无损检测，检测合格后方可交付保温班组施工。

（12）各分项工程工序需报监理方验收。

8　安全措施

8.1　安全管理要求

（1）施工方案须经批准后，方可施工。吊装前必须对作业人员进行安全和技术交底。

（2）起重设备、钢丝绳、卡环等起重工具在使用前必须经检查确认安全可靠。

（3）吊装作业统一指挥，无关人员不得进入作业区。

（4）正式起吊前应进行试吊，起吊离地100mm左右后稳定不少于10min，检查各受力点的情况，确认安全可靠后才能继续起吊。

（5）施工过程中，应及时清理施工现场的废料废物，采用编织袋盛装，确保文明施工。

（6）参加施工人员统一着公司工作服装和安全帽；高空作业必须正确佩戴合格的五点式安全带。

（7）所有施工用工具应存放在一起，不得随意丢放。

（8）对通廊踏板搭设须经验收合格后方可使用，安全网要经常进行检查。

（9）操作平台须进行相关承载试验，并检查合格后方可使用。

（10）因本段施工的操作平台底部高于桥梁箱梁，因而对通行船只不会产生阻行风险，为加强警示通航船只，可在操作平台防护栏杆外侧涂刷荧光漆警示。

（11）工作现场地面及高空作业面配备足够的灭火器。

（12）在用水磨钻钻孔时，需利用大桥底下的移动式操作平台，利用篷布，搭设好防护措施，防止混凝土掉入水道，破坏环境。

（13）桥梁段所有施工人员须购买人身意外伤害保险。

（14）施工场地须设立保卫制度。

（15）桥下施工平台和通廊需配备救生衣、救生圈等防溺水设施。

8.2　安全生产措施方案

（1）在施工通廊两侧及下部布置安全围栏及安全网。

（2）所有桥下施工通廊上作业人员均需系好五点式安全带。

（3）为保护桥梁钢筋预应力束不受施工破坏，施工前采用金属探测仪探测出钢筋预应力束的位置，及时与业主、设计院沟通协调变更图纸，植筋位置错开钢筋预应力束，避免损坏桥梁。

（4）按过桥设计图纸，吊架不占用通航空间，为保证施工期间不影响通航安全，过桥施工通廊采用封闭式施工，通廊两侧扶栏间采用彩钢板封闭。

（5）为不影响大桥通行，桥面进行交通疏导。

（6）输料平台设置应急逃生爬梯。

（7）在桥下施工所有人员应在吊架上悬挂五点式安全带，并准备好救生衣救生圈等防溺水设施。

（8）桥下施工安排专人监管，出现异常情况，立即通知桥下作业人员。

（9）管道安装用氧气乙炔瓶禁止下桥，管口加工完后，氧气乙炔皮带应尽快拿出吊架平台。

（10）除焊接用焊把线外，桥下禁止安置临时用电设施、电线。

（11）一般不进行夜间施工，如抢工期应布置好照明设施。

（12）焊缝射线无损检测时，应安排在专门时段统一进行，进行时对大桥两端封闭围挡，不允许行车、行人通过。

9　环保措施

（1）在用水磨钻钻孔时，需利用大桥底下的移动式操作平台，利用篷布，搭设好防护措施，防止混凝土掉入河道，破坏环境。

（2）控制施工时间，避免夜间施工噪声污染、光污染影响附近居民休息。

（3）施工过程中，应及时清理施工现场的废料废物，采用编织袋盛装，投入垃圾站不得倾倒至桥下，确保文明施工。

（4）所有施工用工具应存放在一起，不得随意丢放。

10　效益分析

经济效益：利用公司自主创新的“可移动式桥下施工平台”，能大幅度降低大吨位桥梁检修车、脚手架搭拆的使用费用；同时由于物料的输送非常灵活，能大幅度缩短工期，工期的大幅缩短，意味着施工成本的降低；同时由于BIM建模技术的应用，极大提高施工效率与综合管理能力，施工进度与费用得到了有效的控制，取得了良好的经济效益。

环保效益：本工法设计的两种操作平台均可重复再利用，最大程度地节约材料，减少浪费，获得良好的环保效益。

节能效益：相比传统使用大吨位桥梁检修车的施工方法，本工法对燃油的需求极少，节约能源的同时还能减少碳排放量。

社会效益：本工法是根据现场实际情况自主创新的新型工艺，实用效果较好，对河道和大桥交通通行影响较小，随着热网工程的推广其前景广阔，社会效益显著。

11　应用实例

本工法应用于中山嘉明电力有限公司集中供热西线热网工程跨横门大桥过江、中山火力发电有限公司供热区域热力管网工程等，大大节约了施工时间，未发生一起安全事故，且一次性验收达到合格标准，取得良好的经济与社会效益。

渔光互补光伏发电施工工法

赵　杰　唐建荣　郑书伟　傅致勇　朱伟强

湖南省工业设备安装有限公司

摘　要：通过对渔光互补光伏发电施工方法的研究，总结出一套具有创新性的“渔光互补光伏发电”施工工法，成功地解决了水面 PHC 管桩施工的难题。利用公司自主创新的渔光互补水面施工方法，根据现场水面情况、桩群间距等条件，对陆地锤桩机进行改装，将桩锤架及桩锤设备改装在浮筒船上，达到水面 PHC 管桩施工目的。施工过程中采取 GPS-RTK 测量仪配合打桩船施工方式，加快施工效率，减小了桩基偏差，解决了无法在水面进行光伏系统施工定位测量的技术难题，满足工程施工与渔业生产的要求。支架及组件安装、电气安装等，采用浮筒操作平台进行运输及施工作业，极大降低了施工措施费用，提高了施工效率，加大了安全保障。设备平台制作运输与吊装施工，是在岸上整体预制拼装，利用浮吊船、运输船进行设备平台的运输及吊装，极大降低了施工成本，减小了施工难度，提高了施工效率。

关键词：GPS 测量定位；水面桩基；水面支架组件安装；水面设备平台；水面电气施工

1　前言

渔光互补是指渔业养殖与光伏发电相结合，在鱼塘水面上方架设光伏板阵列，光伏板下方水域可以进行鱼虾养殖，光伏阵列还可以为养鱼提供良好的遮挡作用，形成“上可发电、下可养鱼”的发电新模式。由于只要将光伏面板支架立体布置于水面上方及鱼塘沿岸，因此不需要占用宝贵的农田及工业、住宅用地。这不仅节约了土地，提高了单位面积土地经济价值，在发电的同时还能水产养殖，具有“一地两用，渔光互补”的特点，实现了社会效益、经济效益和环境效益的共赢。

近年来，由于地面光伏电站已较为饱和，于寸土寸金的中南部区域，渔光互补已成为相应国家新能源发展战略重点。公司施工的渔光互补光伏电站已有数个，本工法是根据合肥林庄水库光伏发电站区内渔光互补光伏发电等项目施工经验总结而成的。

2　工法特点

（1）利用公司自主创新的渔光互补水面施工方法，根据现场水面情况、桩群间距等条件，对陆地锤桩机进行改装，将桩锤架及桩锤设备改装在浮筒船上，达到水面 PHC 管桩施工目的。施工过程中采取 GPS-RTK 测量仪配合打桩船施工方式，加快施工效率，减小了桩基偏差，解决了无法在水面进行光伏系统施工定位测量的技术难题，满足工程施工与渔业生产的要求。

（2）支架及组件安装、电气安装等，采用浮筒操作平台进行运输及施工作业，极大降低了施工措施费用，提高了施工效率，加大了安全保障。

（3）设备平台制作运输与吊装施工，是在岸上整体预制拼装，利用浮吊船、运输船进行设备平台的运输及吊装，极大降低了施工成本，减小了施工难度，提高了施工效率。

3　适用范围

本工艺适用于渔光互补光伏发电水面施工及调试，对水面定位测量、水面桩基施工、水面支架及组件安装、水面设备基础平台制作安装、水面设备吊装、水面电气施工及调试等具有一定的指导意义。

4　工艺原理

水面 PHC 管桩施工采用 GPS-RTK 测量仪，根据地形结构对现场规划红线及管桩施工的坐标点进行定位。对陆地锤桩机械进行改装，通过对桩锤重量、桩基深度、桩群间距、平台浮力等计算及规划，根据实际情况改装船只，用于桩基施工及运输，满足水面桩基施工。

水面支架及组件安装、电气施工：利用单个油桶浮力，通过脚手架或角钢等设施，制作简易浮筒施工操作平台，实现在水面上施工及材料、人员运输的目的。

水面设备基础平台制安：设备基础平台在岸上一次性进行预制及拼装，将完成后的基础平台整体运输至基础位置，对整体平台进行吊装。

5　工艺流程与操作要点

5.1　工艺流程

施工准备→测量放线→桩基施工→支架安装→组件安装→桥架安装→汇流箱安装→箱逆变设备安装→接地施工→线缆敷设→系统调试。

5.2　操作要点

5.2.1　施工准备

（1）技术准备：策划、编制施工技术文件，应用 BIM 技术建立光伏组件及支架安装 BIM 模型（图 1），针对施工工艺流程，公司统一制作实施动画；应用 BIM 技术进行可视化交底与指导施工。

（2）船只准备：根据现场需要，对现场增加打桩船、运输船、操作船、吊装船等船只（图 2）。

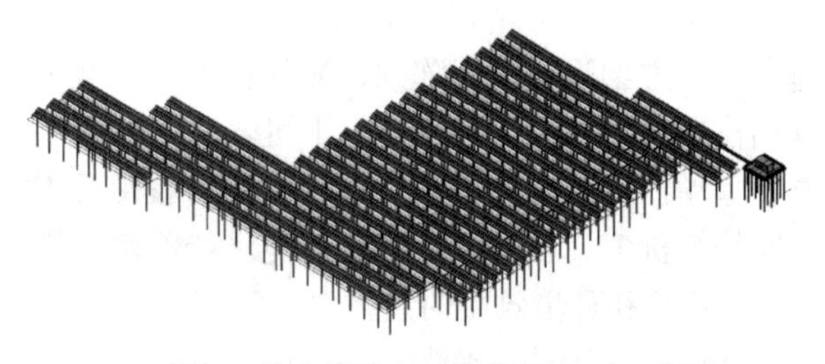

图 1　单个子阵水面光伏系统 BIM 模型

图 2　施工操作船（浮筒操作平台）

（3）场地准备：根据现场进度要求，对现场码头堆放场地进行规划。分别规划制作场地、管桩堆放场地、支架堆放场地、组件堆放场地以及电气材料堆放场地。

（4）其他准备：按照策划做好人力、设备、材料、资金等准备。

5.2.2　测量放线

（1）场地规划

现场根据业主提供的坐标点，用 GPS-RTK 测量仪进行控制网的布设，进行测量放线。

（2）对阵列图进行编号

对阵列图进行编号，以便对各个点施工质量进行控制，给每个区阵列进行编号，控制网图中，Y 方向采用英文字母编号，X 方向采用阿拉伯数字编号，则每个阵列任意一个点都能记录下施工质量的好坏，如图 3 所示。

5.2.3　桩基施工（图 4、图 5）

采用 PHC 300 AB-70 预应力管桩作为支架组件基础，根据地质情况分区域分别采用 7m、9m、10m、11m、13m 预应力管桩。

管桩根据现场需求发货，由管桩厂用货车运输至现场码头，再转运至运输船上。经运输船运至桩基施工部位后，由桩基施工船只对桩基进行施工。

本工程桩基施工船只根据现场实际情况优化后进行组装，使用 DD25 型桩锤对桩基进行施工，施工流程如下：

固定打桩船→放线确认桩位→管桩运输船运输到位并固定→管桩吊运锤桩→确定标高→移位并定位下一根桩。

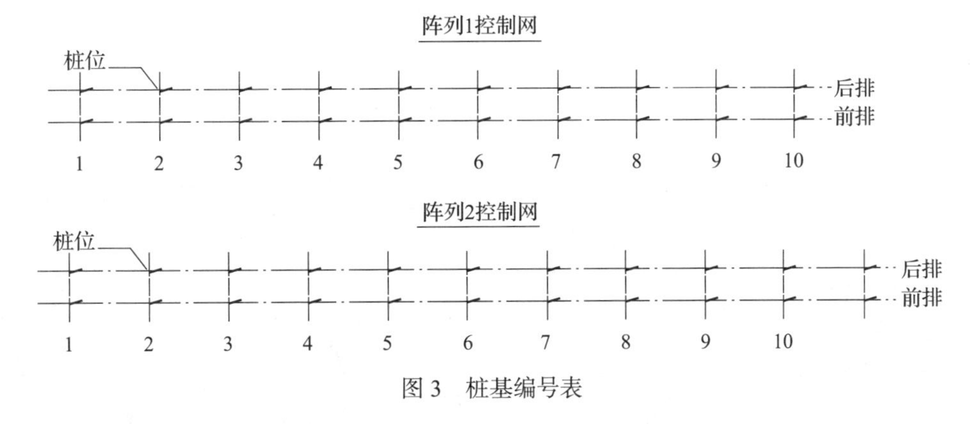

图3　桩基编号表

图4　管桩施工

图5　施工完成后的PHC管桩

锤桩的顺序：为避免碰桩，先从浅水位开始打桩，从内向外U形施工。

锤桩测量控制：本工程采用水上锤桩，用GPS定位仪（T5测距精度不低于1cm+1ppm）、经纬仪（不低于J6）、水准仪（不低于S3）、钢尺、塔尺以及其他测量必备的器具和4套远程对讲机。用一台水准仪控制打桩标高及桩的平面扭角（采用设在岸上的花杆进行控制或通过桩船上所配的罗盘仪进行控制），桩身斜度由压桩船桩架仰俯表上的刻度控制。锤桩施工记录成果采用电脑编程计算，并由专人进行手算复核。

标高点的控制：根据业主单位提供基准标高，用GPS测量仪将基准标高引入到施工区域，用水平仪测出各桩位的自然面的标高，一是为了给设计提供标高依据，二是对阵列之间的标高差进行调整。

各标高差标在高程控制网中，将设计值、实际值、高差记录下来。

5.2.4　支架安装

本项目支架形式为热镀锌冷弯薄壁C型钢单腿固定支架（图6）。

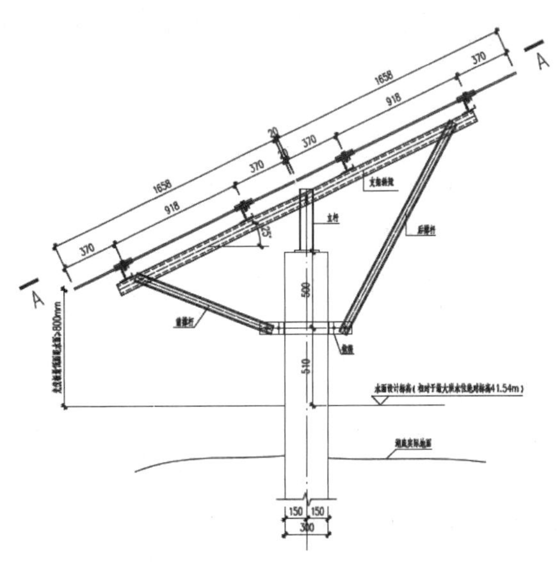

图6　支架样式图

按支架形式可分为立柱、抱箍、前后支撑、斜梁、檩条等部件。首先对立柱进行焊接（图 7），立柱底板与桩帽间需焊接牢固、可靠。

现场为减少配件损耗，抱箍、前后支撑、斜梁、檩托于岸上统一预装后再至湖面进行安装，立柱与斜梁件使用螺栓连接（图 8）。

图 7　立柱焊接

图 8　安装完成后的抱箍

斜梁安装过程中，需对斜梁角度进行严格控制，使用水平尺进行校准，以使其达到 25° 的最佳设计角度（图 9）。单列支架除需保证整体水平度外，支架倾斜角度不得大于 ±1 度。

斜梁安装完成并对角度调整完成后，开始对檩条进行安装。檩条下方使用檩托将之与斜梁进行链接，檩条之间采用檩条连接件进行连接（图 10）。

图 9　斜梁安装

图 10　安装完成后的檩条

檩条安装过程中，按前期对檩条编号的顺序对檩条进行安装，以避免出现螺栓孔错位的情况。螺栓连接处需牢固、可靠。

5.2.5　组件安装

组件运至现场码头附近仓库后，使用吊车吊装至运输船上再进行拆封。现场经各方进行检验无损坏后，运输至安装区域进行安装。安装时，采取从上到下的安装方式。

组件与檩条之间，采用螺栓对铝合金压块进行固定。安装组件的螺栓必须紧固牢靠，弹垫必须紧固到平整。采用压块固定组件时，压块的水平面应与组件边框接触牢靠，避免出现夹角（图 11）。

图 11　完成安装后的光伏组件

5.2.6　桥架安装

桥架支架安装固定于管桩上，最大跨距不得大于 6m（图 12）。

5.2.7　汇流箱安装

汇流箱支架抱箍固定于管桩上，顶部与桩顶标高齐平（图 13）。

图 12　安装完成后的桥架

图 13　汇流箱安装

5.2.8　箱逆变设备安装

箱变、逆变设备为一体机，设备规格为 4950mm × 2438mm × 2591mm，设备质量为 10t。

箱逆变设备基础桩基施工过程中，对箱逆变设备进行预制。

箱逆变设备钢结构平台规格为 7750mm × 6760mm，质量约为 8t/ 台。于加工厂预制后运输至湖面进行安装。

箱逆变平台运输至安装位置后，采用浮吊吊装至基础管桩上，平台底座与管桩桩帽间使用进行焊接连接（图 14）。

平台安装完成后，将箱逆变设备采用运输船运输至设备安装位置，采用浮吊对设备进行安装（图 15）。

图 14　设备基础平台吊装

图 15　箱逆变设备平台安装

5.2.9　接地施工

采用 50 × 5 扁钢、镀锌角钢接地极进行接地网敷设（图 16）。不同阵列之间支架采用 50 × 5 扁钢连接成环网。

5.2.10　线缆敷设及接头

组件至汇流箱段线缆采用 PV1-F-0.9/1.8-1 × 4mm² 光伏专用直流电缆，线缆接头采用正负极连接器进行连接。

图 16　接地极安装

汇流箱至逆变器短采用 ZRC-YJV-2 × 70 低压直流电缆进行敷设，每台逆变器接入 6 个汇流箱。

箱变至开关站段根据设计分别采用 YJV22-35KV 3 × 120、YJV22-35KV 3 × 95、YJV22-35KV 3 × 70 电缆进行敷设。本站区共分为 3 条汇集线路，具体划分如图 17 所示。

汇线采用红、黑两色光伏专用连接，红色为正极，黑色为负极。按设计分为 14 汇 1 以及 16 汇 1 两种方式进行汇线敷设（图 18）。

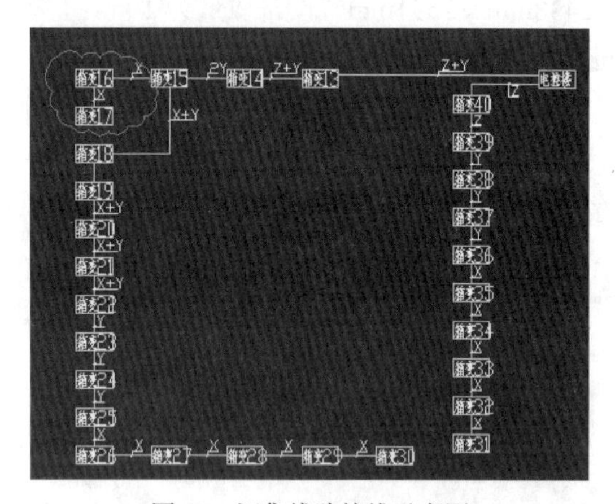

图 17　汇集线路接线示意图

图 18　汇线敷设

组件之间使用组件自带接线头进行串接，每 22 块组件为 1 串。末端使用光伏专用汇线连接至汇流箱处并入（图 19、图 20）。

图 19　组件串接

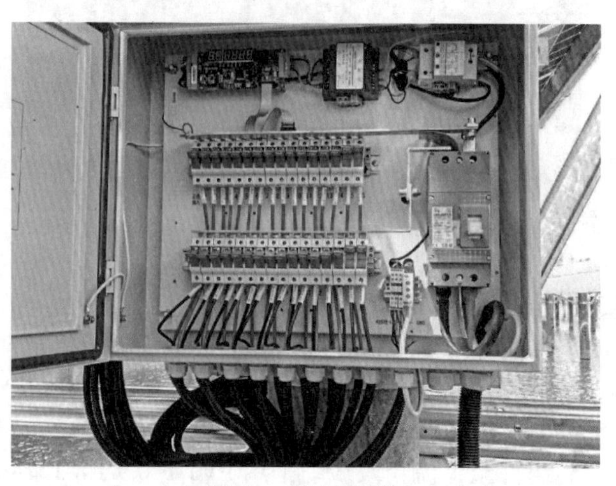

图 20　汇流箱接线

水面电缆敷设时，因电缆盘过大、过重，仅能分段将电缆均匀至船上，运输至安装位置后再敷设于桥架上（图21）。

电缆敷设后，对汇流箱出及逆变器处电缆头采用热缩套管进行接线。

完成直流电缆敷设及接头同时，可对箱变高压处至开关站电缆进行接头，箱变内接头采用35KV高压户外冷缩电缆头进行安装（图22）。

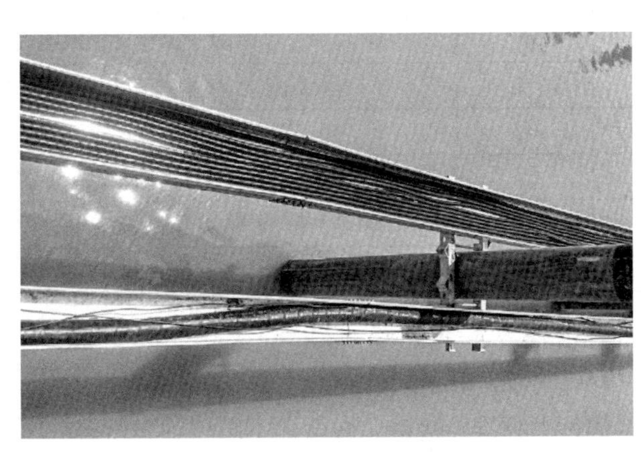

图21　完成后的电缆敷设

图22　35kV高压电缆头制作

5.2.11　系统调试

站区内所有工作完成并检查后，由专业调试单位对设备及电缆进行调试试验。站区并网前试验包含箱变本体试验及高压电缆耐压试验。

6　材料与设备

6.1　材料与设备（表1）

表1　材料与设备

序号	机械或设备名称	型号规格	单位	数量	备注
1	桩基施工船	DD25	艘	5	桩基施工
2	浮吊	25t	艘	1	设备安装
3	运输船	—	艘	10	材料设备运输
4	机动船	—	艘	5	材料设备运输
5	浮筒操作船	—	艘	60	材料设备运输
6	汽车式起重机	QY25B	台	2	材料设备吊装
7	平板车	MD150	台	2	材料设备运输
8	叉车	H2000	台	1	材料设备运输
9	挖掘机	SY215C-10	台	1	土方挖掘
10	发电机	30kW	台	5	支架安装
11	交流焊机	BX1-500	台	2	支架安装
12	焊条烘箱	YGCH-G-200kg	台	2	支架安装
13	冲击钻	GBH2-20SE	台	5	支架安装
14	双侧柄手电钻	GBM 13-2 RE	台	5	支架安装
15	交流焊机	BX1-500	台	2	支架制作
16	焊条烘箱	YGCH-G-200kg	台	2	支架制作

续表

序号	机械或设备名称	型号规格	单位	数量	备注
17	砂轮切割机	J3G-SL2-400	台	2	支架制作
18	断线钳	12″ -48″	套	8	电缆敷设
19	压线钳	BH-218	套	8	电缆敷设
20	绝缘摇表	ZC25B-4	台	2	电缆敷设
21	万用表	AN-333205	台	10	电缆敷设
22	接地电阻测试仪	ZC29B	台	1	电缆敷设
23	GPS 定位仪	GPS i80	台	1	测量定位
24	水平仪	CHMN-LE001	台	1	支架基础施工
25	经纬仪	DT-02L	台	1	支架基础施工
26	高压电气调试设备		套	1	电气调试

7 质量控制

施工过程必须严格执行的国家及有关部门、地区颁发的标准、规范，包含但不限于如下内容：

《光伏系统并网技术要求》(GB/T 19939—2005）。

《光伏发电站施工规范》(GB 50794—2012）。

《光伏发电工程验收规范》(GB/T 50796—2012）。

《光伏发电站设计规范》(GB 50797—2012）。

《电气装置安装工程电气设备交接试验标准》(GB 50150—2016）。

《电气装置安装工程电缆线路施工及验收标准》(GB 50168—2018）。

《电气装置安装工程接地装置施工及验收规范》(GB 50169—2016）。

《电气装置安装工程电力变压器、油浸电抗器、互感器施工及验收规范》(GB 50148—2010）。

《电气装置安装工程母线装置施工及验收规范》(GB 50149—2010）。

《建筑电气工程施工质量验收规范》(GB 50303—2015）。

《施工现场临时用电安全技术规范》(JGJ 46—2005）。

住房城乡及建设部颁布的《建筑工程施工现场管理规定》，以及地方政府及业主方有关建筑工程质量管理、环境保护等地方性法规及规定。

7.2 关键部位或工序质量控制

桩基施工过程中，必须按要求对桩基进行静载试桩，静载试桩检测数量在同一条件下不应少于 3 根，且不宜少于总数的 1%。桩基施工完成后必须按规范进行桩身完整性和承载力测试（表 2），桩身完整性检验可采用声波透射法或动测法，抽检数量不应少于总桩数的 20%，且不得少于 10 根。

表 2 PHC 管桩设计特征值 kN

桩基型号	抗水平承载力特征值	抗压承载力特征值	抗拔承载力特征值
PHC-300 A 70-7	3.7	26	9.5
PHC-300 AB 70-9	3.7	27.1	12
PHC-300 AB 70-10	3.7	28	13.5
PHC-300 AB 70-11	3.7	28.5	14.6
PHC-300 AB 70-13	3.7	30	17.2

管桩施工过程中，通过测量仪器对每根桩基进行定位，对桩基施工偏差严格进行控制，确保桩基施工尺寸在允许范围内（表 3）。

表 3　桩式基础尺寸允许偏差

<table>
<tr><th colspan="2">项目名称</th><th>允许偏差（mm）</th></tr>
<tr><td colspan="2">桩位</td><td>小于或等于 30</td></tr>
<tr><td colspan="2">桩顶标高</td><td>0，-10</td></tr>
<tr><td rowspan="2">垂直度</td><td>每米</td><td>≤ 5</td></tr>
<tr><td>全高</td><td>≤ 10</td></tr>
</table>

支架及组件安装过程中，需对支架组件安装质量严格进行控制，各项标准见表 4。

表 4　支架及组件安装允许偏差

<table>
<tr><th>安装内容</th><th colspan="2">项目名称</th><th>允许偏差（mm）</th></tr>
<tr><td rowspan="4">支架安装</td><td colspan="2">中心线偏差</td><td>≤ 2</td></tr>
<tr><td colspan="2">梁标高偏差（同组）</td><td>≤ 3</td></tr>
<tr><td colspan="2">立柱正面偏差（同组）</td><td>≤ 3</td></tr>
<tr><td colspan="2">支架倾斜角度偏差不应大于</td><td>± 1°</td></tr>
<tr><td rowspan="3">组件安装</td><td colspan="2">倾斜角度偏差</td><td>± 1°</td></tr>
<tr><td rowspan="2">光伏组件边缘高差</td><td>相邻光伏组件间</td><td>≤ 2</td></tr>
<tr><td>同组光伏组件间</td><td>≤ 5</td></tr>
</table>

施工中的光伏组件应采用适当的措施加以保护，防止发生碰撞、污染、变形、变色等现象。

光伏组件串在相同测试条件下，相同光伏组件串之间的开路电压偏差不应大于 2%，最大偏差不应大于 5V；辐照度不低于 700W/m^2 时，相同光伏组件串之间的电流偏差不应大于 5%。

8　安全措施

（1）建立完善的应急预案制度，对整个光伏发电安装过程全程跟踪，发现隐患，即组织技术力量解决。

（2）焊工、电工、吊车司机、起重工、钢筋工等特殊工种必须持证上岗，服从统一指挥。

（3）施工作业人员必须戴安全帽，系好帽带；高处作业必须系安全带，并遵循高挂低用的原则，水面作业必须穿戴救生衣。

（4）于船上施工，船只必须按规定做好临边防护。

（5）站区进行桥架、管线敷设、防雷接地等施工时，应根据施工现场情况作好安全防护。

（6）由于光伏组件在阳光下会产生光伏效应，应做好光伏组件带电部分的防护。在外部管线施工未完成前，不得进行光伏组件串的连线。严禁触摸光伏组件串的金属带电部位，严禁在雨中进行光伏组件的连线工作。

（7）采用吊车将光伏组件吊至运输船上时，要将组件在船上分散堆码，不得集中或破坏屋面结构。

（8）水上作业生产调度人员应掌握和及时了解当地的气象和水文情况。遇有大风天气应检查和加固船只的锚缆等设施；遇有雨、雾天视线不清时，船只应显示规定的信号，必要时停止航行或作业。

（9）作业船只定位船抛锚、就位时应保持船体稳定，锚链滚滑附近不得站人，锚碇后应在涉及航域范围内设置警示标志。

（10）船只靠岸后应搭设跳板、扶手或安全护网，经踏试稳定牢固，方可上下人或装卸货物。

（11）交通船应按规定的载人数量渡运，严禁超员强渡；船上应配有救生设备、器具；遇上大风、雨雾视线不清等天气时，禁止渡运；船行中途遇有阵风、大雨时，乘船人员不得走动或站立。

（12）组件安装过程中有易滑、易碎、易裂等情况，故在组件搬运、安装过程中必须戴好个人劳动防护用品以及棉纱手套，不得触摸金属带电部位。搬运时两个人同时用双手抓住边框，禁止拉扯导线。移动组件过程中避免激烈颠簸和振动。

9 环保措施

9.1 噪声排放

合理安排、控制作业时间。桩基施工时必须安排在白天；夜间不得开柴油挂桨机进行船只操作。

9.2 现场无扬尘

场区硬化道路安排专人每天进行清扫、洒水，经常保持湿润状态，防止尘土飞扬；建筑垃圾清运时，要先洒水，后清扫，垃圾集中成堆，装袋后方可运输。

9.3 光污染

焊接作业尽量安排在白天进行，如果必须在室外进行夜间焊接，需在焊接地点加设挡板遮挡强光。

9.4 杜绝施工现场火灾

气焊、气割作业及电弧焊切割钢筋旁，需配备干粉灭火器。木工房在每次下班后将锯末、刨花清理干净。用电线路应按规范进行敷设，灯具需设防护罩。

9.5 合理处理固体废弃物

建筑垃圾和生活垃圾分类收集。木工作业废料、金属废弃物，包装材料及时收集，能二次利用的进行再利用，不能二次利用的进行分类存放，分别处理。严禁于湖面乱扔垃圾及包装袋。

9.6 最大限度地节能降耗

施工生产用水，现场生活用水做到最大程度的节约。室外、室内施工照明、作业结束或天亮后及时关闭照明灯。室外照明灯具做到人走灯灭。

9.7 减少水面油污染

杜绝油泄漏，定期对水面垃圾及油污进行清理。

10 效益分析

经济效益：利用公司自主创新的“渔光互补施工工艺”技术，相比地面及高处作业施工方法，改变传统的施工方式，解决了水面施工难度大的问题。通过利用浮筒操作平台及桩基施工船只、浮吊船只等，提高了施工效率，使水面上施工及运输的费用极大地节省；同时由于BIM建模技术的应用，极大提高了施工效率与综合管理能力，施工进度与费用得到了有效的控制，产生较大的经济效益。

环保效益：本工程采用渔光互补施工工艺及BIM技术相结合，进行水面光伏电站安装，最大程度地节约材料，减少浪费，获得良好的环保效益。同时在施工过程中，因规划合理，措施得当，施工效率极大地提高，降低了施工过程中对废弃物及污染物的排放率，减少了水面污染及大气污染，亦获得了一定的环保效益。

节能效益：相比于传统施工方法，按需要使用特定船只进行建设物资的运输及施工作业，提高了能效，物资运输及施工过程中减少了燃油的使用量，产生了节能效益。

社会效益：本工艺对渔光互补施工具有较大的指导作用，通过对渔光互补施工工法的研究，提高了渔光互补施工的效率，降低了建设单位投资成本，提升了施工过程中的安全保障，为后期渔光互补施工的形式及作业方法奠定基础，极大地推广了渔光互补项目的建设，社会效益显著。

11 应用实例

该渔光互补施工工法先后应用于本长丰县林庄水库20MW渔光互补发电项目工程、华容晶盛二郎湖40MW渔光互补光伏发电项目工程、澧县如东镇水沐堰20MW渔光互补分布式光伏发电项目工程，取得良好的经济效益与社会效益。

锥螺纹式薄壁不锈钢管道施工工法

肖伟明　伍拥军　张　健　李　里

湖南省工业设备安装有限公司

摘　要：现有薄壁不锈钢管常用连接方式在施工和使用过程中存在不同的缺陷，本工法结合长沙地铁一号线和二号线部分标段机电安装工程和给排水工程，对生活给水薄壁不锈钢管道采用锥螺纹连接技术，这种技术使薄壁不锈钢管不但能成型为螺纹接口管子，还克服了薄壁不锈钢管卡压、环压和承插氩弧焊连接等传统连接的缺陷。经过两条地铁线3个标段工程的不断完善，总结出了一套完整的、高效的锥螺纹式薄壁不锈钢管道的施工工法。

关键词：薄壁不锈钢管；连接；锥螺纹连接

1　前言

薄壁不锈钢管传统的连接方式有卡压连接、环压连接和承插氩弧焊连接，在施工和使用过程中存在不同的缺陷，比如：卡压和环压连接使用的密封圈寿命比不锈钢短，容易老化渗水，承插氩弧焊连接施工技术要求高、难度大，容易造成空气污染和水污染等。如何解决上述问题，以及如何保证连接快捷、可靠，且最大程度地节约材料，是我们需要解决的技术问题。

为解决以上问题，我们在连接方式上进行创新，在长沙地铁一号线和二号线部分标段机电安装工程给排水工程生活给水薄壁不锈钢管道采用锥螺纹连接。锥螺纹式薄壁不锈钢管道连接采用啮入成型螺纹技术，使用啮入螺纹机对管端啮入螺纹，令薄壁管子和管件的两端分别具有能相互直接旋合接驳的内外螺纹接口，以螺纹压力密封连接，其接口螺纹的特征是内外螺纹接口均具1∶16的圆锥度，螺纹的牙形角为60°，螺纹的牙顶和螺纹槽底都具同径并相切的圆弧。这种技术使薄壁不锈钢管不但能成型为螺纹接口管子，还解决了薄壁不锈钢管卡压、环压和承插氩弧焊等传统连接的缺陷。经过两条地铁线3个标段工程的不断完善，我们总结出了一套完整的、高效的锥螺纹式薄壁不锈钢管道的施工工法。

2　工法特点

锥螺纹式薄壁不锈钢管道的主要特点是材料轻便、管径损失小、安装快捷、密封性能强，适用于工作压力不大于1.6MPa且温度低于100℃的工业与民用建筑给水（冷水、热水、饮用净水）、燃气、医用气体等介质的输送，与一般薄壁不锈钢管道的区别在于其采用锥螺纹连接，其安装非常快捷，可节省大量人工。锥螺纹连接不同于焊接、卡压式等传统连接方式，由缩口与张口两部分组成（图1、图2），加工时将管口进行扩口或缩口，同时滚压出同样规格的成锥线上升的圆弧型螺纹。连接时，在螺纹上缠绕生料带或涂刷厌氧胶，然后插入张口内旋紧即可，并且传统螺纹接口管采用切削（绞牙）成型螺纹的方法，使螺纹沟槽底壁厚减薄形成应力集中，造成材料的疲劳破坏隐患。锥螺纹式薄壁不锈钢管道，由于采用啮入成型螺纹的方法令钢管和螺纹槽底的壁厚均匀，所以克服了传统螺纹接口管存在螺纹接口易疲劳断裂和在温差应力作用下容易渗漏的现象。薄壁不锈钢管由于管壁太薄，造成管段刚度差、易变性，直接影响安装和使用质量，锥螺纹式薄壁不锈钢管由于管段啮入螺纹后，令管段的结构壁厚比钢管管体增加了一个螺纹的高度，从而使管段的刚度提高50%以上，所以锥螺纹式薄壁不锈钢管有足够的管型刚度，保证了接口的连接质量。

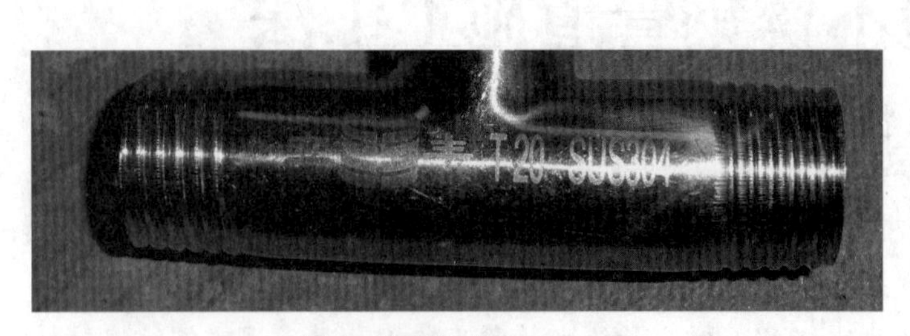

图 1　锥螺纹缩口

图 2　锥螺纹张口

3　适用范围

本工法适用于工作压力不大于 1.6MPa 且温度低于 100℃的工业与民用建筑给水（冷水、热水、饮用净水）、燃气、医用气体等介质输送用的锥螺纹式薄壁不锈钢管道的施工。

4　工法原理

锥螺纹式薄壁不锈钢管道连接采用啮入成型螺纹技术，使用啮入螺纹机对管端啮入螺纹，令薄壁管子和管件的两端分别具有能相互直接旋合接驳的内外螺纹接口，以螺纹压力密封连接，其接口螺纹的特征是内外螺纹接口均具 1∶16 的圆锥度，螺纹的牙形角为 60°，螺纹的牙顶和螺纹槽底都具同径并相切的圆弧。锥螺纹连接管道，接头处加工成带螺纹的锥形体，连接时既有承插式的便捷性，又有螺纹式的严密性。连接采用直接旋紧管件或管子，将带有圆锥管螺纹的内、外接口的两连接件旋紧，通过连接口螺纹的压力密封，达到连接效果。

5　施工工艺流程及操作要点

5.1　施工工艺流程

锥螺纹式薄壁不锈钢管安装分为裁切管材、锥螺纹成型、涂液态生料带、旋紧螺纹连接、清理管口余液等几个步骤。由于管道较薄，可采用砂轮切割机进行裁切；而锥螺纹的成型与旋紧螺纹必须使用专用工机具；安装完成后，必须清理余液，以保证输送介质不受污染及管道美观（图 3）。

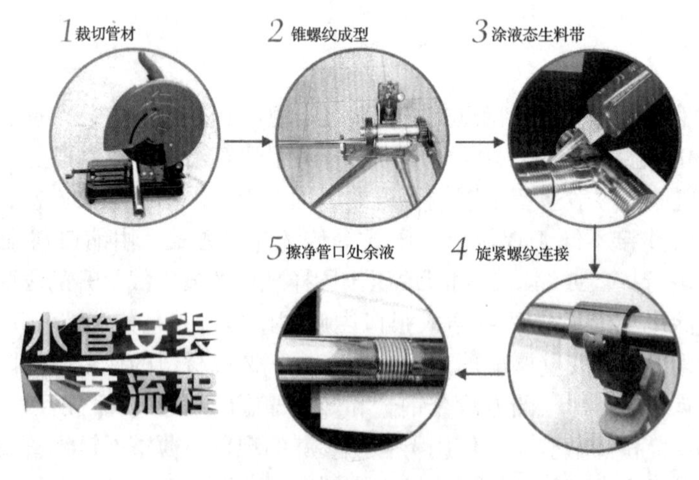

图 3　施工流程

5.2　操作要点

5.2.1　裁切管材

对施工现场进行放样，并安装好管道支架，测量各段管道长度。锥螺纹式薄壁不锈钢管道一般定尺6m，所以放样时，每段不应超过6m。根据所需长度，并考虑接头处长度，直接在现场利用切割机对管道进行裁切加工即可。

5.2.2　锥螺纹成型

锥螺纹式薄壁不锈钢管现场施工使用专用机具，包括专用管钳和现场开牙机，如图4所示。其中，DN15～DN25现场开牙机为手动式机具，DN32～DN200现场开牙机为电动式机具。每种型号管材管件都配备一种相应规格的管钳及开牙机，钳口大小与其相应管径相同。正确使用专用管钳拧紧时，不会导致管材管件出现变形、表面磨损、拧不紧等现象。如果因不锈钢表面光滑而导致使用专用管钳拧紧时打滑，可在管材管件表面包覆一层干净薄布后再用管钳夹住拧紧。

图4　现场开牙机操作

特别注意一点，由于缩口机具较大较重，厂家提供的现场开牙机均只能扩口加工张口，所以在管道切割与管道布置时应考虑这一点，尽量避免加工缩口这种情况。

现场开牙机操作步骤：

（1）检查现场开牙机紧固件是否有松动，焊接部位是否有开裂、变形等异常锥螺纹式薄壁不锈钢管现象。

（2）为确保使用安全，应检查电机电缆是否有破损、渗入水、漏电等现象。

（3）接上电源，先开机3～5min润滑机台，并查看电机转向与机台上的标注箭头方向是否一致。

（4）停下电机，转动手盘，旋转调节螺杆的上螺母，使上下牙模打开，将不锈钢管导入下牙模，至约7个牙距的深度，反转手盘，压紧到调节螺杆无法摇动为止。根据经验数据，一般DN80以下口径管材需滚压5～8圈；DN100～DN125口径管材需滚压10～16圈；DN150～DN200口径管材需滚压20圈以上。

（5）开机滚牙后，观察是否有错牙等现象，用游标卡尺测量牙高是否达标，用试旋紧方法检验扩口斜度是否符合表1中的尺寸。如果现场实际开牙的牙高不符合表1中的要求时，则需技术人员调整现场开牙机，首先把调节螺杆下面一对螺母的下螺母往下拧开，从而打开上下螺母的固定定位，然后往上移动这对螺母的上螺母，可以减少牙高；往下移动这对螺母的上螺母，可以增加牙高。调节完成后，在固定住这对螺母的上螺母的同时，把这对螺母的下螺母往上拧，直到与上面那个螺母拧紧，形成相对锁死状态的固定定位为止。

表1　管材含壁厚牙高尺寸　mm

型号	含壁厚实际牙高	型号	含壁厚实际牙高
DN15	0.85 ± 0.05	DN65	1.90 ± 0.12
DN20	0.90 ± 0.05	DN80	1.96 ± 0.14
DN25	1.10 ± 0.06	DN100	2.20 ± 0.16
DN32	1.30 ± 0.06	DN125	2.88 ± 0.16
DN40	1.40 ± 0.10	DN150	3.00 ± 0.18
DN50	1.40 ± 0.10	DN200	3.80 ± 0.20

（6）每个班次现场开牙前，应先试开牙，以检查第一个开出的牙是否符合扩口牙的扩口斜度要求，步骤如下：

①现场生产扩口牙与缩口牙的配合要求如下：DN50以下初步松配合（不借用专用管钳，用手工旋紧）余约2个牙，DN65以上（含65）初步松配合（可用专用管钳适当旋紧）余2～3个牙。

②正式连接时，把螺纹涂上液态生料带后，用专用管钳紧配合拧紧后，接口两端余 0.5 ～ 1 牙为合格。

5.2.3 涂液态生料带

使用合格的液态生料带，在接头处涂抹均匀即可。

5.2.4 旋紧螺纹连接

使用管钳将接头处的缩口插入对接管道张口用力顺时针拧紧。

图 5 对接旋紧

5.2.5 擦净管口处余液

管道拧紧后，应使用抹布马上将接头处的余液擦干净。待液态生料带自然风干后，管口即可承压，管道连接施工完成。

5.2.6 注意事项——管材管件的选择

建筑给水薄壁不锈钢管应具有国家认可的产品质量技术监督部门的检测报告；用于生活用水的管材和管件，还应具备省一级卫生检测部门的检测报告或认可文件。

管材和管件都应有出厂检验报告，并有生产厂家、材料牌号、规格尺寸等信息。不同应用场合的不锈钢材质选择可参考表 2 的规定。

表 2 管材管件材质选型

牌号	适用输送介质	水管氯离子最高浓度	
		冷水	热水
304（$06Cr_{19}Ni_{10}$）	直饮水，生活用水、空气、医用气体、冷水、热水等	200	50
316（$06Cr_{17}Ni_{12}Mo_2$）	耐腐蚀性比 304 高的场合	1000	250
316L（$022Cr_{17}Ni_{12}Mo_2$）	燃气、海水或高氯介质		

锥螺纹式薄壁不锈钢管基本尺寸见表 3。

表 3 锥螺纹式薄壁不锈钢管基本尺寸 mm

公称通径 DN	管材外径 DW	外径允许偏差	壁厚 t
15	15.0	± 0.20	0.60
20	19.0	± 0.20	0.70
25	25.0	± 0.25	0.80
32	31.8	± 0.30	0.80

续表

公称通径 DN	管材外径 DW	外径允许偏差	壁厚 t
40	40.0	± 0.35	0.90
50	48.3	± 0.40	0.90
65	63.5	± 0.45	1.20
80	76.1	± 0.50	1.20
100	101.6	± 0.60	1.50
125	133.0	± 0.80	2.00
150	159.0	± 0.80	2.00
200	219.0	± 1.0	2.50

注：

1. 管材壁厚的允许偏差按 GB/T 12771—2008 执行。
2. 管材有 3m 和 6m 两种定尺长度，特殊长度由供需双方协商确定。

管材及管件的外表应光洁，不得有裂缝、折叠、分层及氧化皮，焊筋应经抛光去除，其高度不得超过 0.15mm。

厂家提供的材料均已加工好锥螺纹，直管段为一头张口、一头缩口，管件均为缩口。在编制材料计划时，其规格与英制螺纹管道类似，对照规格表选择相应型号即可。但有两点不同：一是直管段连接不必购买接头，两根锥螺纹管道可不通过任何管件直接连接；其次，与常规的丝扣阀门等连接时，不能直接连接，应配置相应尺寸的丝扣转换接头（图 6、图 7）。

图 6　外丝转换接头

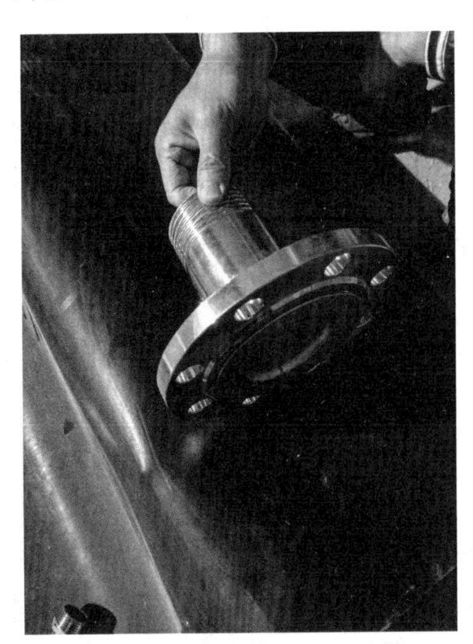

图 7　转换法兰

5.3 劳动力组织（表 4）

表 4　劳动力组织情况表

序号	单处施工	所需人数	备注
1	技术人员	1	
2	管道工	1	
3	辅工	2	
合计		4 人	

6　材料与设备

本工法需厂家配套设备，采用的机具设备见表 5。

表 5　材料工机具一览表

序号	机材名称	型号规格	单位	数量	备注
1	切割机	ϕ300mm	台	1	
2	开牙机	DN15 ～ DN200	台	1	
3	管钳		把	2	
4	扳手	450	把	2	
5	液态生料带		支	若干	
6	抹布		块	若干	

7　质量控制

（1）执行《建筑给水金属管道安装 薄壁不锈钢管道安装》(GTBT—114304，S407-2)。

（2）符合一般管道安装所需要求。

8　安全措施

（1）高处作业较多，应注意高处作业防护。

（2）符合一般管道安装的安全要求。

9　环保保护措施

（1）剩余材料应及时清理并放至指定地方统一处理。

（2）涂抹液态生料带时，应在地面垫放薄膜，以防污染地面。

10　效益分析

10.1　经济效益

本工法在确保质量的同时，节约了工期，经济效益显著。现以长沙地铁一号线和二号线 3 个标段的给水管道施工为例进行效益分析：

（1）本工法克服了以往施工中不锈钢给水管道的渗、漏隐患，保证了管道安装质量，避免了以往由于渗、漏而返工修补所造成的延误工期及其经济损失，节约了劳动用工，质量可靠、操作简单，投入成本低。长沙地铁二号线机电 3 标薄壁 DN40 不锈钢给水管道共计 8000m，正常条件下，采用焊接工艺施工，劳动用工 1448 工日，采用本工法施工只需 800 工日，可节省人工 648 工日，节约费用 648 × 100 元 / 工日 = 64800（元）。

（2）本工法同时节约了材料成本与用电成本。本工法基本不需要额外增加直接头等连接管件，相比传统螺纹式连接，每 1km 管道可节约管件约 160 个，长沙地铁二号线机电 3 标薄壁不锈钢给水管道施工共计节约管件成本约 115200 元。

（3）由于工艺简单，加工部件少，相比于其他安装工艺，可节约施工用电用机械台班。经测算，长沙地铁二号线机电 3 标薄壁不锈钢给水管道施工节约机械台班用电约 1056 度，节约 96 个焊机台班，节约费用 1056 度 ×1.1 元 / 度 +96 焊机台班 ×192.72 元 / 台班 =19662.72（元）。

（4）长沙地铁二号线机电 3 标薄壁不锈钢给水管道施工采用本工法，共计节约成本约 19662.72 元。

10.2　社会效益

采用本工法施工，能大量节约安装成本，提高工程进度，提高安装质量，降低环境污染，在节能环保等方面产生显著的经济效益及良好的社会效益。

10.3　节能和环保效益

本工法施工一次完成，全部采用机械冷加工操作，可有效降低焊接等引起的环境污染，同时采用较少的材料，极低的返工率，从而减少国家治理污染的支出，具有难以估量的间接收益。本工程作为地区绿色建筑的典范，具有非常好的节能和环保效益。

11　应用实例

本工法在长沙地铁二号线机电 3 标段、长沙地铁一号线机电 02 及 04 标段等工程应用后，证明质量优良，社会效益、经济效益及节能环保效益较好。

长沙市轨道交通二号线一期工程 3 标段，于 2013 年 1 月开工建设，2014 年 1 月竣工，本标段包含长沙火车站、锦泰广场站、万家丽广场站、人民东路站及车站前后相邻两半个区间的通风空调系统、给排水系统、低压配电及动力照明系统、设备区建筑装修工程。约有 8000m 不锈钢给水管道安装。施工难点是安装空间狭小，工期要求高，工序衔接紧张等。通过采用本施工关键技术，较好地完成了给水管道的施工，施工方法更为灵活，在狭小空间内施工更有优势，节约了人力物力，缩短了工期。

长沙市轨道交通一号线一期工程范围为汽车北站至尚双塘站，线路全长 23.627km，全线共设车站 20 座。本工程全线共划分为 6 个标段，其中 02 标段及 04 标段工程范围含湘雅路站、营盘路站、五一广场站、南湖路站、黄土岭站及涂家冲站 6 个车站及车站前后相邻各半个区间的机电安装及设备区建筑装修工程。工程内容包含低压配电及动力照明系统、给排水系统、通风空调系统及设备区建筑装修工程等，于 2015 年 2 月开工，2016 年 4 月竣工，其中给排水系统生活给水管道采用薄壁不锈钢管，应用锥螺纹式薄壁不锈钢管道施工技术，与同类施工方法相比，取得了良好的经济效益。通过以上 3 个工程项目的实践应用，总结了施工经验，取得了一系列经济效益社会效益和节能环保效益，证明了该工法的先进性和实用性。

短木方指接接长施工工法

李　勇　刘　彬　刘艳芝

湖南省第二工程有限公司

摘　要： 木方背楞龙骨在经过几次周转使用后会产生大量的短木方，不仅造成浪费，而且影响安全文明施工。本工法提出了一种短木方接长技术，利用木方对接机械将短木方的连接端加工成齿槽，在齿槽内注入黏结材料，将两段短木方的齿槽对合，利用对接机械的顶压功能使两段木方紧紧咬合连接。利用该技术接长后的木方具有与原木方相同的性能，接头受力可靠，可使短木方接长后得到重新利用，达到节约木材提高效益的目的。

关键词： 短木方；接长；齿槽；黏结

1　前言

当前混凝土结构施工过程中需使用木方做模板背楞龙骨，在经过几次周转使用后产生大量的短木方，受长度短小的制约，这部分短木方不能得到很好地利用，造成了大量木材的浪费，这既不符合绿色施工的要求，也使施工成本增加，经济效益降低，还给现场安全文明施工带来了安全隐患。如何处理这些废弃短木方，使之再利用，对降低施工成本、节省木料资源和环境保护有着十分重要的意义。我公司通过多个项目实践应用，短木方指接接长施工工法能很好地解决废弃短木方的再次利用问题，为进一步推广此施工工法所带来的利好效益，现总结归纳形成本工法。

2　工法特点

（1）短木方接长再利用，有利于现场文明安全施工，减少了现场堆积物。

（2）短木方经加工接长，有利于节省木材，降低施工成本，减少资源浪费。

（3）有利于环境保护，减少污染，符合节材与绿色施工、循环经济的要求。

（4）操作方便，易于掌握，效率较高。

3　适用范围

广泛适用于建筑施工中的模板工程对废弃短木方再回收利用的工程。

4　工艺原理

短木方指接接长技术是利用木方对接机械将短木方的连接端加工成齿槽，在齿槽内注入黏结材料，将两段短木方的齿槽对合，利用对接机械的顶压功能使两段木方紧紧咬合连接。利用该技术接长后的木方具有与原木方相同的性能，接头受力可靠，可使短木方接长后得到重新利用，达到节约木材提高效益的目的。其示意图如 1 所示。

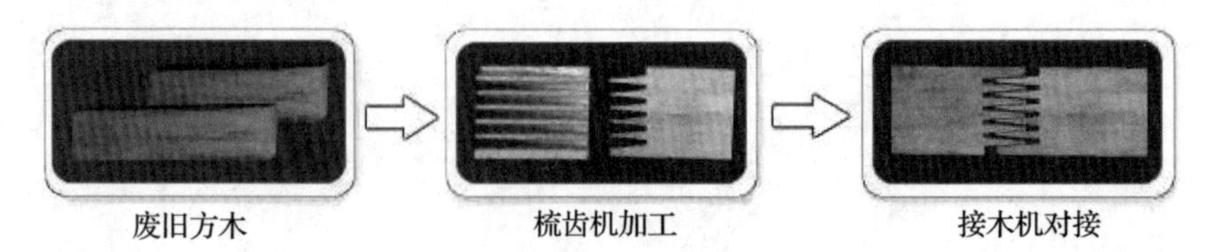

图 1　短木方指接接长示意图

5 工艺流程与操作要点

5.1 工艺流程

短木方表面清理→端头截齐→木方开榫齿→齿槽涂刷黏结剂→压合成型→养护固化→检验。

5.2 操作要点

5.2.1 短木方表面清理

将准备接长的短木方进行清理，主要清除木方上的铁钉及表面水泥砂浆等附着物；清理干净的短木方按照长度码放整齐，等待进行上机压紧齐头锯平。

5.2.2 端头截齐

将清理干净的木方放在工作台上，用齐头挡板挡平，开动气缸使侧向和垂直方向的两气缸先后工作将工件压紧，然后启动电机，电机带动切头锯片按逆时针方向旋转，用手均匀地向前推动工作台，使工件齐头、锯平。

5.2.3 木方开榫齿

将锯平的木方通过梳齿开榫刀进行铣齿，当工作台推到顶端后，松开气动压紧装置，随后推料气缸将工件推回，工作台复位。重复上述过程，就完成了工件的批量加工。

5.2.4 齿槽涂刷黏结剂

将铣齿完毕的木方通过双组分拼板胶按使用说明要求，将主剂与固化剂按 100∶15 的比例，在塑料桶内搅拌均匀。采用梳齿单头涂胶，将木方一端的梳齿浸入胶桶内，以梳齿浸没为度。

5.2.5 压合成型

先把前一段木方排放在齿接机上，将后一段涂胶的梳齿头对准机上木方对接处。依次把木方初接到规定长度后，用气压将接头接上、侧向压平，用油压将接头木方纵向挤紧，使梳齿结合紧密，再利用气动升降定长截锯。

5.2.6 养护固化

对接好的木方经自然养护 24h 后方可搬运，堆放在事先准备好的防雨棚里。3d 后方可使用、受力。养护期间必须防止雨淋，以免影响接头强度。

5.2.7 检验

每批通过正常程序完成的成品，经经过 3d 自然条件养护后的木方接头进行弯折试验直到断裂。断裂必须不在接头处，接头完好方能投入到施工中。

6 材料与设备

6.1 主要材料

（1）短木方：对接用的短木方其长度应≥ 50mm（鉴于经济利益考虑），且应无污损，对接前应将表面水泥、泥土、钉子等杂物清理干净。

（2）胶粘剂：双组分水基聚合物 - 异氰酸酯木材胶粘剂应符合《水基聚合物 - 异氰酸酯木材胶粘剂》（LY/T 1601—2011）要求，使用的胶粘剂必须有出厂质量证明书，理化性能指标、胶接性能指标应满足表 1、表 2 规定。

表 1 理化性能指标

项目	单位	理化性能指标	
		主剂	交联剂
外观	—	无异物	无异物
不挥发物	%	≥ 30	—
黏度	Pa·S	≥ 0.1	≥ 0.01 ～ 3.5
pH 值	—	4.5 ～ 8.5	—

续表

项目	单位	理化性能指标	
		主剂	交联剂
游离甲醛含量	g/kg	≤ 0.5	—
水混合物	倍	≥ 2	—
储存稳定性	h	≥ 15	—
异氰酸酯基质量分数	%	—	≥ 10
适用期（23℃）	min	≥ 10（Ⅰ型），≥ 10（Ⅱ型）	

表 2　胶结性能指标

项目		胶结性能指标			
		Ⅰ型		Ⅱ型	
		Ⅰ类	Ⅱ类	Ⅰ类	Ⅱ类
压缩剪切强度（MPa）	常态	≥ 9.8	≥ 9.8	—	—
	热水浸渍	—	≥ 5.9	—	—
	反复煮沸	≥ 5.9	—	—	—
拉伸剪切强度（MPa）	常态	—	—	≥ 1.2	≥ 1.2
	热水浸渍	—	—		≥ 1.0
	反复煮沸	—	—	≥ 1.0	

6.2　主要机具

（1）主要设备：梳齿开榫机、空压机、梳齿对接机。

（2）主要工具：羊角锤、毛刷、扫帚、油灰刀、卷尺。

7　质量控制

7.1　本工法实施过程中应严格执行以下技术标准

（1）《木结构设计规范》(GB 50005—2017)。

（2）《混凝土结构工程施工质量验收规范》(GB 50204—2015)。

（3）《混凝土结构工程施工规范》(GB 50666—2011)。

（4）《建筑施工模板安全技术规范》(JGJ 162—2014)。

7.2　质量控制措施

（1）短木方端头胶粘剂应涂刷严密，并浸入缝内，不得漏刷。

（2）短木方接头处的平整度、接头强度等均需满足规范要求。

（3）接头压合时，应保证压合时间和顶压强度，保证压合质量。

（4）短木方经指接接长的成品，应经 3d 自然条件养护达到强度经检验合格后方能投入使用。

（5）接长后的成品应设置防雨措施，尤其是养护固化期间不得淋雨。

8　安全措施

（1）接木机械操作人员必须经专业培训，熟练掌握短木接长技术、机械操作安全技能，施工操作前作好安全技术交底。

（2）使用电锯、压合机必须严格执行《电锯安全操作规程》和《电气设备安全操作规程》，确保操作及用电安全。

（3）操作人员应做好劳动保护，带口罩、手套。

（4）电锯、压合机等机械应做好安全防护和保护接零装置，以免伤及人员与触电。

（5）压合接长后的木方应整齐排放，高度不超过 1.8m。

（6）现场周边应做好防火、防雨措施与设施。

9　环保措施

（1）现场做好安全围挡，防止木屑飞扬污染环境。

（2）及时清理木屑及垃圾，保持好现场文明卫生。

（3）为避免伤害身体，所有拼板胶必须为环保产品，且废弃的胶桶归整统一处理。

（4）作好胶粘剂的使用管理，防止有害气体挥发。

（5）操作棚必须设在离生活区 100m 外，以免截锯时噪声影响工人生活。

10　效益分析

10.1　技术经济效益

每 $1m^3$ 木方（60mm × 80mm）的接长成本为胶粘剂：100 元；人工费：26 元；电费 20 元；其他费用：4 元，合计 150 元。可节约 350 元，重新购置 $1m^3$ 木方（60mm × 80mm）需 1400 元，则每 m^3 可节约 1030 万元。

10.2　生态环保社会效益

（1）减少了木材的使用量，节省了大量宝贵的木材资源。

（2）将废弃物回收利用，避免了环境污染，有利于生态环保。

（3）节材节能，变废为宝，符合节能减排低碳循环经济的要求。

11　工程应用实例

（1）神憩国际大酒店、商住楼工程

该工程位于郴州市苏仙区郴江路与郴州大道交界处，是由 1 栋五星级酒店和 1 栋公寓式高层住宅楼组成，总建筑面积约为 $81989m^2$。该工程模板工程周转产生的废弃短木方按照本工法接长施工重复利用，其模板工程安装质量各项指标均达到设计及规范要求，应用效果良好。

（2）长冲廉租房 1 号楼、5 号楼～ 8 号楼工程

该工程位于郴州市经济开发区长冲村，共有 5 栋多层廉租房，总建筑面积约为 $28099.6m^2$。该工程模板工程周转产生的废弃短木方按照本工法接长施工，其模板工程安装质量各项指标均达到设计及规范要求，应用效果良好。

（3）金科城一期二标段（15 号楼～ 19 号楼栋及地下室）工程

该工程位于郴州市苏仙区，共有 5 栋高层住宅楼，总建筑面积约为 $117497m^2$。该工程模板工程周转产生的废弃短木方按照本工法接长施工重复利用，其模板工程安装质量各项指标均达到设计及规范要求，应用效果良好。

硅酮结构胶密封玻镁防火板烟道接缝施工工法

吴　进　龙新乐　唐　凯

湖南省第五工程有限公司

摘　要：采用中性硅酮结构胶进行玻镁防火板烟道接缝处密封柔性处理，可以有效解决烟道漏烟问题。玻镁防火板烟道端部拼接时，在烟道拼接处 10cm 区域涂刷 3mm 厚中性硅酮结构胶，采用 10cm 宽玻镁防火板进行接缝保护，保护板采用铁钉固定，形成接缝柔性封闭。经过新桂广场·新桂国际项目烟道施工验证，中性硅酮结构胶密封玻镁防火板烟道接缝具有操作简单、密闭性好、变形协调能力强、耐久性好等优点，是值得推广的施工工艺。

关键词：防漏烟；硅酮结构胶；柔性封闭；玻镁防火板

1　前言

受施工环境、工艺之间的制约影响，烟道漏烟问题普遍存在。我国现行规范、技术标准及常见质量问题处理方法中均未明确具体的施工操作及注意事项。随着建筑业的飞速发展及生活水平的提升，生活环境质量越来越被重视，烟道防漏烟处理是当前一大热点。烟道漏烟问题主要出现在相邻烟道管接缝处，因此，研究开发一种可靠、有效的烟道接缝处理方法尤为重要。

2　工法特点

（1）操作简单：常温下即可进行施工，板材裁剪后进行简单机械连接即可完成，无须加热、焊接等工艺。

（2）密闭性好：接缝位置采用板材覆盖，板材与烟道之间注满中性硅酮结构胶，密闭性能优良。

（3）变形协调能力强：烟道材质为玻镁防火板，热膨胀系数大，温度变形小。接缝保护板材质与烟道板相同，接缝节点热膨胀系数相等，温度变形均匀。保护板与烟道之间填充的中性硅酮结构胶厚度大于 3mm，有效保证接缝节点具有足够的弹性。

（4）耐久性好：接缝四周均采用 10cm 宽保护板覆盖保护，保护板与烟道采用铁钉固定，密封材料为中性硅酮结构胶，耐久性能好。

3　适用范围

本工法适用于非金属材质烟道。

4　工艺原理

做好烟道端部弹 5cm 水平线、保护板切割等准备工作后，优先进行不便施工的贴墙一侧烟道接缝密封处理。在下部烟道贴墙面端部 5cm 区域及保护板粘贴面上均涂刷 2mm 厚中性硅酮结构胶后，采用铁钉进行保护板固定，保护板与烟道板之间的结构胶厚度不得小于 3mm。然后安装上部烟道，安装过程中必须确保保护板与烟道板间隙内的结构胶充实且厚度不小于 3mm。最后进行烟道外侧板固定工作并处理溢出结构胶，形成接缝柔性封闭。BIM 模型如图 1 所示。

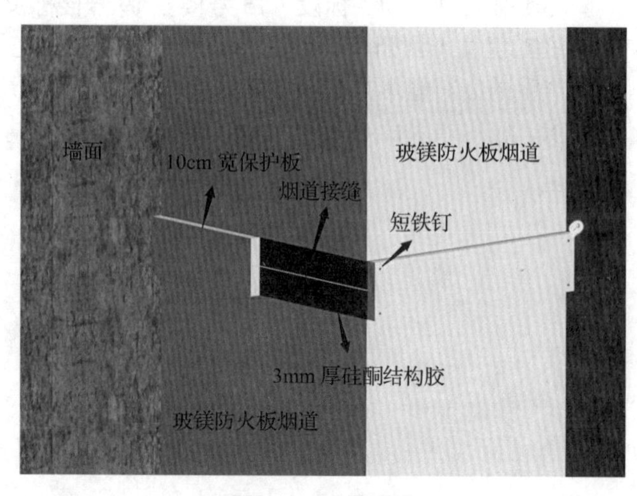

图 1　BIM 模型图

5　施工工艺流程及操作要点

5.1　施工工艺流程

保护板加工→弹线、胶带纸封底→贴墙面保护板刷胶固定→接缝涂胶→上部烟道竖向拼接→外侧板刷胶固定→质量检查及边缝处理。

5.2　施工操作要点

本工法以株洲市新桂广场·新桂国际项目玻镁防火板烟道施工为例，具体施工操作如下：

5.2.1　保护板加工

保护板长度为烟道外尺寸＋保护板厚度，宽度为10cm。保护板成批加工后转运至现场。

5.2.2　弹线、胶带纸封底

烟道接缝端部弹5cm水平线（图2）。为了防止中性硅酮结构胶从缝隙底部挤漏，在下部烟道弹线位置粘贴5mm厚度胶带纸用做封底（图3），确保保护板安装过程中，结构胶挤压密实，且向上流动。

弹5cm水平线

粘贴胶带纸

5.2.3　贴墙面保护板刷胶固定

贴墙面烟道板、保护板粘贴面均涂抹2mm厚中性硅酮结构胶，保护板与烟道采用短铁钉固定（图4）。贴墙侧保护板安装过程中应注意：烟道板与保护板上涂抹的硅酮结构胶，目测厚度之和不得少于3mm（图5）；受空间影响，内侧保护板无法与上部烟道固定连接，本工法通过4枚铁钉将内侧保护板与下部烟道固定，确保保护板连接可靠；固定保护板的铁钉长度必须小于保护板与烟道板厚度之和，铁钉禁止钉穿烟道板；保护板应预留钉孔，防止锤击过程中挤压结构胶，导致结构胶厚度不足，影响防漏烟施工质量；贴墙侧保护板固定施工完成后，保护板与烟道板间的硅酮结构胶厚度目测不得小于3mm。

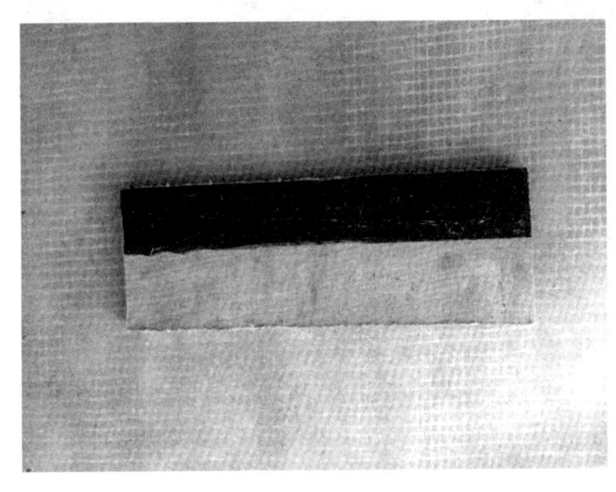

图4　保护板刷胶

图5　烟道涂胶

5.2.4　接缝涂胶

下部烟道竖向固定后，进行烟道接口处涂胶。涂胶部位为贴墙侧保护板内壁、烟道端部。其中，内侧保护板与烟道端部交界处涂胶应加厚处理（图 6）。

5.2.5　上部烟道竖向拼接

上部烟道贴墙面端部 5cm 区域涂胶，涂胶厚度不少于 2mm。涂胶工序完成后方可进行烟道竖向固定（图 7）。烟道竖向固定由 2 名工人上拉下提协同施工。烟道安装步骤为：提升上部烟道直至上烟道底部略高于下烟道端→初步对中安装→敲击烟道外侧面至烟道竖向安装准确。安装过程中应注意：烟道采取水平平行推进安装，必须保证贴墙面保护板与烟道板之间的结构胶厚度，确保密封施工质量。

图 6　接缝涂胶

图 7　烟道竖向拼接

5.2.6　外侧板刷胶固定

烟道竖向对接工序完成后，于烟道接缝区域 10cm 范围（弹线区域）满涂 2mm 厚硅酮结构胶，外侧保护板满涂 2mm 厚硅酮结构胶，保护板与烟道采用短铁钉固定，铁钉位置为保护板四角（图 8、图 9），注意事项同 5.2.3 内保护板固定。

图 8　接缝处涂胶

图 9　保护板安装

5.2.7　质量检查及边缝处理

接缝节点施工完毕后进行质量检查及边缝处理。质量检查过程中必须保证光线充足，主要检查点为硅酮结构胶厚度是否满足要求，保护板与烟道板间是否存在通缝。针对质量检查过程中的问题，采取相应措施，所有细部问题处理完毕后，进行保护板侧边线涂胶抹缝及层间固定（图 10）。

图 10　成品样例

6　材料与机具设备

6.1　材料

玻镁防火板烟道、10cm 宽玻镁防火板、中性硅酮结构胶、2cm 长铁钉、5mm 厚胶带纸。

6.2　机具设备（表 1）

表 1　机具设备和工具准备表

序号	机具名称	规格	用途
1	钢卷尺		长度测量
2	墨斗		弹线
3	胶枪		挤涂结构胶
4	锤子		固定铁钉
5	挂钩		烟道安装
6	吊线坠		垂直度校验

7　质量控制

7.1　执行标准

《住宅厨房排烟道》(JG/T 3028—1995)。

《住宅厨卫组合式耐火型排气道（二）》(湘 2012J902)。

7.2　主要控制措施

熟悉图纸及相关施工规范、标准，技术部门做好方案工作，并组织各方对施工方案进行可行性论证。

召开现场技术交底会议，就烟道施工技术要求对现场施工及质检部门交底并划分相应职责范围，使其施工前作好充分准备。

对各专业队伍进行施工前技术、质量交底。

硅酮结构胶涂刷均匀，不得出现漏涂现象，且完成面胶体厚度不得小于 3mm。

保护板应预留钉孔，防止锤击过程中挤压结构胶，导致结构胶厚度不足，确保施工质量。

8　安全措施

8.1　执行标准

《建筑施工安全检查标准》(JGJ 59—2011)。

《建筑机械使用安全技术规程》(JGJ 33—2012)。

《施工现场临时用电安全技术规范》(JGJ 46—2005)。

《建设工程施工现场环境与卫生标准》(JGJ 146—2013)。

8.2　安全措施

加强安全管理，建立健全安全生产责任制，坚定不移地贯彻“安全第一，预防为主”的安全生产方针，形成全方位的安全管理体系，施工现场做到：“一管”“二定”“三检查”“四不放过”。

烟道施工过程中，临边作业为主要危险源。烟道洞口封盖必须随工序作业拆除，禁止一次拆除多层。

认真落实“安全三宝”的正确使用。施工作业区域，设置明显的安全警示标志，并设专人警戒。

现场安全员有权制止违章指挥和违章作业，遇有险情应立即停止施工作业，并报告工程项目领导及时处理。

9　环保措施

9.1　执行标准

《建设工程施工现场环境与卫生标准》(JGJ 146—2013)。

《绿色施工导则》。

9.2　环保措施

正常环境下即可进行本工法施工，作业过程清洁、低噪声，无水体、扬尘污染。中性硅酮结构胶设专人管理，现场施工人员必须穿戴塑胶手套施工。当日作业施工完毕，及时进行场地清理，保护板与硅酮结构胶包装袋分类存放。

10　效益分析

10.1　经济效益

以新桂广场·新桂国际玻镁防火板烟道（尺寸为 340mm×510mm）施工为例，相比普通烟道做法，本工法增加成本为烟道保护板、硅酮结构胶、铁钉及人工（表 2）。

表 2　增加成本表（元）

项次	金额	备注
人工	71×10=710	10 元 / 节
硅酮结构胶	71×20/3=473	3 个节点 / 支
保护板	71×10=710	10 元 / 节
铁钉	20	
胶带纸	40	
合计	710+473+710+20+40=1953	

注：表中 71 为烟道节点数量。

10.2　社会效益

中性硅酮结构胶密封玻镁防火板烟道接缝施工工法具有操作简单、密闭性好、变形协调能力强、耐久性好等优势。通过采用较小成本有效解决烟道漏烟问题，施工质量受到业主好评，在树立企业良好形象的同时，提高了企业知名度。

11　应用实例

株洲市新桂广场·新桂国际工程 1 号楼办公楼、2 号楼住宅楼玻镁防火板烟道均采用本工法施工，烟道采用施工电梯转运，2 名施工人员单日作业 9 层。工程实例表明：本工法操作便捷、施工速度快、施工过程绿色环保。通过增加小额成本，达到了高质量防漏烟效果的目的。

平树池 PVC 管抽排除积水施工工法

陈　迪　颜昌明　张凌志　于　智　尹耀民

湖南省第五工程有限公司

摘　要：人行道路基压实度较高会导致雨水无法正常渗透，容易致使树根受到雨水的浸害，进而成活率较低。为提高乔木的成活率，在树池底部埋设碎石滤水层，通过插入滤水层的 PVC 管抽排积水，增加树根部透气，防止烂根，同时还可观测树池内积水深度。本工法适用于与周围路面的高差小的平树池施工。

关键词：平树池；PVC 管；抽排积水

1　前言

人行道绿化是城市街道绿化最基本的组成部分，它对美化环境，丰富城市街道景观、净化空气具有重要的作用。通常在人流量较大，空间较小的街区采用间距宜为 5 ～ 7m 的行道树，周围砌筑 1.5m × 1.5m 米的方形树池，树种采用干直、冠大、树叶茂密、分枝点高、落叶时间集中的乔木，而这种树也就是我们常说的精品树。由于这种树种植于人行道树池中，人行道的路基压实度一般为 90% ～ 92%，雨水无法正常渗透，致使树根容易受到雨水的浸害，导致乔木成活率低，为确保乔木的成活率，我们通过对乔木的保护及施工工艺进行研究，提高乔木的成活率。

通过对株洲云龙示范区北欧小镇 F 道路人行道平树池 PVC 管抽排积水施工工艺的不断优化、总结完善，而形成本工法。

2　工法特点

（1）随时可以观测树池内积水深度。

（2）增加树根部透气。

（3）通过抽排树池底部积水，防止烂根。

3　适用范围

本工法适用于树池与周围路面高差小的平树池。

4　工艺原理

本工法主要是在树池底部埋设碎石滤水层，通过插入滤水层的 PVC 管抽排积水。施工工法断面图如图 1 所示，吸水设备示意图如图 2 所示。

5　施工工艺流程及操作要点

5.1　施工工艺流程

施工准备→树池开挖→砂砾石及 PVC 管安放→土工布安放→种植乔木及回填种植土→观察水位抽排积水。

5.2　操作要点

5.2.1　施工准备

（1）根据现场实际情况及设计图纸制订施工方案。

（2）落实人员配备，进行安全培训和技术交底。

（3）选择合适的机械及辅助设备。

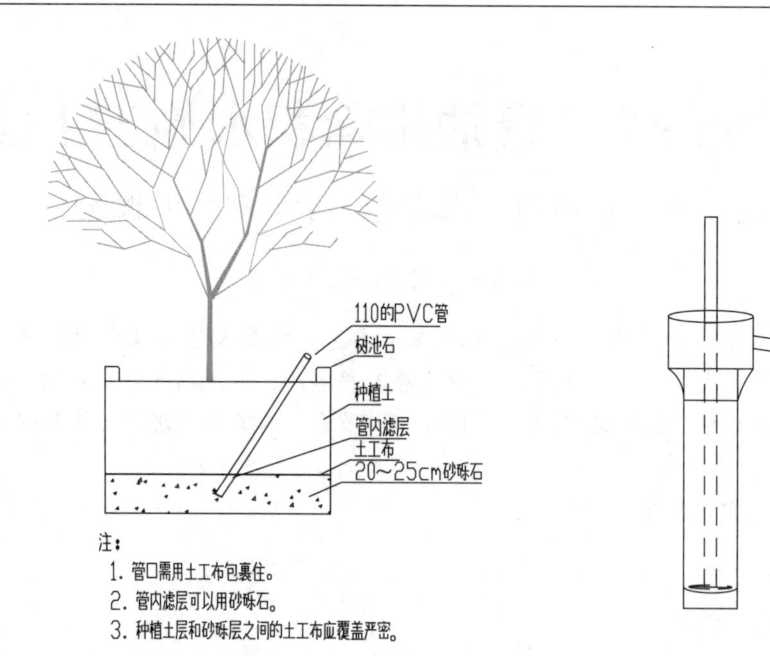

图 1　施工工法断面图　　　图 2　吸水设备示意图

5.2.2　树池开挖

根据图纸测量放样出树池的具体位置，根据现场施工场地的具体情况选择机械或者人工开挖树池，其深度应比设计深度深 25cm，并将其取出的土外运。

5.2.3　砂砾石及 PVC 管安放

人工或机械将砂砾石放置树池中，厚度保证在 20 ~ 25cm，在其树池的一角安放 PVC 管，管子顶部应超出树池石设计标高 10 ~ 20cm，PVC 管的底部放在砂砾石 5 ~ 10cm 深处，并安置一块土工布并使其固定在管子底部，起过滤作用，为了美观，其露出树池石部分高度应一致，且方向一致。

5.2.4　土工布安放

该工法的核心是利用砂砾石及土工布的过滤功能让雨水能被 PVC 管抽出，而种植土却不会流失。土工布安放是关键，不能让种植土直接与砂砾石接触，土工布应严密地覆盖住砂砾石，起到过滤泥土的作用。

5.2.5　种植乔木及回填种植土

种植土覆盖土工布到种植乔木的设计底标高，利用机械及人工辅助种植乔木到树池中，回填种植土到设计标高。利用绿化给水管给刚种植的乔木饱和浇水，使其树堆本身的土与种植土紧密结合。

5.2.6　观察水位抽排积水

因树池石位于人行道，其饱和浇水的水难以通过渗透的方式流入地下而存在于树池中，让乔木的根部被水浸泡，容易烂根。为了提高乔木成活率，需安排专人观测水位。

雨季时，雨停后马上观测，有积水就要立刻抽出。抽排积水的方法：用图 3 的汲水设备通过预先埋设的 PVC 管人工抽出树池中多余的水。

图 3　平树池 PVC 管抽排除积水施工示意图

干旱时预先埋设的 PVC 管也有它的作用。干旱时，对乔木的水分供应量比较大，需消耗大量的人工，这时候只需要对预先埋设的 PVC 管进行灌水，水灌至砂砾石顶面即可。因乔木能从底部充分吸收到水分，从而减少人为的灌溉。

不管是雨季还是旱季，都可通过 PVC 管随时掌握树池中水的含量，及时做出正确养护信息，确保了树的成活率。

6　材料与设备

6.1　材料设备（表 1）

表 1　乔木种植材料设备表

序号	材料设备名称	规格	单位	数量	备注
1	PVC 管	110	mm	一套	每一个树池内需要 1 ～ 1.5m 长的 PVC 管
2	小型挖机		辆	1	
3	手扶拖拉机		辆	1	
4	洒水车		台	1	
5	土工布		㎡	2	根据树池大小来定，但一定要覆盖住砂砾石
6	砂砾石		t	1	根据实际树池大小确定
7	吸水设备		套	2	
8	吊车	16	t	1	

6.2　人员配备

根据施工工序的安排，综合考虑配备专业绿化施工人员 15 人。

7　质量控制

7.1　参考技术规范

《园林绿化工程施工及验收规范》(CJJ 82—2012）。

7.2　质量控制措施

建立质量管理机构，落实质量岗位责任制，层层分解，把质量控制到具体落实到每一个部门、每一个员工。严格按现行的施工规范进行施工，按照验收标准进行检查，抓好每一道施工工序。

（1）测量放线：根据道路中线及路缘石人工丈量放线。

（2）PVC 管安放：严格按照施工方案施工，检查 PVC 管底土工布是否固定，土工布是否严密覆盖砂砾石。

（3）土工布检查：回填部分种植土后，可适当浇水，用汲水设备通过 PVC 管抽取水，抽出的水含泥量不大即可。否则从新铺设土工布。

8　安全措施

（1）施工时所有作业人员必须佩戴安全帽，穿防滑鞋。

（2）树池开挖时挖掘机操作和汽车装土行驶要听从现场指挥，所有的车辆必须严格按规定的开行路线行驶，防止撞车。

（3）夜间作业时，机上及工作地点必须有充足的照明设施，在危险地段应设置明显的警示标志和护栏。

（4）土方开挖前，应检查周边现场环境，清除安全隐患，施工中密切观察、观测施工环境中的不安全因素，及时做好安全防护措施检查。

（5）大树吊装时，司机和指挥人员要经过专业的培训，并经培训部门考核合格后持证上岗，严禁顶岗和无证操作。指挥人员在作业前要熟悉机车的性能并了解所起吊的重量及现场周围环境。

（6）吊装前，作好安全教育及安全技术交底工作，作好吊环、起重绳及起重机的检查，发现问题及时解决。

（7）在吊装作业前必须将支腿支设牢固、平稳、不倾斜。开始吊装前，吊装人员必须详细检查被吊物是否牢固，任何人不准随吊装设备升降。

（8）起重机操作人员在操作时，精神要集中，要服从指挥人员指挥。

（9）起重机在使用中回转半径范围内严禁站人。

（10）吊装作业时，警戒区域挂警示牌，非作业人员不得入内。

（11）严禁在风速六级以上或大雾天进行吊装作业。

（12）在吊装过程中如因故中断必须采取安全措施。

（13）夜晚吊装作业必须有充足的照明。

9　环保措施

（1）加强施工现场管理，坚持文明施工。遵守关于控制环境污染的法律和法规，采取必要的措施，防止扬尘、噪声等物质对环境的污染，采取科学方法，将对周围环境的影响减到最低限度。

（2）工程完工后认真清理沿线杂物，恢复原有地貌，并将弃土弃至指定地点，沿途必须做到渣土覆盖外运，现场有洗车设备。做到干净利落，文明退场。

10　效益分析

此工法简单适用，特别对于人行道、非机动车道种植乔木。一般人行道、非机动车道乔木种植的死亡率有 30%，而用此法能方便绿化养护人员时刻掌握树木生长情况，及时做出养护，有效地保证乔木的成活率，使其成活率达 90% 以上。

11　应用实例

实例一：株洲云龙示范区北欧小镇 F 路新建工程位于云龙示范区的西北部，为云龙示范区城市道路之一。人行道树池种植直径为 18cm 的法国梧桐 200 株，采用平树池 PVC 管抽排除积水施工技术。工程于 2013 年 4 月 10 日开工，2017 年 11 月 20 日竣工。

应用效果：采用平树池 PVC 管抽排除积水施工技术，人行道树池乔木成活率从 80% 提高至 100%。

实例二：武广新城长江西路（湘芸路至西环线东辅道段）道路新建工程全长 2133.182m；道路等级为城市主干道。绿化带种植木荷 350 株，采用平树池 PVC 管抽排除积水施工技术。工程于 2013 年 8 月 1 日开工，2017 年 1 月 30 日竣工。

应用效果：采用平树池 PVC 管抽排除积水施工技术，绿化带种植乔木及其他植物从 70% 提高至 95%。

实例三：株洲市昆仑山路（长江西路～南塘路）新建工程，南起南塘路，北至长江西路，往北对接天元区七区、三十三区段昆仑山路，往南对接南塘路和荷花路，是天元区内一条重要的纵向主干路、景观之路。其建设有利于形成片区骨架路网，带动沿线用地开发，促进整个片区的发展建设。人行道树池种植直径为 15cm 的青桐 150 株，采用平树池 PVC 管抽排除积水施工技术。工程于 2016 年 11 月 1 日开工，绿化工程于 2017 年 11 月 15 日竣工。

应用效果：采用平树池 PVC 管抽排除积水施工技术，人行道树池乔木成活率从 70% 提高至 95%。

雨水收集综合应用绿色施工工法

吴太旺　李雄卫　石艳美　吕泓剑　曾　攀

湖南省第一工程有限公司

摘　要：为解决施工现场供水不足问题，在地下室开挖过程中使作业面低于周边环境，结合基坑排水和施工场地排水设施将雨水导入集水井，经沉淀处理后导入消防水池，再利用施工现场给水和消防喷淋等系统将雨水送到各用水点，形成雨水收集与综合应用系统。

关键词：雨水收集系统；集水井；沉淀池；消防水池

1　前言

随着绿色施工技术在建筑施工中逐步应用，其中施工节水作为一项关键技术日益得到施工企业的重视。当前，影响施工用水及技术应用的因素较多，其中市政供水不能完全配套，导致施工供水不足是主要原因之一。为有效解决上述问题，我公司结合现场实际情况，在综合利用雨水方面开展雨水收集与应用研究，主要利用施工场地排水设施，组织雨水导入集水井，经沉淀处理后导入消防水池，再利用施工现场给水和消防喷淋等系统将雨水送到各用水点。形成雨水收集与综合应用系统。通过永州市“两中心”等项目的应用，形成了本工法。本工法采用的雨水收集及应用系统，经济、安全、适用，工程质量易于保证，应用前景广泛。

2　工法特点

（1）本工法利用雨水收集与综合应用系统，节约了施工用水。有效缓解了市政供水不足的影响。

（2）本工法在系统安装过程中，充分利用消防给水系统，减少了在主体结构上单独预留孔洞。确保了建筑结构安全。

（3）本工法通过在塔吊大臂上布置喷淋系统对作业面混凝土进行养护和降尘，有效降低了养护作业人员的工作强度，提高了劳动效率，并能重复周转多次使用。

（4）本工法具有减少施工扬尘，节约水资源，环保等优点。

3　适用范围

主要适用于市政供水不能满足施工要求，年降水量大于1000mm地区的房屋建筑工程地下室（局部）与主体结构施工。

4　工艺原理

本工法通过地下室开挖过程中形成的作业面低于周边环境，在地下室施工中，结合基坑排水和施工场地排水设施将雨水导入集水井，经沉淀池后再导入消防水池（已经完成的消防水池作蓄水处理池）。同时，先期将必要的消防管连通，配置增压水泵，将经处理的雨水送至各施工作业面，形成雨水综合应用。参见图1、图2。

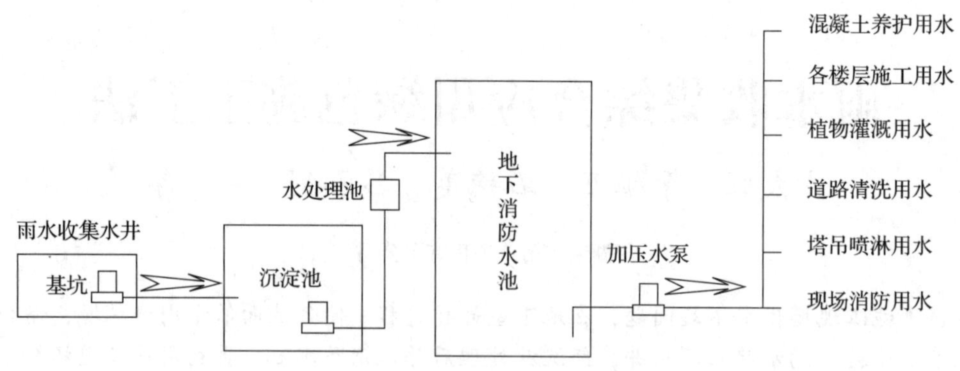

图 1　雨水收集及应用系统工艺原理图

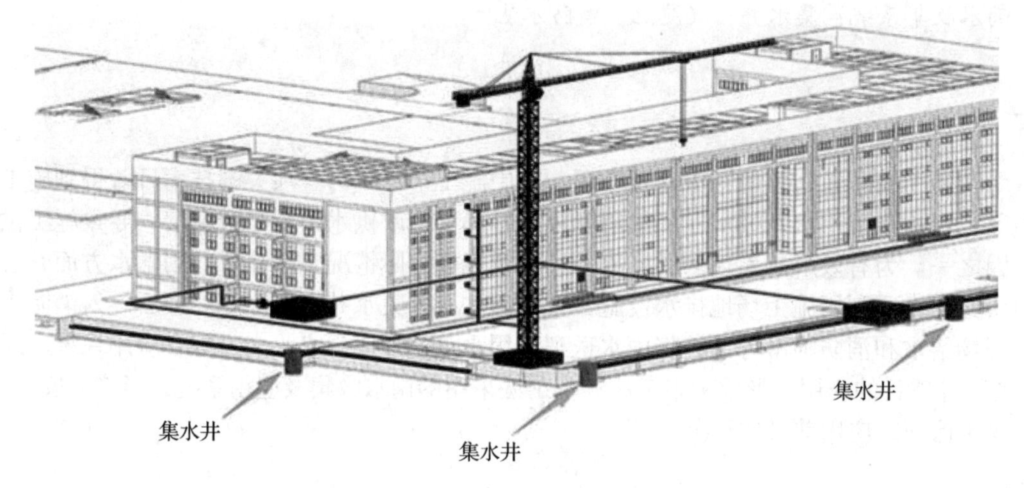

图 2　雨水收集及应用系统示意图

5　工艺流程与操作要点

5.1　工艺流程

施工工艺流程：施工准备→雨水收集系统施工（施工现场排水系统施工→雨水收集井施工→沉淀池施工→消防水池施工）→雨水综合应用系统施工（塔吊喷淋施工→现场消防用水施工→卫生间及冲洗用水点施工）。

5.2　施工工艺及操作要点

5.2.1　施工准备

（1）施工前，应收集施工现场的气象条件及降水情况，为雨水收集与利用提供参考依据。

（2）施工前，应编制雨水收集系统与雨水综合应用系统施工方案，对集水井和沉淀池、塔吊高空喷淋等系统的管线进行综合布置。

（3）根据专项方案布置，对参与施工的班组进行安全、技术交底。

5.2.2　雨水收集系统施工

（1）施工现场排水系统施工

①雨水收集系统集水井与排水沟布置：根据《现场施工平面布置图》及《地下室施工图》等资料，确定雨水收集系统排水沟走向、坡度与集水井最低点位置及标高。

②先进行集水井最低点位置施工，后逐段（标高由低到高）施工排水沟，最终组合成网，参见图 3。

③基坑回填前排水沟一般采用盲沟排水，盲沟内填砂石，达到滤水作用，具体做法根据现场基坑排水方案确定。

④基坑回填后排水沟一般采用明沟进行有组织排水：利用施工现场排水系统，组织雨水排入预先设置的集水井，排水沟采用直径 450mm 波纹管一开为二，排水坡度为 3%，详见图 4、图 5。排水沟

波纹管之间必须根据坡度进行搭接，由底往高处施工，搭接长度不小于 100mm。

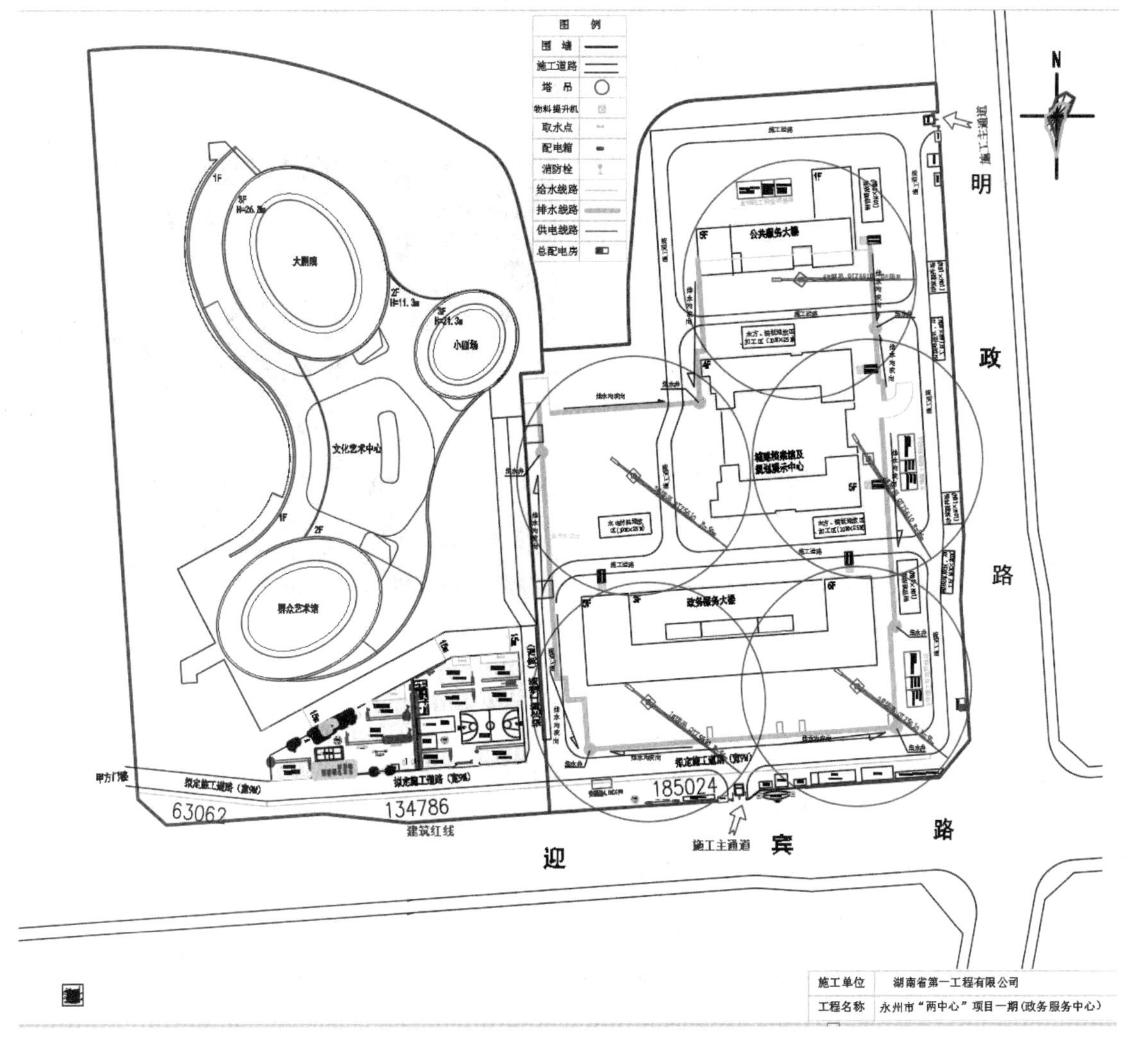

图 3　排水沟、集水井点布置图

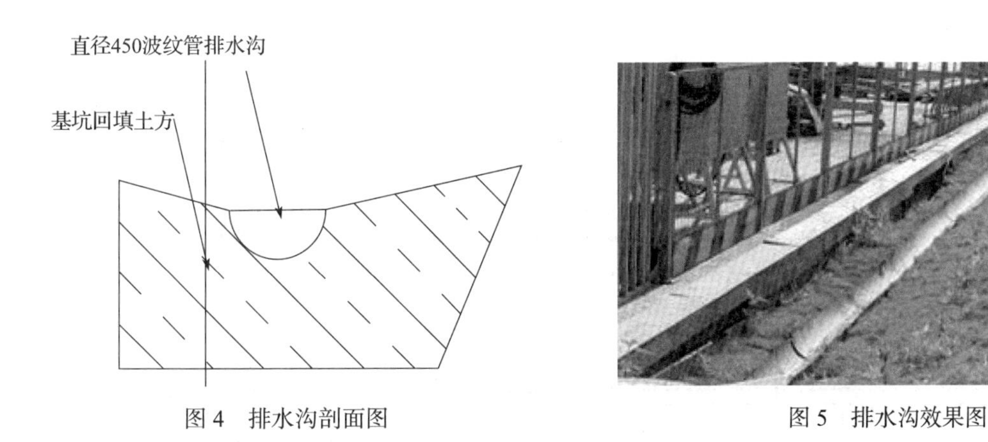

图 4　排水沟剖面图

图 5　排水沟效果图

（2）雨水收集井施工

①为确保收集的雨水洁净，集水井做法采用直径 800 ～ 1000mm 的水泥管砌筑，集水井设置间距不大于 50m，并与施工现场排水系统连通。

②第一阶段为土方开挖和基础底板施工阶段：井采用直径 800 ～ 1000mm 水泥管拼接而成，在地下室底板施工阶段只用一节，第二阶段为地下室后续施工完成后，基坑周边进行回填时采用多节拼接

到地下室顶板，水泥管之间采用防水砂浆拼接。

③集水井入水口应安设雨梳或栅格，防止树叶等杂物入井，并应及时清理。

④在集水井中设置潜水泵一台，将雨水导入沉淀水池。参见图 6、图 7。

⑤集水井在汇集雨水后，应进行沉淀后，方可导入消防水池。

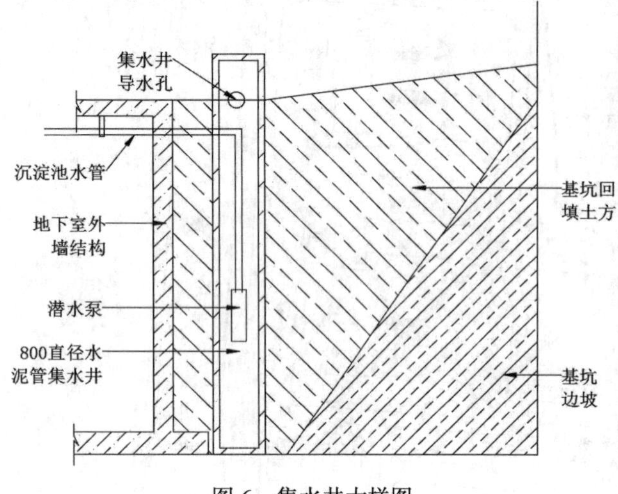

图 6　集水井大样图

图 7　集水井效果图

（3）沉淀池施工

①沉淀池采用砖砌后水泥抹光，底板必须使用混凝土。

②沉淀池外径尺寸长 6m、宽 3m、深度大于等于 1.5m，池壁和三级沉淀隔离壁厚度大于等于 200mm，底板厚度 200mm；满足排水量需要。如图 8、图 9 所示。

③沉淀池必须设置清理口，以便定期清理。

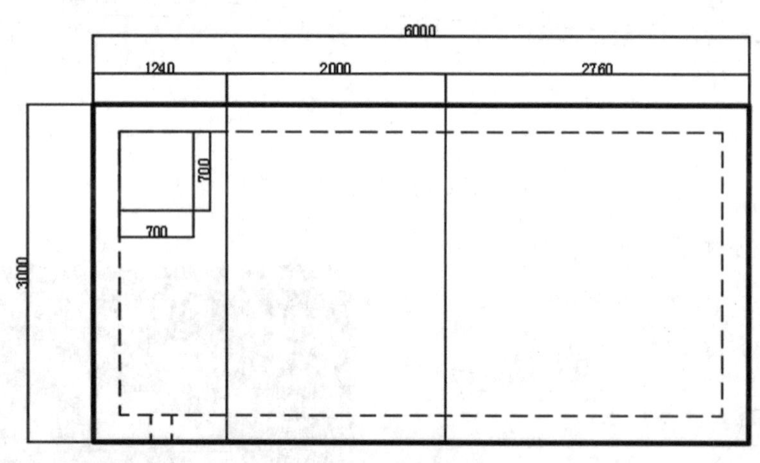

图 8　沉淀池平面图

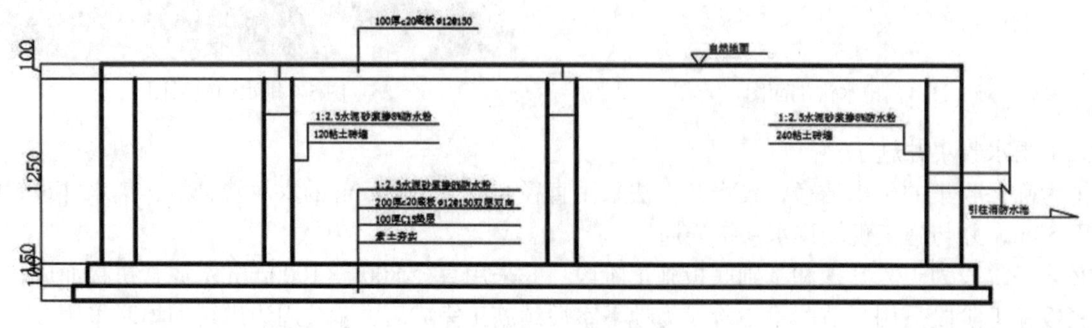

图 9　沉淀池立面图

（4）消防水池施工

①消防水池施工：先期按图纸施工消防水池及消防泵房，依据施工临时用水方案，结合消防设计图纸先行安装好出水等部分，充分利用原设计消防泵房和管网，作到节约资源。

②泵站施工：利用原设计消防水泵房的设备及设备基础，先期安装 80GDL40-12×7 多级水泵一台，配合施工用水管网，将处理后雨水送至各用水点。主水管直径 100mm。参见图 10。

图 10　消防水泵安装示意图

5.2.3　雨水综合应用系统施工

（1）塔吊喷淋施工

①喷淋系统包括：塔吊专用万向节、万向节支架、水管、过滤器、三通、活接、可调节喷头。PPR 管、镀锌钢管。

②塔吊专用旋转万向节支架底座制作可以采用 50mm×5mm 角铁焊接制作，当采用焊接时，焊缝高度不宜小于 4mm，如图 11 所示。

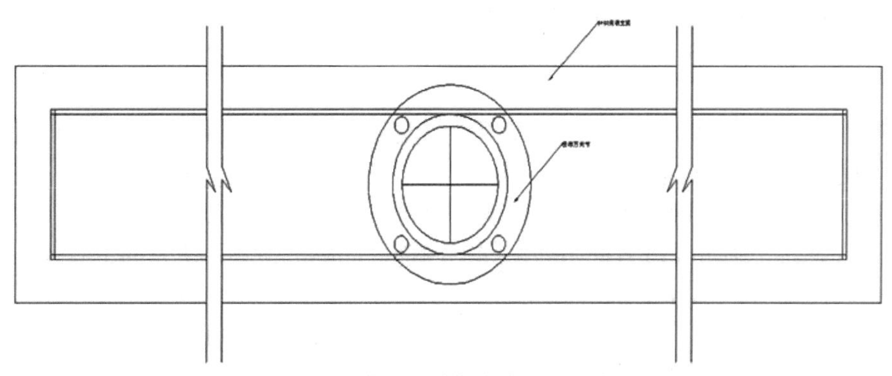

图 11　万向节与连接底座制作示意图

③塔吊万向轴芯与喷淋系统万向节必须保持同轴、同芯。

④当喷淋系统与塔吊联接时，固定螺杆直径为 10mm，端部带方形压板，配有垫板和螺母，严禁在塔吊立柱上电焊。

⑤塔吊标准节严禁焊接，所有喷淋系统只能通过螺丝卡扣固定。

⑥根据塔吊旋转臂长度，间隔 3m 安装一个喷头，喷头数量与水泵水管必须满足喷淋需求，如图 12、图 13 所示。

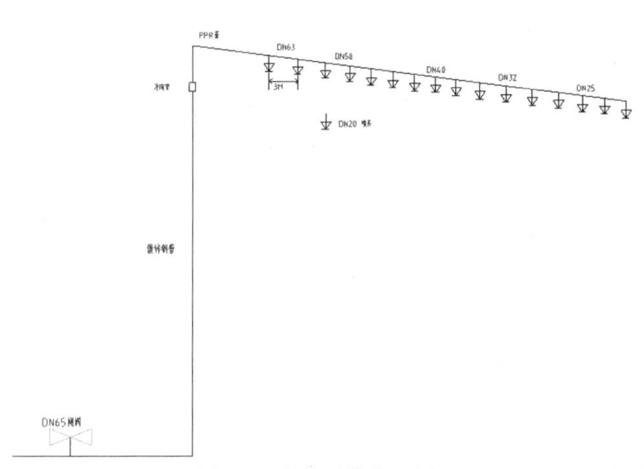

图 12　喷淋系统布置图

图 13　塔吊喷淋效果图

（2）现场消防用水施工

①现场消防用水施工应根据规范要求及用水施工方案确定每个楼层消防用水点数量、部位。

②首先在一层采用直径 100mm 的消防管组成环形管网，采用直径 100mm 管进行竖向立管接驳到消防用水点。采用直径 50mm 管接驳到各楼层施工用水点。

（3）卫生间及冲洗用水点施工

①卫生间用水：消防水池未施工、基坑回填前，卫生间冲洗用水从沉淀池处取水，待地下消防水池完成后，从消防水池取水。

②冲洗用水：地下消防水池完成后，接入洗车间、浇灌花草及降尘管网中。

6 材料与设备

（1）主要材料：镀锌管、旋转万向节、支架、过滤器、三通、喷头、PPR 管材等。

（2）主要设备和工具：80GDL40-12×7 多级增压水泵、50WQD10-15-1.5 潜水泵等。

7 质量控制

7.1 质量标准

《建筑工程施工质量验收统一标准》(GB 50300—2013)。

《给水排水管道工程施工及验收规范》(GB 50268—2008)。

《混凝土用水标准》(JGJ 63—2006)。

7.2 质量管理要点

（1）雨水收集系统及应用要根据建筑物外围结构施工进度同步进行施工。井点位置距离应不大于 50m、并与施工现场排水系统连通。

（2）集水井、排水沟波纹管应在每个月定期进行清淤工作，确保收集雨水质量。

（3）塔吊万向轴芯与喷淋系统万向节必须保持同轴、同芯。喷淋系统万向节在使用前必须进行试运行，应先确保转向灵活，并与塔吊转向同步。

（4）喷头在使用半个月后，需要检查每个喷头是否有松脱，喷头固定件是否牢固可靠。

（5）沉淀池施工完毕后必须进行存水试验，确保池体完整无渗漏后，方可进行土方回填作业。

（6）喷淋水应符合《混凝土用水标准》中混凝土养护用水要求。

（7）喷淋养护时间根据各种混凝土养护要求进行，但对于同条件试块应注意其养护条件，不得将其直接摆放在喷淋作业面上。

（8）喷淋时类似雨天施工，应当对作业面原材料、成品、半成品进行防护。

8 安全措施

（1）严格贯彻执行国家和行业现行有关安全技术规范、规程和标准。

（2）施工前，应编制专项安全方案，并按方案要求对参与施工的人员进行安全技术交底。

（3）塔吊万向节、喷头安装操作时，操作人员必须佩戴安全帽、系好安全带等劳动防护用品。

（4）系统在使用期间，应对连接件的插销、螺母等部位进行定期的检查，防止松动脱落。

（5）遇有六级以上大风或大雨、大雪、大雾等恶劣天气时，应暂停喷淋作业。

（6）喷淋时类似雨天施工，应当对用电设备进行防护，并做好接零接地和设置触电保护器，线路全部采用电缆。喷淋施工期间，必须有专门机电修理工，以便出现机械和电器故障时能及时处理。

（7）作业面施工人员应配备相应的防雨、防滑用具。

（8）所有固定件安装后不得随意拆除。安装及拆除过程中，不得上下抛掷各种部件，防止物体坠落打击。安拆设备时，应由专人指挥、专人安拆，并严格遵守操作规程。

9 环保措施

（1）严格执行国家及地方政府颁发的有关环境的法律、法规、条文、条例、制度等。

（2）加强宣传教育，提高施工人员环保意识，加强环保管理力度，落实环保措施。

（3）定期清理系统中各部位淤积的垃圾，并及时运出现场。

（4）拆除的管材、设备、连接件后应及时清理表面的污染物，集中存放，妥善保管，方便多次重复使用，达到节约材料与环保的目的。

10　效益分析

10.1　经济效益

（1）雨水收集及应用系统结构简单、制作方便，所有设备、部件均为可重复多次使用。本工法是在工程临时给排水系统中增加如下模块：

①基坑回填后的集水井。

②水处理系统模块。

③塔吊喷淋降尘、养护模块。

综上所述增加投入很小，取得的经济效益和社会效益十分可观。

（2）雨水收集及应用系统配合施工现场排水系统同时运行，一次安装，操作便捷，提高工作效率，人工费用可以降低 50% ～ 60%。

（3）本项目基坑开挖面积 45500m^2，永州地区年降水量为 1400mm，雨水收集量为 45500×1.4=63700t，利用率约为 50%，节水 31850t，经济效益明显，同时解决了市政供水不足影响施工的难题，经济效益分析见表 1。

表 1　经济效益分析表

序号	项目名称	传统方法	单价	本工法	效益（元）
1	施工用水	市政供水	3.98 元 /t	31850t/ 年	126763
2	混凝土养护	每层 / 人 / 次 / 日工资	5×2×7×150	旋转塔吊一次	10500
3				本工法成本	93014
4				本工法节约	44249

10.2　社会效益和环保效益

（1）雨水收集及综合应用系统，解决了项目施工用水难题，符合现行绿色、环保施工的社会需求。

（2）通过高塔喷淋运行，起到了降尘、降温作用，改善了工人的劳动环境，确保了楼面混凝土养护质量稳定，提高了劳动效率。同时确保了施工安全。

（3）雨水收集及综合应用系统多次重复使用，能有效的节约资源，保护环境。

11　工程实例

11.1　永州市“两中心”一期（政务中心）工程项目

永州市“两中心”一期（政务中心）工程项目，位于永州市滨江新城迎宾路与永州大道交会处东北角。总建筑面积 83555.54m^2，该项目为框架结构，分为 3 栋单体工程，因项目所在地区为新开发区域，市政供水无法满足项目施工要求，并且项目所在地的地下水资源严重缺乏。项目团队为解决施工用水问题，结合地区年降水量设计编制了该工法。与传统的市政供水和深井取水施工方法相比，节省材料和人工，安装和拆除非常方便，回收部件均能二次重复使用，降低了成本，得到了建设和监理单位的一致认可。

11.2　湖南城建职业技术学院土木教学大楼项目

湖南城建职业技术学院土木教学大楼项目采用钢筋混凝土框架结构，基础类型为人工挖孔灌注桩，部分基础为洛阳铲成桩。总用地面积约为 17244m^2，其中主楼 8 层，建筑物总高 29.2m；附楼 6 层，建筑物总高 23.2m，裙楼一层，建筑物总高 8.25m。采用本工法进行绿色施工，不仅减少了劳动力和劳动强度，大幅度提高了施工效率，而且取得了良好的环保效果，节约了施工成本约 3.2 万元。

大直径管道脱脂酸洗钝化施工工法

陈义民　刘　刚　贺　炜　李　果　黄　鹤

湖南省工业设备安装有限公司

摘　要：传统的木堵灌注法和整根浸泡法对于大直径管道脱脂酸洗钝化均存在一定问题，质量难以保证。本工法通过在现场制作法兰抱箍组件、盲板短管组件，安装在大直径管子的管端，利用管端坡口钝边的截面积小、能与密封垫紧密压实的特点，将密封垫片压紧在坡口钝边上形成密封，从而对管口进行封堵；设置外部管路、输送泵、储液箱等，将其与盲板短管组件上预先装设的阀门、短管连接，从而与大直径管子一起形成临时循环管路；将化学药剂加入储液箱后，启动输送泵，在临时循环管路中快速加注、排出药剂，进行脱脂酸洗钝化施工。本工法技术成熟、可靠性好，操作简单，具有广泛的推广意义，社会效益显著。

关键词：大直径管道；脱脂酸洗钝化；串联；临时循环管路；内循环

1　前言

在管道安装工程中，对于在安装敷设之前的管道内表面脱脂及酸洗钝化，传统的施工方法一般为木堵灌注法、整根浸泡法或擦拭法。大直径管道的脱脂酸洗钝化采用木堵灌注法时，存在木堵采购及加工困难、管口封堵与药剂加注操作不便、药剂易泄漏、工效低等问题；采用整根浸泡法则药剂采购量大、环境污染大、对操作人员的健康危害大，增加了管子外表面的清洗、除锈工序；采用擦拭法则擦拭操作不便、药剂分布不均、擦拭材料纤维易脱落残留、质量难以保证。

为解决上述问题，我公司通过多个工程项目的施工总结，形成了本工法。

2　工法特点

（1）利用管端坡口结构进行管口封堵，且密封装置的安装、拆卸便捷，密封效果好。根据坡口钝边的截面积小，可与密封垫片压实的特点，制作法兰抱箍组件、盲板短管组件安装在管端，将密封垫片压紧在坡口钝边上形成密封，从而将药剂封堵在管子内部。与擦拭法、整根浸泡法或木堵灌注法比较，消除了药剂易泄漏和挥发、环境污染大、操作人员健康易受损害等隐患，减小了环境污染，提高了施工安全性。

（2）将单根或分散的管子连接成了临时循环管路，可快速进行脱脂及酸洗钝化。通过盲板上的短管和阀门，将管口封堵后的管子与外部管路、输送泵以及储液箱连接形成循环管路后，可方便、快捷地灌注药剂及进行循环脱脂酸洗钝化。与木堵灌注法或擦拭法比较，解决了操作不便、工效低下、质量难以保证的问题，缩短了施工工期。

（3）化学药剂的使用量大为减少。采用本施工方法，药剂只需充满管子内部或是充填管内容积的一部分，与整根浸泡法比较，化学药剂的使用量大为减少，降低了材料采购成本。

（4）减少了施工工序，缩短了工期。与整根浸泡法比较，采用本施工方法时化学药剂不浸泡管子外表面，减少了后续的管子外表面清洗、干燥工序，且可提前进行管子外表面的除锈刷漆工作，缩短了工期。

（5）工装材料易于采购供应。与木堵灌注法比较，本施工方法的工装制作采用常见材料与设备。

3　适用范围

本工法适用于大直径管道的脱脂酸洗钝化施工。

4　工艺原理

本工法原理为利用封闭灌注装置将单根或多根大直径管道串联形成临时循环管路，通过内循环进行脱脂酸洗钝化。

（1）现场制作法兰抱箍组件、盲板短管组件安装在大直径管子的管端，利用管端坡口钝边的截面积小、能与密封垫紧密压实的特点，将密封垫片压紧在坡口钝边上形成密封，从而对管口进行封堵。

（2）设置外部管路、输送泵、储液箱等，将其与盲板短管组件上预先装设的阀门、短管连接，从而与大直径管子一起形成临时循环管路。

（3）将化学药剂加入储液箱后，启动输送泵，在临时循环管路中快速加注、排出药剂，进行脱脂酸洗钝化施工。

5　施工工艺流程及操作要点

5.1　施工工艺流程

施工准备→工装制作与装配→药剂加注→脱脂（酸洗钝化）操作→药剂排出→质量检查→工装拆卸→药剂清除→验收交接。

5.2　操作要点

5.2.1　施工准备

（1）清理作业现场，要求通风良好，无粉尘、烟雾等污染，操作场地面积能满足管道摊开、脱脂酸洗钝化的作业需求。

（2）管道内、外表面除锈清理：采用喷砂或其他方法清除管道内部的铁屑、铁锈等杂物，再用洁净空气或洁净水进行吹洗；管道外表面除锈后涂刷底漆（管端100mm内暂时不刷）。

（3）管端及坡口加工：管端切口表面应平整。除薄壁管之外，管端应加工坡口，坡口必须留有钝边。管端距管口100mm范围内的外表面要清理干净，以便安装抱箍（图1）。

图1　管端及坡口加工

5.2.2　工装制作与装配

工装制作与装配图见图2。

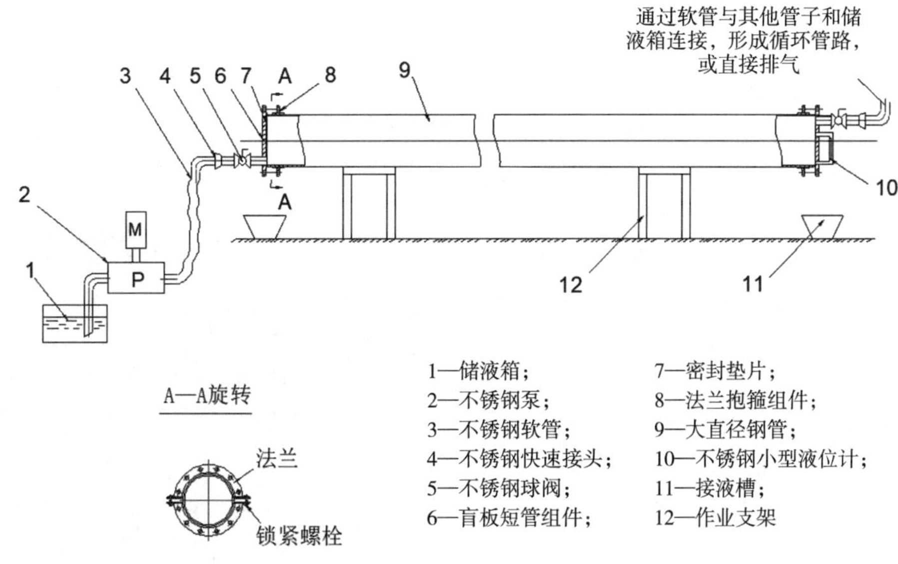

图2　工装制作与装配图

（1）法兰抱箍组合件制作：将法兰切成两半，再沿切割线向两侧割除5～10mm，以保证抱箍能箍紧管道，然后焊接锁紧螺母。

（2）盲板组合件制作：在加药端盲板上安装短管、阀门，排气端盲板上安装短管、阀门及不锈钢小型液位计。注意排气端的短管应位于大直径钢管内径的最边缘。

（3）安装脱脂酸洗作业用支架，然后将要处理的管道吊放到支架上。

（4）安装抱箍组件、盲板组件及密封垫，然后连接外部管路、输送泵、药剂储箱，可将多根管道串联。其中储箱的开口宜小并临时封闭（图 3 ～图 5）。

图 3　安装法兰抱箍组合件

图 4　安装盲板短管组合件

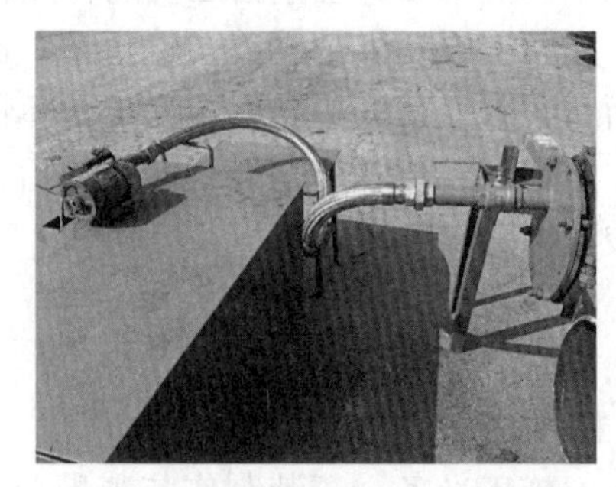

图 5　连接外部管路及泵、储液箱

5.2.3　药剂加注

（1）将脱脂剂或酸洗钝化液倒入储液箱，也可将药剂的盛装桶直接作为储箱使用。

（2）启动输送泵，将药剂从注入端输入管道内。注意排气端盲板的短管要处于最高位，以便排气。

（3）若药剂为脱脂剂，管内脱脂剂最小用量应符合相关规范要求。或将多根管子用软管连通，在管子内注满脱脂剂，进行循环脱脂。

（4）若药剂为酸洗钝化液，则药液须注满大直径管道内部（图 6）。

图 6　药剂加注

5.2.4　脱脂（酸洗钝化）操作

（1）脱脂操作：若脱脂剂可注满大直径管子内部，则启动输送泵进行循环脱脂。若脱脂剂注入量只浸泡大直径管子内表面的一部分，则按《脱脂工程施工及验收规范》(HG 20202—2014）要求，将管子放平浸泡 1 ～ 1.5h，每隔 15min 绕轴线转动一次，每次转动都应将管子滚动几个整圈，使管子的整个内表面都均匀地受到脱脂剂浸泡和多次洗涤。每次转动暂停时，与上一次浸泡的角度差宜为 90°（图 7）。

图 7　转动管子进行脱脂

（2）酸洗钝化操作：启动药液输送泵，进行循环清洗。酸洗钝化的时间、温度、流速等参数，应根据相关规范、工艺要求确定。若条件允许，药剂宜采用酸洗钝化（二合一）液，可使酸洗钝化一次完成。

5.2.5　药剂排出

将排出端的短管转至最低位置，连接排出管路至药剂储箱或盛装桶之后，打开另一端的阀门和快速接头连通大气，即可将药液排出，回收至储箱中（图 8）。

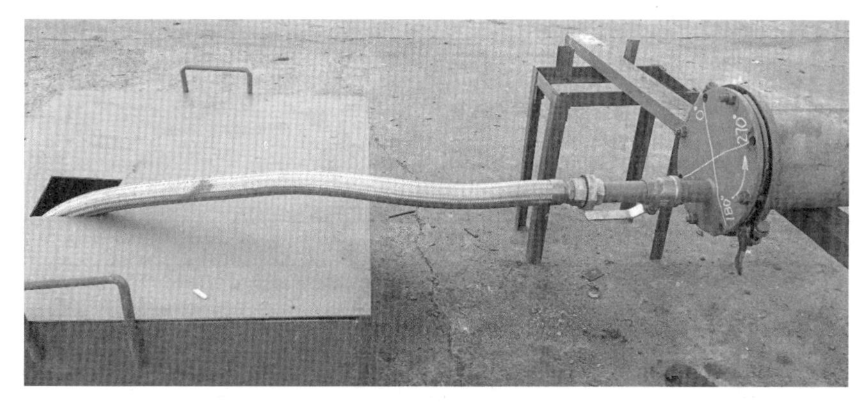

图 8　药剂排出至储液箱

5.2.6　质量检查

（1）脱脂质量检查：按管道脱脂批次，对排出的脱脂剂进行取样分析。对与氧、负氧离子、浓硝酸等强氧化性介质接触的管道，取样分析脱脂剂中的油脂含量以不超过 350mg/L 为合格；对用浓硝酸清洗的管道，分析其酸中有机物总量，以不超过 0.03% 为合格。当发现药剂中油脂或有机物的含量接近规范要求的限定值时，应及时添加足够的新药剂进行稀释；若有必要，也可将旧药剂全部更换，也可拆除盲板，以波长为 320 ～ 380nm 的紫外线检查管道内表面，以无油脂荧光为合格；或按规范、设计文件要求的其他方法检查。

（2）酸洗钝化质量检查：拆除盲板，抽查管道内表面，应清洁、无浮锈，无金属粗晶析出的过酸洗现象，并有完整的钝化膜。应根据管道材质等具体工程情况，按相应规范要求进行检查。

5.2.7　工装拆卸

质量检查合格后，利用电动扳手快速拆卸抱箍和盲板。未完全排尽的少量残液，可用预先放置的接液槽或桶接住回收。拆下的工装，可用于下一批次相同规格管道的脱脂酸洗钝化，直至该规格的管道清洗工作全部完成。期间若密封垫、螺栓等有损坏，应及时进行更换（图 9）。

5.2.8　药剂清除

（1）脱脂剂清除：一般宜采用清洁、无油、干燥的空气或氮气吹净；若脱脂剂为易燃溶剂，则应采用纯度不小于 95% 的氮气吹净。为加快作业速度，可将空气或氮气预热至 50 ～ 60℃，并保证作业环境通风良好。用碱液脱脂的管道，则用无油洁净水冲洗至中性，然后再干燥。应根据管道材质、脱脂剂的化学成分等工程实际情况，按相应规范进行。

（2）酸洗钝化液清除：一般可采用洁净水或去离子水进行冲洗，然后再用清洁、无油、干燥的空气或氮气吹干。应根据管道材质、酸洗钝化液的化学成分等工程实际情况，按相应规范进行（图 10）。

图 9　工装拆卸

图 10　药剂清除吹干

5.2.9 验收交接

对脱脂酸洗钝化作业进行最后验收，合格后用无油塑料布等材料对管口进行临时封闭保护，交与下一道工序。

6 材料与设备

（1）主要材料（表1）

表1 主要材料表

序号	材料名称	型号规格	单位	数量	备注
1	钢管	按工程实际规格	m	按工程实际数量	需处理的钢管
2	槽钢	10	m	60	制作管道摊开支架
3	碳钢法兰	PN1.0	块	10	口径按工程实际定
4	碳钢盲板	PN1.0	块	10	口径按工程实际定
5	聚四氟乙烯板	$\delta=5$mm	m^2	6	用作密封垫
6	钢管	DN50	m	12	用于短管、外部管路，材质同需要处理的钢管
7	丝接不锈钢软管	PN1.0，DN50，L=1m	根	10	耐相应药剂腐蚀
8	手动不锈钢球阀	PN1.0，DN50	个	10	耐相应药剂腐蚀
9	不锈钢快速接头	DN50	个	10	耐相应药剂腐蚀
10	螺栓	按法兰规格选取	套	按法兰规格确定	
11	脱脂剂	按工程实际确定	升	按工程实际确定	
12	酸洗钝化液	按工程实际确定	升	按工程实际确定	
13	电动扳手	1000	把	2	
14	不锈钢小型液位计	双头，200mm	个	5	

（2）主要施工设备（表2）

表2 主要施工设备表

序号	设备名称	型号规格	单位	数量	用途
1	汽车吊	25t	台	2	管子吊运
2	配电箱	—	台	1	临时用电
3	交流焊机	500A	台套	2	工装制作
4	电焊条烘箱	YGCH-X-400	台	1	工装制作
5	不锈钢自吸泵	DN50，耐腐蚀泵	台	2	药剂加注、排出
6	坡口机	PK-76	台	1	加工管端坡口
7	角磨机	$\phi100$	台	2	管口清理
8	气割工具	—	套	2	工装制作
9	管子钳	600mm	把	2	阀门装卸、管路安装
10	电动扳手	1000	把	2	法兰及盲板装卸
11	不锈钢小型液位计	双头，200mm	个	5	显示管内液位
12	药剂分析仪	按工作介质定	台	1	可外委

7　质量控制

（1）主要执行的规范、标准

①《脱脂工程施工及验收规范》（HG 20202—2014）。

②《石油化工设备和管道化学清洗施工及验收规范》（SH/T 3547—2011）。

③《不锈钢酸洗与钝化规范》（SJ 20893—2003）。

④《火力发电厂锅炉化学清洗导则》（DL/T 794—2012）。

⑤《工业金属管道工程施工规范》（GB 50235—2010）。

⑥《工业金属管道工程施工质量验收规范》（GB 50184—2011）。

⑦《石油化工金属管道工程施工质量验收规范》（GB 50517—2010）。

（2）所属工程的管道设计施工蓝图、设计技术文件。

（3）施工项目部建立质量保证体系，严格执行 ISO 9001：2015 规定。

（4）机具、材料的质量必须符合要求，尤其是脱脂、酸洗钝化药剂的化学成分、配比等须满足工程实际需要。

（5）控制管口加工质量，保证密封性能。管口切割应采用机械切割，管端切口表面应平整，无裂纹、毛刺、凸凹、缩口、熔渣、铁屑等缺陷，管子切口端面倾斜偏差不应大于管子外径的 1%，且不得大于 3mm。管端坡口加工必须按规范要求留有钝边。

（6）工装的管路、储箱，在装配前必须预先进行内部清洁处理，以防止污染。

（7）按管道脱脂批次，对排出的脱脂剂进行取样分析，以进行质量监测。对与氧、负氧离子、浓硝酸等强氧化性介质接触的管道，取样分析脱脂剂中的油脂含量，以不超过 350mg/L 为合格；以浓硝酸清洗的管道，分析其酸中有机物总量，以不超过 0.03% 为合格。当发现药剂中油脂或有机物的含量接近规范要求的限定值时，应及时添加足够的新药剂进行稀释；必要时将旧药剂全部更换。

（8）酸洗钝化后，碳钢材质管道的钝化膜质量，用酸性硫酸铜点滴液检验，点滴液由蓝色变为红色的时间以不小于 5s 为合格；奥氏体不锈钢材质管道的钝化膜质量，可用酸性铁氰化钾点滴液检验，点滴液覆盖面内 10min 内出现的蓝色小点不多于 8 点为合格。对含铜材质的清洗系统应无镀铜现象。

（9）脱脂、酸洗钝化合格后，需对管口进行临时封闭保护，以防止污染。

8　安全措施

（1）严格执行《建筑施工安全检查标准》（JGJ 59—2011）、《施工现场临时用电安全技术规范》（JGJ 46—2005）。

（2）作业人员必须经过安全技术交底，熟悉安全操作规程。

（3）脱脂、酸洗钝化工作应在室外或有良好通风装置的室内进行。

（4）施工现场应清除一切易燃易爆物及其他杂物，严禁烟火，设置警戒线及醒目的警示标志，并加强管理和保卫，以免发生意外事故。

（5）作业人员必须佩戴符合相应要求的个人防护用品，包括但不限于安全帽、工作服、防护眼镜、口罩或防毒面具、胶质手套、围裙、长统靴等。

（6）脱脂剂、酸洗钝化液等，必须根据药剂特性，按规范相关要求妥善存放、保管。

（7）作业现场应备有清洗水、药液等救治用品。

（8）管端密封装置及临时管路应确保良好的密封性，储液箱的开口宜小并采用盖板临时封闭。

（9）对易燃溶剂，严禁用氧气吹除或空气强力吹除的方法清理、干燥。

9　环保措施

（1）严格执行《环境管理体系　要求及使用指南》（GB/T 24001—2016）。

（2）脱脂、酸洗钝化工装、临时管路应保证良好的密封性，储液箱的开口宜小并采用盖板临时封闭，以减少药剂的泄漏。

（3）脱脂、酸洗钝化的残液，严禁随意排放。

（4）有回收价值的药液应予回收。回收方法为在药剂排出工序中将药液排至储液箱或盛装桶，盲板拆除时管口处的少量滴漏用接液槽或桶接住回收。药液密封好之后应按规范相关要求妥善存放、保管，或出售给具备相应资质的单位。

（5）无回收价值的药剂，应用盛装桶等容器密封，然后委托给具备相应资质的单位或专业队伍进行处理。

10 效益分析

10.1 经济效益

以珠海粤裕丰钢铁厂技改项目为例，需要脱脂的大直径管道工程量综合起来可按规格ϕ 325 × 8、长度 1000m 计算，采用本工法施工后与传统的槽式整根浸泡法成本对比分析见表 3。

表 3 经济效益对比分析表

序号	对比内容	采用本工法成本	采用槽式整根浸泡法成本	节约费用（元）
1	浸泡槽制作安装	0	规格 1250mm × 1250mm × 10000mm，δ=10mm，重量为 3.19t 3.19t × 6000 元 /t = 19140 元	19140.00
2	工装制作安装	材料设备费及制安费共计：15000 元	0	-15000.00
3	脱脂剂材料费	500L，共计： 6.5 × 500 = 3250（元）	15000L，共计： 6.5 × 15000 = 97500（元）	94250.00
4	机械费	25t 吊车 5 个台班： 2000 × 5 = 10000（元）	25t 吊车 10 个台班： 2000 × 10 = 20000（元）	10000.00
5	人工费	综合工日 25 个： 300 × 25 = 7500（元）	效率较低，且需对管道外表面进行脱脂剂清除、再次除锈，导致综合工日达 65 个： 300 × 65 = 19500（元）	12000.00
	合计：			120390.00

10.2 社会效益

采用本工法进行大直径管道的脱脂酸洗钝化施工，不仅大大减少了脱脂剂、酸洗钝化液等化学药剂的消耗量，而且解决了木堵灌注法、槽式整根浸泡法、擦拭法等传统施工方法中化学药剂易泄漏、易大面积挥发的问题，提高了安全性，减少了环境污染，节省了对管道外表面的药剂清除、二次除锈工序，降低了人工、材料及能源消耗，节能环保，具有绿色施工的特点，社会效益显著。

11 应用实例

（1）珠海粤裕丰钢铁厂技改工程，大直径氧气管道及循环冷却润滑管道等共计 2000m，采用本法兰抱箍组件及盲板短管组件封堵灌注的施工方法进行脱脂及酸洗钝化施工，解决了在场地面积有限、环保要求严格、工期紧张的情况下，如何保质量、保进度、保环保地将完成安装施工，且不影响业主生产及其他单位施工的难题，取得了良好的应用效果。

（2）中海油惠州石化有限公司化工一区工艺及热力管网项目，工艺管道 228700m 等，其中需要酸洗钝化的工艺管道约 5680m（ϕ 108 ～ϕ 325）。采用了本“大直径管道的脱脂酸洗钝化施工工法”对管道进行了酸洗钝化，解决了擦拭法施工操作不便、药剂分布不均、擦拭材料纤维易脱落残留的问题，更好地保证了施工质量，节约施工工期，同时也消除了药剂易泄漏和挥发、环境污染大、操作人员健康易受损害等问题，减小了环境污染，提高了施工安全性，取得了良好的应用效果。

分布式板式太阳能热水系统安装施工工法

邓　荣　傅致勇　杨又红　陈邦林　陈新睿

湖南省工业设备安装有限公司

摘　要：通过对分布式板式太阳能热水系统的研究，总结出简便的、可靠的安装工法，相对于传统的做法，更加省时，节材，并且及时弥补分布式板式太阳能热水系统施工工艺的空缺，为以后类似分布式板式太阳能热水系统安装工艺提供参考依据。

关键词：分布式；板式太阳能；热水系统

1　前言

随着社会的进步，人们生活水平的日益提高，生活热水已经成为人们生活中不可或缺的一部分。平板型太阳能热水器安装方便、简单，占地面积小，不受安装环境限制，可安装在阳台、窗户、屋顶、墙壁上等；而且采热率高，非常节能，使用简单、快捷、方便、安全等，深受广大用户的青睐。平板太阳能热水器是小高层住宅配套设计开发的，达到了与建筑及环境一体化的完美结合。

2　工法特点

（1）安装方便、易搬运安装。

（2）与建筑完美结合（阳台壁挂与外墙挂壁广泛应用在城市高楼大厦和高档别墅）。

（3）不会爆管，强度高，耐用，能够抵御鸡蛋大冰雹的打击。

（4）使用寿命长。

3　适用范围

本工法适用于安装在建筑物的阳台、窗户、屋顶、墙壁上。

4　工艺原理

导热介质（Jacksongard）通过介质循环、中央控制和膨胀减压组成的太阳能工作组件，将在集热器中收集的热量带到热交换水箱下加热盘管，由此加热水箱中的水。被加热的水通过用水端得到利用。同时，平板太阳能系统还可以实现同其他能源的综合互补利用。如果阳光不足，通过辅助能源来加热；反之，如果阳光很充足，则辅助能源不工作，其可通过和辅助能源连接的管路对辅助能源用热进行补充。

安装工艺主要为预留或安装固定位，安装太阳能板、储热水箱，管道连接，通水、通电，测试。

5　施工工艺流程及操作要点

5.1　工艺流程

施工准备→定位放线→支架安装→太阳能板安装→储热水箱安装→冷热水管安装→水管连接→单机调试。

5.2　操作要点

5.2.1　施工准备

（1）技术准备：熟悉设计安装图，具体的施工方案通过审批。

（2）其他准备：按各建筑工序，现场具备安装条件，按照方案做好人力、设备、材料、资金等准备。

5.2.2　定位放线

（1）根据太阳能板的安装螺栓位置，在阳台外墙侧放线、钻孔，为保证强度及稳定可靠，预埋锚栓。

（2）质量检验人员应及时检查测量放线及锚栓的植入稳定度，并将其查验情况填入记录表。

5.2.3　支架及太阳能板安装

太阳能板的安装形式主要有两种：一种是屋面安装，有很多相近的太阳能板的安装工法可参考使用；另一种是墙壁、阳台侧面安装，本工法主要描述的是侧式安装。

使用吊篮把锚栓或膨胀螺栓安装后，按锚栓植入的先后顺序，开始安装支架、太阳能板。

5.2.4　储热水箱安装

户内储热水箱安装相对安全系数较小，按产品形式采用壁挂安装，因为水箱要储存热水及循环水，有相当的重量，因此安装一定可靠、牢固。受力墙体需牢靠、稳固，否则需采取相应的加固措施。

5.2.5　水管连接

太阳能板、储热水箱安装完成后，按设计图将两个设备间的冷热水管进行连接。因为此分布式平板太阳能热水器安装在各自住户的阳台，所以设备之间的水管相对很短，可采用专用快速接头的保温管道进行连接。室内按通用热水器的方法连接安装浴室喷淋头。

5.2.6　单机调试

安装完毕投入使用前，需专业人员进行调试，先通水，再通电。测试几种日照情况下太阳能板的制热能力。需对检测过程中的温度、温差、时间、光照等各项数据进行记录。同时需测试热水器的漏电保护可靠性，并在冬日检测太阳能板的防冻功能。

（1）储热水箱阳台安装（图 1）。

（2）储热水箱室内安装（图 2）。

图 1　阳台安装

图 2　室内安装

（3）板式太阳能集热器支架安装（图3）。

（4）板式太阳能集热器与支架连接（图4）。

图3　支架安装（一）

图4　支架安装（一）

（5）板式太阳能集热器安装（图5）。

图5　集热器安装

（6）板式太阳能集热器与储热水箱连接（图6、图7）。

（7）冷热循环管路防水环与封堵（图8）。

（8）开穿墙洞（图9）。

（9）支架放线定位（图10）。

图 6

图 7

图 8

图 9

图 10

6　材料与设备

（1）主要材料：平板集热器、储水箱、水管、支架及配件等。

（2）主要设备详见表 1。

表 1　机具设备表

序号	机械或设备名称	型号规格	单位	数量	备注
1	施工吊篮		套	2	室外安装作业
2	套丝机		台	1	管子套丝
3	角磨机		台	2	切割钢材用
4	电 锤		把	2	墙体开孔打眼
5	电 钻		把	1	支架等开孔
6	交流焊机	BX1-500	台	1	支架制作
7	开口扳手		套	10	电缆敷设
8	万用表	AN-333205	台	10	线路测试
9	手动弯管器		个	1	弯管子

7　质量控制

（1）本工法执行的主要标准是《建筑给水排水及采暖工程施工质量验收规范》（GB 50242—2002）及《建筑工程施工质量评价标准》(GB/T 50375—2016）。

（2）项目部应建立完善的质量保证制度，严格执行 ISO 9001：2015 质量管理体系的规定。

（3）因太阳能板的外壁为玻璃制品，易碎，安装过程中必须加强防护、轻拿轻放，防止碰撞。

（4）太阳能板为墙壁外挂，相对面积较大，安装时需水平、统一，必须固定牢固、可靠，防止松脱。

8 安全措施

（1）建立完善的应急预案制度，加强施工作业中的安全检查。

（2）编写详细的高空、外墙作业施工方案，确保作业人员及设备防护到位。

（3）太阳能板及安装支架必须做可靠的等电位连接。

（4）焊工、电工、起重工等特殊工种必须持证上岗，服从统一指挥。

（5）施工作业人员必须戴安全帽，系好帽带；高处作业必须佩带安全带，并遵循高挂低用的原则。

（6）严格按照吊篮的使用规程进行操作。

9 环保措施

（1）室外电锤、水钻作业尽量减少噪声排放。

（2）使用后的植筋剂包装，要妥善处理，不能随意丢弃。

（3）调试、冲洗用的水可做卫生间冲洗使用；包装材料及时收集，能二次利用的进行再利用，不能用的进行分类存放，分别处理。

10 效益分析

10.1 经济效益

本工法平板太阳能板为侧式安装，太阳能板与室内储热水箱间管道减少很多，既减少了管道的材料费用，也减少了长管路循环的热量损失。方便快捷的安装，材料费用的节省，产生较大的经济效益。

10.2 环保效益

本工法节省了材料，因平板太阳能热水器的热效能比传统真空管的高，更是清洁能源，因此获得更好的环保效益。

10.3 社会效益

本工法相较于传统真空管安装位置的局限性，方便很多。实用效果较好，推广前景广阔，社会效益显著。

11 应用实例

本工法应用于合肥庐阳 DT 产业园机电安装工程、黄麓师范学校改扩建工程、智立方办公及公寓工程。

内外涂塑钢管双金属焊接施工工法

刘东海　吴庆军　杨宗剑　代鹏飞　谢函奇

湖南省工业设备安装有限公司

摘　要：工业及生活管道发展过程中，既要管道耐腐蚀、阻力小、性价比高、美观、耐久，又要保持一定的刚度及强度、安装及维修方便。内外涂塑钢管凭借着诸多优势，被越来越多地用于工程中。其是一种以钢管为基体，通过喷、滚、浸、吸工艺在钢管内外表面熔接一层塑料防腐层的钢塑复合钢管。内外涂塑钢管的连接方式众多，本工法着重介绍了较为新颖的双金属焊接施工工法。双金属焊接理念最早在20世纪90年代由德国汉诺威的霍尔茨明堡钢铁焊接实验室主任史奈特博士提出，后经新加坡、澳大利亚等国持续研发，但没有应用在管道领域上。国内很多研发单位对此项核心技术加以消化改造，成功地生产出了双金属焊接涂塑钢管，并应用到了工程中，例如上海工商银行外高桥分行项目、辽宁葫芦岛造船厂项目、无锡丽森大酒店、广元机场、上汽通用东岳动力总成CVT2变速器车间、上汽大众CPH整车厂、杭州湾新区智能终端产业园一期能源中心，该工法填补了国内此项空白。

关键词：内外涂塑钢管；钢塑复合管；涂塑复合钢管；双金属焊接

1　前言

随着生活生产现代化程度的提高，使用方对于管道的要求越来越高，尤其是对于特殊介质（带腐蚀性酸、碱液体）的输送、使用年限要求长、环境温度极端等条件，普通管材难以满足需求。近年来内外涂塑钢管凭借其广泛的适用性、超长的使用年限、合理的性价比、优异的耐候性，逐渐在建筑行业普及推广。我司在很多项目中接触到内外涂塑钢管的安装，普通的连接方式已为大家所熟悉，但双金属焊接的施工工法尚未普及。双金属焊接涂塑钢管舍弃了原有涂塑钢管传统连接的成本高、抗压强度低的缺陷，它在钢管两头采用特种焊接预制技术，使碳钢和不锈钢有效的结合在一起，避免了钢管在焊接施工时对涂覆层的破坏，是目前内外涂塑钢管特别是埋地涂塑钢管最佳的连接方案。现通过工程实践（上汽通用东岳CVT2变速器车间工艺冷冻水系统、乳化液废水系统项目）总结形成本工法。

2　产品及工法特点

（1）涂层附着力明显增强，抗冲击、承压性好、不脆化。
（2）卫生无毒、不积垢，不滋生微生物、保证流体品质。
（3）耐化学腐蚀、耐土壤和海洋生物腐蚀，耐阴极剥离。
（4）安装工艺成熟、方便快捷、与普通镀锌管连接类同。
（5）耐候性好，适用沙漠、盐碱等苛刻环境。
（6）管壁光滑、提高输送效率、使用寿命长。
（7）涂层本身具有良好的电气绝缘性，不产生电蚀。
（8）成本较低，施工方便。
（9）抗压强度高。

3　适用范围

（1）各种形式的循环水系统（民用、工业），性能优良，防腐年限可达50年。
（2）消防供水。
（3）建筑的给排水输送（特别适用于宾馆、酒店及高档住宅区的冷热水系统）。

（4）各种化工流体输送（耐酸、碱、盐的腐蚀）。

（5）电线电缆的地埋管、过路管。

（6）矿山、矿井的通风管、供排水管。

（7）各种气体（包括天然气）输送。

4　工艺原理

内外涂塑钢管是在钢管内外壁融溶一层厚度为 0.5 ～ 10mm 的聚乙烯（PE）树脂、乙烯—丙烯酸共聚物（EAA）、环氧（EP）粉末、无毒聚丙烯（PP）或无毒聚氯乙烯（PVC）等有机物，其作为钢塑复合型管材，不但具有钢管的高强度、易连接、耐水流冲击、优良的耐腐蚀性和较小的摩擦阻力等优点，还克服了钢管遇水易腐蚀、污染、结垢及塑料管强度不高、消防性能差等缺点，使用可达 50 年。环氧树脂内外涂塑钢管适用于给排水、海水、温水、油、气等介质的输送，聚氯乙烯（PVC）内外涂塑钢管适用于污水、海水、油、气等介质的输送。主要缺点是安装时不得弯曲。其在热加工和电焊切割等作业时，切割面应用生产厂家配有的无毒常温固化胶涂刷。双金属焊接工法较好地解决了内外涂塑钢管现场加工、安装困难的问题。

在涂塑管加工厂家，先根据施工单位现场测量后提供的管道单线图，将位于单根管道中部的三通、开孔加短管（仪表用）这种涂塑后无法在不破坏涂塑层的情况下增加的管件预制焊接好。管道两端的管件（弯头、大小头、三通等）尽量在加工厂预制焊接，要避免单根管道两端焊接管件，这样就会增加现场调整管道的难度（这种情况主要因单线图不够精确或现场变更导致）。预制完毕后，在钢管端口内壁衬一层不锈钢（309 或 304 材质），厚度为 0.5 ～ 1.5mm，宽度 70 ～ 100mm。不锈钢内衬一端与管道端口平齐，另一端伸进管道内部，两端均采用氩弧焊固定在管道内壁（满焊）。焊接不锈钢内衬前焊缝部位必须做磨砂处理至 Sa2.5 级。衬好了不锈钢管后，经过前处理、喷砂抛丸、涂装固化等工艺最终制得双金属焊接涂塑钢管。

在现场安装施工焊接前必须打 20 ～ 30° 的坡口，焊缝底层可以用氩弧焊打底，或者用不锈钢焊条（304 或 314 不锈钢型号）打底，打底厚度不大于管材壁厚的四分之一，然后用碳钢焊条盖面。如果现场需要切割管道，断口处需要重焊不锈钢内衬，与加工厂不同的是，现场焊接完不锈钢内衬后，靠近钢管里端的焊缝处需采用无溶剂性修补液修补。焊接完毕后内外涂塑钢管内部不用采取防腐措施，端口外壁采用无溶剂性修补液修补（也可补刷油漆或采用 3PE 防腐）。

涂层厚度：PE（改性聚乙烯）涂层厚度为 400 ～ 1000μm；EP（环氧树脂）喷涂厚度为 100 ～ 400μm。

涂覆方式：PE（改性聚乙烯）为热浸塑；EP（环氧树脂）为内外喷涂。

产品规格：DN100 ～ DN1200（DN80 及以下管径采用其他方式连接）。

环境温度：-30℃～ 120℃。

连接方式：双金属焊接连接。

5　施工工艺及操作要点

5.1　参照图纸，现场量尺

绘制精确的涂塑管单线图（带尺寸标注及开孔位置和大小），单线图中每根管道均需标号，方便加工厂制作及现场安装施工（图 1）。

5.2　生产工艺流程

将单线图及材料配件清单提交给加工厂核对，如无异议，加工厂开始备料加工。

原材料进厂检验→焊接、打磨［工序检验（特殊工序）］→喷砂除锈（工序检验）→加热涂覆［工序检验（关键工序）］→成品检验（工序检验）→成品标识→成品运输。

（1）预制：按单线图尺寸和开孔、三通、弯头位置进行焊接、切割、开孔作业，焊接是指在后期现场安装时需要焊接的管道焊口部位内衬一段 70 ～ 100mm 不锈钢板（图 2），还有三通短管、弯头、法兰预制焊接。管道按单线图预制完成后，进行喷砂和抛丸。

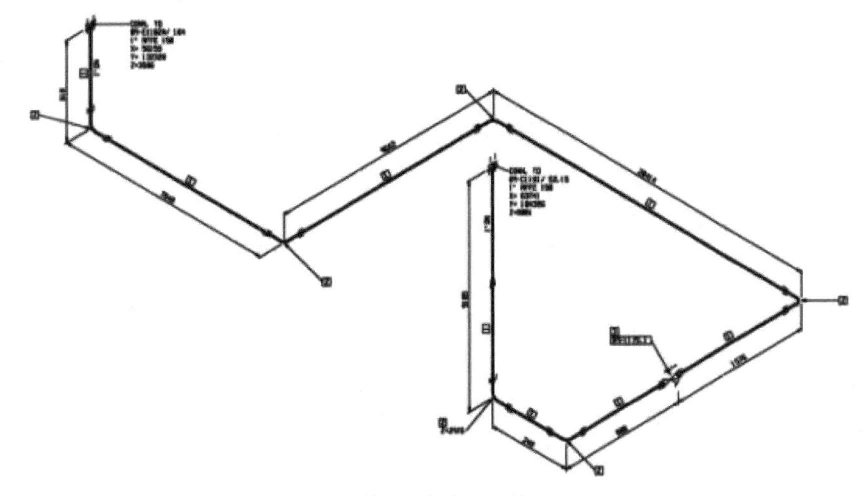

图 1　单线图示范

（2）加工过程中喷砂和抛丸所用磨料应符合 GB 6486—1986 标准，除锈时符合 GB 8923—2011 标准。涂装前钢材表面锈蚀等级和除锈等级：任何 100mm × 100mm 面积内，锈斑和氧化皮不得超过面积的 5%。喷砂后的钢管立即吹扫，24h 之内进行加热升温（避免返潮）。喷砂作业条件：空气相对湿度低于 85%，环境温度不低于 5℃或钢管表面温度不低于大气露点以上 3℃。然后在后期连接焊口处管道内外壁贴附与不锈钢片同宽度的塑料薄膜（防止该部位涂塑后被现场焊接时的高温破坏）。

（3）涂覆：试涂一次，达到工艺要求后批量加工。

（4）修磨：涂覆完成后，对管道端部内外涂层进行修磨，距离端口 30mm 内去掉，再将 20mm 修磨成渐变过渡层。外表面聚乙烯涂层要求距端口 150mm 内去掉，涂层端部修磨成 30° 坡口。

（5）管件防腐：焊接、打磨喷砂、涂覆（同管道工序）。涂塑管在焊接施工时，预留焊缝位置必须做砂磨处理至 Sa2.5 级，表观锚纹深度在 50 ～ 112μm，保证管道施工后保持附着力以及内壁光洁，无焊渣、气孔，从而保证管道的内修补质量。

（6）加工完毕后，根据单线图编号做好标识（可以用记号笔）。装车发货（图 3）。由于现场有少量需要最后测量下料的管道部分以及管道焊口外壁需后期涂塑，厂家配送一定数量的不锈钢片及涂塑材料。

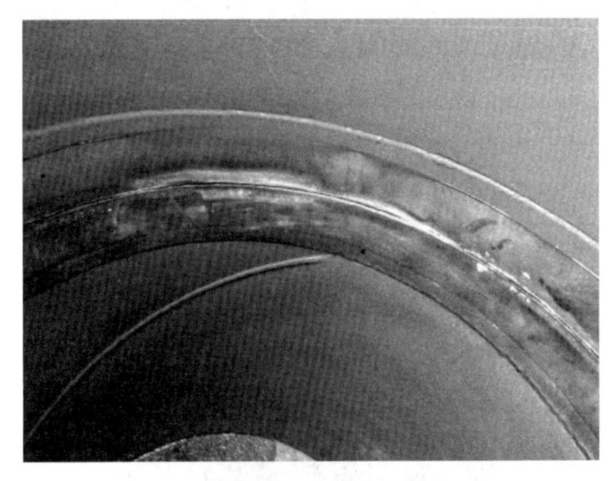

图 2　两根管道端口内衬焊接不锈钢片后对焊完毕的内壁情况

图 3　出厂的成品双金属焊接涂塑钢管

5.3　现场安装

材料进场检验、支架制作安装→材料分类、下料、打坡口→管道吊装、就位→管理焊接→破损修复→干燥固化→试压冲洗→焊口除锈防腐、涂塑→验收、调试、投用。

（1）首先根据图纸及技术文件进行详细交底；对管材、配件进行外观检查并核对产品合格证、规格型号、品种和数量。安装所用管件的工作压力应与管道工作压力匹配。

（2）安装方法

①支架安装

支架的型式、材质、加工尺寸和制造质量等应符合国家现行有关标准的规定，并按设计要求安装牢固，位置正确。吊架（托架）应设置在接头两侧和弯头等管件上下游连接接头的两侧。吊架（托架）与接头的净间距不宜小于 150mm 和大于 300mm。

②下料、打磨坡口

将出厂管道端口（此处内衬焊接不锈钢薄板，长度 8 ～ 10cm，厚度一般为 0.8mm，材质为 309 或 304）打磨 20° ～ 30° 坡口（图 4）。如有非定尺的现场下料管道，在地面按需求长度切断后，将端口内外壁涂塑层打磨出 10cm，清理干净后将厂家配送的不锈钢片内衬焊接在管道内壁，再进行环氧树脂涂料补刷内壁靠里端焊口处（图 5）。

③双金属焊接

焊接连接：将所需管道按单线图编号找出，依次安装。安装顺序：先地下、后地上；先主管、后支管。

先将管道端口打磨坡口，然后采用不锈钢焊丝（304 或 314 不锈钢型号）氩弧焊打底对接（图 6），打底厚度为产品壁厚的四分之一，外层采用电焊盖面（图 7），保证管道施工后保持附着力以及内壁光洁，无焊渣、气孔。焊接后内壁无须处理，外壁一般采用环氧树脂涂料修补或者刷油漆，要求采用 3PE 防腐材料修补（埋地时常用 3PE 防腐材料）。

图 4　坡口打磨

图 5　管道端口

图 6　氩弧焊打底

图 7　电焊盖面

涂塑管焊接后的管道性能可靠耐久，可最大程度减少维护，非常适用于埋地输送管道或电缆保护埋地管。

（3）管道安装固定后，应对内外涂塑钢管个别涂层破损处用高强度无溶剂液体环氧树脂涂料进行修复。

（4）内外涂塑钢管与管件安装完毕后，至少需自然干燥固化24h之后方可通水。

（5）试压、冲洗。针对其工作介质，参照相关规范实施。

（6）试压合格后进行除锈防腐补塑工作（焊口）。

6　材料与设备

（1）主要材料：钢管（各种类型）、聚乙烯（PE）树脂、乙烯–丙烯酸共聚物（EAA）、环氧（EP）粉末、无毒聚丙烯（PP）或无毒聚氯乙烯（PVC）。

（2）主要设备：氩弧焊机、电焊机、切割机、吊车、电动/手拉葫芦、升降车、挖掘机（埋地管）、试压泵。

7　质量控制

遵循下列质量标准及技术标准：

《低压流体输送用焊接钢管》（GBT 3091—2015），《钢塑复合管》（GBT 28897—2012），《铸铁丸》（GB 6486—86），《涂装前钢材表面锈蚀等级和除锈等级》（GB 8923—88），《建筑给排水及采暖工程施工验收规范》（GB 50242—2013），《自动喷水灭火系统　第20部分　涂覆钢管》（GB/T 5135.20—2010），《给水排水管道工程施工及验收规范》（GB 50268—2008），《工业金属管道工程施工规范》（GB 50235—2010），《建筑给水钢塑复合管管道工程技术规程》（CECS 125：2001）。

8　安全措施

（1）严格执行国家有关安全生产标准、规程：

《建筑施工安全检查标准》（JGJ 59—2011），《建筑施工高处作业安全技术规范》（JGJ 80—2016），《施工现场临时用电安全技术规范》（JGJ 46—2005），《建筑机械使用安全技术规程》（JGJ 33—2012）。

（2）对进场施工人员进行三级安全教育。

（3）落实安全生产责任制，明确所有施工人员包括管理人员的安全职责，提前审核方案，方案合格后及时进行安全技术交底，上岗前进行安全培训及考核，危险性较大的作业人员（登高、动火、起重等）需定期检查身体、测量血压和心率。

（4）埋地管道开挖时应设置隔离区，做好警示标志。登高作业、吊装作业时应设置隔离区，施工范围内全部设置围挡，安排专人监护，吊车回转半径内及吊装物下方不得站人。

（5）特种作业人员持证上岗，所有设备均需进行检验合格后方可使用。

（6）每日施工前均需进行班前安全教育、交底，明确当天的工作内容、工作范围、危险源及安全实现。

（7）物料堆放必须稳固、整齐，不得超高。管道堆放需有防滚措施。

（8）安全员及施工员应经常巡视施工现场，杜绝违章操作。

9　环保措施

（1）执行国家施工现场文明施工有关规定《建设工程施工现场环境与卫生标准》（JGJ 146—2013）。

（2）办公、施工废料应回收利用，尤其是废弃电池和涂料、油漆桶，应交由专业回收公司处理。

（3）施工废水、生活污水经处理后达标排放。

（4）对易产生粉尘、扬尘的工序，应制订操作规程和降尘措施。

（5）对于材料运输车辆进行出场清洗，并清扫现场道路，做好工地内外的环境保洁。

10　效益分析

涂塑钢管生产时污染和耗能较少，使用过程中阻力小（不易结垢），安装拆卸方便快捷，使用年限长达 50 年，防腐蚀性能强。其社会效益和经济效益优良。相对于镀锌钢管等，涂塑管环保方面同样具有极强的环保效益。

以上汽通用东岳 CVT2 变速器车间工艺冷冻水系统为例，DN300 × 7312m，DN250 × 6588m，采用内外涂塑钢管管道主材费用为 321m × 372.82 元 /m + 588m × 272.89 元 /m= 276779 元。如采用镀锌钢管主材费用为 321m × 54.897kg/m × 5558 元 /kg/1000 + 588m × 39.508kg/m × 6000 元 /kg/1000 = 234580 元（无缝钢管）；法兰 DN300 54 副 × 173 元 / 副 = 9350 元、DN250 98 副 × 137 元 / 副 = 13426 元；镀锌加工费用为 41kg × 2500 元 /kg = 102500kg；镀锌过程中发生的运费 41 × 150 = 6150 元（平均 150 元 /kg）、吊车台班 41 × 80 = 3280（80 元 /kg，含配合人工），因二次安装增加的人工机械费用为 20000 元；小计 389287 元。通过粗略对比安装之前发生的费用，镀锌钢管与涂塑钢管的成本之比为 389287 元 /276779 元 = 1.4 倍。考虑到安装时发生的费用差别不大，而涂塑钢管使用寿命超过镀锌钢管 1 ～ 2 倍，很明显总体成本涂塑钢管具有绝对优势。

内外涂塑钢管有卡箍、法兰连接方式。双金属焊接连接相比其他连接方式，节省管件、提高工效、大大提高抗压强度。

11　应用实例

（1）中铁十八局集团有限公司新密电厂二期厂外中水、补给水管道系统。

（2）湖南省工业设备安装有限公司烟台上汽通用东岳 CVT2 变速器车间工艺冷冻水系统。

（3）上海工商银行高桥分行项目。

（4）辽宁葫芦岛造船厂项目。

（5）无锡丽森大酒店。

（6）广元机场。

（7）上汽大众湖南长沙 CPC 整车厂。

（8）上汽大众宁波杭州湾开发区 CPH 整车厂。

（9）杭州湾新区智能终端产业园一期能源中心。

危险气体管道改造防爆、防渗漏施工工法

周楷运　唐林海　樊明军　彭朝阳　田成勇

湖南省工业设备安装有限公司

摘　要：危险气体管道在增容改造及检修过程中若出现气体渗漏未被及时发现，会导致人员伤亡和经济损失。本工法通过在场站或阀室合理选择增压管段，在增压管段中注入氮气增压，使之压力稍高于供气管道段压力（但不能超过此段管道设计压力），阻止天然气因阀门泄漏进入施工管段，从而杜绝混合气体的产生，从根本上减少空气与天然气混合气体引起的爆炸。本工法成功解决了因阀门泄漏带来的重大施工安全隐患，相对传统的氮气置换工法更加安全且减少了需要置换的管道范围和危险气体排放量，可广泛应用于天然气、化工等诸多涉及危险气体管道的施工作业，具有较好的节能环保效益和推广应用前景广阔。

关键词：危险气体；管道改造；增压气塞法；增压管段；阀门泄漏

1　前言

危险气体管道改建增容、检修施工经常涉及在易燃易爆或有毒有害气体环境下的施工作业。原有管道、阀门因投入运行多年，在增容改造及检修过程中会因危险气体泄漏，且不易被发现，导致动火爆炸或有毒气体泄漏造成人员伤亡及经济损失。

因此，本工法将根据安乡联络线及安乡末站设备安装工程门站装置区改造的成功施工经验总结而成，采用增压气塞法施工成功解决了因阀门泄漏产生混合易爆气体带来的重大施工安全隐患。

2　工法特点

（1）从施工成本角度分析，相对传统常压氮气置换施工方法，仅增加需置换区域两端两段短管增压氮气的用量。确保施工现场安全的情况下可减少需要置换管范围，节省施工资金与时间成本，且此工法所获得的安全保障是常压氮气置换施工方法无法企及的。

（2）从安全角度分析，因增压气塞段管道内氮气压力大于施工区域外侧管道内天然气压力，致使施工区域外侧管道内天然气无法内漏到施工区域管道内，从而无法产生天然气与空气的混合气体。故此，该工法能完全杜绝因施工区域管道内混合气体引起的爆炸事故。

（3）本工法是在传统常压氮气置换施工方法上进行的技术改进和创新。

3　适用范围

适用于同类型燃气场站、阀室及化工装置等区域内的可燃易爆、有毒有害气体管道装置改建、增容、维修施工。

4　工法原理

（1）天然气泄漏引起爆炸的原因：天然气的主要成分为甲烷，甲烷是一种易燃易爆的气体。当天然气泄漏到空气中，与空气混合形成的混合体积分数达到爆炸极限（爆炸极限是指与空气混合后遇火能引起爆炸的浓度范围，甲烷的爆炸极限为4.9%～16%，甲烷与空气最剧烈爆炸浓度约为9.5%），混合气体遇火即发生爆炸。

（2）增压气塞阻止混合气体产生原理：在场站或阀室合理选择增压管段。在增压管段中，通过注入氮气增压，使之压力稍高于供气管道段压力（但不能超过此段管道设计压力），阻止天然气因阀门泄

漏进入施工管段，从而杜绝混合气体的产生，从根本上减少空气与天然气混合引起的爆炸。

（3）场站改造务必需要对原始管线进行切割拆除，如图 1 改造前原始管理示意图。采用传统（常规）施工工艺时，仅将改造部分进行充氮保护，如图 2 所示，在施工过程中难免出现 2 号阀门或 3 号阀门出现泄漏现象，导致空气与天然气的混合气体产生。

（4）本工法通过增加增压气塞（即带压隔离段），加强冗余保护措施。确保了内漏可燃易爆气体与工作段的直接联系。图 3 为增压气塞防爆施工工法示意图。

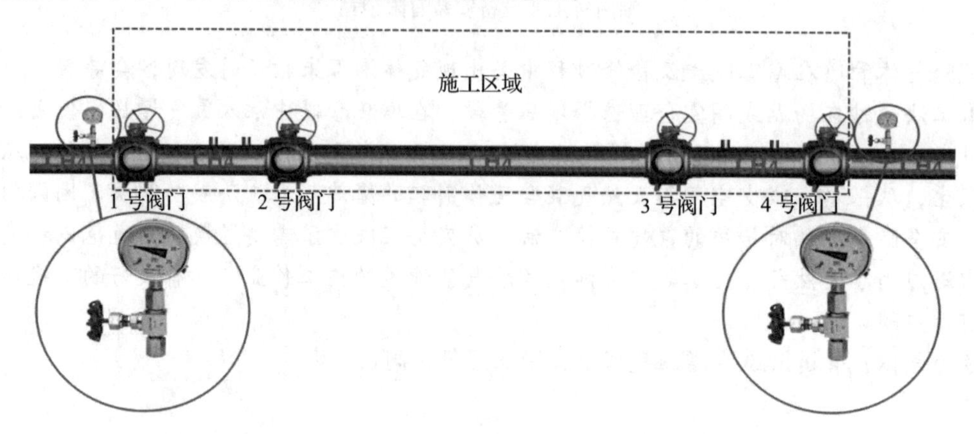

图 1　改造前原始管线示意图

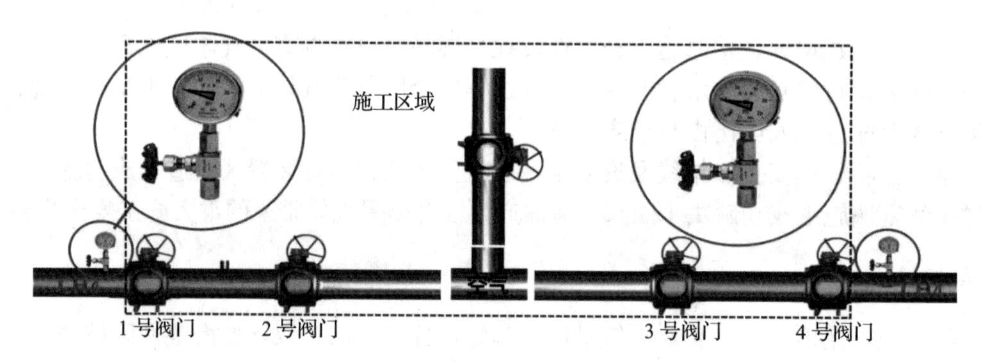

图 2　传统施工工艺示意图

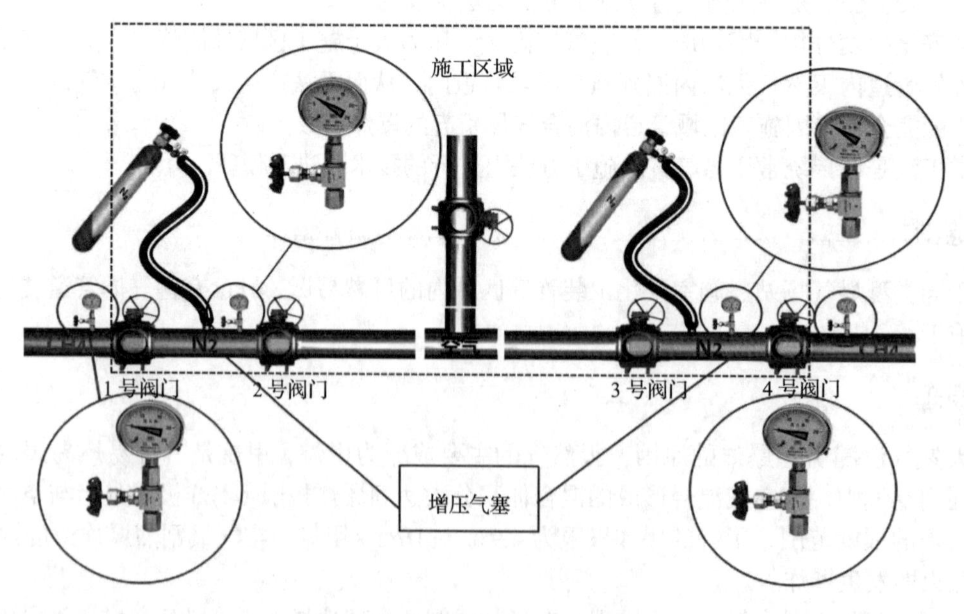

图 3　增压气塞防爆施工工法示意图

5　工法流程与操作要点

5.1　工法流程

施工准备→选择增压管段→增压及扩容管段放空→增加管段氮气置换→可燃气体检测→氮气增压→可燃气体检测→扩容管段施工→扩容管段置换氮气→增压管段氮压平衡→燃气置换→交付验收。

5.2　操作要点

5.2.1　对施工区域工艺管道设备构成进行分析确认气塞设置位置

（1）通过查阅设计图纸以及施工区域现场踏勘了解管道气流走向以及阀门设置情况。

（2）气塞位置选取一般考虑施工区域气流进、出方向的第一、第二级阀门之间，并有便于安装压力表和注氮端口管道作为气塞管道。天然气场站气流进、出方向的第一、第二级阀门之间的管道一般位于收发球筒或调压撬位置，此两处管道、设备上均有仪表阀、放空阀等便于设置气塞的端口。

（3）气塞段管道尽量选取比较短的管道，以节省氮气用量。

5.2.2　施工区域天然气放空

施工区域管道天然气放空需依据相关天然气场站管理规范进行实施，此工作一般由运营单位专人负责实施。

5.2.3　氮气置换

（1）置换目的

按照设计要求与工程施工方案，要对施工区域管道进行管道氮气置换，以确保改建、扩容、维修施工中管道内无天然气残存。

（2）介质选用

氮气无色、无臭、压缩至高压的液态氮气相对密度 0.81（−196℃），固态相对密度 1.026（−252.5℃）。熔点 −209.8℃，沸点 −195.6℃。临界温度 −147℃，临界压力 3.40MPa（在临界温度时使气体液化的最小压力）。

氮质量标准：工业氮标准按 GB/T 3864—1996 执行，主要指标见表 1：

表 1　工业氮的主要指标

指标名称		指标		
		优等品	一等品	合格品
氮气纯度 10^{-2}（V/V）	≥	99.5	99.5	98.5
氮含量	≤	0.5	0.5	1.5
水分（游离水，mL/瓶）	≤	—	无	—
露点（℃）	≤	-43	—	—

氮气属不燃气体，危规编号：22005。应贮存于阴凉、通风处，仓温不宜超过 30℃。应远离火种和热源，防止阳光直射。搬运时应轻装、轻卸，防止钢瓶及附件损坏。

本工程采用间接置换法（氮气置换）。

使用量计算：

①计算公式：$P_1V_1=P_2V_2$（设定温度一定）；

②管道冲氮气压力确定为标准大气压为 0.1MPa；

③需冲氮气系统容积 V_1=（施工区域实际管道设备容积）m^3；

④选用 40L 12MPa 氮气瓶，可充常压氮气 4.8m^3；

⑤所以，对系统冲氮量为：$V_1 \div 4.8$= 氮气理论使用瓶数；

⑥考虑冲气时瓶中气体不能完全冲净，因此要加 10% 的补充，所以实际用气量为：

氮气理论使用瓶数 ×1.1= 氮气实际使用瓶数。

（3）置换前的准备工作及条件确认：

①置换区域场地平整，置换区域有明显的警示标志，同时应设置隔离带隔离无关人员。

②置换区域内各设备、阀门、管道等临时标识清晰正确。

③天然气管路气密试验合格。

④仔细检查流程，隔离系统。

⑤联系化验室准备采样分析氧含量或准备可便携式的氧含量分析仪。

⑥成立置换作业领导小组统一指挥，协调置换过程中的各种问题，明确分工，责任到人。

⑦对参加置换作业人员进行方案交底，配备必要的安全劳动防护用品。

4）置换程序

①关闭施工区域最外侧两个阀门，打开施工区域其他所有阀门，等待置换。

②所有置换前工作准备完毕后在选定的注气口处注氮气置换空气，排气口排出氮气结束。因为氮气分子量为 28，甲烷分子量为 16，故甲烷气体远轻于氮气。所以氮气注入口一般选在施工区域比较低的位置，排气孔一般选在施工区域最高的放空口位置。

③置换步骤如下：一般可用 10MPa 的氮气进行置换，置换至天然气区所有容器内氧气的含量低于 1%。具体步骤：用 10MPa 的氮气气源进行置换；用氮气从管道进气口接入把天然气区所有天然气管道加压至 120kPa；通过进气口注入氮气后，打开排空阀，使管道内压力减小至 100kPa；一般重复 3 ～ 4 次直至管线中氧气的含量低于 1%。排放时排放口附近不允许人员靠近（因氮气是惰性气体有窒息危险）。依照氮气置换流程向系统引入 N_2 以约 0.02MPa/min 速度升压至 >0.3MPa，然后缓慢泄压至 0.05MPa。氮气置换泄压后在氮气出口采样分析氧含量，如果合格，则氮气置换结束。施工区域内灌满氮气时关闭放空阀，将氮气保存在管道内。

5.2.4 设置气塞

（1）施工区域整体置换完成后，关闭施工区域最外侧第二级两个阀门。

（2）通过施工区域最外侧第一、第二级各两个阀门之间选取的氮气注入口进行氮气增压，分别在施工区域两端形成气塞。

（3）气塞注入氮气增压至气塞压力高于施工区域外侧管道内天然气压力，但不能超过此段管道设计压力，气塞设置完成。

5.2.5 改造、增容、维修施工

在改造、增容、维修施工过程中应定时查看气塞段管道和天然气段管道压力表数值。如发现气塞段压力下降明显应及时检查阀门是否关紧。确认阀门关紧后，应及时补压，确保气塞段压力高于天然气管道内压力。

5.2.6 施工完成

（1）改造、增容、维修施工完成后，按照 5.2.3 小节氮气置换流程再次对施工区域进行氮气置换。

（2）施工区域整体置换完成后，打开施工区域最外侧第二级两个阀门，使之与施工区域内氮气压力持平。

（3）打开施工区域最外侧第一级两个阀门以及排空阀，使施工区域置换回天然气，完成施工交付验收。

6 材料与设备（表 2）

表 2 材料与设备一览表

序号	材料与设备名称	型号规格	单位	数量	备注
1	起重机		台	1	材料设备吊装
2	平板车		台	1	材料设备运输
3	手拉葫芦	2t	个	3	
4	电火花控制仪		台	1	

续表

序号	材料与设备名称	型号规格	单位	数量	备注
5	吊带	2t	副	3	
6	发电机	8kW	台	1	
7	氩电（一体机）	400A	台	2	
8	焊缝检测尺		把	1	
9	弹簧拉力秤	0～3000kN	个	1	
11	盘尺	0～30m	个	1	
13	卷尺	0～5m	个	1	
14	钢直尺	1m	个	1	
15	对口器		个	1	
16	氮气	12MPa 40L	瓶	15	
17	氮气表		块	2	
18	压力表		块	4	
19	四角架		套	3	
20	可燃气体检测仪		台	1	
21	弓形卡		把	1	
22	钢丝刷		把	若干	
23	砂轮切割机		台	1	
24	塞尺	200B20	把	1	

7　质量控制

7.1　施工过程必须严格执行国家及有关部门、地区颁发的标准、规范，包含但不限于如下内容：

《工业金属管道工程施工规范》(GB 50235—2010)。

《工业金属管道工程施工质量验收规范》(GB 50184—2011)。

《现场设备、工业管道焊接工程施工规范》(GB 50236—2011)。

《现场设备、工业管道焊接工程施工质量验收规范》(GB 50683—2011)。

《工业设备及管道防腐蚀工程施工规范》(GB 50726—2011)。

《工业设备及管道防腐蚀工程施工质量验收规范》(GB 50727—2011)。

《钢制对焊管件类型与参数》(GB/T 12459—2017)。

建设部颁布的《建筑工程施工现场管理规定》，以及地方政府及业主方有关建筑工程质量管理、环境保护等地方性法规及规定。

7.2　关键部位或工序质量控制

（1）管道焊接质量关系到工程质量，是最关键的工序。检查采用自检、互检和专检制度。首先管口组对完毕由管工进行自检后，并与焊工进行互检，检查合格后由专职质检员再进行检查，组对符合《焊接作业指导书》和相关规范后进行焊接作业。

（2）正确选用和加工坡口尺寸，保证对口间隙；合理选择焊接电流及焊接速度；增强焊工责任心，认真操作，适当保持焊条角度，防止偏斜。减少硫、磷等有害元素含量。

（3）严格清理焊接区域污物，去除焊丝表面碳氢化合物和水分，减少氢的来源；避免在雨雪天气的露天场所、低温环境下焊接；采取预热和后热，控制层间温度，保证层间温度不小于预热温度。

（4）选用合理的焊接规范，避免焊接中出现硬淬组织；提高对口质量，避免强行组对，减少预应力；选择合理的焊接顺序，减少焊缝变形和焊接应力；改善散热条件，使低熔点物质上浮于焊缝表面。

（5）采取合适的焊接电流和焊接速度，适当摆动；在空气湿度大于 90% 或雨雪天气，采取有效措施；选择性能稳定的焊机。

（6）焊接时，须及时检查焊缝是否完整、饱满，不得存在缺焊、漏焊现象。焊接过程中禁止在工作面引弧，以免损伤管道。焊接时，在下一道焊接前，应用砂轮打磨清除已形成焊道表面的密集气孔。多层焊时，注意将前道焊缝的熔渣清理干净后，再焊接下一道（层）焊缝。

（7）焊接后管道焊接部位不应有气孔、夹杂、咬边、未焊透等；经打磨后的焊接接头部位及其附近表面不应出现裂纹、划伤、碰伤等。

（8）管道下沟回填时，首先对管道防腐层进行目测和电火花检漏；管沟沟底处理平整，沟内无坚硬异物，铺设细土或细砂保护层；高水位地段，降低沟内积水，防止管道飘移；管道下沟时使管道受力均匀，避免机械设备损伤管道防腐层。

（9）天然气管线各部件间的连接螺栓及拧紧程度必须符合技术文件要求。碰撞、焊接损伤的管道表面油漆须及时修补，并符合技术文件要求。

8　安全措施

（1）置换工作必须达到"五无"目标：即无死亡事故、无重大伤人事故、无重大机械事故、无火灾、无中毒事故。

（2）由于置换场所属于场站核心部位，一旦发生意外，将会给生命、财产安全带来不可估量的损失，因此参加置换作业人员必须严格按照置换作业方案及有关操作规程操作，有疑问的应于作业前提出。

（3）作业前对参加作业人员进行安全教育和技术交底。

（4）现场划分警戒区域，设立安全警示牌。

（5）在本项工作置换期间，管道置换范围内所有设备禁止运行，保持自然通风。置换过程中必须现场保证两人以上进行作业，相互监护防止因氮气泄露引起窒息。

（6）建立置换小组、救援组，需明确各小组人员职责。

（7）建立完善的应急预案制度，对整个施工安装过程全程跟踪，发现任何隐患，及时组织技术力量解决可能发生的任何安全事故或技术事故。

（8）焊工、吊车司机、起重工、电工等特殊工种必须持证上岗，吊装前设置警界区域，吊装过程听从统一指挥。

（9）施工作业人员必须戴安全帽，系好帽带；

（10）天然气管道是在管沟正上方进行焊接作业，作业面区域配备专门安全人员，负责看守，特别不得在焊接过程中有人在下方逗留或通过，以防焊接时，焊渣飞溅，造成伤害。

（11）焊材的保存和使用应在干燥、通风的环境下。下雨时进行焊接操作，应采取防护措施。

（12）焊接作业前，应检查、清理作业区域及作业面下部区域的可然、易然、易爆物，设置足够的灭火器，并安排专人看守。焊接使用的氧、乙炔瓶须距离作业点 10m 以上，且氧、乙炔瓶的间距须保持 8m 以上。

9　环保措施

9.1　噪声排放

合理安排、控制作业时间。噪声大的角磨机打磨钢轨作业安排在白天，同时给作业人员配备耳塞，以减少对作业人员的伤害。

9.2　光污染

焊接过程中，作业人员需配戴墨镜，以免焊剂反应过程中的强光灼伤眼睛。焊接作业尽量安排在白天进行，如果必须在室外进行夜间焊接，需在焊接地点加设挡板，以遮挡强光。

9.3　杜绝施工现场火灾

电弧焊、气焊及气割作业点和作业点下方区域的易然、易爆物在作业前清理干净，且配备足够的干粉灭火器。临时用电线路、电焊线和氧、乙炔管按规范进行敷设，灯具设防护罩。

9.4　合理处理固体废弃物

施工垃圾和生活垃圾分类入池。施工过程中的废料、金属废弃物，包装材料及时收集，能二次利用的进行再利用，不能二次利用的进行分类入池存放，分别处理。

9.5　现场无扬尘

场区硬化道路安排专人每天进行洒水、清扫，经常保持湿润状态，防止尘土飞扬。施工垃圾清运时，先洒水，后清扫，垃圾集中成堆后，装袋后再运输。

9.6　燃气、氮气放空必须依照相关规程进行实施，防止放空事故的发生

因影响场站、阀室放空作业的外部因素复杂多变，加上管道内的天然气本身具有高压、易燃易爆等特性，一般由建设方专业人员进行实施。

10　效益分析

（1）可燃易爆、有毒有害气体管道改建、增容、维修施工过程中，在确保施工现场安全的情况下使用此工法可减少需要置换管范围，节省施工资金与时间成本。

（2）从安全风险的角度分析，因增压气塞法从源头阻断了可燃易爆、有毒有害气体的渗漏风险，相对渗漏后采取的各类应急方案不论从成本和效果上都显示出明显优势。

11　应用实例

本工法 2017 年首次应用于安乡联络线及安乡末站设备安装工程，质量满足现行国家标准规范要求，工期满足甲方要求，降低了工程成本，保证了工程安全和利益，投产后运行良好，经验证此工法各环节完善，效果极佳（表 3）。

表 3　工程应用实例统计表

序号	工程名称	工程地点	管道规格	管道介质	施工长度	备注
1	安乡联络线及安乡末站设备安装工程	湖南省常德市安乡	ϕ325×6.3mm	天然气	136.2m	按本工法施工
2	豫南支线新郑分输站至港区供气流程改造工程	新郑市和庄镇新郑分输站	ϕ508×13mm	天然气	10m	按本工法施工

直埋供冷供热管网施工工法

田成勇　黄　鹤　张新忠　唐学兵　吴　琦

湖南省工业设备安装有限公司

摘　要：为节能减排、增加能源阶梯利用率，城市集中供冷供热已广泛采用，原有传统的架空管网安装工艺，不但占用地上空间且严重影响城市市容，采用直埋集中供冷供热管网施工方法较好地解决了此类问题。本升级版工法对原工法进行了修订、补充，使之更加规范，在原有核心关键技术基础上，新增创新有 2 项：（1）钢外套管的补口短管的下料、组对新工艺；（2）自制外护管补口短管纵向与环向焊缝的组对工装，提高施工效率。

关键词：工业安装工程；直埋管道；供冷供热；补口短管；纵向与环向焊缝的组对

1　前言

随着社会发展与科技进步，尤其是建设环境美好城镇的需要，为节能减排、增加能源阶梯利用率，同时减轻城市密集建筑群的热岛效应，城市集中供冷供热已广泛采用，新的施工工艺应运而生。原有传统的架空管网安装工艺，不但占用地上空间且严重影响城市建设的美观，采用直埋集中供冷供热管网施工方法较好地解决了此类问题。本工法是原工法的升级版，对原工法进行了修订、补充，使之更加规范，主要创新有 2 项：（1）钢外套管的补口短管的下料、组对新工艺；（2）自制外护管补口短管纵向与环向焊缝的组对工装，提高施工效率。本升级版工法主要依据苏州工业园区独墅湖科技创新区集中供冷供热安装工程及大唐丰润热电厂至丰润工业园区供热工程、佛山恒益发电有限公司至中国（三水）国际水都饮料食品基地供热管网工程等编制。

2　工法特点

（1）缩短施工工期且有助于市容美化。与采用传统架空施工工艺相比，只需开挖土方施工，节省工期；尤其对于工程地处密集建筑群内，如采用传统的架空管网安装工艺，将需架设许多地表支墩，不但严重影响区域整体建筑美观，且有遇高大建筑无法通行等问题，本工法极好地解决了管线施工与建筑的整体布局难题。本次升级版的工法，相比原工法，新研发了补口短管纵向与环向焊缝的组对工装，施工效率有较大提升。

（2）无高处作业，施工安全。直埋施工开挖深度一般在 2m 以内，且开挖宽度一般在 2m 以上，能确保施工安全。

（3）采用新型材料，更好地确保工艺质量与节能。直埋管道采用双层钢套钢、内夹保温层管道，能减少直至杜绝保温层吸潮现象且降低传热损失；在无传统固定支架的条件下，采用预拉型波纹补偿器及先进的施工工艺，很好地解决了管道运行过程中的热胀冷缩的问题，确保施工质量。

（4）运行可靠且延长运行年限。直埋施工完成后，埋于地下的管道不易受到外界干扰且在多重保护（外套管进行聚脲防腐牺牲阳极保护）下，可有效地减少腐蚀，延长运行年限。

3　适用范围

本工法适用于埋地供冷供热复合钢夹套管网及类似管道的安装工程。

4　工艺原理

针对供冷供热复合钢夹套管道埋地安装的特点，制定科学的施工工艺，在管沟开挖前，对开挖深度大或地质条件差，进行密闭钢板桩支护，采用机械与人工开挖相结合的方法进行管沟的开挖与回填；采用氩电联焊等技术进行管道的连接，综合运用多种吊装方法完成管道安装工作；采用新改进的钢外套管补口短管的下料、组对工装及焊接工艺，进一步提高了施工效率；同时对管道外壁进行双重防腐（牺牲阳极保护和外套管进行聚脲防腐）的技术处理，对内外钢管均进行压力试验等程序，确保施工质量、施工安全。

5　施工工艺流程及操作要点

5.1　施工工艺流程

施工准备→开挖前管线调查、勘探→测量放线→管线沟槽开挖→管道防腐、保冷保温→管道预制、焊接→预制管道吊装至沟槽→沟槽内管道安装→补口补伤、保温→附件安装→管道强度、气密性试验→管线吹扫→沟槽回填→竣工验收。

5.2　操作要点

5.2.1　开挖前管线调查、勘探

集中供冷供热管网安装一般都位于密集建筑群之间，涉及成型道路、绿化、消防等设施，同时随同道路施工的给水、雨污水、电力电缆、燃气、通信信号等市政管线均已施工完毕，对直埋供冷供热管道安装的水平管位、埋设深度等提出了极高要求。在开挖管沟前，需详细了解开挖区域的综合管线布置，避免造成对已有管线的损坏。

5.2.2　测量放线

根据设计图及现场调查情况，确定开挖管沟中心线与边线，做好相关标志或标识。

5.2.3　沟槽开挖

（1）管沟开挖前需依据现场情况确定开挖段是否需进行支护。

集中供冷供热主管管径（外套管）一般在 DN1000 以上，且供冷供热管在同一管沟时开挖宽度需达到 6m 左右，开挖深度在 3m 左右，故在开挖前需对管沟进行密闭钢板桩支护，以保护道路和建筑基础及确保施工安全。

（2）管线的中线桩和水准点均应用平移法设置于线路施工操作范围之外，以便于观察和使用的部位。各控制桩用混凝土加固保护，并设立醒目标志。

（3）在沟槽土方开挖时，应对平面控制桩、水准点、基坑平面位置、水平标高、边坡坡度等经常进行复测检查，掌握各配合管线的平面控制网点和水准控制网点的位置、编号及其坐标和高程数据，以确定管网设计线位和高程，沟槽挖完后应进行检验作好记录，如发现地基土质与地质勘探报告、设计要求不符时，应通知有关人员进行处理。

（4）在基坑周边设置 4 ～ 6 个监测点，由施工员对基坑边坡的稳定作随时监测，一发现问题立即向项目部做汇报，做到预防第一，责任到人。

（5）土方开挖主要采用人工开挖和机械开挖相结合的形式。开挖现场的地下管线必须做好明显标志，管线区域不允许采用机械开挖。

（6）开挖时土方需及时转移。

5.2.4　管道防腐、保冷保温

集中供冷供热管道采用工厂预制的复合夹套管道，一般在专业生产厂家已按设计要求进行了管道防腐、保冷保温工作。现场需进行焊口部位的防腐、保冷保温工作及补伤工作。

5.2.5　管道预制、焊接

（1）所有参与现场施焊的焊工均需持证上岗；

（2）管道安装前需确认管段安装位置、管段编号、管线流向与图纸无误后方可进行焊接，蒸汽管道还需保证管道导向支架处于管道正下方位置；管道吊装及二次运输必须使用专用软吊带吊装，避免防腐层破坏；

（3）作业前需对管子调直并进行试配，试配合格标准为：管口间隙平齐，错边量小于 0.5mm，如试配合格，则可打磨焊接坡口；

（4）焊接坡口标准为：坡口角度 65° ～ 75° 、坡口间隙 2.5 ～ 3mm，钝边 1.5mm，过渡应平滑无划痕；

（5）内（工作管）、外管焊接工艺均采用氩电联焊，氩弧焊采用 J50 焊丝打底，E4315（工作管）或 E4303（外套管）电焊盖面，电焊条焊接前需烘干，烘干温度 350℃，烘干 1.5h 后再按 120℃保温 1h，然后放在 100℃焊条保温桶内在现场随用随取；

（6）每道焊缝完成后，焊工应将焊缝上的焊渣及周围的飞溅物清除干净；并用角向砂轮机将焊缝上影响探伤质量的焊接缺陷修磨合格；

（7）施工现场要保持清洁，在沟槽上 1m 内不得堆放焊接设备及其他材料，预防塌方伤及工作坑内施工人员；

（8）焊接时，应保证良好的作业环境，配备相应的安全保护装备，同时在室外作业时需采取适当的挡风措施，确保焊接质量；

（9）焊接作业流程为：

坡口加工→坡口清理→管道对口→对口质量检查→点焊→检查→打底焊接→中间层填充焊接和盖面焊接→焊口外观质量检查→焊后热处理→无损检验。

（10）补口短管下料时，对于供冷埋地管道的钢套管的补口短管，下瓦环向约占 2/3，切割后变形小，利于焊口的组对；对于供热埋地管道的钢套管的补口短管，上、下瓦环向占 1/2，便于组对。下料必须力求精确，短管两段和原管的间隙控制在 3mm 之内。

（11）补口短管纵向与环向焊缝的组对、安装。采用自制的安装外护管补口短管纵向与环向焊缝组对的工装（整个工装结构简单，操作方便，省时省力，且不需要在外护管上进行焊接固定，减小了对管材的损伤），进行补口短管纵向与环向焊缝的组对、安装。

5.2.6 管道安装

利用吊车将预制好的管段调至沟槽内，控制好管道中心线与标高，管道实际中心线与设计中心线的偏差小于＜ 25mm（室外），标高＜ ±15mm ；及时进行管网的连接工作，夹套管焊接前，其内管如有焊缝，进行 100% X 射线探伤，外管焊缝按 5% 进行 X 射线探伤，焊缝质量符合 GB 3323—2005 中Ⅱ级为合格。内管角焊缝均需作渗透试验，检验标准为 EJ 186—1980。

5.2.7 保温保冷及补口补伤

（1）供热蒸汽管道保温补口流程为：

工作管对接→工作管防腐施工→安装外套管下部补口短管→保温棉安装并绑扎→石棉板安装并绑扎→安装外套管上部补口短管→外套管除锈→外套管聚脲喷涂。

具体要求如下：

①蒸汽芯管检测合格后，先上防腐漆，防腐漆必须均匀一致；

②补口处保温棉需根据两侧保温棉预留的宽度下料，下料需准确，保证保温棉裹完后与两侧保温棉之间无缝隙，保温棉分三层包裹绑扎；

③直管段需先做保温，再上补口短管，补口保温棉顺管向接缝必须在管子上半部分，且可见，三层保温棉需错缝安装；

④每层补口保温棉用不锈钢绑扎带且不少于两条，还需勒紧；最外层石棉板需整张包裹，且宽度比补口短管每侧宽出至少 5cm，同样用两条不锈钢绑扎带绑扎勒紧。

（2）供冷管道保温补口流程为：

工作管对接→工作管防腐施工→安装外套管下部补口短管→安装外套管上部补口短管→上部补口短管开灌注孔→灌注孔焊接密封螺母→灌注聚氨酯→密封灌注口→外套管聚脲喷涂。

具体要求如下：

①现场聚氨酯需即配即用，发泡量为灌注空间理论计算量的 1.2 倍，以聚氨酯冒出灌注孔为合格；

②聚氨酯灌注完成后需立即采用螺杆封闭灌注孔螺母，以防杂质进入；

③灌注完成后即刻对外套管进行聚脲防腐，且一并对灌注口处螺杆螺母进行防腐。

涂层厚度采用测厚仪分层检测，单层漆膜25～40μm，总厚度100～160μm。用栅格法检测防腐层附着力。刀片划格间距2.5mm，纵横四道切格成9个方格，胶带粘贴不脱落为合格。

（3）管道补口补伤

①外观检查：逐根管子或逐个补口进行检查。

针孔检查：使用5000V电火花仪逐口检查，以不打火花为合格。

焊口区域除锈后升温至218～246℃，迅速喷涂焊口区，并与原涂层搭接不小于25mm，然后自然固化3min。沟下死口采用常温固化双组分环氧涂料涂刷。

②现场补涂

在安装完毕后，先将碰损修补部分用钢丝球除去锈蚀及周边涂层，进行补涂，然后涂上最后一道面漆。

5.2.8　管道附件安装

（1）补偿器安装

直埋蒸汽管补偿器因有外套管，不同于普通拉杆式波纹补偿器，其为预拉型波纹补偿器，在安装工程中需一直保证补偿器处于预拉状态，安装工艺程序如下：

①安装前检查补偿器两端工作管（芯管）与外套管之间固定支架是否有松动，如有松动应更换补偿器；

②连接补偿器两端芯管；

③焊接外套管下半补口短管；

④割除靠固定端接口处补偿器支架，安装此处上部补口短管；

⑤在补偿器远离固定端接口处的直管道端头，如远端固定端还未连接到管路，应将心管与外套管连接牢固，方可割除该处补偿器支架再安装上部补口短管。

（2）牺牲阳极保护装置

直埋管道为保证使用寿命，保证防腐效果，每隔60m需设置一组牺牲阳极保护装置，阳极采用22kg/根的镁棒，其中镁含量不低于95%，阳极电缆采用VV29-500/1×10或10mm^{2}塑料电缆。连接点应牢固可靠，放置阳极袋的管沟如比较干燥，应适当浇筑一定量的水，以保证形成电解质溶液。

（3）排潮管

蒸汽管与外套管间在输送蒸汽后易产生潮气，需及时排出，故在固定端顶部需设置排潮管，排潮管伸出地面高度应不低于1.2m，且端部使用两个90°弯头朝向地面，以免烫伤人员。

（4）蒸汽疏水阀

因主管一般埋设较深，而蒸汽疏水阀组设置位置比主管高，需选用的疏水阀应带背压功能，以保证顺利疏水。

（5）管道接口拐角

因蒸汽管道上采用的波纹补偿器为轴向型补偿器，管道只能沿轴向方向进行伸缩，故管道在接口对焊施工时，除固定端与直管段接口处可以有折角外，两固定端之间管道接口拐角不得大于3°，在管道沿弧形线路敷设时，需在每个固定端处均匀地以3°左右角度弯曲，防止出现角度集中于一个管道接口而无法对接的现象。现场施工时，个别非固定端接口确需拐角时，采取外套管比直管段外套大两号，且芯管与外套偏心安装，芯管远离偏移方向，以保证蒸汽管伸缩移动时不会触碰到外套管。

5.2.9　管道强度试验、气密性试验

（1）试验压力按蒸汽管道内管水压试验3.09MPa，外管气压试验0.4MPa；供冷管道内管作化学钝化预膜处理、水压试验1.6MPa，外管作气密试验0.3MPa。

（2）试压前应对管道进行全面检查，根据工艺流程，核对安装是否符合设计要求和技术规范，不宜和管道一起试压的阀门、配件、仪表等拆除换上临时短管。

（3）试压时应缓慢升压到试验压力，压降也应控制速度。

（4）试压期间仔细检查管路系统并认真作好试压记录。

5.2.10　管道吹扫

试压合格后，应对内管道进行吹洗。吹洗压力、流量、次数符合设计和规范要求。

（1）对蒸汽管道吹扫，使用介质蒸汽。吹扫前，应先暖管，用铝靶进行检验，在保证吹扫压力的情况下，连续两次更换靶板检查，靶板上冲斑痕的粒度不得大于 0.8mm，且斑痕不得多于 8 点为吹扫合格。

（2）对于冷冻水管道吹扫，使用介质为压缩空气。压缩空气吹扫时，在排气口用白布或涂有白漆的靶板检查，如 5min 内检查其上无铁锈尘土、水分及其他脏物即为合格。

5.2.11　沟槽回填

管道安装完毕后，应及时回填，回填时应清除土方中的石块等杂物，管顶 300mm 高范围内用细土回填并分层夯实。

5.3　劳动力组织（表 1）

表 1　劳动力组织情况表

序号	工种	所需人数	备注
1	管工	30	
2	起重工	4	
3	焊工	25	
4	油漆工	15	
5	保温工	10	
6	测量工	6	
7	辅工	30	
8	管理人员	6	
9	合计	120	

6　材料与设备

本工法无须特别说明的材料，采用的机具设备见表 2。

表 2　机具设备表

序号	设备名称	设备型号	单位	数量
1	汽车吊	QY-50	台	1
2	汽车吊	QY-16	台	2
3	汽车	3t	台	2
4	双排座汽车		台	1
5	平板拖车	50t	台	1
6	平板拖车	20t	台	1
7	叉车	5t	台	1
8	电动试压泵		台	2
9	氩弧焊机	TIG-400	台	12
10	水准仪	NI（0.02mm/m）	台	2
11	经纬仪	T2（2s）	台	2
12	远红外激光准直仪		台	1

续表

序号	设备名称	设备型号	单位	数量
13	空压机	0.3m³/min	台	2
14	台钻	ϕ16	台	1
15	卷扬机	5t	台	2
16	烘干箱		台	1
17	砂轮切割机	ϕ300	台	2
18	角式磨光机	ϕ100；ϕ150	台	8
19	交流电焊机		台	10
20	潜水泵	7.5kW	台	2
21	蛙式打夯机	HZR200	台	2
22	振捣器	各型	台	8
23	氧割设备		套	12
24	手拉葫芦	10t	只	2
25	手拉葫芦	5t	只	2
26	手拉葫芦	2t	只	10

7　质量控制

（1）工程质量控制标准执行下列规范：

《工业金属管道工程施工规范》(GB 50235—2010）；

《现场设备、工业管道焊接工程施工规范》(GB 50236—2011）；

《工业设备及管道绝热工程设计规范》(GB 50264—2013）。

（2）焊接坡口标准为：坡口角度65° ～75° 、坡口间隙2.5～3mm，钝边1.5mm，过渡应平滑无划痕。

（3）焊口无损检测：工作管焊缝，进行100% X射线探伤，外套管焊缝按5%进行X射线探伤，焊缝质量符合GB 3323—2005中Ⅱ级为合格。工作管角焊缝均需作渗透试验，检验标准为EJ186—1980。

8　安全措施

（1）认真贯彻“安全第一，预防为主，综合治理”的方针，根据国家有关规定、条例，结合施工单位实际情况和工程的具体特点，组成专职安全员和班组兼职安全员以及工地安全用电负责人参加的安全生产管理网络，执行安全生产责任制，明确各级人员的职责，抓好工程的安全生产。

（2）施工现场按照符合防火、防风、防雷、防洪、防触电、防塌方等安全规定及安全施工要求进行布置，并悬挂好各种安全标识。

（3）各类房屋、库房、料场等的消防安全距离做到符合消防部门的规定，室内不堆放易燃品；严格做到不在木工加工场、料库等处吸烟；随时清除现场的易燃杂物；不在有火种的场所或其近旁堆放生产物资。

（4）氧气瓶与乙炔瓶隔离存放并符合安全规定，严格保证氧气瓶不沾染油脂、乙炔发生器有防止回火的安全装置。

（5）施工现场的临时用电严格按照《施工现场临时用电安全技术规范》（JGJ 46—2005）的有关规范规定执行。

（6）施工现场沟槽要设围护栏杆，夜晚应设置照明、警示红灯，并悬挂安全警示牌，并经常检查。

（7）沟槽开挖过程中，需有专人监控沟槽密实情况，防止坍塌情况发生，做好对已施工管线的保护。

（8）保证现场吊装安全，防范高空危险源，尤其是城市供电网。

（9）建立完善的施工安全保证体系，加强施工作业中的安全检查，确保作业标准化、规范化。

9　环保措施

（1）成立对应的施工环境卫生管理机构，在工程施工过程中严格遵守国家和地方政府下发的有关环境保护的法律、法规和规章，加强对施工燃油、工程材料、设备、废水、生产生活垃圾、弃渣的控制和治理，遵守防火及废弃物处理的规章制度，做好交通环境疏导，充分满足便民要求，认真接受城市交通管理，随时接受相关单位的监督检查。

（2）将施工场地和作业限制在工程建设允许的范围内，合理布置、规范围挡，做到标牌清楚、齐全，各种标识醒目，施工场地整洁文明。

（3）对施工中可能影响到的各种公共设施制定可靠的防止损坏和移位的措施，加强实施中的监测、应对和验证。同时，将相关方案和要求向全体施工人员详细交底。

（4）尽量降低施工噪声，做到不扰民。施工时做到先封闭后施工；设立专用加工间，并设降噪封闭措施。

（5）施工现场要做到整洁、干净，工完料尽场地清。做好泥砂、弃渣及其他工程材料运输过程中的防散落与沿途污染措施，废水除按环境卫生指标进行处理达标外，并按当地环保要求的指定地点排放。弃渣及其他工程废弃物按工程建设指定的地点和方案进行合理堆放和处治。

（6）对施工场地道路进行硬化，并在晴天经常对施工通行道路进行洒水，防止尘土飞扬，保护周围环境。

10　效益分析

（1）本工法与传统架空管道施工工艺相比，施工更安全，更有利于文明施工，各种资源能较好地利用，缩短施工工期，形成较好的经济效益。

（2）直埋供冷供热管网，可达到管网使用功能与城市建设美观的协调统一，具有较好的社会效益。

11　应用实例

本公司 2010 年 2 月至 2011 年 5 月在苏州工业园区独墅湖科教创新区月亮湾集中供冷供热管网安装工程、2017 年 8 月至 2018 年 9 月大唐丰润热电厂至丰润工业园区供热工程、2017 年 3 月至 2018 年 11 月佛山恒益发电有限公司至中国（三水）国际水都饮料食品基地供热管网工程等 10 多个项目中实施了本工法。现将苏州工业园区独墅湖科教创新区月亮湾集中供冷供热管网安装工程有关经济数据分析如下：

工程投资：与传统架空管道施工工艺相比，初期投资略高于架空管道。但从使用年限比较：架空管道使用年限一般为 10 ～ 15 年，直埋管道为 30 年，大大节省整体投资。

运行维修费用：直埋管道安装合格后，只需每两年更换一次牺牲阳极装置，无须其他运行维修费用，架空管道随着使用年限的增加，管道腐蚀穿孔现象将不断增加，按全寿命周期计算，将节省年均运行维修费用 20 余万元。

社会效益分析：该项目为江苏省首个区域集中供冷工程项目和全国规模最大的以蒸汽为能源的集中供冷项目，对推广节能环保项目产生积极影响。同时，直埋管网可达到管网使用功能与建筑美观的协调统一。

素混凝土墙预埋套管定位安装工法

罗柯云　游伟明　罗宏健　蒋　毅　夏　雨

湖南六建机电安装有限责任公司

摘　要：为解决套管在素混凝土墙上一次预留定位的质量控制问题，首先，在安装套管的铝模板内墙上利用开孔器钻一个ϕ14mm的洞口，并用通丝杆（比墙厚长50mm）将套管的固定装置固定在铝模板上；然后，将套管安装在固定装置上；最后，木工合模，待混凝土浇筑完成，模板拆除时一并将固定装置拆除倒入下一层重复利用。本工法操作方便、工效高、成本低，减少了交叉作业的影响，固定装置可重复利用，对环境无污染。

关键词：房屋建筑工程；机电安装；素混凝土墙；预埋套管；定位安装

1　前言

在现有房屋建筑工程中，随着铝模的普及，土建工程二次结构墙优化为素混凝土结构墙，因素混凝土墙内无结构钢筋，所以采用传统工艺，将空调穿墙预埋套管和卫生间排气套管、厨房燃气套管固定在结构钢筋上不可行，解决套管在素混凝土墙上一次预留定位的质量控制，已成为亟待解决的课题。

我公司经过多个工程铝模水电安装的研究和实际应用，研发出一种专门针对套管在素混凝土墙上定位安装的固定装置，在南宁华南城江南华府二期安装工程、昆明市志远城市综合体机电安装工程、来安孔雀城幸福佳苑安装工程项目试验使用，总结出素混凝土墙预埋套管定位安装工法。

2　工法特点

（1）利用固定装置对套管位置、套管坡度等质量点进行控制，确保套管预留的位置精度及水平坡度，极大地提高了施工质量。

（2）将固定装置固定在墙铝模上，然后将套管安装在固定装置上，操作方便，减少了交叉作业对施工进度的影响，避免返工修正，加快了施工进度、降低了施工成本、提高了成品保护。

（3）利用固定装置安装套管位置准确、方便、快捷，可重复利用，对环境无污染，确保绿色施工。

3　适用范围

适用于房屋建筑素混凝土墙预埋套管定位安装施工。

4　工艺原理

（1）在安装套管的铝模板内墙上利用开孔器钻一个ϕ14mm的洞口，然后用预制好的通丝杆（比墙厚长50mm）将套管固定装置固定在铝模板上。

（2）将套管安装在固定装置上。

（3）木工合模，待混凝土浇筑完成，模板拆除时一并将固定装置拆除倒入下一层重复利用。

5　施工工艺流程及操作要点

5.1　工艺流程

施工准备→固定装置制作→固定装置安装→套管安装→固定装置拆除。

5.2 操作要点

5.2.1 施工准备

（1）与土建施工员确认铝模安装位置。

（2）根据安装图纸确认铝模内侧预埋套管安装位置。

（3）利用红外水平仪和钢卷尺在铝模内侧模板上确定预埋套管安装中心位置，用记号笔做好标记。

5.2.2 固定装置制作

（1）根据套管尺寸，制作两个内圆直径等于套管内径的内圆外方垫块，垫块圆孔中心位置不同轴。(图 1)。

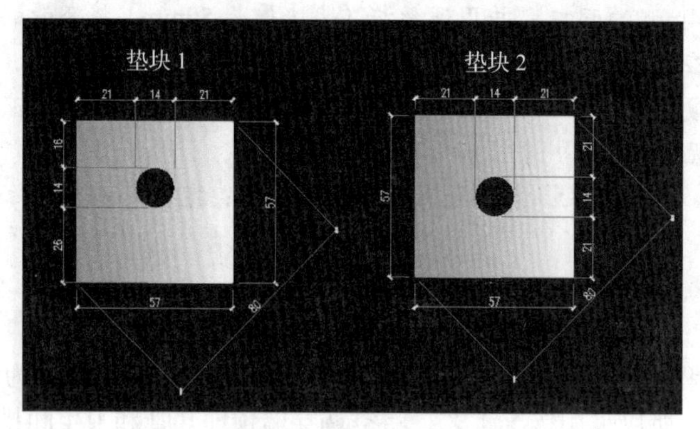

图 1 垫块大样图

（2）用切割机截取一段ϕ 14mm 的通丝杆，通丝杆长度比墙厚长 50mm。

（3）截取一个外径与套管内径相等的圆塞。

（4）将垫块 1 用两个ϕ 14mm 螺母固定于通丝杆一端，然后将垫块 2 和圆塞用两个ϕ 14mm 螺母固定在通丝杆另一端。垫块 1 通丝杆端到圆塞总长度 L 不得大于套管长度，例如 200mm 穿墙预埋套管，垫块 1 通丝杆端到圆塞长度宜 150 ～ 200mm（图 2、图 3）

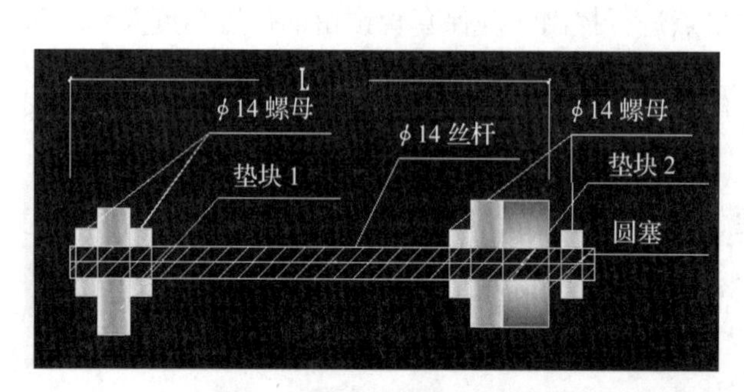

图 2 固定装置组装大样图

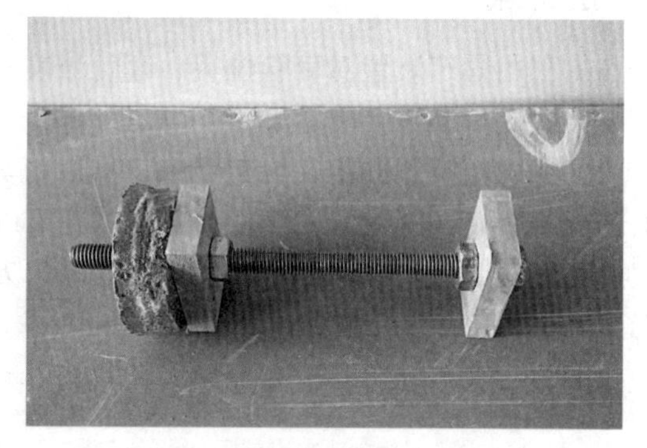

图 3 固定装置制作完成图

5.2.3 固定装置安装

（1）位置确定无误后用手电钻在铝模板上钻一个ϕ 14mm 的圆孔。

（2）将组装好的固定装置通过螺栓将穿有圆塞的一侧通丝杆固定在铝模板上（开好的ϕ 14mm 的圆孔位置)，通过调节垫块 1 到垫块 2 的距离来调整套管水平坡度（图 4、图 5）。

5.2.4 套管安装

（1）将套管直接穿过固定装置，套管端部与固定侧模板板面水平紧贴（图 6）。

（2）待模板工人将另外一侧模板安装压紧固定，套管安装完成（图 7）。

5.2.5 固定装置拆除

木工拆模时安装工人配合将固定装置拆除回收，进行二次利用，防止丢失（图 8、图 9）。

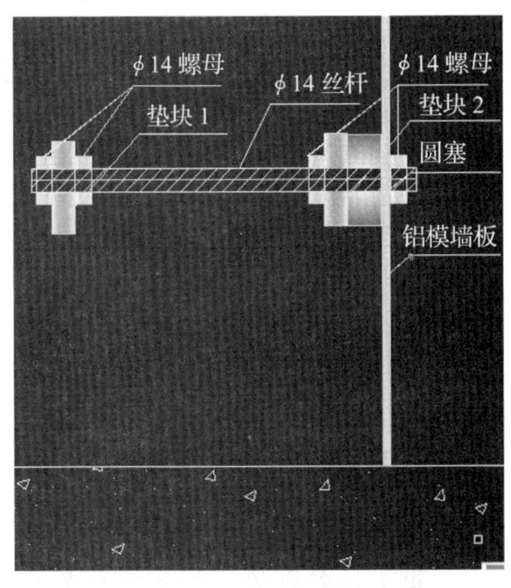

图4　固定装置安装大样图

图5　固定装置安装

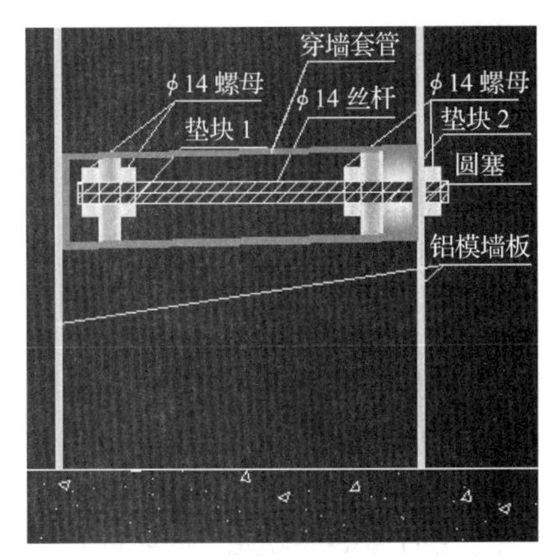

图6　套管安装大样图

图7　套管安装实物图

图8　固定装置拆除前图

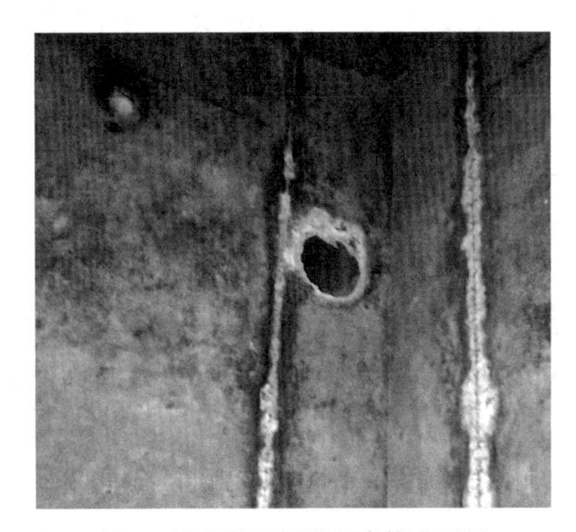

图9　固定装置拆除后套管成型图

6　材料与设备

（1）主要材料：垫块模板、ϕ14mm 丝杆、螺母、台钻、切割机、手电钻、钻头、卷尺、活动扳手、记号笔。

（2）主要设备详见表1：

表 1　机具设备表

序号	机具设备名称	数量	用途
1	台钻	1	固定装置制作
2	手电钻	1	铝模开孔
3	切割机	1	切割套管
4	红外水平仪	1	固定装置定位

7　质量控制

（1）执行的规范、标准：《建筑给水排水及采暖工程施工质量验收规范》（GB 50242—2002）。

（2）施工项目部应建立质量保证体系，严格执行 ISO 9001：2015 规定。

（3）固定装置及套管安装位置尺寸、坡度需严格控制，误差符合设计文件及相关规范要求。

8　安全措施

（1）本工法执行国家、省、市、公司制定的施工现场及专业工种各种安全技术操作规程；包括国家“两规一标”即《建筑机械使用安全技术规程》（JGJ 33—2012）、《建筑施工安全检查标准》（JGJ 59—2011）和《职业健康安全管理体系要求》（GB/T 28001—2011）等。

（2）手电钻、切割机等机具设备应由专人严格按照操作规程操作。

9　环保措施

（1）按 GB/T 24001 环境管理体系标准执行。

（2）固体废弃物应分类回收处理。

10　效益分析

以南宁华南城江南华府二期安装工程为例，建筑面积 352934m^2，30 栋，共计 3171 户，共计有 10320 处空调套管（DN80）素混凝土墙预埋套管安装，5552 处卫生间排气和 3171 处厨房燃气套管（DN100）素混凝土墙预埋套管安装，每 10 处穿墙预埋套管在安装操作时可节约 1 个工日，按每个工日 200 元计算，节约工时费 19043 处 ×0.1 个工日 ×200 元 / 工日 =380860 元，同时固定装置可重复利用，减少开孔费用，按 DN100 开孔单价 35 元 / 个、DN80 开孔单价 25 元 / 个计算，节约开孔费 10320×25+8723×35 ＝ 331105 元，共计节约费用 380860+331105=711965 元。

采用本工法定位安装素混凝土墙预埋套管，利用固定装置对每处穿墙预埋套管固定位置、管中对中间距、水平坡度等质量点进行控制，确保穿墙管道定位安装的精确度、稳固度以及水平坡度，极大地提高了施工质量。同时，定位安装方便快捷，并可以重复使用，减少了人工和材料浪费，加快了施工进度，提高了工作效率；本工法的施工过程没有废弃物，对工地和周边没有任何污染，实现绿色施工，具有显著的经济效益和社会效益。

11　应用实例

（1）南宁华南城江南华府二期安装工程位于广西壮族自治区南宁市江南区，2016 年 8 月开工，2017 年 12 月竣工，共计有 19043 处素混凝土墙预埋套管安装，采用本工法固定素混凝土墙预埋套管的位置，定位精准，工程质量优良，并减少了人工成本，加快了施工进度，减少返工返修，得到了甲方的好评。

（2）昆明市志远城市综合体机电安装工程位于云南省昆明市五华区，2017 年 1 月开工，2017 年 10 月竣工，共计有 15258 处素混凝土墙预埋套管安装，采用本工法固定素混凝土墙预埋套管的位置，定位精准，工程质量优良，并减少了人工成本，加快了施工进度，减少返工返修，得到了甲方的好评。

（3）来安孔雀城幸福佳苑安装工程位于安徽省滁州市来安区汊河镇，2017 年 3 月开工，共计有 7980 处素混凝土墙预埋套管安装，采用本工法固定素混凝土墙预埋套管的位置，定位精准，工程质量优良，并减少了人工成本，加快了施工进度，减少返工返修，得到了甲方的好评。

薄壁不锈钢管电动压接施工工法

向宗幸　罗竹青　王俊杰　肖金陵　孙志勇

湖南省第三工程有限公司

摘　要：现有薄壁不锈钢管道施工多采用手动压接工具，经常出现压接不到位、管道漏水等问题，且人工成本高，效率低。面对业主对管道施工的高质量要求，施工方急需一款压接稳定可靠、工作效率高的施工工具及施工方法。本工法介绍了一种压接稳定可靠、工作效率高的薄壁不锈钢管道连接施工方法，该方法使用专用电动压接工具，可对不锈钢管进行快速、可靠的连接。

关键词：薄壁不锈钢；电动压接；管道连接

1　前言

随着人民生活水平的提高，在民用住宅、商业场所和公共建筑的管道安装工程中，大量地使用薄壁不锈钢管道。施工方以前常采用的手动压接工具，由于出力不稳定，压接过程标准化操作程度低，导致工人常常压接不到位，施工质量不能保证，后续出现管道漏水，引发业主投诉；并且施工时需要两人同时操作，人工成本高，效率低。面对业主对管道施工的高质量要求，施工方急需一款压接稳定可靠、工作效率高的施工工具及施工方法。

薄壁不锈钢管电动压接施工方法是由挤压式管道连接发展而来的一种薄壁金属管道环式连接新技术，该方法压接速度快，质量好，且重量轻，一个人可以操作，成本较节约，目前已在我公司韶关天然气安装项目和广州市天然气安装项目得到应用，效果很好。

2　工法特点

（1）薄壁不锈钢管电动压接施工可靠性高：压接精准可靠，连接处无论是密封性还是抗拉拔性，均达到或超过业界标准，接头具有原管材相同的抗拉强度；使用环境的变化不易改变其连接状态，正常使用终身不用维修。

（2）安装施工机具轻巧，无须大型设备；管材也无须套丝、滚槽、现场焊接等工艺。只需采用专用环压工具压接成型。该工具头部可旋转270°，单人单手操作，复杂环境下也能轻松应对。

（3）压接速度快，安装方便，单次压接仅需7s，一次成型，施工效率高。

（4）通径损失小：环压不改变管材断面的几何形状，连接处流量损失小，可忽略不计。

（5）管路外观优美：管件外形紧凑，尺寸小，使整个管路系统具有简洁明快和流畅的美感。

（6）节能环保效果较好，不会对大气造成废气污染；也不会给环境带来噪声影响。

3　适用范围

薄壁不锈钢电动压接施工工法适用于DN10～DN50的燃气、冷热水、直饮水、采暖以及消防喷淋等民用低压流体管道输送系统的薄壁不锈钢管连接，也可用于DN10～DN100复合管的管道连接。

4　工艺原理

薄壁不锈钢管电动压接施工技术是一种环压连接方式，即将套有圆筒状、弹性体密封圈的管材插入环压式管件（剖面呈阶梯形没有收口）的承口，采用专用电动液压工具从外部沿承口圆周对管件施加一个径向压力，迫使承口连同管材局部均匀地压缩至变形下凹，形成六棱形环状咬合固定管材。同时密封带的下凹使硅橡胶密封圈在密封带空间内变形，充分填充管材与管件之间的腔体，形成2个楔形密封和 1 个圆筒密封，从而达到管材与管件承口密封，接口紧固的作用，并且将整个管道组合为一体，同时起到不渗不漏的作用。

5　工艺流程及操作要点

5.1　工艺流程

安装准备→画线定位→套密封圈→环压连接→干管安装→检查。

5.2　操作要点

5.2.1　安装准备

（1）专用电动液压工具检查

①检查所用模块规格与待安装管路规格是否一致。应注意：生产的管材、管件，必须配套使用专用安装工具进行施工安装；

②查看模块着色挡板朝向是否相一致，即上、下着色挡板朝向同一侧。上下四个滑动模块回退是否灵活，模块与模块之间有无污物、颗粒杂质。模块台阶面的一端应靠向着色挡板。严禁在模块残缺、不成组情况下强行环压施工；

（2）检查液压泵工况，出现工作不正常、漏油等现象严禁使用；

（3）检查压力表，油泵上必须加装压力表。压力表每月需校对一次。压力表无法正常工作时，严禁使用；

（4）检查电路系统是否正常；

（5）安装前技术准备。结合施工现场，熟悉施工图纸，在参看有关专业设备图和装修建筑图的基础上，核对各种管道、装修做法的位置、标高等是否有交叉冲突，管道排列所用空间是否合理。

5.2.2　画线定位

（1）按设计图纸绘制实测施工草图，标出管道分路、管径、变径、预留管口、阀门位置等，在实际安装的结构位置做标记，按标记分段量出实际安装的准确尺寸，记录在施工草图上，然后按草图测得的尺寸预制加工；

（2）用切管工具按所需长度切断管材。切口端面应与管材轴心线垂直，保证端面切口斜度应小于或等于 0.2mm，且去净毛刺。为克服管材不圆、方便插管和避免在插管时管材割伤密封圈，断管后的管材必须逐一将切口整形；

（3）将管材插入管件承口并到底端，用画线笔沿管件边口在管材上画线。

5.2.3　套密封圈

（1）将画好线的管材从承口中拔出；

（2）将硅橡胶密封圈套在已画线定位的管材上；

（3）将插入承口底端，使管材深度标记与管件边缘对齐，再把硅橡胶密封圈推入管件与管材之间的间隙内；

（4）检查插入承口的管材是否插到底，即检查插入的管材上的标线是否与承口端部平齐。

5.2.4　环压连接

（1）选择与管件对应的液压工具，将钳口和压块组装好，即可开始进行压接操作；

（2）将已插入连接管材的承口管件置于钳头的上下压块之间，然后将钳口记号面与管件外端口面对齐；

（3）管件和管材必须与钳头垂直，即可开始环压操作。施压时，每次油泵运动应为最大行程。当下压块与钳头刻度线齐平时，卸去压力，将管材与管件相对工具旋转 30° 以上，再次加压直至上、下压块无间隙稳压 3s 后卸压，环压操作完成；

（4）环压操作完成后，应认真检查压接部位质量：压接部位 360° 压痕应凹凸均匀；管件端面与管材结合应紧密无间隙；管件端面与管材压合缝挤出的密封圈的多余部分能自然断掉或简便去除；

（5）如果环压不到位，应成对更换压块，在环压不当处可用正常工具再做一次环压，并应再次检查压接部位质量。

5.2.5　干管安装

干管安装一般从总管道端部开始，端头加上临时封堵，把预制完的管道运到安装部位按施工草图依次排开，安装前清扫管膛，完成后找直找正，复核甩口的位置、方向及变径，所有甩口加上临时封堵。

将预制加工好的管段按编号运至安装部位进行安装。将各管段进行环压连接，其操作步骤如下：

（1）下料

所需管材总长度计算式：$L_{总}=L+2\times L_1$（$L_{总}$为所需管材总长；L_1为管件插入长度；L为管件间距，应不小于1cm）。

（2）断管

不锈钢管材的断管应采用机械方法断管，不宜采用会产生高温的砂轮机等断管工具。常用专用工具有断管器、锯弓。断面应与管材垂直，并去除端面内外毛刺。

（3）现场安装

①将管材插入至管件底部，并在密封圈预装位置做记号，画线定位；

②拉出管材，将密封圈套至有标记处；

③将套好的管材再次插入管件底部，并使密封圈与管件密封段端口齐平；

④确认后用专用液压钳卡住管件端部，通过液压工具加压完成管道的环压连接。

5.2.6　检查

质量检查：安装完成后采用定型检查工具进行压接质量检查，并要符合以下三点：

（1）压接部位360° 压痕应凹凸均匀；

（2）管件端面与管材结合处应紧密无间隙；

（3）管件端面与管材压合缝露出的残余密封圈能轻松去除。

6　材料与设备

（1）主要材料技术指标

主要材料技术指标见表1所示。

表1　主要材料技术指标表

序号	主要材料名称	主要技术指标	备注
1	不锈钢管	符合有关要求	—
2	带密封圈接头管件	符合有关要求	—
3	硅橡胶密封圈	符合有关要求	—

（2）主要机具设备

主要机具设备见表2所示。

表2　主要机具设备表

序号	主要机具设备名称	型号	数量
1	环压工具钳	RIDGID	1台
2	断管器	ECG2	2台
3	砂轮锯	350×2.5×32	2台
4	钢筋托架	自制	2个

7　质量控制措施

（1）严格执行以下标准：

《薄壁不锈钢管道技术规范》(GB/T 29038—2012)；

《环压连接管道工程技术规程》(CECS 305：2011)；

《城镇燃气室内工程施工与质量验收规范》(CJJ 94—2009)；

《建筑给水排水及采暖工程施工质量验收规范》(GB 50242—2002)；

《自动水灭火系统薄壁不锈钢管管道工程技术规程》(CECS 229：2008)；

《建筑给水薄壁不锈钢管管道工程技术规程》(CECS 153：2003)；

《建筑给水排水薄壁不锈钢管连接技术规程》(CECS 277：2010)。

（2）管材下料截管后，对管子内外的毛刺必须用专用锉刀或专门的除毛刺器除去，若清除不彻底则插入时会割伤橡胶密封圈而造成漏水。

（3）管子插入管件前须确认管件 O 形密封圈已安装到管件端部的 U 形槽内，安装时严禁使用润滑油。

（4）管子必须垂直插入管件，若歪斜则易使 O 形密封圈割伤或脱落而造成漏水，插入长度必须符合表 1 的规定，否则会因管道插入不到位而造成连接不紧密出现渗漏。

（5）环压连接时工具钳口的凹槽必须与管件凸部靠紧，工具钳口应与管子轴心线垂直，环压压力必须符合要求。开始作业后凹槽部应咬紧管件，直至产生轻微振动才可结束。

（6）管道支架的设置：按不同管径和要求设置管卡或吊架，埋设应平整，管卡与管道接触应紧密，但不得损害管道表面。固定支架的间距不宜大于 4m，热水管固定支架间距应根据管线热胀量、膨胀节允许补偿量等确定。固定支架宜设置在变径、分支、接口及穿越承重墙、楼板的两侧等处，支架间距见表 3。金属支架或管卡与薄壁不锈钢管材间必须采用塑料或橡皮垫片隔离，以避免不锈钢管受到腐蚀。

表 3　薄壁不锈钢管的水平管和立管的支架间距（mm）

公称直径	水平管	立管
15	1000	1500
20	1500	2000
25	1800	2200
32	2000	2500
40	2200	2800
50	2500	3000

注：在距离各管件或阀门的 100mm 以内必须采用管卡固定，特别是在干管变支管处。

（7）管道安装及管道和阀门位置应在允许偏差范围内，见表 4。

表 4　管道和阀门的允许偏差

<table>
<tr><th>序号</th><th colspan="2">项目</th><th>允许偏差（mm）</th></tr>
<tr><td rowspan="3">1</td><td rowspan="3">水平管道纵横方向弯曲</td><td>m</td><td>5</td></tr>
<tr><td>10m</td><td>≤ 10</td></tr>
<tr><td>室外架空、地沟、埋地每 10m</td><td>≤ 15</td></tr>
<tr><td rowspan="3">2</td><td rowspan="3">立管垂直度</td><td>m</td><td>3</td></tr>
<tr><td>高度超过 5m</td><td>≤ 10</td></tr>
<tr><td>10m 以上</td><td>≤ 10</td></tr>
<tr><td>3</td><td>平行管道和成排阀门</td><td>在同一直线间距</td><td>3</td></tr>
</table>

8　安全措施

8.1　安全标准

《建筑施工安全检查标准》(JGJ 59—2011)；

《施工现场临时用电安全技术规范》(JGJ 46—2005)；

《建筑施工高处作业安全技术规范》(JGJ 80—2016)；

《建筑机械使用安全技术规程》(JGJ 33—2012)。

8.2　电动压接时重点检查项目

(1) 施工前进行班组班前教育，严格按照操作规程操作，特殊工种必须持证上岗。

(2) 集体操作的作业，操作前明确分工，操作时统一指挥，密切配合，步调一致。

(3) 现场人员严禁在起吊的物件下面行走或停留。

(4) 管道安装完成严禁攀登，系安全绳、搭脚手架或用作支撑。

(5) 在管沟作业时，管材应用软绳缓慢地放入管沟，严禁抛滚管材到管沟底部。若遇地下水应先抽干地下水后再作业。若管沟有沉降，应再下挖 30mm 后，再在管沟内设置牢固的支墩。

9　环保节能措施

(1) 严格执行国家施工现场文明施工有关规定：

《建设工程施工现场环境与卫生标准》(JGJ 146—2013)；

《建筑施工场界环境噪声排放标准》(GB 12523—2011)。

现场保持清洁，做到文明施工、活完底清，严禁乱扔施工垃圾。

(2) 生活污水排入城市下水道，生产用打压、冲洗作业用水可排放至蓄水池经沉淀后再次利用。

(3) 注意工作时间，晚上必须加班时，尽量控制施工噪声，噪声较大的切割机、无齿锯等应在封闭环境内作业。

(4) 现场油漆制品必须采用环保标志产品，施工时通风要保证良好。

(5) 在墙体开槽或打眼时，应采用锯片上油或洒水降尘的办法解决粉尘排放问题。

(6) 提前测绘施工草图，科学下料，减少施工废料，节约材料。

(7) 用水用电处挂节约用水、用电警示牌，宿舍照明严禁用 100W 及以上灯泡，应使用节能灯具并尽量节约用电。

(8) 杜绝常明灯和机械空转等现象。

10　经济效益及社会效益分析

(1) 以 DN40 薄壁不锈钢管燃气管道安装为例，分别对电动压接工艺、手动压接工艺和氩弧焊连接工艺进行对比分析，见表 5。

表 5　经济效益分析表

施工工艺	管道长度	施工天数	人工费	材料费	机械费	合计	平均每米成孔费用
不锈钢管电动压接	100m	2 天	200 元 / 日 ×3 人 ×2 天 =1200 元	2000	130 元 / 天 ×2 天 =260 元	3460 元	34.6 元 /m
不锈钢管手动压接	100m	3.5 天	200 元 / 日 ×3 人 ×3.5 天 =2100 元	2000	80 元 / 天 ×4 天 =320 元	4420 元	44.2 元 /m
不锈钢管氩弧焊连接	100m	3 天	200 元 / 日 ×3 人 ×3 天 =1800 元	2100	120 元 / 天 ×3 天 =360 元	4260 元	42.6 元 /m

综上所述，每 100m 不锈钢管采用电动压接安装工程直接费：3460 元，每 100m 不锈钢管采用氩弧焊连接安装工程直接费：4260 元，每 100m 不锈钢管采用手动压接安装工程直接费：4420 元。因此，采用不锈钢管电动压接工艺从经济角度考虑，综合成本相对较低，而且施工效率更高。

(2) 薄壁不锈钢管电动压接施工工艺对管道外形破坏和改变很小，安装的管道使用寿命更长，有利于节约社会资源。因为对管道的外形改变很小，使管道在接头处的水头损失可以忽略不计，能节约能源。安装过程中无废气污染，且噪声小，不影响周围环境。使用该工法安装的管道外形优美，具有简洁明快和流畅的美感，能够满足匹配高档装修的要求，提升建筑物的整体档次。

11　应用实例

（1）韶关市 2015—2017 年度常规燃气工程项目由湖南省第三工程有限公司施工总承包，该项目需安装薄壁不锈钢管燃气管（DN15 ～ DN50）24520m。该工程为年度完工项目，安装工程在 2015 年 1 月开工至 2017 年 12 月竣工验收。项目燃气管道安装施工期间，成功地应用了“薄壁不锈钢管电动压接施工工法”，该工法施工工艺先进、技术可靠，施工过程中环境污染少、施工进度快，管道安装作业完工后经检测，均符合设计和规范要求，保证了施工质量、安全和进度，节约了施工成本。在施工及验收过程中得到了甲方、监理、设计、检测、质监等单位的一致好评。

（2）广州东永港华燃气公司的燃气管道设备安装项目由湖南省第三工程有限公司施工总承包，该项目需安装薄壁不锈钢管燃气管（DN15 ～ DN50）18756m。项目于 2017 年 3 月开工至 2018 年 3 月竣工验收。项目燃气管道安装施工期间，成功地应用了“薄壁不锈钢管电动压接施工工法”，该工法施工工艺先进、技术可靠，施工过程中环境污染少、施工进度快，管道安装作业完工后经检测，均符合设计和规范要求，保证了施工质量、安全和进度，节约了施工成本。在施工及验收过程中得到了甲方、监理、设计、检测、质监等单位的一致好评。

螺纹连接管道无损安装施工工法

向宗幸　罗竹青　王俊杰　李　至　段银平

湖南省第三工程有限公司

摘　要：本工法介绍了一种无损、快速地连接安装涂覆管、镀锌管等管道的施工方法，即采用“卓匠”无损管钳，可有效保护管道表层，并能快速、可靠地进行安装；适用于 DN15 ～ DN80 的燃气、消防水管等涂覆管、镀锌管等管道安装，也可用于自来水、采暖等民用低压流体管道以及工业管道的安装。

关键词：螺纹连接；管道；无损安装；涂覆管；镀锌管

1　前言

涂覆管、镀锌管等管道在生产和生活中被大量使用，但采用常规的安装工具和安装工法经常会对接口位置的涂覆层造成损伤，影响到管道的使用寿命。我司的工程技术人员在港华燃气管道项目中，通过探索，发明了“卓匠”牌无损管钳，已申报了实用新型发明专利，专利号：ZL201620683971.5。现通过多过项目的实际应用，已形成了一项工法，即螺纹连接管道无损安装施工方法。

螺纹连接管道无损安装施工方法是对原有常用管钳及安装方法的一种颠覆，该工法在安装过程中对管道的受力面由原来的点受力转变为圆形面受力，极大地减轻了安装过程中管道所承受的压力，对涂覆层起到保护作用。目前，已在我公司韶关天然气安装项目和广州市天然气安装项目中得到应用，效果很好。

2　工法特点

（1）夹后无痕。“卓匠”牌无损管钳夹住管道后对管道形成环形压力，管道受力均匀，且该管钳的夹片使用塑料螺栓固定的尼龙片基带的保护垫，不会对管道产生任何损伤，且经久耐用，便于更换。

（2）安装方便。以 D40 的管钳为例，仅需管道与墙面间距满足 ≥ 40mm，即可操作；即使管道处在两墙夹角处，仍可正常进行管道安装。

（3）轻便高效，节省人工。以 D40 的管道安装为例，D40 的无损管钳质量约 1.5kg，便于携带；紧固一个接口，时间只需 25s 左右，安装工作快速高效。

（4）管路外观优美，质量有保证。由于安装过程中对涂覆层没有任何损伤，管道安装之后，对接口位置的预涂层无须再进行涂覆，一次成活，使整个管路系统具有简洁明快和流畅的美感，且安装质量有保证。

（5）节能环保效果较好，不会对大气造成废气污染；管道的预涂层施工全部在工厂里完成，现场不需要涂覆作业，也不会给周围环境带来影响。

3　适用范围

螺纹连接管道无损安装施工工法适用于 DN15 ～ DN80 的燃气、消防水管等预涂覆管、镀锌管等管道安装，也可适用于自来水、采暖等民用低压流体管道以及工业管道的安装。

4　工艺原理

螺纹连接管道无损安装施工工法是利用“卓匠”牌无损管钳进行管道安装的一种施工工法（图 1），

是对原有常用管钳及安装方法的一种颠覆，该工法在安装过程中对管道的受力面由原来的点受力转变为圆形面受力，极大地减轻了安装过程中管道所承受的压力，对涂覆层起到保护作用。该管钳由上卡管器、下卡管器、保护垫、连杆、受力把杆和销钉六部分组成，通过上、下卡管器卡住管道，卡管器上安装有塑料螺栓固定的尼龙片基带的保护垫，在安装过程中可对管道表面起保护作用。而卡管器成半圆形，当下卡管器与受力把杆扣合时，上、下卡管器围绕着管道紧握成圆形，使管道表面均匀受力。在受力把杆上施加推力，使管道在上、下卡管器的环压下产生转动，从而实现管道与管钳的同步旋转，以达到管道安装的目的。而下卡管器在连杆的作用下能自由地与受力把杆扣合与松开，因此，在不需要外部设备和作用的条件下，只需要改变力的方向就能自由松开和扣合上、下卡管器进行连续安装。即保护了管道，又极大地提高了管道安装的工效。

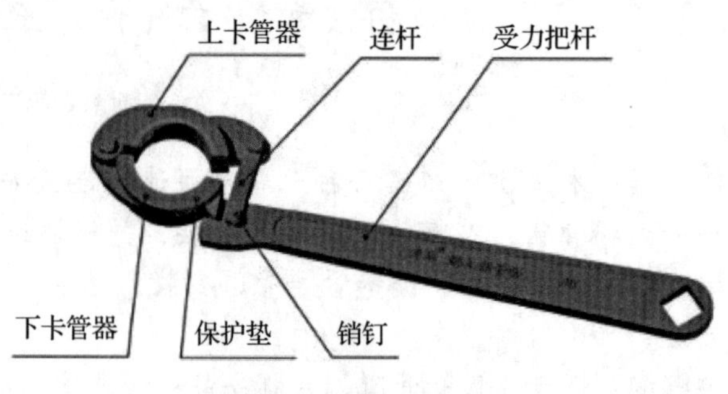

图 1　无损管钳构造图

5　施工工艺及操作要点

5.1　工艺流程

安装准备→选择管钳型号→下料→车丝→管道安装→外露丝扣涂覆→检查。

5.2　操作要点

5.2.1　安装准备

（1）安装前技术准备

结合施工现场，熟悉施工图纸，在参看有关专业设备图和装修建筑图的基础上，核对各种管道的位置、标高等是否有交叉冲突，管道排列所用空间是否合理。

（2）安装前材料准备

①安装前根据设计图纸，制定材料用量清单，根据用料单采购相应材料；

②材料进场后检查管材的型号和规格，检查管材壁厚是否均匀，有无劈裂、砂眼、棱刺，表面覆层应完整无脱落，无剥落现象，应具有产品材质单和合格证明；

③检查接头螺纹丝扣，根据国家标准《用螺纹密封的管螺纹》（GB/T 7306—2000）中对管螺纹丝扣加工成品验收尺寸进行检查。

5.2.2　选择管钳型号

选择管钳型号是螺纹连接管道无损安装工艺中的关键一环，“卓匠”牌无损管钳适用于 15 ～ 80mm 的管道连接，管钳的型号有 D15、D20、D25、D32、D40、D50、D65、D80 共八种（表 1），对应管径进行选用，超过 80mm 的管道只能选用普通管钳。

5.2.3　下料

（1）根据设计图纸及施工现场实际情况进行下料：

（2）当待连接处所需的管道长度小于 6m 时，管道的实际下料长度需要进行测算。测算的方法如下：将两管件（或阀门）按构造长度摆在相应的位置，测出两管件（或阀门）的端面间的距离（L），然后加上管道拧入两管件（或阀门）的长度（a、b）即为所需的管道实际下料长度，实际下料长度 $S=L+a+b$（表 1）。

表 1　管道拧入长度表

公称直径（mm）	15	20	25	32	40	50	65	80
拧入深度（mm）	10.5	12	13.5	15.5	16.5	17.5	21.5	24

实际施工时因管道直径及螺纹的松紧不同，实际拧入长度与表中的数值会有出入，当管道与阀门相连时，管道拧入阀门的最大长度可在阀门上直接量出。

（3）切断。主要采用机械切割，辅助以手工切割。

5.2.4 车丝

管道螺纹连接采用英制 55º 角的管螺纹，阀门、连接件由专业厂按标准制造，其内螺纹是圆柱形，为加强接口的连接效果，要求管端加工成圆锥形外螺纹；管道套制螺纹采用机械套制为主，辅以人工套制。

（1）螺纹端正、不偏扣、不乱扣、光滑无毛刺，断口和缺口的总长度不超过螺纹全长的 10%，且在纵方向上不得有断缺处相连；

（2）螺纹要有一定锥度，松紧程度要适中，螺纹套好后要用连接件试拧，以手能拧进 2 ～ 3 圈为宜，过松则连接后严密性较差，过紧则连接时容易将管件或阀门胀裂，或大部分螺纹露在外面而降低连接强度（螺纹的松紧与套制时的扳牙位置调整和套入管道长度有关）；

（3）螺纹安装到管件后以外露 2 ～ 3 扣为宜。

5.2.5 管道安装

（1）首先将管道接头缠生料带，将需安装的管道手工拧入接头连接件；

（2）然后将选好的管钳的上、下卡管器卡在需安装的管道上。安装操作时先一只手握住卡管器，卡紧管道，将无损管钳的受力把杆与上卡管器闭合，再用另一只手搬动管钳的把杆，缓慢增大力度，使管道与管钳同方向转动；

（3）松开受力把杆与上卡管器的连接，一只手握着上、下卡管器不动，另一只手搬动把杆到合适位置；

（4）再次闭合受力把杆与上卡管器的连接，然后搬动管钳的受力把杆，使管道与管钳同方向转动。如此反复，直至该段管道安装完成。

5.2.6 外露丝扣涂覆

（1）管螺纹连接时，应在管子的外螺纹丝扣与管件或阀门的内螺纹丝扣之间加适当的填料，填料应根据管道输送介质的温度和特性选用，常用的丝扣填料可按表 2 选用；

表 2 常用丝扣填料的适用范围表

填料名称	适用介质
厚白漆	上下水、煤气、压缩空气
厚白漆、麻丝	下水、压缩空气
黄粉（一氧化铅）甘油	煤气、压缩空气、乙炔、氨
黄粉（一氧化铅）蒸馏水	氧气
聚四氟乙烯生料带	<250℃蒸汽、煤气、压缩空气、氧气、乙炔、氨，亦可用于腐蚀介质

（2）麻丝、聚四氟乙烯生料带等填料应按螺纹旋转方向薄而均匀地缠绕在丝扣上。上管件时，在开始用手拧上时就应该吃进螺纹间隙内，如果一开始就有把填料挤出的现象，应该重新缠绕后再上管件；

（3）采用黄粉（一氧化铅）、甘油调和物作填料，操作时将黄粉甘油拌成糊状，涂于管螺纹后立即装上管件，并一次拧紧为止，不得松动倒退。调和黄粉、甘油必须随调随用，因为在 10min 后就会硬化报废，故注意根据实际需要来进行调配；

（4）清除剩余填料，管螺纹的露出部分应作防腐处理。

5.2.7 检查

（1）外观检查。检查外露丝扣数是否符合要求，外露丝扣是否涂覆到位；

（2）压力检测。根据检测方案对安装好的管道进行加压试验。

6　材料与设备

（1）主要材料技术指标

主要材料技术指标见表 3 所示。

表 3　主要材料技术指标

序号	主要材料名称	规格	主要技术指标	备注
1	管材	D15 ～ D18	符合有关要求	—
2	螺纹接头管件	D15 ～ D18	符合有关要求	—
3	生料带	20mm	符合有关要求	—

（2）主要机具设备

主要机具设备见表 4 所示。

表 4　主要机具设备

序号	主要机具设备名称	型号	数量
1	管钳	“卓匠”牌无损管钳（D15 ～ D80）	2 套
2	车丝机	80 型	2 台
3	断管器	ECG2	2 台
4	砂轮锯	350 × 2.5 × 32	2 台
5	钢筋托架		2 个

7　质量控制措施

（1）管道安装过程严格执行以下质量标准及技术标准：《城镇燃气室内工程施工与质量验收规范》（CJJ 94—2009）；《建筑给水排水及采暖工程施工质量验收规范》（GB 50242—2002）；《55° 密封管螺纹 第 1 部分：圆柱内螺纹与圆锥外螺纹》（GB/T 7306.1—2000）；其他有关国家现行强制性标准、规程、规定。

（2）管材下料截管后，对管子内外的毛刺必须用专用锉刀或专门的除毛刺器除去，若清除不彻底则插入时会割伤橡胶密封圈而造成漏水。

（3）管道套制螺纹采用机械套制为主，应符合下列标准：见表 5 和表 6。

表 5　GB/T 7306.1—2000 中管螺纹加工尺寸标准

管子直径		螺距（mm）	每英寸（mm）	基面直径（mm）			螺纹工作长度 L_1（mm）	由管端到基面长度 L_2（mm）	螺纹工作高度（mm）
（mm）	（in）			中径	外径	内径			
15	1/2	1.814	14	19.794	20.956	18.632	15	725	1.162
20	3/4	1.814	14	25.281	6.442	24.119	17	9.5	1.162
25	1	2.309	11	31.771	33.25	30.203	19	11	1.479
32	$1^1/_4$	2.309	11	40.433	41.912	38.954	22	13	1.479
40	$1^1/_2$	2.309	11	46.326	47.805	44.847	23	14	1.479
50	2	2.309	11	58.137	57.016	56.659	26	16	1.479
65	$2^1/_2$	2.309	11	73.706	75.187	72.23	30	16.5	1.479
80	3	2.309	11	86.409	87.887	84.93	32	20.5	1.479

圆柱形管螺纹的螺距，每英寸扣数、螺纹工作长度和工作高度以及齿形角都与圆锥形管螺纹相等，直径与圆锥形管螺纹基面直径相等。根据表4整理得出管道安装中检查接头螺纹丝扣的验收标准见表5。

表6　管道螺纹丝扣验收标准

项次	管子直径		短螺纹		长螺纹		连接阀门的螺纹长度（mm）
	mm	in	长度（mm）	丝扣数（牙）	长度（mm）	丝扣数（牙）	
1	DN15	1/2	14	8	50	28	12
2	DN20	3/4	16	9	55	30	13.5
3	DN25	1	18	8	60	26	15
4	DN32	1.1/4	20	9	65	28	17
5	DN40	1.1/2	22	10	70	30	19
6	DN50	2	24	11	75	33	21
7	DN65	2.1/2	27	12	85	37	23.5
8	DN80	3	30	13	100	44	26

（4）管道安装过程中，严格按表7的螺纹旋入长度和扭矩进行控制：

表7　管道螺纹标准旋入螺纹扣数及紧固扭矩表

公称直径（mm）	旋入		扭矩（N·m）	建议把杆安装力（N）
	长度（mm）	螺纹扣数		
15	11	6.0～6.5	40	300
20	13	6.5～7.0	60	360
25	15	6.0～6.5	100	360
32	17	7.0～7.5	120	430
40	18	7.0～7.5	140	440
50	20	9.0～9.5	180	515
65	23	10.0～10.5	200	540
80	27	11.5～12.0	250	580

（5）根据螺纹管径选择合适的管钳，不能在管钳的手柄上加套管，增长手柄来拧紧管子。拧紧时，应注意管件的连接方向并一次装紧，不得倒回，装紧后应露2～3牙螺纹。

（6）无损管钳打滑处理。当在管道安装过程中出现无损管钳打滑，可在管道接头处和无损管钳上、下卡管器内的保护垫上涂抹滑粉，以增大管道与卡管器的摩擦力。

8　安全措施

（1）安全标准：《建筑施工安全检查标准》（JGJ 59—2011）；《建筑施工高处作业安全技术规范》（JGJ 80—2016）；《施工现场临时用电安全技术规范》（JGJ 46—2005）；《建筑机械使用安全技术规程》（JGJ 33—2012）。

（2）施工前进行班组班前教育，严格按照操作规程操作，特殊工种必须持证上岗。

（3）集体操作的作业，操作前明确分工，操作时统一指挥，密切配合，步调一致。

（4）现场人员严禁在起吊的物件下面行走或停留。

（5）管道安装完成后严禁攀登，系安全绳、搭脚手架或用作支撑。

9　环保节能措施

（1）严格执行国家施工现场文明施工有关规定：《建设工程施工现场环境与卫生标准》（JGJ 146—2013）；《建筑施工场界环境噪声排放标准》（GB 12523—2011）。

（2）现场保持清洁，做到文明施工、活完底清，严禁乱扔施工垃圾。

（3）生活污水排入城市下水道，生产用打压、冲洗作业用水可排放至蓄水池经沉淀后再次利用。

（4）注意工作时间，晚上必须加班时，尽量控制施工噪声，噪声较大的切割机、无齿锯等应在封闭环境内作业。

（5）现场油漆制品必须采用环保标志产品，施工时通风要保证良好。

（6）在墙体开槽或打眼时，应采用锯片上油或洒水降尘的办法解决粉尘排放问题。

（7）提前测绘施工草图，科学下料，减少施工废料，节约材料。

（8）用水用电处挂节约用水、用电警示牌，宿舍照明严禁用 100W 及以上灯泡，应使用节能灯具并尽量节约用电。

（9）杜绝常明灯和机械空转等现象。

10 经济效益及社会效益分析

（1）经济效益

在燃气管道安装工程中以 DN40 镀锌钢管螺纹管道连接安装为例，分别按采用螺纹连接管道无损安装施工工法和常规扳手安装方法进行分析比较。具体见表 8：

表 8 经济效益分析表

施工工艺	管道长度	施工天数（天）	人工费	材料费	机械费	合计	平均每米成孔费用
螺纹连接管道无损安装	100m	3	200 元 / 日 ×2 人 ×3 天 =1200 元	2600	80 元 / 天 ×3 天 =240 元	4040 元	36.4 元 /m
常规扳手安装	100m	3.5	200 元 / 日 ×2 人 ×3.5 天 =1400 元	2600	80 元 / 天 ×3.5 天 =280 元	4280 元	42.8 元 /m

每 100m 镀锌钢管采用螺纹管道连接无损安装工艺，工程直接费：4040 元。

每 100m 镀锌钢管采用常规管钳常规安装工艺，工程直接费：4280 元。

因此，螺纹连接管道无损安装工艺在经济上比采用常规管钳安装工艺综合成本相对较低。

（2）社会效益

螺纹连接管道无损安装较常规安装工艺，能做到夹后无痕，操作简便，安装速度快，工效高，安装后管材表面无须进行涂覆修补，外观美观，质量有保证，减少了施工现场对油漆的使用及对环境的污染，节约了资源。

11 应用实例

（1）韶关市 2015—2017 年度常规燃气工程项目由湖南省第三工程有限公司施工总承包，该项目有螺纹连接室内镀锌钢管（DN15 ～ DN80）82866m。该工程为年度完工项目，安装工程在 2015 年 1 月开工至 2017 年 12 月竣工验收。项目燃气管道安装施工期间，成功地应用了“螺纹连接管道无损安装施工工法”，该工法施工工艺先进、技术可靠，施工过程中环境污染少、施工进度快，管道安装作业完工后经检测，均符合设计和规范要求，保证了施工质量、安全和进度，节约了施工成本。在施工及验收过程中得到了甲方、监理、设计、检测、质监等单位的一致好评。

（2）广州东永港华燃气公司的燃气管道设备安装项目由湖南省第三工程有限公司施工总承包，该项目有螺纹连接室内镀锌钢管（DN15 ～ DN50）34530m。项目于 2017 年 3 月开工至 2018 年 3 月竣工验收。项目燃气管道安装施工期间，成功的应用了“螺纹连接管道无损安装施工工法”，该工法施工工艺先进、技术可靠，施工过程中环境污染少、施工进度快，管道安装作业完工后经检测，均符合设计和规范要求，保证了施工质量、安全和进度，节约了施工成本。在施工及验收过程中得到了甲方、监理、设计、检测、质监等单位的一致好评。

排水立管预埋直接施工工法

田跃恒　刘卫东　何　江　杜国林　张丰兆

湖南省第三工程有限公司

摘　要：随着高层建筑的不断发展，对排水立管穿越楼板的施工及防水要求越来越高，本工法介绍了排水立管预埋直接施工工艺，一次预埋到位，无须后期灌浆封堵，且施工效率高，防水效果好，质量稳定可靠；适用于房屋建筑中采用PVC材质的排水主立管在穿越现浇楼板时采用预埋直接安装的工程。

关键词：立管；预埋；穿越楼板；防水

1　前言

当前，随着高层建筑的不断发展，对排水立管穿越楼板的施工及防水要求越来越高，立管安装通常采用在主体施工时同步预留孔洞埋设套管来实现，后期需进行二次灌浆及套管封堵施工，施工工序较复杂。本工法详细介绍了排水立管预埋直接施工工艺，能够实现一次预埋到位，后期无须进行灌浆及封堵作业，且施工效率高，防水效果好，施工质量稳定可靠。我公司项目技术人员在施工中不断摸索、改进，总结该项施工工艺，在三建•天易江湾安装工程项目和怀化市2018年度扶贫搬迁项目会同县（连山）工业集中区安置点工程的施工中均采用了该工艺，保证了工程质量及安全，有效地提高了施工效率，并获得了良好的经济效益和社会效益。现将该施工工艺总结并形成本施工工法。

2　工法特点

（1）工序少，预埋直接施工可一次埋设到位，不预留孔洞或埋设套管，后期无须进行二次灌浆及套管封堵，工序少，效率高。

（2）定位精准，利用红外线放线仪并辅助自制定位板进行精准定位，大大提高了预埋直接的定位的准确性。

（3）防水效果好，预埋直接产品自带防水翼环，埋设在混凝土内防水效果好，施工质量稳定可靠。

（4）操作简单、方便、快速，能有效节约工期。

3　适用范围

适用于房屋建筑中采用PVC材质的排水主立管在穿越现浇楼板时采用预埋直接的安装工程。

4　工艺原理

排水立管预埋直接施工工法即：排水立管在穿越楼板处使用预埋直接做工作管，预埋直接在主体施工时同步埋设在楼面混凝土内（不需要另外埋设套管或预留孔洞），在管道安装时，管道涂胶后直接插入预埋直接内进行黏结连接的工艺，预埋直接截面图及照片如图1、图2所示：

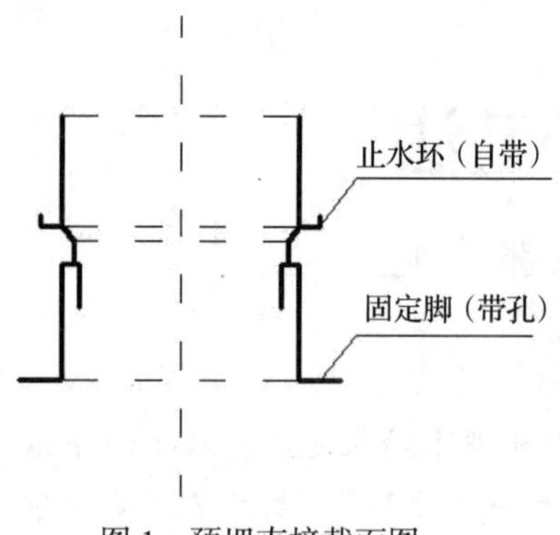

图 1　预埋直接截面图

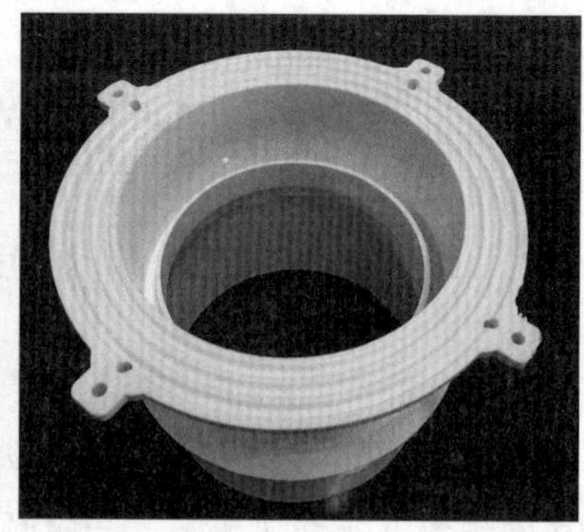

图 2　预埋直接照片

5　工艺流程及操作要点

5.1　工艺流程

施工准备→放线定位→预埋直接定位安装（混凝土浇捣、砌墙及内粉）→管道安装→成品保护。

5.2　操作要点

5.2.1　施工准备

（1）技术准备

熟悉图纸，确定管道尺寸及安装位置，施工前对作业人员进行技术交底，详细讲解施工流程及质量控制要点。

（2）材料及工具准备

①安装前对预埋直接进行外观质量检查，符合要求后将填充物压紧在预埋直接内部，并使用胶带将预埋直接上管口封堵严密备用。准备好红外线放线仪、手电钻、自制定位板、记号笔、铁钉等工具。

②定位板尺寸根据项目实际需求及预埋直接的实际尺寸进行制作（不同品牌的预埋直接其尺寸可能稍有不同），分为上下两块板，下定位板主要作用为准确定位下层预埋直接的位置，同时放置红外线放线仪，上定位板主要在上层预埋直接安装时进行准确定位画线，如图 3、图 4 所示（品牌：保利，规格：de75、de110 两种尺寸）：

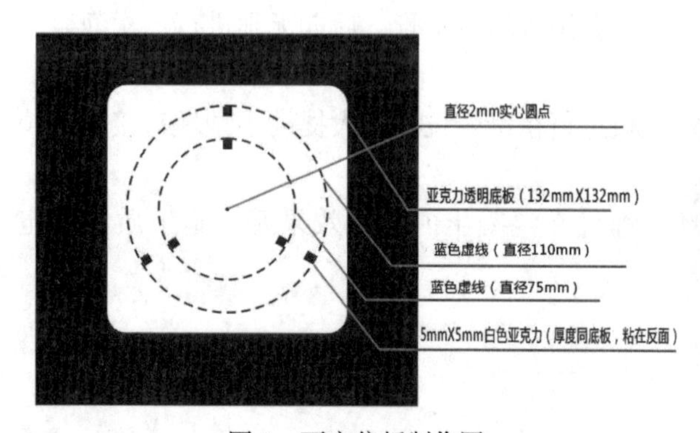

图 3　下定位板制作图

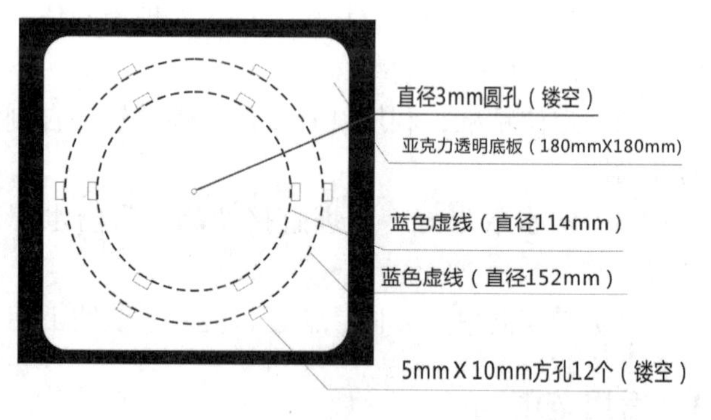

图 4　上定位板制作图

5.2.2　放线定位

首层（立管穿越楼面最下层）预埋直接安装需认真核对图纸，确定安装位置，利用梁、柱等结构作为定位参照，采用尺量的方法进行定位。从第二层起，每层定位时均以下层已安装好的直接作为参照。首先将下层预埋直接周围杂物清理干净，再将下定位板放置在预埋直接上口，利用板上圆圈标线调整好位置，然后将红外线放线仪放置在定位板上，调整位置使红外线放线仪中心对准定位板上的圆心，调水平并开启垂直标线，向上找到垂直的两条红外线在上层模板上的交叉点并做好标记，用准备好的手电钻向上垂直开孔（上层要有安全监护人员），开孔位置即为上层预埋直接的中心点。预埋直接安装后，每隔三层应采用吊线法、尺量法对定位的准确性进行复核（图5）。

5.2.3　预埋直接定位安装

在上层模板上，以开孔位置为中心，将上定位板放置在模板上，圆心对准圆孔将铁钉插入固定好，利用定位板上的小孔对所需尺寸的圆圈做标记，画出预埋直接的边线，然后将预埋直接边框与画好的边线对准放好，再将预埋直接固定在模板上。

5.2.4　管道安装

在墙面内粉完成后即可进行管道安装，管道安装前，应将预埋直接内部填充物清理干净，确保其内壁干净无杂物，同时进行管段预制加工，并安装好管卡，再将预制好的管段与预埋直接进行黏结连接，最后将管卡与管道安装固定好（图6）。

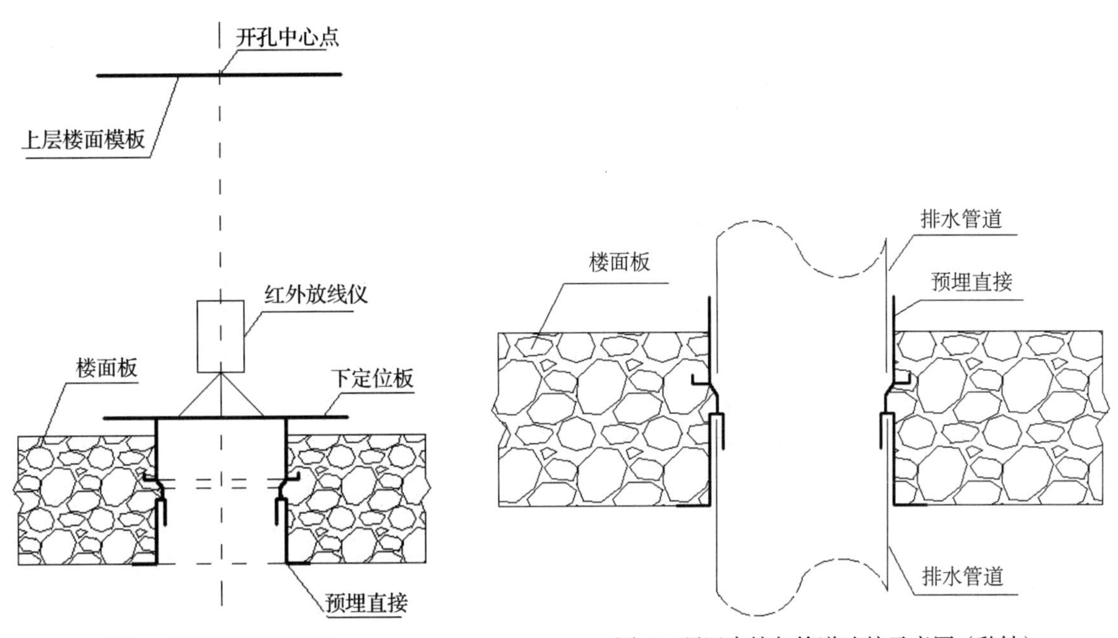

图5　放线定位示意图　　图6　预埋直接与管道连接示意图（黏结）

5.2.5　成品保护

在混凝土浇捣前，要逐个认真检查预埋好的直接，确保固定牢靠，无移位、松动及损坏等情况发生。在混凝土浇捣时，要派专人进行值守，应确保预埋直接周围的混凝土浇捣密实，并避免在浇捣时对预埋直接造成移位或损坏。在管道安装前，不能破坏预埋直接内部填充物，避免对其内壁造成损坏或污染。

6　材料与设备

（1）所需材料见表1。

表1　材料表

序号	名称	规格、型号	性能及用途	备注
1	预埋直接	de75、de110	预埋件	
2	泡沫、胶带		封堵管口	
3	铁钉、螺丝	ϕ3mm	固定定位板及预埋直接	
4	记号笔		画线、标记	

（2）所需设备见表2。

表 2　设备表

序号	名称	主要功能	数量	备注
1	红外线放线仪	放线定位	1 台	5 线
2	手电钻	模板钻孔	1 台	ϕ3mm 钻花
3	定位板（自制）	安装定位	1 组（2 块）	自制
4	卷尺	尺量定位	1 把	3m

7　质量控制

7.1　标准及规范

《建筑给水排水及采暖工程施工质量验收规范（GB 50242—2002）;

《建筑工程施工质量验收统一标准》(GB 50300—2013）。

7.2　质量控制标准

（1）施工前对作业人员进行详细的技术交底，并进行现场演示。

（2）对进场的预埋直接检查合格后，使用泡沫等填充物压紧在预埋直接内，并使用胶带将其上管口封堵严密备用。

（3）定位板应按照进场材料的尺寸进行制作，制作完成后应进行比对复核。

（4）预埋直接的安装应在模板已固定好钢筋绑扎前完成，避免钢筋绑扎后安装或定位困难。

（5）在定位及安装过程中，动作宜轻柔，避免操作过程中定位板滑动或移位造成偏差。

（6）在混凝土浇捣前，应对安装好的预埋直接进行检查。

（7）在混凝土浇捣时，安排专人在现场值守。

（8）在管道安装前，应保护好预埋直接及内部填充物。

8　安全措施

（1）应遵守的相关安全规范及标准:《施工现场临时用电安全技术规范》（JGJ 46—2005）;《建筑机械使用安全技术规程》(JGJ 33—2012);《建筑施工安全检查标准》(JGJ 59—2011）。

（2）进入施工现场的作业人员，必须首先参加安全教育培训，考试合格方可上岗作业，未经培训或考试不合格者，不得上岗作业。

（3）进入施工现场的人员必须戴好安全帽，并系好帽带；按照作业要求正确穿戴个人防护用品。

（4）施工前必须检查所有机具设备的性能是否可靠，确保性能良好，同时设有保护装置。

（5）在下层进行模板钻孔时，应在上层安排专人进行监护，避免对上层楼面作业人员造成伤害。

9　环保措施

（1）应严格遵守国家、地方及行业标准、规范:《建设工程施工现场环境与卫生标准》（JGJ 146—2013）;《建筑施工场界环境噪声排放标准》(GB 12523—2011）。

（2）教育作业人员自觉爱护现场环境，组织文明施工。

（3）施工面所用钻具、工具等，在用完后及时收回，集中放置，不得随意丢放。

（4）确保施工现场噪声控制在允许范围内，尽量避免夜间施工。

（5）确保设备的清洁美观，各种材料进入现场按指定位置堆放整齐，不影响现场正常施工，不堵塞施工通道和安全通道，材料规格标识清楚，材料堆放场要有专人看管。

（6）尽量减少施工垃圾的产生，施工余料分类堆放整齐，并按当地环境部门要求及时进行妥善处理。

（7）设置废弃物存放点，分类归集处理。

10　效益分析

采用此工法具有施工速度快，效率高，定位准确，质量可靠等特点，相比传统预留孔洞埋设套管的施工方法，减少了对预留孔洞打毛处理、二次灌浆及套管封堵等工序，操作简单，一次到位，既保证了施工质量，加快了进度，又能有效降低工程成本，具有良好的经济效益和社会效益。与传统施工相比，其经济效益对比分析见表3（以预留10个de110孔洞或预埋直接为例）：

表3　经济效益分析表

类型＼价格	材料费综合	人工费综合	孔洞打毛综合	二次灌浆综合	套管封堵综合	综合费用（元/10个）
传统预留孔洞	32	200	100	200	150	682
预埋直接	27	200	—	—	—	227

综上所述，在综合经济效益方面每安装10个de110的预埋直接可节约成本682–227＝455元。

11　应用实例

（1）三建·天易江湾安装工程项目位于湘潭县易俗河天易示范区内，该项目共有6栋高层建筑，室内排水立管穿越楼板全部采用预埋直接，预埋直接及立管安装作业于2017年7月开工，2018年8月安装完成，施工质量优良，取得了良好的经济效益和社会效益，得到了建设、监理单位的一致好评。

（2）怀化市2018年度扶贫搬迁项目会同县（连山）工业集中区安置点工程位于怀化市会同县连山工业区，该项目共有12栋多层住宅，其室内排水立管穿越楼板全部采用预埋直接，预埋直接及立管安装作业于2018年7月开工，2018年9月全部安装完成，施工质量优良，取得了良好的经济效益和社会效益，得到了建设、监理单位及社会各界的一致好评。

自来水厂取水自流钢管改进型哈夫节接头施工工法

王　山　龙　云　孙志勇　刘　毅　朱赐海

湖南省第三工程有限公司

摘　要： 在自来水厂改扩建工程中，传统哈夫节接头施工必须将两根管道都安装完毕后，再由潜水员进行水下接头安装，至少需要两名经验丰富的潜水员，哈夫节的上半部分还必须由水上吊装设备吊装至接头位置，配合潜水员进行水下施工，施工难度大，安全隐患多，安装速度慢。本工法介绍了一种改进型哈夫节接头施工方法，能有效地解决传统哈夫节接头水下施工困难等问题。

关键词： 自来水厂；自流钢管；改进型；哈夫节

1　前言

随着城市建设日新月异地发展，城市人口不断增加，对自来水的需求量越来越大，自来水厂一般采用预埋取水钢管，靠河水自流方式取水，然而河道预埋取水钢管，长度少则几百米，多则上千米，受厂家制作场地及运输限制，原材料长度一般只有 6 ～ 12m，钢管运到现场加工加长。采用传统哈夫节接头施工，必须将两根管道都安装完毕后，再由潜水员进行水下接头安装，至少需要两名经验丰富的潜水员，哈夫节的上半部分还必须由水上吊装设备吊装至接头位置，配合潜水员进行水下施工，施工难度大，安全隐患多，安装进度慢。经过修改之后的新哈夫节接头，大部分工作均可以在水面上完成，大大降低水下安装的难度，且只需要有一名潜水员下水配合即可安装，安全可控，安装的进度也非常快，能够交叉作业，效率高。

我公司通过在湘潭市一水厂取水头改造项目，湘潭三水厂改扩建项目等多个自来水改扩建工程中应用此施工工艺，均取得了很好的效果，已申请了实用新型专利并获得受理，专利号：201820688436.8，现将该施工工艺总结并形成本施工工法。

2　工法特点

（1）降低了劳动强度。施工过程只需要一名潜水员潜水配合施工。

（2）加快进度，提高工效，降低风险。改进型哈夫节接头较传统的哈夫节接头施工，安装难度降低，安全系数高，安装的速度也相应加快，能够交叉作业，大大提高工作效率。

（3）安装质量好。安装后的接头，采用螺栓及插销与钢管固定，尽管受到施工中的扰动或其他因素的影响，也不易产生松动。

3　适用范围

本工法适用于自来水水厂新建、改建和扩建取水管道等。

4　工艺原理

改进型哈夫节接头施工技术是将传统哈夫节接头复杂的水下安装工作大部分留至水面上完成，由原来的精细安装拆分为承插式安装与堵缝工作。

5　工艺流程及操作要点

5.1　工艺流程

施工准备→第一根管道封堵后拖运至指定位置→水上安装改进型哈夫节接头→沉放钢管→开始第

二根钢管安装，重复第一根水上安装步骤→水下对接→继续下一段管道施工。

5.2　操作要点

5.2.1　施工准备

正式施工前，将施工所用的材料、人员、机具到位，人员熟悉图纸（图 1），了解相关参数，对加工制作的改进型哈夫节接头进场验收，并对操作人员进行技术交底和安全交底，达到开工的条件（图 2）。

5.2.2　第一根管道封堵后拖运至指定位置

将第一根取水钢管采用 3mm 厚钢板进行封堵后下水拖运到预定位置（或直接采用吊装设备调运），采用扒杆吊将钢管吊起割掉封板。

5.2.3　水上安装改进型哈夫节接头

将哈夫节接头吊装至起锚艇（小船）固定，接头拖运至钢管位置与钢管顺利对接，在水面上将哈夫节接头与钢管底部用两根螺栓连接固定。

5.2.4　沉放钢管

钢管下放至水面，测量员两端定位好并将哈夫节顶部吊环处安装好浮标，然后开始下沉。下沉完毕后，潜水员下潜调整浮标至竖直，测量复核浮标位置，解开吊装绳索。

5.2.5　开始第二根钢管安装，重复第一根水上安装步骤

开始第二根钢管安装，重复第一根水上安装步骤（只需安装钢管另一端哈夫节），适当倾斜吊装钢管（与第一根对接，一端偏低），调整至大概位置，直接下沉钢管。

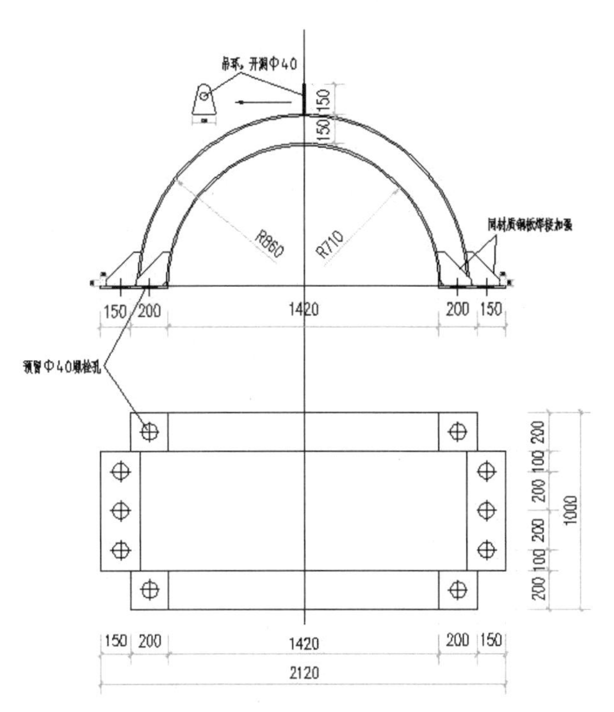

图 1　改进型哈夫节大样图

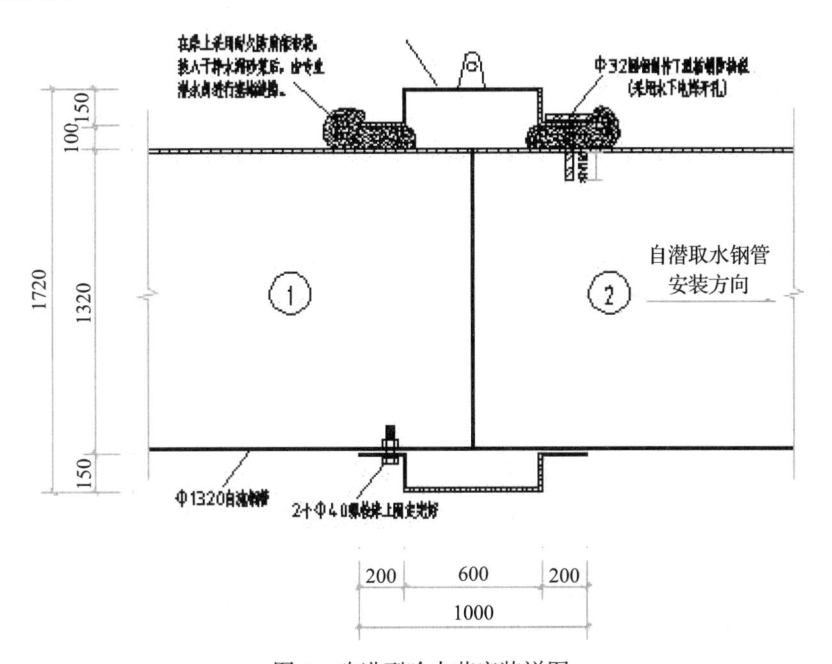

图 2　改进型哈夫节安装详图

5.2.6　水下对接

潜水员下水指挥下沉钢管，调整好位置将钢管插入第一根哈夫节接头内，将吊船向第一根钢管方向摆动，施加水平方向应力，缓慢下沉钢管另一端，钢管继续插入哈夫节内至完全进入。完全下沉以

后潜水员检查是否与第一根钢管成功顺接（如两根钢管之间缝隙过大，重复前一步骤）。成功顺接以后，潜水员调整另一端浮标至竖直，测量员复核管道位置（偏差过大重新起吊调整至符合要求），然后解开吊装绳索，将安装好的这一端哈夫节与钢管水下切割洞口插入 T 形插销，防松动。

5.2.7 继续安装下一根钢管

继续安装下一根钢管。安装一部分哈夫节接头以后，可以安排另一潜水班组同时进行塞堵缝隙工作。堵塞完成后浇筑干硬性水下混凝土，防止移位。

6 材料与设备

（1）所需材料见表 1。

表 1 材料表

序号	名称	规格、型号	备注
1	自来水钢管	DN1000-1400	
2	改进型哈夫节		与钢板配套
3	封端钢板		与钢管配套
4	堵缝材料		

（2）所需设备见表 2。

表 6.0.2 设备表

序号	名称	型号	主要功能	数量
1	工程船（含扒杆吊）	400t	吊装	2 台
2	拖船		运输	2 台
3	锚艇		固定、运输	3 台
4	氧气瓶		潜水	10 瓶
5	潜水装备		潜水	3 套
6	混凝土运输车		混凝土运输	5 台

哈夫节

7 质量控制

7.1 主要标准及规范

《给水排水管道工程施工及验收规范》(GB 50268—2008)；

《给水排水工程构筑物结构设计规范》(GB 50069—2002)。

7.2 质量控制标准

7.2.1 材料质量控制

改进型哈夫节接头的质量应重点检查下列内容：外观尺寸、材料强度、密封性、螺杆、螺栓强度等。

7.2.2 施工过程中质量控制

（1）检查改进型哈夫节是否符合标准规定；

（2）检查改进型哈夫节强度是否符合设计要求；

（3）检查改进型哈夫节连接螺栓是否符合设计要求；

（4）检查改进型哈夫节连接后密闭性是否符合标准规定；

（5）施工过程中需勤量测，发现偏差，及时纠偏校正。

8 安全措施

（1）主要标准及规范：

《建筑机械使用安全技术规程》(JGJ 33—2012)；

《施工现场临时用电安全技术规范》(JGJ 46—2005);

《建筑施工起重吊装工程安全技术规范》(JGJ 276—2012)。

(2)在施工中贯彻执行“安全第一，预防为主，综合治理”的方针，采取有效措施确保施工安全。

(3)开工前需对全体施工人员进行安全教育和安全交底。针对存在的危险源制订相应的应急预案。

(4)施工前与河道航务管理沟通联系，吊装时设置禁航区，施工过程中安排锚艇警戒，夜间设置警示航道灯。

(5)检查水下作业人员资格证书和身体健康证件，防止带病作业。

(6)及时与气象部门和水利水文部门取得联系，注意涨水和上游泄洪状况。如遇极端恶劣天气，停止作业，撤出现场。

(7)全体施工人员必须服从命令，听从指挥，遵守水上吊装施工操作规范和安全技术规程。施工所用的各种机具和劳动用品应经常检查，及时排除安全隐患，确保安全。

9 环保措施

(1)应严格遵守国家、地方及行业标准、规范:

《建设工程施工现场环境与卫生标准》(JGJ 146—2013);

《建筑施工场界环境噪声排放标准》(GB 12523—2011)。

(2)施工过程中加强机械设备、工程船等检修保养，防止柴油、汽油等污染江河。

(3)施工过程的垃圾必须清理干净，每次施工后的残料、塑料包装不得随地乱扔、乱倒，污染环境，严格做到工完场清。

10 效益分析

(1)经济效益

与传统自来水厂自流管哈夫节安装方式相比，其经济效益分析如下:

价格 类型	人工费(元/m)	材料机械费(不含管道，元/m)	安装速度(m/d)	合计(元/m)
旧哈夫节安装	460	720	36	1180
改建型哈夫节安装	300	516	72	816

综上所述，采用改进型哈夫节安装人工费减少约35%，材料机械费用节约28%，安装进度提高一倍。

(2)社会效益、环保效益

已在多个水下安装工程中使用，实践证明，新的哈夫节接头一天只需要一名潜水员，就能够完成三根管道的安装(36m一根)，而旧的哈夫节接头，平均每天只能完成一根左右的管道安装(需要两个潜水员)。所以，通过实践证明，使用新的哈夫节接头有效提高工效300%，大幅降低了工期成本，同时因安装工作方便快捷、安全高效等优点，极好地满足了工程建设的需求，具有良好的社会效益和经济效益。

11 应用实例

(1)湘潭市一水厂取水头改造项目位于湘潭市雨湖区，本工程取水自流钢管接头采用了改进型哈夫节接头，节约人工机械费用约10万元，提高工效50%。该工程于2017年9月开工，2018年6月完工，现全部完成。工程质量较好，获得业主、监理等的一致好评。

(2)湘潭市三水厂改扩建工程项目位于湘潭岳塘区，本工程取水头自流钢管接头采用了本工法，该工程于2017年6月开工，2018年2月完工，节约人工机械费用约12万元，提高工效50%，工程质量较好，获得业主、监理等的一致好评。

长跨度污水管道水下沉管施工工法

吴恢民 赵利军 蒋 玮 冯 娟 黄 平

湖南建工集团有限公司

摘 要：为解决钢管管道跨河施工时存在的河道封航时间长、工效低、水下作业量大、质量难以保证等问题，可在岸上进行管道整体拼装焊接，运用拖船浮设备运输，采用高精度全站仪定位、GPS 测绘系统与水下高清影像配合潜水员辅助精确定位，整体下沉，一次性安装到位，从而保证施工质量、安全和进度。本工法适用于水深 2 ～ 25m 范围工况下各类水下管道安装施工。

关键词：水下施工；长跨度管道；精确定位；水下高清影像

1 前言

近年来，国家环境保护力度不断加强，水污染治理成为城市发展建设的重要课题，污水集中治理排放成为建设中必须考虑的问题。钢管管道具有防渗效果好、耐抗性好、变形处理及维护简单的特点，但跨河管道以往的施工主要采用半机械化、水下连接的施工方法，施工周期长、河道封航时间长、施工效率低、水下作业量大，施工质量难以保证。长沙橘子洲跨江污水管道采用两根 DN219 × 10mm 钢管沉管施工，每根长 510m 进行沉管安装，管道材质为无缝压力钢管，焊接接口采用单面 V 形坡口双面手工焊，橘子洲东西两侧管道分别一次性沉管到位，沉管长度为湖南境内水下沉管长度最长。现对长跨度污水管道水下沉管施工进行总结形成本施工法。

2 工法特点

（1）“标准化、可见性、可控性”的作业方式，管道实现整体拼装焊接、吊装运输、敷设，显著提高工效，降低施工成本。

（2）有效减少了常规工艺水下作业时间，降低了水下作业难度，保证了潜水人员作业安全。

（3）河道航道占用时间极大缩短。

（4）可精确控制管道安装轴线精度、高程等几何尺寸。

3 适用范围

本工法适用于水深 2 ～ 25m 范围工况下各类水下管道安装施工。

4 工艺原理

管道岸上整体拼装焊接，运用拖船浮设备运输，采用高精度全站仪定位、GPS 水下测绘系统与水下高清影像配合潜水员辅助精确定位，整体下沉，一次性安装到位，从而保证施工质量、安全和进度。

5 施工工艺流程及操作要点

5.1 工艺流程

施工准备→测量放样→水下基槽开挖→水下基础垫层施工→沉管焊接→沉管浮运、粗定位→管道沉管、精确定位→镇墩混凝土浇筑→水下管槽回填及余土外运。

5.2 操作要点

5.2.1 施工准备

（1）占用航道施工需要航道局许可，确定施工占用航道时间，施工期间应急处理方案通过审批。

（2）根据施工规范及施工合同、施工技术方案，详细对现场施工布置、进度安排、安全管理措施、环境保护措施等进行规划说明，同时上报拟进行的现场施工工艺试验计划。方案和施工工艺试验计划待监理审核批准后方可进行后续工作。

（3）施工人员到位，技术交底工作完成，作业人员熟悉作业流程及操作要点。

（4）机械材料准备。施工材料检验合格，取样送检。

（5）工程机械设备含专用设备均检修检测完成后，书面报告监理审批同意后进场，所选用的设备的生产能力要满足施工强度要求，各种设备要同时相互匹配，关键机械设备要有备用的。

5.2.2　测量放样

（1）根据设计及规范要求建立控制网，确保工程测量准确。进行施工区域原地形测量。

（2）根据设计方提供的坐标控制点和高程控制点，建立本工程范围内的控制网格，在左右岸设置四个控制点（Z1、Z2、Z3、Z4），各控制点均应埋设标志并加以保护。

（3）水下管线的轴线控制：水下管槽开挖前在水下管线轴线位置设置控制桩，定位桩采用 ϕ100mm × 5mm 钢管制作，桩长根据施工时具体情况而定，定位桩利用打桩船嵌入岩中不得少于 2m，以确保定位桩的稳定性，保证桩的精度不会因为水流及水上垃圾的冲击而受到影响，定位桩的位置由经纬仪交汇确定，并用红外线测距仪进行校核，并在岸边设控制标杆。

（4）水位观测：在施工区上、下游各设置两组水尺，便于每天早、中、晚三次进行水位记录，以准确控制管线的高程。

5.2.3　水下基槽开挖施工

（1）根据工程水文及地质情况，水下管槽开挖各采用一艘 0.25m^3 长臂（16m）反铲挖泥船、一艘拖轮（198kW）、一艘泥驳（200m^3）和一艘机动艇（88kW）进行施工。管道轴线控制是影响本工程施工质量的关键点。采用先进的 GPS 定位系统配合回声测深仪进行控制，将 GPS 终端接于挖泥船的反铲臂垂线下，可以控制水下管槽开挖范围，利用回声测深仪控制水深。挖泥船沿着水流方向根据 GPS 定位系统提供的数据定位，为确保水下开挖的标高，施工员必须跟班作业，利用当日水尺数来计算出当日开挖深度，及时输入 GPS 定位系统，反铲挖泥船在施工时严格按 GPS 定位系统提供数据调整挖泥位置，同时施工员用测绳随时测量基坑的标高和底部宽度，来校验施工的质量。

2. 挖泥船将所挖的弃泥装在自卸泥驳里，利用拖轮运至航道局指定弃泥区抛弃（图 1）。

5.2.4　水下基础垫层施工

（1）河床管道基础按照设计采用厚 200mm 粗砂层。

（2）施工工序流程：工作船定位→基坑底测量→安设刮道→潜水员水下整平。

（3）水下整平的施工：在工作船上放置两根钢轨，一端固定在船上，另一端伸在船外。设有起重滑车，用来控制基床粗平高程的刮道，刮道用钢轨制成并用钢丝绳通过滑车悬吊在水中。整平时，先将工作船定好位，再把刮道底面的标高调整到基础的设计标高。刮道底面标高根据施工时的水位用专用钢丝尺进行控制。潜水员可在水下根据刮道的位置进行整平。凡是在刮道底面以上的砾石均应搬走，用吊笼吊出水面待用。如果刮道下面有空隙，则应用砾石填平，工作船随潜水员向前移动（图 2）。

图 1　基槽水下开挖

图 2　水下垫层施工

5.2.5　管道组焊

（1）焊接场地线形设置，长度根据管道长度加安全距离确定，钢管场外运输至焊接场地后，采用30t 汽车吊卸。

（2）施工工序流程：枕木铺设→吊管→对口→焊接→焊缝检查→试压。

（3）工序施工方法：

①钢管定位接口采用 0.75m^3 反铲挖机配合人工千斤顶和手拉葫芦进行。为保证焊接质量，对焊口内 100mm 范围内的油漆、污垢、铁锈、毛刺等清扫干净，检查管口不得有夹层、裂纹等缺陷。

②钢管对口前必须首先修口，使钢管端面坡口角度、钝边、圆度等均符合对口接头尺寸要求。

③对口时应使内壁齐平，可采用长 400mm 的直尺在接口内壁周围顺序找平，错口的允许偏差为 0.2 倍壁厚且不大于 2mm。

④焊条使用前的 12h 对焊条进行烘干处理（烘干温度 150 ～ 200℃），现场使用时，使用保温筒装焊条，保证焊条干燥，管道接口用手工电弧焊，焊条规格必须符合设计要求，采用外三内二共五层焊接，每道焊口由两个焊工同时施焊。

⑤点焊时焊条应与焊接时用的焊条性能相同。钢管的纵向焊缝端部不得进行点焊，点焊的厚度应与第一层焊接厚度相同，底部必须焊透。点焊间距 50 ～ 60mm，点焊 5 点。焊接第一层前应对点焊点进行检查，如发现裂纹应铲除重焊。

⑥焊缝表面的咬边深度≤ 0.5mm，连续长度≤ 100mm，焊缝两侧咬边总长不得超过该焊缝长度的 10%，且不得有裂纹、气孔、弧坑和夹渣等缺陷，并不得有熔渣、飞溅物。管道接口采用多层焊接，第一层焊接必须均匀焊接，并不得焊穿，在焊接以后各层时，将前一层的熔渣全部清理干净。每层焊缝厚度一般为焊条直径的 0.8 ～ 1.2 倍。各层引弧点和熄弧点均错开。

⑦为了提高管段整体强度，钢管对接纵向焊缝位于中心垂直线上半圆 45° 左右，相邻管段连接处两管纵向焊接间距不小于管外径 30° 弧长。

⑧管道每个接口焊完后，需在来气方向距离焊口 100mm 处，用钢印打上焊工代号；管道焊缝要有排管图，并标明探伤位置、编号以及焊工代号。

⑨安装前通知有关设计、监理、质监、检测单位对焊缝质量见证检查，进行水压、气密性试验（图 3）。

5.2.6　沉管浮运、粗定位

（1）施工流程：试压管道排水→下河水域船舶定位、吊送挖机定位→浮筒制作并捆绑→管道吊送拖浮入水→浮筒与管道绑扎固定→管道水上锚固→水上吊装平台定位抛锚→沉管整管水上浮运→沉管整管水上就位→管道水下吊索固定。

（2）工序施工方法：

①为了整管下水移动中受力均匀，布置多台 1.5m^3 反铲挖机起吊移动管道，水域采用两艘 0.25m^3 长臂挖泥船，一艘在前方拖拉钢管下水，一艘用于水上吊装捆绑浮吊。

②管道试压后，开启封板阀门用多台反铲挖机抬起管道将整管水排出。空管拖吊入水采用多台 1.5m^3 反铲挖机，吊起管道然后用一艘反铲挖泥船拖住管头入水，再在水中用另一艘挖泥船上挖机吊起管道，潜水组下水绑扎浮筒与管道，然后岸上反铲挖机和挖泥船共同用力一段一段送入水域中，管道全部入水后用河中两艘挖泥船固定整段管道两端。

③每根管道浮运两端中间采用三艘拖轮（370kW）拖运，由于管道长，将管道长度的一半绑在拖轮上，管道将有部分伸出拖轮前，在船头和船尾设置风浪索，确保管道在浮运时的安全。管道在浮运过程中，在水流、风力和船舶的作用力下，会弯曲变形成弓形和 S 形，应注意观察控制弯曲在允许范围之内。

④管道浮运至下沉位置，全站仪进行管道轴线测量校核并设置管道下沉定位标志，管道和施工船舶（水上平台）采用钢索固定牢固（图 4）。

图 3　管道焊接

图 4　管道粗定位

5.2.7　管道沉管、精确定位

（1）工序施工流程：管道水上浮筒拆除→管道各吊点分段下沉→管道下沉到位、轴线标高检测→管道水下临时固定。

（2）工序施工方法：

①为使管段下沉均匀和便于校对位置，采用船舶搭设水上平台吊点控制管道缓慢下沉。根据水流速、水深、管道长度及工程船舶起吊能力，在管道每距 30m 位置各设 1 个吊点即设置水上控制平台，中间水域 14 个水上吊点操作平台配备 1 艘拖轮（370kW）、一艘机动艇（175kW）和一组潜水组，近岸端两个水上操作平台各配备 1 台 80t 浮吊，一艘机动艇（175kW）和一组潜水组。

②管道就位后每个吊点安排一组潜水组下水固定水下吊点吊索和水下水深测绳，然后水上拆除浮筒，各吊点吊索受力，管道受力均匀。

③牵引起重设备布置安装完毕，潜水组做好下水准备，在统一指挥下每个吊点依次从 1 号吊点至 14 号吊点下放 40cm 深度，下沉中各吊点要依次松放吊索，保持管道挠度在容许范围内，下沉速度不得过快，并经常校测轴线并水下检测管道标高（图 5）。

图 5　管道沉管

图 6　水下高清高清影像系统配合精确定位

④管道下沉过程中，全站仪高清水下影像系统配合 GPS 及水下测深系统进行管道沉管精确定，如有偏差通过定位船舶进行微调（图 6）。

⑤管道下沉到位，潜水组应检查管底与沟底接触的均匀程度和紧密性，管下有悬空部分，应采用砾石铺填测量管道高程和位置，要使水下管道偏移量在允许范围内，轴线 ±50mm，高程 ±100mm。管道临时固定，在每个吊点特别是两端位置，抛砂砾石袋并由潜水组水下堆码固定管道。

5.2.8　镇墩混凝土浇筑

（1）工序施工流程：镇墩钢模岸边制作→镇墩钢模水下安装→袋装砾石水下堆砌支撑→水上混凝土浇筑平台搭设→浇筑水下混凝土→测量验收。

（2）施工方法

①商品混凝土运输采用一艘拖轮（370kW），并在拖轮上焊接一个可储放 $12m^3$ 混凝土的仓储平台，水中水下混凝土浇筑导管和漏斗用一艘反铲挖泥船吊装定位，并配备 2 组潜水组测量验收。

②测量出水下镇墩位置，对镇墩基槽水下整平，潜水组对镇墩位置已沉管道标高进行测量，用反铲挖机将钢模吊上拖轮运至镇墩位置，反铲挖泥船吊装钢模下水，潜水组水下指挥安装。

③水下混凝土采用导管法施工，导管采用 250mm 内径钢管，壁厚 6mm，其上部为锥形浇筑漏斗，斗容 $2m^3$，导管每节之间法兰连接，为了避免混凝土与管中水接触混合，在漏斗处预放一球塞，其直径略小于导管内径，用铁丝拉住，按先下游后上游的顺序进行施工。导管与漏斗用一艘反铲挖泥船吊装控制。

④导管安装完成后，管底距基床 300 ～ 500mm。混凝土料斗应有足够的容量。首批灌注的混凝土量应该使导管底端埋入混凝土内深度 0.8m 以上，且应保持导管内的混凝土压力大于 1.5 倍水深的压力。水下混凝土应一次灌注完成，每斗间隔时间不得超过混凝土的初凝时间，且应控制最后一斗混凝土浇筑量，并预留凿除泛浆残渣高度的量，保证混凝土的强度（图 7）。

5.2.9　水下管槽回填及余土外运

（1）水下管槽回填用开挖时的弃泥区原状土回填，弃泥区的原状土同样采用 $0.25m^3$ 长臂（16m）反铲挖泥船组开挖后回填至管槽位置，施工机械设备和施工工序方法基本同水下管槽开挖。回填时要均匀连续回填至满槽，不得扰动管道。

（2）回填管槽后弃泥区余土按照航道局要求同样采用反铲挖泥船组开挖后运至指定弃泥区，使施工水域恢复原河床标高，并经航道局扫床验收。

图 7　镇墩混凝土浇筑

6　材料与机械设备

6.1　材料要求

（1）钢管内防腐设计考虑 2mm 防腐层，钢管生产厂家在生产阶段对管道内部采用双组分环氧树脂涂料防腐处理。

（2）钢管外防腐：进行防腐前进行机械除锈，除锈等级 Sa2.5 级；防腐结构为：底漆→面漆→玻璃布→面漆→玻璃布→面漆→玻璃布→面漆→面漆，共九层，防腐层厚度 0.7 ～ 0.8mm。

（3）管道与管道之间焊接处需进行补口，补口部位的表面处理，涂底漆、面漆与外防腐相同，同时补口缠玻璃布时必须与管体的涂层搭接 100mm 以上。

6.2　机械设备（表 1）

表 1　机械设备表

序号	设备名称	型号规格	数量	用于施工部位	备注
1	反铲挖泥船	0.25 ～ $1.5m^3$	8	河床、沉管	
2	拖轮	98kW	1	河床开挖	

续表

序号	设备名称	型号规格	数量	用于施工部位	备注
3	泥驳	200m^3	2	河床开挖	
4	拖轮	370kW	12	沉管、水下混凝土	
5	机动艇	175kW	2	沉管、水下混凝土	
6	电焊机		4	管道焊接	
7	发电机组	80kW	2	备用电源	
8	浮吊船	80t	2	沉管	
9	汽车吊	80t	1	沉管	
10	长臂挖机	16m	2	河床、沉管	
11	潜水设备		14	沉管、水下混凝土	
12	高清水下录影系统	HT3595	1	水下开挖、沉管	
13	GPS 测量	中海达 V90	2	水下开挖、沉管测量	
14	全站仪	TOPCON600	2	水下开挖、沉管测量	
15	测深仪	DH-310	2	水下开挖、沉管测量	

7　质量控制

7.1　基槽开挖控制要点（表 2）

（1）为保证断面尺寸的精确和边坡的稳定，需要分层开挖，分层厚度符合施工规范要求。

（2）开挖过程中应定期检查水尺零点和挖泥标志有无变动。

（3）开挖断面尺寸不应小于设计要求，并不能出现浅点。

（4）基槽开挖到设计标高时，组织业主代表和监理代表核对土质，并及时办理验收手续。

（5）基槽开挖结束及时验收，尽快进行下道工序，以防管槽淤积。

表 2　基槽整平质量标准

序号	项目	允许偏差（mm）	检验单元和数量	单元测点
1	顶部高程	+000 −200	每 10 ~ 20m 一个断面	每 2m 一个测点
2	表面平整度	200	每 10 ~ 20m 一个断面	每 2m 一个测点

7.2　管道焊接及安装控制

（1）管道周长及椭圆度允许偏差分别在 ±7mm、4mm。

（2）安装允许偏差轴线位置和高程分别为 30mm、±20mm。

（3）焊缝外观质量见表 3：

表 3　焊缝外观质量控制标准

项目	技术要求	检查方法
外观	不得有熔化金属到未熔化的母材上，焊缝和热影响区表面不得有裂纹、气孔、弧坑和灰渣等缺陷，表面光顺、均匀、焊道与母材平缓过渡	每道环形焊缝必须仔细检验，用肉眼及放大镜进行观察
宽度	焊了坡度边缘 2 ~ 3mm	每道环形焊缝必须仔细检验，用焊缝检验尺进行检验
表面余高	≤ 1+0.2 倍坡口边缘宽度，且小于 4mm	
咬边	深度≤ 0.5mm，焊缝两边咬边总长度不得超过焊缝长度 +10%，且连续长度≤ 100mm	
错边	≤ 0.2t，且≤ 2mm	
未焊满	不允许	肉眼观察

8　安全措施

8.1　水上船舶施工一般措施

（1）施工船舶随时与调度室及当地气象、水文站等部门保持联系，每日收听气象预报，并做好记录，随时了解和掌握天气变化和水情动态，以便及时采取应对措施。

（2）各种施工船舶（包括配合施工作业的交通船、运输船等）必须符合安全要求，同时还必须持有各种有效证书，按规定配齐各类合格船员。船机、通信、消防、救生、防污等各类设备必须安全有效，并通过当地海事局的安全检查。

（3）施工船舶与调度室昼夜保持通信畅通，并按规定显示有效的航行、停泊和作业信号。

（4）施工作业向当地海事局申请办妥《水上水下施工作业许可证》。水上施工设专用救生船，并有专人值班，各施工作业点配备救生圈、救生衣等救生设备。

（5）严格执行船机设备安全操作规程，及时维修保养设备，确保安全运行。发生机损等重大意外情况必须立即向项目部报告。

（6）严格按核准吨位装载，不得超载、偏载航行，防止发生意外事故。

（7）船舶油污水和垃圾要集中回收并做好记录，严禁向江中排放和倾倒，并配备配齐消防器材。

（8）严格执行《水上水下施工作业通航安全管理规定》及水上航运安全管理规定，谨慎操作，确保安全，发生水上交通和污染事故立即向项目部报告。

（9）所有船舶必须按规定配备足够的救生圈、救生衣等救生设备，在舱面作业时必须穿好救生衣，人员上下通道应挂设安全网，跳板要固定，水上工作平台四周要安装符合标准的栏杆和安全网，同时应做好防滑工作。

（10）认真落实施工作业区施工平台设施、桥桩、水底管线的安全警戒保护措施，不得擅自扩大水上施工安全作业区（施工水域）的范围，确保作业区人、船、物的安全。

（11）落实作业区安全施工管理制度，确保与施工作业无关的船舶、排筏、设施进入施工水域内，防止工程施工作业船舶与其他的施工船舶发生有碍正常施工的安全事故。

（12）各作业队应选派有经验、责任心强的同志负责水上作业安全管理，保障人员、船舶、作业区和水域环境保护的各项管理制度和防范措施的落实。

（13）施工船舶上的生活垃圾及塑料品等不得任意抛入水内，生活垃圾必须装入加盖的储集容器里，并定期运至岸上倾倒。

8.2　水上复杂施工环境的安全防范措施

8.2.1　防雾措施

（1）项目部派专人负责收听各地有关雾情的预报并做好记录。

（2）锚泊船舶昼夜派员值班。显示相应雾中信号，并通过 VHF6 频道发布本船动态报告。

（3）航行船舶采用雾航措施。船长上驾驶台，显示相应雾中信号并发布船位报告，加强瞭望，减速航行，以策安全。但视程小于 500m 时应择地抛锚防雾。

8.2.2　妨碍航物措施

（1）定期向海事主管机关和有关部门收集相关航行通告、收听航行警告，掌握区域内沉船、水域工程等水上水下障碍物的变化情况，施工船舶船员主动向当地人员了解和掌握施工航行水域的各种障碍物情况。

（3）施工船舶按照指定的计划航线航行，航行中需不断测量实际船位，校正航线，以策安全。

（4）施工船舶按照划定的施工作业区范围进行船舶作业，以避免发生船舶间锚链缠绕、碰撞等事故；向有关部门申请设置禁航区；与施工作业无关的船舶严禁进入施工作业区，严禁施工船舶进入和穿越其他施工作业区。

（5）施工船舶在航行浅滩水域时注意舵向角差、船机振动等异常情况，如有发现应立即停止前进，待探明水深后再决定进、退避难方案。同时在航行中加强瞭望，注意回避，以防触及水下障碍物。

（6）各施工作业点要对已建和在建工程夜间悬挂规定的信号，设置规定的灯标，以起到警示作用。

9　环境保护措施

（1）管槽水下河床采用抓斗挖泥船开挖，施工时遵守有关环境保护的法律规定，减少施工作业时对环境的不利影响。

（2）挖泥土质、数量要事先向海事部门报告，申请倾倒废弃物许可证，征得同意才能施工。

（3）要严格按照海事部门指定的卸泥区卸泥；每艘卸泥船要认真做好卸泥区的情况记录，如发生航道有异常情况，采取措施，并及时向有关部门反映。

（4）对施工船舶、供油船舶在施工作业及运输过程中，发生漏油污染水域事故，及时采取有效应急措施制止漏油，并向项目部和海事部门报告。

（5）对漏油船舶立即查找泄漏污染源，关闭阀门，封堵甲板出水孔（缝），并投放吸油毡、棉胎、木屑等吸附材料，收集泄漏油污。对油污泄漏区域进行敷设围缆绳，投入吸油材料及消油剂，并及时回收泄漏的污油和已吸附的吸油材料，防止污染面积的扩展。

（6）因船舶碰撞引起的污染，迅速控制当事船舶污染源，必要时应将泄漏船舶拖至岸边围清，并派潜水员封关油箱管道阀门，进行善后处理。

10　效益分析

10.1　经济效益

项目采用水上焊接，整段一次性沉管到位，减少了下水作业、船舶租金、潜水员聘用等各项费用约120万元，在保障施工质量、安全、进度的前提下大大降低了工程造价。

10.2　环保节能效益

采用一次性开挖到位，一次性沉管到位，减少了对河床环境的多次扰动，开挖土方一次性外运，减少了对周边环境的多次污染。

10.3　社会效益

由于项目地处河道主航道，水上交通繁忙，长时间封航影响范围大，同时河道施工涉及海事局、航道局等多个部门，协调工作量大。采用本工法较长规施工工艺减少了2/3封航时间，同时在各部门的协调支持下，能做到对航道影响最小化。

11　应用实例

应用实例一：我公司承担的橘子洲污水处理二期工程为湘江河道污染治理重点工程。由于橘子洲地理位置环境的特殊性，为保证橘子洲生活污水的正常排放，拟通过建设加压泵站、输水管道、接收消能井，以及相关配套设施设备将橘子洲景区内污水处理厂处理的污水输送至潇湘大道侧市政管网，实现橘子洲现有污水并入湘江两岸市政管网。

项目采用两根DN219×10mm钢管，每根长510m进行沉管安装，管道材质为无缝压力钢管，焊接接口采用单面V形坡口双面手工焊。

橘子洲东西两侧管道分别一次性沉管到位，沉管长度为湖南境内水下沉管长度最长。项目采用本工法施工，沉管施工河道段工期仅为10d。施工过程未发生任何质量、安全事故。管道设计工作压力0.6MPa。施工完成后，采用1.0MPa试验压力进行试验，10min试压降压值为0，完全达到了设计要求。

减少了下水作业，船舶租金、潜水员聘用等各项费用约120万元，施工速度快，工程质量优，得到了业主方、监理方、设计方的一致好评，同时也取得了显著的经济效益和社会效益。

应用实例二：长沙六水厂原输水管道施工项目，管道分别跨浏阳河、捞刀河，管道直径ϕ120cm，管道沉管长度为840m，采用本施工工法也取得了较好的施工效果。

燃油（燃气）真空热水机组的双层不锈钢保温型成品烟道施工工法

文 武 熊进财 陈 彬 苏 涛

湖南天禹设备安装有限公司

摘 要：为了减少机组热量损耗并满足环保需要，根据燃油（燃气）真空锅炉热水机组烟道布置走向及水平管与垂直管长度等，二次深化核算烟气排放阻力，按照现场实际情况确定烟道截面大小及形状，进行成品烟道分节配料及编号，采用专业工厂化预制双层不锈钢保温型成品烟道段，运至施工现场进行组装及安装施工，确保烟道安装严密、牢固可靠、美观及烟气排放通畅。

关键词：燃油（燃气）真空热水机组；成品烟道；分节配料

1 前言

随着人民生活水平的提高，许多高层民用建筑的中央空调系统热源及卫生热水热源采用燃油（燃气）真空热水锅炉机组制热提供，为了减少机组的热量损耗及满足环保的需要，烟气及水蒸气等化合物排放系统采用双层不锈钢保温型成品烟道，具有性能好，气密性好，不腐蚀，耐热，保温节能；安全可靠，使用寿命长；质量轻，其质量是碳钢烟道的 1/4 ～ 1/5，对建筑物主体的荷重较小；外形美观、洁净且易维护等许多优点。

我公司经过对市场进行调查研究，在株洲新桂广场·新桂国际办公楼中央空调工程、长沙柏宁地王广场中央空调安装工程、醴陵陶瓷会展中心中央空调工程等多个项目中对于锅炉机房的烟气排放系统均采用双层不锈钢保温型成品烟道，取得了很好的成效，获得了业主的好评，具有明显的经济效益和社会效益，为创优项目增添亮点。

2 工法特点

（1）双层不锈钢保温型成品烟道采用工厂化制作，施工现场安装不需要专门的施工机具设备，安全可靠，费用低，工期短。

（2）施工经验成熟，外观美观整洁、容易根据现场实际情况进行深化设计调整，可以选用矩形或圆形截面形状。

（3）成套安装，功能完整，安装质量有保证。

3 适用范围

本工法适用于各种燃油（燃气）锅炉机组、发电机、焚烧炉、空调直燃机组的烟气排放系统的安装施工。

4 工艺原理

根据燃油（燃气）真空锅炉热水机组烟道布置走向及水平管与垂直管长度等，进行烟气排放阻力二次深化核算，按照现场实际情况确定烟道截面大小及形状，并进行成品烟道分节配料及编号，采用专业工厂化预制双层不锈钢保温型成品烟道段，运至施工现场进行组装及安装施工，确保烟道安装严密、牢固可靠、美观及烟气排放通畅。

5　工艺流程及操作要点

5.1　工艺流程图

施工准备→烟气排放阻力二次深化核算→成品烟道分节配料及支、吊架制安→双层不锈钢保温型成品烟道段工厂化预制→双层不锈钢保温型烟道段及附件运输、安装→烟道烟气排放运行调整及测定→烟道表面清洁及标识。

5.2　操作要点

5.2.1　施工准备

施工前应具备下列设计施工文件：

（1）烟道平面布置图及烟道系统图；

（2）燃油（燃气）真空热水机组平面布置图；

（3）双层不锈钢保温型成品烟道预制专业工厂确定；

（4）烟道穿楼板及穿墙体孔洞预留；

（5）施工方案，制作及安装工艺要求、测量与检测方法措施等。

5.2.2　烟气排放阻力二次核算

根据烟道平面布置图、烟道系统图及燃油（燃气）真空热水机组平面布置图，统计燃油（燃气）真空热水机组总台数、烟道水平管长度、烟道垂直管长度、烟道管件总个数、多台燃油（燃气）真空热水机组同时使用时烟气排放量；排烟温度按 $T=160℃$ 估算，环境温度按20℃前提条件下，分别按如下公式进行烟气排放阻力二次核算：

（1）排烟温度 $T=160℃$ 时，烟气密度的计算：

$$\rho_t=\rho\cdot\frac{273}{273+T}\ (\rho=1.34\text{kg/m}^3\text{，烟气在 0℃时的密度，kg/m}^3)$$

（2）排烟温度 $T=160℃$ 时，烟气流速的计算：

$$d=0.0188\sqrt{\frac{V_{yz}}{\omega_z}}$$

式中，d 为烟道截面直径，mm；V_{yz} 为通过烟道的总烟气量，m^3/h；ω_z 为烟道的出口流速，m/s

（3）垂直、水平管道沿程摩擦阻力的计算：

$$\Delta P_{yc}^{m}=\lambda\frac{H\omega_{PJ}^2}{d_{pJ}2}\rho_{pj}$$

式中，λ 为烟道壁阻力系数，取0.03；H 为烟道水平段和竖直段总长度，m；ρ_{PJ} 为烟气密度 $\frac{273}{273+T}\times 1.34$（$T$ 烟气温度，1.34指标况下空气密度）；ω_{PJ} 为烟气流速，m/s；d_{PJ} 为主烟道内径 m。

（4）烟道出口阻力（Pa）的计算：

$$\Delta P=A\frac{\omega_{PJ}^2}{2}\rho_{pJ}$$

式中，A 为出口阻力系数，伞形雨帽一般取1.1；ω_C 为烟气流速 m/s；ρ_{pJ} 为烟气密度（同上）。

（5）烟道局部阻力（Pa）的计算：

$$\Delta P_{yc}^{w}=\xi_1\frac{\omega_{PJ}^2}{2}\rho_{pJ}$$

式中，ξ 为局部阻力系数（90° 弯头取0.7，三通取1.0，调节阀和缓弯取0.3）；ω_{PJ} 为烟气流速 m/s；ρ_{PJ} 为烟气密度（同上）。

（6）烟道的总阻力（Pa）：

总阻力＝沿程摩擦阻力＋烟道出口阻力＋烟道局部阻力

（7）烟道烟气抽力的计算：（环境温度20℃时）查表得知，当烟气温度为160℃时，烟道每1m高度的抽力为3.892Pa，由烟道垂直管长度进行计算，则得出烟气正常排出的条件为：烟道抽力 $S>$

1.2× 烟道的总阻力。

若符合要求，则可以按原设计进行；否则，调整烟道的截面面积及结合现场调整烟道水平管长度与烟道垂直管长度，直至符合二次深化设计要求。

5.2.3　双层不锈钢保温型成品烟道分节配料及烟道支、吊架制安

根据经二次核算烟气排放阻力结论，对二次深化设计修正后的烟道按照专业工厂预制成型的标准长度进行烟道分节配料，并做好烟道分节图记录，注明各节编号；根据烟道分节图，按间距不大于 2m 设置烟道支、吊架及固定支架，承重支架等。烟道的支、吊架定位与测量放线采用红外线全站仪进行测量与调整。烟道水平管的防晃支架不得小于 2 个。根据烟道长度设置相应数量的金属波纹补偿器，一般情况下每 20 ～ 25m 设置一个金属波纹补偿器以吸收因烟气温度引起的烟道热胀冷缩的集中应力，如图 1 所示。

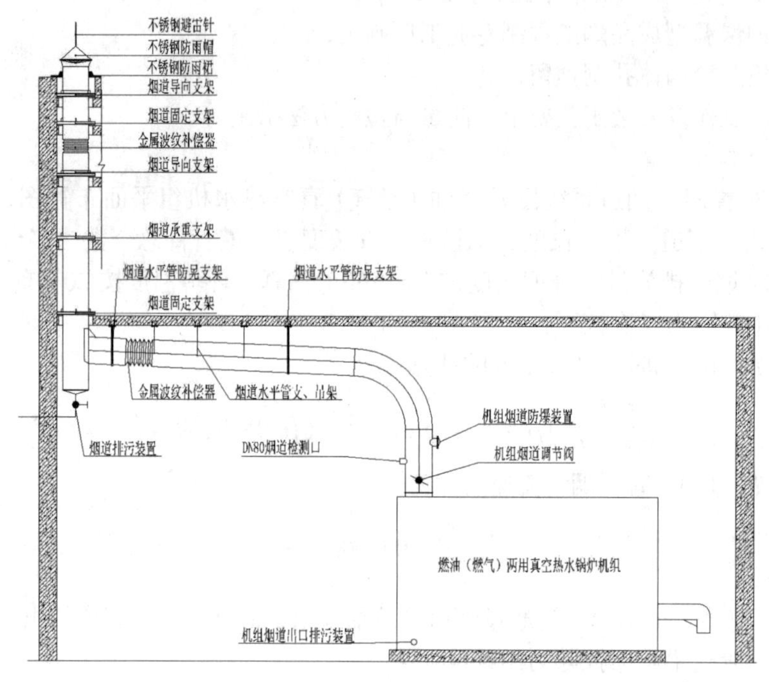

图 1　双层不锈钢保温型成品烟道系统设置图

5.2.4　双层不锈钢保温型成品烟道段工厂化预制

双层不锈钢保温型成品烟道形状一般分为矩形与圆形两种截面。矩形截面的烟道适用于内置式井道、改造工程或楼层低及空间不足的情况，可以减少内置式竖井占用的建筑面积，极大地提高建筑物空间的利用效率。整个双层不锈钢保温型烟道系统由成品烟道标准节、烟道管件、硅酸铝保温材料、烟道附件（包含避雷针、防雨帽、防雨裙、排污装置、防爆装置、调节阀、消声器、固定支架、承重支架、连接抱箍，金属波纹补偿器）等组成。每节烟道由烟道内胆、保温层及烟道外壁组成。烟道内胆材质根据排烟环境进行选择，燃油（燃气）真空锅炉热水机组的烟气排放、厨房油烟气等排放温度低于 300℃，并且烟气腐蚀性较低，则可以选用合理厚度的 SUS304；柴油发电机组等高温烟气或腐蚀性强的烟气排放应选用合理厚度的 SUS316 材质；烟道保温层则根据烟气温度采用硅酸铝或高压矿棉等不同材质、不同厚度的隔热材料，确保烟道外壁温度低于 50℃；烟道外壁材质可选用 SUS304 或 SUS202，以达到按实际情况优化配置，节约成本，保证烟道外观美观。对于矩形烟道的制作，其烟道内胆采用不锈钢共板法兰机加工，共板法兰连接方式，母体采用氩气保护、激光自熔式单面焊接双面成型的先进新工艺（不用焊丝），大大提高了焊接质量，避免了晶间腐蚀，确保使用寿命可达至 50 年。圆形烟道内胆采用双翻边承插式连接方式，确保了烟道的同心度及垂直度，并在每节烟道段采用筒体压筋工艺，则极大地提高了烟道强度，有效地保证了圆整度。双层不锈钢保温型成品烟道段预制如图 2 所示。

5.2.5　双层不锈钢保温型成品烟道段及附件运输、安装

双层不锈钢保温型成品烟道段及附件装车运输时，要将成品烟道段竖直摆放在车厢里，高度不得超过两层；不得将成品烟道段横向水平码放，以防止使烟道外壁压坏变形。装车完毕，需采用防雨布覆盖，防止雨水泡坏保温材料。

烟道水平管安装时，从水平管的一端向另一端逐节推进安装，并设置好防晃支架及金属波纹补偿器的位置。烟道水平管安装推进必须时刻采用红外线全站仪进行安装直线度、水平度、坡度的检测。烟道立管安装时，从下往上进行逐节推进；在立管最低处，设置好烟道立管的承重支架及固定支架，逐节往上安装时，按照承重支架、导向支架、固定支架及金属波纹补偿器设置的位置进行推进，采用垂直吊线坠时刻检查烟道立管的垂直度，各双层不锈钢保温型成品烟道段的同轴度。安装后的实物如图 3 所示。

图 2　双层不锈钢保温型成品烟道实物图

图 3　双层不锈钢保温型成品烟道系统实物图

5.2.6　烟道烟气排放运行调整及测定

烟道系统安装完成后，将烟道的调节阀门和烟道各最低点排污阀门置于开启状态。燃油（燃气）真空锅炉热水机组启动后，沿烟道系统走向检查烟道段连接处是否严密；检查烟道最高处烟气排放是否正常。燃油（燃气）真空锅炉热水机组正常运行 2h 后，检查烟道各排污管排污是否正常。若烟道是采用出屋面的形式，则需检查烟道周边的防水是否严密，防雨罩大小及安装高度是否符合要求。

5.2.7　烟道表面清洁及标识

双层不锈钢保温型成品烟道系统安装完成后，采用干棉纱擦去烟道外壁表面的污物，保持烟道外表面清洁美观，无凹凸不平等外观质量缺陷。采用黑色漆对烟气排放方向标识符合要求的箭头，并做“锅炉烟道”字样标识及色环标识。

6　材料与设备

6.1　材料

双层不锈钢保温型成品烟道系统材质选用：烟道内壁为 SUS304、SUS316，壁厚为 1.0mm、1.2mm、1.5mm；烟道外壁为 SUS304、SUS316、SUS202，壁厚为 0.8mm、1.0mm；绝热材料为硅酸铝棉或高压矿棉板，厚度为 50mm、75mm、100mm。烟道支架及法兰加固材料均选用不锈钢角钢。所有不锈钢材料应符合《不锈钢冷轧钢板和钢带》（GB/T 3280—2015）和《不锈钢热轧钢板和钢带》（GB/T 4237—2013）标准要求。绝热保温材料应符合《绝热用硅酸铝棉及其制品》（GB/T 16400—2015）的要求。

6.2　设备

烟道下料采用激光切割机及剪板机，烟道母体焊接采用激光焊接机；烟道法兰采用不锈钢共板法兰机，烟道成型采用数控折弯机等先进加工设备。烟道安装及调整采用链条葫芦配合进行；其他在工程项目施工组织设计中选用的机械设备，可满足本工法要求。

7　质量控制

7.1　执行标准

《烟囱设计规范》（GB 50051—2013）、《预制双层不锈钢烟道及烟囱》（CJ/T 288—2008）、《工业锅炉烟箱、钢制烟囱技术条件》（JB/T 1621—93）、《 Specification for Steel Chimneys 》BSI-BS*4076 ：89 英国国家标准。

7.2　质量控制措施

（1）烟道本体及附件材质必须符合国家标准及行业标准且符合设计要求，不得选用负偏差的材料，要有产品质量证明书、合格证等，外观有变形或已受过应力作用的材料不得采用；

（2）焊材选用应符合设计要求，不得有受潮或药皮脱落等质量缺陷；

（3）安装轴线允许偏差不得大于 ±2mm；

（4）烟道母体所有焊缝采用全熔透焊缝，且要求焊缝圆滑过渡；

（5）各构件组焊时，保持同轴度、垂直度及水平度等；

（6）确保烟道表面平整整洁，无污染物。

7.3　成品保护措施

双层不锈钢保温型成品烟道系统安装完成后，保持场地整洁、不扬尘等，不得利用烟道承受任何重物；不得利用烟道支架吊装其他物品等。

8　安全措施

8.1　执行标准

《建筑施工安全检查标准》(JGJ 59—2011）、《建筑机械使用安全技术规程》(JGJ 33—2012）、《施工现场临时用电安全技术规范》(JGJ 46—2005）和省、市、企业有关文件规定。

8.2　按工程项目施工组织设计中的安全措施执行

（1）烟道段立管吊装就位时，应在统一指挥下进行，确保不倾斜，钢丝绳理顺，施工人员相互协调配合；

（2）烟道段搬运、对接安装时，应同心协力，做好防护措施；

（3）烟道运行调整时，做好防护措施，防止烫伤；

（4）烟道的承重支架及防晃支架设置完成后，应仔细检查其安全可靠性；

（5）在烟道井进行烟道支架设置时，应将上一层洞口覆盖好并设置“管井正在施工，防止坠物”标识牌，对以下各层均在烟道井门口进行临时封闭并挂警示牌；

（6）施工现场进行烟道附件焊接时，不得同时进行涂料涂刷作业，并且配备灭火器，清除易燃物。

9　环保措施

（1）场外运输按要求办理相关手续，采用规定车辆进行运输；

（2）制作与安装场地及时清除割渣、焊条短头、边角废料；

（3）生产、生活垃圾及时清理干净；

（4）绝热保温废料采用袋装处理，不得随意丢弃。

10　效益分析

（1）制作工艺先进，外观质量简洁美观；

（2）安全功能齐全，使用寿命长，性价比高；

（3）安全可靠，受力合理，能形成工程创优的亮点；

（4）采用专业化工厂预制，不占用施工现场场地；

10.0.4　制作安装快捷，能有效地缩短工期。

11　应用实例

长沙柏宁地王广场锅炉机房设有 3 台燃油（燃气）两用真空锅炉热水机组，用于提供中央空调冬季用热源，其烟气排放系统采用矩形双层不锈钢保温型成品烟道，采用此工法进行二次阻力核算、制作及安装，运行效果很好。

株洲新桂广场 · 新桂国际办公楼锅炉机房设有燃气真空锅炉热水机组，用于提供中央空调冬季用热源，其烟气排放系统采用矩形双层不锈钢保温型成品烟道，水平管及垂直管总计约 60m，经过二次深化核算，采用此工法进行制安，运行调整后，很有成效。

醴陵陶瓷会展中心锅炉机房设置在负一层，燃油（燃气）真空热水机组的烟道排至 1 号展厅屋面，成品烟道为圆形截面，直径为 ¢ 850mm，总计长度为 172m，如图 4 ～图 6 所示。

图 4　长沙柏宁地王广场锅炉机房烟道系统实例图

图 5　新桂广场 · 新桂国际锅炉机房烟道系统实例图

图 6　醴陵陶瓷会展中心锅炉机房烟道系统实例图

中央空调安装工程供回水管道系统的型钢固定支架设置施工工法

文　武　陶承志　郁　萌　李晓菲

湖南天禹设备安装有限公司

摘　要：为了解决目前中央空调供回水管道系统固定支架设置繁多、安装质量难以保证等问题，根据中央空调工程供回水管道系统的水平干管及管道井立管固定支架设置部位，采用槽钢或工字钢（型钢），依照三角形稳定体刚性原理及管道井四点定位原理，结合现场实际尺寸复核情况，下料及焊接各构件，再在固定支架设置部位组焊安装成型，并做除锈防腐处理。本工法施工机具简单、取材方便、受力合理、安全可靠，简洁美观、费用低，具有明显的经济效益和社会效益，可为创优项目增添亮点。

关键词：供回水管道；固定支架；水平干管；管道井立管；焊接

1　前言

随着人民生活水平的提高，许多高层民用建筑都添置了中央空调系统。对于中央空调的供回水管道系统分别采用水平干管管廊及专用的立管管道井进行布置，供回水管长度大于等于 20m 则须设置无约束伸缩节装置及固定支架装置等；尤其是对于创优的安装工程，中央空调供回水管道系统的固定支架设置形式及安装质量是创优工程引人注目的亮点。在目前的一些工程项目中，中央空调供回水管道系统的固定支架设置五花八门，安装质量不能令人满意。

我公司经过多个创优项目的实践及调研分析，对中央空调供回水管道系统的固定支架，依照三角形稳定体刚性原理、管道井立管四点定位原理及受力特点统一设置，在新桂广场·新桂国际中央空调工程、邵阳市中心医院第三住院大楼中央空调工程、长沙柏宁地王广场中央空调工程、醴陵陶瓷会展中心中央空调工程等多个项目安装施工，取得了很好的成效。该设置方法具备的施工机具简单、取材方便、受力合理、安全可靠，安装质量好、简洁美观、费用低，具有明显的经济效益和社会效益，为创优项目增添亮点。

2　工法特点

（1）不需要专门的施工机具设备，安全可靠，费用低。

（2）施工经验比较成熟，简洁美观，容易根据现场实际情况进行调整实施。

（3）统一设置，能成为安装质量引人注目的亮点。

3　适用范围

本工法适用于民用建筑中央空调工程供回水管道系统的型钢固定支架设置安装施工。

4　工艺原理

根据中央空调工程供回水管道系统的水平干管及管道井立管固定支架设置部位，采用槽钢或工字钢（型钢），依照三角形稳定体刚性原理及管道井四点定位原理，结合现场实际尺寸复核情况，下料及焊接各构件，再在固定支架部位组焊安装成型，并做除锈防腐处理。

5　工艺流程及操作要点

5.1　工艺流程

施工准备→安装部位清理及测量放线→型钢固定支架各构件下料加工→型钢固定支架主构件组焊安装→供回水管道调整及固定→型钢固定支架次构件组焊安装→供回水管道立管套管调整固定→清除焊渣及防腐处理。

5.2　操作要点

5.2.1　施工准备

施工前应具备下列设计施工文件：

（1）固定支架平面布置图；

（2）中央空调工程供回水管及立管管道井平面布置图；

（3）无约束伸缩节平面布置图；

（4）中央空调工程水系统管道平面布置图；

（5）施工方案，制作及安装工艺要求、测量与检测方法措施等。

5.2.2　安装部位清理及测量放线

对型钢固定支架安装部位的混凝土表面进行清理且找平；确定固定支架各支点（底钢板）安装位置，采用红外线全站仪及钢卷尺，用墨线进行放线，并记录整理。

5.2.3　型钢固定支架各构件下料加工

根据中央空调工程固定支架平面布置图及管道井立管平面布置图中的供回水管管径、管道井的平面尺寸、供回水水平干管所处的混凝土梁规格尺寸、无约束伸缩节布置图等，确定固定支架的型钢规格大小及加劲板的规格；对于供回水水平干管的型钢固定支架，依照三角形稳定体刚性原理按图 1、图 2 进行设计。

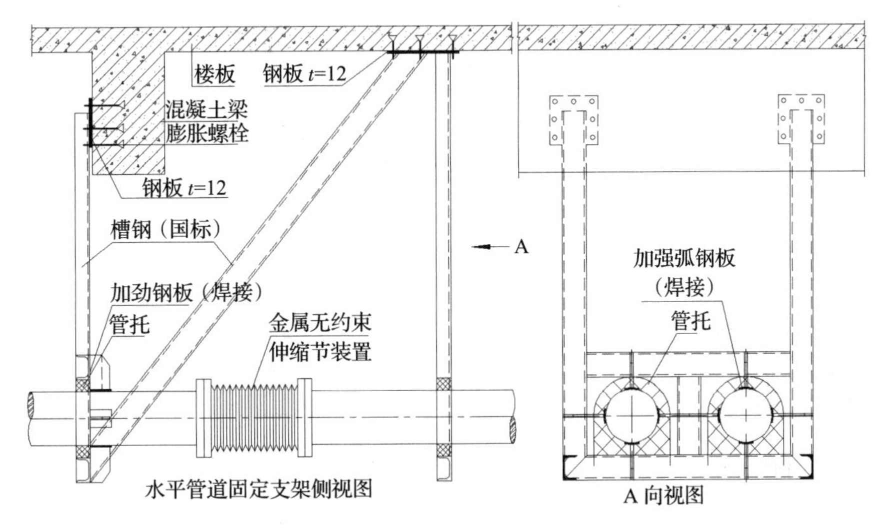

图 1　水平管道的型钢固定支架设置图

对于管道井供回水立管的型钢固定支架，依照四点定位原理按图 2 进行设计。

根据设计详图、作业指导书及现场实际情况，对型钢固定支架各构件进行下料加工；槽钢或工字钢（型钢）采用氧乙炔火焰切割（或砂轮机切割）下料，并清除割渣，采用角向砂轮机进行打磨，清除毛刺等；各加劲板及支点底钢板采用工厂内的剪板机进行剪切下料。

5.2.4　型钢固定支架主构件组焊安装

根据型钢固定支架主构件测量放线的位置，首先进行安装支点（底钢板），采用膨胀螺栓固定法进行固定，并用钢卷尺复核位置尺寸，允许偏差为 ±2mm；接着进行主构件的组装点焊，复核尺寸无误后，才能进行施焊作业，各焊缝均为满焊，焊角尺寸及焊缝质量应符合相应的焊接工艺要求，如图 3 所示。

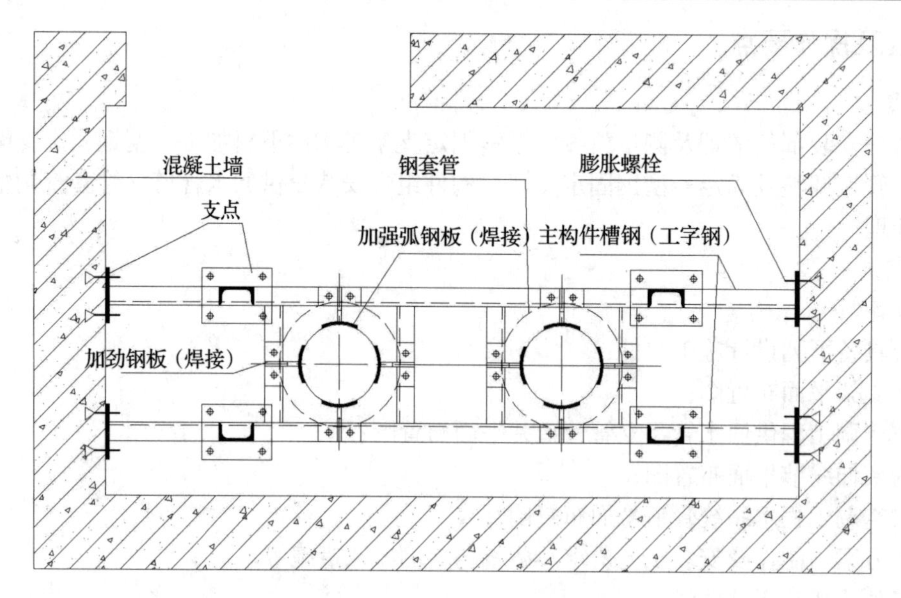

（a）管道井管道固定支架平面布置图

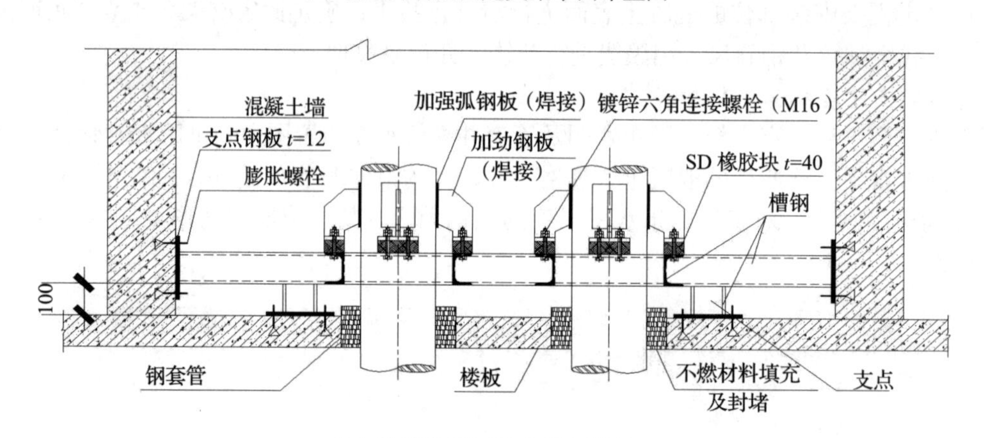

（b）管道井管固定支架侧视图

图 2　管道井立管的型钢固定支架设置图

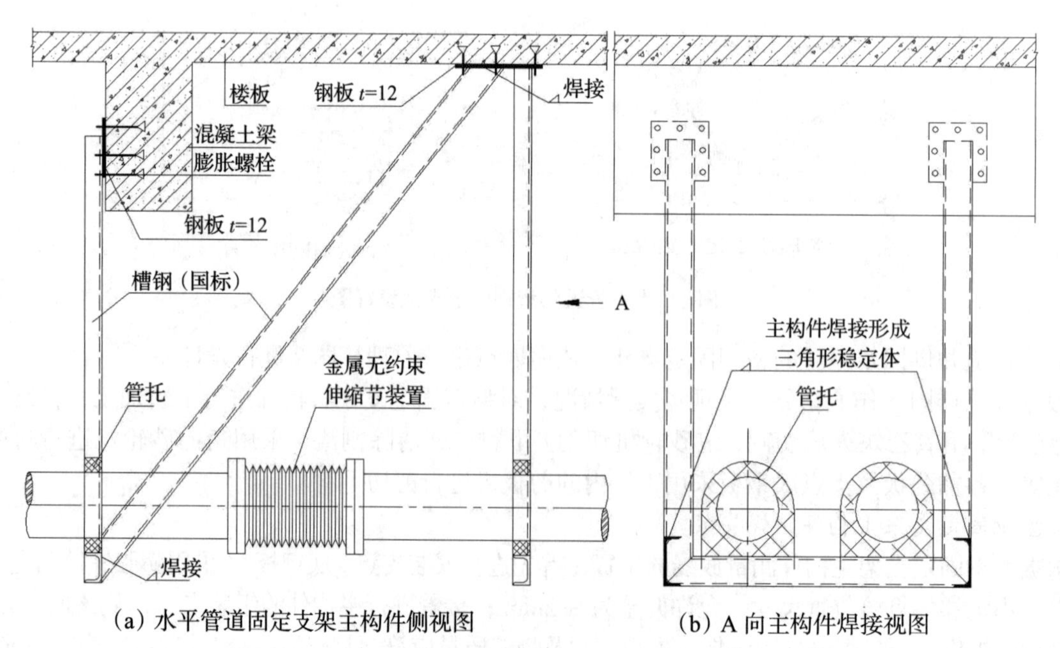

（a）水平管道固定支架主构件侧视图　（b）A 向主构件焊接视图

图 3　型钢固定支架主构件组焊图

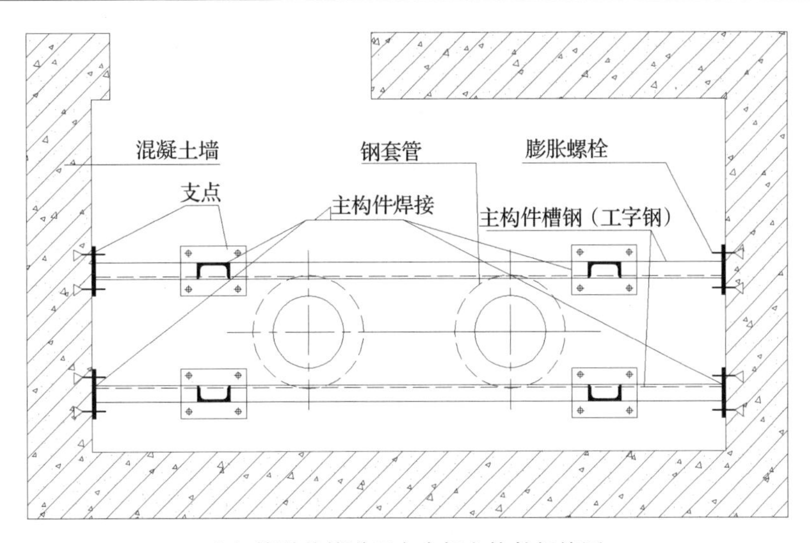

（c）管道井管道固定支架主构件焊接图

图3 型钢固定支架主构件组焊图（续）

5.2.5 供回水管道调整及固定

采用链条葫芦及水平尺对供回水管道的水平度、管道间距、垂直度进行微调校正；校正后，可采用角钢点焊于管道上，设置两道临时固定点，防止管道偏移，用水平尺复核管道的水平度及垂直度等。

5.2.6 型钢固定支架次构件组焊安装

型钢固定支架主构件组焊安装及管道调整完成后，采用直角尺及钢卷尺在管道上及型钢固定支架主构件上画线确定次构件的位置，并保证水平度及垂直度。首先进行点焊固定；全部定位后，按照施焊顺序进行焊接，螺栓连接等工序。

5.2.7 供回水管道立管套管调整固定

型钢固定支架安装完成后，进行管道井立管钢套管的固定工作。根据三点确定一个平面的原理，沿钢套管周长三等分划线钻孔 ¢ 13，采用3套 M12×80 的连接螺栓（或等长的小圆钢）进行管道与套管中心轴线重合定位调节，以保证钢套管与管道同轴，间隙均匀美观，设置如图4所示

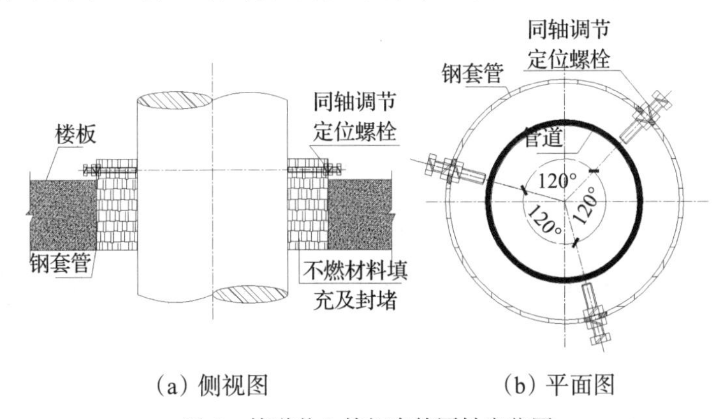

（a）侧视图 （b）平面图

图4 管道井立管钢套管同轴定位图

5.2.8 清除焊渣及防腐处理

对已施焊完成的型钢固定支架各焊缝及时清除焊渣，拆除临时固定角钢，采用角向砂轮机清除构件的毛刺及焊疤等，对型钢固定支架各构件表面涂刷两遍中灰色防锈磁漆等。

6 材料与设备

6.1 材料

槽钢或工字钢、钢板选用国标热轧型钢，执行标准为 GB/T 706—1988；焊材选用 E43XX 系列碳

钢焊条，符合《碳钢焊条》（GB/T 5117—1995）的规定。油漆为红丹防锈漆，面漆为中灰色磁漆，连接螺栓按设计要求进行选用，并且配备弹簧垫圈与平垫；防冷桥减振垫选用 40mm 厚 SD 橡胶板块。

6.2 设备

下料采用氧乙炔气割设备与切割砂轮机；钢板采用工厂内剪板机进行剪切下料；管道微调整采用链条葫芦配合进行，构件组焊采用交流电弧焊机；其他在工程项目施工组织设计中选用的机械设备，可满足本工法要求。

7 质量控制

7.1 执行标准

《钢结构工程施工质量验收规范》（GB 50205—2001）、《通风与空调工程施工质量验收规范》（GB 50243—2016）。

7.2 质量控制措施

（1）钢材材质及规格必须符合国家标准且符合设计要求，不得选用负偏差的材料，并具有产品质量证明书，合格证等，外观有变形或已受过应力作用的材料不得采用。

（2）焊材选用应符合设计要求，不得有受潮或药皮脱落等质量缺陷。

（3）安装轴线允许偏差不得大于 ±2mm。

（4）所有焊缝采用全熔透焊缝，且要求焊缝圆滑过渡。

（5）各构件组焊时，保持垂直度及水平度等。

（6）确保型钢固定支架安装部位平整整洁。

7.3 成品保护措施

型钢固定支架安装完成后，保持安装场地整洁，不得随意敲打变形；不得利用型钢固定支架吊装其他物品等。

8 安全措施

8.1 执行标准

《建筑施工安全检查标准》(JGJ 59—2011）、《建筑机械使用安全技术规程》(JGJ 33—2012）、《施工现场临时用电安全技术规范》(JGJ 46—2005）和省、市、企业有关文件规定。

8.2 按工程项目施工组织设计中的安全措施执行

（1）下料时，各构件应按编号统一进行；

（2）进行管道微调整时，应统一指挥，确保管道不倾斜，钢丝绳理顺，施工人员相互协调配合；

（3）在管道井进行型钢固定支架设置时，应将上一层洞口覆盖好并设置“管井正在施工，防止坠物”标识牌，对以下各层均在管道井门口进行临时封闭并挂警示牌；

（4）进行焊接时，不得同时进行涂料涂刷作业，并且配备灭火器，清除易燃物。

9 环保措施

（1）场外运输按要求办理相关手续，采用规定车辆进行运输；

（2）制作与安装场地及时清除焊渣、焊条短头、铁屑废料；涂料作业不得污染楼地面及其他设备；

（3）生产、生活垃圾不得随意丢弃。

10 效益分析

（1）费用低，施工机具来源广，不需要专门的机具设备；

（2）施工经验成熟，设置简洁美观，根据各项目的实际情况可以灵活实施；

（3）安全可靠，受力合理，能形成工程创优的亮点；

（4）实施方案简单，实用性强。

11　应用实例

邵阳市中心医院第三住院大楼共计14层，总高度约55m，中央空调供回水管系统采用同程式系统，立管系统有两个专用管道井，每层水平干管沿管廊同程设置，管道规格从DN150～DN300。

醴陵陶瓷会展中心共计6层，中央空调供回水管系统采用竖向异程式，共分8个竖向立管管道井；水平干管局部同程式，从负一层制冷机房的分集水器引出，经过共用管廊分别引至各个立管管道井，管道规格从DN200～DN450。

长沙柏宁地王广场共计22层，分为裙楼、南栋及北栋塔楼，竖向管道为异程式，共分为3个立管管道井；楼层空调供回水水平干管为同程式，管道规格从DN100～DN300。以上中央空调工程项目均采用本工法完成及设置的型钢固定支架，施工人员均未存在安全风险，费用低廉，安全可靠，简洁美观及受力合理，均获得了业主的好评，如图5～图7所示。

图5　邵阳市中心医院第三住院大楼中央空调供回水管系统型钢固定支架实例图

图6　长沙柏宁地王广场中央空调供回水管系统型钢固定支架实例图

图7　醴陵陶瓷会展中心中央空调供回水管系统型钢固定支架实例图

中央空调机房水泵及冷水机组管道系统进出口的法兰式软接头设置施工工法

文　武　刘望云　赵世勇　孟杰鑫

湖南天禹设备安装有限公司

摘　要： 为解决中央空调冷冻水泵管道系统泄漏、法兰式软接头冲坏的现象，可根据其管道系统法兰式软接头设置部位及工作压力情况，依据法兰式软接头的长度及管径采用三根短角钢，在法兰式软接头安装前的自然状态下，点焊固定在法兰式软接头两端法兰侧面，形成刚性结构配件；再安装在水泵及冷水机组进出水接口管道上，并在管道端法兰式软接头附近设置管架，安装及管道系统水压试验完成后拆除临时固定的三根短角钢，对法兰侧面点焊部位进行打磨并做防腐处理。

关键词： 管道系统；法兰式软接头；刚性结构配件；点焊

1　前言

目前，许多高层民用建筑中央空调机房均设置在负一层，冷冻水泵管道系统的工作压力达到了1.0MPa 以上，冷冻水泵进出接口处采用了法兰式橡胶软接头或法兰式金属软接头。但在一些工程项目中，由于设置方法及安装工艺不正确，出现了泄漏、法兰式软接头冲坏的现象，造成水淹机房，中央空调系统停用的损失。

我公司针对中央空调机房水泵及冷水机组管道系统进出接口处的法兰式软接头设置安装工艺进行了仔细地分析研究，采用三根短角钢点焊固定法兰式软接头两端法兰的设置安装工艺，在新桂广场・新桂国际中央空调工程、长沙浦发银行办公楼中央空调安装工程、长沙柏宁地王广场中央空调安装工程、醴陵陶瓷会展中心中央空调工程等安装施工，取得了很好的成效，彻底根除了中央空调机房冷冻水泵及冷水机组进出口法兰式软接头泄漏问题。该设置方法具备的施工机具简单、取材方便、受力合理、安全可靠，安装质量好、费用低，具有明显的经济效益和社会效益。

2　工法特点

（1）不需要专门的施工机具设备，安全可靠，费用低。

（2）施工经验比较成熟，操作简单，容易根据现场实际情况进行调整实施。

（3）运行维护管理安全可靠，不存在泄漏等质量隐患。

3　适用范围

本工法适用于民用建筑中央空调机房水泵及冷水机组管道系统进出口的法兰式软接头设置安装施工。

4　工艺原理

根据中央空调机房水泵及冷水机组管道系统进出口的法兰式软接头设置部位及工作压力情况，首先依据法兰式软接头的长度及管径采用三根短角钢，在法兰式软接头安装前的自然状态下，点焊固定在法兰式软接头两端法兰侧面，保证两端法兰端面平行度及螺栓孔的方向，形成刚性结构配件，再安装在水泵及冷水机组进出水接口管道上，并在管道端法兰式软接头附近设置管架，安装及管道系统水压试验完成后拆除临时固定的三根短角钢，对法兰侧面点焊部位进行打磨并做防腐处理。

5　工艺流程及操作要点

5.1　工艺流程

施工准备→水泵及冷水机组就位固定→法兰式软接头两端法兰固定预加工→法兰式软接头安装→管道端管架制作安装→管道系统水压试验→法兰式软接头临时固定角钢拆除→打磨清除焊渣及防腐处理。

5.2　操作要点

5.2.1　施工准备

（1）中央空调机房设备及管道平面布置图；

（2）中央空调管道系统工作压力及法兰式软接头材质、型号参数等；

（3）法兰式软接头设置部位图；

（4）法兰式软接头产品质量证明书及安装说明书等技术资料；

（5）施工方案，制作及安装工艺要求，测量与检测方法措施等。

5.2.2　水泵及冷水机组就位及地脚螺栓固定

依照施工图纸及二次深化设计的要求，根据中央空调机房水泵及冷水机组的安装部位采用专项吊装及水平移动方案进行水泵及冷水机组就位，设置好减振、对地脚螺栓预留洞进行二次灌浆，固化后再次复测冷水机组及水泵的安装精度；复测符合要求，对地脚螺栓进行拧紧固定。

5.2.3　法兰式软接头两端法兰固定预加工

根据中央空调管道系统工作压力配置法兰式橡胶软接头或法兰式金属软接头，其产品压力等级应符合 1.5 倍工作压力的要求，并具备产品质量证明书及安装说明书等技术资料。在保持法兰式橡胶软接头或法兰式金属软接头自然状态、两端法兰面平行且连接螺栓孔对正的条件下，采用三根与法兰式软接头同长的角钢按三点确定一个平面的原理点焊在法兰式软接头两端法兰的侧面上，形成刚性结构配件。

5.2.4　法兰式软接头安装

中央空调机房水泵及冷水机组安装就位及地脚螺栓拧紧固定后，复测安装精度合格后，可将预加工的法兰式软接头及管道扩大变径短管安装在水泵及冷水机组进出口处，采用扭矩扳手均匀地对称拧紧连接螺栓，并采用水平尺进行复测法兰端面的垂直度、法兰式软接头的安装水平度，直至无偏差符合要求为止。

5.2.5　管道端管架制作安装

离法兰式软接头 100 ～ 200mm 管道处必须设置独立管架，防止法兰式软接头在设备及管道运行中，出现向下的倾斜错位变形及下挠，导致在水泵启停及水流冲击下发生拉裂泄漏情况。管架采用槽钢等型材焊接成门形，对于保温管道则在管道与管架顶面设置防冷桥的管托，管架脚部必须焊接或螺栓固定在刚性基础上。

5.2.6　管道系统水压试验

管道系统及管架安装完成后，对水泵及冷水机组进出口采用钢板进行连接封堵，防止管道系统进行水压试验时，管内污物进入设备体内，磨损铜管及损坏水泵叶轮等。对管道系统进行注水，采用试压泵加压至系统试验压力，稳压半小时，检查法兰式软接头法兰接触处无渗漏，软接头本体无变形等。

5.2.7　法兰式软接头临时固定角钢拆除

管道系统水压试验完毕后，采用手持角向砂轮机拆除法兰式软接头临时点焊固定的角钢；使法兰式软接头处于柔性连接状态，起到在水泵及冷水机组运行时减振作用及防止振动传递至管道系统，引起振幅共振现象。

5.2.8　打磨清除焊渣及防腐处理

法兰式软接头临时固定角钢拆除后，采用手持砂轮机对点焊部位进行打磨及清除焊疤及焊渣，及时涂刷同色的防锈防腐材料。

6 材料与设备

6.1 材料

槽钢或角钢、钢板选用《热轧型钢》（GB/T 706—2016）国家标准；焊材选用 E43XX 系列碳钢焊条，符合《碳钢焊条》（GB/T 5117—1995）的规定。油漆为防锈漆，面漆为同色磁漆，连接螺栓按设计要求进行选用，并且配备弹簧垫圈与平垫；保温管道防冷桥减振垫选用 40mm 厚管托。

6.2 设备

角钢及管架下料采用砂轮切割机进行切割；钢板采用工厂内剪板机进行剪切下料；法兰式软接头临时固定角钢点焊采用交流电弧焊机；管道安装采用倒链吊装进行微校正；其他在工程项目施工组织设计中选用的机械设备，可满足本工法要求。

7 质量控制

7.1 执行标准

《钢结构工程施工质量验收规范》（GB 50205—2001）、《通风与空调工程施工质量验收规范》（GB 50243—2016）。

7.2 质量控制措施

（1）管架型材规格必须符合国家标准且符合设计要求，不得选用负偏差的材料，并具有产品质量证明书，合格证等，外观有变形或已受过应力作用的材料不得采用。

（2）法兰式橡胶软接头及法兰式金属软接头必须选用 1.5 倍工作压力以上的产品，并且具有产品合格证、产品质量证明书及产品安装说明书等。

（3）焊材选用应符合设计要求，不得有受潮或药皮脱落等质量缺陷。

（4）安装轴线允许偏差不得大于 ±2mm，法兰式软接头两端法兰面平行度允许偏差不得大于 1mm；安装后法兰式软接头的水平度允许偏差不得大于 2mm。

（5）管架焊缝采用全熔透焊缝，且要求焊缝圆滑过渡。

（6）管架安装应保持垂直度及水平度，管架脚必须固定在刚性基础上，固定牢固可靠等。

（7）法兰式软接头法兰连接螺栓必须设置平垫及弹簧垫片，螺栓外露螺母为 2 ～ 3 扣丝。

7.3 成品保护措施

法兰式软接头安装全部完成后，保持安装场地整洁，不得随意敲打变形；对于法兰式橡胶软接头不得有尖刺或刀片造成的划痕等缺陷。

8 安全措施

8.1 执行标准

《建筑施工安全检查标准》（JGJ 59—2011）、《建筑机械使用安全技术规程》（JGJ 33—2012）、《施工现场临时用电安全技术规范》（JGJ 46—2005）和省、市、企业有关文件规定。

8.2 按工程项目施工组织设计中的安全措施执行

（1）管架下料制作时，应根据管径及作业技术交底进行制作；

（2）进行管道吊装及就位安装调整时，应统一指挥，确保管道不倾斜，钢丝绳理顺，施工人员相互协调配合；

（3）法兰式软接头安装时，施工人员相互配合采用扭矩扳手对称分两次拧紧连接螺栓；

（4）进行焊接时，不得同时进行涂料涂刷作业，并且配备灭火器，清除易燃物。

9 环保措施

（1）场外运输按要求办理相关手续，采用规定车辆进行运输；

（2）及时清除干净法兰式软接头的包装易燃物；

（3）制作与安装场地及时清除焊渣、焊条短头、铁屑废料；涂料作业不得污染楼地面及其他；
（4）生产、生活垃圾不得随意丢弃。

10　效益分析

（1）费用低，施工机具来源广，不需要专门的机具设备；
（2）施工经验成熟，实施简单，根据各项目的实际情况都可以灵活实施；
（3）运行及维护管理安全可靠，确保了中央空调系统的正常运行；
（4）实施方案简单，实用性强。

11　应用实例

长沙浦发银行共 24 层，中央空调机房设置负一层，冷冻水泵共计 4 台立式水泵，冷冻水管道系统工作压力为 1.35MPa，水泵进出口采用法兰式金属软接头并按此工法进行设置安装，完成效果完好。

株洲市新桂广场 · 新桂国际办公楼地上共 27 层，地下二层，中央空调机房设置在负一层，总高度约 111m，冷冻水泵进出口采用法兰式金属软接头并按此工法进行设置安装，安装质量完好，无渗漏。

醴陵陶瓷会展中心地上共 5 层，总高度为 28m，地下二层，中央空调机房设置在负一层，冷冻水泵工作压力为 0.6MPa，冷水机组及水泵进出口设置安装了法兰式橡胶软接头，按此工法进行管架及法兰式橡胶软接头的设置安装，运行及维护管理安全可靠，取得了业主的好评，如图 1 ～图 3 所示。

图 1　长沙浦发银行办公楼中央空调机房实例图

图 2　株洲新桂广场 · 新桂国际办公楼中央空调机房实例图

图 3　醴陵陶瓷会展中心中央空调机房实例图

第 5 篇

PART 5

桁架、网架、脚手架、支模

带三角型钢支承架的悬挑脚手架施工工法

张曼维　寻奥林　罗　能　朱文峰　黄　兴

湖南省第六工程有限公司

摘　要： 在高层建筑的外墙剪力墙及框架结构角柱等位置安装悬挑外脚手架时比较麻烦，而且易产生问题。本工法提出了一种带三角型钢支承架的悬挑脚手架施工方法，由水平梁及支撑水平梁的竖杆及斜杆组成，水平梁采用工字钢，斜杆、竖杆采用槽钢，水平梁、斜杆及竖杆的相互连接采用焊接形式，水平梁垂直于剪力墙面。三角型钢支承架的竖杆通过螺栓固定在剪力墙上。同时，在三角型支承架水平梁端部用钢丝绳向上斜拉锚固于墙体，提高其承载能力。

关键词： 三角型钢支承架；悬挑脚手架；水平梁

1　前言

随着高层和超高层建筑的发展，高层建筑悬挑外脚手架的应用越来越广泛。但遇到外墙剪力墙及框架结构角柱等位置时，一般做法是用型钢穿过墙柱，这样既对结构有影响，不易拆除，也易造成外墙渗水。为此，我们通过一系列的改进和创新，采用带三角型钢支承架悬挑方式，并在长沙市湘江新区云顶梅溪湖 J24-1 地块（四期）项目 24 号、25 号、26 号、27 号楼中成功应用，特编写此工法。

2　工法特点

（1）本工法中三角型钢支承架采用穿墙螺栓固定在主体结构上，可避免在剪力墙等主要承重构件上大面积开洞，保证建筑物主体结构安全，减少后期外墙渗漏风险和孔洞封堵投入。

（2）可有效地解决外墙转角处小开间、电梯井、楼梯间、外墙通风井位置悬挑型钢梁无法布置的难题。

（3）本工法相对于普通的悬挑脚手架支承梁和其他型式的支承架，具有更好的安全性，且安装简单、速度快。

（4）本工法采用工具式三角型钢支承架，标准化加工，拼装拆除方便，重复利用率较高，节约资源，绿色环保。

3　适用范围

本工法适用于外墙剪力墙、框架结构角柱等部位的悬挑脚手架的施工，也可应用于电梯井、楼梯间、通风井等部位无法设置型钢挑梁的悬挑脚手架施工。

4　工艺原理

4.1　三角型钢支承架悬挑脚手架的构造

三角型钢支承架由水平梁及支撑水平梁的竖杆及斜杆组成，水平梁采用工字钢，斜杆、竖杆采用槽钢，水平梁、斜杆及竖杆的相互连接采用焊接形式，水平梁垂直于剪力墙面。三角型钢支承架的竖杆通过螺栓固定在剪力墙上。当立杆纵距与三角型钢支承架纵向间距不相等时，应在三角型钢支承架上设置水平次梁，水平次梁垂直于三角支撑架的水平梁，水平次梁上再搭设脚手架立杆。为加强三角型钢支承架的承载能力，还要在三角支承架水平梁端部用钢丝绳向上斜拉，锚固于墙体，以达到卸载目的（图 1）。

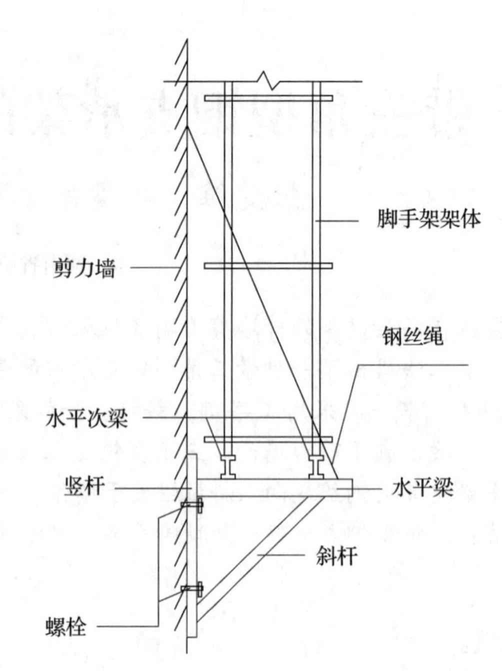

图 1　三角型钢支承架实物图及示意图

4.2　三角型钢支承架悬挑脚手架的传力机理

脚手架恒载、活载→脚手板→小横杆→大横杆→立杆→水平次梁→三角型钢支承架水平梁→

1. 三角型钢支承架竖杆→螺栓→墙体
2. 三角型钢支承架斜杆→三角型钢支承架竖杆→墙体
3. 斜拉钢丝绳→墙体

5　施工工艺流程及操作要点

5.1　施工工艺流程

三角型钢支承架设计计算→穿墙螺栓套管预埋→三角型钢支承架制作→三角型钢支承架安装→水平次梁安装→外脚手架搭设→悬挑脚手架拆除→水平次梁及支承架拆除→螺栓孔封堵。

5.2　操作要点

5.2.1　三角型钢支承架设计计算

（1）抗弯构件应验算抗弯强度、抗剪强度、挠度和稳定性；抗压构件应验算抗压强度、局部承压强度和稳定性；抗拉构件应验算抗拉强度。

（2）当立杆纵距与三角型钢支承架纵向间距不相等时，应在三角型钢支承架上设置水平次梁，同时验算水平次梁的抗弯强度、挠度和稳定性。

（3）三角型钢支承架采用焊接和螺栓连接，应分别计算焊接和螺栓连接的连接强度。

（4）预埋件的抗拉、抗压、抗剪强度计算。

（5）三角型钢支承架对主体结构相关位置的承载能力验算。

支承架计算简图见图 2。

5.2.2　三角型钢支承架穿墙螺栓套管预埋

（1）套管作为穿墙螺栓穿过主体构件的通道，必须定位准确、安装牢固，在混凝土浇筑时不变形、不移位；

（2）套管的预埋须与模板施工配合进行，套管预埋位置先安装外侧模板，在外模上定位放样、开螺栓孔，穿套管并适当调整钢筋位置，确保套管顺利安装到位，再在内侧模板上定位放样、开螺栓孔，最后确保套管两端均伸出模板 20mmm，如图 3 所示。

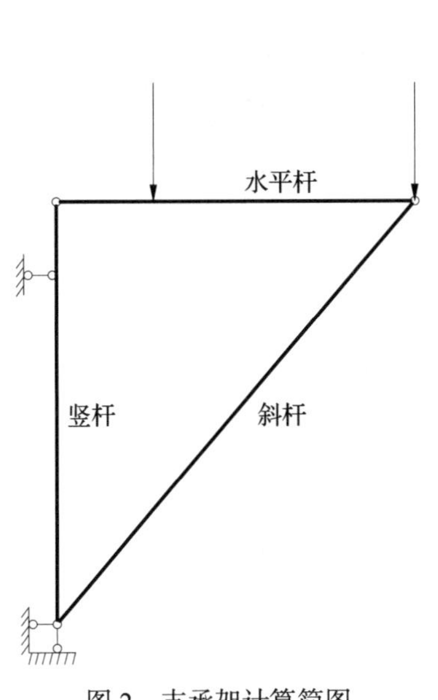

图 2　支承架计算简图

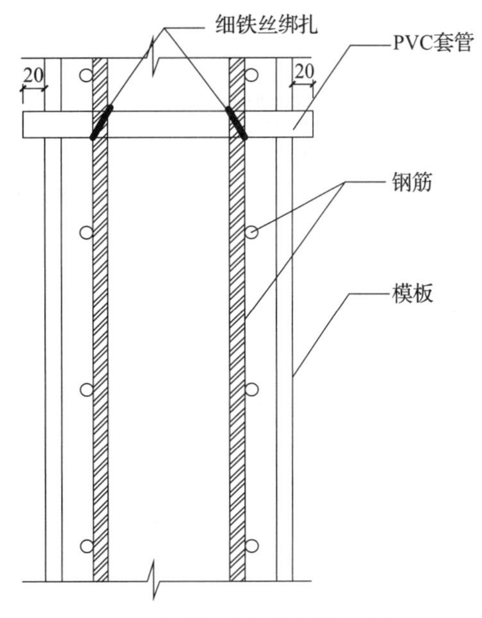

图 3　穿墙螺栓套管安装示意图

5.2.3　三角型钢支承架的制作

（1）三角型钢支承架的水平杆一般采用 I16 工字钢、斜杆采用［16 槽钢、竖杆采用［14 槽钢，如图 4、图 5 所示；水平长度较大时增设腹杆，腹杆采用∟ 50×5 角钢，如图 6、图 7 所示。实际施工时应以相应设计计算结果为准。

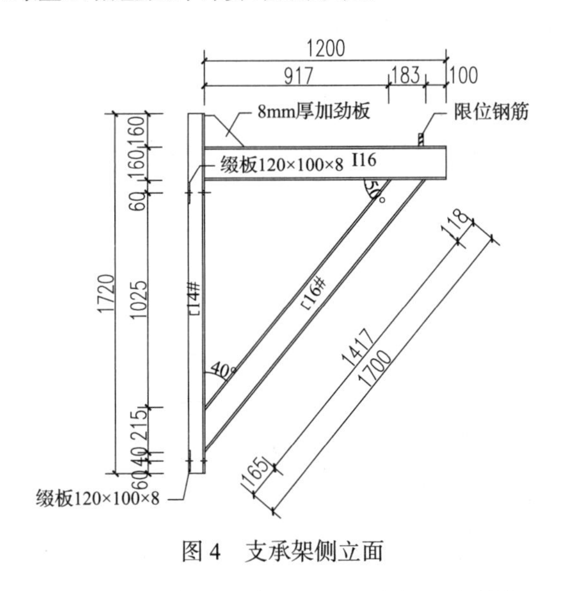

图 4　支承架侧立面

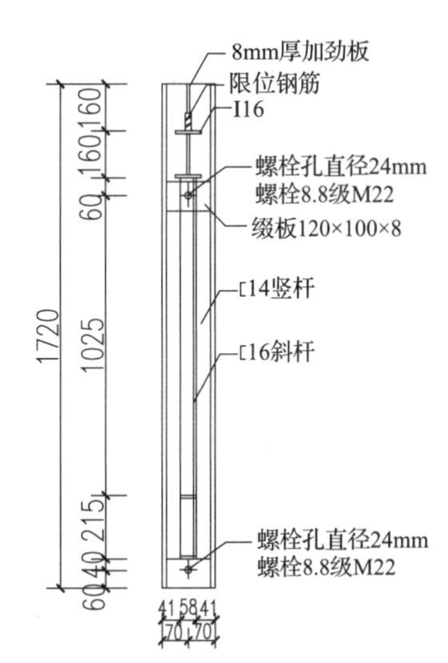

图 5　支承架正立面

（2）三角型钢支承架通过开设在竖向槽钢上的螺栓孔安装穿墙螺栓，与墙、柱连接固定；开有螺栓孔处槽钢翼缘加焊 8mm 厚 Q235 钢板作为缀板，缀板与槽钢等宽且同样留螺栓孔，防止槽钢翼缘受螺栓紧固压力向外变形趴开。

（3）杆件必须严格按照设计图纸进行下料，斜杆与竖杆和水平杆连接处切斜角。

（4）所有焊接均采用角焊，焊缝宽度为 6mm，四面满焊，焊缝质量必须保证合格，确保焊接节点具有较大的安全冗余度。

（5）三角型钢支承架焊接完成后清除焊渣，检查焊缝质量，检查合格后对焊接点及杆件进行打磨除锈。

（6）三角型钢支承架面层完成除锈并清理干净后喷（刷）环氧富锌底漆两遍，支承架面层根据企业 CI 策划喷涂相应颜色的油漆。

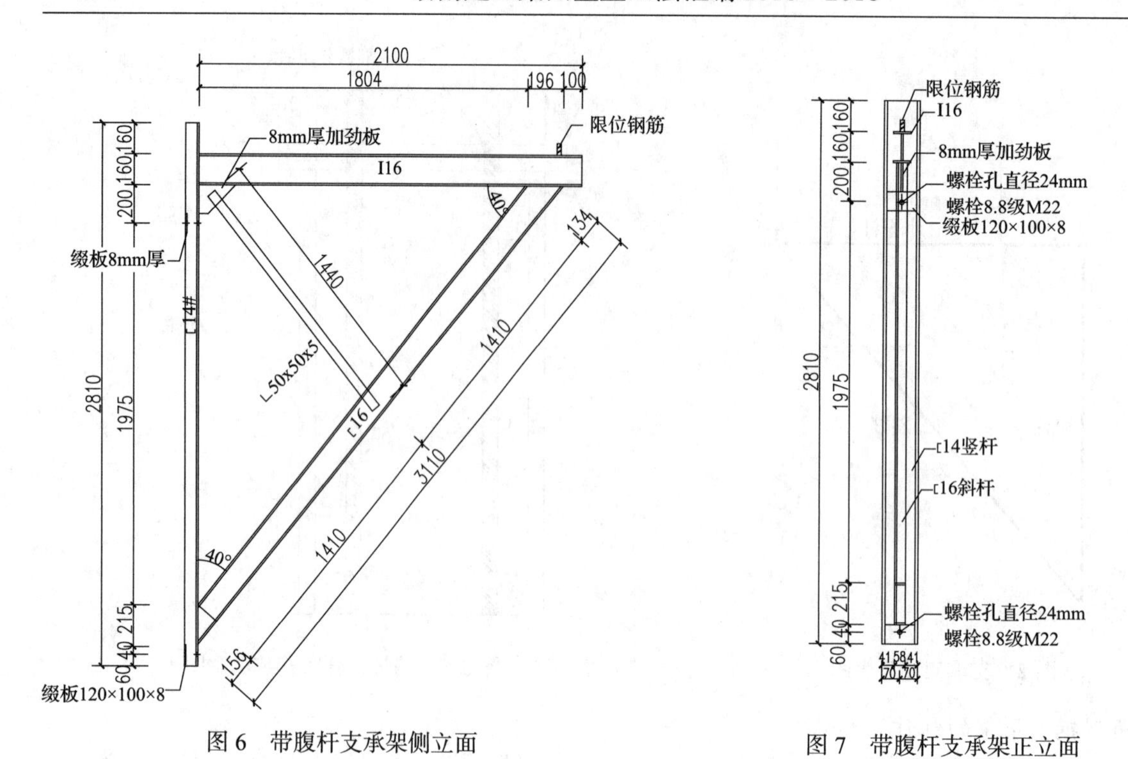

图 6　带腹杆支承架侧立面　　　图 7　带腹杆支承架正立面

5.2.4　三角型钢支承架安装

（1）三角型钢支承架安装时，塔式起重机将支承架吊装至指定位置，人工调节摆正支承架位置。先将支承架上部螺杆孔与外墙预留孔对孔并插入螺杆，套上螺母先不拧紧，待下部对孔并插入螺杆后，上下同步拧紧螺母进行固定，如图 8 所示。

（2）三角型钢支承架安装完成后，脚手架须随上层模板施工往上搭设，此时新浇混凝土强度往往未达到设计强度的 75%，尚不能完全承受上部脚手架荷载，必须进一步对脚手架进行加固，如图图 9 所示。

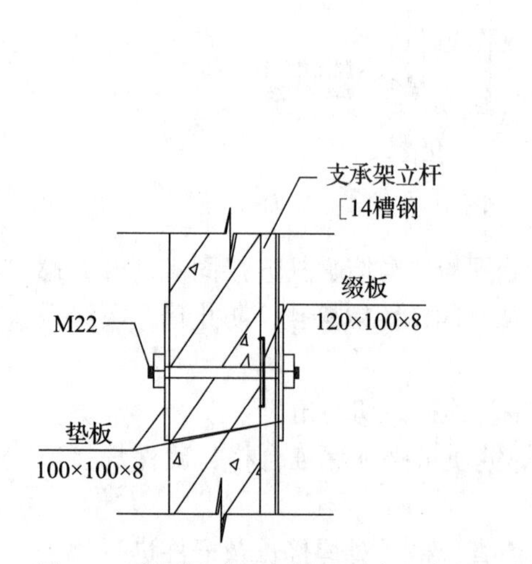

图 8　三角型钢支承架螺栓固定示意图

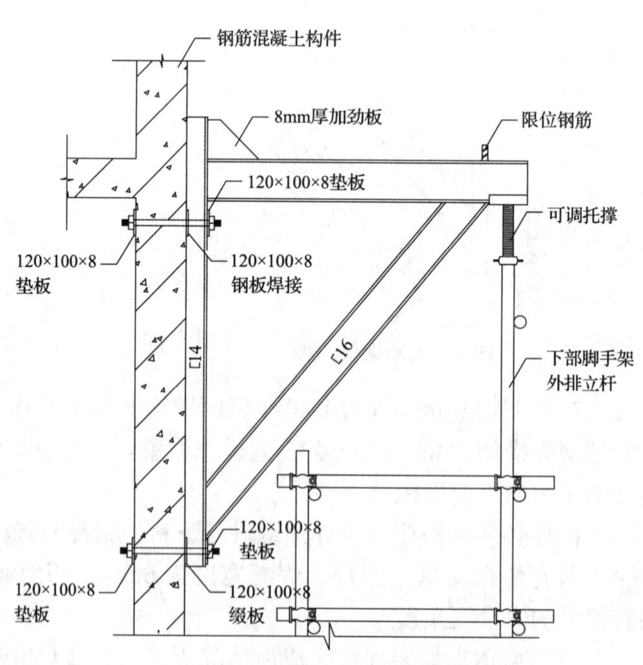

图 9　三角型钢支承架临时加固示意图

①脚手架立杆直接支承于三角型钢支承架时，在下层脚手架外排立杆顶加装可调托撑，顶住支承架悬挑端，短期内改变支承架受力形式，确保支承架根部螺栓不至于拉裂混凝土结构；待混凝土强度

达到要求后，逐个拆除可调托撑。

②脚手架立杆通过水平次梁支承于三角型钢支承架时，在下层脚手架内、外排立杆顶均加装可调托撑，顶住水平次梁，此时支承架尚未承受上部荷载。待混凝土强度达到要求后，逐个拆除可调托撑。

③混凝土强度达到设计值的 75% 时安装钢丝绳，如图 10 所示（此处钢丝绳仅为保险装置，设计时不参与受力计算）。

5.2.5　水平次梁安装

（1）普通位置水平次梁

由于主体结构、外立面装饰线条位置、模板施工等的影响，三角型钢支承架安装位置与立杆出现错位，则需要安装水平型钢次梁将上部立杆荷载传递给三角型钢支承架。

①下部立杆安装可调托撑，并将托撑高度调节到与支承架水平杆顶面标高一致，如图 11、图 12 所示。

②指挥塔吊将水平次梁吊装到位，吊装时注意缓起轻落，并检查水平次梁标高是否符合要求，并根据结果做出适当调整。

③水平次梁与三角型钢支承架相交处安装 U 形螺栓固定，如图 13、图 14 所示。

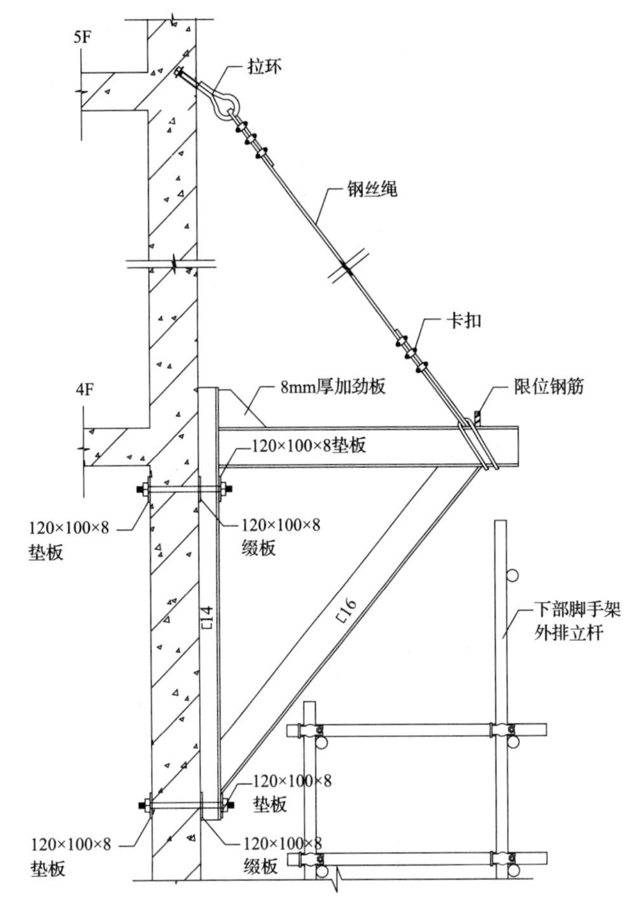

图 10　三角型钢支承架安装示意图

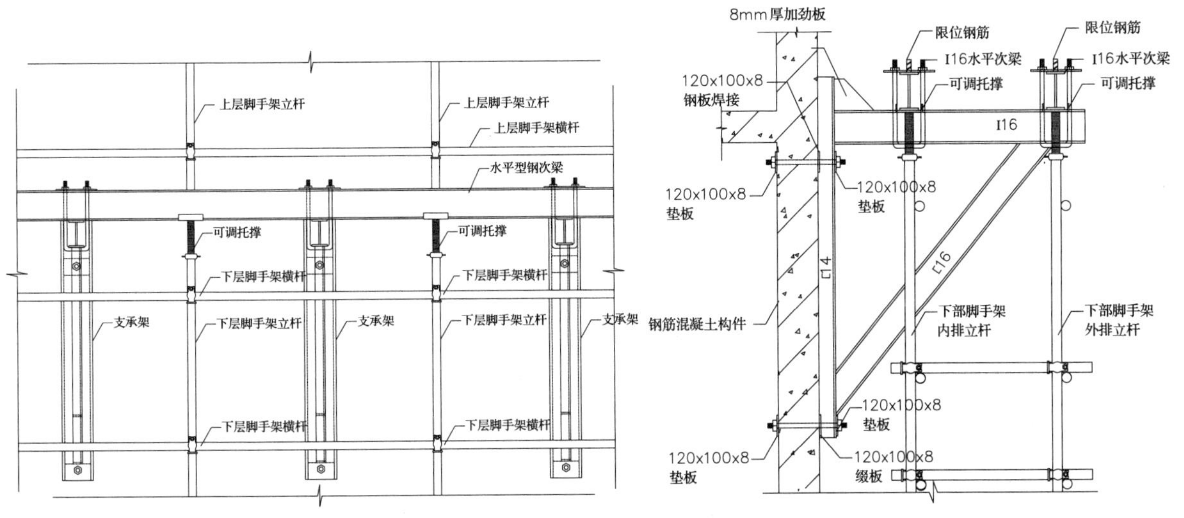

图 11　水平型钢次梁安装、加固正立面示意图

图 12　水平型钢次梁安装、加固侧立面示意图

（2）转角位置水平次梁

由于三角型钢支承架只能垂直于主体构件安装，则建筑物转角处须安装水平次梁，并存在部分悬挑，如图 15 所示。

①下部立杆安装可调托撑，并将托撑高度调节到与支承架水平杆顶面标高一致。

②水平次梁与支承架相交处安装 U 形螺栓固定；转角处两根水平型钢次梁相交处采用三角套件固定，如图 16、图 17 所示。

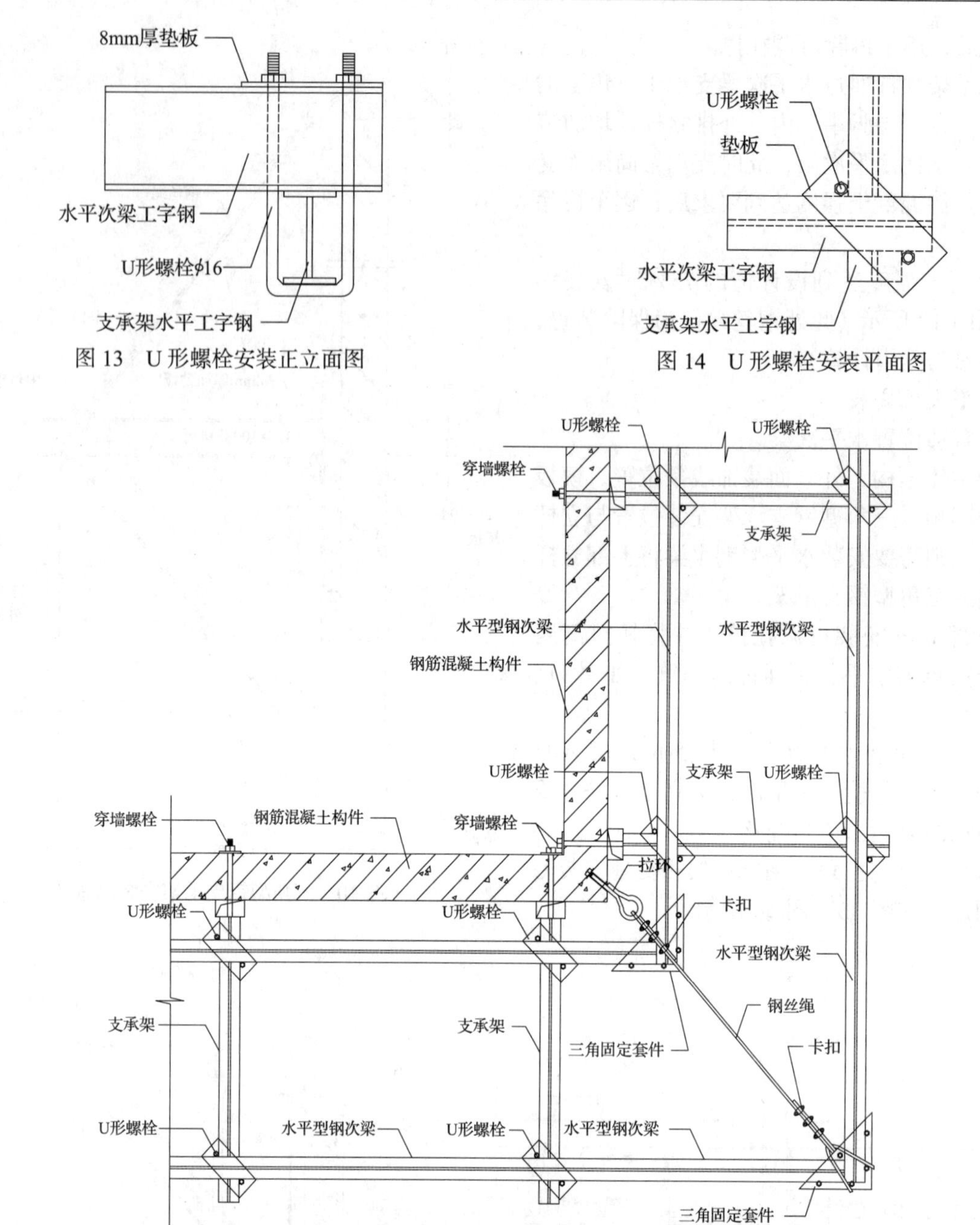

图 13　U 形螺栓安装正立面图

图 14　U 形螺栓安装平面图

图 15　建筑物转角处水平型钢次梁安装平面示意图

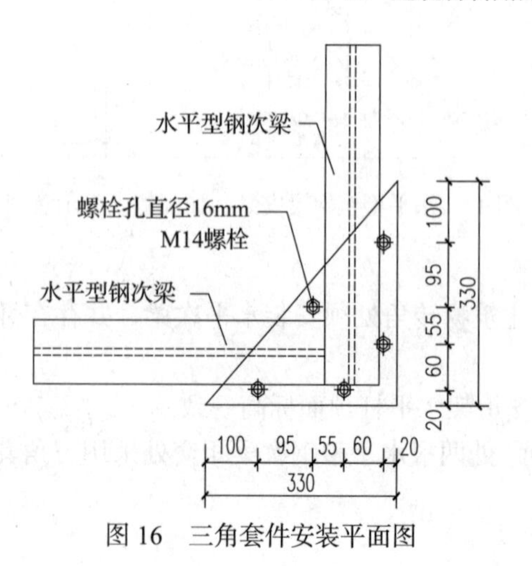

图 16　三角套件安装平面图

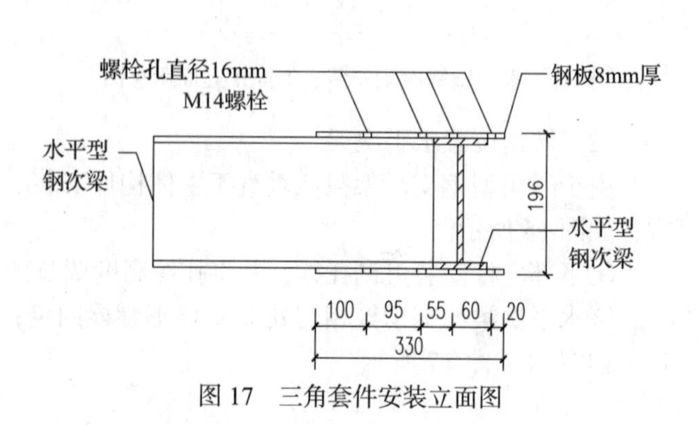

图 17　三角套件安装立面图

5.2.6　水平次梁及三角型钢支承架拆除

支承架拆除时，按“后装先拆”原则进行。

（1）先拆除固定水平次梁的 U 形螺栓，再用钢丝绳绑住水平工字钢两头，确保不少于两个吊点，吊装时缓起轻落，吊运至指定堆放地点。

（2）用钢丝绳套住支承架根部，另一端套在塔吊吊钩上，此时塔吊吊钩不受力，处于自由状态；先拆支承架下部螺栓，吊钩稍稍上提稳住支承架，再拆除支承架上部螺栓，吊装时缓起轻落，吊运至指定堆放地点。

5.2.7　螺栓孔封堵

（1）外侧堵塞：用 1∶2 干硬性水泥砂浆（掺 3.8% 防水粉）从外侧封堵 3cm 左右。

（2）内侧堵塞：待外侧水泥砂浆终凝后，从内侧往螺栓孔中注入聚氨酯（PU）泡沫填缝剂，打满孔洞；如图 18 所示。

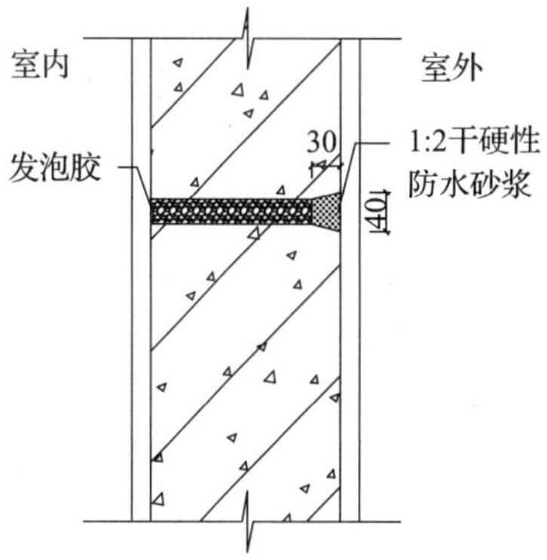

图 18　螺栓孔封堵做法示意图

6　材料与设备

6.1　主要原材料

主要原材料选用见表 1。

表 1　主要材料一览表

序号	材料名称	型号规格	材质	数量	备注
1	工字钢	16	Q235	1.2m/ 套	
2	槽钢	16	Q235	1.7m/ 套	
		14	Q235	1.72m/ 套	
3	钢板	8mm	Q235	若干	
4	螺栓	M14	M5.8	5 副 / 套	三角固定套件
		M22	M8.8	2 副 / 套	
5	U 形螺栓	ϕ16	HPB300	1 副 / 套	带水平次梁
6	钢丝绳	ϕ17.5	Q1570	6m/ 套	层高 2.9m
7	拉环	ϕ18	HPB300	1 副 / 套	
8	可调托撑	ϕ36	Q345	1～2 个 / 套	

6.2　机具设备

型钢支承架由项目部自行设计、采购、下料、焊接、喷漆完成制作，其主要生产设备及机具详见表 2。

表 2　机具设备配置表

序号	设备名称	型号规格	电机功率（kW/ 台）	数量	备注
1	切割机	美国雷亚 350-01	3.1	1 台	
2	电焊机	松下 YC-200BL	7.5	2 台	
3	电动砂轮机	锐奇 100	0.71	2 台	
4	空压机	S10-38L/1100W	1.1	1 台	
5	台钻	Z4125A/B	2.2	1 台	
6	塔吊	TC6012	35.3	2 台	
7	通信工具	对讲机、手机		4 台	视情况配备

7　质量控制

7.1　构件质量控制

7.1.1　型钢的质量应符合以下规定

（1）应有产品质量合格证；

（2）应有质量检验报告，型钢的材质必须符合国家标准《碳素结构钢》(GB/T 700—2006）或《低合金高强度结构钢》（GB/T 1591—2018）的规定；并应符合现行国家标准《钢结构工程施工质量验收规范》(GB 50205—2001）的规定；

（3）型钢完成制作后表面必须涂有防锈漆。

7.1.2　焊条

手工焊接时焊条质量应符合国家现行质量规范标准 GB/T 5117—2012 或 GB/T 5118—2012 的规定，选用的焊条（焊丝）型号应与主体金属相匹配。

7.1.3　螺栓

应采用 8.8 级大六角头螺栓，拉压＋剪切连接方式，螺栓应符合《大六角螺母垫圈与技术条件》（GB/T 1228—1231）的规定。

7.1.4　U 形螺栓、钢丝绳拉环质量应符合以下规定：

（1）用于固定型钢水平次梁的 U 形螺栓和钢丝绳拉环的材质必须符合现行国家标准《钢筋混凝土用钢　第 1 部分：热轧光圆钢筋》(GB 1499.1—2017）中 HPB300 级钢筋的规定。

（2）悬挑脚手架钢丝绳直径不小于 17.5 ㎜，材质、规格符合《重要用途钢丝绳》（GB 8918—2006）等相关规定。

7.1.5　材料进场

必须有符合工程规范的质量说明书，材料进场后严格按照产品说明书和相关规范要求，妥善保管和使用，防止腐蚀损坏；杜绝不合格产品进入工程项目。

7.1.6　检验

所采用型钢原材料每 60t 取一组样品送检，螺栓每 5000 件取一组样品送检，焊接接头每批次随机抽取 10% 送检，合格后本批次方能投入使用。

7.2　施工过程控制

（1）特殊工序，如安装工序、焊接工序等应建立三级质量检查制度，分班组自检、施工员检查验收、技术员 / 技术负责人复检。

（2）注意对三角型钢支承架外形尺寸偏差以及连接方式等先检查，对于超过设计及有关规范的构件必须处理后再予以安装，并确保安装质量。

8　安全措施

（1）本工法实施过程中严格执行《建筑施工扣件式钢管脚手架安全技术规范》（JGJ 130—2011）《建筑机械使用安全技术规程》（JGJ 33—2012）、《建筑施工高处作业安全技术规范》（JGJ 80—2016）、《建筑施工安全检查标准》（JGJ 59—2011）和省、市、企业制定的施工现场及专业工种安全技术操作规程。

（2）各工种专业人员严格执行岗位责任制和“三级安全教育”制度，严格按照现场施工技术交底执行，委派专人进行吊装指挥和安放定位作业。

（3）各特殊工种专业人员持证上岗，持证应真实、有效并检验审定合格。

（4）施工现场防坠措施：施工人员高处作业必须佩戴好安全带，穿软底胶鞋；严禁酒后作业、带病上岗、夏季施工注意防中暑晕厥；材料机具吊运时不少于两处固定点，零碎材料须存在于收纳容器内，不得散落堆放；支承架和架管须确保固定牢靠后方可解除吊装绳索或脱手。

（5）作业区域下方 10m 范围内设置警示带进行隔离，悬挂安全警示标志，并安排专职安全员进行巡视。

9　环保措施

（1）定期对施工场界噪声进行检测，发现超标立即采取措施进行控制；合理安排施工工序，噪声大的工序尽量避免在夜间或休息时施工。

（2）施工现场固体废弃物严格执行《生活垃圾填埋场污染控制标准》(GB 16889—2008）。

（3）施工现场应设置专用焊接加工棚，加工棚周围结合现场情况采用阻燃且不透光材料进行遮挡，防止焊接、切割时产生光污染和噪声污染。

10　效益分析

本支承架全部采用钢材组合制作，安全耐用。制作单个支承架综合使用成本价约为500元/个，原有的施工方法悬挑工字钢综合花费约550元/个，J24地块项目总共使用支承架约1020个，节约成本约5.1万元，约为成本的10%。且拆装便捷，有利于加快施工进度，若应用于多个项目可创造更多的经济效益。支承架和悬挑梁成本费用见表3、表4。

表3　普通规格支承架综合使用成本

序号	名称	规格型号	数量	单价	共计	备注
1	工字钢	I16	0.0246t	2100元/t	51.6元	
2	槽钢	[14	0.0249t	2100元/t	51.7元	
3	槽钢	[16	0.0293t	2100元/t	61.5元	
4	钢板	厚度8mm	0.006t	2200元/t	13.2元	
5	螺栓	M22	2套	15元/套	30元	
6	钢丝绳	ϕ18	1套	42元/套	42元	
7	安拆费		1	125元/个	125元	
8	人工	下料、焊接、喷漆	0.5工日	240元/工日	120元	
9	螺杆孔封堵	材料、人工	2个	2.5元/个	5元	
合计					500元	

表4　普通规格悬挑钢梁综合使用成本

序号	名称	规格型号	数量	单价	共计	备注
1	工字钢	I18	0.065t	2100元/t	136.5元	
2	U形螺栓	M20	3套	30元/套	90元	固定主梁
3	钢丝绳	ϕ18	1套	82元/套	82元	
4	安拆费		1	125元/个	125元	
5	人工	下料、焊接、喷漆	0.3工日	240元/工日	86.5元	
6	孔洞封堵	材料、人工	1个	30元/个	30元	
合计					550元	

11　应用实例

佳兆业云顶梅溪湖J24地块项目四期24～27号楼高层住宅、商业用房及地下室工程，总建筑面积约108836.63m^2。基础施工开始时间为2015年6月，施工工期为554天；2015年11月开始悬挑脚手架施工，24～27号楼高层每栋33层，建筑总高度为106.2m，车库区域地下室层高3.4m，塔楼区域地下室高度为5.8m，标准层高2.9m，结构形式为框架结构和剪力墙结构，塔楼4层以上搭设悬挑式脚手架，悬挑架每6层一挑高，高度为17.4m，悬挑楼层分别为第4、10、16、22、28层，构架层另行设置悬挑型钢；脚手架立杆纵距1.5m，横距0.8m，步距1.8m；连墙杆间距竖向2.9m（每层均设置连墙件），水平方向4.5m（即二步三跨），内立杆距建筑物0.3m。

本工程应用本工法施工，进行了严格的原材料选料，科学规范的加工制作和安装施工，有效保证主体结构安全、确保了工程质量、减少了后期使用过程中维护费用的投入。

筒仓结构仓顶板工具式钢结构模板支架施工工法

符立志　肖俭良　孙志勇　陈国军　熊军辉

湖南省第三工程有限公司

摘　要： 目前，筒仓结构仓顶板施工模板支架多采用搭设满堂支架的方法，搭设、拆除施工周期长，成本高。本工法介绍了一种筒仓顶板工具式钢结构模板支架的施工工艺，既能加快工程进度，又能节约成本，保证安全。

关键词： 仓顶板；工具式；钢结构；模板支架

1　前言

目前，筒仓结构仓顶板施工模板支架多采用搭设满堂支架的方法，该方法搭设、拆除施工周期长，搭拆成本高。我公司在中央储备粮衡阳直属库整体搬迁建设项目、中央储备粮大理直属库扩建工程项目及湖南粮食集团有限责任公司 8000t 立筒库项目浅圆仓仓顶板施工中采用一种自制工具式钢结构模板支撑平台，搭设安装在圆仓筒体结构墙壁的预埋件的三角支承架上，将所有荷载通过工具式钢结构模板支架传递至安装在筒壁预埋件的三角支承架上，再通过筒壁预埋件传递至筒体结构。采用该方法施工，取得了很好的施工效果，现将该施工工艺总结并形成本施工工法。

2　工法特点

采用筒仓结构仓顶板工具式钢结构模板支架施工，与传统搭设脚手架施工相比，具有以下特点：

（1）工具式钢结构模板支架可整体场外制作，整体安装、整体拆除，缩短模板支架搭设、拆除工期。

（2）采用工具式钢结构模板支架采用电动葫芦安装、拆除。无须大量人员搭设、拆除满堂支架，无须对仓体地面做满堂支架基础处理，可节省材料、劳动力，降低工程成本。

（3）工具式钢结构模板支架整体性强，与架体搭设相比，安装间隙少、受荷变形小，仓顶板施工质量更有保障。

（4）同直径筒仓结构仓顶板施工时，工具式钢结构模板支架可多次重复利用，效益好。

3　适用范围

本工法适应于各类钢筋混凝土筒仓结构顶板施工。

4　工艺原理

在筒壁混凝土浇灌前，通过计算，在一定高度位置沿筒壁四周埋设一定数量的预埋件，等筒壁混凝土浇灌后，内模拆除，混凝土达到一定强度后在预埋件上安装钢结构三角支承架。同时根据模板支架设计方案，在场外制作工具式钢结构模板支架平台，并运至筒仓底进行拼装，再采用多个电动葫芦将拼装好的整体模板支架提升并固定至三角支架上，从而形成工具式钢结构模板支架平台，再在其上进行筒仓顶板施工。

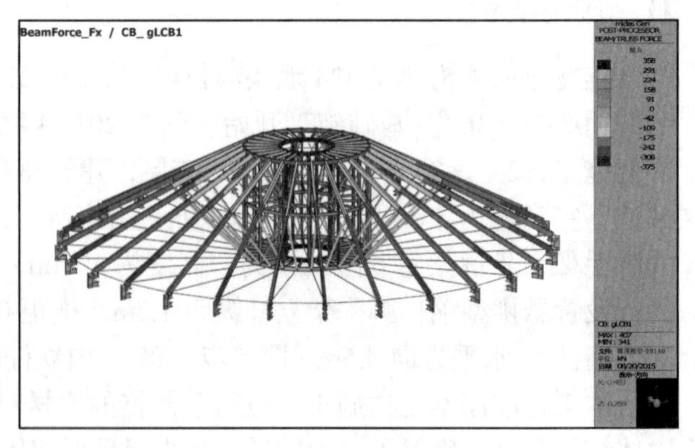

图 1　钢结构模型示例

筒仓工具式钢结构模板支架模型示例如图 1 所示。

5　工艺流程及操作要点

5.1　工艺流程

工艺流程：施工准备→钢构件加工、防腐→操作平台搭设、螺栓套管预埋→钢桁架组装→钢桁架支撑验收→钢桁架整体提升→顶部脚手架搭设→钢桁架拆除。

5.2　操作要点

5.2.1　施工准备

（1）技术准备

①熟悉、了解并审查图纸设计以及会审纪要、工程洽商、变更等内容。掌握浅圆仓顶板钢桁架的几何尺寸，以及轴线、标高、构造形式等内容。

②通过图纸审查，如有问题及时与设计联系并得到确认。

③根据图纸设计、规范、标准图集以及工程实际情况等内容制订工程材料、机具、劳动力等需求计划。

④施工前组织施工人员进行安全、技术、质量、环境交底工作。

（2）材料准备

①根据设计要求将所选用的材料提前进场，并做好检验、复试工作，同时应符合有关验收标准及施工图纸要求。

②材料的品种、规格、强度等级必须符合设计要求，并应规格一致，有出厂合格证及试验报告单。

5.2.2　钢构件加工制作、防腐

钢构件加工制作：钢构件加工制作应按专项设计图纸进行下料加工，加工好的杆件对应下料表进行编号，螺栓孔均采用钻孔，所有钻孔（除特别标示外）均比螺栓直径大2.0mm。

本钢结构工程采用国标10.9级大六角头高强螺栓，参见《钢结构高强度螺栓连接技术规程》（JGJ 82）。高强螺栓接合面需将浮锈、油渍、涂料及其他附着物完全去除始可安装，节点摩擦面抗滑移系数 μ 值均须达到设计要求。

钢构件需做除锈处理，手工除锈等级不低于St2级，机械除锈等级不低于Sa2.5级，底漆采用环氧富锌底漆，面漆两道。

接焊缝的焊缝质量不低于二级，并进行无损检测，检测合格后方可进行组装。

5.2.3　操作平台搭设、螺栓套管预埋

在仓壁混凝土浇筑施工时，距环梁底部往下1.5m处预埋ϕ60钢套管，滑模操作平台拆除前在ϕ60管中横穿3m长钢架管，然后在架管上搭设内外平台，外平台用作天沟支模架，内平台用作安装库顶钢桁架站人平台（库顶滑模支撑杆底部用钢丝绳斜拉住外平台，以确保平台安全）。

在筒壁滑升至设计牛腿高度后，预埋螺栓套管，要求埋件位置、标高准确，并在预埋螺栓套管位置对筒壁进行局部加强处理。

5.2.4　钢桁架组装

钢桁架组装前平整组装场地（仓心），组装顺序为先组装中心鼓圈，然后组装上悬钢梁、再组装下悬钢梁，最后组装环梁；构件一般采用高强螺栓连接。

5.2.5　钢桁架支撑验收

按《钢结构工程施工质量验收规范》(GB 50205—2001）组织验收。

5.2.6　钢桁架整体提升

钢桁架整体提升采用10个10t电动葫芦将钢桁架整体平稳提升至设计标高（在库顶滑模支撑杆内配置ϕ32螺纹钢作为锥桁架整体提升支撑点），安装钢桁架（将钢桁架与预埋螺栓套管用高强螺栓连接）。

5.2.7　顶部脚手架搭设

为方便拆模，钢桁架与混凝土仓顶板间预留1m高间距，采用钢管脚手架搭设支模架，再在脚手

架上安装木方模板。

5.2.8　钢桁架拆除

等仓顶板混凝土强度达到 100% 后进行顶板模板的拆除，拆除按“先支后拆，后支先拆”的顺序进行，即先拆除模板，后拆除钢桁架，钢桁架拆除时利用仓顶通风口，采用 8 个 10t 电动葫芦将锥桁架整体滑至地面后再解体拆除。

6　材料与设备

6.1　所需材料（表 1）

表 1　材料表

序号	名称	规格、型号	性能及用途	备注
1	H 型钢	HN 250 × 125 × 6 × 9	Q345B、上悬钢梁	
2	槽钢	[20a	Q345B、中心鼓环梁	
3	槽钢	[14a	Q235B、中心鼓竖杆	
4	槽钢	[10	Q235B、桁架环梁	
5	钢管	D102 × 5	Q235B、上悬斜支撑	
6	钢管	D89 × 4	Q235B、中心鼓斜支撑	
7	螺纹钢	D32	HRB400、下悬钢梁	
8	圆钢	D22	HPB300、中心鼓拉杆	
9	油漆	环氧富锌漆	防腐	
10	高强螺栓	10.9 级	连接杆件	

6.2　所需设备（表 2）

表 2　设备表

序号	名称	型号	功率（kW）	主要功能	数量
1	电焊机	BX3-500	32	焊接	2 台
2	砂轮切割机	J3G3-400	0.5	切割	2 台
3	磁座钻			钻孔	1 台
4	氧气、乙炔			气割	2 套
5	塔吊	QTZ100-6010	40	吊装	1 台
6	扭矩扳手			拧紧螺栓	2 把
7	电动葫芦	10t		提升桁架	10 个
8	辊筒			涂刷	10 把
9	毛刷			涂刷	10 把

7　质量控制

7.1　标准及规范

《钢结构工程施工质量验收规范》(GB 50205—2001)；

《混凝土结构工程施工质量验收规范》(GB 50204—2015)；

《建筑工程施工质量验收统一标准》(GB 50300—2013)。

7.2　质量控制标准

（1）施工中所用钢材、螺栓、焊条等必须符合设计要求，高强螺栓不得重复使用。

（2）构件加工制作尺寸必须与设计一致，在制作前按 1∶1 放大样，确保加工尺寸准确。

（3）所有螺栓孔均采用钻孔，不得用气割割孔或扩孔。

（4）环梁弯制过程中应尽量避免翼缘切口，否则应弯制后采用钢板等强补焊或坡口对焊，以保证环梁受力强度。

（5）环氧色漆覆盖层颜色均匀、覆盖均匀无遗漏，无松动或脱落颗粒。

8　安全措施

（1）应遵守的相关安全规范及标准：

《施工现场临时用电安全技术规范》（JGJ 46—2005）；

《建筑机械使用安全技术规程》（JGJ 33—2012）；

《施工现场机械设备检查技术规范》（JGJ 160—2016）；

《建筑施工安全检查标准》（JGJ 59—2011）；

《建筑施工高处作业安全技术规范》（JGJ 80—2016）；

《建筑施工扣件式钢管脚手架安全技术规范》（JGJ 130—2011）；

《建筑施工临时支撑结构技术规范》（JGJ 300—2013）。

（2）进入施工现场的作业人员，必须首先参加安全教育培训，考试合格方可上岗作业，未经培训或考试不合格者，不得上岗作业。

（3）进入施工现场的人员必须戴好安全帽，并系好帽带；按照作业要求正确穿戴个人防护用品（如系安全带、穿工作服等）。

（4）施工前必须检查所有的机械设备的性能是否可靠，性能良好，同时设有限位保险装置。

（5）机械设备用电必须符合“三相五线制”及三级保护的规定。

（6）各种电气设备均采取接零或接地保护，仓内照明采用 36V 低压灯照明。

（7）作业区的周围必须进行封闭围护，同时设置防护栏杆及张挂安全网、安全警示标志。

9　环保措施

（1）应严格遵守国家、地方及行业标准、规范：

《建设工程施工现场环境与卫生标准》（JGJ 146—2013）；

《建筑施工场界环境噪声排放标准》（GB 12523—2011）。

（2）施工现场组织文明施工，树立环保意识。

（3）确保施工现场无噪声、无尘土、工完场清。

（4）施工余料分类堆放整齐，并按当地环境部门要求及时进行妥善处理。

（5）现场采用的材料均为无毒环保材料，在使用过程中不会影响环境及作业人员。

（6）严禁晚上进行焊接，以减少光源对环境的污染，组装尽量安排在白天进行，以减少噪声对环境的污染，组装尽量采用塔吊进行吊装，以减少汽吊车尾气对大气的污染。

10　效益分析

通过采用筒仓结构仓顶板工具式钢结构模板支架施工的方法，可以减少钢管脚手架的使用，节约周转材料，缩短工期，节约人工，降低劳动强度；为筒仓顶板模板的安装创造新方法。

经统计对比分析，取得一定的经济效益见表 3：

表 3　效益分析表（单个筒仓）

施工方式	高度	直径	工期（d）	人工费（万元）	材料用量（t）	材料费（万元）	地基处理（万元）	合计（万元）
满堂红脚手架施工	31m	25m	75	18.5	100 钢管	2.5（摊销费）	2	23
钢结构支撑施工	31m	25m	60	6	32	4（租赁费）	—	10

综上所述，在经济效益方面，单仓可节约成本 23-10 = 13 万元；在进度方面，单仓可提前 75 - 60 = 15 天。

11 应用实例

（1）中央储备粮衡阳直属库整体搬迁建设项目位于衡阳市蒸湘区湘桂村，该工程于 2015 年 11 月开工，计划于 2017 年 1 月竣工，浅圆仓共有 10 座。本工程的筒仓仓顶板成功的应用了“筒仓结构仓顶板工具式钢结构模板支架施工工法”，该工法施工工艺先进、技术可靠、设备安装简便、移动方便，成本低，工程质量有保证，技术成熟、适用性和可操作性强，符合国家的节能环保要求，具有显著的经济效益和社会效益。所应用的浅圆仓仓顶板工程得到了甲方、监理、设计、检测、质监等单位的一致好评，并通过此工法为施工单位节约了施工成本 130 万元。

（2）中央储备粮大理直属库扩建工程项目，位于云南省大理市凤仪镇，该工程于 2016 年 1 月开工，计划于 2017 年 3 月竣工。该工程的筒仓仓顶板成功运用了“筒仓结构仓顶板工具式钢结构模板支架施工工法”。该工法的运用，在当地引起不小反响，并通过此工法为施工单位节约了施工成本 104 万元，工程进度、质量均获得业主、监理、质监等多单位的一致好评。

混凝土构件用工具式内支撑定位装置支模施工工法

李桂新

湖南省第五工程有限公司

摘　要：装配式预应力屋架预制模板采用钢筋或木方内支撑时，存在不便固定、易遗留在混凝土内、难以循环使用等问题。可根据钢筋保护层厚度选用相应宽度的角钢制作工具式支模内撑定位装置，模板施工时将工具式内撑按一定间距垂直插在两侧模之间，扣紧侧模板外箍，形成内撑外扣的牢固支模体系。混凝土入模后，利用混凝土对模板的侧压力撑住侧模，可手动拔出工具式支模内撑定位装置，清理后可循环使用。

关键词：装配式预应力屋架；预制模板；工具式支模内撑；定位装置

1　前言

装配式预应力屋架预制模板支模通用做法是设置钢筋或木方内支撑，其缺点是不便固定，加上混凝土振捣时容易将其碰动，造成上下弦截面尺寸控制不准；用木方内支撑支模时，可能由于施工疏忽遗留在混凝土内，而减少构件有效截面尺寸，造成应力集中，引发质量事故；用钢筋内支撑支模时，一次性投入不能重复循环利用，造成浪费，增加施工成本。该技术中使用的工具式内支撑定位装置由∠ 25×3 角钢制作，设有两定位杆和抓持杆，通过定位杆与两块侧模板的紧密相抵及模板外箍的紧扣配合，形成牢固、稳定的支模体系，有效地控制构件截面尺寸。

此工法先后经过湖南浦沅汽车制造厂结构车间（24m 跨度预应力混凝土屋架）、株洲光明风电产业机械件生产基地 2 期工程（36m 跨 249 榀预应力混凝土屋架）、湖南中烟浏阳库区片烟醇化仓库项目（540 榀预应力混凝土屋架）等工程中实际应用，具有提高施工质量，减少材料浪费、减少劳动用工、降低施工成本的效果，并取得了良好的经济、社会、节能、环保效益。该工法中使用的“内支撑定位装置”获得实用新型专利，专利号为：ZL 2015 2 0030305.7。

2　工法特点

（1）本工法使用的工具式内支撑定位装置，安放在构件侧模模板之间，能有效控制模板位置，保证构件截面尺寸。相比传统的施工方法，该方法不仅对构件截面尺寸控制精准，同时可以通过角钢型号与设计保护层厚度的匹配，代替构件侧面的钢筋保护层垫块，控制钢筋位置准确，利于提高构件施工质量。

（2）使用的工具式内支撑定位装置轻便、小巧，操作简便，运输与装卸方便；周转速度快，重复利用次数多。大大减少了工作强度，提高了工作效率。

（3）它不仅可以重复多次使用，而且适用范围广，节省了传统方法施工时产生的浪费，符合节能环保的要求，社会效益显著。在推行建筑“产业化”进程中具有广阔的推广前景。

3　适用范围

本工法不仅适用于装配式预应力屋架的预制，也适用于预制梁、预制柱及房屋建筑工程截面高度 350mm 以下的各种梁的模板工程施工（尤其适用于小截面预制、现浇构件的模板施工）。此方法操作简便，形式小巧轻便，提高了梁构件质量，可以使工人在安装、拆卸的过程中更加省时、省力，同时也便于收发、运输、管理，能重复利用，节约资源。

4　工艺原理

根据工程设计的钢筋保护层厚度，选用相应宽度的角钢（案例中保护层厚度为 25mm，故选用∠ 25 × 3 角钢）制作工具式支模内撑定位装置。高度为 250mm，下横档设在 100mm 高度、宽度为构件水平面尺寸（图 1 中 H）。模板施工时将工具式内撑按照 500mm 间距垂直插在两侧模之间，扣紧侧模板外箍，使两角钢定位杆抵紧两侧模板、角钢横档杆紧贴侧模上口表面，形成内撑外扣的牢固支模体系。浇筑混凝土时，随混凝土入模、充满后，利用混凝土对模板的侧压力撑住侧模，此时即可手动拔出工具式支模内撑定位装置（清理后可立即循环用到下一构件支模系统）。工具式支模内撑完成支模的同时也控制了钢筋位置。

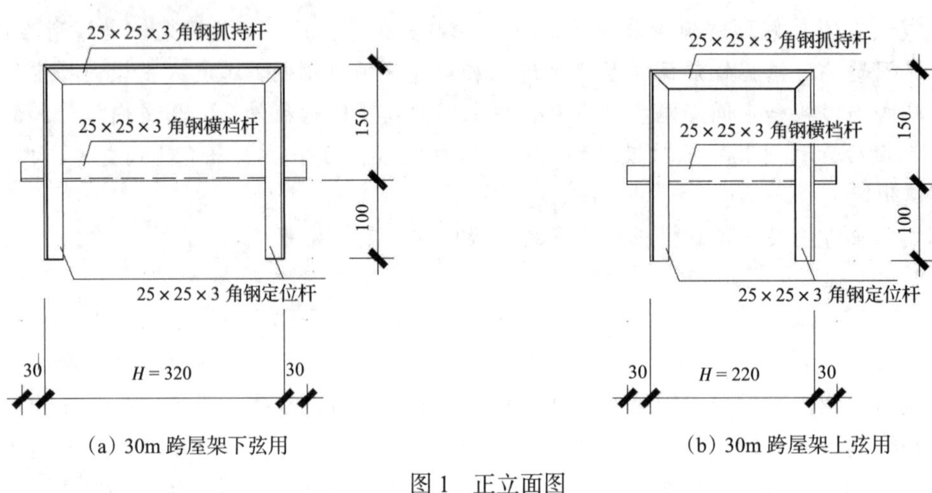

图 1　正立面图

5　工艺流程和操作要点

5.1　本工法施工工艺流程（图 2）

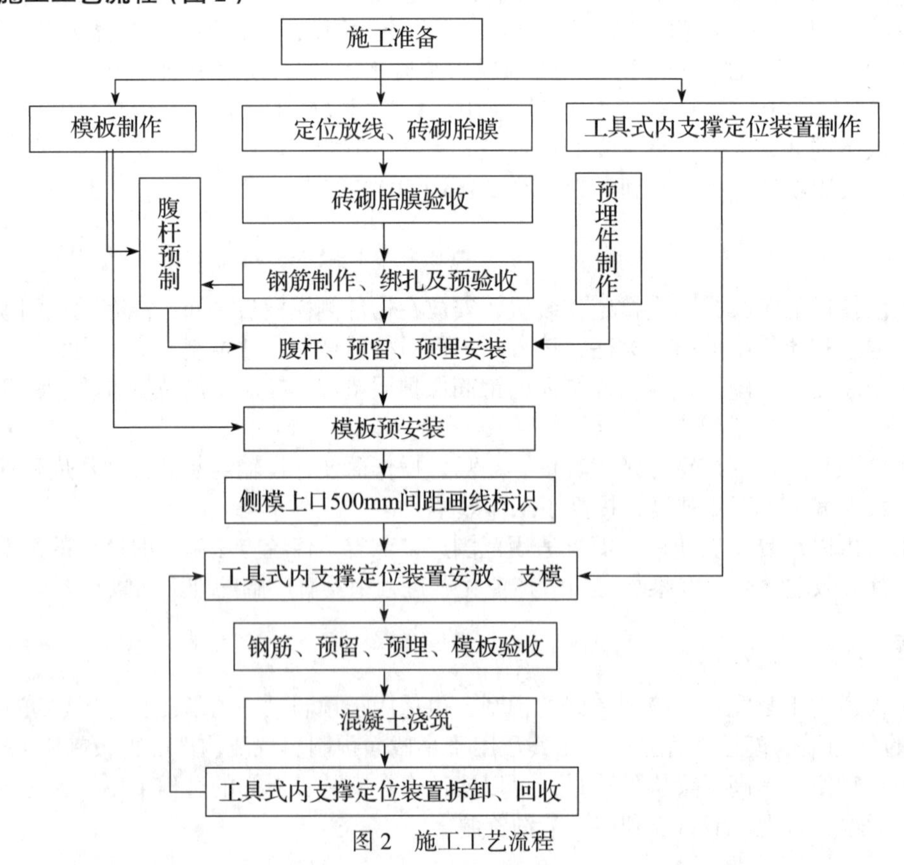

图 2　施工工艺流程

5.2 操作要点

5.2.1 施工准备

施工前，仔细研究施工图纸，确定施工方案，准备相应的劳动力、材料、机械设备等，进行各项培训和交底。

5.2.2 定位放线、砖砌胎模

根据既定方案，在现场指定位置按1∶1比例放出屋架平卧预制的弦杆梁内外边线，用MU10普通黏土砖M7.5混合砂浆砌筑胎模，砖胎模砌筑完毕后对照图纸进行验收。

5.2.3 工具式内支撑定位装置制作

采用∠25×3角钢，在加工棚内按照图集中加工制作，严格控制H尺寸（为构件水平面宽度）的误差在0mm至+1mm范围内，保证焊接点牢固（图3、图4）。

图3　工具式内支撑定位装置制作

图4　工具式内支撑定位装置制作

5.2.4 钢筋制作、绑扎及预验收

按设计及规范要求加工制作钢筋，在胎模上按设计间距用粉笔画线绑扎钢筋，完毕后做好钢筋工程检查验收。

5.2.5 模板、预埋件制作

按设计的构件截面尺寸制作定型模板，预埋件在加工区集中加工制作；做好各项检查验收备用，模板应编号标识。

5.2.6 腹杆、预留、预埋安装

按照设计要求，将事先预制好的屋架腹杆安放到相应位置。同时做好屋架预留孔洞、波纹管、铁件的预埋安装。

5.2.7 模板预安装

将构件模板（屋架上下弦侧模）按编号放置在相应位置，搭设好模板支模架，进行模板预安装。

5.2.8 侧模上口500mm间距画线标识

用红色记号笔，在侧模模板（屋架上下弦）上口按500mm间距画线，作为工具式内支撑定位装置的安装位置线。

5.2.9 工具式内支撑定位装置安放、支模

在上述画线位置将工具式内支撑定位装置垂直插入侧模之间，插至下横档杆角钢紧贴侧模上口（模板接头、节点位置加设支模内撑以保证接头平顺）；扣紧侧模板外箍、两定位杆顶紧两侧模板，形成内撑外扣的牢固支模体系。模板安装后，校核、调整模板，保证截面尺寸的精准（图5、图6）。

5.2.10 钢筋、预留、预埋、模板验收

工具式内支撑定位装置支模完毕，混凝土浇筑前，对钢筋、预留、预埋、模板进行联合验收，办好隐蔽验收记录。

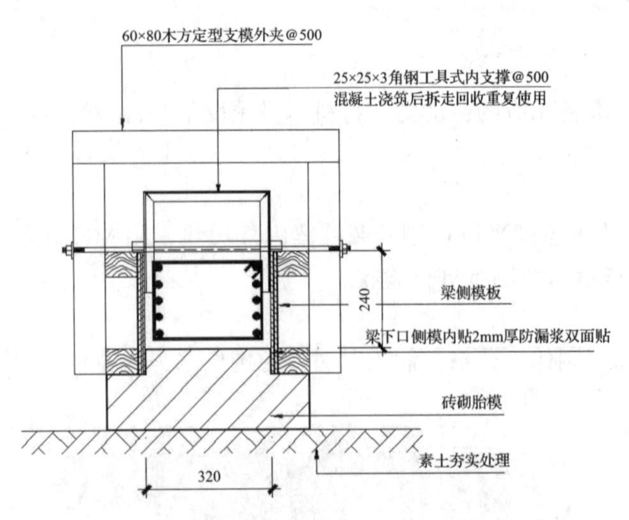

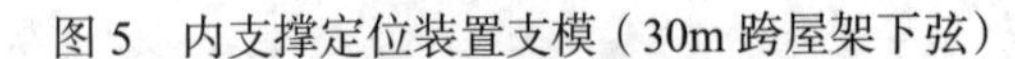

图 5　内支撑定位装置支模（30m 跨屋架下弦）

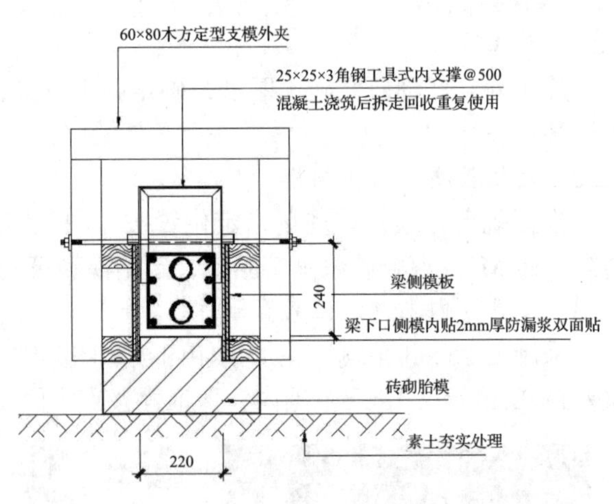

图 6　内支撑定位装置支模（30m 跨屋架上弦）

5.2.11　混凝土浇筑

按照规范要求进行混凝土浇筑，一边浇筑，一边振捣，使得混凝土达到规定的密实度（图 7）。

5.2.12　工具式内支撑定位装置拆卸、回收

浇筑混凝土时，随混凝土入模、充满即可用短钢筋轻轻撬动，手动拔出工具式内支撑定位装置；将工具式内支撑定位装置清理干净，检查其外观，符合使用要求后将其回收在一起，便于下次利用（图 8）。

图 7　混凝土浇筑

图 8　工具式内支撑定位装置拆卸、回收

使用该工法制作的构件如图 9、图 10 所示。

图 9　使用该工法制作的构件（一）

图 10　使用该工法制作的构件（二）

6　材料与设备

（1）制作工具式内支撑定位装置时用到的主要机具见表 1。

表 1　机具设备表

序号	设备名称	型号规格	单位	数量	用途
1	砂轮切割机	SQ-500 型	台	1	切割角钢
2	交流电焊机	BX260SA 型	台	1	焊接用
3	面罩		个	1	焊接用
4	开关箱		台	1	电焊机电源
5	干粉灭火器	4kg	只	1	火灾应急

（2）本工法所用到的主要材料为：∠ 25 × 3 角钢、E4300 电焊条、切割片等。

7　质量控制

7.1　本工法主要遵照执行的规范

《建筑钢结构焊接技术规程》(JGJ 81—2002)；

《钢结构工程施工质量验收规范》(GB 50205—2001)；

《建筑施工模板安全技术规范》(JGJ 162—2008)；

《混凝土结构工程施工质量验收规范》(GB 50204—2015)；

《建筑工程施工质量验收统一标准》(GB 50300—2013)。

7.2　保证项目

工具式内支撑定位装置的制作必须符合规范要求，采用∠ 25 × 3 角钢制作，重点控制 H 尺寸（为梁水平面宽度）的误差范围在 0 至 + 2mm，焊缝牢固。

原材料均应有出厂合格证及检验单，在加工前组织质量验收。材料的材质、壁厚符合要求，表面质量和性能应符合规范要求，在出厂时应严格检查。模板及其支架必须有足够的强度、刚度和稳定性；浇筑混凝土时应设专人监控模板的使用情况，发现问题及时处理。

检查方法：观察和用直尺检查。

8　安全措施

（1）本工法采取的临时用电和模板安全技术措施主要执行《施工现场临时用电安全技术规范》(JGJ 46—2005)、《建筑施工模板安全技术规范》(JGJ 162—2008)中的相应条款。

（2）施工前对进场职工进行一次全面的安全教育，强调安全第一，预防为主。

（3）进入施工现场必须戴好安全帽，穿好绝缘鞋。严禁酒后进入现场。

（4）把安全工作贯彻到整个施工现场，坚持每周的安全活动及每日施工前的安全交底，并做好记录。

（5）工程完毕时要及时清理作业区内的废料、杂物，并拉掉所有用电设备的电源，确认无误后，方可离开。

（6）特殊工种须经有关部门专业培训后持证上岗作业。

（7）现场临时用电设施必须符合《施工现场临时用电安全技术规范》(JGJ 46—2005)要求。现场使用的各种机械设备要建立安全操作规程，并挂牌设置。施工临时用电应采取三相五线制，电焊机实行一机一箱一闸一漏保护。电工对各临时用电经常检查，发现问题及时解决。

9　节能环保措施

（1）本工法采取的环境保护措施主要遵照执行《建设工程施工现场环境与卫生标准》(JGJ 146—2013)中的相应条款。

（2）识别各种机械设备的性能，合理选用高效、节能、低噪声的机械设备。

（3）尽量做到优化施工组织设计，改进施工工艺，降低噪声、强光、有毒气体对环境的影响。

（4）对有毒有害的废弃物应独立分类，远离宿舍区并应由专人收集和处理。

（5）采用工具式内支撑定位装置取代预埋永久性钢筋内撑或木方内撑，节约资源，且可多次重复使用，操作时轻拿轻放，损耗率基本为零。混凝土浇筑完毕后及时清理作业区内的废料、杂物，工具式内支撑定位装置黏结的混凝土应清理干净。

10　效益分析

混凝土构件用工具式内支撑定位装置支模施工工法，有效保证了梁的外观质量，减少了因模板移位引起的梁截面误差产生的修整费用。取代预埋永久性钢筋内撑和梁侧钢筋保护层，节约资源，且可多次重复使用。以湖南中烟浏阳库区片烟醇化仓库项目经济对比结果为例：

按照通用预埋永久性钢筋内撑的方法：30m 跨度预应力屋架 144 榀，每榀要设内支撑 100 个；24m 跨度预应力屋架 396 榀，每榀要设内支撑 80 个。

需要 ϕ14 钢筋内支撑 50 H 50：

$\{(0.32+0.22+0.1)\times 50\times 144+(0.3+0.22+0.1)\times 40\times 396\}\times 1.21=17458.8\text{kg}$。

采用混凝土构件用工具式内支撑定位装置支模施工工法，30m 跨度预应力屋架 144 榀，每次同时施工 4 榀，制作 4 套，每套 100 个（$H=320\text{mm}$、$H=220\text{mm}$ 各 50 个，每套周转 36 次）；24m 跨度预应力屋架 396 榀，每次同时施工 4 榀，制作 4 套定位装置，每套 80 个（$H=300\text{mm}$、$H=220\text{mm}$ 各 40 个，每套周转 99 次）。

需要∠ 25×3 角钢：1.2m×(100 个 + 80 个)×4 套 ×1.12kg/m = 967.7kg

（1）节约材料费（钢材）：17.46t×3684 元 /t – 0.97t×3674 元 /t = 60758.8 元。

（2）节约钢筋保护层：(144×105 + 396×135)×0.04 元 / 只 = 2743.2 元

（3）节约人工、机械费：钢筋加工 17.46t×992 元 /t – 角钢工具式支模内撑加工 0.97t×1927 元 /t + 保护层安装 (144×105 + 396×135)×0.02 元 / 只 = 16822.7 元。

（4）工具式支模内撑定位装置回收余值：0.97×2000 = 1940 元。

（5）质量效益：如采用通用做法一旦出现质量事故，每损坏一榀屋架 3 万元。

合计节约：（1）+（2）+（3）+（4）+（5）= 112044.7 元。

11　应用实例

（1）湖南浦沅汽车制造厂结构车间（1995 年 6 月至 1996 年 12 月）

该项目 24m 跨度预应力混凝土屋架采用该工法施工，提高了工作效率，进一步提高了工程质量，节约了费用。

（2）湖南省第五工程有限公司长沙分公司 4 号宿舍（1999 年 11 月至 2000 年 12 月）

湖南省第五工程有限公司长沙分公司 4 号宿舍工程位于长沙市雨花区体院路 229 号，本工程为三单元 7 层（局部 8 层）住宅、共 58 户。高度 20m，总建筑面积为 5200m^2。设计使用年限 50 年，抗震等级为四级，抗震设防烈度 6 度，为砖混结构。该工程每层设有 240mm×240mm 圈梁，采用该施工工法，使用效果良好，保证了工程质量。

（3）株洲光明风电产业机械件生产基地 2 期工程（2013 年 3 月至 12 月）

该工程 36m 跨预应力混凝土屋架 249 榀采用本工法，效果良好，既提高了工作效率，又节约了成本。

（4）湖南中烟浏阳库区片烟醇化仓库项目（2014 年 8 月至 2015 年 6 月）

湖南中烟浏阳库区片烟醇化仓库项目位于湖南省浏阳市长沙国家生物产业基地（浏阳市北盛镇环园村）。其中 15 栋片烟醇化库房为 30m（144 榀）和 24m（396 榀）跨度预应力混凝土屋架组成的装配式单层厂房，总建筑面积约为 89000m^2，总造价约 2.2 亿元。

该工程预应力混凝土屋架全部采用此工法，使用效果良好，保证了工程质量，降低了工程成本。

脚手架工具式连墙件施工工法

聂　磊　岳建武　朱方清　石艳美　吴习文

湖南省第一工程有限公司

摘　要：为改善现有脚手架连墙件在施工中存在的一些问题，可采用连接杆、连接插销、连接底座、固定螺栓等为主要部件组成一种新型工具式连墙件。安装时，固定螺栓通过底座上的条形槽和固定孔将连接底座固定在主体构件外侧面，连接杆用连接插销与底座相连，采用扣件将连接杆与架体固定，使架体形成可靠的连墙固定，稳定架体。本施工工法安装、拆除操作简单，定型工具式连墙件能重复使用，连墙件拆除后外墙修复、修补面积小。

关键词：脚手架连墙件；工具式连墙件；架体

1　前言

脚手架连墙件是架体不可或缺的部件，现有连墙件施工绝大部分采用在现浇楼台面的外围梁、板中预埋垂直钢管，通过钢管、扣件将架体与主体结构进行连接；另外，还有采用膨胀螺栓、预埋铁件、焊接钢管等方式将架体与主体结构连接。上述连接方式安装复杂；预埋浪费材料；架体步距与楼层层高不匹配，连墙件离主节点距离过大；拆除需要氧割热作业；二次结构施工时需留设较大的孔洞，拆除修复工作量大；施工中存在不少安全、质量隐患，浪费材料、施工工序较多，浪费人力；污染环境等缺陷。

根据目前连墙件施工中产生的上述问题，结合现场实际情况，脚手架工具式连墙件施工工法，主要是在车间或工厂制作脚手架工具式连墙件，架体通过钢管、插销、连墙件、固定螺栓与主体结构形成可靠的连接；该脚手架工具式连墙件，可以车间工厂化生产，重复使用，施工简单、操作方便、节省材料、节省人工等特点，连墙件如图 1 所示。

脚手架工具式连墙件施工工法在茶陵县朝阳新城 8D、11 ～ 13 栋和衡山科学城标准厂房一期 EPC 项目得到应用；该连墙件已获得国家新型实用专利（“一种工具式脚手架连墙件”），专利号：ZL201520668117.7。

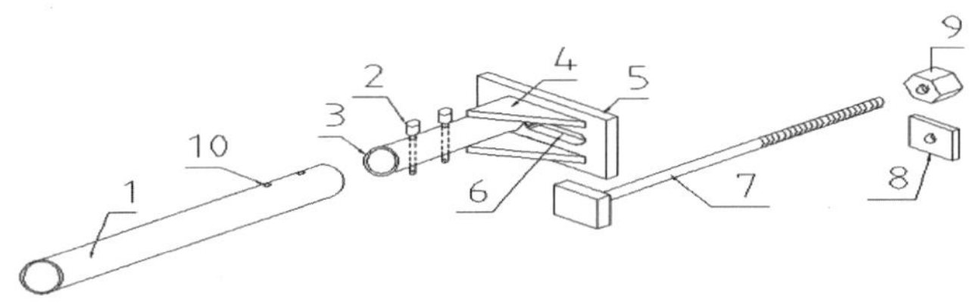

1—连墙杆；2—连接插销；3—连接杆；4—加强肋板；5—底板；6—条形槽；7—固定螺杆；8—垫板；9—螺母；10—插销孔

图 1　工具式连墙件示意图

2　工法特点

（1）本工法采用了一种定型工具式的连墙件，连墙件全部部件在工厂或车间进行制作加工，产品质量可靠、稳定，生产效率高。

（2）连墙件安装过程中，充分利用模板施工时的墙、柱、梁对拉螺栓孔作为连墙件固定螺栓的安装孔，减少在主体结构上单独预留安装孔洞。

（3）本施工工法安装、拆除操作中不需要特殊的工具或机械，不需要电源、热源，操作简单，施工便捷。

（4）定型工具式连墙件能重复周转使用。

（5）连墙件拆除后，外墙修复、修补面积小，施工速度快。

（6）使用该工法，具有节约材料与资源，操作方便，节省人工，省力，施工安全、环保、无污染，成本低等优点。

3　适用范围

主要适用于房屋建筑工程中架体为落地式或悬挑式扣件钢管外脚手架的连墙件设置。

4　工艺原理

采用包括连接杆、连接插销、连接底座、固定螺栓等为主要部件的一种新型工具式连墙件。安装时，固定螺栓通过底座上的条形槽和固定孔将连接底座固定在主体构件外侧面，连接杆用连接插销与底座相连，采用扣件将连接杆与架体固定，使架体形成可靠的连墙固定，稳定架体。工具式连墙件安装施工如图 2 所示。

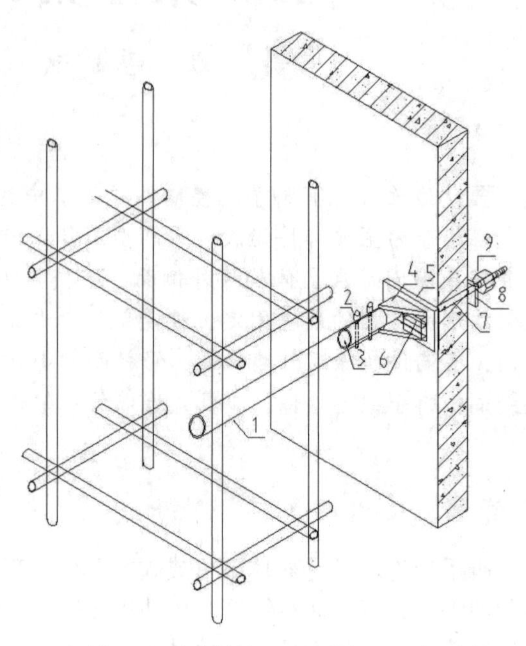

1—连墙杆；2—连接插销；3—连接杆；4—加强肋板；5—底板；6—条形槽；7—固定螺杆；8—垫板；9—螺母

图 2　工具式连墙件安装施工示意图

5　工艺流程与操作要点

5.1　工艺流程

施工工艺流程：连墙件准备→连墙件安装→连墙件拆除。

5.2　施工工艺及操作要点

5.2.1　连墙件准备

（1）底座制作可以采用焊接或铸钢铸造，当采用焊接时，焊缝高度不宜宜小于 4mm，制作要求如图 3 所示。

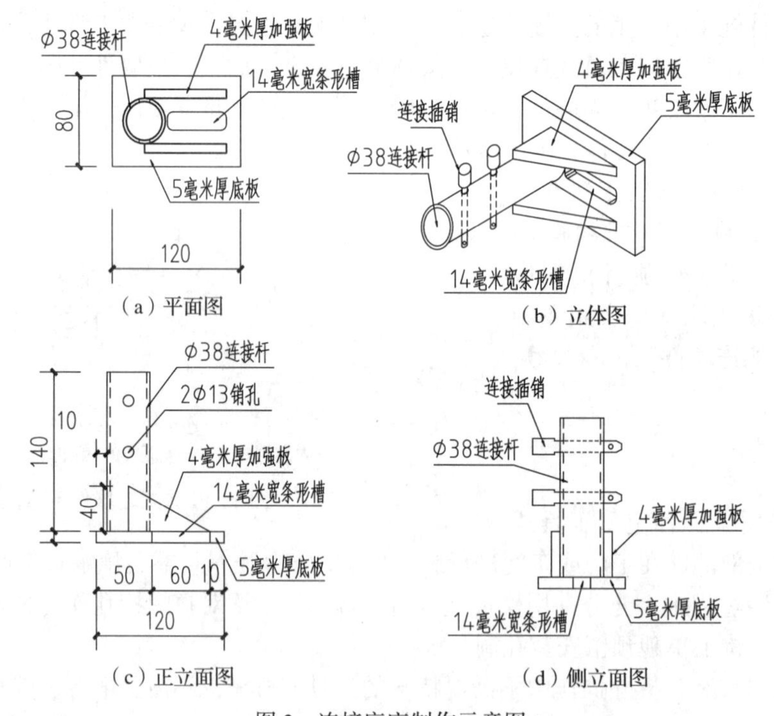

（a）平面图　（b）立体图　（c）正立面图　（d）侧立面图

图 3　连接底座制作示意图

（2）固定螺杆直径为 12mm，端部带方形压板，配有垫板和螺母，制作如图 4 所示。

（3）连接插销直径为 12mm，端部墩头，为了便于安装对中，另一端为圆锥形，并钻防脱孔，制作如图 5 所示。

（4）连墙杆为脚手架钢管，直径 48mm，端部钻直径 13mm 的插销孔间距 50mm，长度应与架体内外排立杆间距和离墙距离确定，制作如图 6 所示。

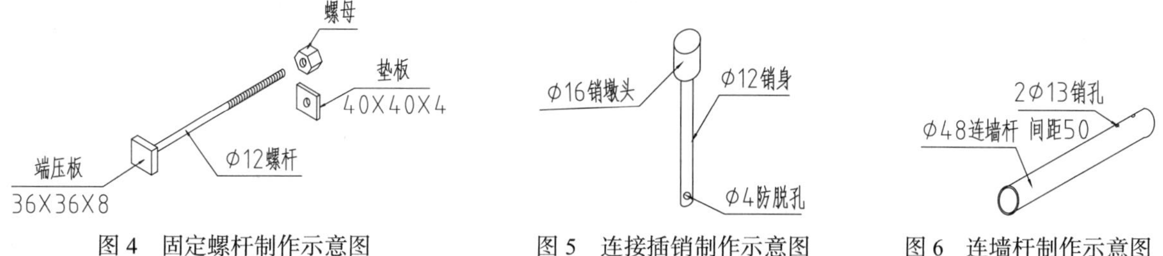

图 4　固定螺杆制作示意图　　图 5　连接插销制作示意图　　图 6　连墙杆制作示意图

5.2.2　连墙件安装

脚手架工具式连墙件施工工法安装工艺流程：结构构件留置固定孔→初步安装连接底座→连接杆与底座连接→调整边接杆与架体间距→连接杆与架体固定→拧紧固定螺栓。

（1）结构构件留置固定孔操作要点：

①施工前应按要求编制外脚手架施工方案，明确连墙件安装的步和跨距（即二步三跨、三步二跨等），同时结合垂直构件模板安装方案，绘制连墙件的安装立面图，确定固定孔留置的构件及部位，最后要求就连墙件的安装事项对架子工和模板工进行技术交底。

②主体结构施工阶段，要求外脚手架高出操作面一步架体高度，对需要安装连墙件的主节点部位进行标识，模板工人依据标识，适当调整结构构件的对拉螺杆孔位，使对拉螺杆孔靠近连墙件主节点附近，偏离距离不宜大于 300mm，充分利用对拉螺杆孔作为连接底座固定孔，减少专门在构件留置固定孔。

③当主体结构构件施工中不需要对拉螺杆加固，在结构构件装模时，应埋置预留固定孔的套管，孔径为 14 ～ 16mm。

（2）连墙件安装连接操作要点：

①连墙杆与底座中的连接杆采用两个连接插销进行连接，两个插销的防脱孔用铅丝穿过扎好，防止转动底座时销体脱落。

②连接底座上带有条形槽，通过转动、移动底座，使连墙杆与架体的间隙合适。

③用扣件将连墙杆与架体牢固连接，按方案设计抗滑计算要求配置扣件数量。

④拧紧固定螺杆内侧的螺母，使架体、底座与结构构件形成可靠连接，满足架体安全使用的要求。

5.2.3　连墙件拆除

脚手架工具式连墙件施工工法拆卸工艺流程：连接杆与架体脱开→拔连接插销拆连接杆→拧下固定螺栓螺母→拆御连接底座→清洗连墙件各部件→封堵固定孔→修整内外装饰。

（1）松开架体与连接杆的扣件，使连接杆与架体分离。

（2）拔下连接插销，拆去连墙杆，使连墙杆与底座分开。

（3）拧下固定螺杆内侧的螺母，取下垫板，抽出螺杆，将底座从构件外表面取下。

（4）分类收集好拆下的所有连墙件的部件，清理部件上的砂浆、混凝土等杂物，保护好螺栓丝扣，以便下次重复使用。

（5）从固定螺栓孔道内、外侧进行填塞和孔道封堵。

（6）按装饰工程要求，进行内外墙面的装饰层修整。

6　材料与设备

（1）主要材料：连墙杆、连接插销、连接底座、固定螺杆、油漆、元丝、PVC 套管、扣件。

（2）主要设备和工具：开口扳手、刷子等。

7　质量控制

7.1　质量标准

（1）连墙件钢管、扣件应符合《建筑施工扣件式钢管脚手架安全技术规范》（JGJ 130）对钢管、扣件技术要求。

（2）制作底座所用的钢材应符合现行国家标准《碳素结构钢》(GB/T 700）中 Q235 级钢的规定。

（3）钢材之间进行焊接，应符合现行国家标准《建筑钢结构焊接规程》（GB/T 8162）以及现行行业标准《建筑钢结构焊接技术规程》(JGJ 81）。

（4）连墙件的安装、验收应符合《建筑施工扣件式钢管脚手架安全技术规范》(JGJ 130）的要求。

7.2　质量管理要点

（1）施工前，脚手架应编制专项施工方案，并按照施工工艺流程要求分别对操作人员进行操作技术交底。

（2）根据建筑物外围结构模板安装方案的对拉螺杆布置，并考虑外脚手架连墙件的布置，在相应外架主接节附近布置对拉螺栓并设置套管或预留固定孔，保证套管位置离主节点的距离小于 300mm。

（3）连墙杆壁厚不得小于 3.0mm，必须与内、外排立杆相连，采用扣件连接可靠，拧紧扭力矩符合规范。

（4）安装前应检查固定螺杆和螺母的丝扣完整，要求安装双螺母。

（5）安装前应逐一检查连接底座的成品质量，要求焊缝高度不小于 4mm，焊缝均匀、饱满。

（6）连接插销安装后要及时在防脱孔内穿上铁丝，防止脱落。

8　安全措施

8.1　安全技术标准

脚手架工具式连墙件制作与安装应遵守以下安全技术标准：

（1）《建筑施工高处作业安全技术规范》(JGJ 80）;

（2）《建筑施工安全检查标准》(JGJ 59）;

（3）《施工现场临时用电安全技术规范》(JGJ 46）;

（4）《建筑施工扣件式钢管脚手架安全技术规范》(JGJ 130）;

（5）《建设工程施工现场环境与卫生标准》(JGJ 146）;

（6）《建设工程施工现场消防安全技术规范》(GB 50720）;

（7）《建筑机械使用安全技术规程》(JGJ 33）。

8.2　安全措施

（1）施工前，脚手架应编制专项施工方案，并按方案要求对参与施工的人员进行安全技术交底。

（2）安装操作时，架子上应满铺脚手板，不得站立在钢管上操作，操作人员应正确佩戴劳动防护用品。

（3）连墙件的安装数量（步距、跨距）严格按脚手架施工方案计算要求进行设置，同时满足表 1 的规定。

表 1　连墙件布置最大间距

搭设方法	高度（m）	竖向间距（h）	水平间距（l_a）	每根连墙件覆盖面积（m^2）
双排落地	≤ 50	3	3	≤ $40m^2$
双排悬挑	＞ 50	2	3	≤ $27m^2$
单排	≤ 24	3	3	≤ $40m^2$

注：l_a 为纵距。

（4）连墙件安装后不得随意拆除。

（5）安装及拆除过程中，不得上下抛掷各种部件，防止物体坠落。

（6）架体使用期间，应对连墙件的插销、螺母、扣件等部位进行定期的检查，防止松动脱落。

（7）底座和连墙杆进行防锈处理后，应涂刷黄色或红白相间的警示颜色，防止挪用或拆除。

（8）连墙杆扣件数量满足抗滑计算的要求。

9　环保措施

（1）严格执行国家及地方政府颁发的有关环境的法律、法规、条文、条例、制度等，做好燃油废气、生产生活废水及生产生活垃圾的处理工作，随时接受相关单位的环保检查。

（2）加强宣传教育，提高施工人员环保意识，加强环保管理力度，落实环保措施。

（3）连接底座采用车间集中加工制作，避免电焊火花和光弧对有关人员的伤害和给其他生产工作人员带来不便。

（4）防腐处理的防锈漆和面漆要求采用环保型油漆，集中定点喷涂，及时收集残液，避免空气和水体污染。

（5）拆除连墙件后应及时清理表面的污染物，集中存放，妥善保管，以便多次重复使用，达到节约材料的目的。

10　效益分析

10.1　经济效益

（1）脚手架工具式连墙件结构简单，制作方便，所有部件为重复多次使用，与其他连墙件相比，一次性使用的材料少，仅为材料摊销，因此材料费用可降低 70%～80%，工具式与预埋式材料对比见表 2。

表 2　工具式与预埋钢管式连墙件材料对比表（每个）

连接方式	一次消耗材料、机具	周转摊销材料
预埋钢管式	钢管 0.5m、元丝 1.0m、电焊条 2 根、电 1 度、焊机 0.05 台班	扣件 5 个、钢管 1.5m
工具式	PVC 管 0.4m	扣件 2 个、钢管 1.2m、连墙件 1 套

（2）工具式连墙件与支模系统配合施工，减少预留固定孔，一次安装，操作便捷，提高工作效率，人工费用可以降低 50% ～ 60%。

（3）工具式连墙件现场安装、拆除简单，仅一个扳手就可完成操作，不需要特殊的机械，安装、拆除不发生机械费用。

（4）车间工厂化生产，制作成本较低，在多栋建筑分期施工的项目中，经济效益明显、突出。

10.2　社会和环保效益

（1）脚手架工具式连墙件的定型化，符合现行工具化施工的社会需求。

（2）车间工厂化生产，改善了工人的劳动环境，提高了劳动效率，同时保证制作质量稳定，确保了施工安全。

（3）脚手架工具式连墙件的多次重复使用，能有效的节约材料，保护环境。

（4）脚手架工具式连墙件简单的安装、拆除操作工序，降低了工人的劳动强度，缩短了高处作业时间，提高了施工的安全性。

11　工程实例

11.1　衡山科学城标准厂房一期 EPC 项目

衡山科学城标准厂房一期 EPC 项目位于衡阳市雁峰区岳屏镇东风村蔡伦大道的西侧，总建筑面积 86950m^2，2015 年 12 月 20 日开工，2016 年 9 月 30 日完工待验收；该项目为框架结构，分为 8 栋单体工程，分两批次开工，脚手架采用钢管扣件式落地架或部分悬挑架，架体连墙件使用了工具式脚手架边墙件，该工法与传统的连墙件施工方法相比，省去了预埋钢管所用的材料和人工，安装和拆除非常方便，回收部件均能二次重复使用，降低了成本，同时对二次砌体施工和装饰工程施工的影响降到了最低，得到了建设和监理单位的一致认可。

11.2　茶陵县朝阳新城 8D、11 ～ 13 栋工程

茶陵县朝阳新城 8D、11 ～ 13 栋工程位于茶陵县原氮肥厂，于 2014 年 8 月 20 日开工，2016 年 7 月 20 日竣工；该工程为 4 栋单体建筑，总建筑面积为 36000m^2，地上 24 层，建筑高度 86m，框架剪力墙结构，外架采用扣件式钢管落地式和悬挑式脚手架，架体连墙件采用工具式连墙件，边墙件按二步三跨的布置，在主体结构施工中适当调整剪力墙和楼层外周梁的对拉螺栓孔位，连墙件布置定位准确，完全符合脚手架施工方案要求。

河面铁路桥侧面桁架安装施工工法

谭方宝　李桂芳　毛卫忠

湖南省工业设备安装有限公司

摘　要：当管线需穿越河面时，沿现有铁路桥侧面敷设安装，即可降低成本又能缩短工期，而侧面桁架安装则是重中之重。本工法根据河面铁路桥侧面桁架安装施工的特点和难点，提出了采用船吊进行吊装的施工方案，并制定了有效的保证措施，合理安排施工作业面和施工工序，该工法不仅能够缩短施工周期，提升安装质量，而且吊装作业灵活性大，既不受场地限制，又不影响河面通航和铁路列车正常运行，达到了节能降耗、环保的目的。

关键词：管线敷设；穿越河面；铁路桥；侧桁架；船吊

1　前言

随着国家城镇化、工业化等进程的加快，越来越多的城市供热、供水管线需穿越河面，穿越河面的管线沿现有的铁路桥等侧面敷设安装，即可降低成本又能缩短工期。而支撑管线用的桁架安装是供热、供水管线安装的关键工序，桁架的吊装就位是重中之重，采用船吊进行桁架的吊装就位即能解决吊装难题又能保证施工安全和质量，在不影响河面通航和铁路列车正常运行的情况下，达到缩短工期、降耗增效的目的。

我司在总结以往类似桁架安装经验的基础上，结合已安装完成的河面铁路桥侧面桁架安装施工工艺，更深一步研究施工图纸和现场布局，通过技术攻关与实践而形成本工法。

2　工法特点

2.1　采用船吊进行吊装即能解决吊装难题又能保证施工安全和质量。

2.2　采用船吊进行吊装保证了施工安全和质量，并达到缩短工期、降耗增效的目的。

2.3　采用船吊进行吊装作业灵活性大，既不受场地限制，又不影响河面通航和铁路列车正常运行。

3　适用范围

本工法适用于沿河面铁路桥侧面敷设的桁架等安装施工。

4　工法原理

根据河面铁路桥侧面桁架安装施工特点和难点，采用具有针对性、可操作性的施工方案，制订有效的保证措施和先进的施工工艺，合理安排施工作业面和施工工序，缩短施工周期；优化工艺控制，提升安装质量，达到节能降耗、环保的目的。

5　施工工艺流程及操作要点

5.1　施工工艺流程

施工准备→桥墩脚手架搭设及安全防护→测量放线→桥墩化学螺栓安装→支架安装→桁架分段吊装→桁架组对连接→钢结构涂装（最后一道面漆）→桁架整体验收。

5.2　施工操作要点

5.2.1　施工准备

（1）施工前组织有关工程技术人员认真审阅图纸，了解设计意图，做好图纸设计交底、施工技术交底和安全技术交底，备齐工程所需的资料和标准图集，并组织图纸会审，及时解决图纸中的有关问题；

（2）积极组织有关工程技术人员进行图纸深化工作，与设计单位进行沟通，确保深化图纸在满足设计规范要求的前提下便于构件加工制作和现场安装；

（3）做好现场轴线和标高的复核工作，做好现场尺寸数据的测设工作，完成工程的定位放线工作；建立测量控制网；根据业主提供的测量基点进行平面轴线及高程控制，重要控制点要做成相对永久性的标识；

（4）做好施工各生产要素（人、机、料、法、环）的供应和与各单位的协调工作，并及时办理相关的施工许可，确保工程顺利、安全、有序进行。

5.2.2　桥墩脚手架搭设及安全防护

（1）为了保证航道的通行和施工安全，桥墩的施工必须搭设施工作业平台，根据现场的条件分析后，计划由专业架子工采用钢管架搭设安全防护施工平台，以便安装桁架支架。脚手架搭设不得超出桥墩的外围线，以免影响航道正常通航。

（2）通往桥墩的方法：

①在桥上设置带护笼的可移动安全爬梯，见图 1。此方法在钢结构的彩板安装中经常使用。按《02J401 钢梯图集》在工厂加工一个标准爬梯，上端设置挂耳与桥面栏杆锁紧（至少设置四个挂耳），下端用栈桥与桥墩相连，爬梯旁边另外设置一条安全绳，施工人员佩戴救身衣和安全带从爬梯往返桥墩，此方法安全、灵活、不受航道水流和天气影响，使用完成后可拆卸和移动。

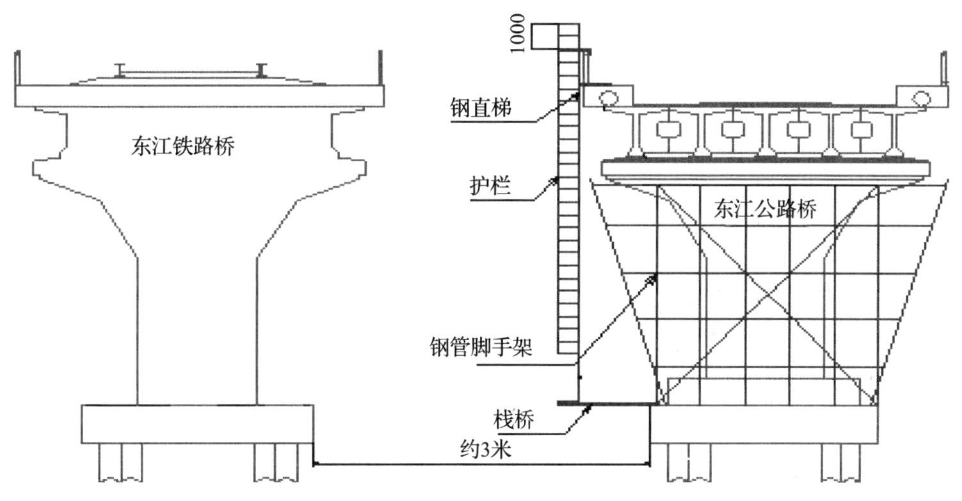

图 1　东江桥脚手架及爬梯通道示意

②铁路桥的钢梯及脚手架搭设见图 2，上下铁路桥墩的爬梯设置在公路桥上，由公路桥上下，通过栈桥通道到达铁路桥桥墩的施工作业平台上。

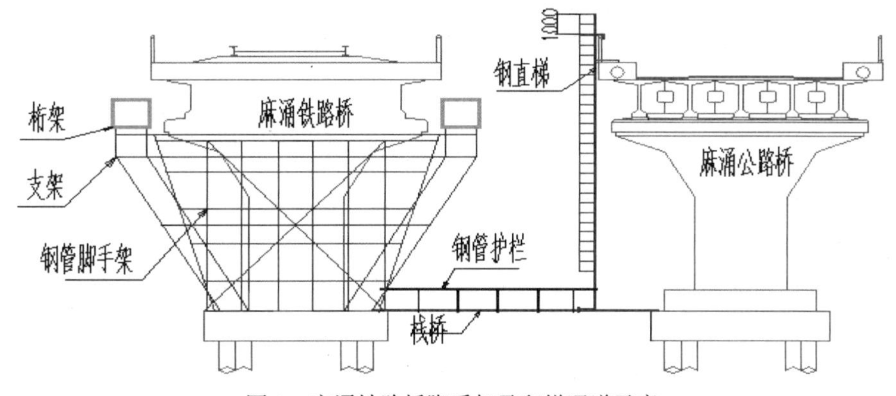

图 2　麻涌铁路桥脚手架及爬梯通道示意

钢直梯固定节点见图 3：

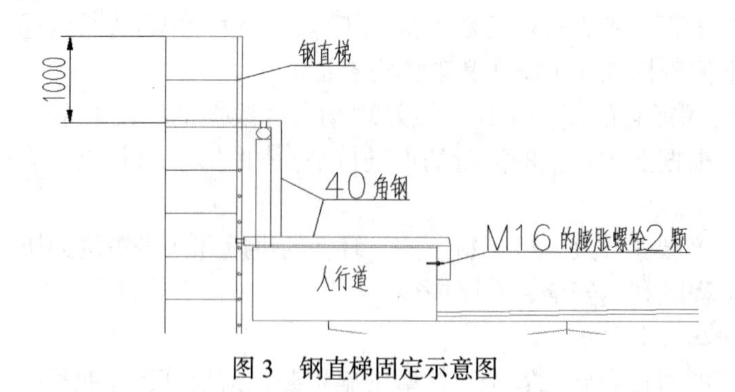

图 3　钢直梯固定示意图

（3）施工平台

由于桥墩上的化学螺丝和承重支架施工部位比较高，根据现场情况，计划在桥墩搭设脚手架施工平台。

①脚手架平台相对于趸船平台费用较低、作业面平稳、不受水位高低影响，且平台的搭建不超过桥墩基座的宽度（图 3），不影响航道等优点更适用于此工程。

②脚手架平台计划完成后的示意，见图 4、图 5；具体方案另详见脚手架施工方案。

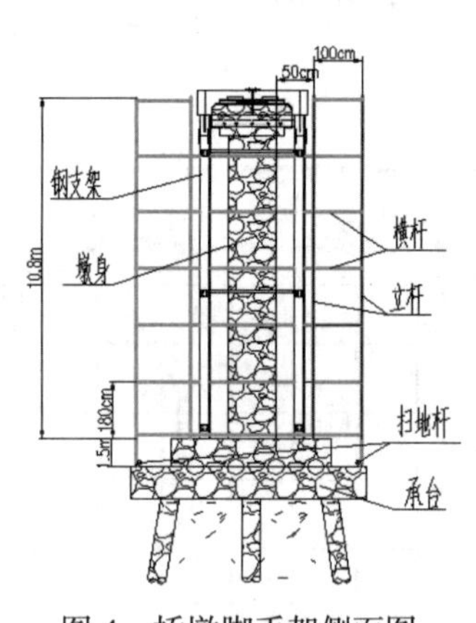

图 4　桥墩脚手架侧面图

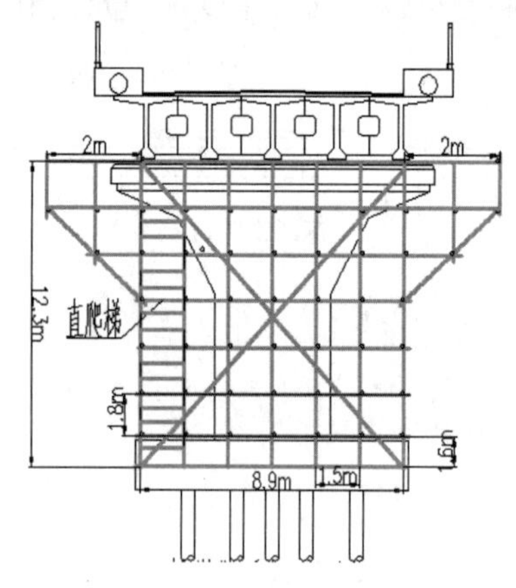

图 5　桥墩脚手架正面图

③脚手架平台搭设时，要预留植筋和承重支架的施工空间。

④脚手架平台搭设完成后，四周必须满挂防护网，设置反光警示条，四个角上下设置闪烁警示灯。

⑤设置水位观测点，由专人随时检查水位的上涨情况，如遇暴雨天气水位上涨，应停止作业及时拆掉部分防护网，减少水流及飘浮物阻力对钢管架的破坏。

⑥脚手架的搭设中，脚手架的固定采用钢管环扣桥段四周，用上下 3 道的方式固定，严禁采用在桥墩上钻孔拉锚的方式固定。

⑦桥墩脚手架的搭设过程，人员安全带应可靠地挂在 10m 可伸缩防坠器或安全钢丝绳上，防止人员坠落落水。

⑧桥墩搭设脚手架作业时，所有工人必须佩戴救生衣，桥墩上方必须悬挂救生圈及救生绳，遇人员落水时能及时救援。

⑨经常积极、主动与海事等相关部门保持联系、沟通，以保证在施工过程通航安全。

5.2.3　测量放线

（1）与建设单位联系，进行测量控制网的交接并办理交接手续。

（2）根据建设单位移交的基础测量控制网，复测基点的轴线、标高，若偏差过大，要及时提交建设单位处理。

（3）建立施工测量控制网：根据业主提供的测量基点进行平面轴线及高程控制，重要控制点要做成相对永久性的标识。

5.2.4　桥墩化学锚栓安装

（1）施工机具及材料：

①冲击钻。钻孔及安装化学锚栓用。

②钢丝刷（毛刷）。清孔用。

③吸尘器（吹气筒）。清孔用。

④拟定“琥珀“UKA-3（“慧鱼”R）。化学药水螺丝（品牌未指定）。

（2）施工辅助设施

在已搭设好的桥墩脚手架上作业。

（3）锚栓植入的位置见图 6。

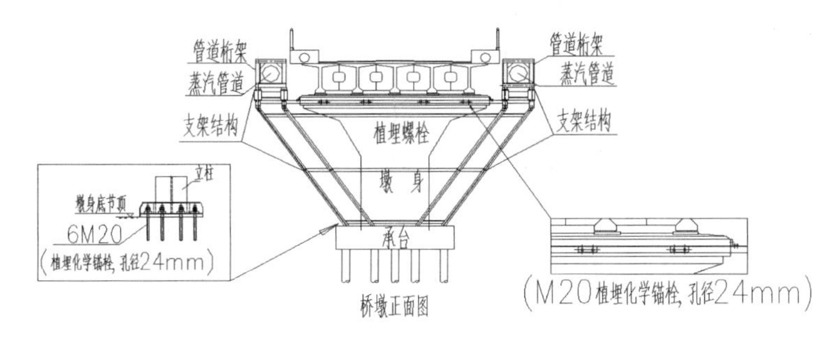

图 6　锚铨植入示意图

（4）施工步骤

定位→钻孔→清除灰尘→注胶→植入钢筋→养护。

（5）施工工艺

①钻孔

为保证成孔后孔壁有足够的粗糙度而采用冲击钻成孔。在钻孔前须根据设计图纸放线定位，确定化学锚栓安装位置。依据设计图纸的要求选用不同规格化学锚栓，其钻孔数据要求见表 1：

表 1　钻孔数据　mm

螺栓规格（$d \times l$）	钻孔直径	钻孔深度
M8 × 110	10	80
M10 × 130	12	90
M12 × 160	14	110
M16 × 190	18	125
M20 × 260	24	170
M24 × 300	28	210

注：钻孔直径及钻孔深度必须符合以上数据要求。

②清孔

先用钢丝刷或毛刷将孔壁浮尘刷落，然后用吹气筒或吸尘器将孔中灰尘清除干净。重复上述步骤 1 ～ 3 次即可。

注意：

a. 为了防止固着强度降低，请一定要清扫孔内。

b. 因为压缩气体只能吹尽孔内浮灰，很难将孔内壁附着的粉屑清除，所以请务必使用毛刷。

③化学锚栓安装

将化学药水管放入清好的孔中，用冲击钻夹头夹住螺杆（冲击钻应开至旋转档），以 250 ～ 750r/min

的速度将螺杆旋入孔中（图 7）。

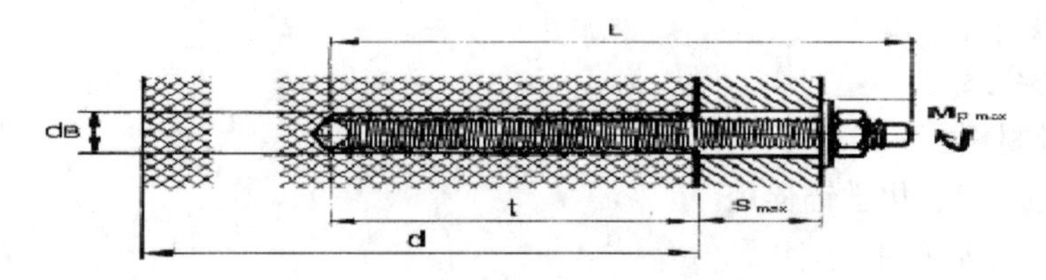

图 7　化学锚栓安装示意图

注意：

a. 为了施工方便并使化学锚栓充分发挥作用建议使用时尽量让药管中白色颗粒均匀分布管中，可采用摇晃或避光处水平放置一段时间的方法。

b. 当螺杆到达孔底时，立刻停止搅拌，勿做多余的过剩搅拌动作。

④养护

化学锚栓固化时间见表 2：

表 2　化学锚栓固化时间

钻孔温度	最短等待时间
20	20 分钟
10	30 分钟
0	1 小时
–5	5 小时
–10	10 小时

注意：

在养护期内请勿摇晃螺杆。

（6）化学螺栓性能要求

①单个锚栓平均破坏载荷（表 3）

表 3　单个锚栓平均破坏载荷　　kN

型号		M8	M10	M12	M16	M20	M24	M30
拉拔力 C30 混凝土	5.8 级镀锌螺杆	18	31.8	45.7	72.6	110.6	155.3	240.7
	A4 不锈钢	22.3	34.5	56.1	72.6	128.9	158.6	----
剪力 C30 混凝土	5.8 级镀锌螺杆	11.4	18.2	26.5	48.5	75.2	110	173.2
	A4 不锈钢	15.4	24.3	35.3	65.8	102.9	105.6	----

②单个锚栓设计载荷（表 4）

表 4　单个锚栓设计载荷　　kN

型号		M8	M10	M12	M16	M20	M24	M30
拉拔力 C30 混凝土	5.8 级镀锌螺杆	7.5	12.5	19	29	42.5	59.7	89
	A4 不锈钢	7.5	12.5	19	29	42.5	59.7	----
剪力 C30 混凝土	5.8 级镀锌螺杆	7.7	12.1	17.7	33.0	51.4	74.2	117.8
	A4 不锈钢	8.3	13.1	19.0	35.3	55.2	73.2	----

注：以上镀锌螺杆要求：设计载荷按镀锌螺杆拉拔力安全系数 2.4 ～ 2.7，剪切力安全系数 1.4 ～ 1.5；不锈钢螺杆拉拔力安全系数 2.5 ～ 3.0，剪切力安全系数 1.4 ～ 1.8。

（7）质量控制及技术措施

①施工前的保障工作

化学锚栓必须有出厂合格证和产品说明书。化学药水管 UKA-3（RM）：树脂在手温下呈蜂状流动，玻璃管完好无损。螺杆不得有锈蚀。

②施工中的保障工作

钻孔必须按照产品说明书的要求钻至规定的孔径及深度。必须保证将孔中干净无尘。螺杆须埋至标记埋深。达到规定的固化时间后锚栓才能受力。

③质量检查

化学锚安装后，要逐条检查黏结质量，检查黏结饱满度不合格立即返工。质量检查员随时检查，并每天反映当日质量情况。全部化学锚栓安装完毕后应由质检部门对所安装锚栓进行抽检（拉拔测试）。

5.2.5　桥墩承重支架的安装

（1）桥墩的支架安装在已搭设好的钢管脚手架操作平台上进行。流程如下：

预埋件的定位 ⟹ 预埋件开孔安装 ⟹ 支架构件的吊装焊接

（2）按图测量标高及化学螺栓的位置，预埋件现场开孔定位置并安装。

（3）桥墩的支架构件，全部由工厂预制完成后，运输到现场进行安装，构件都是预制孔，安装时先用高强螺栓连接组装，组装完成校正测量无误后方可进行焊接。

（4）支架在设计中，为方便安装减少焊接量，缩短河面施工的周期，桁架的连接方式均采用螺栓定位连接后焊接的方式进行。

（5）图 8 中支架上部，横向连接角钢与预埋件的连接应先在脚手架上安装，两侧 4 条立柱可先组装成整体后，采用小型船吊在河面配合安装；安装中需分段封闭河面。

（6）支架焊接完成后因对其进行焊缝探伤检测，检测合格后方可进行桁架的吊装。

（7）由于承重支架接近水面，特别注意防锈处理，安装完成后应用打磨机清理焊渣和杂物，再喷防锈油，最后整体喷涂面漆。

5.2.6　桁架分段吊装

以麻涌工程为例：

（1）吊装方式

河面铁路桥吊装的难度在于河面无法使用汽车吊，只能采用船吊施工，如图 9 所示。

图 8　桥墩两侧支架的三维模型图

图 9　麻涌铁路桥现场照片

采用船吊施工，在岸边可以直接吊起桁架，自航就位安装，安装位置如图 10 所示。

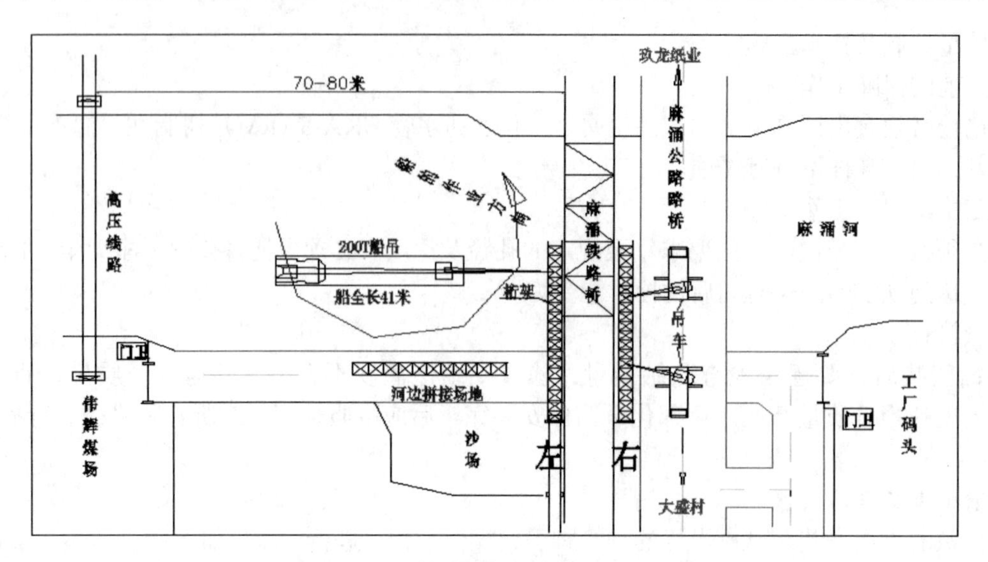

图 10 麻涌铁路桥桁架安装平面示意图

（2）船吊性能参数

①船吊司机必须进行现场踏勘。

②该船舶要曾经进入过该水域，对此水域比较熟悉。

③该船吊吊塔高度、作业半径、起吊高度、可吊重等参数必须满足要求。

（3）桁架吊点布置

桁架吊点布置如图 11 所示，吊点、钢丝绳的选用必须满足要求，防止吊装变形。

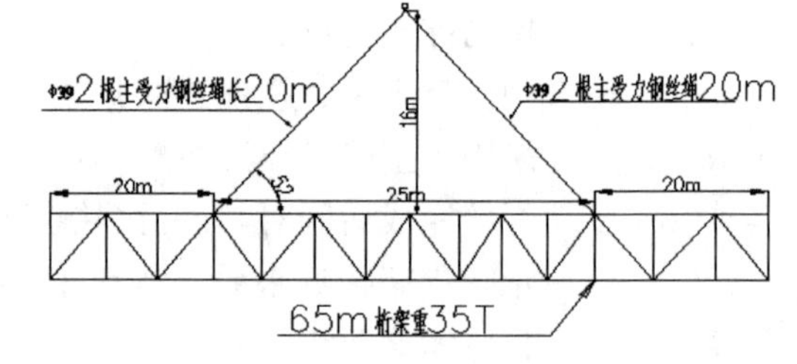

图 11 桁架吊点布置

（4）起吊荷载计算

①钢丝绳选用

以最重 65m 桁架 31t 为例，一台 200t 的船吊起吊，均选用ϕ36 的钢丝绳。

ϕ36 钢丝绳，公称抗拉强度 2000MPa，最小破断拉力 100.5kN，每台吊车使用钢丝绳的最小拉破力。

使用钢丝绳 4 根，张力计算公式为：$F = W/4\sin\alpha$

F 表示钢丝绳上的张力；W 表示物体重量：α 表示绳与平面夹角。

当$\alpha = 52°$ ，吊起 31t 的重物其张力为

$F = 31/4\sin52 = 9.8$（t）

取安全系数为 8，取每股钢丝绳不稳定系数为 1.2 时，每股钢丝绳的破断拉力应大于 $9.8\times8\times1.2 = 94t = 940000$（N）;

查五金手册选$\phi = 36mm$，型号为 6×37 的纤维芯钢丝绳抗拉强度在 2000MPa 时破断拉力为 1005000N > 940000N,（钢丝绳破断力表）可行。

②荷载计算

查附件 200t 船吊性能参数，暂定回转半径 17.7m 内，在起吊高度 26.8m 内，额定起重量为 150t

$h_1 + h_2 + h_3 = 1.5 + 16 + 9 = 26.5$（m）

式中，h_1 为桁架截面高度；h_2 为索吊具高度；h_3 为桁架超过桥墩支架的高度；$H = 26.8 > 26.5m$，吊装高度符合要求。

$Q_j = 1.1\times$（31 + 1）= 35.2（t）;

式中，桁架重量为 31t；索吊具为 1t；k_1 为动载系数 1.1；

1 台 200t 的吊车起吊中心位置应停靠在离桁架中心 17m 之内，起吊高度 26.8m，额定起重量为

150t（图 12）。

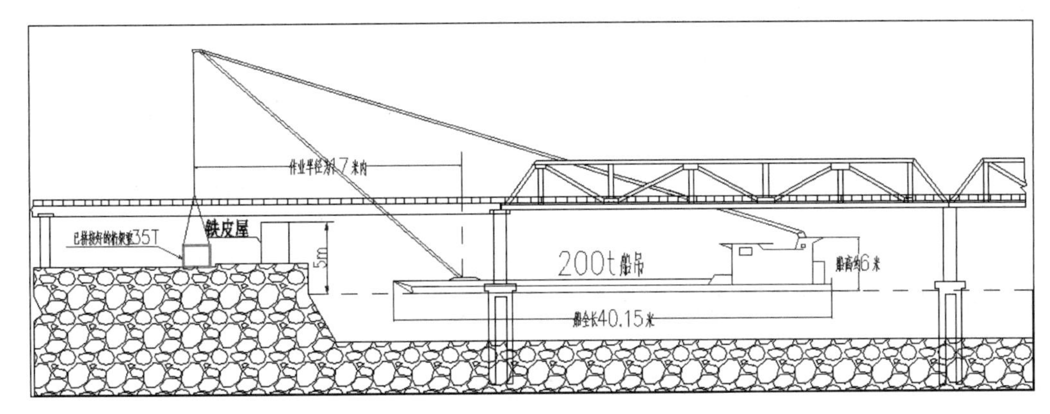

图 12　桁架吊装示意图 1

额定起重量 150t > 35.2t，吊装重量满足要求。

（5）桁架的吊装

①桁架在岸边对接完成后，由 200t 船吊整体吊起，吊起的同时用两根揽风绳（钢丝绳），在桁架的两端与船的两侧拉紧系在船上，防止桁架摆动幅度过大碰倒桥体；

②船舶缓慢倒退至两桥墩之间位置，缓慢倒退并向左旋转 90° ，至到船头垂直于铁路桥，两墩之间；

③缓慢前进在桁架离桥墩支架约 10m 左右时，吊船抛锚，必要时倒档缓慢就位，如图 3 所示。

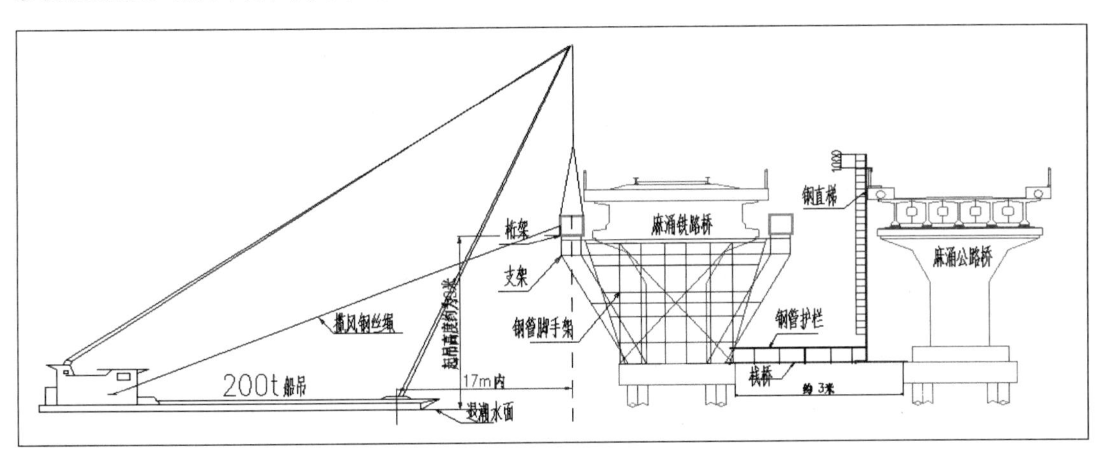

图 13　桁架吊装示意图 2

④船吊开始吊装预计 1d 可吊完一跨（65m），两条航道可以逐条封航交替进行吊装。

5.2.7　桁架现场组对连接

（1）桁架的制作与防腐在工厂完成，可减少现场的工作量，缩短现场的安装时间。

（2）桁架对接，采用选用 10.9 级扭剪型高强螺栓连接，高强螺栓使用前，先送检合格后方可使用。

（3）吊装垂直到位后，待因桁架旋转产生的离心力缓解后，将其落钩就位。这时铁路桥脚手架，支架位置上的安装人员使用工具将桁架微调，使其栓孔对应，并快速将高强螺栓安装，切记不可终拧，桁架 2 个支点高强螺栓穿装完毕后方可终拧。

（4）桁架支点螺栓按规定的螺栓扭矩系数完成终拧，使用力矩扳手检验后，吊车落钩摘绳。

5.2.8　钢结构涂装（最后一道面漆）

（1）现场组对连接完成后，按设计要求对桁架进行涂装即最后一道面漆施工。

（2）施涂油漆前，应将构件表面的灰尘、油脂、锈斑用抹布清理干净。

（3）油漆完成的工件表面不得有皱纹、垂流、渗色、粉化、回粘、龟裂、针孔、气泡、剥离、附着物等外观不良现象。

（4）质量要求：

①涂装应均匀，无明显皱纹、流挂，附着力应良好。

②涂刷油漆的金属表面刷纹通顺。

③施工时，严格按照《钢结构工程施工质量验收规范》(GB 50205—2001）中钢结构油漆涂装工程有关内容执行。

④涂刷均匀，色泽一致，无垂流、渗色、粉化、回粘、龟裂、针孔、气泡、剥离、附着物等外观不良现象。

⑤涂刷好的构件要进行标识以防止误用，严禁漏涂和锈蚀，颜色符合设计要求。

⑥损坏的涂层按涂装工艺分层补漆，涂层应完整，附着良好。

5.2.9 整体验收

（1）工程完工后，经自检合格，方可申请整体竣工验收。

（2）工程整体验收合格后，及时办理移交手续，并整理好竣工资料进行移交。

5.3 劳动力组织（表 5）

表 5 劳动力组织情况表

序号	工作 / 专业	人数	备注
1	架子工	8	
2	化学螺丝安装工	6	
3	救生员	2	
4	电焊工	4	
6	电工	1	
7	起重工	3	
8	油漆工	5	
9	安装工	8	
10	测量工	1	
11	船吊操作工	3	
12	全部管理人员	6	其中：安全员 2 人
	合计	46	

6 材料与设备

本工法无须特别说明的材料，采用的机具设备见表 6。

表 6 机具设备表

序号	机械设备名称	数量	型号规格	进场时间	退场时间	功率	备注
1	汽车吊	1	50t				
2	船吊	1	25t				
3	船吊	1	200t				
4	载重汽车	2	40t				
5	发电机	1	250kW				
6	手拉倒链	6	HS5 5t				
7	移动式空压机	2	18.5kW3M3				
8	直流焊机	6	AX-500				

续表

序号	机械设备名称	数量	型号规格	进场时间	退场时间	功率	备注
9	砂轮切割机	2	ϕ400				
10	角向磨光机	4	ϕ100				
11	焊条烘箱机	1	HY-704-14.5MPa				
12	水准仪	2	S3				
13	经纬仪	2	J6				
14	保温筒	6	150℃				
15	框式水平面仪	1	200×300				
16	对讲机	6					

注：按照施工进度情况，机械设备可以适当调整。

7　质量控制

7.1　工程质量控制标准

桁架施工质量执行《钢结构工程施工质量验收规范》（GB/T 50205—2005）和设计院提供的施工图纸、技术要求等。其关键部位工程质量控制标准见表7。

表7　工程质量控制标准

序号	规范 / (标准名称	备注
1	《工程测量规范》(GB 50026—2003)	
2	《钢结构工程施工质量验收规范》(GB 50205—2001)	
3	《涂装前钢材表面锈蚀等级和除锈等级》(GB 8923—2011)	
4	《建筑机械使用安全技术规程》(JGJ 33—2012)	
5	《施工现场临时用电安全技术规范》(JGJ 46—2012)	
6	《钢结构设计规范》(GB 50017—2003)	
7	《钢结构用扭剪型高强螺栓连接副技术条件》(GB/T 3632—2008)	
8	《钢结构用高强度大六角头螺栓、大六角头螺母、垫圈型式尺寸与技术条件》(GB/T 3632—2008)	

7.2　质量保证措施

（1）施工前由专业工程师组织施工人员认真学习图纸、资料，了解施工技术要求，掌握施工方法和施工要领。同时进行质量宣传，提高质量意识，加强作业人员的工作责任心。

（2）认真做好施工前的技术交底工作，使每个施工人员充分地理解施工工艺和技术要求，达到作业人员对工作心中有数，交底后必须双方签字。

（3）班组长和专职质检员应认真作好施工过程的质量监督控制，确保每一道工序的施工质量以及工序间的衔接合理、不留缺陷、不留尾工，认真做好施工后的三级检验、验收工作。

（4）对施工中容易发生的质量问题，作业前应做出预测，并采取有效的、可操作的预防措施，消除施工质量缺陷。

（5）施工中发现设备缺陷或施工质量问题，及时向技术负责人提出，并采取相应措施后及时处理。重大质量问题必须停工，待提出处理意见或制定整改措施后方可进行整改。

（6）积极配合监理、业主等的质检工作，对查出的质量问题及时整改。

（7）钢结构在焊接前必须复查其组合尺寸是否符合要求。焊接时，对于长焊缝应采用分段跳焊法进行，严防焊接变形。

（8）桁架在卸车、运输、吊装过程中必须保持水平。

（9）安装过程中应严格按施工图和相关规范、规程要求进行。

（10）采用经检测合格的计量器具。

（11）针对重点作业设置质量控制点进行有效控制，见表 8。

表 8　施工作业质量控制点

序号	作业控制点	检验部门和单位				见证方式
		班组	项目部	监理单位	建设单位	
1	安装基准标高、基准线的校验	√	√	√	√	W
2	化学螺栓安装	√	√	√	√	W
3	支架安装	√	√	√	√	W
4	桁架的外形尺寸校验	√	√	√		H
5	起吊装置、索具配置检验	√	√	√		S
6	起吊过程中吊装系统检查	√	√	√		H
7	桁架组合尺寸复查	√	√	√	√	H
8	桁架涂装	√	√	√	√	H
9	钢结构整体找正验收	√	√	√	√	H
10	整体验收	√	√	√	√	H

注：W 见证点、H 停工待检点、S 连续监视监护。

8　安全措施

（1）开工前，应根据工程及现场施工特点，对其进行危险因素辨识与评价，并根据危险源制订相应的控制措施。从工序的前后衔接和合理的工艺流程上尽量减少交叉和高空作业的频率，制订各重大危险源的应急预案，保证各项工作安全、有序地进行。

（2）危险因素辨识和控制措施（表 9）

表 9　危险因素辨识和控制措施一览表

序号	危险因素辨识	控制措施
1	交叉作业坠物	作业时合理安排工序，避免交叉作业，如不能避免，做好隔离措施
2	高空作业区，边角料乱堆乱放且无防坠落措施	禁止乱堆乱放，及时清理到废料箱
3	高空作业区平台、走道、楼梯末按要求设置防护栏杆及踢脚板，安全网装设不齐全	平台、走道、楼梯设 1.1m 临时护栏和 180mm 踢脚板，安全网装设齐全
4	作业人员高空行走未设置水平拉索	作业前设好防护措施
5	垂直交叉作业层间未设置严密、牢固的防护隔离措施	垂直交叉作业层间用脚手板隔离
6	施工现场出入口末设置防护栏杆和警示牌	出入口设置防护栏杆和警示牌
7	起重工指挥错误或吊车、卷扬机、塔吊司机操作不当	起重工及司机应持证上岗
8	高空作业传递物品时随意抛掷	施工前进行交底，禁止高空作业抛掷物件
9	脚手架或脚手板绑扎不牢，脚手板铺单板	由专业架子工搭设，禁止非专业人员操作，使用前由安全人员检查合格
10	吊装作业通信不畅或未设置专人负责	指定专人用对讲机联系
11	设备吊装、就位时，人员站位不当	禁止站在吊物下方
12	设备吊装、就位时，吊点选择不当	对各吊点进行受力分析，选择合格吊点
13	工机具高空坠落伤人	小件工具放进工具袋，大件工具系保险绳
14	大件吊装后的临时固定措施不到位	对临时固定装置进行受力分析，选择合适的固定材料和固定点

续表

序号	危险因素辨识	控制措施
15	河面作业措施不到位，坠河事件	穿戴救生衣外还应穿配有安全带，配备防坠器，配备救生艇
16	火车碰撞事故	设置隔离带，与铁路部门联系，通过前提前鸣笛示警
17	船只碰撞事故	桥墩、桥面施工时应设置醒目的警示标志，提醒过往的船只注意避让，防止事故的发生

9　环境保护措施

（1）根据施工现场的实际情况，确定一般环境因素和重大环境因素，制订项目部环境管理目标及约束机制。

（2）施工垃圾定点堆放，大量垃圾及时清运，严禁从高空乱倒（抛）垃圾，污染河面。垃圾实行袋装运至定点堆放点，做到工完料尽场地清。

（3）对现场危化品：氧气、乙炔、酸、化学药品等，应按程序、规范要求采购、存放、保管、使用，遵守相关操作规程。

10　效益分析

10.1　直接经济效益

以一个500m宽的河面沿铁路桥架设桁架为例分析，采用本工法施工，由于施工技术先进，施工工艺合理，可节省人工1800个，降低直接成本40万元以上。

10.2　社会效益和节能环保效益

应用本关键技术施工不影响铁路和航道的正常通行，对河水污染很少，环保和社会效益显著。

11　应用实例

本工法通过我公司在东莞市东江及麻涌铁路桥桁架安装实践，其技术成熟先进、可靠性和可操作性强，应用前景广阔。

超大型屋面钢桁架液压整体提升工法

王正科 陈远荣 刘 博 邹凌锋 刘 波

湖南省第六工程有限公司

摘 要：对于超大屋面桁架若采用普通吊装方法则存在危险系数大、施工困难等问题。本工法提出了一种钢桁架液压整体提升施工方法：在被提升结构投影面正下方的地面上布置拼装胎架，并将结构拼装成整体，利用两端结构作为提升支点，把千斤顶置于提升支点上进行固定作为上吊点，往液压千斤顶中穿入专用钢绞线并通过下吊点连接钢结构构件，并采用计算机控制液压千斤顶整体同步提升。该工法实现了屋面钢桁架在地面整体拼装、整体提升，在提升过程中可控制构件的运动姿态和应力分布，还能让其在空中滞留、微动调节，保证安装精度和质量；同时，无须大型机械设备、搭设支撑架或操作平台，劳动力资源消耗少、工期短。

关键词：大跨度钢桁架；地面拼装；整体提升；液压千斤顶

1 前言

本工程醴陵陶瓷会展馆建设项目展厅屋面钢桁架跨度大、自重较大、吊装高度较高，项目部在确定吊装方案过程中发现采用普通的吊装方法存在危险系数大以及施工困难等问题，经过分析比对及专家论证，项目部采用了钢桁架液压整体提升施工方法，得到了很好的应用，取得了较好效果，特编写本工法。

2 工法特点

（1）自动化程度高，通过控制系统由电脑控制提升作业，减少了高处作业量，安全系数高。

（2）钢桁架屋面地面整体拼装，整体提升，避免了散拼散拆，施工简洁、方便、工期短。

（3）提升过程中，不但可以控制结构构件的运动姿态和应力分布，还可以让结构构件在空中滞留和进行微动调节，确保安装精度，工程质量容易保证。

（4）只需焊接上下吊点，通过控制系统控制钢缆绳起吊平衡，无须大型机械设备，无须搭设支撑架及操作平台，劳动力资源消耗少，降低施工成本。

3 适用范围

本工法适用于钢桁架和钢框架等钢结构构件的整体提升施工，包括大型钢结构桁架的屋面以及钢结构空中连廊等。

4 工艺原理

液压提升法是一种用于超大、超重型钢结构施工的施工方法，该工法与传统的提升方法不同，它采用柔性钢绞线或刚性立柱承重、液压提升器集群、计算机控制、液压同步提升的新原理。在被提升结构投影面正下方的地面上布置拼装胎架，在地面把准备提升的结构拼装成整体，利用两端结构作为提升支点，把千斤顶置于提升支点上进行固定作为上吊点，往液压千斤顶中穿入专用钢绞线并通过下吊点连接钢结构构件，通过计算机控制液压千斤顶整体同步提升。

5　工艺流程和操作要点

5.1　工艺流程

5.1.1　整体提升施工流程（图1）

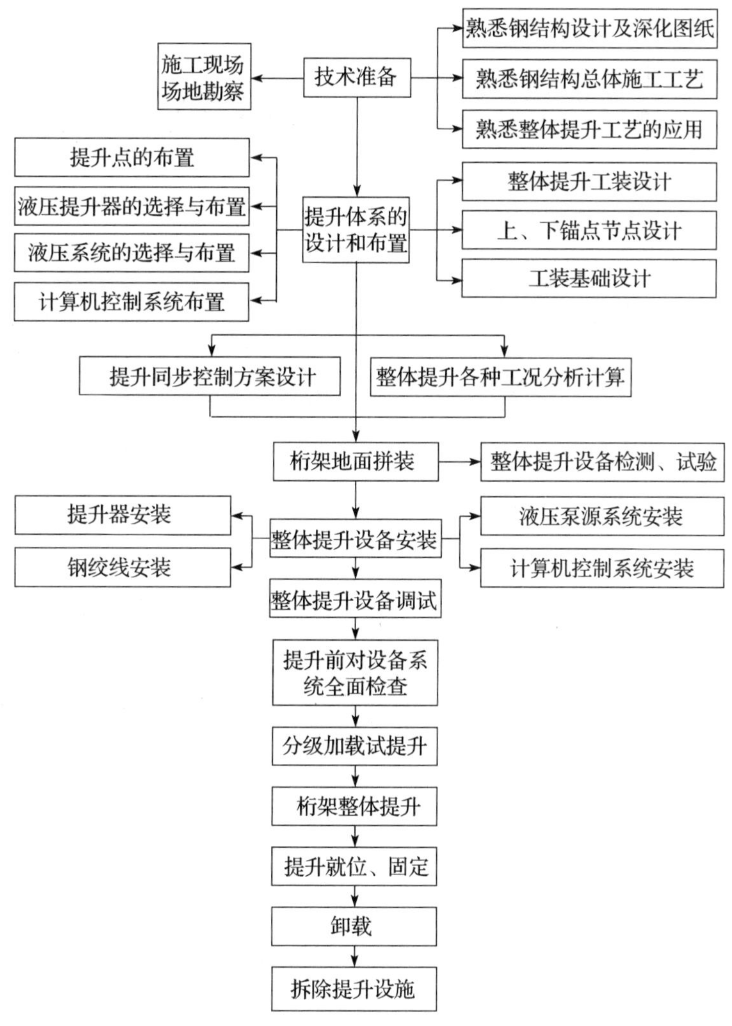

图1　整体提升作业流程图

5.1.2　现场提升施工工艺流程（图2）

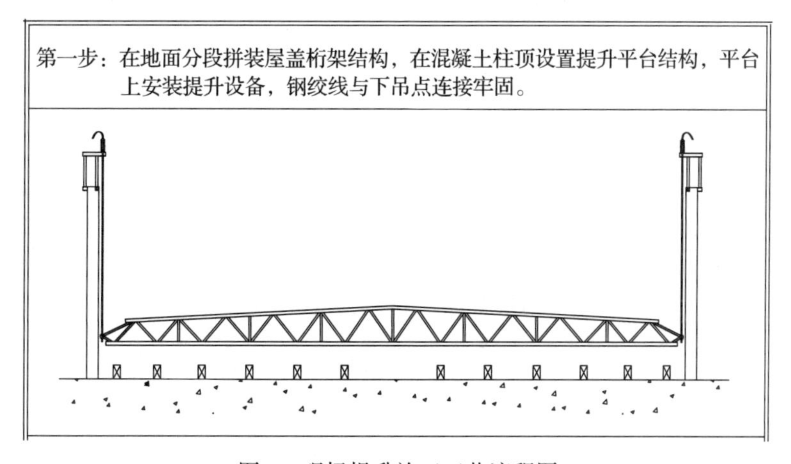

图2　现场提升施工工艺流程图

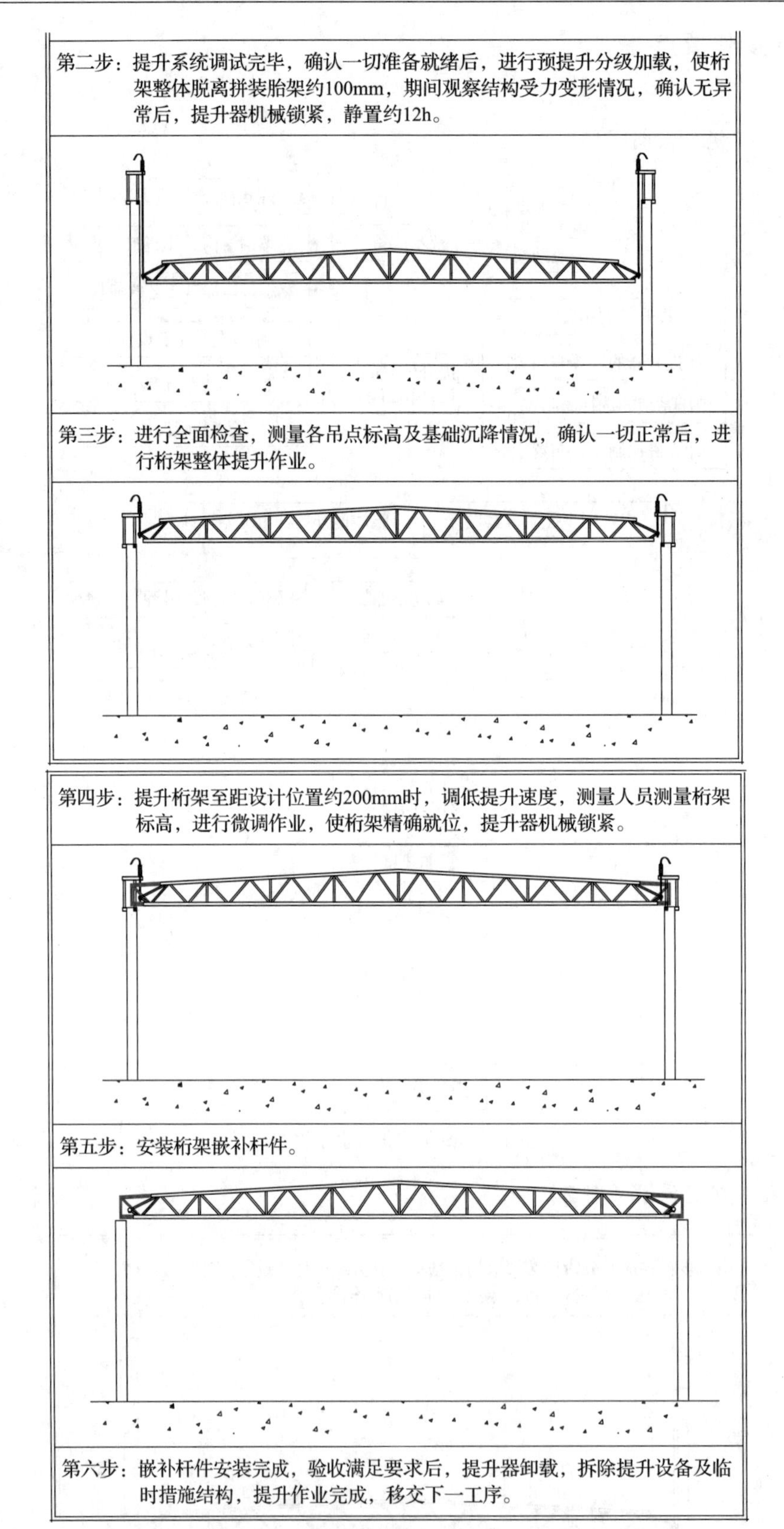

图 2　现场提升施工工艺流程图（续）

5.2　操作要点

5.2.1　提升体系设计及布置

（1）提升吊点设计布置

根据屋盖桁架结构特点，在每榀主桁架的两端设置提升吊点。

（2）提升平台设计

在钢柱侧面设置牛腿，在牛腿上设置提升平台，平台上放置提升器。提升平台由牛腿、立柱、分配梁、提升梁及缀杆组成（图 3）。

通过钢结构设计计算软件分析，确保提升平台的满足钢结构构件提升要求。

（3）下吊点设计

提升下吊点采用临时吊点形式，在支座附近添加三根临时杆件，临时杆件汇交形成提升吊点，提升吊点采用焊接空心球形式（图 4）。

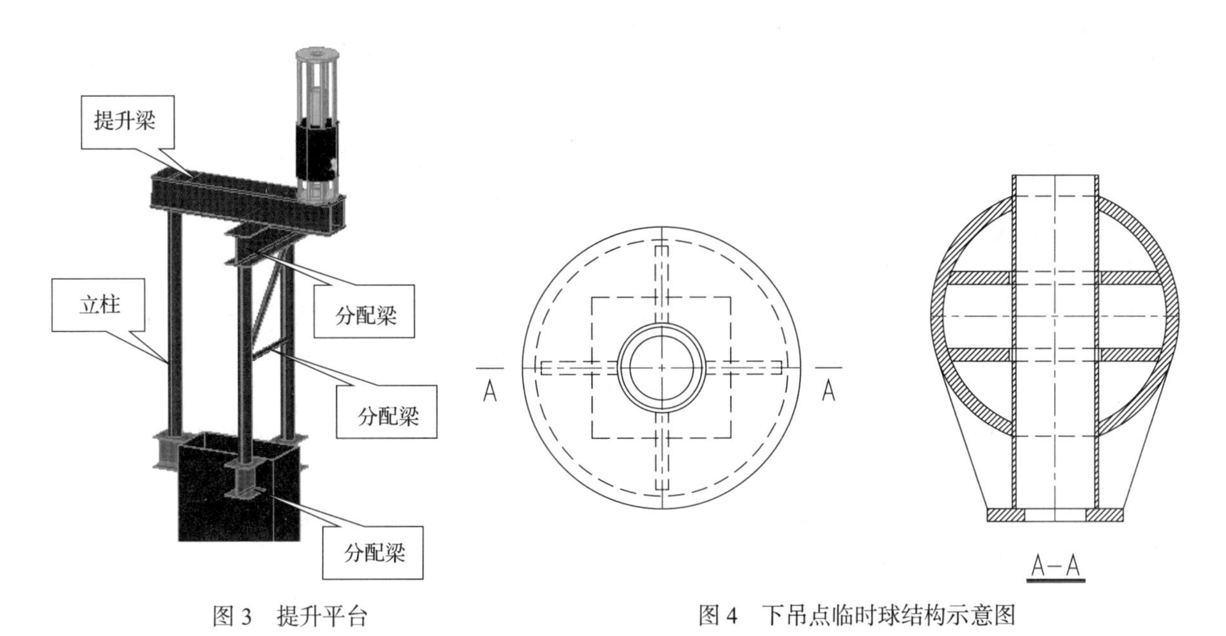

图 3　提升平台　　图 4　下吊点临时球结构示意图

5.2.2　桁架地面拼装

首先，待楼面混凝土达到一定强度后，在楼面上放样设置拼装胎架；然后，进行主桁架散件拼装，由中间依次向两端拼装，紧接着进行腹杆拼装；最后，拼装主桁架之间的次桁架，形成整体（图 5）。

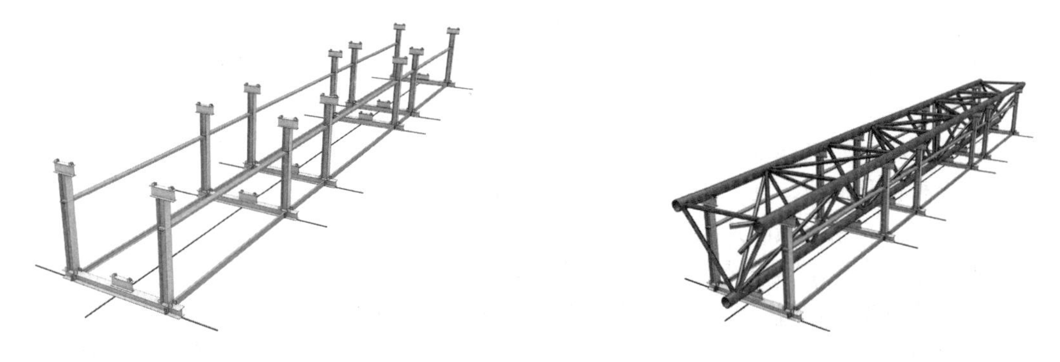

图 5　桁架地面拼装

5.2.3　整体提升设备安装

（1）提升器安装

提升器钢绞线外接孔与支承通孔中心对齐，钢绞线与支承通孔壁不能碰擦。提升器的液压锁方位要便于与液压泵站之间的油管装拆。提升器就位后用压板进行定位，每个提升器需用 3 块 L 形压板固定。

（2）钢绞线导向架安装

钢绞线导向架用于提升过程中钢绞线的疏导，防止钢绞线缠绕。导向架导出方向以方便装拆油管、传感器和不影响钢绞线自由下坠为原则。导向架横梁离安全锚高约 1.5 ～ 2m。钢绞线导出部分后，把钢绞线扎成捆，不致分散。

（3）地锚安装

上下吊点的垂直偏斜小于 1.5°，用 L 形压板将地锚固定于提升吊具中（每个地锚用 3 块压板固定），留有一定空隙，使地锚可沿圆周方向自由转动，钢绞线与孔壁不能碰擦。

（4）钢绞线安装操作工艺

①钢绞线需经检查，无折弯、疤痕和严重锈蚀；根据现场情况确定钢绞线的具体穿法且上下约束一致。一般先穿外圈的小部分，后穿内圈全部，再将外圈剩余的穿完。

②钢绞线绕向有左旋、右旋两种。用砂轮切割机或割刀将钢绞线切割成所需的长度，其中左旋、右旋各一半。用打磨机将钢绞线两头打磨成锥形，端头不得有松股现象。

③将疏导板安装于提升平台下侧，调整疏导板孔的位置，使其与提升器各锚孔对齐，并将疏导板用软绳绑于提升平台下部。

④用导管自上而下检查提升器的安全锚、上锚、中间隔板、下锚、应急锚和疏导板孔，做到上下 6 层孔对齐。

⑤确保单根钢绞线偏转角度小于 15°，上下吊点垂直偏斜小于 1°。

⑥提升器中的钢绞线必须左旋、右旋间隔穿入。

⑦顶开安全锚压锚板，将钢绞线从安全锚穿过各个锚环及疏导板。钢绞线在安全锚上方露出适当长度。每穿好 2 根钢绞线后，用夹头将钢绞线两两夹紧，以免钢绞线从空中滑落。

⑧按照施工方案配置的数量穿好所有钢绞线，并用上、下锚具锁紧。

⑨每束钢绞线中短的一根下端用夹头夹住，以免疏导板从一束钢绞线上滑脱。用软绳放下疏导板至下吊点上部，按基准标记调整疏导板的方位。

⑩调整地锚孔位置，使其与疏导板的孔对齐。按顺序依次将钢绞线穿入地锚中并理齐，端头留出大于 20cm 的长度，用地锚压锚板锁紧钢绞线。

⑪钢绞线如参差不齐，可用适当方法逐一张紧，使每根钢绞线有 1t 左右的预张力。

（5）液压泵站与提升器的油管连接

检查液压泵站、控制系统与液压提升器编号是否对应，油管连接使主液压缸伸、缩，锚具液压缸松、紧是否正确。

（6）各传感器与控制系统的连接

①行程传感器安装时调整好位置，确保在提升器伸缸时不干涉，拉线垂直，调整好传感器拉线位置。

②上、下锚具传感器是有区别的，要安装正确、牢固，上锚具的信号线在运动中要不受干涉。

③油压传感器接在主缸大腔，做好传感器及其信号线的防水措施。

（7）提升器与液压泵站电缆连接

连接传感器线和提升器线，注意主液压缸和截止阀的对应关系。

（8）液压泵站与控制系统线路连接

①配电箱须满足功率要求，安装在比较安全的地方，可靠固定。

②选择好控制的方位、位置，要便于观测、操作，并要有防雨措施，可靠固定。

③连接好控制网路的电源线、网络线、扩展线、液压油缸线、液压泵站线等，要做到接线整齐、有序。

（9）液压泵站动力电缆连接

连接动力电缆应在无电情况下操作，本系统使用 380V 三相五线交流工业电源。要注意电源的漏电保护方式。

（10）控制系统电源连接：控制系统输入电源为 220V 交流电源。

5.2.4 整体提升设备调试

（1）液压泵站检查

对液压泵站所有阀和油管的接头进行一一检查，同时使溢流阀的调压弹簧处于完全放松状态。检查油箱液位是否处于适当位置。

（2）电机旋转方向检查

分别启动大、小电机，从电机尾部看，顺时针旋转为正确；若不正确，交换动力电缆任意两根相线。

（3）电磁换向阀动作检查

在液压泵站不启动的情况下，手动操作控制柜中相应按钮，检查控制系统、泵站截止阀编号和提升器编号是否对应，电磁换向阀和截止阀的动作是否正常。

（4）油管连接检查

检查液压泵站、控制系统与液压提升器编号是否对应，油管连接使主液压缸伸缩，锚具液压缸松紧是否正确。

（5）锚具检查

检查安全锚位置是否正确，在未正式工作时是否能有效阻止钢绞线下落；地锚位置是否正确，锚片是否能够锁紧钢绞线。

（6）系统检查

①使用 ID 设置器，设置地址，检查行程和锚具传感器信号是否正确。

②启动液压泵站，在提升器安全锚处于正常位置、下锚紧的情况下，松开上锚，主液压缸及上锚具液压缸空载伸缩数次，以排除系统空气。调节一定的伸缸、缩缸油压及锚具液压缸油压。

③调整行程传感器调节螺母，以使行程传感器在主液压缸全缩状态下的行程数值为 0。

④检查截止阀能否截止对应的液压缸。

⑤检查比例阀在电流变化时能否加快或减慢对应主液压缸的伸缩速度。

（7）钢绞线张拉

①用适当方法使每根钢绞线处于基本相同的张紧状态。

②调节一定的伸缸压力（3MPa）对钢绞线整体进行预张紧。

5.2.5　分级加载试提升

（1）解除主体结构与支架等结构之间的连接；

（2）按下列比例，进行 20%、40%、60%、70%、80%、90%、95%、100% 分级加载；直至结构全部离地；

每次加载，须按下列程序进行，并作好记录：

①操作：按要求进行分级加载，使油缸受力达到规定值；

②观察：各个观察点应及时反映观察情况；

③测量：各个测量点应认真做好测量工作，及时反映测量情况；

④校核：数据汇交现场施工设计组，比较实测数据与理论数据的差异；

⑤分析：若有数据偏差，有关各方应认真分析；

⑥决策：认可当前工作状态，并决策下一步操作。

（3）试提升加载过程中提升平台与结构的检查

①检查结构的焊缝是否正常；

②检查提升平台是否正常；

③检查结构的变形是否在允许的范围内；

（4）试提升加载过程中提升设备的检查

①检查各传感器工作是否正常；

②检查提升油缸、液压泵站和计算机控制柜工作是否正常。

5.2.6　整体正式提升

（1）提升过程控制要点

为确保结构单元及主楼结构提升过程的平稳、安全，根据结构构件特性，拟采用“吊点油压均衡，结构姿态调整，位移同步控制，分级卸载就位”的同步提升和卸载落位控制策略。

（2）同步提升过程

①提升分级加载

通过试提升过程中对桁架结构、提升设施、提升设备系统的观察和监测，确认符合模拟工况计算和设计条件，保证提升过程的安全。

以计算机仿真计算的各提升吊点反力值为依据，对钢结构构件单元进行分级加载（试提升），各吊点处的液压提升系统伸缸压力应缓慢分级增加，依次为20%、40%、60%、80%；在确认各部分无异常的情况下，可继续加载到90%、95%、100%，直至屋盖桁架钢结构全部脱离拼装胎架。

在分级加载过程中，每一步分级加载完毕，均应暂停并检查：上吊点、下吊点结构、桁架结构等加载前后的变形情况，以及主楼结构的稳定性等情况。一切正常情况下，继续下一步分级加载。

当分级加载至结构即将离开拼装胎架时，可能存在各点不同时离地，此时应降低提升速度，并密切观察各点离地情况，必要时做“单点动”提升。确保钢结构构件离地平稳，各点同步。

②结构离地检查

桁架结构单元离开拼装胎架约100mm后，利用液压提升系统设备锁定，空中停留12h以上作全面检查（包括吊点结构，承重体系和提升设备等），并将检查结果以书面形式报告现场总指挥部。各项检查正常无误，再进行正式提升。

③姿态检测调整

用测量仪器检测各吊点的离地距离，计算出各吊点相对高差。通过液压提升系统设备调整各吊点高度，使结构达到水平姿态。

④整体同步提升

以调整后的各吊点高度为新的起始位置，复位位移传感器。在结构整体提升过程中，保持该姿态直至提升到设计标高附近。

⑤提升速度

整体提升施工过程中，影响构件提升速度的因素主要有液压油管的长度及泵站的配置数量，按照本方案的设备配置，整体提升约度约10m/h。

⑥提升过程的微调

结构在提升及下降过程中，因为空中姿态调整和杆件对口等需要进行高度微调。在微调开始前，将计算机同步控制系统由自动模式切换成手动模式。根据需要，对整个液压提升系统中各个吊点的液压提升器进行同步微动（上升或下降），或者对单台液压提升器进行微动调整。微动即点动调整精度可以达到毫米级，完全可以满足屋盖桁架钢结构单元安装的精度需要。

5.2.7　提升就位

结构提升至设计位置后，暂停；各吊点微调使主桁架各层弦杆精确提升到达设计位置；液压提升系统设备暂停工作，保持结构单元的空中姿态，主桁架中部分段各层弦杆与端部分段之间对口焊接固定；安装斜腹杆后装分段，使其与两端已装分段结构形成整体稳定受力体系。

液压提升系统设备同步卸载，至钢绞线完全松弛；进行屋盖桁架钢结构的后续高空安装；拆除液压提升系统设备及相关临时措施，完成桁架结构单元的整体提升安装。

5.2.8　桁架卸载

后装杆件全部安装完成后，进行卸载工作。按计算的提升载荷为基准，所有吊点同时下降卸载10%；在此过程中会出现载荷转移现象，即卸载速度较快的点将载荷转移到卸载速度较慢的点上，以至个别点超载。因此，需调整泵站频率，放慢下降速度，密切监控计算机控制系统中的压力和位移值。万一某些吊点载荷超过卸载前载荷的10%，或者吊点位移不同步达到10mm，则立即停止其他点卸载，而单独卸载这些异常点。如此往复，直至钢绞线彻底松弛。

6　材料与设备

6.1　材料

（1）本工法所使用的消耗性材料主要为钢绞线，每台提升器配置4根钢绞线，钢绞线规格为

1×7—17.8mm，单根钢绞线破断拉力为36t。

（2）钢绞线选择应符合下列规定：

①提升油缸中单根钢绞线的拉力设计值不得超过其破断拉力的50%；

②通过检验合格的起重用钢绞线可以重复使用。

6.2　设备

6.2.1　总体配置原则

（1）满足连体桁架钢结构液压提升力的要求，尽量使每台液压设备受载均匀。

（2）尽量保证每台液压泵站驱动的液压设备数量相等，提高液压泵站的利用率。

（3）在总体布置时，要认真考虑系统的安全性和可靠性，降低工程风险。

6.2.2　提升设备

根据结构受力情况配置提升设备，主要配置TLJ-600型提升器。TLJ-600型提升器额定提升能力为60t。

6.2.3　泵源系统

（1）动力系统由泵源液压系统（为提升器提供液压动力，在各种液压阀的控制下完成相应的动作）及电气控制系统（动力控制系统、功率驱动系统、计算机控制系统等）组成。

（2）本工程中依据提升器的数量及泵站流量配置2台60kW的液压变频泵站。每台泵站有两个独立工作的单泵，每个单泵驱动两个吊点位置的提升器作业。

6.2.4　计算机同步控制系统

（1）本工程中采用TL-CS 11.2型计算机同步控制系统。

（2）液压同步提升施工技术采用行程及位移传感监测和计算机控制，通过数据反馈和控制指令传递，可全自动实现同步动作、负载均衡、姿态矫正、受力控制、操作闭锁、过程显示和故障报警等多种功能。操作人员可在中央控制室通过液压同步计算机控制系统人机界面进行液压提升过程及相关数据的观察和（或）控制指令的发布。

通常所用设备如表1所示。

表1　设备配置表

序号	名称	规格	型号	单重（t）	数量
1	液压提升器	60t	TLJ-600	0.5	16
2	液压泵源系统	60kW	TL-HPS60	2.2	2
3	同步控制系统		TL-CS 11.2		1
4	液压油管	ϕ13			50箱
5	钢绞线	17.8mm			10t
6	传感器	行程/锚具	TL-SL		16

7　质量控制

（1）应用本工法应执行和参考以下规范和标准：

《钢结构工程施工质量验收规范》(GB 50205—2001)；

《钢结构设计规范》(GB 50017—2003)；

《液压系统通用技术条件》(GB 3766—2015)；

《电气安装工程施工及验收规范》(GBJ 232—2011)。

（2）施工项目部应建立质量保证体系，严格执行ISO 9001规定。

（3）屋面钢桁架整体液压提升主要包含钢桁架地面拼装机整体液压提升两大施工过程，应分别分析其重点难点并采取相应措施，确保钢桁架地面拼装质量及整体提升稳定性。

①钢桁架地面拼装质量控制

a. 管桁架在工厂进行预拼装，重点检查杆件、节点间焊接间隙及桁架的整体尺寸，并作标记，便于现场安装。

b. 必须在拼装胎架安装前整平、硬化拼装场地，并对支撑体系作记算分析，保证其稳定性和刚度满足安装要求。

c. 桁架现场拼装成型后，制定合理的焊接顺序进行焊接，焊接需搭设焊接防护棚，焊接过程中跟踪测量，及时调整焊接顺序，确保拼装质量。

②整体提升过程稳定性控制

a. 液压提升力的控制

先通过计算机仿真分析计算得到的钢桁架整体同步提升工况各个吊点反力数值，再进行不同步最不利工况分析得出安全范围内的最大吊点反力值。在液压同步提升系统中，依据计算数据对每台液压提升器的最大提升力进行相应设定。

当遇到某吊点实际提升力超出设定值趋势时，液压提升系统自动采取溢流卸载，使得该吊点提升反力控制在设定值之内，以防出现各吊点提升反力分布严重不均，造成对永久结构及临时设施的破坏。

b. 提升间歇过程中的安全措施

结构安装高度很高，提升过程中根据工况所需结构空中停留。

液压同步提升器在设计中独有的机械和液压自锁装置，提升器锚具具有逆向运动自锁性，提升器内共有三道锚具锁紧装置，分别为天锚、上锚及下锚，在结构暂停提升过程中，各锚具均由液压锁紧状态转换为机械自锁状态，保证了结构在提升过程中能够长时间在空中停留。

对于本工程，结构安装高度较高，风荷载对提升吊装过程有一定影响。为确保结构提升过程的绝对安全，并考虑到高空对精度的要求，钢结构屋盖桁架在空中停留时，或遇到更大风力影响时，暂停吊装作业，提升设备锁紧钢绞线。同时，通过导链将结构与周边结构连接。

c. 结构就位时调整允许范围

液压提升过程中必须确保上吊点（提升器）和下吊点（地锚）之间连接的钢绞线垂直，亦即要求上提升平台和下吊点在初始定位时确保精确。根据提升器内锚具缸与钢绞线的夹紧方式以及试验数据，一般将上、下吊点的偏移角度控制在 1° 以内。

d. 临时结构设计的稳定性控制

与钢桁架整体提升有关的临时结构设计，包括加固措施，均应充分考虑各种不利因素的影响，保证整体提升过程的稳定性和绝对安全。

e. 主体结构稳定性的保护

钢桁架整体提升完毕，后续的施工中，严禁出现大范围、大电流的焊接，以防止局部受热变软而出现下挠无法控制，结构空间尺寸发生突变。因此，在钢桁架整体提升前，应尽可能把所有可能想到的挂件、吊点考虑到位，提前在地面焊接安装。

8　安全措施

（1）施工前进行针对性的安全技术交底，并做好交底记录。

（2）施工区域做好隔离措施，设专人看管，严禁无关人员进入，严格遵守十不吊规定。

（3）进入施工现场必须正确佩戴安全帽。

（4）所有焊接位置应搭设操作平台或挂设吊笼，焊接处应做好防火措施。

（5）焊接设备必须有可靠的接地措施。

（6）高处行走必须拉设安全绳，施工人员必须佩戴安全带，登高时必须安装爬梯，爬梯必须固定牢固，拉设登高绳．施工人员上下必须使用自锁器。

（7）在提升架与原结构焊接处进行探伤，保证全熔透一级焊缝。

（8）提升设备必须进行用前检查，并出具检查报告。

（9）提升用钢绞线严禁有毛刺或缺口，严禁钢绞线导电。

（10）大风、大雨及雪天不得进行露天焊接作业，如须作业，施工人员应注意防滑、防雨、防水及用电防护。禁止在风速五级以上进行提升或下降工作。

9　环保措施

（1）按 GB/T 24001—2004 环境管理体系标准执行。

（2）滤除系统产生的杂质。应在系统的有关部位设置适当精度的过滤器，并要定期检查、清洗或更换滤芯，避免液压油造成的污染。

（3）控制液压油的工作温度。一般液压系统工作温度控制在 65℃以下，避免液压油产生的污染物造成二次污染。

（4）定期检查更换液压油。应根据液压设备使用说明书的要求和维护保养规程的规定，定期检查更换液压油。

（5）力求减少外来污染，液压装置组装前后必须严格清洗，油箱通大气处要加空气过滤器。

10　效益分析

（1）从施工角度分析。避免了采用过多、过大起重机，大部分安装工作在地面进行，避免了大量高处作业，提高了施工的安全系数。

（2）从质量方面分析。大部分施工在地面进行，安装质量、焊接质量易于保证，油漆、防火涂料施工易于控制，很大程度上保证了工程质量。

（3）从工期方面分析。大部分工作在地面施工，由于施工难度低，可大幅度提高施工效率，施工完毕后一次性提升就位，提升用时较短，缩短了整个施工工期。

（4）从施工条件方面分析。采用该方法，只需考虑地面拼装部分及运输通道处的施工荷载，减少了施工场地的占用面积。

（5）从成本方面分析。无须搭设满堂脚手架，使施工成本降低。

（6）从文明施工方面分析。由于高处施工操作面受限，安装时会出现敲打，产生施工噪声，油漆施工时会产生雾状物，防火涂料施工时会出现洒落现象。采用该工法后，由于施工面低，施工操作面扩大，安全系数提高，可采用有效措施，避免产生噪声、环境污染。

11　应用实例

醴陵陶瓷会展馆展览中心由 1 ～ 3 号展厅组成，屋盖均采用空间相交立体钢管桁架结构体系，展厅屋盖由 7 ～ 8 榀南北向倒三角形管桁架及次桁架组成，桁架跨度为 63m，桁架下弦中心标高为 19.35m，檐口标高为 23.05m，桁架高度为 2.125 ～ 3.7m；桁架两端均由箱形钢柱支撑（图 6）。

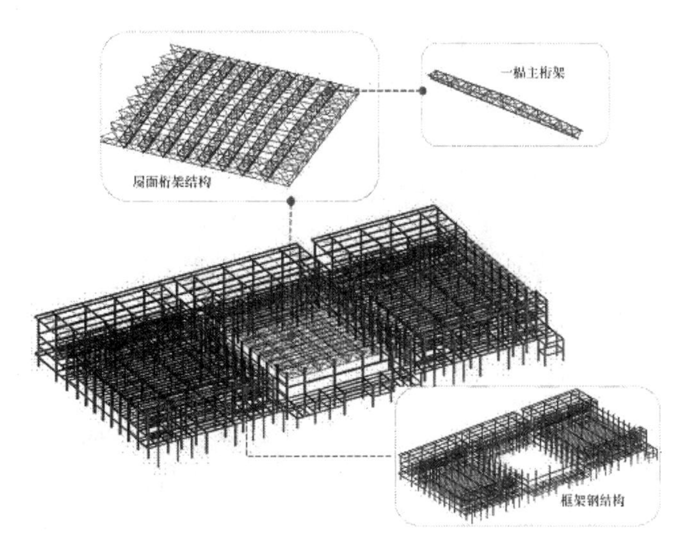

图 6　屋面模型图

根据本工程屋盖桁架结构特点，首先在每榀主桁架的两端设置提升吊点，其中 1 号展厅设置 14 个吊点，2 号展厅展厅设置 16 个吊点，3 号展厅设置 14 个吊点。在钢柱侧面设置牛腿，在牛腿上设置提升平台，平台上放置提升器。

然后进行提升设备安装：钢绞线导向架安装，钢绞线材料为经过严格检查的合格产品；进行地锚安装；将整体提升系统的控制系统各部件连接到位，对钢桁架屋面进行试提升，试提升成功后进行正式提升，最后成功的将整个钢桁架屋面提升至指定标高，并安装就位（图 7 ～图 13）。

图 7　提升现场

图 8　布置提升平台上吊点

图 9　下吊点示意

图 10　结构离地检查

图 11　利用电脑经控制系统对整体提升位移进行微调

图 12　提升过程中

图 13　提升就位

锚索张拉装配式操作平台施工工法

张明亮　江　波　王大纲　黄　兴　周晋锐

湖南省第六工程有限公司

摘　要： 深基坑支护锚索张拉时需搭设移动门式活动脚手架或扣件式架管脚手架做操作平台，存在稳定性差、耗时耗力、施工成本高、无法进行土方开挖交叉作业等缺陷。本工法提出利用已施工的基坑支护冠梁或腰梁为载荷体，由薄壁方钢管焊接形成单榀支架，操作平台至少由 2 榀支架组成，支架间铺设竹胶板或木方；各支架与混凝土腰梁或冠梁通过膨胀螺栓或植筋进行连接；锚索锚固段钢绞线采用架线环固定，锚索自由段钢绞线采用镀锌铁丝固定，自由段钢绞线外套直径 75mm 波纹管，自由段与锚固段分界处波纹管开口采用强力胶带进行封闭。该工法选材方便，安装便捷，制造成本低，可拆卸组装，整体稳定性好。

关键词： 房屋建筑工程；基坑支护；锚索张拉；操作平台

1　前言

在大型建筑的地下室基坑工程施工阶段，通常会涉及到支护工程，而支护锚索是支护工程中应用较为常见的结构处理措施。按照施工工艺流程及技术要求，一般在锚索张拉前，基坑土方便会不同程度地进行开挖，这要求锚索注浆强度达到设计后再进行张拉时必须搭设临时操作平台。施工现场通常的做法是采用移动门式活动脚手架或扣件式架管脚手架，这要求对基坑边的场地进行压实平整，保证脚手架的安全稳定，比较耗时，需要投入较大的人力物力，导致锚索张拉工作效率低。对于工期比较紧张的基坑工程，无法进行各专业间的交叉作业；此外，当基坑内周边土方经雨水（或地下水）浸泡后，必须先进行换填压实处理后方可进行脚手架的搭设，造成施工成本增加。本工法针对上述施工缺陷，提供了一种选材方便，安装便捷，制造成本低，可拆卸组装，整体稳定性好且安全可靠，绿色环保，节约施工工期的深基坑锚索张拉操作平台。

2　工法特点

选材方便，安装便捷，可拆卸组装，整体稳定性好且安全可靠。绿色环保，节约施工工期。

3　适应范围

大型建筑地下室基坑锚索支护工程。市政道路边坡锚索支护工程。其他涉及到边坡支护或加固的锚索工程。

4　工艺原理

4.1　作业平台工作原理

本工法利用已施工的基坑支护冠梁或腰梁为载荷体，由薄壁方钢管焊接形成单榀支架，操作平台至少由 2 榀支架组成，支架间铺设竹胶板或木方，侧向做相应的安全防护措施处理；各支架与混凝土腰梁或冠梁通过膨胀螺栓或植筋进行连接（图 1）。

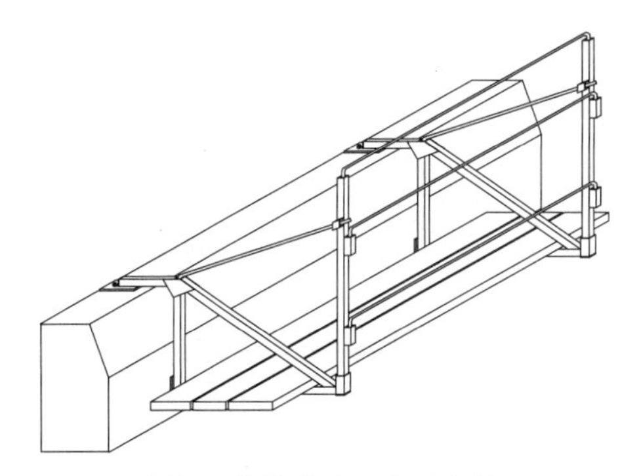

图 1　操作平台组装示意图

4.2　搭设工艺原理

（1）锚索锚固段钢绞线由架线环进行固定。可不做其他处理，锚索自由段钢绞线由镀锌铁丝进行固定，无须安装架线环，自由段钢绞线外套直径 75mm 波纹管，自由段与锚固段分界处波纹管开口必须采用强力胶带进行封闭，防止水泥浆进入波纹管内。

（2）锚索完成张拉并锁定后，波纹管外已经充满固结的水泥浆，此时可通过锚垫板的注油孔进行防腐油脂的注入（图 2）。

5　施工工艺流程及操作要点

5.1　工艺流程

单榀支架设计计算→构件切割下料→构件组装→单榀支架→冠梁或腰梁植筋或膨胀螺栓固定→支架安装固定→铺设脚手板或木方→侧向安全防护→锚索张拉。

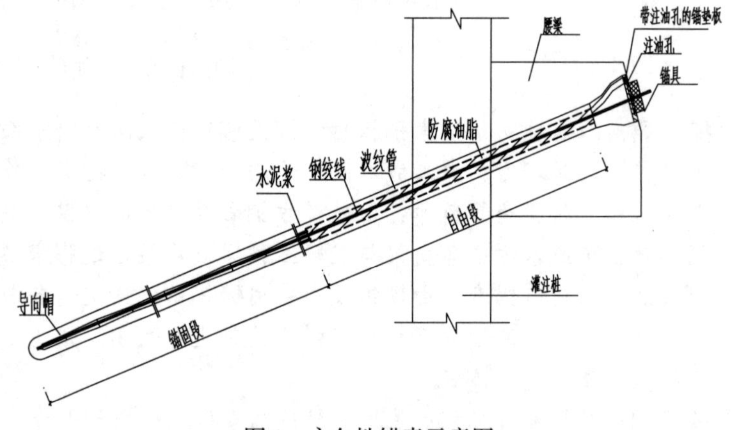

图 2　永久性锚索示意图

5.2　操作要点

（1）单榀支架的计算应根据施工现场的实际情况进行榀间距确认与荷载取值（图 3）；

（2）膨胀螺栓或植筋应根据计算确定，满足抗剪抗拔的性能要求；

（3）膨胀螺栓或植筋与基坑冠梁或腰梁边线的距离应一致，避免操作平台安装时存在摇晃松动；

（4）操作平台仅限于锚索张拉时工人的行走和器具临时摆设，不能作为加卸载的支撑架（图 4～图 7）；

（5）应注意对已完工工程（如冠梁、腰梁、支护桩、基坑壁喷射混凝土等）的成品保护。

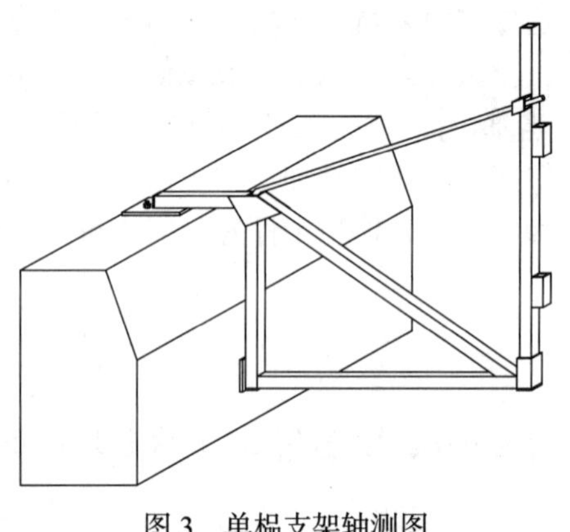
图 3　单榀支架轴测图

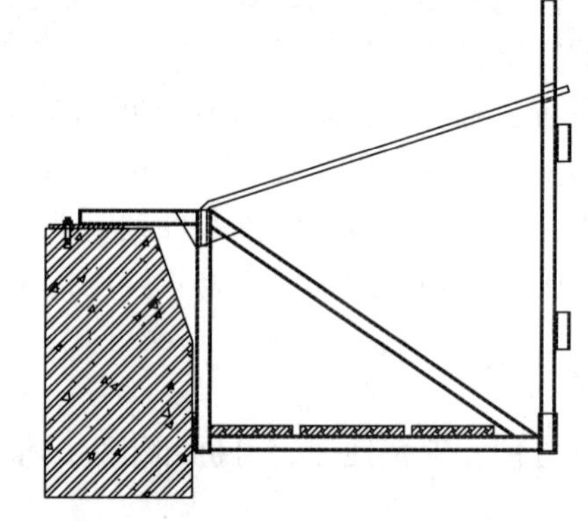
图 4　操作平台侧视图

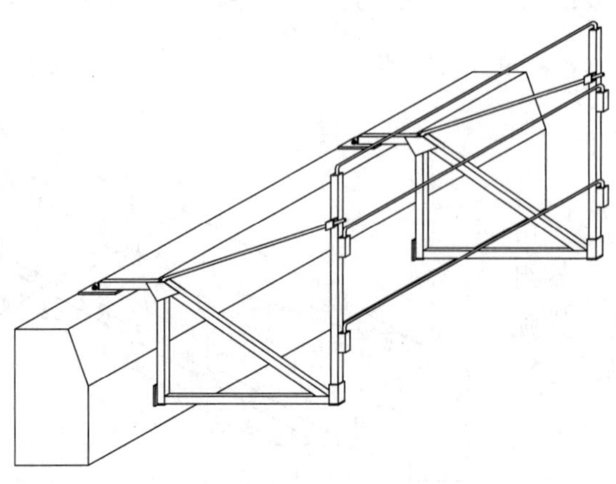
图 5　操作平台轴测图（未铺设竹胶板或木方）

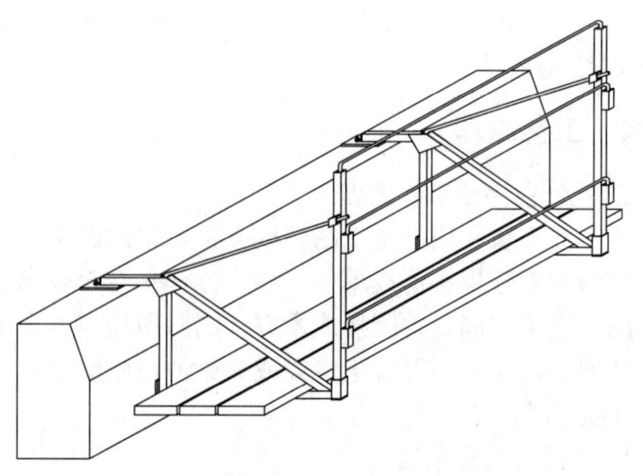
图 6　操作平台轴测图（铺设竹胶板或木方）

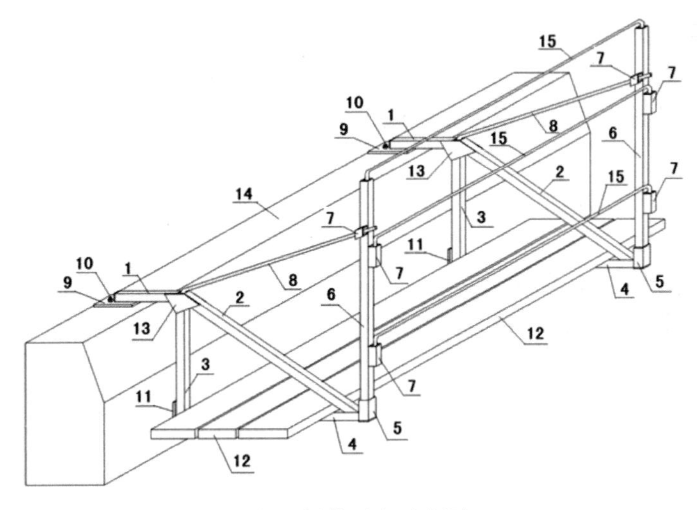

图 7　操作平台示意图

图 7 说明见表 1（表中说明仅统计单榀支架的构件数量）：

表 1　构件说明表

编号	说明	备注
1	支座连接杆	方 50×4，长 500mm，Q235B
2	支架斜拉杆	方 50×4，长 1320mm，Q235B
3	支架立杆	方 50×4，长 700mm，Q235B
4	支架平台杆	方 50×4，长 1150mm，Q235B
5	栏杆立柱插管	方 50×4，长 100mm，Q235B
6	栏杆立杆	方 40×4，长 1200mm，Q235B
7	栏杆扶手杆插管	方 40×4，长 50mm，Q235B，3 个
8	纵向扶手杆	圆钢 20，长 1200mm，Q235B
9	支座钢板	400×350×20mm，Q235B
10	预埋螺栓	M20，长 300mm，Q235B
11	立杆下部端侧钢板	100×1350×10mm，Q235B
12	竹胶板	20mm 厚，长 1500mm
13	构件连接板	8mm 厚，Q235B，2 个
14	混凝土腰梁或冠梁	/
15	操作平台横向扶手杆	圆钢 20，长 1600mm，Q235B，3 根

6　材料与设备

本工法涉及的材料主要为薄壁钢管、膨胀螺栓或植筋、小型钢板、竹胶板或木方以及侧向安全防护措施等。涉及的设备主要由管材切割机、端口打磨机、植筋或膨胀螺栓的钻机、钢构件连接的焊机等。

7　质量控制

本工法的质量控制主要涉及膨胀螺栓或植筋的质量、单榀支架各构件间的焊缝连接质量，其中膨胀螺栓或植筋应满足混凝土施工规范的相关要求，焊缝质量应满足钢结构焊接规范规程的相关规定。

8　安全措施

本工法涉及的安全措施主要包括操作平台本身的安全措施与使用本操作平台期间的安全措施。

（1）操作平台本身的安全措施

①单榀支架各构件截面的大小选择需经设计计算，焊缝连接需根据设计模型进行检验；

②支架安装时应对焊缝、植筋或膨胀螺栓进行检查，条件允许时应进行焊缝的探伤抽检与植筋或膨胀螺栓的抗拉拔试验；

③定期对构件进行防腐防锈处理；

④定期进行构件连接处的焊缝检查；涉及使用本操作平台期间的安全保障措施。

（2）施工作业期间的安全保障措施

①各单榀支架间的安全防护必须到位，如增设扶杆、绑设安全网，防止作业人员的人身安全与小型器具的高空遗漏；

②作业人员应佩戴安全帽、系安全带，所有小型工具应放置安全袋；

③不高空抛撒物体；

④雨天禁止作业；

⑤超过 5 级大风时禁止作业。

9 环保措施

（1）提倡绿色施工，尽量使用施工现场的废旧材料，如使用临时建筑的残料余料、废旧钢筋。

（2）根据施工现场的实际情况进行支架榀数的确定，不铺张浪费。

（3）支架构件焊接时应在工地的作业棚内作业，作业人员应有焊接防护罩。

10 效益分析

10.1 经济效益

按照基坑深度 15m、长 100m、锚索 5 道、每道锚索数量为 50 个，对比搭设常规脚手架与采用本工法，具体对比计算见表 2：

表 2 经济分析对比表

常规施工法（脚手架，元）	本工法（元）	成本节约（元）
23156.7	11007.39	12149.31

说明：

（1）计价依据：

根据湖南省 2014 年消耗量标准及其相关文件，材料价格参考 2017 年第 1 期《长沙建设造价》。

（2）脚手架的计算原则：

脚手架为双排架，搭设高度为 2.5m，架管扣件的租赁时间及周转次数根据定额考虑的社会平均水平计算。

（3）本工法的计算原则：

共设置 5 榀支架，支架宽 1m，各构件型号见表 1 的构件明细表。具体摊销次数参考定额考虑的脚手架摊销次数计算。因其成品钢构件的特性，实际摊销次数将远超过定额考虑的脚手架摊销次数。

10.2 社会效益

由于采用本工法使基坑支护锚索的劳动效率得到显著提高，减少了施工人机料的投入且绿色环保，得到了工程参建主体的一致认可，并在全司范围内得到推广应用。

11 应用实例

11.1 湖南广播电视台节目生产基地及配套设施建设项目

项目位于长沙市金鹰影视文化城、浏阳河畔，工程占地约 100 亩，建筑面积约为 22 万 m^2，是一个集大型演艺活动、影视节目生产、艺术展览、创意工坊、观众参观通道等功能于一体的现代化“环球梦工厂”式的节目生产基地，工程设置整体地下室，层数为 1 ～ 4 层；基坑周长约 1110m，东西最长约为 410m，南北最宽约为 185m，基坑面积约为 4.84 万 m^2。基坑支护开挖深度 3.4 ～ 16.4m，支护工程主要采用旋挖成孔灌注桩 + 预应力锚索 + 基坑侧壁混凝土护面；根据基坑开挖深度不同，基坑壁锚索为 2 ～ 6 道，锚索总数为 12835 根，均采用本工法进行锚索张拉。考虑锚索张拉工作的连续性，该工程工设置 5 榀支架，现场根据锚索张拉工艺循环安拆使用。图 8 为支护锚索剖面图。

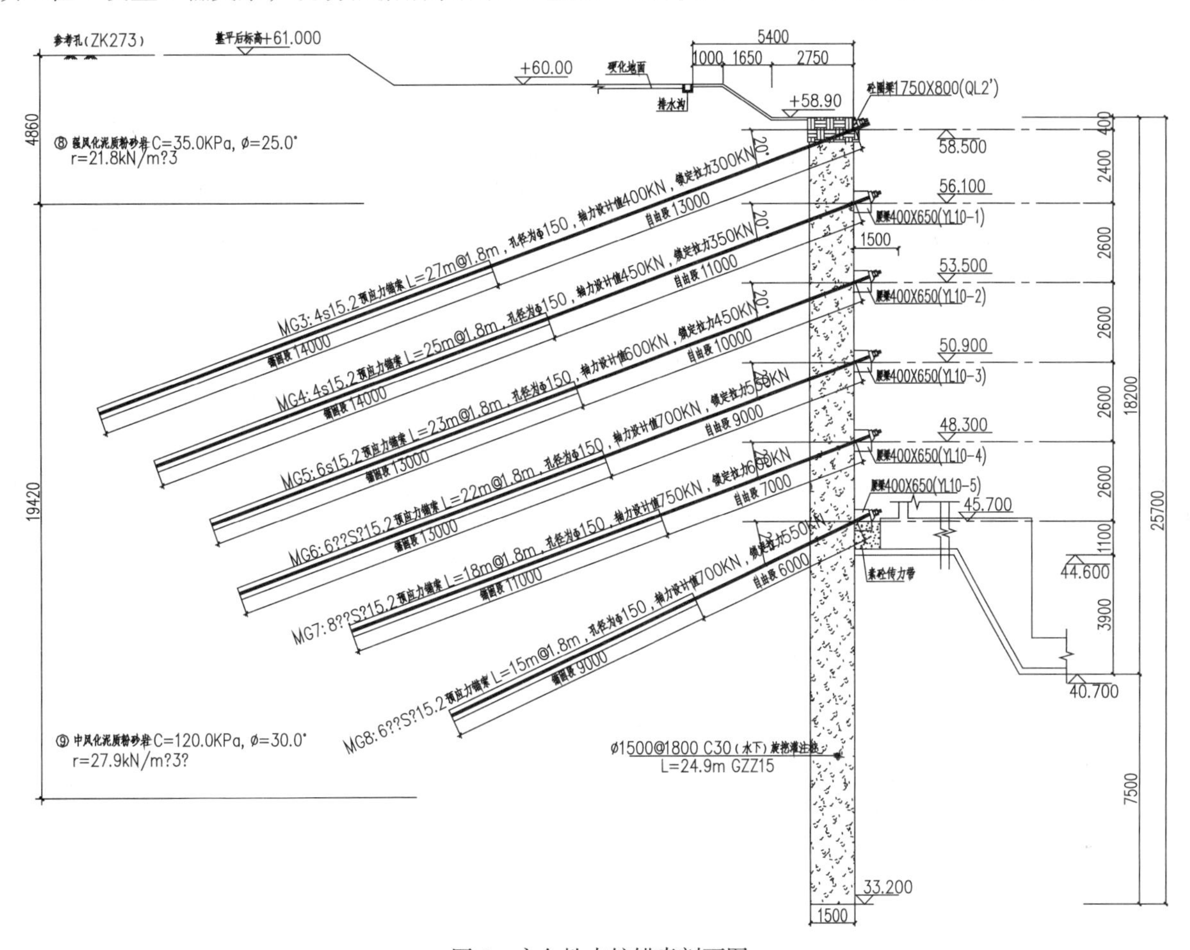

图 8　永久性支护锚索剖面图

组合式定型木模板支模施工工法

郭魁华　官　升　谭卫红　蔡　敏　窦慧明

湖南建工集团有限公司

摘　要：相比传统三大原材料模板，组合式定型木模板有着更广阔的应用空间。首先可根据设计施工图绘制配模图，然后制作定型木模板并对其编号，进而可实现局部工具式、半标准化施工。本工法受人为因素影响更小，对于混凝土边角及细部结构施工更为精细，模板拼接更紧密，成型质量可达到准清水混凝土效果，工法适用于一般房屋建筑现浇剪力墙、柱、梁、卫生间沉箱和反坎、飘窗、反梁、二次构件等结构构件施工。

关键词：组合式；定型木模板；配模图；半标准化

1　前言

随着国家经济的发展，城镇化的加速，传统三大原材料模板已经满足不了当前建筑行业日益增长的质量要求。最传统的木模板，比较常见的是杨木模板和松木模板，这种模板相对而言比较轻，成本略低，但其强度低，不防水，易霉变腐烂，重复使用率低，需要消耗木材资源，不利于生态环境和森林资源的保护；钢模板，强度非常大，拆模后混凝土表现非常好，但重量过重，施工需机械设备协助，易生锈；塑料模板，不怕水，耐用，但刚性差，易变型；铝模板虽然提高了建筑行业的整体施工效率，包括建筑材料，人工安排上都节省很多，但其初期投入成本高，普通公司会有所疑虑，这就给组合式定型木模板以施展空间。

组合式定型木模板支模施工工法，根据配模图制作定型木模板，实现局部工具式拼接，其标准化的施工安装过程受人为因素影响更小，对于混凝土边角及细部结构施工更为精细，模板拼接更紧密，成型质量达到准清水混凝土效果。简化了施工环节，提高施工质量，减少了初期投入，缩短了工期。

2　工法特点

（1）组合式定型木模板采用防水耐腐蚀的高质量胶合板，耐用且成本低；

（2）组合式定型木模板根据配模图采取局部工具式拼接，其标准化的施工安装过程受人为因素影响更小，对于混凝土边角及细部结构施工更为精细，模板拼接更紧密；

（3）该工艺通用性强，构造简单，制作方便，易于装拆，更能满足标准化施工的要求；

（4）采用组合式定型木模板后，混凝土质量预期可以达到准清水混凝土效果，缩短施工工期10%～20%，能达到每4d一层，经济效益显著。

3　适用范围

组合式定型木模板支模施工工法适用于一般的房屋建筑工程的现浇剪力墙、柱、梁、卫生间沉箱和反坎、飘窗、反梁、二次构件等结构构件施工。

4　工艺原理

组合式定型木模板支模体系是根据设计图纸和专项施工方案进行图纸深化设计，绘制柱、剪力墙、梁底及梁侧模等多种细致配模图，然后再根据配模图，制作定型木模板，再根据编号安装模板，实现半标准化施工。过程中通过采用高质量的防水胶合白板作为使用模板，40 ～ 80mm 的厚木方为剪力墙、柱、梁和板的支撑模板，双钢管为主龙骨，再采用插销式轮扣架作为模板支撑系统。以此来达到定型组合木模板的同时，也克服了传统木模板强度低，易腐蚀、使用率低和精度不够的目的。

5　施工工艺流程及操作要点

5.1　施工工艺流程

施工准备→绘制配模图→检验原材料、制作定型模板→放线定位→安装定位筋和 L 形角铁→支剪力墙、柱模板→支梁底模板→安装龙骨→顶板拼装→检测、校正、验收→浇筑混凝土→拆模进行下一循环。

5.2　操作要点

5.2.1　施工准备

（1）模板工程开工前，项目部、木工班组应充分熟悉施工图纸；

（2）施工机具设备、材料包括防水胶合板、木方、插销式轮扣架、新型 PVC 套管、U 形卡、对拉螺栓、锤子、电钻等；

（3）工地试验室对计划使用的原材料进行质量检验；

（4）设置模板集中加工棚，统一加工、钻孔；

（5）剪力墙、柱木模板拼装之前，必须对板面进行全面清理，涂刷脱模剂。脱模剂涂刷要薄而均，涂刷时要注意周围环境，防止洒落在建筑物、机具和人身衣物上，更不得散落在钢筋上。

（6）模板工程开工前，项目部组织管理人员、班组长进行培训交底，使管理人员及班组充分熟悉集团、公司实测实量要求、木模板工程标准做法。

5.2.2　绘制配模图技术操作要点

绘制配模图之前务必要充分熟悉图纸，了解柱、剪力墙、板等截面尺寸和关系，再根据专项施工方案深化图纸绘制配模图（图 1）。配模图要包括每个梁柱墙的模板高度、宽度、转角、数量等信息，每层应该都有相应的配模图。配模图完成后要张贴在模板加工场指导模板加工，制作完成的模板在上面明确标出所属梁柱位置，以轴线表示，施工时只需按编号安装（图 2）。

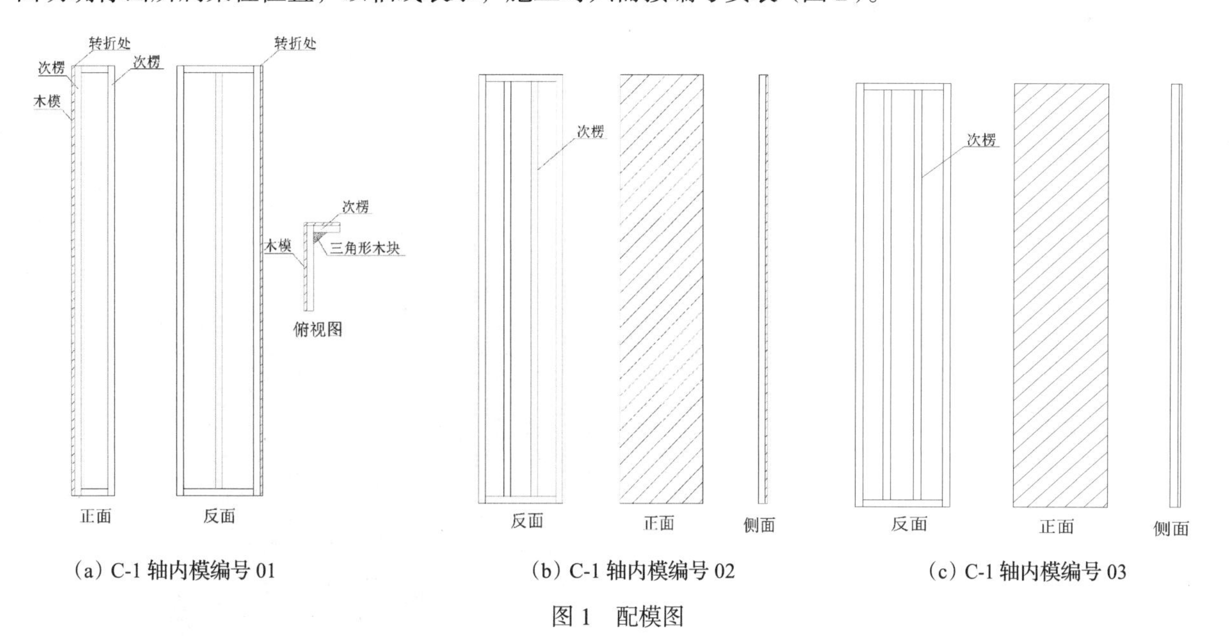

（a）C-1 轴内模编号 01　（b）C-1 轴内模编号 02　（c）C-1 轴内模编号 03

图 1　配模图

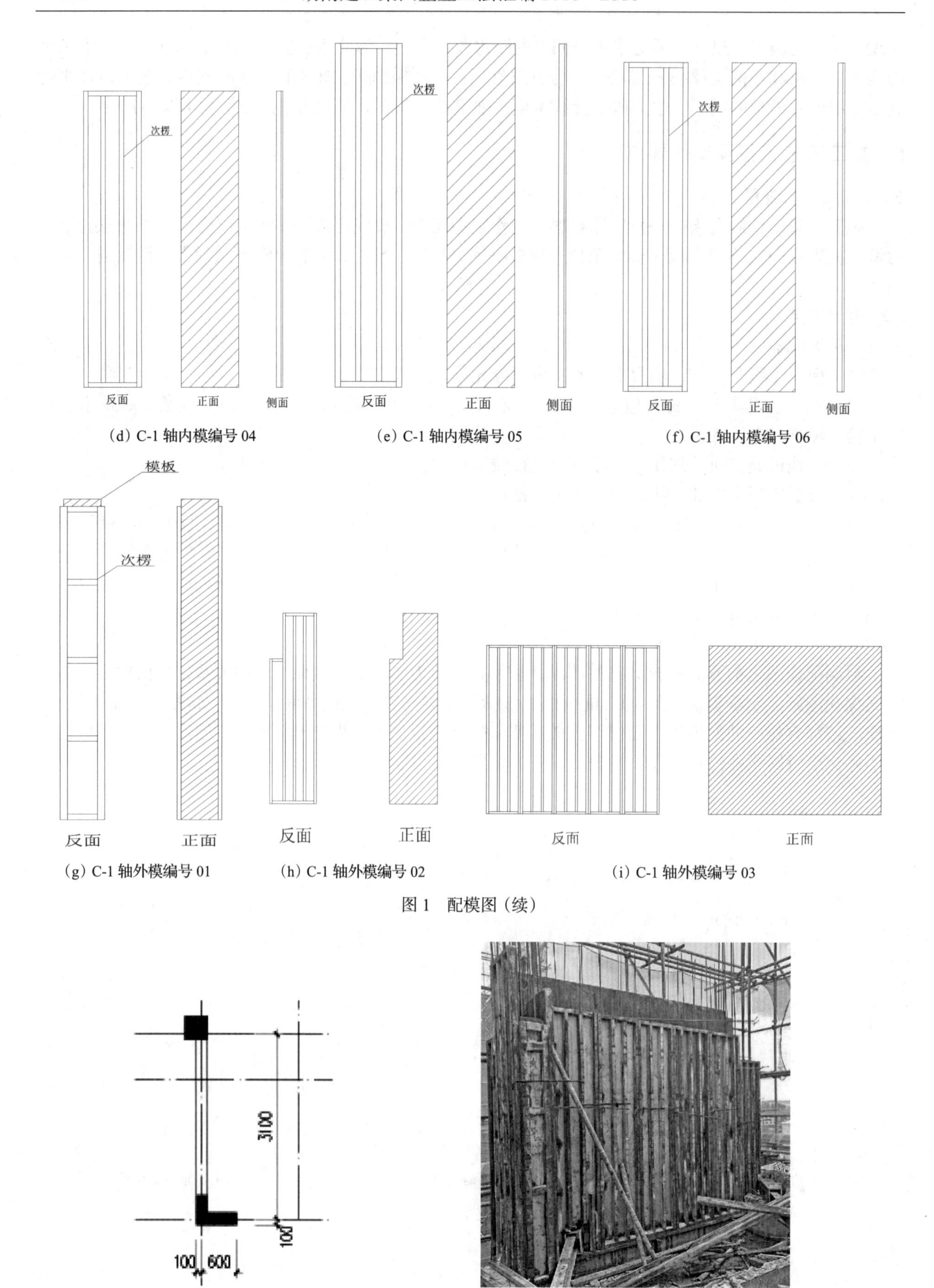

（d）C-1 轴内模编号 04　（e）C-1 轴内模编号 05　（f）C-1 轴内模编号 06

（g）C-1 轴外模编号 01　（h）C-1 轴外模编号 02　（i）C-1 轴外模编号 03

图 1　配模图（续）

图 2　配模区域

5.2.3　制作定型模板

设置模板集中加工棚，根据配模图统一加工、钻孔。制作的定型模板自身带次楞且每块模板都有自己的编号，固定位置，安装时只需按编号安装即可（图 3）。

5.2.4　放线定位

主体结构施工在楼层内建立轴线控制网，所有主控线、轴线交叉位置必须采用红油漆做好标识，楼层内控制线必须采用激光铅垂仪进行传递。按放样图弹出所有墙柱、梁板边线，并在全部墙柱边 30cm 处弹控制线，用以复核墙柱模板位置以及支模架定位（图 3、图 4）。

图 3　在加工棚根据配模图对模板进行加工

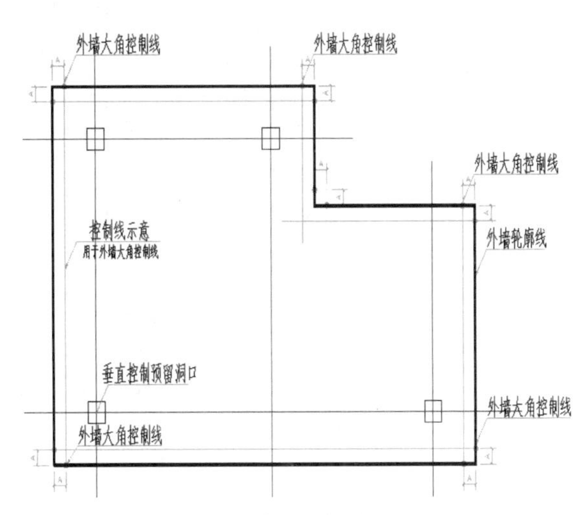

图 4　建立主控线

图 5　建立墙、柱、梁和板的控制线

5.2.5　安装定位筋和 L 形角铁

墙柱模板支模前对底部存在较大高差的板面进行打凿、找平清理，使墙柱模板标高一致；墙柱模板安装前在墙柱根部钉压定位 L 形角铁和定位钢筋，防止墙柱根部漏浆及模板移位（图 6）。

5.2.6　支模技术和构造要求

（1）3m 层高楼板墙柱模板加固不得少于五道对拉螺杆，螺杆间距不得超过 500mm × 500mm，第一排螺杆离地 ≥ 120mm 且 <200mm，最上面一排螺杆距顶板 <500mm；剪力墙、柱侧模选用木方做竖楞，竖楞间距 ≤ 200mm，均匀布置，梁底用定型模板，定型梁侧模木方间距设置在 250 ～ 400mm 之间，主龙骨使用双钢管。

（2）A 剪力墙的短边和长边均匀加固钢管形成加固体系，增加模板刚度，确保截面尺寸与形状；墙柱模板内两侧均匀设置水泥内撑条或定型支撑，控制模板截面尺寸，间距 ≤ 600mm（图 8）。

图 6　安装定位筋和 L 形角铁

图 7　装模样板（1）

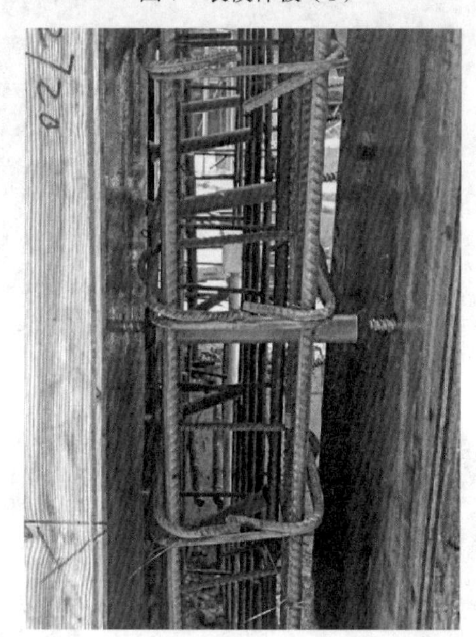

图 8　装模样板（2）

（3）A 楼板模板次龙骨木方间距≤ 200mm，木方距墙柱边阴角≤ 150mm，主龙骨采用双钢管；立管顶托旋出长度≤ 200mm，不采用底托（图 9）。

（4）采用插销式轮扣架搭设满堂支模架，立管纵横向间距为 0.9m，立杆距离墙柱梁板边应≤ 400mm；扫地杆距楼面≤ 300mm；第二道横杆离地面≤ 1.8m（图 10）。

（5）A 梁与剪力墙交接处用方木要压住接缝处大于 5cm；当梁（包括板厚）≥ 600 时，与墙柱交接处须另设对拉螺杆，梁中设置 3 道，间距≤ 500mm（图 11）。

（6）梁底模支撑用梁支撑头间距应满足≤ 500mm，梁侧上下口采用收口木方，并用步步紧或 U 形卡加固，间距≤ 500mm；定型模梁底须平贴两根方木（图 12）。

（7）梁表面采用内撑条，间距≤ 600mm，内撑条须绑扎固定到位；外侧梁增加对拉螺杆，间距≤ 600mm，螺杆对应梁部位放置内撑条（图 13）。

图 9　装模样板（3）

（8）A 通过在楼板模板上等间距固定楼板厚度控制件，在浇筑混凝土时用其控制楼板厚度（图 14）。

（9）厨房、阳台楼面高差部位，在高低跨处焊定型马凳或定尺水泥支撑，控制标高及位置，吊模采用型钢或方木制作，拆模时严禁随意打凿，破坏边角（图 15）。

图 10　装模样板（4）

图 11　装模样板（5）

图 12　装模样板（6）

图 13　装模样板（7）

图 14　装模样板（8）

图 15　装模样板（9）

（10）楼梯模板采用全封闭定型木模板，可避免踏步板因加固不牢而变形（图 16）。

图 16　装模样板（10）

5.2.7　检测、校正、验收

在混凝土浇筑前，需要对模板安装进行校正，做到事前控制，保证质量（表 1）。

表 1　质量标准及检测办法

序号	项目	允许偏差（mm）	检测方法
1	模板表面平整	± 2	2m 靠尺和楔尺
2	相邻两板接缝平整	1	不锈钢尺靠和手摸
3	轴线位移	−2	经纬仪和拉线
4	截面尺寸	−2，+ 3	钢卷尺量
5	每层垂直度	3	线坠和经纬仪
6	底模标高	± 3	抄平，以标高拉线用硬尺量

图 17　对顶板水平度进行校正

图 18　对墙垂直度进行校正

5.2.8　模板拆除要点

严格控制混凝土的拆模时间，拆模时应能保证拆模后墙体不掉角、不起皮，必须以同等条件试快为准，混凝土拆模以同条件试快强度达到 3MPa 为准（普通混凝土拆模强度 1MPa），一般墙柱 36h 后可实现早拆，梁板模板的早拆头及立杆支撑待混凝土强度达到 100% 后方可拆除。

拆除模板的顺序与安装模板顺序相反，先拆除墙柱模板，再拆除梁板模板。拆模时只需把别上的锁边钢管拆掉，实现模板自然脱落。拆除时要先均匀撬送、再脱开。拆除时应集中堆放整齐。

图 19　拆模后成型效果

6　材料与设备

（1）模板工程使用模板为 1830mm × 915mm × 18mm 胶合板和 2440mm × 1220mm × 12mm 防水胶合板，选用白模；

（2）剪力墙、柱、梁采用 40mm × 60mm 厚木方，板及次龙骨采用 40mm × 80mm 厚木方；

（3）主龙骨使用双钢管；

（4）采用钢管或插销式扣架作为模板支撑体系；

（5）新型 PVC 套管长度以剪力墙墙厚为标准，剪力墙位置对穿螺杆也起到控制剪力墙截面尺寸的作用；

（6）锤子；

（7）一般采用规格为 6mm 的电钻。

7　安全措施

（1）对模板工程的施工作业人员，必须进行安全教育和专项技能培训，使其了解组合式定型木模板施工特点、熟悉规范有关条文和本岗位的安全技术操作流程，并经公司考核合格后才能上岗工作，主要施工人员应相对固定；

（2）模板工程要配备安全、质量检查员。其要具备安全技术知识、熟悉规范；

（3）模板拆除时应分片、分区拆除；

（4）模板拆除时，钢筋混凝土强度必须达到操作规则要求值；

（5）梁底顶撑必须在梁的强度达到设计强度 100% 时方可拆除；

（6）安装模板时至少两人一组，组成双安装，也必须按照工序流程来安装；

（7）模板拆除时应该轻放，堆叠整齐，以防止模板变形；

（8）必须按规程要求对模板进行清理，变形严重或损坏严重的要重新配模。

8　环保措施

（1）木模板重复使用次数较高，节省了国家宝贵的木材资源；

（2）因脱模剂大多采用油性脱模剂，拆模后要大量用水将脱模剂冲洗稀释，清洗的水必须集中回收，经过简单处理后再循环使用，确保不对地表水及地下水造成污染；

（3）现场施工垃圾少，支模只需组合式拼接，工序简单，不生产垃圾，施工环境安全、干净、整洁；

（4）低碳减排。定型木模板支模系统采用材料大多为可再生材料，符合国家对建筑项目节能、环保、低碳、减排的规定。

9　效益分析

采用组合式定型木模板支模施工先进工艺，增加了木模板材料的重复使用次数，降低了施工成本；采用局部工具式拼接，标准化的施工安装过程，减少了人为因素的影响，提高了效率，减少了成本，缩短了工期。在永州碧桂园应用期间，组合式定型木模板要比普通木模每层快 0.5 ～ 1d，一栋楼工期至少可以提前 9d 完成，创造效益有 54 万元。现行支模体系对比见表 2。

表 2　现行支模体系对比

项目	定型木模板	铝合金模板	普通木模	钢模	塑料模板
销售价格（元 /m²）	55 ～ 65	1000 ～ 1300	50 ～ 60	800	100 ～ 230
周转次数（次）	9 ～ 10	200	5 ～ 6	100 ～ 200	50
施工速度（d/ 层）	4 ～ 5	3 ～ 4	5 ～ 6	6 ～ 7	6 ～ 7

续表

项目	定型木模板	铝合金模板	普通木模	钢模	塑料模板
密度（g/cm^2）	0.9 ～ 1.1	2.6 ～ 2.8	0.8 ～ 1.1	7.0 ～ 8.0	0.9 ～ 1.1
承载能力	较高	高	较高	高	低
应用范围	墙、柱、梁、板	墙、柱、梁、板	墙、柱、梁、板	墙体	墙、柱、梁、板
施工难度	易	易	易	难	易
维修费用	低	低	低	高	低
施工效率	较高	高	低	较高	较高
回收价值	较高	高	低	可回收、耗损大	低
结构灵活性	较好	较好	好	差	差
总结	相对传统木模板重复使用次数较高，重量轻，方便施工，前期投入不大，且质量水平达到准清水混凝土效果	能多次重复利用，重量轻，方便施工，且质量水平达到准清水混凝土效果，但一次投入成本很大	成本低，没有模数限制，易吸水，使用次数低，消耗木材，资源浪费严重，且质量有时达不到标准	能够多次重复使用，重量重，施工不便，维修费用高，有模数限制	价格适中，耐用，刚度小，易开裂

10　应用实例及成型效果

本工法在永州碧桂园项目 1 ～ 11 号楼、13 号、16 ～ 18 号楼、19 ～ 26 号楼得到了应用，从整个施工过程看，能确保施工质量、安全，施工速度快，赢得了政府监督部门及业主单位的好评。

永州碧桂园项目货量区工程（1 ～ 26 号楼）是由永州市佳圆房地产开发有限公司投资建设，建筑面积达到 154820.30m²，层高一般为 1 ～ 18 层，结构体系采用框架和框架剪力墙结构。在该工程中，墙、柱、梁、板、卫生间反坎和沉箱、飘窗等部位均采用了组合式定型木模板支模施工工艺。

桥梁盖梁钢棒悬挑支模施工工法

肖建华　徐世红　江　坤　王　山　龙　云

湖南省第三工程有限公司

摘　要：随桥梁建设不断发展，其上部结构支模方法亦不断推陈出新。本工法介绍了运用高强度的钢棒作为主要承力构件，通过钢棒把上部盖梁的支模体系的荷载传递到墩柱，再由墩柱把荷载传递到基础地基上，无须另外处理支模区域地基而达到支模体系安全稳定且提高施工速度的施工工艺。

关键词：钢棒；预留洞；安千斤顶；安工字钢；回收

1　前言

随着国家对城市建设和道路交通建设的重视，桥梁建设越来越多，建设工期要求越来越紧，施工场地比较复杂，支模体系的基础处理难度也很大，现浇构件施工难度大。钢棒悬挑支模方法可以在上部盖梁模板施工时不需对支模区域的基础进行处理，而是通过搁置在钢棒上的工字钢把支模体系的力直接传到墩柱，加快施工进度，所用材料可以回收重复利用。该工法施工安全且钢筋混凝土外观美观，达到了很好的施工效果和效益，现将该施工工艺总结并形成本施工工法。

2　工法特点

（1）在墩柱上预埋 PVC 管，后穿钢棒，在伸出墩身的钢棒上安装工字钢（或承重支架）作为底模的主要承力构件，钢棒将力传递到墩柱，无须对盖梁支模区域的地基基础进行处理，可加快工程进度。

（2）钢棒与受力主楞工字钢之间安装千斤顶，方便调节钢底模，同时也可方便拆模。

（3）垂直于工字钢上安装的槽钢，宽出侧模 1m 正好安装操作平台，方便施工。

（4）支模材料可拆除后重复利用，节省材料。

（5）安装过程中模板及材料都可采用汽车和吊车配合，工人劳动强度低。

3　适用范围

公路及市政桥梁的现浇盖梁及房屋建筑施工中的类似的不方便搭设落地支模架的构件施工。

4　工艺原理

4.1　工艺受力原理

盖梁钢底模传力至槽钢，槽钢传力至工字钢，工字钢传力至千斤顶，千斤顶传力至钢棒，钢棒传力至墩柱，墩柱通过基础传力至地基（图 1）。

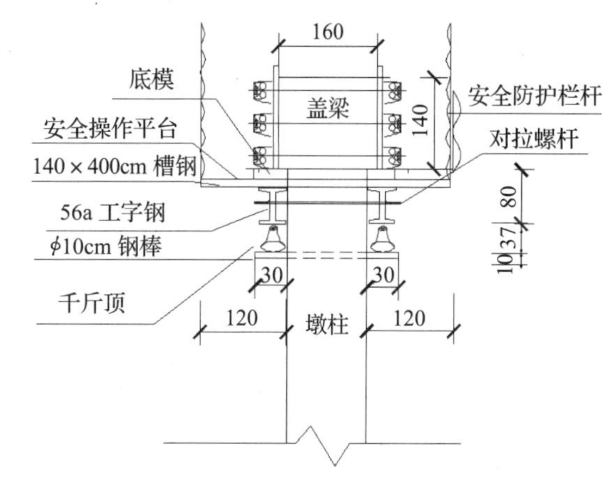

图 1　盖梁钢棒悬挑支模示意图（mm）

4.2　受力验算

4.2.1　14a 槽钢受力验算（图 2）

（1）其中 P_1 为防护栏杆自身重量荷载，取 P_1 = 0.5kN/m；

q_1 为槽钢自重，取 q_1 = 0.142kN/m；

q_2 为混凝土盖梁自重，取 q_2 = 28.1kN/m；

q_3 为钢模板自重，取 q_3 = 3.0kN/m × 0.5 = 1.5kN/m；

q_4 作用在支模架上的活荷载，取 q_4 = 3kN/m × 0.5 =

1.25kN/m（根据《建筑施工模板安全技术规范》中 4.1.2 条要求取值）。

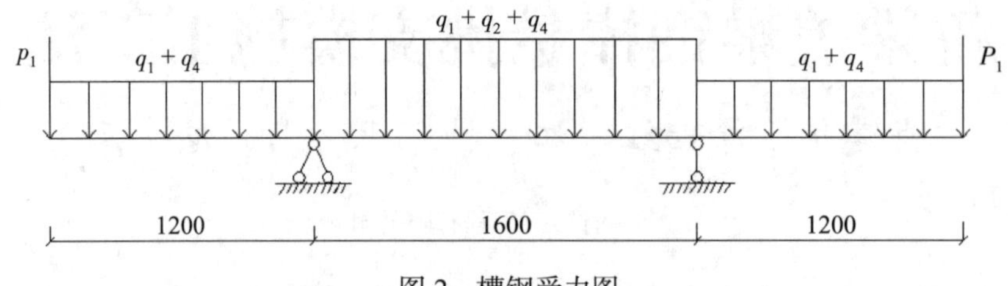

图 2　槽钢受力图

（2）Q235 槽钢受力计算按简支梁计算，忽略悬挑部分弯矩影响，偏于安全。14a 槽钢的截面模量 $W=80.5\times103\text{mm}^3$，$X$ 轴惯性矩 $I_X=563.7\times10^4\text{mm}^4$，Q 235 钢材弹性模量 $E=2.06\times10^5\text{MPa}$。

则 $M=1/8\times q\times L^2=1/8\ [1.2\times(q_1+q_2+q_3)+1.4\ q_4]\times L^2=12.9\text{kN}\cdot\text{m}$；

强度 $\sigma=M/W=160\text{MPa}<[\sigma]=210\text{MPa}$，符合要求；

挠度验算 $f=5q\ L^4/384EI=3.2\text{mm}<[f]=4.2\text{mm}$，符合要求。

4.2.2　56a 工字钢受力计算（图 3）

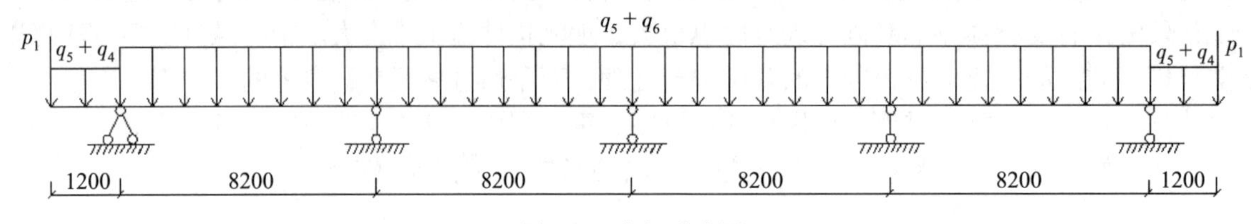

图 3　工字钢受力图

（1）其中 P_1 为防护栏杆自重，取 $P_1=0.5\text{kN/m}$；

q_4 作用在支模架上的活荷载，取 $q_4==1.25\text{kN/m}$，同上；

q_5 为工字钢自重，取 $q_5=1.04\text{kN/m}$；

q_6 为槽钢传至工字钢荷载，$q_6=R_1=32.0\text{kN}$。

（2）工字钢受力计算简化为简支梁计算偏于安全（同时适用两墩柱盖梁的工字钢承载力验算），56a 工字钢截面面积 $A=135.25\text{cm}^2$，X 轴惯性矩 $I_X=65585\times10^4\text{mm}^4$，$X$ 轴抗弯截面模量 $W=2342\times10^3\ \text{mm}^3$，Q235 钢材弹性模量 $E=2.06\times10^5\text{MPa}$

弯矩 $M=1/8\times q\times L^2=1/8\times[1.2\times(q_5+q_6)]\times L^2=333.2\text{kN}\cdot\text{m}$；

强度 $\sigma=M/W=142\text{MPa}<[\sigma]=210\text{MPa}$，符合要求。

挠度验算 $f=5q\ L^4/384EI_X=17.3\text{mm}<[f]=l/400=20.5\text{mm}$，符合要求。

4.2.3　钢棒强度验算

因工字钢贴着墩柱支在钢棒上，主要受剪，只验算抗剪强度，钢棒截面面积 A 为 7850mm^2，Q345 级钢棒抗剪强度设计值 $[\tau]=145\text{MPa}$。

工字钢传递给钢棒的力 $R_2=1.2\times(q_5+q_6)=324.7\text{kN}$

抗剪强度 $\tau=R_2/A=41.4\text{MPa}<[\tau]=145\text{MPa}$，符合要求。

5　工艺流程及操作要点

5.1　工艺流程

施工准备→测量放线，预埋 PVC 管（钢棒、PVC 套管、千斤项等材料进场、测量放线）→安装钢棒，安装千斤顶→在千斤顶上安装工字钢、安装槽钢（测量标高，控制工字钢安装位置准确）→安装操作平台及盖梁底模（再次复核模板标高，用千斤顶调节标高）→绑扎梁钢筋、安装侧模、验收、浇筑梁混凝土→养护及拆模、拆卸千斤顶→回收钢棒、封堵预留洞（试压同养试块，强度达到拆模要求）→检查验收。

5.2 操作要点

5.2.1 施工准备

（1）做好人员、材料及设备等准备工作。

（2）技术人员熟悉好施工图纸，做好施工方案的编制及审核工作。

5.2.2 测量放线，预埋ϕ120mm PVC管

（1）根据图纸及方案中确定的预埋位置做好测量放线工作，确保定位点控制准确，为了确保穿或拆卸钢棒时不损坏墩柱预留洞外侧的混凝土，在预留洞边上安装ϕ12圆环钢筋。

（2）每个立柱顺桥沿纵向中心线采用预埋PVC管预留孔，安装后两端封口严密，以避免混凝土填充。

5.2.3 安装钢棒，安装千斤顶

（1）墩柱混凝土浇筑完成拆模后进行钢棒的安装，在预埋好的PVC管道中安装钢棒，钢棒穿出每侧墩柱外长度不少于30cm。

（2）钢棒安装完成后在钢棒上焊接尺寸为12cm×20cm，厚8mm的钢板，在钢板上安装千斤顶，安装必须平稳牢固。

5.2.4 安装工字钢、安装槽钢、安装钢底模

1. 墩柱混凝土强度达到设计强度要求时，沿横桥方向两侧钢棒上各布置工字钢，两边工字钢之间采用对拉螺栓连接，确保工字钢受力稳定，同时测量控制工字钢安装标高，采用千斤顶调节标高以达到设计要求。

2. 顺桥方向在工字钢上安装槽钢，槽钢上再安装操作平台及盖梁底模。

5.2.5 绑扎梁钢筋、安装侧模、浇筑梁混凝土

（1）盖梁钢筋的绑扎应根据设计要求确保主筋、箍筋的绑扎根数及间距，不得漏筋。

（2）盖梁侧模安装好后，应做好自检工作，并清理模内杂物。

（3）模板及钢筋验收合格后进行混凝土浇筑。

5.2.6 拆模，回收千斤顶和钢棒，封堵预留洞。

（1）混凝土强度达到拆模强度要求后组织拆模，先拆侧模。

（2）待混凝土强度达到设计要求后拆底模，同时松开千斤顶，使工字钢槽钢往下降，配合使用撬棍，钢底模与混凝土脱离，先卸下钢底横模，再卸下槽钢，然后卸下工字钢，最后拆下千斤顶及钢棒。

（3）采用比墩柱混凝土强度高一等级的细石混凝土封堵预留洞。

5.2.7 检查及验收

（1）自检

在安装模板前对所有进场支模用的材料及器具进行质量检查，符合要求才准使用。支模作业过程中，对标高轴线进行测量控制检查，确保模板安装位置的准确性。模板拼装过程中，跟踪检查模板拼接质量控制，确保模板拼缝符合验收要求。支模体系安装过程中，对工字钢、槽钢、钢模板、操作平台等的安装牢固性和稳定进行检查，确保安装符合施工方案的要求。

（2）检查验收要点

①墩柱已通过检测与验收，墩身顶进行凿毛，完成后通知测量队在墩身顶放出轴线坐标。

②本工程所用钢棒的材质、截面系数等各项指标均应在使用前进行检验，检验合格后方可使用；使用千斤顶型号及质量必须符合要求；支承模板的型钢型号及质量要符合设计要求。

③穿钢棒的预留洞位置要准确。标高位置偏差控制为±5mm，钢棒沿顺桥方向垂直于墩柱且穿过墩柱中心位置。

④盖梁模板采用定型钢模板。底模安装前必须保证支撑、连接牢固，侧模安装过程中须保证连接牢固，拼缝严密，不得漏浆，模板内无杂物，经详细自检后报监理工程师检查，合格后，浇筑混凝土，加强养护，等养护达到拆模强度后才允许拆模。

⑤盖梁成型质量验收按照《城市桥梁工程施工与质量验收规范》(CJJ 2—2008）中表 11.5.5 中盖梁的质量检验标准要求检查。

6 材料与设备

（1）所需材料见表 1。

表 1 材料表

序号	名称	规格、型号	性能及用途	备注
1	PVC 管	ϕ120mm	预留洞用	
2	钢棒	ϕ100mm	16Mn 的钢棒（Q345 级）	距离墩顶标高 120cm 位置安装
3	工字钢	56a	每根盖梁两根工字钢，长度为盖梁长加上两端操作平台宽度 2.4m	操作平台宽度可以根据施工条件确定长度
4	槽钢	14a	盖梁宽加上两边操作平台宽 2.4m，间距为 500mm	
5	千斤顶	YC160	一根钢棒配两个，调节标高及拆底模用	
6	对拉螺栓	ϕ20	顺盖梁长度方向间距 1500mm，用于加强工字钢的整体稳定性	在工字钢腰中位置进行对拉，可以定制
7	定型钢模板		按盖梁设计尺寸定制的的钢模板	可以租用
8	安全爬梯、安全帽、安全带	根据盖梁高度确定爬梯高度	安全生产及防护用	据工作量大小确定数量

（2）所需设备见表 2。

表 2 设备表

序号	名称	型号	主要功能	数量
1	电焊机	BX-300	焊接用	1 台
2	吊车	15t	吊运支模用材料	
3	运输车辆		根据模板重量	1 台
4	铁锤		拆模用	4 把
5	扭矩扳手			4 把
6	钢卷尺	5m	度量尺寸	4 把
7	经伟仪	J2-JD		1 台
8	全站仪	SET-II		1 台
9	水准仪	DS3		1 台

7 质量控制

7.1 主要标准及规范

《城市桥梁工程施工与质量验收规范》(CJJ 2—2008）；

《混凝土结构工程施工质量验收规范》(GB 50204—2015）；

《建筑施工模板安全技术规范》(JGJ 162—2008）。

7.2 质量控制要求

（1）墩柱的质量经过检查验收，符合设计及施工规范要求。

（2）PVC 管管径及预埋位置准确。

（3）计算准确钢棒、千斤顶以及工字钢、槽钢的规格型号，把好进场验收关。

（4）千斤顶安放稳固，且必须垂直于水平面。

（5）支撑架（工字钢及槽钢）、操作平台安装稳固且符合方案要求，经检查验收合格后才进入下一道工序。

（6）模板安装及钢筋安装都应符合施工规范的要求，经检查验收合格。

（7）拆模要有同条件养护试块强度作拆模依据，达到拆模强度要求后经批准方可拆模。

（8）拆模后钢棒及支模材料及时回收保管。

（9）预留洞用高于墩柱混凝土强度一级的细石混凝土进行封堵，同时要保证材料颜色混凝土原墩柱混凝土一致。

8　安全措施

（1）应遵守的相关安全规范及标准：

《施工现场临时用电安全技术规范》(JGJ 46—2005）；

《建筑机械使用安全技术规程》(JGJ 33—2012）；

《建筑施工安全检查标准》(JGJ 59—2011）；

《建筑施工高处作业安全技术规范》(JGJ 80—2016）；

《建筑施工模板安全技术规范》(JGJ 162—2008）。

（2）项目部对进场作业人员进行把关，保证特殊工种持证上岗，一般作业人员要求身体健康且符合人力资源管理要求。人员进场后由项目部相关技术安全部门组织安全生产教育。

（3）对临时用电、进场机械设备进行安全检查，验收合格后方可投入使用。

（4）对施工作业区域进行安全警示，作好安全防护。进入现场人员必须戴安全帽，穿胶底鞋，高处作业人员系好安全带。电焊工戴防护手套和防护罩。

（5）场内模板运输卸车过程中有安全员现场指挥，防止倒车或卸车过程中出安全事故。

（6）墩柱搭设专门上人安全通道，确保作业人员上操作平台的安全（图 4）。

（7）拆模必须按拆模批准流程执行，防止出现因混凝土强度不符合要求导致的安全事故。

（8）拆盖梁底模过程中，派技术人员现场指挥，吊车司机和拆模作业人员要配合协调一致，确保拆模的安全顺利。

（9）大雨天、雪天不得施工，遇六级以上大风天气不得进行高处作业。

图 4　专门上人安全通道

9　环保措施

（1）应严格遵守国家、地方及行业标准、规范：

《建筑施工现场环境与卫生标准》(JGJ 146—2013）；

《建筑施工场界噪声限值》(GB 12523—2011）。

（2）盖梁支模区域地基土（除墩柱基础施工）不进行开挖，确保水土不流失。

（3）支模用的工字钢、槽钢、钢棒、钢模板等材料均及时回收，再重复利用；焊接施工中采取措施遮挡焊花，并用废模板接住清理出的焊渣，及时进行废品收集清理。

（4）采用商品混凝土，减少清洗泵车产生的废水污染环境。

（5）混凝土养护采用专用养护膜，对养护膜及时进清理回收，做到不乱扔乱丢，不污染环境。

（6）混凝土浇筑尽量避开居民休息时间，运输车辆尽量少鸣笛，以减少噪声对作业人员和居民的影响。

10　效益分析

由于取材环保，现场材料可多次重复使用，模板支承体系承力经钢棒传递到竖向结构墩柱上，无须对支模架区域的地基进行处理，相比传统的搭设支架支模节约 40% 的成本。按 4m 的五柱墩计算，一根盖梁节约费用 2 万元。一根盖梁的施工工期缩短 2d。怀化市湖天大桥拓宽改造工程节约支模成本 12 万元，节省工期 12d。

施工方法	盖梁高度	工期（d）	人工费（万元）	材料费（万元）	机械费（万元）	地基处理（万元）	合计（万元）
满堂支模架	4m	16	1.9	1.5（摊销费）	1.8（摊销费）	1.3	6.5
钢棒悬挑施工		14	1.68	1.2（租赁费）	1.62（摊销费）	/	4.5

11　应用实例

（1）怀化湖天大桥拓宽改造工程，该工程主桥上部结构采用 53 + 74 + 53m 变截面连续钢箱梁，引桥上部结构采用 20m 装配式预应力混凝土分体箱梁，先简支后结构连续体系。主桥与引桥的过渡桥墩采用柱式墩，柱墩直径尺寸为 1.5m，其中有四排桥墩为五柱墩、两排桥墩为六柱墩，桥台采用 U 台，基础均采用桩基础。盖梁支模采用钢棒悬挑支模方法，目前盖梁全部施工完且大桥已顺利通车，质量合格，施工进度和质量获得建设行政主管部门和业主的好评。

（2）湘潭湘江河东风光带二期项目的龚家浸大桥、冯家浸大桥的盖梁施工全部采用钢棒悬挑支模方法，施工顺利，质量和进度获得建设单位和监理单位的一致好评。

预制T梁钢筋骨架定位模具施工工法

王　山　成　伟　刘　毅　孙志勇　龙　云

湖南省第三工程有限公司

摘　要：传统预制T梁钢筋骨架制作安装直接在T梁台座上进行，其安装与设计图纸、规范的要求易存在偏差，工效较低。本工法介绍了一种预制T梁钢筋骨架定位模具，不仅及时发现钢筋骨架制安过程中的问题，而且能批量生产制安钢筋骨架，降低钢筋骨架制安偏差，节省材料、提高工效。

关键词：预制T梁；钢筋骨架；定位；安装模具

1　前言

传统预制T梁钢筋骨架安装直接在T梁台座上进行、不能大规模生产，且现场钢筋钢筋骨架安装与设计图纸、规范的要求易存在较大偏差，既不能提前发现根据设计图纸骨架制安是否存在问题，也不能节省钢筋材料，工效较低。预制T梁钢筋骨架定位模具施工主要是利用模具对T梁钢筋骨架进行标准化制作与安装，提高钢筋骨架制安质量。

我公司通过在湘潭市河东风光带二期项目龚家浸大桥、冯家浸大桥，湘潭市滨江路八标竹埠港桥等多个桥梁工程中施工应用此施工工艺，均取得了很好的效果。同时，此模具获得1项实用新型专利。现将该施工工艺总结并形成本施工工法。

2　工法特点

（1）预制T梁钢筋骨架定位模具能在定位模具生产过程中发现设计图纸钢筋骨架与预应力管道波纹管是否存在冲突等问题。

（2）预制T梁钢筋骨架定位模具能提前发现设计图纸的骨架钢筋是否在存在问题并及时修改骨架钢筋形状及尺寸。

（3）利用预制T梁钢筋骨架定位模具能够按设计图纸要求间距、型号成批量生产、制安钢筋骨架，降低钢筋骨架制安偏差。

（4）利用预制T梁钢筋骨架定位模具能节省材料、节约人工、提高工效。

（5）模具制作简单，可以在现场进行根据T梁尺寸现场制作，造价低。

3　适用范围

适用于大型构件中各种复杂钢筋制安应用。

4　工艺原理

预制T梁钢筋骨架定位模具主要由T梁腹板钢筋骨架模具、T梁翼缘板钢筋骨架模具、骨架吊装桁架、桁架支墩、钢筋骨架半成品平台五大部分组成。施工过程中，利用腹板钢筋骨架模具、翼缘板钢筋骨架模具同时对T梁腹板和翼缘板钢筋骨架进行制安，吊装桁架将钢筋骨架吊装至模板上，再进行腹板骨架钢筋与翼缘板骨架钢筋连接，形成预制T梁钢筋骨架。

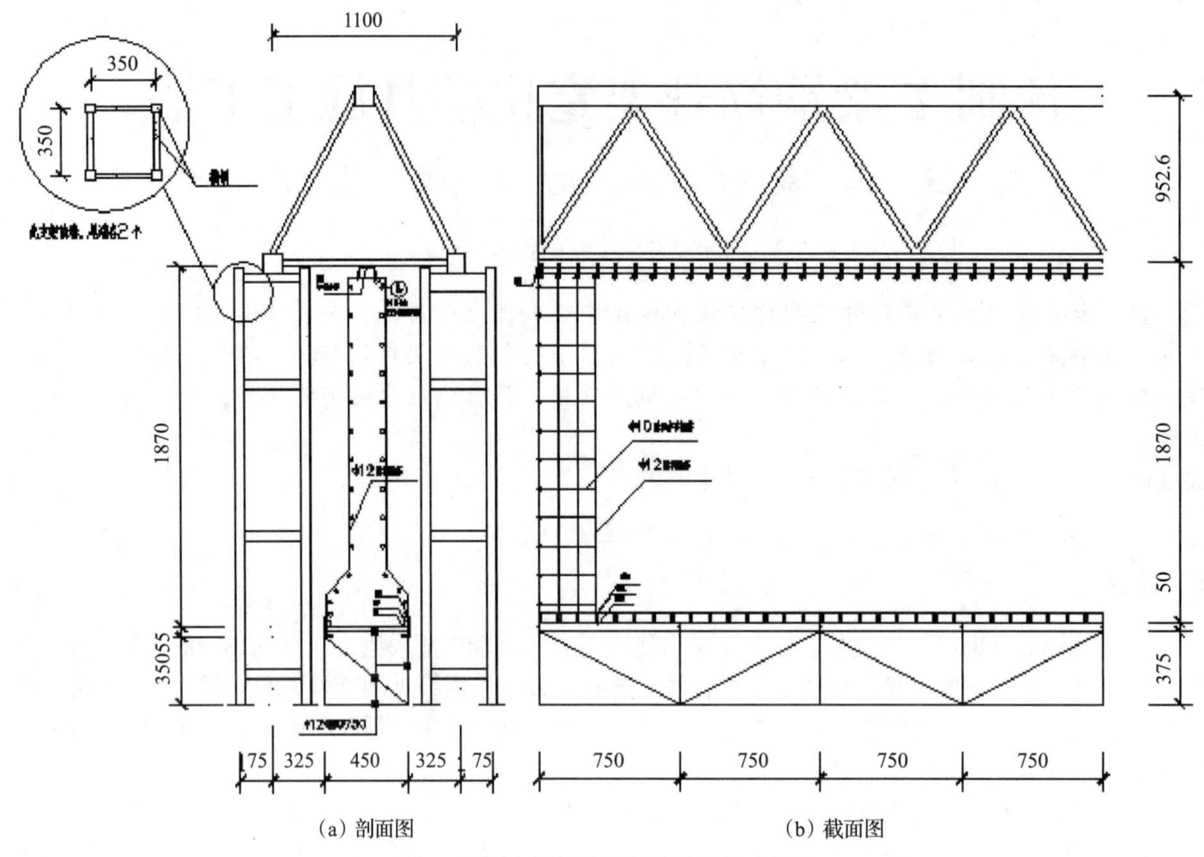

（a）剖面图　　（b）截面图

图 1　预制 T 梁钢筋骨架定位模具示意图

5　工艺流程及操作要点

5.1　工艺流程

施工准备→ T 梁腹板及翼缘板模具制安→检验钢筋型号及制安问题→制作吊装桁架及桁架支墩→钢筋半成品平台制作→钢筋制安→吊装腹板钢筋骨架→ T 梁模板安装→吊装翼缘板骨架钢筋、与腹板骨架钢筋连接。

5.2　操作要点

（1）施工准备：技术人员熟悉施工图纸，做好人员、材料及设备等准备工作。

（2）T 梁腹板及翼缘板模具制安：根据设计图纸 T 梁钢筋骨架要求，制作 T 梁腹板及翼缘板钢筋骨架模具，单个模具由支撑架、角钢及定位片组成，根据钢筋大小设置两个定位片，确保两个定位片正好卡住单根钢筋且能够松动，定位片与定位片间距根据设计图纸钢筋间距设置，做到标准尺寸间距，并对每单根钢筋位置进行编号以便和半成品钢筋对应。

（3）检验钢筋型号及制安问题：骨架制作完成后根据钢筋型号及间距，检验是否存在骨架安装问题、模具长度、宽度及定位片位置问题。模具长度、宽度根据 T 梁钢筋骨架长度和宽度确定，并单侧延伸 0.5 ～ 1m。

（4）制作吊装桁架及桁架支墩：采用工字钢制作，吊装桁架根据单片 T 梁骨架钢筋长度、宽度、重量进行力学分析，确保吊装桁架在吊装过程中桁架及钢筋骨架的稳定性。桁架支墩根据吊装桁架荷载制安，确保吊装桁架在吊装前与钢筋骨架连接时能够保证桁架稳定。

（5）钢筋骨架制安：钢筋骨架半成品平台设置在模具一侧，平台长度与模具长度相同。平台根据钢筋型号分隔，并与模具钢筋型号编的号相对应。安装钢筋过程中直接将半成品钢筋与模具的编号进行对应即可。

（6）吊装腹板钢筋骨架：吊装桁架将腹板钢筋骨架吊装至预制 T 梁台座。

（7）T 梁模板安装：腹板骨架吊装完毕后，进行 T 梁腹板模板安装。

（8）吊装翼缘板骨架钢筋与腹缘板骨架钢筋连接：吊装桁架将翼缘板钢筋骨架吊装至模板上，再进行腹板骨架钢筋与翼缘板骨架钢筋连接，形成完成的预制 T 梁钢筋骨架。

6　材料与设备

（1）所需材料见表 1。

表 1　材料表

序号	名称	规格、型号	性能及用途	备注
1	桁架	按设计	模具制作	
2	工字钢		模具制作	
3	角钢		模具制作	
4	定位片		模具制作	

（2）所需设备见表 2。

表 2　设备表

序号	名称	型号	主要功能	数量
1	电焊机		模具焊接	1～2
2	切断机		模具下料	1 台
3	钢卷尺	5m	度量尺寸	4 把

7　质量控制

7.1　主要标准及规范

《城市桥梁工程施工质量验收规范》(CJJ 2—20028)；

《钢结构焊接规范》(GB 50661—2011)；

《建筑工程施工质量验收统一标准》(GB 50300—2013)。

7.2　质量控制标准

（1）根据设计图纸钢筋骨架尺寸制作相应模具。

（2）模具定位片根据钢筋大小、型号、间距设置。

（3）吊装桁架及桁架支墩确保钢筋骨架在桁架与骨架连接时及钢筋吊装过程中骨架不松散、稳定。

（4）桁架及桁架支墩制作，应符合《钢结构焊接规范》《GB 50661—2011》要求。

8　安全措施

（1）应遵守的相关安全规范及标准：

《施工现场临时用电安全技术规范》(JGJ 46—2005)；

《建筑机械使用安全技术规程》(JGJ 33—2012)；

《建筑施工安全检查标准》(JGJ 59—2011)。

（2）严格执行操作规程，加强设备及施工机械检查，加强作业人员安全教育，做好安全防护。

（3）吊装桁架作业时应派专人指挥和制订相应的安全技术措施，并在地面划定吊装作业范围区，设置警戒线。

（4）预制 T 梁钢筋骨架组合模具需根据骨架钢筋荷载选用稳定模具支架，确保模具在钢筋骨架安装及吊装前模具的稳定性。

9 环保措施

（1）应严格遵守国家、地方及行业标准、规范

《建筑施工现场环境与卫生标准》(JGJ 146—2013)；

《建筑施工场界噪声限值》(GB 12523—2011)。

（2）预制 T 梁钢筋骨架组合模具与钢筋制作形成一条完整封闭工艺流水线，并有效地保护半成品钢筋骨架，节约钢筋材料，控制周边环境的噪声污染

（3）施工过程的垃圾必须清理干净，每次施工后的残料、塑料包装不得随地乱扔、乱倒，污染环境，严格做到工完场清。

10 效益分析

（1）经济效益

与传统预制 T 梁钢筋骨架安装相比，其经济效益分析如下：

价格 类型	人工安装工效（d）	机械利用率（台班 /d）	材料损耗率（%）
预制 T 梁钢筋骨架定位模具	1.2	0.2	3 ～ 5
传统预制 T 梁钢筋骨架安装	1	0.3	5 ～ 8

综上所述，采用预制 T 梁钢筋骨架定位模具能提高工效 20%，材料损耗率降低 2% ～ 3%。

（2）社会效益、环保效益

与传统钢筋骨架制安相比，预制 T 梁钢筋骨架定位模具，提高了人工安装工效和机械利用率，降低了材料损耗率，并具有控制扬尘和节材节电的环保效果，产生了良好的社会效益和环保效益。

11 应用实例

（1）湘江河东风光带二期项目位于湘潭市河东湘江沿岸，本工程的冯家浸大桥及龚家浸大桥 280 榀预制 T 梁采用了预制 T 梁钢筋骨架组合模具施工工法，节约材料 15 万元，提高工效 20%。该桥梁工程于 2016 年 7 月开工，T 梁预制全部完成，工程质量较好，获得业主、监理等的一致好评。

（2）九华滨江路八标项目位于湘潭九华湘江沿岸，本工程跨竹埠港渠中桥共计 90 榀预制 T 梁采用了本工法，该桥梁工程于 2016 年 10 月开工，2017 年 8 月完工验收，自交付使用至今，使用效果良好，工程质量优良，获得业主、监理等的一致好评。

大跨径桥梁悬臂挂篮浇筑施工工法

邓建军　宁艳兰　张淑云　喻　烽　曾　凯

湖南省第四工程有限公司

摘　要：悬浇挂篮是大跨径桥梁悬臂施工的关键设备，可采用液压驱动的菱形挂篮，利用后段已浇筑成型的梁段作为后锚支撑，通过前后吊带承受模板与混凝土重量，并经主桁架将荷载传递给后锚梁段；逐段浇筑向前推进，实现主梁跨中合拢，无须搭设满堂支架。本工法操作简单、安全可靠，且不影响桥下正常交通、不受地形限制、挂篮可重复使用。

关键词：大跨径桥梁；挂篮；液压驱动；悬臂施工

1　前言

随着交通基础设施建设投入的不断加大，以及交通科技的不断进步，在跨越河流、湖泊及公路的桥梁上呈现出不断向采用大跨径的预应力桥梁结构方向发展。而作为大跨径桥梁悬臂施工的关键设备，悬浇挂篮也得到了不断发展，为缩短施工周期，节约工程材料，提高工程经济效益奠定了基础，取得了良好的施工效果，也使悬浇挂篮施工工艺得到了长足改良、发展与应用。

2　工法特点

（1）悬浇施工采用菱形挂篮，该挂篮液压驱动，整体前行，主梁模板一次走行到位。

（2）结构简单，受力明确，安全可靠，操作方便。

（3）不影响桥下正常交通、不受地形限制、挂篮可重复使用。

3　适用范围

本工法适用于大跨径连续箱梁的悬浇施工。

4　工艺原理

利用后段已浇筑成型的梁段作为后锚支撑，采用前后吊带承受模板与混凝土重量，并经主桁架将荷载传递给后锚梁段；逐段浇筑向前推进，实现主梁跨中合拢。无须搭设满堂支架。

5　施工工艺流程及操作要点

5.1　施工工艺流程

0号、1号梁段支架现浇、挂篮拼装试压→2号～9号梁段挂篮悬浇→边跨现浇段支架现浇→边跨合龙段施工→中跨合龙段施工。

挂篮悬浇施工工艺如下：

梁段施工顺序如图1所示。挂篮在0号、1号段拼装就位→预压并调整挂篮底模、外模板标高→钢筋及预应力管道吊装、绑扎（箱梁段钢筋制作）→（模板制作）立内模→安装梁段三向波纹管（塑料波纹管制作）→调整钢筋及波纹管至设计位置→对称灌注箱梁段混凝土（制作混凝土试块）→（混凝土养生）拆模及梁段接缝处理→（清洁波纹管道）预应力钢筋安装（编制钢筋束）→按设计张拉顺序依次对称张拉预应力钢筋（混凝土养生强度至90%以上）→（灌浆机具准备）孔道内压浆→预应力钢筋两端封锚→挂篮前移进行下一循环。

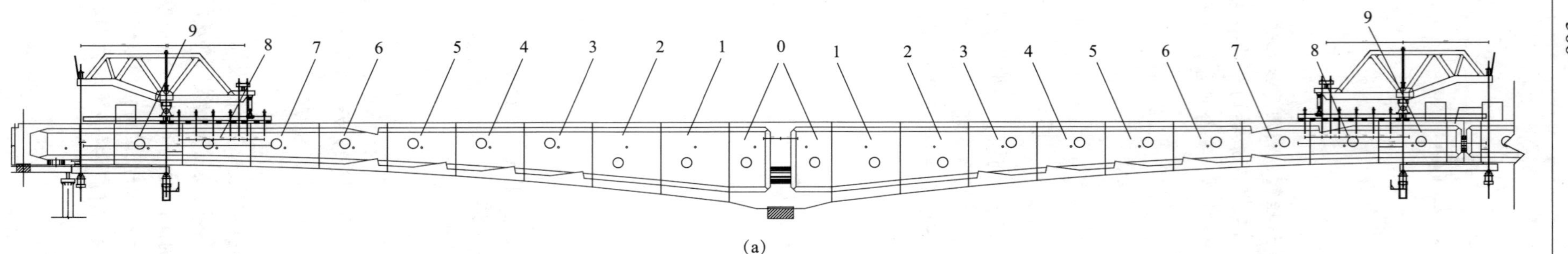

（a）

说明：
1.图中单位以mm计；
2.施工流程：挂篮、吊架就位→配重→挂篮、吊架锁定→模板及钢筋安装→刚性连接锁定→预应力张拉→合龙口混凝土浇筑→后期索张拉→拆除刚性连接→解除跨堤墩临时固结→挂篮、吊架拆除；
3.挂篮浇筑完9号节段后，拆除底篮前部栏杆和作业平台，使前吊杆靠近现浇段混凝土结合面，间距为5cm，注意前吊杆用波纹管包裹；
4.拆除边跨现浇段端部0.5m范围的底模与I36纵梁，从现浇段上用柔索牵引挂篮底篮和滑梁，使底板模和滑梁伸到已浇梁段下面，改装挂篮底模板，使底模板与现浇段混凝土搭接15~30cm，用I40工字钢和精轧螺纹钢钢筋将滑梁锚固在已浇梁段上；
5.提升底模板，使底模与已浇筑梁段混凝土紧密接触；安装侧模翼板模并悬挂在已浇混凝土梁段上；
6.在中跨9号块梁端和两侧边跨9号块梁端，各用水箱或钢绞线等加载，加载重量为21t，如调节标高配重做适当调整；
7.绑扎合龙段钢筋，接通预应力管道，安装竖向预应力钢筋，拼装内模、顶板模，绑扎顶板钢筋、接通预应力管道，安装横向预应力钢束，在日温变化最小的时间段锁定合龙段，24小时后无异常在日温度最低时间段浇筑合龙段混凝土，同时逐步等量放掉水箱内的水；
8.在合龙段混凝土强度达到设计强度的90%以上，且龄期7d以上，方可张拉合龙段的预应力钢束；
9.预应力钢束张拉后，尽早压浆；
10.张拉压浆完毕后，将翼板模和底模板整体卸落，之后拆散运走；
11.解除墩梁临时固结和支座约束，完成体系转换。

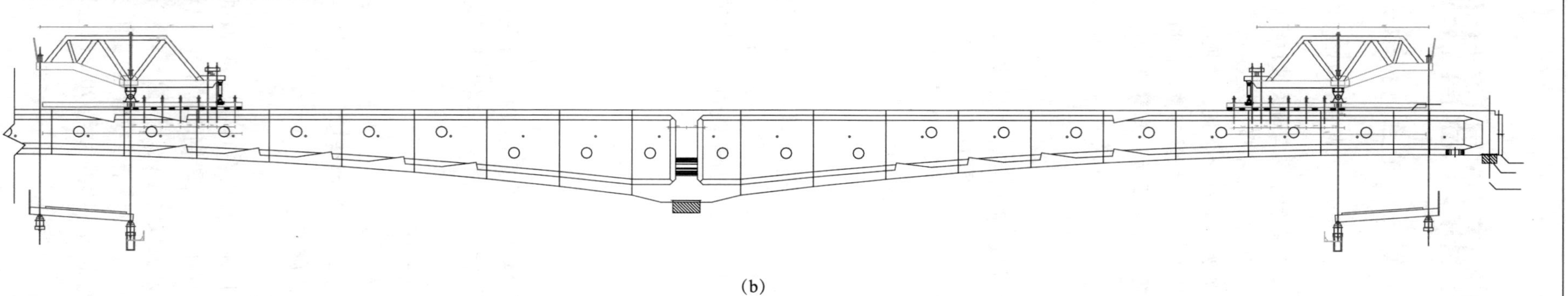

（b）

说明：
1.图中单位以mm计；
2.施工流程：挂篮就位→配重→挂篮、吊架锁定→模板及钢筋安装→刚性连接锁定→预应力张拉→合龙口混凝土浇筑→后期索张拉→拆除刚性连接→挂篮、吊架拆除；
3.挂篮浇筑完9号节段后，一侧挂篮后移让出空间（前支点距7号块端部0.35m），另一侧挂篮拆除底篮前部栏杆和作业平台以及前吊点箱梁范围内的吊杆，往合龙段方向前移，使前下横梁伸入另一个T构9号块混凝土端部45cm；
4.从9号块上用柔索牵引挂篮底篮和滑梁，使底板模和滑梁伸到已浇梁段下面，改装挂篮底模板，使底模板与现浇段混凝土搭接15~30cm，用I40工字钢和精轧螺纹钢钢筋将底篮和滑梁锚固在已浇梁段上；
5.提升底模板，使底模与已浇筑梁段混凝土紧密接触；安装侧模翼板模并悬挂在已浇混凝土梁段上；
6.在中跨9号块梁端各用水箱或钢绞线等加载，吊架侧加载重量为27t，另一侧加载重量为33t，如调节标高，配重做适当调整；
7.绑扎合龙段钢筋，接通预应力管道，安装竖向预应力钢筋，拼装内模、顶板模，绑扎顶板钢筋、接通预应力管道，安装横向预应力钢束，在日温变化最小的时间段锁定合龙段，24小时后无异常在日温度最低时间段浇筑合龙段混凝土，同时逐步等量放掉水箱内的水；
8.在合龙段混凝土强度达到设计强度的90%以上，且龄期7d以上，方可张拉合龙段的预应力钢束；
9.预应力钢束张拉后，尽早压浆；
10.张拉压浆完毕后，将翼板模和底模板整体卸落，之后拆散运走；
11.用吊车或卷扬机拆除挂篮。

图1　梁段施工顺序

5.2　操作要点

5.2.1　挂篮安装（图2）

（1）挂篮安装必须在0号、1号块混凝土强度达到设计强度，且预应力筋张拉压浆完成后才能进行。

（2）挂篮安装前在已完成的梁段顶面测量放出控制线，包括墩轴线、挂篮中心线、轨道轴线、支点位置线；并对轨道与主桁位置进行标高测量，确保安装位置准确无误。

（3）安装轨道垫梁与行走轨道时必须操平垫实，后锚固牢靠。

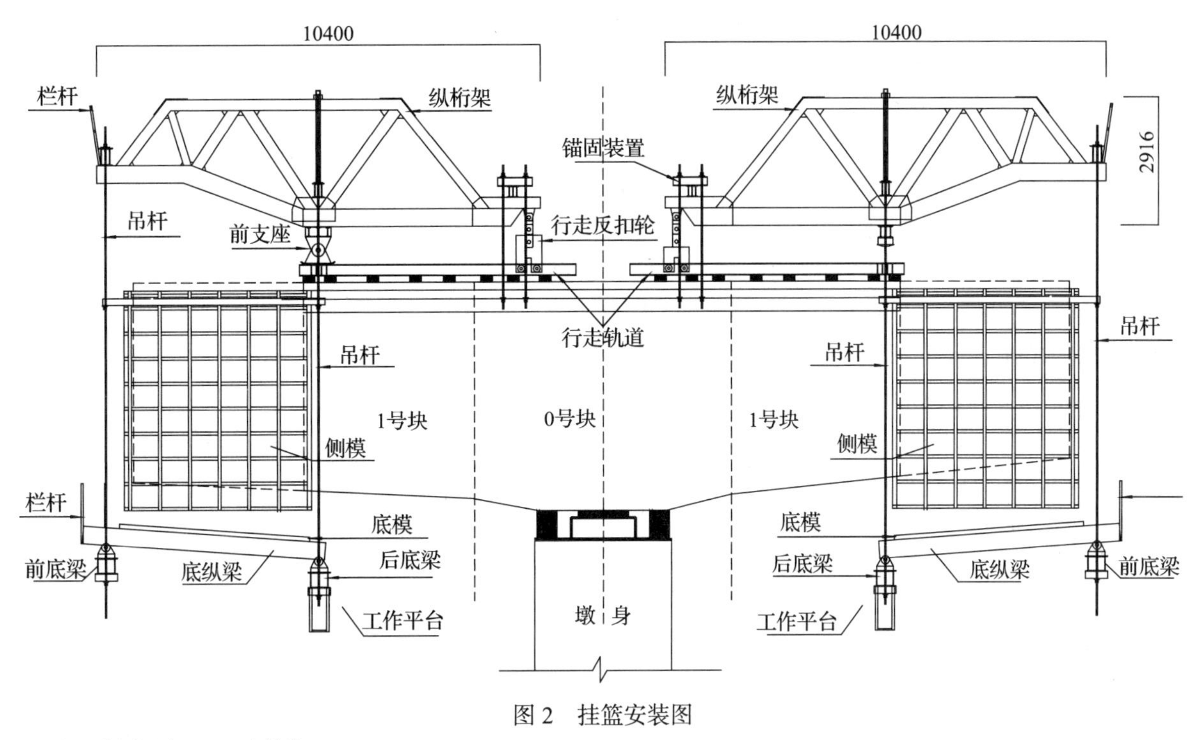

图2　挂篮安装图

注：本图尺寸以mm为单位。

（4）挂篮应在已浇筑梁段的纵向预应力筋张拉完成后对称进行安装。挂篮组装完毕，应全面检查安装质量和挂篮中线、高程并测核挂篮各部位变形量。

（5）待浇梁段挂篮前端模板的施工高程，应根据已浇梁段前端高程调整值、待浇梁段设计高程及计划施工预拱度、挂篮预计变形值等因素计算确定。

（6）挂篮拼装时，同一T构的2个挂篮应同步进行，挂篮作业平台应挂安全网，四周设围栏，上下应有专用扶梯。

5.2.2　模板安装及预压

按箱梁自重的1.2倍重量对模板和挂篮系统进行加载预压，以消除非弹性变形。预压时应保持两侧对称加载，保持平衡。及时观测记录，以调整测量数据。

5.2.3　钢筋及预应力管道安装

（1）钢筋及预应力筋和各种预埋件位置符合要求。

（2）底板上、下层的定位钢筋下端须与最下层钢筋焊接连牢。

（3）钢筋与管道相碰时，只能移动，不能切断钢筋。

（4）若必须切断钢筋时应待该工序完成后，将切断钢筋补焊好。

（5）纵向预应力管道有较多曲线，所以管道要定位准确牢固，接头处不得有毛刺、卷边、折角等现象，接口处要封严，不得漏浆。

（6）竖向预应力管道下端要封严，防止漏浆，上端应封闭，防止水和杂物进入管道。压浆管内可穿圆钢芯（混凝土浇筑完后拔出），以保证管道通畅。

（7）横向预应力管道采用扁平波纹管，安装时一定要防止出现水平和竖直弯曲，严禁施工人员踩踏和挤压，扎花头锚端要封严，防止漏浆。

5.2.4 梁段混凝土浇筑

（1）桥墩两侧梁段混凝土浇筑应对称、平衡施工。梁段混凝土浇筑必须从挂篮前端开始，在根部与已浇筑梁段连接，并应在最先浇筑的混凝土初凝前完成全梁段混凝土浇筑。

（2）已浇筑梁段混凝土接槎面应进行凿毛、清理、充分湿润。混凝土浇筑过程中，应监测挂篮的高程变化情况，发现超出允许偏差应及时调整纠正。

（3）混凝土出仓坍落度宜控制在 22cm，入模坍落度控制在 18 ～ 22cm。

（4）梁段混凝土浇筑完毕，应立即使用通孔器检查预应力孔道，发现堵塞现象应及时处理。

5.2.5 预应力筋张拉及压浆

（1）当混凝土强度达到规范和设计要求数值时，桥墩两侧梁段应同时同步张拉纵向预应力筋。

（2）张拉顺序：按设计要求或按先纵向、次横向、后竖向的顺序进行梁预应力筋张拉，测量伸长值作校核，符合设计要求后即行锚固。纵向预应力按先腹板后顶板、先上后下、先中后边、左右对称进行张拉，竖向预应力以梁中心线两侧对称张拉，还应遵循先张拉长束，后张拉短束的原则。

（3）锚具安装时，锚垫板的中心、喇叭口中心、管道中心应同轴。工作锚板应紧贴锚垫板，并刚好镶入锚垫板的凹槽内。工作夹片安装时均匀推入，同一个夹片之间的端面平齐。

（4）张拉加载顺序按 0 →初始应力（$10\%\sigma_{con}$）→ $100\%\sigma_{con}$（持荷 2min）→锚固。

（5）采用伸长值与张拉力双控，张拉应力为主，伸长值校核，伸长值与设计值的误差在 ±6% 之内，当超出此范围后应停止张拉进行原因分析。整个张拉过程应随时注意避免滑丝和断丝现象发生。

（6）终张拉完毕应组织管道压浆；压浆前采用高压水从高往低进行管道冲洗，干净后用高压风将管道内的积水吹干。再用手提砂轮机切除外露的多余部分，钢绞线留置外露出锚具 4cm，然后将锚具周围预应力筋间隙用水泥浆封锚。待水泥浆强度达到 2MPa 时，才能进行压浆作业。压浆时及压浆后 3d 内，梁体及环境温度不得低于 5℃。

5.2.6 挂篮顶推移位

（1）墩两侧挂篮应对称移位，尾部设置制动装置，移动速度应控制在 0.1m/min 以内，后端应有稳定及保护措施。

（2）挂篮移动到位后应及时锚固，前吊杆、后锚杆的锚固力应调试均匀，前端限位装置应设置牢固。

（3）滑道应铺设平顺，并按要求做好锚固，挂篮行走前检查行走系统、吊挂系统、模板系统。

（4）遇有雷雨、大风、大雾等恶劣天气时，严禁移动挂篮。

5.2.7 合龙段的控制

（1）合龙梁段混凝土应在一天中气温最低时间快速、连续浇筑，先边跨合龙，再中跨合龙、体系转换。

（2）拆除中跨支架、边孔支架、临时支墩时，应观测梁体高程变化，发现异常情况立即停止作业，查找原因保证施工安全。

6 材料与设备

（1）本工程所需主要施工材料数量见表 1：

表 1 挂篮、模板数量表

项目	数量	单位	重量（t）
模板	2	套	60
挂篮	2	对	120

（2）本工程所需主要机械设备、仪器配置数量详见表 2：

表 2　主要机械设备配备表

序号	设备名称	规格型号	单位	数量
1	塔吊	QTZ80	台	每墩 1 台
2	汽车吊	QY25t	台	2
3	发电机	120kW	台	1
4	电焊机	50 ~ 500A	台	12
5	钢筋切断机	06 ~ 040	台	2
6	钢筋弯曲机	3kW	台	2
7	钢筋调直机	3kW	台	2
8	混凝土输送泵	$60m^3/h$	台	2
9	混凝土运输车	$8m^3$	辆	6
10	运输车	8t	辆	2
11	箱式变压器	630kVA	台	2
12	铜芯电缆	3 × 75 + 2 × 50	m	2000
13	张拉千斤顶	26t/60t/250t	台	4/4/4
14	压浆设备		套	2

7　质量控制

（1）建立质量保证体系，规范质量监督检查流程，严格执行“谁管理谁负责，谁操作谁保证”的质量管理原则。

（2）建立自检、监控督察体系，对现场质量进行全方位、全过程监控。

（3）严格按照监控单位提供的立模标高及相关数据进行模板的安装及复测，在 0 号块上设置标高基准点，用水准仪精确校准每节箱梁模板标高，用精度 1″ 的全站仪精确控制平面位置，合格后方可浇筑混凝土。

（4）挂篮两端必须对称施工，施工荷载（含挂篮自重）不允许超过设计施工荷载的重量，以保证根据荷载计算各节段施工预留拱度并与设计预留拱度统一，保证箱梁线性和应力变化与设计相符。

（5）混凝土施工时，严格按照先底板，后腹板，再顶板，先前端、后尾端的原则浇筑。

（6）施工过程中必须进行挠度观测，施工前依据预留拱度值预留每节箱梁预留拱度，在两端底板浇筑完成后重新调整，混凝土浇筑完毕后、张拉完毕后，详细记录挠度数据作为下一块段预留拱度计算依据。

挂篮安装质量控制标准见表 3：

表 3　挂篮安装质量控制标准

序号	挂篮检查项目		检查内容
1	主桁系统	主桁各构件	主桁杆件、节点板、中横梁、前横梁、主桁横联、前支腿等规格、尺寸、焊缝是否满足要求，无明显变形及损伤
		前支腿	前支腿下方是否支垫紧密，是否设置了限位装置
		连接件	螺栓、销子及限位销是否正确安装、无遗漏

续表

序号	挂篮检查项目		检查内容
2	锚固系统	主桁后锚	后锚横梁是否与主桁节点板密贴，锚固用精轧螺纹钢筋规格、数量，其上部和下部的扁担梁、垫板、销子、螺母等是否符合图纸要求并按图安装、锚固紧密
		轨道锚固	轨道锚固钢筋规格、纵横向间距、锚固长度是否满足设计要求，钢筋连接处螺纹是否完好、连接套筒安装是否居中，钢筋是否顺直。轨道纵向是否按图连接、无遗漏。行走轨道扁担梁是否居中并且锚固牢靠、无漏锚
		吊杆锚固	吊杆锚固用的扁担梁或连接板、销子、限位销等规格、尺寸、孔径、材质是否与设计相符，扁担梁应采用高强螺栓固定，挂篮吊带底部连接板焊缝是否满足要求
3	悬吊系统	前、后及中间吊杆	吊杆及其连接板、连接销子等规格、尺寸、材质、孔（直）径等是否与设计相符，限位销是否正确安装，销子受力是否合理
		连接处	吊杆各连接处是否安全、吊杆是否产生明显变形等
4	底篮系统	前、后横梁及纵梁	各构件规格、尺寸及连接焊缝是否与设计相符，各构件安装位置是否准确
		连接件	纵梁是否采用高强螺栓、销子牢靠固定，纵梁顶面是否一致平顺
5	行走系统	前支腿滚动支腿	前支腿各部位焊缝是否满足要求，走辊规格、数量须满足要求，走辊安装应居中。支腿前端是否有限位措施
		行走轨道	两组轨道顶面高程是否一致，铺设位置是否准确顺直，轨道纵向及横向是否按图连接牢靠，轨道顶面是否加贴钢板

悬浇梁段质量控制标准见表 4：

表 4　悬浇梁段质量控制标准

项次	检查项目		规定值或允许偏差	检查方法和频率
1	混凝土强度（MPa）		在合格标准内	
2	轴线偏位（mm）		10	全站仪或经纬仪，每个阶段检查 2 处
3	顶面高程（mm）		± 20	水准仪：每个阶段检查 2 处
4	相邻阶段高差 (mm)		10	尺量：检查 3 ～ 5 处
5	断面尺寸（mm）	高度	+5，-10	尺量：每个阶段检查 1 个断面
6		顶宽	± 30	
7		底宽	± 20	
8		顶底腹板厚	+10，-0	
9	横坡（%）		± 0.15	水准仪：每阶段检查 1 ～ 2 处
10	平整度（mm）		8	2m 直尺：检查竖直、水平两个方向，每侧面每 10m 梁长测 1 处

8　安全措施

（1）贯彻“安全第一，预防为主，综合治理”的方针，建立安全生产保证体系组织机构，健全安全生产责任制度。

（2）挂篮施工现场机械繁多，所有机械操作人员均应持有相应的上岗证，严禁无证操作。

（3）编制箱梁施工相关的专项安全操作方案，并经专家论证。

（4）悬臂箱梁挂篮及模板的设计必须保证模板结构在各种荷载作用下的安全性，且有一定的安全系数。

（5）支架和挂篮在拼装过程中，各部焊接与铰接必须符合施工要求，经技术主管及安检员验收合格后，才能进行下一步作业，保证作业人员的安全和施工质量。

（6）挂篮在行走时，要按照技术要求在主桁尾部安置保险装置，且要听从现场技术员、作业队长及安检员的统一指挥。

（7）挂篮行走时，要安排专人对后锚行走小车及外侧模滑梁进行跟踪检查，若发现后锚行走小车或外侧模滑梁有异常变化，应立刻停止挂篮的行走。

（8）悬臂箱梁施工属于高空作业，必须设计安全通道及操作平台供施工人员上下，所有安全通道及操作平台必须挂安全网确保安全。

9　环保措施

（1）建立项目部环境保护组织机构，严格遵守国家与地方的环境保护法律法规。

（2）制订水土保持，空气污染、噪声污染的防治措施。

（3）对于施工中废弃的零碎配件、边角料、水泥袋、包装箱等施工过程中产生的垃圾，及时清理并搞好现场卫生，以保护自然环境景观不受破坏。

（4）合理安排施工作业时间，尽量降低夜间车辆出入频率，减少夜间施工对附近居民区的噪声干扰。

10　效益分析

采用挂篮施工方法相比传统的满堂支架施工能减少对桥下道路或航道通行的干扰，节约建筑材料的投入，同跨径的桥梁采用挂篮施工对比满堂支架节约费用约 50 万元。

11　应用实例

绿汀大道南段 - 桐江桥工程结构形式为 30m + 2 × 60m + 30m 单箱梁结构，采用挂篮施工，总工期仅 5 个月，各项指标检测均符合规范要求，节约投资 50 万元，取得了社会各界一致好评。

贵州茅台至赤水旅游公路合子桥与罐子口桥结构形式为 30m + 60m + 30m 单箱梁结构，处在山岭重丘区，桥下净空很高，采用满堂支架施工造价高昂，采用挂蓝施工节约费用约 200 万元。

免操作平台顶棚钻孔施工工法

焦　鹤　李桂新　周　剑　刘新平　尹益平

湖南省第五工程有限公司

摘　要：为解决搭设脚手架或楼梯进行板顶或梁上钻孔时存在的费工费力、质量无保障、危险系数高等问题，可结合免操作平台顶棚钻孔施工装置进行施工。该施工装置制作材料来源广泛，构造原理易懂、制作简单、轻巧便捷，避免了高空作业，安全可靠，能明显提高经济效益和施工质量。

关键词：板顶钻孔；免操作平台；电锤

1　前言

在建筑工程施工过程中，大量应用构造植筋、机电安装或装饰吊顶，在板顶或梁上需要钻孔，如果采用传统方法：即搭设脚手架或搭设楼梯进行钻孔施工，既费工费力、增加成本；又质量无保障，安全不可靠，得不偿失，事倍功半。因此，我们在中国太平洋人寿保险南方基地建设项目施工中，发挥主观能动性，不断探索和创新施工工艺，认真总结经验从而形成本施工工法。

中国太平洋人寿保险南方基地建设项目，在砌体工程构造柱植筋施工中、机电安装吊支架和装饰装修吊顶施工中，利用常用的材料制作“免操作平台顶棚钻孔施工装置”，将电锤与之结合，采取本工法进行顶板钻孔施工，有效地解决了上述安全、质量、工期、效率问题，事半功倍，取得了明显的经济效益和广泛的社会效益。

2　工法特点

（1）本工法的制作材料来源广泛，如：木材、型钢、铝合金等常用材料。

（2）本工法的构造原理易懂，制作简单，随时随地，可以加工制作。

（3）本工法制作的施工装置，轻巧便捷，操作容易，减轻劳动强度，提高劳动效率。

（4）地面操作，避免了高空操作时电锤离心力引发的安全事故，安全可靠。

（5）减少人工、材料成本，提高经济效益和施工质量。

3　适用范围

本工法适用于建筑施工过程中顶棚钻孔，如砌体工程中构造柱植筋，机电安装工程中吊支架安装、装饰装修工程中吊顶吊杆安装。而且“免操作平台顶棚钻孔施工装置”也便于收发、运输、管理，能重复利用，节约资源，符合节能环保要求。

4　工艺原理

顶板钻孔工艺原理：将电锤固定在“免操作平台顶棚钻孔施工装置”伸缩杆的顶托处，用胶带捆绑牢固；根据施工图纸和施工方案要求的钻孔深度，调整钻孔深度卡环；利用杠杆原理，将“免操作平台顶棚钻孔施工装置”手柄徐徐下压，同时“免操作平台顶棚钻孔施工装置”的伸缩杆缓缓往上升，在电锤钻头对准板顶钻孔位置后；接通电锤电源，手柄继续下压，伸缩杆上升，将带动电锤钻头旋转钻孔施工；在达到钻孔深度后，断开电锤电源开关，拔出电锤钻头，完成钻孔；移位下一点板顶钻孔操作，循环施工。

5　施工工艺流程及操作要点

5.1　施工工艺流程

施工准备→制作“新型建筑项板钻孔工具”→计算钻孔深度、调整卡环→对准、定位→手动“新型建筑顶板钻孔工具”手柄→完成钻孔、清孔→验收→安装→循环施工。

5.2　操作要点

5.2.1　施工准备

施工前，组织培训，学习施工图纸，根据审核批准的施工方案，做好施工前的技术交底，准备好所需的人、材、机。

5.2.2　“免操作平台顶棚钻孔施工装置”的制作

将45mm×25mm×2mm和40mm×20mm×2mm厚镀锌方管根据图示尺寸，采用砂轮切割机下料切割5根镀锌方管，并将切口打磨抛光；再利用电锤和ϕ12钻头在图示尺寸处钻孔，完成10个螺孔钻孔；然后将6根L=50mm的ϕ10螺杆分别穿入孔中，将配套螺母适度拧紧，形成活动绞接，并涂抹黄油，使其能够灵活自由转动，完成“免操作平台顶棚钻孔施工装置”的制作。当然，可根据不同层高，在伸缩上杆和伸缩下杆之间调节螺杆，伸长和缩短钻孔装置的长短高矮，用于不同层高使用，详见图1节点3处。钻孔装置制作见图2所示。

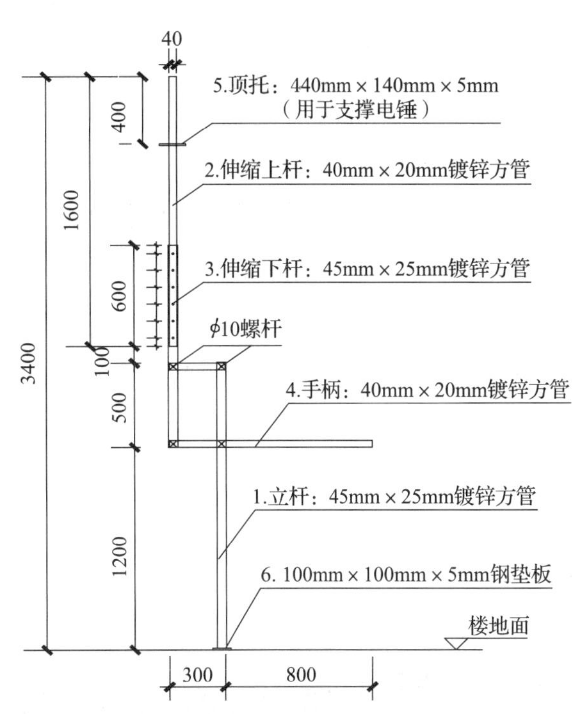

图1　免操作平台顶棚钻孔施工装置示意

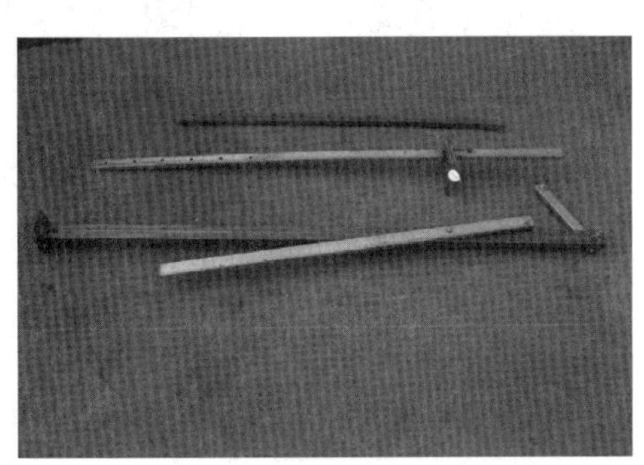

（a）钻孔装置材料

（b）钻孔装置组装

（c）钻孔装置组装过程

（d）钻孔装置成品

图2　钻孔装置制作

5.2.3　计算钻孔深度、调整卡环

根据设计要求，计算钻孔深度，选择ϕ14钻头，将卡环调整到位，将电锤放置在“免操作平台顶棚钻孔施工装置”上杆的顶托处，利用胶带绑定电锤并固定。

5.2.4 对准、定位

根据施工图纸和施工方案要求，按照钻孔间距尺寸，在楼地面上进行测量，并做好十字标记，将“免操作平台顶棚钻孔施工装置”立杆垂直楼地面十字标记处，“免操作平台顶棚钻孔施工装置”上的电锤钻头垂直对准顶板钻孔位置。

5.2.5 手动“免操作平台顶棚钻孔施工装置”手柄

接通电源，开启开关，将“免操作平台顶棚钻孔施工装置”手柄徐徐往下压，利用杠杆原理，此时上杆和电锤同时缓缓往上升，在电锤的旋转钻头达到设计深度时，上伸缩杆顶端接触到顶板后，断开电源。然后将“免操作平台顶棚钻孔施工装置”手柄往上提，拔出电锤钻头，完成钻孔（图 3）。

图 3 钻孔过程

5.2.6 清孔

采用毛刷和压缩空气清除孔内灰渣、灰尘。

5.2.7 验收

按照施工图纸和施工方案中的钻孔要求，对钻孔位置、深度进行检查、验收，符合设计要求。

5.2.8 安装

按照施工图纸和施工方案进行吊架安装（图 4）。

（a）钻孔后安装支吊架

（b）支吊架安装后

（c）支吊架安装成品

图 4 吊架安装

5.2.9 循环施工

其他钻孔作业处，按同样的方法，依次循环施工。

6 材料与设备

本工法无须特别说明的材料，采用的设备和材料见表 1。

表 1 机具设备表

序号	设备名称	设备型号	单位	数量	用途
1	镀锌方管	40 × 20 × 3	根	3	制作免操作平台顶棚钻孔施工装置
2	镀锌方管	45 × 25 × 3	根	2	制作免操作平台顶棚钻孔施工装置
3	钢板	100 × 100 × 5	块	1	下杆支座
4	钢板	140 × 140 × 5	块	1	支撑电锤
5	螺杆、螺母	ϕ10、L = 50mm	个	8	固定免操作平台顶棚钻孔施工装置
6	冲击电锤		把	1	钻孔
7	配电箱	一机一箱（220V）	个	1	电锤

续表

序号	设备名称	设备型号	单位	数量	用途
8	电缆	2.5mm²	m	若干	电锤
9	砂轮切割机		把	1	切割镀锌方管
10	扳手		把	1	拧螺母
11	手持电动打磨机		把	1	打磨镀锌方管切口
12	U 形卡环	20mm 宽 ×1.5mm 厚	个	2	固定电锤与操作架
13	黄油	500mL	瓶	1	涂抹活动螺杆
14	电焊机		台	1	焊接支撑、支座
15	防护面罩		张	1	操作人员佩戴
16	绝缘手套		双	1	操作人员使用
17	毛刷		把	1	清孔
18	吹气枪		把	1	清孔

7　质量控制

7.1　工程质量标准

表 2　植筋钻孔允许偏差

序号	项目	允许偏差（mm）	检查方法
1	钻孔深度	±3	塞尺
2	钻孔中心	±2	钢尺

7.2　质量保证措施

（1）《建筑工程施工质量评价标准》(GB/T 50375—2006)。

（2）根据设计要求进行间距定位钻孔；根据植筋和吊杆大小选择钻头；根据植筋、吊杆锚固深度控制钻孔深度，从而符合设计要求。

（3）成孔后采用毛刷或吹气枪将灰尘清除干净，进行植筋和吊杆安装。

8　安全措施

（1）认真贯彻“安全第一，预防为主”的方针，根据国家有关规定、条例，结合施工单位实际情况和工程的具体特点，建立完善的施工安全保证体系，组成专职安全员和工地安全用电负责人参加的安全生产管理网络，执行安全生产责任制，明确各级人员的职责，抓好工程安全生产。

（2）施工现场严格遵照执行《建筑现场临时用电安全技术规范》(JGJ 46—2005)、《建筑机械使用安全技术规程》(JGJ 33—2012) 等规范中的相应条款。

（3）施工现场按符合防火、防触电、防机械伤人等安全规定及安全施工要求进行布置，并完善布置各种安全标识，确保作业标准化、规范化。

（4）进入施工现场必须戴好安全帽，穿戴好绝缘鞋、绝缘手套。严禁酒后进入现场。

（5）特殊工种须经有关部门专业培训后持证上岗作业。

（6）把安全工作贯彻到整个施工现场，坚持每周的安全活动及每日施工前的安全交底，并做好记录。

（7）工程完毕时要及时清理作业区内的废料、杂物，并关闭所有用电设备的电源，确认无误后，方可离开。

9　节能环保措施

（1）本工法采取的环境保护措施主要遵照《建筑施工现场环境与卫生标准》(JGJ 146—2013)、《建筑工程绿色施工评价标准》(GB/T 50640—2010)、《节能建筑评价标准》(GB/T 50668—2011) 中的相应条款执行。

（2）识别各种机械设备的性能，合理选用高效、节能、低噪声的机械设备。采取设立隔声墙、隔声罩等消声措施降低施工噪声到许可值范围，同时尽可能避免夜间施工。

（3）尽量做到优化施工组织设计、专项方案，改进施工工艺，降低噪声、强光、有毒气体对环境的影响。

（4）将施工场地和作业限制在工程建设许可范围内，合理布置、规范围挡，做到标牌清楚、齐全，各种标识醒目，施工场地整洁文明。

（5）操作人员佩戴防护面罩或护目镜，防止灰尘飞扬而污染眼睛。

10 效益分析

（1）本工法将砌体工程构造柱植筋、装饰装修工程、机电安装工程传统搭设脚手架或满堂红脚手架，改为无脚手架或满堂红脚手架施工操作方法，降低了施工成本，缩短了施工工期，减少了劳动强度，在楼地面操作，避免了高空安全生产风险，产生了较好的经济效益。

（2）本工法以中国太平洋保险南方基地建设项目施工为例

地下室两层、层高为 3.9m，建筑面积为 15503m^2，本工法应用于安装工程吊支架安装；地上建筑面积为 42512m^2，层高均为 4m，本工法应用于构造柱植筋和装饰装修吊顶。如果采用搭设满堂红脚手架作为操作平台，共需要 $\phi 48 \times 3.6$ 钢管 103136m、扣件 65276 套、满铺脚手板 12000 块。人工搭、拆 58015m^2 满堂红脚手架操作平台，需要 10 人为期 25d 施工。本工法直接经济效果如下：

①减少操作平台支撑的钢管租赁费：103136m × 0.008 元 /（m · d）× 25d= 20627 元；

②减少操作平台支撑的扣件租赁费：65276 套 × 0.004 元 /（套 · d）× 25d= 6527 元；

③减少操作平台脚手板租赁费：12000 块 × 0.030 元 /（d · 块）× 25d= 9000 元；

④减少搭、拆操作平台人工费：10 人 × 25 工日 × 150 元 /（人 · 工日）= 37500 元；

以上合计约：73654 元。

11 应用实例

（1）中国太平洋人寿保险南方建设基地项目为 2 栋框剪 - 框架结构高层建筑物，总建筑面积约 58015m^2。其中：办公楼及培训中心建筑面积 29602m^2，档案馆建筑面积 12910m^2，地下室建筑面积 15503m^2，地上 18/17/16 层，地下 2 层。

本工程砌体工程中的构造柱植筋钻孔，机电安装部分的吊支架钻孔，室内装饰装修吊顶钻孔，于 2016 年 8 月至 2017 年 11 月，均采用本工法施工。本工法简单实用、方便快捷，安全环保，节约了材料和人工成本，缩短了工期，取得了明显的经济效益。在其他施工单位来本工地观摩中，学习了本工法施工，在其他建筑施工中进行推广应用，产生了明显的社会效益。

（2）上海浦东发展银行股份有限公司长沙分行办公大楼（2015 年至 2016 年），工程位于长沙湘江西侧地块，东临湘江、南临茶子山路，框架核心筒结构，总建筑面积 51659.87m^2，地下 3 层，裙房 4 层，塔楼 19 层；塔楼 5 ～ 21 层标准层均应用此施工工法，提高了工作效率，缩短了工期，降低了施工成本，取得较好的经济和社会效益。

（3）湖南警察学院教学楼工程由我湖南省第五工程有限公司承建，湖南省农林工业勘察设计研究总院设计，湖南长顺项目管理有限公司监理。工程建设地点位于长沙市星沙经济技术开发区远大三路 9 号湖南警察学院现有校园的中部，北临景观湖，南临运动场。结构形式为框架结构，建筑面积 28686.2m^2，1 + 7 层，建筑总高度 31.65m，总投资 5624 万元，工程开工日期为 2015 年 12 月 9 日，竣工日期 2016 年 11 月 9 日。应用此施工工法，减轻了劳动强度，提高了工作效率；加快了施工进度，缩短了工程的工期；降低了施工成本，取得较好的经济和社会效益。

浅圆仓锥顶桁架高支模施工工法

焦　鹤　李桂新

湖南省第五工程有限公司

摘　要：为解决钢筋混凝土筒仓仓顶高支模采用扣件式钢管满堂支撑法易出现高支模局部或整体失稳、坍塌等问题，可采用钢结构标准节独立竖向支撑、桁架组合模板支撑体系的施工方法，能提高施工效率，减少工期和材料成本，确保施工质量和安全性，具有良好的经济、社会、节能、环境效益。

关键词：钢筋混凝土筒仓；仓顶高支模；组合模板；支撑体系

1　前言

目前钢筋混凝土筒仓仓顶高支模大多采用扣件式钢管满堂支撑方法，由于扣件式钢管满堂支撑容易造成高支模局部或整体失稳而坍塌，引发安全和质量事故。我司在中央储备粮长沙直属库新建储备仓二期工程等项目施工过程中，采用钢结构标准节独立竖向支撑、桁架组合模板支撑体系的施工方法，解决了传统满堂脚手架施工速度慢、难度大、成本高、安全风险高的难题。提高了施工效率，减少了工期和材料成本，确保了施工质量和安全性，并取得了良好的经济、社会、节能、环境效益。此工法经过本项目和我司多个项目使用，行之有效，安全可靠。

该工法中应用的关键技术“一种高大模板的支撑体系”已获得国家实用新型专利，专利号：ZL 2016 2 0696433.X。

2　工法特点

（1）桁架中的钢结构标准节

高支模传统上是用搭设扣件式钢管满堂支撑方法，使用大量钢管、扣件，既增加了材料租赁成本，又增加了人工成本。而采用钢结构标准节独立竖向支撑，利用塔吊安装钢结构标准节代替人工搭设扣件式钢管满堂支撑架，既省时省力，又降低了人工和材料成本。

（2）扣件式钢管满堂高支模方法，容易造成高支模局部或整体失稳而坍塌，发生安全和质量事故，而采用钢结构标准节独立竖向支撑、桁架组合模板支撑施工方法，解决了传统满堂脚手架施工速度慢、难度大、安全风险高的难题。

（3）桁架支撑平台，采用型钢加工成主桁架和副桁架，分别支撑在标准节顶端中心钢板圆盘上和筒壁的支座上，形成稳定的钢桁架平台，将仓顶扣件式钢管支模架搭设在钢平台上，形成了仓顶模板支撑体系，进行现浇钢筋混凝土施工。桁架在拆卸后又可以重复利用，实现了高支模支撑的工具化，不同规模的类似工程只要稍作改制，即可通用，从而节约资源。

3　适用范围

桁架高支模施工工法适用于钢筋混凝土现浇筒仓仓顶屋面，此方法操作简单，实用性高，方便施工，能防止安全事故的发生，可以使工人在安装、拆卸的过程中省时、省力，同时便于收发、运输、管理，能重复利用，节约资源。

4　工艺原理

桁架高支模是由桁架和支撑节以及上部扣件式钢管满堂支撑架组成。桁架的一端与仓壁上的预埋铁件焊接做支撑，另一端与支撑节上的钢板中心圆盘焊接做支撑；标准节与标准节之间采取高强螺栓连接形成需要高度的中心支撑；整个标准节组成的中心支撑落在地面钢筋混凝土基础上，通过基础和地基承载上面传递的荷载。在桁架平台上搭设仓顶扣件式钢管支模架，铺设木方模板，绑扎钢筋，浇筑混凝土。

5 工艺流程和操作要点

5.1 本工法施工工艺流程（图 1）

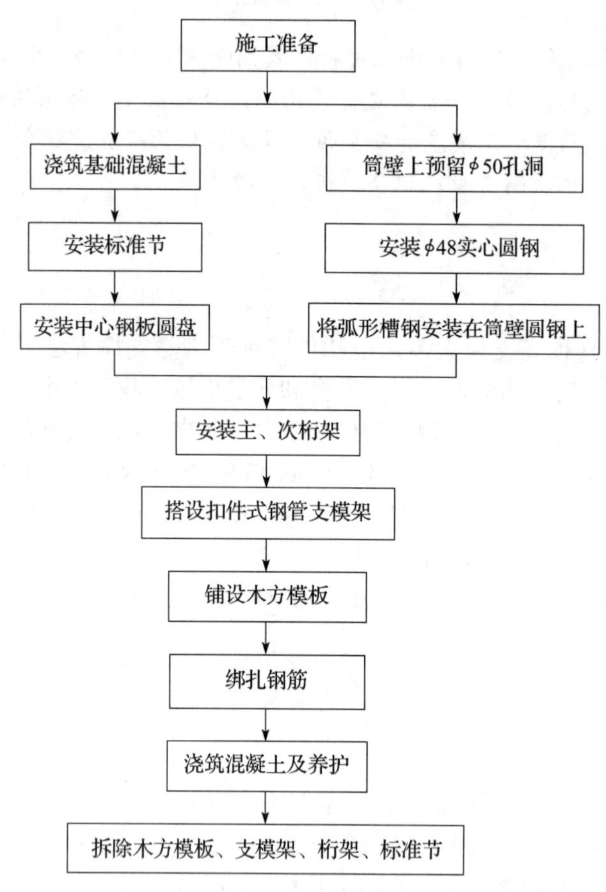

图 1 浅圆仓锥顶高支模施工工艺流程

5.2 技术操作要点

5.2.1 施工准备

（1）根据施工图纸及有关技术文件编制施工组织设计及脚手架搭设、钢桁架安装专项方案，其内容包括：脚手架的计算书、钢桁架设计图或租赁的钢结架标准节验算书、节点大样图、对基础地耐力的要求、拼装单元的顺序、拼装工艺的确定等。

（2）对工程和施工用材按有关规范、施工图纸、施工组织设计进行验收。

（3）对使用的各种测量仪器及钢尺进行计量检验复核。

（4）对支承结构轴线、标高进行复核。

（5）对筒壁支承结构进行验算复核。

（6）按施工平面布置图划分好原材料、设备、零部件的堆放场地。

（7）参与桁架、支模架安装的人员和测量工、电焊工、起重机司机、指挥人员等要持证上岗。

5.2.2 浇筑支撑节基础混凝土

底端支座采用钢筋凝土基础，平面尺寸 4000mm × 4000mm，高度 1000mm，顶标高 –0.850。混凝土基础预埋 8 根 M30 高强螺栓，与支撑节连接，详见图 2，钢结构标准节基础如图 3 所示。根据地勘报告及地基承载力计算，本基础及地基承载力满足要求，详见计算书。

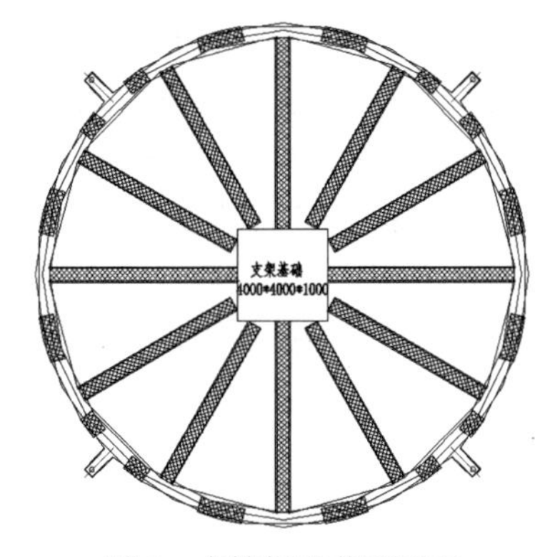

图2　支撑标准节平面图

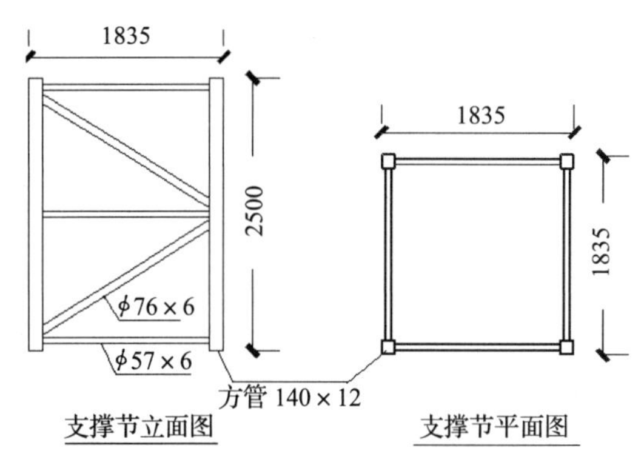

图3　钢结构标准节基础图

5.2.3　支撑标准节安装

使用塔吊吊装方式，螺栓连接（租赁TC5610塔吊标准节）。混凝土达到强度后安装标准节，支撑节安装时，要保证其水平度和垂直度。竖向支撑节每5m高度与筒壁钢板环用ϕ12钢丝绳连接（图4），每道布置4根，四角成“十”字形对拉，以保证竖向支撑节稳定性。钢板环厚度10mm，孔径50mm，ϕ16膨胀螺栓4根，如图5所示。

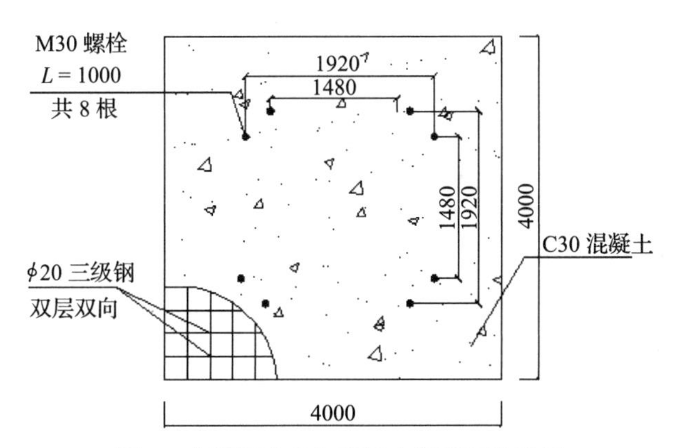

图4　支撑标准节与筒壁上钢板环连接图

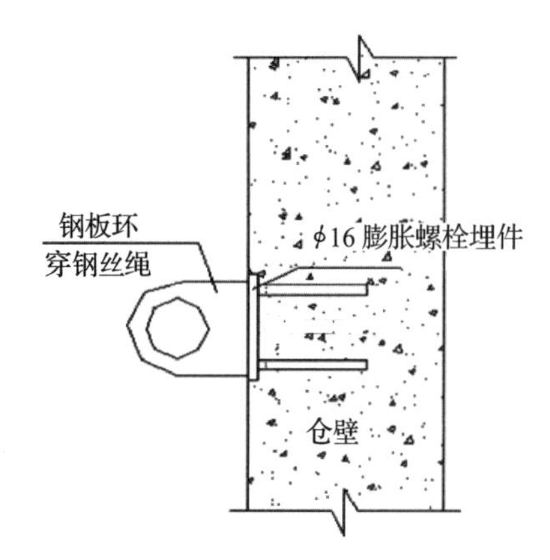

图5　支撑标准节平、立面图

5.2.4　安装中心钢板圆盘

待支撑节安装完成后，在钢结构标准节最上端安装ϕ2.8m直径，30mm厚中心钢板圆盘，圆盘内径1.5m，采用8根高强螺栓与标准节四角连接，每角2根高强螺栓与之连接固定作为桁架的中心支座（图6）。次桁架与槽钢连接节点如图7所示。

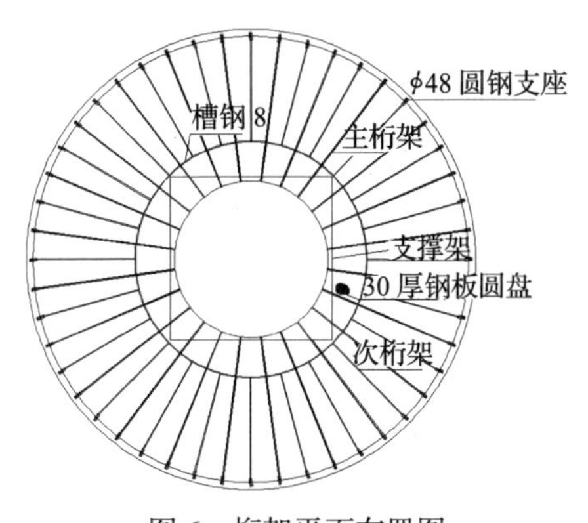

图6　桁架平面布置图

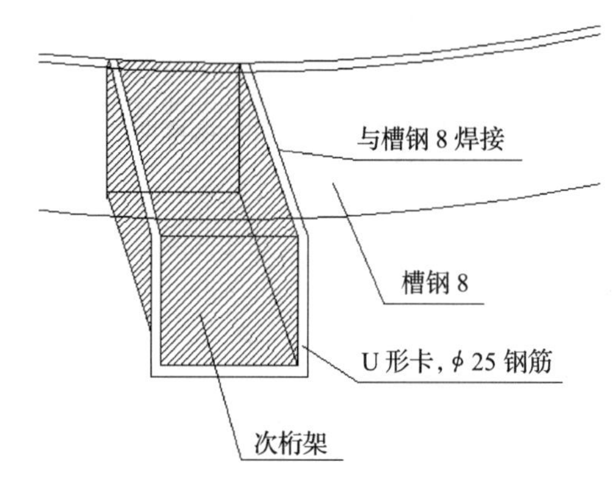

图7　次桁架与槽钢连接节点图

5.2.5　筒壁预留预埋

在滑模施工过程中的筒壁上，采用ϕ50PVC管按1.2m间距和桁架安装高度预留孔洞。

5.2.6　筒壁支座安装

（1）筒壁外天沟施工操作平台，当筒壁达到 70% 混凝土强度时，外挑架水平杆采用 ϕ48 × 3.0 钢管穿墙设置，每 1200mm 一道，伸出筒壁内外边各 1500mm，满铺跳板。防护栏杆钢管采用扣件连接，竖向沿仓壁设置加固钢管，防止穿墙管（圆钢）旋转及移位。外防护栏杆内侧用 ϕ18 钢筋设置 3 道，并挂安全网。穿墙钢管拆除后，孔洞用高一级标号膨胀混凝土堵实。

（2）支座选用 ϕ48 圆钢穿墙设置，在筒壁内外用 ϕ48 钢管和扣件固定后，用 2 根 8 号槽钢加工成弧形抱焊成"口"字形（图 3 所示），沿筒壁内侧环向周圈设置并与 ϕ48 圆钢焊接，作为桁架在筒壁上的支座。

（3）ϕ48 圆钢穿墙设置：采用手动吊篮作业方式，顶端固定在筒壁钢筋上。每套分别悬垂两根钢丝绳，一根为提升机用工作钢丝绳，一根为安全锁用钢丝绳。钢丝绳系吊篮专用镀锌钢丝绳，强度高，耐锈蚀性能好。型号为 4 × 25Fi + PP-Φ8.3，破断拉力不小于 51.8kN。钢丝绳使用过程中，按《起重机械用钢丝绳检验和报废实用规范》（GB 5972）的有关规定，对钢丝绳的磨损、锈蚀、短丝、异常变形等进行检验，达到报废标准即更新钢丝绳。

5.2.7　制作安装桁架

按设计图纸制作桁架，经过检查验收后，安装桁架。采用塔吊吊装方式。桁架安装时，按照先主桁架（图 8），后次桁架的顺序（图 9），一端支承在标准节顶端的中心钢板圆盘上，另一端支承在筒仓仓壁上的槽钢上（图 10），经过检查、校正后焊接。桁架与桁架之间采用 ϕ20 钢筋间距为 2m 焊接连接，保证桁架的稳定性，从而形成钢桁架平台体系，作为上部支模架搭设的操作和支撑平台（图 11）。

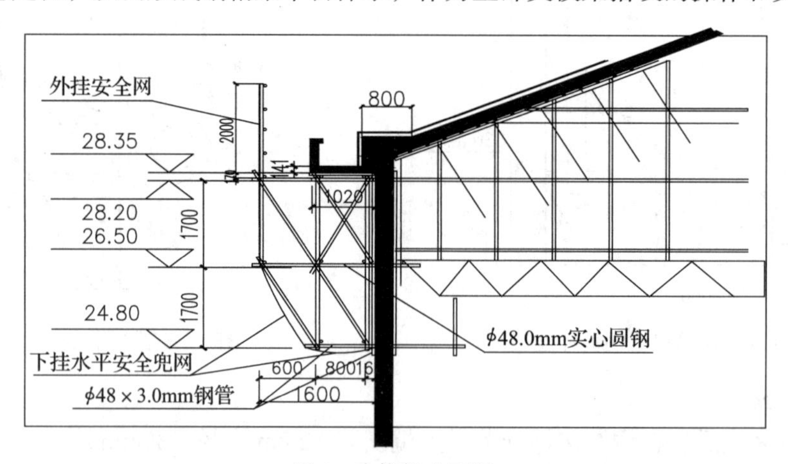

图 8　次桁架立面图

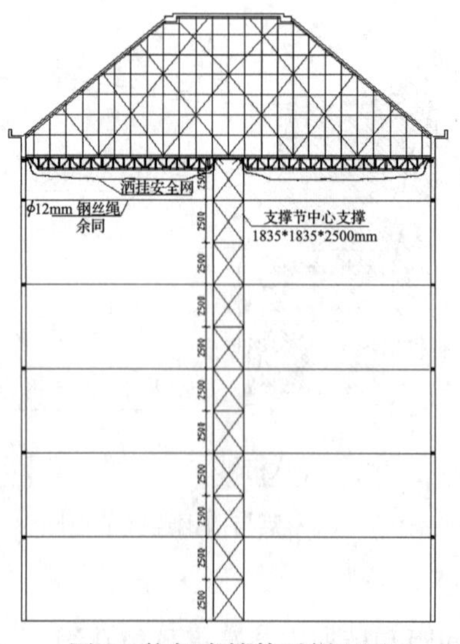

图 9　桁架支撑体系剖面图

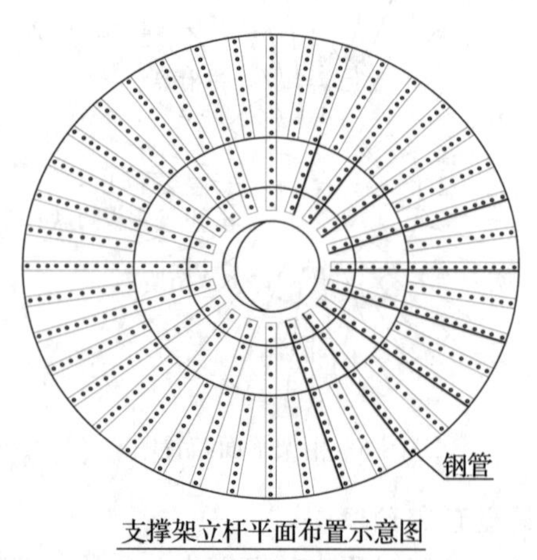

图 10　筒壁环梁与桁架示意图

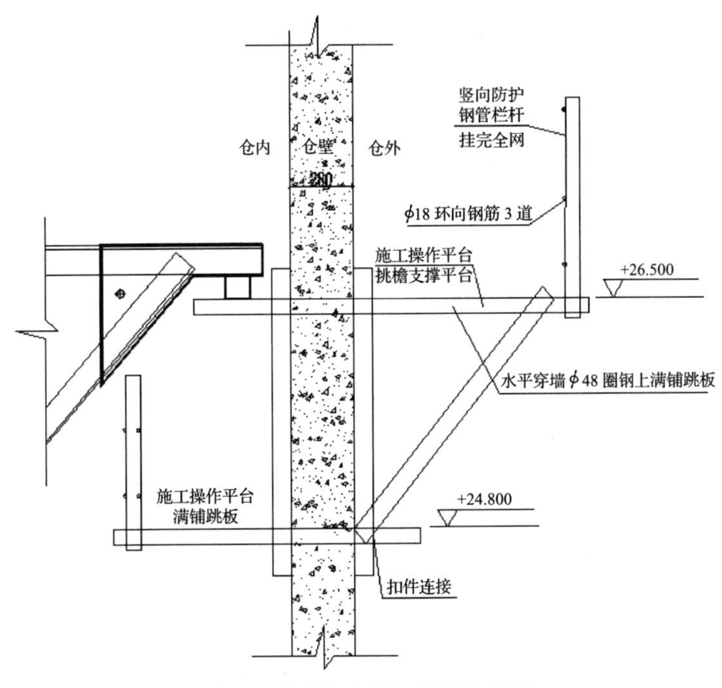

图11　支模架与桁架搭设示意图

5.2.8　仓顶支模架搭设

（1）脚手架搭设前在钢桁架平台上满铺脚手板，脚手板两端固定牢固，作为搭设上部钢管脚手架的施工操作平台。

（2）在钢桁架平台下弦杆处满挂水平安全兜网，确保施工期间安全。

（3）按照上部扣件式钢管满堂脚手架的搭设方案，在每根立杆的位置，用100mm长的ϕ25钢筋头与桁架焊接形成限位，确保立杆不滑动。

（4）上部支模架搭设方法同扣件式钢管满堂脚手架，但是立杆的布置要成扇形（图12）。

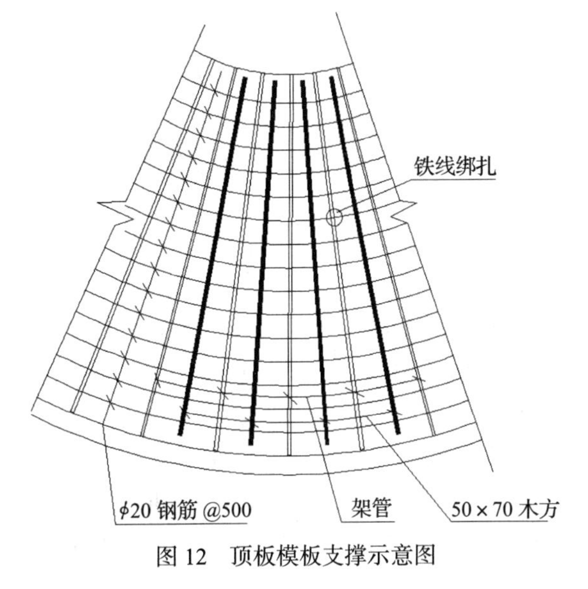

图12　顶板模板支撑示意图

5.2.9　仓顶板、梁模板工程

支模架分项工程施工完成后即进行模板分项工程施工，本工程仓顶板模板施工方法与其他模板工程一样，应注意如下事项：

（1）测量筒壁环梁和仓顶上环梁底标高，并标记控制点。

（2）放线：根据上、下环梁标高放出控制线和模板控制线。

（3）仓顶板模板安装，从筒壁四周开始铺设，在中间收口。

5.2.10　仓顶钢筋制作、安装工程

仓顶板环梁主筋按图纸要求，先加工成环形，采用焊接或绑扎连接，板钢筋制作加工按图纸要求。钢筋制作、加工、绑扎工艺同一般钢筋工程。

5.2.11　浇筑混凝土及养护

仓顶板、梁混凝土浇筑同一般的现浇混凝土施工方法一样。但需注意混凝土浇筑顺序和方式，防止模板坍塌。

（1）先天沟后梁板，由下到上，先浇筑外圈后浇筑内圈（即图13中①→②→③）。

（2）采取两点对称浇筑方式，在一圈浇筑完成后，逐圈向上浇筑，直至顶板。

（3）每次浇筑宽度约为 1m。

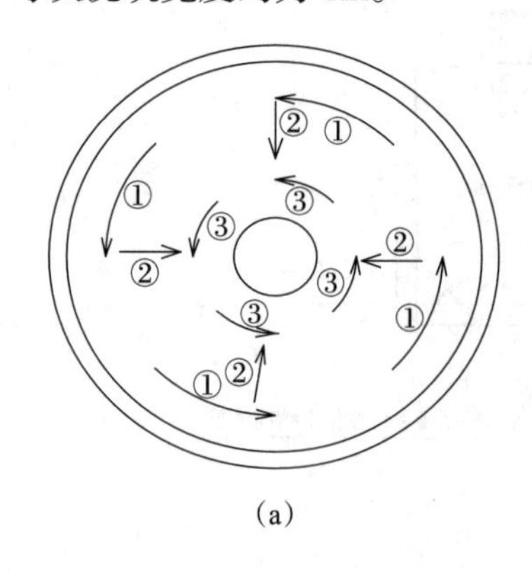

(a)

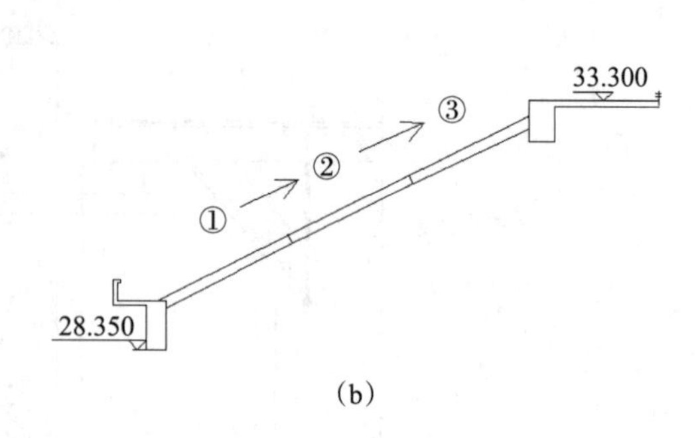

(b)

图 13　浇筑顺序图

5.2.12　拆除模板、支模架、桁架、标准节

（1）模板、脚手架拆除

①模板、脚手架拆除遵循先上后下，先装后拆原则。

②拆架前，全面检查拟拆脚手架，根据检查结果，拟定出作业计划，报请批准，进行技术交底后方可拆除。

③作业计划一般包括：拆架的步骤和方法、安全措施、材料堆放地点、劳动组织安排等。拆架时应划分作业区，并设置警戒标志，地面应设专人指挥，禁止非作业人员进入。

④拆架的高处作业人员应戴好安全帽、系好安全带、扎好裹腿、穿软底防滑鞋。

⑤拆除时要统一指挥，上下呼应，动作协调。

⑥在拆架时，不得中途换人，如必须换人时，应将拆除情况交代清楚后方可离开。拆下的材料要徐徐下运，严禁抛掷。

⑦运至地面的材料应按指定地点分类堆放。

（2）钢桁架拆除

①用氧割将预埋件（牛腿）拆除完成后，钢桁架两端用卷扬机的钢丝绳吊住，利用卷扬机吊装缓缓降落到仓底位置，再从仓底门洞口运出，图 14 为桁架拆除吊点布置图。

②拆除顺序：先安装的后拆，后安装的先拆。首先拆除副桁架，其次拆除主桁架。

③钢桁架拆除时，使用两台卷扬机，每台提升机的钢铰链均穿过仓顶板预留孔，与钢桁架连接牢固并保持钢桁架平衡。

④拆除的垂直运输设备、机具、绳索，必须经检查合格后方可使用。

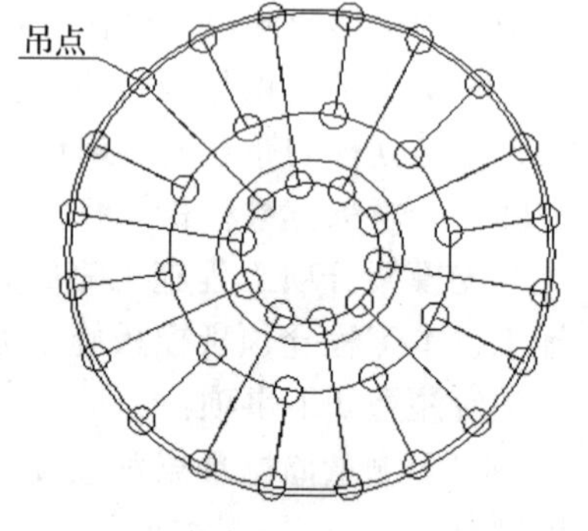

图 14　桁架拆除吊点布置图

⑤保证仓内有足够灯光亮度和通风要求。

⑥竖向标准节支撑拆除时，支撑架顶端用卷扬机吊起，底端离开地面 200mm 左右，拆除底端第一节支撑架，卷扬机钢绳下落，依次拆除并用滑轮平板车运至仓外指定位置。

⑦注意事项：拆除时要控制钢桁架的水平度，为此要求所有操作人员必须听从现场负责人的统一指挥，同时操作提升机操作按钮，保持降模速度一致。下降速度不应过快，现场负责人必须随时检查机械及钢丝绳情况，当发现异常时要及时解决。

6　材料与设备

6.1　制作桁架主要材料见表 1

表 1　材料表

构件名称	序号	宽度（mm）	厚度（mm）	长度（mm）	数量	重量（kg）	总重（kg）	备注
	1	L63×63×6		12050	2	68.92	137.84	
	2	L63×63×6		912	2	5.22	10.43	
	3	L75×75×8		10495	2	94.77	189.54	
	4	L63×63×6		510	2	2.92	5.83	
	5	L63×63×6		720	16	4.12	65.89	
	6	L63×63×6		550	15	3.15	47.19	
	7	365	8	425	2	9.74	19.48	
桁架	7A	243	8	285	2	4.35	8.7	
	8	80	8	130	17	0.65	11.1	
	9	170	8	300	8	3.2	25.62	
	10	170	8	470	7	5.02	35.12	
	11	170	8	380	2	4.06	8.11	
	12							
	13							
	14							
共计							564.85	

6.2　本工法所用到的主要材料和机具如下：

（1）材料：标准节（外径 2.8m、内径 1.5m），厚度为 30mm 的中心钢板圆盘、ϕ12 钢丝绳、8 号槽钢、ϕ48 实心圆钢、ϕ48 钢管（壁厚 3.0mm）、扣件、木方、模板、安全帽、安全网、安全带、电焊条等。

（2）机具：塔吊、卷扬机、平板车、切割机、扳手等。

7　质量控制

7.1　本工法主要遵照执行以下国家规范中的相应条款：

（1）《混凝土结构工程施工质量验收规范》(GB 50204—2015)。

（2）《混凝土结构工程施工规范》(GB 50666—2011)。

（3）《钢结构设计规范》(GB 50017—2003)。

（4）《钢结构工程施工质量验收规范》(GB 50205—2001)。

（5）《建筑结构荷载规范》(GB 50009—2012)。

（6）《木结构设计规范》(GB 50005—2003)。

（7）国家和行业颁发的施工验收规范，工程质量检验评定标准。

7.2　支模架搭设验收

本项目采用扣件式钢管满堂支模架，在混凝土浇捣前必须随时检查和监测。

（1）班组日常进行安全检查，项目部进行安全检查。

（2）日常检查，巡查的重点部位：

①杆件的设置和连接、连墙件、支撑、剪刀撑等构件是否符合要求。

②地基是否积水，底座是否松动，立杆是否悬空。

③连接扣件是否松动。

④支撑体系是否有不均匀的沉降和垂直度偏差。

⑤施工过程中是否有超载的现象。

⑥安全防护措施是否符合规范要求。

⑦支撑体系和各杆件是否有变形的现象。

（3）在承受六级大风或大暴雨后必须进行全面检查。

（4）在浇捣梁混凝土前，由项目部对脚手架全面系统检查，合格后方可浇筑混凝土。在浇筑混凝土过程中，由专职安全员、施工员对高支模体系检查、随时观测支撑体系的变形情况。发现隐患，及时停止施工，采取措施。

（5）检查实测数据允许偏差（表 2）

表 2　允许偏差

检查内容		允许偏差
立杆间距	梁底	+50mm
	板底	+50mm
步距		+20mm
立杆垂直度		≤ 0.75% 且≯ 60mm
扣件螺栓力矩		40 ～ 65N · m

（6）螺杆伸出钢管顶部≯ 200mm，螺杆外径与立杆钢管内径的间隙≯ 3mm。

（7）立杆应采用对接连接、相邻连接位置不得在同步内且竖向错开≮ 500mm，距离主节点≯步距的 1/3。

（8）纵、横向水平杆设置符合专项施工方案设计的要求。

（9）垂直、纵、横向、水平（高度＞ 4m）剪力撑符合专项施工方案设计的要求。

7.3　钢桁架的安装及验收

（1）钢桁架安装就位后，应立即进行验收校正、固定，形成稳定的体系。对不能形成稳定的空间体系的结构，应进行临时加固，当天安装的构件应形成稳定的单元空间体系。

（2）钢桁架的安装偏差检测应在结构空间刚度单元并在连接固定后进行。

（3）钢桁架在安装、校正时，应考虑外界环境（风力、温度等）和焊接变形等因素的影响，由此引起的变形超过允许偏差时，应对其采取调整措施。

（4）钢桁架的组装、安装顺序应保证组装精度，减少累计误差。

（5）钢桁架的焊接应保证其焊接位置准确，保证焊缝不少于 6mm。

（6）钢桁架焊接要保证其表面纵横向垂直度。

（7）其他安装及验收标准参照《钢桁架检验及验收标准》实施。

7.4　施工技术要求

（1）架体搭设完毕后需经设计人员、公司有关部门、施工员、安全员、架子工班长共同验收，合格后多方签字交付使用。不合格者严禁投入使用。

（2）架体搭设好后不得任意拆改，如确需改动，须经工程技术人员重新设计后，按设计要求改动。

（3）不得在架体上集中堆放施工材料具，其允许荷载值不大于 $2kN/m^2$；高支模柱子先浇筑，剩下的梁板一次性浇筑。

（4）在施工过程中，施工员、安全员、安全值班人员要经常检查，观察连墙杆、大小水平杆、立杆、剪刀撑等扣件是否有松动，各杆件是否有拆除现象等。发现问题及时采取措施加固。

（5）混凝土浇筑有关注意事项：

①确定合理混凝土浇筑方案，并严格按方案组织浇筑施工。

②保证模板支架施工中均衡受载，采用由四周向中部扩展、对称浇筑的方式，按照规定路线进行混凝土浇筑，避免荷载集中在某部分架体上。

③架下面安装照明灯，在安全员的监督下，派木工进行巡查，发现问题立即加固。如支架变形达到报警值时，安全员立即报告现场施工负责人，负责人查明情况，采取必要的安全和加固措施。发现险情，及时通知作业人员撤离危险范围。

④梁下面承重系统，按本方案搭设工艺要求增设立杆，搭设位置在主次梁节点处，纵横连接水平杆，水平杆步距不大于支架系统步距，以保证支架的整体刚度。

8 安全措施

8.1 本工法主要遵照执行以下国家规范中的相应条款：

（1）《施工现场临时用电安全技术规范》(JGJ 46—2005)；

（2）《建筑施工模板安全技术规范》(JGJ 162—2008)；

（3）《混凝土结构工程施工规范》(GB 50666—2011)；

（4）《建筑结构荷载规范》(GB 50009—2012)；

（5）《建筑施工扣件式钢管脚手架安全技术规范》(JGJ 130—2011)；

（6）《建筑施工安全检查标准》(JGJ 59—2011)；

（7）《建筑施工高处作业安全技术规范》(JGJ 80—91)；

（8）《建筑机械使用安全技术规程》(JGJ 33—2012)；

（9）《建设工程施工现场消防安全技术规范》(GB 50720—2011)；

（10）危险性较大的分部分项工程安全管理办法（建质［2009］87号文)；

（11）建设工程高大模板支撑系统施工安全监督管理导则（建质［2009］254号文)。

8.2 安全技术措施

（1）施工前对进场职工进行全面的安全教育，强调安全第一，预防为主。

（2）进入施工现场必须戴好安全帽，穿好绝缘鞋。严禁酒后进入现场。

（3）把安全工作贯彻到整个施工现场，坚持每周的安全活动及每日施工前的安全交底，并做好记录。

（4）施工前应明确高支模施工现场安全责任人，负责施工全过程的安全管理工作。施工现场安全责任人应在高支模搭设、拆除和混凝土浇筑前向作业人员进行安全技术交底。

（5）施工应按经审批的技术方案进行，技术方案未经原审批部门同意，任何人不得修改变更。

（6）支模分段或整体搭设安装完毕，经企业技术和安全负责人或其书面委托人主持分段或整体验收合格后方能进行钢筋安装。

（7）高支模施工现场应搭设工作梯，作业人员不得从支撑系统爬上爬下。

（8）支模搭设、拆除和混凝土浇筑期间，无关人员不得进入支模架底下，并由安全员在现场监护。混凝土浇筑时，施工单位应派安全员专职观察模板及其支撑系统的变形情况，发现异常现象时应立即暂停施工，迅速疏散人员，待排除险情并经施工现场安全责任人检查同意后方可复工。

（9）编制相应的安全应急预案施工方案，并经过企业技术和安全负责人、监理单位审定后实施。

8.3 施工安全用电措施

（1）加强对施工用电的管理，设置用电管理机构，并派专人管理。

（2）严格按《施工现场临时用电安全技术规范》要求对现场用电标准安设，现场使用的各种施工设备建立安全操作规程，并挂牌设置。施工临时用电采取三相五线制，电气机械设备做好接零接地、防雷、防雨保护措施。动力配电箱与照明配电箱应分别设置，并实行一机一闸一保护，电工对各临时用电经常检查，发现问题及时解决。

（3）使用手持电动工具，必须戴绝缘手套和穿绝缘胶鞋，夜间作业须设置高效强光光源照明。定期对电器线路、机具设备进行安全检查，防止电缆、电线因表皮破损、脱皮、老化漏电而伤人。

9 环保措施

本工法采取的环境保护措施主要遵照执行以下国家标准中的相应条款：

（1）《建筑施工现场环境与卫生标准》(JGJ 146—2013）。

（2）识别各种机械设备的性能，合理选用高效、节能、低噪声的机械设备。

（3）工程完毕要及时清理作业区的废料、杂物，并关闭所有用电设备的电源，确认无误后，方可离开。

10　效益分析

10.1　经济效益

浅圆仓桁架高支模施工工法相比扣件式钢管满堂支模架提高了施工的安全性，缩短了施工工期，减少了施工成本，提高了生产效率，可以重复周转使用。

以中央储备粮长沙直属库 23m 直径新建储备仓项目为例，每个储备仓节约成本如下：

（1）节约 48 × 3.0 钢管租赁费：35600m × 0.0085 元 /(m · d) × 50d= 15130 元。

（2）节约 48 × 3.0 扣件租赁费：14000 套 × 0.003 元 /(套 · d) × 50d= 2100 元。

（3）减少钢管扣件满堂架安、拆人工费：210000 元。

（4）减少水平安全网 3 层费用：1248m^2 × 8.5 元 /m^2 = 10608 元

（5）传统方法基础费用：41m^3 × 484 元 /m^3 = 19844 元。

（6）本工法基础费用：16m^3 × 628 元 /m^3 = 10048 元。

（7）本工法桁架支撑费用：180000 元。

以上合计节约费用 = 15130 + 2100 + 210000 + 10608 + 19844 − 10048 − 180000 = 67634 元。

（8）缩短工期：5d/ 筒仓 ×10 工日 /(筒仓 · d) × 260 元 / 工日 = 78000 元

该工程工 6 个筒仓，总计节约成本为：(67634+78000) × 6 = 873804 元。

10.2　社会效益

桁架高支模施工工法相比扣件式钢管满堂支撑安全系数大得多，避免了施工安全事故的发生，维护了施工企业的形象，创造了无形价值，进一步保证了整个工程质量、缩短了总工期，得到了社会各界的一致肯定，提高了公司形象与信誉，社会效益显著。

11　应用实例

本工法在中央储备粮长沙直属库储备仓二期、绥中直属库扩建工程、抚顺市中心粮库扩建工程、昌图储备仓等工程得到了广泛的应用。桁架高支模体系具有足够的强度、刚度和稳定性；无一安全事故；施工中，对支撑体系安装质量进行跟踪检查，施工后对桁架挠度检查，均满足设计规范要求，得到了设计、业主、监理的好评。

实例一：2015 年 10 月至 2016 年月 2 月施工的中央储备粮长沙直属库新建储备仓二期项目，位于长沙市望城县茶亭镇芙蓉北路，浅圆仓总建筑面积约 2612m^2。由 6 个直径 23m，檐口高度 28.35m 的浅圆仓组成，其顶盖为 200mm 厚的圆锥形。

实例二：2015 年 8 月至 10 月施工的中央储备粮绥中直属库扩建工程，21m 直径浅圆仓 4 个。浅圆仓总建筑面积约 1743m^2。仓顶板钢筋混凝土梁板结构，为圆锥壳体结构。顶板厚度为两端 150mm，中部 90mm，底部起拱。

实例三：2014 年 9 月至 10 月施工的抚顺市中心粮库扩建工程，25m 直径浅圆仓 3 个。浅圆仓总建筑面积约 1686m^2，仓顶板钢筋混凝土梁板结构，为圆锥壳体结构，顶板厚度为两端 150mm，中部 90mm，底部起拱。

槽型轨道和载重坦克车滑移屋面网架施工工法

罗　琪　刘　刚　李光雄　宋若华

湖南省工业设备安装有限公司

摘　要：本工法采用成品载重坦克车作为滑移单元，载重能力明确，性能可靠；滑轨为槽型结构，可有效限制坦克车侧移，避免网架偏轨、脱轨；载重坦克车与轨道为滚动摩擦，代替滑靴和轨道的滑动摩擦，阻力小、对下方结构冲击小，可滑移重量大，整体结构进行累积滑移，不会改变网架组装后的受力状态，保证了网架整体结构的稳定性，确保就位后的结构安全可靠。本工法技术成熟、可靠性好，操作简单，适用于垃圾电厂、工业厂房、展览馆等大跨度斜坡网架的滑移施工，推广应用前景好，社会效益显著。

关键词：斜坡网架；屋面网架；网架安装；轨道；载重坦克车

1　前言

大跨度单坡平面螺栓球网架在垃圾电厂中应用较多，由湖南省工业设备安装有限公司承建的长沙市垃圾电厂钢结构工程中，两个焚烧间（103.5m 长 ×53m 宽 ×59m 高）和两个烟气间（103.5m 长 ×50m 宽 ×48m 高）均为大跨度单坡平面螺栓球网架屋面，网架层高 3m，平均用钢量约 67kg/m^2。因垃圾电厂场地狭小。设备安装在前，传统网架施工工艺安全风险较大或者无法施工，项目部创新采用了槽型轨道和载重坦克车进行滑移施工屋面网架。

该工法中“新型销键式脚手架起步操作平台搭设”“槽型轨道及载重坦克车承载运输系统”“分体式液压千斤顶整体卸载技术”等关键技术在专项方案编制时均通过了湖南省相关专家进行的专家论证。

本工法应用 BIM 技术制作的“焚烧间网架滑移施工方案”动画获得了第二届中国建筑工程 BIM 大赛单项一等奖，2017 年度公司企业进步成果奖。

本工法以长沙垃圾发电厂钢结构工程中四个网架安装经验总结而成。

2　工法特点

（1）本工法采用的运输体系滑移平稳、受力可控，有利于斜坡平面网架两侧同步滑移。本工法采用成品载重坦克车在槽型轨道内运输，充分利用了载重坦克车稳定的承载能力和槽型轨道的限位作用。且用滚动摩擦取代了滑靴的滑动摩擦，降低了对滑移轨道的要求，且避免了滑移卡涩、跑偏、脱轨、高空坠物等安全风险。

（2）本工法经济效益明显。本工法只需搭设 53m 长 ×16m 宽 ×50m 高的起步操作平台，减少了满堂脚手架的搭设，且采用新型销键型脚手架搭设起步架操作平台，突破了其他脚手架 1∶3 高宽比和 50m 搭设高度的限制。

（3）本工法采用薄型分体式液压千斤顶整体卸载网架，升降行程短、速度平缓、卸载安全性高。

（4）本工法提升工效明显。利用起步架操作平台，项目采取下弦杆人工散拼与上弦杆三角锥机械吊装相结合的“流水节拍式”安装工艺，缩短工期近一半。

（5）本工法环保效益显著。网架拼装工作全部在起步作业平台进行，对周边施工场地的硬化和占用少。约 5000m^2 的网架安装仅占用周边场地不到 1000m^2，克服了垃圾电厂施工场地狭小、组对困难等难题。

（6）本工法安全性较高。所有高处作业变为在起步架操作平台和施工通道上的平地作业，避免了坠落、高空坠物等安全风险。

3　适用范围

本工法适用于垃圾电厂、工业厂房、展览馆等大跨度斜坡网架的滑移施工。

4　工艺原理

利用 BIM 技术制作动画模拟滑移施工，完善施工细节；利用新型销键型脚手架搭设起步架操作平台；利用槽型轨道及载重坦克车支承网架进行累积滑移施工；利用有限元软件进行结构稳定性验算；利用应力片、标靶测量及监控网架滑移过程中的变形量；利用薄型分体式液压千斤顶进行网架整体卸载就位。

5　施工工艺流程及操作要点

5.1　施工工艺流程

利用利用轨道和载重坦克车滑移屋面网架施工工艺流程如图 1 所示：

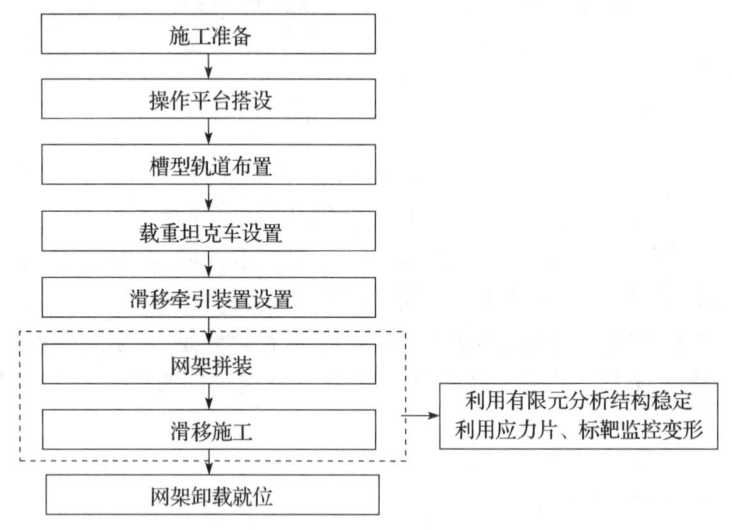

图 1　施工工艺流程图

5.2　操作要点

5.2.1　施工准备

（1）BIM 建模并制作动画

在施工过程中采用了 BIM 技术，采用 Revit、3D-MAX、Navisworks 等软件对方案进行建模并制作动画（图 2、图 3）。

图 2　滑移动画

图 3　卸载动画

（2）支座分段

为了减少网架卸载高度，在取得设计确认可行的情况下，将滑移轨道范围内的网架支座根据需要分作两段（图 4 ～图 5），支座下段与滑移轨道梁一起安装，上段随网架进行滑移，就位后先用高强螺栓连接上下段支座，再焊接中缝及塞孔焊预留孔，确保支座强度。

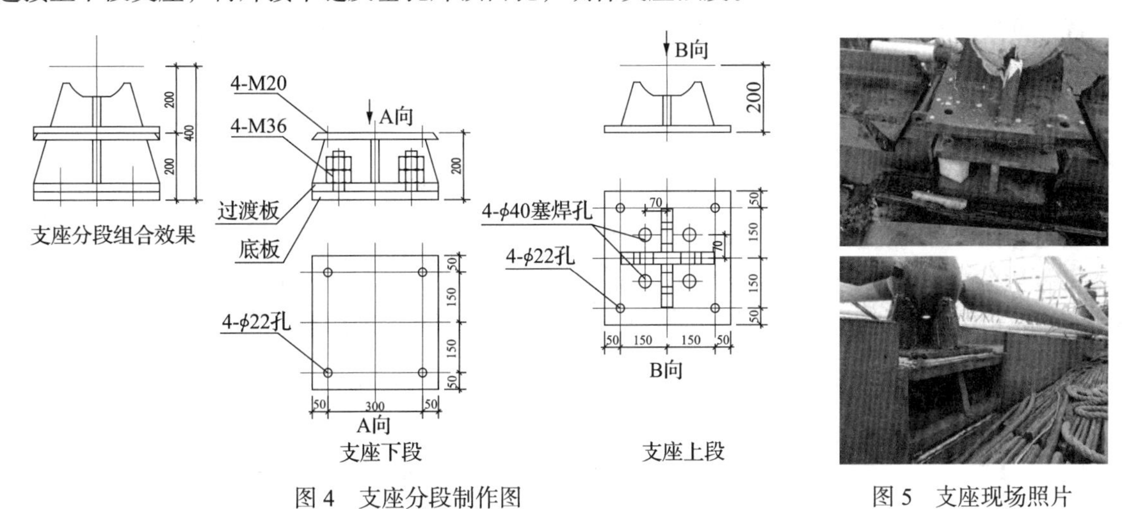

图 4　支座分段制作图　　　　图 5　支座现场照片

5.2.2　操作平台搭设

（1）起步操作平台搭设

起步操作平台搭设在厂房靠外侧，以便材料吊装到平台。根据网架安装要求，起步操作平台搭设还应满足下述要求。

①平台搭设坡度与网架坡度一致，以便网架放坡定位。

②平台高度以低于网架下弦球中心 450 ～ 500mm 为宜，方便网架下弦球打点放置千斤顶。

③平台必须能承受一定的集中荷载和足够的整体荷载，平台结构须进行专业受力计算，避免网架安装打点时网架压跨平台。

④平台内应设置防滑条，临边应设置安全护栏和挡物板，防止人员滑跌以及高空坠人、坠物。

本工程中焚烧间 50m 高起步操作平台采用新型销键式脚手架搭设（图 6），烟气间利用已有钢结构 41m 内屋面搭设平台。

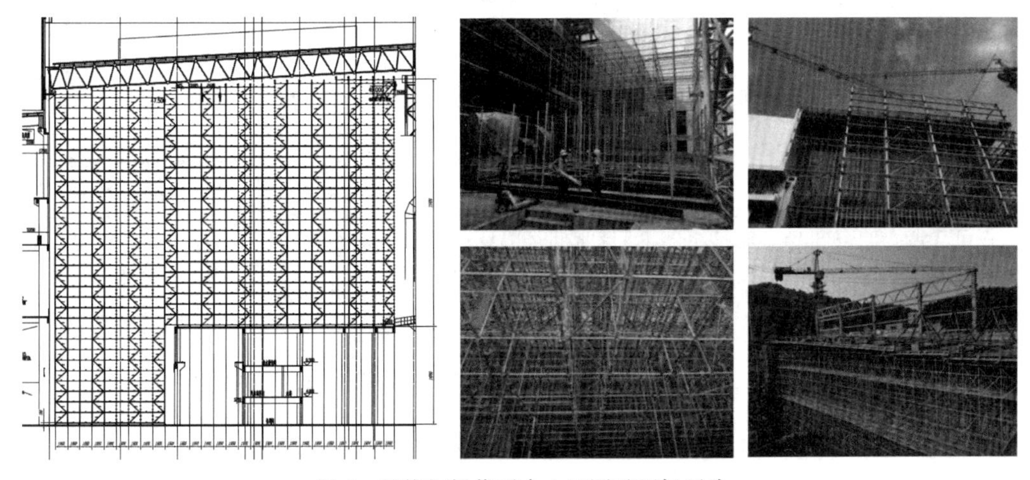

图 6　焚烧间操作平台立面图及现场照片

（2）滑移操作通道平台设置

两个滑移轨道外侧还应设置施工通道兼滑移施工操作平台（图 7），以便网架滑移施工时牵引操作及滑移状态监控。为方便操作，通道宜沿轨道外侧通长设置 0.8 ～ 1m 宽，采用钢管脚手架搭设在钢架上，上铺竹跳板走人、放置材料及工具，通道外侧设置护栏。

5.2.3　槽型轨道布置

（1）根据厂房结构特点和网架结构特点设置槽型滑移轨道，滑移轨道设置应符合以下几点原则：

①轨道中心线与滑移支座中心连线一致，沿长度方向布置；

②同一网架的两侧轨道梁高度应一致，保证网架滑移时的坡度与就位后的坡度一致。

③轨道梁高出支座底的高度尽量小，以免卸载行程过大改变结构受力，增加就位风险。

④轨道梁应通过专业设计及受力核算，确保有足够的刚性，承受支座集中荷载时才不会下挠过大，造成轨道波浪形起伏，影响滑移效果。

⑤滑移轨道梁和轨道与下部结构应可靠连接，形成整体才能保证轨道梁刚性符合方案要求。

⑥因滑移梁在后期安装、拆除困难，如有条件应在结构设计阶段将滑移梁添加到结构设计中去。

本工程网架滑移轨道及起步架操作平台布置如图 7 所示，钢结构系杆平台侧用 H400 × 300 的 H 型钢侧放做轨道（图 8），牛腿侧先安装箱型轨道梁，再在轨道梁上铺设 [40 槽钢做轨道（图 9）。

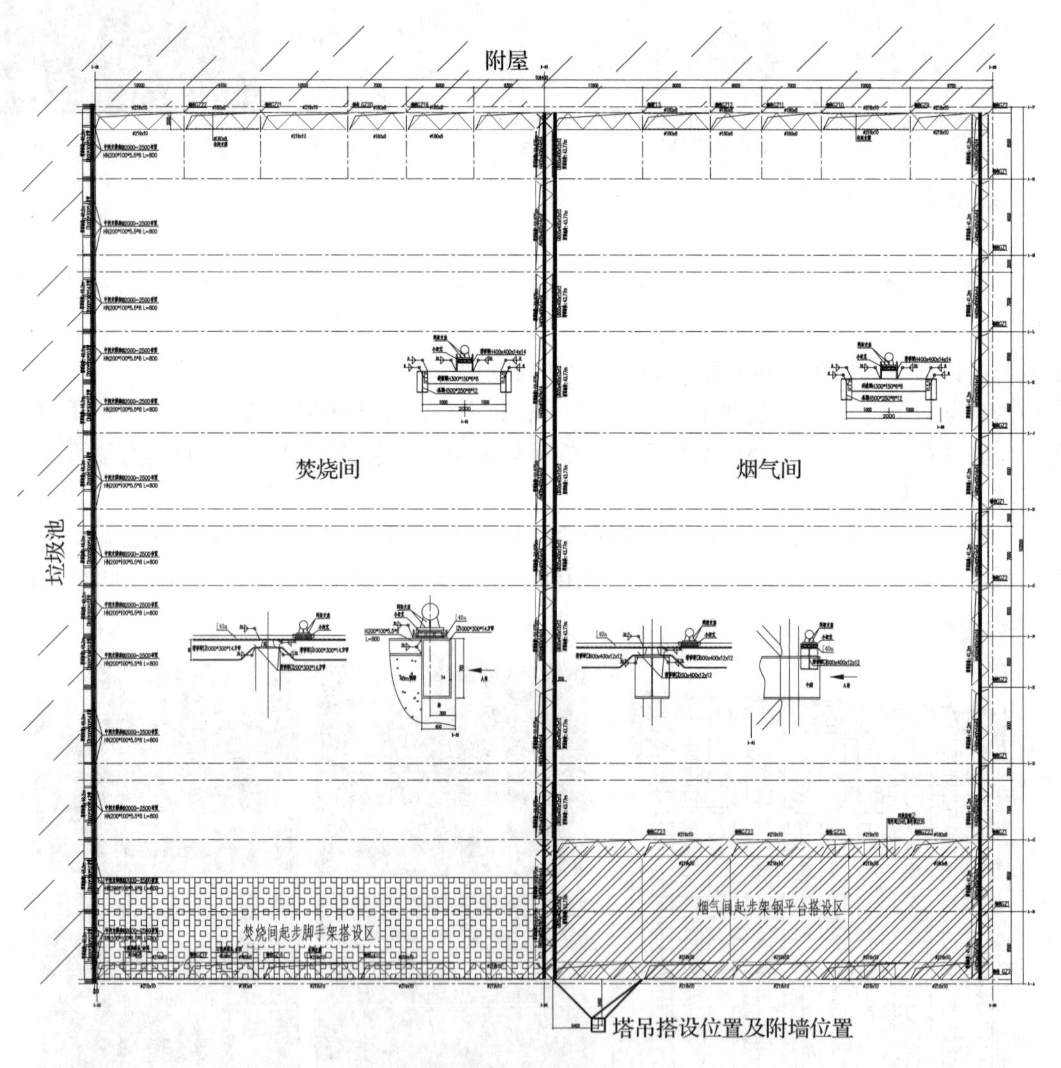

图 7　现场平面布置说明图

滑移施工时主要需保证滑轨能承受 x 方向的水平力不发生位移。通过对网架建立模型进行结构受力计算，滑移轨道在整个受力面至少应能承受住 120kN 向外的水平推力。因此安装好滑移轨道后，还应在轨道外侧加设加劲板支撑滑轨不向外移，如图 10、图 11。

图 8　平台上的侧卧 H 型钢槽型轨道

图 9　箱型梁上的 [40 槽钢槽型轨道

（2）轨道平面外加固

图 10 为滑移轨道外加固详图，采用加劲板进行加固，图 11 为轨道固照片。

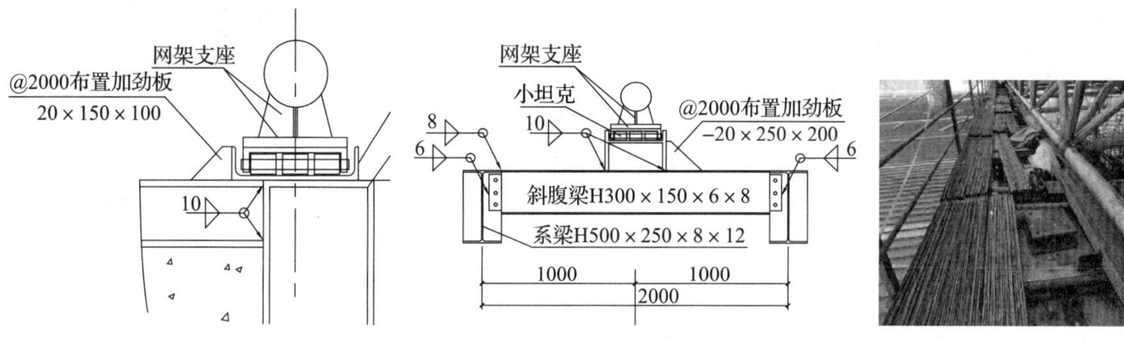

图 10　滑移轨道平面外加固详图　　图 11　轨道加固照片

5.2.4　载重坦克设置

载重坦克车为网架滑移施工主承重设备，设置于网架支座底下的槽型轨道内，因两边均有高出钢轮的翼板，可起到限位作用。即使网架一边高一边低，同步行进较困难，仍可有效的避免网架在滑移过程中偏移过大。载重坦克车的设置情况如图 12～图 14 所示。

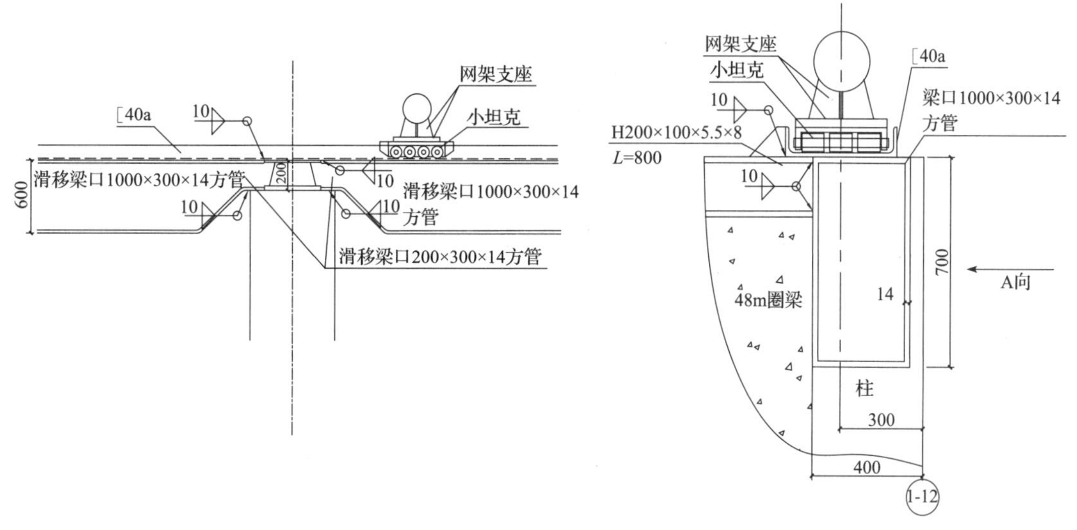

图 12　载重坦克车在槽钢轨道内

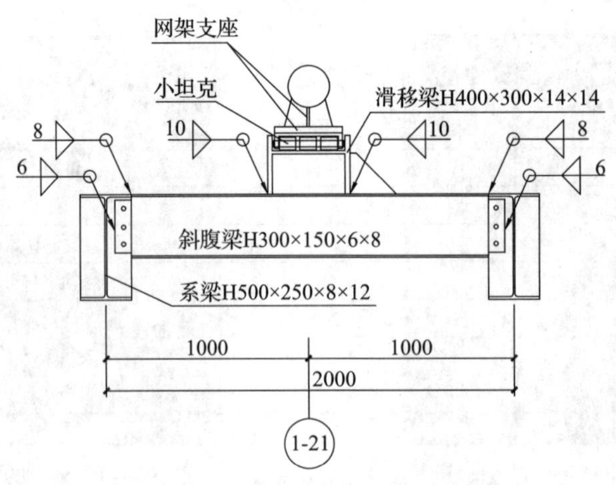

图 13　载重坦克车在 H 型钢轨道内

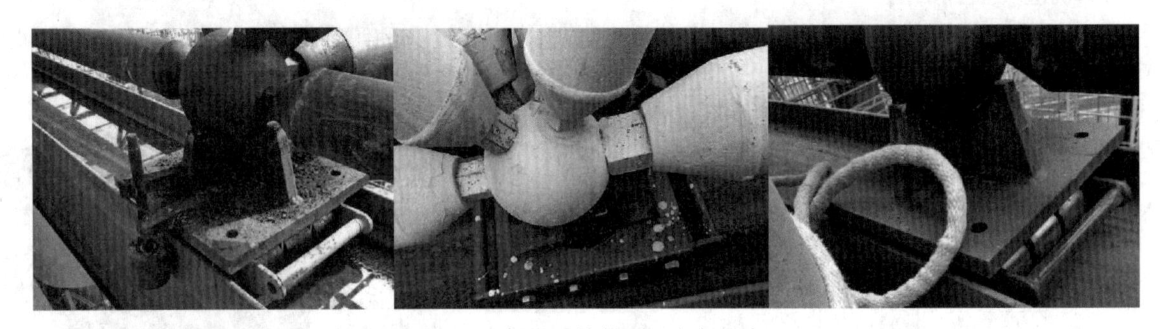

图 14　现场设置的载重坦克车照片

5.2.5　滑移牵引装置设置

滑移牵引采用分别设置在两根轨道上的两个 5t 手拉葫芦，手拉葫芦一端系在网架支座上，另一端固定在滑移钢梁上（图 15），当滑移到两个 5t 葫芦牵引不动时，在网架末端倒数第二个支座处增加一组牵引点（图 16）。为防止滑移网架逐步加重的过程中，网架杆件受力与设计状态不同，网架滑移前，在网架支座两侧焊接 2 根 8 号钢将同一轨道内所有支座连成整体，以槽钢承受滑移施工的水平拉力，避免球节点和杆件受力过大，现场照片见图 17。

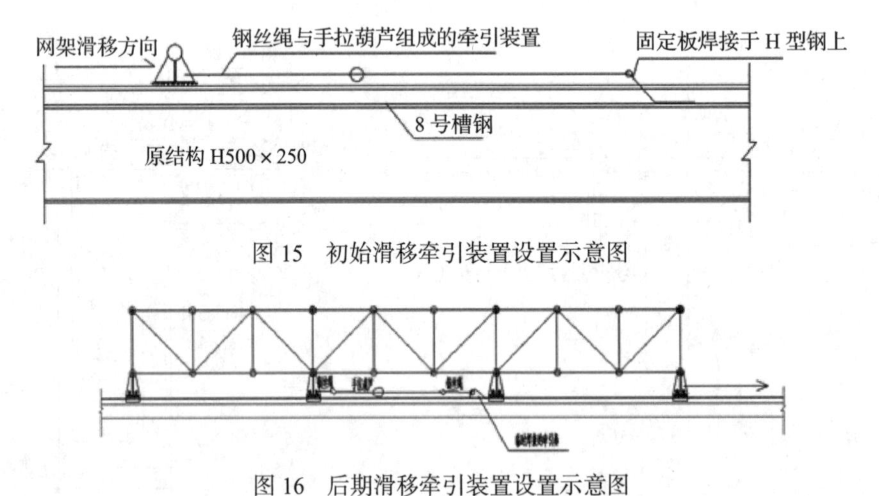

图 15　初始滑移牵引装置设置示意图

图 16　后期滑移牵引装置设置示意图

5.2.6　网架拼装

（1）节点组装

①下弦杆与球的组装：在起步架操作平台上根据安装图的编号，垫好垫实下弦球的平面，把下弦杆件与球连接并一次拧紧到位。

在整个安装过程中，要特别注意下弦球的标高、轴线的准确、高强螺栓的拧紧程度、挠度及几何尺寸的控制。

图17　现场牵引照片

②腹杆与上弦球的组装：腹杆与上弦球形成一个向下四角锥，腹杆与上弦球的连接必须一次拧紧到位，腹杆与下弦球的连接不能一次拧紧到位，主要是为安装上弦杆起松口服务。

③上弦杆的组装：上弦杆安装顺序就由内向外传，上弦杆与球拧紧应与腹杆和下弦球拧紧依次进行。

网架拼装节点如图18、图19所示。

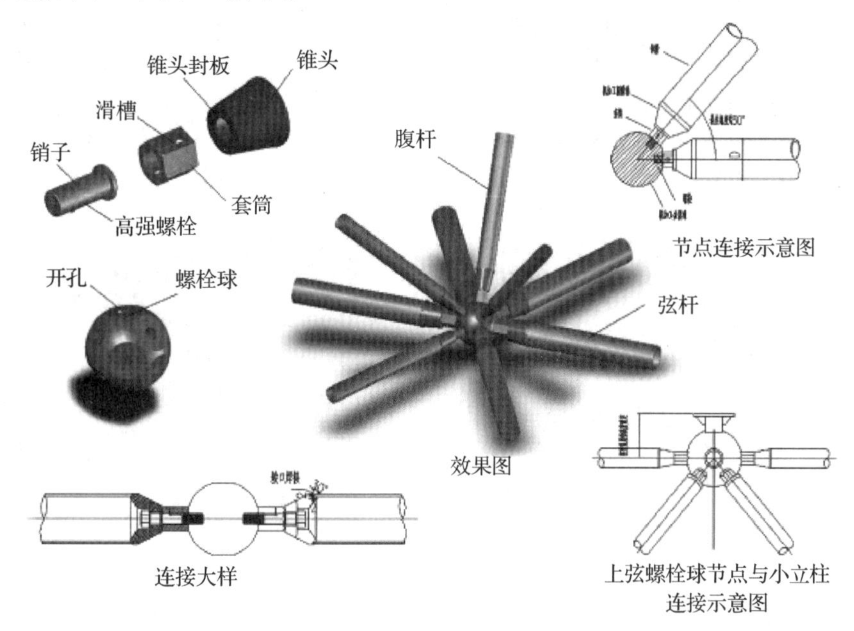

图18　螺栓球网架节点拼装示意图

图19　现场球节点拼装照片

(2) 起步网架组装

网架起步安装按如下顺序执行：第二节中部下弦杆拼装→腹杆拼装→上弦及腹杆拼装→相邻两

侧腹杆拼装→向前（第一节）扩展→向后（第三节及以后）扩展（BIM 动画演示步骤及现场照片见图 20 ～图 26）。

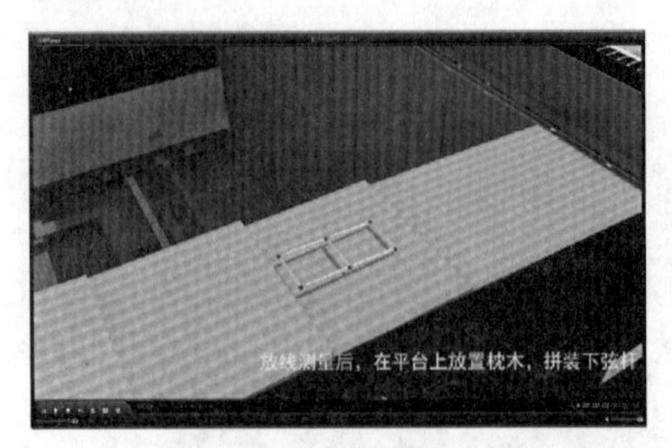

图 20　下弦杆拼装

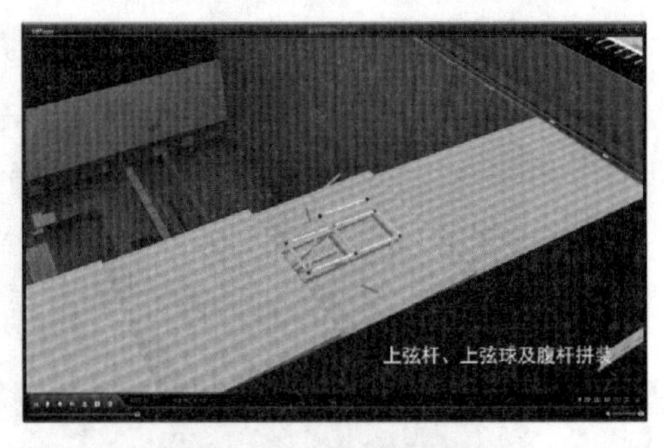

图 21　上弦及腹杆拼装

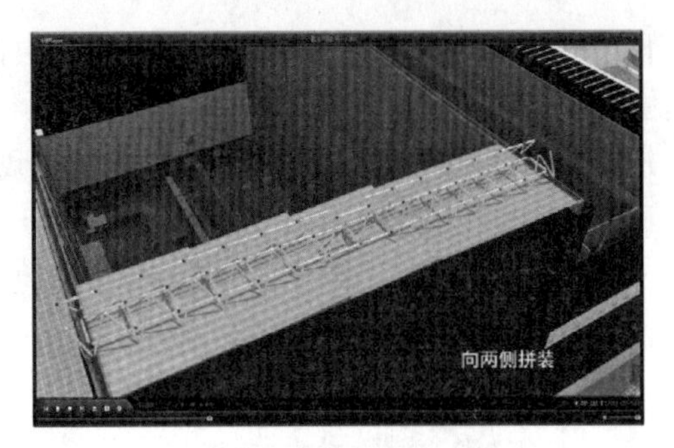

图 22　向两侧扩展

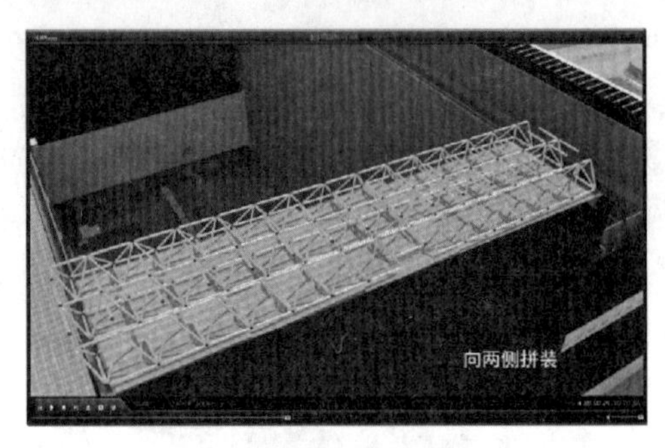

图 23　向前后扩展

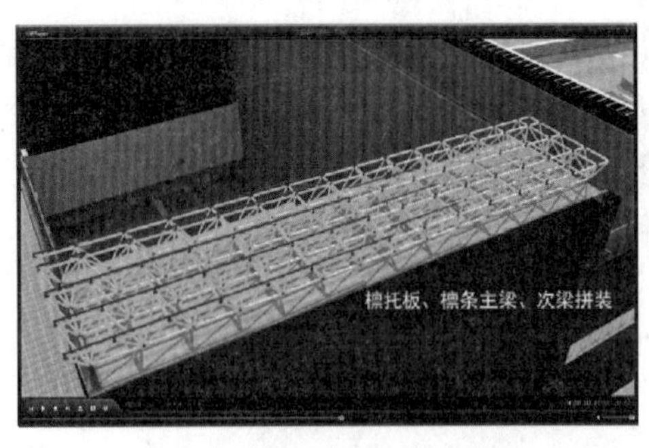

图 24　附属次构件安装

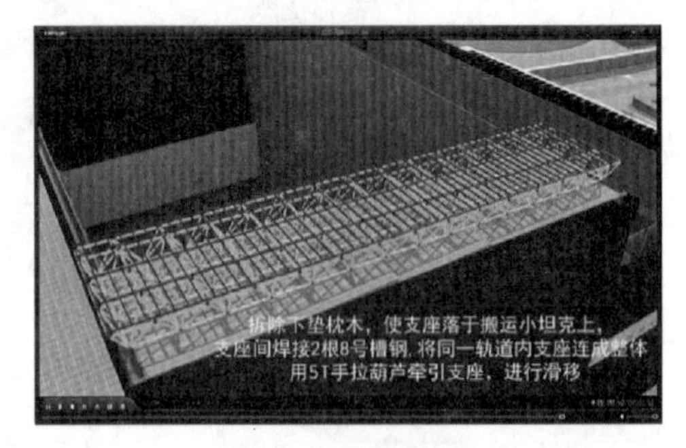

图 25　滑移前检查

图 26　起步架施工现场照片

5.2.7　滑移施工

（1）网架起步完成后（三排下弦，四排上弦，网架长度约为 9m）进行滑移施工。在网架前方

10 ～ 20m 紧贴两滑移轨道外侧设置锚点，第一个支座作网架滑移施工牵引点。利用钢丝绳和两台 5t 倒链在两边轨道上同步牵引。网架牵引完成一节到平台外停止牵引，继续平台上的网架组装，网架组装满平台后，锚点前移再次牵引网架出平台一至三节（前三次每次滑移出平台一节，以后每次滑移出平台三节），再在平台上组装网架。重复以上牵引和组装工作，直至网架滑移到安装位置，网架累积滑移施工完成（立面示意图、BIM 演示动画及现场照片见图 27）。

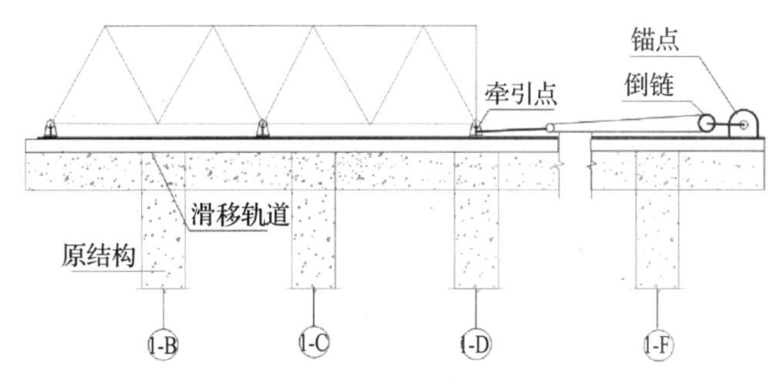

图 27　网架滑移立面示意图

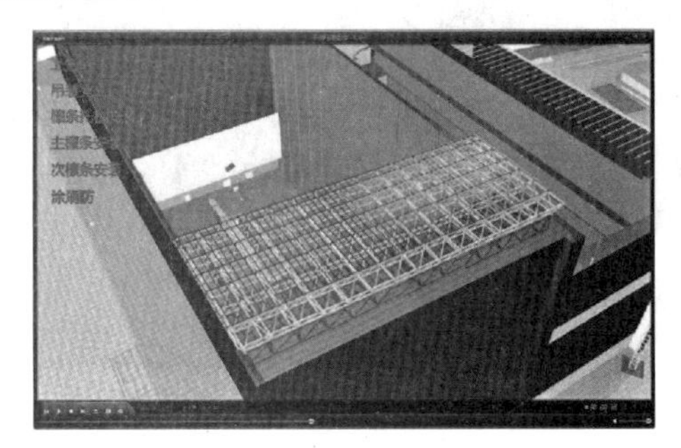

图 28　第一节滑移

图 29　第一跨滑移

图 30　重复按跨滑移

图 31　网架滑移到位

图 32　网架滑移现场照片

（2）滑移监测

①网架滑移过程中采用标靶及全站仪进行网架挠度的监测，采用应变贴片进行网架杆件应力监测（图 33）。

②在网架跨度方向 3 个四等分点球节点上贴反射贴片，网架滑移过程中用全站仪监测各点的挠度值，若出现挠度值过大的情况及时查明原因并处理。根据施工模型分析，在网架滑移前已对部分应力较大的杆件进行补强或替换处理，确保网架滑移过程中杆件不出现过大应力及变形，保证网架结构的正常使用。但由于施工偶然因素的影响，在滑移过程中，对可能出现硬力集中部位的杆件，加强应变监测（图 34）。

图 33　应力片监测杆件应力

图 34　用标靶监测网架变形

③在轨道铺设时通过全站仪标定起点位置及终点位置并通线长度设置好标尺，标尺最小刻度控制为 0.5cm，两边采用对讲机实施对标，根据现场情况调校单边速度控制两端偏差尽量不超过 1cm。若发现出现偏差超过 2cm 时，立即双边停止拉动网架，待调整好后再进行牵引。

④两侧水平设置激光对准点，根据现场情况调校单边速度控制激光点位偏差不超过 1cm。若出现点位偏差超过 2cm 时，立即双边停止拉动网架。用千斤顶顶起偏量过大的支座，调整载重坦克车方向往偏移方向的反向调整一个小角度，再单边拉偏移侧的网架支座和载重坦克车，使网架反方向偏转，回归正轨后再调整载重坦克车方向往正前方滑移。

⑤在每个网架支座不对称的部位增设一个临时支座以使网架支座对称，确保网架两边受力均衡，不会在两侧受拉力相等时，因阻力不一致发生偏向。临时支座现场制作，结构形式及大小与网架支座上半段相同。

5.2.8　网架卸载就位

待网架滑移到位后，经检查各部分尺寸、标高、支座位置符合设计要求后方可落位。

（1）网架滑移到位后在支座半球两侧安装液压千斤顶（图 35），将支座顶起，拆除小坦克和滑轨，然后调整设计位置，回程千斤顶，使网架自重平稳过渡到支座上，网架回落就位于设计高度。将上半段支座与下半段用连接螺栓固定调整，待网架下挠稳定，装配应力释放完后，再进行焊接连接将上下半段支座连成整体。

（2）支座具体就位，按“等比例同步均衡降落的原则”。当网架滑移完毕，经检查各部尺寸标高，支座位置符合设计要求，开始用等比例提升法，用液压千斤顶将网架抬起，拆除小坦克和滑轨，再用等比例下降方法，使网架平稳过渡到支座上，待网架下挠稳定，装配应力释放完后，即可进行支座固定。

图 35　网架利用分离式液压千斤顶卸载就位

（3）网架就位注意事项：检查千斤顶行程满足支撑点的下降高度，关键支撑点要增设备用千斤顶，降落过程中，统一指挥责任到人，遇到问题由分指挥向总指挥报告由总指挥统一处理解决。

6　材料与设备

（1）材料

本工法材料见表 1。

表 1　材料配备表

序号	机械设备名称	型号规格	单位	数量	备注
1	滑移梁	专业设计	t	30	
2	槽钢	[40	m	103	
3	槽钢	[8	m	200	
4	销键型脚手架	$\phi 63\times3.5$　$\phi 48\times3.2$	m^3	37000	
5	木模板	14mm	m^2	600	
6	木方	70 × 50	m	3000	
7	钢板	δ10 ～ 20	t	5	

（2）设备

本工法机具设备及仪表见表 2。

表 2　机具、设备及检测仪表配备表

序号	机械设备名称	型号规格	单位	数量	备注
1	塔吊	TC6517	台	1	
2	汽车吊	25t	台	2	
3	汽车吊	100t	台	1	
4	直流焊机	AX7-500	台	6	
5	CO2 焊机	CPXSG-600	台	4	
6	电焊条烘箱	YGCH-X-400	个	2	
7	倒链	5t、10t	个	10	
8	卡环	3 ～ 5t	个	8	
9	千斤顶	5t	个	10	
10	千斤顶	10t	个	4	
11	呆扳手		台	10	
12	管钳	450/600/900/1200	台	2	
13	链钳	2t	把	4	
14	扭矩扳手	NBS60D	把	2	
15	重型载重坦克车	24t　4 × 3 轮	座	30	
16	精密水准仪	Leica NA2	台	1	
17	自动找平水准仪	AL132-C　1mm/km	台	2	
18	全站仪	TDJ2E 2"	台	2	
19	卷尺	5m	把	10	
20	钢盘尺	长城 50m	把	2	

7　质量控制

7.1　质量控制依据

主要执行的规范、标准等：

《建筑工程施工质量验收统一标准》（GB 50300—2013）；

《钢结构工程施工质量验收规范》（GB 50205—2001）；

《工程测量规范》（GB 50026—2007）；

《钢结构高强度螺栓连接技术规程》(JGJ 82—2011);

《钢结构焊接规范》(GB 50661—2011);

《钢结构焊缝外形尺寸》(GB 10854—89);

《钢焊缝手工超声波探伤方法和探伤结果分级》(GB/T 11345—2013)。

7.2 主要质量控制点

7.2.1 基本要求

(1)螺栓应拧紧到位，不允许套筒接触面有肉眼可观察到的缝隙。

(2)杆件不允许存在超过规定的弯曲。

(3)已安装网架零部件表面清洁、完整、无损伤，不凹陷、不错装，对号准确，发现错装及时更换。

(4)油漆厚度和质量要求必须达到设计规范规定。

(5)网架节点中心偏移不大于 1.5mm，且单锥体网格长度不大于 ± 1.5mm。整体网架安装后纵横向长度不大于 $L/2000$，且不大于 30mm，支座中心偏移不大于 $L/3000$，且不大于 30mm。

(6)相邻支座高差不大于 15mm，最高与最低点支座高差不大于 30mm。

(7)空载挠度控制在 $L/250$ 之内，且小于等于 1.15 倍设计值。

7.2.2 网架验收

(1)检查网架外观质量，应达到设计要求与规范标准的规定。

(2)检查网架支座：网架安装后应注意支座的受力情况，有的支座允许焊死，有的支座应该是自由端，有的支座需要限位等等，所以网架支座的施工要严格按照设计要求进行。支座垫板、限位板等应按规定顺序、方法安装。

(3)检查网架挠度：符合设计要求及本行业规范标准规定。本网架起步单元网架安装及在后面的网架安装过程中，应严格进行位置控制，各个节点处螺栓的拧紧程度也应及时组织检查，谨防松动现象。

(4)轴线及标高检查

建筑物的定位轴线(即网架安装的基准轴线)用精确的角度交汇法放线定位，并用长度交会法进行复测，其允许偏差不超过 $L/1000$(L 为短边长度)。

网架安装轴线标志(包括安装辅助轴线标志)和标高基准点标志应准确、齐全、醒目、牢固，并要经常进行复测，以防变动。

(5)网架结构总拼完成后，网架结构支承面、预埋件(预埋螺栓)网架结构安装允许偏差及检验方法应符合《钢结构工程施工质量验收规范》(GB 50205—2001)及表 3 的规定。

表 3 钢网架结构安装允许偏差及检查方法

<table>
<tr><td colspan="4">小拼单元偏差值</td></tr>
<tr><td colspan="3">项目</td><td>允许偏差(mm)</td></tr>
<tr><td colspan="3">节点中心偏移</td><td>2.0</td></tr>
<tr><td colspan="3">杆件轴线的弯曲矢高</td><td>L/1000 且不大于 5.0</td></tr>
<tr><td rowspan="3">锥体型小拼单元</td><td colspan="2">弦杆长度</td><td>± 2.0</td></tr>
<tr><td colspan="2">锥体高度</td><td>± 2.0</td></tr>
<tr><td colspan="2">上弦杆对角线长度</td><td>± 3.0</td></tr>
<tr><td rowspan="5">平面网架型小拼单元</td><td rowspan="2">跨长</td><td>≤ 24m</td><td>+3.0，−7.0</td></tr>
<tr><td>>24m</td><td>+5.0，−10.0</td></tr>
<tr><td colspan="2">跨中高度</td><td>± 3.0</td></tr>
<tr><td rowspan="2">跨中拱度</td><td>设计要求起拱</td><td>± L/5000</td></tr>
<tr><td>设计未要求起拱</td><td>+10.0</td></tr>
<tr><td colspan="4">检查数量：按单元数抽查 5%，且不应少于 5 个。
检查方法：用钢尺和拉线等辅助量具实测。</td></tr>
<tr><td colspan="4">① L1 一杆件长度，② L—跨长</td></tr>
</table>

续表

中拼单元偏差值		
项目		允许偏差（mm）
单元长度 $L \leqslant 20m$ 时，拼接边长度	单跨	± 10.0
	多跨连续	± 5.0
单元长度 $L > 20m$ 时，拼接边长度	单跨	± 20.0
	多跨连续	± 10.0
钢网架结构安装的偏差值（mm）		
项目	允许偏差	检查方法
纵向、横向长度	± 1/2000 且不大于 30.0	用钢尺检测
支座中心偏移	L/3000，且不大于 30.0	用钢尺或经纬仪实测
周边支承网架相邻支座高差	L/400 且不大于 15.0	用钢尺和水准仪实测
支座最大高差	30.0	
多点支承网架相邻支座高差	$L1$/800 且不大于 30.0	
杆件弯曲矢高	$L2$/1000 且不大于 5.0	用拉线和钢尺宲测
检查数量：除杆件弯曲矢高按杆件数抽查 5% 外。其余全数检查。		
① L—纵向、横向长度；② $L1$ 一相邻支座间距；③ $L2$ 一杆件长度		

8　安全措施

8.1　安全标准

本工法除严格遵循以下标准、规范和规程外，还应执行项目所在地行政主管部门和相关行业的文件和要求：

《建筑施工安全检查标准》(JGJ 59—2011)；

《施工现场临时用电安全技术规范》(JGJ 46—2005)；

《施工高处作业安全技术规范》(JGJ 80—2016)。

8.2　安全技术措施

（1）动火、登高、吊装等作业执行票证制度，起重吊装严格执行“十不吊”原则。

（2）起重设备、钢丝绳、卡环等起重工具，必须经检查确认安全可靠，才能正式投入使用。

（3）施工前检查高空作业中的安全标志、工具、仪表、电气设施，确认完好方能投入使用。

（4）高空作业人员进行体检，并进行高空作业安全教育、训练，合格者才允许上高空作业。

（5）地面和高空作业人员均应戴安全帽，高空作业人员必须穿软底绝缘鞋，并正确使用双钩安全带，安全带高挂低用，并系在安全可靠的地方。

（6）高空焊割：系好安全带、周围和下方应采取防火措施、由专人监护。

（7）高空操作人员携带工具、垫铁、焊条、螺栓等应放入随身佩带的工具袋内，在高空传递时，应有保险绳，不得随意上下抛掷工具、物件，防止滑脱伤人或意外事故。

9　环保措施

（1）本工法主要遵照执行如下规范，做好工程材料、设备、油漆、生产垃圾的控制和治理工作。

《建筑工程绿色施工规范》(GB/T 50905—2014)；

《建筑工程绿色施工评价标准》(GB/T 50640—2010)；

《建筑施工现场环境与卫生标准》(JGJ 146—2013)。

（2）载重坦克车、槽型轨道、脚手架及模板木方等重复利用，减少资源消耗和环境污染。

（3）网架全部为工厂预制构件，通过 BIM 建模、虚拟预拼装并采取唯一编码技术，现场只须对号组装，材料零损耗。

（4）涂装工程采用刷涂，防止扬尘，涂装区域下方覆盖彩条布防止滴漏到地面污染土地和水体。

（5）所有施工垃圾采用容器吊运并及时清运出场，杜绝凌空抛散。

10 效益分析

10.1 经济效益

（1）节省措施费

减少脚手架搭设体积：（103.5 − 16）× 53 × 48−18 × 3 × 53 × 36 −（103.5 − 16 − 18 × 3）× 32.5 × 34 = 82550.5m³

增加施工通道脚手架：2 × 103.5 × 2.4 × 1.5 + 12 × 2 × 40/2 = 1225.2m³

节省脚手架搭拆费：（82550.5 − 1225.2）m³ × 28 元 /m³ = 2277108.4 元

采购滑移梁成本：30t × 10000 元 /t = 300000 元

采购坦克车成本：1200 元 / 台 × 30 台 = 36000 元

则一个屋面网架滑移节省的措施费约：2428160 − 336000 = 1941108.4 元。

则四个网架滑移共节省措施费约 776.4 万元。

（2）节省工期

利用轨道和载重坦克车进行整体结构累积滑移法施工网架，1 号焚烧间工期 45d，2 号焚烧工期 30d，1 号烟气间工期 30d，2 号烟气间工期 22d，共节约工期 53d。

（3）节省人工费：

共节约人工费：53d × 80 人 × 300 元 /（人 · d）= 127.2 万元。

10.2 社会效益

采用利用轨道和载重坦克车进行整体结构累积滑移法施工，主要工作集中在约 800m² 的平台上进行，减少了施工场地占用，降低了高处作业对周边环境的威胁，缩小施工污染范围且抑制了扬尘污染（见图 10.2-1），环保效益、社会效益显著。

11 应用实例

2017 年 9 月至 11 月在长沙市生活垃圾深度综合处理（清洁焚烧）工程项目钢结构工程中应用利用轨道和载重坦克车进行整体结构累积滑移工法，2017 年 9 月初至 10 月中完成了 1 号焚烧间网架屋面，2017 年 9 月中至 2017 年 10 月中完成了 2 号焚烧间网架屋面，2017 年 10 月初至 2017 年 11 月初完成了 1 号烟气间网架屋面，2017 年 10 月中至 2017 年 11 月初完成了 2 号烟气间网架屋面，共计 2 万 m² 的安装任务，取得了良好的应用效果（见下图 11.0.1-1 ～ 2）。通过此工法的应用，成功解决了在垃圾电厂这种场地狭小、吊装盲区多的环境下，如何保证安全、保证质量、保证进度地将 103.5m × 50m × 3m，重约 400t 的网架从地面吊装到 50 ～ 60m 高空中就位且不影响其他单位施工的难题。

该工法技术成熟、可靠性好，操作简单方便，容易推广应用；该工法的应用，对施工作业人员的素质和施工管理水平，没有特殊要求；与国内同类技术水平相比，优势明显，处于领先水平；该技术在垃圾焚烧电厂网架安装工程中应用前景好，具有广泛的推广意义。

楼板管道预留洞口 PVC 定型模板施工工法

李　勇　刘　彬　向勇华　李　旺　李邵川

湖南省第二工程有限公司

摘　要：管道穿楼板的预留洞口传统模板施工非常繁杂，且质量难以保证。本工法提出了一种适用于穿楼板管道预留洞口封堵模板安装的施工方法，即首先对预留洞口侧面进行清理和凿毛，PVC 定型模板涂脱模剂后，贴楼板下表面卡在管道上，并用蝶形螺栓将其紧固，形成独立的洞口吊模体系；然后，分两次将混凝土浇筑到洞口内，振捣密实，并抹平收面；待第二次混凝土强度达到 1.2MPa 后，将模板拆除进行重复利用。

关键词：预留洞口；洞口封堵；PVC 定型模板；洞口吊模

1　前言

住宅楼和酒店等建筑的给排水管道较多，管道穿楼板的预留洞口传统模板施工非常繁杂，且施工质量很难保证，我公司通过应用洞口 PVC 定型模板施工，有效解决了这一难题，并形成了此施工工法；此施工工法构造简单，操作简便，施工质量可靠，成效显著。

2　工法特点

（1）施工速度快，操作方便，易于掌握，效率较高。

（2）密封性能好，不漏浆跑模，施工面平整光洁，无须后期再投入人工清理凿磨，提高了施工质量。

（3）相比传统施工工艺，上下层之间无须铁丝连接，杜绝因铁丝拉动造成小孔或铁丝锈蚀引起的渗水隐患。

（4）可多次重复使用，不变形，不易老化，节约材料；有利于环境保护，减少污染，符合节材与绿色施工、循环经济的要求。

3　适用范围

适用于穿楼板管道预留洞口封堵模板安装施工。

4　工艺原理

楼板管道预留洞口定型模板施工技术是将两块 PVC 定型模板紧贴楼板下表面卡在管道上，使模板与楼板下表面紧密贴合，再用蝶形螺栓将其紧固在排水管道上，利用模板与管道摩擦力来承受模板荷载，形成独立的洞口吊模体系。

5　工艺流程与操作要点

5.1　工艺流程

预留洞口清凿处理→定型模板安装→洞口混凝土浇筑→定型模板拆除。

5.2　操作要点

5.2.1　预留洞口清凿处理

首先对预留洞口侧面进行清理和凿毛处理，将洞口预留时夹在混凝土内的木屑、泡沫板、塑料布等剔除干将，将光滑的侧表面用铁錾子剔成凹凸不平的毛面，并将松动的混凝土块及浮灰用水冲洗干净。

5.2.2 定型模板安装

支模前在模板内侧抹一遍脱模剂（使模板不易受到灌浆料的污染，便于反复多次使用）；然后把模板两半平面向上紧贴楼板下表面卡在管子上，使模板平面与楼板紧密贴合，再用蝶形螺丝将其紧固在管子上（图 1 ～图 5）。

图 1 PVC 模板

图 2 PVC 模板蝶形螺栓一

图 3 PVC 模板蝶形螺栓二

图 4 PVC 模板安装一

图 5 PVC 模板安装二

5.2.3 洞口混凝土浇筑

楼板预留洞口混凝土分两次浇筑，先在浇筑混凝土处浇水湿润，灌注混凝土前先在洞壁及管壁涂抹一遍同配合比的水泥素浆，然后灌入第一层微膨胀细石混凝土，第一次混凝土的灌注厚度以在楼板厚度的二分之一或三分之二厚为宜，并振捣密实。当第一层混凝土达到初凝后再进行第二层混凝土的浇筑，灌入混凝土后振捣密实，并抹平收面。

5.2.4 定型模板拆除

待第二次混凝土强度达到 1.2MPa 后，即可松掉定型模板的蝴蝶螺栓，将模板拆除进行重复利用（图 6）。

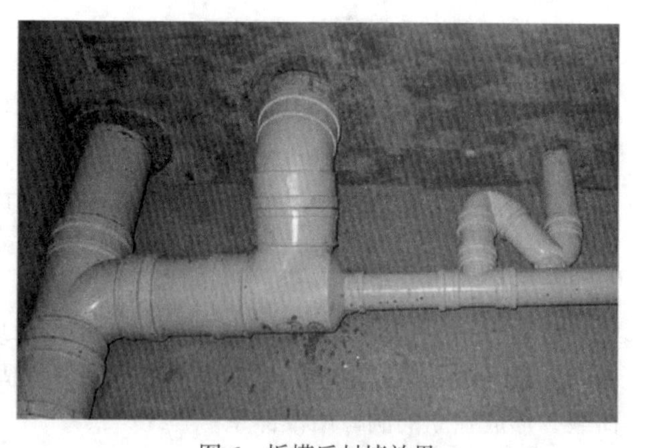
图 6 拆模后封堵效果

6 材料与设备

6.1 主要材料

PVC 定型模板、微膨胀混凝土。

6.2 主要机具

锤子、錾子、扫帚、人字梯、灰桶子、老虎钳。

7　质量控制

7.1　本工法实施过程中应严格执行以下技术标准

（1）《混凝土结构工程施工质量验收规范》(GB 50204)；

（2）《混凝土结构工程施工规范》(GB 50666)；

（3）《建筑施工模板安全技术规范》(JGJ 162)。

7.2　质量控制措施

（1）模板与结构顶板应贴紧，不得有缝隙。

（2）模板应紧固牢靠，不得出现跑模。

（3）洞口混凝土浇筑应密实，不得出现渗漏。

（4）模板拆除应在洞口混凝土强度达到 1.2MPa 以上方可进行。

8　安全措施

8.1　安全标准

本工法除严格遵循以下标准、规范和规程外，还有执行项目所在地行政主管部门和相关行业的文件及要求。

（1）《建筑施工安全检查标准》(JGJ 59)；

（2）《建筑施工高处作业安全技术规范》(JGJ 80)。

8.2　安全控制措施

（1）安装作业人员施工操作前作好安全技术交底，使作业人员清楚地认识到施工过程应注意的不安全因素，并高度预防。

（2）操作人员应做好劳动保护，戴好安全帽，正确使用劳保用品。

（3）在安全措施不落实，存在安全隐患时，工人有权拒绝施工，并提出改进措施。

（4）人字梯架设应稳固，高处作业衣着要灵便并系好安全带，所放材料要摆放平稳，安装工具应放在工具袋中，严禁高处抛物。

（5）不得擅自拆动施工现场脚手架、保护设施、安全标志和警告牌。

（6）现场周边应做好防火、防雨措施与设施。

9. 环保措施

（1）施工人员进入施工现场应先进行环保培训，提高人员环保意识。

（2）施工现场的材料和使用工具等应堆放整齐，灌洞混凝土不可随意遗撒，保持工完场清，做到文明施工。

（3）在施工过程中，最大程度减少施工中产生的噪声和环境污染。

10　效益分析

10.1　经济效益

本工法安装施工仅需 1 人即可完成安装操作，而传统吊模施工至少需要 2 人上下配合才能完成；且本工法完成一套模板安装只需 3min，传统吊模施工至少需要 15min，从而大大降低人工费用，节约施工成本。

10.2　进度效益

由于本工艺产品是集中工厂加工，现场进行安装，大大降低劳动强度，简化了模板安装和拆除施工工序，有效降低了施工劳动强度，施工工期较传统吊模工艺可缩短 60%。

10.3　质量效益

本工法与传统吊模施工质量相比较，不会出现漏浆跑模质量通病，且避免了吊模铁丝松动、锈蚀渗漏隐患，从而可大大降低后期维护费用。

10.4 节能环保和社会效益

本工法产品为厂家集中生产，无须现场制模，大大减少建筑垃圾的产生，有利于文明施工管理和环境保护；同时本工法产品可多次周转使用，符合节能减排低碳循环经济的要求。

11 工程应用实例

11.1 长冲廉租房 1、5 ～ 8 栋工程

该工程位于郴州市经济开发区长冲村，共有 5 栋多层廉租房，总建筑面积约为 28099.6m²。该工程穿楼板管道预留洞口模板安装均按照本工法进行施工，其施工质量各项指标均达到设计及规范要求，应用效果良好。

11.2 金科城一期二标段项目

金科城一期二标段项目地处郴州市苏仙区郴州大道与郴县大道之间，东临观山大道，西靠桂园路，共有 5 栋住宅楼组成，总建筑面积约为 116000m²。该工程穿楼板管道预留洞口模板安装均按照本工法进行施工，其施工质量各项指标均达到设计及规范要求，应用效果良好。

11.3 湘南高新园标准厂房项目集中生产配套综合楼

该工程位于郴州市经济开发区创新创业园区内，本项目为高层公共建筑，地下 1 层，地上 18 层(包括裙楼 3 层)，总建筑面积 19820.16m²，集办公、展览、食堂和宿舍等功能于一体。该工程穿楼板管道预留洞口模板安装均按照本工法进行施工，其施工质量各项指标均达到设计及规范要求，应用效果良好。

大跨度钢梁移动吊架安装施工工法

梁明明　陈博矜　余文峰　奉华栋　曹小平

湖南六建装饰设计工程有限责任公司

摘　要：大跨度钢梁吊装时通常需采用大型吊装设备，为打破这一传统思路，提出了现场自制移动吊架安装钢梁的施工工法。根据简易龙门架和轨道式龙门吊的工作原理，先在钢梁两端使用门式架，用手动葫芦提升到一定高度，然后施工人员在钢梁两端同时、同向水平推动门式架向预安装位置移动、就位、安装。本工法施工速度快、效率高、误差低、风险小，自制移动吊架可拆卸，回收率达 98% 以上，广泛适用于吊装高度≤ 3m，质量≤ 5t、跨度≤ 30m 的屋面钢构、采光顶钢构等大跨度钢梁吊装工程。

关键词：大跨度钢梁；自制移动吊架；龙门架；轨道

1　前言

我公司项目部在郑发大厦项目（一期）工程幕墙工程采光顶施工中，考虑到郑发大厦项目（一期）工程一共三个采光顶且均为建筑物内下沉式采光顶（其中 5 层一座、7 层），7 层采光顶最大的跨度为 17.55m（跨度长度算至采光井周边结构外边界），距离一层地面 33m 高，距离建筑外墙 30m 左右，在项目部组织采光顶钢梁施工时，主体结构已施工完成，塔吊起重机已拆除，公司项目部通过计算，钢梁安装需要采用 500t 吊车，但地下室顶板无法承受 500t 吊车荷载，采用大型吊车施工安全风险大，钢梁安装存在很大困难，在这样的施工条件下，公司项目部为了确保采光顶保质保量安全施工，经过对施工场地进行了深度研究，决定打破传统运用大型吊装设备进行吊装的施工思路，采用现场自制移动吊架进行大跨度钢梁吊装，项目部实施、整理并形成该工法。

2　工法特点

（1）施工速度快，安装效率高、减少施工误差。自制移动吊架轻巧灵活，能够提高安装效率，加快进度，在施工过程中能够精确将主钢梁推进至安装位置，能很好的减少施工误差。

（2）施工成本小，取料便捷。自制移动吊架大多采用施工现场不能使用的边角料作为安装主材，所产生的费用少，不仅节约了材料，而且省去了因使用大型吊装设备所产生的租赁等费用。

（3）安全风险小，避免吊装、高空坠落等安全风险。此安装工艺有效避免了大型吊装设备的介入，避免了因大型吊装设备施工产生的安全隐患，减少机械伤害。

（4）自制移动吊架可重复使用。移动吊架在类似项目施工中使用率高，可重复使用，即使拆卸，回收率达 98% 以上，绿色环保。

3　适用范围

本施工工法广泛适用于不具备大型吊车吊装条件的吊装高度在 3m 以下，质量在 5t 以下的、跨度在 30m 以下的屋面钢构、采光顶钢构等大跨度钢梁吊装工程。

4　工艺原理

本工法采用简易龙门架和轨道式龙门吊的工艺原理。先在钢梁两端使用门式架，用手动葫芦提升到一定高度，然后施工人员在钢梁两端同时、同向水平推动门式架向预安装位置移动、就位、安装。

5　施工工艺流程和操作要点

5.1　施工工艺流程

前期施工准备→现场实际测量弹控制线、钢梁排版→加工制作单钢梁、制作移动吊架→现场主钢梁拼接→移动吊架就位→吊装主钢梁至预安装位置→主钢梁安装位置校对→主钢梁固定。

全部主钢梁吊装完成后，立即进行次梁的安装焊接。

5.2　操作要点

5.2.1　前期施工准备

我单位根据多年的测量经验，根据土建方提供的现场标高点进行测量，复测各个点位的高差，掌握准确测量数据，数据打印以便现场使用。

做好施工人员文明、安全施工的培训工作。

熟练掌握有关设计交底、施工技术交底，充分了解工程的特点、难点，编制好施工预案。

5.2.2　现场实际测量弹控制线、钢梁排板

根据设计图纸、现场实际情况进行测量弹控制线、结合设计图纸，在采光顶周边结构上分别用墨斗弹出标高控制线、主钢梁分隔线以及主次钢梁总排板控制线。

5.2.3　加工制作单钢梁、制作移动吊架

（1）加工制作单钢梁。按设计图纸要求，本工程主钢梁较长，需要多根钢梁现场拼接，单根钢梁需根据设计的拱度要求，在加工厂单根预起拱，运至现场。

（2）制作移动吊架。结合土建结构设计及计算书，楼面混凝土结构能够满足移动吊架和钢梁的荷载要求。通过钢结构计算，设计移动吊架制作加工图纸（图 1）：使用 140mm × 80mm × 4mm 钢管焊接 4 个 2000mm × 500mm 钢平台。每个钢平台 4 个角上开洞，安装 4 个 ϕ300 塑料轮，拼装移动吊架，每两个为一组。每个移动平台中心垂直焊接一根截面尺寸为 140mm × 80mm × 4mm，长度为 3000mm

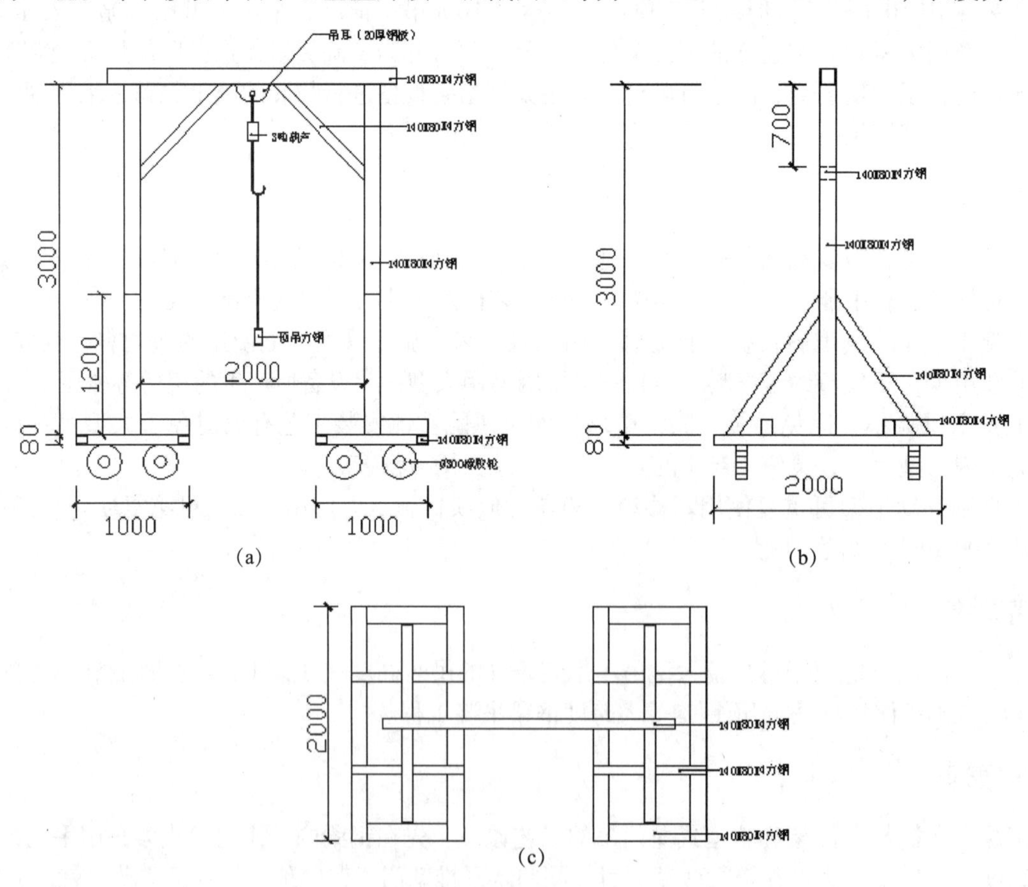

(a)　(b)

(c)

图 1　移动吊架施工图

的钢管，与移动平台焊接的位置必须如图1所示方向焊接斜撑。在两个移动平台焊接好的立管之间使用截面尺寸为140mm×80mm×4mm，长度为2000mm的钢方管连接焊牢，水平钢管与立管处必须焊接斜撑。斜撑均为截面尺寸140mm×80mm×4mm钢管。在水平钢管中心使用20mm钢板焊接吊环。每个构件连接均采用焊接，角焊缝高度6mm，焊接质量符合规范和操作规程。焊接人员持证上岗，证书在有效期内。焊接完成后，焊缝质量及构件质量符合验收规范要求。每个吊环下安装一台手动吊链，每台手动葫芦吊质量为1.5倍的钢梁自重。本工程钢梁自重2.5t，每端使用一台3t手动葫芦提升。至此构成一组移动吊架。

5.2.4　现场主钢梁拼接

主钢梁拼接：本工程钢梁较长，需要多根同截面尺寸钢梁现场拼接，每根钢梁需根据设计的拱度要求，在加工厂单根预起拱，运至现场，放置在采光顶南侧空地已预先搭设的抬架上，根据设计拱度拼装、焊接，焊接完成后进行超声波无损探伤检测，外观检验，确保合格，至此单根主钢梁拼接完成。

5.2.5　移动吊架就位

（1）对接加工完成的大梁在采光顶西侧按照顺序排放好，大梁南北摆放，与安装方向平行；（2）每一组移动吊架平台使用2名工人分别移动至对接完成的大梁两端，底座保持水平，与大梁方向垂直，位置基本一致；（3）大梁两端每端预接长1000mm，保证手动倒链垂直受力，保证龙门吊不倾斜；（4）大梁两端龙门吊手动倒链同时拉动，拉起的速度一致，保证大梁两端同时速度一致上升，梁身离开地面30mm，停止上升，静止10min，使梁身保持平衡。

5.2.6　吊装主钢梁至预安装位置

（1）大梁两端移动吊架每端使用4名工人缓慢推动龙门吊移动，同时、同步水平向采光顶混凝土结构靠近；（2）钢梁离开混凝土墙20mm时，停止移动，每端继续使用手动吊链继续提升钢梁，超过混凝土墙顶20mm；（3）钢梁两端继续向安装方向推动；（4）钢梁移动至距离安装位置30mm处，停止移动；（5）钢梁两端使用人工同时、同步水平落下钢梁，摆放在混凝土墙顶面。

5.2.7　主钢梁安装位置校对。

（1）根据设计图纸安装完成钢结构柱腿，并验收合格；（2）在安装完成的钢柱三个侧面标注中心线和标高线；（3）标注钢梁中线；（3）在钢柱内侧根据设计标高，加焊临时牛腿，作为临时支撑和焊接垫板；（4）在钢梁两端安装就位移动吊架，每端4名工人，使用手动倒链缓慢升高钢梁超过最高端钢柱10mm，并同时缓慢推动钢梁，使钢梁中心线和钢柱中心线基本对齐，缓慢下落钢梁，使其完全落在焊接好的临时牛腿上；（5）使用撬杠撬动钢梁使钢梁和钢柱中心线完全对中，点焊固定；（6）拆除钢梁上移动吊架上吊链的铁链，使钢梁处于自由状态，完成钢梁位置校正。

5.2.8　主钢梁固定。

（1）根据设计图纸，钢柱和钢梁节点进行对称满焊，焊接过程中注意焊接变形；（2）如发现变形，及时进行纠正。

6　材料与设备

6.1　主要材料、设备

序号	设备名称	规格型号	单位	数量
1	电子经纬仪	DJD-G	台	2
2	自动安平水准仪	D2S3-1	台	2
3	检测尺	2m	把	2
4	钢尺	50m	把	2
5	盒尺	10m	把	5

续表

序号	设备名称	规格型号	单位	数量
6	交流电焊机	BX-260	台	5
7	台式冲击电钻	17kW	个	10
8	砂轮切割机	KT-971	个	4
9	打磨机	NBJ-4	个	5

7 质量控制

（1）移动吊架平台焊接符合焊接规程；

（2）移动吊架立柱和平台、横梁之间必须加斜撑；

（3）移动吊架的尺寸、钢梁、钢柱等结构需经过结构计算，保险系数 3 倍；

（4）移动吊架操作场地必须平整；

（5）钢梁加工制作必须符合钢结构验收规范和操作规程，所有对接焊缝必须验收合格；

（6）移动吊架起吊钢梁和移动时，应保证不得斜拉；

（7）钢梁制作加工时，需按照设计要求进行起拱，如设计无要求也需按照 2‰进行起拱。

8 安全措施

（1）移动龙门吊制作加工、焊接质量必须符合规范和设计图纸要求；

（2）使用移动龙门吊两端抬起大梁时必须保证大梁垂直升降，不得斜吊；

（3）移动龙门吊运行轨迹、操作面必须平整、坚固，清理干净、无杂物、混凝土块、渣等；

（4）采取专人指挥，提升钢梁和下落钢梁必须步调、速度一致；

（5）每根钢梁提升时先提升 0.5m 高度，静止 10min，观察和测量龙门吊有没有出现倾斜和失稳情况，确保操作安全；

（6）推动龙门吊时速度缓慢，两端保持平衡，不得使梁身出现晃动等现象，避免出现平台失稳、倾倒等安全隐患；

（7）移动龙门吊制作前必须进行力学结构计算，设计强度大于 2 倍的结构破坏强度；

（8）橡皮轮数量和强度必须通过计算，不仅保证满足混凝土结构荷载要求，还得必须保证操作平台和预吊装钢梁的自身重量的荷载要求；

（9）手动葫芦必须经过计算，每端手动葫芦的允许吊重量必须大于钢梁的重量；

（10）钢梁吊装前必须编制施工方案，设计好钢梁吊装的顺序、移动平台运行路线等。

9 环保措施

（1）根据《中华人民共和国环境噪声污染防治法》规定，符合国家规定的建筑施工场界环境噪声排放标准。

（2）根据《中华人民共和国大气污染防治法》第四十三条第二款规定，严格控制施工过程中的环境污染。在施工工程中，严格按照工地环境管理方案，控制粉尘污染、噪声污染、灯光污染。

（3）成立对应的施工环境卫生管理机构，在施工过程中严格遵守国家和地方政府下发的有关环境保护的法律、法规，加强对工程材料、设备、生产垃圾的控制和治理。

10 效益分析

（1）打破了传统运用大型吊装设备进行吊装的施工思路。本工法结合工程现场实际情况，采用发明自制移动吊架，整体吊装的方式，解决了场地限制的问题，又加快了安装进度。

（2）有效减少施工误差、提高安装效率。自制移动吊架轻巧灵活，能够提高安装效率，加快进度，在施工过程中能够精确将主钢梁推进至安装位置，能很好地减少施工误差。

（3）极大地提高了安全系数。此安装工艺有效避免了大型吊装设备的介入，有效避免了因大型吊装设备施工产生的安全隐患，减少机械伤害。

（4）有效节约施工成本。自制移动吊架所产生的费用极少，大多采用施工现场不能使用的边角料作为安装主材，不仅节约了材料，而且省去了因使用大型吊装设备所产生的租赁等费用。

（5）该成果有较高的应用推广价值。该成果对不具备大型吊车吊装条件的屋面钢构、采光顶钢构等大跨度钢梁吊装工程施工有较大的借鉴意义和指导作用。

11　应用实例

本工法首次应用于郑发大厦项目（一期）工程幕墙工程采光顶施工。郑发大厦项目（一期）工程为郑州市重点建设项目，建成后将承担郑州市政务服务、公共资源交易等职能，项目位于郑州市西四环东 1100m，中原西路北 100m，建筑面积 12.7m^2，主体 8 层、地下 2 层，本项目幕墙工程由我单位施工，主要施工内容为石材幕墙、铝单板幕墙、玻璃幕墙、采光顶等。

本工法首次使用的技术背景为：郑发大厦项目（一期）工程采光顶共 3 个，均为建筑物内下沉式采光顶，其中 5 层 1 座、7 层 2 座。7 层采光顶最大的跨度为 17.55m（跨度长度算至采光井周边结构外边界），距离一层地面 33m 高，距离建筑外墙 30 多米，采光顶钢结构施工时主体结构已施工完成，塔吊起重机已拆除，通过计算，钢梁安装需要采用 500t 吊车，第一费用高昂，第二地下室顶板无法承受吊车荷载，顶板需要加固，第三大型吊车施工安全风险大，故钢梁安装存在很大困难。

为了确保采光顶保质保量安全施工，我公司对施工场地进行了深度研究，决定打破传统运用大型吊装设备进行吊装的施工思路，采用现场自制移动吊架进行了大跨度吊装。通过大跨度钢梁移动吊架安装施工工法在郑发大厦项目（一期）工程幕墙工程采光顶施工工程的成功应用，使采光顶施工质量、安全、进度、观感均达到甲方和监理单位的要求，又使施工单位得到可观的经济效益。施工现场图片见图 2。

图 2　移动吊架施工现场

外伸屋面大跨度悬挑（型钢）高大支模施工工法

郭海华 肖 奕 刘 祥 周 焕 李鹏慧

湖南省第六工程有限公司

摘 要：采用悬挑水平型钢梁、下部斜向支撑杆、上部斜拉钢丝绳、水平钢梁端部反顶支撑组成外伸屋面大跨度悬挑（型钢）高大模板支撑体系，以解决现有落地支撑体系中的技术难题。在拟施工的屋面结构以下二层，采用U形锚环固定于结构楼面上的悬挑型钢作为外伸屋面高大支模架立杆基础；在型钢梁底部支设槽钢斜向支撑或钢管斜向支撑，用于共同承受上部荷载或安全储备；待主体施工至屋面以下一层结构后，将型钢上拉钢丝绳与该层结构梁内预埋吊环进行拉结，并在型钢梁端部支设钢管支撑反顶于屋面以下一层楼板底。本工法采用型钢作支承钢梁，加工快、拼装拆除方便、重复利用率较高，主要适用于高空外伸大跨度屋面支模，采用型钢悬挑梁总长度不超过12m的高大模板支撑体系施工。

关键词：外伸屋面；大跨度；悬挑；支撑架

1 前言

鉴于建筑设计造型和功能需求，较多公共建筑采用屋面大跨度外伸构件。由于屋面悬挑部分长度大且离地较高，外挑结构下方一般为基坑回填土。如按常规方法搭设落地式支模体系，一是支模架高度过大，架体承载力和稳定性难以满足安全要求；二是支模架基础特别是回填土层承载力不足无法作为支撑体系持力层；三是耗用材料、人工较多，且连墙杆件较多使外墙易造成渗漏现象。为此，我们通过改进创新，采用在屋面以下二层搭设悬挑型钢梁支撑体系的方式，解决外伸大跨度屋面支模架搭设难题，并在湖南艺术职业学院搬迁扩建工程（一期）图书办公楼成功应用，特编写此工法。

2 工法特点

（1）本工法相对于常规落地式支撑体系，具有更好的安全性、可靠性且安装较方便、施工进度快、成本较低。

（2）本工法提出悬挑型钢处设置下撑斜杆和上拉钢丝绳辅助受力和增加安全储备，明确了悬挑高支模架施工工艺顺序和流程。

（3）本工法可解决按常规落地架搭设带来的用工用材较多、搭设耗时长、外墙渗漏、架体基础承载力不足等问题。

（4）本工法采用型钢作支承钢梁，加工快，拼装拆除方便，重复利用率较高，节约资源，绿色环保。

3 适用范围

本工法主要适用于高空外伸大跨度屋面支模，采用型钢悬挑梁总长度不超过12m的高大模板支撑体系施工。

4 工艺原理

外伸屋面大跨度悬挑（型钢）高大模板支撑体系由悬挑水平型钢梁、下部斜向支撑杆、上部斜拉钢丝绳、水平钢梁端部反顶支撑组成。

在拟施工的屋面结构以下二层，以采用 U 形锚环固定于结构楼面上的悬挑型钢作为外伸屋面高大支模架立杆基础。若通过计算悬挑型钢梁不能满足受力或变形要求的部位，则在型钢梁底部支设槽钢斜向支撑共同承受上部荷载；若通过计算悬挑型钢梁能够满足受力和变形要求的部位，则在型钢梁底部支设钢管斜向支撑作为安全保险储备；待主体施工至屋面以下一层结构后，将型钢上拉钢丝绳与该层结构梁内预埋吊环进行拉结，并在型钢梁端部支设钢管支撑反顶于屋面以下一层楼板底。上拉钢丝绳仅作为安全保险储备，不参与受力计算。

5　工艺流程和操作要点

5.1　施工工艺流程

施工准备→支撑体系设计计算→屋面以下二层结构预埋型钢梁锚环→屋面以下二层梁板混凝土浇捣后安装型钢梁及配件→下撑斜杆设置→高支模架搭设至屋面以下一层并与内支模架相连→屋面以下一层梁板混凝土浇捣后钢丝绳安装→高支模架搭设至屋面层并与内支模架相连→外伸屋面结构模板钢筋安装→外伸屋面结构混凝土浇捣→模板及支架拆除（屋面层混凝土强度达到 100% 后，由外向内拆除）。

5.2　操作要点

5.2.1　施工准备

编制专项施工方案，并对专项方案按建办质〔2018〕31 号文件要求组织专家论证。

5.2.2　外伸屋面大跨度悬挑（型钢）支撑体系设计计算

（1）高支模架应验算模板面板的抗弯和挠度，模板底小梁抗弯抗剪和挠度，模板底主梁抗弯抗剪和挠度，高大支模架立杆稳定性验算，可调托座承载力验算，高大支模架抗倾覆验算；

（2）悬挑水平型钢梁抗弯、挠度和整体稳定性，锚固件及锚固连接强度受力验算；

（3）若通过计算悬挑型钢梁不能满足受力或变形要求，则需在型钢梁底部支设槽钢斜向支撑，要对槽钢斜向支撑进行稳定性验算。特殊部位设置的槽钢托梁或水平钢板支座要进行承载力验算及焊缝强度验算；

（4）型钢悬挑梁和槽钢斜向支撑下建筑结构的承载能力验算；

（5）外伸屋面大跨度悬挑（型钢）支撑体系计算简图见图 1：

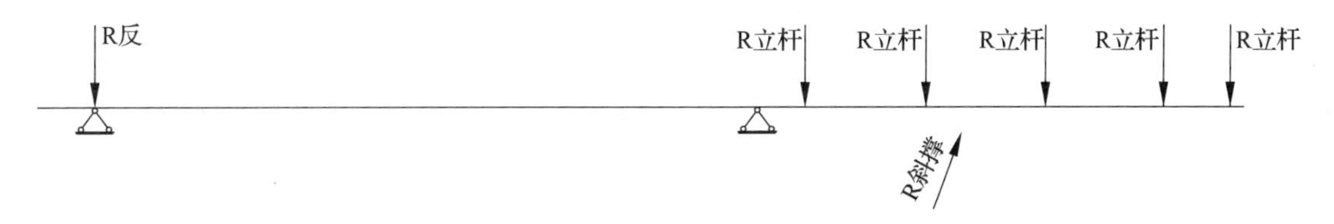

图 1　支撑体系计算简图

5.2.3　预埋悬挑型钢梁锚环

根据图 2 方案计算的型钢间距，先在方案图纸上进行型钢预定位，定位时需注意型钢梁锚固和悬挑长度比不小于 1.25。特别是一些特殊部位如结构阳角、楼梯间、阳台等在方案中要预先考虑好型钢和锚环设置位置和方式。

根据图 3 施工到型钢梁所在层模板时，根据方案图纸在模板表面弹墨线测放型钢梁安装位置，并按型钢梁位置精准定位预埋型钢梁 U 形锚环。锚环在型钢内侧端部设置两道，在楼面结构边缘设置一道。U 形锚环要与楼板钢筋网片牢固固定，避免混凝土浇捣时发生位置变动。

5.2.4　型钢梁及配件安装

型钢梁所在楼层混凝土浇捣完毕后，塔吊吊运型钢梁至楼面，由人力配合逐一与 U 形锚环对应摆放，确保型钢梁位置符合要求。钢梁上预先焊牢 ϕ25mm 短钢筋头作为支撑架立杆和上拉钢丝绳定位用。型钢梁与 U 形锚环间隙应用硬木楔楔紧。

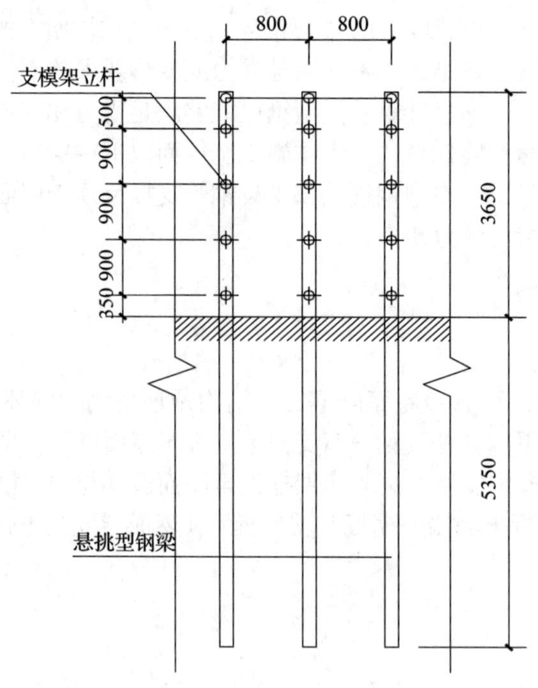

图 2　悬挑型钢梁平面图

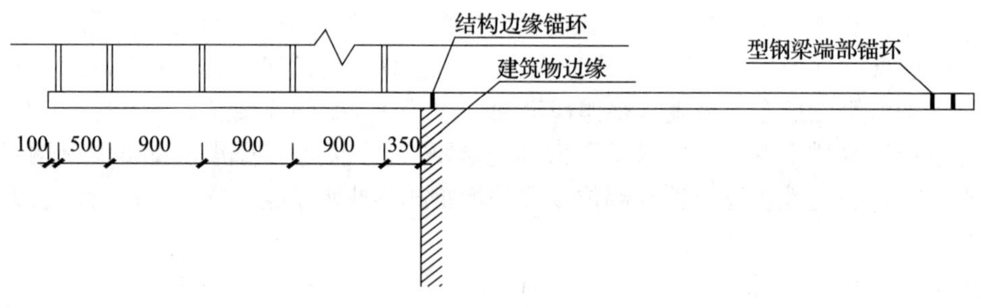

图 3　悬挑型钢梁立面图

5.2.5　下撑斜杆设置

（1）若悬挑型钢梁能够满足受力和变形要求的部位，则在型钢梁底部支设钢管斜撑作为安全保险储备。如图 4、图 5 所示每根型钢梁两侧各设置一根 ϕ48mm 钢管斜撑。钢管斜撑上部与型钢梁底水平钢管扣接相连，钢管斜撑下部固定于预埋在楼板内的短钢筋上。钢管斜撑与本层内支模架通过水平杆进行有效拉结，以提高钢管斜撑的稳定性。

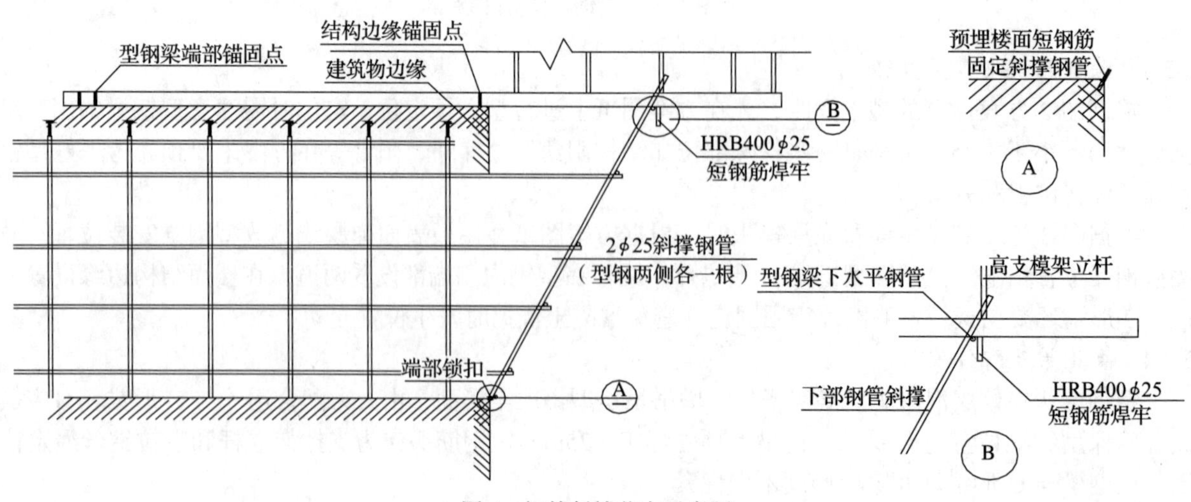

图 4　钢管斜撑节点示意图

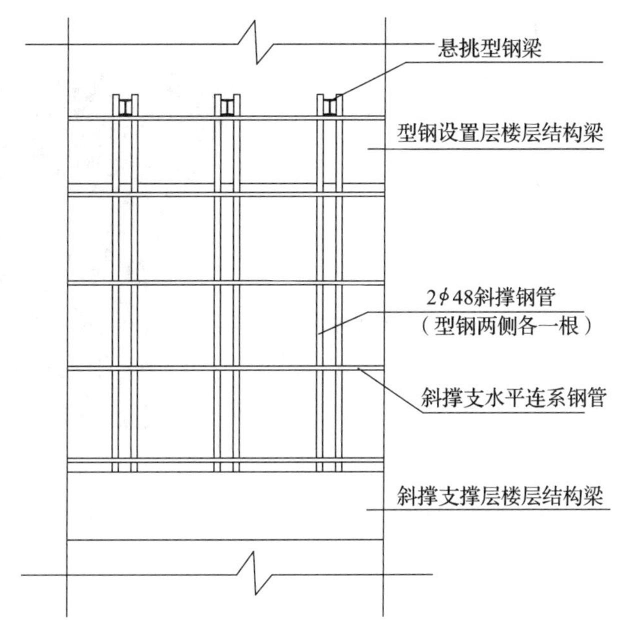

图5　钢管斜撑立面示意图

（2）若局部有悬挑型钢梁不能满足受力或变形要求的部位，则在型钢梁底部支设槽钢斜向支撑共同承受上部荷载如图6所示。槽钢斜向支撑与其上部水平型钢梁一一对应设置，其上端与水平型钢梁底部焊接，下端与预埋于楼板内的钢板进行焊接固定（图7）。槽钢斜撑与本层内支模架通过水平杆进行有效拉结。

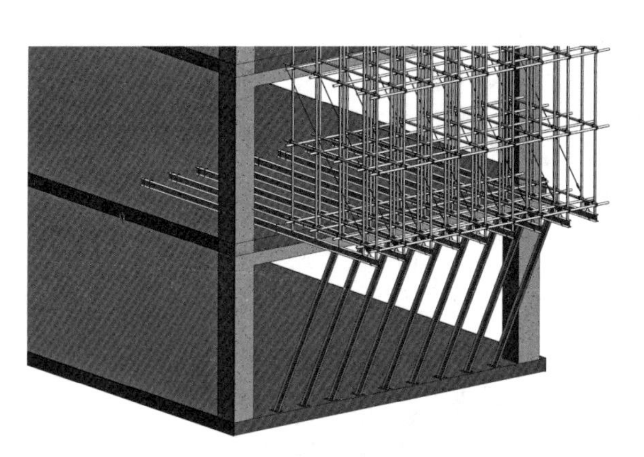

图6　槽钢斜向支撑示意图

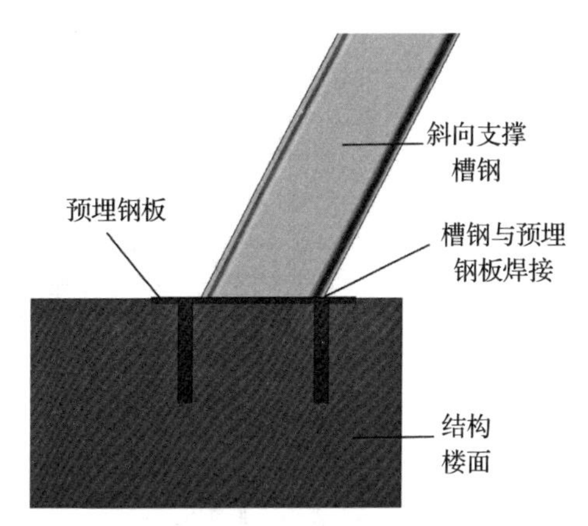

图7　槽钢斜向支撑底部节点示意图

（3）当斜撑杆件下端是混凝土墙柱结构时，则斜撑杆件采用槽钢，如图8所示。混凝土墙柱结构施工时，结构平直部位预埋钢板，钢板上焊接水平槽钢托梁（图9）。结构阳角部位预埋钢板，钢板上焊接水平支座钢板和加劲肋（图10）。槽钢斜向支撑与其上部水平型钢梁一一对应设置，其上端与水平型钢梁底部焊接，下端与水平槽钢托梁或水平支座钢板进行焊接固定。

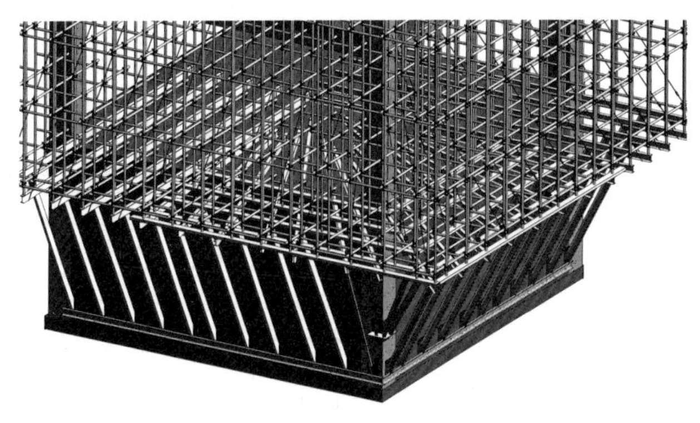

图8　混凝土墙柱部位斜向支撑示意图

5.2.6　高大模板体系搭设至屋面以下一层

搭设程序：支撑立杆定位→扫地杆搭设→立杆安装→水平杆安装→剪刀撑安装→外悬挑架体与本层结构内支模架对应有效拉结（图11）。

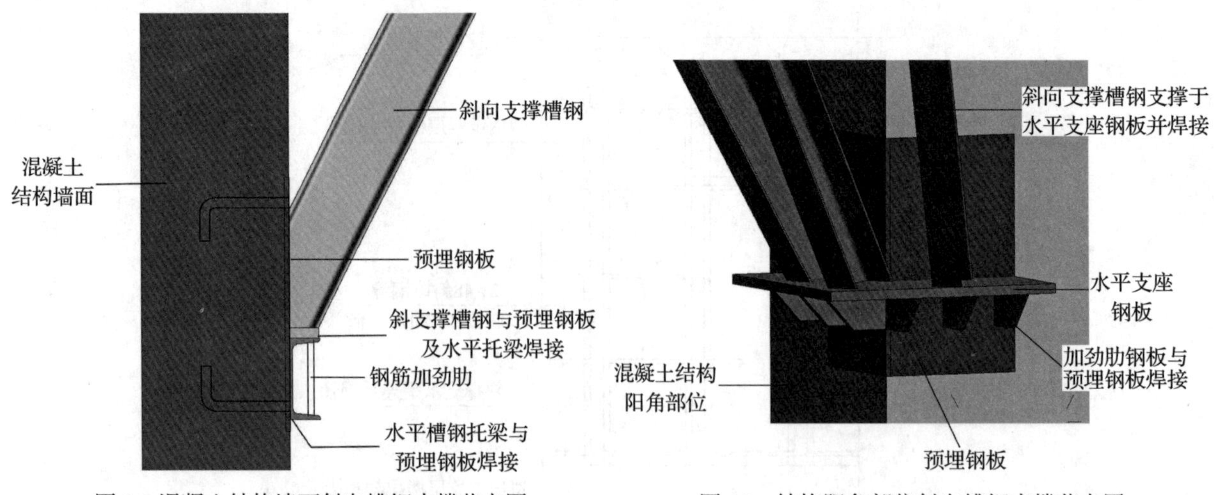

图 9　混凝土结构墙面斜向槽钢支撑节点图　　　图 10　结构阳角部位斜向槽钢支撑节点图

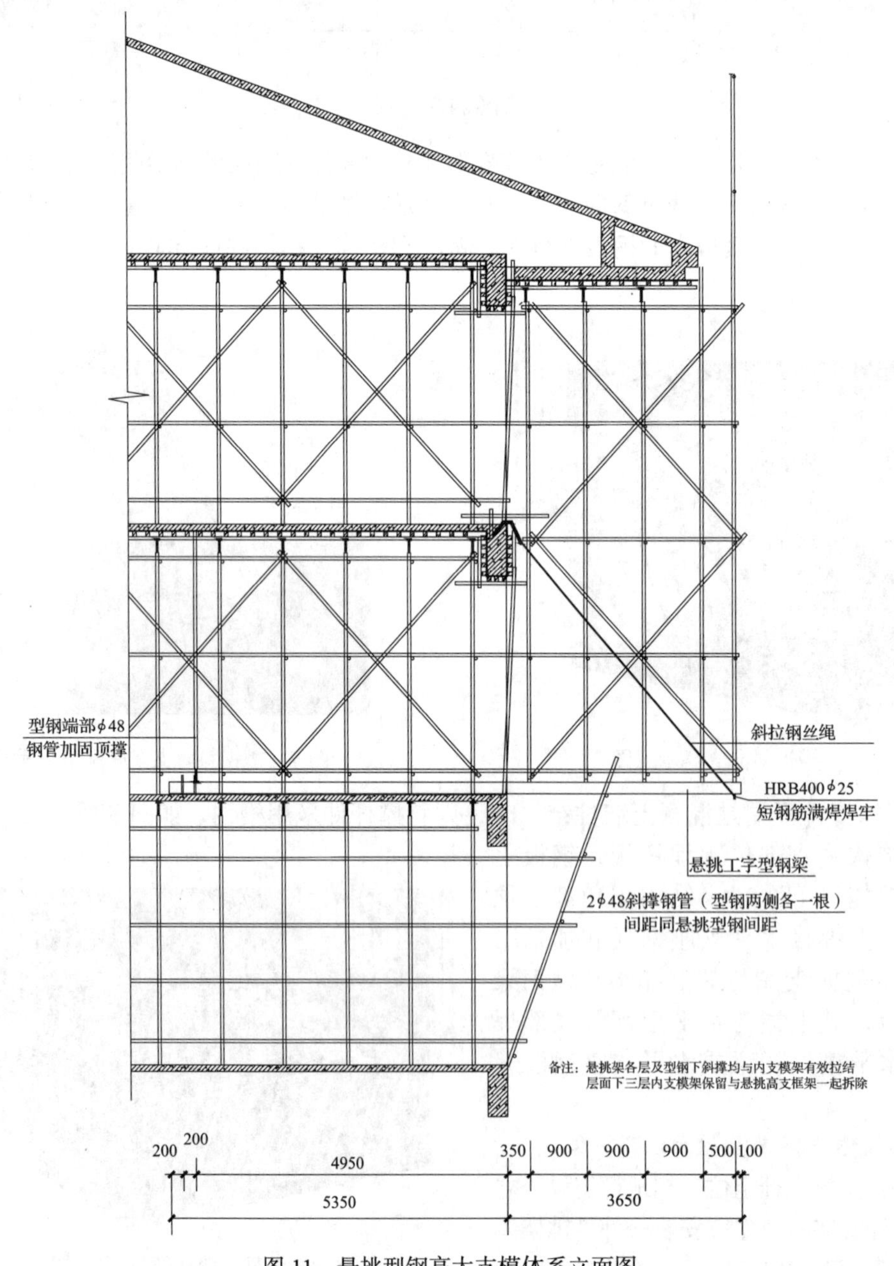

图 11　悬挑型钢高大支模体系立面图

（1）依图纸在钢梁上进行支撑架立杆定位，将每一立杆在钢梁上位置做出标识；按先纵向后横向的顺序摆放扫地杆；安装支撑立杆，按照计算步距搭设水平杆。支撑架每步完成后，对架体进行检查验收；

（2）搭设支撑架竖向和水平剪刀撑，竖向剪刀撑的端部应靠近立杆顶部和底部，连接牢固；剪刀撑按照加强型进行设置，采用扣件式钢管在架体外侧周边及内部纵、横向每4跨（且不大于5m）由底至顶设置连续竖向剪刀撑，剪刀撑宽度为4跨。扫地杆层设置水平剪刀撑，从扫地杆层向上不超过6m设置一道水平剪刀撑。

5.2.7　钢丝绳安装

屋面以下一层结构模板施工时，做好钢丝绳吊环的定位预埋。钢丝绳吊环应使用HRB300级钢筋，且直径不小于20mm。该层楼面混凝土浇捣完毕，从型钢梁张拉斜向钢丝绳至预埋吊环上，以作为安全保险储备。钢丝绳上下端卡扣均不少于3个。

5.2.8　高大模板体系搭设至屋面层

搭设程序：立杆安装→水平杆安装→剪刀撑安装→外悬挑架体与本层结构内支模架对应有效拉结→外伸屋面板底主梁安装→外伸屋面板底小梁（木枋）安装→外伸屋面底平板模板安装。

5.2.9　悬挑型钢层搭设端部反顶支撑

外伸屋面层混凝土浇捣前，在悬挑型钢梁锚固端端部搭设反顶支撑，反顶支撑与支模架体可靠连接，用以确保悬挑型钢梁端部受荷安全，如图1所示。

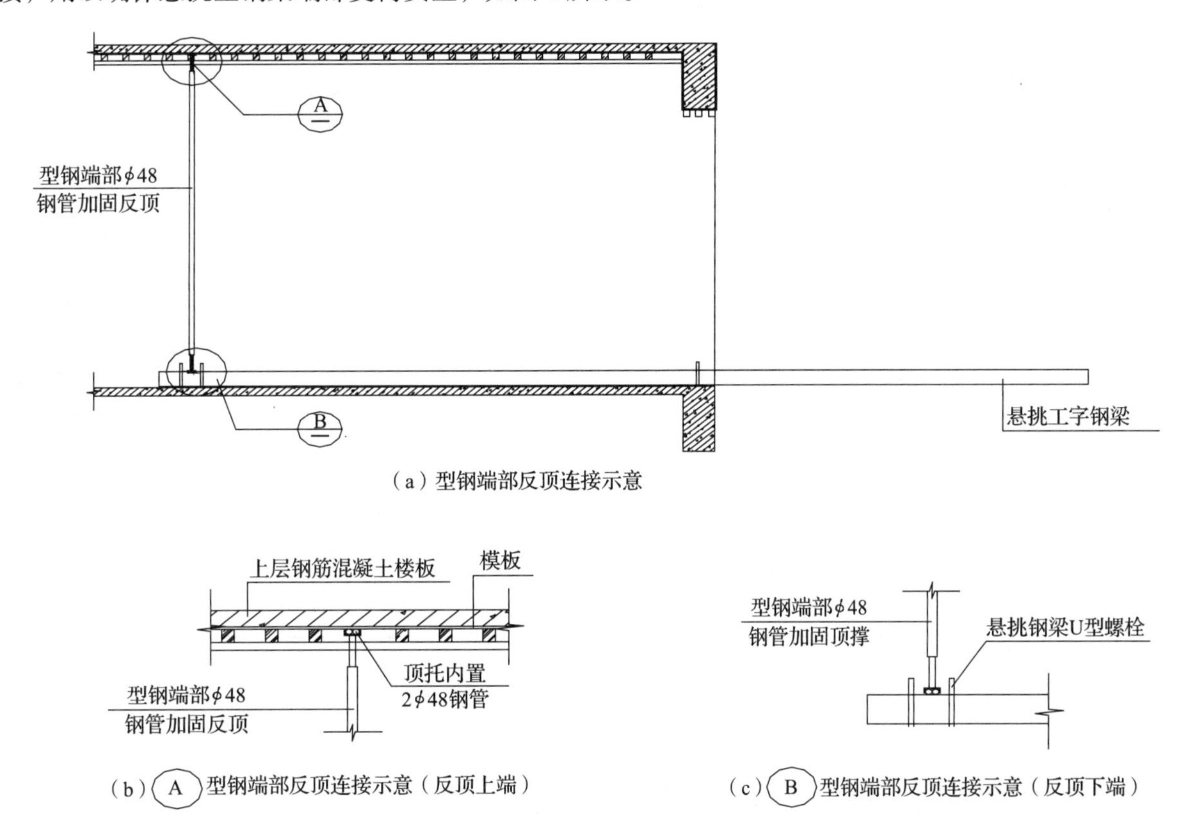

图12　型钢端部反顶支撑示意图

5.2.10　外伸屋面混凝土浇捣

为减小混凝土输送时冲击力，采用塔吊吊运骨料，浇筑采用点振法施工。屋面混凝土浇筑沿屋面以屋脊为分界线两边同时进行，从下至上逐渐向屋脊推近。坍落度控制在80～100mm，严格控制外伸屋面板上施工荷载不超过高大支模架设计荷载。

5.2.11　模板及支架拆除

外伸屋面结构模板拆除需满足混凝土强度达到100%后，按照由外向内的顺序进行拆除。拆除开始后按由外及里先松模板下部顶托，再拆除模板、木方、钢管、模板支架，逐跨往里进行拆除，实时观察支撑体系拆除后混凝土结构实体情况，观察有无裂纹。无异常按此顺序全面拆除高支模外伸屋面板模板支撑体系。

6　材料与设备

（1）主要原材料

主要原材料选用见表 1。

表 1　主要材料一览表

序号	材料名称	型号规格	材质	数量	备注
1	工字钢	18	Q235	隔 0.8m/ 套	一套指一根型钢梁支撑体系
2	槽钢	16	Q235	按现场实际	斜向支撑
3	U 形锚环	ϕ20	HPB300	3 副 / 套	
4	钢板	10mm	Q235	按现场实际	
5	钢丝绳	ϕ15.5mm（6×19）		隔 0.8m/ 套	
6	拉环	ϕ20	HPB300	1 副 / 套	
7	钢管	ϕ48	Q235	若干	
8	花篮螺栓	ϕ12	Q235	1 副 / 套	
9	扣件		Q235	若干	

（2）机具设备

悬挑高大模板支撑架其主要设备机具详见表 2

表 2　机具设备配置表

序号	设备名称	型号规格	电机功率（kW/ 台）	数量	备注
1	塔式起重机	TC6012	35.3	1	
2	木工工具	—	—	若干	平刨、圆盘锯、砂轮切割机、手提锯、手枪钻、曲线锯、手提电刨、手提电钻电焊机、吹风机
3	电动扳手	—	—	若干	
4	通信工具	对讲机、手机		4 台	视情况配备
5	电焊机	BX-500	38kVA	4 台	
6	砂轮切割机	—	3	6 台	

7　质量控制

7.1　应执行的规范

本工法必须执行《混凝土结构工程施工质量验收规范》(GB 50204)、《建筑施工模板安全技术规范》(JGJ 162)、《建筑施工扣件式钢管脚手架安全技术规范》(JGJ 130)、《建筑施工临时支撑结构技术规范》(JGJ 300)、《钢结构工程施工质量验收规范》(GB 50205) 等相关最新规范标准的规定。

7.2　构件质量控制

（1）型钢的质量应符合以下规定：

①应有产品质量合格证；

②应有质量检验报告，型钢的材质必须符合国家标准《碳素结构钢》(GB/T 700) 或《低合金高强度结构钢》(GB/T 1591) 的规定；并应符合现行国家标准《钢结构工程施工质量验收规范》(GB 50205)

的规定；

③型钢完成制作后表面必须涂有防锈漆。

（2）焊条：手工焊接时焊条质量应符合国家现行规范标准 GB/T 5117 或 GB/T 5118 的规定，选用的焊条（焊丝）型号应与主体金属相匹配。

（3）U 形锚栓、钢丝绳拉环质量应符合以下规定：

①用于固定悬挑型钢水平梁的 U 形锚栓、钢丝绳拉环的材质必须符合现行国家标准《钢筋混凝土用钢》(GB 1499.1）第 1 部分热轧光圆钢筋中 HPB300 级钢筋的规定。

②悬挑脚手架钢丝绳直径不小于 15.5 ㎜，材质、规格符合《重要用途钢丝绳》（GB 8918—2006）等相关规定。

（4）上述材料进场时，必须有符合工程规范的质量说明书，材料进场后严格按照产品说明书和相关规范要求，妥善保管和使用，防止腐蚀损坏；杜绝不合格产品进入工程项目。

7.3　施工过程控制

（1）架体搭设、拆除和混凝土浇捣顺序严格按照方案实施；

（2）焊工必须经考试取得合格证书，且必须在证书认可范围内施焊；

（3）型钢锚环、预埋钢板和钢丝绳吊环等预留预埋件需先在施工方案图纸中确定位置，现场实施中应精确测量弹线后安装，确保位置正确；

（4）高支模架和下撑斜杆同层相连的内支模架在高支模架拆除前不能提前拆除，且型钢梁下内支模架立杆宜与型钢梁上下同处一条直线。

8　安全措施

（1）本工法实施过程中严格执行《建筑施工扣件式钢管脚手架安全技术规范》（JGJ 130）、《建筑施工高处作业安全技术规范》（JGJ 80）、《建筑施工安全检查标准》（JGJ 59）和省、市、企业制定的施工现场及专业工种安全技术操作规程。

（2）各工种专业人员严格执行岗位责任制和“三级安全教育”制度，严格按照现场施工技术交底执行，委派专人进行吊装指挥和安放定位作业。

（3）架体搭设人员、焊工等特殊工种专业人员持证上岗，持证应真实、有效并检验审定合格。

（4）施工现场防护措施：施工人员高处作业必须佩戴好安全带，穿软底胶鞋；严格落实班前讲评制度；架体搭设过程中，按要求在架体底部满铺脚手板并固定、中部铺设平网以保证安全。模板支撑体系拆除时，材料及时转移至主体结构楼面，不得散落。

（5）上部模板支撑体系拆除时，沿建筑物四周设置警戒线，由专人负责监管蹲守。

（6）除对高大支模架按规范要求进行监控外，应派专人对型钢梁的变形情况进行观测，在型钢梁最外端和下部斜撑支点处设置两处观测点，监测报警值为设计允许变形值的 80%。

（7）模板支撑体系进行施焊作业时，必须要有防火措施。

9　环保措施

（1）施工现场废弃物严禁高空抛洒，封闭架体底部遗漏的建筑垃圾应及时用封闭式容器清运下楼集中处理。

（2）定期对施工场界噪声进行检测，发现超标立即采取措施进行控制；合理安排施工工序，噪声大的工序尽量避免在夜间或休息时施工。

（3）施工现场应设置专用焊接加工棚，加工棚采用阻燃且不透光材料进行遮挡，防止焊接、切割时产生光污染和噪声污染。现场施焊人员必须穿戴好劳保防护用品，确保作业人员职业健康。

10　效益分析

图书办公楼斜屋面大跨度悬挑（型钢）钢管脚手架支撑体系，与传统落地式支撑架比较，节约钢管约 40000m，扣件 20000 个，从周转用材及架体搭设用工上达到了减材降耗作用。节约钢管、扣件租赁费用约 10 万元，节约架体搭设用工费用约 6 万元。

采用大跨度悬挑（型钢）钢管支撑架与传统的落地式钢管支撑架相比节省费用如下：

钢管租赁费用：0.012 元 /（d·m）× 40000m × 150d= 72000 元

扣件租赁费用：0.007 元 /（d·个）× 20000 个 × 150d= 21000 元

脚手架搭设及拆除费用：300 元 / 工日 × 200 工日 = 60000 元

另外，采用大跨度悬挑（型钢）钢管脚手架可以提前工期 20d 左右，可降低工程综合成本约 35 万元。

11　应用实例

湖南艺术职业技术学院搬迁扩建工程分为一、二期进行建设开发，自 2013 年 12 月动工建设，2016 年 9 月竣工投入使用。总建筑面积为 292842.04m^2，其中图书办公楼建筑层数为地上 17 层，地下 1 层，地上建筑面积 36447.66m^2，建筑高度为 76.20m，结构类型为框架剪力墙结构。图书办公楼屋面建筑结构平面尺寸为 59m × 34m，设计采用水平屋面板 + 斜向屋面板，屋面外伸长度为 3m，屋面最低处标高 72.6m。在外伸屋面高空支模施工过程中，采用大跨度悬挑（型钢）高大支模体系，支模架搭设面积约 700m^2。悬挑钢梁自 16 层结构楼面安装，钢梁外伸长度为 3.65m，最大外伸长度为 5.2m。高大模板支撑体系搭设高度为 8.4m，高大模板支撑架体立杆纵向间距为 0.9m，横向间距为 0.8m。

本工程应用本工法施工，进行了严格的原材料选料，科学规范的制作和安装施工，有效保证了主体结构安全，确保了工程施工安全及质量，减少了后期使用过程中维护费用的投入。

钢网架滑移胎架施工工法

陈国军　刘　峰　戴习东　孙志勇　肖　亮

湖南省第三工程有限公司

摘　要：为解决传统满堂架安装施工工艺存在物料、人工、设备投入多、耗时长、工效低等问题，本工法介绍了利用滑移胎架作为钢网架屋盖结构安装的移动支撑平台和操作平台：横向分区安装，纵向从厂房的一端向另一端分阶段滑移，代替传统搭设满堂架安装钢网架的施工方法。由于采用滑移胎架代替满堂架，无须大量的满堂架搭设材料和人工，降低了成本，可使原定工期缩短 30% ～ 40%。

关键词：滑移；轨道；胎架；同步控制；钢网架

1　前言

当前，随着国家经济的不断发展，大跨度高跨钢网架结构蓬勃发展，且造型新颖结构复杂，对质量、安全、工期要求越来越严格。采用传统的满堂架安装施工工艺，脚手架材料、人工、设备的投入较多，耗费时间较长，且工效较低。

我司岳阳现代装备制造产业园“068”工程总装试验厂房项目和岳阳华能电厂煤场扬尘治理工程技术人员在大跨度钢结构施工中，不断摸索、改进、总结，采用滑移胎架代替满堂架进行网架安装施工工艺，很好地完成了网架结构安装，并取得了良好的经济效益、社会效益和环保效益，现将该施工工艺总结并形成本施工工法。

2　工法特点

（1）采用此技术，可保证屋面结构拼装的安全性及侧面墙体结构单元的抗风稳定性，有效地保证工程安全。

（2）采用滑移胎架代替满堂架，不需要大量的满堂架搭设材料和人工，降低了成本。

（3）采用此技术，减少架体搭拆时间，加快了钢网架施工进度，使原定工期缩短了 30% ～ 40%。

（4）采用此技术，耗用周材少，人工少，建筑垃圾少，具有良好的经济效益和环保效益。

3　适用范围

适用于各种大跨度钢网架结构安装。

4　工艺原理

此技术工艺原理为：滑移胎架拼装、沿轨道整体滑移、逐单元安装就位的施工工艺原理。

将厂房钢结构沿横轴方向分成若干独立单元，每个独立单元拼装后能形成稳定体系。沿纵轴方向搭设滑移胎架，胎架由多个拼装单元组成，并在厂房内沿纵轴方向设置滑移轨道，轨道端部在起始独立单元处安装滑移胎架，作为网架结构拼装单元的支撑平台和安装操作平台，利用垂直起重设备配合完成单元网架安装，再将胎架通过液压系统沿屋盖结构纵轴线方向滑动，完成各单元网架安装。

5　工艺流程及操作要点

5.1　工艺流程

施工准备及地面硬化→滑移轨道及底座安装→滑移胎架安装→滑移设备安装→胎架加载、校验→钢网架单元安装→滑移至下一个安装单元（与胎架加载、检验循环安装）→轨道底座及滑移胎架拆除→清理、收尾。

5.2 操作要点

5.2.1 施工准备及地面硬化处理

厂房地面地基按设计图纸要求进行夯实处理，除耐磨面层外，钢筋混凝土层已施工完成，其承载力、混凝土强度、平整度均满足滑移胎架自重、拼装钢网架传来荷载和其他施工荷载及滑移条件的要求。

5.2.2 轨道及底座安装

依据地面基础承载力及总施工荷载，经计算在地面上顺纵轴线方向设置 [22a 型槽钢轨道，在槽钢轨道上安装滚动滑轮系统；再在上面安装滑移胎架底座，底座采用 HW200 × 200 × 8 × 12（mm）工字钢，水平斜撑采用 L100 × 10（mm）角钢（图 1、图 2）。

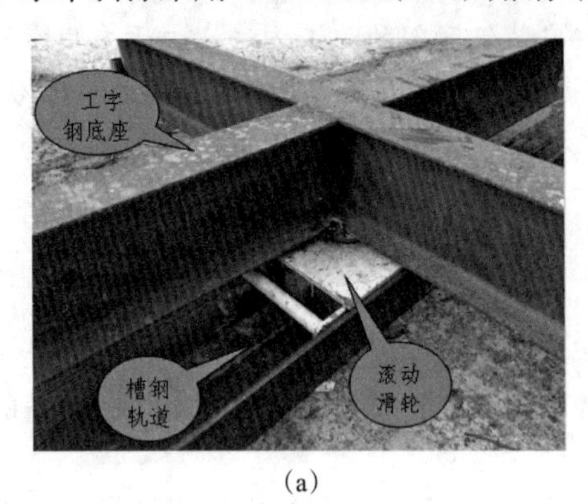

(a)

(b)

图 1　槽钢轨道、滑轮及底座

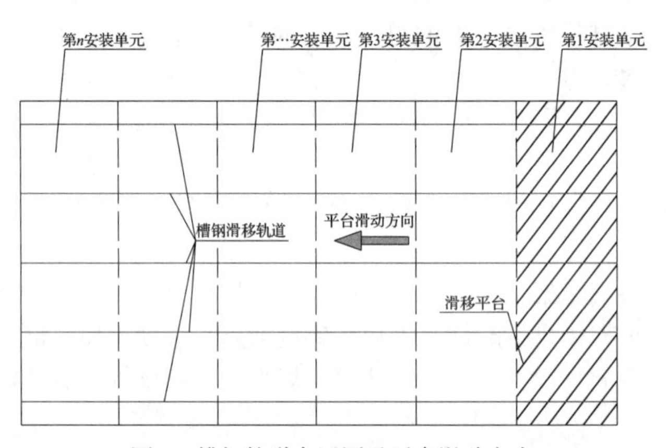

图 2　槽钢轨道布置图及平台滑移方向

5.2.3 滑移设备安装

（1）每条轨道配置一台液压爬行器。动力系统由泵源液压系统（为爬行器提供液压动力，在各种液压阀的控制下完成相应的动作）及电气控制系统（包括动力控制系统、功率驱动系统、计算机控制系统等）组成。结合本工程爬行器的布置，每台轨道配置一台液压泵站（图 3）。

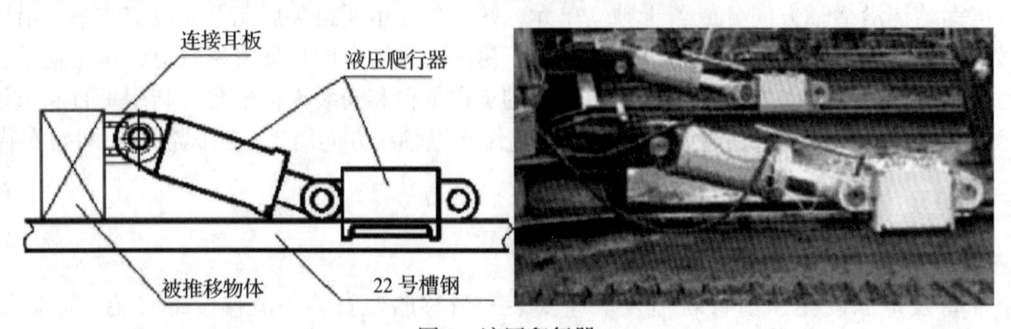

图 3　液压爬行器

（2）滑移过程的同步控制：每台爬行器各由一台主泵控制。因为每台同型号的泵站正常工作时流量是固定的，各条滑道上的爬行器所分配的流量也是相等的，爬行器将以相等的速度升缸顶推桁架结构。通过计算机计算发出统一指令，可做到各轨道的同步滑移（图 4）。

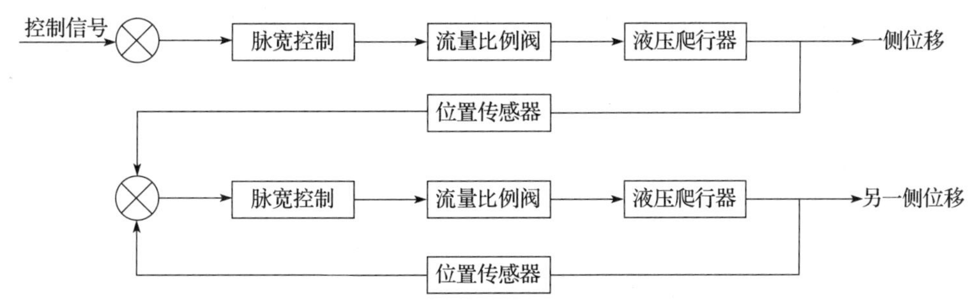

图 4　液压滑移同步性原理

（3）每台爬行器都安装一套同步传感系统，传感系统与计算机连接，在计算机屏幕上可显示出各台爬行器的动作情况，以此对滑移过程进行监控。

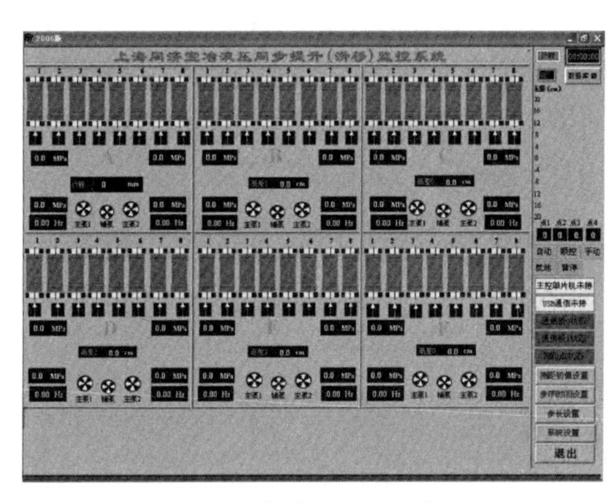

图 5　计算机同步控制

5.2.4　滑移胎架安装

（1）滑移胎架采用井字形 H 型钢（HW200mm × 200mm × 8mm × 12mm）滑移架底座，底座下部设有滚动滑轮，可在地面布置的槽钢轨道上滚动滑移。竖向支撑体系采用标准节与附加横向连系体系。标准件采用主杆采用 ϕ 89mm × 4mm 的圆管，腹杆采用 ϕ 60mm × 3.5mm 钢管，四块标准件拼接成 2m × 2m × 1.5m 标准节，标准件采用五根 ϕ 14mm 螺栓连接；附加横向连系体系采用 H 型钢和角钢（图 6）。

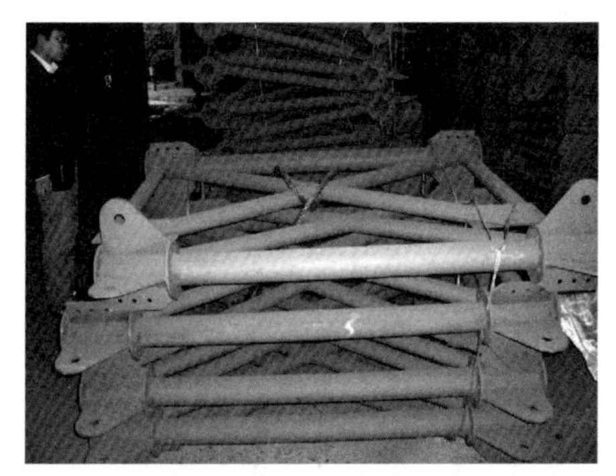

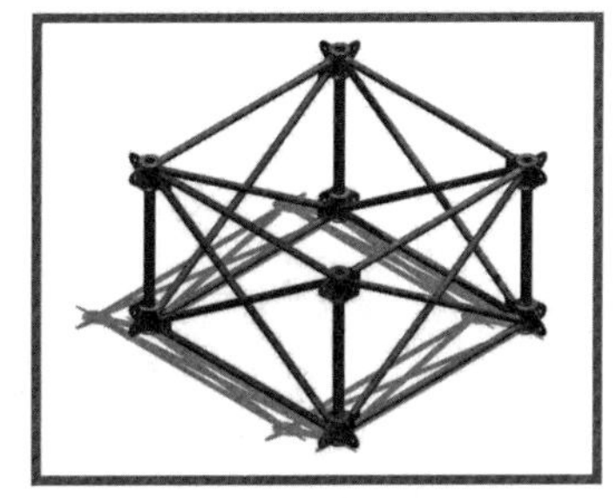

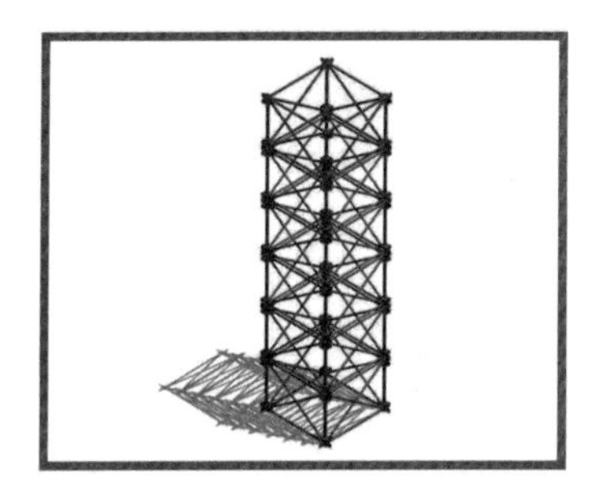

图 6　胎架标准节及组装

（2）胎架的滑移底座、竖向支撑体系、横向联系体系应具有足够的强度和刚度。经计算可承担自重、拼装桁架传来荷载及其他施工荷载，并在滑移时不产生过大的变形。

（3）滑移胎架拼装以每个安装单元尺寸进行拼装。滑移胎架竖向支撑体系标准节与附加横向连系体系搭积木式拼接而成。胎架为公司根据高度和宽度制作成通用的标准节，设计时已考虑便于安拆。为确保滑移胎架的稳定性，其搭设的高宽比不得大于 2。胎架正立面、侧立面如图 7、图 8 所示。

（4）滑移胎架顶部平台既可作为支撑平台，同时可兼做操作平台，滑移胎架顶面满铺脚手板，并挂设好安全兜网。

5.2.5　滑移胎架加载与钢网架安装

（1）侧向加载

滑移胎架安装验收合格后进行侧向加载试验，侧向加载试验时两侧对称加载以免滑移胎架侧向位移过大，经检测滑移胎架侧向位移符合设计要求后再进行钢网架的侧向安装（图 9 所示）。起始安装单元左、右两侧钢网架墙体分块安装前，各分块下端与已安装分块焊接，上端与滑移架临时连接固定。

（2）竖向加载

屋盖安装时进行试安装，以检验滑移胎架的竖向承载力、竖向和侧向变形，其承载力和变形值符合设计要求后再进行屋盖的安装。起始安装单元屋面分块安装，一端与已安装分块焊接完成，另一端支撑在滑移胎架上（图 10 所示）；在安装单元内的分块应对称安装，避免滑移胎架侧向受力不均，造成架体变形过大。

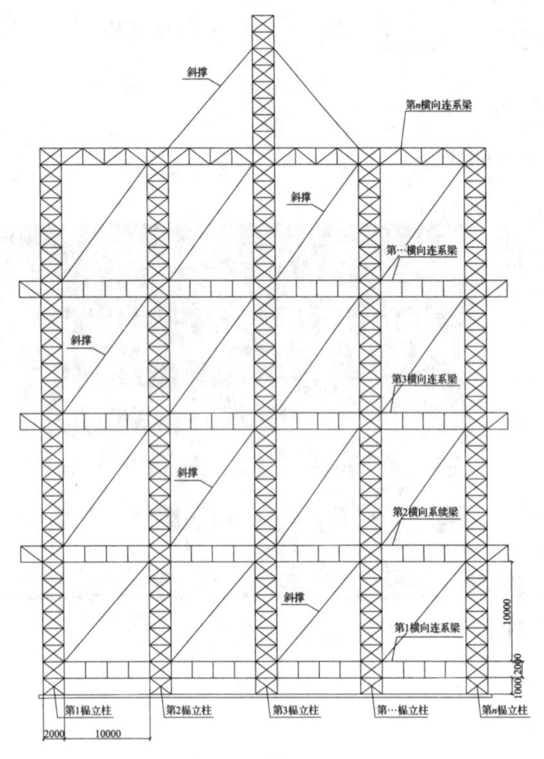

图 7　胎架正立面

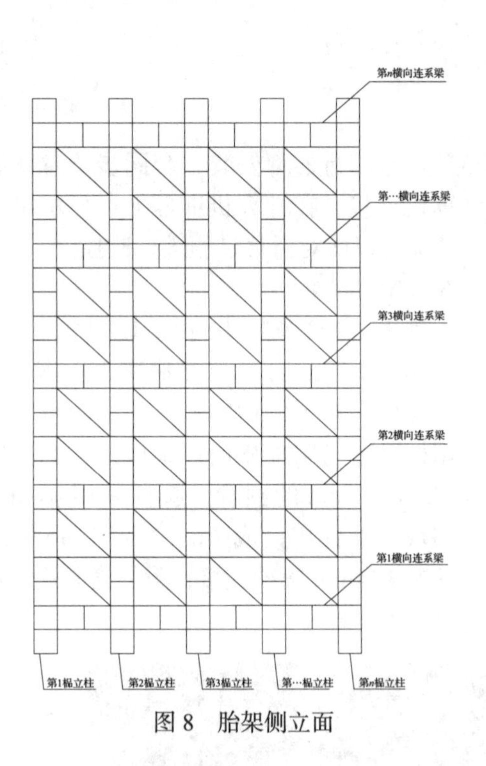

图 8　胎架侧立面

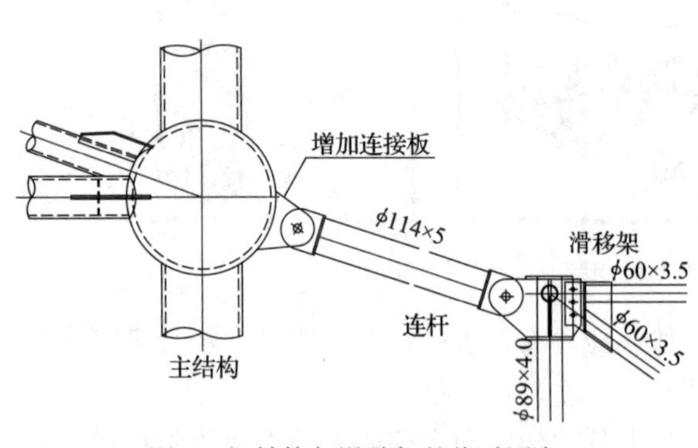

图 9　钢结构与滑移架的临时固定

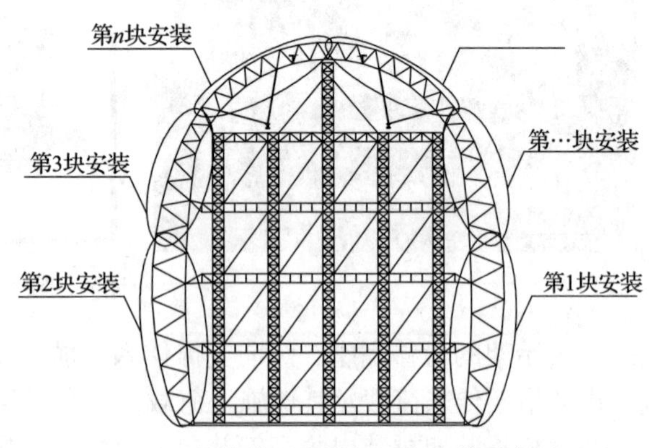

图 10　安装单元内的钢网架安装示意图

（3）稳定性要求

为确保滑移平台的侧向稳定性，在滑移平台的四个侧面的中部和顶部沿水平方向各设置 2 根缆风绳。

（4）平台支撑架卸载

在起始安装单元内的分块安装完后，拆除钢结构与滑移胎架的连接杆件，使起始安装单元形成一个独立稳定结构体系，滑移胎架通过滑移系统滑移至第二安装单元位置进行钢网架结构安装，依次完成所有安装单元。

5.2.6　滑移施工风险性分析与控制

（1）滑移胎架的承载力应经设计计算：滑移胎架在自重和施工荷载组合值下最大竖向位移符合设计要求；标准件在最大荷载下其强度符合设计要求；由最大单元分块吊装工况下滑移胎架的整体稳定性符合设计要求；滑移平台能满足该工程各种操作功能。

根据钢网架结构各块安装进度情况，进行滑移胎架的受力计算分析。分析胎架组装、荷载加载、卸载的受力情况，必要时增加如缆风绳等临时支撑体系以增加其稳定性。

（2）安装单元结构挠度变形控制

在每个安装单元安装完毕之后，应对其标高轴线位置进行脱离胎架前测量，并做好详细记录，待安装单元脱离滑移胎架之后，再进行脱离后测量，并与脱离前观测记录相比较，测定钢结构安装单元的变形情况。

（3）滑移胎架变形控制

滑移胎架由于钢结构自重荷载、滑移胎架自重荷载、操作荷载等影响，组装好的胎架及基础将出现不同程度的沉降与变形，需在滑移胎架安装时控制好变形量，保证滑移胎架的稳定性，以确保滑移胎架的安全。其变形性能见表 1。

表 1　变形性能指标

项目	竖向变形（mm）	侧向变形（mm）	基础沉降变形（mm）
空载	—	—	2
侧向加载	10	10	2
竖向加载	15	10	3

6　材料与设备

（1）所需材料见表 2。

表 2　材料表

序号	名称	规格、型号	性能及用途	备注
1	滑移架底座	HW200 × 200 × 8 × 12	主受力杆	
2	滑移轨道	22b 槽钢	滑移轨道	
3	钢管	ϕ89 × 4	主受力杆	
4	腹杆	ϕ60 × 3.5	主受力杆	
5	方钢	80 × 4	其他受力杆	
6	角钢	L100 × 10 角钢	主受力杆连系杆	
7	6 × 19 + 1 钢丝绳	ϕ18	侧向稳定性	

（2）所需设备见表 3。

表 3　设备表

序号	名称	型号	主要功能	数量
1	履带吊车	QY350	钢构吊装	1 台
2	汽车吊车	QY75	胎架吊装	1 台
3	液压爬行器	TJG-1000	胎架滑移	8 台
4	滑移器	b180-4 × 4	滑移	25 台
5	液压泵站	TJV-15 型	动力系统	4 台

续表

序号	名称	型号	主要功能	数量
6	同步控制计算机	上海同济液压同步控制系统	同步控制	1 台
7	直流电焊机	正泰 ZX5-400	焊接	2 台
8	激光铅垂仪	南方高科	测量	1 台
9	全站仪	徕卡 1200 系列	测量	1 台
10	水准仪	DS3	测量	1 台

7 质量控制

7.1 此技术遵照执行下列标准、规范：

《建筑结构可靠度设计统一标准》(GB 50068—2001)；

《建筑结构荷载规范》(GB 50009—2012)；

《钢结构设计规范》(GB 50017—2017)；

《钢结构工程施工质量验收规范》(GB 50205—2001)；

《空间网格结构技术规程》(JGJ 7—2010)；

《钢结构焊接规范》(GB 50661—2011)；

《钢结构工程施工规范》(GB 50755—2012)。

7.2 滑移质量控制

（1）滑移轨道在整个水平滑移中起承重导向和径向限制桁架水平位移的作用。要求轨道中心线与滑车中心线重合，以减少滑移平台自重对滑移轨道（梁）的偏心弯矩。为保证轨道面的水平度，降低滑动摩擦系数，滑移轨道在制作安装时，应做到：

①每分段轨道对接时，对接口的上表面及两侧面应严格对齐，目测为零，否则应打磨光滑、平整；

②每条轨道的上表面及两侧面必须打磨光滑、平整，不允许有棱角或凹凸不平；

③滑移轨道根据滑移方向沿直线定位铺设，同跨两条轨道水平投影轨距偏差控制在 3mm 之内；

④轨道采用膨胀螺栓限位轨道槽，膨胀螺栓间距双向 2000mm；

⑤滑靴安装就位前底部应涂抹黄油，同时滑移前在轨道上平面涂抹黄油。

（2）滑移前检查：启动泵站，调节一定的压力（5MPa 左右），伸缩牵引油缸：检查 A 腔、B 腔的油管连接是否正确；检查截止阀能否截止对应的油缸；检查比例阀在电流变化时能否加快或减慢对应油缸的伸缩速度。

（3）预加载：调节一定的压力（2 ～ 3MPa），使楔形夹块处于基本相同的锁紧状态。

（4）滑移速度控制在 200mm/min 以下，避免速度过大对滑移胎架结构受力产生不利影响。

（5）同步控制及水平偏差控制：

各滑移支座轴线偏移≥ 10mm 控制目标时发出警告；≥ 20mm 计算极限偏移量时停滑。

各轴线支座间不同步≥ 50mm 时不间断修正；≥ 100mm 时停滑。

7.3 滑移胎架的拼装质量控制

滑移胎架拼装质量控制偏差见表 4。

表 4 偏差控制表

序号	分项	允许偏差 (mm)
1	地面平整度偏差	20
2	主支架垂直度偏差	80
3	横向连系构件水平偏差	50
4	主支架纵横间距偏差	20

续表

序号	分项	允许偏差 (mm)
5	水平杆挠度偏差	L/150，且≤ 10mm
6	立杆钢管弯曲度偏差	12
7	连接螺栓紧固度偏差	2N·m

8 安全措施

（1）安全标准

《安全生产法》;

《建筑施工安全检查标准》(JGJ 59—2011);

《建筑机械使用安全技术规程》(JGJ 33—2012);

《建筑施工高处作业安全技术规范》(JGJ 80—2016);

《施工现场临时用电安全技术规范》(JGJ 46—2005)。

（2）因此技术为高处作业，大吨位、大体积构件滑移作业的特点，因此施工中除严格执行国家及地方有关安全操作规程外还应认真个贯彻执行下列特殊的安全保证措施：

①组装胎架是此技术实施的主要场所之一，安装单元的组装、测量、油漆均在胎架上完成。因此，拼装胎架应连成整体，使其强度、刚度、稳定性均满足施工操作及安全需要，各胎架间铺设走道板，胎架及走道板下满铺安全网。

②胎架滑移前，且经过系统的、全面的检查，以防局部产生障碍，影响胎架滑移，经现场总指挥发出指令后，才能进行正式进行滑移作业，胎架滑动时严禁胎架上有操作人员。

③在滑移过程中，注意观测滑移系统的压力、荷载变化情况等，并认真做好记录工作。

④在滑移过程中，测量人员通过激光测距仪及钢卷尺配合测量各滑移点位移的准确数值，不同步值达到 20mm 时，立即停止滑移。

⑤滑移过程中应密切注意滑移轨道、滑移系统等的工作状态，安装单元的变形，对各滑移点的同步偏差进行观测，发现问题及时处理。

⑥现场无线对讲机在使用前，必须向工程指挥部申报，明确回复后方可作用。通信工具专人保管，确保信号畅通。

⑦钢结构是良好导电体，四周应接地良好，施工用的电源线必须是胶皮电缆线，所有电动设备应装漏电保护开关，严格遵守安全用电操作规程。

⑧滑移过程中如遇五级以上大风、大雨等恶劣气候影响时，应中断滑移。

9 环保措施

（1）应严格遵守国家、地方及行业标准、规范

《建筑施工现场环境与卫生标准》(JGJ 146—2013);

《建筑施工场界噪声限值》(GB 12523—2011)。

（2）教育作业人员自觉爱护现场环境，组织文明施工。

（3）确保设备的清洁美观，各种材料进入现场按指定位置堆放整齐，不影响现场正常施工，不堵塞施工通道和安全通道，材料规格标识清楚，材料堆放场要由专人看管。

（4）施工现场管理要规范、干净整洁，做到无积水、无淤泥、无杂物；各种设备运转正常，做到工完、料净、场地清；对施工、生活垃圾入箱集中堆放，并及时清理出场，防止出现乱弃渣、乱搭建现象。

（5）施工面所用焊条、工具等，在用完后及时收回，集中放置，不得随意丢放。

（6）施工用电的动力线和照明线分开架设，不随意爬地或绑扎成捆。

（7）加强施工现场管理，设二次警戒，严禁非施工人员进入施工现场；施工人员佩证上岗，严禁脱岗、串岗、睡岗和空岗。

10　效益分析

（1）采用此技术，可保证工程实体质量和施工安全，有效降低工程成本，具有良好的经济效益。与采用搭设满堂脚手架施工相比，其经济效益对比分析如下：采用满堂脚手架施工工程造价折合为约1128 元 /m²，滑移胎架施工工程造价折合为约 771 元 /m²。经比较，滑移胎架施工工程造较节省。

（2）工期大幅缩短，钢网架滑移胎架施工比常规采用搭设满堂脚手架施工缩短工期 30% ～ 40%。

（3）采用钢网架滑移胎架施工，减少了施工过程搭设满堂脚手架的钢管用量，减少了生产钢铁产生的碳排放量，具有良好的环保效益。

11　应用实例

（1）岳阳现代装备制造产业园“068”工程总装试验厂房工程主体钢网架，采用滑移胎架作为安装的支撑平台和操作平台，兼顾已安装侧面墙体结构单元的抗风稳定支撑，依安装区域划分，从网架一端向另一端方向分阶段滑移，完成作业任务。该主体钢网架于 2018 年 6 月开工，2018 年 10 月完工，取得了良好的效果，确保了工程质量与安全。

（2）岳阳华能电厂煤场扬尘治理工程大跨度钢网架，为确保工程进度与安全，采用滑移胎架作为安装的操作平台，主体结构于 2010 年 7 月开工，2011 年 1 月完工，取得了业主、监理方的一致好评。

异形桥梁不同长度的预制 T 梁模板调节组合安装施工工法

戴习东　王　山　成　伟　谢善科　钟海军

湖南省第三工程有限公司

摘　要：异形桥梁采用单片预制 T 梁组合作为桥梁主体上部结构，考虑到桥梁线形角度等问题，异形桥梁单片预制 T 梁的长度不一，采用传统的方法在模板加工场根据设计图纸单片预制 T 梁的尺寸要求进行定形模板制作，如每跨每单片 T 梁的长度长短不一，模板的加工量较大，投入的材料成本较多，且不能够重复利用，占用的场地多、工效较低。本技术介绍了一种预制 T 梁模板调节组合安装方法能够减少定形模板加工量，节约材料成本、提高工效。

关键词：T 梁；模板；异性桥梁；调节；组合安装

1　前言

由于地形和城市规划原因，部分城市桥梁线形由圆曲线、缓和曲线和直线段组成。异形桥梁采用单片预制 T 梁组合作为桥梁主体上部结构，考虑到桥梁线形角度等问题，异形桥梁单片预制 T 梁的长度不一，采用传统的方法在模板加工场根据设计图纸单片预制 T 梁的尺寸要求进行定形模板制作，如每跨每单片 T 梁的长度长短不一，模板的加工量较大，投入的材料成本较多，且不能够重复利用，占用的场地多、工效较低。考虑到模板工程量、材料成本及工效等问题，采用异形桥梁不同长度的预制 T 梁模板调节组合安装方法能够减少定形模板加工量，节约材料成本、提高工效。

我公司通过在湘潭市河东风光带二期项目龚家浸大桥、湘潭九华滨江路八标等多个桥梁工程中施工应用此施工工艺，均取得了很好的效果。本施工技术已申请了实用新型专利并获得受理，专利号：201820585980.X，现将该施工工艺总结并形成本施工工法。

2　工法特点

（1）重复利用，占用较少场地。采用传统的方法在模板加工场根据设计图纸单片预制 T 梁的尺寸要求进行定形模板制作，如每跨每单片 T 梁的长度长短不一，模板的加工量较大，投入的材料成本较多，且不能够重复利用，占用的场地多，采用预制 T 梁模板调节组合装置能有效解决此类问题。

（2）节约材料成本，提高工效。考虑到模板工程量、材料成本及工效等问题，采用异形桥梁不同长度的预制 T 梁模板调节组合安装方法能够减少定形模板加工量，节约材料成本、提高工效。

（3）减少不同长度的预制 T 梁台座制作，节约成本。

（4）方法简单，可操作性强，成品质量美观。

3　适用范围

适用于异形桥梁不同长度的预制 T 梁模板调节组合安装。

4　工艺原理

预制 T 梁模板调节组合安装方法是利用在标准定形模板基础上，设置调节伸缩装置并加以拉伸固定装置进行预制 T 梁模板调节组合安装的一种施工方法。主要由调节伸缩装置、固定拉伸装置、调节钢板三大部分组成。

5　工艺流程及操作要点

5.1　工艺流程

施工准备→设置调节伸缩装置→安装调节钢板→调节位置拉伸加固装置→整体模板安装。

5.2 操作要点

5.2.1　施工准备

技术人员熟悉好图纸，做好人员、材料及设备等准备工作。

5.2.2　设置调节伸缩装置

调节装置设置，在标准定形模板基础上及设计图纸T梁调节位置设置伸缩装置，伸缩装置由三道50mm×50mm的方钢和40mm×40mm的方钢组合，壁厚3mm，第一道设置在定形T梁模板腹板顶以下200～300mm位置，第二道设置在定形T梁模板马蹄顶位置（即马蹄倒角顶位置），第三道设置在定形T梁模板马蹄底位置。50mm×50mm方钢焊接固定在定形模板调节位置的两侧，40mm×40mm的方钢伸入调节位置两侧50mm×50mm的方钢内作为调节模板长度使用。50mm×50mm方钢一端设置螺栓作为40mm×40mm方钢调节长度后固定不再移动使用。检验长度是否达到设计预制T梁梁长的长度。

5.2.3　安装调节钢板

调节钢板安装根据预制T梁长度及标准定形模板尺寸裁剪调节钢板，钢板采用与定形模板同规格钢板，调节钢板与定形模板连接采用高强螺丝连接，连接两侧从上至下每隔200mm设置一个螺丝连接孔进行连接，确保调节模板与定形标准模板连接平顺，稳固。

5.2.4　调节位置拉伸加固装置

调节位置拉伸加固装置，采用自制的“千斤顶”，利用两个螺杆及钢管制作，伸缩装置调节完成后并检测合格后，自制“千斤顶”将原有定形标准模板拉紧，确保在混凝土浇筑过程中，模板稳定可靠、刚度符合要求（图1、图2）。

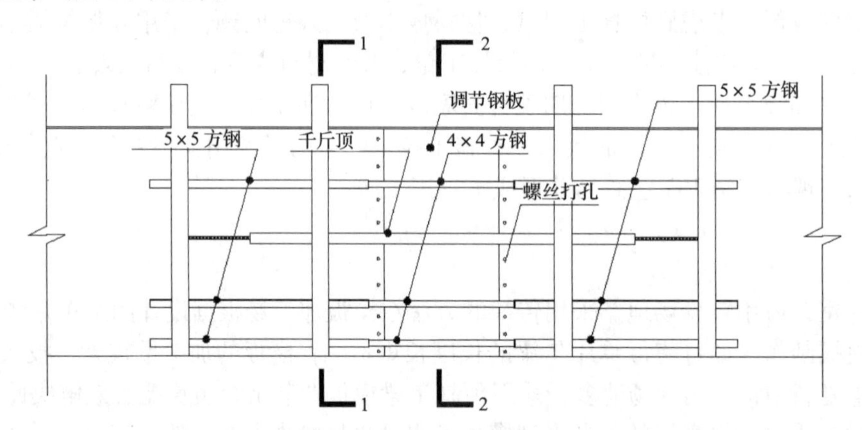

图1　模板调节装置及拉伸装置立面图（cm）

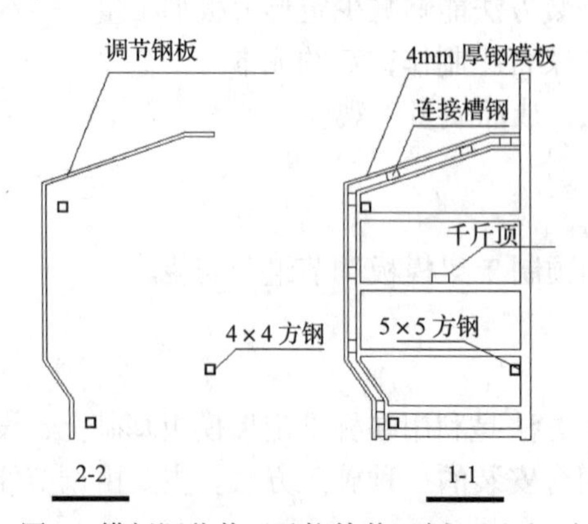

图2　模板调节装置及拉伸装置剖面图（cm）

5.2.5　整体模板安装

在标准定形模板基础上及设计图纸 T 梁调节位置设置伸缩装置调节每单片梁的长度，确保模板长度符合 T 梁设计长度，再采用固定拉伸装置，保证其与标准节的稳定，再整体吊装安装模板。

6　材料与设备

（1）所需材料见表 1。

表 1　材料表

序号	名称	规格、型号	性能及用途
1	方钢	50mm × 50mm/40mm × 40mm，壁厚 3mm	调节装置
2	调节钢板	4mm 厚	模板固定
3	高强螺栓		连接
4	焊条		焊接

（2）所需设备见表 2。

表 2　设备表

序号	名称	型号	主要功能
1	千斤顶		加固拉紧
2	焊接设备	ZX7-400	焊接
3	龙门吊		吊装拼装
4	切割机	SQ-500	切割

7　质量控制

7.1　主要标准及规范

《城市桥梁工程施工质量验收规范》(CJJ 2—20028)；

钢结构焊接规范要求《GB 50661—2011》；

《建筑工程施工质量验收统一标准》(GB 50300—2013)。

7.2　质量控制标准

（1）调节装置设置，在标准定形模板基础上及设计图纸 T 梁调节位置设置伸缩装置；

（2）伸缩装置方钢的强度符合规范要求；

（3）伸缩装置根据力学性能再设置，保证其模板调节后的稳定性；

（4）调节钢板与定形模板连接采用高强螺丝连接，高强螺丝强度符合强度要求。

8　安全措施

（1）主要标准及规范：

《建筑机械使用安全技术规程》(JGJ 33—2012)；

《施工现场临时用电安全技术规范》(JGJ 46—2005)；

（2）作业前，对现场管理人员和作业人员进行安全交底和安全教育。

（3）严格执行操作规程，加强施工机械设备及临时用电检查，做好安全防护。

（4）模板伸缩调节与拉伸固定位置时应派专人指挥和制定相应的安全技术措施，并在地面划定作业范围区，设置警戒线。

（5）安全管理人员加强安全巡查，发现安全隐患，及时整改。

（6）施工过程中，临时用电严格按照三相五线，一机一闸一漏执行。

9 环保措施

（1）应严格遵守国家、地方及行业标准、规范：

《建筑施工现场环境与卫生标准》(JGJ 146—2013）;

《建筑施工场界噪声限值》(GB 12523—2011）。

（2）施工现场组织文明施工，树立环保意识。

（3）确保施工现场无噪声、无尘土、工完场清。

（4）施工余料分类堆放整齐，并按当地环境部门要求及时进行妥善处理。

（5）构件加工尽量在工厂进行，除锈时应进行封闭施工，尽量减少灰尘对周围环境的污染。

（6）现场采用的材料均为无毒环保材料，在使用过程中不会影响环境及作业人员。

（7）严禁晚上进行焊接，以减少光源对环境的污染，组装尽量安排在白天进行，以减少燥声对环境的污染，组装尽量采用龙门吊进行吊装，以减少汽吊车尾气对大气的污染。

10 效益分析

10.1 经济效益

经济效益分析：与传统的异形桥梁不同长度的预制 T 梁模板组合安装方式相比，其经济效益分析如下：

价格 / 类型	人工安装工效（榀 /d）	机械利用率（台班 /d）	材料损耗率（%）
异形桥梁不同长度预制 T 梁模板调节组合安装方法	1.2	0.2	1 ～ 2
传统异形桥梁不同长度预制 T 梁模板组合安装方法	1	0.3	3 ～ 6

综上所述，采用异形桥梁不同长度预制 T 梁模板调节组合安装能提高工效 20%，材料损耗率降低 2% ～ 4%。

10.2 社会效益、环保效益

与传统异形桥梁不同长度预制 T 梁模板组合安装相比，异形桥梁不同长度预制 T 梁模板调节组合安装方法，提高了人工安装工效和机械利用率，降低了材料损耗率，并具有控制扬尘和节材节电的环保效果，具有良好的社会效益和环保效益。受到业主、监理及质监等多方一致好评。

11 应用实例

（1）湘江河东风光带二期项目龚家浸桥预制 T 梁采用了异形桥梁不同长度的预制 T 梁模板调节组合安装施工工法，节约钢材材料 30 万元，提高工效 20%。该工程于 2018 年 3 月开工，2018 年 10 月全部完成，工程质量合格，施工进度和质量获得建设行政主管部门和业主、监理等的一致好评。

（2）湘潭九华滨江路八标竹埠港桥预制 T 梁采用了异形桥梁不同长度的预制 T 梁模板调节组合安装施工工法，节约钢材材料 10 万元，提高工效 20%。该工程于 2017 年 11 月开工，2018 年 6 月完工，工程质量和施工进度获得业主、监理等的一致好评。

高墩柱盖梁钢棒支撑施工工法

陈　杰　佘建军　陶立琴　李志雄　刘少雄

湖南省第四工程有限公司

摘　要：为解决高墩柱盖梁传统抱箍法工艺存在的耗工费时、易发生沉降和爆模等问题，施工前在距墩柱顶面以下约60～70cm部位预埋垂直于盖梁中轴线的PVC管，将选定的钢棒横穿于墩柱预埋孔洞内，利用钢棒为盖梁及模板提供支撑反力。在钢棒两侧安装砂箱，砂箱一侧紧挨墩柱，底部焊接半圆钢基座，通过抱箍、高强螺栓连接紧固于钢棒上，砂箱顶安置工字钢，两侧工字钢通过直径16cm、间距100cm的对拉杆进行加固。利用钢棒及工字钢作盖梁模板体系支撑托架，在工字钢顶安装盖梁模板、安置钢筋、浇筑盖梁混凝土。本工法适用于双柱墩或多柱墩盖梁或系梁施工，解决了抱箍施工时对螺栓反复拧紧的安全性问题。

关键词：高墩柱盖梁；钢棒支撑；砂箱；支撑托架

1　前言

在公路桥梁施工中，桥梁结构多采用结构简支桥面连续，因而上部梁体在预制场集中预制，架桥机架设。下部结构采用简单的刚架结构，即桥梁的下部基础为两根或多根桩基础，墩身为两根圆柱墩，桩间系梁联结（或不设系梁），墩顶盖梁联结。

高墩柱盖梁采用传统的抱箍法施工工艺，此种施工方法不仅耗工费时，且抱箍如操作不当在盖梁浇筑施工过程中容易发生沉降和爆模等危害，存在较大的质量、安全隐患。应用钢棒支撑法施工圆柱式墩柱式盖梁，就大大提高了模板体系稳定系数，节省了周转材料，加快施工进度。实践证明这种施工技术在现场是可行的，能有效的克服高墩柱盖梁施工的质量通病，同时减少了安全隐患，具有良好的社会和经济效益。

图1　公路桥梁下部结构多为双柱墩

2　工法特点

（1）采用墩柱中心插入钢棒作为盖梁立模和承重的主支点，结构轻巧，操作简单，工作量小。

（2）钢棒刚度大，模板体系稳定、安全，有利于控制模板漏浆、错台等盖梁质量通病。

（3）钢棒上方放置环形基座砂箱，砂箱上放置工字钢用以支撑盖梁模板体系，结构简单，方便盖梁模板拆除。

（4）解决了采取抱箍施工时对螺栓反复拧紧的安全性问题。

3　适应范围

本工法适用于双柱墩或多柱墩盖梁或系梁施工。

4　工艺原理

施工前，通过柱墩盖梁或系梁施工荷载验算选定45号钢材质的钢棒型号及工字钢级别、型号。在距墩柱顶面以下约60～70cm部位预埋垂直于盖梁中轴线的PVC管，钢棒横穿于墩柱预埋孔洞内。45号钢材质的钢棒（钢棒直径通过荷载验算选定）长度不小于盖梁底模宽度+50cm（两侧各25cm），利用钢棒较强的刚度作为盖梁及模板的支撑反力。在钢棒两侧安装砂箱，砂箱高15～20cm，可有效调节混凝土块高度为8～10cm；砂箱一侧紧挨墩柱，砂箱宽度超过两侧工字钢宽度10cm；砂箱底部焊接半圆钢基座，通过抱箍、高强螺栓连接紧固于钢棒上，以确保砂箱的稳定。砂箱顶安置工字钢（工字钢级别、型号通过荷载验算选定），两侧工字钢通过直径16cm、间距100cm的对拉杆进行加固。利用钢棒及工字钢作盖梁模板体系支撑托架，在工字钢顶安装盖梁模板、安置钢筋、浇筑盖梁混凝土。

5　施工工艺流程及工艺要点

5.1　施工工艺流程

施工准备→搭设脚手架人行通道→钢棒孔洞预埋→钢棒安装→砂箱安装→工字钢安装→托架施工平台→盖梁施工→模板拆除→拆除工字钢、钢棒→拆除脚手架。

5.2　操作要点

5.2.1　脚手架人行通道

在盖梁一侧横向靠外侧搭设脚手架人行通道，脚手架立杆下应垫枕木并加设扫地杆，立杆设两排，纵距为1.5m，横距为1.2m，步高为1.8m。脚手架主节点处设置横向水平杆，用直角扣件扣接牢固；外侧立面两端各设置一组剪刀撑，并与立杆和伸出的横向水平杆连接。梯道踏板上下间距以30cm为宜，宽度50cm，底部铺设马道板，其上设防滑挡板，两侧搭设手扶栏杆。人行通道外侧采用密目式安全网全封闭。

5.2.2　钢棒孔洞预埋

孔洞埋设标高要计算准确，不能超出砂箱的最大调节范围。砂箱内调节混凝土块高度为8～10cm。钢棒孔洞预埋采用壁厚8mmPVC管（PVC管内径大于钢棒直径约1cm）在混凝土浇筑时计算相应预埋标高后埋入立柱内，并用2根ϕ25钢筋上下固定。因孔洞距离盖梁底部不足0.7m（工字钢加砂箱高度45～60cm），故可以不考虑PVC管的上浮问题，在施工中注意振动棒不要碰撞PVC管。

5.2.3　钢棒安装

墩柱拆模后，采用吊车将钢棒水平吊装至预埋管管口，人工在脚手架操作平台上将钢棒推入预埋孔。钢棒与预埋管之间的空隙采用铁锲块进行塞紧。

5.2.4　砂箱安装

如图2所示，砂箱底部焊接半圆钢基座，底部通过抱箍、高强螺栓与钢棒连接，将钢砂箱紧固于钢棒上以确保砂箱在钢棒上的稳定性。砂箱一侧紧挨墩柱，砂箱宽度超过工字钢宽度10cm。

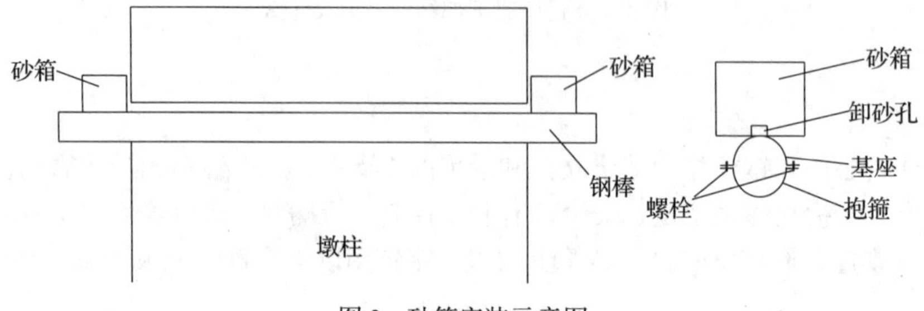

图2　砂箱安装示意图

5.2.5　工字钢安装

采用吊车配合将工字钢安置于砂箱顶作为盖梁底模承重梁，墩柱两侧工字钢通过直径16cm、间距100cm的对拉杆进行加固。

5.2.6　托架施工平台

如图3所示，在工字钢顶横向按等间距0.5m依次铺设I14a工字钢，横向工字钢上设纵向10cm×10cm方木，方木按照等距30cm依次铺设，方木顶铺设15mm厚胶合板作为盖梁底模，所有支架边缘超出盖梁边界0.5m作为施工工作平台，平台上满铺4cm厚马道板，并在四周设置1.2m高防护栏杆，外挂密目式安全网全封闭（图3）。

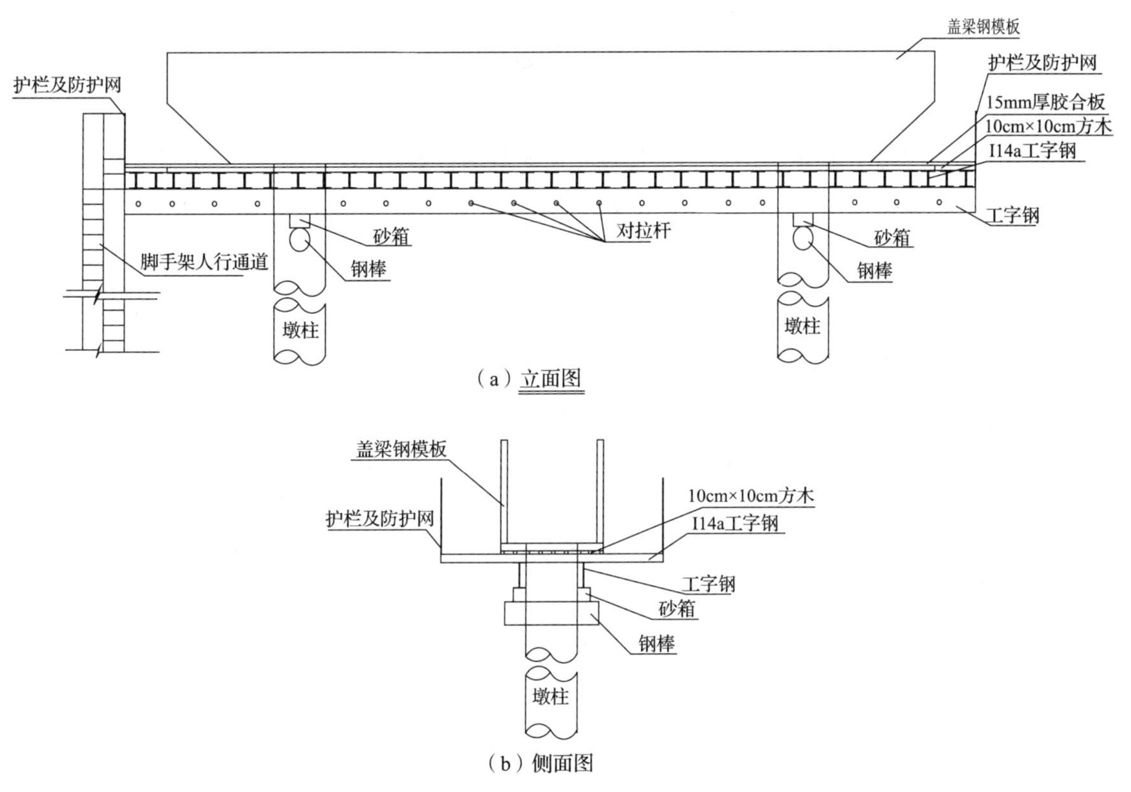

（a）立面图

（b）侧面图

图3　钢棒法托架施工平台示意图

5.2.7　盖梁施工

（1）在钢托架施工平面台顶安装盖梁模板，底模板采用胶合板，侧模板采用定型钢模。钢模板拼装后采用对拉螺栓连接固定，确保模板体系的整体稳定；模板拼缝使用玻璃胶涂密实，并在模板内刷脱模剂确保混凝土外观质量。

（2）盖梁钢筋根据型号、规格采取集中加工，现场采用吊车配合人工绑扎安装。钢筋安装时，应保证钢筋骨网在模板中的正确位置，不得倾斜、扭曲，也不得变更保护层规定厚度。

（3）盖梁混凝土由混凝土拌合站集中拌和，混凝土运输车运输，使用吊车吊灰斗入模，混凝土应分层浇筑，分层厚度不大于30cm，采用插入式振捣器振捣密实。

5.2.8　模板及工字钢、钢棒的拆除

底模拆模时先通过卸砂孔卸砂后降低砂箱高度，从而将工字钢高度降低，再按照后装先拆的原则对盖梁模板体系进行拆除，最后再拔出钢棒。

6　材料及设备

6.1　钢棒、工字钢选型

盖梁钢支撑托架，钢棒一般选择45号钢材的ϕ120mm以上的钢棒，工字钢一般选择I45号以上的热扎普通工字钢。根据《公路桥梁施工技术规范》(JTG/TF50)、《路桥施工计算手册》验算选定钢棒、工字钢的强度、剪应力及挠度。

6.1.1 钢棒强度验算

钢棒的受力如图 4 所示。

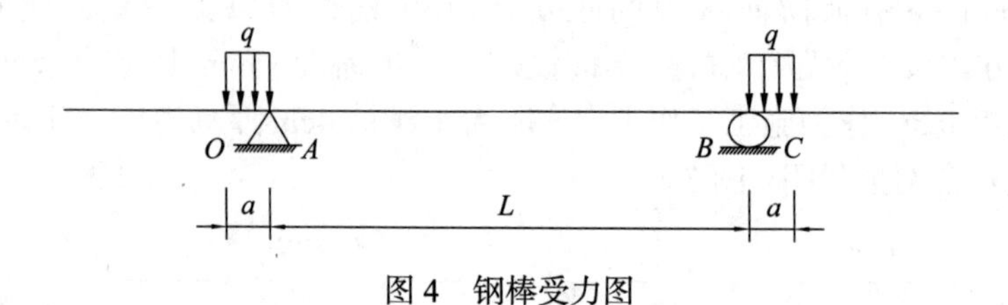

图 4 钢棒受力图

（1）钢棒抗弯强度验算

按外伸臂梁计算弯矩，根据《路桥施工计算手册》静力计算用表：

$$M_{\max} = \frac{qa^2}{2}$$

式中 $M_{\max}$——钢棒受力点最大弯矩，kN · m；

q——钢棒顶荷载，kN；

a——钢棒力距，一般其 0.15m。

查《路桥施工计算手册》表，钢棒截面抵抗矩$W = \frac{\pi r^3}{4}$；

$$\sigma_{\max} = \frac{M_{\max}}{W}$$

式中 $\sigma_{\max}$——钢棒弯曲应力，MPa；当 $\sigma_{\max} < [\sigma_{允许}]$ 时，钢棒抗弯强度满足要求。

（2）钢棒剪应力验算

$$\tau = \frac{4qa}{3\pi r^2}$$

式中 τ——钢棒剪应力，MPa；

q——钢棒顶荷载，kN；

a——钢棒力距，一般其 0.15m；

当 $\tau < [\tau_{允许}]$ 时，钢棒抗剪强度满足要求。

（3）钢棒挠度验算

$$f = \frac{qa^3L\left(2 + \frac{a}{L}\right)}{8EI}$$

式中 τ——钢棒挠度，mm；

q——钢棒顶荷载，kN；

a——钢棒力距，一般其 0.15m；

L——墩柱直径，m；

E——钢棒弹性模量，MPa；

I——钢棒截面惯性矩，mm^4。

$$[f_{允许}] = \frac{2a}{200}$$

式中 a——钢棒力距，一般其 0.15m；

当 $f < [f_{允许}]$ 时，钢棒挠度满足要求。

6.1.2 工字钢强度验算

工字钢的受力如图 5 所示

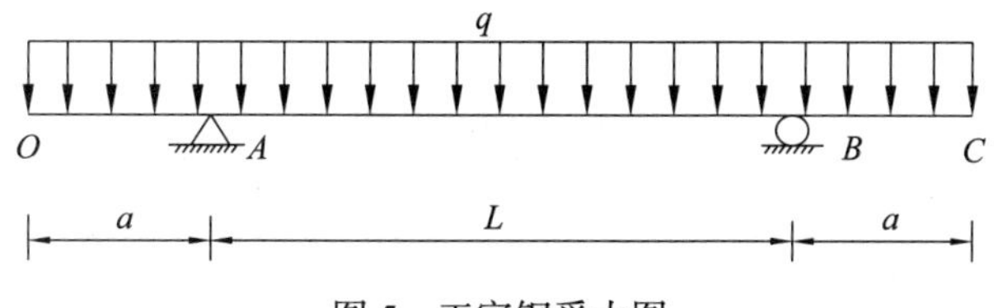

图 5　工字钢受力图

（1）工字钢强度验算

AB 段跨中为工字钢最大弯矩点，跨中最大弯矩点$x = a + \frac{L}{2}$

$$M_{\max} = qL\frac{x}{2} \times \left[\left(1 - \frac{a}{x}\right)\left(1 + \frac{2a}{L}\right) - \frac{x}{L}\right]$$

式中　$M_{\max}$——工字钢最不利点受力弯矩，kN · m；

q——工字钢顶荷载，kN；

a——钢棒外侧伸出工字钢长度，m；

L——两墩柱钢棒间工字钢长度，m。

$$\sigma_{\max} = \frac{M_{\max}}{W}$$

式中　$\sigma_{\max}$——工字钢最不利点弯曲应力，MPa；

W——工字钢截面抵抗矩，mm^3；(查《路桥施工计算手册》表)；

当 $\sigma_{\max} < [\sigma_{允许}]$ 时，工字钢抗弯强度满足要求。

（2）工字钢剪应力验算

$$\tau = \frac{QS_X}{I_X d}$$

式中，剪力 $Q = -qa + R_A$

反力$R_A = R_B = \frac{qL}{2} \times \left(1 + \frac{2a}{L}\right)$

式中　τ——工字钢剪应力，MPa；

q——工字钢顶荷载，kN；

a——钢棒外侧伸出工字钢长度，m；

L——两墩柱钢棒间工字钢长度，m；

S_x、I_x、d——对应工字钢参数；

当 $\tau < [\tau_{允许}]$ 时，工字钢抗剪强度满足要求。

（3）工字钢挠度验算

AB 段跨中为工字钢最大挠度点$x = a + \frac{L}{2}$

$$f = \frac{qL^4}{384EI} \times \left(5 - \frac{24a^2}{L^2}\right)$$

式中　f——工字钢挠度，mm；

q——工字钢顶荷载，kN；

a——钢棒外侧伸出工字钢长度，m；

L——两墩柱钢棒间工字钢长度，m；

E——工字钢性模量，MPa；

I——工字钢截面惯性矩，mm^4。

$$[f_{允许}] = \frac{L}{400}$$

式中　L——两墩柱钢棒间工字钢长度，m；

当 $f < [f_{允许}]$ 时，钢棒挠度满足要求。

6.2 主要材料（表 1）

表 1 主要材料表

序号	设备名称	设备型号	单位	数量	用途	备注
1	钢棒	根据荷载验算	根	2	钢托架支撑	45 号钢材
2	工字钢	根据荷载验算	根	2	钢托架支撑	
3	砂箱	25cm × 20cm × 20cm	个	4	调节钢托架高度	
4	工字钢	I14a	根	根据盖梁跨度计算	盖梁底模	
5	方木	10cm × 10cm	根	根据盖梁跨度计算	盖梁底模	
6	胶合板	厚 15mm	m^2	根据盖梁跨度计算	盖梁底模	
7	钢模板		套	1	盖梁施工	
8	钢管	ϕ48 × 3.5 × 6000	吨	15	外架钢棒	

6.3 主要机具设备（表 2）

表 2 主要机具设备表

序号	设备名称	设备型号	单位	数量	用途
1	吊车	4 节大臂	台	1	盖梁施工
2	钢筋架工设备		套	1	盖梁施工
3	振动棒		套	2	盖梁施工

其他小型机具设备无须特别说明。

7 质量控制

（1）工程质量控制标准执行《公路桥涵施工技术规范》（JTG/TF50），钢棒及支架模板的安装容许偏差按表 3 执行。

表 3 钢棒及支架模板的安装容许偏差

序号	项目	容许偏差（mm）	检查频率	检查方法
1	钢棒弯曲度	不大于长度的 0.25%	每根	钢卷尺、标板
2	工字钢弯曲度	不大于长度的 0.15%	每根	钢卷尺、标板
3	模板标高	± 10	每块模板	水准仪
4	内部尺寸	± 20	长、宽、高各 3 处	钢卷尺
5	轴线偏位	10	2	全站仪
6	模板表面平整度	5	3	2m 靠尺，塞尺检测
7	模板错台	2	3	尺量
8	预埋件位置	10	每个	尺量

（2）质量保证措施

①钢棒和工字钢应在有资质的供应商处采购，需提供合格证且钢棒需送检测单位检测。

②盖梁侧模板与底模用螺杆紧固连接，上口内撑外拉，相邻模板调整错台后同样用螺杆紧固。

③钢筋保护层采用高强砂浆垫块控制，混凝土浇筑前检查钢筋保护层厚度和墩柱预留钢筋位置。

④混凝土应从盖梁中间向两头对称分层浇筑，防止模板偏位。

8　安全措施

（1）现浇盖梁施工安全控制标准执行《公路工程施工安全技术规范》(JTG F90—2015）的有关规定。

（2）高空作业人员进行身体检查，不合格者不得参加。

（3）高处作业时，必须使用安全带和安全绳，安全带和安全绳要栓在牢固的物体上，严禁双层作业，确保安全。

（4）高空作业不得穿拖鞋和硬塑料底鞋。

（5）作业人员必须通过人行通道上下，不得攀登模板、脚手架、绳索上下，禁止使用起重吊车吊勾上下。

（6）模板及钢筋安装前，搭设好牢靠的脚手架、作业操作平台。

（7）模板安装时，分块安装牢固，内外均安装牢固支撑。

（8）起吊钢筋骨架时，做到稳起稳落，安装牢靠后脱钩。严格按吊装作业安全技术规程施工。

（9）使用振动棒的作业人员应穿胶鞋和戴绝缘手套，振捣设备应设有开关箱，并装有漏电保护器。

（10）拆除模板时做好防止人员坠落措施，安全带无法高挂低用时，需在盖梁顶部外露钢筋处设置安全绳绑扎点，作业人员安全带可以挂在安全绳上，高空作业施工时必须正确佩戴安全防护用品，安全带严禁直接挂在正拆除的模板上。

（11）严格按规定程序拆除模板，场内设立禁区标志，拆除模板先拴牢吊具挂钩，待吊车未吊住模板不得先松卸螺栓。松卸模板螺栓必须自上而下，预留两边部分螺栓，待作业人员避开模板摆动范围后方可拆除预留部分的螺栓。

（12）拆下的模板、材料、工具严禁直接向下抛扔。

（13）高空作业设置围栏，挂安全网，防止物体坠落伤及人员及财产。

（14）非施工人员不得进入施工现场。

（15）在工地醒目位置树立安全标示牌，注明安全注意事项，写明安全负责人。

（16）大风和雷雨天气应清理工作面，并暂停施工。

9　环保措施

（1）材料堆放场地进行硬化，材料进行分类堆放，设置堆料牌，码放整齐。

（2）保持便道畅通，并配备洒水车，防止粉尘飞扬。

（3）便道两边及工作面附近开挖临时排水沟，防止养护水乱溢及雨天便道泥泞。

（4）注意保护自然水流形态，做到不淤、不堵、不留施工隐患，不阻塞河道；

（5）加强机械设备的维修保养，保证机械设备的完好率。

（6）施工现场场界噪声，严格执行《建筑施工场界噪声限值》规定。

10　效益分析

高墩柱盖梁施工通常采用抱箍架设工字钢的方式进行施工，故效益分析主要通过和抱箍施工进行对比。

10.1　直接经济效益

高墩柱盖梁采用钢棒法施工比抱箍法施工更加节约材料、设备台班及人工费用成本。

10.2　间接经济效益

采用抱箍法施工时，难以保证上百次的螺栓安装全部到位，容易发生沉降和爆模等危害，并带来经济上的损失，而钢棒法施工则很好地消除了这种隐患。

10.3　工期效益

钢棒法施工比抱箍法施工操作简便，节约施工工期。

11　应用实例

（1）瓮安工业园区拓展区主干道二标段其中有 2 座连续预应力 T 梁桥，柱式墩柱中心间距为 7m，最高墩柱为 18.5m，共有柱式盖梁 40 道。

工期效益：

每道盖梁抱箍法施工时抱箍安装及拆卸时间为 7h，钢棒法施工时钢棒安装及拆卸时间为 2.5h，其每道盖梁节省时间为 4.5h。

瓮安工业园区拓展区主干道二标段共有柱式盖梁 40 道，累计节省时间 180h，按 1 个工日 8h 计算，则节省 22.5 个工日。墩柱盖梁采用钢棒悬挑施工后，没有发生质量安全问题，收到了较好的社会和工期效益。

（2）衡邵高速公路邵东连接线工程其中有 9 座连续预应力 T 梁桥，1 座装配式预应力空心板桥，桥梁墩柱中心间距为 7.25 ～ 7.3m，墩柱高度最高为 37.25m，共有盖梁 138 道（本工程 1.5m 直径墩柱居多，故以 1.5m 直径墩柱来进行施工对比。抱箍法施工和钢棒法施工只需对比每套即两个抱箍和钢棒安装及拆卸时产生的费用）。

经济效益：

①抱箍法施工成本

抱箍钢材成本：（0.6t × 6600 元 /t）÷ 30 = 132 元（按每套抱箍使用 30 次摊销）

吊车使用成本：4h × 270 元 /h = 1080 元（安装、拆卸）

人工费：2 人 × 5h × 20 元 /h · 人 = 200 元（安装、拆卸）

合计：1412 元

②钢棒法施工成本

钢棒钢材成本：（0.2t × 4500 元 /t）÷ 30 = 30 元（按每套钢棒使用 30 次摊销）

吊车使用成本：1.5h × 270 元 /h = 405 元（安装、拆卸）

人工费：2 人 × 1.5h × 20 元 /h · 人 = 60 元（安装、拆卸）

合计：495 元

每道盖梁节省费用：1412 – 495 = 917 元

衡邵高速公路邵东连接线工程共有柱式盖梁 138 道，累计节省费用 126546 元。

墩柱盖梁采用钢棒悬挑施工后，没有发生质量安全问题，盖梁外观、标高控制到位，收到了较好的社会和经济效益。

空腹楼板结构中悬挑脚手架型钢锚固施工工法

王　征　刘令良　胡小兵　尹汉民　姚　强

湖南省第四工程有限公司

摘　要：为解决高层建筑空心楼盖主体结构施工中采用分段搭设悬挑脚手架时存在的楼板混凝土易破损、安全隐患大等问题，可利用BIM技术对悬挑梁芯模和锚环进行预排布，对板面相邻楼板芯模进行移位或改用厂家配套生产的定型小尺寸芯模，纵向或横向设置暗肋梁，就近锚入空心楼盖结构框架梁内，肋梁高度同板厚，宽度根据设计。成套便拆锚环埋设于肋梁底部钢筋下，以增大锚环锚固的有效高度，使锚固力和梁底部局部承压能力能得到保证，无须另行采取大型支顶卸载和加固措施，可有效预防悬挑架倾覆，确保架体使用安全。本工法采用的成套锚固件全部在工厂定型化加工完成，无须现场二次加工，工艺简单、装拆方便、定位精准、周转利用率高、施工进度快。

关键词：空心楼盖；主体结构；芯模；锚环；成套锚固件

1　前言

现浇混凝土空心楼盖结构技术作为建筑部建筑节能推广应用技术，因其与一般楼板相比具有自重轻、地震作用小、结构整体性好，楼板隔声、隔热、保温性能好、房间净使用空间高等优点，越来越多地被应用于大空间、大柱网的多层或高层住宅和公共建筑中。但在高层建筑空心楼盖主体结构施工中，当采用分段搭设悬挑脚手架时，悬挑架型钢的锚固件难免会布置在原设计空腹结构处，按常规施工楼板混凝土易破损且安全隐患大，需另外采取大型加固措施，对该复杂工况下的悬挑梁锚固需要采用一种经济安全可靠的技术来得以保证。另外常规的型钢锚固件不可拆卸重复利用，或拆卸困难，并会对混凝土楼板底造成破坏，影响混凝土外观质量。我公司通过在南县人民医院异址新建项目、华夏实验学校等工程中的实践应用，总结了空腹楼板结构中悬挑脚手架型钢锚固技术，有效保证了空腹楼板结构悬挑架施工安全以及混凝土楼板成型质量，工具式定型化无黏结便拆锚环的设置还便于多次周转使用，达到了绿色环保的效果。

2　工法特点

2.1　暗肋加设施工材料常规，施工工艺简单，施工成本低

在空心楼盖板面增设暗肋梁的做法只需将肋梁相邻板块芯模在BIM技术辅助下进行调整移位排布或局部调整规格，材料常规，施工工艺非常简单，只需要增加少量肋梁的钢筋和部分混凝土，施工成本低。

2.2　悬挑架体性能可靠，安全隐患少

在空腹楼板结构中设置悬挑脚手架时，板面的型钢锚固件位置增设暗肋后，悬挑梁锚环固定在该暗梁上，一般空心楼盖厚度均在300mm以上，成套便拆锚环设置在肋梁底部钢筋下，锚环锚固的有效高度大，受力合理，锚固力和梁底部局部承压能力能得到保证，无须再在上下楼层对悬挑梁进行逐层加固和支顶卸载，既可防止楼面结构开裂，又能保证悬挑脚手架施工和使用安全，消除了施工中的重大安全隐患。

2.3　锚固件定型化配置，工厂化生产，施工进度快，文明施工程度高

成套锚固件全部在工厂定型化加工完成，一次成型，尺寸标准，牢固耐用，无须现场二次加工，只需要运至现场直接预埋，因减少了现场加工环节，现场不产生废弃物，提高了现场文明施工程度，也加快了施工进度。

2.4　锚固件装拆方便，定位精准，周转利用率高，经济环保

型钢锚固件采用工具式无黏结预埋，无损便拆体系，安装、拆除方便快捷，解决了按常规方法埋设时，易因锚环预埋高度偏差大造成安置型钢困难的问题，混凝土浇筑结束后可直接将型钢安置于锚环内侧，减少了常规施工穿型钢的困难，工效提高。锚环安装时只需要用铁钉将底座固定于模板上即可精准快速定位，轻敲锚环顶部即可轻松拆卸，拆除后混凝土楼板底部光滑平整美观，无须大面积修补，减少了楼板修补费用，且拆除后的成套锚固件适当保养后即可多次周转使用，经济环保。

3　适用范围

适用于多层或高层建筑钢筋混凝土空腹楼板结构工程中，外脚手架采用悬挑脚手架，且型钢支承锚固点设置在原设计板面芯模部位的悬挑梁型钢锚固。

4　工艺原理

（1）在空腹楼板结构中，由于芯模采用轻质薄壁材料，自重轻，抗负弯矩的抵抗力差，芯模上部一般只有 50 ～ 60mm 厚的实心混凝土板，主体结构采用悬挑脚手架施工时，按常规在其空腹板面结构处直接埋设型钢锚环无法满足规范要求。通过统计项目技术参数，对该复杂工况下的悬挑梁锚环设置进行结构核算及选型对比后，在锚环埋设的位置将原设计芯模取出，利用 BIM 技术对芯模和锚环进行预排布，对板面相邻楼板芯模进行移位或改用厂家配套生产的定型小尺寸芯模，纵向或横向设置暗肋梁，就近锚入空心楼盖结构框架梁内，肋梁高度同板厚，宽度根据设计。成套便拆锚环埋设于肋梁底部钢筋下，以增大锚环锚固的有效高度，使锚固力和梁底部局部承压能力能得到保证，无须另行采取大型支顶卸载和加固措施，可有效预防悬挑架倾覆，确保架体使用安全。暗肋梁设置如图 1 ～图 3 所示（当空心楼盖芯模采用正方形钢网箱等时纵横双向肋梁布置一致，无顺管方向与横管方向布置之分）。

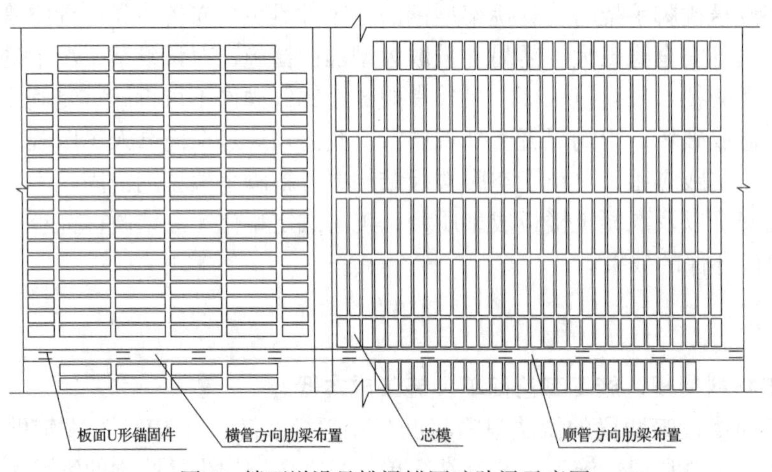

图 1　楼面增设悬挑梁锚固暗肋梁示意图

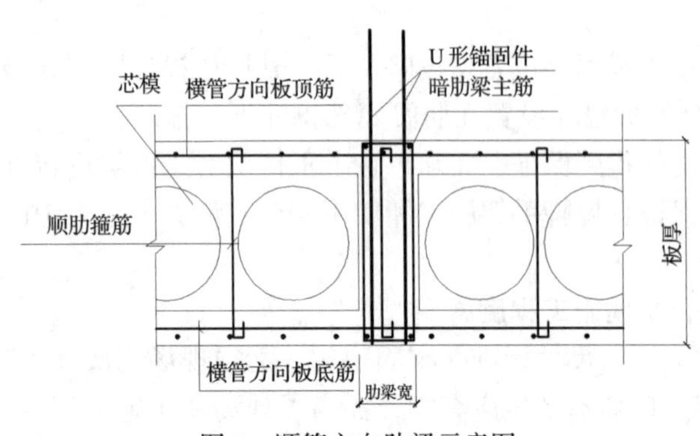

图 2　顺管方向肋梁示意图

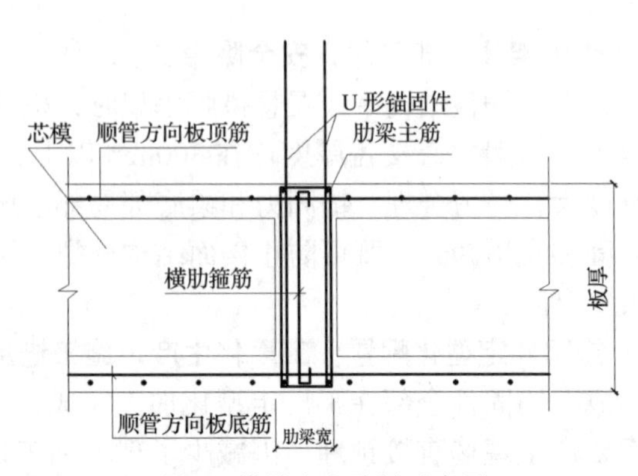

图 3　横管方向肋梁示意图

（2）型钢锚固件采用工具式、定型化无黏结损便拆成套体系，工厂化生产，一次成型，尺寸标准，无须现场二次加工，U 形锚环两侧竖向采用 PVC 套管，底部套有定型快速定位便拆塑料底座，与锚环紧密锲合，在四角预留螺丝孔处用铁钉即可轻松固定安装于空心楼盖底模上，使锚固件既能快捷精确定位，又能有效隔离锚环与混凝土，拆除时只需要轻轻敲打锚环顶部即可将锚环和底座轻松脱卸，不会对空心楼盖底部混凝土造成破坏，保证楼板混凝土外观质量，拆除后适当保养可多次重复周转使用。

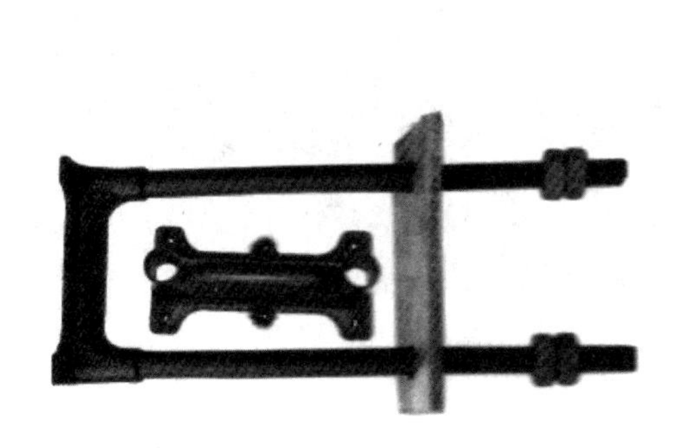

图 4　定型化无黏结便拆成套锚环

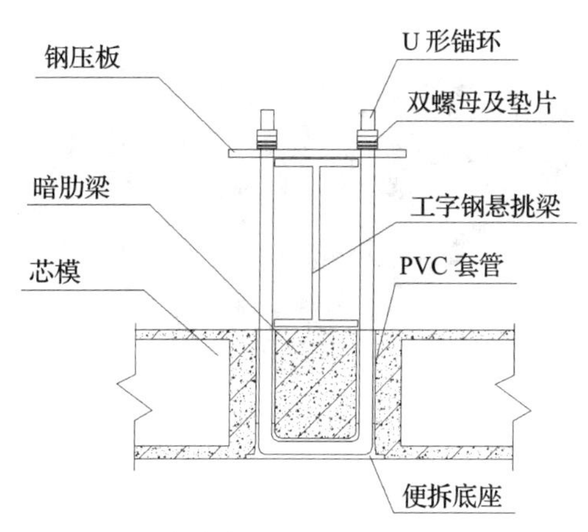

图 5　无损便拆型钢锚固件安装示意图

5　施工工艺流程及操作要点

5.1　工艺流程

方案编制→支模架及模板安装→芯模、暗肋等定位、放线→空心楼板芯模安装、楼面及肋梁钢筋绑扎→悬挑梁型钢锚固件预埋→浇灌楼板及肋梁混凝土→安装悬挑架型钢→搭设悬挑外脚手架→脚手架、锚固件拆除及回收保养。

5.2　操作要点

5.2.1　方案编制

模板施工前应编制专项施工方案。悬挑外架搭设前必须编制包括悬挑梁平面定位图、悬挑梁侧面示意图、悬挑梁及锚固件受力验算等内容的专项施工方案，经公司技术负责人审批通过后实施。对移位或更改尺寸后的芯模布置图及肋梁设置图需经过设计单位核算并批准，对超过一定规模的悬挑脚手架和模板支架方案还需进行专家论证通过后实施。

5.2.2　支模架及模板安装

根据项目具体情况对模板及支架进行设计计算后，确定模板及支架的各项参数，然后按方案进行架体搭设、龙骨铺设，模板拼缝和平整度要达到要求，因一般空心楼盖跨度较大，模板应双向起拱 1‰～ 3‰。

5.2.3　芯模、暗肋等定位、放线

模板安装完成并经验收合格后，即可进行芯模、悬挑梁锚环、水电预埋等进行定位放线。对布置在原设计空心芯模板面处的悬挑梁锚固件，为使悬挑梁型钢得到有效锚固，保证施工安全，需将此处的芯模取出，将相邻芯模排布进行调整，并在横向或纵向增设暗肋梁。先运用 BIM 技术进行深化设计，对芯模和锚固件进行预排布，提前发现洞口处、异形梁处芯模排布问题，提前做好不同尺寸芯模调配，保证芯模安装一次成优，并运用三维 BIM 模型向班组做详细交底（图 6、图 7）。

5.2.4　空心楼板芯模安装、楼面及肋梁钢筋绑扎

先根据图纸绑扎梁和底板钢筋，敷设水电管线及其他预埋设施，底板钢筋绑扎完成后放置垫块，确保钢筋保护层厚度。再根据放线位置放置芯模，在模板上钻孔，用 14 号铁丝绕过钢筋交叉点穿过模板，将底部钢筋与模板龙骨、排架牢固绑扎，绑扎点间距控制在 600 ～ 800mm 间，并在四周及转

角处进行加密，防止在浇筑混凝土时芯模带动板底钢筋整体上浮。芯模的上浮控制由抗浮铁丝来完成，既能保证芯模纵横间距的正确与控制芯模上浮。芯模两侧的凹槽处（离芯模边距 150mm 左右）各设置横向的抗浮点绑扎钢筋，钢筋通长且同面筋大小，在其位置用 12 号铁丝穿过底筋与抗浮点钢筋绑紧即可，芯模每侧各 2 个抗浮点。芯模肋间每隔 1m 设置防侧移撑筋。然后绑扎板面和暗肋钢筋，并注意留设好后浇带及预留洞口位置。

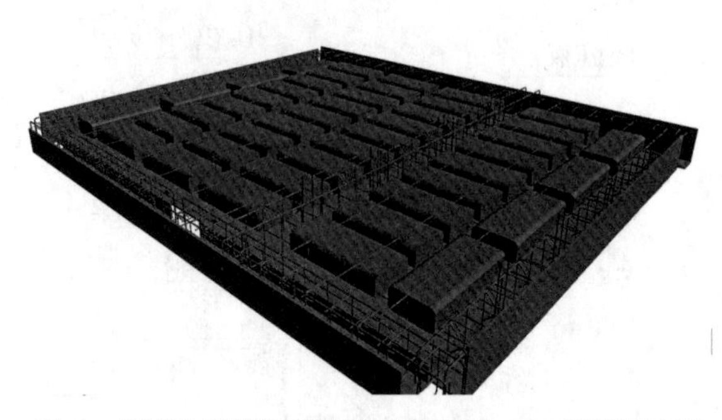

图 6　芯模及悬挑梁型钢锚固件布置 BIM 排版示意图

图 7　芯模及悬挑梁型钢锚固件定位现场施工图

5.2.5　悬挑梁型钢锚固件预埋

（1）锚固件加工

先根据悬挑架施工方案中对锚固件圆钢的直径大小及长度尺寸等的选型情况，制定成套锚固件外委加工计划，由专业的生产厂家先采用圆钢加工成定尺套丝螺杆，套丝长度≥ 150mm，并对丝扣进行涂油，及时用电工胶带封闭或胶带纸封闭缠绕保护，丝扣保护好的螺杆冷弯加工成“U”形环，“U”形环底部制作塑料稳固底座，并按数量配好定尺钢板、垫片、螺母、塑料稳固底座。

（2）锚固件定位安装

在楼板底模搭设完成后，根据型钢及锚环布置图对在模板上对锚环位置进行定位放线，再将锚环穿进塑料底座后按照平面布置图位置采用铁钉固定在模板上，然后将锚环两侧螺杆抹上黄油套上 PVC 保护套，套管的长度应该高于板的厚度但低于螺杆丝牙位置，并确保螺杆的上口及丝牙位置用胶布保护完好（图 9）。

图 8　芯模安装及肋梁设置图

5.2.6　浇灌楼板及肋梁混凝土

（1）楼面混凝土配合比应根据设计要求确定，石子粒径级配要合理，粗骨料的最大粒径不宜超过空心板肋宽和板底厚度的 1/2，且不得超过 25mm。在浇筑混凝土之前，除对钢筋、预留预埋质量检查验收外，应对芯模的安放顺直度及抗浮措施进行检查验收，对模板表面上的垃圾进行冲洗，符合规定要求后，才可浇筑混凝土。

（2）浇筑混凝土应架空铺设浇筑道，禁止将施工机具直接压在芯模上。

（3）混凝土浇筑宜采用泵送，分两步进行、一次浇筑成型，混凝土坍落度宜控制在 160 ～ 180mm 范围内；第一步将芯模湿水后用 2 ～ 3 台专用振动棒振动浇筑混凝土至芯模的 1/2 处，通过振动先让一部分混凝土渗入芯模弧底，密实底面使抗裂板筋与芯模底部混凝土有机结合，形成光滑的底面；第二步再满灌成型，浇筑推进循序渐进地进行，混凝土卸料应均匀，防止堆积过高而损坏芯模，振捣混凝土时应采用小直径振动棒或高频振动片，利用振动的作用范围，使混凝土挤进芯模底部，保证底部混凝土渗入和芯模底部的密实（图 10）。

（4）振捣过程中严禁碰撞芯模，防止芯模因混凝土振捣产生损环、位移。

（5）混凝土浇筑时除规范要求留置标养、同条件、拆模试块外，还需多留置一组同条件养护试块，以便确定脚手架型钢上荷载时间；混凝土浇筑过程安排专人看护锚环的定位，防止套管被破坏。

图 9　快速定位便拆塑料底座安装示意图

图 10　空腹楼板混凝土浇筑及锚环预埋图

5.2.7　安装悬挑架型钢

（1）悬挑外架型钢安装时必须在楼面混凝土能够完全承受架体及架体上作业的荷载时方可进行。先把锚环螺杆丝牙上端的胶布撕除，然后直接将型钢安置于锚环中间，并确保 1.25 倍的锚固长度，压上钢板和垫片，先用单螺帽简单固定，定位准确后固定牢固，加上第二个螺帽，拧紧（螺栓拧紧扭力矩达到 65N·m 时，不得发生破坏）；拧紧后“U”形锚固螺栓与型钢侧向间隙用钢楔或硬木楔楔紧（图 11）。

（2）特殊部位悬挑梁布置：

①悬挑结构部位：悬挑梁支承点应设置在结构梁或增设的暗肋梁上，不得设置在外伸阳台上或悬挑板上，否则应采取加固措施；

②建筑结构阳角转角处部位：悬挑梁宜扇形布置，由于在阳角处悬挑梁交会，无法保证伸入端长度，应适当调整悬挑梁的位置，在交会处采用在两侧悬挑梁与阳角处悬挑梁上下各用 200mm × 200mm × 10mm 钢板焊接，所有接触点必须满焊，由于转角处应力较大，框架柱内悬挑梁与混凝土柱必须一起现浇；锚固件设置在空心楼盖板面时，将此处芯模取出浇成实心混凝土。

③楼梯部位：可采取阳台处的悬挑梁的上拉钢丝绳方法，或采用内置横压梁方法，横压梁搁置在楼梯间的两侧框架梁上，根据标高计算，预先安置在框架梁（墙）内固定，悬挑梁由压梁压住。

5.2.8　搭设悬挑外脚手架

悬挑外脚手架应根据专项施工方案及规范要求，分别进行立杆、小横杆、大横杆、剪刀撑、脚手板的搭设，并按要求留设连墙件。脚手架每段搭设完毕，应进行验收后方可交用。

5.2.9　脚手架及锚固件拆除及回收保养

架体拆除，需严格遵守拆除顺序，由上而下进行，连墙件必须随脚手架逐层拆除，严禁先将连墙件整层或数层拆除后再拆脚手架；分段拆除高差不应大于 2 步，如高差大于 2 步，应增设连墙件加固。在悬挑外脚手架拆除之后，即可进行型钢锚固件的拆除。在进行锚固件拆除时，应在下层楼面搭设移动平台，上、下层作业人员密切配合。先由上层作业人员拧开锚环螺母（松开扣紧普通螺母，使其与扣紧螺母之间产生一定间隙，才能松开扣紧螺母，以免刮伤螺栓螺母），松开螺母后（不要拿掉）移除型钢，用木方或橡皮榔头等软性工具直接垂直敲击螺杆顶部，使埋件下端脱离楼面板底（图 12），下一层作业人员配合接住锚环并及时收集归堆，严禁直接拆除螺栓和加固件，敲击埋件使埋件直接掉落到下层楼面。卸掉后的成套锚环应及时回收至仓库集中堆放，并及时上油做好保养工作，以方便周转使用。锚环拆除后的螺杆眼在凿除 PVC 套管后，先刷一道界面剂，再采用水泥砂浆将板底补平整，然后用调制好的水泥砂浆用将孔洞灌平楼面。

图 11　悬挑架型钢安装现场施工图

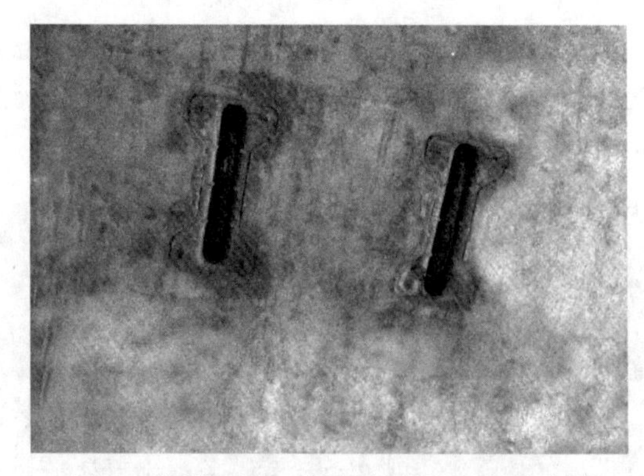

图 12　拆模后空心楼板底混凝土成型质量

6　材料与设备

6.1　楼面结构施工及加设暗肋梁的材料

设计要求的各种不同型号、规格的钢筋、芯模、混凝土，根据工程施工组织设计及悬挑脚手架施工方案要求的模板、木方等。

6.2　悬挑架型钢及锚固件用材料（表 1）

表 1　悬挑架型钢及锚固件用材料

序号	名称	规格	材料要求	备注
1	锚环	ϕ16 以上	符合现行国家标准《钢筋混凝土用钢第 1 部分：热轧光圆钢筋》(GB1499.1）中 HPB300 级钢筋的规定	具体尺寸以悬挑脚手架设计计算书为准
2	钢压板	100mm × 10mm（宽 × 厚）以上	Q235 级，钢板开洞位置至钢板外边不小于 45mm，钢板的孔采用机械冲孔或水刀钻孔，严禁采用电焊点孔	
3	塑料底座	166 × 71 × 48（mm）		厂家定做
4	螺帽	M16 以上	螺帽及垫片需符合 GB/T 41—2000 标准	与锚环配套
5	型钢	160mm 以上工字钢	符合国家标准《碳素结构钢》(GB/T 700）或《低合金高强度结构钢》(GB/T 1591）的规定	以计算书为准
6	PVC 套管	ϕ18 以上	普通 PVC 电工套管或 PPR 套管	与锚环配套

外委加工的锚固件及配套材料均需按要求进行严格的进场质量验收。

6.3　主要设备（表 2）

表 2　主要机具设备配备表

序号	名称	型号	备注
1	钢筋弯曲机	WJ-40-1	
2	钢筋切断机	JQ-40	
3	木工加工设备	MJ104	
4	套丝机	GTS—40	
5	切断机	GJ40-2/6-4	
6	扳手锤	8PK-H010	
7	力矩扳手	MS-BLJ150	
8	振动棒	ϕ30	
9	平板振动器		
10	塔吊		根据方案选型
11	电焊机		根据方案选型
12	混凝土输送泵		根据方案选型

7 质量控制

（1）必须遵照执行下表中的标准、规范（表3）

表3 执行标准、规范表

序号	标准、规范名称	编号
1	《建筑施工扣件式钢管脚手架安全技术规范》	JGJ 130—2011
2	《建筑机械使用安全技术规程》	JGJ 33—2001
3	《建筑工程施工质量验收统一标准》	GB 50300—2001
4	《建筑施工安全检查标准》	JGJ 59—2011
5	《混凝土结构工程施工质量验收规范》	GB 5024—2002
6	《混凝土结构工程施工规范》	GB 5066—2011
7	《现浇混凝土空心楼盖结构技术规程》	CECS 175—2004

（2）施工前应提前制订施工方案，确保肋梁、悬挑梁型钢及锚环位置准确，并及时对操作班组交底。

（3）加强材料进场把关，所选材料必须是国标产品，质量保证资料齐全。

（4）芯模的吊装应采用专用的吊篮运至作业地点，严禁甩扔，安装芯模时应注意轻拿轻放，箱体破损必须更换或进行处理方可入模。

（5）混凝土泵管应尽量放在梁位置，并且下部要垫起来，禁止将施工机具或混凝土泵管直接压在芯模上，造成芯模破坏。

（6）混凝土应分层浇筑，确保芯模下部混凝土密实，振捣时应避免碰到抗浮铁丝，防止铁丝移位或松动，引起芯模位移或上浮，并应避免碰到预埋锚环，造成偏位无法正常安装型钢和钢压板。

8 安全措施

（1）施工前应编制专项施工方案，严格按审批后的方案进行施工。

（2）施工前应对操作人员进行安全技术交底；特殊工种必须持证上岗，型钢吊运派专人指挥。

（3）施工中对使用的材料必须进行严格筛选，钢管锈蚀变形严重、压扁或有裂纹的严禁使用。禁止使用有脆裂、变形、滑丝等现象的扣件。

（4）型钢设置时需垂直运输机械配合，指定时间，专人指挥协调。

（5）焊接钢筋时戴好防护手套，做好眼部防护措施，避免职业病的发生。

（6）脚手架搭拆期间，地面应设置围栏和警戒标志，严禁非操作人员入内。架体拆除作业应设专人指挥，当有多人同时操作时，应明确分工、统一行动，且应具有足够的操作面。

（7）做好四口五临边的防护，安全防护设施必须符合要求。

（8）锚环拆卸时，下一楼层严禁施工，并派专人旁站，避免锚环掉落伤人。

9 环保措施

（1）钢筋下料应准确，避免过多断头料的产生造成浪费。

（2）施工垃圾应使用封闭的垃圾道或采用容器吊运，严禁随意抛撒，现场废渣废料应及时清运出场。

（3）锚环拆除做好成套锚环的保养和集中保管，顶棚螺杆眼及时凿出PVC套管进行废料回收。

（4）撕除后的螺杆保护胶布应及时用垃圾袋收集清理，避免污染现场。

（5）混凝土运送车辆及材料运输车辆进出现场应冲洗，严禁带泥上路。

10 效益分析

10.1 社会效益

（1）在空腹楼板结构中悬挑架型钢锚环埋设通过增设暗梁，加大了锚环锚固的有效高度，受力合理，锚固力和梁底部局部承压能力能得到保证，既可防止楼面结构开裂，减少了质量隐患，悬挑架体安全性能稳定，消除了施工中的重大安全隐患，对整个工程的结构安全、功能使用、社会经济效益起关键作用。

（2）成套锚环全部在工厂定型化加工完成，一次成型，无须现场二次加工，只需要运至现场直接预埋，减少了现场制作加工的污染和损耗，废渣废料大大减少，现场文明施工程度高，绿色环保，也杜绝了焊接等明火作业，减少了安全隐患。

（3）无黏结无损便拆锚环施工工艺简单，只需要用小型工具即可完成型钢及锚环的预埋及拆除，劳动强度低。

10.2　经济效益

（1）空腹楼板悬挑架通过增设暗肋梁预埋锚环，只需要对邻近板块芯模进行移位排布，增加少量钢筋和混凝土，即可确保悬挑架安全稳定，无须再在上下楼层对悬挑梁进行逐层加固和支顶卸载，成本最优。

（2）无黏结预埋无损便拆锚环工厂化一次成型，无须现场焊接定位钢筋，通过铁钉固定塑料底座即可快速精准定位，且后期型钢埋设固定方便快捷，只需要进行简单的拧紧、旋松操作，施工环节减少，较常规需要穿型钢及割除锚环的方法提高工效 60%，大大加快了施工进度，工程间接成本降低，经济效益显著。

（3）成套锚环可实现无损便拆，拆除后锚环可利用率高，可多次周转使用，大大节约了材料，降低了施工成本。

（4）无黏结锚环塑料底座的设置使锚环实现了无损拆除，拆除后空心楼盖底部混凝土光滑平整美观，外观质量好，不会对混凝土板造成大的破坏，后期修补量减少，节省成本。

（5）现场芯模和锚环排布通过 BIM 技术进行深化设计和预排布，有利于提供芯模、锚固件的生产配料计划及合理调配，使芯模等施工能一次成优，减少了材料浪费和返工，降低了施工成本。

11　应用实例

本工法已成功运用在南县人民医院异址新建工程、长沙华夏实验学校改扩建一期工程等项目中。

（1）南县人民医院异址新建项目，位于益阳市南县南洲镇，主要由 4 层的门急诊医技综合楼和 15 层的住院康复楼等 9 个单位工程组成，最大建筑高度 61.1m，总建筑面积 13.8 万 m^2，开工日期为 2017 年 4 月。其中人字形住院康复楼 2 ～ 15 层采用 TS 横向增强筒芯内模现浇混凝土空心楼盖，主体施工采用悬挑式外脚手架，分三段搭设，3 ～ 7 层为第一段，7 ～ 12 层为第二段，12 ～ 15 层为第三段，总悬挑约 52.25m 的高度。本工程应用空腹楼板结构中悬挑脚手架型钢锚固技术，施工质量和安全得到可靠保证，较常规施工工艺缩短施工工期 8d 左右，减少材料及人工费用 43000 元，经济效益明显。本工程组织了多次现场观摩活动，并获得了 2018 年度“湖南省工程质量常见问题专项治理省级示范观摩工程”。

（1）长沙华夏实验学校改扩建一期工程位于长沙市（星沙）经济开发区漓湘东路 8 号，总建筑面积约 100075.91m^2，工程开工日期为 2016 年 10 月，竣工日期为 2017 年 12 月。其中综合楼（15 栋）和倒班楼（23 栋）均为高层建筑，楼面采用现浇混凝土钢网箱空心楼盖，主体施工时从二楼以上分三段搭设悬挑脚手架，悬挑架搭设总高度为 51.3m。采用 18 号工字钢，悬挑架在空心楼盖中固定型钢设置了肋梁，锚环采用无黏结便拆锚环施工，空心楼盖混凝土外观质量良好，施工过程中无任何安全事故发生，取得了建设、监理单位的一致好评。较常规施工工艺缩短施工工期 7d 左右，减少材料及人工费用 46000 元，经济效益明显。

成品支架施工工法

刘　毅　刘齐清　刘　冰　胡　瑛

湖南天禹设备安装有限公司

摘　要：为适应新形势下绿色施工、节能减排、可持续发展的要求，装配式成品支架逐渐成为传统支架的替代品。可运用BIM技术对管网图进行深化设计，根据施工规范与标准图集确定各机电管线支架的间距，绘制支架模型，布置支架平面，再结合建筑结构图纸，在各专业图上确认成品支架位置和编号，最后根据支架平面布置图与大样图下料、组配、安装。

关键词：BIM；装配式成品支架；管网图；平面布置图

1　前言

随着城市化进程步伐的加快，建筑行业蓬勃发展，环境污染、资源浪费、施工安全等问题已经迫在眉睫，为适应新形势下绿色施工、节能减排、可持续发展的要求，装配式成品支架由此应运而生，成为传统支架的替代品。成品支架具有单件轻、拼装快、无须焊接等优点。在建筑机电安装工程施工中，大多数支吊架都是用传统角铁、槽钢制作而成，而成品支架比传统支架极大地简化施工安装过程，缩短施工工期，优化施工安装效果。成品支架克服了传统角钢支架的容易腐蚀、变形、未焊透及出现气孔夹渣等缺陷，表现出其优越的性能。目前装配式成品支架已在长沙卷烟厂制丝一线更新改造工程、长沙浦发银行办公大楼机电安装工程、株洲新桂广场办公楼工程得到了实践应用，取得了极大的经济效益，展现出广阔的市场前景。

2　工法特点

（1）运用BIM技术对管线综合图进行深化设计，从而绘制出支架平面布置图与大样图，确定其材料工程量，避免了加工过程中原材料的浪费。

（2）成品支架采用工厂化预制，不受施工现场条件影响。依据工程量清单先行制造，等到现场条件具备时，再运至现场进行组配安装，大大缩短工期，有效避免了材料损耗，节省了仓储保管费用。

（3）成品支架在施工时，通过各种部件连接将支架组装完成，无须焊工与油漆工作业，工序简化，降低人力成本。

（4）传统支架制造工序较多，而且伴有光污染等，严重的将造成火灾和触电事故。而成品支架是工厂化预制，到货后现场按图下料组装，提高了生产效率，同时也降低了安全事故发生的概率。

（5）整齐美观、安装效率高，在室内环境下使用寿命可达30年以上，维护成本较低。

3　适用范围

成品支架适用于民用建筑与一般工业建筑中的给排水工程、电气工程、暖通工程、太阳能光伏系统、地铁支架系统以及城市地下综合管廊等场所。

4　工艺原理

运用BIM技术对管网图进行深化设计，根据施工规范与标准图集确定各机电管线支架的间距，绘制支架模型，进行支架平面布置，再结合建筑结构图纸，在各专业图上确认成品支架位置和编号，最后根据支架平面布置图与大样图下料、组配、安装。

5　施工工艺流程及操作要点

5.1　施工工艺流程

施工准备→成品支架设计→定位放线→成品支架组装→成品支架安装→过载试验→检查与校正。

5.2　操作要点

5.2.1　施工准备

施工前应具备下列设计施工文件

（1）综合管线深化图及其他技术文件；

（2）成品支架安装指导手册；

（3）施工方案，包括加工与组装工艺要求、成品支架安装方法。

5.2.2　成品支架设计

（1）参照国家相关规范、标准图集、管道的标高位置和承受的荷载，进行支架的选型及确定支架的安装间距，运用 BIM 技术绘制出支架的平面布置图及支架的大样图，包括支架的长度，钢材的型号，组装样式，如图 1、图 2 所示。

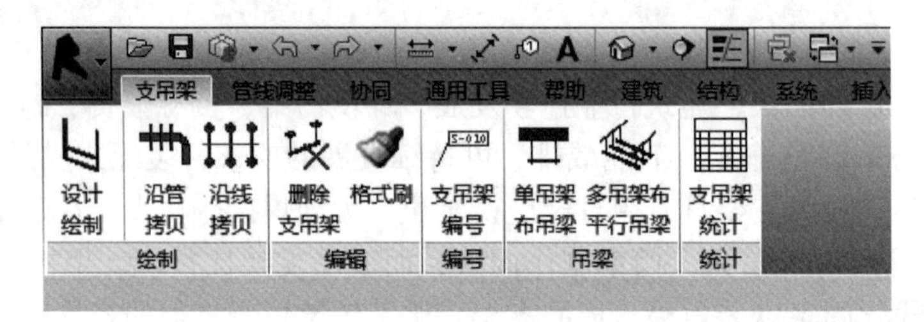

图 1　Revit 鸿业插件绘制支架模型

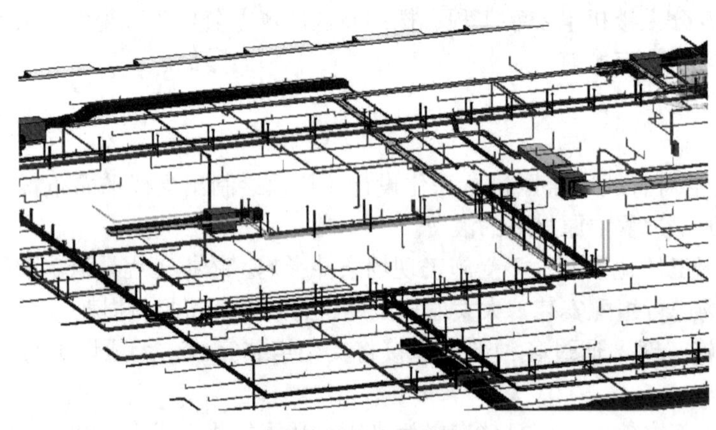

图 2　成品支架联合部分平面布置

（2）成品支吊架设计大样图，如图 3 ～图 5。

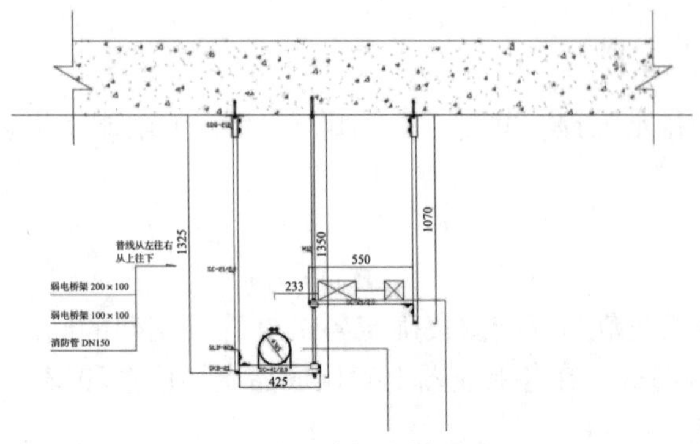

图 3　成品支架大样图（一）

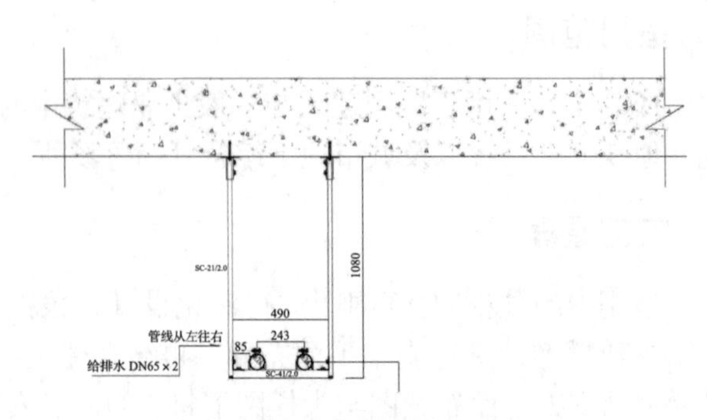

图 4　成品支架大样图（二）

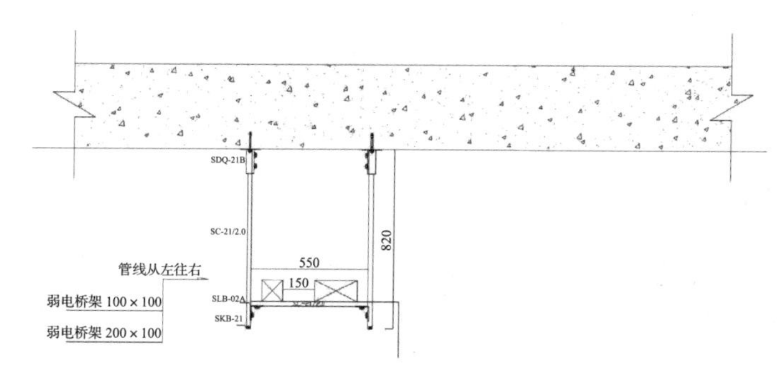

图 5　成品支架大样图（三）

5.2.3　定位放线

（1）根据支架平面布置图确定出支架安装位置，支架放线时应以管底标高放线。

（2）根据管道标高确定放线标高，从起点至终点及中间转弯位置确定几点，再将丝线固定在几个测量点之间，拉直后根据支架的间距与管径画出支架安装的位置。

5.2.4　成品支架组装

（1）型材切割

根据支架大样图尺寸及平面布置图确定的支架数量进行下料，下料前应检查电气设备接地是否良好，漏电保护装置是否可靠，安全防护装置是否到位；切割时应及时取料，以防砂轮片转动带动材料，飞出伤人；切割完毕后，其截断面喷锌防腐处理。

（2）成品支架材料配件组成

支架由下列部分组成：① C 型钢横梁；② C 型钢立柱；③ C 型钢连接件；④ C 型钢底座；⑤膨胀螺栓；⑥螺栓；⑦方块螺母；⑧端盖；⑨ P 形管夹；如图 6 及图 7 所示。

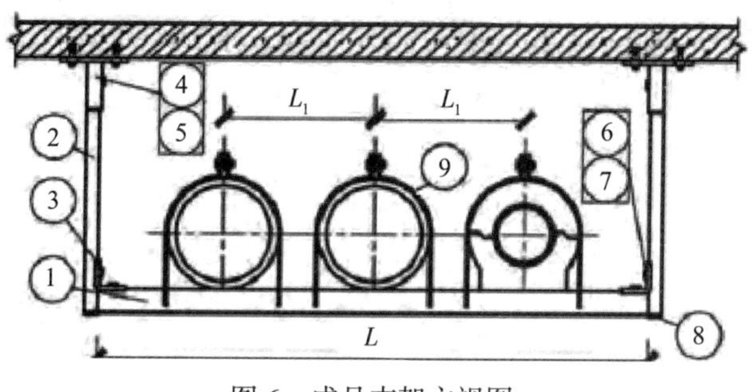

图 6　成品支架主视图

图 7　成品支架装配示意图

（3）成品支架组装方法

①支架预装连接顺序原则：立柱→横梁→立柱→底座→配件、各类系统固定件。

②成品支架组装过程：

a. 先将方块螺母插入塑料扣件中，对称放正、齿槽向上［图 8（a）］。

b. 将组合好的方块螺母放入 C 型钢槽内，稍用力向下按，旋转 90° 至方块螺母与 C 型钢槽成 90° ［图 8（b）］。

c. 依次放入所配连接件、承重垫片，对准螺母拧入螺栓，松紧以方便移动调节为宜，完成立柱与横梁的连接［图 8（c）］。

d. 将凸缘锁扣保证锁扣与螺母水平一致，凸缘槽锁对准底座准花孔放入［图 8（d）］。

e. 用扳手延顺时针方向转动螺栓，直到拧紧。当听到“咔嚓”声响表示扭矩达到设定值，即完成底座与立柱的连接［图 8（e）］。

f. 将已装入连接件移动到理想所需位置，预压［图 8（f）］。

g. 成品支架组装实物图，如图 8（g）所示。

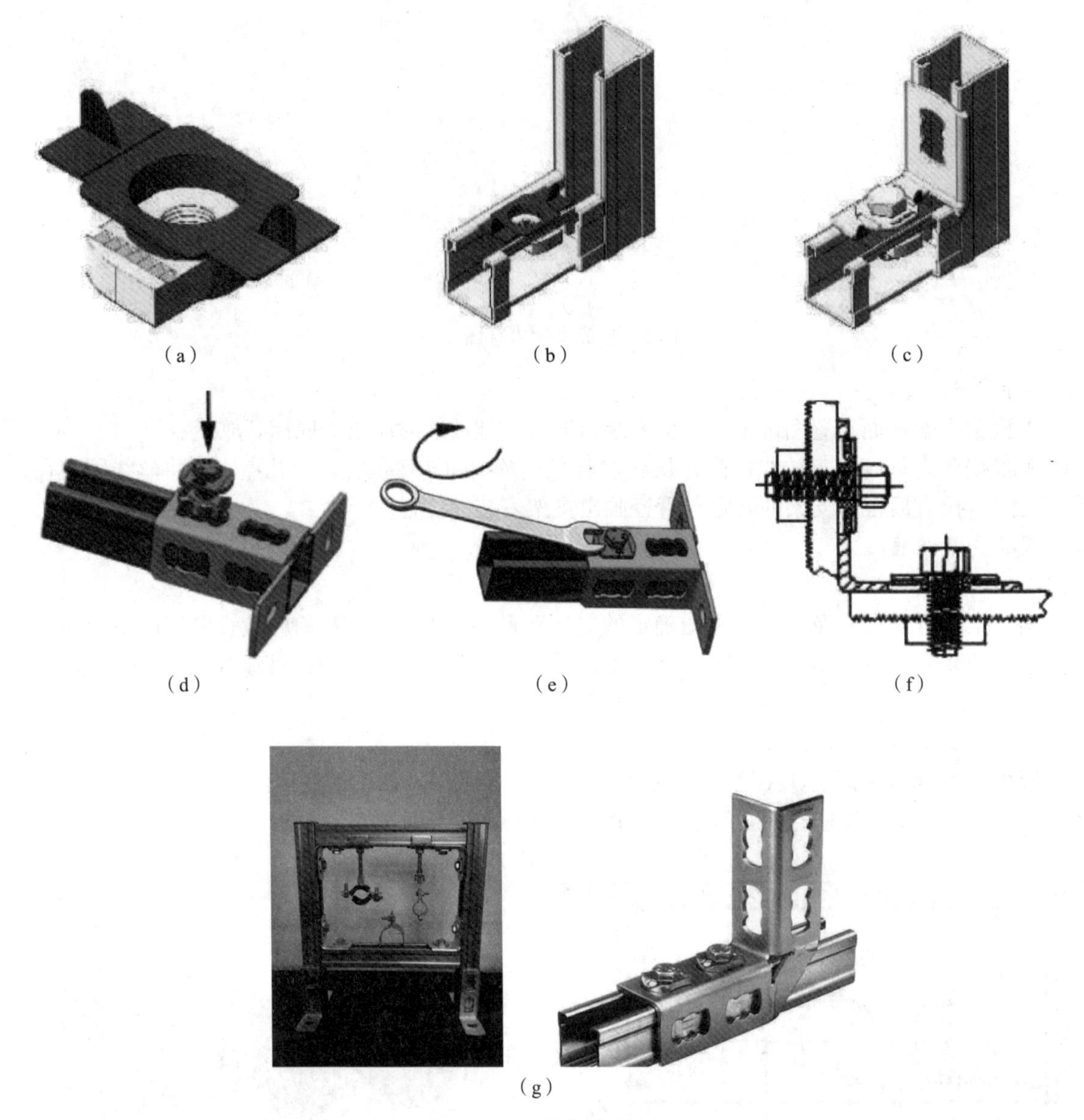
（a）（b）（c）

（d）（e）（f）

（g）

图 8　成品支架组装实物图

5.2.5　成品支架安装

支架水平偏差不得大于 ±5cm，安装标高误差控制在 ±1cm 内，角度偏差不应大于 ±1°。在混凝土结构上，用膨胀螺栓固定支架时，膨胀螺栓的打入必须达到规定的深度值。支架安装与管道的安装应同步进行，支架安装完毕后应及时清理干净。

5.2.6　过载试验

抽检部分支架，将承重物悬挂于支架上，载荷为总重量的 2 倍（支架与管道重量的总和），悬挂时间为 5h，支架未变形为合格。

5.2.7　检查与校正

支架安装完毕后应进行观感质量检查，采用水准仪和经纬仪对支架的立柱与横档调平、调正，使支架保持整齐、无歪斜现象。

6　材料与设备

6.1　主要材料

成品支架选用 Q235 冲孔 C 型钢，许用抗拉强度 215MPa，许用抗剪强度为许用抗拉强度的一半，许用抗压强度325MPa，工厂化预制。其中配件包括二维连接件、型钢底座、塑料扣件、方块螺母、螺栓、锁扣垫片、P形管夹、铰链式吊配管夹、端盖等。

6.2　主要机械设备

切割机、电锤、扳手、台钻、红外水平仪、经纬仪等。

6.3　主要测量工具

卷尺、角尺、水平尺等。

7　质量控制

7.1　制作与安装质量控制

执行标准：《装配式室内管道支吊架的选用与安装》（16CK208）、《给水排水标准图集》（S4室内给水排水管道及附件安装三）、《电缆桥架安装图集》（04D701-3）、《室内管道支架与吊架》（03S402）。

7.2　质量控制措施

（1）钢材材质及规格必须符合国家标准且符合设计要求，不得选用负偏差的材料，供货商应提供出厂质量检验合格证、第三方出具的检测报告、原材料质量验收报告、供货商资质证明文件等，材料外观有明显变形或已受过应力作用的将不得采用。

（2）支吊架材料型钢的表面处理必须为热镀锌，热镀锌层表面应均匀、无毛刺、过烧、伤痕，锌层厚度不低于70um。型钢下料切口要垂直、切口平整，切口截面应做喷锌防腐处理。

（3）成品支架宜采用供货商配套的锚栓，锚栓在安装时必须按照厂家的施工工艺要求进行施工。

（4）支架连接件中使用的特定专用螺母，严格按照供货商产品说明的要求进安装，安装时必须使用专用的力矩扳手施工，安装完成后应达到产品额定受力值并满足设计要求。

7.3　成品保护措施

（1）切割好用于安装的材料应放置在独立的区域并保证在搬运、安装的过程中不会发生破损、变形的现象。

（2）未完成的成品支架不能作为支撑物或者悬挂保护物使用。已完成的成品支架应悬挂带有醒目说明文字的标识以提醒其他工种注意成品保护。

（3）支吊架安装完毕，放置被支撑物时，不得野蛮作业，避免对支架造成损伤，降低支撑强度。

8　安全措施

（1）工程施工前必须安全生产教育和安全技术交底，要详细交待安全作业注意事项，交底后方可进行施工作业。

（2）进入施工现场的作业人员均须戴好安全帽及相关劳保用品，高空安装人员均需系安全带，避免人身伤亡的事故发生。

（3）做好施工现场及库房的消防安全工作，配备消防灭火器材，禁止在库房、施工现场附近吸烟与使用明火。

（4）所有电动工具必须事先检查是否安全可靠。

（5）施工作业时，零星工具应放置在专用工具袋中，不得随意向上或向下抛物。

（6）切割机应带漏电保护开关，防护罩应完好，切割机前应设置保护罩，防止切割时碎屑伤人。

9　环保措施

（1）材料进场后经检验合格放入指定地点，按规格、型号分类堆放整齐，材料应架空放置，地上不得有积水。

（2）电动施工机具应经常进行检查维修，采用低噪声机具作业。

（3）对切割设备前加防粉尘、碎屑飞溅的保护罩。

（4）现场加工过程中产生的边角废料要集中堆放并及时清理干净。

（5）对施工人员进行环保教育及其培训。

10　效益分析

（1）成品支架的设置较为灵活，可根据现场实际情况调整支架的间距；当管网系统改造时，方便拆卸、可重复使用。既能满足了使用要求又不会造成浪费。

（2）成品支架各横端、型钢预先采用镀锌防腐处理，减少了后期的防腐维护费用。

（3）使用成品支架，无须焊接作业与刷漆，消除了因火灾和触电造成的安全隐患，避免产生不必要的损失。

（4）成品支架施工时，只需要通过各种部件（配件）就可以将支架安装好，减少了施工工序，缩短了加工成型的时间，所用机具设备减少，提高了效率，降低了施工成本。

（5）成品支架用料比传统型钢少，节约钢材约 12% 左右，直接降低了材料成本。

（6）长沙浦发银行办公大楼机电安装工程共设组合式成品支吊架共计 1589 套，共计 7792kg。按照投标预算清单传统支架则需使用 1767 套，合计用料 9975.4kg。采购成品支架总价格为 238488 元，传统支架价格按当时采购成品支架时期为：2.9 元 /kg × 9975.4kg = 28928.66 元。

11　应用实例

长沙浦发银行办公大楼机电安装工程、长沙卷烟厂制丝一线更新改造工程采用此工法实施成品支架的安装，其整体协调、美观大方、工程质量及施工进度受到业主好评（图 9、图 10）。

图 9　长沙浦发银行办公大楼成品支架安装实例图

图 10　长沙卷烟厂制丝一线更新改造工程成品支架安装实例图

可调式弧形模板施工工法

朱　兵　陈腾龙

湖南建工集团有限公司

摘　要：为解决圆形钢筋混凝土构筑物采用定型大钢模板、组合钢模板时存在的费用高、操作性差、质量不可靠等问题，利用胶合板具有可弯曲的韧性特点，在 18mm 厚的胶合板背面设置竖楞，根据几何学原理，在施加中通过调节连接胶合板竖楞的螺栓，使面板完成所需要的弧度，然后依次将外侧板、内侧板进行拼装，并利用穿墙螺杆、钢筋外箍进行加固，从而完成弧形墙支模。该可调弧形模板自重轻、操作方便、强度高、耐腐蚀，可满足不同半径的弧形剪力墙、异形节点部位模板施工，能有效提高混凝土施工质量、缩短工期、节约工程费用。

关键词：可调节；弧形模板；胶合板；螺栓

1　前言

在工业建筑中，有许多圆形钢筋混凝土构筑物，如水泥厂料仓、污水处理厂水池、大型圆形设备的基础等。对于这些构筑物施工中的模板工程，目前国内主要有定型大钢模板、组合钢模板。定型大钢模板在构筑物高度较高时采用，可多次周转且模板变形小，但在构筑物高度较小、模板周转次数少时，就显得费用较高。组合钢模板虽说较为灵活、通用性强，可用于高度较小的圆形构筑物或结构构件中，但其操作性较差，安装繁琐不能满足较为紧张的工期要求，而且混凝土外观质量较差。由我公司在针对异形梁柱节点及圆弧剪力墙的施工质量控制方面，结合工程特点采用一种可调式弧形胶合模板材料，很取得了良好的效果，并编制了本工法，为今后推广该项施工技术提供了可靠的技术保证。

2　特点

（1）可调弧形模板自重轻、操作方便、强度高、耐腐蚀、切割方便；

（2）大部分模板安装用人工操作即可，仅局部模板需借助塔吊辅助安装，并且操作简单，劳动强度低，周转率高；

（3）可调式弧形胶合模板按照节点大样在工厂进行预制切割加工，加工后通过紧固件将其固定，保证运输过程中不会变性，可有效保证结构变化复杂的情况下的加工精度；

（4）模板弧形可调，实用性强，通过紧固件伸缩可改变其弧度，满足了不同半径的弧形剪力墙的支模需求；

（5）将可调式弧形胶合模板运用于异形节点部位模板施工，可以有效地提高混凝土结构的施工质量、缩短施工工期、节约工程费用。

3　适用范围

可调式弧形胶合模板根据异形结构的形状能够加工出形状复杂的异形模板；可以广泛应用在质量要求高的工业与民用建筑钢筋混凝土的细部结构，尤其是对于大型公共建筑的圆形框架柱、异形梁柱节点及圆弧剪力墙和其他异形节点的混凝土结构施工。该可调弧形模板一次安装高度可以达到 4m，墙体厚度可以达到 600mm，适用于各种不同曲率的异形混凝土构件。

4　工艺原理

可调式弧形模板面板为 18mm 厚的胶合板，在胶合板背面设置竖楞，因胶合板具有可弯曲的韧性特点，在施加适当的外力后产生变形但不会破坏，利用胶合板的这一特性，通过几何学原理，通过调节连接胶合板竖楞的调节螺栓，使面板完成所需要的弧度，然后依次将外侧板、内侧板进行拼装，并利用穿墙螺杆、钢筋外箍进行加固，从而完成弧形墙支模（图 1）。

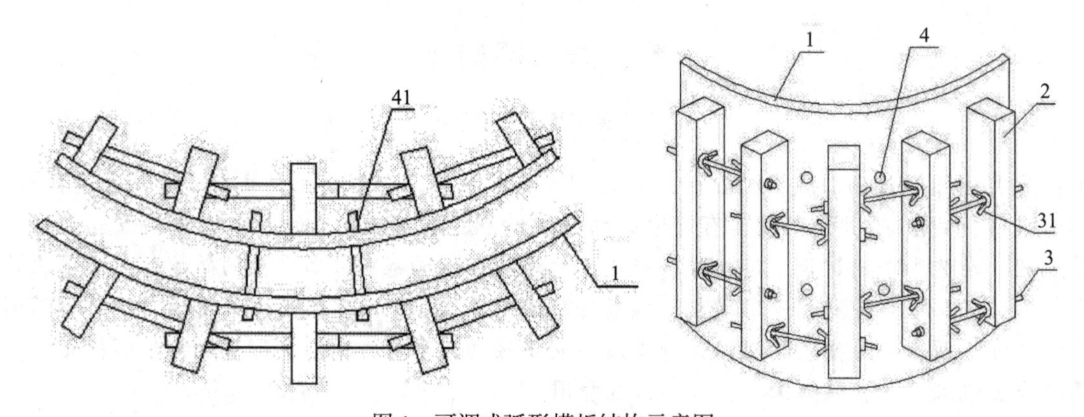

图 1　可调式弧形模板结构示意图

1—胶合面板；2—竖楞；3—紧固螺杆；31—调节螺栓；4—穿墙螺杆孔；41—穿墙螺杆

5　施工工艺流程及操作要点

5.1　施工工艺流程

BIM 建模排板→工厂加工制作→定位放线→外侧、内侧模安装（模板位置检查）→弧形模板加固→弧形模板校正→浇筑混凝土（制作混凝土试块）→拆模、养护。

5.2　BIM 建模排版

项目的 BIM 技术人员根据施工图对整个异形构件进行三维建模，根据现场实际的施工过程及施工工艺、模板的可操作性及不同曲率情况对模板进行分格分块，对每块不同规格的弧形模板进行相应的排版和编号，根据 BIM 的编号进行下料，成批制作定型可调弧形模板（图 2）。

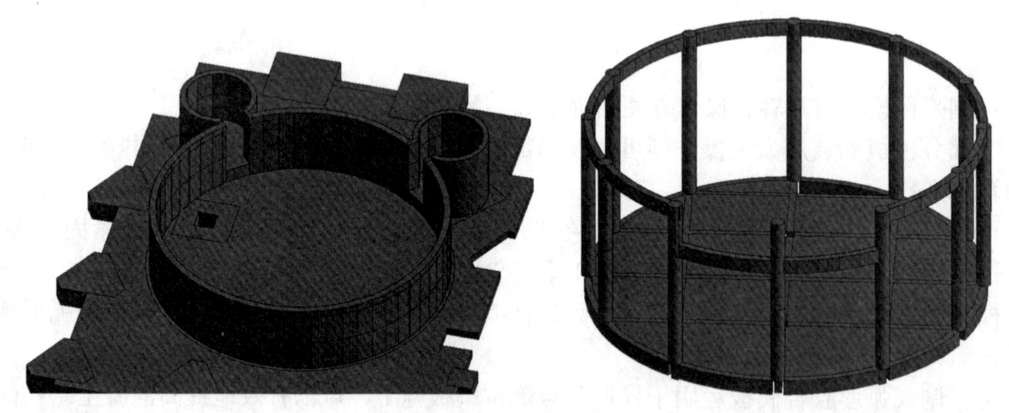

图 2　BIM 异形结构模型

5.3　工厂加工制作

可调式弧形模板可用于异性剪力墙、圆柱、异形梁等构件，其制作和施工方法基本相同，此处以工程结构最为复杂的异形剪力墙为对象，介绍可调式弧形模板的相关工艺及安装方法；可调式弧形模板在工厂统一加工制作，弧形模板由外侧模和内侧模组成。内、外侧模板均由面板、背楞、可调螺杆等构成；内侧弧形模板和外侧弧形模板构造完全一致，以外侧弧形模板构造为例，说明模板的制作。

（1）根据 BIM 建模的情况、现场实际情况及模板的标准尺寸进行弧形模板的加工，弧形模板生产分为基础底板吊模和上部模板，标准尺寸基础吊模高度为 550mm，弧长为 2440mm；上部弧形模板高度为 1220mm，弧长为 2440mm；非标准尺寸的根据 BIM 建模的实际尺寸进行加工，对单元异形模板的尺寸进行确定，用平面矩形面板通过塑料贴面将其连接成一块整体，使平面的矩形面板长度和高度符合单元异形模板的尺寸（高度和弧长）；

（2）在平面矩形面板的背面均匀地设置竖楞（60mm×60mm木方），间距500mm，竖楞用32号射钉牢固地固定在面板的背面；竖楞上、下两端各预留两个紧固螺杆孔，用于紧固螺杆的连接，螺杆通过调节螺丝进行固定；

（3）根据BIM模型，对不同异形构件进行放样，通过调节紧固件将平面的模板改变其曲率符合异形构件放样曲率，制作成与图纸曲率相同的可调弧形模板；

（4）在竖楞之间的曲面模板上开孔，用于异形模板现场拼装时安装对拉螺杆，洞口水平间距为500mm，竖向间距为460mm；

（5）模板在工程制作完成后根据BIM的编号对模板进行编号，按照编号进行堆放，待使用时运至施工现场（图3）。

5.4　定位放线

将需要测量放线的异形构件的图纸导入施工总平面图中，将异形结构构件的外边线尺寸向外偏移20cm，再在偏移的控制线上端头、中间每隔1m找一点并求出相应坐标；找出圆弧圆心坐标及圆弧半径。根据图纸计算出圆心坐标，利用全站仪定出圆心及相应控制线上的控制点（图4）。将钢尺零尺位于圆心，按照所需半径画出模板控制线的控制点，用墨线将控制点连接起来，用黄色油漆标出控制点位置，就形成了内圆形的模板控制线，在安装的过程中利用已安装的内弧模板控制外弧模板位置。

图3　弧形模板

图4　测量定点

5.5　内、外侧模板安装

（1）安装基础吊模时先根据剪力墙厚度在剪力墙内焊十字定位架，通过控制线及标高在架体上焊定位钢筋，保证吊模在安装过程中位置、标高、墙厚的准确，并有效地支撑了吊模；

（2）安装上部剪力墙模板时，墙外侧模板底部锁脚螺杆的施工做法是通过在已施工完成的竖向结构部位预埋螺杆，待支设上层竖向结构模板时保证上下混凝土结构交接处顺直、不漏浆；

（3）对运至现场的弧形模板根据图纸和模板的编号进行现场预拼装，预拼完成后对局部弧形模板曲率与现场有差别的进行调整，通过调节弧形模板的螺杆螺栓，使弧形模板的曲率符合现场定位放线的曲率；

（4）每块弧形模板端头的竖楞上留有模板连接的孔洞，用连接螺杆将所有相邻两块弧形模板连接成一个整体，并紧固调节螺栓，使其牢固可靠，不宜变形；

（5）弧形模板拼装成整体后利用2Φ14的钢筋沿弧形模板的竖楞将模板箍紧，箍筋接头位置采用单面焊将单个箍筋连接成一个整体，箍筋封圈接头处焊接在花篮螺栓两端，通过拧紧花篮螺栓使模板与定位钢筋贴紧。但不可过紧，避免定位钢筋穿透模板；在两根箍筋中间水平距离间距500mm或弧形模板曲率变化的端头设置对拉螺杆，将整个模板体系连接、固定成一个整体；竖向方向上间距

460mm 设置一道箍筋，并用穿墙螺杆固定（图 5、图 6）。

图 5　基础弧形吊模现场安装图片

图 6　不同曲率异形剪力墙模板安装

5.6　弧形模板加固

（1）基础吊模施工时将模板的紧固件及对拉螺杆的松紧调节好，然后在底板钢筋上焊 ϕ22 钢筋作为斜撑，支撑吊模的稳定性（图 7、图 8）；

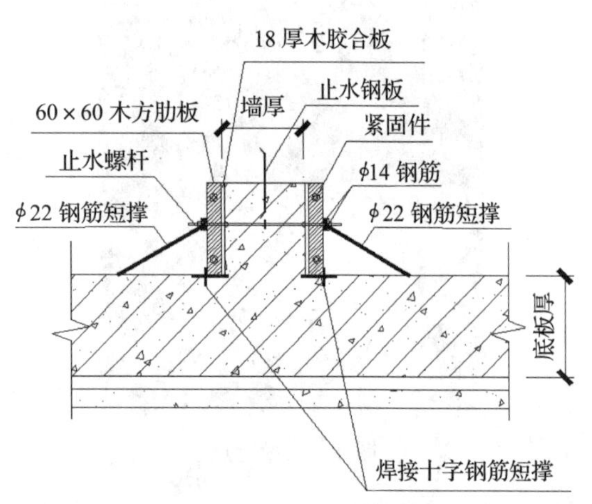

图 7　基础弧形吊模加固示意图（mm）

图 8　基础弧形吊模现场加固图片

（2）本工程弧形剪力墙高度分别为 4m、6m、7.5m，厚度大部位为 600mm 厚，少部分厚度为 1000mm，在施工过程中根据墙高确定模板安装次数，对于小于等于 4m 的剪力墙，一次安装完成，墙高大于 4m 的，分两次进行安装；上部剪力墙加固时采用钢管体系进行加固，利用钢管斜撑与支模架体相连，端头利用 U 形顶托顶在竖楞木方上面，示意图如图 9 所示。

5.7　弧形模板校正

检查模板下口是否移位，模板拼缝有无变形，若有及时进行调整，再校正垂直度，重复几遍直至垂直度和模板下口准确无误。

5.8　浇筑混凝土

浇筑墙、柱混凝土前，先均匀浇筑厚度为 30 ～ 50mm 的去石子砂浆后，再浇筑混凝土，并随浇随铺。混凝土分层浇筑振捣，下棒间距 500mm。每层浇筑厚度控制在 300cm（以标尺杆为依据），混凝土下料点分散布置，浇筑墙体混凝土连续进行，间隔时间不应超过混凝土初凝时间。墙体混凝土浇筑高度应高出相应位置梁底或板底标高 20mm，门窗洞口处浇筑混凝土时，应两边同时下料，同时振捣，保证两侧混凝土高度大体一致，采用插入式振捣器时，应采取快插慢拔的方法。

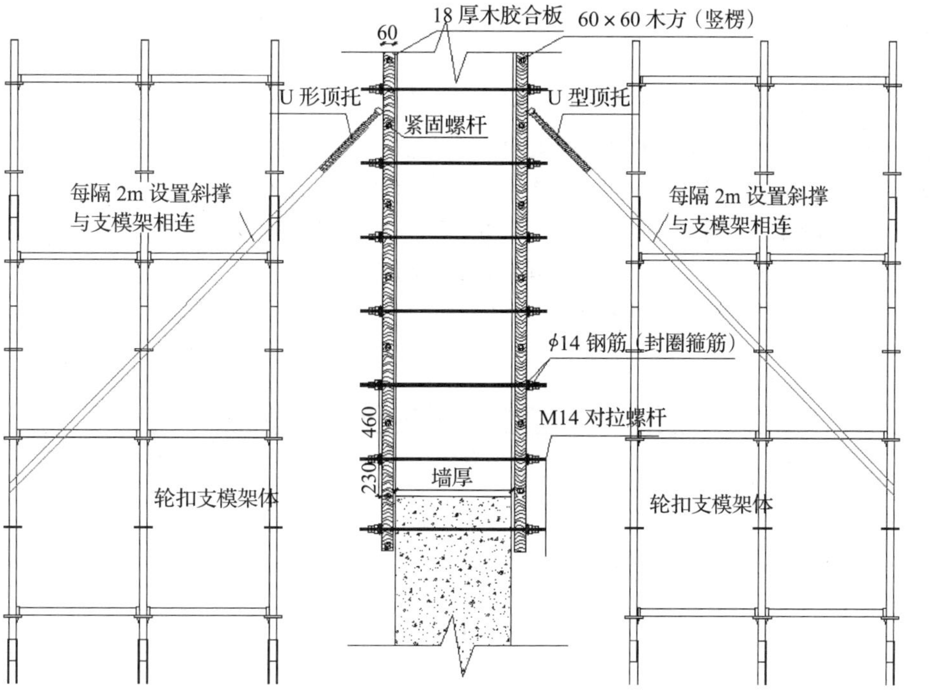

18厚木胶合板
60×60木方（竖楞）
U形顶托
U型顶托
紧固螺杆
每隔2m设置斜撑与支模架相连
每隔2m设置斜撑与支模架相连
ϕ14钢筋（封圈箍筋）
M14对拉螺杆
墙厚
轮扣支模架体
轮扣支模架体

图9　弧形模板上部支撑体系示意图

5.9　模板拆除

（1）先松去弧形模板的支撑体系，然后拆除螺杆和箍筋；先松动上部对拉螺栓，退出对拉螺杆，再松动下部对拉螺栓，使模板向后倾倒与墙体脱离开。

（2）如果模板与墙体有吸附或粘连时，可用撬棍从模板下口撬一下，松动模板，不得在上口撬模板或用大锤砸模板，以保证不损伤混凝土墙体表面和棱角。

（3）可调式弧形胶合模板拆除时，应遵循“先拆节点可调式弧形胶合模板、后拆多层板模板”“先支后拆、后支先拆”，对于拆除后的可调式弧形胶合模板必须及时将模板内表面进行彻底清理，并均匀涂刷脱模剂，按照每个梁柱节点及圆弧剪力墙为单位进行收集整理。

6　材料与设备

确保材料质量合格，货源充足，按材料进场计划分期分批进场，并按规定地点存放，做好遮盖保护，同时对各种进场材料进行抽检试验。材料明细见表1。

表1　材料明细表

序号	材料名称	数量	用途
1	18mm 覆膜木胶合板	1630m^2	弧形面板
2	60mm×60mm 木方（竖楞）	4520m	连接弧形模板
3	紧固螺杆	3220m	连接竖楞
4	调节螺栓	13200套	调节模板弧度
5	穿墙螺杆	1820m	弧形模板固定
6	ϕ14 封圈箍筋	2750m	加固弧形模板
7	花篮螺栓	350个	封圈箍筋端头焊接
8	止水钢板	630m	剪力墙止水

7 质量控制

7.1 质量依据

7.1.1 参考规范

（1）《混凝土结构工程施工规范》(GB 50666—2011)；

（2）《建筑施工承插型轮扣式钢管支架安全技术规程》(DBJ 43/323—2017)；

（3）《建筑施工扣件式钢管脚手架安全技术规范》(JGJ 130—2011)；

（4）《建筑工程施工质量验收统一标准》(GB/T 50300—2013)；

（5）《混凝土结构工程施工质量验收规范》(GB 50204—2015)；

（6）《工程测量规范规范》(GB 50026—2007)。

7.1.2 模板安装质量标准（表 2）

表 2 现浇结构模板安装的允许偏差及检验方法

项目		允许偏差（mm）	检验方法
轴线位移		5	钢尺检查
底模上表面标高		± 5	水准仪或拉线、钢尺检查
截面内部尺寸	基础	± 10	钢尺检查
	柱、墙、梁	+4，-5	钢尺检查
层高垂直度	不大于 5m	6	经纬仪或吊线、钢尺检查
	大于 5m	8	经纬仪或吊线、钢尺检查
相邻两板表面高低差		2	钢尺检查
表面平整度		5	2m 靠尺和塞尺检查

注：检查轴线位置时，应沿纵、横两个方向量测，并取其中较大值。

7.1.3 混凝土外观质量标准（表 3、表 4）

表 3 混凝土外观质量与检验方法

项次	项目	混凝土	检验方法
1	颜色	无明显色差	距结构 5m 观察
2	修补	少量修补痕迹	距结构 5m 观察
3	气泡	气泡分散	尺量
4	裂缝	宽度小于 0.2mm	尺量、刻度放大镜
5	表面光洁度	无明显漏浆、流淌及冲刷痕迹	观察

表 4 混凝土结构允许偏差与检验方法

项次	项目	允许偏差（mm）	检验方法
1	梁、柱轴线位移	4	尺量
2	梁、柱截面尺寸	± 4	尺量
3	表面平整度	3	尺量
4	线角顺直	2	方尺、塞尺、线尺

7.2 质量保证措施

（1）工厂加工前须提前熟悉图纸和 BIM 模型，对模板的单元分格和不同曲率的模板进行编号生产，确保生产的模板基本与现场一致。

（2）工厂加工选用模板、木方及调节螺杆等材料选用须满足施工方案要求，胶合板的拼接及连接须牢固可靠，保证运输和安装过程中不出现变形。

（3）工程施工前，项目管理人员对劳务队长进行专项技术交底，交底内容具体明确，有针对性，使操作人员熟悉施工工艺。

（4）定位放线时各个圆弧的曲率、半径及交接的位置必须准确，将各个圆弧模板的控制线准确地放样在地下室底板上；焊接定位钢筋前须对焊接位置进行复核焊接位置，保证模板安装时不出现位置偏差，造成剪力墙变形。

（5）弧形模板在现场安装前须根据排版和编号进行预拼，确定到现场的弧形模板符合图纸要求的数量和规格，如果有缺失或者规格不符合要求，可以第一时间进行调整，避免安装完成后返工。

（6）弧形模板加固时须仔细根据控制线来调整剪力墙的垂直度，因为剪力墙的长度长、面积大、曲率多，所以每3m或者不同曲率交接的位置都必须对垂直度进行检查，垂直度符合规范要求后将模板体系与周边支模架体进行连接固定。

（7）模板及其支架体系具有足够的强度、刚度和稳定性，能可靠地承受浇筑混凝土的重量、侧压力及施工荷载。

（8）模板与混凝土的接触面清理干净并均匀涂刷脱模剂。在涂刷模板脱模剂时，不得污染钢筋和混凝土接槎处。

（9）浇筑混凝土时，设专人对模板使用情况进行观察，发生意外及时处理。

（10）拆模时不得用大锤硬砸、撬棍硬撬模板，防止破坏模板边角和混凝土外观质量。

（11）拆下的模板逐块进行检查和清理，并及时进行抛光，并均匀涂刷脱模剂后，经项目质量员验收合格后，方可进行周转施工。

（12）模板拆除后，及时对混凝土表面包裹塑料薄膜进行保湿，并喷水养护。

（13）模板在专用场地进行堆放，存放区有排水、防水、防潮、防火措施。

8　安全措施

（1）建立健全各项规章制度，加强岗位责任制。落实安全教育制度，严格施工纪律，严格按照操作规程作业。

（2）高空作业必须佩戴安全帽、穿施工鞋、系安全带，未经工班长许可，任何人不得顶岗、跨岗作业。

（3）施工现场的临时用电严格按照《施工现场临时用电安全技术规范》的有关规范规定执行。

（4）使用胶合板厚度，对拉杆直径与间距、背楞间距、尺寸等必须经过严格验算，保证有足够的强度、刚度以及稳定性。

（5）模板上部操作平台搭设合理，固定可靠。

（6）模板顶部上下人通道搭设牢靠。

9　环保措施

9.1　环境管理目标

施工现场环境管理，符合施工环保要求，认真执行《环境保护法》《环境噪声污染防治法》等有关法律规定。

9.2　环境管理措施

在严把质量关的基础上加大施工现场文明管理与环境防治工作，具体如下：

（1）任务下达前，由项目技术负责人按国家或地方有关施工环保措施及企业环境管理体系要求，进行必要的培训。

（2）对施工现场道路及材料堆放场地进行硬化，并经常对施工现场进行洒水，防止尘土飞扬，污染周围环境。

（3）弧形可调模板材料制作，优先采用工厂化生产，抗冲击力强，耐酸碱腐蚀，环保安全，不会对周围环境及土壤产生污染物的模板材料。

（4）施工现场弧形模板堆码须整齐规范，并摆放相应的标示标牌，减少因材料随意堆放而造成的场地浪费。

（5）清理模板、临时搭设钢管时，不得猛砸，以减少噪声污染。

（6）模板及方钢管上清理下来的混凝土渣，应自产自清，进行归堆清理。

（7）模板涂刷脱模剂时，应在模板下铺设垫布，防止油渍污染地面。

（8）现场按模板损坏程度及大小分别设置回收场地，实现分类管理，并做出标识。

（9）施工现场无垃圾任意堆放现象。废弃模板定时由废旧木材回收单位清理，损毁较轻或烂边的大块模板将边缘切除，以便再次周转使用。

10　效益分析

10.1　施工速度快，工期短，节约人工，并且能周转一次使用，节约模板材料：

本工程异形结构构件展开面积约为 3620m²，模板安装速度比普通模板安装（包括模板的安装、加固及拆除）速度快 1 倍以上，节约工期约 20d；模板周转一次使用节约模板面积约 1810m²。

10.2　结构质量好、节省材料

采用该模板施工完毕的混凝土表面，平整光滑、弧线流畅、线角清晰，达到普通清水混凝土的质量标准，做到了免装饰抹灰效果，省去了抹灰工序，节约了抹灰所用水泥、砂子、水等材料，提高了结构实体质量。

10.3　经济效益

普通模板工人平均每天安装模板面积约为 4.3m²（包括安装、加固、拆除及材料吊运），使用可调弧形模板每天平均安装面积可以达到 9m²；

普通模板安装人工费：65 元 /m² × 3620m²/4.3 = 56.023 万元；

可调弧形模板安装人工费：65 元 /m² × 3620m²/9 = 26.14 万元；

节约人工费：56.023 – 26.14 = 26.09 万元；

普通模板材料费：3620m² × 72 元 /m² = 26.06 万元；

可调弧形模板材料费：1820 × 105 元 /m² = 19.1 万元；

节约模板费用：26.06 – 19.1 = 6.96 万元；

项目节约直接成本：26.06 + 6.96 = 33.02 万元；

同时项目节约工期 20d，节约了项目的管理成本，周转材料的租赁费用等间接成本。

10.4　社会效益

通过可调弧形模板的使用，项目部不仅实现了经济成本的节约，更带来了很好的社会效益。一方面通过可调弧形模板的使用减少了模板材料的浪费，节约了人工和机械设备的能源消耗，减少了建筑垃圾的产生，达到了很好的绿色施工要求；另一方面通过可调弧形模板的使用大大提高了混凝土的浇筑质量，解决了异形混凝土构架成型质量易出现问题的难题，提高了企业的施工品质。

11　应用实例

11.1　洞庭湖博物馆主馆土建工程

洞庭湖博物馆主馆土建工程位于湖南省岳阳市，建筑面积 50898m²，本工程异形结构构件展开面积约为 3620m²，弧形剪力墙高度分别为 4m、6m、7.5m，厚度大部位为 600mm 厚，少部分厚度为 1000mm。其江豚馆与水族馆异形构件最多，立体形状见图 10、图 11。

根据 BIM 模型计算，对每道不同规格的弧形梁底模和侧模进行编号，成批制作定型模板。通过对施工完毕的可调式弧形梁柱节点及圆弧剪力墙尺寸及梁柱截面尺寸进行复核，做到了圆形框架柱可调式弧形梁柱节点及圆弧剪力墙混凝土线角顺直、圆弧过渡自然流畅，有效地提高了梁柱节点及圆弧剪力墙的混凝土观感质量。

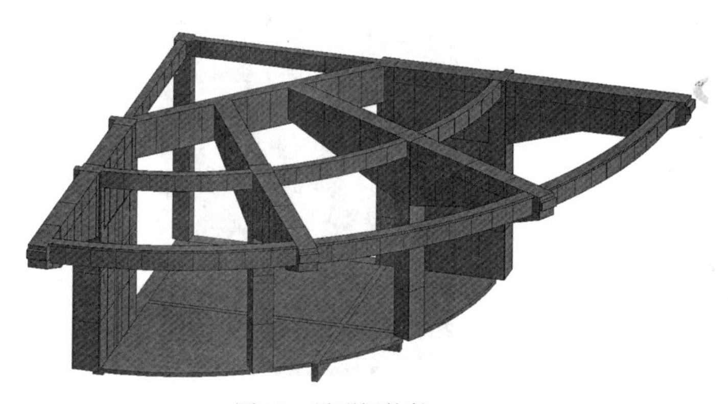

图 10　异形梁构件

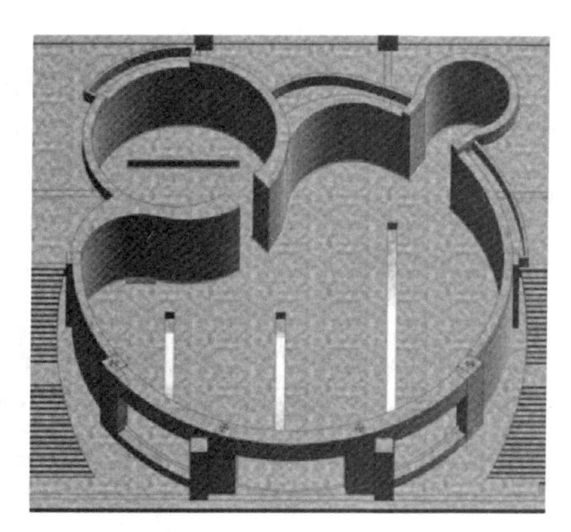

图 11　异形江豚池

11.2　湘西自治州非物质文化遗产展览综合大楼

湘西土家族苗族自治州州非物质文化遗产博物馆是湖南省唯一的少数民族地区级综合类国家三级博物馆，馆藏文物 10 余万件，新馆位于湖南省湘西经济开发区武陵山（湘西）土家族苗族文化园内（武陵山大道西侧、丰达路南侧交会处），占地面积 8524.89m²，总建筑面积 37891.49m²，建设总投资约 3.5 亿元，异形构件展开面积约为 2150m²，有异形柱、异形梁和异形剪力墙等异形构架（图 12）。

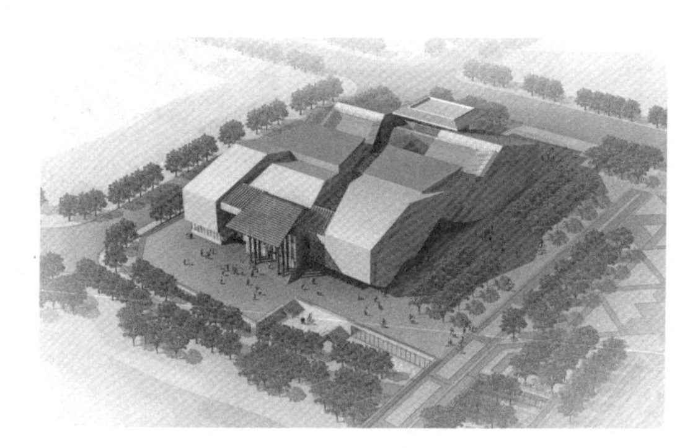

图 12　湘西自治州非物质文化遗产展览综合大楼

该工程采用异形模板主要有两种：第一种为圆形柱弧形模板，直径规格分别为：ϕ800、ϕ1000、ϕ1200；第二种为可调式弧形模板，用于弧形框架梁和部分不同直径的剪力墙，通过一种可调式弧形模板的使用，大大提高了异形构架的施工效率，同时提高了异形构件的混凝土浇筑质量。

11.3　现场照片（图 13 ～图 22）

图 13　工厂加工照片

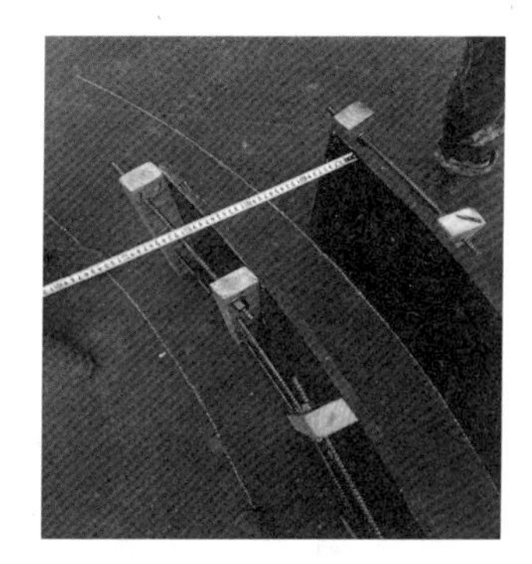

图 14　现场验收照片

图 15　现场堆放照片

图 16　现场预拼照片

图 17　吊模安装固定照片

图 18　底板测量定位照片

图 19　剪力墙弧形模板安装

图 20　剪力墙弧形模板加固

图 21　异形结构整体照片

图 22　弧形剪力墙混凝土质量照片

悬挂倒棱台形混凝土结构 BIM 应用及支模施工工法

彭　跃　谢阳煌　谭同元　杨玉宝　李　芳

湖南建工集团有限公司

摘　要：为确保悬挂倒棱台形混凝土结构体系的施工质量，首先，采用 BIM 技术建立悬挂倒棱台形混凝土结构模型，以及模板、支架和钢筋模型；然后，依据模型设计支架布局确定立杆间距等具体参数，优化模板分块、精确每根立杆搭设高度和钢筋排布，获得详细的模板尺寸和定位信息，并形成模板下料表；最后，进行三维可视化交底，以模型信息作为现场施工的主要依据，简化复杂结构模板的加工、定位及安装。本工法通过优化各分项工程的搭接、穿插，结构外模可一次安装成型，内模划两段分次安装，解决了模板安装与钢筋安装、混凝土浇筑间的矛盾；同时，选用自密实混凝土，可有效解决钢筋密集导致的薄斜板混凝土难以浇筑和振捣的问题。

关键词：悬挂倒棱台形；混凝土结构；BIM；支模

1　前言

20 世纪 70 年代初，长沙东郊发掘了 3 座西汉时期墓葬，称为“马王堆汉墓”，是 20 世纪中国重大的考古发现，出土了大量国宝级文物，受到国内外各界人士的关注。湖南省博物馆改扩建工程，经国际设计招标，选用世界著名建筑师矶崎新先生的“鼎盛洞庭”设计方案。设计理念包括馆内按 1∶1 重现出土场景，采用悬挂倒棱台形，复杂空间混凝土结构体系，由斜吊柱、异形梁、薄斜板交叉组合而成，底端悬空 4.85m，顶端 17.75m。我司为实现场景的设计理念，采用 BIM 技术，简化了场景复杂结构的施工，在总结施工经验的基础上，特编制本工法。

2　工法特点

（1）采用 BIM 技术建立悬挂结构模型，设置模板及支架，进行三维可视化交底，简化了复杂悬挂结构模板的加工，且安装一次到位，提高了施工效率，保证了工程质量。

（2）悬挂结构重力集中在 6 根吊柱和环梁上，模板支架受力立杆的布置采用集中与整体协调，保证了模板的稳定性。

（3）吊柱贯穿整个空间模型，节点钢筋密集且复杂，采用部分模外绑扎成型吊装入模，解决了斜吊柱钢筋难以绑扎的问题。

（4）使用自密实混凝土，有效解决了钢筋密集、薄斜板狭小空间混凝土难以浇筑和振捣的问题。

3　适用范围

本工法适用于大型悬挂式倒棱台形、复杂空间混凝土结构体系的施工。

4　工艺原理

采用 BIM 技术，建立悬挂倒棱台形混凝土结构模型。依据模型设计支架布局，经承载力验算确定立杆间距等具体参数。分别对模板、支架和钢筋建立模型，优化模板分块、精确每根立杆搭设高度和钢筋排布，获得详细的模板尺寸和定位信息，形成模板下料表。进行三维可视化交底，以模型信息作为现场施工的主要依据，简化复杂结构模板的加工、定位及安装。

悬挂结构重力集中在 6 根吊柱和环梁上，模板支架受力立杆的布置确定统一模数，间距呈倍数关系。优化各分项工程的搭接、穿插，结构外模一次安装成型，内模划两段分次安装，解决模板安装与钢筋安装、混凝土浇筑间的矛盾。选用自密实混凝土，有效解决了钢筋密集导致的薄斜板混凝土难以浇筑和振捣的问题。

5　施工工艺流程及操作要点

5.1　施工工艺流程

BIM 建模→确定搭设技术参数→可视化交底→模板支架体系搭设→模板支架体系验收（不合格时返回模板支架体系搭设）→钢筋制作及安装→钢筋隐蔽验收（不合格时，返回钢筋制作及安装）→混凝土浇筑及监控。

5.2　操作要点

5.2.1　BIM 建模

（1）采用 Revit 软件建模，将二维平面图纸转化为三维立体模型，建模过程中，与原设计人员保持有效沟通，完整模型需经原设计人员认可，确保模型完全符合设计意图（图 1、图 2）。

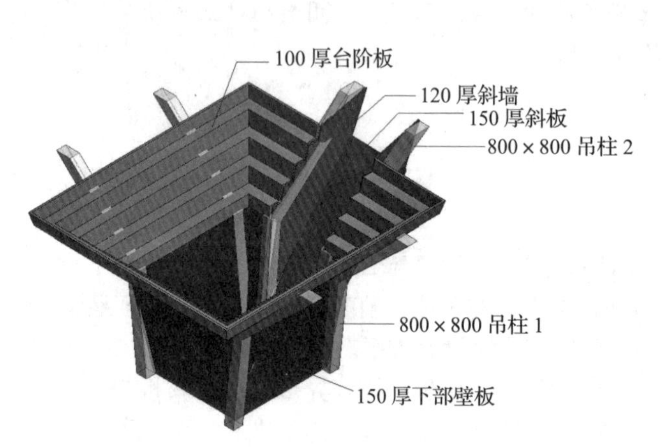

图 1　悬挂结构壁板和吊柱模型

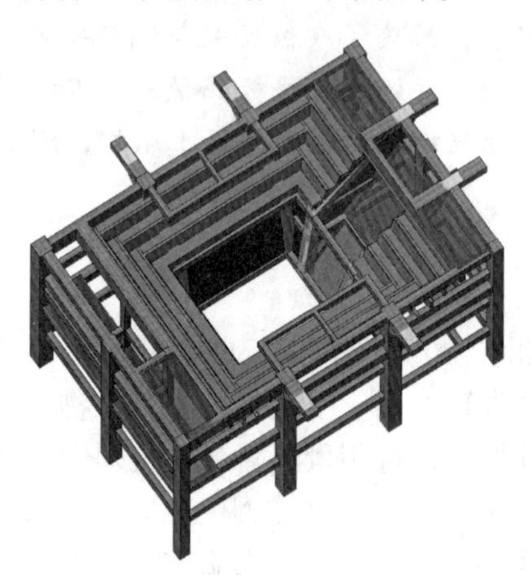

图 2　悬挂结构整体模型

（2）依据三维模型和图纸配筋信息，制作钢筋三维模型，要求钢筋信息准确，钢筋排布、锚固长度和连接位置符合《G101》图集要求。对特殊的吊柱构件，建立单体模型和分段模型。

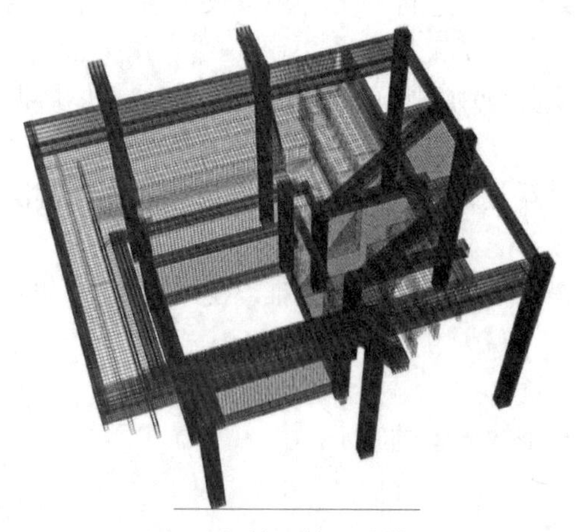

图 3　钢筋整体三维模型

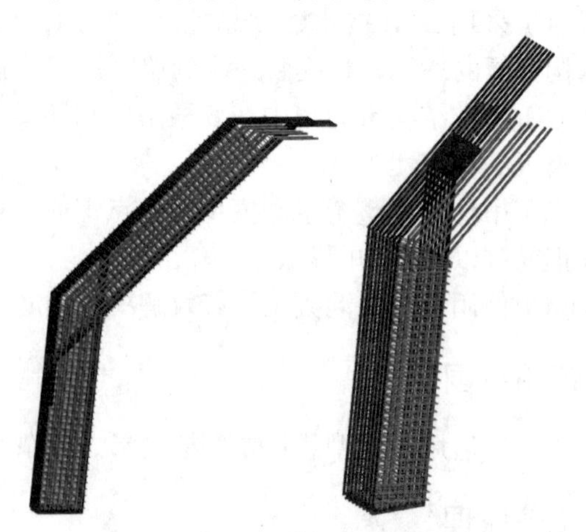

图 4　吊柱钢筋三维模型

（3）依据结构三维模型，建立模板安装模型，要求模板模型尺寸精确，对模型进行分块，并利用软件统计功能，进行分块信息统计及优化调整。最终形成详细的模板下料表，包含详细的模板加工简图、尺寸、数量信息（图 5、图 6、表 1）。

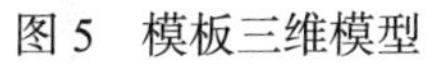

图 5　模板三维模型

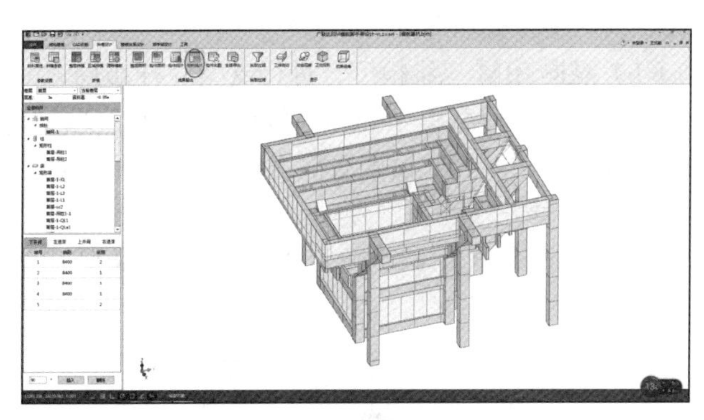

图 6　模板信息统计

表 1　模板下料表（部分）

序号	示意图	规格（mm）	单位	数量	面积（m²）
1	2440 1220 1220 2440	2440 × 1220	张	171	509.03
2	2440 1000 1000 2440	2440 × 1000	张	41	100.04
3	2440 1220 1220 2440	2440 × 1220	张	7	20.50
4	2440 1195 1195 2440	2440 × 1195	张	7	20.41
5	2440 800 800 2440	2440 × 800	张	75	146.40
6	2065 1430 1200 1315	异形板	张	1	2.06
7	2440 1085 1085 2440	2440 × 1085	张	30	79.42
8	2440 830 830 2440	2440 × 830	张	65	131.64
9	2440 1100 1100 2440	2440 × 1100	张	4	10.74
10	1476 1249 947 2291	异形板	张	1	1.78

5.2.2　确定搭设技术参数

（1）根据 BIM 三维模型，进行支架立杆布局，采用 CAD 软件绘制立杆平面布置图。

（2）分别对荷载集中处和一般荷载处进行支模架受力验算，最终确定不同区域的立杆纵横间距、步距等基本参数。若支模架底部为楼板，在下部楼层搭设相同的支模架，将荷载传递至基础底板，上下层立杆位置需一致。

（3）按照规范要求，确定支模架水平及竖向剪刀撑布置、连墙件设置等其他构造措施参数（图 7）。

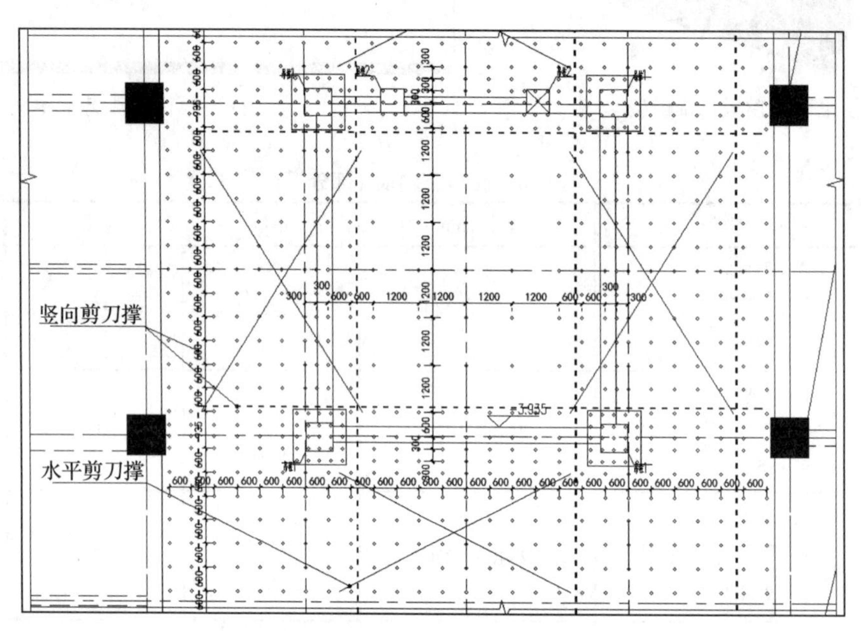

图 7　支架立杆平面布置图（局部截图）

5.2.3　可视化交底

（1）依据最终确定的支架详细搭设参数，建立支架三维模型，进一步校验支架能否满足悬挂结构造型模板安装要求，精确每根立杆定位及高度，并将支架搭设直观展现。

（2）以建立的三维立体模型为基础，制作模拟施工动画，将施工总体安排和关键工序形象地表达出来，并配音频解说施工关键点及相关要求，形成可视化交底视频文件。

向管理人员和各专业作业班组人员进行详细的交底，将所有 BIM 模型成果、立杆定位及高度、模板下料表等详细数据，交与现场管理人员和劳务作业人员，作为指挥现场施工、指导劳务人员具体操作及质量检查的依据（图 8）。

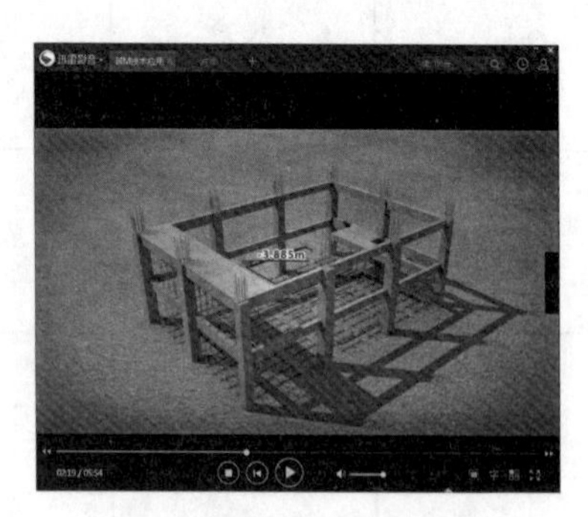

图 8　模拟施工动画截图

图 9　钢管扣件支架模型

5.2.4　支模体系搭设

（1）支架搭设前，在 –9.6m 楼板面上弹出吊柱、水平撑梁、对称轴等控制定位构件的边线。按照支架立杆平面布置图，在现场进行立杆排布放样，吊柱 1 设置 5×5 立杆矩阵，吊柱 2 设置 3×3 立杆矩阵，壁板沿线设置 300mm×600mm 间距立杆加强带。

（2）立杆搭设时要求拉通线，杆件横平竖直，位置可根据现场具体情况进行微调，但立杆总数不得少于立杆平面布置图数量。

（3）对照支撑楼层结构梁图，支架立杆位置不在结构梁处的，立杆底必须加设通长槽钢，长度同结构梁间距。后浇带处的立杆底部必须加垫工字钢。模板支架搭设在负一层楼板上，需对照立杆位置，在负二层、负三层同区域相应搭设支撑架，将施工荷载传递至地下室底板（图 9、图 10）。

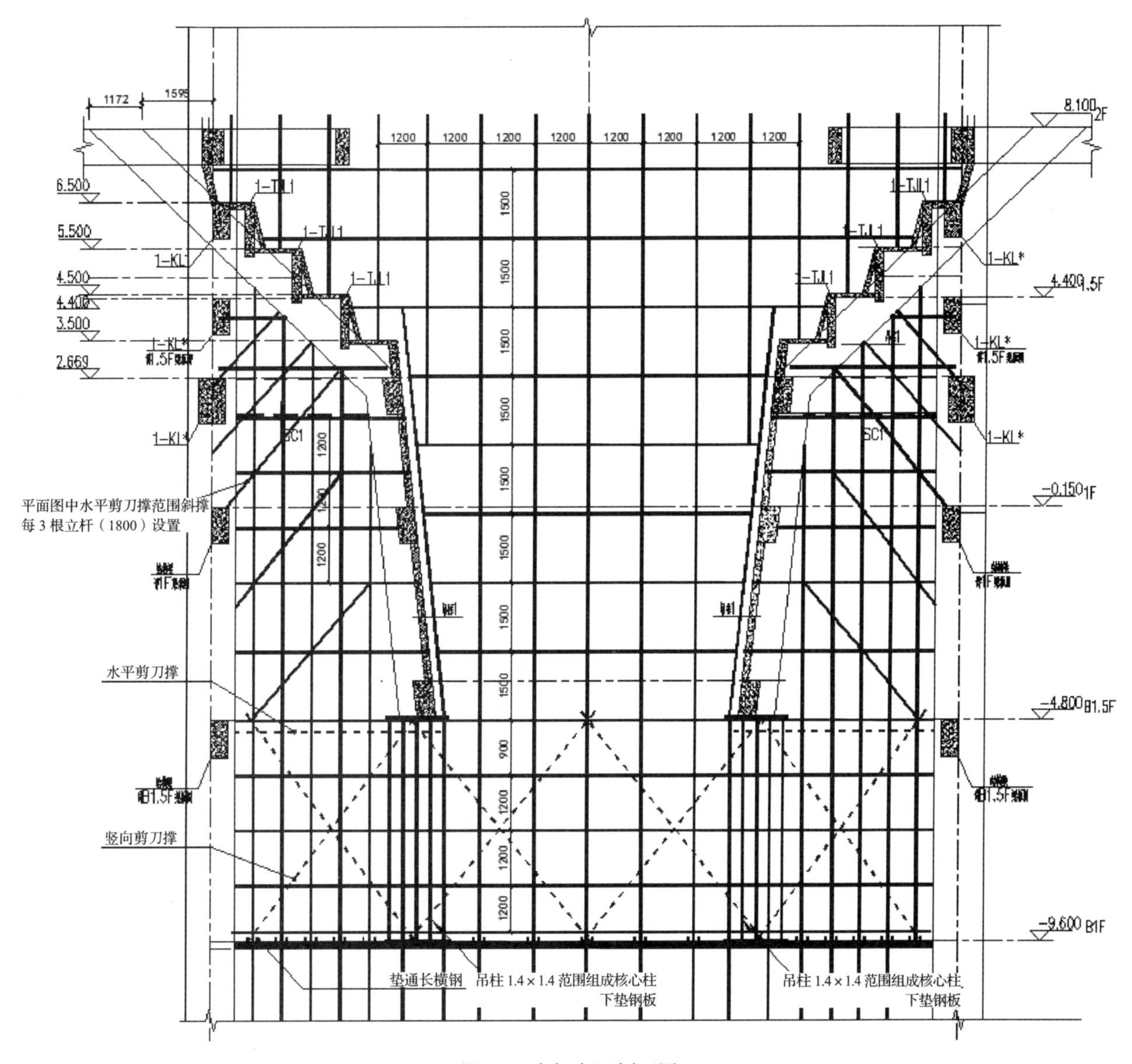

图 10　支架布置剖面图

（4）水平剪刀撑、竖向剪刀撑随架体同步搭设，按照验收程序，完成支架搭设。

（5）模板安装前进行放样、复核，在相应位置悬挂控制线；依据模板下料表，进行模板加工。

（6）在安装过程中，依据模板 BIM 模型提供的造型、尺寸和定位信息，随时检查模板的定位和加固，确保模板的位置、坡度、拼合、弯折位置和角度的准确性。

（7）悬挂结构外模一次安装到顶成型，内模第一次安装至 2.669m 标高，第二次安装到顶。相应位置的钢筋安装完成并验收后，再进行内模安装（图 11）。

图 11　模板安装模拟与现场施工

5.2.5　支模体系验收

（1）参加验收的相关单位和人员见表 2。

表 2　参与验收的单位及人员

序号	单位	人员
1	建设单位	项目负责人
2	监理单位	总监
		安全监理工程师
3	施工单位	公司分管安全生产负责人
		项目经理
		项目技术负责人
		项目施工员、专职安全员
4	建设行政主管部门	监督员

（2）支架验收程序

①施工现场完成第一步支架搭设后，进行第一次搭设验收。

②通过第一步架体验收后，根据规范要求，支架中间段每搭设 4 步架，进行一次中间验收。

③支架搭设完成后，在浇筑混凝土前进行支架最终验收。

（3）验收内容

①现场使用的钢管、扣件等周转材料质量是否符合；确认现场支架搭设立杆及横杆间距、剪刀撑设置、安全防护、连墙件等其他构造措施是否符合专项方案要求；扣件的拧紧力矩是否符合要求等。

②支架搭设的允许偏差见表 3。

表 3　支架搭设的技术要求与允许偏差

序号	项目	一般质量要求		
1	构架尺寸（立杆纵距、立杆横距、步距）误差	± 20mm		
2	立杆的垂直偏差	架高	≤ 25m	± 50mm
			＞ 25m	± 100mm
3	纵向水平杆的水平偏差	± 20mm		
4	横向水平杆的水平偏差	± 10mm		
5	节点处相交杆件的轴线距节点中心距离	≤ 150mm		
6	相邻立杆接头位置	相互错开，设在不同的步距内，相邻接头的高度差应＞ 500mm		
7	上下相邻纵向水平杆接头位置	相互错开，设在不同的立杆纵距内，相邻接头的水平距离应＞ 500mm，接头距立杆应小于立杆纵距的 1/3		

续表

<table>
<tr><th>序号</th><th colspan="2">项目</th><th colspan="3">一般质量要求</th></tr>
<tr><td rowspan="5">8</td><td rowspan="5">杆件搭接</td><td colspan="4">1）搭接部位应跨过与其相接的纵向水平杆或立杆，并与其连接（绑扎）固定</td></tr>
<tr><td colspan="4">2）搭接长度和连接要求应符合以下要求：</td></tr>
<tr><td>类别</td><td>杆别</td><td>搭接长度</td><td>连接要求</td></tr>
<tr><td rowspan="2">扣件式钢管脚手架</td><td>立杆</td><td rowspan="2">> 1m</td><td>连接扣件数量依承载要求确定，且不少于2个</td></tr>
<tr><td>纵向水平杆</td><td>不少于2个连接扣件</td></tr>
<tr><td rowspan="2">9</td><td rowspan="2">节点连接</td><td>扣件式钢管脚手架</td><td colspan="3">拧紧扣件螺栓，其拧紧力矩应不小于40N·m，且不大于65N·m</td></tr>
<tr><td>其他脚手架</td><td colspan="3">按相应的连接要求</td></tr>
</table>

5.2.6　钢筋制作及安装

（1）工序搭接安排

①悬挂结构整体分二次施工。第一次混凝土浇筑至标高2.669m梁顶，第二次混凝土浇筑至标高8.10m。

②在搭设悬挂结构模板支架的同时，先行浇筑周边结构混凝土，周边设置施工缝。即该处周边结构施工至8.10m标高，包括标高–4.8m、–0.15m、2.669m、4.40m结构。

（2）钢筋制作及安装

①钢筋制作人员对模板安装尺寸进行交接检查，复核钢筋模型中的钢筋尺寸、弯起位置及角度是否与现场一致。确认无误后，依据模型信息编制钢筋下料表，进行梁、板、柱钢筋制作。

②吊柱钢筋下半部分，在模板外一次绑扎成型，采用塔吊整体吊运至模板内，上半部分在模板内进行安装。严格复核吊柱钢筋笼的外观几何尺寸，并拉通线复核顺直度、转角位置、转角角度，确保钢筋保护层厚度。采用多点起吊，防止钢筋笼在吊装中发生塑性变形而影响安装。

③壁板与梁的钢筋在模板内现场安装，分两次进行安装，第一次安装至2.669m标高，待混凝土浇筑完后，再安装至悬挂结构顶（图12）。

图12　钢筋现场安装示例

5.2.7　混凝土浇筑、监控及养护

（1）混凝土浇筑及养护

①为解决现场钢筋密集，混凝土浇筑及振捣难度大的问题，采用了自密实混凝土进行施工。施工前，由混凝土搅拌站进行配合比设计，并进行试配，在达到要求的前提下，确定最优配合比。混合料采取集中搅拌，电脑系统控制，确保质量稳定。

②现场混凝土施工，采取分圈浇筑的方式施工，根据梁的位置，按照高度800mm或1000mm划

分圈数。每圈全部浇筑完后，再开始浇筑下一圈混凝土。第一次混凝土浇筑至 2.669m 标高，第二次混凝土浇筑至悬挂结构顶。

③在梁柱节点处，钢筋非常密集，为确保混凝土的密实度，采取外部振捣器，在模板外对该部位进行适量振捣。

④悬挂结构混凝土浇筑完，内模应带模湿润养护 3d 后才能拆除，内模拆除外露的混凝土面必须覆盖土工布，且保持土工布湿润。

⑤第二次浇筑的混凝土达到 28d 龄期，且同条件混凝土试块抗压强度达到规范要求时，方能拆除悬挂结构模板及支架。

（2）监控措施

①悬挂结构支架在吊柱处、壁板处设置观测点，基准点设置在周边结构柱上，在混凝土浇筑前测得初始值，在混凝土浇筑时，对观测点进行实时监测（图 14）。

②浇筑混凝土时，对模板支架进行实时监测，采用水准仪监测沉降值、经纬仪监测变形值。若超过预警值，则立即暂停混凝土浇筑，查找原因，采取相应措施。

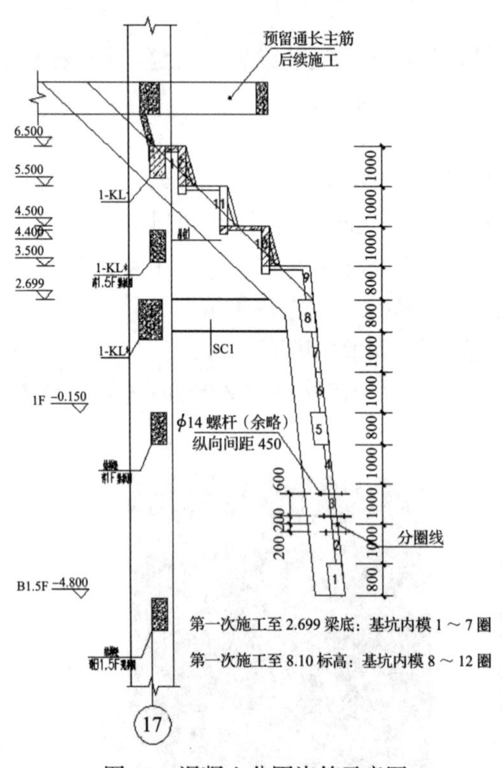

图 13　混凝土分圈浇筑示意图

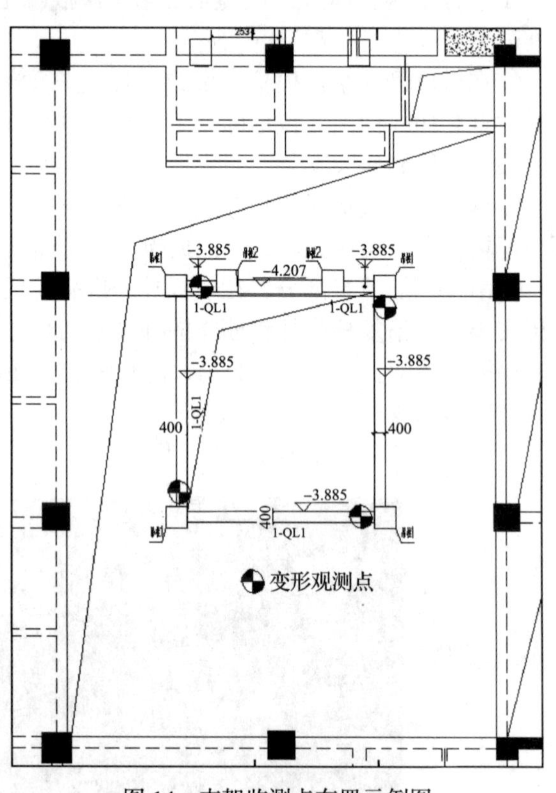

图 14　支架监测点布置示例图

6　材料与设备

6.1　材料

（1）水泥

选用收缩性小，抗折强度高的硅酸盐水泥或普通硅酸盐水泥，强度等级为 42.5 或 52.5。水泥品质必须符合 GB 175 的规定，不同品种、强度等级、厂牌的水泥不得混用。

（2）砂石

选用洁净、坚硬的天然中、粗砂，含泥量小于 2%（按质量计），不得有泥块。卵石的最大粒径不大于 40mm，含泥量小于 0.5%。砂石中不得混有草根、树叶、树枝等杂物，并进行碱活性检验。

（3）粉煤灰及外加剂

应掺用低钙粉煤灰等活性矿物细掺料，选用硫酸钠含量低于 3% 的高效减水剂。

（4）施工用材料（表4）

表4　主要周转材料表

序号	名称	规格	备注
1	模板	1830mm × 915mm × 15mm	木胶合板
2	钢管	ϕ48mm × 3.5mm	钝化并涂刷防锈漆
3	扣件	KZϕ48A；KUϕ48A；KDϕ48A	十字扣件，转向扣件，接头扣件
4	螺杆	ϕ14mm	/
5	顶托	ϕ36mm	可调顶托
6	木方	截面 60mm × 80mm	/
7	槽钢	100mm × 48mm × 5.3mm	10号
8	工字钢	140mm × 80mm × 5.5mm	14号

6.2　施工用机械、设备（表5、表6）

表5　主要机械设备表

序号	名称	型号	功耗（kW）	数量
1	圆盘锯	25/430	38	2
2	手电钻	MB10	5	12
3	直流电焊机	ZX7-400	24	6
4	手工电弧焊机	ZXG1-350	26	8
5	钢筋车丝机	ADS-40 Ⅲ	4	4
6	钢筋切断机	GQ60	8	4
7	钢筋弯曲机	GW50	5	5
8	钢筋调直机	GT10B	3	4
9	附着式振捣器	GPZ-150	1.5	3
10	混凝土罐车	SY408C	/	5
11	塔式起重机	TCT315	150	2

表6　主要仪器设备表

序号	名称	型号	数量
1	水准仪	DS3	2
2	激光经纬仪	DJJ2	1
3	钢卷尺	50m	3
4	水平尺	100mm	15
5	卷尺	5m	40
6	角尺		8
7	游标卡尺	0～150mm	1

7　质量控制

7.1　现行国家及行业规范、标准

（1）《建筑工程施工质量验收统一标准》(GB 50300)；

（2）《建筑结构荷载规范》(GB 50009)；

（3）《混凝土结构工程施工规范》(GB 50666)；

（4）《混凝土结构工程施工质量验收规范》(GB 50204)；

（5）《混凝土模板用胶合板》(GB/T 17656)；

（6）《建筑施工扣件式钢管脚手架安全技术规程》(JGJ 130)；

（7）《建筑施工模板安全技术规范》(JGJ 162)。

7.2 材料质量控制措施

所有钢筋、混凝土等建筑材料及钢管、扣件等周转材料，厂家的相关质量证明材料必须齐全，均按照批次进行现场见证取样，检测合格后，方能用于现场施工。材料的现场堆放均垫高，堆放区域不得积水，必要时进行防雨覆盖。

严格控制混凝土粗细骨料的含泥量，粗骨料最大粒径不得超标，在混凝土搅拌前，实时检测粗细骨料的含水量，确保混凝土水灰比的准确性。

7.3 模板安装质量控制

现场施工跟踪检查，确保模板支架搭设符合专项施工方案的要求，严格工序管控。

通过悬挂结构 BIM 模型的形象展现，帮助管理人员及作业人员更加准确地理解平面图纸，实时复核模板安装的准确性。模板安装质量检查见表 7。

表 7 模板安装检查表

项目		允许偏差（mm）	检验方法
轴线位置		5	钢尺检查
底模上表面标高		± 5	水准仪
截面内部尺寸	基础	± 10	钢尺检查
	柱、墙、梁	+4、−5	钢尺检查
层高垂直度	不大于 5m	6	铅垂线 + 钢尺
	大于 5m	8	铅垂线 + 钢尺
相邻两板表面高低差		2	钢尺检查
表面平整度		5	靠尺

7.4 钢筋质量控制

根据模型、图纸编制钢筋下料表，梁、柱主筋制作完成后，再次核对成型主筋的尺寸、弯起位置及角度。吊柱钢筋笼在模板外绑扎完成，复核钢筋笼外观尺寸，确保钢筋笼能顺利安装，且满足保护层厚度。吊柱钢筋笼安装完成后，将保护层垫块塞入模板，起到固定钢筋笼的作用。

7.5 混凝土质量控制

（1）混凝土经过试配后确定的最优配合比，由混凝土搅拌站进行集中生产。搅拌站严格把控水泥、砂石等原材料质量，实时检测砂石含水量，确保配合比准确，含泥量超标的砂石严禁使用。

（2）混凝土投料、搅拌全程由电脑精准控制，确保质量可靠。混凝土连续搅拌时间为 60 ~ 90s，采用自卸式混凝土罐车运输，为防止运输过程中出现离析现象，混凝土罐须慢速转动。

（3）每次浇筑混凝土必须连续进行，不得出现冷缝。严格控制混凝土出料到入模的时间，严禁使用已经初凝的混凝土进行浇筑（表 8）。

表 8 混凝土从出料到入模允许的最长时间

施工气温（℃）	允许的最长时间（min）	施工气温（℃）	允许的最长时间（min）
5 ~ 10	90	21 ~ 30	45
11 ~ 20	60	31 ~ 35	30

（4）梁柱节点等钢筋密集处，进行适当振捣，确保混凝土填充密实。已浇筑的混凝土防止阳光直晒，必须及时采取覆盖遮阳的措施。不得过早拆除内模，防止混凝土缺棱掉角。采用土工布湿润养护，时刻确保土工布湿润状态，养护不得小于 14d。悬挂结构混凝土整体达到 28d 龄期后，才能拆除模板支架。

8　安全措施

（1）现行国家及行业安全规范、标准

①《建筑施工安全检查标准》(JGJ 59)；

②《施工现场临时用电安全技术规范》(JGJ 46)；

③《建筑机械使用安全技术规程》(JGJ 33)。

（2）根据国家及行业有关规定，针对施工作业区域环境特点，建立完善的项目管理体系，明确各级人员的职责，制订针对性的安全管理措施，做好安全教育及交底，抓好项目安全生产。

（3）进入施工现场人员，必须正确佩戴安全帽、安全带，必须穿软底防滑鞋。

（4）运输车辆行驶路线设置导向牌，设专人指挥车辆，防止交通事故发生。

（5）现场配电系统必须采用 TN-S 系统，施工的用电工具必须遵守“一机、一箱、一闸、一漏保”的原则。配电箱及电缆固定做好绝缘措施，严禁使用只有单层绝缘的“花线”。

（6）支架搭设、模板安装、钢筋安装的作业人员，必须配备带可锁定盖帽的工具袋，锤子、扳手、钉子等工具和材料必须装入工具袋，上下时手中不得拿物件，严禁向下抛掷物品。

（7）模板支架严格按照专项方案的要求搭设，作业层满铺脚手板，作业层下一层满挂安全兜底网，临边按要求搭设防护栏杆并设置 150mm 高挡脚板。

（8）钢筋安装、浇筑混凝土时，在空间狭小，不便站立的临空区域，必须搭设操作平台。

（9）垂直运输配备双向指挥，所有特种作业人员必须持证上岗。

（10）各种机械的防护装置必须齐全、有效，定期保养机具，按规定润滑或更换配件。接线前，检查工具开关是否处于关闭状态。手持工具在未关闭开关，或者仍处于惯性运转时，不得随意放置。

9　环保措施

（1）执行《环境管理体系要求及使用指南》(GB/T 24001)、《职业健康安全管理体系》(GB/T 28001)、《建筑施工现场环境与卫生标准》(JGJ 146)、《建筑工程绿色施工规范》(GB/T 50905) 等国家规范及行业标准，建立项目绿色施工管理体系，落实各项绿色施工措施。

（2）材料实行计划管理，限额领料，优化材料使用方法。如优化钢筋下料表，充分利用钢筋原材的长度，杜绝随意“一刀切”。加强材料边角余料的利用，如利用混凝土余料制作过梁等预制构件，钢筋余料制作马蹬等。

（3）施工现场设置排浆沟、沉淀池等，采取有组织的排水方式，在污水排放口对水质进行定期监测，含有害物质的污水不得随意排放。

（4）施工现场的照明灯具，必须安装灯罩，减少对周边环境的光污染。

（5）采取有效的施工方法，降低施工能耗。如采用自密实混凝土，节省了大量人工，降低了施工噪声，减少了能耗；采用土工布保湿养护混凝土，节约了大量的水资源。节能减排效果显著。

10　效益分析

（1）采用了 BIM 建模，使施工人员能够更加直观、快速、准确的组织现场作业，避免了边施工，边摸索的现象，降低了施工难度，减少了因理解不透设计意图而导致的返工。

（2）传统的混凝土结构施工方式，带有一定的盲目性，特别是空间三维异形结构体。单纯的依靠二维平面图纸施工，不同的施工人员，空间想象能力水平不一样，致使在施工过程中出现“摸着石头过河”、尝试性施工的现象。施工出现错误时，不能及时发现，或是无法预料会出现些什么问题，导致了施工工期、质量的不可控。

（3）在策划、施工各环节所采取有效措施，使悬挂结构施工目标明确、形象、可控性强。利用三维模型与现场施工状况对比，一目了然，能够快速、准确的核对施工成果；合理地安排工序搭接，外模一次安装成型，吊柱钢筋笼整体吊装，分次浇筑自密实混凝土，有效地降低了施工难度，提高了工作效率，加快了施工进度。

11　应用实例

湖南省博物馆改扩建（二期）工程项目，位于长沙市开福区东风路 50 号，结构形式为框剪结构 + 钢桁架结构。项目于 2014 年 1 月 3 日开工建设，预计 2017 年 11 月竣工。悬挂结构水平投影长宽为 25.2m × 16.8m，高 17.7m。

作为湖南省会城市的大型公共建筑，湖南省博物馆建筑设计造型新颖、独特，具有很高的辨识度，是湖南的又一座地标性建筑。而馆内悬挂式重现两千多年前的西汉墓葬场景，是湖南博物馆的核心特色之一。国内现代建筑史的这一创举，充分映衬了马王堆汉墓的宏伟。

通过本工法的运用，让原本复杂空间、多变的墓葬场景施工变得简明，各工序质量可控，施工过程中衔接顺畅，缩短了墓葬场景的施工工期。完美的呈现了两千多年前墓葬的恢宏，直观的展现了古代中国劳动人民的智慧，让所有的参观者为之震撼（图 15）。

图 15　完工后的湖南省博物馆改扩建（二期）工程实景